D1692527

NATURA

BIOLOGIE FÜR BEZIRKSSCHULEN, UNTERGYMNASIEN UND GYMNASIEN

Band 2

von
Horst Bickel
Roman Claus
Roland Frank
Gert Haala
Martin Lüdecke
Günther Wichert
Dirk Zohren

Klett und Balmer Verlag Zug

1. Auflage

1 6 5 4 3 | 2009

Alle Drucke dieser Auflage sind unverändert und können im Unterricht nebeneinander verwendet werden. Die letzte Zahl bezeichnet das Jahr des Druckes.

Das Werk und seine Teile sind urheberrechtlich geschützt. Das gleiche gilt für die Software sowie das Begleitmaterial. Jede Nutzung in anderen als den gesetzlich zugelassenen oder in den Lizenzbestimmungen (CD) genannten Fällen bedarf der vorherigen schriftlichen Einwilligung des Verlages. Hinweis zu § 52a UrhG: Weder das Werk noch seine Teile dürfen ohne eine solche Einwilligung eingescannt und in ein Netzwerk eingestellt werden. Dies gilt auch für Intranets von Schulen und sonstigen Bildungseinrichtungen. Fotomechanische oder andere Wiedergabeverfahren nur mit Genehmigung des Verlages.

© Ernst Klett Verlag GmbH, Stuttgart 2002
Alle Rechte vorbehalten.
Internetadresse: www.klett.de

Lizenzausgabe für die Schweiz
© Klett und Balmer AG, Zug 2002
ISBN 3-264-04520-6

Autoren
Dr. Horst Bickel; Gymnasium Neuwerk, Mönchengladbach
Roman Claus; Gymnasium Aspel, Rees
Roland Frank; Gottlieb-Daimler-Gymnasium, Stuttgart-Bad Cannstatt
Gert Haala; Konrad-Duden-Gymnasium, Wesel
Martin Lüdecke; Alexander von Humboldt-Gymnasium, Lauterbach
Günther Wichert; Theodor-Heuss-Gymnasium, Dinslaken
Dirk Zohren; Städtische Gesamtschule Duisburg-Meiderich

Regionale Fachberatung
Marianne Glaser (Berlin), Martin Grunenwald (Brandenburg), Dr. Irmtraud Beyer (Hessen), Joachim Sswat (Niedersachsen), Dr. Heike Alefsen (Rheinland-Pfalz), Sonja Richthof (Rheinland-Pfalz), Katja Henopp (Saarland), Bernd Blume (Schleswig-Holstein)

Redaktion
Ulrike Fehrmann

Mediengestaltung
Ingrid Walter

Layoutkonzeption und Gestaltung:
Prof. Jürgen Wirth; Visuelle Kommunikation, Dreieich
unter Mitarbeit von Matthias Balonier, Ruth Hammelehle und normal Industriedesign, Schwäbisch Gmünd

Umschlaggestaltung
höllerer kommunikation, Stuttgart; unter Verwendung zweier Fotos von höllerer kommunikation und Okapia (Christen), Frankfurt

Reproduktion
Meyle + Müller, Medien-Management, Pforzheim

Druck: Aprinta, Wemding

Printed in Germany

ISBN-13: 978-3-264-04520-8
ISBN-10: 3-264-04520-6

Schülersoftware zu Natura

Wenn du testen willst, ob du den Stoff verstanden hast, manche Inhalte noch mal üben oder vertiefen möchtest, dann kannst du das mit dem **Natura Biologie-Trainer** tun. Diese Schülersoftware enthält auf 2 CD-ROMs mehr als 350 Übungs- und Testaufgaben, die den gesamten Stoff der Klassen 7–10 abdecken. Du kannst dich selbst kontrollieren und wirst beim Testen und Üben bestimmt viel Spaß haben. Dieses Buch verweist an vielen Stellen auf den **Natura Biologie-Trainer** – beachte die Erklärung auf Seite 3 rechts unten.

Den **Natura Biologie-Trainer** erhältst du im Buchhandel oder unter www.klett.de (im Internet gibt's auch weitere Infos):
– Natura Biologietrainer A (Tier, Pflanze, Lebensraum)
  ISBN 3-12-156010-7
– Natura Biologietrainer B (Mensch, Genetik, Evolution)
  ISBN 3-12-156011-5
– Trainer A + B im Paket:
  ISBN 3-12-156014-X

Gefahrensymbole und Experimente im Unterricht

Experimente im Unterricht

Eine Naturwissenschaft wie Biologie ist ohne Experimente nicht denkbar. Auch in Natura 7-10 finden sich eine Reihe von Versuchen.

Experimentieren mit Chemikalien ist jedoch nie völlig gefahrlos. Deswegen ist es wichtig, vor jedem Versuch mit dem Lehrer die möglichen Gefahrenquellen zu besprechen. Insbesondere müssen immer wieder die im Labor selbstverständlichen Verhaltensregeln beachtet werden. Die Vorsichtsmaßnahmen richten sich nach der Gefahr durch die jeweils verwendeten Stoffe.

Daher sind in jeder Versuchsanleitung die verwendeten Chemikalien mit den Symbolen der Gefahrenbezeichnung gekennzeichnet, die ebenfalls auf den Etiketten der Vorratsflaschen angegeben sind. Dabei bedeuten:

C = ätzend, *corrosive:*
Lebendes Gewebe und Material, das mit diesen Stoffen in Berührung kommt, wird an der betroffenen Stelle zerstört.

F = leicht entzündlich, *flammable:*
Stoffe, die durch das kurze Einwirken einer Zündquelle entzündet werden können.

Xi = reizend, *irritating* ; (X für Andreaskreuz):
Stoffe, die reizend auf Haut, Augen oder Atemorgane wirken können.

Xn = gesundheitsschädlich, *noxious* (schädlich):
Stoffe, die beim Einatmen, Verschlucken oder bei Hautkontakt Gesundheitsschäden hervorrufen können.

Was steht in diesem Buch?

Sicher hast du dein neues Biologiebuch schon einmal durchgeblättert, weil du gespannt darauf bist, was dich in den nächsten Jahren Neues in diesem Fach erwartet.

Nun, in den vergangenen Schuljahren hast du viele Tier- und Pflanzenarten in ihrem Bau und ihren Lebenserscheinungen kennen gelernt. Diese Kenntnisse werden jetzt erweitert und vertieft. Allerdings kommen neue, wichtige Aspekte hinzu. Bisher standen die einzelnen Arten im Vordergrund der Betrachtung. Jetzt werden zunehmend zwei weitere Ebenen angesprochen, die eine Rolle für die Existenz eines Lebewesens spielen: die *zelluläre Ebene*, die nur mit dem Hilfsmittel Mikroskop erschlossen werden kann, und die *Ebene der Lebensgemeinschaft*, in der deutlich wird, dass die Lebewesen voneinander abhängen.

Die beiden zugehörigen Wissenschaftsrichtungen sind die *Cytologie* (Zellenlehre) und die *Ökologie* (Lehre vom Haushalt der Natur). Ihre Ergebnisse nehmen in diesem Buch einen großen Raum ein. In diesem Zusammenhang müssen auch biologische Untersuchungsmethoden, zum Beispiel das Experimentieren oder der Umgang mit dem Mikroskop, gefestigt oder neu gelernt werden.

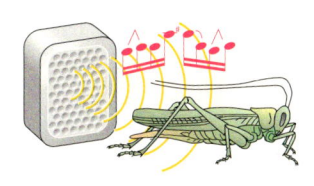

Ein weiterer Schwerpunkt des Buches ist die *Humanbiologie*, d. h. die Biologie des Menschen. Bau, Funktion und Zusammenarbeit der Organe im menschlichen Organismus werden besprochen und du erhältst Hinweise, wie du deine Gesundheit erhalten kannst.

Ganz neu und sicher auch interessant werden die letzten drei Kapitel des Buches sein. Hier geht es zunächst um das *Verhalten* von Mensch und Tier, dann um die Vererbungslehre *(Genetik)* und schließlich um die Abstammung der Lebewesen, die *Evolution*.

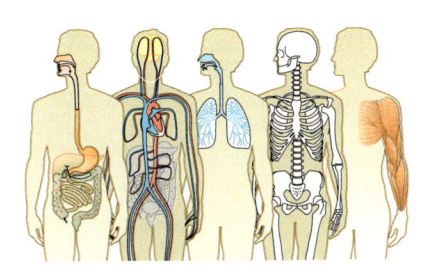

Nach diesen Bemerkungen zum Inhalt des Buches, nun noch einige Hinweise zum Aufbau.

Normalerweise findest du auf einer Seite oder Doppelseite einen **Informationstext**, der alles Wesentliche zu einem Thema enthält. Zusätzlich sind **Aufgaben** vorhanden, die dazu anregen sollen, das Gelesene zu vertiefen und anzuwenden.

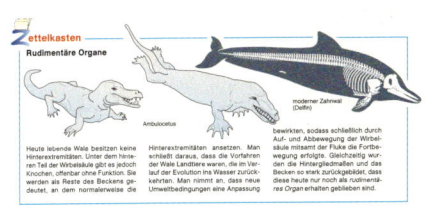

Oft greift ein **Zettelkasten** einen neuen Aspekt des Themas heraus.

Darüber hinaus gibt es einige Seiten, die durch ihre besondere Gestaltung auffallen.

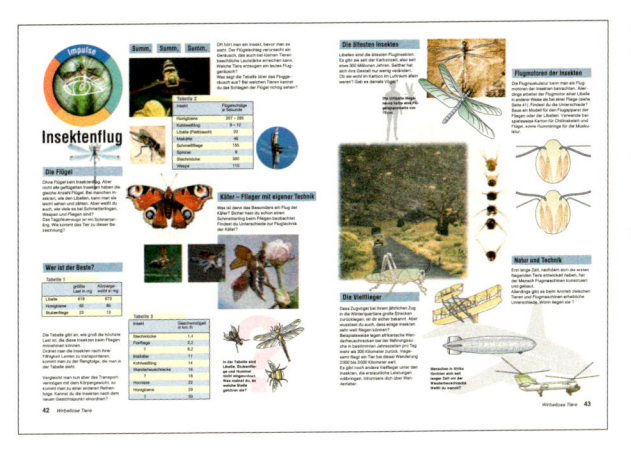

Die **Impulseseiten** geben Anstöße und werfen Fragen auf, die über das Fach Biologie hinaus führen. Sie sollen dazu dienen, dass du dich selbstständig — manchmal in Form eines kleinen Projektes — mit einem neuen Thema beschäftigst.

Auf den **Praktikumseiten** werden umfangreiche Vorschläge gemacht, wie du dich einmal praktisch mit einem bestimmten Thema beschäftigen kannst.

Mithilfe der **Materialseiten** kannst du — oft mit anderen zusammen — wesentliche naturwissenschaftliche Methoden erarbeiten.

Als **Lexikon** sind solche Seiten bezeichnet, die über den normalen Unterrichtsstoff hinaus interessante Zusatzinformationen zu einem abgegrenzten Thema geben.

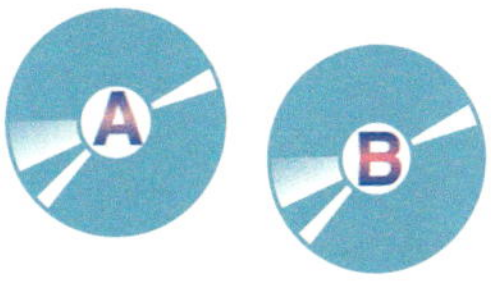

Das Symbol in der Fußzeile zeigt dir, zu welchem Thema der **Natura Biologie-Trainer** interaktive Medien anbietet. Interaktiv heißt, dass du selbstständig wichtige Inhalte durchprobieren kannst — der Trainer zeigt dir, ob du alles verstanden hast. CD A bedeutet, du findest das Passende auf CD A, CD B bedeutet, du solltest die CD B einlegen.

Und nun viel Freude bei der Arbeit mit deinem neuen Biologie-Buch!

Inhaltsverzeichnis

Die Zelle — Grundbaustein aller Lebewesen

1 **Die Zelle — Grundbaustein aller Lebewesen 10**
Mikroskop und Zelle 10
Zellen, Gewebe und Organe 12
Praktikum: Arbeiten mit dem Mikroskop 14

2 **Vom Einzeller zum Vielzeller 16**
Einzellige Lebewesen 16
Einzeller und Zellkolonie 18
Die Kugelalge Volvox — ein einfacher Vielzeller 19
Der Süßwasserpolyp 20
Die Ohrenqualle 21
Impulse: Leben im Korallenriff 22

Wirbellose Tiere

1 **Würmer — eine vielseitige Lebensform 26**
Regenwürmer sind Bodenbewohner 26
Regenwürmer verbessern den Boden 28
Praktikum: Beobachtungen beim Regenwurm 29
Würmer als Krankheitserreger 30
Lexikon: Würmer 31

2 **Insekten 32**
Die Honigbiene — ein Insekt als Haustier 32
Das Bienenjahr 34
Praktikum: Untersuchungen an der Honigbiene 35
Die Tanzsprache — Verständigung im Bienenstaat 36

3 **Insekten — Körperbau und Leistungen 38**
Die Beine der Insekten 38
Die Mundwerkzeuge der Insekten 39
Die Sinnesorgane 40
Die Flugeinrichtungen der Insekten 41
Impulse: Insektenflug 42
Entwicklung der Insekten 44
Praktikum: Haltung und Beobachtung von Insekten 46
Partnersuche bei Insekten 47
Material: Insekten und Säugetiere im Vergleich 48
Ein Grundbauplan wird abgewandelt 50

4 **Spinnen und Krebse 52**
Die Kreuzspinne 52
Weitere Spinnen — Jäger sind sie alle 54
Lexikon: Spinnentiere 55
Der Flusskrebs 56
Asseln — landbewohnende Krebse 57
Lexikon: Krebstiere 58
Übersicht zum Tierstamm der Gliederfüßer 59

5 **Weichtiere — Mollusken 60**
Die Weinbergschnecke 60
Praktikum: Versuche mit Schnecken 62
Praktikum: Bestimmung von Schnecken 63
Die Miesmuschel — ein Mollusk mit harter Schale 64
Tintenfische 65

Stoffwechsel der Pflanzen

1 **Bau und Funktion der Pflanzenorgane 68**
Bau und Funktion der Wurzel 68
Die Sprossachse 70
Der Schichtenbau des Blattes 71
Praktikum: Osmose und Pflanzenorgane 72

2 **Fotosynthese und Atmung 74**
Pflanzen verbessern die Luft 74
Material: Fotosynthese-Geschichte 76
Chloroplasten sind die Orte der Stärkebildung 77
Im Traubenzucker ist Sonnenenergie 78
Auch grüne Pflanzen atmen 79
Praktikum: Fotosynthese und Atmung 80
Impulse: Sonnenenergie 82
Traubenzucker wird weiter verarbeitet 84
Lexikon: Ernährungsspezialisten unter den Pflanzen 85
Grüne Pflanzen heute ... 86
... und vor Jahrmillionen 87
Chemie für Biologen 88

Ökosystem Wald

1 **Die Organismen des Waldes 92**
Die Pflanzen des Waldes bilden Stockwerke 92
Die Rotbuche — unser häufigster Laubbaum 94
Die Waldkiefer — ein Nacktsamer 95
Wie Bäume wachsen 96
Material: Geschichte des Waldes 97
Lexikon: Bäume und Sträucher des Waldes 98
Moose — wichtige Wasserspeicher 100
Farne — blütenlose Kräuter des Waldes 101
Lexikon: Moose, Farne und Verwandte 102
Praktikum: Vegetationsaufnahme 103
Pilze — weder Tiere noch Pflanzen 104
Pilze bilden eine Vielzahl von Lebensformen 105
Pilze sind lebensnotwendig für den Wald 106
Lexikon: Pilze 108
Flechten — eine Symbiose zwischen Pilzen und Algen 109
Der Wald — Lebensraum für viele Tierarten 110
Warum schützt der Förster die kleine Rote Waldameise? 112
Lexikon: Tiere des Waldes 114

2 **Wechselbeziehungen im Ökosystem Wald 116**
Nahrungsbeziehungen im Wald 116
Tote Tiere und Pflanzen werden im Boden zersetzt 118
Leben im Boden 119
Praktikum: Untersuchung der Laubstreu und des Bodens 120
Bestimmung von Organismen der Laubstreu 121
Der Kreislauf der Stoffe und der Weg der Energie 122
Impulse: Wald erforschen 124

3 **Die Bedeutung des Waldes für den Menschen 126**
Vom Urwald zum Nutzwald 126
Holz als Wirtschaftsfaktor 127
Warum ist der Wald so wichtig? 128
Unsere Wälder sind gefährdet 130
Tropische Regenwälder sind gefährdete Großlebensräume 132

Gewässerökosysteme

1 Pflanzen und Tiere am und im See 136
Die Pflanzengesellschaften des Ufers 136
Lexikon: Pflanzen am Seeufer 138
Lexikon: Tiere im und am Teich 139
Schweben im freien Wasser 140
Wie Tiere im Wasser atmen 141

2 Das Ökosystem See 142
Ökologische Nischen von Wasservögeln 142
Schichten im See 144
Temperatur im Jahresverlauf 145
Praktikum: Untersuchung eines stehenden Gewässers 146
Nahrungsbeziehungen und Stoffkreislauf im See 148
Eutrophierung eines Sees 150
Ein Moor entsteht 151

3 Fließgewässer 152
Lebensräume entlang des Rheins 152
Bestimmung der Gewässergüte 154
Lexikon: Zeigerlebewesen in Fließgewässern 155
Material: Untersuchungen an Fließgewässern 156
Die Selbstreinigung in einem Fließgewässer 158
Abwasserreinigung in einer Kläranlage 159
Impulse: Wasser — ein Lebenselixier 160

Der Mensch gestaltet und gefährdet die Umwelt

1 Von der Natur- zur Kulturlandschaft 164
Landwirtschaft verändert die Landschaft 164
Die Feldflur ist artenarm 166
Hecken sind wichtige Randbiotope 168
Biologischer Pflanzenschutz 170
Biotopschutz ist auch Artenschutz 172
Lebensräume aus zweiter Hand 174

2 Lebensraum Stadt 176
Das Leben zwischen Häusern 176
Lexikon: Kulturfolger in der Stadt 177
Wie teuer ist uns die Natur? 178
Verschmutzte Luft gefährdet die Gesundheit 180
Der Treibhauseffekt 181
Müll — Kehrseite des Wohlstandes 182
Impulse: Was ist für das 21. Jahrhundert zu tun? 184

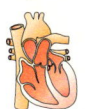

Stoffwechsel und Bewegung beim Menschen

1 Ernährung und Verdauung 188
Die Zusammensetzung der Nahrung 188
Die Bedeutung der Nährstoffe 189
Vitamine und Mineralstoffe 190
Praktikum: Nährstoffe und Verdauung 192
Material: Gesunde Ernährung 193
Verdauung in Mund und Magen 194
Verdauungsvorgänge im Dünndarm 196
Verdauungsvorgänge im Dickdarm 198
Verdauung im Überblick 199

2 Transport und Ausscheidung 200
Das Blutgefäßsystem 200
Das Herz 201
Zusammensetzung und Aufgaben des Blutes 202
Der Wundverschluss 204
Blutgruppen und Bluttransfusion 205
Bau und Funktion der Lunge 206
Die Niere 208

3 Bewegung 210
Die Muskulatur 210
Die Arbeitsweise der Muskeln 211
Der Knochenaufbau 212
Die Gelenke 213
Lexikon: Unser Bewegungssystem — Schäden vermeiden 214
Impulse: Aktive Vorsorge und Gesundheit 216

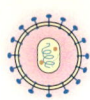

Gesundheit — Krankheit

1 **Infektionskrankheiten** 220
Kampf gegen winzige Feinde 220
Bakterien sind besondere Einzeller 221
Praktikum: Bakterien sind vielseitig 222
Arzneimittel gegen Bakterien 223
Grippe — eine Viruserkrankung 224
Der Körper wehrt sich 226
Aktive und passive Immunisierung 228
Lexikon: Infektionskrankheiten 230
Material: Krankheiten beeinflussen die Welt 232
AIDS — ein Virus erobert die Welt 234
Material: Meilensteine der Medizin 236
Mücken und Zecken übertragen Krankheitserreger 238
Fehlfunktion des Immunsystems: Allergien 240

2 **Gesundheitliche Gefahren der Zivilisation** 242
Jung und gesund — alt und krank? 242
Krebs 243
Rauchen — nein danke! 244
Alkohol — ein erlaubte Droge 246
Eine Pille — und man fühlt sich wohl? 248

Sinne, Nerven und Hormone

1 **Sinnesorgane** 252
Das Auge 252
Bau und Funktion der Netzhaut 253
Scharfes Sehen nah und fern 254
Viele Sehfehler sind korrigierbar 255
Das Farbensehen 256
Bewegte Bilder/Räumliches Sehen 257
Material: Optische Täuschung und Wahrnehmung 258
Das Ohr — Aufbau und Funktion 260
Leistungen des Gehörs 261
Material: Hören 262
Praktikum: Hören, Sehen 263
Die Haut — nicht nur ein Sinnesorgan 264
Lexikon: Weitere Sinne 265
Lexikon: Sinne bei Mensch und Tier 266

2 **Das Nervensystem** 268
Arbeitsweise des Nervensystems 268
Die Nervenzellen — Bau und Funktion 269
Das Gehirn — Aufbau und Arbeitsteilung 270
Gedächtnis 272
Schlaf ist lebenswichtig 273
Das Rückenmark 274
Teile des Nervensystems arbeiten selbstständig 275

3 **Hormone** 276
Botenstoffe im Körper 276
Funktion der Schilddrüse 277
Der Blutzucker muss stimmen! 278
Störungen bei der Blutzuckerregulation 279
Die Nebennieren 280
Stress — der Körper passt sich an 281

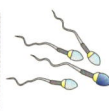

Sexualität, Fortpflanzung und Entwicklung des Menschen

1 **Biologische Grundlagen menschlicher Sexualität** 284
Willst du mit mir gehen? 284
Hormone bewirken die Pubertät 285
Die Geschlechtsorgane des Mannes 286
Die Spermien 287
Die Geschlechtsorgane der Frau 288
Bau und Bildung der Eizellen 289
Der weibliche Zyklus 290

2 **Zur Sexualität des Menschen** 292
Sexualität in einer verantwortungsvollen Partnerschaft 292
Lexikon: Methoden der Empfängnisverhütung 293
Impulse: Sexualität 294
Lexikon: Glossar zur Sexualität 296

3 **Die Entwicklung des Menschen** 298
Die Entwicklung von Embryo und Fetus 298
Material: Schwangerschaftsabbruch 300
Schwangerschaft und Geburt 302
Die Lebensabschnitte 303

6 *Inhaltsverzeichnis*

Verhalten

1 Erlerntes und genetisch bedingtes Verhalten 306
Das Verhalten von jungen Hunden 306
Konditionieren — einfache Formen des Lernens 308
Komplexes Lernen bei Tieren und Menschen 310
Eine Lernstrategie 312
Lexikon: Prägung und prägungsähnliches Lernen 313
Impulse: Was ist Intelligenz? 314
Beutefang bei der Erdkröte — eine Instinkthandlung 316
Material: Beispiele für genetisch bedingtes Verhalten 317
Praktikum: Zum Verhalten der Mittelmeergrille 318
Praktikum: Zum Verhalten der Amsel 319

2 Verhaltensökologie 320
Unterschiedlicher Bruterfolg bei Kohlmeisen 320
Kosten und Nutzen beim Nahrungserwerb 322
Paarungssysteme 323
Die Gemeinschaft der Schimpansen 324

3 Aspekte menschlichen Verhaltens 326
Kooperation und Aggression 326
Untersuchungen zum menschlichen Aggressionsverhalten 328
Konfliktschlichtung 329
Impulse: Formen der Gewalt 330

Genetik

1 Die mendelschen Regeln 334
Johann Gregor Mendel entdeckt die Vererbungsregeln 334
Das Kreuzungsschema — ein Modell erklärt die Versuche 336
Die Rückkreuzung 337
Mendels dritte Regel zur Vererbung 338
Praktikum: Modellversuche zu den Vererbungsregeln 339

2 Zelluläre und molekulare Grundlagen der Vererbung 340
Die Kernteilungen 340
Chromosomentheorie der Vererbung 342
DNA — der Stoff, aus dem die Gene sind 343
Vom Gen zum Merkmal — ein Protein lässt Erbsen erröten 344

3 Vererbung beim Menschen 346
Methoden der Humangenetik 346
Familienstammbäume lassen Erbgänge erkennen 347
Vererbung der Blutgruppen 348
An den Chromosomen erkennt man das Geschlecht 350
Der Erbgang der Bluterkrankheit 351
Material: Übungen zur Humangenetik 352
Trisomie 21 — ein Chromosom zu viel 354
Vorsorge bei genetisch bedingten Krankheiten 355
Gene und Umwelt beeinflussen unser Leben 356
Zwillingsforschung 357
Gentechnik — was ist das? 358
Lexikon: Gentechnik — Möglichkeiten und Folgen 359

4 Pflanzen- und Tierzüchtung 360
Ziele der Züchtung 360
Mutation und Modifikation 361
Bei der Züchtung werden verschiedene Methoden angewandt 362
Lexikon: Neue Methoden in der Züchtung 363
Impulse: Gentechnisch veränderter Mais 364

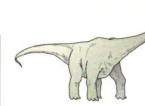

Evolution

1 Stammesgeschichte der Organismen 368
Fossilien — Spuren aus der Vergangenheit des Lebens 368
Methoden der Altersbestimmung 369
Die Entwicklung des Lebens auf der Erde — ein Überblick 370
Chemische und frühe biologische Evolution 372
Fische und Amphibien — vom Wasser zum Landleben 373
Reptilien der Kreidezeit 374
Die Entstehung der Vögel und Säuger 375
Material: Wirbeltiere — Anpassung an den Lebensraum 376
Stammbaum der Wirbeltiere 377
Der Stammbaum der Pferde 378
Lexikon: Lebende Zeugen der Evolution 379

2 Die Evolutionstheorie und ihre Belege 380
Darwin — der Wegbereiter der modernen Evolutionstheorie 380
Befunde zur Evolutionstheorie — Homologie und Analogie 382
Mutation und Selektion — Motoren der Veränderung 384
Isolation 385

3 Die Evolution des Menschen 386
Unsere nächsten Verwandten 386
Lucy — ein Vorfahr des Menschen 388
Lexikon: Die Vorfahren des Menschen 389
Wie der Mensch zum Menschen wurde 390
Die Vielfalt der heutigen Menschen 392
Impulse: Der Mensch — auch ein Kulturwesen 394

Ordnung in der Vielfalt
Wie ordnet man Lebewesen mit System? 397
Material: Pflanze, Tier oder was sonst? 398
Warum fünf Reiche? 400
Das Reich der Einzeller ohne Zellkern / Das Reich der Einzeller mit Zellkern 401
Das Reich der Pilze /
Das Reich der Pflanzen 402
Das Reich der Tiere 404

Register 406
Bildnachweis 415

Die Zelle
Grundbaustein aller Lebewesen

Ein-zeller

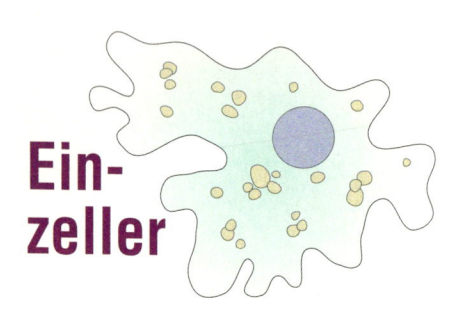

Was wir nicht mit eigenen Augen sehen, das glauben wir häufig auch nicht. Es gibt aber tausende von Dingen, die um ein Vielfaches kleiner sind als der Punkt in deinem Schulbuch. Dazu gehören auch die Lebewesen, die dir im folgenden Kapitel vorgestellt werden. Sie sind teilweise so winzig, dass du sie ohne Hilfsmittel nicht entdecken kannst. Dieses Hilfsmittel ist das Mikroskop.

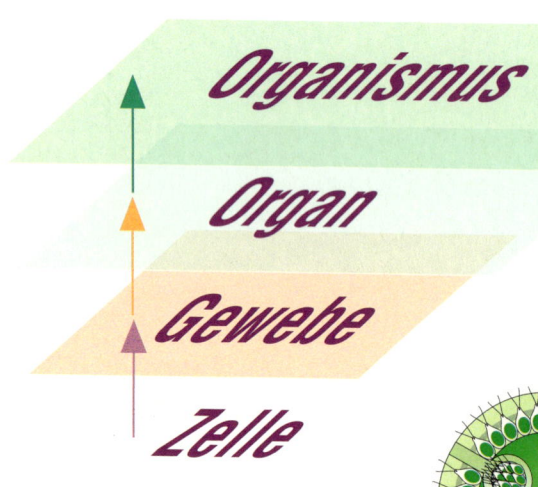

Organismus

Organ

Gewebe

Zelle

Zellkolonie

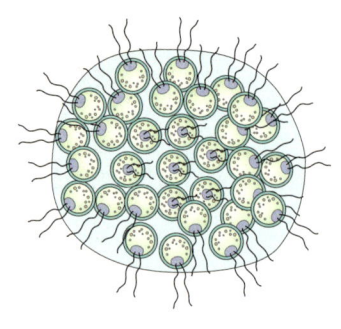

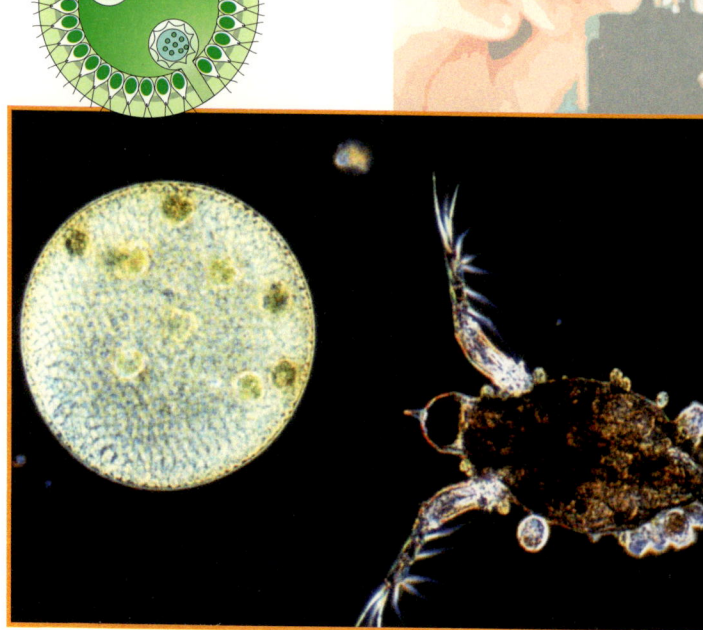

autotroph ? heterotroph

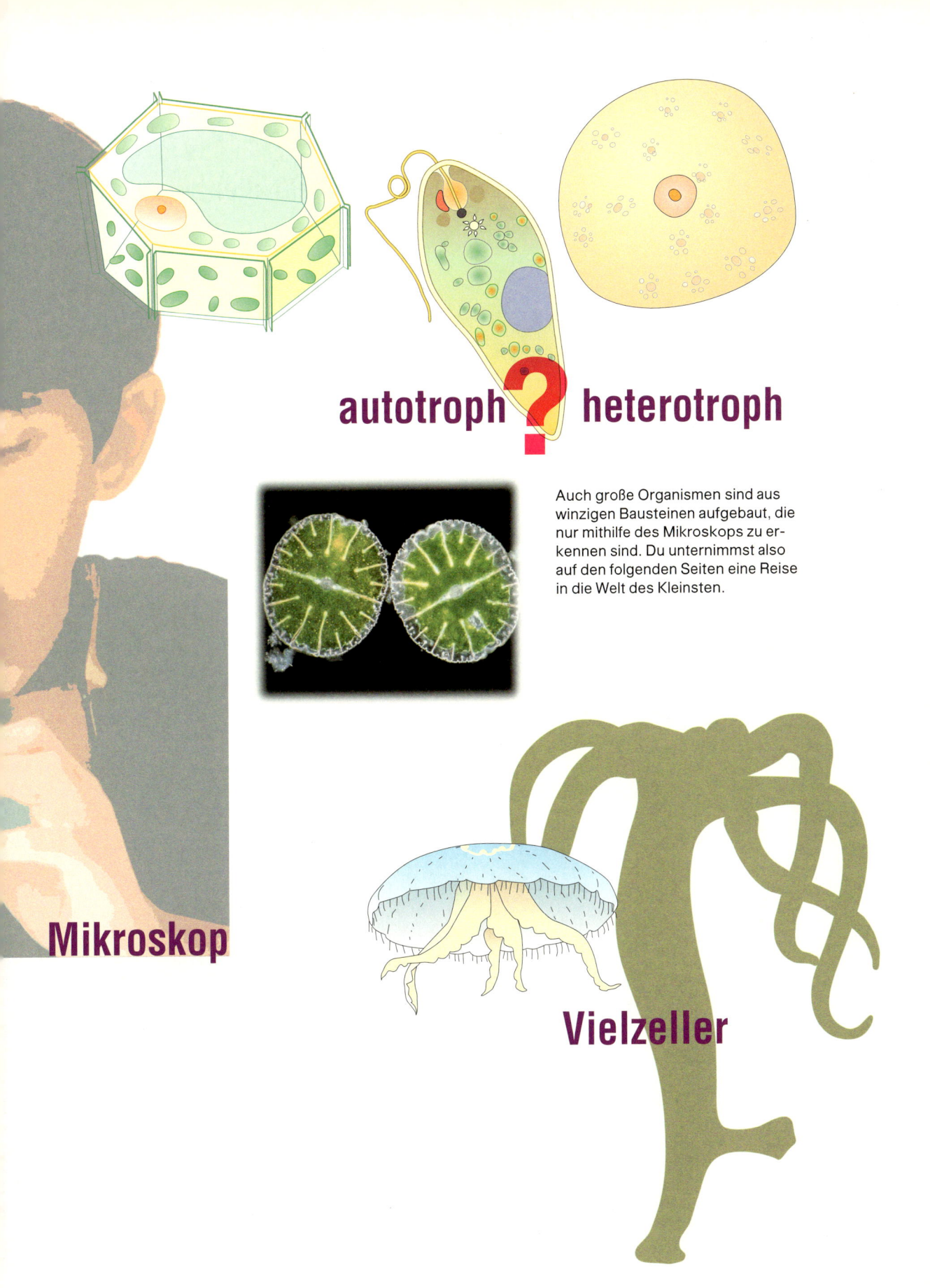

Auch große Organismen sind aus winzigen Bausteinen aufgebaut, die nur mithilfe des Mikroskops zu erkennen sind. Du unternimmst also auf den folgenden Seiten eine Reise in die Welt des Kleinsten.

Mikroskop

Vielzeller

1 Die Zelle — Grundbaustein aller Lebewesen

Mikroskop und Zelle

Schon lange vor Christi Geburt war bekannt, dass Glaslinsen das Licht brechen können. Doch erst im 16. Jahrhundert kam man auf die Idee, geschliffene Linsen als Vergrößerungsgläser zu benutzen. Und weitere 100 Jahre vergingen, bis die ersten Mikroskope gebaut wurden.

Vergrößerungsmaßstäbe von 1 : 200 000. Im *Raster-Elektronenmikroskop* (REM) erhält man räumlich wirkende Bilder.

Bis zum 17. Jahrhundert wussten die Menschen nicht viel vom Feinbau der Pflanzen und Tiere. Die erste Beschreibung vom mikroskopischen Aufbau der Pflanzen verdanken wir ROBERT HOOKE.

Einer der Pioniere auf dem Gebiet der Mikroskopie war der englische Physiker ROBERT HOOKE (1635 — 1703). Mithilfe einer mit Wasser gefüllten Glaskugel konzentrierte er das Licht auf das Präparat und konnte so die ersten Vergrößerungen von Läusen und Flöhen zeichnen. Mit seinem Mikroskop gelangen ihm bis zu 100fache Vergrößerungen, was für damalige Verhältnisse erstaunlich war. Allerdings reichte er damit bei weitem nicht an die Genauigkeit der Instrumente des Holländers ANTONIE VAN LEEUWENHOEK (1632—1723) heran. Dieser konstruierte Ein-Linsen-Mikroskope, die bis zu 270fache Vergrößerungen ermöglichten.

Seit HOOKE und LEEUWENHOEK sind mehr als 350 Jahre vergangen, die Technik hat rasante Fortschritte gemacht und auch die optischen Geräte wurden zu Präzisionsinstrumenten weiterentwickelt. In der Schule benutzt man normalerweise das *Lichtmikroskop* (LM). Mit modernen Lichtmikroskopen erreicht man bis zu 1600fache Vergrößerungen, mit dem *Elektronenmikroskop* (EM), bei dem nicht Licht-, sondern Elektronenstrahlen zur Abbildung verwendet werden, sogar

Er führte den Begriff *Zelle* in die Biologie ein. HOOKE untersuchte Flaschenkork und sah nur die pflanzliche Zellwand. Er wollte mit der Bezeichnung „Zelle" vor allem den gekammerten Aufbau des untersuchten Gewebes kennzeichnen.

Bis in das erste Drittel des 19. Jahrhunderts trugen andere Naturforscher eine Fülle von Einzelbeobachtungen über den mikroskopischen Bau der Organismen zusammen. Die eigentliche *Zellenlehre* wurde im Jahre 1838 von dem Botaniker JAKOB MATTHIAS SCHLEIDEN (1804 — 1881) und dem Zoologen THEODOR SCHWANN (1818 — 1882) begründet. SCHLEIDENS Lehre besagte, dass Pflanzen ausschließlich aus Zellen bestehen. Sein Kollege SCHWANN konnte ein Jahr später nachweisen, dass auch die Körper der Tiere aus Zellen aufgebaut sind. Damit war der Grundstein für die wissenschaftliche Zellenlehre gelegt. Noch heute gilt der von SCHLEIDEN und SCHWANN formulierte Lehrsatz:

> „Alle Lebewesen sind aus Zellen aufgebaut"

Die Pflanzenzelle

Pflanzenzellen sind meistens von einer festen Hülle, der *Zellwand*, umgeben. Sie besteht überwiegend aus Zellulose und verleiht der Zelle ihre starre äußere Form. Den größten Anteil im Zellinnern nimmt der Zellsaftraum, die *Vakuole*, ein. Sie enthält den *Zellsaft*, der vor allem aus Wasser und darin gelösten Stoffen besteht. Die Vakuole ist von einer dünnen *Zellmembran* umgeben, die im Lichtmikroskop allerdings nicht sichtbar ist.

Die Vakuole liegt in einer gallertartigen, körnigen Masse, dem *Cytoplasma*. Bei ausgewachsenen Pflanzenzellen ist es nur noch als dünne Schicht vorhanden, die der Zellwand anliegt. Hier begrenzt eine weitere *Zellmembran* das Cytoplasma.

Im Cytoplasma kann man winzige, unterschiedlich geformte Strukturen erkennen. Jede einzelne hat für die Lebensprozesse der Zelle unerlässliche Aufgaben zu erfüllen und wird — in Anlehnung an den Begriff Organ — *Organell* genannt. Das größte, im Lichtmikroskop gut sichtbare Organell ist der *Zellkern*. Eine *Kernmembran* umschließt das *Kernplasma* und grenzt es so vom Cytoplasma ab. Bei etwa 400facher Vergrößerung sieht man im Kerninnern manchmal mehrere rundliche *Kernkörperchen*.

Charakteristisch für die Zellen aller grünen Pflanzenteile sind die Blattgrünkörner, die *Chloroplasten*. Sie sind Träger des Farbstoffes *Chlorophyll*, der den Pflanzen die grüne Farbe verleiht. In ihnen werden mithilfe des Sonnenlichts Stoffe aufgebaut, die die Pflanze zum Wachsen und Gedeihen braucht.

Die Tierzelle

Betrachtet man eine tierische Zelle im Lichtmikroskop, wird man zunächst enttäuscht sein, wie wenige Strukturen bei dieser Zelle wiederzufinden sind. Eine Zellwand ist nicht vorhanden, nur eine *Zellmembran* umgibt das Cytoplasma. Außerdem sind in Tierzellen weder große Vakuolen noch Chloroplasten vorhanden. Der Zellkern in einer Tierzelle ist im Gegensatz zum Kern der Pflanzenzelle meist zentral gelegen.

Während die Pflanzenzellen starr kugelig, würfelartig oder lang gestreckt gebaut sind, ist die Formenvielfalt der Tierzellen wesentlich größer. Tierische Zellen können sogar ihre Gestalt verändern.

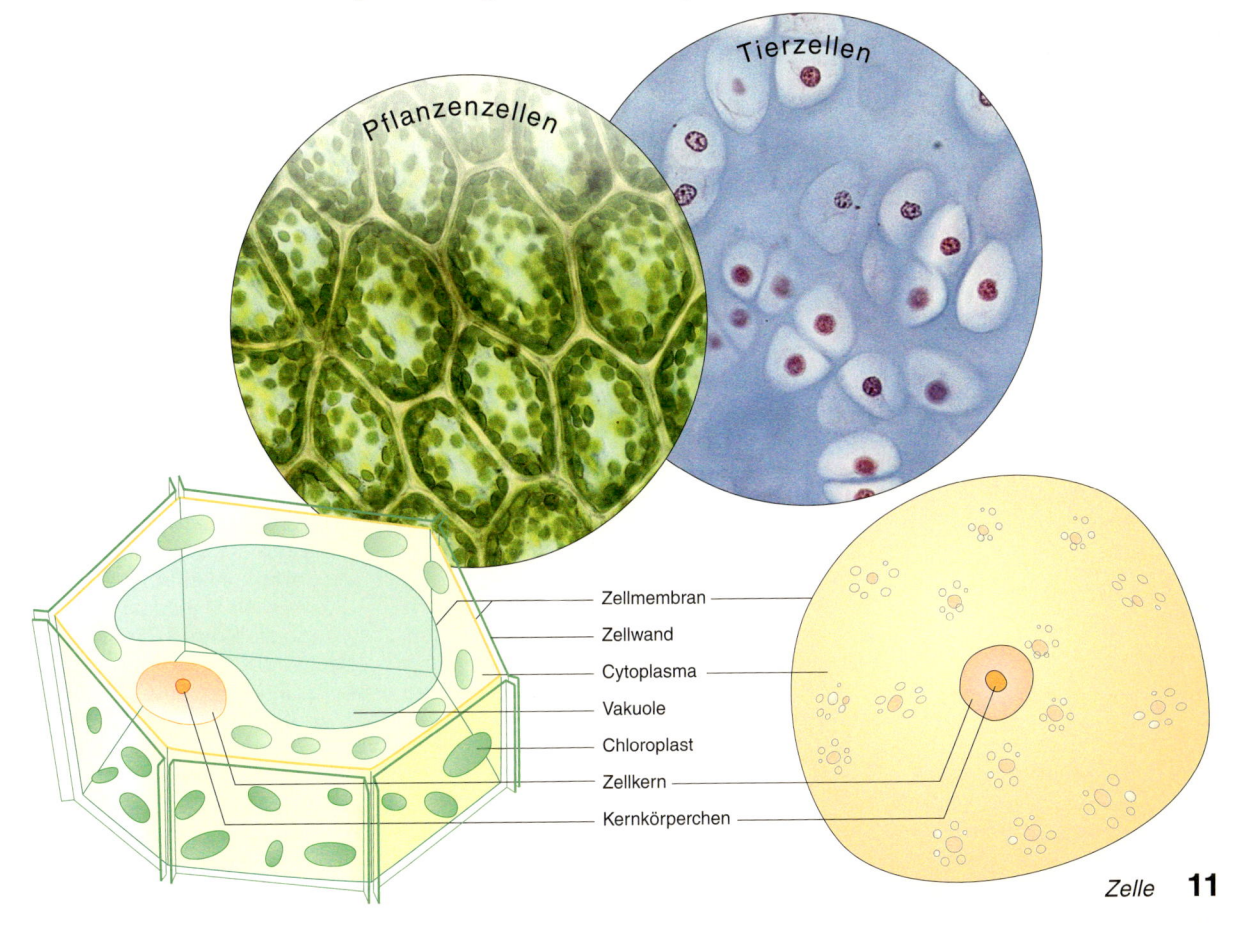

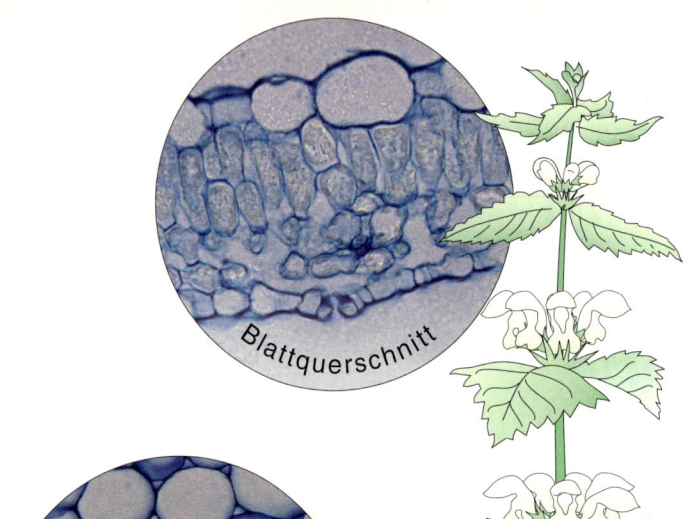

Blattquerschnitt

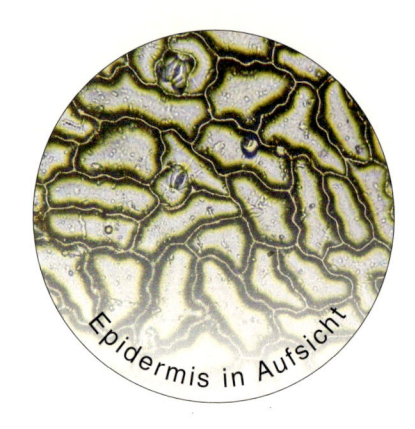

Epidermis in Aufsicht

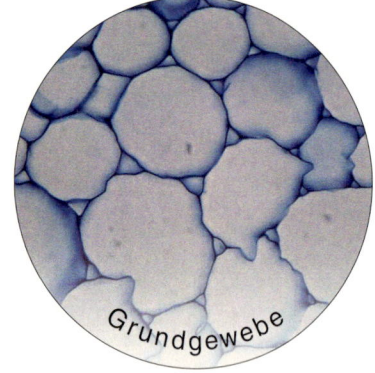

Grundgewebe

Festigungsgewebe

Zellen, Gewebe und Organe

Erinnern wir uns noch einmal an den Satz „Alle Lebewesen sind aus Zellen aufgebaut." Menschen, Tiere und Pflanzen sind also ein Zusammenschluss von vielen Milliarden *Zellen*. Ein Zelltyp allein kann jedoch die in uns ablaufenden, vielfältigen Lebensprozesse nicht bewältigen. Die Zellen haben sich *spezialisiert*. Jede Zelle hat eine ganz *bestimmte Funktion*. Spezialisierte Zellen kommen aber kaum allein vor. Sie sind zu Zellverbänden zusammengeschlossen und haben eine besondere, der jeweiligen Aufgabe angepasste Form. Den Zusammenschluss solcher gleichartiger Zellen nennt man **Gewebe**.

Pflanzengewebe

Betrachten wir die Mikrofotos auf dieser Seite, so fällt auf, dass je nach Schnittebene nicht nur ein Gewebe zu erkennen ist, sondern oft verschiedene *Gewebeschichten* dicht an dicht nebeneinander liegen. Mehrere Gewebe, die gemeinsam eine übergeordnete Aufgabe erfüllen, bilden ein **Organ**. Bei der Pflanze sind das die drei Grundorgane *Wurzel*, *Sprossachse* (Stängel) und *Blatt*. Diese Organe setzen sich aus verschiedenen Gewebearten zusammen.

Am Beispiel einer Taubnesselart untersuchen wir zunächst das *Abschlussgewebe*, die *Epidermis*. Sie besteht aus plattenförmigen, lückenlos aneinander liegenden Zellen, ist meistens einschichtig und schützt die Pflanze vor Wasserverlust durch Verdunstung, Beschädigung und Eindringen von Krankheitserregern. Epidermiszellen bilden auch *Pflanzenhaare*, z. B. die der Taubnessel oder die Brennhaare der Brennnessel.

Im Blattquerschnitt sind neben der Epidermis das aus lang gestreckten, chloroplastenreichen Zellen bestehende *Palisadengewebe* und das lockere *Schwammgewebe* gut zu unterscheiden. Die Ausschnittvergrößerung aus dem Stängelquerschnitt zeigt das *Grundgewebe*, das den Hauptteil des Pflanzenkörpers ausmacht. Zellen mit verdickten Zellwänden sind typisch für das *Festigungs- und Stützgewebe*. Es ist im Stängelquerschnitt deutlich zu erkennen.

Die genannten Gewebe und noch einige andere mehr ergänzen sich in ihren Funktionen und bilden so den **Organismus** Pflanze mit seiner ihm eigenen Lebensweise.

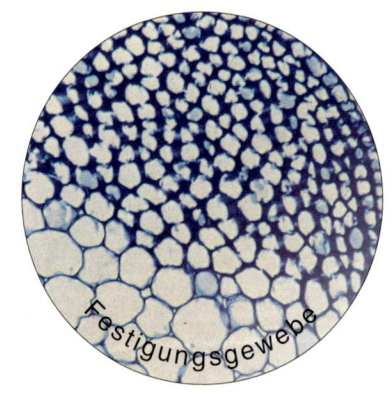

1 Zell- und Gewebetypen einer Blütenpflanze

Zelle

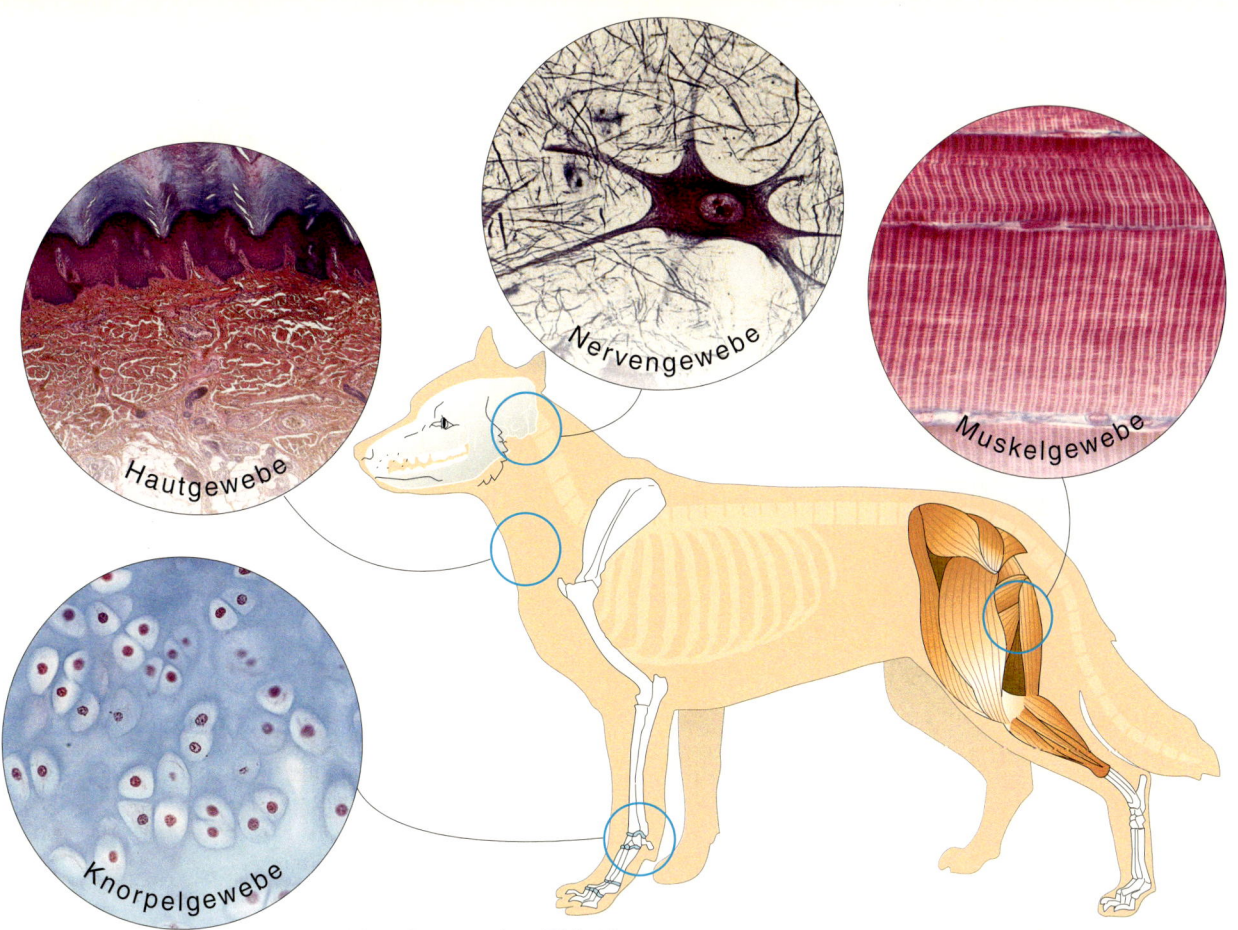

1 Zell- und Gewebetypen eines Wirbeltieres

Tierische Gewebe

Vergleicht man den Menschen oder ein Tier mit einer Pflanze, fallen nicht nur die großen Unterschiede in der Gestalt auf, auch die Lebensäußerungen erscheinen vielfältiger und aktiver. Während eine Pflanze mit ihren Wurzeln im Boden verankert ist und von manchen Menschen noch nicht einmal für ein Lebewesen gehalten wird, läuft ein Hund herum, sucht seine Nahrung oder bellt. Für diese Aktivitäten besitzt der Hund eigens darauf spezialisierte Zellen, Gewebe und Organe.

Die Fortbewegung z. B. ermöglichen ihm in erster Linie die *Muskelfasern*. Die bis zu 30 cm langen Muskelfasern bilden zusammen mit anderen Geweben den *Muskel*. Der Wirbeltierkörper erhält seine Stabilität durch das *Stützgewebe*. Zu ihm rechnet man die verschiedenen Formen des *Bindegewebes*, das *Knochen*- und *Knorpelgewebe*. Die abgebildeten *Knorpelzellen* liegen in der von ihnen ausgeschiedenen Grundsubstanz in Gruppen beieinander. Das druckfeste Knorpelgewebe findet man u. a. in *Gelenken*.

Ein Hund reagiert auf seine Umwelt, über *Sinneszellen* nimmt er Reize auf. Diese müssen im Körper weitergeleitet, übertragen und verarbeitet werden. Dafür sind die mehr oder weniger verästelten *Nervenzellen* mit langen Zellfortsätzen zuständig. Das *Deck-* oder *Epithelgewebe* bildet beim Tier nicht nur die äußere Oberfläche, sondern es kleidet auch die inneren Hohlräume des Tierkörpers aus. Die dicht zusammenliegenden *Epithelzellen* der Haut haben im Wesentlichen die selben Aufgaben wie die Epidermis der Pflanzen.

Manchmal bilden mehrere Organe eine größere Funktionseinheit. So wirken Mund, Speiseröhre, Dünn- und Dickdarm bei der Verdauung zusammen. In diesem Fall spricht man von einem *Organsystem*, z. B. dem Verdauungssystem, dem Fortpflanzungssystem oder dem Nervensystem.

Aufgabe

① Zeichne einige der abgebildeten Gewebetypen. Beschrifte jeweils die erkennbaren Zellstrukturen.

Praktikum

Arbeiten mit dem Mikroskop

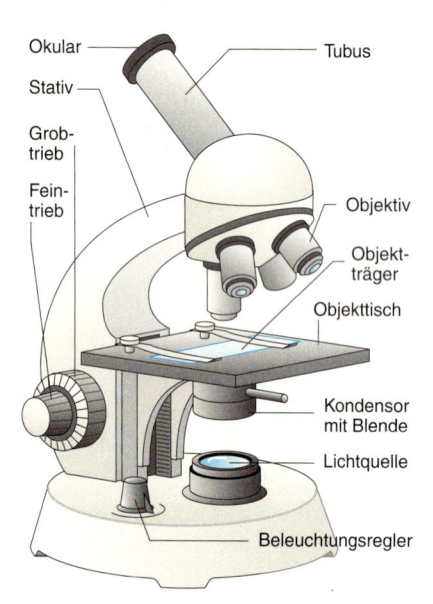

Mikroskop-Beschriftung: Okular, Stativ, Grobtrieb, Feintrieb, Tubus, Objektiv, Objektträger, Objekttisch, Kondensor mit Blende, Lichtquelle, Beleuchtungsregler

Mikroskopieren – aber richtig

Folgende Anleitung soll dir helfen, beim Mikroskopieren Fehler zu vermeiden:

1. Das Mikroskop beim Herausnehmen aus dem Schrank und beim Transport nur am Stativ anfassen.
2. Verschmutzte Objektive nur mit einem weichen Läppchen, das mit Benzin oder destilliertem Wasser getränkt ist, reinigen.
3. Nie Objektive und Okulare auseinander schrauben.
4. Die Unterseite des Objektträgers stets trocken halten.
5. Beim Mikroskopieren den Tubus mit dem Grobtrieb nur von unten nach oben bewegen.
6. Immer mit der schwächsten Vergrößerung beginnen.
7. Kondensor in die oberste Stellung bringen.
8. Bildhelligkeit und Bildkontrast mit der Blende regeln.
9. Nach erfolgter Grobeinstellung die Feineinstellung mit dem Feintrieb vornehmen.
10. Achtung! Beim Arbeiten mit stark vergrößernden Objektiven können Präparat und Deckglas leicht zerdrückt und das Objektiv beschädigt werden.
11. Nach Beendigung der Arbeiten schwächste Vergrößerung einstellen. Mikroskop säubern und Arbeitsplatz sorgfältig aufräumen. Den Arbeitsplatz stets sauber halten.

① Vergleiche den Aufbau deines Schulmikroskops mit unserer Abbildung. Vergleiche und benenne die Teile.
② Wenn man die Vergrößerungen von Objektiv und Okular multipliziert, erhält man die Gesamtvergrößerung. Berechne die möglichen Werte für dein Mikroskop.
③ Lege ein Stückchen Millimeterpapier auf den Objekttisch und miss damit dein Beobachtungsfeld aus. Notiere dir die Werte für die verschiedenen Objektive. So kannst du später leichter die wirkliche Größe eines Objektes abschätzen.
④ Lege ein Haar, eine Stecknadel und einen Wollfaden auf das Millimeterpapier und gib deren Dicke an.

Herstellung eines Nasspräparates

Durchführung: Zerschneide eine Küchenzwiebel mit einem Messer in vier Teile. Nimm eine Schuppe und schneide auf der Innenseite mit einer Rasierklinge ein kleines Rechteck hinein. Ziehe das eng anliegende Zwiebelhäutchen mit einer Pinzette vorsichtig ab. Lege anschließend das Präparat auf einen Objektträger in einen Tropfen Leitungswasser. Führe das schräg gehaltene Deckglas an den Wassertropfen heran. Lass dann das Deckglas langsam auf das Präparat sinken, ohne dass Luftblasen entstehen. Sauge überschüssiges Wasser mit Filterpapier ab. Bei Wassermangel unter dem Deckglas (erkennbar an Lufteinzug vom Rand her) mit einem Tropfen Wasser aus der Pipette ergänzen.

⑤ Zeichne bei schwacher Vergrößerung die Anordnung der Zellen.
⑥ Zeichne eine möglichst große Umrissskizze (5 x 10 cm) einiger weniger Zellen bei ungefähr 100facher Vergrößerung.
⑦ Betrachte das Innere der Zelle. Übertrage die erkennbaren Einzelheiten in deine Umrissskizze.

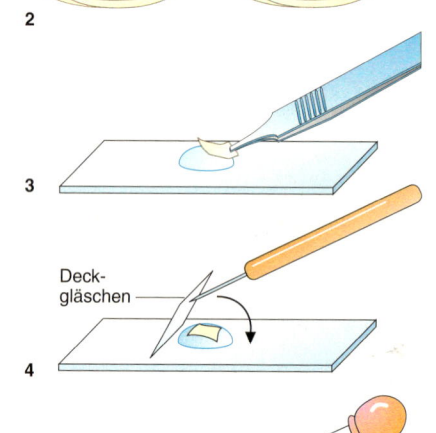

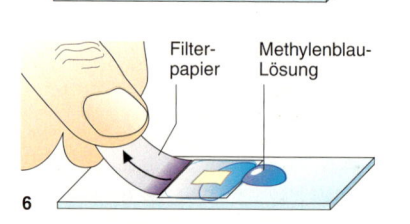

Anfärben von Präparaten

Durchführung: Fertige ein weiteres Nasspräparat des Zwiebelhäutchens an. Füge an einer Deckglaskante, wie in Abb. 6 dargestellt, einen Tropfen Methylenblaulösung hinzu. Sauge mithilfe eines Filterpapierstreifens das Färbemittel unter dem Deckglas durch.

⑧ Fertige auch hiervon eine genaue Zeichnung an. Welche Unterschiede zum ersten Präparat lassen sich erkennen?

Zelle

Heu- und Laubaufguss

Ein Tümpel oder Teich bietet ideale Lebensbedingungen für eine Vielzahl kleinster Lebewesen, die man auch als *Mikroorganismen* bezeichnet. Zu ihnen gehören Bakterien, bestimmte Algen und Pilze sowie winzige Tierchen, die oft nur aus einer Zelle bestehen. Mit bloßem Auge erkennt man die größten dieser *Einzeller* gerade noch als Punkte, man braucht also das Mikroskop, um sie genau beobachten zu können. Da es aber doch sehr umständlich wäre, mit dem Mikroskop zum nächsten Teich zu laufen, empfiehlt es sich, die Untersuchungsobjekte ins Klassenzimmer zu holen.

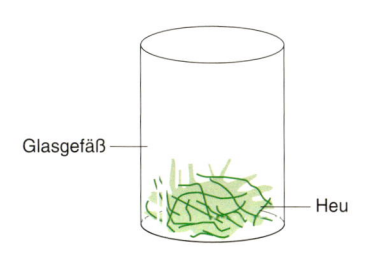

Das lässt sich erreichen, wenn man z. B. einen *Heuaufguss* ansetzt. Dafür gibt man eine Handvoll zerschnittenes Heu in ein Einmachglas, einen Liter Teich- oder Aquariumwasser dazu, deckt mit einer Glasplatte ab und lässt den Ansatz bei Zimmertemperatur im Tageslicht stehen. Beim Laubaufguss werden in gleicher Weise einige Blätter vom Waldboden gesammelt und mit Regenwasser angesetzt.

Schon nach wenigen Tagen riecht das Wasser faulig und auf der Wasseroberfläche bildet sich eine dünne *Kahmhaut*. Sie besteht vor allem aus Bakterien. Deshalb findet man beim Mikroskopieren zu diesem Zeitpunkt hauptsächlich Bakterien. Drei bis vier Tage später sind schon Algen zu entdecken sowie die ersten einzelligen Tierchen. Nach etwa 14 Tagen huschen ganze Scharen von *Pantoffeltierchen* unter der Kahmhaut herum.

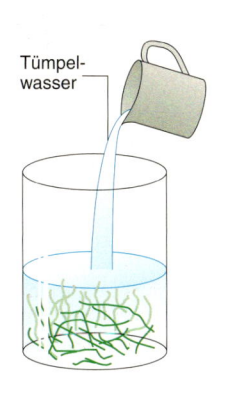

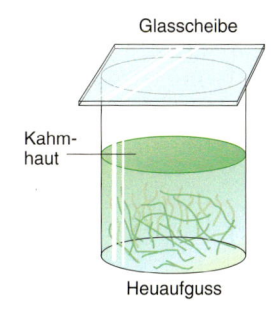

Kleinlebewesen im Heuaufguss

In jedem Heu- oder Laubaufguss findet man verschiedene Kleinlebewesen. Sie waren als Dauerform an den Pflanzen vorhanden und sind durch die günstigen Bedingungen wieder zum Leben erwacht.

Für die Untersuchung benötigst du eine Pipette (möglichst mit einem Gummiballon an einem Ende), Objektträger und Deckgläschen. Mit der Pipette kannst du von jeder beliebigen Stelle eine Wasserprobe entnehmen. Gib davon einen Tropfen auf den Objektträger und untersuche dieses Nasspräparat.

Aufgaben

1. Beobachtung des Heuaufgusses mit bloßem Auge und Lupe:
   a) nach Ansetzen des Aufgusses, wenn sich das aufgewirbelte Material gesetzt hat;
   b) nach einigen Tagen;
   c) nach etwa 14 Tagen. Halte das Gefäß dazu gegen das Licht.
2. Beobachtung mit der Stereolupe (Binokular) oder mit dem Mikroskop: Führe die Arbeiten zu den oben angegebenen Zeiten durch; entnimm dabei zusätzlich Proben aus folgenden Zonen:
   a) oberster Bereich (d. h. an der Stelle, an der sich die Kahmhaut gebildet hat);
   b) freier Wasserbereich;
   c) Bodensatz.

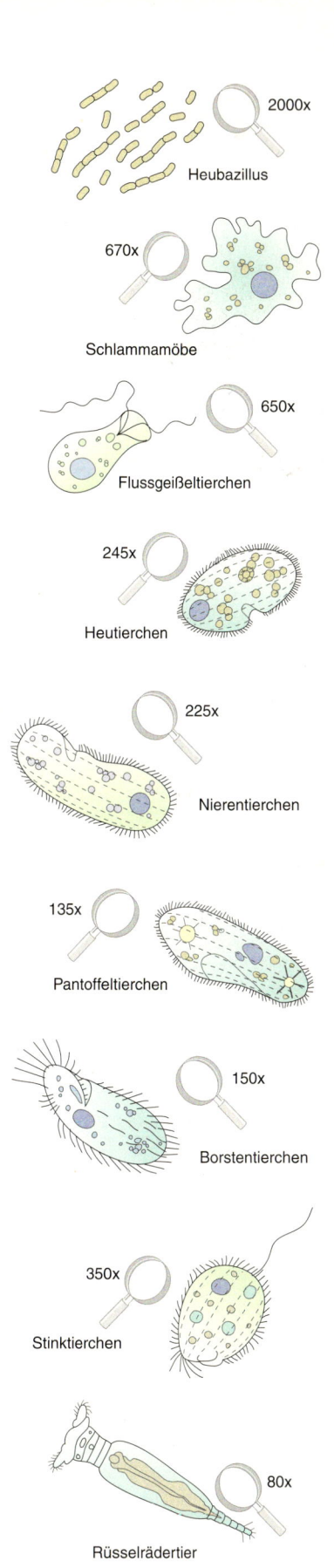

2000x Heubazillus

670x Schlammamöbe

650x Flussgeißeltierchen

245x Heutierchen

225x Nierentierchen

135x Pantoffeltierchen

150x Borstentierchen

350x Stinktierchen

80x Rüsselrädertier

Zelle **15**

2 Vom Einzeller zum Vielzeller

Einzellige Lebewesen

Mit etwas Glück findet man in Tümpelwasser oder an zersetzten Pflanzenteilen im Heu- und Laubaufguss eines der folgenden Lebewesen.

Paramecium: Das *Paramecium* oder Pantoffeltierchen ist mit bis zu 0,3 mm Länge einer der größten *Einzeller*. Seine Oberfläche, eine elastische Zellhaut, ist mit mehr als 10 000 Wimpern bestückt. Die Wimpern schlagen rhythmisch und treiben den Einzeller in einer lang gestreckten Spirale durch das Wasser. Dabei dreht er sich um seine Längsachse. Stößt das Pantoffeltierchen irgendwo an, schwimmt es kurz zurück und mit veränderter Richtung wieder vorwärts, bis das Hindernis umgangen ist. Wird es aber z. B. von einem anderen Einzeller angegriffen, kann es sich recht gut verteidigen: Unmittelbar unter der Zellhaut lagern spitze, harpunenähnliche Eiweißstäbchen. Bei einer Bedrohung werden diese *Trichocysten* explosionsartig ausgestoßen.

Mit den Wimpern werden ständig Nahrungspartikel an das *Mundfeld* herangestrudelt. Das können z. B. einige tausend Bakterien innerhalb einer Stunde sein. Über den *Zellmund* gelangen sie ins Zellplasma. Dabei werden sie in Bläschen, die *Nahrungsvakuolen*, eingeschlossen und darin verdaut. Diese Bläschen bewegen sich auf festgelegten Bahnen durch die Zelle. Unverdauliche Reste werden am *Zellafter* ausgeschieden.

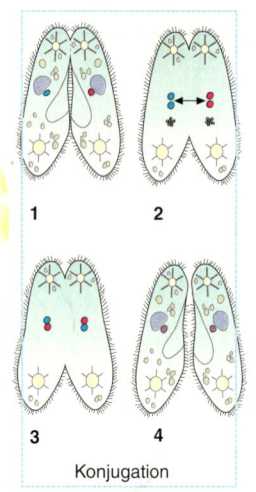

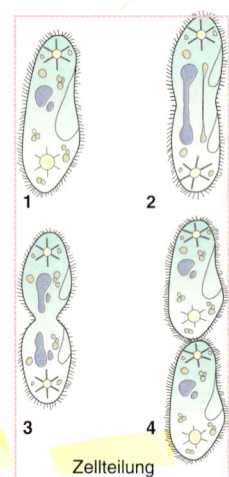

Konjugation

Zellteilung

Pantoffeltierchen haben keine speziellen Atmungsorganellen, sie atmen über die gesamte Zelloberfläche. Durch die Zellhaut dringt jedoch ständig Wasser ins Plasma ein. Zwei *pulsierende Vakuolen* nehmen dieses überschüssige Wasser über sternförmige Zufuhrkanäle auf und befördern es wieder nach außen.

Alle Zellfunktionen werden bei Paramecium vom *Großkern* gesteuert. Dieser Einzeller hat aber noch einen zweiten Kern, den *Kleinkern*, der bei der *geschlechtlichen Fortpflanzung* von Bedeutung ist. Bei dieser Vermehrungsart, die auch als *Konjugation* bezeichnet wird, legen sich zwei Tiere aneinander und verschmelzen an den Mundregionen. Über eine Plasmabrücke werden Teile der Kleinkerne ausgetauscht. Nach der Trennung besitzt jede Zelle Kernmaterial der anderen.

In der Regel vermehrt sich das Pantoffeltierchen jedoch *ungeschlechtlich* durch *Querteilung*. Vor der Durchschnürung des Zellkörpers teilt sich zunächst der Kleinkern, dann der Großkern. Jede Zellhälfte enthält eine pulsierende Vakuole, die zweite wird jeweils neu gebildet. Die Teilungsdauer beträgt ca. 1 Stunde. Nach der vollständigen Trennung sind zwei kleine Pantoffeltierchen entstanden, die nach und nach auf die für Paramecien übliche Größe heranwachsen.

Aufgaben

① Vergleiche den Weg der Nahrung bei Paramecium und Mensch. Welches Organell entspricht welchem Organ?

② Pantoffeltierchen teilen sich etwa alle 24 Stunden. Nach 19 Tagen können theoretisch aus einem Tierchen 500 000 entstehen. Wann wäre eine Million überschritten?

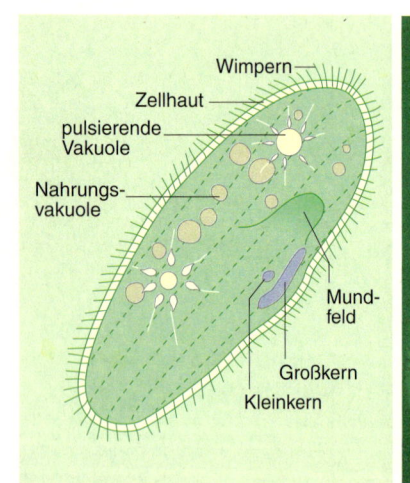

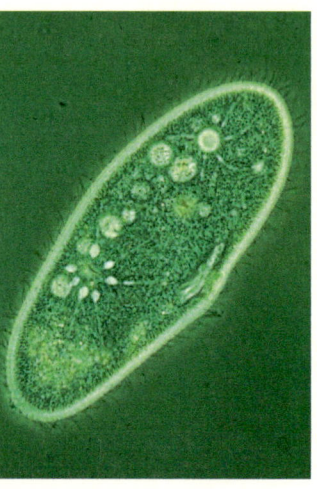

Schlammamöbe: Dieser Einzeller wird auch *Wechseltierchen* genannt, denn er hat keine feste Gestalt. Von Sekunde zu Sekunde ändert die Amöbe ihre Form: *Scheinfüßchen* treten hervor und der übrige Plasmakörper strömt nach. Auf diese Weise gleitet die Amöbe über den Untergrund.

Trifft eine Amöbe beim Dahingleiten auf ein Nahrungsteilchen, so wird es durch Umfließen eingeschlossen. Eine *Nahrungsva-*

1 Pantoffeltierchen

Zelle

kuole ist entstanden. Dieser Vorgang kann an jeder Stelle der Zelloberfläche ablaufen. Die Nahrungsvakuolen kreisen so lange in der Zelle, bis die Nahrung verdaut ist. Berührt das Bläschen dann die Zellhaut, verschmilzt es mit ihr. Es platzt auf und gibt die unverdaulichen Reste nach außen ab. Lösliche Schadstoffe und überschüssiges Wasser werden durch eine *pulsierende Vakuole* ausgeschieden.

Wie jede lebende Zelle, hat auch die Amöbe einen *Zellkern*, der die Lebensfunktionen des Einzellers steuert. Hat die Amöbe eine bestimmte Größe erreicht, teilt sich der Zellkern. Darauf folgt die Teilung des *Zellkörpers*. Das Ergebnis sind zwei Tiere mit jeweils halber Größe. Das Muttertier ist restlos in die beiden Tochterzellen übergegangen. Innerhalb weniger Stunden wachsen die Tochterzellen zur ursprünglichen Größe heran, fehlende Organellen werden dabei ergänzt. Jetzt kann der Teilungsvorgang von neuem beginnen.

Plötzliche Trockenheit überlebt eine Amöbe nicht. Bleibt dem Tier aber ausreichend Zeit, eine schützende *Hülle* auszuscheiden, hat es gute Überlebenschancen. Die Zelle kugelt sich ab und überdauert die widrigen Bedingungen in einem *Ruhestadium*. Sobald die Kapsel mit Wasser in Berührung kommt, schlüpft die Amöbe wieder heraus.

Aufgabe

① Vergleiche eine Amöbe mit Paramecium. Schreibe Gemeinsamkeiten und Unterschiede in Form einer Tabelle auf.

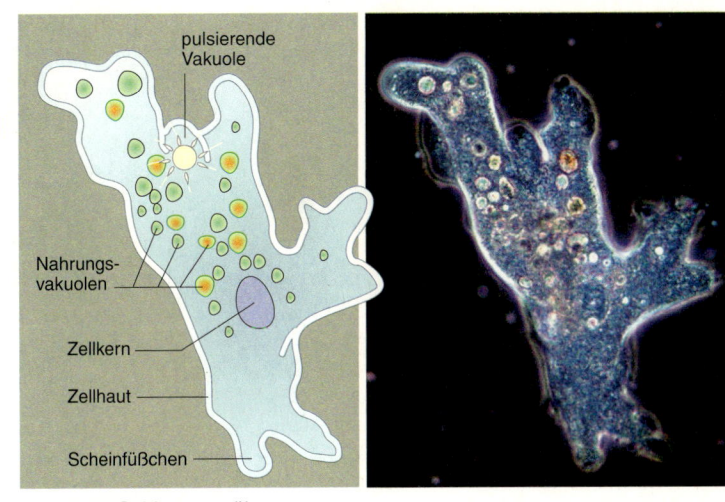

2 Bau der Schlammamöbe

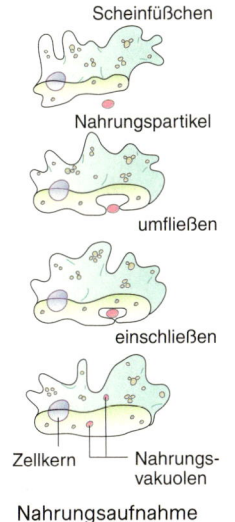

Nahrungsaufnahme

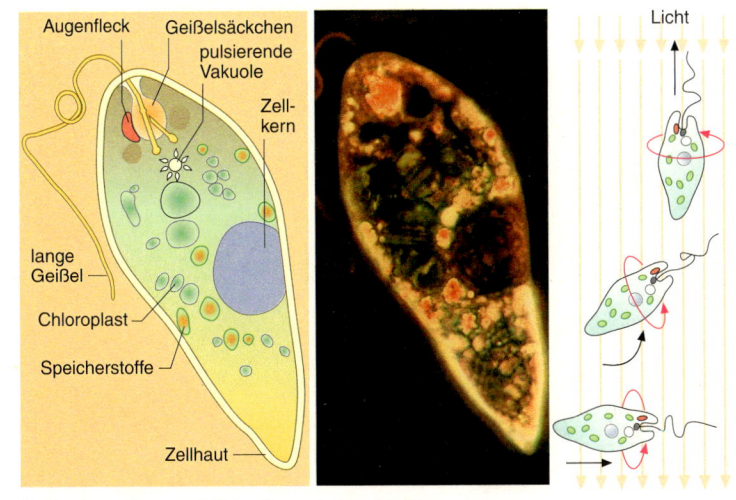

1 Euglena, Bau und Orientierung zum Licht

Euglena: Dieser in Tümpeln recht häufige Einzeller ist etwa 0,05 mm lang. Der spindelförmige Körper ist von einer elastischen *Zellhaut* umgeben. Im *Geißelsäckchen* am Vorderende entspringen zwei *Geißeln*. Wie eine Peitschenschnur treibt die lange Geißel den Einzeller an. Dabei dreht er sich um seine Längsachse und schraubt sich förmlich durch das Wasser. Die zweite Geißel endet noch innerhalb des Geißelsäckchens, unmittelbar vor einer Verdickung der langen Geißel. Diese Verdickung ist ein *lichtempfindliches Organell*. Zusammen mit dem roten Augenfleck dient es Euglena zur Lichtorientierung: Bei seitlich einfallenden Sonnenstrahlen beschattet der Augenfleck das lichtempfindliche Organell. Euglena ändert dann die Bewegungsrichtung und schwimmt zum Licht hin. Deshalb bezeichnet man Euglena auch als *Augentierchen*.

Um den *Zellkern* liegen sternförmig angeordnete *Chloroplasten*. Mit ihnen bildet Euglena im Licht stärkeähnliche Stoffe und speichert sie. Das Augentierchen ernährt sich also wie eine Pflanze; man sagt auch, es ist *autotroph*. Einige Euglenaarten bauen ihre Chloroplasten ab, wenn man sie im Dunkeln hält. Ähnlich wie beim Pantoffeltierchen werden dann Nahrungspartikel aufgenommen, verdaut und im Körper verteilt. Diese Ernährungsweise nennt man *heterotroph*.

Euglena vermehrt sich durch *Längsteilung*. Der Zellkern und alle Organellen — Geißelsäckchen, Geißeln, Augenfleck, pulsierende Vakuole — werden verdoppelt. Bei der Durchschnürung des Zellkörpers verteilen sie sich auf die beiden Tochterzellen.

Zelle **17**

Einzeller und Zellkolonie

Heute kommen auf der Erde einzellige und vielzellige Lebewesen nebeneinander vor. In ca. 3,5 Milliarden Jahre alten Versteinerungen finden sich jedoch nur die Abdrücke einzelliger Formen. Wissenschaftler gehen deshalb davon aus, dass am Anfang des Lebens auf der Erde Einzeller standen. Aus ihnen haben sich im Laufe von Jahrmillionen *mehrzellige* Pflanzen und Tiere entwickelt. An Beispielen bei den *Grünalgen* kann diese Entwicklung für heute lebende Pflanzen modellhaft nachvollzogen werden.

Die einzellige Alge *Chlamydomonas* bevorzugt besonnte Uferregionen sauerstoffreicher Seen. Die ovale Zelle liegt in einer *Gallerthülle* und ist, wie die höheren Pflanzen, von einer festen *Zellwand* begrenzt. Charakteristisch sind der becherförmige *Chloroplast*, der den Zellkern umgibt, zwei gleich lange *Geißeln* und ein roter *Augenfleck*.

Bei der ungeschlechtlichen Vermehrung teilt sich die Zelle zweimal innerhalb ihrer Hülle. Die vier Tochterzellen bleiben zunächst in der schützenden Hülle zusammen. Erst kurze Zeit später werden sie durch das Platzen der Gallerthülle freigesetzt.

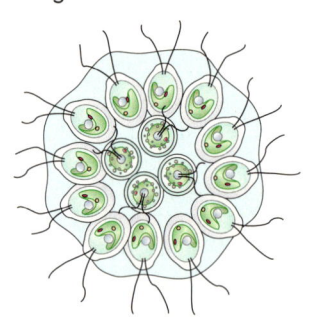

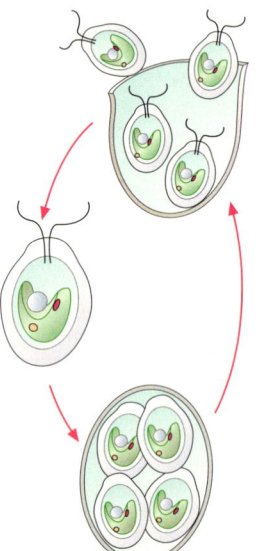

Ungeschlechtliche Vermehrung von Chlamydomonas

Der Weg zum Vielzeller hat wahrscheinlich damit begonnen, dass sich die Tochterzellen eines Einzellers nach der Teilung nicht getrennt haben, sondern innerhalb der gemeinsamen Gallerthülle zusammengeblieben sind. Solche Zusammenschlüsse gleichwertiger Zellen nennt man *Zellkolonien*.

Die Mosaikgrünalge *(Gonium)* stellt ein solches Stadium dar. Bis zu 16 Zellen, deren Bau Ähnlichkeit mit Chlamydomonas hat, stecken in einer flachen Gallerthülle und die Geißeln der Zellen ragen nach außen. Zwar sind die Zellen noch nicht spezialisiert, doch sind sie zu einer Gesamtleistung fähig, z. B. dem Schwimmen in eine Richtung. Da alle Zellen gleich sind, kann eine losgelöste Alge aber auch alleine weiterleben, sich teilen und eine neue Kolonie bilden.

In der Algenkolonie *Eudorina* werden 32 Zellen in der Gallerthülle zusammengehalten. Die zu einer Hohlkugel angeordneten Einzelzellen sind ebenfalls ähnlich wie Chlamydomonas gebaut. Eudorina kann sich ungeschlechtlich fortpflanzen, aber auch Ei- und Spermienzellen — also Geschlechtszellen — ausbilden.

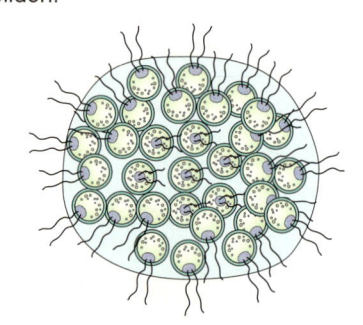

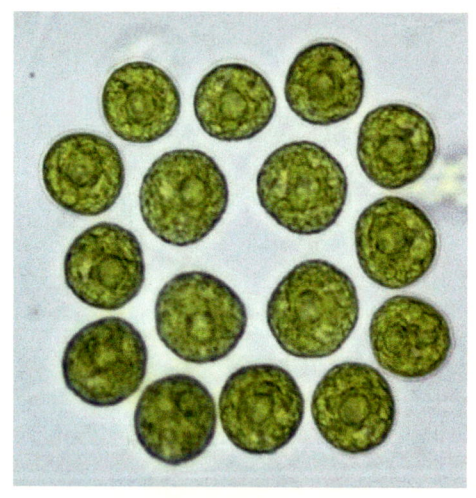

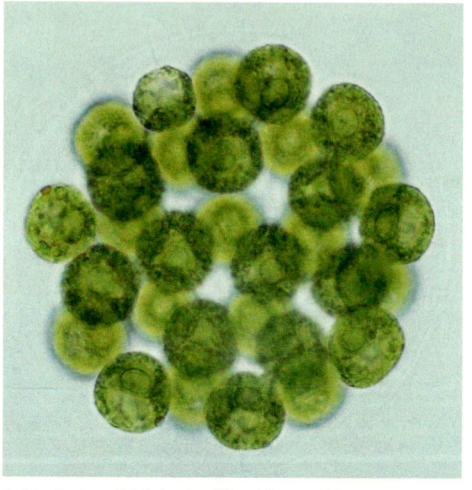

1 Gonium (Originalgröße: Ø ca. 60 µm)

2 Eudorina (Originalgröße: Ø ca. 100 µm)

Die Kugelalge Volvox — ein einfacher Vielzeller

Die Kugelalge *Volvox* kommt in stehenden und langsam fließenden Gewässern vor. Sie besteht aus tausenden von Zellen, die eine mit Gallerte gefüllte ca. 1 mm große Hohlkugel bilden. Wie schon bei Chlamydomonas, haben alle Zellen neben Kern und Plasma einen Chloroplasten, einen Augenfleck und zwei Geißeln. Untereinander sind die Zellen durch ein Netz aus dünnen Plasmafäden, den *Plasmabrücken*, verbunden. Diese ermöglichen den Stoff- und Informationsaustausch zwischen den einzelnen Zellen. So kann z. B. der Schlag der Geißeln beim Schwimmen untereinander abgestimmt werden.

Bei Volvox kann man zwei Arten von Zellen unterscheiden. Die zahlreichen kleinen *Körperzellen* dienen der Fortbewegung und der Ernährung. Sie haben ihre Teilungsfähigkeit verloren.

Der zweite Zelltyp sind die wesentlich größeren, aber selteneren *Fortpflanzungszellen*. Diese können sich noch teilen und bilden dabei *Tochterkugeln*, die im Innern der Mutterkugel liegen und dort heranwachsen. Nach Erreichen eines bestimmten Alters

geschlechtliche Fortpflanzung

stirbt die Mutterkugel ab, sie zerfällt und die Tochterkugeln werden frei. Neben dieser ungeschlechtlichen Vermehrung kann sich Volvox auch geschlechtlich fortpflanzen. Die Fortpflanzungszellen werden dabei zu *Spermien-* oder *Eizellen*.

Volvox kann bereits als vielzelliges Individuum angesehen werden. Im Gegensatz zu den einfachen Zellkolonien sind bei der Kugelalge isolierte Zellen nicht mehr lebensfähig. Bedingt durch die Arbeitsteilung und Spezialisierung können sie nur noch bestimmte Aufgaben erfüllen. Die Körperzellen altern und sterben, damit stirbt auch der Gesamtorganismus. Nur die Fortpflanzungszellen leben in den neuen Individuen weiter.

Aufgaben

① Welche Vorteile bringt der Zusammenschluss einzelner Zellen zu Kolonien?
② Stelle nach den Abbildungen dieser Seite in einer Tabelle Gemeinsamkeiten und Unterschiede zwischen Chlamydomonas, Gonium, Eudorina und Volvox zusammen.
③ „Einzeller sind unsterblich". Begründe diese Aussage anhand der Beispiele.

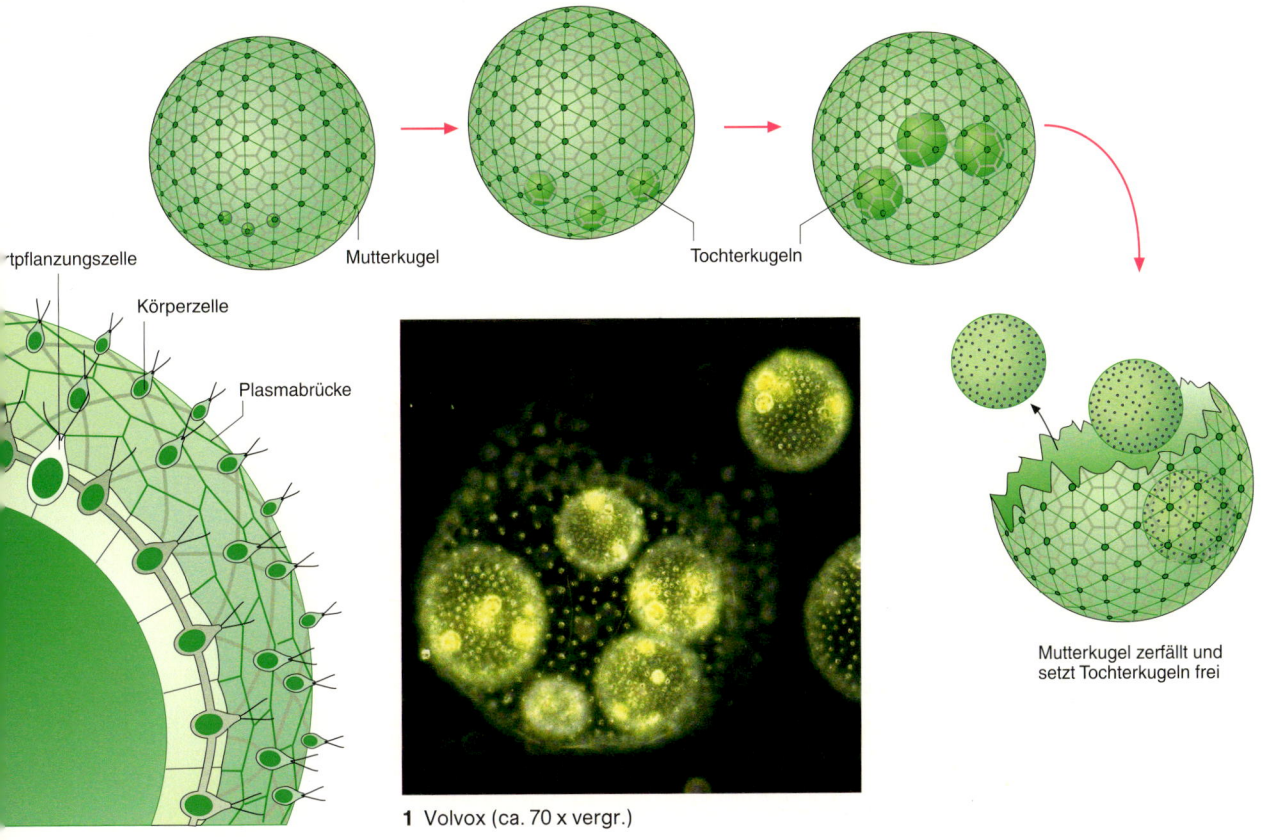

Mutterkugel zerfällt und setzt Tochterkugeln frei

1 Volvox (ca. 70 x vergr.)

Der Süßwasserpolyp

Süßwasserpolypen sind einfach gebaute, ein bis drei Zentimeter große Vielzeller, die klare, sauerstoffreiche Gewässer ohne schnelle Strömung als Lebensraum bevorzugen. Die bräunlich oder grün gefärbten Tiere haften mit der *Fußscheibe* an Wasserpflanzen, während Fangarme am oberen Körperende, die *Tentakel*, vom fließenden Wasser hin und her bewegt werden. Polypen können ihren Standort auch wechseln. Mit langsamen Bewegungen, die einem Handstandüberschlag gleichen, kommen sie allmählich voran.

Der Polyp gehört zum Stamm **Nesseltiere**: Er besitzt im Innern einen einzigen, großen *Hohlraum*, der sich bis in die Spitzen der Fangarme hineinzieht und die Funktion von Magen und Darm erfüllt. Dieser *Magen-Darm-Raum* wird von zwei Zellschichten begrenzt. Die Außenschicht — das *Ektoderm* — ist aus Hautmuskel-, Sinnes- und Nesselzellen aufgebaut. Die Innenschicht — das *Entoderm* — besteht überwiegend aus Drüsen- und Fresszellen. Zwischen Ektoderm und Entoderm liegt eine gallertartige *Stützschicht*, in die ein einfaches Netz von Nervenzellen und unspezialisierte *Ersatzzellen* eingelagert sind. Letztere können alle anderen Zelltypen durch Neubildung ersetzen.

Der Polyp ernährt sich von Wasserflöhen und Fischbrut. Berührt ein Beutetier einen Tentakel, löst es die Explosion der *Nesselzellen* aus. *Stilettapparate* schnellen vor und durchdringen die Beute. Gleichzeitig werden *Nesselfäden* ausgestoßen, die das Opfer mit ihrem Gift lähmen oder töten. Die Fangarme ergreifen die Beute und stopfen sie in die *Mundöffnung*. So gelangt sie in den Magen-Darm-Raum. Dort wird sie durch Verdauungssäfte der *Drüsenzellen* in kleinste Nahrungsteilchen zersetzt. Diese werden dann von den *Fresszellen* aufgenommen und vollständig verdaut.

Süßwasserpolypen können sich sowohl *geschlechtlich* durch Geschlechtszellen als auch *ungeschlechtlich* durch Knospung fortpflanzen. Bei der Knospung entsteht eine Ausstülpung am unteren Körperende. Daraus entwickelt sich in wenigen Tagen ein junger Polyp. Er löst sich vom Elterntier ab und lebt selbstständig weiter.

Aufgabe

① Beschreibe anhand von Abbildung 3 die Explosion einer Nesselzelle.

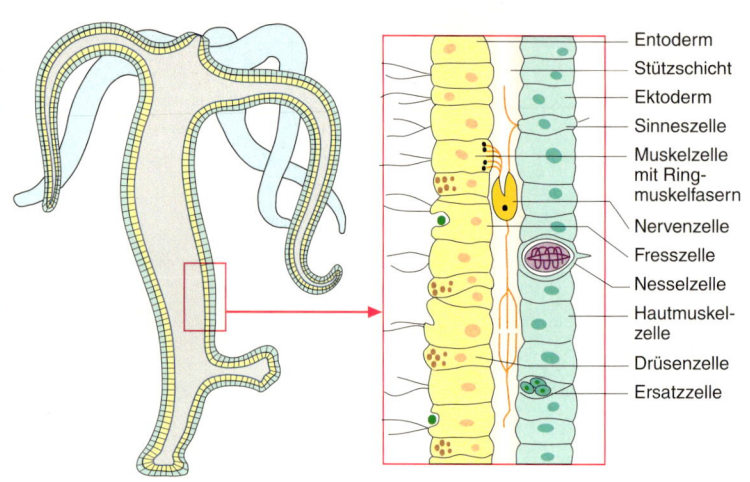

1 Bauplan eines Süßwasserpolypen

2 Süßwasserpolyp mit Knospe und Tochterpolypen

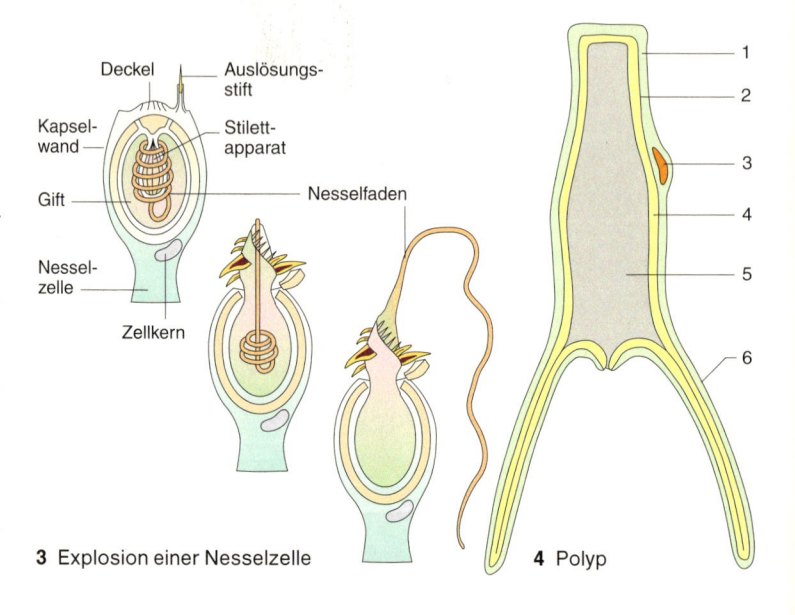

3 Explosion einer Nesselzelle

4 Polyp

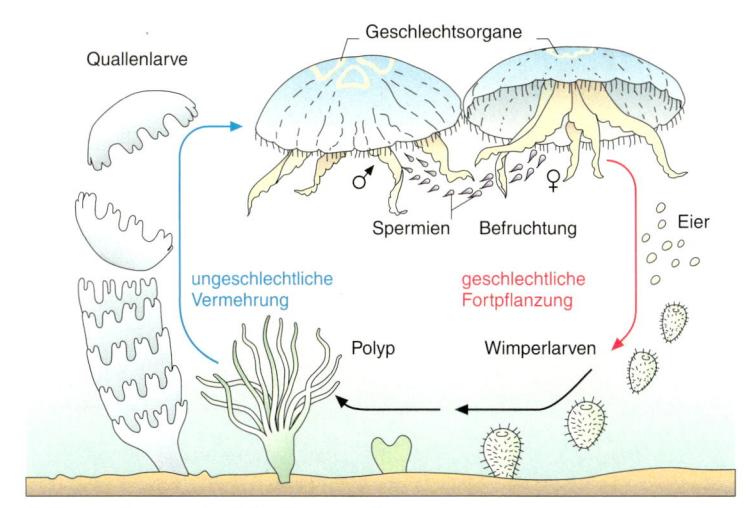

1 Generationswechsel der Ohrenqualle

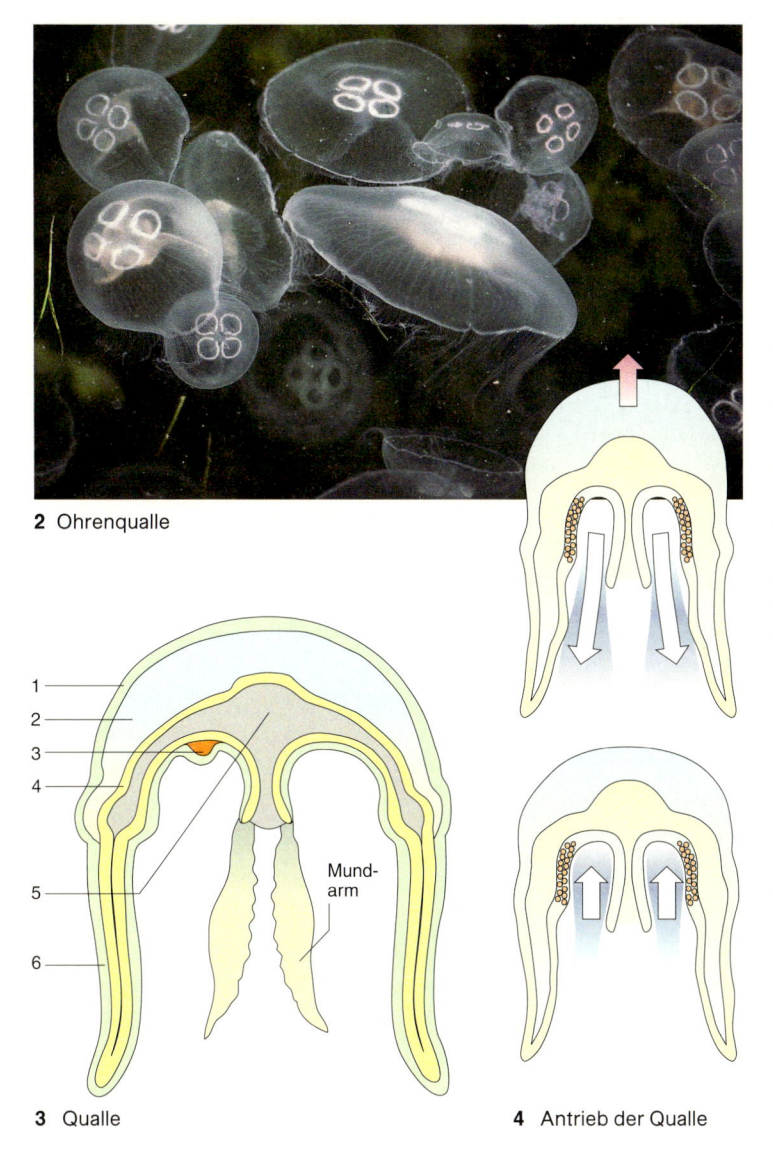

2 Ohrenqualle

3 Qualle

4 Antrieb der Qualle

Die Ohrenqualle

Die bis zu 40 cm im Durchmesser großen *Ohrenquallen* leben in allen Ozeanen und kommen sogar in Nebenmeeren wie der Ostsee vor. Die Tiere schweben im Wasser, sinken ab und steigen durch rasches Zusammenziehen ihres farblosen Schirmes ruckartig wieder nach oben. Quallen bewegen sich nach dem Prinzip des *Rückstoßes* im Wasser vorwärts. Wird eine Ohrenqualle an die Küste gespült, trocknet sie rasch aus, da sie bis zu 98 % aus Wasser besteht!

Ihren Namen erhielt die Ohrenqualle wegen der vier ohrenförmigen Geschlechtsorgane, die durch die Schirmgallerte hindurchschimmern. Ihr Körper gleicht einem umgestülpten Teller, aus dem in der Mitte die vier *Mundarme* herausragen. Den Schirmrand säumen viele kurzen *Randtentakel*, in denen die — bei anderen Quallen zu Recht gefürchteten — *Nesselkapseln* sitzen. Für einen Menschen ist die Ohrenqualle harmlos, da ihre Nesselkapseln unsere Haut nicht durchdringen können.

Eng verwandt sind die Ohrenquallen mit den *Polypen*. Der Körper der Qualle ist wie ein Polyp aufgebaut. *Ekto-* und *Entoderm* werden im Schirmbereich aber von einer sehr dicken Stützschicht getrennt. Die Verwandtschaft wird auch an der Fortpflanzung deutlich. Aus befruchteten Eizellen entstehen Wimperlarven, die sich am Boden festsetzen und zu Polypen entwickeln. Diese vermehren sich ungeschlechtlich und schnüren dabei Scheiben ab, die wie Teller gestapelt sind. Die jeweils oberste Scheibe löst sich und schwimmt als Qualle davon. Diesen ständigen Wechsel von geschlechtlicher Fortpflanzung und ungeschlechtlicher Vermehrung nennt man *Generationswechsel*.

Aufgaben

① Ordne den Zahlen der Abbildung die richtigen Bezeichnungen zu. Stelle eine Tabelle auf, in der Gemeinsamkeiten und Unterschiede von Süßwasserpolyp und Qualle vermerkt sind.

② Weshalb bezeichnet man die Fortpflanzung des Polypen einer Qualle als ungeschlechtlich, die Fortpflanzung der Qualle selbst als geschlechtlich?

③ Erkläre die folgenden Begriffe: Generationswechsel, Metamorphose, Larve.

④ In der Nordsee kommt die Feuerqualle vor. Bereite ein kurzes Referat über dieses Tier vor und berichte.

Zelle

Impulse

In den Dolomiten, also mitten im Gebirge, hat man versteinerte Korallenskelette gefunden. Wie ist das möglich?

Leben im Korallenriff

Was ist eine Koralle?

Die Riff bildenden Korallen heißen *Steinkorallen*. Das sind Polypen, die an ihrer Unterseite Kalk ausscheiden. Durch ihre ungeschlechtliche Vermehrung, die *Knospung*, sitzen sie in riesigen Mengen nebeneinander und bilden so ein gemeinsames Kalkskelett, den *Korallenstock*.

Steinkorallen überleben nur dort, wo das Meerwasser klar, bewegt, gut durchlichtet und sauerstoffreich ist; die Wassertemperatur muss 18—20 °C betragen. Andererseits darf die Temperatur nicht über ca. 30 °C steigen.

Die zarten kleinen Einzelpolypen besitzen wie alle Nesseltiere zwei Zellschichten. Die Mundöffnung ist von *Tentakeln* umgeben, die mit Nesselkapseln besetzt sind. Bei Berührung entladen sie sich und lähmen die Beute.

Paarige Scheidewände, die strahlenförmig bis fast zur Körpermitte ziehen, untergliedern den Magen-Darm-Raum. Hier werden Verdauungssäfte abgesondert.

Korallenformen

Die Korallenpolypen können bei ihrem Wachstum unterschiedliche Formen ausbilden. Sammle Bilder und klebe sie in einem Poster zusammen auf.

Es gibt auch Korallenschmuck und Korallengeld. Worum handelt es sich dabei?

Riffformen

Es gibt verschiedene Möglichkeiten, wie Korallenriffe gestaltet sein können. Drei davon sind **Saumriff**, **Wallriff** und **Atoll**.

Beschreibe diese drei Formen nach den Abbildungen. Nenne jeweils ein wichtiges Kennzeichen.

Vergleiche die drei Abbildungen. Wie könnte ein Atoll entstanden sein?

Viele Menschen denken an die Südsee, wenn das Wort „Korallenriff" fällt.
Kommen Korallen wirklich nur dort vor?

Wie heißt das größte Korallenriff und wo liegt es?

Saumriff — Insel — tote/lebende Korallenstöcke — Wallriff — Atoll — Lagune

22 *Zelle*

Ernährung der Korallen

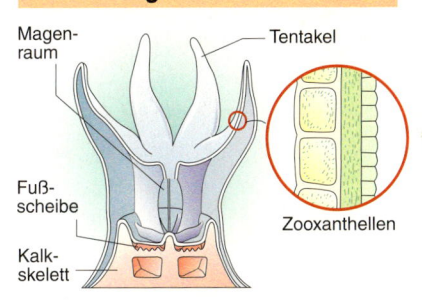

Magenraum — Tentakel
Fußscheibe
Kalkskelett
Zooxanthellen

Riffkorallen wachsen sehr langsam, nur einige Millimeter im Jahr. Die dafür erforderliche Nahrung erhalten sie auf verschiedene Weise:

— Mit ihren Tentakeln fangen sie tierische Planktonorganismen und verdauen sie in ihrem Magen-Darm-Raum.
— Organische Nährstoffe können sie über die Außenhaut unmittelbar aus dem Wasser aufnehmen.
— In den Zellen der Steinkorallen leben pflanzliche Einzeller, die *Zooxanthellen*. Diese Algen enthalten Chlorophyll und stellen bei guter Belichtung Nährstoffe für sich und auch für die Koralle her.

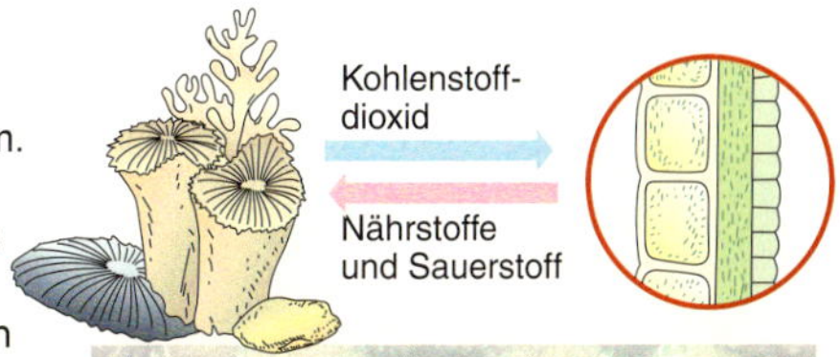

Der Polyp liefert den Algen im Gegenzug Nährsalze und Kohlenstoffdioxid. Eine solche Gemeinschaft, aus der beide Nutzen ziehen, heißt *Symbiose*. Die Symbiose zwischen Alge und Polyp ist sogar so eng, dass der eine ohne den anderen nicht überleben kann. Bei Lichtmangel gehen die Algen zugrunde und die Korallenpolypen bleichen aus. Dann hört die Kalkproduktion auf und der Korallenstock stirbt ab. Abgestorbene Riffe erscheinen farblos und bleich. Erkläre den Zusammenhang.

Kohlenstoffdioxid
Nährstoffe und Sauerstoff

Korallen — Zooxanthellen

Steinkoralle

Sternkoralle

Hirnkoralle — **Findest du noch andere Formen?**

Tourismuszentren und Korallentaucher gefährden die Existenz der Riffe. Auf welche Weise? Begründe, weshalb die Korallenriffe durch Verschmutzung des Wassers gefährdet sind.

Was macht ein Putzerfisch? Er hat auch Nachahmer. Was bedeutet das?

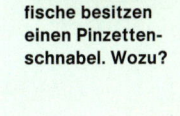

Fischbrut im Riff. Wer hat hier den Vorteil?

Was sind wohl Seepeitschen?

Was hat es mit dem Anemonenfisch auf sich?

Wie kommt der Drückerfisch an seine Beute?

Seeigel

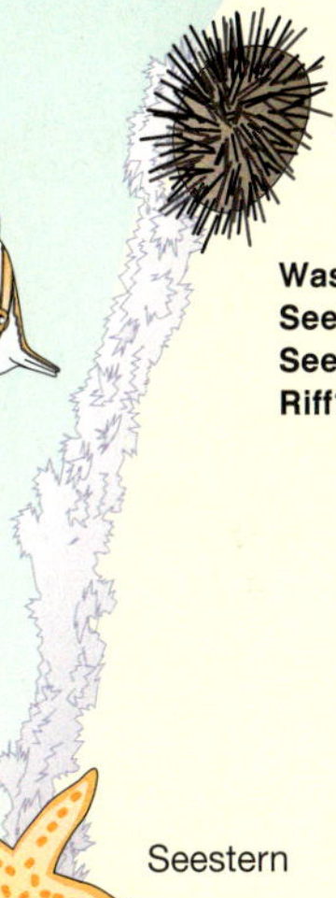

Was machen Seeigel und Seesterne im Riff?

Viele Korallenfische besitzen einen Pinzettenschnabel. Wozu?

Seestern

Warum nennt man die Korallenriffe wohl die „Regenwälder der Meere"?

Muräne in einer Höhle. Was ist das für ein Tier?

Zusammenleben im Riff

Kein Lebensraum der Erde ist so dicht besiedelt und so artenreich wie die Korallenriffe. Die Abbildung zeigt einige Beispiele. Beschreibe das Zusammenleben der verschiedenen Arten.

Zelle

Wirbellose Tiere

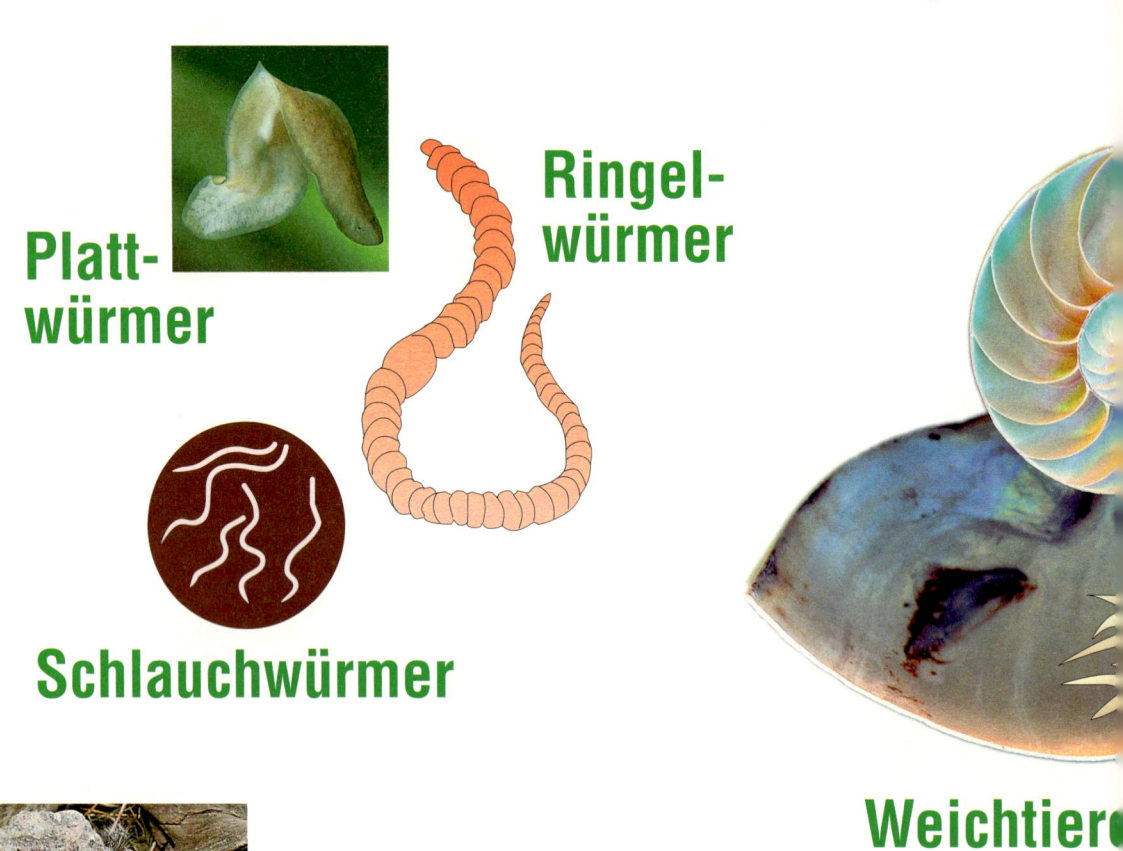

Plattwürmer

Ringelwürmer

Schlauchwürmer

Weichtiere

Spinnentiere

Krebstiere

Hier sieht man einen kleinen Ausschnitt aus der riesigen Vielfalt von Tieren, die kriechen, krabbeln, laufen, hüpfen, fliegen, schwimmen oder tauchen können. Wir fassen diese keineswegs einheitlich gebauten Lebewesen als Gruppe der Wirbellosen zusammen. Sie haben keine Wirbelsäule und man kann sie daher ganz gut gegen die Wirbeltiere abgrenzen.

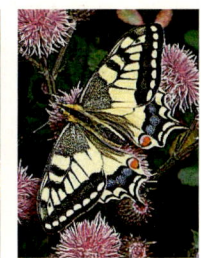

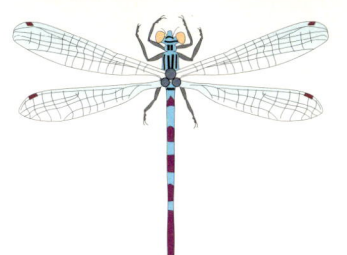

Insekten

Dieses Kapitel kann einen Zugang zu Tieren ermöglichen, die häufig nicht besonders beachtet oder geschätzt werden. Mit Entdeckungen über ihren Körperbau sowie ihre teilweise phantastischen und verblüffenden Leistungen kann man sicher eine neue Beziehung zu ihnen entwickeln. Zugleich wird ein Überblick über die schwer überschaubare Fülle dieser interessanten Lebensformen geschaffen.

25

1 Würmer — eine vielseitige Lebensform

Regenwürmer sind Bodenbewohner

Nach einem Regenschauer sieht man auf Garten- und Feldwegen oft zahlreiche *Regenwürmer*. Das versickernde Regenwasser hat ihre unterirdischen Wohnröhren überflutet und sie nach oben getrieben, sonst wären sie im Boden erstickt. Bald sind sie jedoch wieder verschwunden. Die Eile ist verständlich, denn auch Licht und Trockenheit sind für diese Tiere tödlich: Das UV-Licht der Sonne verbrennt ihre dünne, schleimige Haut. An der Luft trocknen sie rasch aus. Regenwürmer sind an das Leben im Boden angepasste *Feuchtlufttiere*.

Oberflächlich betrachtet ist der Regenwurm ein bis zu 30 cm langes, gliedmaßenloses Lebewesen, bei dem man auf den ersten Blick weder vorn noch hinten unterscheiden kann. Beim genaueren Hinsehen zeigt es sich aber, dass der Regenwurm einige, für ihn charakteristische Besonderheiten hat.

Das auffälligste Merkmal sind die bis zu 150 Körperringe oder *Segmente*, in die er unterteilt ist. Wegen dieser Gliederung gehört der Regenwurm zu den **Ringelwürmern**. Ein lappig vorgezogenes Segment an einem Körperende ist der *Kopflappen*, der die *Mundöffnung* überdeckt. In jedem folgenden Segment sind vier Paar *Chitinborsten* eingelassen, die die Fortbewegung unterstützen. Im vorderen Körperdrittel fällt noch eine hell gefärbte Verdickung auf, der *Gürtel*. Er spielt bei der Fortpflanzung eine große Rolle. Das Hinterende, an dem der *After* liegt, ist abgeflacht und läuft spitz aus.

Bei einem kriechenden Regenwurm kann man wellenförmige Bewegungen beobachten, die — je nachdem, in welche Richtung das Tier kriecht — von vorne nach hinten oder von hinten nach vorne über den Körper laufen. Dies bewirken zwei Muskelschichten, die mit der Oberhaut zum *Haut-Muskel-Schlauch* verwachsen sind. Durch das Zusammenziehen der inneren *Längsmuskelschicht* kann sich der Wurm verkürzen, der Körper wird dicker. Zieht sich die äußere *Ringmuskelschicht* zusammen, wird er lang und dünn. Beide Bewegungen erfolgen abwechselnd. Die Chitinborsten verankern dabei das Tier im Boden oder auf der Unterlage und verhindern ein Zurückrutschen. Auf diese Weise kann der Regenwurm auch in seinen engen Erdröhren auf- und absteigen.

1 Regenwurm mit Gürtel

2 Schema der Muskulatur beim Regenwurm
Querschnitt durch den Körper
Längsmuskel
Ringmuskel
a) Strecken   b) Zusammenziehen

Entsprechend der äußeren Gliederung ist der Regenwurm auch innen unterteilt. *Trennwände* grenzen die einzelnen Segmente voneinander ab. Von der Mundöffnung bis zum After verläuft in der Mitte des Wurmes der Darm. Oberhalb und unterhalb liegt parallel zum Darm je ein Blutgefäß. Diese Adern, nach ihrer Lage *Rücken-* und *Bauchgefäß* genannt, sind durch Ringgefäße miteinander verbunden. Die ersten fünf Ringgefäße pulsieren und wirken insgesamt wie ein Herz. Feine Haargefäße zweigen von den Ringgefäßen ab. Über sie wird der Körper mit Sauerstoff und Nährstoffen versorgt. Regenwürmer besitzen rotes Blut wie die Wirbeltiere. Da es ausschließlich in Adern fließt, spricht man von einem *geschlossenen Blutkreislauf*. In der Körperflüssigkeit gelöste

sich paarende Regenwürmer

ausschlüpfender Regenwurm

1 Schema der Fortbewegung

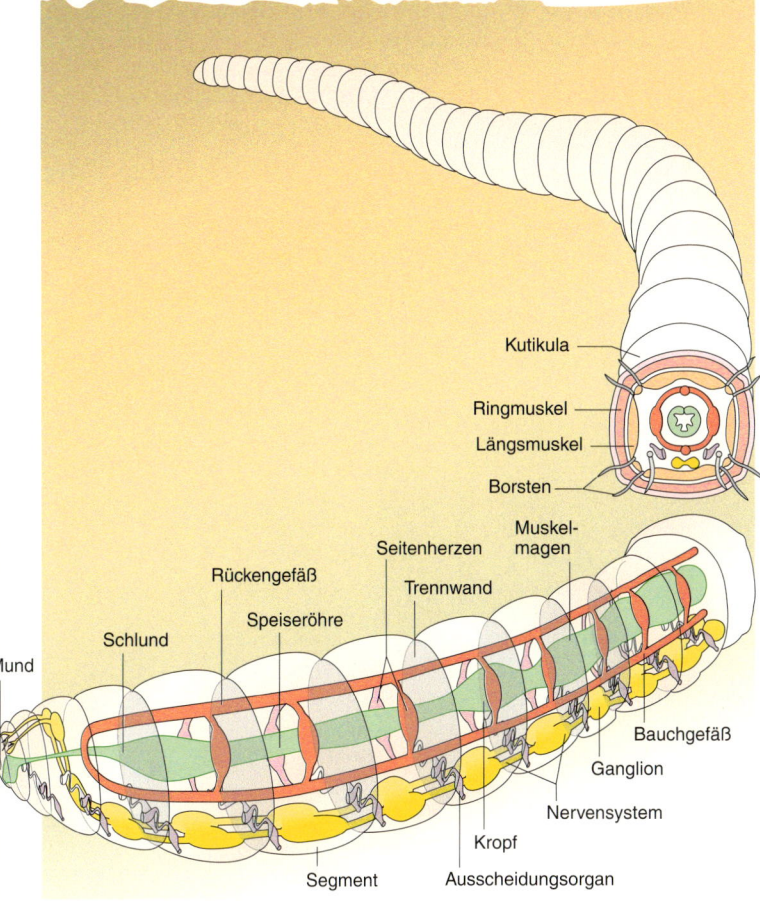

2 Bauplan eines Regenwurms

Abfallstoffe werden von zwei *Ausscheidungsorganen* pro Segment aufgenommen und über Kanäle nach außen geleitet.

Auf der Bauchseite liegen in jedem Segment zwei Nervenknoten, *Ganglien*, die durch Querverbindungen miteinander verschaltet sind. Über längs verlaufende Nervenfasern haben sie Kontakt zu dem Ganglienpaar im nächsten Segment. Nach seiner Lage wird dieses Nervensystem *Bauchmark* genannt oder, weil sein Bau an eine Strickleiter erinnert, auch *Strickleiternervensystem*.

Obwohl der Regenwurm keine Sinnesorgane besitzt, ist er zu erstaunlichen *Reizwahrnehmungen* und *Reaktionen* fähig: Er kann riechen, schmecken und verschiedene Temperaturbereiche unterscheiden. Über die gesamte Körperoberfläche verteilte *Lichtsinneszellen* ermöglichen es ihm, Sonnenlicht zu meiden.

Regenwürmer sind *Zwitter*, d. h. für die Fortpflanzung bildet jeder Wurm sowohl Eizellen als auch Spermien. Regenwürmer können sich allerdings nicht selbst befruchten, auch sie paaren sich. Vorteilhaft ist, dass bei den überwiegend unterirdisch lebenden Tieren, die sich selten an der Erdoberfläche aufhalten und begegnen, die Paarung zwischen zwei beliebigen Tieren möglich ist. Dabei liegen sie Kopf an Körperende nebeneinander und tauschen ihre Spermien aus, die in einem Vorratsbehälter im Körperinnern gespeichert werden. Sobald die Eizellen reif sind, sondert der *Gürtel* eine Schleimmanschette ab, in die der Wurm ein Eipaket abgibt. Während sich das Tier aus der Manschette herauswindet, befruchten die gespeicherten Spermien die Eizellen. Die abgestreifte Manschette erhärtet an der Luft und nach wenigen Wochen schlüpfen aus diesem Kokon die etwa einen Zentimeter langen Jungtiere.

Aufgaben

① Grabe einen Regenwurm aus, spüle die Erde ab und betrachte ihn. Achte darauf, dass das Tier nicht trocken wird.

② Versuche herauszufinden, wo vorne und hinten bei einem Regenwurm ist. Nimm das Tier locker in die geschlossene Hand.

③ Streiche mit einem Finger in beide Längsrichtungen über den Körper des Wurmes. Was spürst du?

④ Lasse den Wurm über Pergamentpapier und eine Glasplatte kriechen. Beobachte und beschreibe sein Verhalten.

Wirbellose Tiere

Regenwürmer verbessern den Boden

Unter einem Quadratmeter Wiese können, je nach Bodenart, zwischen 100 und 400 Regenwürmer leben und ihre engen Röhren und Gänge durch die Erde fressen. Die Röhrenwände werden beim Durchkriechen mit Schleim und Kot austapeziert. Dieser Wandbelag trocknet nach einiger Zeit aus und verleiht den Röhren eine gewisse Festigkeit. Man findet bis zu 450 senkrechte Gänge pro m^2, die bis zu einer Tiefe von 2 m und mehr reichen. Durch sie wird der Boden lockerer, das Regenwasser verteilt sich besser und kann leichter abfließen. Nachts ziehen die Regenwürmer welke Blätter und Grashalme in ihre Röhren und beschleunigen so die Zersetzung abgestorbener Pflanzenteile.

Regenwürmer fressen Pflanzenreste und Erde. Die enthaltenen organischen Stoffe werden verdaut und unverdauliche Bestandteile als Kothäufchen auf der Erdoberfläche abgesetzt. Sie enthalten in hoher Konzentration Mineralstoffe, die unverzichtbar für das Gedeihen der Pflanzen sind. Ihr Wachstum und damit auch der Ernteertrag insgesamt wird durch die Tätigkeit der Regenwürmer gesteigert. Nach Berechnungen des Naturforschers CHARLES DARWIN (1809–1882) fressen pro 1000 m^2 Boden die Regenwürmer im Jahr bis zu 4,5 t Erde!

Die Anzahl der Würmer im Ackerboden hängt von der Bodenbearbeitung ab. Bei nur leichter Lockerung der Bodenoberfläche schätzt man ca. 10 000 Regenwürmer pro 100 m^2. Beim Einsatz eines Pflugs, der tiefer als 30 cm eindringt, ist ihre Zahl wesentlich geringer.

Beim Umgraben im Garten mit dem Spaten kann es geschehen, dass ein Regenwurm durchtrennt wird. Die einzelnen Teile bewegen sich weiter. Allerdings kann nur der vordere Teil überleben, wenn er aus mehr als 40 Segmenten besteht. In diesem Fall wird an ihm das fehlende Ende neu gebildet.

Das Ersetzen verlorener Körperteile nennt man *Regeneration*. Der Regenwurm ist dazu fähig, weil mit dem abgetrennten Hinterende zwar Organe verloren gehen, jedoch in jedem Körpersegment diese Organe nochmals vorhanden sind.

Aufgaben

① Nenne Gründe, warum die Anzahl der Würmer bei einer tiefen Bodenbearbeitung vermindert ist.

② Erkläre die unterschiedlich starke Kotproduktion der Regenwürmer einer Wiese im Jahresverlauf (siehe Abbildung).

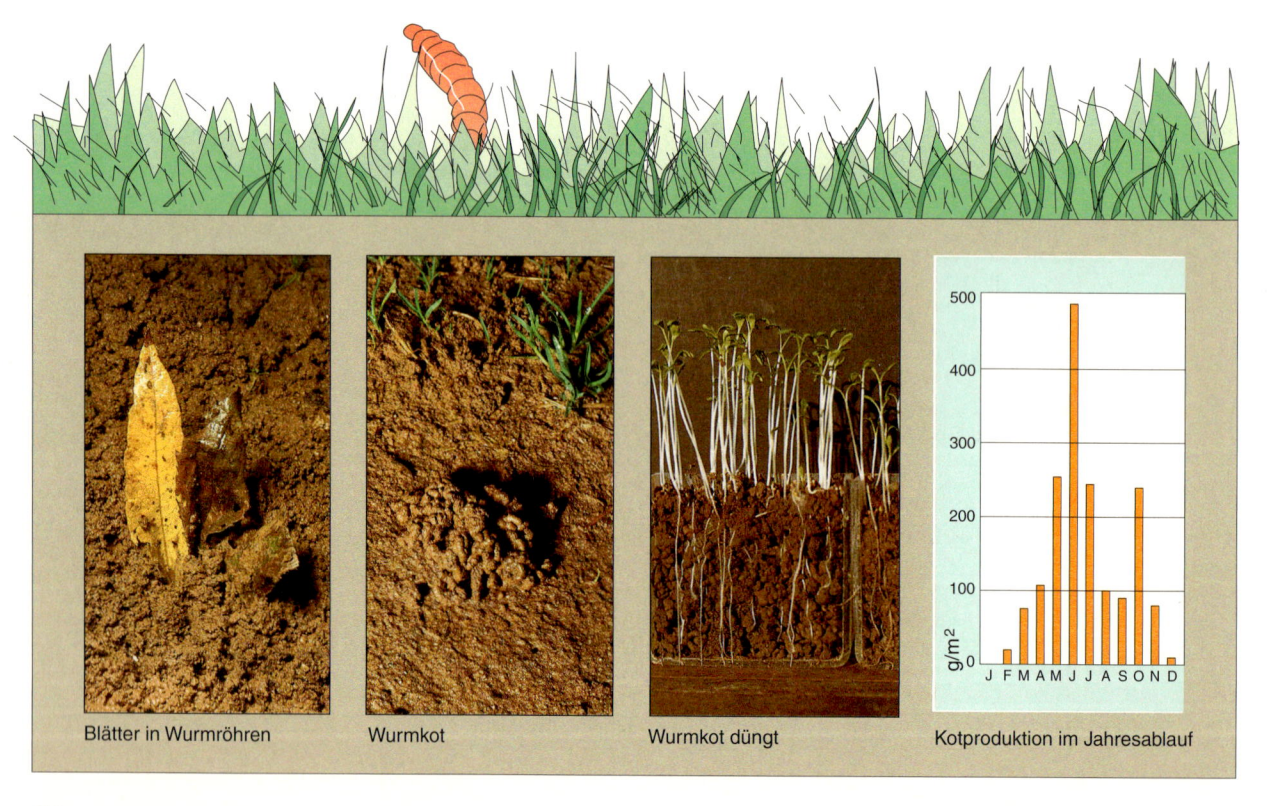

Blätter in Wurmröhren   Wurmkot   Wurmkot düngt   Kotproduktion im Jahresablauf

Praktikum

Beobachtungen beim Regenwurm

Der Umgang mit lebenden Tieren verlangt ein hohes Maß an Verantwortungsgefühl und Kenntnis der Bedürfnisse der betreffenden Tierart. Quäle nie ein Tier! Gönne jedem Versuchstier Ruhepausen, sonst gibt es durch Ermüdungserscheinungen falsche Ergebnisse.

Bauch-Rücken-Test

Drehe einen Regenwurm im Dämmerlicht auf den Rücken (dunklere Seite) und lege ihn auf einen Tisch. Beleuchte ihn von oben. Wie reagiert er? Welche biologische Bedeutung hat diese Reaktion?

Glasrohrtest

Schiebe einen sauberen, mit Zellstoff abgetupften Regenwurm, der im Dunkeln gehalten wurde, in eine 30 cm lange Glasröhre. Sie muss so bemessen sein, dass das Tier gut hindurchgeht, sich aber nicht herumdrehen kann. Schiebe über das Glas eine Papphülse, die in der Mitte ein ca. 1 cm^2 großes Fenster hat. Verschiebe die Papphülse so, dass du mit einer Taschenlampe zuerst das Vorderende des Tieres beleuchten kannst, dann das Hinterende und zuletzt die Körpermitte. Stoppe die Zeit vom Einschalten der Lampe bis zur Reaktion. Vergleiche die Reaktionszeiten und überlege dir die biologische Bedeutung der unterschiedlichen Reaktionsgeschwindigkeit.

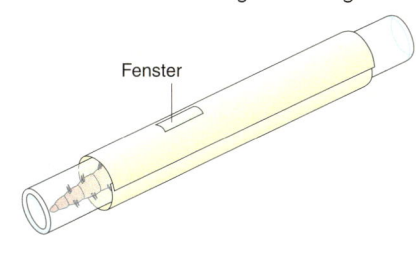

Fenster

Lerntest

Baue die abgebildete oder eine ähnliche Bahn aus Sperrholz nach. Als Abdeckung dient eine Glasscheibe oder eine starke, klare Folie. Den Lerntest musst du 5 Tage lang jeweils fünfmal durchführen.
Bringe bei Weg 2 ein mit verdünntem Essig getränktes Filterpapier über der Kriechbahn an.
Kriecht der Wurm in den Weg 2, so nimm ihn heraus und setze ihn wieder an den Start. Der Weg 3 führt in einen Erdbehälter. Führe bei jedem Versuch Protokoll. Der Versuch gelingt nur bei stark abgedunkeltem Raum. Grund?
Welche Fehlerquellen können auftreten?

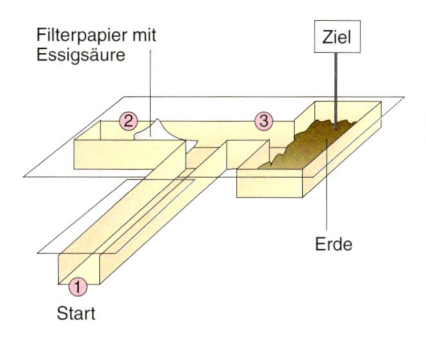

Durchmischungsversuch

Fülle zwei Einmachgläser abwechselnd mit Lagen aus 3 cm hellem Sand und 5 cm dunkler Gartenerde. Lege in das eine Glas zwei Regenwürmer. Binde beide Gläser mit Gaze zu und stelle beide für vier Wochen in eine dunkle und kühle Kellerecke.

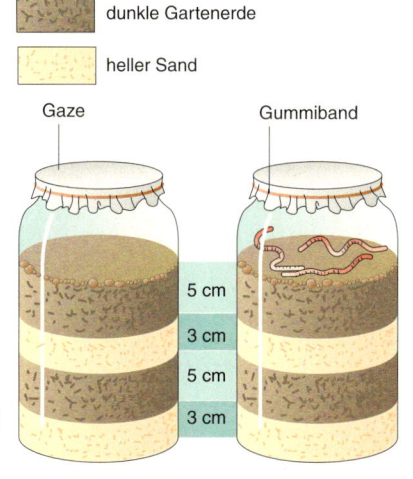

Feuchte die Erde alle 2 Tage bei jeder Fütterung ein bisschen an. Als Nahrung haben sich Haferflocken bewährt. Vergleiche nach vier Wochen die Schichten der Böden.

Feldversuch

Untersuche verschiedene Böden, z. B. Wiese und Rasen, Acker und Garten, Laub- und Nadelwald, auf Regenwurmaktivitäten und vergleiche die Ergebnisse. Dazu musst du stets gleich große Flächen nach Wurmhäufchen absuchen und sie zählen. Um gleich große Flächen zu erhalten, baut man sich einen Schnurzirkel (r = 0,8 m).

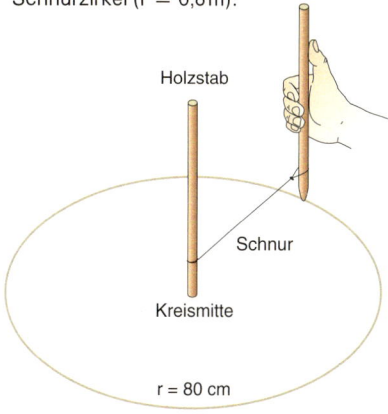

Bodenproben

Stich mit dem Spaten aus den Vergleichsböden ca. 20 cm x 30 cm große Blöcke aus. Beschreibe die Unterschiede der Proben. Schneide vorsichtig Scheiben herunter und suche nach Regenwurmgängen. Welche Folgen hat ihr Verlauf für die Luft und eindringendes Wasser? Suche nach Wurzeln von Pflanzen. Wo verlaufen sie?

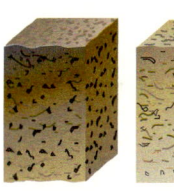

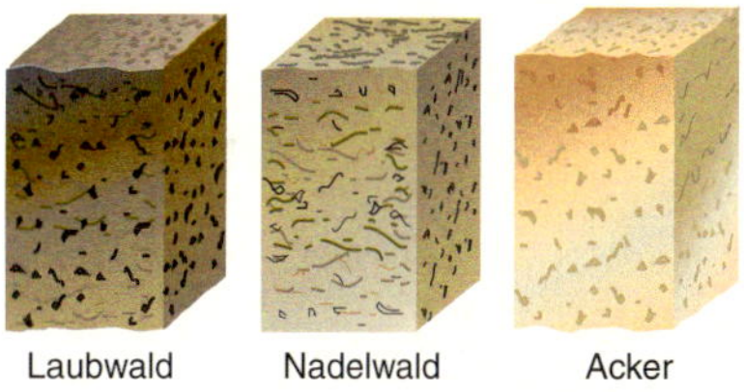

Laubwald — Nadelwald — Acker

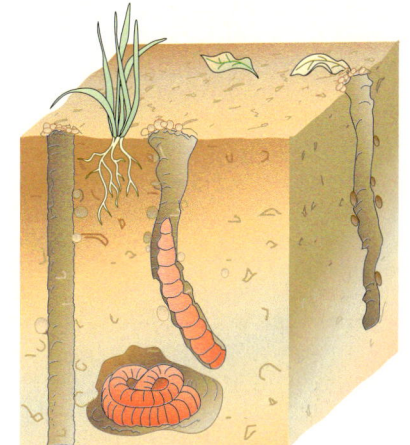

Wirbellose Tiere

Würmer als Krankheitserreger

Der bis zu 10 m lange **Rinderbandwurm** lebt im Darm des Menschen. An seinem kleinen, etwa 2 Millimeter großen Kopf befinden sich vier *Saugnäpfe*, mit denen er sich an der Darmwand festsaugt. Von einer Wachstumszone hinter dem Kopf werden ständig neue, bandförmige *Glieder* gebildet. Bis zu 2000 Glieder bilden den Körper des Bandwurms, der weder Mund, noch Darm, noch After besitzt. Seine Nahrung nimmt er durch die gesamte Körperoberfläche auf und gibt so auch Ausscheidungsstoffe wieder ab.

Täglich lösen sich die letzten zehn bis zwölf Glieder ab. Sie sind jeweils mit etwa 10 000 reifen *Eiern* gefüllt und gelangen mit dem Kot ins Freie. Die Eier entwickeln sich jedoch nur weiter, wenn sie von einem Rind mit der Nahrung aufgenommen werden. Aus dem Ei entwickelt sich im Körper des Rindes eine *Hakenlarve*, die über das Blut zu den Muskeln gelangt. Dort setzt sie sich fest und wird zur *Finne*. Verzehrt ein Mensch rohes oder ungenügend gekochtes, finniges Rindfleisch, dann stülpt sich im Darm der Bandwurmkopf aus der Finne aus, saugt sich fest und wächst in zwei bis drei Monaten zum neuen Bandwurm heran.

Bandwurmbefall verursacht beim Menschen Müdigkeit, Erbrechen und nervöse Störungen. Mit Medikamenten kann ein Bandwurm abgetrieben werden. Man ist den Parasiten allerdings nur dann endgültig los, wenn auch der Kopf mit abgeht.

Der **Hundeband**- oder **Blasenwurm** hat nach dem Kopf nur drei oder vier Glieder und lebt im Dünndarm von Hunden. Gefährlich ist bei diesem winzigen, nur zwei bis fünf Millimeter langen Parasit vor allem die Finne, die sich bei Haustieren oder auch beim Menschen vornehmlich in Leber und Lunge festsetzt. Dort entwickelt sie sich zu einer mit Flüssigkeit prall gefüllten Blase, die die Größe eines Kinderkopfes erreichen kann. Da sich Beschwerden erst relativ spät einstellen, kann diese *Finnenblase* zu schweren Krankheitserscheinungen führen. Eine Infektion kann man am besten dadurch vermeiden, dass man im Umgang mit Hunden ständig auf gründliche Hygiene (Händewaschen!) achtet. Im Wald und auf Wiesen können sich auf niedrig wachsenden Beeren oder Fallobst Eier des Fuchsbandwurms befinden, die mit dem Fuchskot ausgeschieden wurden. Werden sie verschluckt, kann sich im Menschen die gefährliche Finne entwickeln.

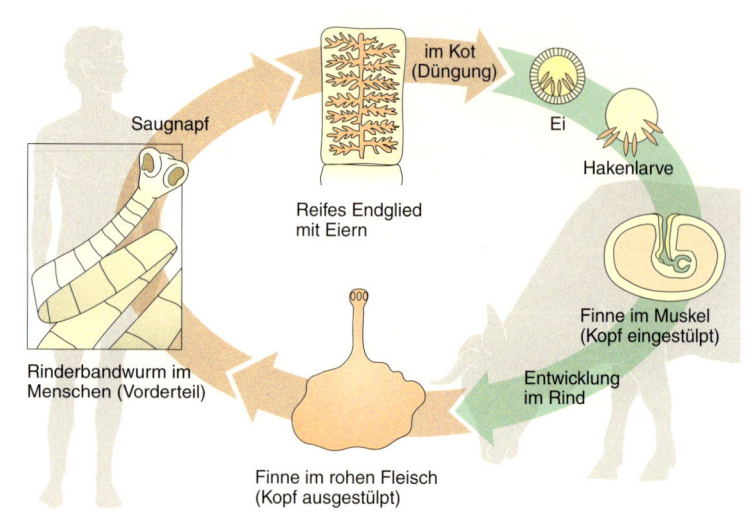

1 Entwicklungskreislauf des Rinderbandwurms

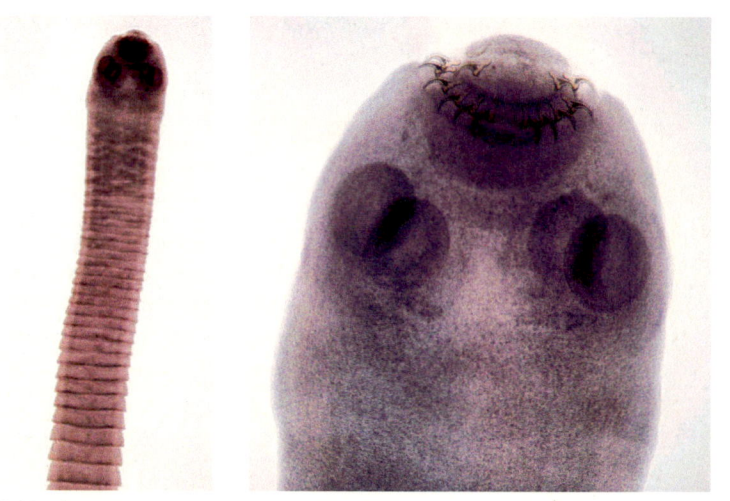

2 Vorderende und Kopf eines Bandwurms

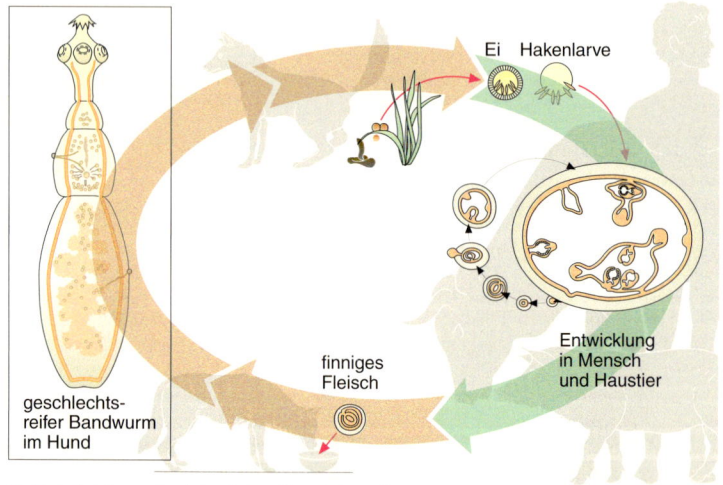

3 Entwicklungskreislauf des Hundebandwurms

Wirbellose Tiere

Lexikon

Würmer

Trotz der recht ähnlichen, wurmförmigen Gestalt sind die Würmer in mehrere Tierstämme aufgeteilt. An dieser Stelle sollen einige Vertreter der Stämme der Plattwürmer, Schlauchwürmer und Gliederwürmer vorgestellt werden.

Zum **Stamm der Plattwürmer** gehören neben den *Bandwürmern* die meist frei im Wasser lebenden *Strudelwürmer*. Diese kleinen wurmförmigen, abgeplatteten Tiere erhielten ihren Namen aufgrund einer starken Bewimperung, mit der sie durch ständiges Schlagen fortwährend sauerstoffreiches Wasser herbeistrudeln. Bekannt sind bei uns vor allem die verschiedenen Arten von **Bachplanarien**, die man häufig an Wasserpflanzen und flachen Steinen in sauberen, sauerstoffreichen Bächen findet.

Zum **Stamm der Schlauchwürmer** gehören eine Vielzahl kleiner und drehrunder Tiere, die teils eine frei lebende, teils auch eine parasitische Lebensweise haben können. Dem Namen nach bekannt ist die **Trichine**. Durch die seit 1937 gesetzlich vorgeschriebene *Trichinenschau*, für die das Fleisch jedes geschlachteten Schweins auf diese Parasiten hin untersucht wird, ist dieser Krankheitserreger bei uns selten geworden. Die Trichine tritt in ihrem Wirt (*Schwein, Mensch* u. a.) in zwei Stadien auf. Als *Muskeltrichine* ist sie in einer verkalkten Kapsel im Muskelfleisch eingebettet, als *Darmtrichinen* leben die geschlechtsreifen Tiere im Dünndarm.

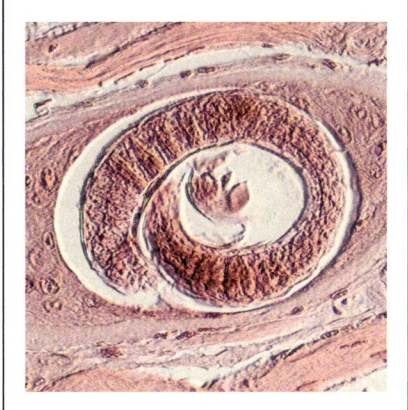

Zum **Stamm der Glieder-** oder **Ringelwürmer** gehören neben dem *Regenwurm* auch die **Egel**. Egel leben meist im Wasser und besitzen zwei Saugnäpfe, um sich an einer Unterlage festzuhalten: vorne den Mundsaugnapf und einen zweiten am Körperende. Durchs Wasser schwimmen sie mit wellenartigen Schlängelbewegungen.

Früher wurde der *Medizinische Blutegel* häufig vom Arzt einem Patienten zum Blutentzug *(Aderlass)* angesetzt. Mit drei halbmondförmigen, scharf gezähnten Hornplatten öffnet er die Haut seines Opfers und saugt sich bis zum Sechsfachen seines Körpergewichts mit Blut voll. Dabei lässt er gerinnungshemmende Stoffe in die Wunde fließen, die bei bestimmten Erkrankungen eine heilende Wirkung ausüben. Heute kommt der Blutegel bei uns frei lebend kaum noch vor, aber seine Wirkstoffe werden in Zuchtanstalten gewonnen und z. B. zu Salben verarbeitet.

Bei Wattwanderungen sieht man oft kleine kegelförmige Häufchen am Boden. Dabei handelt es sich um *Kotschnüre* des **Wattwurms**. Dieser im Wattenmeer häufig vorkommende *Ringelwurm* wird bis zu 25 cm lang. Der rotbraun bis schwarz gefärbte, fingerdicke Wurm ist durch seinen ausstülpbaren Rüssel, die roten Kiemenbüschel und sein dünneres Schwanzende unverwechselbar. Im Wattboden gräbt er seine bis zu 30 cm tiefen U- oder J-förmigen Röhren, wo er sich im waagrechten Teil aufhält und den Sand frisst, der durch den senkrechten Fraßgang nach unten gerutscht ist. Dadurch entsteht an der Oberfläche ein kleiner Einsturztrichter. Der Wattwurm ernährt sich von den im Schlick enthaltenen organischen Stoffen. Etwa alle 45 Minuten kriecht er rückwärts durch das Röhrenende zur Oberfläche und gibt blitzschnell 3 – 5 cm Kotschnur ab. Ein Tier frisst jährlich etwa 25 kg Wattboden.

Ein anderer Gliederwurm ist der bis zu 30 cm lange **Seeringelwurm**, der in verzweigten Gängen am Meeresboden lebt. Wegen der *Borstenbündel* an den paarig angeordneten *Stummelfüßen* zählt man ihn wie den Wattwurm zur *Klasse der Vielborster* im Gegensatz zum Regenwurm, der zu den *Wenigborstern* gehört.

Wirbellose Tiere

2 Insekten

1 Biene (Arbeiterin, 6 x vergrößert)

2 Gliederung des Körpers

Kopf — Brust — Hinterleib

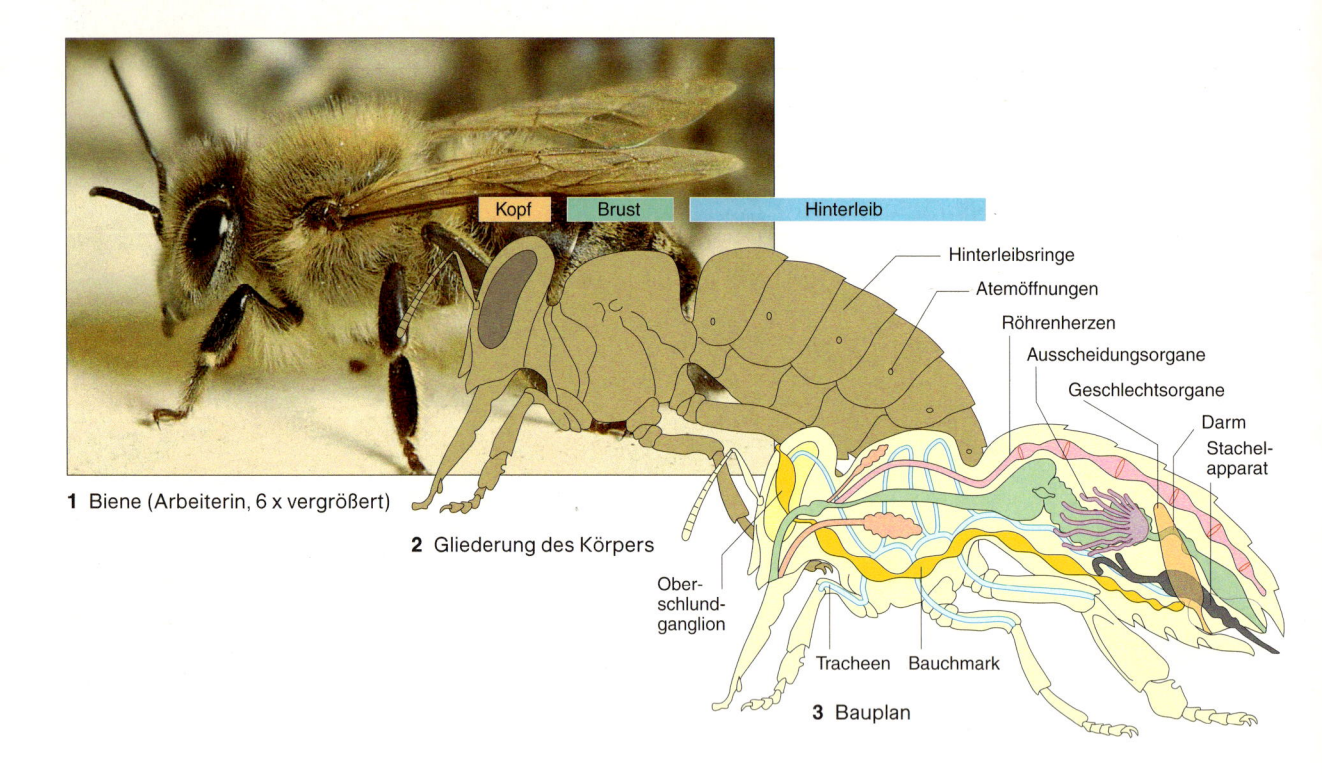

Hinterleibsringe, Atemöffnungen, Röhrenherzen, Ausscheidungsorgane, Geschlechtsorgane, Darm, Stachelapparat, Oberschlundganglion, Tracheen, Bauchmark

3 Bauplan

Muskeln, Gelenkhaut, Gelenk, Außenskelett (Chitin)

Muskeln, Gelenke, Innenskelett (Knochen)

Die Honigbiene — ein Insekt als Haustier

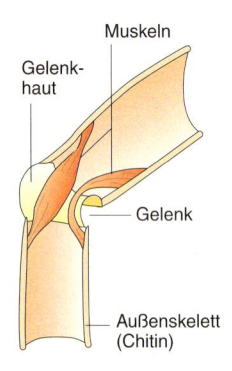

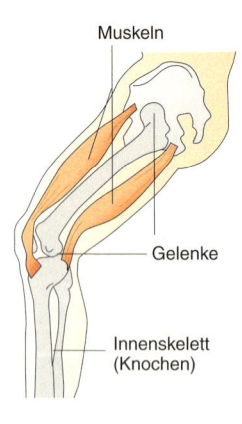

Drei Viertel aller bekannten Tierarten sind *Insekten*. Sie spielen im Naturhaushalt eine wichtige Rolle: Für viele Singvögel zum Beispiel sind Insekten Hauptbestandteil der Nahrung und auch manche Kleinsäuger und Lurche sind auf Insekten als Nahrungsquelle angewiesen. Für uns Menschen spielen die Insekten keine direkte Rolle als Ernährungsgrundlage. Wir erfreuen uns eher an der Farben- und Formenvielfalt dieser Tiere, sind verärgert, wenn wir uns ihrer nicht erwehren können oder geraten sogar in Panik, weil wir einen Biss oder Stich befürchten. Dabei verkennen wir nur allzu oft den Nutzen, den die Insekten auch für uns haben, z. B. bei der Bestäubung unserer Obstbäume.

Ein Insekt, das der Mensch schon seit langem schätzt, ist die *Honigbiene*. Sie ist, neben dem Seidenspinner, das einzige Haustier aus der großen Klasse der Insekten. Die Bienenhaltung bringt einige Vorteile, nicht nur, weil die Honigbiene Wild- und Nutzpflanzen bestäubt. Sie stellt auch Wachs her, ihr Gift findet als Heilmittel Verwendung und sie liefert uns den begehrten *Honig*. Weil der Mensch die Bienen in seine Nähe geholt hat, wissen wir auch mehr über sie als über andere Insekten. Das Verhalten der Bienen wurde intensiv erforscht, sodass heute der Aufbau eines *Bienenstaates* genau bekannt ist. Da man von einem *Imker* auch leicht einige Tiere zur Beobachtung und Untersuchung erhalten kann, ist die Honigbiene ein geeignetes Beispiel, um die Merkmale der Insekten kennen zu lernen.

Der Körperbau der Biene

Der Körper einer Biene zeigt uns den Grundaufbau eines Insekts. Deutlich sind drei Körperabschnitte zu erkennen, die durch Einschnürungen voneinander abgesetzt sind. Der *Kopf* trägt die Fühler (Antennen), Augen und Mundwerkzeuge, am *Brustabschnitt* befinden sich Beine und Flügel und im *Hinterleib* liegen die meisten inneren Organe.

Betastet man eine tote Biene, ist deutlich ihr *Chitinpanzer* zu spüren, der den Körper wie eine Rüstung schützt. Eine Vielzahl von *Segmenten*, die durch biegsame Gelenkhäute miteinander verbunden sind, machen dieses *Außenskelett* beweglich. Die Biene hat, wie alle Insekten, *drei Beinpaare*, wobei jedes Bein aus fünf Gliedern besteht.

Wirbellose Tiere

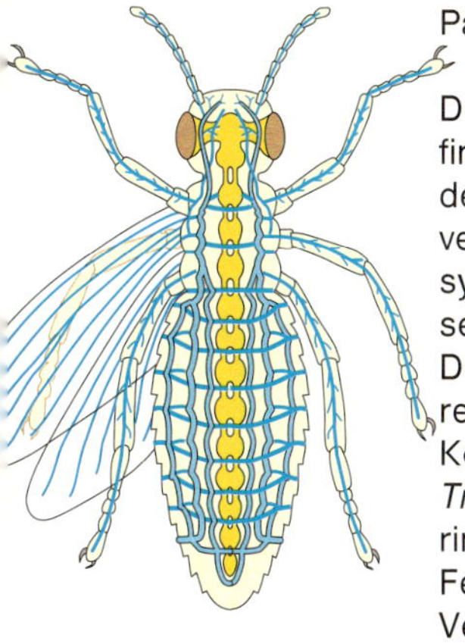

Aber nicht alle Insekten bewegen sich nur auf Beinen fort. Die Honigbiene z. B. gehört zu den geflügelten Insekten und besitzt zwei Paar durchsichtige, dünnhäutige *Flügel*.

Die äußere Gliederung des Bienenkörpers findet man im inneren Bauplan wieder. In jedem Segment liegt im Bauchraum ein Nervenknoten *(Ganglion)* des Strickleiternervensystems. An den Seiten jedes Hinterleibsegments sieht man die Atemöffnungen. Diese *Stigmen* sind die Eingänge in ein Röhrensystem, das fein verzweigt den ganzen Körper durchzieht. Die Röhren werden als *Tracheen* bezeichnet. Im Innern zeigen sie ring- und spiralförmige Versteifungen, die Festigkeit und Elastizität verleihen. Mit jeder Verzweigung werden die Tracheen kleiner, die kleinsten sind nur noch ein tausendstel Millimeter dick. Durch sie gelangt Sauerstoff bis zu einzelnen Zellen. Große Insekten, wie Bienen, können mit der Muskulatur die großen Tracheen zusammenpressen. Beim Ausdehnen pumpen sie frische Luft in den Körper.

Die farblose Blutflüssigkeit wird von mehreren Herzen gepumpt. Sie bilden ein Röhre, die das Blut zum Kopf transportiert. Hier strömt es aus, gelangt in die Leibeshöhle, umspült die Organe und gelangt in den Hinterleib. Durch seitliche Öffnungen der Röhrenherzen wird es wieder aufgenommen. Auf diesem Weg nimmt das Blut Nährstoffe aus der Darmwand auf und gibt Abfallstoffe an die Ausscheidungsorgane ab. Insekten haben einen *offenen Blutkreislauf*; ihr Blut wird nicht in Gefäßen geführt.

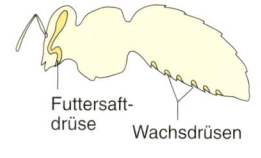

Aufgaben einer Arbeiterin im Bienenstaat

Die Honigbienen zählen zu den *Staaten bildenden Insekten*, wobei in jedem Bienenstock bis zu 70 000 Einzeltiere zusammenleben. Die Bienen, die wir draußen herumfliegen sehen, sind in der Regel *Arbeiterinnen*. In ihrem etwa fünfwöchigen Leben haben sie nacheinander ganz bestimmte Aufgaben zu erfüllen, auf die ihr äußerer und innerer Körperbau genau abgestimmt sind. Eine frisch geschlüpfte Arbeitsbiene ist ca. 21 Tage lang *Stockbiene*. Die ersten beiden Tage putzt sie leere Zellen, die folgenden 3 Tage füttert sie als *Amme* ältere Larven mit Pollen und Honig. Vom 6. bis 10. Tag versorgt sie junge Larven mit körpereigenem Futtersaft. Dann beginnen ihre Wachsdrüsen zu arbeiten. Mit den aus ihrem Hinterleib ausgeschiedenen Wachsplättchen verdeckelt sie bis zum 16. Tag Brut- und Vorratszellen oder errichtet neue Waben.

1 Honigbiene

2 Sammelbein einer Honigbiene

Ab dem 17. Tag erhält die Stockbiene Kontakt mit der Außenwelt. Am Flugloch nimmt sie Pollen und Nektar entgegen; der Pollen wird in den Vorratswaben eingestampft, der Nektar durch Befächeln eingedickt. Steigt die Stocktemperatur über 35 °C, so erzeugen die Bienen durch Fächeln einen kühlen Luftstrom. Am Ende des Stockdienstes prüft die Biene als *Wehrbiene* am Flugloch den Geruch aller ankommenden Tiere. Fremde Bienen und andere Feinde werden mithilfe des *Giftstachels* abgewehrt, der sich aus einem Chitinpanzer wieder herausziehen lässt. In der elastischen Haut von Säugetieren bleibt er jedoch stecken. Beim Wegfliegen reißt sich die Biene Stachel, Giftblase und Giftdrüse heraus; sie verletzt sich tödlich.

Vom 21. Tag an bis ans Ende ihres Lebens ist die Arbeiterin *Sammelbiene*. Beim Blütenbesuch saugt sie Nektar in ihren *Honigmagen*; Pollen bleibt in ihren dichten Haaren hängen. Während des Heimflugs wird der Pollen mit der *Bürste* des Hinterbeins herausgebürstet und anschließend mit dem *Kamm* ins *Körbchen* geschoben. Von Blüte zu Blüte wachsen die gelben Pollenpakete, die man *Höschen* nennt.

Stockbiene 1.–10. Tag

Futtersaftdrüse   Wachsdrüsen

Stockbiene 10.– 20. Tag
Übergang zum Außendienst

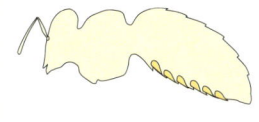

Sammelbiene ab 21. Tag

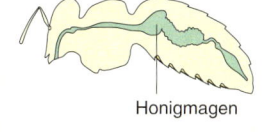

Honigmagen

Veränderungen der inneren Organe

Wirbellose Tiere

1 Bienen an Weiselzelle   **2** Imker fängt den Schwarm ein

1.–3. Tag Ei   4.–11. Tag Larve   12.–20. Tag Puppe
Entwicklung der Honigbiene

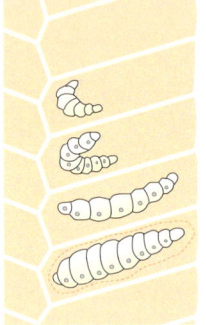

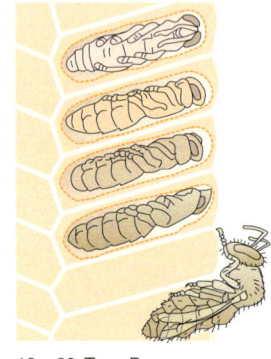

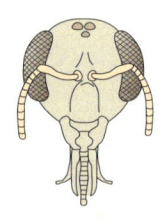

Königin bis 20 mm

Das Bienenjahr

So wie das Leben einer Arbeiterin nach einem festgelegten Zyklus verläuft, haben auch die beiden anderen im Bienenstaat lebenden Bienenwesen ganz bestimmte Aufgaben. Die *Königin* als „Mutter" des Bienenvolkes sorgt für den Erhalt ihres Stockes, indem sie bis zu 2000 Eier pro Tag legt. Die Aufgabe der männlichen Bienen, der *Drohnen*, besteht darin, die Königin zu begatten. Versorgt werden Königin, Drohnen und Brut von den Arbeiterinnen. Jedes Einzeltier ist also mitverantwortlich für die Existenz des gesamten Volkes. Der Staat dieser *sozialen Insekten* ist wiederum eingebunden in einen Rhythmus, den die Natur vorgibt.

Den Winter überlebt nur ein Teil der Arbeiterinnen und die Königin. Sobald im Frühjahr das Futterangebot groß genug ist und die Vorratszellen mit Pollen und Nektar wieder aufgefüllt werden können, beginnt die Königin mit der Eiablage. Sie bestiftet die verschieden großen *Brutzellen* mit *befruchteten* Eiern — aus ihnen können sich Arbeiterinnen und Königinnen entwickeln — und *unbefruchteten* Eiern, aus denen die Drohnen entstehen. Ab dem vierten Tag schlüpfen aus den Eiern die ersten *Larven*, die zunächst alle mit einem speziellen Futtersaft der Ammenbienen, dem *Gelée royale*, gefüttert werden. Zukünftige Arbeiterinnen und Drohnen erhalten dann nur noch Pollen und Nektar. In den größeren, zapfenförmigen *Weiselzellen*, die am Rand der Wabe liegen, entwickeln sich Königinnenlarven. Bis zur *Verpuppung* werden sie weiterhin mit dem Futtersaft ernährt.

Kurz vor dem Schlüpfen der ersten jungen Königin lässt die Betriebsamkeit im Stock nach. Das halbe Volk sammelt sich am Flugloch und raubt eines Tages die Vorratszellen aus. Danach fliegt es mit der alten Königin davon, lässt sich als *Schwarmtraube* in der Nähe des Stockes nieder und sucht von dort aus eine neue Behausung. Der zurückgebliebene Teil des Volkes muss die Vorräte wieder ergänzen und ist einige Tage ohne Königin. Dann schlüpft die erste Prinzessin. Sie unternimmt mit den schon vor ihr geschlüpften Drohnen mehrere *Hochzeitsflüge*, paart sich dabei mit sechs bis acht Drohnen und speichert deren Spermienzellen in ihren *Spermataschen*. Dieser Vorrat reicht für ihr vier- bis fünfjähriges Leben.

Ist das im Stock gebliebene Volk groß genug, so bildet es mit der zurückgekehrten jungen Königin einen *Nachschwarm*. Entschieden wird dies von den Arbeiterinnen, die die weiteren Prinzessinnen durch einen Schlitz im Zellendeckel füttern. Schlüpfen dann mehrere Prinzessinnen, so kämpfen sie um die Vorherrschaft. Ist jedoch das Volk für einen Nachschwarm zu klein, werden die übrigen Prinzessinnen in ihren Weiselzellen getötet.

Im Spätsommer bereitet sich das Volk auf den Winter vor. Alle überflüssigen Esser — Drohnen und Drohnenbrut — werden während einer sogenannten *Drohnenschlacht* vertrieben oder getötet. Nur die Königin und gesunde Arbeiterinnen verharren als *Wintertraube* bis zum nächsten Frühjahr im Bienenstock.

Wirbellose Tiere

Untersuchungen an der Honigbiene

Die Versuche 1—5 werden nur mit toten Bienen durchgeführt. Sie sind überall in ausreichender Zahl beim Imker (siehe Branchen-Telefonbuch) zu bekommen. Meist erhält man getrocknete Tiere. Um die Gelenke frei beweglich zu machen, muss man die Tiere kurz in heißes Wasser legen. Zum Aufbewahren legt man sie in 70-80%igen Alkohol. Diese Methode hat den Vorteil, dass feine Strukturen nicht abbrechen.
Wenn man zur Betrachtung ein Mikroskop verwendet, sollte man das Tier von oben mit einer Tischlampe beleuchten.

Übersicht

Lege einige tote Bienen unter ein Mikroskop oder Binokular. Kannst du verschiedene Bienenwesen unterscheiden?

Wähle ein Tier aus und betrachte seine Körperabschnitte. Fertige eine Umrissskizze an. Nach der Übersichtszeichnung soll der Körper der Biene näher untersucht werden.

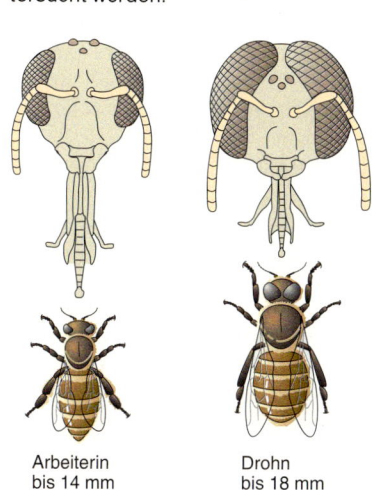

Arbeiterin bis 14 mm

Drohn bis 18 mm

Präparation der Mundwerkzeuge

Betrachte den Kopf zunächst am unbearbeiteten Präparat, damit du einen Überblick über die Lage der Mundwerkzeuge bekommst. Trenne nun den Kopf mit einer feinen Schere ab und lege ihn in ein Blockschälchen. Mit zwei Präpariernadeln kannst du die Mundteile auseinander spreizen. Vergleiche das Objekt mit der unten stehenden Abbildung. Zeichne selbst. Beschrifte die Teile.

Löse die Mundteile mit einer spitzen Pinzette von der Kopfkapsel und ordne die Teile auf einem Objektträger, wie sie der Lage am Insekt entsprechen. Wenn du auf die Teile einen transparenten Klebestreifen auflegst, kannst du die Anordnung in dein Heft einkleben.

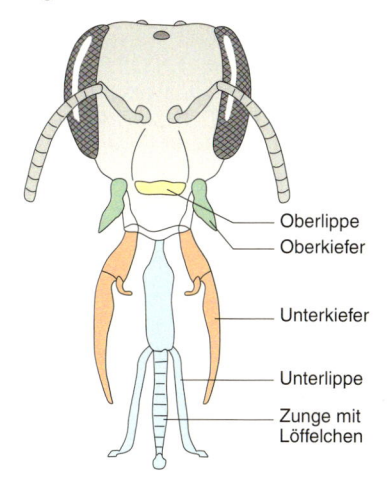

- Oberlippe
- Oberkiefer
- Unterkiefer
- Unterlippe
- Zunge mit Löffelchen

Präparation der Beine

Dazu werden Arbeitsbienen benötigt. Sie sind kleiner als die Drohnen. Trenne mit einer kleinen Pinzette die Beine auf einer Seite nahe am Körper ab; merke dir die Reihenfolge. Die Untersuchung findet wieder mit dem Mikroskop oder Binokular statt. Vergleiche den Bau der drei Beine. Zeichne und beschrifte das vordere Bein (s. Seite 38).

Suche am Hinterbein die Einrichtungen zum Pollentransport, wie sie in der Abbildung 33. 2 zu sehen sind.

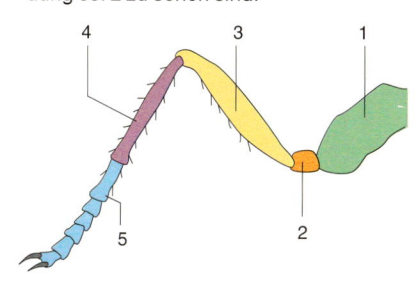

Präparation der Flügel

Schneide nun die Flügel einer Seite nahe am Körper mit einer spitzen Schere ab. Vertausche Vorder- und Hinterflügel nicht. Suche den vorderen Rand des Hinterflügels und den hinteren Rand des Vorderflügels nach auffälligen Strukturen ab. Beschreibe sie und fertige eine Zeichnung an.

Präparation eines Fühlers

Gute Beobachtungsmöglichkeiten bietet das 6. Fühlerglied (von der Kopfkapsel aus gezählt). Versuche den angegebenen Bereich zu finden. Suche einen Fühler durch vorsichtiges Drehen am Feintrieb des Mikroskops ab. Welche Strukturen erkennst du auf dem Fühler?

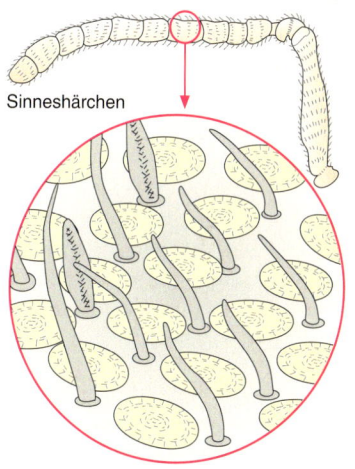

Sinneshärchen

Besuch beim Imker

Besuche einen Imker und informiere dich über die Bienenhaltung. Nachfolgend sind einige Fragen aufgelistet, die du ihm stellen kannst.
Werte die Antworten aus und berichte in einem Referat vor der Klasse.
a) Welche wöchentliche Arbeitszeit muss ein Imker für ein Volk ansetzen? Wann hat er viel Arbeit, wann weniger?
b) Welche Regeln muss man beim Umgang mit Bienen beachten?
c) Wie überwintern Bienen? Wann schwärmen sie und warum?
d) Was nennt der Imker „Beute"?
e) Wie wird der Honig gewonnen?
f) Wie groß ist die Honigmenge pro Staat und pro Jahr?
g) Was ist „Gelée royale"?
h) Welcher Zusammenhang besteht zwischen Honigertrag und Witterung?
i) Wie kommen die verschiedenen Honigsorten zustande?

Wirbellose Tiere

Die Tanzsprache — Verständigung im Bienenstaat

Der Bienenforscher KARL VON FRISCH saß eines Morgens in der Nähe eines blühenden Kirschbaumes. Er sah auf einem herunterhängenden Ast eine einzelne Biene. Eine halbe Stunde später summte und brummte es am Baum. Jetzt sammelten sehr viele Bienen Nektar. VON FRISCH vermutete, dass die Bienen ihren Stockgenossinnen Futterquellen mitteilen können.

Diese Vermutung wollte der Forscher nun überprüfen. Er stellte dazu ein Schälchen mit Zuckerwasser auf einen Futtertisch. Dieser stand 50 m von einem Bienenstock entfernt. In diesem vorbereiteten *Beobachtungsstock* waren die Waben nebeneinander angeordnet und durch ein Glasfenster ließ sich das Geschehen im Inneren beobachten. Sobald die Bienen von dem Zuckerwasser tranken, markierte VON FRISCH die erste mit einem weißen, die zweite mit einem roten Farbfleck usw.

Die rot markierte Biene entdeckte er kurz darauf im Beobachtungsstock. Sie würgte zunächst einen Tropfen Zuckerwasser vor den Mund. Der Tropfen wurde ihr von drei anderen Bienen mit dem Rüssel unter wechselseitigem *Fühlerbetrillern* abgenommen. Bald darauf lief die heimgekehrte Biene auf der Wabe einen oder höchstens zwei Kreisbögen linksherum, dann änderte sie die Richtung des Laufes rechtsherum. Benachbarte Bienen folgten der im Kreis laufenden Sammlerin im dunklen Bienenstock, indem sie mit den Fühlern Kontakt an deren Hinterleib hielten. Zwischen den Bewegungen, die wie ein Tanz aussahen, verfütterte die markierte Biene weiteres Zuckerwasser an die nachfolgenden Bienen. Plötzlich eilte sie zum Flugloch und flog davon. Bald darauf verließen die Bienen, die ihr im Tanz nachgelaufen waren, den Stock. Am Futterplatz konnte VON FRISCH die zahlreich eintreffenden Bienen ebenfalls kennzeichnen. Im Stock zeigten diese bald darauf die gleichen Bewegungen, die als *Rundtanz* bezeichnet werden.

Als VON FRISCH den Futtertisch 150 Meter vom Stock entfernt aufstellte, entdeckte er, dass die Bienen nun in anderer Form die Futterquelle meldeten. Eine heimgekehrte Sammlerin lief jetzt auf einer senkrecht stehenden Wabe zuerst ein Stück geradeaus, wobei sie mit dem Hinterleib hin- und herschwänzelte. Danach bewegte sie sich in einem Halbkreis nach links, dann wieder mit Schwänzelbewegungen geradeaus, ehe sich ein Halbkreis nach rechts anschloss. Auch bei dieser Tänzerin hielten andere Arbeiterinnen mit den Fühlern Kontakt zum Hinterleib und folgten ihr. Kurze Zeit später trafen am Futterplatz weitere Sammlerinnen ein, die von der markierten Biene informiert worden waren. Diese Form der Verständigung nannte VON FRISCH *Schwänzeltanz*.

Als er die Futterschälchen bei weiteren Versuchen in anderen Himmelsrichtungen aufstellte, tanzten die Bienen der verschiedenen Futterplätze jeweils auch mit ihrer Schwänzelstrecke in eine andere Richtung. Was diese Schwänzeltänze bedeuteten, verstand VON FRISCH, als er Bienen beobachtete, die auf dem Brettchen vor dem Flugloch tanz-

1 Der Verhaltensforscher KARL VON FRISCH

KARL VON FRISCH (1886 — 1982), österreichischer Zoologe, der eine Fülle von Arbeiten über die Sinne von Tieren veröffentlichte und die Bienensprache entdeckte. 1973 erhielt er den Nobelpreis für Medizin.

2 Bienen (markiert) beim Schwänzeltanz

Heimgekehrte Sammlerin gibt Nektar ab

ten. Sie weisen mit der Schwänzelstrecke direkt zur Futterquelle, indem sie die gleiche Richtung zur Sonne einnehmen wie bei ihrem Flug zum Flutterplatz.

Aus dieser Beobachtung folgerte er, dass die Bienen im Stock mit einer Schwänzelrichtung in der Senkrechten nach oben (entgegen der Schwerkraft) eine Futterquelle in Richtung zur Sonne angeben. Weist der Schwänzeltanz nach unten, bedeutet dies, dass die Bienen die Futterquelle entgegengesetzt zur Sonnenrichtung finden. Weicht die Richtung der Schwänzelstrecke von der Schwerkraftachse ab, so entspricht der Winkel zwischen Schwerkraftachse und Schwänzelstrecke dem Winkel zwischen Sonnenstand und Futterplatz.

Außerdem enthält der Schwänzeltanz noch eine *Entfernungsangabe:* Die Tanzbewegungen sind umso langsamer, je weiter die Futterquelle vom Stock entfernt liegt. Die Ergiebigkeit des Futterplatzes geben die Sammlerinnen durch die Häufigkeit der Tänze an. Je ergiebiger die Futterquelle ist, umso länger tanzen die Bienen. Die Qualität des Futters erfahren die Stockgenossinnen bei der gegenseitigen Fütterung. Den Duft der Futterquelle nehmen sie beim Nachlaufen mit ihren Geruchssinnesorganen am Hinterleib der Tänzerin wahr.

Aufgaben

① Welche Informationen über die Bienentänze kannst du aus Abb.1 entnehmen?
② Welche Informationen über die Futterquelle werden dabei übermittelt?

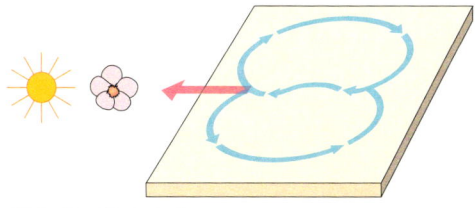

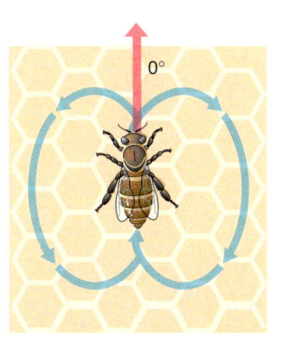

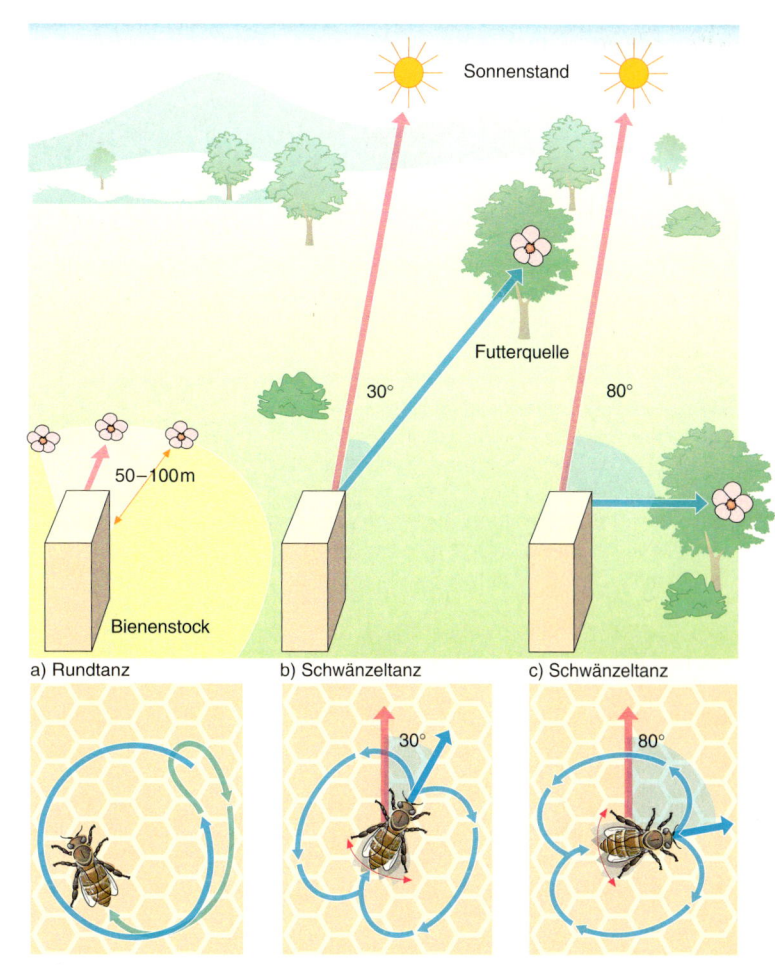

1 Schema des Bienentanzes (**a** Rundtanz, **b** und **c** Schwänzeltanz)

Zettelkasten

Bastelanleitung für einen Bienenkompass

Übertrage und vergrößere die Abbildung der *Sonnenscheibe* auf einen Durchmesser von 10 cm auf Zeichenkarton. Die *Tanzscheibe* vergrößerst du ebenfalls auf einen Durchmesser von 10 cm und überträgst ihn auf Folie. Beide Scheiben werden in der Mitte mit einer Briefklammer drehbar verbunden. Halte den Bienenkompass senkrecht, sodass der Sonnenpfeil nach oben zeigt. Stelle die Winkel zur Futterquelle ein, die in den Abbildungen 1 b und c angegeben sind. Denk dir Futterplätze und Sonnenstand in anderer Lage und ermittle mit dem Bienenkompass die Richtung des Schwänzellaufs.

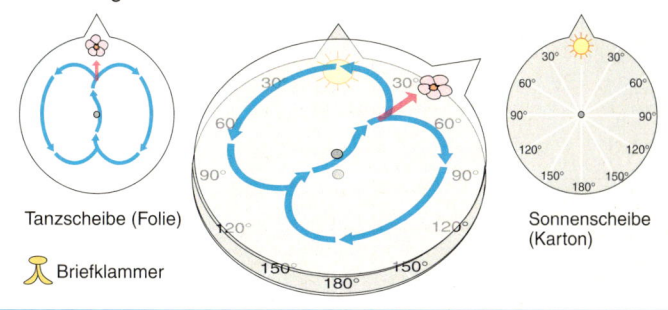

Wirbellose Tiere

3 Insekten — Körperbau und Leistungen

Die Beine der Insekten

Insekten gehören zum Stamm der **Gliederfüßer**. Ihre Beine sind in verschiedene Abschnitte gegliedert. Obwohl Insektenbeine unterschiedlichste Formen aufweisen, kann man sehen, dass sie alle nach einem einheitlichen Muster aufgebaut sind.

Am deutlichsten wird dieser Grundbauplan bei dem sogenannten *Laufbein*, das wir als Vorderbein der Honigbiene, bei den Laufkäfern, den Ameisen, aber auch bei der abgebildeten Kleinlibelle finden: Mit dem Brustsegment ist das Bein über die *Hüfte* verbunden. Darauf folgt der *Schenkelring* und der

Der Gelbrandkäfer lebt im Wasser. Seine langen, kräftigen Hinterbeine haben ruderartige Gestalt. Alle Beinabschnitte sind abgeflacht und die Fußglieder sind vergleichsweise groß. Sie sind mit zahlreichen, sehr dicht stehenden Borsten besetzt, die beim Schwimmen abgespreizt werden und dadurch die Ruderfläche erheblich vergrößern.

Bei den Arbeiterinnen der Honigbiene sind die Hinterbeine zu *Sammelbeinen* entwickelt (s. Seite 33). Die Königin und die Drohnen, die nicht zur Nahrungssuche ausfliegen, haben keine solchen spezialisierten Beine.

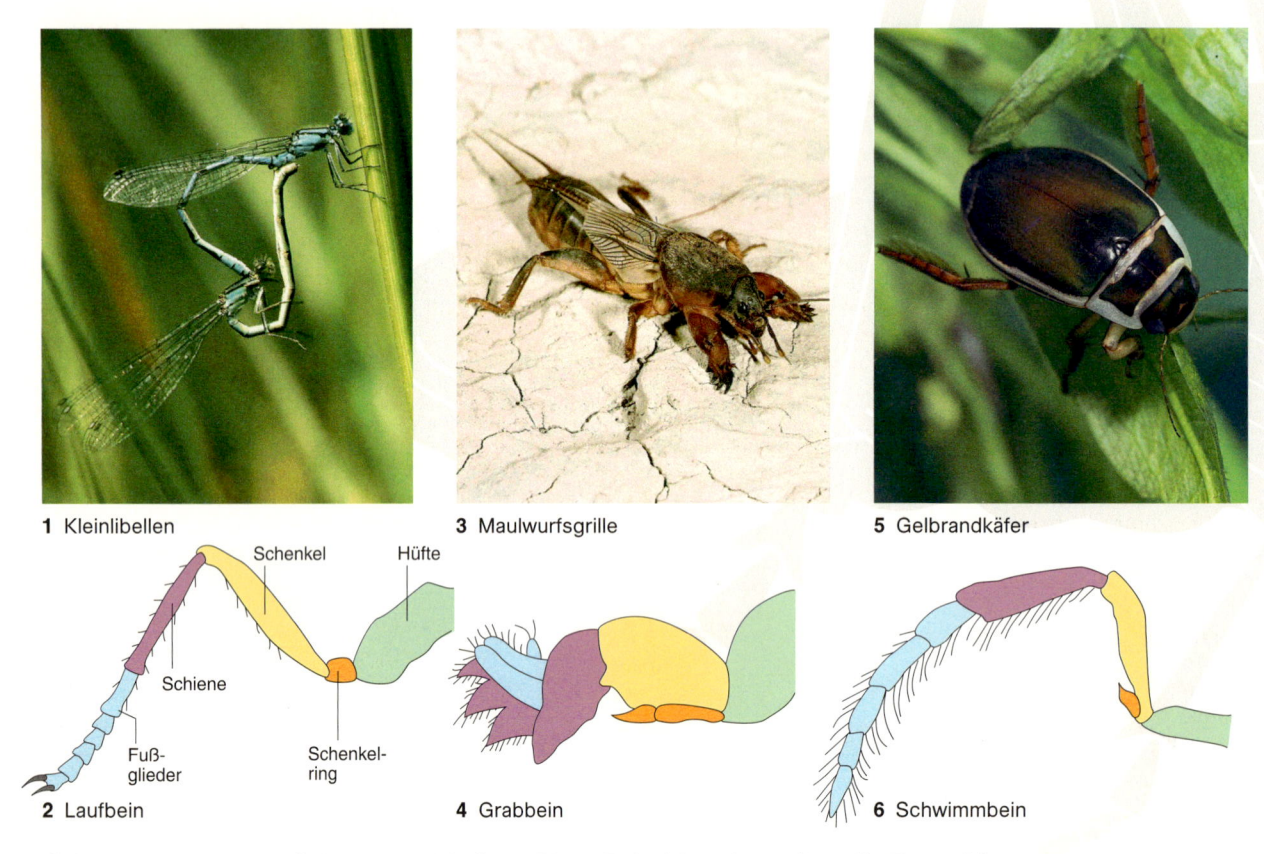

1 Kleinlibellen

3 Maulwurfsgrille

5 Gelbrandkäfer

2 Laufbein

4 Grabbein

6 Schwimmbein

Schenkel, an dem die *Schiene* anschließt. Sie trägt den mehrgliedrigen *Fuß*, der in einem Krallen tragenden Glied endet.

Die Maulwurfsgrille hat kurze, kräftige Vorderbeine. Schenkel, Schiene und die ersten beiden Fußglieder sind schaufelartig verbreitert. Ihr unterer Teil endet in 4 breiten Chitinzacken. Dieses *Grabbein* eignet sich gut, um Gänge in den Boden zu graben.

Diese Beispiele zeigen, dass die Extremitäten an die jeweiligen Lebensbedingungen im Lebensraum angepasst sind und der Bewältigung spezieller Aufgaben dienen.

Aufgabe

① Zeichne das Sprungbein der Heuschrecke (s. Abb. 45.1). Vergleiche es mit dem Grundbauplan eines Laufbeins.

38 *Wirbellose Tiere*

Die Mundwerkzeuge der Insekten

Die Vorfahren der heutigen Insekten lebten als Bodenbewohner von Tier- und Pflanzenresten. Nach und nach erschlossen sie weitere Nahrungsquellen. Sie besiedelten dabei verschiedene Lebensräume und entwickelten viele Arten stark spezialisierter *Mundwerkzeuge*.

Die Mundwerkzeuge der Insekten liegen nicht wie bei den Wirbeltieren im Kopf, sondern sie sitzen außen. Sie bestehen zum größten Teil aus *Chitin*. Dieser Stoff ist hart und verleiht eine ausreichende Festigkeit, um Nahrungsstücke abschneiden und aufnehmen zu können.

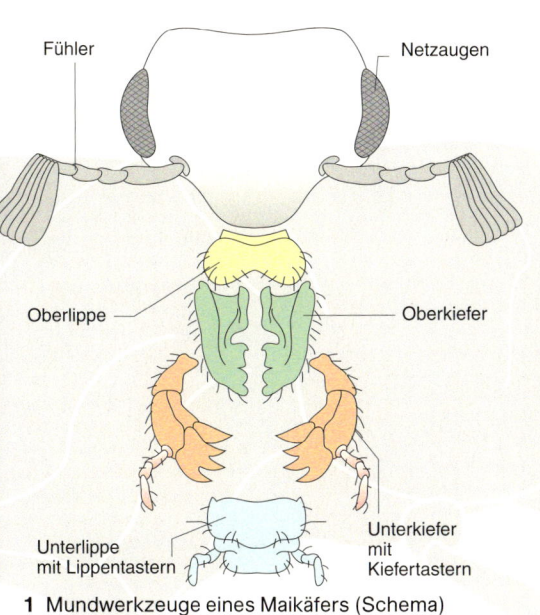

1 Mundwerkzeuge eines Maikäfers (Schema)

Pflanzen fressende und räuberisch lebende Insekten müssen ihre Nahrung zerkleinern. Ein typischer Vertreter dieser Gruppe ist der Maikäfer, der in der Hauptsache die Blätter von Laubbäumen frisst. Mit seinen kräftigen *Oberkiefern* beißt er Stücke aus dem Blatt, zerkleinert sie mit den *Unterkiefern* und schiebt sie mithilfe der *Unterlippe* in den Schlund. Die *Kiefer-* und *Lippentaster* überprüfen die Nahrung auf ihre Genießbarkeit.

Viele weitere Käfer und deren Larven haben ähnlich gebaute Mundwerkzeuge, die man entsprechend ihrer Arbeitsweise als *beißende Mundwerkzeuge* bezeichnet. Man geht davon aus, dass dies der Grundtyp ist, aus dem sich alle anderen Formen der Mundwerkzeuge entwickelt haben.

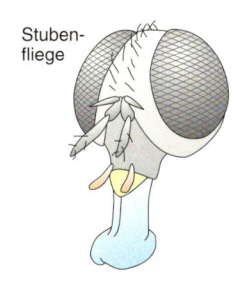

Um Nektar aufzunehmen, sind beißende Mundwerkzeuge ungeeignet. Blütenbesucher, wie Bienen und Hummeln, einige Fliegen und vor allem die Schmetterlinge, zeigen *leckend-saugende Mundwerkzeuge*, die die Aufnahme von Nektar und anderen Flüssigkeiten ermöglichen.

Bei den Schmetterlingen ist der Oberkiefer völlig zurückgebildet, die Unterkiefer sind stark verlängert und halbröhrenförmig gebogen. Sie liegen eng zusammen und bilden ein *Saugrohr*. Viele Fliegen haben einen *Tupf-* und *Saugrüssel*. Ein zweigeteilter, weichhäutiger Stempel mit zahlreichen Rinnen dient dem Aufsaugen von flüssiger oder im Speichel gelöster Nahrung.

2 Kopf eines Maikäfers

Auch Bienen haben leckend-saugende Mundwerkzeuge. Die Unterlippe ist sehr lang und bildet einen röhrenförmigen Saugrüssel, in dem sich eine „Zunge" auf und ab bewegt. Sie endet in einem Löffelchen. Mit den kleinen, glatten Oberkiefern wird beim Wabenbau Wachs geknetet und geformt (s. Seite 35).

Bei den *stechend-saugenden Mundwerkzeugen* der Stechmücken sind alle Mundteile sehr lang und dünn. Ober- und Unterkiefer sind als *Stechborsten* ausgebildet, die von der rinnenförmigen Unterlippe beim Stich geführt werden. Die Stechborsten aus Ober- und Innenlippe bilden das Saugrohr, in dem, eingebettet in der Innenlippe, der *Speichelkanal* verläuft. Durch ihn fließt Speichel in die Stichwunde, der die Blutgerinnung hemmt.

Wirbellose Tiere

Die Sinnesorgane

Betrachtet man das Auge eines Insekts mit der Lupe, erkennt man eine Vielzahl von kleinen Sechsecken, die wie die Zellen einer Bienenwabe aneinander hängen. Jedes Sechseck ist die Oberfläche eines Einzelauges, das eine *Chitinlinse* und einen *Kristallkegel* enthält. Durch sie wird das Licht auf eine Gruppe von *Lichtsinneszellen* gebündelt. *Pigmentzellen* schirmen störendes Seitenlicht von benachbarten Einzelaugen ab. Das gesamte Organ heißt *Komplex-* oder *Facettenauge*. Viele geflügelte Insekten besitzen außerdem am Kopf Punktaugen, meist drei. Ihr Aufbau ermöglicht nur Hell-Dunkel-Wahrnehmung. Sie dienen u. a. der raschen Reaktion auf Änderungen der Lichtstärke.

hat der überwiegend im Dunkeln lebende Ohrwurm 270 Einzelaugen, dagegen eine Libelle, die während ihres rasanten Fluges sogar Beute fängt, bis zu 28 000 Einzelaugen.

Der *Geruchssinn* spielt z. B. beim Aaskäfer eine große Rolle: er leitet den Käfer direkt zu seiner Nahrung, da dieser den Geruch toter Tiere erkennt. Die Geruchssinnesorgane mit den Sinneszellen liegen in den sogenannten *Antennen*. Sie weisen von Art zu Art unterschiedlichste Formen auf.

Geschmacksstoffe nehmen Insekten mithilfe von Sinneszellen wahr, die sich in den Mundwerkzeugen und an der Mundöffnung befin-

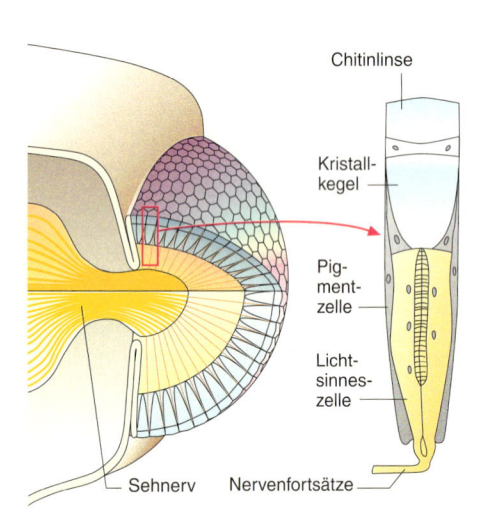

1 Bau eines Insektenauges (Foto ca. 750 x vergr. und Schema)

Abgedunkelte Punktaugen bewirken bei Bienen, dass sie morgens später mit dem Sammeln beginnen und abends früher aufhören.

Das Bildsehen ermöglichen die Facettenaugen. Von einem Gegenstand im Blickfeld übermittelt ein Einzelauge einen kleinen Ausschnitt — einen Bildpunkt — an das Gehirn. Hier entsteht das Gesamtbild, mosaikartig zusammensetzt aus den vielen Bildpunkten der Einzelaugen. Man nimmt an, dass das Bild im Insektengehirn den groben Rastern eines Zeitungsfotos ähnelt. Je mehr Einzelaugen in einem Facettenauge zusammengeschaltet sind, um so feiner wird das Raster. Wahrscheinlich hängt die Anzahl der Einzelaugen mit der Lebensweise der jeweiligen Insektenart zusammen. Beispielsweise

den. Daneben findet man z. B. bei Schmetterlingen und Fliegen auch *Geschmackssinneszellen* in den Fußgliedern.

Viele Insekten besitzen kein *Hörvermögen*. Einige Insekten reagieren auf Schall, haben dafür aber kein besonders ausgebildetes Hörorgan. So dienen Schmetterlingsraupen die langen beweglichen Körperhaare als Hörhaare, wenn sie durch Schall in Schwingungen versetzt werden. Dagegen befinden sich in den Antennen der Stechmücken kompliziert gebaute, leistungsfähige Hörorgane. Bei Laubheuschrecken sitzen die Hörorgane in einem Beinabschnitt, der *Schiene*. Mit der Lupe kann man zwei spaltförmige Öffnungen erkennen, durch die der Schall in das Hörorgan eintritt.

Schiene der Laubheuschrecke

Wirbellose Tiere

Die Flugeinrichtungen der Insekten

Die Insekten sind neben den Vögeln und Fledermäusen die einzigen Lebewesen, die aktiv fliegen können. Ihre *Flügel* entwickeln sich aus zarten Hautfalten der Rückenplatten des zweiten und dritten Brustsegments. Vor dem ersten Flug pumpt das frisch geschlüpfte Insekt, bei dem die Chitinhülle des Körpers noch weich ist, Körperflüssigkeit in die Hautfalten. Dadurch straffen sich die Flügel, die von Flügeladern durchzogen sind. In ihren Hohlräumen verlaufen Tracheen und Nerven. Die entfalteten Flügel härten an der Luft aus. Das Insekt ist jetzt flugfähig.

Geflügelte Insekten tragen meist zwei Flügelpaare, die oft unterschiedlich ausgebildet sind. Bei der Honigbiene verhaken sich die Hinterflügel während des Flugs an einer Leiste des Vorderflügels und die vier Flügel arbeiten wie ein Flügelpaar. Häufig wird zum Fliegen nur ein Flügelpaar benutzt. Bei der Stubenfliege sind es die Vorderflügel. Statt der Hinterflügel hat sie sogenannte *Schwingkölbchen*, die der Stabilisierung des Flugs dienen. Ein Kennzeichen der Käfer sind ihre Vorderflügel. Sie sind zu kräftigen, undurchsichtigen, häufig schillernd gefärbten *Deckflügeln* umgebildet, die sich schützend über den Brustabschnitt, den Hinterleib und die häutigen Hinterflügel legen. Die Ohrwürmer tragen ein sehr kurzes erstes Flügelpaar. Darunter liegt stark zusammengefaltet das zweite Paar. Manche Arten sind nicht flugfähig.

1 Fliegende Hummel

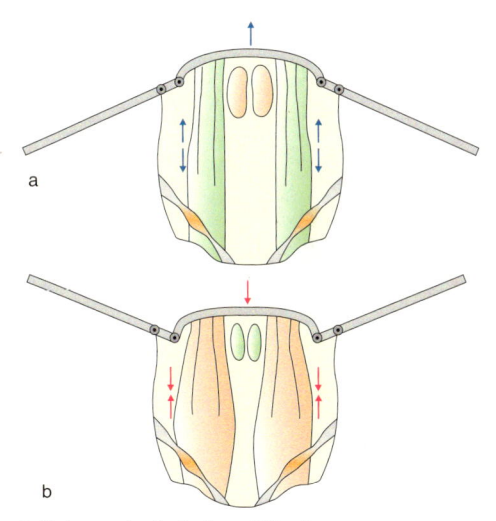

2 Verhakungsstrukturen bei Bienenflügeln

3 Schema der indirekten Flügelbewegung

Bei den meisten Insektenarten werden die Flügel **indirekt** bewegt. Die Flugmuskulatur setzt nicht am Flügel, sondern am elastisch verformbaren Chitinskelett des Brustabschnitts an. Im Körper des Skeletts arbeiten zwei Muskelpaare — *Heber* und *Senker* — als Gegenspieler. Ziehen sich die längs laufenden Senker zusammen, verkürzt sich der Brustabschnitt, die Rückenplatte wölbt sich nach oben und zieht dabei den kurzen Hebelarm der Flügel mit hoch. Dadurch werden die Flügel gesenkt. Ziehen sich die zwischen Rückenplatte und Bauchdecke verlaufenden Heber zusammen, werden über den kurzen Hebelarm die Flügel angehoben. Weitere Muskeln sorgen gleichzeitig für die richtige Flügelstellung bei Auf- und Abschlag.

Bei den regelmäßig auftretenden Formveränderungen des Körpers durch die arbeitende Flugmuskulatur werden bei großen Insekten die elastischen Tracheen immer wieder zusammengepresst. Sobald der Druck nachlässt, nehmen die Tracheen wieder die Ausgangsform an. So entsteht bei jedem Flügelschlag ein Pumpvorgang, durch den der Insektenkörper mit frischer Luft versorgt wird.

Auch schon zur Vorbereitung des Flugs muss der Insektenkörper verstärkt mit Sauerstoff versorgt werden. Dabei wird der Hinterleib des Tieres rhythmisch zusammengepresst und entspannt. Dieser Vorgang lässt sich zum Beispiel bei den Marienkäfern gut beobachten.

Wirbellose Tiere

Impulse

Insektenflug

Summ, Summ, Summ,

Oft hört man ein Insekt, bevor man es sieht. Der Flügelschlag verursacht ein Geräusch, das auch bei kleinen Tieren beachtliche Lautstärke erreichen kann. Welche Tiere erzeugen ein lautes Fluggeräusch?
Was sagt die Tabelle über das Fluggeräusch aus? Bei welchen Tieren kannst du das Schlagen der Flügel richtig sehen?

Tabelle 2

Insekt	Flügelschläge je Sekunde
Honigbiene	207 – 285
Kohlweißling	9 – 12
Libelle (Plattbauch)	20
Maikäfer	46
Schmeißfliege	155
Spinner	8
Stechmücke	300
Wespe	110

Die Flügel

Ohne Flügel kein Insektenflug. Aber nicht alle geflügelten Insekten haben die gleiche Anzahl Flügel. Bei manchen Insekten, wie den Libellen, kann man sie leicht sehen und zählen. Aber weißt du auch, wie viele es bei Schmetterlingen, Wespen und Fliegen sind?

Das Tagpfauenauge (rechts) ist ein Schmetterling. Wie kommt das Tier zu seinem Namen?

Käfer – Flieger mit eigener Tech

Was ist denn das Besondere am Flug der Käfer? Sicher hast du schon einen Schmetterling beim Fliegen beobachtet. Findest du Unterschiede zur Flugtechnik der Käfer?

Wer ist der Beste?

Tabelle 1

	größte Last in mg	Körpergewicht in mg
Libelle	619	873
Honigbiene	65	85
Stubenfliege	23	13

Die Tabelle gibt an, wie groß die höchste Last ist, die diese Insekten beim Fliegen mitnehmen können.
Ordnet man die Insekten nach ihrer Fähigkeit Lasten zu transportieren, kommt man zu der Rangfolge, die man in der Tabelle sieht.

Vergleicht man nun aber das Transportvermögen mit dem Körpergewicht, so kommt man zu einer anderen Reihenfolge. Kannst du die Insekten nach dem neuen Gesichtspunkt einordnen?

Tabelle 3

Insekt	Geschwindigkeit in km/h
Stechmücke	1,4
Florfliege	2,2
?	8,2
Maikäfer	11
Kohlweißling	14
Wanderheuschrecke	16
?	18
Hornisse	22
Honigbiene	29
?	30

In der Tabelle sind Libelle, Stubenfliege und Hummel nicht eingeordnet. Was meinst du, an welche Stelle gehören sie?

42 Wirbellose Tiere

Die ältesten Insekten

Libellen sind die ältesten Fluginsekten. Es gibt sie seit der Karbonzeit, also seit etwa 300 Millionen Jahren. Seither hat sich ihre Gestalt nur wenig verändert. Ob sie wohl im Karbon im Luftraum allein waren? Gab es damals Vögel?

Die Urlibelle Meganeura hatte eine Flügelspannweite von 70 cm.

Flugmotoren der Insekten

Die Flugmuskulatur kann man als Flugmotoren der Insekten betrachten. Allerdings arbeitet der Flugmotor einer Libelle in anderer Weise als bei einer Fliege (siehe Seite 41). Findest du die Unterschiede? Baue ein Modell für den Flugapparat der Fliegen oder der Libellen. Verwende beispielsweise Karton für Chitinskelett und Flügel, sowie Gummiringe für die Muskulatur.

Die Vielflieger

Dass Zugvögel bei ihrem jährlichen Zug in die Winterquartiere große Strecken zurücklegen, ist dir sicher bekannt. Aber wusstest du auch, dass einige Insekten sehr weit fliegen können?
Beispielsweise legen afrikanische Wanderheuschrecken bei der Nahrungssuche in bestimmten Jahreszeiten pro Tag mehr als 300 Kilometer zurück. Insgesamt fliegt ein Tier bei dieser Wanderung 2000 bis 3000 Kilometer weit.
Es gibt noch andere Vielflieger unter den Insekten, die erstaunliche Leistungen vollbringen. Informiere dich über Wanderfalter.

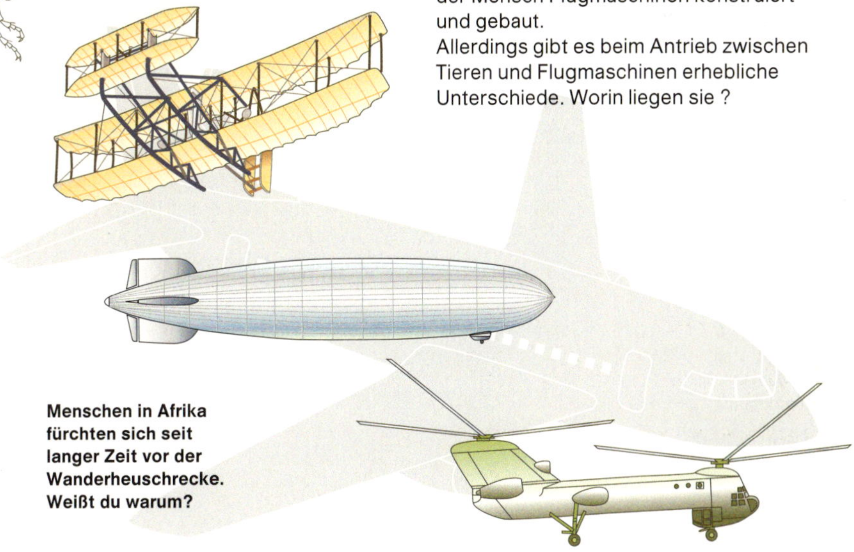

Menschen in Afrika fürchten sich seit langer Zeit vor der Wanderheuschrecke. Weißt du warum?

Natur und Technik

Erst lange Zeit, nachdem sich die ersten fliegenden Tiere entwickelt haben, hat der Mensch Flugmaschinen konstruiert und gebaut.
Allerdings gibt es beim Antrieb zwischen Tieren und Flugmaschinen erhebliche Unterschiede. Worin liegen sie?

Wirbellose Tiere

Entwicklung der Insekten

Die vollständige Verwandlung

Schon im Mai legt das Weibchen des *Kleinen Fuchses* nach der Paarung seine Eier an Brennnesseln ab. Ihre Blätter sind die einzige Nahrung für die Raupen, die etwa 14 Tage später schlüpfen. Die *Raupe* ist das Jugendstadium des Schmetterlings, eine *Larve*. Der walzenförmige Körper der Raupen ist schwarzgelb gefärbt und trägt in Büscheln abstehende Haare, die der langsamen Raupe Schutz vor Fressfeinden bieten.

Auch an der Larve sind wesentliche Merkmale der Insekten erkennbar, jedoch besitzt sie als Jugendstadium keine Geschlechtsorgane. Der Körper ist in Segmente gegliedert und zeigt drei Abschnitte. Nach dem Kopf folgt der Brustabschnitt, an dem drei Beinpaare ansetzen. Darauf folgt der Hinterleib. Die Raupe besitzt hier weitere Beine. Diese Ausstülpungen des Chitinskeletts, die der Fortbewegung dienen, nennt man *Bauchfüße*. Dagegen sind die Fortsätze am Hinterende Haftorgane, die *Nachschieber*.

Am fühler- und augenlosen Kopf sitzen gut entwickelte beißende Mundwerkzeuge. Fressen ist die Hauptbeschäftigung der Insektenlarve, denn das Larvenstadium dient dem Wachstum. Da die Chitinhülle des Körpers weder sehr elastisch ist noch mitwächst, häutet sich die Larve vor den Wachstumsphasen. Nach vier bis fünf Häutungen *verpuppt* sich die Raupe. Sie bildet einen Faden und hängt sich mit ihrem Hinterende an einem Blatt frei nach unten auf. Diese Puppenform nennt man *Stürzpuppe*.

Eier
Raupe
Puppe
Imago

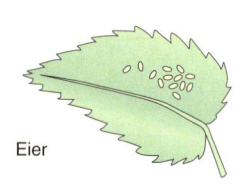

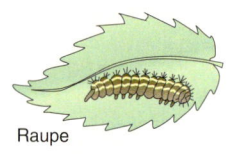

Entwicklung des Kleinen Fuchses

1 Kleiner Fuchs

Nach einer etwa 20-tägigen Puppenruhe, in der das Tier äußerlich völlig reglos ist und keine Nahrung aufnimmt, schlüpft die *Imago*, der fertige Schmetterling, aus der Puppenhülle und entfaltet seine Flügel. Nach vier bis fünf Stunden sind sie ausgehärtet und der Falter fliegt davon.

Äußerlich nicht erkennbar hat im Inneren der Puppenhülle ein tief greifender Umwandlungsprozess, eine **Metamorphose**, stattgefunden. Aus der flügellosen Raupe ist ein geflügelter, geschlechtsreifer Schmetterling entstanden, mit saugenden Mundwerkzeugen für die Nektaraufnahme. Diese Entwicklung, vom Ei über mehrere Larvenstadien und ein Puppenstadium zur Imago, bezeichnet man als *vollständige Verwandlung*.

Zettelkasten

Weitere Insektenlarven

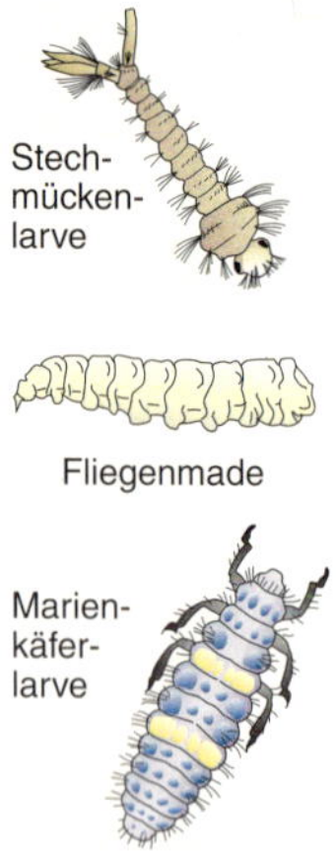

Stechmückenlarve
Fliegenmade
Marienkäferlarve

Völlig anders als die Schmetterlingsraupen sehen die Larven mancher Käfer aus. So besitzt die bewegliche, räuberisch lebende, sechsbeinige Larve des Marienkäfers eine deutlich ausgeprägte Kopfkapsel mit kräftigen Mundwerkzeugen, Antennen und Augen. Während die bunt gefärbte Larve des Marienkäfers frei auf Pflanzen lebt und sich von Insekten ernährt, findet man manch andere Käferlarve mit rötlicher, bräunlicher oder schwarzer Grundfärbung unter Steinen und lockerer Baumrinde. Diese Larven zeigen meist einen flachen Körperbau.

Als *Maden* bezeichnet man beinlose Larven. Sie besitzen eine kaum erkennbare Kopfkapsel. Statt komplizierter Mundwerkzeuge tragen sie nur einen Mundhaken. Im Volksmund werden Maden häufig, jedoch fälschlicherweise als „Würmer" bezeichnet. Dabei handelt es sich aber um Insekten, wie man nach der Metamorphose problemlos erkennen kann: Aus ihrer Puppe schlüpfen Fliegen oder bestimmte Käferarten.

Mit der Metamorphose geht bei den Stechmücken eine interessante Veränderung einher. Ihre beinlosen Larven entwickeln sich im Wasser, wo sie sich von pflanzlichen Schwebteilchen ernähren. Zum Atmen hängen sie sich mit ihrem Hinterende an die Wasseroberfläche. Auch die Puppe schwimmt im Wasser. Erst nach der Metamorphose wechseln sie Lebensraum und Nahrung. Die geflügelten Insekten leben an Land und in der Luft; die Weibchen ernähren sich vom Blut der Säugetiere.

Die unvollständige Verwandlung

Die *Laubheuschrecke* nennt man auch Heupferd, ein Name, den sie ihrem pferdeähnlich geformten Kopf verdankt. Während sich beispielsweise Schmetterlinge einer Art nur wenig in ihrer Größe unterscheiden, kennen wir von der Laubheuschrecke sehr große, aber auch ziemlich kleine Tiere. Woher kommt dieser Unterschied?

Laubheuschrecken zeigen eine andere Entwicklung als Schmetterlinge. Nach der Paarung im Herbst legt das Weibchen mit dem kräftigen *Legestachel* bis zu 100 Eier in den Boden. Im nächsten Frühjahr schlüpfen daraus die Larven, die dem fertigen Insekt bereits sehr ähnlich sind, jedoch noch keine Flügel besitzen. Die Larven haben denselben Lebensraum und dieselbe Ernährungsweise wie die erwachsenen Tiere.

Das Wachstum ist von Häutungen begleitet. Mit jeder Häutung werden die Larven den fertigen Insekten immer ähnlicher. Nach der dritten von insgesamt fünf Häutungen erscheinen die Flügelanlagen, die Fühler werden länger und bei den Weibchen wird der Legestachel sichtbar. Nach der letzten Häutung sind die Jungtiere geschlechtsreif. Diese Entwicklung — ohne Puppenstadium und Metamorphose — bezeichnet man als *unvollständige Verwandlung*.

Diese Entwicklungsform findet man beispielsweise bei Schaben, Termiten, Ohrwürmern, Grillen, Läusen und Wanzen. Ihre Larven sind landlebend. Dagegen entwickeln sich die Larven von Libellen, Eintagsfliegen und Steinfliegen in Gewässern.

1 Laubheuschrecke

In Seen und Teichen jagen *Libellenlarven* nach Kleintieren mithilfe ihrer *Fangmaske*. Sie ist aus der Unterlippe entstanden und kann blitzartig vorschnellen. Der Fanghaken am Vorderende hält selbst Kaulquappen oder Kleinfische fest. Bei den älteren Larvenstadien sind schon die Flügelanlagen erkennbar. Kurz vor der letzten der 7–10 Häutungen verlassen die Larven das Wasser. Aus der letzten Larvenhaut schlüpft die Libelle.

Larven der *Eintagsfliegen* findet man in sauberen Fließgewässern. Sie besitzen kräftige Beine und ernähren sich von abgestorbenen Pflanzenteilen oder Tieren. Entsprechend ihrer Nahrung haben sie kräftige beißende Mundwerkzeuge.

Ihre unvollständige Verwandlung dauert 1 bis 2 Jahre. Nach der letzten Häutung verlassen sie das Wasser und leben an Land an Pflanzen. Die Beine sind nun stark zurückgebildet und die Mundwerkzeuge verkümmert; Nahrung nehmen sie nicht mehr auf. Sie leben nun nur noch einige Tage, manchmal auch nur Stunden. Die einzige biologische Funktion des Vollinsekts besteht darin, sich zu paaren und die Fortpflanzung zu erreichen. Die befruchteten Eier werden von den Weibchen häufig im Flug über dem Wasser abgeworfen. Manche Arten legen sie durch Eintupfen des Hinterleibendes ins Wasser ab.

Dieses Beispiel zeigt, dass das Larvendasein der Insekten das Wachstums- und Fressstadium darstellt, während die oft wesentlich kürzere Lebensphase des Vollinsekts auf die Fortpflanzung ausgerichtet ist.

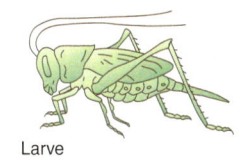

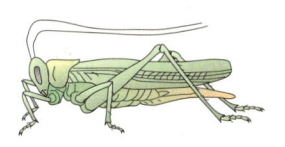

2 Eintagsfliege

Eier
Larve
Larve
Larve
Imago

Entwicklung der Laubheuschrecke

Libellenlarve mit Fangmaske

Wirbellose Tiere

Praktikum

Haltung und Beobachtung von Insekten

Die Entwicklung der Mehlwürmer

Die sogenannten „Mehlwürmer" gibt es in der Zoohandlung als Futter für Terrarientiere zu kaufen. Ihr Name erinnert daran, dass sie früher vor allem in Mühlen und Bäckereien als Vorratsschädlinge im Mehl auftraten.

Zur Beobachtung kann man sich einige Tiere besorgen und eine kleine Zucht anlegen. Schon 10 „Mehlwürmer" reichen dazu aus. Als Zuchtgefäß nimmt man eine Blech- oder Kunststoffdose mit Luftlöchern im Deckel. Auf den Boden werden ca. 1 cm hoch Vollkornhaferflocken, Weizenkleie und Brotkrumen als Nahrung und Unterschlupf für die Tiere gestreut. Alle 8 Tage ein Salatblatt, ein Karottenstückchen oder etwas Bananenschale sorgen für Feuchtigkeit und ergänzen die Nahrung. Reste der Nahrung werden entfernt, um Schimmelbildung und Milbenbefall zu vermeiden. Alle Beobachtungen und Veränderungen werden notiert und in einem Protokoll (siehe 2. Spalte) festgehalten.

Ein Beobachtungsprotokoll könnte etwa so aussehen:
- 1. Tag: 10 „Mehlwürmer" eingesetzt. Einer ist kleiner als die übrigen.
- 3. Tag: Alle „Mehlwürmer" sind jetzt gleich groß, einer von ihnen ist ganz hell. Ein vertrocknetes Häutchen lag zusätzlich in der Dose.
- 5. Tag: Der helle „Wurm" ist dunkler geworden. Zwei bewegen sich kaum.
- 6. Tag: Im Gefäß liegen zwei andersartige Wesen, dafür fehlen zwei „Mehlwürmer". Sie haben sich verpuppt.
- 9. Tag: Bis auf einen sind alle „Mehlwürmer" verpuppt. Neben jeder Puppe liegt ein vertrocknetes Häutchen.
- 15. Tag: Alle „Mehlwürmer" sind verpuppt.
- 21. Tag: 2 Käfer unbekannter Herkunft krabbeln herum, 2 Puppen fehlen …

Aufgaben

1. Der Name „Mehlwurm" ist biologisch falsch. Welche Körpermerkmale verraten, was ein „Mehlwurm" wirklich ist?
2. Versuche, für die protokollierten Beobachtungen Erklärungen zu finden.
3. Im Puppenstadium bildet sich die endgültige Körpergestalt. Welche Körperteile des fertigen Insekts kannst du bereits an der Mehlkäferpuppe erkennen?
4. Um wachsen zu können, müssen Insektenlarven die starre Chitinhülle abstreifen *(sich häuten)* und rasch wachsen, ehe die neue Haut erstarrt. Deshalb füllen sie Teile des Körpers mit Luft und fressen erst später. Welche Protokollstelle weist auf diesen Vorgang hin?
5. Kannst du begründen, weshalb Biologen die Entwicklung des Mehlkäfers eine *vollständige Verwandlung* nennen?
6. Lege eine „Mehlwurm"-Zucht an. Halte in einem Protokoll fest, wie viele Larven sich zu Käfern entwickeln.

Insektarium für Stabheuschrecken

Um größere Landinsekten zu halten und zu beobachten, benötigt man einen Insektenkäfig, ein Insektarium. Es sollte eine der Tierart angemessene Größe haben; die Tiere müssen sich darin gut bewegen können. Ein halbwegs geschickter Bastler kann sich ein Insektarium selbst bauen. Aus Holzleisten wird auf einer Sperrholzplatte ein Gestell aufgebaut, das mit Fliegengitter bezogen wird. An eine Seite wird eine verschließbare Türe angebracht. Die Mindestmaße sind etwa 25 cm x 25 cm x 50 cm (L x B x H). Eine flache Wanne aus Kunststoff oder Blech, auf den Boden gestellt, erleichtert die Reinigung. Da hinein stellt man ein Glas mit Pflanzenstängeln und Blättern als Nahrung und Lebensraumersatz. Für Stabheuschrecken eignen sich Zweige der Brombeere oder Efeu. Beide Pflanzen findet man auch noch im Herbst mit grünen Blättern. Von Zeit zu Zeit wird das Pflanzenmaterial ausgewechselt und der Boden von Abfällen gereinigt.

Stabheuschrecken erhält man in Zoogeschäften oder von zoologischen Instituten der Universitäten. Die Heimat dieser Tiere sind warme Gebiete, vom Mittelmeerraum bis nach Asien und Amerika. Deshalb soll auch das Insektarium an einem warmen Ort stehen.

7. Beschreibe eine Stabheuschrecke. Nimm sie in die Hand. Wie verhält sie sich?
8. Setze Stabheuschrecken in das Insektarium. Was tun sie?
9. Beobachte ein Tier beim Laufen. Versuche ein Schema der Beinbewegung anzugeben.
10. Beschreibe ein Ei der Stabheuschrecke. Wie lange dauert es, bis ein Tier aus dem Ei geschlüpft ist?
11. Welche Entwicklungsart liegt hier vor?

Partnersuche bei Insekten

Geschlechtsreife Insekten haben oft eine kurze Lebenszeit und damit auch nur eine kurze Zeitspanne zur Verfügung, in der sie sich paaren und fortpflanzen können. Es ist also wichtig, schnell und sicher eine Partnerin oder einen Partner zu finden.

Erstaunlich ist, dass für die Aufgabe, unter vielen Tieren den richtigen Partner zu finden, oftmals nur einzelne Sinne eingesetzt werden und der Lichtsinn oft keine Rolle spielt. Häufig gelingt die Partnerfindung mit artspezifischen Signalen. Es sind besondere *Duft-, Schall-* oder *Lichtsignale*, die nur von einer Tierart ausgesendet werden und beim Empfang nur bei artgleichen Tieren die entsprechenden Reaktionen auslösen.

Schmetterlinge verständigen sich häufig mit chemischen Signalen. Beim nachtaktiven *Mondfleck* suchen die Männchen die Weibchen auf. Sie werden von einem arteigenen Duftstoff *(Pheromon)* angelockt, das die Weibchen aus Hinterleibsdrüsen abgeben. Durch diesen Duftstoff werden die Riechzellen in den großen fächerförmigen Antennen der Männchen gereizt. Erstaunlich ist, in welch geringer Konzentration männliche Tiere den Duftstoff noch wahrnehmen. Beispielsweise findet ein Seidenspinnermännchen noch aus 4,5 km Entfernung zu einem gefangen gehaltenen Weibchen. Auch Bienenköniginnen geben ein Pheromon ab, das zur Paarungszeit Drohnen anlockt.

Unter den Langfühlerschrecken besitzen die *Heuschreckenmännchen* einen Zirpapparat. Nahe der Ansatzstelle des linken oberen Deckflügels ist aus einer Flügelader eine Reihe von Zähnchen entstanden. Streicht diese *Schrillleiste* über einen aufgebogen Teil des rechten unteren Deckflügels – die *Schrillkante* – so entsteht das bekannte Zirpen, das in der Nähe befindliche Weibchen anlockt. Dass die Weibchen nur durch diese akustischen Signale angelockt werden und das Männchen weder sehen noch riechen müssen, lässt sich mit einem Tonbandversuch zeigen. Die Weibchen kommen auch zu einem Tonbandgerät, wenn man Zirplaute des Männchens abspielt.

Ein nachtaktive Gruppe, die im Dunkeln den Sehsinn zur Partnersuche nutzen kann, sind die *Leuchtkäfer*. Zu ihnen gehört das große Johanniswürmchen. Bei dieser Leuchtkäferart besitzen nur die weiblichen Tiere starke Leuchtorgane an der Unterseite des Hinterleibs. Die nicht flugfähigen Weibchen lassen sich nach der Dämmerung am Rande von Gebüschen oder im locken Gras nieder und drehen den Hinterleib nach oben. Mit ihrem Licht locken sie die in geringer Höhe fliegenden Männchen an. Sobald diese das Lichtsignal wahrnehmen, lassen sie sich beim Weibchen am Boden nieder.

1 Kopf und Fühler des Mondflecks

großes Johanniswürmchen ♀

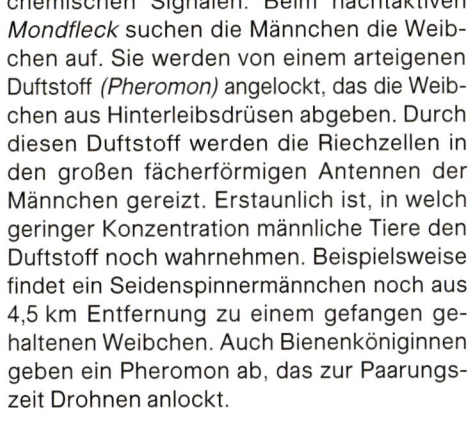

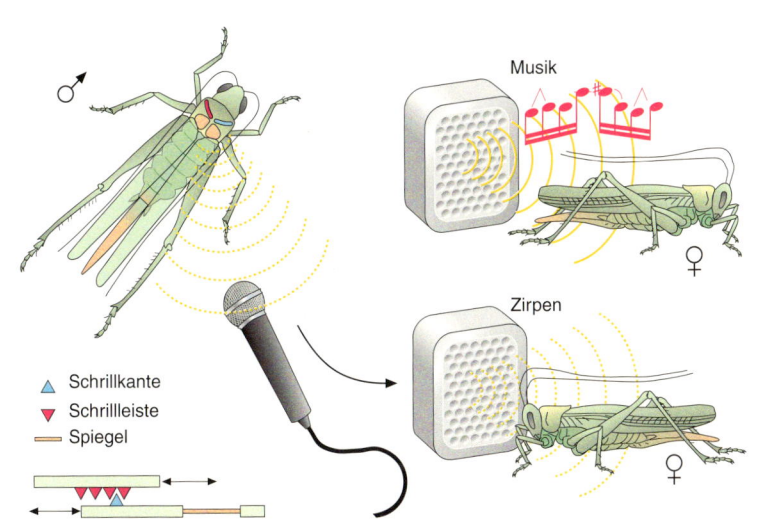

2 Tonbandversuch zur Verständigung der Heuschrecken

▲ Schrillkante
▼ Schrillleiste
— Spiegel

Aufgaben

① Seidenspinnerweibchen haben kleine Fühler, Männchen dagegen sehr große. Welche Bedeutung hat dieser Unterschied?

② Plane ein Experiment, mit dem man untersuchen könnte, ob die Männchen des großen Johanniswürmchens von den Weibchen ausschließlich mit Leuchtzeichen angelockt werden.

Wirbellose Tiere

Insekten und Säugetiere

im Vergleich

Insekten unterscheiden sich in vielen Körpermerkmalen und im Körperaufbau sehr deutlich von Säugetieren. Dennoch sind bei Insekten mit ihrem völlig anderen Körperbauplan vergleichbare Körperfunktionen vorhanden. Dazu gehören Sinnesleistungen, Nahrungsaufnahme, Verdauung, Ausscheidung, Atmung und Fortbewegung.

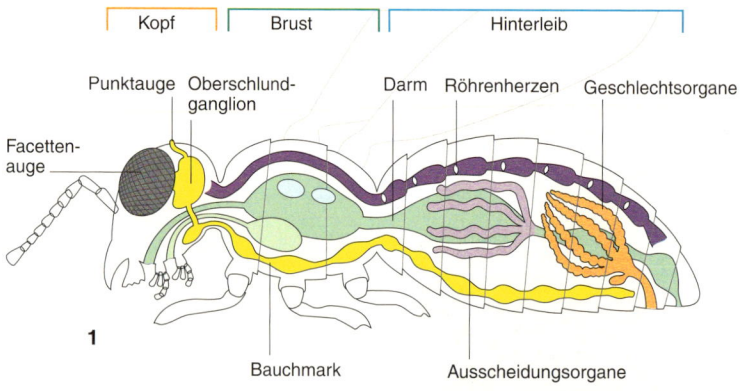

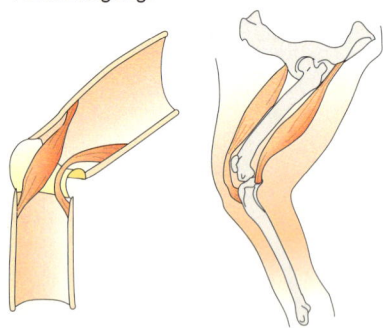

Sowohl Insekten als auch Säugetiere besitzen ein Skelett, das dem Körper Festigkeit, Beweglichkeit und Gestalt verleiht. Große Unterschiede findet man beim Blutkreislaufsystem der Insekten. Es ist im Vergleich zu Säugetieren völlig anders aufgebaut. Die Rückenherzen der Insekten pumpen die farblose Blutflüssigkeit zum Kopf. Hier tritt sie aus. Durch zwei dünne Hautflächen, die Rücken- und Bauchbereich durchziehen, sowie durch Häute in den Beinen wird die Blutflüssigkeit geleitet und umspült dabei alle Organe. Von den seitlichen Öffnungen der Herzen wird sie wieder angesaugt und erneut in Kopfrichtung gepumpt. Die Atmungssysteme der beiden Tiergruppen weisen gleichfalls große Unterschiede auf.

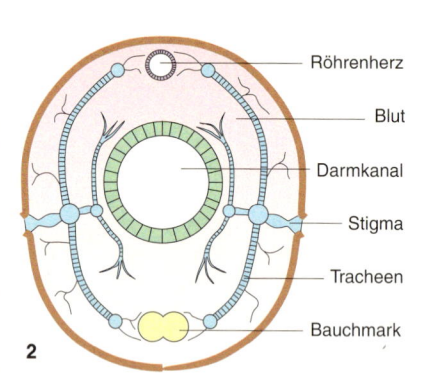

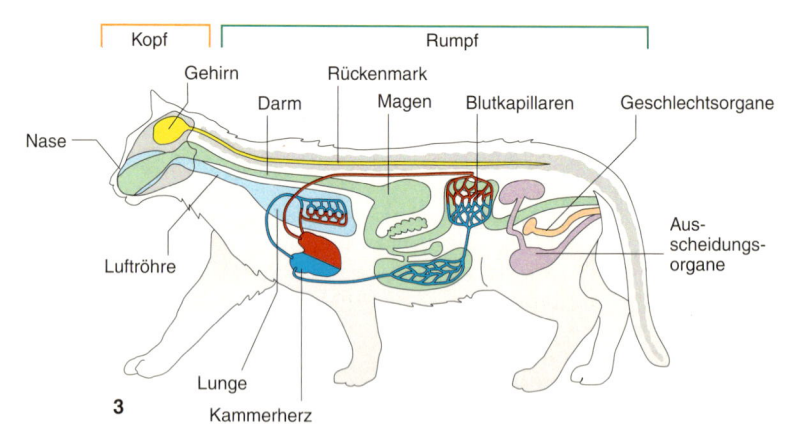

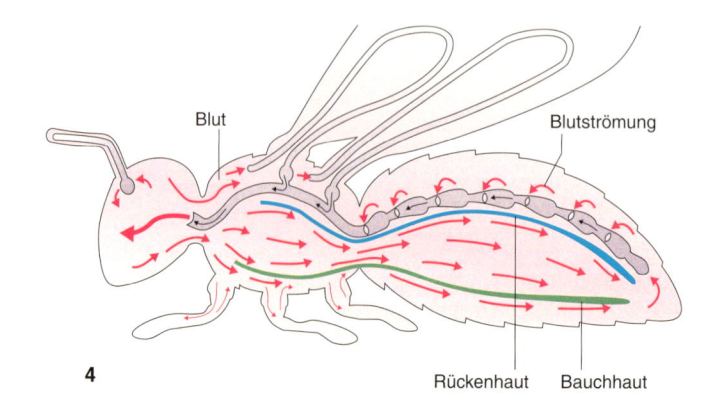

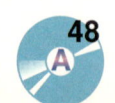

Wirbellose Tiere

Aufgaben

① Welche Funktionen erfüllt das Skelett für einen Organismus? Vergleiche die Skelette von Insekten und Säugetieren auf Seite 48 links. Erstelle dazu eine tabellarische Übersicht, in der die folgenden Merkmale gegenüber gestellt sind: Skelettsubstanz, Lage des Skeletts, Gelenkaufbau und Veränderung beim Wachstum.

② Vergleiche die Baupläne von Säugetier und Insekt. Welche Organe, die Säugetiere besitzen, lassen sich im Körper der Insekten nicht finden?

③ Vergleiche mithilfe der Abbildungen 3 und 4 den Blutkreislauf von Insekten und Säugetieren. Suche Unterschiede und Gemeinsamkeiten. Beschreibe den Kreislauf des Bluts im Insektenkörper anhand Abbildung 4.

④ Welche Funktionen erfüllt das Blut im Körper der Säugetiere? Zähle auf. Das Blut der Insekten enthält keinen roten Blutfarbstoff. Welche Aufgabe kann das Insektenblut deshalb im Vergleich zum Blut der Säugetiere nicht erfüllen?
Im Zusammenhang mit dem farblosen Blut der Insekten unterscheiden sich auch ihre Atemorgane von denen der Säugetieren. Erkläre diesen Zusammenhang.

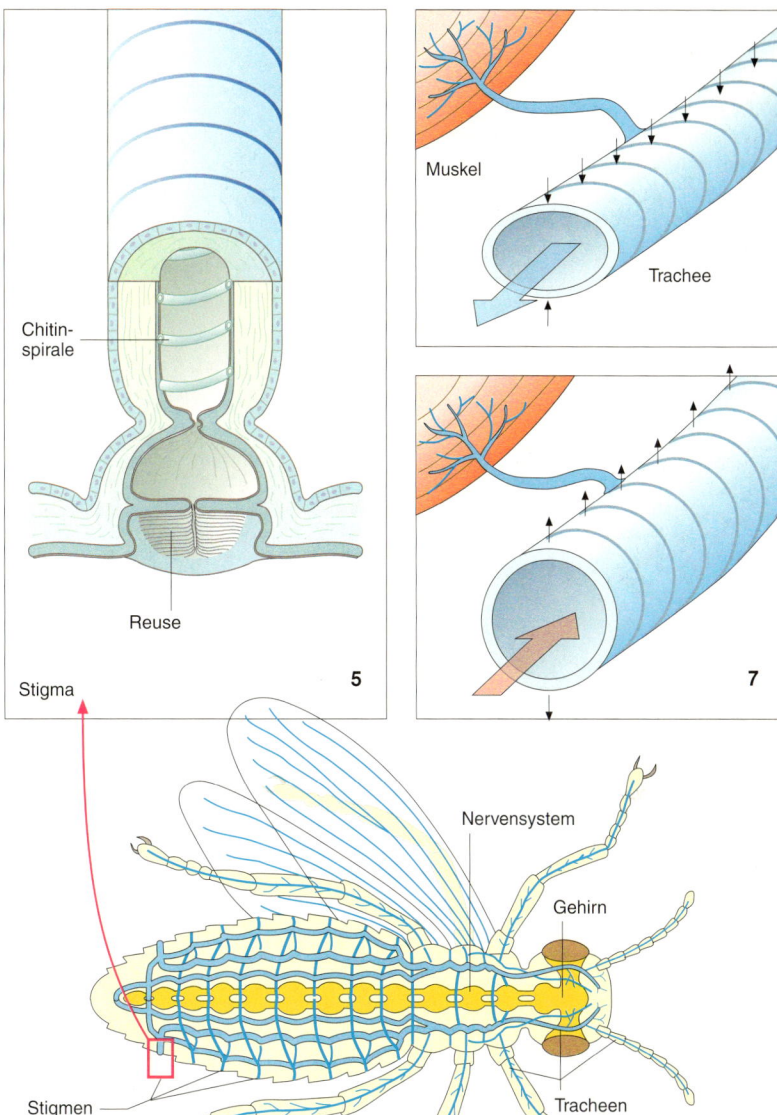

⑤ Eine Biene nimmt gerade zuckerhaltigen Nektar auf. Beschreibe den Weg des Zuckers, von der Aufnahme durch die Mundöffnung bis zur Abgabe an die Muskulatur. Erkläre den Weg auch anhand der Abbildung 4.

⑥ Betrachte in Abb. 6 das Tracheensystem im Insektenkörper. Beschreibe seinen Aufbau. Erkläre die Funktion der großen und kleinen Tracheen.

⑦ Abb. 5 zeigt, dass die Atemöffnungen *(Stigmen)* an der Körperoberseite von Insekten nicht einfache runde Öffnungen der ins Körperinnere verlaufenden Tracheen sind. Beschreibe den Aufbau. Welche Aufgabe haben die besonderen Strukturen in Inneren der Atemöffnung? Erkläre. Welche Einrichtungen haben Säugetiere in ihrem Atmungssystem, das die selben Funktionen erfüllt?

⑧ Beschreibe anhand der Abbildung 7, wie die abgebildete Muskelfaser eines Insekts mit Sauerstoff versorgt wird.

⑨ Sowohl Insekten als auch Säugetiere haben ein Nervensystem. Beschreibe kurz wesentliche Aufgaben eines Nervensystems im Organismus. Welchen Teil des Nervensystems zeigen die Abbildungen 1 und 3. Welchen Teil zeigen sie nicht?
Vergleiche bei Säugetieren und Insekten Lage und Aufbau der abgebildeten Teile der Nervensysteme. Durch welche Körperteile werden die Nervensysteme geschützt?

Wirbellose Tiere

Ein Grundbauplan wird abgewandelt

Die grundlegende Gliederung und Organisation eines Insekts haben wir kennen gelernt. Bereits bei den behandelten Arten ist aufgefallen, dass die **Klasse der Insekten** im Aussehen sehr uneinheitlich ist; der Grundbauplan liegt in vielfältig abgeänderter Form vor. Die verschiedenen *Ordnungen*, von denen *Schmetterlinge* und *Käfer* die bekanntesten sind, unterscheiden sich stark voneinander.

Geradflügler haben ihre Bezeichnung von der typischen Flügelform. Das auffallende Körpermerkmal der **Feldgrille** sind ein Paar Schwanzborsten. Im Gegensatz zu den verwandten *Heuschrecken* können Grillen nicht springen, aber sehr schnell laufen. Viele Geradflüglermännchen locken mit ihrem Zirpgesang Weibchen an. Bei Grillen werden — wie bei den Laubheuschrecken — die Laute durch Aneinanderreiben der Vorderflügel erzeugt.

Wanzen werden wegen ihrer Form und Farbe oft mit Käfern verwechselt. Wichtige Erkennungsmerkmale sind das dreieckige Schildchen zwischen den Vorderflügeln und der einklappbare, schnabelähnliche Stechrüssel. Daher kommt auch der Ordnungsname **Schnabelkerfe**. Wanzen haben verschiedenste Lebensweisen: Die **Feuerwanzen** saugen z. B. an Lindenfrüchten und toten Insekten, die *Wasserläufer* machen auf der Wasseroberfläche Jagd auf ins Wasser gefallene Gliederfüßer, *Wasserskorpione* jagen ihre Beute unter Wasser und *Bettwanzen* sind Blut saugende Parasiten. Zu den Schnabelkerfen gehören auch *Blattläuse* und *Zikaden*. Alle haben eine *unvollständige Verwandlung*.

Libellen gehören zu den ältesten Fluginsekten, denn bereits vor 350 Millionen Jahren lebten in den Steinkohlewäldern Arten mit etwa 70 cm Flügelspannweite. Libellen jagen ihre Beute im Flug. Vor allem **Großlibellen** sind ausgezeichnete Flieger. Sie lassen sich von *Kleinlibellen* leicht unterscheiden: Großlibellen haben breitere Hinterflügel und legen beim Sitzen ihre Flügel waagrecht aus. Kleinlibellen klappen ihre gleich gestalteten Flügel nach oben. Libellen durchlaufen eine *unvollständige Verwandlung*, ihre Larven leben im Wasser.

„Grundtyp"

Hautflügler haben vier wenig geäderte, häutig durchsichtige Flügel. Der Hinterleib ist durch die „Wespentaille" scharf abgegrenzt. *Hummeln*, *Bienen* und *Wespen* sind die bekanntesten Vertreter dieser Ordnung. Die Weibchen der Hautflügler tragen einen Giftstachel, weshalb vor allem die **Hornissen** gefürchtet werden. Doch wird bei deren Angriffslust und Gefährlichkeit meist übertrieben. Die nützlichen *Schlupfwespen* verwenden ihren Stachel als Eilegeapparat, mit dem sie andere Insekten mit Eiern „impfen". Auch die Staaten bildenden *Ameisen*, die wir meist flügellos sehen, sind Hautflügler.

50 Wirbellose Tiere

Zweiflügler scheinen nur ein Paar Flügel zu besitzen. Die Vorderflügel sind richtige Hautflügel, während die Hinterflügel zu Schwingkölbchen umgebildet sind, das sind hoch empfindliche Organe für die Steuerung der Fluglage. Bei den Zweiflüglern gibt es zwei Unterordnungen: Die *Mücken* (**Stechmücken** und **Schnaken**) und die Fliegen. Letztere sind kräftiger gebaut und haben große Augen. Die wendigsten Flieger sind die *Schwebfliegen*, die sekundenlang in der Luft stehen bleiben und dann ruckartig seitwärts wegfliegen. Fliegen durchlaufen bei ihrer Entwicklung eine *vollkommene Verwandlung*.

Köcherfliegen sind nicht leicht zu beobachten. Eine Generation lebt meist weniger als ein Jahr, wobei das Larvenstadium etwa 9—10 Monate dauert, die Puppenruhe nur wenige Tage beträgt und das fertige Insekt nur selten länger als eine Woche lebt. Die Larven bauen teilweise Köcher, in denen sie sich verpuppen. Köcherfliegen besitzen sehr lange Antennen. Die Flügel sind länger als der Körper und in Ruhe dachartig über dem Körper gefaltet. Köcherfliegen erkennt man sicher am Haarbesatz, den sie auf ihren Flügeln tragen. Die Körpergröße der Arten schwankt zwischen 2 und 30 Millimeter.

Netzflügler entsprechen mit Flügelform und -aderung urtümlichen Fluginsekten. Fortschrittlich ist dagegen ihre Entwicklung, die vollständige Verwandlung. Am bekanntesten ist die hellgrüne **Florfliege**, weil sie abends oft Lichtquellen anfliegt. Sie und ihre Larve sind nützliche Blattlausvertilger. Eine Verwandte ist die *Ameisenjungfer*. Ihre Larve, der *Ameisenlöwe*, lauert in einem Trichter aus lockerem Sand auf Ameisen, die in diesen Trichter rutschen.

Urinsekten sind kleine, flügellose Tiere mit einer direkten Entwicklung, die man nicht einmal als Verwandlung bezeichnet. In dieser Gruppe findet man mehrere Ordnungen zusammengefasst. Bekannt sind die 1 mm großen **Springschwänze**, die man häufig auf Blumenerde findet. Gleichermaßen kennt man die *Silberfischchen*, harmlose Insekten, die sich in feuchten, dunklen Ecken des Hauses aufhalten. Sie leben von Abfallstoffen, Papier, Zucker, usw.

Wirbellose Tiere

4 Spinnen und Krebse

Die Kreuzspinne

Die in Hecken häufig vorkommende *Kreuzspinne* erkennt man an einer weißen, kreuzähnlichen Zeichnung auf ihrem Hinterleib, die sich deutlich von der braungelben Färbung des übrigen Spinnenkörpers abhebt. Der Körper der Kreuzspinne besteht aus zwei gut zu unterscheidbaren Abschnitten: Dem *Vorderkörper* — auch *Kopfbrust* genannt, weil er eine Verwachsung von Kopf und Brustteil darstellt — und dem *Hinterkörper*, der auch als *Hinterleib* bezeichnet wird. Am Vorderkörper sitzen sechs oder acht *Punktaugen*, darunter die paarigen *Kieferklauen* und *Kiefertaster*. Letztere tragen Sin-

1 Kreuzspinne

2 Kopf einer Kreuzspinne (25 x vergrößert)

nesorgane und Borsten, mit denen die Kreuzspinne ihre Beute überprüft. Die Kieferklauen sind am Ende spitz wie Nadeln. In ihnen münden die Ausführgänge von *Giftdrüsen*. In Ruhe sind diese Giftklauen wie die Klingen eines Taschenmessers eingeklappt. Am hinteren Teil des Vorderkörpers setzen die vier gegliederten Beinpaare an, die alle in Haken und kammförmigen Klauen enden.

Auf der Bauchseite des Hinterkörpers erkennt man zwei schlitzförmige *Atemöffnungen* und daneben, leicht erhoben, die sechs *Spinnwarzen*. In diesen Spinnwarzen sind etliche Drüsen eingelassen, aus denen eine klebrige Flüssigkeit abgeschieden werden kann.

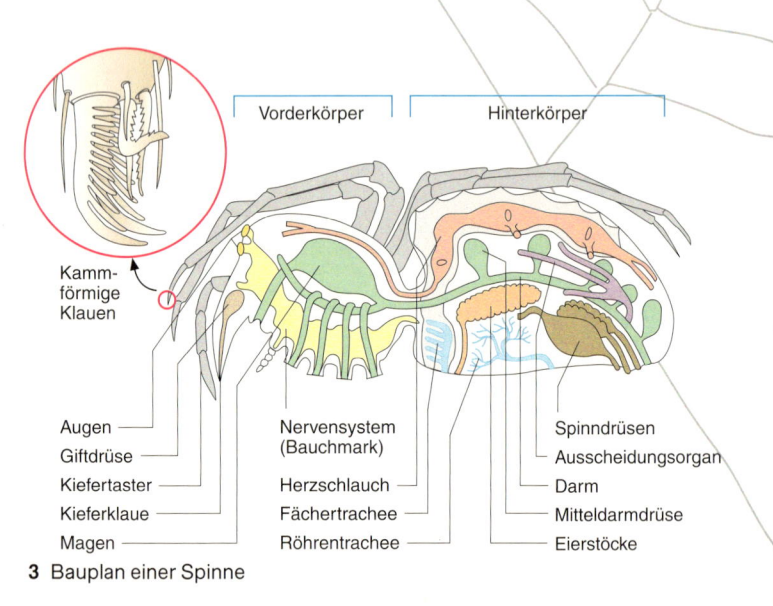

Der Bauplan zeigt, dass das Nervensystem nur im *Vorderkörper* angelegt ist. Dieses *Strickleiternervensystem* ist durch Vergrößerung der Nervenknoten und Verkürzung der dazwischen liegenden Verbindungen stark verdichtet.

Ein *Darmrohr*, dessen Vorderabschnitt wie eine Saugpumpe arbeitet, durchzieht den ganzen Körper. Der Hinterkörper enthält den Herzschlauch, die Ausscheidungs- und Fortpflanzungsorgane sowie *Fächertracheen*. Dieses Atemorgan besteht aus einer Atemhöhle, in die dünnhäutige Lamellen hineinragen. Hier findet der Gasaustausch statt. Daneben atmen Spinnen mit luftgefüllten Kanälchen, den *Röhrentracheen*.

Kammförmige Klauen

Vorderkörper | Hinterkörper

Augen
Giftdrüse
Kiefertaster
Kieferklaue
Magen

Nervensystem (Bauchmark)
Herzschlauch
Fächertrachee
Röhrentrachee

Spinndrüsen
Ausscheidungsorgan
Darm
Mitteldarmdrüse
Eierstöcke

3 Bauplan einer Spinne

Wirbellose Tiere

Netzbau und Beutefang

Die Kreuzspinne ernährt sich in der Hauptsache von Insekten. Sie stellt ihrer Beute aber nicht am Boden nach, sondern baut etwa zwei Meter über dem Boden, zwischen Ästen aufgehängte, kunstvolle *Radnetze*. Beobachtet man mehrere Spinnen beim Netzbau, so wird deutlich, dass sie ihr Netz stets nach demselben Grundmuster aufbauen.

Das Material für die zwischen 20 cm und 50 cm großen Fallen liefern die *Spinndrüsen*. Der Spinnstoff wird flüssig ausgestoßen und zu einem Faden gezogen, der an der Luft sofort aushärtet. Mehrere solcher Einzelfäden ergeben den für uns sichtbaren Spinnfaden.

Für den Netzbau benötigt die Kreuzspinne als erstes eine Verbindung der Punkte, zwischen denen das Netz ausgespannt werden soll. Dafür erzeugt sie zunächst einen langen Faden. Das freie Ende wird von Luftbewegungen hin und her bewegt, bis es sich irgendwo verfängt. Auf dieser Seilbrücke läuft die Spinne bis zur Mitte und lässt sich mit einem neuen Faden soweit herab, bis sie einen dritten Haltepunkt findet, an dem der Faden befestigt wird. Danach spinnt sie *Rahmenfäden* um das Y-förmige Gerüst und zieht Speichen ein. Wenige Spiralen in der Netzmitte halten die Speichen zusammen. Nun wird eine *Hilfsspirale* angelegt. Für das Gerüst und die Hilfsspirale verarbeitet die Spinne nur trockene Fäden. Von außen nach innen trägt sie jetzt die *klebrige Fangspirale* auf und frisst gleichzeitig die Fäden der Hilfsspirale. Jetzt ist das Netz fangbereit.

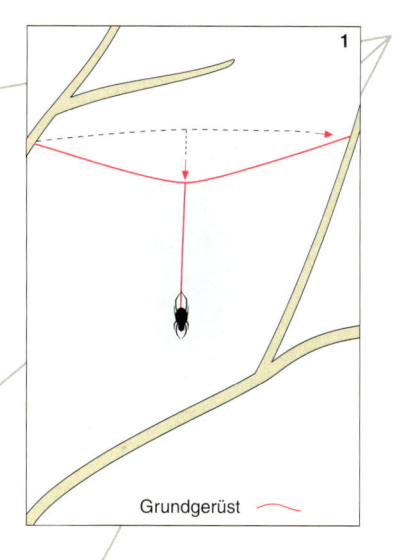

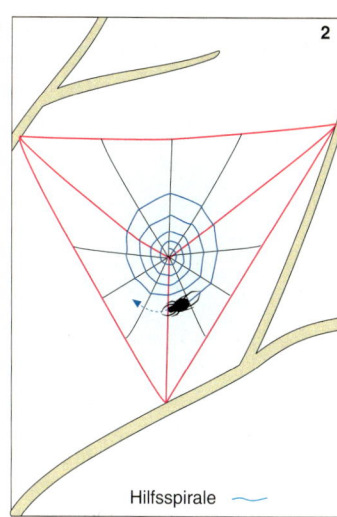

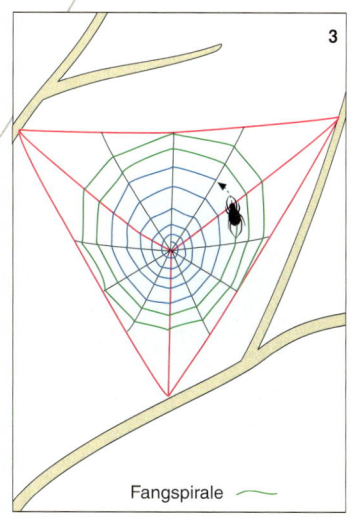

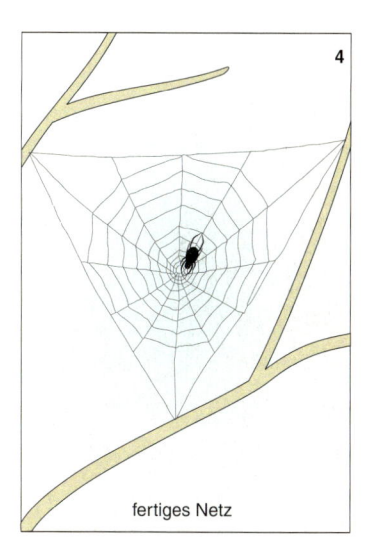

1 Netzbau der Kreuzspinne

Fadenlänge
des Netzes: bis 20 m

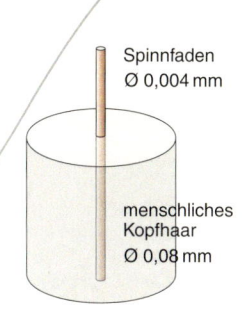

Spinnfaden Ø 0,004 mm

menschliches Kopfhaar Ø 0,08 mm

Durchmesser
eines Einzelfadens
= 0,004 mm

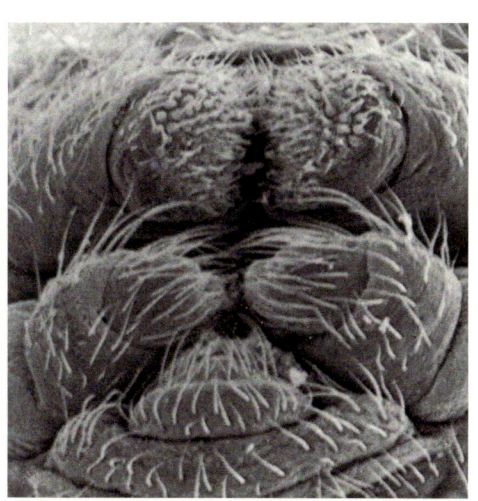

2 Spinnwarzen (30 x vergrößert)

Zappelt ein Beutetier im Netz, eilt die Kreuzspinne aus der Netzmitte, ihrer *Warte*, herbei und überprüft die Beute mit den Kiefertastern. Wird sie für gut befunden, stößt die Spinne ihre giftigen Kieferklauen hinein, dreht das gelähmte Opfer in ein Gespinst und transportiert es zur Warte. Dort sondert sie Verdauungssäfte in die Beute ab und saugt anschließend die verflüssigten Weichteile auf. Da die Verdauung bereits außerhalb des Spinnenkörpers vonstatten geht, spricht man von *Außenverdauung*.

Aufgabe

① Wie viele Spinnfäden müsste man nebeneinander legen, um die Dicke eines menschlichen Kopfhaars zu erhalten?

Wirbellose Tiere **53**

Weitere Spinnen — Jäger sind sie alle

Die 1 bis 2 cm lange **Wasserspinne** lebt in stehenden oder langsam fließenden Gewässern. Hier spinnt sie zwischen Pflanzen flache Netze aus vielen Lagen von Spinnfäden, die sie dann mit Luft füllt. Dazu streckt die Wasserspinne ihren behaarten Hinterleib über den Wasserspiegel und taucht wieder abwärts. Sie streift die von den Härchen festgehaltene Luft unter den Netzen ab, die sich durch die aufsteigende Luft zum *Glockennetz* wölben. Mehrmals am Tag tankt die Wasserspinne auf diese Weise Sauerstoff in ihre Wohnglocke nach. Von hier aus begibt sie sich auch auf die Jagd nach Kleinkrebsen, Insektenlarven und Wasserasseln. Die Beute bringt sie immer in ihre Wohnglocke zurück, denn nur in der Glockenluft kann die außerhalb des Körpers verflüssigte Nahrung von der Spinne aufgenommen werden.

1 Wasserspinne unter ihrer Taucherglocke

2 Tarantel mit erbeuteter Rinderbremse

Die **Tarantel** gehört zu den frei umherziehenden, am Boden lebenden *Wolfsspinnen*. Ihr erdfarbener Körper bietet eine perfekte Tarnung, wenn sie in ausgesponnenen Erdlöchern auf Beute lauert. Fangnetze webt sie nicht. Das Gespinst in ihren Verstecken verwenden Tarantelweibchen, um die Eiballen an ihrem Hinterleib anzuheften. Bis zum Schlüpfen der Jungen werden sie herumgetragen. Danach klettern die kleinen Spinnen auf den Rücken der Mutter, die sie so lange betreut, bis sie selbstständig sind. Diese Form der *Brutpflege* findet man auch bei anderen Spinnentieren. Im Mittelalter glaubte man, dass ihr Gift die rasende Tanzsucht (Veitstanz) hervorrufen würde. Aber die Spinne ist für den Menschen ungefährlich.

Die Heimat der **Gemeinen Vogelspinne** sind die tropischen Länder, aus denen sie manchmal, in Bananenstauden verborgen, zu uns „importiert" wird. Die ca. 6 cm lange Spinne ist dunkelbraun bis schwarz gefärbt und filzig behaart. Bei Tag hält sie sich in Höhlen, Mauerlücken oder selbst gegrabenen Gängen auf. Erst nach Einbruch der Dämmerung wird sie aktiv und macht Jagd auf Schaben, Skorpione und Schnecken. Ab und zu gelingt es ihr auch, einen schwachen Nestvogel (Name) zu überwältigen. In übertriebenen Berichten wird sie oft als gefährlich abgestempelt, wobei ihre Giftigkeit sehr überschätzt wird. Ihr Biss ist für Menschen nicht lebensbedrohend, verursacht jedoch starken Juckreiz. Nur wenige ihrer Artgenossinnen können uns wirklich Schaden zufügen.

3 Vogelspinne

Wirbellose Tiere

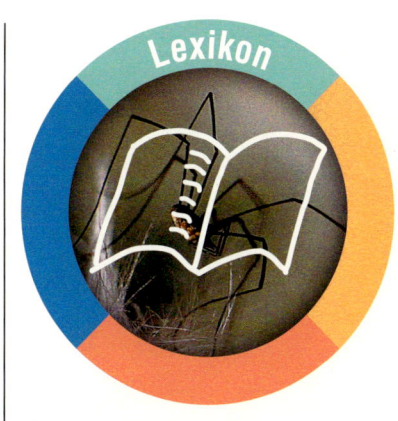

Lexikon

Spinnentiere

Wie die echten Spinnen haben auch die anderen Vertreter dieser Tierklasse vier gegliederte Beinpaare, acht Punktaugen und sind in Vorderkörper und Hinterkörper gegliedert. Spinnentiere gehören zum Tierstamm der *Gliederfüßer*.

Weberknechte leben auf modernden Baumstümpfen, zwischen Sträuchern, an Mauern und in Höhlen. Auffallend sind die im Verhältnis zum kleinen Körper sehr langen, dünnen Beine. Im Unterschied zu den echten Spinnen haben die Weberknechte keine Einschnürung zwischen Vorderkörper und Hinterkörper. Auch Spinndrüsen fehlen. Den wehrlosen Tieren dienen *Stinkdrüsen* zur Abschreckung. Erfasst dennoch ein Feind ein Bein, wird es abgeworfen, zuckt noch ein wenig und der Weberknecht kann entkommen. Seine Nahrung besteht vorwiegend aus kleinen Würmern, Insekten und deren Larven, aber auch auf dem Boden liegendes Obst wird nicht verschmäht.

Skorpione sind Spinnenverwandte, die sich in wesentlichen Merkmalen von den echten Spinnen unterscheiden. Ihre Kiefertaster sind zu großen *Kieferscheren* umgebildet und der gegliederte Hinterleib trägt am letzten Chitinring einen *Giftstachel*, der über den Rücken nach vorne geschlagen werden kann. Beutetiere können damit getötet werden. Die Giftwirkung eines Skorpionstiches ist mit dem eines Bienenstichs vergleichbar, d. h. er ist für den Menschen im Allgemeinen nicht gefährlich. Nur wenige Arten produzieren ein Nervengift, das auch einen Menschen töten kann. Die Skorpione sind Einzelgänger, nur in der Paarungszeit bemühen sich die Männchen um ein Weibchen. Dabei versucht das Männchen, die Partnerin durch einen Balztanz zu besänftigen, um dem für ihn tödlichen Stich zu entgehen.

Milben sind die formenreichste Gruppe der Spinnentiere. Der Vielfalt ihrer Lebensweise entsprechend ist auch ihre Gestalt sehr unterschiedlich. Neben frei lebenden räuberischen Formen findet man viele, meist winzige Arten, die parasitisch an den verschiedensten Pflanzen und Tieren (auf unserem Foto an einem Weberknecht) leben.

Der **Holzbock** ist die häufigste und bekannteste einheimische *Zecke*. In hungrigem Zustand ist dieser lästige Plagegeist nur 1 mm bis 4 mm groß. Von niedrigen Bäumen oder Büschen lassen sich die Zeckenweibchen auf vorbeikommende Tiere oder Menschen herunterfallen, um dort an unbedeckten Hautstellen Blut zu saugen. Auf der Haut verankern sie sich zunächst mit ihrem Stech-Saug-Rüssel und dem ersten ihrer vier Beinpaare. Der Stechapparat selbst ist mit Widerhaken versehen, die in der Haut abgespreizt werden. Deshalb kann man eine Zecke nicht so leicht aus der Haut entfernen. Hat die Zecke Gelegenheit, sich ungestört vollzusaugen, schwillt ihr Hinterleib stark an. Nach beendeter Mahlzeit klappt sie die Widerhaken ein, lässt sich auf den Boden fallen und verkriecht sich dann in einem Versteck. Von dem Blutvorrat kann sie über 18 Monate lang zehren. Männliche Zecken saugen kein Blut, sondern suchen einen Warmblüter nur deshalb auf, um dort ein Weibchen zu finden und zu begatten.

Achtung! In manchen Gegenden Deutschlands gibt es Zecken, die den Erreger der gefährlichen *Hirnhautentzündung* übertragen. Wer sich oft im Wald oder Garten aufhält, sollte sich vorbeugend impfen lassen (s. Seite 239).

Die **Gemeine Krätzmilbe** ist ein nur Millimeter großes Spinnentier, das in der Haut des Menschen lebt. Das Weibchen bohrt ein Loch in die Hornschicht der menschlichen Haut, schlüpft hinein und legt unter der Hornschicht einen waagrecht verlaufenden, bis zu 5 cm langen Gang an. Äußerlich ist der Gang als gerötete Linie erkennbar. In diesen Gang legt das Weibchen nach und nach bis zu 50 Eier. Die daraus hervorgehenden Larven fressen nun Seitengänge in die Haut, was zu quälendem Juckreiz führt.

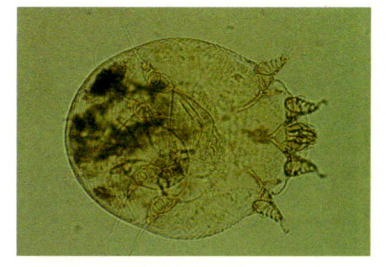

Wirbellose Tiere

1 Flusskrebs und Schema der Rückwärtsbewegung

Der Flusskrebs

Der Europäische Flusskrebs oder Edelkrebs ist in kleineren Fließgewässern heimisch. Er benötigt saubere, nicht zu schnell fließende Gewässer mit Versteckmöglichkeiten in Ufernähe. Auswaschungen und unterspülte Weidenwurzeln bilden ideale Wohnhöhlen, die auch im Winter den notwendigen Schutz bieten. Um 1870 vernichtete eine Pilzkrankheit, die sog. Krebspest, fast alle Tiere in Europa. Heute wird ihr geringer Bestand durch Flussregulierungen und -verunreinigungen bei uns erneut ernsthaft bedroht.

In der Dämmerung verlassen die Flusskrebse ihre Höhlen. Auf ihren *vier gegliederten Gehbeinpaaren* kommen sie nur langsam voran. Wird ein Krebs gestört, schwimmt er rasch rückwärts davon. Als Antrieb benützt er seinen *Schwanzfächer*, den er mehrmals kräftig gegen den Bauch schlägt. Die auf beweglichen Stielen sitzenden Augen ermöglichen ein weites Gesichtsfeld. Mit dem ersten Fühlerpaar tastet er die Umgebung ab. Riechsinneszellen an den kürzeren zweiten Antennen erleichtern das Aufspüren von Pflanzen und Beutetieren. Schnecken, Würmer und kleine Fische werden von den mächtigen Scheren des zu *Greifzangen* umgestalteten ersten Laufbeinpaares gepackt, zerkleinert und in die Nähe der Mundöffnung geführt. *Kieferbeine* stopfen die Nahrung in den Mund, verwertbare Bestandteile gelangen über den Darm ins Blut.

Vor Verletzungen schützt den Flusskrebs sein fester Panzer aus Kalk und Chitin. Dieses *Außenskelett* gibt dem Körper eine feste Form und dient nach innen als Ansatzstelle für die Muskeln. Gehirn und Herz liegen im starren *Kopfbruststück*. Den beweglichen Hinterleib schützen Chitinspangen, die *Hinterleibsringe*, die über Gelenkhäute miteinander verbunden sind. An ihnen setzen je ein Paar Afterfüße *(Spaltfüße)* an, die meistens unter den Hinterleib geklappt sind.

Weibliche Krebse tragen an den Afterfüßen ihre Eipakete. Frisch geschlüpfte Krebse halten sich an den Afterfüßen des Muttertieres fest. Durch leichte Bewegungen der Spaltfüße wird ein Wasserstrom erzeugt, der das Muttertier, die Eier und Jungkrebse mit sauerstoffreichem Frischwasser versorgt.

Der Flusskrebs atmet mit *Kiemen*. Dies sind fadenförmige Anhänge des oberen Teils der Beine. Diese *Kiemenbüschel* liegen unter einer Ausbuchtung des Rückenschildes. Ein röhrenförmiges *Rückenherz* befördert das sauerstoffreiche Blut zum Kopf, von wo aus es in einem *offenen Blutkreislauf* durch den Körper zum Herz zurückfließt.

Das Außenskelett kann mit dem Tier nicht mitwachsen und muss von Zeit zu Zeit gewechselt werden. Dieser Vorgang heißt *Häutung*. Dazu platzt eine vorgesehene Nahtstelle des Panzers auf und er wird innerhalb von einigen Minuten abgestreift. Der zunächst weichhäutige und schutzlose Krebs *(Butterkrebs)* muss sich vor Feinden so lange verbergen, bis sein Panzer ausgehärtet ist, was etwa 10 Tage dauert.

Asseln — landbewohnende Krebse

Asseln sind Krebstiere. Weltweit kennt man etwa 1300 Arten. Die meisten sind Meeresbewohner. Nur ein geringerer Teil besiedelt Süßwasserlebensräume und wenige Arten sind Landlebewesen. Zu den bekanntesten gehören die schiefergrau gefärbte *Kellerassel* und die graubraune *Mauerassel*, die an der Oberseite zwei Reihen gelber Flecken aufweist. Beide Arten sind nahezu weltweit verbreitet.

1 Kellerassel

Dass es sich bei den etwa 1,5 cm großen Asseln um Krebstiere handelt, ist nicht sofort erkennbar, zumal ihr Körper ungewöhnlich abgeplattet ist. Allerdings erkennt man bei sehr genauer Betrachtung einige kennzeichnende Merkmale. So ist der Kopf mit dem ersten Brustsegment verschmolzen. Er trägt zwei Fühlerpaare, wovon das erste stark verkümmert ist. Im Gegensatz zu vielen anderen Krebsen sind die sieben Brustsegmente frei beweglich. An jedem setzt ein Paar Laufbeine an. Der Hinterleib ist sehr kurz und besteht aus 6 Segmenten. Hier findet man weißliche, blattförmige Körperanhänge. Es handelt sich um Kiemen. Weil diese Atmungsorgane immer feucht gehalten werden müssen, können Asseln nur an feuchten Orten leben. Man findet sie unter loser Rinde und Steinen sowie in Mauerritzen. Auch feuchte Kellerräume werden besiedelt. Asseln sind zwar Allesfresser, ernähren sich aber überwiegend pflanzlich, wobei Angefaultes bevorzugt wird. Tiere im Haus richten in der Regel keine Schäden an, außer dass sie sich gelegentlich in feuchten Kellern von gelagerten Kartoffeln, Äpfeln oder anderen pflanzlichen Vorratsgütern ernähren. Außerhalb von Häusern sind die Tiere nützlich, da sie verrottende Pflanzen zu Humus weiterverarbeiten.

Asseln zeichnen sich durch eine besondere Art der Brutpflege aus. Die Asselweibchen tragen die befruchteten Eier und später dann die frisch geschlüpften Jungen in einem mit Flüssigkeit gefüllten Brutraum auf ihrer Bauchseite mit sich herum. Die Jungtiere sind zunächst weiß und häuten sich dann mehrmals. Nach ungefähr drei Monaten sind sie ausgewachsen und leben dann mehrere Jahre.

Aufgabe

① Suche an feuchten Stellen im Garten unter Steinen nach Asseln. Wie verhalten sich die Tiere, wenn man den Stein über ihnen weghebt? Erkläre die Bedeutung ihres Verhaltens.

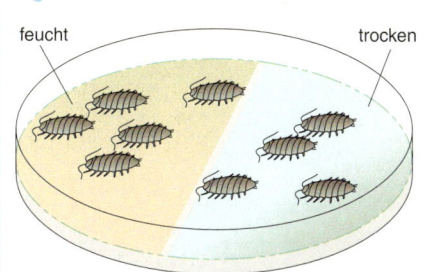

Zettelkasten

Untersuchung an Asseln

Asseln findet man in Gärten an feuchten Stellen unter Steinplatten oder länger lagerndem Holz. Sammle einige Asseln. Damit die Tiere nicht verletzt werden, eignet sich eine Federstahlpinzette zum Einsammeln. Zur Haltung über ein bis zwei Tage genügt eine Plastikdose, deren Boden 2—3 cm hoch mit feuchter Erde und Laub bedeckt ist.

Halbiere ein rundes Filterpapier. Befeuchte eine Hälfte. Lege die beiden Hälften in eine Petrischale und lasse zwischen den beiden Papieren einen Zentimeter frei, so dass kein Wasser in die trockene Papierhälfte eindringt. Setze 10 Asseln in die Petrischale. Beobachte die Tiere 10 Minuten. Zähle alle zwei Minuten die Anzahl der Tiere auf der trockenen und der feuchten Hälfte. Protokolliere deine Werte und erstelle damit eine Säulengrafik. Was sagt sie über das Verhalten der Tiere aus? Erkläre das beobachtete Verhalten.

2 Mauerassel

Wirbellose Tiere

Krebstiere

Die *Krebstiere* sind eine Tiergruppe, die bereits im Erdaltertum, also vor etwa 600 Mio. Jahren, lebte. Entstanden sind die Krebstiere im Meer, dem die Mehrzahl von ihnen auch treu geblieben ist. Ein nicht geringer Teil besiedelte jedoch im Laufe der Zeit das Süßwasser, einige Arten sogar das Land. Obwohl es insgesamt rund 35 000 Krebstierarten gibt, ist es teilweise sehr schwierig, sie in ihren natürlichen Lebensräumen zu beobachten.

Einsiedlerkrebse können nicht schwimmen. Sie leben am Boden und verankern ihren Hinterleib, der keinen Panzer ausbildet, in einem leeren Schneckengehäuse. Einige Arten schützen sich zusätzlich durch Seerosen, die sie mit ihren Scheren auf das Schneckenhaus pflanzen und so herumtragen. Häutet sich der Krebs, muss er sich anschließend ein größeres Gehäuse suchen.

Hummer bewohnen felsigen Untergrund und sind die größten Vertreter der *Langschwanzkrebse*. Ihre Beute ergreifen sie mit der schlankeren Packschere und zerkleinern die Nahrung dann mit der deutlich dickeren Knackschere. An der deutschen Nordseeküste kommen sie bei Helgoland vor.

Strandkrabben gehören zu den *Kurzschwanzkrebsen*. Ihr Hinterleib ist verkümmert und fest unter das querovale Kopfbruststück geschlagen. Sie können sehr schnell laufen, meistens seitwärts, und auch kurze Strecken rudernd schwimmen.

Der bevorzugte Lebensraum des **Taschenkrebses** ist der steinige Boden von Felsküsten. Der Panzer dieser größten Krabbenart kann bis zu 30 cm breit werden. Das Tier hat dann ein Gewicht von nahezu 6 kg.

In unseren heimischen Tümpeln und Bächen gibt es verschiedene Arten von *Kleinkrebsen*. Dazu gehören auch die **Wasserflöhe**, die sich durch Ruderschläge ihrer Fühler ruckartig fortbewegen. Sie ernähren sich von Bakterien, einzelligen Algen und organischen Resten, die sie aus dem Wasser filtern. Die Krebschen selbst sind Nahrung für viele andere Wasserbewohner.

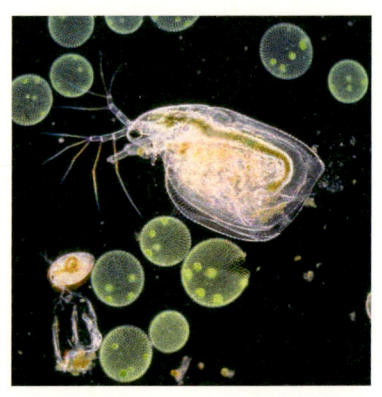

Die meist graubraun gefärbte **Wasserassel** kommt in allen Gewässertypen vor, mit Ausnahme schnell fließender Bäche. Die Männchen werden bis zu 12 mm groß, die Weibchen bis zu 8 mm. Ihr Auftreten ist ein Kennzeichen dafür, dass die Gewässer mit organischen Stoffen belastet sind. Wasserasseln ernähren sich von abgestorbenen Pflanzen und Tierresten. Sie sitzen meist am Gewässergrund.

Übersicht zum Tierstamm der Gliederfüßer

Der Stamm der Gliederfüßer ist mit weit über einer Million Tierarten der größte Tierstamm überhaupt. Mehr als drei Viertel aller heute bekannten Tiere sind Gliederfüßer! Gemeinsames Baumerkmal aller Gliederfüßer ist das *Außenskelett*, das den Körper schützt und stützt. Der Name *Gliederfüßer* bezieht sich auf die Gliederung der Beine und des Chitinpanzers.

Die Entwicklung der Gliederfüßer verläuft über *Eier* und *Larven*. Bei vollständiger Verwandlung wird zusätzlich noch ein *Puppenstadium* durchlaufen. Das Chitinskelett kann nicht wachsen; es wird durch Häutungen mehrfach abgestoßen und ersetzt. Im Stamm der Gliederfüßer gibt es mehrere **Tierklassen**. Ein Tier lässt sich anhand der Anzahl seiner Beine einer Klasse zuordnen.

Anzahl der Arten

240 000 restliche Gliederfüßer
Krebstiere 20 000
Spinnentiere 30 000
restliche Insektenordnungen 115 000
Fliegen/Mücken 85 000
Hautflügler 100 000
Schmetterlinge 110 000
Käfer 350 000

restliche Gliederfüßer: Doppelfüßer, Saftkugler, Hundertfüßer

Krebstiere: Asseln, Zehnfußkrebse, Blattfußkrebse, Flohkrebse, Hüpferlinge

Spinnentiere: Weberknechte, Webspinnen, Skorpione, Milben

Insekten: Heuschrecken, Hautflügler, Fliegen/Mücken, Käfer, Schnabelkerfe, Libellen, Urinsekten, Ohrenkneifer, Läuse, Schmetterlinge

Tausendfüßer besitzen lang gestreckte Körper aus einer Vielzahl von Segmenten und mehr als 16 Beinen. Wirklich tausend Füße hat aber keiner. Die wendigen *Hundertfüßer* leben meist räuberisch, die *Doppelfüßer* dagegen ernähren sich hauptsächlich von abgestorbenen Pflanzenteilen und spielen beim Abbau der Laubstreu im Wald eine wichtige Rolle.

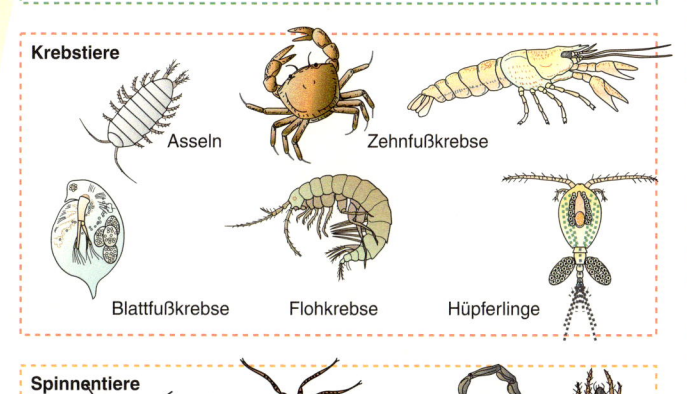

Krebse bilden eine formenreiche Klasse. Sie leben zum überwiegenden Teil im Wasser und atmen mit Kiemen. Die meisten Arten leben im Meer. Die größeren Krebse besitzen 5 Laufbeinpaare. Bei den nur wenige Millimeter großen Kleinkrebsen, wie *Blattfußkrebsen* und *Hüpferlingen*, ist der Grundbauplan schwer erkennbar. Die Anzahl ihrer Beine kann stark variieren, beträgt jedoch selten mehr als 14.

Spinnentiere besitzen 4 Beinpaare, ein Paar Beintaster und ein Paar Kieferklauen. Viele Spinnentiere töten ihre Beute mit einem giftigen Biss oder Stich. *Milben* sind sehr kleine Spinnentiere, die häufig als Schmarotzer von Pflanzen, Tieren oder Menschen auftreten. Bei *Skorpionen* sind die Beintaster mit Scheren ausgestattet. Skorpionähnliche Tiere waren die ersten Landtiere überhaupt.

Insekten sind an ihren drei Beinpaaren zu erkennen. Auch die meisten Larven, die oft mit Würmern verwechselt werden, erkennt man daran. Es gibt geflügelte und ungeflügelte Insekten. Pflanzenfresser, Fleischfresser und schmarotzende Formen kommen vor. Durch Spezialisierung haben Insekten alle Lebensräume erobert. Dies zeigt sich besonders deutlich an der Vielfalt von Beinen, Mundwerkzeugen und Körperformen.

Wirbellose Tiere

5 Weichtiere — Mollusken

Die Weinbergschnecke

Weinbergschnecken ruhen tagsüber meist an geschützten Stellen und kriechen erst abends oder nach einem Regenschauer umher. Die Tiere sondern dauernd Schleim ab, der die Feuchtigkeit aus der Luft anzieht. Dadurch sind sie ständig mit einem Wasserfilm umgeben. In den Vertiefungen der runzligen Haut verdunstet das Wasser langsamer als an glatten Flächen. Bei Trockenheit verschließen die Schnecken ihr Gehäuse mit eingetrocknetem Schleim. Den Winter überdauern sie in *Winterstarre*. Sie wühlen sich in lockeren Boden ein und kapseln ihr Gehäuse mit einem dicken Kalkdeckel ab. Das Gehäuse dient nur dem Schutz und hat keine Stützfunktion.

Auf nebenstehender Abbildung erkennt man die äußere Unterteilung der Weinbergschnecke in *Gehäuse* und *Weichkörper*. Der Bauplan zeigt, dass der Weichkörper in *Kopf*, *Fuß*, *Eingeweidesack* und *Mantel* gegliedert ist. Ein Außen- oder Innenskelett fehlen. Deshalb gehört die Schnecke — trotz des harten Gehäuses — zum Tierstamm der **Weichtiere** oder *Mollusken*.

Am Kopf sitzen zwei verschieden lange *Fühlerpaare*. Das Vordere ist kurz und dient als Tastorgan. An der Spitze des oberen langen Fühlerpaars sitzen dunkle Punkte. Es sind einfache Augen, mit denen die Schnecke Hell und Dunkel, aber auch grobe Umrisse unterscheiden kann. Bei der geringsten Berührung werden die Fühler eingezogen.

Der muskulöse Fuß ist als *Kriechsohle* ausgebildet. Fortlaufende Muskelwellen schieben das Tier auf einer Schleimbahn vorwärts. Bei Gefahr oder Berührung zieht es sich mit seinem *Rückziehmuskel*, der vom Kopf durch den ganzen Weichkörper verläuft, völlig in sein Gehäuse hinein. Neben Tast- und Lichtsinn verfügt das Tier noch über Temperatur-, Lage-, Feuchtigkeits- und Geruchssinne. Die Sinneszellen liegen überwiegend in der Haut des Fußes verstreut.

Der Mantel ist von außen an einem gelben Wulst zu erkennen und umhüllt den Eingeweidesack. Eine Öffnung im Mantelrand, das *Atemloch*, führt zur *Atemhöhle*, wo der Gasaustausch mit dem farblosen Blut stattfindet. Teilweise wird der Sauerstoffbedarf auch noch durch Hautatmung gedeckt. Ein mehrkammeriges *Rückenherz* presst das sauerstoffhaltige Blut durch den Körper, wo es die inneren Organe frei umspült. Es liegt also ein *offener Blutkreislauf* vor.

Die Weinbergschnecke ist ein Pflanzenfresser. Mit ihrem harten Oberkiefer kann sie Pflanzenteile abschneiden. Die Raspelzunge (*Radula*), die mit vielen Chitinzähnchen besetzt ist, raspelt die Pflanzenteile in den Mund. Größere Stücke können zwischen Oberkiefer und Radula festgeklemmt und abgerissen werden. Auch die weitere Zerkleinerung übernimmt die Radula. Verdauungssäfte aus den *Speicheldrüsen* und der *Mitteldarmdrüse* zerlegen auf chemischem Weg die Nahrungsbestandteile. Die Zersetzungsprodukte wandern in die Mitteldarmdrüse und werden hier noch weiter verdaut.

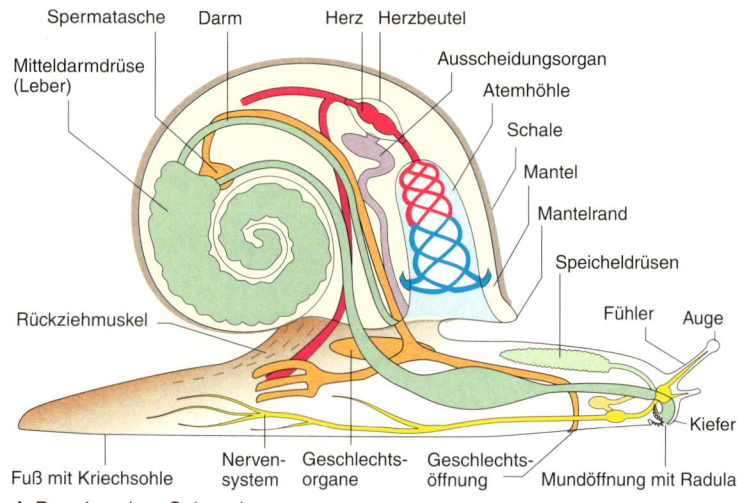

1 Bauplan einer Schnecke

2 Weinbergschnecke (Atemloch geöffnet)

Schnecke in Winterstarre

Wirbellose Tiere

Liebespfeil

1 Weinbergschnecken bei der Paarung

4 Radula (vergrößerter Ausschnitt)

2 Eiablage einer Weinbergschnecke

3 Frisch geschlüpfte Weinbergschnecken

Fortpflanzung

Jede Weinbergschnecke hat einen vollständigen männlichen und weiblichen Geschlechtsapparat, sie ist ein *Zwitter*. Doch wie beim Regenwurm findet keine Selbstbefruchtung statt; auch die Weinbergschnecken paaren sich. Der Begattung geht ein langes Werben und Prüfen voraus: Die geschlechtsreifen Tiere betasten sich, bevor sie sich aneinander aufrichten. Nun reiben sie ihre Sohlen gegeneinander und stoßen sich gegenseitig eine ungefähr 1 cm lange Kalknadel, den *Liebespfeil*, in den Fuß. Erst jetzt können die Spermienpakete ausgetauscht und in den Spermataschen gespeichert werden. Danach fällt die Kalknadel ab.

Einen Monat später erfolgt die Eiablage. Dazu wühlt die Schnecke mit dem Fuß eine bis zu 12 cm tiefe Erdhöhle, in die dann ungefähr 80 erbsengroße Eier gelegt werden. Wenn die Jungen nach wenigen Wochen schlüpfen, tragen sie bereits ein durchsichtiges Gehäuse, das mit den Weichteilen mitwächst. Das Baumaterial des Gehäuses besteht zu über 95 % aus *Kalk*, der mit der Nahrung aufgenommen werden muss. Deshalb sind die Gehäuseschnecken so zahlreich auf kalkreichen Böden, z. B. von Weinbergen (Name) und Laubwäldern, anzutreffen. Der aufgenommene Kalk wird vom drüsenreichen Mantelrand, der die Gehäuseöffnung umgibt, in gelöster Form ausgeschieden. Gleichzeitig sondern andere Drüsen Farbstoffe ab. An der Luft kristallisiert der Kalk aus. So erhält das Gehäuse seine Festigkeit und Zeichnung.

Die Zeichnung und Größe des Gehäuses sind für jede Schneckenart charakteristisch. Will man eine unbekannte Gehäuseschnecke bestimmen, sind diese arteigenen Merkmale eine große Hilfe bei der Zuordnung.

Aufgaben

1. Welche Eigenschaften haben die Lebensräume der Weinbergschnecken?
2. Weinbergschnecken besitzen 2 Paar Fühler. Beschreibe ihre Funktionen.
3. Es gibt auch gehäuselose Schnecken, wie etwa die Rote Wegschnecke.
   a) Bei welchen Wetterverhältnissen begegnet man den Tieren häufig? Erkläre.
   b) Betrachte eine Rote Wegschnecke. Welche typischen Merkmale des Molluskenkörpers kannst du an ihr entdecken? Suche die Atemöffnung.

Wirbellose Tiere

Versuche mit Schnecken

Die folgenden Versuche lassen sich gut mit Weinbergschnecken durchführen. Die Tiere kann man problemlos am Gehäuse anfassen. Sollten keine Weinbergschnecken zur Verfügung stehen, so lassen sich die Experimente auch mit Bänderschnecken durchführen. Bei allen Experimenten muss mit Behutsamkeit vorgegangen werden. Nach dem Anfassen sind die Tiere kurze Zeit in Schreckstarre und man muss eine Weile warten, bis man mit einem Experiment beginnen kann.
Nach Durchführung der Experimente werden die Schnecken wieder an dem Ort ausgesetzt, an dem sie gefangen wurden.

Körperbau

① Betrachte die Schnecke genau. Fertige eines Zeichnung des Tieres an.
② Welche Teile des Körpers kannst du erkennen? Beschrifte deine Zeichnung. Fertige eine Tabelle an, in der das jeweilige Körperteil und seine Funktion einander gegenübergestellt werden.

Körperteil	Funktion
Gehäuse	Schutz vor Fressfeinden und Austrocknung
...	...

③ Betrachte die Haut der Schnecke mit einer Lupe. Zeichne einen kleinen Hautabschnitt und beschreibe ihn.

Fortbewegung

Sollten sich die Tiere weitgehend unbeweglich zeigen, so kann man sie für die folgenden Versuche durch ein kurzes Bad in lauwarmem Wasser (10 Sekunden) zu größerer Aktivität bringen.

④ Lasse eine Schnecke über eine Glasplatte kriechen. Betrachte die Kriechsohle von der Seite und von unten. Beschreibe, wie sich das Tier fortbewegt. Erkläre die Fortbewegung mithilfe der Abbildungen.

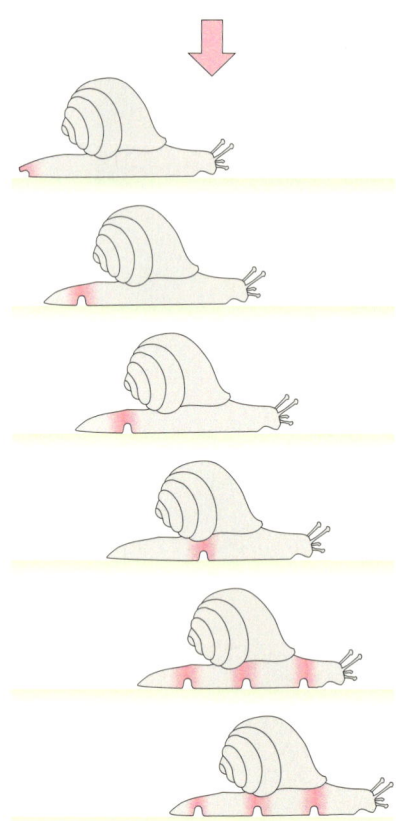

⑤ Setze die Schnecke in eine Petrischale. Locke sie — z. B. mit einem Salatblatt — nach außen. Beobachte, wie sich die Schnecke bewegt, wenn sie die Petrischale verlässt. Notiere deine Beobachtung.
⑥ Lass mehrere Schnecken der gleichen Art 20 cm weit über eine Glasplatte laufen und notiere für jedes Tier die benötigte Zeit. Berechne für jedes Tier die Kriechgeschwindigkeit in cm pro Minute und den Mittelwert aller Geschwindigkeiten. Fertige eine Tabelle an:

	Zeit für 20 cm in Sekunden	Geschwindigkeit in cm/s
1. Tier	...	...
2. Tier	...	...
...	...	...

Ermittle das Schneckentempo, indem du berechnest, welche Strecke deine schnellste Schnecke innerhalb einer Stunde zurücklegen würde, wenn sie immer gleich schnell wäre. Wiederhole die Versuchsreihe und verwende als Unterlage statt der Glasplatte Schmirgelpapier. Vergleiche die Ergebnisse der beiden Versuchsreihen.

Sinne

⑦ Untersuche, ob die Schnecke über einen Geruchsinn verfügt. Du hast dazu eine Salzlösung und Essig zur Verfügung.
Welche der beiden Flüssigkeiten eignet sich dazu?
Plane ein Experiment und führe es durch. Notiere deine Beobachtungen und ziehe die Schlussfolgerung.
⑧ Setze deine Schnecke auf einer Glasscheibe vor ein Salatblatt. Beobachte sie von unten. Was ist zu sehen? Nimm auch eine Lupe zu Hilfe. Kannst du hören, dass die Schnecke frisst?
⑨ Setze eine Schnecke auf die Glasplatte, ziehe mit einem Deostift einen nicht völlig geschlossenen Kreis mit Radius 5 cm um sie. Wie verhält sich das Tier, wenn es an die mit dem Deostift gezogenen Kreislinie kommt? Beobachte und notiere. Was lässt sich mithilfe dieses Experiments über die Sinne der Schnecke aussagen?
⑩ Setze eine Schnecke auf ein Brettchen und setze darauf eine schwingenden Stimmgabel. Beobachte das Tier. Welche Schlussfolgerung ist möglich?

Bemerkenswertes

⑪ Die Abbildung unten zeigt eine Schnecke, die über die Schneide eines Messers kriecht. Wie ist es zu erklären, dass sich das Tier dabei nicht verletzt?

Nabel

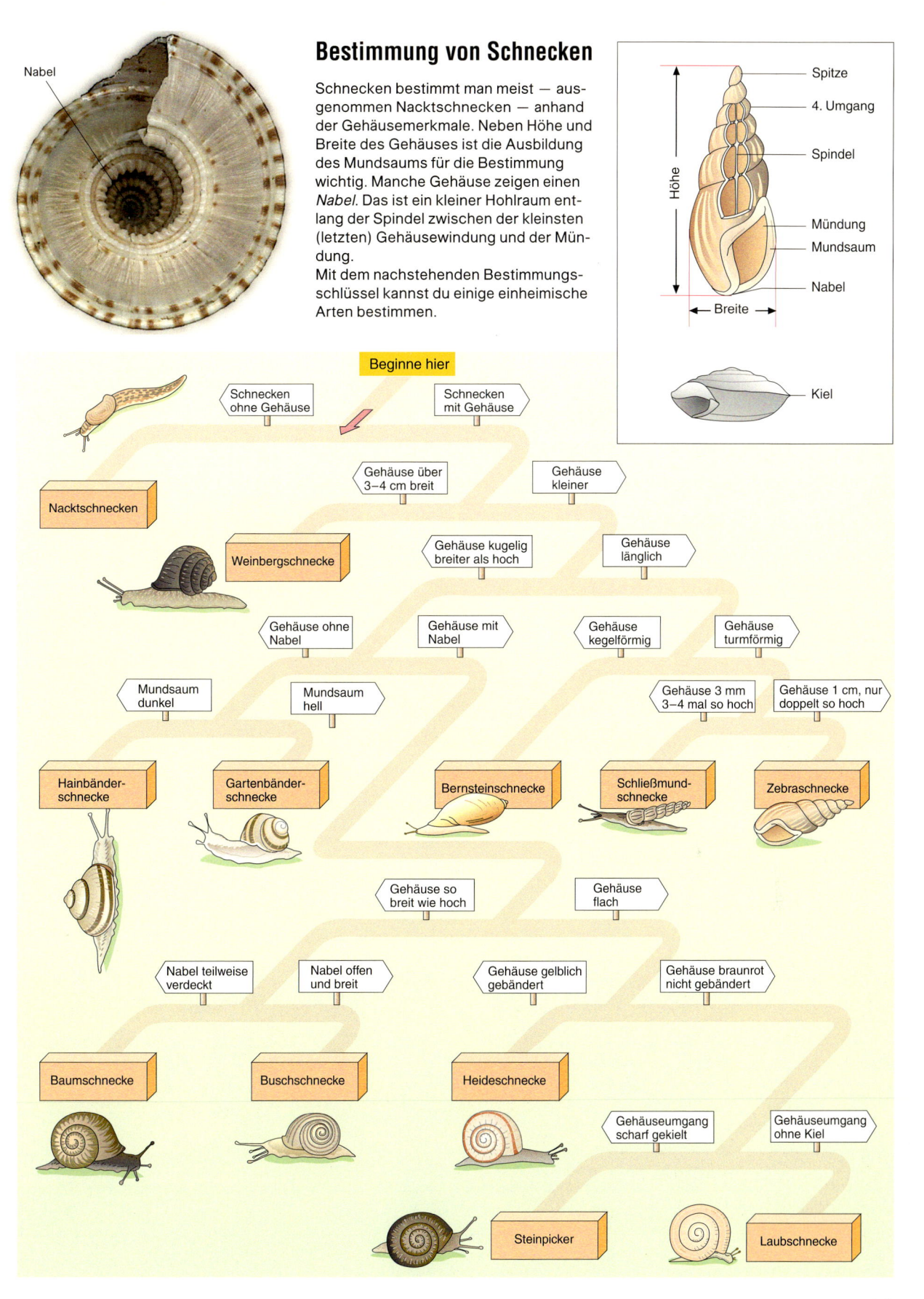

Bestimmung von Schnecken

Schnecken bestimmt man meist — ausgenommen Nacktschnecken — anhand der Gehäusemerkmale. Neben Höhe und Breite des Gehäuses ist die Ausbildung des Mundsaums für die Bestimmung wichtig. Manche Gehäuse zeigen einen *Nabel*. Das ist ein kleiner Hohlraum entlang der Spindel zwischen der kleinsten (letzten) Gehäusewindung und der Mündung.
Mit dem nachstehenden Bestimmungsschlüssel kannst du einige einheimische Arten bestimmen.

Spitze
4. Umgang
Spindel
Höhe
Mündung
Mundsaum
Nabel
Breite

Kiel

Beginne hier

Schnecken ohne Gehäuse — Schnecken mit Gehäuse

Nacktschnecken

Gehäuse über 3–4 cm breit — Gehäuse kleiner

Weinbergschnecke

Gehäuse kugelig breiter als hoch — Gehäuse länglich

Gehäuse ohne Nabel — Gehäuse mit Nabel — Gehäuse kegelförmig — Gehäuse turmförmig

Mundsaum dunkel — Mundsaum hell — Gehäuse 3 mm 3–4 mal so hoch — Gehäuse 1 cm, nur doppelt so hoch

Hainbänderschnecke — Gartenbänderschnecke — Bernsteinschnecke — Schließmundschnecke — Zebraschnecke

Gehäuse so breit wie hoch — Gehäuse flach

Nabel teilweise verdeckt — Nabel offen und breit — Gehäuse gelblich gebändert — Gehäuse braunrot nicht gebändert

Baumschnecke — Buschschnecke — Heideschnecke

Gehäuseumgang scharf gekielt — Gehäuseumgang ohne Kiel

Steinpicker — Laubschnecke

Wirbellose Tiere **63**

Die Miesmuschel — ein Mollusk mit harter Schale

Die *Miesmuschel* ist eine Meeresmuschel. Sie lebt überwiegend auf dem Wattboden, bevölkert aber auch Dämme und Pfähle in der Gezeitenzone. Treten Miesmuscheln massenhaft auf, spricht man von *Muschelbänken*. Da viele dieser Muschelbänke bei Ebbe trockenfallen, kann man die Tiere bei einer Wattwanderung aus der Nähe betrachten.

Das Kennzeichen der Muscheln ist ihre zweiklappige Schale. Sie wird bis zu 8 cm lang und ist glänzend schwarz. Die Schalenhälften sind durch das *Schlossband* beweglich verbunden. Am runden Ende der Schale sind zwei Öffnungen, durch die Atemwasser ein- bzw. ausströmen kann. Eine Miesmuschel kann man nicht einfach von ihrer Unterlage abheben, denn sie ist an ihrem fingerförmigen Fuß durch seidenartige Eiweißfäden *(Byssusfäden)* am Untergrund verankert.

Den Körperbau kann man nur an einer geöffneten Muschel erkennen: Ein Kopf fehlt, der Weichkörper ist in *Fuß* und *Rumpf* gliedert. Die Schalen sind innen von einem *Mantel* ausgekleidet. In der Mantelhöhle hängen zu beiden Seiten des muskulösen Fußes große *Kiemen*. Ein Skelett ist nicht vorhanden. Die inneren Organe entsprechen also weitgehend denen einer Schnecke.

Die Miesmuschel ernährt sich als *Strudler* und *Filtrierer* von organischen Abfallstoffen und Mikroorganismen, die sie aus dem Atemwasserstrom herausfiltert. Nahrungspartikel werden von einer Schleimschicht auf den Kiemen zurückgehalten und durch Wimpernbewegungen zum Mund transportiert.

Betrachtet man die weiße Innenfläche einer leeren Schale, so heben sich zwei kreisförmige, matte Stellen ab. Dies sind die Ansatzstellen der beiden *Schließmuskeln*. Eine Muschel kann ihre Schale bei Gefahr oder beim Trockenfallen rasch schließen und wochenlang geschlossen halten. Erschlaffen die Schließmuskeln, wird die Muschel durch den Zug des elastischen *Schlossbandes* geöffnet.

Eine Muschelschale ist aus drei Schichten aufgebaut. Sichtbar ist die pergamentartige *Hüllschicht* außen und die silberweiße, glänzende *Perlmuttschicht* innen. Dazwischen liegt eine dicke *Kalkschicht*. Setzt sich ein winziger Fremdkörper zwischen Mantel und Schale ab, wird er vom Mantelrand mit Schichten umgeben. Eine *Perle* entsteht. Die Schichten sind in umgekehrter Reihenfolge angelegt. Die glatte Perlmuttschicht, die den Fremdkörper umgibt, liegt außen. In Zuchtanstalten werden bestimmten Muschelarten gezielt kleine Perlmuttkügelchen eingesetzt, um das Perlenwachstum auszulösen.

Aufgaben

① Beschreibe den Weg des Atemwasserstroms mithilfe von Abb. 2.
② Miesmuscheln haben eine wirtschaftliche Bedeutung. Welche kann das sein?
③ Vergleiche die Baupläne von Weinbergschnecke und Miesmuschel. Suche Unterschiede und Gemeinsamkeiten.

1 Miesmuschel (linke Schale und Kiemen entfernt)

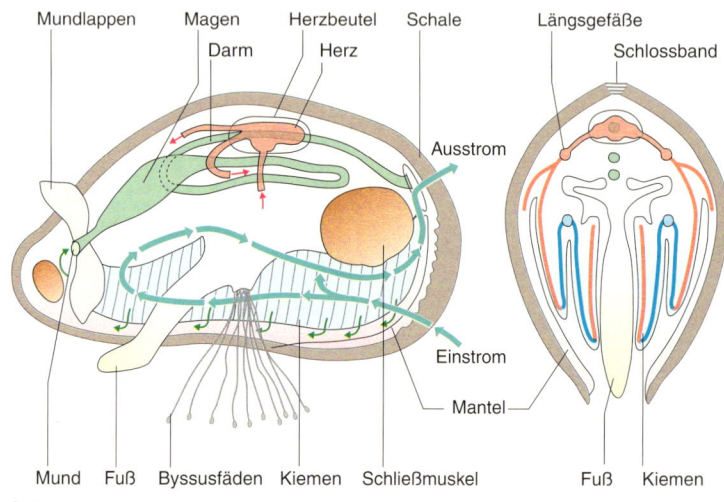

2 Bauplan der Miesmuschel (rechts: Querschnitt)

Wirbellose Tiere

Tintenfische

Der *Gemeine Tintenfisch* oder die *Sepia* ist ein räuberisch lebender Meeresbewohner. In der Dämmerung lauert das Tier auf Krebse und Muscheln, die es mit seinen lichtempfindlichen *Linsenaugen* beobachtet. Beim Angriff oder bei der Flucht zieht der Tintenfisch seine muskulöse Mantelwand zusammen. Dadurch wird Atemwasser aus der Atemhöhle gepresst, das durch den *Trichter* — eine röhrenförmige Umbildung des Fußes — strömt. So kann Sepia blitzschnell beschleunigen. Sie packt Beutetiere mit den Fangarmen, die mit zahlreichen Saugnäpfen und Geruchssinnesorganen besetzt sind, und führt sie damit zum Mundfeld. Im Schlund sitzen kräftige Schnabelkiefer, die Löcher in die Beutetiere beißen. So werden die Weichteile für die Verdauungssäfte zugänglich. Die Raspelzunge hilft bei der Zerkleinerung der Nahrung, die schließlich aufgesaugt wird.

Bei der Flucht kann Sepia aus einer Darmdrüse, dem *Tintenbeutel*, eine dunkle Flüssigkeit abgeben. Damit entzieht sie sich den Blicken ihrer Verfolger und irritiert sie.

Die Bezeichnung Tintenfisch ist irreführend, denn Sepia ist ein *Mollusk* wie die Muscheln und Schnecken. Die Bezeichnung für die ganze Tierklasse ist *Kopffüßer*. Sie weist darauf hin, dass Kopf und Fuß miteinander verwachsen sind. Im Gegensatz zu Muscheln und Schnecken hat Sepia nur noch einen von außen unsichtbaren Schalenrest. Dieser *Schulp* liegt unter der Haut auf der Oberseite des Eingeweidesacks.

Die Vorfahren von Sepia und ihren Verwandten lebten schon vor Millionen Jahren in den Meeren. In Erdschichten aus dieser Zeit findet man sehr oft die versteinerten Schulpspitzen der ausgestorbenen *Belemniten* und die spiraligen Gehäuse der *Ammoniten*. Deren Gehäuse war im Gegensatz zu einem Schneckenhaus innen gekammert. Diese Kammerung kann man auch bei dem noch heute lebenden *Nautilus* (Perlboot) sehen.

Aufgabe

1. Stelle in einer Tabelle Gemeinsamkeiten und Unterschiede von Schnecken, Muscheln und Kopffüßern zusammen.

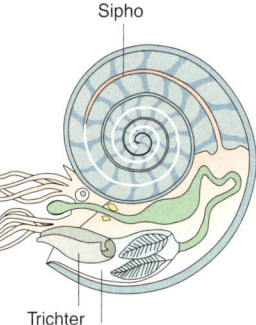

1 Gemeiner Tintenfisch (Sepia)

Nautilus

Ammonit

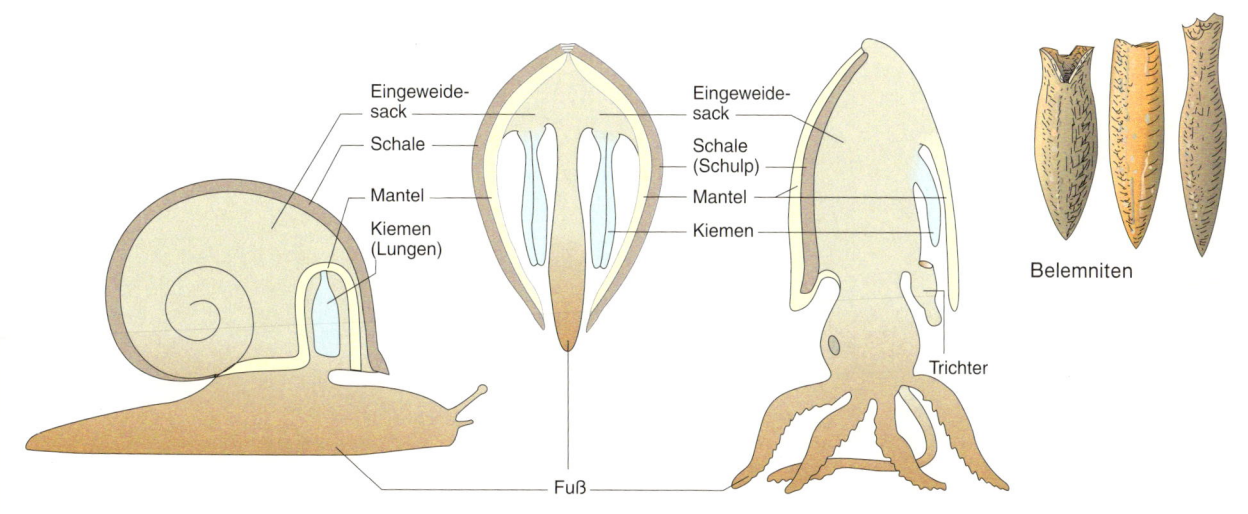

Belemniten

2 Gemeinsame Merkmale von Schnecken, Muscheln und Kopffüßern

Wirbellose Tiere

Stoffwechsel der Pflanzen

Fotosynthese

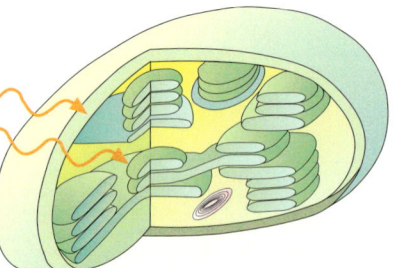

Chloroplast

Wasser

Stofftransport

Pflanzen-organe

Mammutbäume können bis zu 132 Meter hoch wachsen. Sie haben dabei einen Stammdurchmesser von bis zu 11 Metern. Diese Riesenbäume keimen aus winzigen Samen und wachsen in 3 000 bis 4 000 Jahren zu den Baumriesen heran. Die Energie für dieses Wachstum stammt aus der Sonne.

Pflanzen blühen, bilden Früchte und Samen. Auch für diese Vorgänge benötigen die Pflanzen Energie.

Menschen und Tiere ernähren sich von den Produkten der Pflanze — z. B. den Früchten und Samen. Auch die Duft- und Aromastoffe der Pflanzen werden vom Menschen genutzt.

1 Bau und Funktion der Pflanzenorgane

Bau und Funktion der Wurzel

Bei dem Aufbau der Pflanzen unterscheidet man die unterirdische *Wurzel* und den *Spross* oberhalb der Erde. Der Spross gliedert sich in *Sprossachse, Blätter* und *Blüte*. Jeder Teil hat eine andere Funktion. Nur im aufeinander abgestimmten Zusammenspiel der Funktionen aller Teile ist die Pflanze lebensfähig.

Eine Funktion der Wurzel ist die feste Verankerung der Pflanze im Boden. Die Wurzeln müssen im Erdreich entweder sehr tief nach unten wachsen *(Pfahlwurzel)* oder sich flach nach allen Seiten verzweigen *(Flachwurzel)*. Typische Pflanzen mit einer Pfahlwurzel sind die Tannen, die Gräser und die Fichten sind Flachwurzler. Alle Verzweigungen zusammen bilden das *Wurzelsystem*. Es kann im Einzelfall eine Gesamtlänge von mehreren Kilometern erreichen und bis in eine Tiefe von 30 m vordringen. Bei Bäumen entspricht die Ausdehnung der Wurzel ungefähr dem Kronenumfang (s. Abb.).

Die Wurzelspitzen dringen beim Wachsen zwischen den Bodenteilchen ins Erdreich vor. Dabei werden sie von den Zellen der *Wurzelhaube* vor Verletzungen geschützt (Abb. 69.1).

Die Zellen hinter der Wurzelhaube teilen sich wesentlich häufiger als alle anderen Zellen der Pflanzen. Sie gehören zum Bildungsgewebe und wachsen später in die Länge. Erst in der dahinter liegenden *Wurzelhaarzone* findet man den typischen Gewebeaufbau einer Wurzel: die *Wurzelhaut*, das *Abschlussgewebe*, die *Rinde* und den *Zentralzylinder*.

Die äußeren Zellen der Wurzel bilden an ihrer Außenseite einen dichten Filz feiner Härchen, die *Wurzelhaare*, die sich zwischen die winzigen Bodenteilchen schieben (Abb. rechts). Die Wurzelhaare leben nur einige Tage, die älteren am hinteren Ende der Wurzel sterben ab und werden in Richtung der Wurzelspitze ständig neu gebildet.

Die Aufnahme von Wasser und Mineralstoffen aus dem Boden ist neben der Verankerung die zweite Aufgabe der Wurzeln. Mineralstoffe sind im Wasser gelöste Salze, welche für das Wachstum und die Gesundheit der Pflanze benötigt werden.

Das Bodenwasser wird durch die äußerst dünnen Zellwände der Wurzelhaare aufgenommen und gelangt durch die Zellen der Wurzelrinde bis zur innersten Rindenschicht und von dort bis zum Zentralzylinder. In diesem gelangt das Wasser in besondere Zellen, die für den Wassertransport spezialisiert sind. Sie sind durch Wandverdickungen versteift. Bei den *Tüpfelgefäßen* ist die ganze Wand verdickt, bei den *Schraubengefäßen* nur die schraubigen Verdickungsleisten. Über diese Gefäße gelangt das Wasser in den Spross und in die Blätter.

Die Ursache für diesen Wassertransport ist die Wasserverdunstung in den Blättern und der Wurzeldruck. Die Blätter der Pflanzen geben ständig Wasser ab, sie verdunsten. Dadurch entsteht ein *Verdunstungssog*, durch den das Wasser mit den gelösten Mineralstoffen über die Sprossachse bis in die Blätter transportiert und dort abgegeben wird.

1 Baumkrone und Wurzelsystem

Wurzelhaare

Wurzel mit Wurzelhärchen

Aufgaben

① Schneide eine Gartenmöhre längs durch. Zeichne und beschreibe die verschiedenen Teile des Längsschnittes. Wo entspringen die Nebenwurzeln? Wo befinden sich die Wasserleitungsgefäße?

② Eine Getreidepflanze besitzt 10 Milliarden Wurzelhaare. Ein Wurzelhaar hat im Durchschnitt die Länge von 1mm. Berechne die Gesamtlänge aller Wurzelhaare in km. Vergleiche in einem Atlas, welcher Entfernung dies entspricht. Erläutere, welche Bedeutung dies für die Pflanze hat.

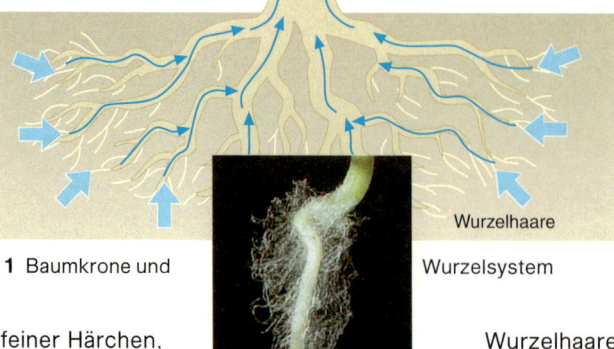

Stoffwechsel der Pflanzen

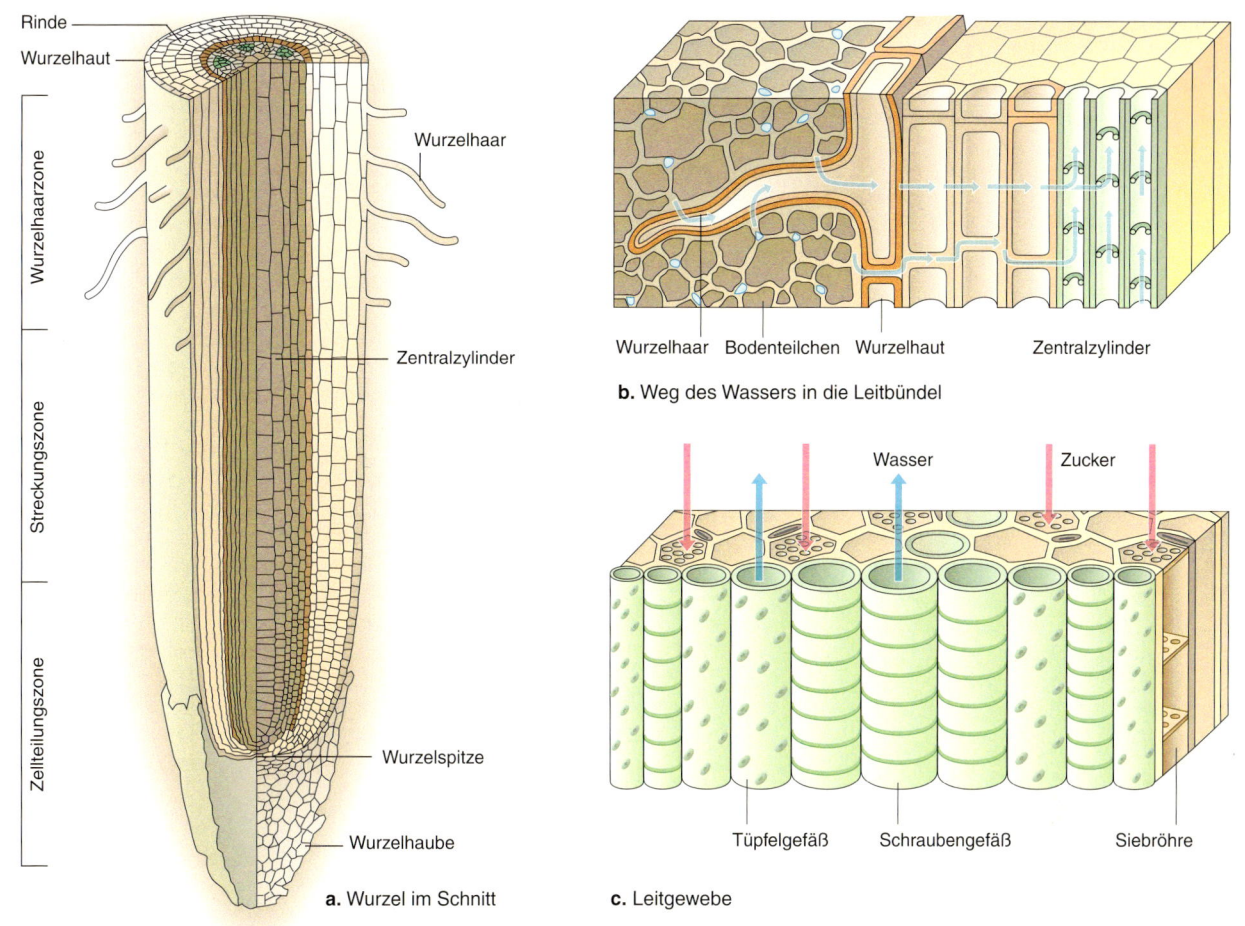

1 Schema einer Wurzelspitze mit verschiedenen Geweben

a. Wurzel im Schnitt
b. Weg des Wassers in die Leitbündel
c. Leitgewebe

Zettelkasten

Stoffe verteilen sich

Gibt man eine Prise Salz in ein Glas und schüttet vorsichtig Wasser darüber, können wir das Salz nach einiger Zeit nicht mehr sehen, das Wasser schmeckt jedoch salzig. Das Salz hat sich in dem Wasser in alle Richtungen gleichmäßig verteilt. Diesen Vorgang nennt man *Diffusion* (s. Abb.).

Das Plasma der Zellen enthält ebenfalls gelöste Salze. Legt man Zellen in Wasser ohne Salz, müsste wegen der unterschiedlichen Konzentrationen das Salz aus der Zelle heraus- und das Wasser in die Zelle hineindiffundieren. Das Salz diffundiert jedoch nicht aus der Zelle in das Wasser, da die Zellmembran wie eine Barriere wirkt. Nur die kleineren Wasserteilchen können durch die Zellmembran diffundieren, die größeren Salzteilchen bleiben zurück (s. Abb.). Diesen Vorgang nennt man *Osmose*.

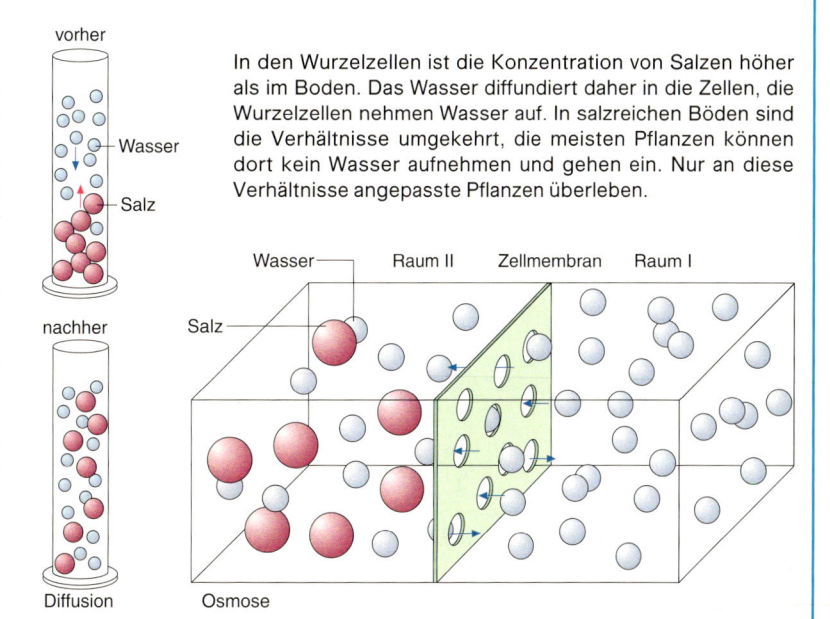

In den Wurzelzellen ist die Konzentration von Salzen höher als im Boden. Das Wasser diffundiert daher in die Zellen, die Wurzelzellen nehmen Wasser auf. In salzreichen Böden sind die Verhältnisse umgekehrt, die meisten Pflanzen können dort kein Wasser aufnehmen und gehen ein. Nur an diese Verhältnisse angepasste Pflanzen überleben.

Stoffwechsel der Pflanzen

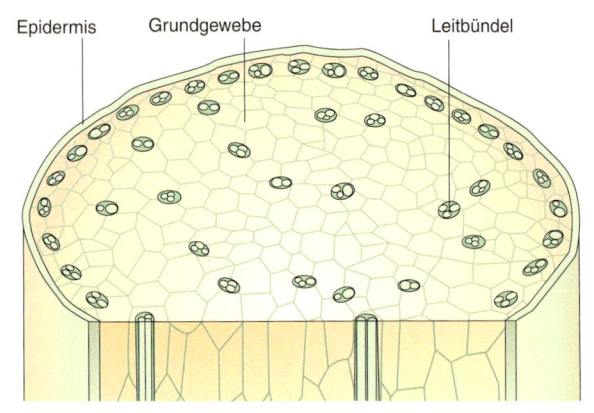

1 Aufbau eines Maisstängels

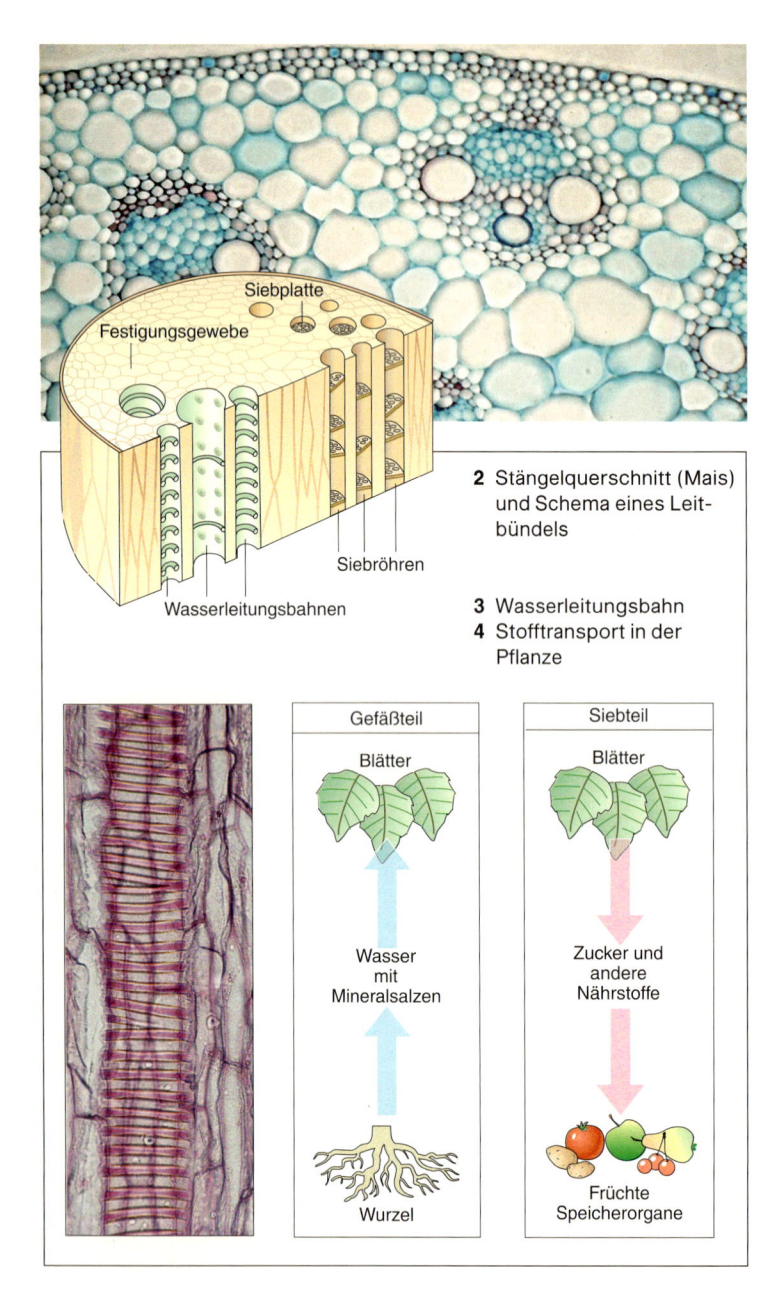

2 Stängelquerschnitt (Mais) und Schema eines Leitbündels

3 Wasserleitungsbahn
4 Stofftransport in der Pflanze

Die Sprossachse

Die Sprossachse stellt die Verbindung zwischen der Wurzel und den Blättern sowie den Blüten her. Je nach ihrer Beschaffenheit bezeichnet man sie als *Halm* bei Gräsern, als *Stängel* bei krautigen Pflanzen oder als *Stamm* und *Zweige* bei Bäumen.

Maispflanzen können über 2 Meter hoch werden. Sie müssen stabil, aber elastisch gebaut sein. Streicht der Wind über die Pflanzen hinweg, kann man beobachten, wie sie sich im Wind bewegen ohne zu knicken.

Am Stängelquerschnitt kann man zwei Gewebearten unterscheiden: das *Festigungsgewebe* und das *Grundgewebe* mit darin eingebetteten *Leitbündeln*. Dies sind rundliche Stränge, die zu einem Kreis angeordnet über den Stängelquerschnitt verteilt sind.

Die Leitbündel enthalten verschiedenartige Leitungsbahnen. Dem Stängelmittelpunkt zugewandt liegen die großen *Wasserleitungsbahnen*, die Tüpfelgefäße und die Schraubengefäße. Sie bestehen aus lang gestreckten, zu Röhren verwachsenen Zellen, in denen sich kein Zellplasma mehr befindet. Ihre Längswände sind durch Verdickungen versteift. Man bezeichnet diesen Teil des Leitbündels, in dem Wasser und Mineralstoffe von der Wurzel zu den Blättern transportiert werden, als *Gefäßteil*.

Der nach außen gerichtete Teil des Leitbündels enthält die *Siebröhren*, die über porige Siebplatten miteinander verbunden sind. Während sich der Gefäßteil aus abgestorbenen, verholzten Zellen zusammensetzt, besteht der *Siebteil* aus lebenden Zellen. Hier werden die von der Pflanze hergestellten Stoffe, z. B. der Traubenzucker, zu den Früchten und Speicherorganen, wie Kartoffeln oder Zuckerrübe, transportiert. Beim Mais gelangt der Traubenzucker in die Maiskolben.

Aufgaben

① Stelle einen frisch geschnittenen Stängel einer hell blühenden Pflanze *(Alpenveilchen, Fleißiges Lieschen)* in Wasser, das du zuvor mit Tinte angefärbt hast. Welche Beobachtung kannst du schon nach wenigen Minuten machen?

② Schneide den Stängel deiner Versuchspflanze mit einer Rasierklinge quer durch (Vorsicht!). Betrachte die Schnittfläche mit der Lupe. Fertige eine Skizze an.

Stoffwechsel der Pflanzen

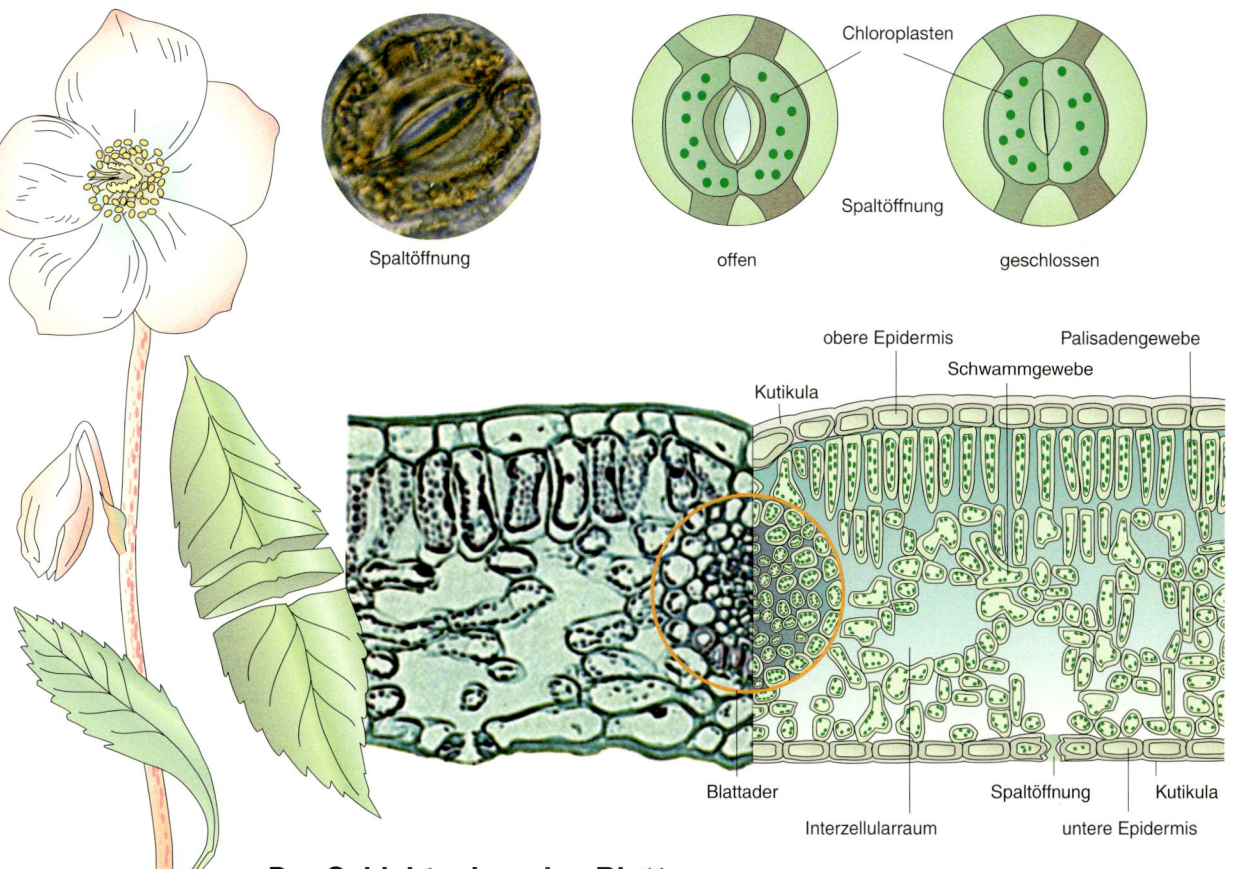

Der Schichtenbau des Blattes

Bei 100- bis 200facher Vergrößerung lässt sich an einem Blattquerschnitt der Christrose der innere Aufbau eines *Blattes* gut beobachten. Dabei fällt auf, dass dieses Laubblatt aus mehreren *Gewebeschichten* aufgebaut ist. Jede Schicht besteht jeweils aus untereinander gleich aussehenden Zellen mit gleicher Aufgabe.

Die Blattoberseite wird von einem lichtdurchlässigen, einschichtigen Abschlussgewebe, der *oberen Epidermis*, gebildet. Ihre Zellen liegen lückenlos aneinander, sind frei von Chloroplasten und haben verdickte Außenwände. Auf der Außenseite sind sie mit einer wachsähnlichen, wasserundurchlässigen Schicht, der *Kutikula*, überzogen. Die Epidermis und die Kutikula schützen das Blatt vor Verletzung und Austrocknung.

Die unter der oberen Epidermis liegenden Zellen sind lang gestreckt und chloroplastenreich. In den Zellen mit Chloroplasten wird Zucker gebildet. Man nennt dieses Gewebe *Palisadengewebe*.

Zwischen dem Palisadengewebe und der unteren Epidermis liegt das *Schwammgewebe*. Die Zellen dieser Schicht sind unregelmäßig angeordnet und enthalten weniger Chloroplasten. Seinen Namen hat das Gewebe wegen der zahlreichen Hohlräume erhalten, die es wie einen Schwamm aussehen lassen. Diese Hohlräume werden als *Interzellularräume* bezeichnet und dienen zur Durchlüftung des Blattes.

Die Blattunterseite wird wieder durch eine Epidermis begrenzt. Im Gegensatz zur Blattoberseite besitzt sie zahlreiche *Spaltöffnungen*. Jede Spaltöffnung besteht aus zwei chloroplastenreichen *Schließzellen*. Durch die Spaltöffnungen verdunstet das Wasser aus den Blättern, hierdurch entsteht der Verdunstungssog. Bei sehr warmer und trockener Luft schließen sich die Spaltöffnungen (s. Abb.). Direkt oberhalb jeder Spaltöffnung befindet sich ein besonders großer Hohlraum, die sogenannte *Atemhöhle*.

Ein Netz von Adern durchzieht das Blatt. Sie geben einerseits Halt und Festigkeit, andererseits dienen sie als Zuleitungsbahnen für das Wasser mit den Mineralstoffen und Ableitungsbahnen für den in den grünen Zellen gebildeten Zucker.

Stoffwechsel der Pflanzen

Praktikum

Osmose und Pflanzenorgane

Material:
Kartoffel, kleiner Löffel, Messer

Reagenz:
Kochsalz, Puderzucker

① Halbiere eine ungeschälte Kartoffel und höhle mit einem kleinen Löffel jede Hälfte etwas aus, sodass eine kleine Vertiefung entsteht.
② Fülle in die Vertiefung der einen Hälfte vorsichtig Puderzucker, in die andere Hälfte Salz.
③ Warte ca. 5 bis 10 min und notiere deine Beobachtungen. Erkläre die Beobachtungen mithilfe der Osmose.

Salz oder Puderzucker

Welken – auch Osmose

Material:
2 frisch geschnittene Sprosse (z. B. fleißiges Lieschen, Flieder), 2 Gläser, Löffel

Reagenz:
Wasser und gesättigte Kochsalzlösung

④ Fülle in ein Glas Leitungswasser und gebe mit einem Löffel so lange Kochsalz hinzu, bis sich beim Umrühren kein Salz mehr löst. Dies nennt man eine gesättigte Kochsalzlösung.
⑤ Schneide zwei Sprosse des „fleißigen Lieschens" frisch ab. Stelle einen in ein Glas mit Leitungswasser, den anderen in ein Glas mit der gesättigten Kochsalzlösung.
⑥ Beobachte die Pflanzen nach einem Tag und notiere das Ergebnis. Erkläre das unterschiedliche Aussehen der beiden Sprosse.

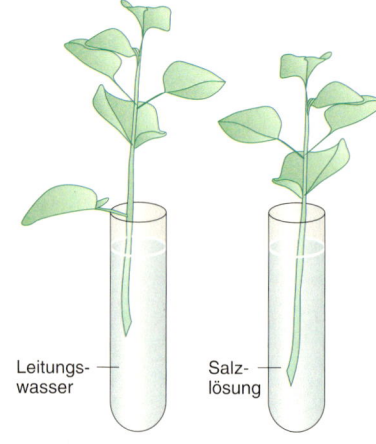

Leitungswasser — Salzlösung

Herstellen eines Querschnittes

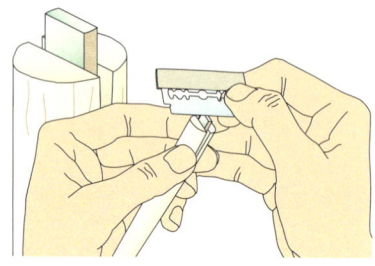

Spalte zunächst ein Stück Holundermark oder Styropor mit einer Rasierklinge ca. 1 cm tief. Zum Schutz vor Verletzungen wird eine Hälfte der Rasierklinge mit Heftpflaster überklebt. Schneide mit einer Schere aus dem zu untersuchenden Blatt parallel zu den Blattrippen schmale Streifen heraus.
Diese werden einzeln und der Länge nach zwischen die Spalthälften des Holundermarks oder des Styropors gelegt. Die überstehenden Blattteile werden mit der Schere abgeschnitten. Die Abbildung zeigt dann die Herstellung des Querschnittes.
Beachte dabei folgende Regeln:
1. Rasierklinge ansetzen und flach legen.
2. Seitlich zu dir hin durch das Gewebe ziehen und führen.
3. Langsam schneiden.
4. Das Präparat sofort abnehmen und in einen Tropfen Wasser auf den Objektträger legen.

Bau eines Laubblattes

Material:
Blätter von Flieder, Holunder, Eiche

Reagenz:
2%ige Kochsalzlösung (2 g Kochsalz in 100 ml Wasser)

⑦ Stelle einen dünnen Blattschnitt von dem Flieder her. Lege diesen auf einen Objektträger, auf den du vorher einen Tropfen 2 %iger Kochsalzlösung aufgetropft hast. Mikroskopiere bei mittlerer Vergrößerung und zeichne diesen Blattquerschnitt. Beschrifte die Zeichnung und vergleiche mit der Abbildung auf Seite 71.
⑧ Vergleiche den Blattaufbau des Flieders, Holunders und der Eiche miteinander. Gibt es Unterschiede?

Bau eines Nadelblattes

Material:
Fertigpräparate von Querschnitten eines Nadelblattes (s. Abb. unten)

⑨ Betrachte das Fertigpräparat bei einer 100- bis 200fachen Vergrößerung und fertige eine Schemazeichnung an.
⑩ Vergleiche dein Präparat mit der Abbildung des Nadelquerschnittes. Beschrifte deine Zeichnung.

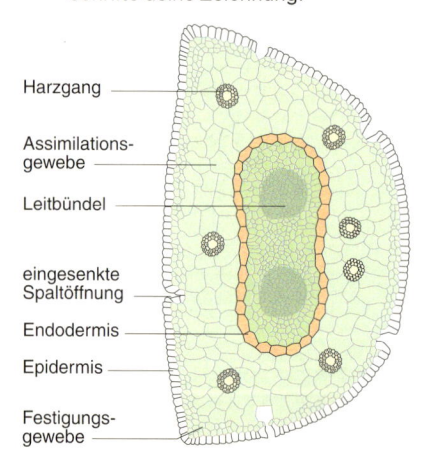

Harzgang
Assimilationsgewebe
Leitbündel
eingesenkte Spaltöffnung
Endodermis
Epidermis
Festigungsgewebe

Stoffwechsel der Pflanzen

Herstellen von Flächenschnitten

Lege ein Blatt der Christrose oder eines Alpenveilchens über einen Bleistift und klemme es zwischen Daumen und Mittelfinger einer Hand ein. Mit der anderen Hand wird die Rasierklinge flach über die Blattfläche gezogen und ein dünner Flächenschnitt hergestellt (vgl. nachfolgende Abbildung).

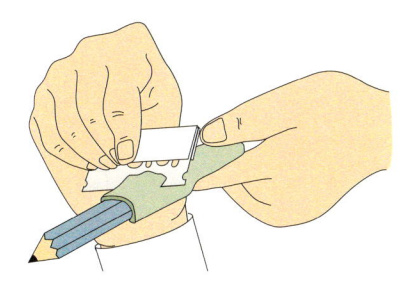

Bau von Spaltöffnungen

Material:
Blätter von Flieder, Schwertlilie, Kiefer, Seerose

Färbemittel:
Sudan-Glyzerin-Lösung:
Löse 0,1 g Sudan III in 50 ml 96%igem Ethanol. Gib 50 ml Glyzerin hinzu.

⑪ Fertige von der Ober- und Unterseite eines Blattes des Flieders einen Flächenschnitt an und mikroskopiere bei 400facher Vergrößerung.
   a) Wie unterscheidet sich die Blattober- von der Blattunterseite?
   b) Zeichne eine Spaltöffnung des Flieders in der Aufsicht und beschrifte.

⑫ Fertige einen dünnen Blattquerschnitt und einen Flächenschnitt von der Schwertlilie an. Lege diese Schnitte in eine Sudan III-Lösung. Die Färbung wird stärker, wenn man das Präparat kurz und vorsichtig über einer Spiritusflamme erwärmt (nicht kochen!). Suche zunächst bei schwächster mikroskopischer Vergrößerung geeignete Spaltöffnungen und zeichne diese dann bei ca. 400facher Vergrößerung.

⑬ Fertige Blattquerschnitte von dem Flieder und der Kiefer an. Betrachte die Spaltöffnungen. Wie unterscheiden sich beide in ihrem Bau? Diskutiere die jeweiligen Vorteile.

⑭ Seerosen besitzen Blätter, die auf der Wasseroberfläche schwimmen. Auf welcher Blattseite befinden sich bei ihnen die Spaltöffnungen?

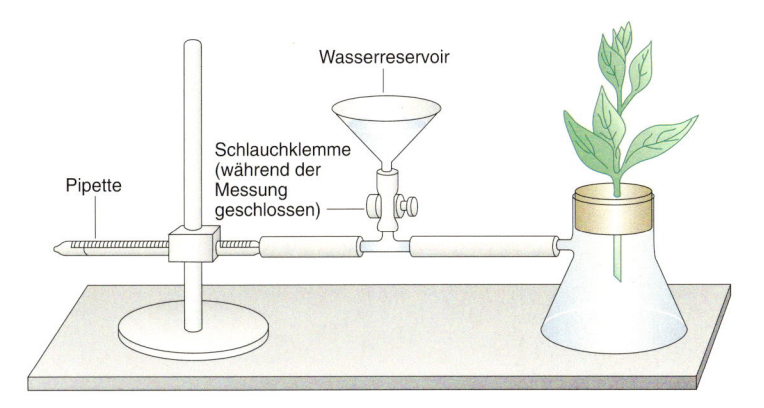

Wasserbewegung im Stängel

Material:
Zweige bzw. Stängel von Kirschlorbeer, Fleißigem Lieschen, Flieder, Mais

Färbemittel:
2%ige Eosinlösung:
Löse dazu 2 g Eosin in 100 ml Alkohol.

⑮ Baue die Versuchsanordnung der oben stehenden Abbildung nach. Miss mithilfe des Potetometers jeweils die Verdunstung (Transpiration) eines Kirschlorbeer- und Fliederzweiges. Achte darauf, dass die Zweige die gleiche Blattfläche haben.
   a) Begründe, warum die Wasserverdunstung am Blatt einen Sog und damit einen Wasserstrom in Richtung Blatt hervorruft.
   b) Stelle mehrere Zweige des Fleißigen Lieschens oder Flieders in einen mit Wasser gefüllten Messzylinder. Gib etwas Salatöl hinzu. Setze die Versuchspflanze unterschiedlichen Bedingungen aus, z. B. Sonne, Schatten oder offenes Fenster. Vergleiche die Ergebnisse.
   c) Erkläre, wozu der Ölfilm dient.

⑯ Stelle drei Seitensprosse des Fleißigen Lieschens in Reagenzgläser mit 2%iger Eosinlösung. Der erste ist vollbeblättert, der zweite teilbeblättert und der dritte unbeblättert. Bestimme die Strömungsgeschwindigkeit des Wassers in den Stängeln bei Zimmertemperatur (in cm pro Stunde), indem du jede Stunde den Eosinanstieg in den Sprossen mit einem Filzstift markierst. Lasse die Versuche einige Stunden laufen. Miss die Abstände und notiere die Ergebnisse.

⑰ Fertige dünne Stängelquerschnitte vom Fleißigen Lieschen und einer jungen Maispflanze an und mikroskopiere diese bei schwacher mikroskopischer Vergrößerung. Beschreibe die Anordnung der Leitbündel.

Bau und Aufgabe von Wurzeln

Material:
Karotten, Fleißiges Lieschen

Reagenz:
Iod-Kaliumiodid-Lösung, Messer

⑱ Schneide eine Karotte längs durch.
   a) Untersuche dünne Scheiben einer Karotte, die mit einer Iod-Kaliumiodid-Lösung behandelt wurde. Notiere deine Beobachtungen und erkläre, wo sich das Speichergewebe befindet.
   b) Stelle fest, wo die Nebenwurzeln entspringen.

⑲ Ein Fleißiges Lieschen wird etwa 3 cm über dem Boden ganz abgeschnitten. Ziehe eine mit Vaseline eingefettete Schlauchtülle über den Wurzelstumpf. Von oben wird ein Glasrohr mit einem Durchmesser von ca. 0,5 cm eingeschoben. Miss die Höhe der Wassersäule im Steigrohr jeden Tag zur gleichen Zeit. Protokolliere die Messwerte und vergleiche sie.

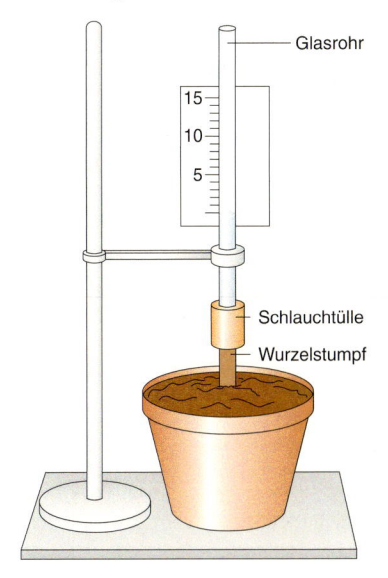

Stoffwechsel der Pflanzen

2 Fotosynthese und Atmung

1 Die historischen Versuche von Priestley

JOSEPH PRIESTLEY

Pflanzen verbessern die Luft

Diese Erkenntnis stammt schon aus dem 18. Jahrhundert. Damals lebte in England der Naturforscher und Geistliche Joseph Priestley (1733 – 1804). Er entdeckte im Jahre 1771, dass Pflanzen „verbrauchte" Luft verbessern können.

Diese einfache und doch geniale Idee löste bahnbrechende Entdeckungen über die Geheimnisse im Leben der Pflanzen aus. Begonnen hatte es mit einem Waschtrog und zwei Glasglocken. In den Glasglocken ließ Priestley Kerzen bis zum Erlöschen der Flamme brennen. Anschließend stellte er unter eine Glasglocke eine Pfefferminzpflanze. Zu seinem Erstaunen gedieh die Pflanze in der „verbrauchten" Luft prächtig.

Nach vier Wochen führte er mit einer brennenden Kerze in dieser Glasglocke einen weiteren Versuch durch. Die Kerze erlosch nicht. In der zweiten Glasglocke, die seither unverändert geblieben war und in der sich keine Pfefferminzpflanze befand, erlosch die Kerzenflamme sofort.

Priestley weitete seine Versuche noch aus. Wieder verwendete er zwei Glasglocken. Nur setzte er jetzt Mäuse darunter. In den luftdicht verschlossenen Glasbehältern wurden die Mäuse bereits nach kurzer Zeit ohnmächtig. Er schloss daraus, dass die Mäuse die Luft verschlechtert hatten und stellte nun die Frage, ob es sich um den gleichen Vorgang wie bei der Kerze handelt. Nachdem, wie bei dem Kerzenversuch, vier Wochen lang grüne Pflanzen in der verbrauchten Luft gewachsen waren, konnten die Mäuse wieder eine begrenzte Zeit darin atmen. Priestley fasste seine Entdeckungen in folgenden Sätzen zusammen: „Tiere und Menschen verschlechtern die Luft. Pflanzen können in der faulen Luft besonders gut gedeihen und verbessern sie dadurch".

Untersuchung der „veränderten" Luft

Priestley wollte nun wissen, welches Gas in der gesunden Luft enthalten war. Er beobachtete an Wasserpflanzen, dass von Zeit zu Zeit Gasblasen an die Wasseroberfläche stiegen. In diesem Gas brannte ein glimmender Holzspan heftig auf. Die selbe Beobachtung kannte man zu dieser Zeit von einem Gas, das durch Erhitzen von einem roten Stoff, dem Quecksilberoxid, gewonnen wurde. Bei dem entstehenden Gas handelt es sich um *Sauerstoff*. Heute lässt sich der neu gebildete Sauerstoff einfacher mit einer Indigoblaulösung nachweisen. Das farblose Indigoblau färbt sich dabei intensiv blau (s. Abb. 75. 2).

Aber welches Gas ist nun in der „faulen" Luft enthalten, in dem die Pflanzen besonders gut gedeihen? Leitet man diese „faule" Luft in eine Waschflasche mit Kalkwasser ein, entsteht ein milchig weißer Niederschlag (Abb.1). Leitet man die „gesunde" Luft durch eine Waschflasche mit Kalkwasser, entsteht kein weißer Niederschlag. Diese Reaktion erfolgt nur bei Anwesenheit von *Kohlenstoffdioxid*.

In „Hungerversuchen" kann man die für Pflanzen lebensnotwendigen Bestandteile der Luft nachweisen. Um die Bedeutung des Kohlenstoffdioxides nachzuweisen, werden Kressesamen in zwei Blumentöpfen ausgesät. Sobald die Samen keimen, wird jeder Blumentopf unter eine Glasglocke gestellt. Eine Glasglocke wird verschlossen und ein Gefäß mit verdünnter Natronlauge dazugestellt. Die Natronlauge bindet das Kohlenstoffdioxid aus der Luft. Leitet man kohlenstoffdioxidhaltige Luft durch eine Waschflasche mit verdünnter Natronlauge und dann in Kalkwasser, bildet sich kein weißer Niederschlag. Die Pflanzen unter der verschlossenen Glasglocke mit der Natronlauge „verhungern" regelrecht und sterben ab. Offen bleibt jetzt noch die Frage, wie die Gase in die Pflanze hinein oder heraus gelangen.

Mithilfe weiterer Experimente konnte man nachweisen, dass Kohlenstoffdioxid über die *Spaltöffnungen* in das Blatt aufgenommen und Sauerstoff über diese abgegeben wird. Diesen Vorgang bezeichnet man als *Gaswechsel* der Pflanzen.

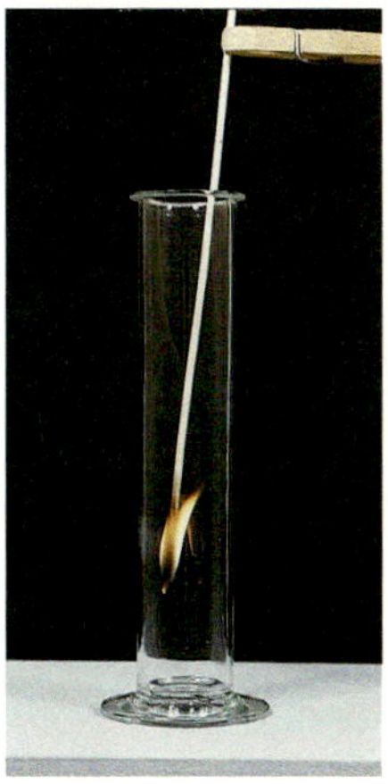

1 Nachweis von Kohlenstoffdioxid mit Kalkwasser

2 Nachweis von Sauerstoff mit Indigoblau

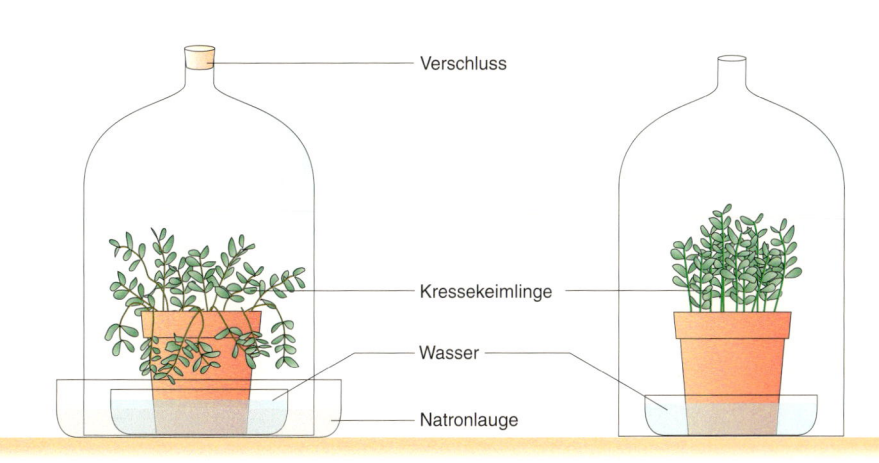

Glimmspanprobe

Aufgabe

① Erstelle für die sechs Bilder in Abb. 74.1 jeweils einen kurzen erklärenden Text.

3 Pflanzen im „Hungerversuch" und Kontrollversuch

Stoffwechsel der Pflanzen

Fotosynthese-Geschichte

Die Vorgänge, die bei der Fotosynthese in den Pflanzen ablaufen, wurden von vielen verschiedenen Forschern in kleinen Schritten aufgeklärt. Erst durch die Ergebnisse der vielen Versuche konnte man — wie bei einem Puzzle — die Vorgänge bei der Fotosynthese verstehen.

Versuch 1

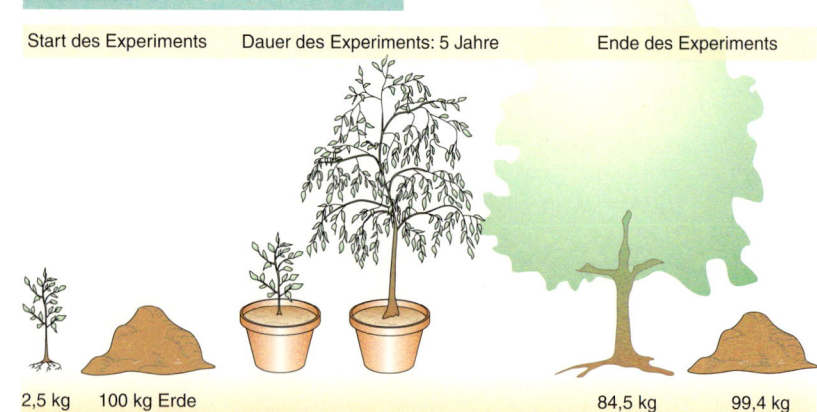

Start des Experiments | Dauer des Experiments: 5 Jahre | Ende des Experiments

2,5 kg | 100 kg Erde | 84,5 kg | 99,4 kg

Jan Baptist van Helmont (1578 — 1657), ein niederländischer Wissenschaftler, führte im Jahre 1640 Versuche durch, mit denen er untersuchen wollte, woher Pflanzen die Nährstoffe zum Wachsen bekommen. Hierzu pflanzte er einen kleinen Weidenbaum mit einem Gewicht von 2,5 kg in ein Gefäß mit genau 100 kg Erde. 5 Jahre lang goss er die Pflanze nur mit Regenwasser und achtete darauf, dass keine Erde hinzu- oder wegkam. Nach 5 Jahren wurden die Bestandteile einzeln gewogen. Der Baum hatte ein Gewicht von 84,5 kg, die Erde jedoch von 99,4 kg.

Versuch 2

Der niederländische Arzt Jan Ingenhousz (1730 — 1799) führte ähnliche Versuche wie Priestley durch. Er ließ in zwei luftdicht abgeschlossenen Glasglocken je eine Kerze brennen, bis die Flamme erlosch. Unter beide Glasglocken stellte er vorsichtig jeweils eine Pflanze. Eine Glasglocke stellte er ins Licht, die andere in einen dunklen Raum. Nach einigen Tagen versuchte er, die Kerzen in den Glasglocken wieder zu entzünden.
In einem zweiten Versuch stellte er Pflanzenteile mit grünen Blättern, Pflanzenteile mit Blüten ohne grüne Blätter und Kartoffelknollen unter die Glasglocken. Anschließend überprüfte er die Veränderungen mit dem Entzünden der Kerze.

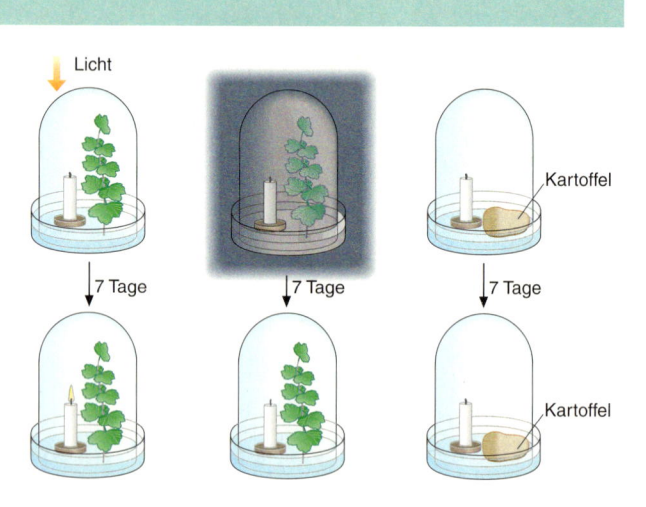

Licht | 7 Tage | 7 Tage | 7 Tage | Kartoffel | Kartoffel

Aufgaben

1. Welche Frage stellte van Helmont an die Natur? Erkläre, wie er das Ergebnis interpretieren konnte.
2. Welchen zusätzlichen Erkenntnisgewinn hatten Ingenhousz Versuche gegenüber denen von Priestley?
3. Beschreibe alle Versuchsergebnisse und erläutere, welche Erkenntnis Senebier aus dem 1. Teil des Experimentes gewinnen konnte.
4. Zeichne eine Zeitleiste von 1640 an und trage die Ergebnisse aller Versuche ein. Ergänze auch die Informationen von Seite 74/75.

Versuch 3

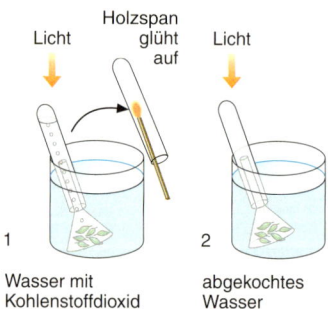

Licht | Holzspan glüht auf | Licht

1 Wasser mit Kohlenstoffdioxid | 2 abgekochtes Wasser

Der schweizer Forscher Jean Senebier führte 1779 Experimente mit Wasserpflanzen durch. Die Wasserpflanzen hatte er unter einen Trichter gelegt, der mit einem wassergefüllten Reagenzglas verschlossen war. Belichtete er die Pflanzen in kohlenstoffdioxidhaltigem Wasser, so bildeten sich an den Pflanzen Gasbläschen, die durch den Trichter in das Reagenzglas perlten. In einem zweiten Versuch verwendete er abgekochtes Wasser (s. Abb.). Dieses enthielt kein Kohlenstoffdioxid.

Stoffwechsel der Pflanzen

Chloroplasten sind die Orte der Stärkebildung

Die grüne Farbe der Blätter wird durch das Blattgrün oder *Chlorophyll* hervorgerufen. Im mikroskopischen Bild von Blattquerschnitten kann man erkennen, dass dieser Farbstoff nicht gleichmäßig verteilt in jeder grünen Pflanzenzelle vorkommt, sondern in kleinen Blattgrünkörnern, den *Chloroplasten*, enthalten ist. Biochemische Untersuchungen haben gezeigt, dass im Lamellensystem der Chloroplasten zunächst Traubenzucker hergestellt wird. Diesen nutzen die Pflanzen zur Stärkeproduktion oder sie verarbeiten ihn weiter zu anderen Stoffen, wie zu Zellulose oder pflanzlichen Ölen.

Um die Stärkebildung in den Chloroplasten im Experiment untersuchen zu können, wird z. B. eine Schönmalve längere Zeit bei Zimmertemperatur mit einer Lampe bestrahlt oder ans Fenster gestellt. Danach wird der *Stärkenachweis* mit einer Iod-Kaliumiodid-Lösung durchgeführt. Auf dem Blatt ist die Reaktion leicht zu erkennen. Eine Schwarzblaufärbung tritt nur an den vormals grün gefärbten Blattflächen auf. Die Färbung fehlt bei den weißen Flächen. Das bedeutet also, dass die Chloroplasten die Orte der *Stärkebildung* sind, was im mikroskopischen Bild auch deutlich wird.

Die Abbildung 2 zeigt ein Schönmalvenblatt, das teilweise mit einer lichtundurchlässigen Aluminiumfolie bedeckt ist. Nachdem dieses Blatt einen Tag lang mit Licht bestrahlt worden ist, wird die Folie wieder entfernt und der Stärkenachweis durchgeführt. Eine Schwarzblaufärbung tritt nur an den belichteten Stellen auf (Abb. 3.) Zur Stärkebildung ist also auch Licht unbedingt notwendig.

Das Chlorophyll ist ein Blattfarbstoff, der Sonnenlicht oder künstliches Licht aufnimmt. Im Licht steckt Energie. Aus ihr kann zum Beispiel Wärme entstehen, wie sich mit einer Lupe und einem Stück Papier leicht zeigen lässt (s. Randspalte). *Lichtenergie* wird im Blatt mithilfe des Chlorophylls in eine andere Energieform umgewandelt, die dann in dem Nährstoff *Traubenzucker* steckt. Zwischen den Lamellen der Chloroplasten wird dann aus vielen Traubenzuckerteilchen Stärke aufgebaut und in besonderen Speicherorganen, wie z. B. Kartoffelknollen oder Zwiebeln, gespeichert. Da sich Stärke in Wasser kaum löst, muss sie vor dem Transport zu den Speicherorganen erst wieder in Traubenzucker zerlegt werden.

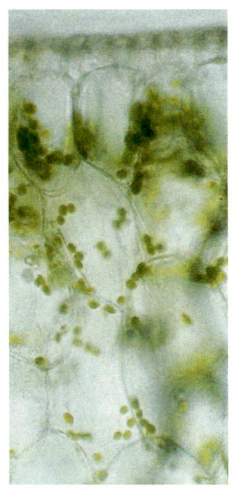

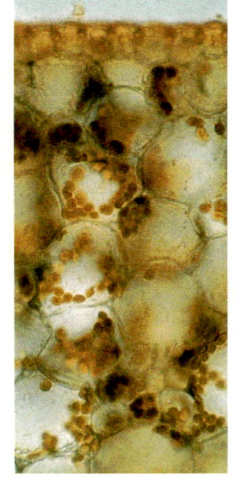

1 Stärkenachweis in Chloroplasten

2 Schönmalve mit Aluminiumfolie

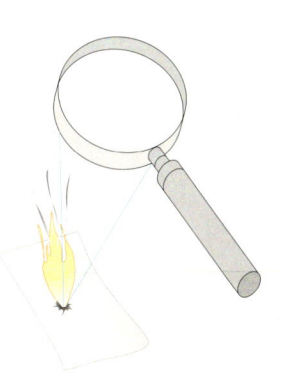

3 Schönmalvenblatt nach Stärkenachweis

Stoffwechsel der Pflanzen

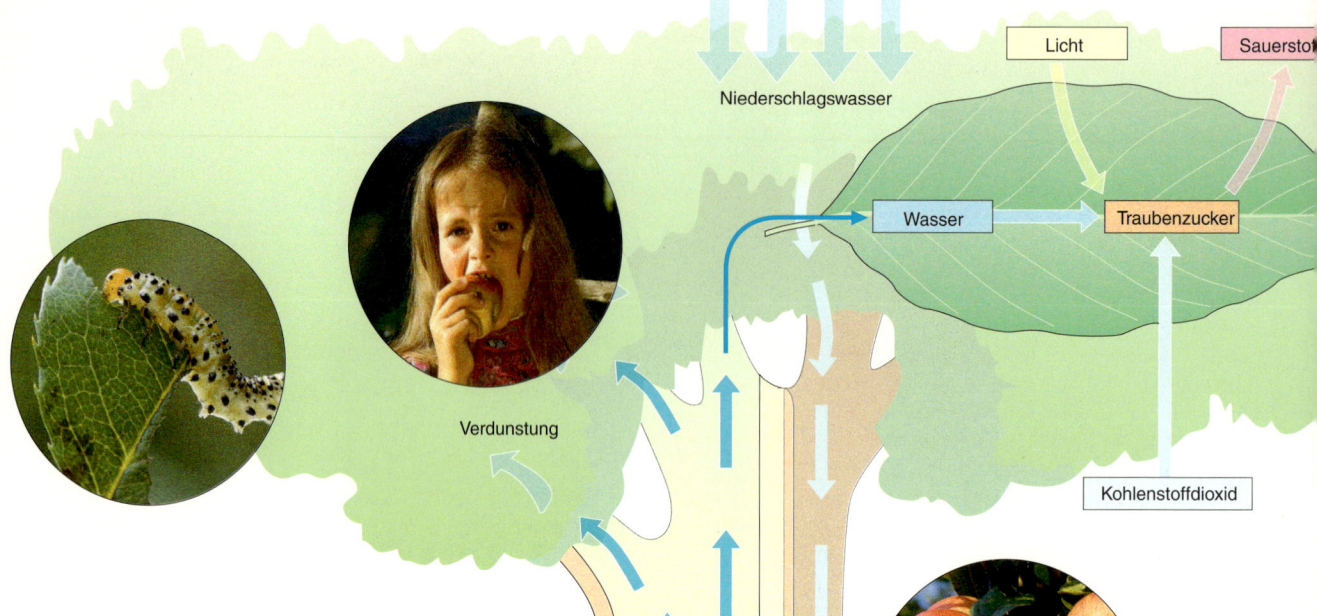

Im Traubenzucker ist Sonnenenergie

Grüne Pflanzen nehmen keine Nahrung auf, sie können die Nährstoffe — Kohlenhydrate, Eiweiße, Fette — im Gegensatz zu uns Menschen oder den Tieren selbst aufbauen und speichern.

Fassen wir unser Wissen über diese Fähigkeiten der Pflanzen zusammen:
1. Pflanzen nehmen durch die Wurzeln Wasser und in geringen Mengen Mineralsalze auf. Durch die Sprossachse gelangt das Wasser zu den Blättern.
2. Durch die Spaltöffnungen in den Blättern gelangt Kohlenstoffdioxid in das Blattgewebe.
3. In den Chloroplasten wird aus Kohlenstoffdioxid und Wasser der Traubenzucker aufgebaut.
4. Sauerstoff und Wasser wird über die Spaltöffnungen abgegeben.
5. Für diese Stoffwechselprozesse benötigt die Pflanze Energie (Sonnenenergie). Die Sonnenenergie wird in dem energiereichen Traubenzucker gespeichert. Diese Vorgänge laufen nur in den Chloroplasten ab.
6. Traubenzucker ist also ein Energieträger.
7. Aus dem Traubenzucker bilden die Pflanzen andere Stoffe, wie z. B. die Stärke.

Alle Nährstoffe, die wir Menschen mit unserer pflanzlichen Nahrung aufnehmen, stammen also aus dem Stoffwechsel der Pflanzen. Diesen Stoffwechsel fasst man allgemein unter dem Begriff **Fotosynthese** zusammen.

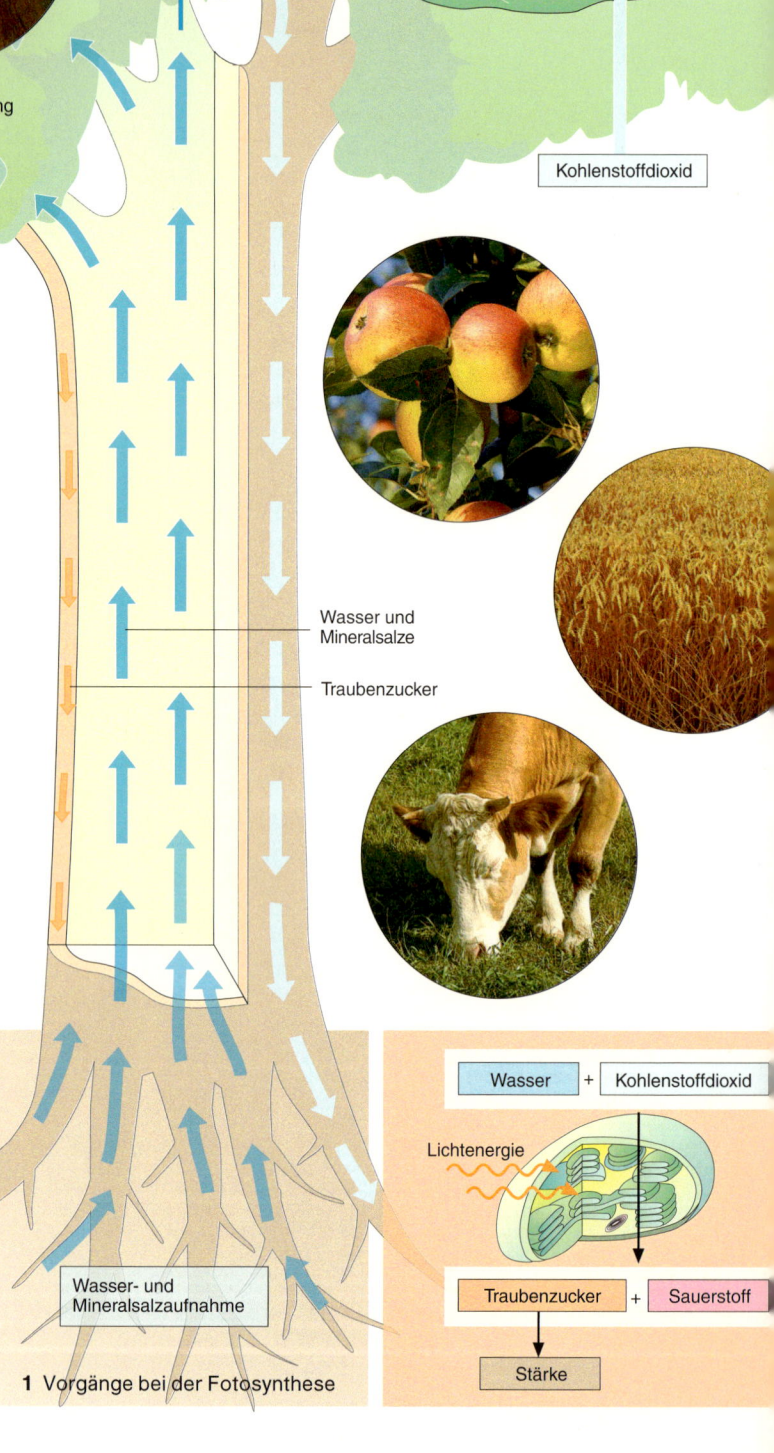

1 Vorgänge bei der Fotosynthese

78 *Stoffwechsel der Pflanzen*

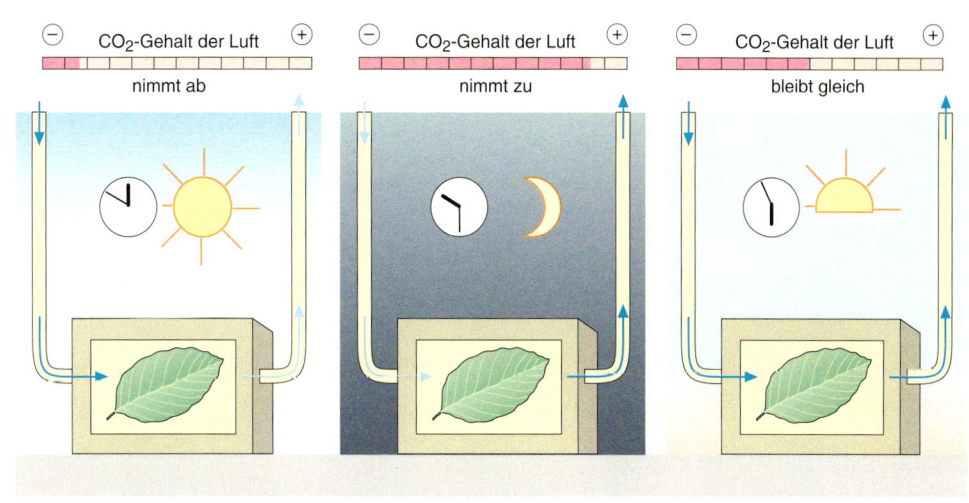

1 Schwankungen des Kohlenstoffdioxidgehaltes in der von Pflanzen abgegebenen Luft in 24 Stunden

Auch grüne Pflanzen atmen

Grüne Pflanzen können mithilfe der Fotosynthese aus Wasser und Kohlenstoffdioxid energiereiche Stoffe bilden. Grüne Pflanzen und alle Organismen oder Zellen, die Nährstoffe selbst herstellen können, nennt man *autotroph*.

autos, gr. = selbst
heteros, gr. = fremd
trophe, gr. = Nahrung

Pflanzenzellen ohne Chloroplasten, z. B. in der Wurzel, der Blüte oder in den Samen, können jedoch keine energiereichen Stoffe aufbauen. Aber auch diese Zellen benötigen Energie zum Leben und für das Wachstum. Zellen oder Organismen, die auf Nährstoffe angewiesen sind, nennt man *heterotroph*.

Alle Pflanzenzellen benötigen — wie die Zellen von Menschen und Tieren — zur Energieversorgung den Traubenzucker, der mit Sauerstoff zu Kohlenstoffdioxid und Wasser umgewandelt wird. Diesen Vorgang der Energieumwandlung bezeichnet man als **Zellatmung**, da die Sauerstoffaufnahme im Gegensatz zur Lungenatmung in den Zellen abläuft.

Während die Umwandlung von Kohlenstoffdioxid und Wasser zu Traubenzucker in den Chloroplasten stattfindet, läuft die Zellatmung in den Kraftwerken der Zelle, den *Mitochondrien*, ab. Sie sind so klein, dass man sie unter dem Mikroskop kaum sehen kann. Im Gegensatz zu den Chloroplasten sind die Mitochondrien in allen Zellen vorhanden.

Aufgrund des fehlenden Sonnenlichtes stellen die grünen Pflanzen in der Nacht die Fotosynthese ein und betreiben nur noch Zellatmung (Abb. 1). Die Pflanzen „veratmen" einen Teil ihrer eigenen Vorräte, ohne neue zu bilden.

Bei der Keimung benötigt der Keim besonders viel Energie, da er viele Stoffe aufbauen muss, um neue Zellen bilden und wachsen zu können. Der Keimling ist noch heterotroph, er enthält viele Mitochondrien und einen hohen Anteil an energiereichen Speicherstoffen, wie z. B. Stärke.

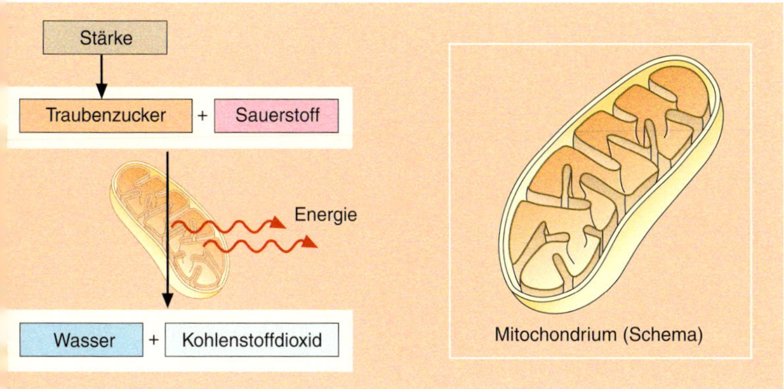

Aufgaben

① Erkläre für jedes Stadium in Abbildung 1, wie es zu den Veränderungen des Kohlenstoffdioxidgehaltes in der abgegebenen Luft kommt.

② Vergleiche die Reaktionsschemata der Fotosynthese und der Zellatmung. Nimm dazu Stellung.

Stoffwechsel der Pflanzen

Praktikum

Fotosynthese und Atmung

Nachweis von Sauerstoff

Geräte:
100-ml-Becherglas, Glastrichter mit Hahn, 250-ml-Enghals-Erlenmeyerkolben, Gummistopfen, Bunsenbrenner, Glimmspan

Material: Wasserpest

Reagenz:
Indigoblaulösung

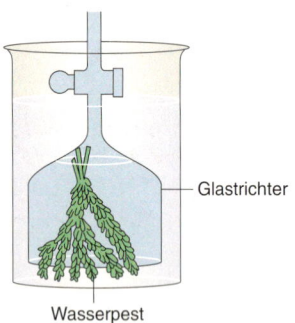

① Bereite die oben abgebildete Versuchsanordnung vor. Binde dazu einige Sprosse der Wasserpest vorsichtig zusammen. Achte darauf, dass der Trichter ganz mit Wasser gefüllt und der Hahn verschlossen ist. Belichte die Versuchsanordnung mit einem Diaprojektor. Schon nach wenigen Minuten kannst du etwas beobachten. Beschreibe.

② Stelle das Glas mit der Wasserpflanze für einige Tage ans Fenster, bis sich genügend Gas unter dem Trichter angesammelt hat. Ob es sich bei dem Gas um Sauerstoff handelt, kannst du mit der Glimmspanprobe überprüfen. Öffne den Hahn und lasse das angesammelte Gas in ein Reagenzglas strömen. Halte sofort einen glimmenden Span hinein. Was passiert?

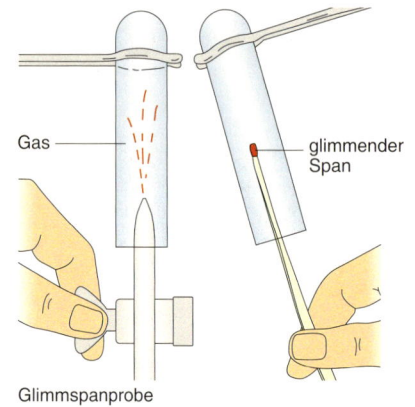

③ Lege eine Wasserpestpflanze in einen mit Wasser gefüllten Enghals-Erlenmeyerkolben. Gib einige Tropfen der farblosen Indigoblaulösung hinzu. Welche Beobachtung machst du nach wenigen Minuten?

Ort der Stärkebildung

Geräte:
Petrischalen, Elektroheizplatte, Wasserbad, 250-ml-Becherglas, Aluminiumfolie

Material:
Ziernessel, Schönmalve

Reagenzien:
Iod-Kaliumiodid-Lösung, Brennspiritus

④ Bestrahle das Blatt einer Ziernessel bei Zimmertemperatur mehrere Tage mit einer Lampe. Schneide dann dieses Blatt ab und halte die Verteilung der Blattflecken auf einem Transparentpapier fest. Führe entsprechend der nachfolgenden Abbildung den Stärkenachweis mit einer Iod-Kaliumiodid-Lösung durch. Vergleiche Blattfärbung und Zeichnung. Erkläre.

⑤ Bedecke die Blätter der Schönmalve, die vorher mindestens 24 Stunden im Dunkeln stand, mit einem Streifen einer lichtundurchlässigen Aluminiumfolie und beleuchte dieses Blatt mindestens einen Tag bei Zimmertemperatur.
Entferne dann wieder die Folie und führe den Stärkenachweis durch. Wie sieht hier das Blatt aus?

1. Blatt in kochendes Wasser geben

2. Blatt in heißem Brennspiritus. Wasserbad. Keine offene Flamme! Vom Lehrer durchzuführen!

3. Abwaschen

4. Iod-Kaliumiodid-Lösung hinzufügen

Temperaturabhängigkeit

Geräte:
250-ml-Becherglas, 500-ml-Becherglas, Thermometer

Material:
Wasserpest

⑥ Zähle die in 2 Minuten an der Stängelquerschnittsfläche aufsteigenden Bläschen bei verschiedenen Temperaturen. Trage die Ergebnisse in eine Tabelle ein.

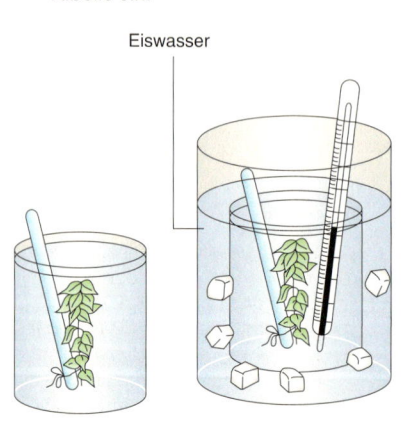

Stoffwechsel der Pflanzen

Aufnahme von Kohlenstoffdioxid

Geräte:
Petrischale, Pinsel, Wasserbad, Elektroplatte, 250-ml-Becherglas

Material:
Schönmalve

Reagenzien:
Iod-Kaliumiodid-Lösung, Lack oder Weißleim

⑦ Stelle eine Schönmalve mindestens 24 Stunden ins Dunkle. Dann wird die Blattoberseite mit O, die Blattunterseite mit U gekennzeichnet. Man verwendet dazu farblosen Lack oder Weißleim. Nach dem Trocknen werden die Lackhäutchen durchsichtig. Sie bilden eine lichtdurchlässige, aber gasdichte Schicht. Lass nun die Pflanze mehrere Stunden im Licht stehen. Führe anschließend den Stärkenachweis durch. Erkläre das Ergebnis.

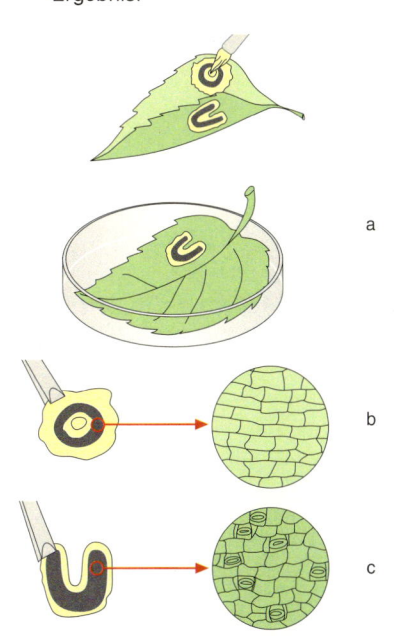

Lichtabhängigkeit der Fotosynthese

Geräte:
Becherglas, Diaprojektor

Material:
Wasserpest

⑧ Stelle das Becherglas mit einer Wasserpestpflanze, deren abgeschnittenes Ende nach oben zeigt, in den Lichtkegel eines Diaprojektors. Warte ca. 5 Minuten und zähle danach die an der Schnittstelle aufsteigenden Sauerstoffbläschen pro Minute.

⑨ Bringe nun zwischen Lichtquelle und Becherglas nacheinander Transparentpapier, Zeitungspapier und Karton. Zähle dann eine Minute lang die aufsteigenden Sauerstoffbläschen. Was bedeutet das Ergebnis?

Abhängigkeit von Kohlenstoffdioxid

Geräte:
250-ml-Becherglas, 100-ml-Standzylinder, Diaprojektor

Material:
Wasserpest

⑩ Führe mit frisch geschnittenen Sprossen die Versuche der unten stehenden Abbildungen durch. Zähle nach kurzer Wartezeit die in dem Messzylinder aufsteigenden Bläschen 2 Minuten lang. Trage die Ergebnisse in eine Tabelle ein. Fasse die Versuchsergebnisse in einem Ergebnissatz zusammen.

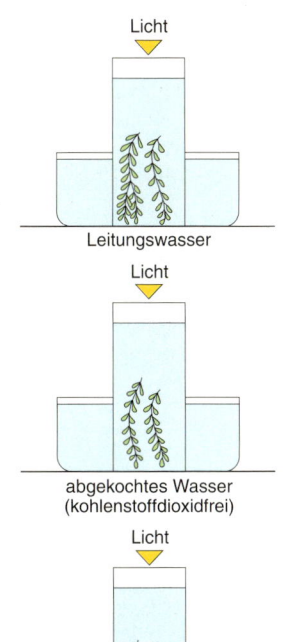

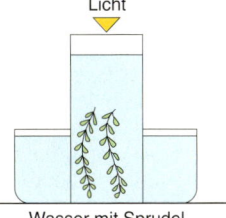

Versuche zur Atmung

1. Kohlenstoffdioxid in der menschlichen Ausatemluft

Geräte:
Becherglas mit Calciumhydroxid-Lösung (Ca(OH)$_2$-Lösung), Glasröhrchen

Reagenzien:
Ca(OH)$_2$-Lösung [C], Ausatemluft

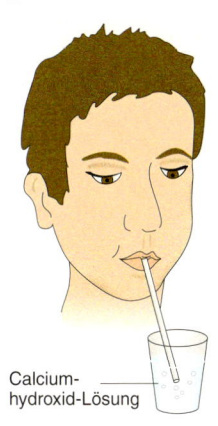

⑪ Blase durch den Glasstab deine Ausatemluft in das Becherglas mit Calciumhydroxid-Lösung (Vorsicht! Ätzend!) und beobachte die Veränderungen. Wie lassen sich die Veränderungen erklären?

2. Kohlenstoffdioxidentwicklung keimender Pflanzenteile

Geräte:
Reagenzgläser, Trichter, Reagenzglasgestell

Material:
Blütenblätter, keimende Samen, junge Pilze, Öl, Calciumhydroxid-Lösung

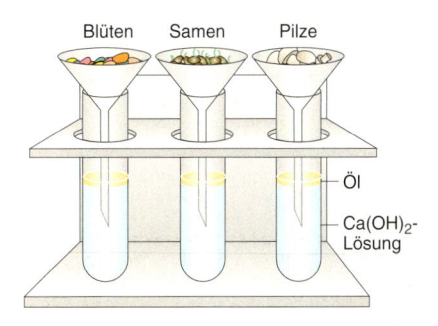

⑫ Fülle die drei Trichter mit Blütenblättern, keimenden Samen oder jungen Pilzen und setze sich auf die Reagenzgläser, die mit Calciumhydroxid-Lösung und Öl gefüllt sind auf. Beobachte nach einigen Stunden die Veränderungen der Lösung.

Stoffwechsel der Pflanzen

Impulse

Sonnen-energie

Sonnenenergie in der Geschichte

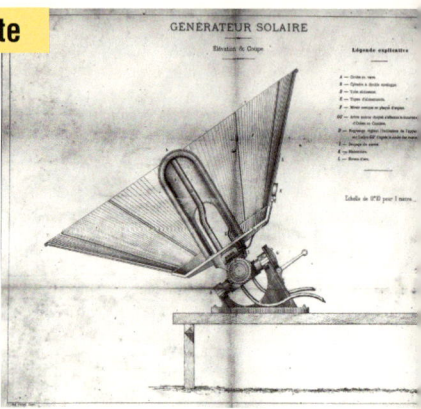

Der französische Ingenieur A. Mouchot erhoffte sich einen Ausweg aus der Kohleknappheit in Frankreich durch die Nutzung der Sonnenenergie. Er konstruierte eine solare Dampfmaschine mit einem Spiegel von 5 Meter Durchmesser und einer Leistung von 1 kW. Diese Dampfmaschine war eine Attraktion auf der Pariser Weltausstellung von 1878. Welche Vorteile könnten die Ingenieure damals auf einem Werbeplakat zusammengestellt haben? Könnte man auch mit einem Brennglas Wasser erhitzen?

Sonnengötter

Schon die frühesten Kulturen hatten das Bedürfnis, die Phänomene am Himmel zu erklären. Von den Völkern des Altertums brachten die Ägypter und die Inkas der Sonne größte Hochachtung entgegen. Lest in Geschichtsbüchern mehr über diese Kulturen und stellt einmal Riten der Sonnenverehrung und deren Bedeutung zusammen.

Sonne macht gute Laune

In der Sonne fühlen wir uns wohl. Aber Vorsicht: die Sonnenstrahlung kann einen Sonnenbrand oder sogar Hautkrebs verursachen!
Stellt ein Info-Blatt zusammen und bereitet Ratschläge für Sonnenhungrige vor!

Echnaton und Nofretete opfern dem Sonnengott Aton, 1365 — 1348 v. Chr.

Sonnenergie in Erdöl und Kohle

Mit der Beherrschung des Feuers vor 1,5 Millionen Jahren gelang den Menschen ein entscheidender Entwicklungssprung. Sie konnten sich nun die Vorräte an gespeicherter Sonnenenergie nutzbar machen, zuerst in Form von Holz, dann als Kohle, Erdöl und Erdgas.

Wie entstanden Kohle und Erdöl?
Welche Problematik hat sich daraus ergeben?

Stoffwechsel der Pflanzen

Sonnenenergie im Weltraum

Im Weltraum gibt es keine Steckdosen. Energie für den Antrieb von Motoren und für die Elektronik kann aus Gewichtsgründen nicht in Form von Batterien mitgenommen werden. Solarzellen liefern stattdessen den Strom, wie hier bei dem Marsroboter.

Auch auf der Erde setzt sich der Solarstrom immer mehr durch, wie die Solarstromanlage auf der Insel Pellworm.

Wo wird diese Technik auch im privaten Bereich eingesetzt?

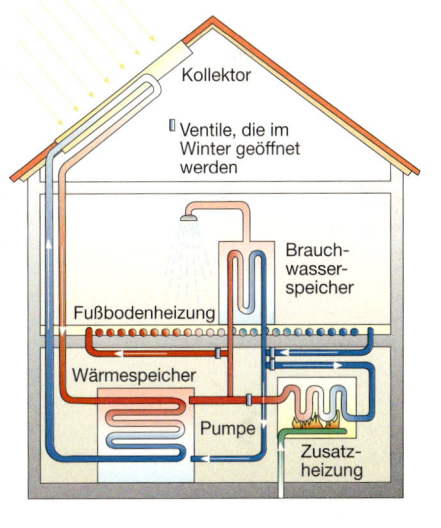

Kennst du noch mehr Lieder, die sich mit der Sonne beschäftigen? Veranstaltet eine Sonnen-Hitparade und erklärt in den Ansagen, wieso es so viele Sonnenlieder von früher und heute gibt.

Sunshine Reggae

O sole mio.....

Sterne sind Sonnen

Die Sterne, die wir am Himmel sehen, sind — abgesehen von den Planeten aus unserem Sonnensystem — Sonnen aus anderen Sonnensystemen.

Kennst du die Unterschiede zwischen Planeten und Sonnen?

Autos mit Sonnenenergie?

Wer kennt nicht die großen gelben Felder im Frühjahr. Rapspflanzen werden heute in großen Mengen angebaut. Aus den Samen gewinnt man Öl, welches zu Biodiesel verarbeitet wird. Auch die Waschmittelindustrie verwendet nachwachsende Öle. Fossile Energievorräte sollen durch die nachwachsenden Rohstoffe geschont werden.
Welche Vorteile und Nachteile hat dieses Verfahren?

Energiequelle der Zukunft?

Wasserstoff reagiert mit Sauerstoff zu Wasser. Diese Reaktion wird in Brennstoffzellen genutzt, um elektrische Energie für den Antrieb von Autos, Bussen oder für andere technische Anwendungen zu gewinnen.
Wasserstoff wird auch in der Fotosynthese aus dem Wasser gebildet. Man versucht mithilfe von Algen, diesen Wasserstoff in Sonnenkollektoren zu gewinnen.
Warum will man Wasserstoff als Energiequelle nutzen?

Stoffwechsel der Pflanzen

Traubenzucker wird weiter verarbeitet

Grüne Pflanzen stellen im Tagesverlauf mehr Traubenzucker her, als sie für ihren eigenen Energiebedarf benötigen. Aus Traubenzucker entstehen andere Zucker, wie *Fruchtzucker* oder *Rohrzucker*, aber auch *Stärke* oder *Zellulose*. Traubenzucker ist in der Pflanze also nicht nur Energiespeicher, sondern auch Ausgangsstoff für viele andere Substanzen, welche zum Leben der Pflanze benötigt werden:
— Zellulose als Bestandteil des Holzes bei Bäumen
— Öle als Speicherstoff
— Wachse als Schutz gegen Feuchtigkeit
— Farbstoffe zum Anlocken von Tieren
— Duftstoffe zum Anlocken von Insekten
— Giftstoffe als Schutz vor Tierfraß.

Diese verschiedenartigen Substanzen entstehen über viele Reaktionen in verschiedenen Stoffwechselwegen.

Ein wichtiger Baustoff für die pflanzlichen Zellwände ist die **Zellulose**. Diese wird direkt aus dem Traubenzucker gebildet und gibt den Zellwänden Halt. Die Zellulose ist die Grundlage für die Festigkeit der hohen Grashalme oder des Holzes von Bäumen. Der Mensch nutzt Zellulose für viele Zwecke. Die Zellulosefäden aus Baumwollkapseln werden zu Garn versponnen. Papier besteht aus Zellulose, die aus Holz gewonnen wird.

Pflanzen speichern energiereiche Verbindungen, zum Beispiel die **Stärke** in den Kartoffelknollen oder Zucker in Zwiebeln. Sie können diese Speicherstoffe im Winter nutzen, wenn die grünen Teile der Pflanzen abgestorben sind.

In den Samen sind energiereiche Stoffe vorhanden. Sonnenblumenkerne oder Erdnüsse enthalten viele **Öle**. Diese dienen den kleinen Keimlingen im Samen zur Ernährung vor und während der Keimung. Im Samen des Getreides sind es **Eiweiße** und Stärke. Für den Aufbau von Eiweißen wird auch Stickstoff benötigt, der mit den Mineralstoffen in Form von Nitrat aus dem Boden aufgenommen wird. Auch für den Aufbau der Erbsubstanz werden neben den Proteinen zusätzliche Mineralstoffe, wie Nitrate und Phosphate, benötigt.

Die verschiedenfarbigen Blüten und Früchte der Pflanzen haben weitere Funktionen: Durch Duft- und Blütenfarbstoffe werden Insekten oder andere Tiere zur Bestäubung oder Verbreitung angelockt.

Duftstoffe findet man auch in den Blättern von Pflanzen, zum Beispiel bei der Pfefferminze oder dem Eukalyptus. Hier dienen die Duft- und Giftstoffe den Pflanzen oft auch als Schutz vor Fressfeinden.

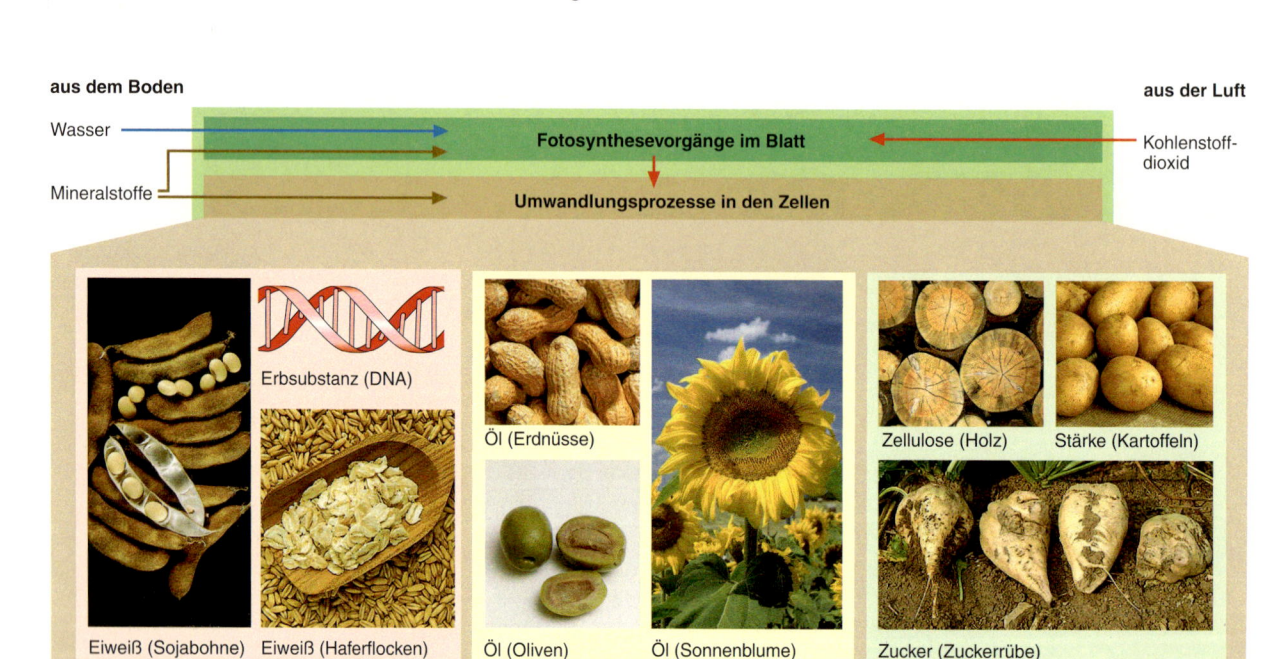

1 Traubenzucker — ein Grundbaustein

Stoffwechsel der Pflanzen

Lexikon

Ernährungsspezialisten unter den Pflanzen

Es gibt Blütenpflanzen, denen das Chlorophyll ganz fehlt oder deren Wurzeln kaum Wasser und Mineralstoffe aufnehmen können. Andere Arten haben Standorte auf nährstoffarmen Böden. Nur Pflanzen, die besondere Lebensgewohnheiten entwickelt haben, können hier trotzdem überleben.

Symbiontische Pflanzen

Der **Gewöhnliche Fichtenspargel** ist ein Humusbewohner, dem das Blattgrün fehlt. Seine Blätter sind schuppig und gelblich bis bräunlich gefärbt. Die Wurzelhaut der in Fichtenwäldern vorkommenden Pflanze ist von Pilzfäden durchsetzt. Der Pilz baut den Humus des Waldbodens ab. Der Fichtenspargel entnimmt den Pilzfäden die Nährstoffe und gibt an den Pilz Vitamine ab, die dieser nicht selbst bilden kann. Eine solche Lebensgemeinschaft zu beiderseitigem Nutzen bezeichnet man als *Symbiose*.

Schmarotzerpflanzen

Pflanzen, die Wasser und Mineralstoffe teilweise oder vollständig von einer Wirtspflanze beziehen, nennt man *Schmarotzerpflanzen*. Man unterscheidet dabei noch zwischen *Halb*- und *Ganzschmarotzern*.

Die **Mistel** ist ein Halbschmarotzer, der noch Blattgrün besitzt. Sie hat Saugwurzeln und verschafft sich das Wasser und die Mineralstoffe durch das Anzapfen des Wasserleitungssystems einer Wirtspflanze. Besonders im Winter fallen die kugelförmigen Büsche in den Kronen von Laubbäumen auf. Die Mistelstängel sind grün und gabelig verzweigt. Die Blätter haben Lanzettform und fühlen sich ledrig an.

Auf Halbtrockenrasen, an Waldrändern oder in Gebüschen schmarotzt die **Kleine Sommerwurz** vor allem an Kleepflanzen. Die kleinen blassgelben und schuppenförmigen Blätter enthalten kein Blattgrün. Der Stängel ist rötlich gelb, die Oberlippe der Blüte rötlich oder violett gestreift. Die Wurzeln dieses Vollschmarotzers sind zu Saugfortsätzen umgebildet. Sie verwachsen mit den Wurzeln der Wirtspflanze und entziehen ihr Wasser und Mineralstoffe. Als Ganzschmarotzer zapft die Sommerwurz aber auch die Nährstoffe transportierenden Gefäße an. Eine Art dieses gefürchteten Wurzelschmarotzers ist im Mittelmeerraum verbreitet und befällt dort besonders die Kulturen der Saubohne, andere auch die von Erbsen, Linsen und Klee.

Insekten fressende Pflanzen

Pflanzen dieser Gruppe besitzen alle Blattgrün und betreiben Fotosynthese. Ihre Standorte sind aber fast immer besonders stickstoffarme Böden. Aus diesem Grund müssen diese Pflanzen ihren Stickstoffbedarf aus tierischem Eiweiß ergänzen. Dazu besitzen sie besondere Fangeinrichtungen.

Auf Hochmooren kommt der **Rundblättrige Sonnentau** vor. Die runden, lang gestielten Blätter tragen rote Haare *(Tentakel)*, die am Ende eine klebrige Flüssigkeit ausscheiden. Diese glänzen wie „Tau in der Sonne" und locken Insekten an. Setzt sich ein Insekt darauf, bleibt es am Schleim kleben. Benachbarte Drüsenhaare krümmen sich und schließen das Insekt ein. Dann scheidet der Sonnentau Verdauungssäfte aus, die das Eiweiß der Beutetiere auflösen.

Die aus Amerika stammende **Venusfliegenfalle** besitzt auf ihrer Blattoberseite empfindliche Borsten. Werden diese von einem Insekt berührt, klappen die beiden Hälften der gezähnten Blattflächen rasch zusammen. Das Insekt ist gefangen.

Stoffwechsel der Pflanzen

1 Landwirtschaftlich genutzes Feld

2 Mischwald

Grüne Pflanzen heute ...

Ohne die Fotosynthese wäre tierisches und menschliches Leben auf unserer Erde undenkbar. Pflanzen stehen am Anfang jeder Nahrungskette und sind damit für Tier und Mensch wichtige Nahrungsquellen. Genauso wichtig sind die Pflanzen bei der Sauerstoffproduktion. Sie sind die einzigen Sauerstofflieferanten. Stirbt diese „grüne Lunge" der Erde, dann stirbt auch der Mensch.

Abb.1 und 2 zeigen Ausschnitte aus unserer Umwelt, wie sie jedem von uns vertraut sind: einen Acker mit Getreide und einen Wald. Am diesem Beispiel kann die Bedeutung der Pflanzen für das tierische und menschliche Leben veranschaulicht werden.

Das Getreidefeld verdeutlicht, dass Pflanzen für Tiere und Menschen wichtige Nahrungsquellen sind. Die von den Pflanzen eingefangene Sonnenenergie wird in der Nahrungskette als gebundene Energie in Form von Zucker oder Stärke weitergegeben.

Wälder sind Orte einer hohen Sauerstoffproduktion. Sauerstoff ist Voraussetzung bei der Verarbeitung der Nährstoffe und wird damit zur Nutzung der darin enthaltenen Energie benötigt.

Aufgaben

1. 1 m^2 Blattfläche erzeugt pro Stunde etwa 1 g Sauerstoff. Wieviel Sauerstoff erzeugt eine Birke (200 000 Blätter, Fläche eines Blattes ca. 20 cm^2) in einer Stunde?
2. Pro Stunde verbraucht ein Mensch etwa 200 g Sauerstoff, ein Flugzeug benötigt bei einer Flugzeit von 7 Stunden für die Verbrennung von Benzin 35 t Sauerstoff.
   a) Wie viel Sauerstoff verbraucht das Flugzeug in einer Stunde?
   b) Wie viel Birken sind notwendig, um diese Sauerstoffmenge in einer Stunde zu produzieren?
   c) Wie lange könnte ein Mensch mit dieser Sauerstoffmenge auskommen?
3. Alle grünen Pflanzen zusammen produzieren durch die Fotosynthese jährlich ca. 250 Mrd. Tonnen Traubenzucker. Wie lang wäre ein Güterzug (Fassungsvermögen eines Güterwagons 35 t, Länge 20 m), der diese Jahresproduktion befördern könnte?

Zettelkasten

Nachwachsende Rohstoffe

Früher benutzte der Mensch als Sammler und Jäger ausschließlich nachwachsende Rohstoffe, wie Holz oder Pflanzenfasern. Er verwendete Holz zum Heizen und für den Hausbau, pflanzliche Öle für Lampen und Pflanzenfasern für die Kleidung. Heute finden besonders die Pflanzenöle als nachwachsende Rohstoffe in der Industrie ihre Anwendung. Das Öl der Kokospalmen und Ölpalmen wird nicht nur für kosmetische Produkte und Nahrungsmittel genutzt, sondern in riesigen Mengen für die Herstellung von Wasch- und Reinigungsmitteln verarbeitet. Diese Produkte können in Kläranlagen oder Flüssen schneller von Mikroorganismen abgebaut werden als chemische Bestandteile.

Das Rapsöl wird als alternativer Ersatz zum Energieträger Diesel genutzt. Es bildet bei der Verbrennung in Motoren gegenüber dem Diesel nur die halbe Schadstoffmenge, die an die Umwelt abgegeben wird. Bei Unfällen oder undichten Tanks, bei denen Treibstoff in Gewässer oder den Boden gelangt, ist Rapsöl weniger gefährlich als Dieselkraftstoff.

Stoffwechsel der Pflanzen

1 Rekonstruktion eines Sumpfwaldes vor ca. 300 Millionen Jahren

... und vor Jahrmillionen

Die Pflanzendecke der Erdoberfläche wandelte sich im Laufe der Erdgeschichte. Wie uns zahlreiche Fossilienfunde zeigen, bestand die Flora vor etwa 300 Millionen Jahren in der Steinkohlezeit, dem *Karbon*, überwiegend aus riesigen Bärlappbäumen, Baumschachtelhalmen und Baumfarnen. Kleine Formen dieser Pflanzen gibt es auch heute noch. Den Unterwuchs der Sumpfwälder bildeten Farne und Moosfarne. Im Wasser entwickelten sich verschiedene Schachtelhalmarten zu röhrichtähnlichen Beständen. Aus den Pflanzen dieser Urwälder entstanden durch Luftabschluss und Druck im Laufe von Jahrmillionen mächtige Schichten aus Steinkohle, die *Steinkohlelager*.

Durch das mehrfache Absinken des Bodens drang das Meer zu den Urwäldern vor und die Pflanzen versanken im Flachwasser. Unter Sauerstoffabschluss wandelten Bakterien und andere Kleinstlebewesen das Pflanzenmaterial in Torf um. Flüsse und Bäche transportierten Geröll, Sand und Schlamm in die Senken und füllten sie langsam auf. Dies führte zu einer Druck- und Temperaturerhöhung in der Erdkruste. So bildete sich über einen Zeitraum von etwa 53 Millionen Jahren hinweg aus dem Torf die Braun- und die Steinkohle.

Unter ähnlichen Voraussetzungen entstand Erdöl. Große Mengen an abgestorbenen Pflanzen- und Tierresten sanken unverwest auf den Meeresboden. Fäulnisbakterien bildeten daraus eine mächtige Faulschlammschicht. Unter hohem Druck der auflagernden Deckschichten und hohen Temperaturen von ca. 200 °C entstanden Erdöl und Erdgas.

fossa, lat. = das Grab

Die Energie aus dem Erdöl und der Kohle stammt also von der Fotosynthese der Pflanzen vor Millionen von Jahren. Wenn wir mit dem Auto fahren, unsere Wohnung heizen und Strom aus Kraftwerken verbrauchen, nutzen wir gespeicherte Sonnenenergie. Diese *fossile Energie* ist nicht regenerierbar, sie steht uns daher nur für einen begrenzten Zeitraum zur Verfügung.

Zettelkasten

Der Mensch verändert die Atmosphäre

Kohle, Erdöl und Erdgas sind aus abgestorbenen Pflanzen entstanden. Riesige Mengen Kohlenstoffdioxid aus der Atmosphäre wurden mithilfe der Fotosynthese in pflanzliches Material umgewandelt und unter der Erdoberfläche abgelagert. Heute nutzen wir diese Stoffe als fossile Brennstoffe. Bei der Verbrennung entsteht wieder Kohlenstoffdioxid. Jedes Jahr werden 20 Milliarden Tonnen Kohlenstoffdioxid an die Umgebung abgegeben. Durch den steigenden Energiebedarf und das Vernichten der Regenwälder steigt die CO_2-Konzentration an.

Durch die hohe Kohlenstoffdioxidkonzentration in der Atmosphäre und andere Schadstoffe wird sich langfristig das Klima verändern. Die Wärmestrahlung der Erde und die hohe Schadstoffkonzentration kann nicht mehr ausreichend von der Atmosphäre aufgenommen *(absorbiert)* werden, sondern wird wie in einem Treibhaus eingefangen und führt zu einer Erwärmung der Erde *(Treibhauseffekt)*.

Chemie
für Biologen

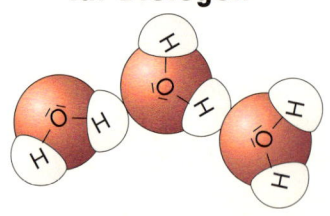

Wasserteilchen

Alle Stoffe sind aus kleinsten Teilchen aufgebaut. Für diese verwenden die Chemiker Symbole oder Buchstaben, z. B. das **H** für Wasserstoff, für Sauerstoff **O** bzw. für Kohlenstoff **C**. Zur Veranschaulichung von Teilchen benutzen die Chemiker verschiedene Modelle. Im Kasten unten ist zum Beispiel das *Kugel-Stab-Modell* zu sehen, während man das Modell oben als *Kalottenmodell* bezeichnet.

Wasserstoff und Sauerstoff können sich verbinden, d.h. sie reagieren miteinander. Da zwei Teile Wasserstoff mit einem Teil Sauerstoff zu Wasser reagieren, ist die chemische Schreibweise für ein Teilchen Wasser H_2O. Bei der Reaktion von Wasserstoff und Sauerstoff wird explosionsartig sehr viel Energie freigesetzt. Diese unkontrollierte Reaktion der beiden Gase, bei der die Energie auf einmal freigesetzt wird, bezeichnet man als „Knallgasreaktion".

Wasserteilchen halten zusammen

Warum kann der Wasserläufer auf der Wasseroberfläche laufen? Zwischen den Wasserteilchen wirken Anziehungskräfte, die Teilchen „halten einander fest". Diese Kräfte wirken normalerweise in alle Raumrichtungen. An der Grenzfläche zur Luft jedoch nur nach innen, da es hier keine Wasserteilchen gibt, die in die entgegengesetzte Richtung ziehen. Die Oberfläche des Wassers wird durch die Kräfte fest zusammengezogen. Dadurch besitzt Wasser ein „Oberflächenhäutchen", das in der Fachsprache als *Oberflächenspannung* bezeichnet wird.

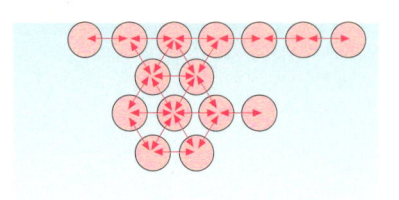

Energie wird umgewandelt

Ein Kennzeichen jeder chemischen Reaktion ist, dass Energie entweder zugeführt oder freigesetzt wird. Energie geht jedoch nie verloren, sondern wird in unterschiedliche Energieformen umgewandelt, z. B. von chemischer in mechanische Energie. Auch in unserem Körper wird Energie umgewandelt. So wird z. B. in den Zellen die chemische Energie des Traubenzuckers in mechanische und Wärmeenergie umgewandelt, sodass wir uns bewegen und unsere Körpertemperatur auf 37 °C halten können.

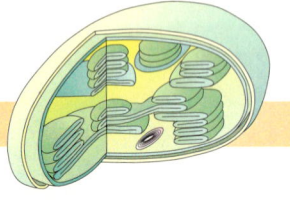

Traubenzucker – gespeicherte Sonnenenergie

Wo und wie wird in der Natur der energiereiche Traubenzucker hergestellt? Die Fotosynthese ist der Prozess, bei dem aus Wasser und Kohlenstoffdioxid mithilfe der Lichtenergie der Sonne Sauerstoff und der Traubenzucker gebildet werden. In den Chloroplasten wird die Lichtenergie in chemische Energie umgewandelt, die die Pflanze für ihre Stoffwechselvorgänge nutzen kann. Der für uns so wichtige Sauerstoff ist eigentlich nur ein „Nebenprodukt" der Fotosynthese.

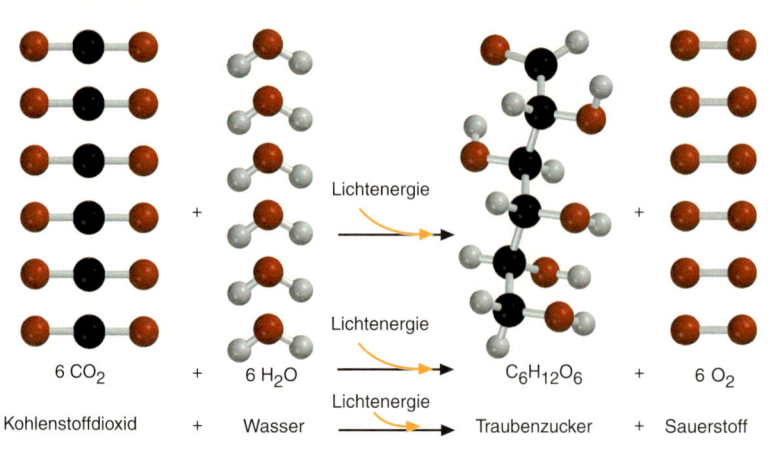

$6\ CO_2$ + $6\ H_2O$ $\xrightarrow{\text{Lichtenergie}}$ $C_6H_{12}O_6$ + $6\ O_2$

Kohlenstoffdioxid + Wasser $\xrightarrow{\text{Lichtenergie}}$ Traubenzucker + Sauerstoff

Zucker wird in verschiedenen Formen gespeichert

Traubenzucker kommt in Ketten- und Ringform vor. Als Symbol für die Ringform dienen Sechsecke. Die ringförmigen Traubenzuckerteilchen werden zu Hunderten miteinander verknüpft. So entstehen lange Ketten, die Stärke. Stärke bietet den Pflanzen Vorteile. Da sie im Gegensatz zu Traubenzucker nicht wasserlöslich ist, kann die Stärke in den Zellen besser gespeichert werden. Bei Bedarf wird aus ihr mithilfe von Verdauungsstoffen (Enzymen) wieder Traubenzucker gebildet. Sie ist auch ein Reservestoff in den Samen, z. B. im Getreide.

Tiere und Menschen bilden „tierische Stärke", das Glykogen. Dieses wird in den Muskeln und der Leber gespeichert, wenn viel Zucker im Blut vorhanden ist, und wird bei Bedarf wieder ins Blut abgegeben.

Traubenzucker

Stärke

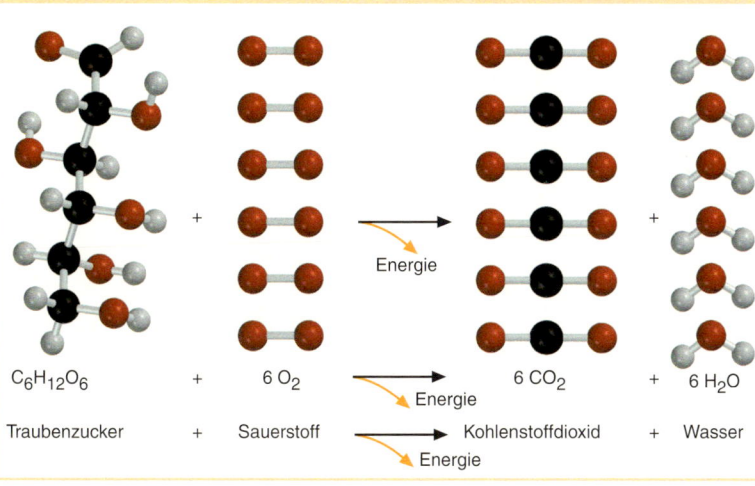

Traubenzucker – Energielieferant der Lebewesen

$C_6H_{12}O_6$ + 6 O_2 → 6 CO_2 + 6 H_2O

Traubenzucker + Sauerstoff → Kohlenstoffdioxid + Wasser

Energie

Der Traubenzucker wird im Cytoplasma und den Mitochondrien der Zellen nach und nach abgebaut. Nur so kann die im Traubenzucker gespeicherte Energie von den Organismen genutzt werden. Dabei reagieren der Traubenzucker und der Sauerstoff so miteinander, dass letztendlich Kohlenstoffdioxid und Wasser entstehen. Bei dieser Reaktion wird viel Energie in kleinen „Portionen" freigesetzt, sodass die Zellen nicht geschädigt werden. Da diese Energie von allen Organismen für ihren Bau- und Betriebsstoffwechsel benötigt wird, ist Traubenzucker ein wichtiger Energielieferant der Lebewesen.

Stoffwechsel der Pflanzen

Ökosystem Wald

Ein Wald ist mehr als nur eine Ansammlung von Bäumen. Er ist bei uns in Mitteleuropa ein *Lebensraum*, der sich seit der letzten Eiszeit entwickelt hat.
Die vielfache Gliederung des Waldes schafft vielen Organismen, die voneinander abhängen und so eine Lebensgemeinschaft bilden, ihre Lebensmöglichkeiten.

Heute sind die Beziehungen innerhalb der Lebensgemeinschaft des Waldes häufig gestört. Ursache sind menschliche Einwirkungen, die schon vor vielen Jahrhunderten begonnen haben. Den meisten Menschen ist dieses aber erst mit dem Auftreten größerer Waldschäden infolge der Luftverunreinigung klar geworden.

Der Wald ist für uns überlebenswichtig, da er den Boden schützt, den Wasserhaushalt reguliert und das Klima günstig beeinflusst. Gefahr droht den Wäldern nicht nur in Mitteleuropa, sondern auch in den Tropen. Die tropischen Wälder sind die größten zusammenhängenden Waldgebiete der Erde, deren Zerstörung weltweite Folgen haben wird.

Moose, Farne

Pilze

Biozönose

Nahrungs-beziehungen

Biotop

Symbiose

1 Die Organismen des Waldes

Die Pflanzen des Waldes bilden Stockwerke

Auf den ersten Blick prägen vor allem Bäume das Aussehen eines Waldes. Doch auch viele andere, häufig unscheinbare Pflanzen kommen hinzu. Durch ihre unterschiedliche Wuchshöhe können die Pflanzen in Mischwäldern Schichten ausbilden. Diese *Stockwerke* des Waldes können unterschiedlich stark ausgeprägt sein. In manchen Wäldern können sie sogar ganz fehlen.

Das unterste Stockwerk bilden Pflanzen, die direkt dem Boden anliegen. Dazu gehören Moose, aber auch Flechten und Pilze. Man nennt diese Schicht *Moosschicht*. Die nach oben folgende Schicht ist die *Krautschicht*, die schon vielfältiger zusammengesetzt sein kann. Neben Farnen kann man hier verschiedene Blütenpflanzen finden, z. B. Leberblümchen, Lerchensporn, Springkraut und andere Kräuter.

Sträucher und junge Bäume, wie der Schwarze Holunder, die Haselnuss, die Eberesche und der Faulbaum, bilden die nächsthöhere Etage, die *Strauchschicht*. Sie erreicht etwa drei Meter Höhe. Die darüber liegende *Baumschicht* schließlich kann bis zu 40 Meter Höhe emporreichen. Sie wird durch hoch wachsende Bäume, wie Eiche, Rotbuche oder Kiefer, gebildet. Die Baumschicht ist in sich noch in *Stamm-* und *Kronenschicht* gegliedert.

Aber auch unter der Erde, in der *Bodenschicht*, lassen sich *Wurzelstockwerke* unterscheiden, da die Wurzeln der verschiedenen Pflanzenarten ganz unterschiedlich ausgebildet sein können. So bildet die Fichte nur ein flaches Wurzelwerk, sie ist ein *Flachwurzler*. Eichen können hingegen tief hinabreichende *Pfahlwurzeln* ausbilden, sie sind *Tiefwurzler*. Die Wurzelhaare von Moosen und die Wurzeln von Kräutern reichen oft nur wenige Millimeter bis einige Zentimeter in den Boden.

Aufgaben

① Überprüfe im Wald, an welchen Stellen man den im Text beschriebenen Stockwerkbau besonders gut erkennen kann.

② Beschreibe Aussehen und Gliederung eines Waldes, der vom beschriebenen Aufbau deutlich abweicht. Nenne mögliche Ursachen dafür.

Der Einfluss der unbelebten Umwelt

Durch den Stockwerkaufbau bedingt, ist in den einzelnen Etagen die *Lichtintensität* während der Vegetationsperiode sehr unterschiedlich. Die Kronenschicht erhält am meisten Licht, während Kraut- und Moosschicht nur sehr wenig erhalten. Die Kronenschicht beschattet im Sommer den Boden so stark, dass ihn nur noch ein kleiner Teil des einfallenden Sonnenlichts erreicht. Wenn das Kronendach sehr dicht ist, wie in einem Rotbuchenwald, können außer den Moosen nur einige Schattenpflanzen, wie etwa der Sauerklee, existieren. Die Pflanzen der Krautschicht sind an diese Bedingungen angepasst, indem sie meist sehr dünne und großflächige Blätter ausbilden. Lichtbedürftige Pflanzen haben im Schatten der Bäume keine Chance, ihre volle Größe zu erreichen oder gar sich fortzupflanzen. Nur wenn eine Lücke im Kronendach vorhanden ist, kann ein Baumkeimling emporwachsen und die Lücke schließen.

Nicht nur innerhalb der einzelnen Stockwerke ist die Lichtmenge unterschiedlich. Im Misch- und Laubwald wechselt sie auch im Jahreslauf: Nach dem Laubfall im Herbst ist die Lichtmenge, die den Waldboden erreicht, sehr hoch. Mit zunehmender Belaubung der Bäume im Frühjahr gelangt immer weniger Licht bis zur Krautschicht, bis im Sommer nur noch ein kleiner Teil den Boden erreicht.

An diese Bedingungen sind bestimmte Pflanzen der Krautschicht, die Frühblüher, besonders angepasst. Dazu gehört das Buschwindröschen, das man ab Mitte März in unseren Wäldern finden kann. Die Zeit bis zum Laubaustrieb der Bäume reicht aus, um genügend Reservestoffe in den unterirdischen Erdsprossen für das nächste Jahr zu bilden. Denn nach der Belaubung der Bäume ist zu wenig Licht für das weitere Gedeihen des Buschwindröschens vorhanden. Durch die unterschiedlichen Lichtverhältnisse während des Jahres ergibt sich in der Regel eine ganz bestimmte Abfolge verschiedener Pflanzenarten.

Während des Winters verhindern die niedrigen *Temperaturen*, dass Pflanzen nicht schon früher blühen. Der gefrorene Boden verhindert die Aufnahme von Wasser mit den darin gelösten Mineralstoffen. Die Laubbäume sind unter anderem dadurch an die niedrigen Temperaturen im Winter angepasst, dass sie zu dieser Zeit keine Blätter haben und deshalb wenig Wasser benötigen.

Wasser- und Mineralstoffaufnahme sind lebenswichtig für die Pflanze. Somit ist der *Wassergehalt* im Boden ein bedeutender Umweltfaktor. In ihm sind die lebensnotwendigen *Mineralstoffe* gelöst. Außerdem enthalten der Boden und das Wasser Stoffe, die für den Säuregrad oder *pH-Wert* verantwortlich sind. Auch die *Bodenbeschaffenheit* ist ein wichtiger Umweltfaktor. Sandiger Boden kann Wasser nur schlecht zurückhalten, sodass er schnell austrocknet, wenn es nicht regnet. Tonboden hingegen ist sehr feinporig und kann Wasser wesentlich besser zurückhalten. Er ist andererseits sehr schlecht durchlüftet. Dadurch erhalten die Wurzeln nur wenig Sauerstoff. *Sauerstoff* ist aber ebenfalls lebenswichtig. Nur in Böden, die durch intensive Verwitterung bis in größere Tiefen Feinmaterial enthalten, können Wurzeln vordringen. Von der *Tiefgründigkeit des Bodens* hängt es also ab, welche Art der Bewurzelung möglich ist.

Die *Umweltfaktoren* bestimmen also in einem hohen Maße, welche Baumarten unter natürlichen Bedingungen bevorzugt in einem bestimmten Gebiet vorkommen.

Aufgabe

① Die Tabelle gibt Auskunft über die durchschnittlichen Lichtmengen am Waldboden und Temperaturen im Verlauf eines Jahres. Stelle die Messwerte in einem Balkendiagramm dar. Erläutere die Ursachen dafür.

Monat	Lichtintensität (relative Werte in %)	Temperatur (in °C)
Januar	100	2
Februar	100	2
März	100	5
April	65	7
Mai	12	12
Juni	10	16
Juli	15	18,5
August	15	18
September	15	13
Oktober	25	8
November	60	5
Dezember	100	3

Ökosystem Wald

Die Rotbuche — unser häufigster Laubbaum

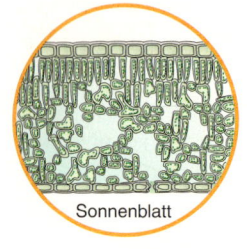

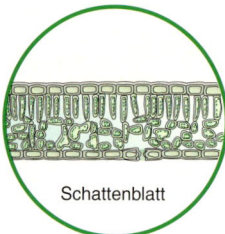

Der häufigste Laubbaum der Wälder in Deutschland ist die Rotbuche. Bis 40 Meter hoch und über einen Meter dick kann ihr Stamm werden. Ihre Krone erreicht einen Durchmesser von bis zu 30 Metern. Die Rotbuche kann ein Lebensalter von über 300 Jahren erreichen. Der Stamm ist meist gerade gewachsen und mit einer glatten, silbergrauen Borke bedeckt. Seine Festigkeit verdankt er dem darunter liegenden, rötlichen Holz. Im oberen Drittel bildet sich durch Verzweigung des Stammes die Krone aus.

Während der Vegetationsperiode von Anfang Mai bis Ende Oktober trägt die Rotbuche die ganzrandigen Laubblätter. Die Blätter aus dem Außenbereich der Krone unterscheiden sich von denen aus dem Inneren. Die äußeren *Sonnenblätter* sind dicker und relativ kleinflächig, die inneren *Schattenblätter* dünn und relativ groß. In reinen Rotbuchenwäldern fehlt die Ausbildung mehrerer Stockwerke, da durch die dichte Belaubung im Sommer die Lichtintensität am Boden für die Existenz der meisten Pflanzen zu gering ist.

Wegen ihrer Größe ist die Buche besonders starken Belastungen ausgesetzt. Der Wind fängt sich vor allem in der Krone, sodass der ganze Baum in Biegebewegungen versetzt wird. Diesen großen Kräften widersteht die Buche infolge der Elastizität des Holzes und der festen Verankerung im Boden durch die tief reichenden Wurzeln. Neben dieser Verankerung hat die Wurzel weitere Aufgaben: Sie speichert Reservestoffe, die im Frühjahr beim Blattaustrieb benötigt werden. Außerdem werden über die Wurzel Wasser und darin gelöste Mineralstoffe aus dem Boden aufgenommen, die durch den Stamm in die Krone gelangen. Über die Blätter verdunstet der größte Teil des Wassers wieder und wird so als Wasserdampf in die Atmosphäre abgegeben.

Rotbuchen wachsen nicht auf allen Böden gut. Sie vertragen einerseits keine Staunässe, andererseits werden sie auch an zu trockenen Standorten von anderen Baumarten verdrängt. Sie sind also auf eine hinreichende Niederschlagsmenge angewiesen. Zudem wächst die Rotbuche nicht auf stark sauren Böden.

Im Mai bildet die Rotbuche männliche und weibliche Blüten, die zusammen auf einem Baum sitzen. Die weiblichen Blüten werden vom Wind bestäubt. Aus ihrer vierteiligen Hülle bildet sich der *Fruchtbecher*, in dem sich während der Samenreife bis zum Herbst die *Bucheckern* entwickeln. Im nächsten Frühjahr können sich aus ihnen kleine Keimpflanzen im Boden entwickeln. Man kann sie gut an den beiden fleischigen Keimblättern erkennen.

Aufgabe

1. Beschreibe mithilfe der Abbildung in der Randspalte den unterschiedlichen Bau von Sonnenblättern und Schattenblättern.

1 Rotbuche

1 Waldkiefern

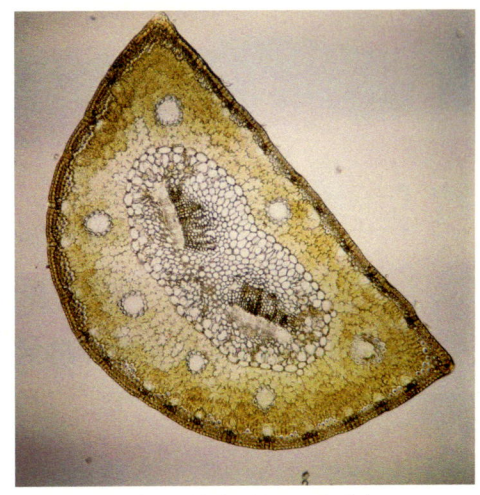

2 Nadelblatt einer Kiefer (Querschnitt)

Die Waldkiefer — ein Nacktsamer

Die Waldkiefer gedeiht besonders gut auf Böden, die nicht zu feucht sind und in die ihre Wurzel tief eindringen kann. Sie wächst auch auf nährstoffarmen Sandböden und solchen Standorten, die für andere Bäume zu karg sind. Die bis zu 6 m tief reichende Pfahlwurzel und die weit verzweigten Seitenwurzeln erhalten auch in Trockenperioden noch genügend Wasser. Die Kiefer ist eine *Lichtholzart*, d. h. sie verträgt keinen Schatten. Wenn Kiefern im dichten Bestand stehen, wachsen die unteren Äste nicht mehr weiter und fallen ab.

Die Blätter der Kiefer sind lang gestreckt, schmal sowie häufig hart und werden im Winter nicht abgeworfen. Trotz des im Vergleich zu einem Laubblatt ganz anderen Aussehens haben *Nadelblätter* die gleiche Aufgabe wie die Blätter der Laubbäume: Fotosynthese und Verdunstung. Nadelblätter besitzen durch ihre Form eine kleine Oberfläche, stabile Festigungsgewebe im Inneren des Blattes und eine dicke Wachsschicht auf der Blattoberfläche. Dadurch verlieren Nadelblätter nur wenig Wasser durch Verdunstung. Das ist vor allem im Winter wichtig, wenn der Boden gefroren ist und deshalb kein Wasser aufgenommen werden kann. Die Nadelblätter überstehen Frostperioden durch ihren stabilen Bau und eingelagerte Frostschutzstoffe. Die Kiefer und auch andere Nadelbäume, wie z. B. die Fichte, können deswegen über die normale Vegetationsperiode hinaus Fotosynthese betreiben und wachsen. Dadurch hat die Kiefer in Gebieten mit einer kürzeren Vegetationsperiode einen Vorteil gegenüber den sommergrünen Laubbäumen, die im Winter ihre Blätter abwerfen.

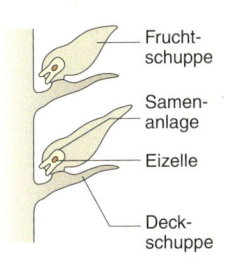

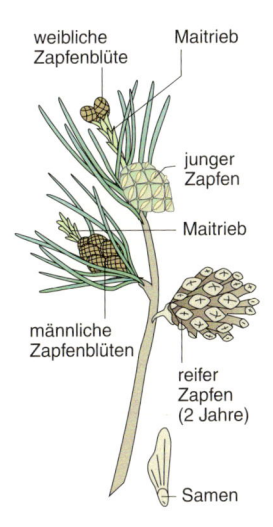

Wie die Buche, ist die Kiefer ein *Windbestäuber*. Die Kiefer bildet männliche und weibliche *Zapfenblüten* aus. Die männlichen Blütenstände mit ihren gelben Staubblüten findet man am Grund der *Maitriebe*. An der Spitze der jungen *Langtriebe* befinden sich die weiblichen *Zapfenblüten*, die in regelmäßigem Wechsel aus vielen Fruchtschuppen und Deckschuppen zusammengesetzt sind. Die auf der Oberseite der Fruchtschuppe befindliche Samenanlage ist nicht wie bei der Buche von einem Fruchtknoten umgeben, sondern liegt frei auf der Fruchtschuppe. Deshalb zählt man die Kiefer und auch die übrigen Nadelbäume zu den *Nacktsamern* im Gegensatz zu den *Bedecktsamern*, zu denen die Rotbuche gehört.

Kurz nach der Bestäubung wachsen die Fruchtschuppen weiter und verkleben mit Harz. Im nächsten Frühjahr ist die rötliche Blüte zu einem grünen, hängenden Zapfen geworden. Erst im zweiten Jahr nach der Bestäubung sind die Samen reif. Die mit einem flügelähnlichen Häutchen ausgestatteten Samen können dann leicht vom Wind verbreitet werden.

Aufgabe

① Erkläre, weshalb die Blätter der meisten Laubbäume den Winter nicht überstehen können.

Ökosystem Wald

Wie Bäume wachsen

Von den Keimlingen einer Rotbuche oder Waldkiefer erreichen nur wenige nach vielen Jahren die Baumschicht. Durch Untersuchungen des Holzes kann man etwas über das Alter und Wachstum des Baumes erfahren. Dazu eignet sich besonders die Schnittfläche eines gefällten Stammes. Im Querschnitt zeigt das Holz dünne Ringe, die jeweils einem Jahreszuwachs entsprechen und deshalb *Jahresringe* heißen. Die Jahresringe sind Bestandteil des Holzteiles, der fast den ganzen Stammquerschnitt ausfüllt. Der Stamm wird nach außen durch die Rinde abgeschlossen. Diese besteht aus der außen liegenden *Borke* und dem nach innen folgenden *Bastteil*. Zwischen Rinde und Holzteil liegt das *Kambium*, eine dünne Zellschicht, deren Zellen teilungsfähig sind.

Mit Beginn des Wachstums im Frühjahr werden nach innen neue Zellen für den Holzteil abgegeben. Diese bilden die Leitungsbahnen für den Transport des Wassers mit den darin gelösten Mineralstoffen. Nach außen gibt das Kambium neue Rindenzellen ab, die den Bastteil bilden. In ihm werden vom Baum selbst aufgebaute Nährstoffe, z. B. Traubenzucker, transportiert. Später bilden die äußeren Zellen des Bastteils die Borke, wenn sie im Laufe des Wachstums weiter nach außen gewandert sind. Dabei wird wasserundurchlässiger Kork in die Borke eingelagert.

Durch Neubildung von Holzzellen bis zum Herbst wächst der Baum in die Dicke. Dann werden die neu gebildeten Zellen immer kleiner, bis schließlich das Wachstum ganz eingestellt wird. Ein Jahresring entsteht, wenn im nächsten Frühjahr wieder große Holzzellen entstehen, die an die kleinen aus dem letzten Jahr grenzen. Die Zellen der innen liegenden Jahresringe sterben später ab und bilden dann durch Stoffeinlagerung das härtere *Kernholz*, während die noch lebenden Zellen der äußeren Jahresringe das weichere *Splintholz* bilden. Nach außen werden vom Kambium weniger und kleinere Bastzellen abgegeben, sodass der Bastteil im Vergleich zum Holzteil viel dünner ist.

Aufgabe

① Zähle an einem gefällten Baumstamm die Jahresringe am oberen und unteren Ende und miss die Stammlänge. Ermittle daraus den mittleren Jahreslängenzuwachs.

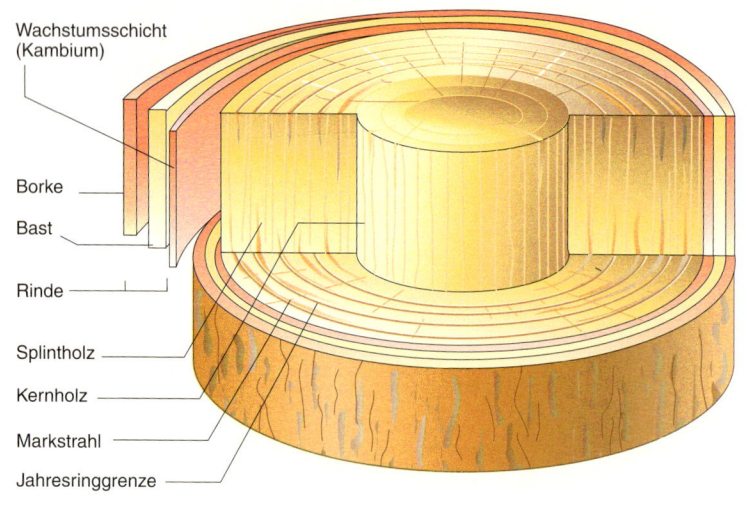

1 Die einzelnen Schichten des Baumstammes

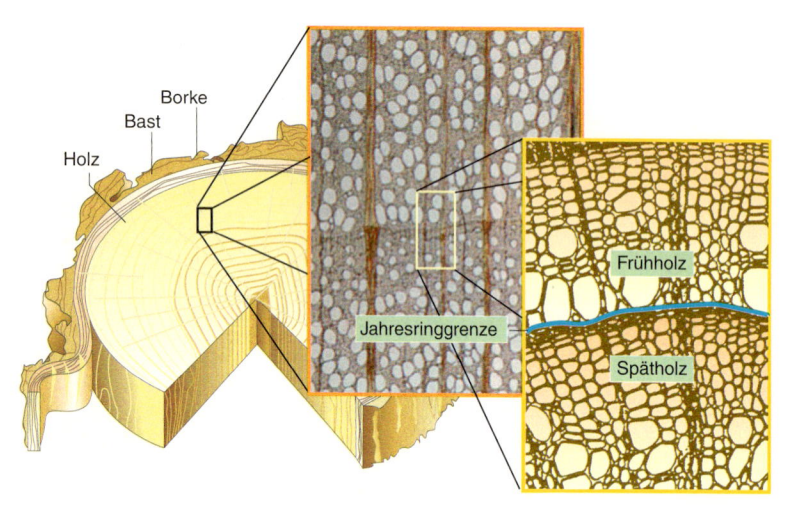

2 Jahresringe

Das Höchstalter von Bäumen in Jahren	
Birke	120
Hainbuche	150
Apfelbaum	200
Bergahorn	200
Walnuss	400
Kiefer	500
Rotbuche	900
Fichte	1100
Eiche	1300
Linde	1900
Mammutbaum	4000
Borstenkiefer	4600

Die größten Bäume in Metern	
Bergahorn	40
Kiefer	48
Fichte	60
Stieleiche	50
Mammutbaum	132
Rieseneukalyptus	152

Maximale Stammdurchmesser in Metern	
Fichte, Rotbuche	2
Sommerlinde	9
Mammutbaum	11
Affenbrotbaum	15

3 Daten zu Bäumen

Ökosystem Wald

Geschichte des Waldes

Während der Eiszeit war Europa zu einem großen Teil unbewaldet und Gletscher und Kältesteppe kennzeichneten zu einem großen Teil das Landschaftsbild.

Wie der Wald nach dem Zurückweichen der Gletscher zurückkehrte, kann man anhand von Pollen, die zum Beispiel in Hochmooren überdauert haben, nachvollziehen. Diese durch die natürlichen Bedingungen gegebene Geschichte des Waldes wurde später in großem Maßstab durch den Menschen beeinflusst, sodass der heutige Wald überhaupt nicht mehr dem ursprünglichen natürlichen Wald entspricht.

Aufgaben

1. Analysiere mithilfe der Abbildung 1, wo etwa die Baumgrenze in Europa während der Eiszeit lag. Vergleiche dein Ergebnis mit dem Zustand heute. Schlage dazu in deinem Atlas nach.
2. Weshalb verschiebt sich die Baumgrenze mit der Veränderung der Durchschnittstemperatur?
3. Vergleiche die Klimabedingungen während der Eiszeit und heute mithilfe der Abbildung 2. Wo gibt es heute Klimabedingungen wie bei uns in der letzten Eiszeit?
4. In vielen Darstellungen von Künstlern findet man Informationen über die zu der damaligen Zeit üblichen Nutzung des Waldes. Stelle anhand der Abbildungen 3 und 4 und des Informationstextes auf Seite 126 zusammen, in welcher Weise der Mensch den Wald nutzte und damit auch veränderte. Gib mögliche Gründe dafür an.
5. Jeder Baum hat auch eine individuelle Geschichte. Versuche die Geschichte der Kiefer anhand des in Abbildung 5 abgebildeten Stammquerschnittes nachzuvollziehen.

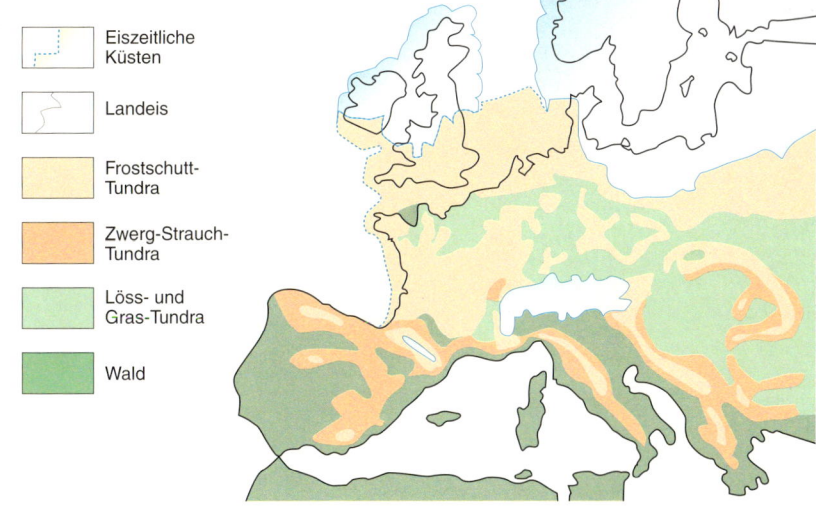

Legende:
- Eiszeitliche Küsten
- Landeis
- Frostschutt-Tundra
- Zwerg-Strauch-Tundra
- Löss- und Gras-Tundra
- Wald

1 Vegetation während der letzten Eiszeit

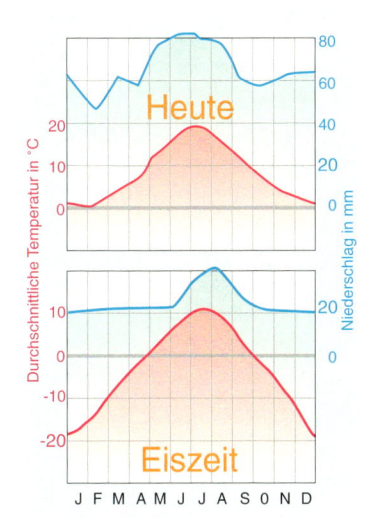

2 Klima der Eiszeit und heute

3 Buchmalerei aus dem Jahre 1485

Flächenanteil	natürlich	tatsächlich
Laubwald	84%	6%
Nadelwald	2%	15%
Wasserflächen	5%	6%
Grünland	–	21%
Ackerland	–	33%
Verkehrsflächen	–	5%
Gebäude, Plätze	–	6,5%
Sonstige	8%	7,5%

4 Natürliche und tatsächliche Flächenverteilung in Niedersachen

5 Querschnitt durch einen Kiefernstamm

Ökosystem Wald

Bäume und Sträucher des Waldes

In West- und Mitteleuropa wird die natürliche Vegetation vor allem von sommergrünen Laubwäldern bestimmt. Dafür verantwortlich sind die *Umweltfaktoren*. Sie bestimmen das Vorkommen bestimmter Bäume und damit auch bestimmter Waldtypen.

Ein Laubmischwald erfordert *Durchschnittstemperaturen*, die mindestens 4 Monate im Jahr 10 °C überschreiten. In höheren Lagen, zum Beispiel in den Alpen, ändert sich die Zusammensetzung des Waldes, da die jährlichen Durchschnittstemperaturen mit zunehmender Höhe langsam abnehmen. *Mischwälder* aus Laub- und Nadelbäumen prägen nun das Aussehen des Waldes. Ab ungefähr 1300 Meter Höhe verschwindet auch der Mischwald, man findet nun fast ausschließlich *Nadelwald*. Er verträgt die nur kurze Vegetationszeit von etwa 4 Monaten und die tiefen Frosttemperaturen der Wintermonate. Ab ungefähr 2000 Metern Höhe können auch Nadelbäume kaum oder gar nicht mehr überleben, die *Baumgrenze* ist erreicht.

Viele Bäume vertragen es nicht, wenn ihre Wurzeln im Wasser stehen. Sie sterben ab, weil ihre Wurzeln zu wenig Sauerstoff erhalten und ersticken. Einige Baumarten vertragen jedoch regelmäßige Überschwemmungen. So entstanden in den Flussniederungen *Auwälder*, in denen z. B. Ulmen, Pappeln, Erlen und Weiden wachsen. Neben Temperatur und Wasserversorgung spielen *Licht, Mineralstoffversorgung* und *Säuregrad (pH-Wert)* des Bodens für das Wachstum von Bäumen eine wichtige Rolle.

Die **Schwarzerle** benötigt anhaltend feuchten und mineralstoffreichen Boden, in den sie mit ihrem Wurzelsystem tief eindringen kann. Sie kommt sogar mit dauerhaft stauender Nässe zurecht. Man findet sie daher vor allem entlang vieler Flüsse und Bäche an der Uferkante und auch in den *Erlenbruchwäldern*, deren Kennzeichen sumpfiger Boden ist.

Die **Stieleiche** kommt vor allem in Laubmischwäldern vor. Sie stellt keine besonderen Ansprüche an Feuchtigkeit, Mineralstoffgehalt und Säuregrad des Bodens. Nur eine hohe Lichteinstrahlung ist notwendig. Sie kann nur dort groß werden, wo die Lichteinstrahlung hoch ist. Die Stieleiche kann zu einem Baum von 50 Meter Höhe mit einem Stammdurchmesser von 2 Metern heranwachsen.

Die **Hainbuche** oder *Weißbuche* kommt mit wenig Licht aus und kann Bestandteil von Mischwäldern sein. So gibt es zum Beispiel *Eichen-Hainbuchen-Mischwälder*. An die übrigen Umweltfaktoren stellt die Hainbuche ebenfalls keine hohen Ansprüche. Sie gehört nicht, wie der Name vermuten lässt, zu den Buchengewächsen, sondern in die *Verwandtschaft der Birken*. An den Blättern und der Wuchsform kann man die Unterschiede zur Rotbuche erkennen.

Der **Bergahorn** wird häufig angepflanzt und liefert ein wertvolles Holz. Er wächst sehr gut auf feuchten und mineralstoffreichen, lockeren Böden, die nicht sauer sind. Der Bergahorn benötigt viel Licht und kommt oft vergesellschaftet mit der Rotbuche, aber auch in sonstigen Laubmischwäldern vor. Der Bergahorn erreicht eine Höhe von 20 bis 30 Metern. Wie bei allen Ahornarten sind Blattform und Flugfrüchte charakteristische Merkmale.

Die **Fichte** oder *Rottanne* benötigt für ein gutes Wachstum feuchte Luft, kommt jedoch mit wenig Licht aus und kann niedrige Temperaturen ertragen. Sie reagiert allerdings empfindlich gegenüber länger anhaltender Hitze und Dürre und ist dann anfällig für Schädlinge und Luftschadstoffe. Die Fichte ist unser häufigster Nadelbaum. Sie wurde großflächig angepflanzt, denn sie wächst schnell und spielt daher für die Holzwirtschaft eine große Rolle. Sie bildet eine spitze Krone und einen flachen Wurzelteller aus und erreicht eine Höhe von 30 bis 60 Metern. Ihre Nadeln sind vierkantig und spitz.

Die **Lärche** ist sehr lichtbedürftig und wird bei uns wegen ihres schnellen Wachstums in der Jugend und wegen des wertvollen Holzes häufig angepflanzt. Sie erreicht eine Höhe von 30 bis 40 Metern. Ursprüngliche Lärchenwälder sind allerdings nur in den Alpen zu finden. Das liegt an ihrer Anspruchslosigkeit an Boden und Witterung. Ihre hellgrünen Nadeln sind äußerst dünn und zart. Im Herbst verfärben sich die Nadeln leuchtend gelb und orange und werden dann *abgeworfen*. Im Winter deuten nur noch die Zapfen darauf hin, dass der kahle Baum ein Nadelbaum ist.

Die **Waldrebe** ist ein Klimmstrauch, der an Bäumen und Sträuchern mehrere Meter emporklettern kann. Dabei geben ihr die sich fest rankenden Blattstiele Halt. Die sehr lichtbedürftige Waldrebe wächst an warmen Standorten, wo der Boden mineralstoffreich und nicht sauer ist.

Der **Schwarze Holunder** ist bekannt wegen seiner Früchte, die ihm den Namen gegeben haben. Er wächst zu einem großem Strauch heran, der häufig in Waldlichtungen und an Waldrändern vorkommt, ein Hinweis auf seinen relativ hohen Lichtbedarf. Zudem bevorzugt der Schwarze Holunder mineralstoffreiche Böden, in welche er gut mit seinem Wurzelwerk eindringen kann. Er ist ein *Stickstoffzeiger*, d.h. dort wo er wächst, enthält der Boden größere Mengen Stickstoff, der in Form von Mineralstoffen gebunden ist. Stickstoff ist ein für alle Organismen lebenswichtiges chemisches Element.

Der **Faulbaum** bildet meist schnell wachsende Sträucher und wächst auf feuchten bis sumpfigen und sauren, nährstoffarmen Böden. Er benötigt, wie der Schwarze Holunder, vergleichsweise viel Licht. Man findet den Faulbaum deswegen vor allem am Waldrand und an Waldwegen.

Ökosystem Wald

Moose — wichtige Wasserspeicher

Bei einem Waldspaziergang fallen oft grüne Polster auf, die den Waldboden bedecken. Es sind *Moose*. Für eine genauere Untersuchung eines Mooses eignet sich das bei uns häufig vorkommende **Frauenhaarmoos**. Moose, die wie das Frauenhaarmoos in *Stängel* und *Laubblättchen* gegliedert sind, zählt man zu den Laubmoosen. Im Nadel- oder Mischwald sind Moose häufiger als im Laubwald, da sie dort alljährlich vom Falllaub bedeckt werden und ihnen so die zum Wachsen notwendige Lichtmenge fehlt.

Entnimmt man einem Moospolster vorsichtig ein Pflänzchen, findet man am unteren Ende feine Fäden, die dieses im Boden verankern. Richtige Wurzeln sind diese Fäden allerdings nicht, denn sie nehmen kaum Wasser auf. Zur Wasseraufnahme dienen hauptsächlich die Blätter, welche keine Wachsschicht besitzen. Über diese können Moose tatsächlich innerhalb kurzer Zeit große Mengen Wasser aufsaugen. Auf der Oberseite der Blätter befinden sich außerdem *Lamellen*, zwischen denen Wassertropfen festgehalten werden können. Dieser Wasservorrat verhindert für einige Zeit das Austrocknen bei ausbleibendem Regen. Während langer Trockenperioden, vor allem im Sommer, können Moose sogar fast ganz austrocknen, ohne abzusterben. Beim nächsten Regen ergrünen sie wieder. Dadurch haben Moose im Wald eine wichtige Aufgabe: Sie können schnell große Wassermengen, zum Beispiel nach starken Regenfällen, aufnehmen und anschließend langsam wieder an die Umgebung abgeben. So speichern die Moose das Wasser und schützen den Waldboden, den sie bedecken, einerseits vor Abschwemmung, andererseits vor Austrocknung während trockener Witterungsperioden. Dadurch wird das Klima im Wald wesentlich mitbestimmt.

Moose entstehen nicht aus Samen wie die Blütenpflanzen, sondern sie entwickeln sich aus winzigen, einzelligen Sporen. Man zählt deswegen die Moose zu den *Sporenpflanzen*. Die Moospflänzchen des Frauenhaarmooses bilden im Frühjahr bis Frühsommer an ihren Spitzen männliche oder weibliche Geschlechtsorgane aus. Die in den weiblichen Geschlechtsorganen entstehenden Eizellen werde bei genügend Feuchtigkeit von den beweglichen männlichen Geschlechtszellen, den *Schwärmern*, befruchtet. Aus der befruchteten Eizelle entsteht auf der weiblichen Pflanze eine *Sporenkapsel*, die auf einem langen Stiel sitzt. Bei trockenem Wetter öffnen sich an der reifen Sporenkapsel kleine Poren, aus denen dann die winzigen Sporen herausfallen und vom Wind verbreitet werden können. Bei günstigen Bedingungen können aus ihnen wieder neue männliche oder weibliche Moospflänzchen entstehen.

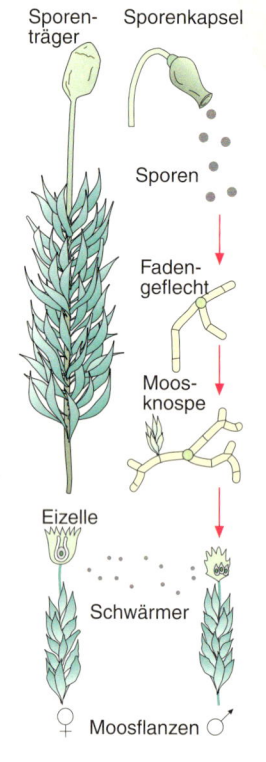

Aufgabe

① Lasse ein Moospolster eintrocknen und wiege es. Lege es anschließend einen Tag lang ins Wasser, lasse es abtropfen und wiege erneut. Vergleiche die Ergebnisse und erkläre.

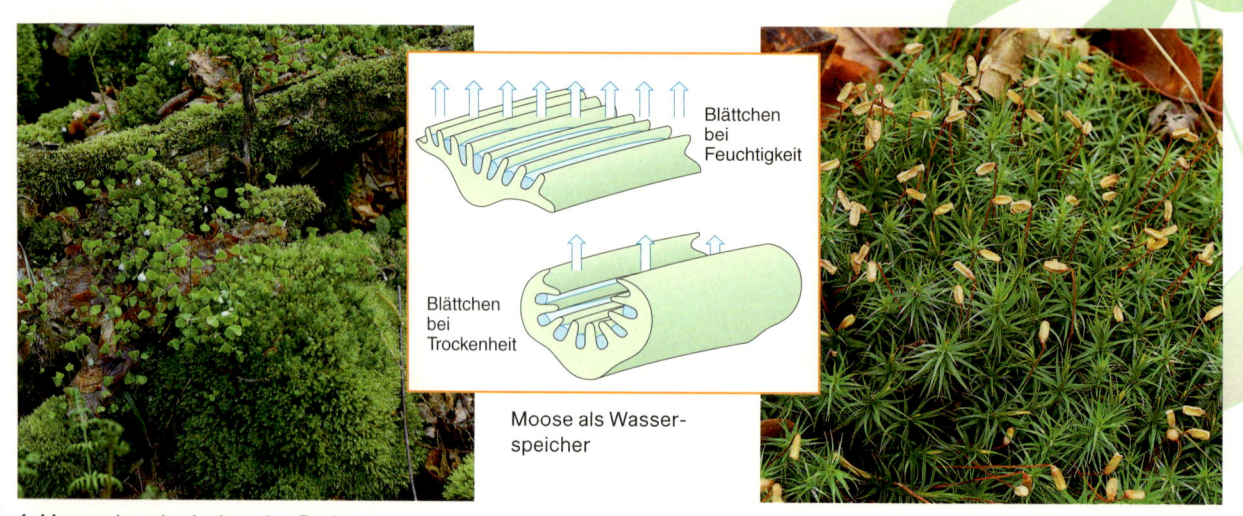

Moose als Wasserspeicher

1 Moospolster bedecken den Boden

2 Frauenhaarmoos

Ökosystem Wald

Farne — blütenlose Kräuter des Waldes

Neben Gräsern und Blüten tragenden Kräutern findet man unter den Bäumen häufig auch *Farne*. Die beiden häufigsten einheimischen Arten, Adlerfarn und Wurmfarn, lassen sich an ihrer Wuchsform gut erkennen.

Der **Adlerfarn** kann über zwei Meter lange, aus Blattstiel und Blattwedel bestehende Blätter bilden. Sie sind zwei- bis dreifach gefiedert sowie derb und durchbrechen einzeln den Waldboden. Der Adlerfarn kommt vor allem an lichten Stellen des Waldes vor und überwuchert in Schonungen oft sogar die jungen Bäume. Der Name stammt von der adlerähnlichen Figur, die man an der Schnittfläche eines abgeschnittenen Wedels erkennt.

Wo es im Wald schattig und feucht ist, wächst der **Wurmfarn** oft in ausgedehnten Beständen. Nur feuchte Standorte verhindern eine übermäßige Wasserabgabe über die Blätter. Seine Wedel können über einen Meter lang werden und stehen kreisförmig geordnet zusammen. Die zahlreichen Fiederblättchen sind zart und dünnhäutig und bieten kaum Schutz vor Verdunstung. Der Wurmfarn ist fest mit einem *Erdspross*, von dem die Wurzeln und Triebe ausgehen, im Boden verankert. Schon griechische Ärzte wussten, dass man aus dem Erdspross einen Sud bereiten kann, der als Mittel gegen Bandwürmer eine gute Wirkung hat. Daher der Name „Wurmfarn". Dass der Erdspross Teil des Sprosses ist, erkennt man an seitlich noch vorhandenen Resten abgestorbener Wedel. Auf der Unterseite des Erdsprosses entspringen die Wurzeln, die das lebensnotwendige Wasser aus dem Boden aufnehmen und über gut ausgebildete Wasserleitungsbahnen den Blättern zuführen.

Im Herbst stirbt der oberirdische Teil des Farns ab, während der unterirdische Teil als Speicherorgan überwintert. An der Spitze des Erdsprosses treiben im Frühjahr die neuen Blätter, die beim Durchbrechen des Bodens zunächst eingerollt und von braunen Spreuschuppen umhüllt sind. Das Wachstum geht nicht wie bei den Blütenpflanzen vom Blattgrund aus, sondern von der Blattspitze. Dabei entrollen sich Wedel und Fiederblättchen.

Farne bilden keine Blüten aus und sind wie die Moose *Sporenpflanzen*. Die Sporenkapseln findet man auf der Blattunterseite. Die daraus freigesetzten Sporen keimen unter geeigneten Bedingungen aus und wachsen zu einem kleinen und flachen Pflänzchen heran, dem *Vorkeim*. Dieser bildet sowohl weibliche als auch männliche Geschlechtsorgane aus. Aus einer befruchteten Eizelle entwickelt sich eine neue Farnpflanze, die ihrerseits wieder Sporen produziert.

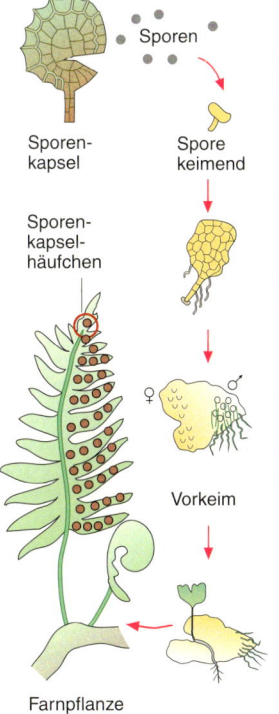

Aufgabe

① Vergleiche mithilfe der Mittelspaltenabbildungen auf dieser Seite und der Seite 100 sowie der Texte beider Seiten die Fortpflanzung bei Moosen und Farnen. Stelle Gemeinsamkeiten und Unterschiede heraus.

1 Wurmfarn

Erdspross des Wurmfarns

2 Adlerfarn

Ökosystem Wald

Lexikon

Moose, Farne und Verwandte

Alle Arten dieser Pflanzengruppen verbreiten sich durch Sporen und weichen damit in ihrer Fortpflanzung deutlich von den Blütenpflanzen ab. Deshalb ordnet man sie im System der Pflanzen eigenen Abteilungen zu.

Die hellgrünen oder rötlichen Pflanzen des **Torfmooses** tragen an der Spitze schopfartig verzweigte, beblätterte Seitenäste. Spezielle **Wasserzellen** können große Wassermengen aufnehmen und speichern. Nach ergiebigen Regenfällen geben sie das Wasser gleichmäßig an Boden und Luft ab. Da die Moospflänzchen an der Spitze stetig wachsen, erhalten die unteren Teile der Pflanze schließlich zu wenig Licht und sterben ab. Dadurch wachsen die Moospolster langsam in die Höhe und überragen die umliegenden Gebiete, in denen keine Torfmoose wachsen können. Die so entstehende uhrglasförmige Aufwölbung wird im Laufe von Jahrhunderten bis Jahrtausenden so hoch, dass eine Wasserzufuhr von außen nicht mehr möglich ist. Die Torfmoose sind dann ausschließlich vom Niederschlagswasser abhängig. Ein *Hochmoor* ist entstanden. Die Entwicklung zum Hochmoor ist nur in niederschlagsreichen Gebieten möglich, wie zum Beispiel in Norddeutschland. Die abgestorbenen Teile im Inneren der Moospolster haben dann unter Luftabschluss den Torf gebildet. In Deutschland sind inzwischen allerdings die meisten Hochmoore durch intensiven Torfabbau zerstört.

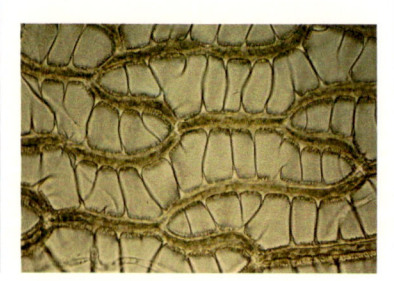

Das **Brunnenlebermoos** besteht aus einem flachen Pflanzenkörper, der dem Boden dicht anliegt. Dieses an feuchten Stellen, im Spritzwasser oder an Quellen häufige Moos ist nicht in Stängel und Blättchen gegliedert.

Die **Hirschzunge** hat ungeteilte, immergrüne Wedel in Zungenform (Name!). Der Schatten liebende Farn ist selten, kommt in feuchten Schluchten vor und steht unter Naturschutz.

Der **Braune Streifenfarn** ist ein typischer Besiedler von Mauerritzen und Felsspalten. Am dunkelbraunen Stiel sitzen Fiederblättchen, auf deren Unterseiten die Sporenkapseln in braunen Streifen angeordnet sind (Name!).

Der **Bärlapp** ist eine immergrüne Farnpflanze, kriecht am Boden und trägt aufrechte, gabelig verzweigte Triebe, die ringsum beblättert sind. Gelbgrüne Blättchen an den ährenförmigen Enden tragen die Sporenkapseln. Die einheimischen Bärlapparten sind feuchtigkeits- und schattenliebend.

Im März und April findet man häufig auf sandigen Böden und Grasplätzen die unverzweigten, ca. 30 cm hohen, hell- bis rotbraunen Triebe des **Ackerschachtelhalms**. Der hohle, längs gefurchte Stängel besteht aus mehreren gleichartigen Abschnitten. An der Spitze des Triebes befindet sich ein verdickter, ährenförmiger Sporenträger — der *Frühjahrstrieb* des Ackerschachtelhalms. Nach dem Ausstreuen der Sporen stirbt er ab. Aus dem unterirdischen Spross wachsen nun grüne *Sommertriebe* hervor.

102 Ökosystem Wald

Praktikum

Vegetationsaufnahme

Wenn man Art und Häufigkeit der Pflanzen in einem Wald ermitteln will, muss man nach einem System vorgehen. Sonst kann es leicht passieren, dass man den Überblick verliert und zu falschen Ergebnissen kommt. Dazu ist es notwendig, auf abgegrenzten Probeflächen den Pflanzenbestand zu erfassen und zu protokollieren. Man nennt dieses eine *Vegetationsaufnahme*. Ergänzend dazu kann man die Lichtstärke, den pH-Wert und die Bodenbeschaffenheit bestimmen. Die günstigste Jahreszeit dafür ist die Zeit von Ende April bis Anfang Juni, da dann fast alle Arten blühend gefunden werden können. Einzelne Gruppen deiner Klasse können jeweils an unterschiedlichen Stellen im Wald eine Probefläche untersuchen.

Durchführung

1. Mithilfe des Lehrers oder der Lehrerin wählt jede Gruppe eine geeignete Probefläche.
   Was bei der Auswahl der Probefläche zu beachten ist:
   — Die Probefläche muss hinreichend groß sein, möglichst 100 m² oder größer. Die Form ist von den Gegebenheiten abhängig. Sie wird z. B. in einem einheitlichen Waldabschnitt meist quadratisch, entlang eines Bachlaufes länglich und unregelmäßig sein.
   — Die Probefläche darf nicht durch Wege, Bäche usw. zerschnitten sein und nicht auf der Grenze zwischen verschiedenen Waldgebieten liegen. Auch Neigung und Lichtverteilung sollten innerhalb der Probefläche gleich sein.
   — Innerhalb der Probefläche sollten die Umweltbedingungen einheitlich und die Verteilung der Pflanzen gleichmäßig sein.
2. Die Namen der auf der Probefläche wachsenden Pflanzenarten werden mithilfe eines Bestimmungsbuches ermittelt und eine Artenliste erstellt.
3. Die gefundenen Pflanzenarten werden den einzelnen Stockwerken zugeordnet (B = Baumschicht, S = Strauchschicht, K = Krautschicht, M = Moosschicht).
4. Anzahl und Bedeckungsgrad des Bodens durch die Pflanzen werden zusammen nach folgendem Muster abgeschätzt:
   Bedeckung der Probefläche
   0 — 5 % = 1
   6 — 25 % = 2
   26 — 50 % = 3
   51 — 75 % = 4
   76 — 100 % = 5
5. Die ermittelten Daten werden in ein Protokollblatt übertragen.

Führt man Vegetationsaufnahmen an mehreren, zufällig ausgewählten Stellen durch, kann man die Zusammensetzung der Pflanzenarten in einem Wald recht genau erfassen. Will man außerdem die Abfolge der Pflanzen im Jahreslauf ermitteln, muss man Vegetationsaufnahmen zu unterschiedlichen Jahreszeiten durchführen. Um die Ergebnisse besser zu verstehen, sollte man Steckbriefe der gefundenen Pflanzenarten anfertigen.

Protokoll Vegetationsaufnahme			
1. Waldart: Rotbuchenwald	Schichtung		
2. Ort: Hiesfelder Wald Rotbachtal		Höhe	Deckung
	B (Bäume)	25 m	80 % (5)
3. Datum: 15. 4. 93	S (Sträucher)	2,5 m	< 5 % (1)
4. Höhe (ü.NN): 180 m	K (Kräuter)	max 60 cm	75 % (4)
5. Flächengröße: 100 m²	M (Moose)	—	—
Liste der gefundenen Pflanzenarten		Deckungsgrad	
B. Rotbuche		3	
Bergahorn		1	
S. Haselstrauch		1	
Heckenkirsche		1	
Weißdorn		1	
K. Aronstab		1	
Buschwindröschen		3	
Sauerklee		1	
Waldveilchen		1	

Legende:
- Ω Laubwald
- Λ Nadelwald
- feuchter Laubwald
- Grünland
- günstige Probefläche
- ungünstige Probefläche

1. Reiner Nadelwald
2. Reiner Laubwald
3. Uferstreifen
4. Grenze zwischen Laub- und Nadelwald
5. Fläche, die durch Weg zerschnitten wird
6. Mischwald

Ökosystem Wald

Pilze — weder Tiere noch Pflanzen

Pilze haben unter den Organismen eine Sonderstellung. Sie besitzen kein Blattgrün und können deshalb keine Fotosynthese betreiben, können also nicht mithilfe von Sonnenlicht Traubenzucker als Energieträger herstellen, sondern sind wie die Tiere auf die Aufnahme organischer Stoffe angewiesen. Andererseits bilden Pilze Zellwände wie Pflanzenzellen. Diese unterscheiden sich aber von Letzteren dadurch, dass sie wie die Insekten Chitin und nicht Zellulose enthalten, wie das bei Pflanzen der Fall ist. Tierische Zellen hingegen bilden keine Zellwand. Die Zellen der Pilze bilden durch Teilung lange Fäden aus, die *Hyphen*. Man stellt die Pilze wegen ihrer besonderen Eigenschaften in eine eigene Gruppe: Sie bilden ein eigenes Organismenreich.

Was wir üblicherweise als Pilze bezeichnen, ist nur ein kleiner Teil davon, der *Fruchtkörper*. Er ist oft in *Hut* und *Stiel* gegliedert. An der Unterseite des Hutes erkennt man meist Lamellen oder Röhren. Man unterscheidet deshalb Lamellen- und Röhrenpilze.

In bestimmten Zellen der Lamellen bzw. Röhren, den *Ständerzellen*, bildet der Pilz *Sporen*, die der Verbreitung des Pilzes dienen. Die Sporen wachsen nach der Keimung zu feinen *Hyphen* aus, welche ein unterirdisches, weit verzweigtes Pilzgeflecht, das *Myzel*, bilden. Es gibt zwei verschiedene Arten von Hyphen, (+)- und (−)- Hyphen, die äußerlich jedoch gleich aussehen. (+)- und (−)- Hyphen wachsen aufeinander zu und ihre Endzellen verschmelzen miteinander. Ihre Zellkerne vereinigen sich allerdings nicht, weshalb das sich daraus entwickelnde Myzel Zellen mit zwei Kernen besitzt. Man bezeichnet es deshalb als *Paarkernmyzel*. Bei der Fruchtkörperbildung verflechten sich die *Paarkernhyphen* und bilden einen für jede Pilzart typischen Fruchtkörper. Dieser kann bei hinreichend feuchter Witterung innerhalb weniger Stunden sehr viel Wasser aufnehmen und von einem Tag auf den anderen die Erde durchbrechen. In den Ständerzellen des Hutes verschmelzen die beiden Kerne. An diese *Kernverschmelzung* schließt sich direkt die Sporenbildung an.

1 Fortpflanzung und Entwicklung beim Fliegenpilz

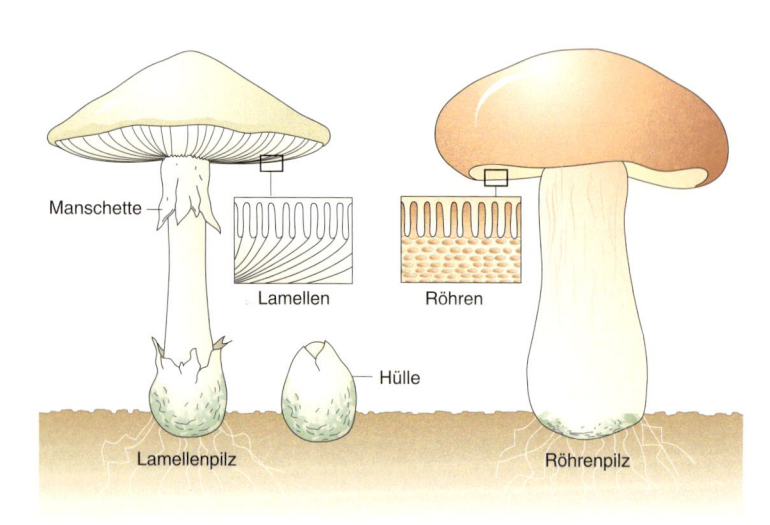

2 Vergleich von Lamellen- und Röhrenpilz

Aufgabe

① Schlage in einem Pilzbuch oder Lexikon nach und suche Beispiele für Lamellen- und Röhrenpilze.

Ökosystem Wald

Pilze bilden eine Vielzahl von Lebensformen

Bei genauer Untersuchung der Pilze des Waldes zeigt sich eine große Vielfalt. So können Pilze ganz unterschiedlich aussehen. Längst nicht alle Pilze sind in Stiel und Hut gegliedert. Manche Baumpilze sind ganz unregelmäßig geformt. Wieder andere bilden nur eine dünne Schicht aus Hyphen auf ihrer Unterlage.

Pilze wachsen auch nicht immer im Boden. Sie dringen mit ihren Pilzfäden in abgestorbene Blätter und Bäume ein. Deshalb sieht man die Fruchtkörper solcher Pilze zum Beispiel auf Baumstämmen. Andere Pilze, z. B. der Mehltau, leben auf der Oberfläche der Blätter von Bäumen und Sträuchern, von denen sie parasitisch leben. Sie dringen mit ihren Hyphen in das Pflanzengewebe ein und entziehen ihm Nährstoffe.

Oft sind Pilze auch von der Gegenwart anderer Organismen abhängig. So wachsen ganz bestimmte Pilze, z. B. der Birkenpilz, nur in der Nähe ganz bestimmte Bäume, wie der Name es manchmal schon ausdrückt.

Zudem gibt es Lebensgemeinschaften aus bestimmten Pilzen und Algen, die wir als *Flechten* kennen. Diese wachsen häufig auf Steinen und Baumrinden.

a Parasitische Pilze (Rostpilze, Mehltaupilze)
b Flechten auf der Baumrinde
c Holz zerstörende Pilze
d Parasitische Pilze (Rostpilze, Mehltaupilze)
e Laubstreu zersetzende Pilze
f Mykorrhizapilze
g Kot bewohnende Pilze
h Humus bewohnende Pilze des Bodens

1 Lebensformen der Pilze des Waldes

Pilze sind lebensnotwendig für den Wald

Pilze erfüllen aufgrund ihrer besonderen Ernährungsweise wichtige Aufgaben innerhalb der Lebensgemeinschaft des Waldes. Das Myzel der Pilze durchwächst ganzjährig den Boden. Jede Hyphe sondert Stoffe ab, die in ihrer Umgebung befindliche pflanzliche oder tierische Rückstände abbauen. Dabei werden dann organische Stoffe durch Zellwand und Zellmembran aufgenommen und zum Aufbau körpereigener Stoffe verwendet. Pilze sind also, wie die Tiere einschließlich des Menschen, auf energiereiche Stoffe in ihrer Umgebung angewiesen, die sie aufnehmen und für ihren Stoffwechsel nutzen. Der Biologe nennt eine solche Ernährungsweise *heterotroph*. Im Gegensatz dazu bezeichnet man Organismen als *autotroph*, wenn sie wie die Pflanzen durch Fotosynthese energiereiche Stoffe selbst herstellen.

Mykorrhiza-Pilze

Erfahrene Pilzsammler wissen längst, dass manche Pilzarten nur in der Umgebung bestimmter Baumarten erscheinen. Der Lärchenröhrling und der Birkenpilz bekamen aufgrund dieser Tatsache ihre Namen. Untersucht man die Wurzelspitzen entsprechender Bäume, dann zeigt sich, dass sie von einem dichten Myzel der jeweiligen Pilzart umwoben sind. Einzelne Hyphen dringen sogar bis in die Wurzelrinde vor. Diese Wurzelverpilzung nennt man *Mykorrhiza* (*mykes*, gr. = Pilz; *rhiza*, gr. = Wurzel). Neben Birke und Lärche bilden viele andere Waldbäume mit Pilzen eine solche Vernetzung, z. B. Eiche und Fichte mit den uns bekannten Speisepilzen Steinpilz und Maronenröhrling.

Welche Bedeutung hat eine solche Mykorrhiza für Pilz und Baum? Einerseits entziehen die Hyphen der Pflanze Kohlenhydrate zu ihrer eigenen Ernährung, andererseits verbessern sie die Versorgung des Baumes mit Wasser und Mineralstoffen. Bei einer Mykorrhiza handelt es sich also um eine Gemeinschaft zweier Arten zu gegenseitigem Nutzen, um eine *Symbiose*. Bäume, deren Wurzeln mit Pilzen eine Mykorrhiza bilden, wachsen schlechter, wenn der Pilz fehlt. So verwundert es nicht, dass etwa vier Fünftel aller Landpflanzen eine Mykorrhiza besitzen! Besonders auf mineralstoffarmen Böden können sich die Pflanzen ohne symbiontischen Mykorrhizapilz nur schlecht entwickeln.

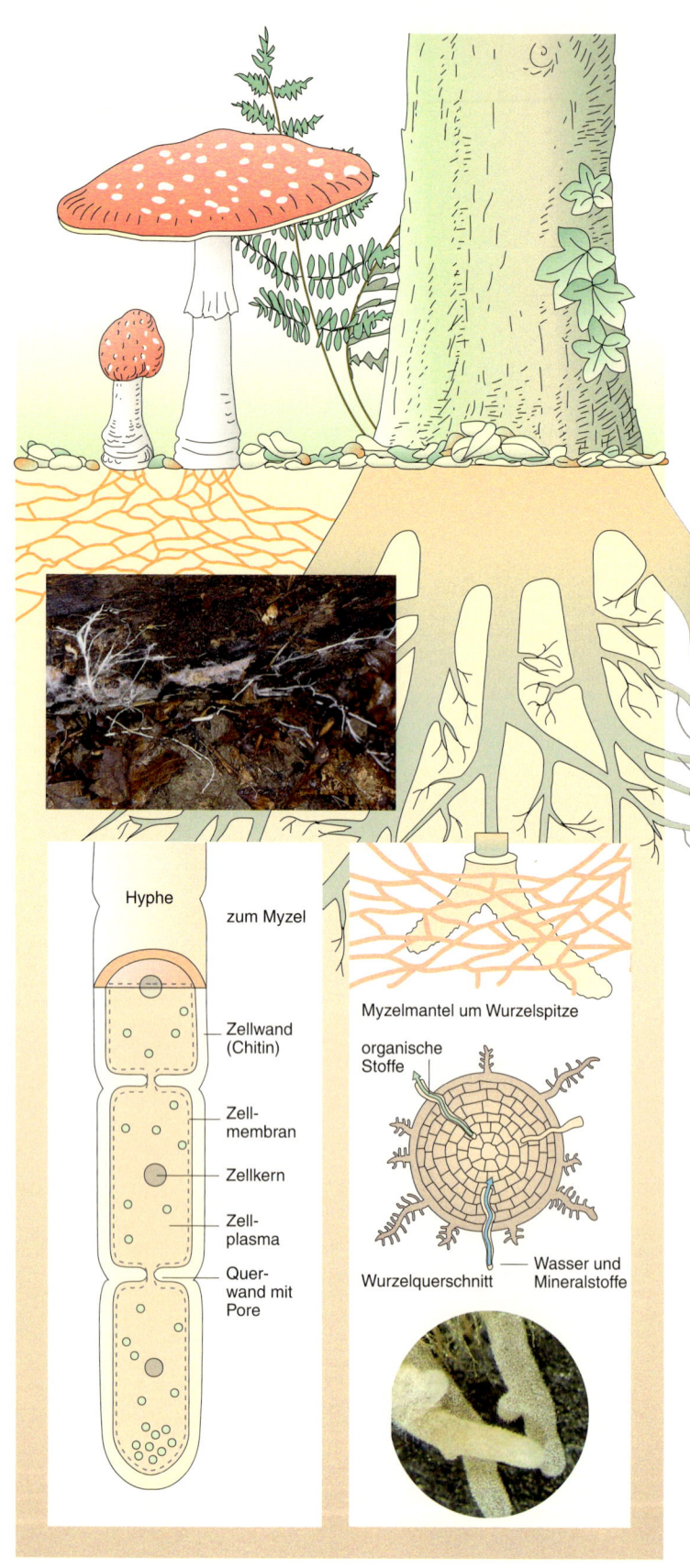

1 Mykorrhiza-Pilz

Ökosystem Wald

1 Hallimasch

2 Schmetterlingstramete

3 Braunfäulepilze zersetzen Holz

4 Zunderschwamm

Pilze als Zersetzer

Nicht alle Pilze leben in Symbiose mit Baumwurzeln. Manche sind Fäulnisbewohner *(Saprophyten)*. Sie entziehen toten Tier- und Pflanzenteilen organische Stoffe, die ihnen als Nährstoffe dienen. Die zersetzenden Pilze sondern dabei Substanzen nach außen ab, die die Inhaltsstoffe der toten Tiere und Pflanzen so zersetzen, dass sie vom Pilz genutzt werden können.

Allerdings können Pilze auch in noch lebende Pflanzen eindringen, besonders wenn diese geschwächt bzw. geschädigt sind. Solche Pilze leben auf Kosten ihres Wirtes. Diese *Parasiten* wachsen z. B. auf lebenden Bäumen. Ihre Hyphen dringen in den Baum ein, entziehen ihm Nährstoffe und Wasser, sodass der Baum weiter geschwächt wird. Dabei werden für andere Organismen nicht verwertbare Stoffe, z. B. Holzbestandteile oder Horn, abgebaut. Weil sie auf diese Weise große Stoffmengen in den biologischen Kreislauf zurückführen und wieder für andere Organismen verwertbar machen, sind die Pilze im Naturhaushalt von überragender Bedeutung als Zersetzer und Recycler.

Aufgabe

① Vergleiche die Ernährung der Pilze mit der Ernährung der Tiere und Pflanzen. Fertige dazu eine Tabelle an.

Zettelkasten

Pilze sammeln — heute noch aktuell?

Manche Arten, wie z. B. der Pfifferling, sind immer seltener zu finden. Als Ursachen dafür werden zu starkes und falsches Sammeln von Pilzen, aber auch die Versauerung des Bodens infolge säurehaltiger Niederschläge genannt.

Pilzsammler sollten sich deshalb fragen, ob sie nicht auf das Sammeln von Pilzen verzichten oder wenigstens das Sammeln auf die Arten beschränken, die noch häufig vorkommen. Außerdem sollten sie wissen, dass Pilze besonders gut die für den Menschen schädlichen Schwermetalle in ihrem Fruchtkörper anreichern. Gleiches gilt auch für die Anreicherung radioaktiver Substanzen. So konnte man nach dem Atomunfall von Tschernobyl in Pilzen vermehrt radioaktives Caesium nachweisen. Häufige und reichliche Waldpilzgerichte können deshalb gesundheitlich bedenklich sein. Wer aber dennoch Pilze sammeln möchte, sollte sich wegen der Giftigkeit vieler Pilzarten vorher gut über sie informieren und nur solche sammeln, die er sicher kennt!

Ökosystem Wald

Pilze

Der **Waldchampignon** ist ein Bewohner von Nadelwäldern, in denen er in Gruppen wächst. Dieser *Lamellenpilz* ist essbar und an einigen Merkmalen, die ihn vom Knollenblätterpilz unterscheiden, eindeutig zu erkennen: Lamellen niemals rein weiß, in jungem Zustand rötlich, später schokoladenbraun bis schwarz; Schnittfläche des weißen Fleisches rot anlaufend; Hut mit bräunlichen Schuppen bedeckt.

Der **Grüne Knollenblätterpilz** ist ein *Lamellenpilz*, der in Laubwäldern vorkommt, vor allem unter Eichen und Buchen. Er ist einer der gefährlichsten *Giftpilze*. Sein Gift zerstört die Leber und wirkt schon in geringen Mengen tödlich. Seine Lamellen sind immer weiß. Sie sind niemals rosa oder grau wie bei Champignons. In jungem Zustand ist der Grüne Knollenblätterpilz von einer weißen Hülle umgeben, deren Reste später am Grund die Stielknolle umgeben.

Der **Pfifferling** oder **Eierschwamm** gehört zu den *Leistenpilzen*. Seine Leisten laufen weit am Stiel herab, der wie der ganze Pilz dottergelb ist. Er ist ein sehr beliebter Speisepilz, der angenehm riecht und einen pfefferartigen Geschmack hat (Name). Der Pfifferling ist in vielen Gegenden selten geworden, da er oft gesammelt wird.

Der **Steinpilz** ist wegen seines angenehmen Geschmacks einer der bekanntesten Speisepilze und wächst in Laub- und Nadelwäldern. In Gebirgsgegenden ist er häufiger. Der meist kastanienbraune und bis zu 20 Zentimeter große Hut des Steinpilzes besitzt auf der Unterseite die für einen *Röhrenpilz* typischen Röhren. Man findet ihn von Juli bis November besonders häufig in Fichtenwäldern.

Man findet den **Flaschenstäubling** in Laub- und Nadelwäldern. Da die Sporen im Inneren des Fruchtkörpers reifen, zählt man ihn zu den *Bauchpilzen*.

Der Fruchtkörper der **Stinkmorchel** entwickelt sich aus einem eiförmigen Gebilde, dem „Hexenei". Der dunkel gefärbte Kopf des Pilzes bildet einen unangenehm riechenden, sporenhaltigen Schleim, von dem Fliegen und andere Insekten angelockt werden. Diese nehmen den Schleim auf und sorgen so für die Verbreitung des Pilzes.

Die zu den *Korallenpilzen* gehörende **Goldgelbe Koralle** bewohnt vorzugsweise Nadelwälder höher gelegener Gebiete. Nur junge Pilze sind essbar.

108 Ökosystem Wald

Flechten — eine Symbiose zwischen Pilzen und Algen

Oft findet man auf Steinen oder auf der Rinde von Bäumen krustenartige Gebilde. Es sind Flechten. Neben diesen *Krustenflechten* gibt es auch *Blattflechten*, *Bartflechten* und *Strauchflechten*.

Ein Geflecht aus *Pilzfäden* bildet das Gerüst der Flechte. Dieses ist innen lockerer als außen, wo die Pilzfäden sich sehr dicht zusammenschließen können. Dadurch sind die Einzelfäden nur noch schwer oder gar nicht mehr zu unterscheiden. Im Inneren erkennt man kleine, grüne Zellen. Das sind einzellige *Algen*. Die sehr dicht zusammenliegenden Pilzfäden schließen den Flechtenkörper nach außen ab und bestimmen auf diese Weise die Gestalt der Flechte.

Welche biologische Bedeutung hat das Zusammenleben von Pilz und Alge im Flechtenkörper? Flechten wachsen auf Unterlagen, die kaum Nährstoffe zur Verfügung stellen. Pilze müssen diese jedoch aus der Umgebung aufnehmen, da sie keine Fotosynthese betreiben können. Das aber können die im Flechtenkörper eingeschlossenen Algen. Sie stellen mithilfe von Sonnenlicht aus Kohlenstoffdioxid und Wasser energiereiche Kohlenhydrate her, die nicht nur für den eigenen Stoffwechsel verbraucht, sondern auch dem Pilz zur Verfügung gestellt werden. Aber auch die Algen profitieren von diesem Zusammenleben. Sie erhalten über den Pilz Wasser und Mineralstoffe, die über dessen Oberfläche aufgenommen werden. Flechten sind also ein weiteres Beispiel für eine *Symbiose*. Die enge Wechselbeziehung wird auch im mikroskopischen Bild sichtbar: die Pilzfäden befinden sich in einem sehr engen Kontakt mit den Algen, sodass der Stoffaustausch erleichtert wird.

Flechten wachsen vor allem dort, wo häufig Regenwasser herabläuft, sodass die Wasser- und Mineralstoffversorgung sichergestellt ist. Manche Flechtenarten können aber auch sehr lange ohne Wasser auskommen. Flechten wachsen nur sehr langsam. Andererseits können Flechten sehr alt werden. Da Flechten extreme Bedingungen ertragen können, gehören sie zu den *Erstbesiedlern* von Lebensräumen. Man spricht deshalb von *Pionierpflanzen*. Wenn später der Untergrund durch das Wachstum der Flechten und durch klimatische Einflüsse genügend verwittert ist, können auch ander Pflanzen diesen Lebensraum besiedeln.

1 Flechten an einem Baum

2 Strauchflechte

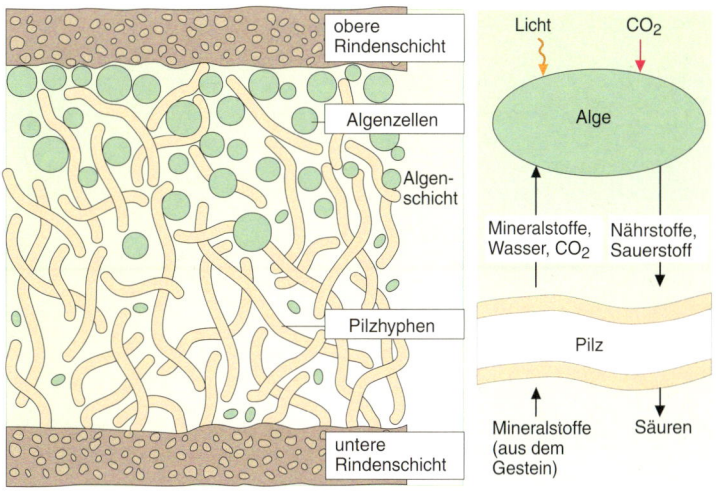

3 Aufbau einer Flechte

Ökosystem Wald

Der Wald — Lebensraum für viele Tierarten

Die Stockwerke des Waldes bieten vielen Tieren ganz unterschiedliche Lebensbedingungen. Der Wald gibt ihnen Nahrung, Nistmöglichkeiten und Schutz vor Feinden. Er ist ihr Lebensraum oder **Biotop**.

Spechte zimmern ihre Nisthöhlen in die Stämme größerer Bäume. Eichelhäher bauen ihre Nester in der Kronenschicht. Andere Vogelarten nutzen die Strauchschicht, um ihre Nester anzulegen. Aber nicht nur Vögel sind Bewohner der oberen Stockwerke, sondern auch verschiedene Säugetiere. Dazu gehören das Eichhörnchen und der Baummarder. Beide sind als hervorragende Kletterer an das Leben auf Bäumen gut angepasst. Die Nahrung des Eichhörnchens besteht vor allem aus pflanzlicher Kost. Baummarder sind Raubtiere, die ihre Beute sowohl in der Strauch- und Kronenschicht als auch am Boden jagen.

Tiere gleicher Stockwerke nutzen ihren Lebensraum unterschiedlich

Buntspechte bearbeiten mit ihrem meißelartigen Schnabel die Borke von Bäumen, um an die unter ihr verborgenen Insekten oder deren Larven zu gelangen. Der Baumläufer hingegen sammelt mit seinem leicht gebogenen, pinzettenartigen Schnabel kleine Insekten von der Oberfläche oder aus Ritzen der Borke. Die leichten Blaumeisen suchen im äußeren Bereich der Zweige nach Insektenlarven, während die etwas schwereren Kohlmeisen mehr den inneren Bereich nutzen. Der Fichtenkreuzschnabel frisst die Samen der Zapfen. Der Trauerfliegenschnäpper benutzt die Baumspitzen als Warte, um dann im Flug Insekten erbeuten zu können.

Durch die unterschiedliche Nutzung desselben Lebensraumes können also mehrere Arten gemeinsam darin leben, ohne dass eine Art der anderen Konkurrenz macht. Man spricht deshalb vom *Prinzip der Konkurrenzvermeidung*. Das wird möglich durch die unterschiedlichen Ansprüche, die Lebewesen an ihre Umwelt stellen. Man bezeichnet die Gesamtheit aller Umweltbedingungen, die für das Überleben einer Art notwendig sind und auf die die Art andererseits einwirkt, als **ökologische Nische**. Die ökologische Nische ist also gegeben durch ein komplexes System der Beziehungen zwischen einer Organismenart und ihrer Umwelt.

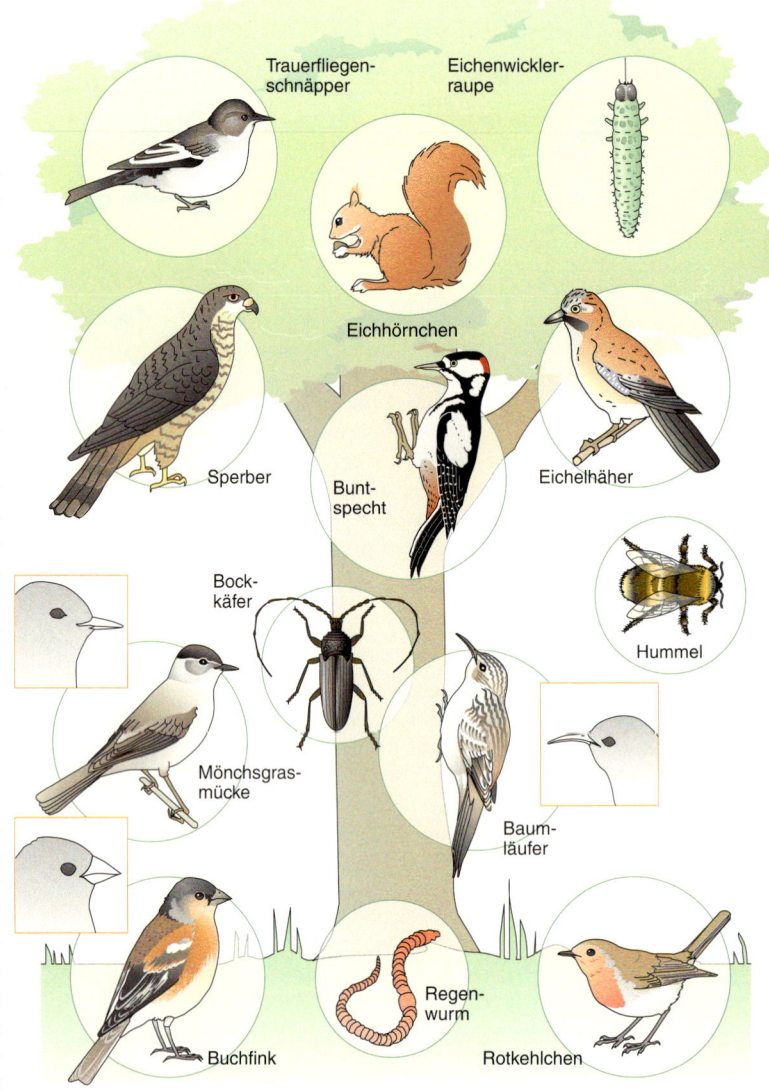

1 Ökologische Nischen im Lebensraum Wald

So bilden Buchfink und Rotkehlchen, die hauptsächlich auf dem Waldboden ihre Nahrung finden, unterschiedliche ökologische Nischen. Das Rotkehlchen mit seinem spitzen und dünnen Schnabel erbeutet als Weichtierfresser Würmer, Spinnen und andere kleine Gliedertiere aus der Laubstreu. Der Buchfink hingegen ist ein Körnerfresser, der mit seinem kurzen, spitz zulaufenden und robusten Schnabel Samen und Früchte auf dem Boden sammelt.

Aufgabe

① Informiere dich z. B. in einem Tierlexikon über Vogelarten, die an Baumstämmen ihre Nahrung finden. Wie vermeiden diese Arten Konkurrenz zueinander?

mit ausgebreiteten Flügeln

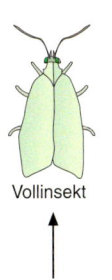

Vollinsekt

Puppe

Raupe

Eier

Entwicklung des Eichenwicklers

1 Vollinsekt und Puppe des Eichenwicklers

2 Fraßbild eines Blattminierers

3 Eichenblattgallen und schlüpfende Gallwespe

Insekten im Wald

Die große Bedeutung des Waldes für Insekten kann man daran ermessen, dass allein auf einer großen Eiche über 1000 Insektenarten eine Existenzmöglichkeit haben, da sie unterschiedliche ökologische Nischen bilden. Dazu gehört z. B. der *Eichenwickler*. Die Raupen dieses Nachtschmetterlings schlüpfen im Frühjahr aus den Eiern, die im vorangegangenen Herbst an Eichenzweigen abgelegt wurden. Die graugrünen Raupen ernähren sich von den Blättern. Von Raupen befallene Blätter erkennt man daran, dass sie mithilfe von Spinnfäden, die die Raupe selbst erzeugt, eingerollt sind. Nach der Verpuppung schlüpfen ab Juni/Juli die Falter des Eichenwicklers. Bei Massenbefall durch seine Larven kann die Krone einer Eiche kahl gefressen werden. Weitere Wicklerarten sind auf andere Baumarten spezialisiert und treten an diesen als Schädlinge auf, z. B. der Kieferntriebwickler.

Larven anderer Insektenarten leben in den Blättern und fressen die inneren Schichten. Dabei entstehen charakteristische *Fraßgänge*, deren Aussehen Rückschlüsse auf den Verursacher ermöglichen. Man bezeichnet solche Insekten allgemein als *Minierer*. Dazu gehört die Eichenminiermotte. Wieder andere Insektenarten veranlassen das Blattgewebe zur Ausbildung mehr oder weniger kugelförmiger Gebilde, den *Gallen*. Diese bestehen ausschließlich aus pflanzlichem Gewebe, in dessen Innerem die Larve des Verursachers, z. B. der *Eichengallwespe*, lebt.

Larven von Hirschkäfern, Bockkäfern und Holzwespen ernähren sich von der Rinde oder vom Holz der Baumstämme. Sie hinterlassen charakteristische Fraßbilder, an denen man die Verursacher bestimmen kann.

Aufgaben

① In der Abbildung 110.1 sind zwei nicht im Text erwähnte Vogelarten dargestellt. Erläutere an ihnen das Prinzip der Konkurrenzvermeidung.

② Im Text sind für verschiedene Vogelarten Schnabelformen und Ernährungsweisen genauer beschrieben. Auf welchen Zusammenhang zwischen Schnabelform und Ernährungsweise kann man schließen? Begründe!

③ Bei Schadinsekten kommen manchmal Massenvermehrungen vor. Welche Bedingungen können solche Massenvermehrungen begünstigen?

Ökosystem Wald **111**

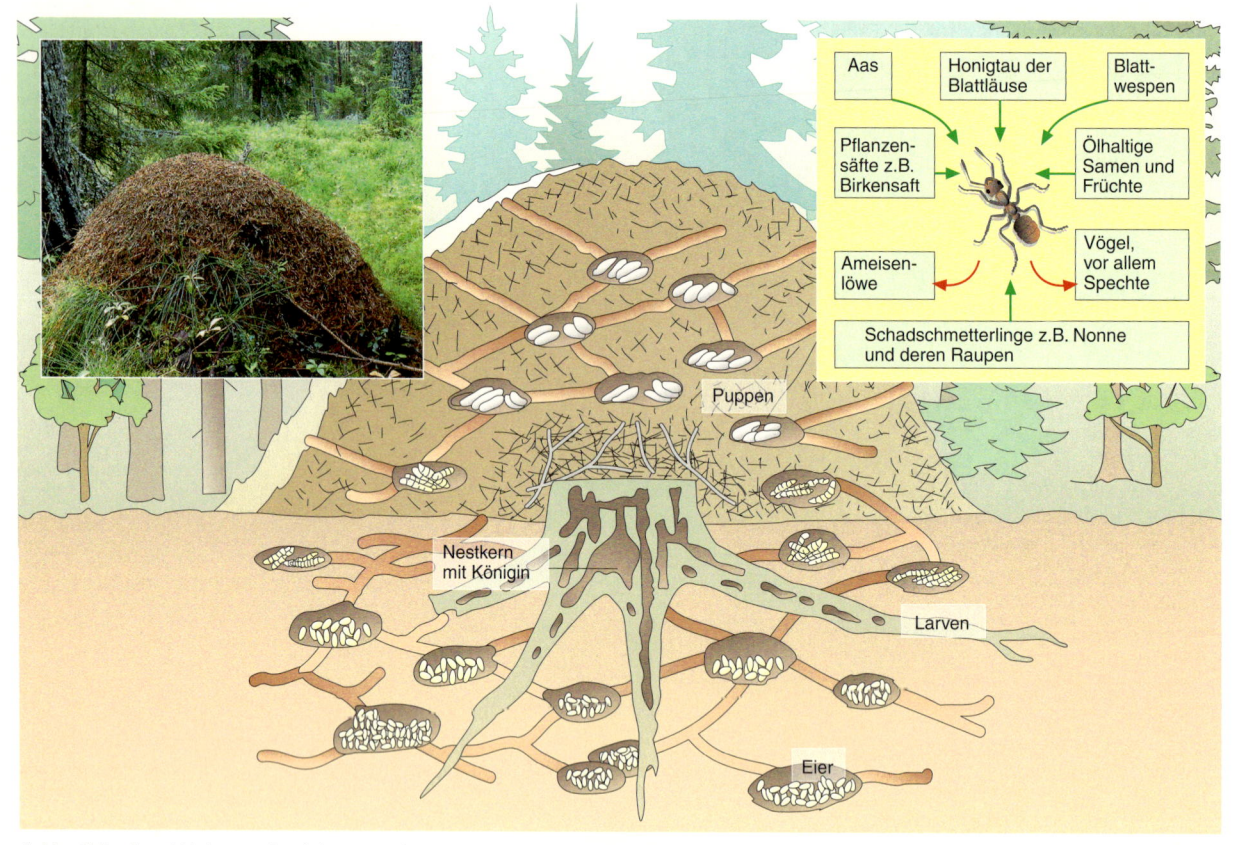

1 Nesthügel und Nahrungsbeziehungen der kleinen Roten Waldameise

Warum schützt der Förster die kleine Rote Waldameise?

Die Nesthügel der kleinen Roten Waldameise findet man recht leicht, da sie meist an Lichtungen und Wegrändern liegen. Der oberirdische Teil des Nestes besteht hauptsächlich aus Nadeln und Reisig und kann bis zu 1,5 m hoch sein. Der kegelförmige Bau besitzt zahlreiche Öffnungen, die mit dem weit verzweigten Gangsystem in Verbindung stehen. Dieses führt in den meist größeren unterirdischen Teil hinab.

Die Bedeutung der Ameisen für den Wald

Wer einmal das rege Treiben von Ameisen an ihrem Nesthügel längere Zeit beobachtet, wird Ameisen als Schwerstarbeiter kennen lernen. Da wird nicht nur Baumaterial, das größer als eine einzelne Ameise sein kann, unermüdlich herangeschafft, sondern auch Nahrung ganz unterschiedlicher Art. Sammlerinnen bewegen sich dabei auf „Ameisenstraßen", die mit ihrem Duft markiert sind. Diesen nehmen sie mit den Fühlern wahr. Auf ihren Duftstraßen kann man häufig auch Ameisen beobachten, die sich gegenseitig intensiv mit den Fühlern betasten.

Beim Beutefang und Transport arbeiten einzelne Ameisen zusammen, da die Beutetiere häufig wesentlich größer sind als sie selbst. Zu den Beutetieren gehört eine Vielzahl von Insekten und deren Larven: Kiefernspinner, Forleule, Nonne, Eichenwickler, Rüsselkäfer, Borkenkäfer und Blattwespen. Man schätzt, dass an einem Sommertag bis zu 100 000 Insekten in ein großes Nest eingetragen werden können. In einem Jahr sollen es bis zu 10 Millionen Beuteinsekten sein. Ein großer Teil davon besteht aus Forstschädlingen. In Jahren mit starkem Schädlingsbefall können das über 90 % sein. Deswegen schützen Förster die Nester der kleinen Roten Waldameise vor Feinden durch Drahtverschläge und legen sogar neue Nester an. Diese Maßnahmen sind Beispiele für *biologische Schädlingsbekämpfung*.

Ameisen tragen außerdem durch ihre rege Transporttätigkeit zur Samenverbreitung bei. Das kommt besonders der Artenvielfalt der Krautschicht zugute. Durch ihre Nestbautätigkeit leisten sie darüber hinaus einen Beitrag zur Bodenlockerung und -durchlüftung.

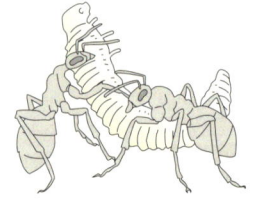

Ökosystem Wald

Organisation des Ameisenstaates

Ein Staat der kleinen Roten Waldameise kann mehrere hunderttausend Individuen umfassen, manchmal sogar über eine Million. Jedes Volk hat einen bestimmten Nestgeruch, an dem sich die Mitglieder erkennen. Den größten Teil des Jahres besteht der Ameisenstaat aus mehreren hundert *Königinnen* und unfruchtbaren Weibchen, den sogenannten *Arbeiterinnen*.

Zwischen den Arbeiterinnen gibt es eine Aufgabenteilung. Sammlerinnen schaffen die Nahrung herbei. Außerdem gibt es Wächterinnen, die sich durch etwas größere Kiefer auszeichnen. Wieder andere Arbeiterinnen sorgen durch Anlegen neuer Öffnungen nach außen bzw. durch Schließen anderer Ausgänge dafür, dass die Temperatur im Inneren des Nestes relativ konstant gehalten werden kann. Eier, Larven und Puppen werden von Arbeiterinnen jeweils zu den Stellen im Nest transportiert, die für die Entwicklung optimal sind.

1 Brutkammer der Waldameise

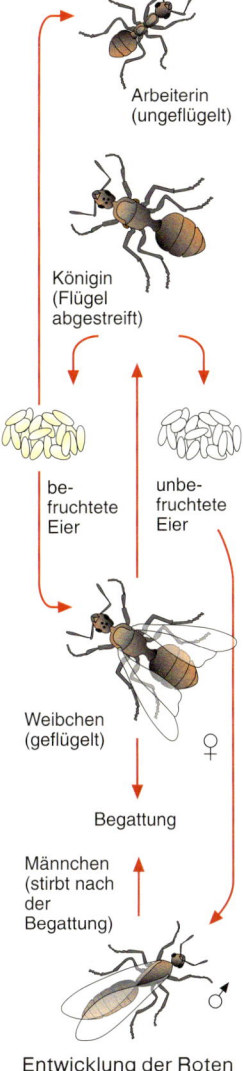

Arbeiterin (ungeflügelt)
Königin (Flügel abgestreift)
befruchtete Eier
unbefruchtete Eier
Weibchen (geflügelt) ♀
Begattung
Männchen (stirbt nach der Begattung)
Entwicklung der Roten Waldameise

Den Winter überdauern die Ameisen im unterirdischen Teil des Nestes. Die Königinnen legen im Frühjahr Eier, aus denen sich Geschlechtstiere entwickeln: geflügelte Weibchen und Männchen, die das Nest verlassen. Nach der Begattung sterben die Männchen. Die begatteten Weibchen kehren in der Regel zum Nest zurück und werfen ihre Flügel ab. Auf diese Weise wird das Volk der kleinen Roten Waldameise immer wieder verjüngt, sodass ihre Nester über viele Jahre Bestand haben. Außerhalb der Fortpflanzungszeit entstehen ausschließlich Arbeiterinnen. Neue Völker können dadurch entstehen, dass Tochterkolonien gebildet werden. Ein Teil der Königinnen baut dann mit einem Teil des Volkes an einer anderen geeigneten Stelle ein neues Nest.

Aufgaben

1. Vergleiche die Organisation des Ameisenstaates mit dem der Honigbiene. Nenne Gemeinsamkeiten und Unterschiede.
2. Für die Neugründung von Nestern durch Koloniebildung sind bei der kleinen Roten Waldameise keine Männchen erforderlich. Erläutere die Gründe dafür.
3. Wie könnte man dem Argument begegnen, dass Ameisen gar nicht so nützlich seien, weil zu ihren Beutetieren auch Nutzinsekten gehören?
4. Fasse zusammen, welche Aufgaben Ameisen im Wald übernehmen.
5. Vergleiche die verschiedenen Ameisenformen. Fertige dazu eine Tabelle an.

Zettelkasten

Ameisen als Weideviehhalter

Unsere Abbildung zeigt Ameisen inmitten von Blattläusen, die nicht als Beute dienen. Vielmehr ist es so, dass die Blattläuse von den Ameisen geschützt werden. Zu den Feinden der Blattläuse dagegen gehören zum Beispiel Marienkäfer und deren Larven. In vielen Gärten kann man Ameisen und Blattläuse gemeinsam auf Blumen oder Gräsern finden. Blattläuse sind Pflanzensauger, die aus den Leitungsbahnen der Wirtspflanzen kohlenhydratreiche und vitaminhaltige Säfte saugen. Ein großer Teil davon wird für den eigenen Stoffwechsel nicht benötigt und über spezielle Drüsen im Afterbereich als *Honigtau* wieder ausgeschieden. Durch Betasten des mit zwei fühlerähnlichen Fortsätzen versehenen Hinterleibes können Ameisen die Blattläuse dazu veranlassen, Honigtau abzugeben. Die Honigtauernte wird in das Nest eingetragen und ergänzt die Speisekarte der Ameisen. Einzelne Ameisenarten halten die Blattläuse sogar wie ein Haustier; sie schützen sie und nehmen sie zum Beispiel über den Winter in ihr Nest mit.

Ökosystem Wald **113**

Lexikon

Tiere des Waldes

Der **Baummarder** gehört innerhalb der Säugetiere zu den Raubtieren. Der ungefähr einen halben Meter lange und wendige Kletterer erbeutet im Kronenbereich der Bäume Eichhörnchen, die einen Hauptbestandteil seiner Nahrung bilden. Außerdem frisst er Mäuse, Vögel und größere Insekten sowie Beeren, Obst und Bucheckern.

In vielen größeren Waldgebieten, vorzugsweise in denen der Mittelgebirge, kommt der **Rothirsch** vor. Ihre rein pflanzliche Nahrung nehmen Rothirsche meist in der Dämmerung auf. Als Wiederkäuer können sie mit ihrem Pansen auch faserreiche Pflanzen nutzen. Als Nahrung bevorzugen sie Gräser und Kräuter, im Frühjahr fressen sie auch gern die frischen Knospen von Bäumen und Büschen. Im Winter schälen sie Rinde von den Bäumen und beißen Triebspitzen ab. Im Spätsommer und Herbst fressen Rothirsche zusätzlich nährstoffreiche Eicheln und Bucheckern. Natürliche Feinde, wie Wolf und Braunbär, gibt es bei uns nicht mehr. Aber nicht deshalb gibt es mancherorts zu viele Hirsche, sondern weil sie im Winter zusätzlich gefüttert werden, sodass durch diese Hege zu viele Hirsche überleben. Dann können die Verbissschäden an jungen Bäumen und Sträuchern durch Rothirsche so groß sein, dass auf natürliche Weise kein Baum mehr heranwachsen kann.

Der **Eichelhäher** zeichnet sich durch eine auffällige Flügelzeichnung aus. Bevor man ihn jedoch zu Gesicht bekommt, ist meist sein lauter Warnruf zu hören. Besondere Bedeutung kommt dem Eichelhäher bei der Waldverjüngung zu, denn er vergräbt Eicheln als Nahrungsvorrat für den Winter, die er jedoch längst nicht alle wiederfindet.

Der krähengroße **Schwarzspecht** benötigt für seine Höhlen ältere Bäume, vor allem Buchen, mit einem Stammdurchmesser von mindestens 40 Zentimetern. Das Zimmern der Bruthöhle, das Brüten und die Aufzucht der Jungen wird von den Altvögeln gemeinsam bewerkstelligt. Der Bestand der Vögel ist in den letzten Jahren stark zurück gegangen.

Im gleichen Zeitraum wie der Schwarzspecht wurde auch die **Hohltaube** seltener. Sie ist ein *Höhlenbrüter*, der seine Nisthöhle nicht selbst zimmern kann und deshalb auf vorhandene Baumhöhlen, wie sie zum Beispiel der Schwarzspecht anlegt, angewiesen ist. Neben der Hohltaube profitieren weitere Tiere wie etwa der Waldkauz, Fledermäuse, Wildbienen, Hornissen und Wespen von nicht mehr genutzten Höhlen.

Die **Haubenmeise**, die in allen Waldtypen, vorzugsweise aber im Nadelwald, heimisch ist, benötigt natürliche Nisthöhlen. Das Weibchen bebrütet das Gelege allein und wird während der Brutzeit vom Männchen gefüttert. Nach dem Schlüpfen kümmern sich beide Partner um die Aufzucht der Jungen. Die Nahrung, die aus Spinnen, Raupen, Blattläusen und anderen Insekten besteht, findet die Haubenmeise in den oberen Baumregionen. Während des Winters sind Samen von Waldbäumen, besonders der Kiefer, für das Überleben der Haubenmeise wichtig.

Der dämmerungs- und nachtaktive **Waldkauz** ist unsere häufigste Eule und ist ursprünglich ein Vogel des Waldes. Infolge seiner hohen Anpassungsfähigkeit besiedelt er heute auch Parks, Alleen und Gärten in großen Städten. Zum Brüten bevorzugt er zwar Baumhöhlen, nimmt aber auch Nester größerer Vögel, Dachböden, Felsnischen und passende Nistkästen als Brutplätze an. Die Speisekarte ist sehr abwechslungsreich. Auf ihr stehen Mäuse, Vögel, Lurche, Insekten und niedere Tiere. Infolge dieser Vielfalt findet der Waldkauz auch im Winter bei uns genügend Nahrung.

Unser kleinster Taggreif ist der **Sperber**. Er jagt Kleinvögel, wie z.B. Meisen. Die Männchen sind beim Sperber deutlich kleiner als die Weibchen. Die Weibchen können deswegen größere Vögel erbeuten, z.B. Amseln.

Die **Nonne** gehört zu den *Nachtfaltern*. Diese Schmetterlinge sind während des Hochsommers in den Abendstunden aktiv, tagsüber halten sie sich regungslos an Baumstämmen auf. Die im Spätsommer unter Borkenschuppen abgelegten Eier überwintern. Aus ihnen schlüpfen im April die Raupen, die vorzugsweise die Nadeln von Fichte und Kiefer fressen.

Während des Sommers kann man die auffallend gezeichneten **Riesenholzwespen** an sonnigen Stellen im Wald antreffen. Das Weibchen bohrt seine Legeröhre zur Eiablage tief in das Holz von Nadelbäumen ein. Die sich aus den Eiern entwickelnden Larven fressen Holz und legen so Fraßgänge an, bis sie sich schließlich verpuppen.

Die **Riesenschlupfwespe** ist ihrerseits auf die Larven von Holzwespen angewiesen. Hat ein Weibchen den Aufenthaltsort von Holzwespenlarven im Holzinneren ausgemacht, bohrt es seine Legeröhre durch das Holz bis zur Larve vor und legt ein Ei in diese ab. Die daraus schlüpfende Schlupfwespenlarve ernährt sich von der Holzwespenlarve.

Wie viele *Bockkäfer* lebt der **Eichenwidderbock** vom Holz kranker oder abgestorbener Bäume. Seine Eier legt er im Mai und Juni vorzugsweise in Rindenritzen von Eichen, aber auch Buchen und anderen Laubhölzern ab. Die Larven fressen zunächst unter der Rinde lange Gänge, bevor sie das darunter liegende Holz befallen. Die herangewachsene Larve verpuppt sich schließlich im Holz, der Jungkäfer nagt sich mithilfe seiner kräftigen Mundwerkzeuge durch ein ovales Flugloch.

Räuberisch lebt der **Puppenräuber**, ein sehr nützlicher Käfer. Tagsüber jagt er auf Sträuchern und Bäumen Raupen von anderen, häufig schädlichen Organismen. Puppenräuber sind von Juni bis August aktiv und in dieser kurzen Zeit sehr gefräßig. Sie verspeisen in dieser Zeit bis zu 400 Raupen, bevor sie in eine neunmonatige Ruhepause im Erdboden übergehen. Ihre Lebensdauer beträgt 2 bis 3 Jahre.

Die **Totengräber** leben vom Aas kleiner Tiere, z.B. von toten Mäusen. Sie sind damit für den Wald eine Art Gesundheitspolizei. Mit vereinten Kräften vergraben diese Käfer die Tierleiche in lockerem Boden bis zu 30 cm tief, bevor sie ihre Eier darauf ablegen. So sind die Larven mit ausreichend Nahrung für ihre Entwicklung versorgt.

Ökosystem Wald

2 Wechselbeziehungen im Ökosystem Wald

Nahrungsbeziehungen im Wald

Eine Eiche bietet die Lebensgrundlage für viele Organismen. So ernährt sich die Raupe des Eichenwicklers von den Blättern. Eichenwicklerraupen werden von Kohlmeisen erbeutet, die im Astwerk ihre Nahrung suchen. Kohlmeisen können Beute des Sperbers, eines Greifvogels, werden. Eine solche Nahrungsbeziehung, in der mehrere Organismenarten miteinander in Verbindung stehen, nennt man eine **Nahrungskette**.

Allerdings ernähren sich von Eichenblättern auch andere Tiere, wie etwa die Larven von Gallwespen oder das Reh. Auch der nächste Platz in der Nahrungskette kann von verschiedenen Tieren eingenommen werden. Eichenwicklerraupen werden auch von Blaumeisen erbeutet. Und Meisen schließlich können nicht nur dem Sperber zum Opfer fallen, sondern auch dem Baummarder. Der Sperber erbeutet nicht nur Kohlmeisen, sondern auch Amseln. Diese ernähren sich u. a. von Würmern, Schnecken und Beeren. Die Nahrungsbeziehungen zwischen den Organismen bestehen also aus vielen Nahrungsketten, die wie die Fäden eines Netzes miteinander verknüpft sind. Man spricht deshalb von einem **Nahrungsnetz**.

Am Anfang jeder Nahrungsbeziehung stehen die Pflanzen, die mit den Produkten aus der Fotosynthese den Pflanzenkörper aufbauen. Diese Pflanzen werden deshalb als *Erzeuger (Produzenten)* bezeichnet. Die nächsten Glieder einer Nahrungskette sind für ihr Wachstum auf die organischen Bestandteile des jeweils vor ihnen stehenden Lebewesens angewiesen. Sie heißen deshalb *Verbraucher (Konsumenten)*. Man unterscheidet zwischen *Erstverbrauchern*, den Pflanzenfressern, und *Zweitverbrauchern*, den Organismen, die von den Pflanzenfressern leben. Mehr als 4 oder 5 Glieder haben Nahrungsketten in der Regel nicht. Der letzte Konsument ist der *Endverbraucher*. Neben Erzeugern und Verbrauchern gibt es noch die *Zersetzer (Destruenten)*. Sie ernähren sich von toten Organismen und sorgen so dafür, dass diese abgebaut werden.

Die Organismen des Waldes bilden eine Lebensgemeinschaft, die *Biozönose*. Biozönose und Lebensraum *(Biotop)* stehen wiederum in sehr enger Beziehung. Sie bilden zusammen das **Ökosystem Wald**.

Endverbraucher

Zweitverbraucher

Erstverbraucher

Erzeuger

Die verschiedenen Organismen einer Biozönose beeinflussen sich wechselseitig. An den Wechselbeziehungen zwischen Borkenkäfer und Specht kann man diese gegenseitige Beeinflussung verdeutlichen. Borkenkäfer sind Bastbewohner, deren Larven sich vom nährstoffreichen Bastteil ernähren. An den Enden der Fraßgänge verpuppen sich die Larven, bevor sich die daraus entstehenden Käfer einen Weg durch die Borke hin-

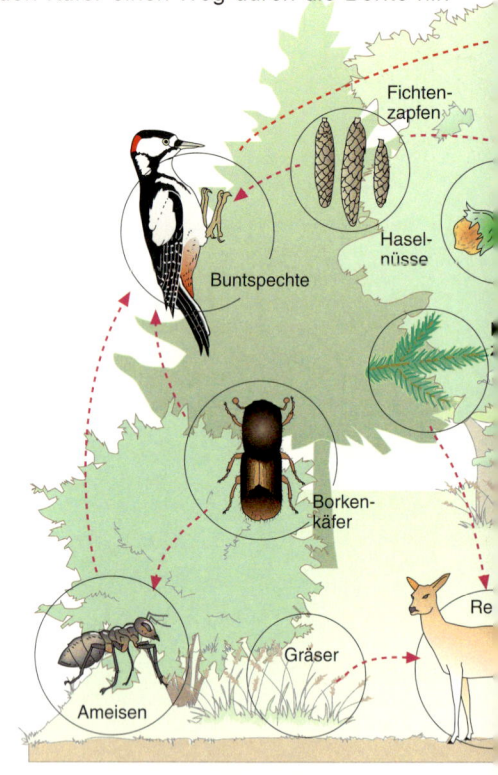

1 Nahrungsnetz im Mischwald

2 Borkenkäfer

3 Larvengänge

116 *Ökosystem Wald*

1 Nahrungsbeziehung Borkenkäfer – Specht

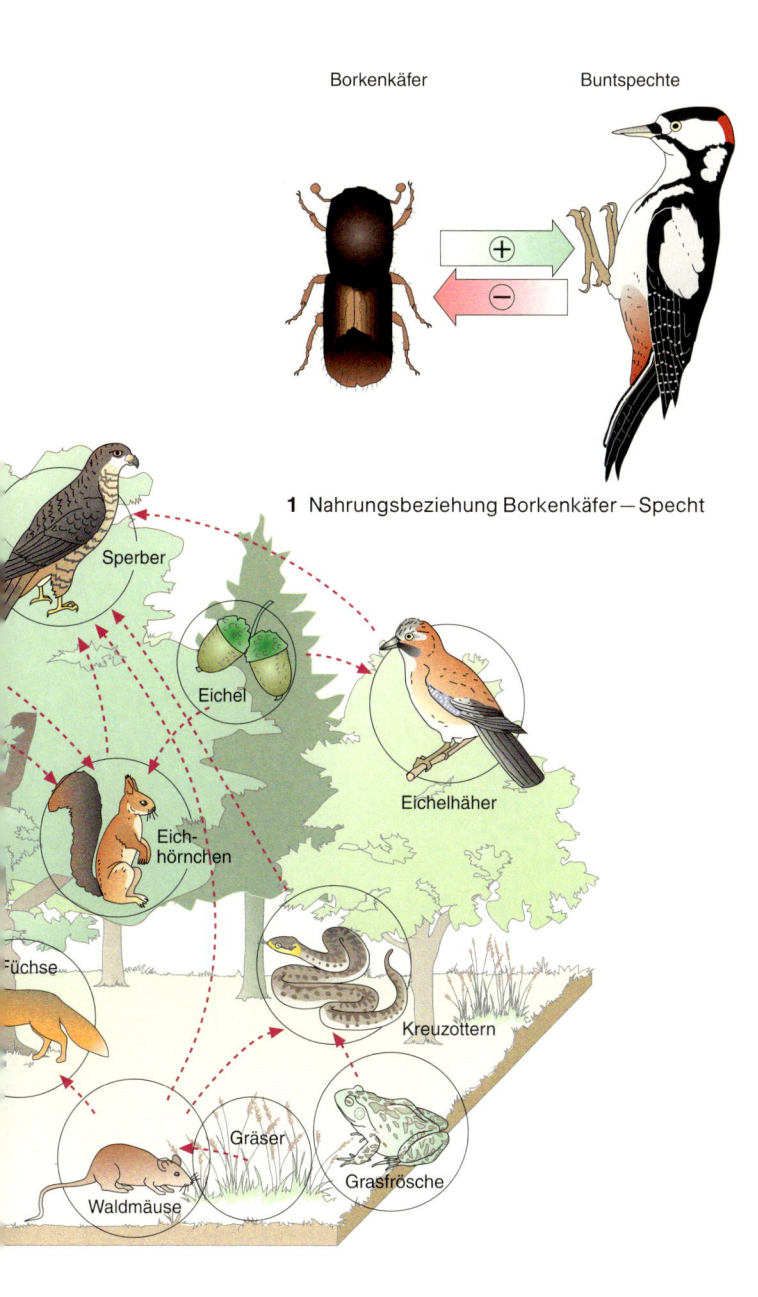

2 Borkenkäferfalle

durch nach außen bohren und davonfliegen. Borkenkäfer befallen bevorzugt geschwächte Bäume und können diese bei starkem Befall zum Absterben bringen.

Der Buntspecht ernährt sich unter anderem von Borkenkäfern und deren Larven. Auf diese Weise hält sich die Zahl der Borkenkäfer in Grenzen. Man kann also sagen: Je mehr Borkenkäfer, desto mehr Spechte, und je mehr Spechte, desto weniger Borkenkäfer. Solche Wechselbeziehungen regeln sich selbst. Man kann sie in einem einfachen *Regelkreis-Schema* ausdrücken (Abb. 1).

Buntspechte können jedoch nur in einem naturnahen Mischwald spürbaren Einfluss auf die Zahl der Borkenkäfer nehmen. In einer Fichtenmonokultur hat der Borkenkäfer so gute Vermehrungsmöglichkeiten, dass die natürlichen Feinde wenig ausrichten. Die beste Möglichkeit, das Vorkommen des Fichtenborkenkäfers einzudämmen, wäre also der *Verzicht* auf Monokulturen der Fichte.

Bei solchen Betrachtungen muss man außerdem immer berücksichtigen, dass einzelne Nahrungsketten Teile von Nahrungsnetzen sind. Für unseren Fall heißt das, dass von der Fichte noch andere Tiere leben, z. B. Blattläuse. Borkenkäfer werden nicht nur vom Specht erbeutet, sondern auch vom Kleiber und von vielen räuberisch lebenden Insekten. Der Specht schließlich ernährt sich nicht nur von Borkenkäfern, sondern auch von den Samen der Fichtenzapfen. Unser einfaches Regelkreisschema kann also gar nicht die vielen, schwer zu überschauenden Wechselbeziehungen zwischen den Organismen eines Ökosystems erfassen. Wenn über lange Zeit trotz aller Schwankungen im Mittel ein ausgewogenes Verhältnis zwischen den Organismenarten eines Ökosystems existiert, spricht man von einem **biologischen Gleichgewicht.**

Ein solches Gleichgewicht kann in Fichtenmonokulturen oft gar nicht erst entstehen. In besonders trockenen Jahren und nach starkem Windbruch kommt es in ihnen häufig zur *Massenvermehrung* von Borkenkäfern, sodass die Existenz des Waldes bedroht ist. Deshalb werden *Borkenkäferfallen* aufgestellt, die den Sexuallockstoff von Borkenkäferweibchen enthalten. Männliche Borkenkäfer können ohne weiteres in diese eindringen und werden dabei getötet. Solche Fallen werden regelmäßig kontrolliert, um eine entstehende Massenentwicklung frühzeitig erkennen zu können. Die Reduzierung der männlichen Käfer bedeutet, dass viele Weibchen nicht befruchtet werden und keine Nachkommen haben. Tritt dennoch Massenbefall auf, werden *Insektizide* (Insektengifte) eingesetzt.

Aufgaben

① Schreibe anhand der Abb. 116.1 weitere, nicht im Text besprochene Nahrungsketten auf und ordne den einzelnen Gliedern die entsprechenden Begriffe zu.

② Weshalb können sich Borkenkäfer besonders gut in trockenen Jahren und in Monokulturen vermehren?

Ökosystem Wald **117**

Tote Tiere und Pflanzen werden im Boden zersetzt

Nur ein kleiner Teil der Pflanzen im Wald wird von den Konsumenten gefressen. Ein sehr viel größerer Teil der produzierten organischen Substanz fällt als totes organisches Material an. Dazu zählen vor allem Blätter, die den größten Teil der *Streuschicht* ausmachen. Dazu kommen Äste, Ausscheidungen und Tierleichen. Gräbt man in einem Buchenwald den Waldboden auf, erkennt man, dass er geschichtet ist. Oben liegen vollständige Laubblätter, darunter sind die Blätter mit zunehmender Tiefe immer mehr zersetzt, bis schließlich zunächst dunkel gefärbte, dann heller werdende Erde folgt.

Am *Abbau der Blätter* sind viele Bodenorganismen beteiligt. Springschwänze und Hornmilben öffnen die Blattoberflächen, sodass Pilze und Bakterien eindringen können. Fliegenmaden und Asseln fressen größere Löcher in das Blatt, das schließlich in kleinere Stücke zerfällt. Regenwürmer und auch Tausendfüßer nutzen diese als Nahrung. Regenwürmer nehmen dabei auch Erde mit auf und entziehen ihr verwertbare, organische Bestandteile.

Die Bedeutung der Regenwürmer für die Durchlüftung des Bodens ist dabei außerordentlich groß. Pro Hektar rechnet man mit bis zu 4 Tonnen Regenwürmern, die im Jahr bis zu 20 Tonnen Erde ihren Körper passieren lassen. Dadurch entsteht unter der lockeren Laubstreu der fruchtbare *Humus*. Der Wurmkot mit dem stark zerkleinerten Pflanzenmaterial wird dann von Bakterien und Pilzen zu Mineralstoffen abgebaut.

Auch bei der *Zersetzung* von totem *Holz* spielen Bakterien und Pilze eine bedeutende Rolle. Denn in kürzester Zeit durchdringen Pilzmyzelien das Holz, unterhöhlen die Borke und schaffen damit Angriffsflächen für Bakterien und andere abbauende Organismen. In wenigen Jahren wird das Holz durch Zersetzungsprozesse so gelockert, dass sich noch mehr Bakterien, Pilze und Tiere ansiedeln können. Der Abbau von Tierkadavern läuft ähnlich ab. Hier wirken bekannte Spezialisten, wie z. B. Totengräber und Mistkäfer, mit.

Durch die Tätigkeit dieser Organismen werden die Durchlüftung, Wasserhaltefähigkeit und Fruchtbarkeit des Bodens verbessert. *Fäulnisfresser* oder *Saprovore* nehmen tote Tiere oder Pflanzen bzw. Teile davon auf und scheiden organische, noch energiehaltige Stoffe aus, die von den *Mineralisierern* verwertet werden. Dabei entstehen Mineralstoffe, die auf diese Weise dem Boden zurückgegeben werden. Die bei der Humusbildung und Mineralstofffreisetzung beteiligten Organismen nennt man in ihrer Gesamtheit *Zersetzer* oder *Destruenten*. Sie bilden durch ihr Zusammenwirken Abbauketten und das Nahrungsnetz des Waldbodens. Sie ergänzen so die Nahrungsketten zum Stoffkreislauf.

Aufgabe

1. Welche Organismen nutzen die Mineralstoffe, die am Ende der Abbaukette freigesetzt werden?

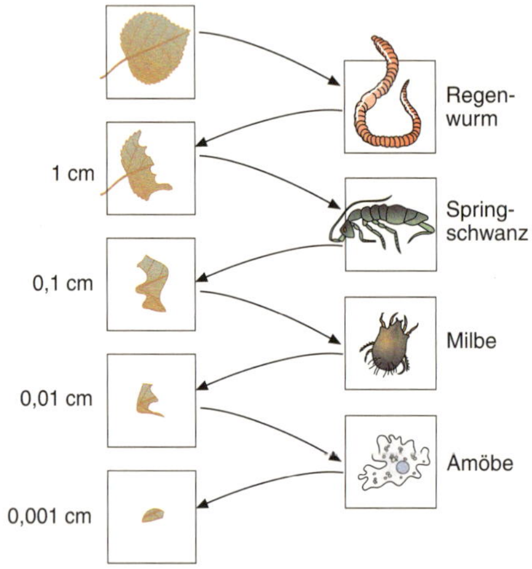

Ein Buchenblatt wird abgebaut

1 Blattabbau durch Bodenorganismen

Bakterien	60 000 000 000 000
Pilze	1 000 000 000
Einzeller	500 000 000
Fadenwürmer	10 000 000
Algen	1 000 000
Milben	150 000
Springschwänze	100 000
Enchyträen	23 000
Regenwürmer	200
Fliegenlarven	200
Tausendfüßer	150
Käfer	100
Hundertfüßer	50
Schnecken	50
Asseln	50
Wirbeltiere	0,001

2 Organismenanzahl in 1 m² Boden (obere 30 cm)

Ökosystem Wald

Leben im Boden

Wegen ihrer meist geringen Größe und ihrer Lebensweise im Verborgenen entdeckt man erst bei einer genaueren Untersuchung der Moospolster, der Laubstreu und der oberen lockeren Schichten des Humus eine große Vielzahl verschiedener Organismen. Der größte Teil der Organismen des Bodens verwertet tote Tiere und Pflanzen bzw. Teile von diesen.

Zu diesen Zersetzern oder Destruenten gehören neben Pilzen und Bakterien Regenwürmer, Asseln, Tausendfüßer, Springschwänze, Fliegenmaden, Milben usw. Andererseits ernähren sich von diesen Organismen räuberisch lebende Bodentiere. Dazu gehören zum Beispiel Hundertfüßer, Raubmilben und Pseudoskorpione.

Die **Diskusschnecke** lebt vor allem an totem Holz.

Asseln fressen Blattreste und ähnliches totes organisches Material.

Pseudoskorpione (2–4 mm) erbeuten Springschwänze und andere Tiere dieser Größenordnung.

Der zu den Hundertfüßern gehörende **Erdläufer** lebt räuberisch von Kleintieren des Bodens, z. B. Regenwürmern, Doppelschwänzen sowie Mücken- und Fliegenlarven.

Raubmilben saugen z. B. an Larven von Fliegen und Schnaken.

Die bis zu 10 mm großen **Doppelschwänze** leben im Humus von Pflanzenmaterial.

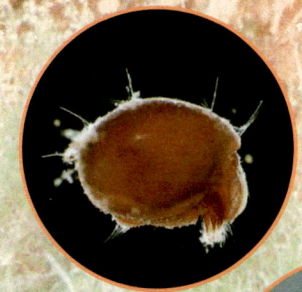

Die **Hornmilben** (bis 1mm) fressen Bakterien und nagen an Holzresten.

Springschwänze nagen an toten Blättern und fressen Bakterien, Algen und Pilzfäden. Ihren Namen haben sie von der Sprunggabel am Hinterende, mit deren Hilfe sie sich vorwärts katapultieren können.

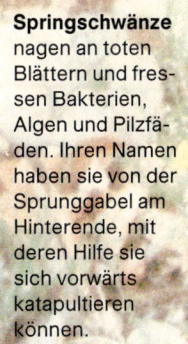

Die bis 2 mm großen **Fadenwürmer** fressen Bakterien und feines totes organisches Material.

Die **Fliegenmaden**, die keine Kopfkapsel besitzen, saugen an unterschiedlichem toten organischen Material.

Ökosystem Wald

Praktikum

Untersuchung der Laubstreu und des Bodens

Wie ist die Streuschicht aufgebaut?

Stecke auf dem Waldboden eine Fläche von der Größe eines DIN A4-Blattes ab und hebe nun alle Bestandteile der Laubstreu schichtweise ab, bis du die obere, feste Bodenschicht erreicht hast. Sammle das Material in einer Plastiktüte.

① Beschreibe die Bestandteile der Streuschicht (Aussehen, Feuchtigkeitsgrad). Fasse deine Beobachtungen in einer Tabelle (obere, mittlere, untere Schicht, oberste Bodenschicht) zusammen.

② Suche unterschiedlich zersetzte Blätter. Ordne sie auf Papier nach Zersetzungsgrad und klebe sie auf.

Was lebt in der Streuschicht?

Zum Bestimmen von Tieren sind die gleichen Vorbereitungen nötig wie bei der Bestimmung von Pflanzen. Die Tiere sollten grundsätzlich nach dem Sammeln und Bestimmen in ihren Lebensraum zurückgesetzt werden!

I. Größere Bodenorganismen

③ Breite jeweils nacheinander kleine Portionen deiner Laubstreuprobe auf einem weißen Blatt oder in einer weißen Schale aus.

④ Untersuche die Probe auf Kleinlebewesen und ermittle anhand unserer Abbildung S. 119 oder eines Bestimmungsbuches deren Artnamen. Benutze dabei auch die Lupe.

⑤ Erfasse von den Lebewesen, die du nicht bestimmen kannst, Größe, Form und andere charakteristische Merkmale, wie z. B. Anzahl der Beine, Zahl der Körperabschnitte.

⑥ Erstelle für die gefundenen Lebewesen eine Tabelle und gib mithilfe einer Strichliste deren Häufigkeit an.

II. Kleinere Bodenorganismen

⑦ Zur Untersuchung kleinerer Organismen bastle aus Glasröhrchen, Schlauch und Stopfen ein Gefäß, wie es in der Abbildung angegeben ist. Um an die kleinsten Bodentiere zu kommen, kannst du auch einen Berlese-Apparat benutzen. Die Lampe wird für etwa eine halbe Stunde eingeschaltet. Da Bodenorganismen das Licht meiden, kriechen sie nach unten und fallen in das Becherglas.

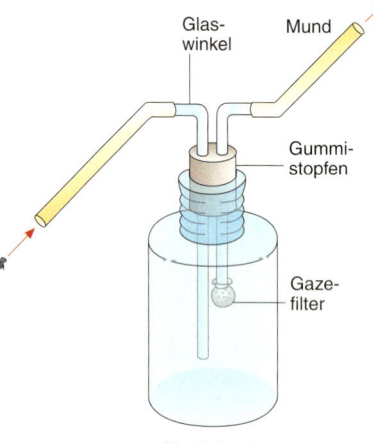

⑧ Untersuche die gefangenen Tiere anschließend mit der Lupe oder dem Stereomikroskop. Ist kein Stereomikroskop vorhanden, kannst du auch mit der schwächsten Vergrößerung eines Durchlichtmikroskops und seitlicher Beleuchtung die Untersuchung durchführen. Bestimme dann die Organismen wie bei I.

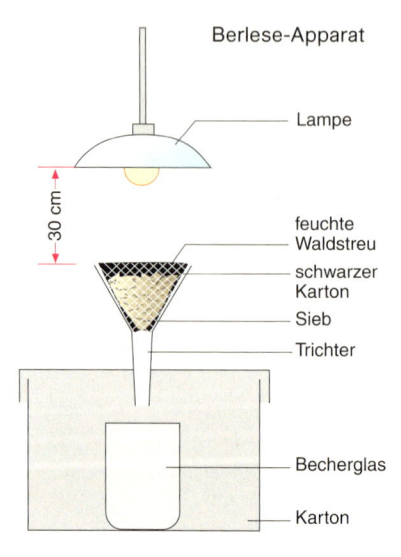

Untersuchung des Bodens

Zusammensetzung

Dazu eignet sich die Schlämmanalyse. Ein Standzylinder wird etwa bis zur Hälfte mit leicht angedrücktem Boden gefüllt, der Rest mit schwach salzhaltigem Wasser (20 bis 40 g auf 1 Liter) aufgefüllt. Durch die Salzzugabe lösen sich die einzelnen Bestandteile beim Schütteln leichter voneinander und setzen sich übereinander ab.

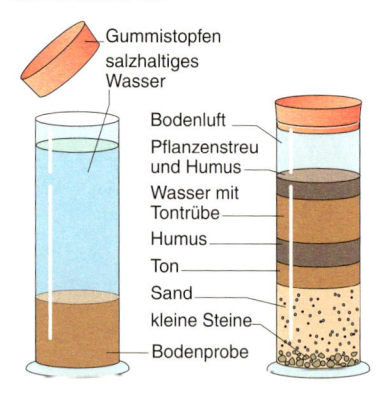

Wasserhaltefähigkeit

Dazu wird auf jeweils gleiche Mengen von lufttrockenem Boden gleich viel Wasser geschüttet. Ein Teil davon wird festgehalten. Der Rest fließt ab und wird gemessen. Die Differenz ist ein Maß für die Wasserhaltefähigkeit des Bodens.

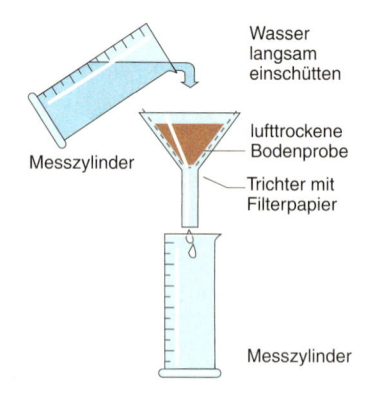

pH-Wert

Bringe etwa 1 Esslöffel voll Boden in ein Becherglas, setze ca. 100 ml destilliertes Wasser zu und rühre kräftig mit einem Glasstab um. Bestimme nach Absetzen der groben Bestandteile im wässrigen Überstand mithilfe eines pH-Testpapiers oder pH-Teststäbchens den pH-Wert (Messbereich pH 3 – 8).

⑨ Protokolliere jeweils die Ergebnisse.
⑩ Vergleiche jeweils verschiedene Böden und halte die Ergebnisse in einer Tabelle fest.

Ökosystem Wald

Bestimmung von Organismen der Laubstreu

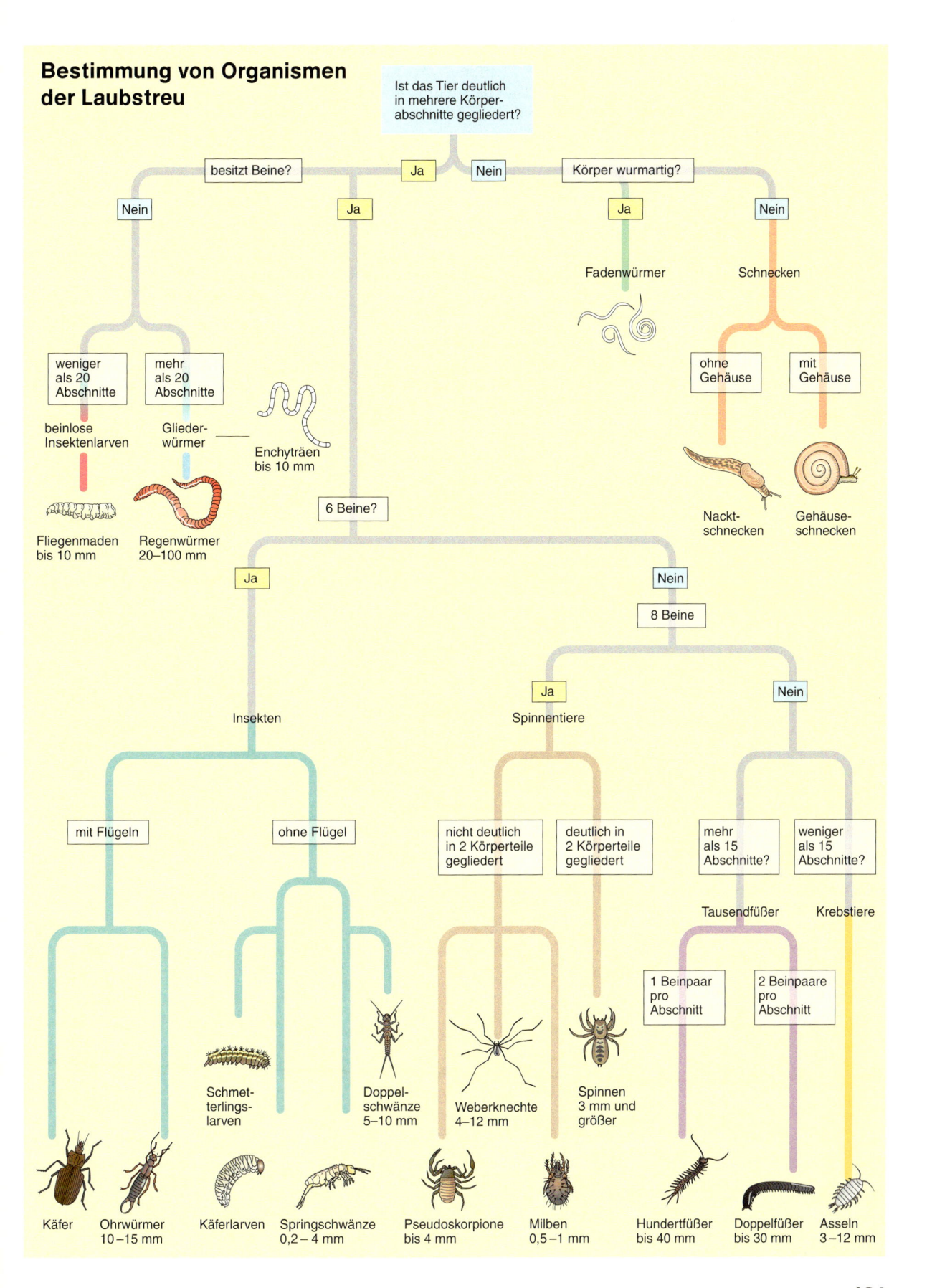

Ist das Tier deutlich in mehrere Körperabschnitte gegliedert?

- **Ja** → besitzt Beine?
  - **Nein**
    - weniger als 20 Abschnitte → **beinlose Insektenlarven** → Fliegenmaden bis 10 mm
    - mehr als 20 Abschnitte → **Gliederwürmer** → Regenwürmer 20–100 mm; Enchyträen bis 10 mm
  - **Ja** → 6 Beine?
    - **Ja** → **Insekten**
      - mit Flügeln → Käfer; Ohrwürmer 10–15 mm
      - ohne Flügel → Schmetterlingslarven; Käferlarven; Springschwänze 0,2–4 mm; Doppelschwänze 5–10 mm
    - **Nein** → 8 Beine
      - **Ja** → **Spinnentiere**
        - nicht deutlich in 2 Körperteile gegliedert → Weberknechte 4–12 mm; Pseudoskorpione bis 4 mm; Milben 0,5–1 mm
        - deutlich in 2 Körperteile gegliedert → Spinnen 3 mm und größer
      - **Nein**
        - mehr als 15 Abschnitte? → **Tausendfüßer**
          - 1 Beinpaar pro Abschnitt → Hundertfüßer bis 40 mm
          - 2 Beinpaare pro Abschnitt → Doppelfüßer bis 30 mm
        - weniger als 15 Abschnitte? → **Krebstiere** → Asseln 3–12 mm
- **Nein** → Körper wurmartig?
  - **Ja** → **Fadenwürmer**
  - **Nein** → **Schnecken**
    - ohne Gehäuse → Nacktschnecken
    - mit Gehäuse → Gehäuseschnecken

Ökosystem Wald

Der Kreislauf der Stoffe und der Weg der Energie

Die Organismen eines Ökosystems sind über Nahrungsketten und Nahrungsnetze miteinander verbunden. Sie nehmen Wasser, Sauerstoff, Kohlenstoffdioxid und in der Nahrung enthaltene Bestandteile auf. Andererseits stellen sie weiteren Mitgliedern des Ökosystems Stoffe zur Verfügung, indem sie selbst zur Nahrung werden oder indem sie Unverwertbares wieder ausscheiden. Bestimmte Stoffe werden immer wieder verwertet, sie sind Bestandteil von Kreisläufen.

Am Beginn dieses **Stoffkreislaufes** stehen immer die grünen Pflanzen. Sie betreiben als *Produzenten* (Erzeuger) *Fotosynthese*. Aus dem Kohlenstoffdioxid der Luft und Wasser wird mithilfe von Lichtenergie Traubenzucker gebildet. Durch die Fotosynthese werden also aus energiearmen, anorganischen Stoffen (Wasser und Kohlenstoffdioxid) energiereiche, organische Substanzen (Traubenzucker) aufgebaut. Gleichzeitig gibt die Pflanze als weiteres Produkt der Fotosynthese Sauerstoff ab. Dieser ist für die Atmung von Pflanzen, Tieren und Pilzen unentbehrlich. Die heutige Atmosphäre enthält ca. 21 % Sauerstoff und nur 0,035 % Kohlenstoffdioxid.

Der bei der Fotosynthese gebildete Traubenzucker ist der Ausgangsstoff für den Aufbau anderer lebenswichtiger organischer Substanzen, wie zum Beispiel von Stärke und Zellulose. Ein Teil des Traubenzuckers kann nicht für den Aufbau von eigener organischer Substanz verwendet werden, sondern wird als Energielieferant für die **Zellatmung** verbraucht. Grüne Pflanzen geben dabei Kohlenstoffdioxid wieder an die Atmosphäre ab. Gleichzeitig verbrauchen sie Sauerstoff. Insgesamt werden jedoch von allen grünen Pflanzen weitaus mehr Traubenzucker und Sauerstoff gebildet als verbraucht. So können Pflanzen an Masse zunehmen, d. h. sie können wachsen.

Die in der Nahrungskette folgenden *Konsumenten* (Verbraucher) benötigen die organischen Bestandteile des jeweils vorangegangenen Nahrungskettengliedes. Nur so können sie ihren Stoffwechsel einschließlich der Zellatmung aufrecht erhalten. Dabei verbrauchen sie Sauerstoff und setzen Kohlenstoffdioxid frei. Konsumenten können also energiereiche, organische Substanz nicht selbst herstellen, sie sind **heterotroph**. Grüne Pflanzen sind dagegen **autotroph**, da sie die organische Substanz, die sie benötigen, selbst herstellen können.

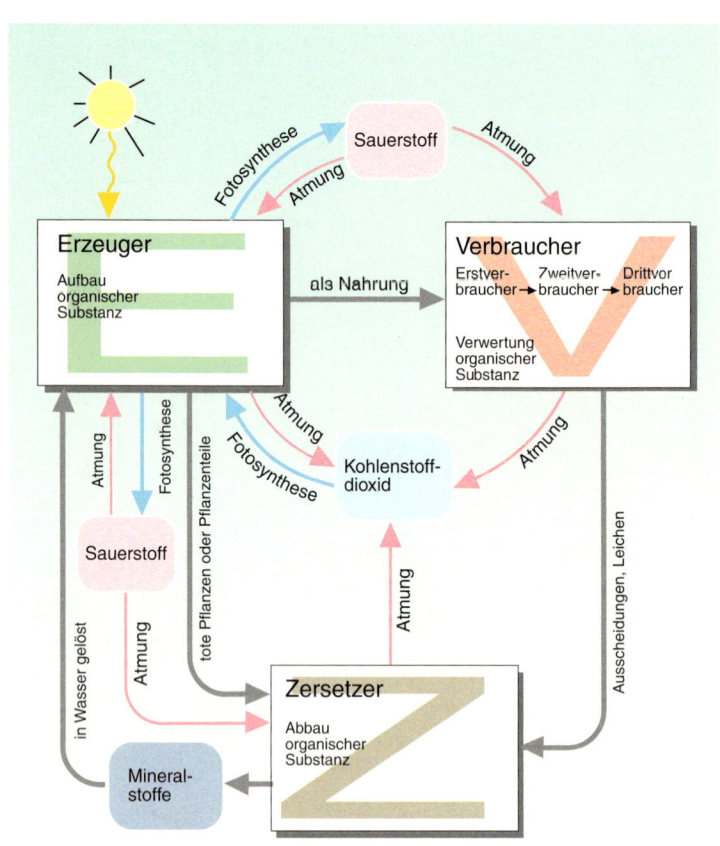

Die Ausscheidungen von Pflanzen und Tieren sowie tote Lebewesen werden von den Organismen der Abbaukette im Boden (Zersetzer oder *Destruenten*) unter Sauerstoffverbrauch zu Mineralstoffen, Wasser und Kohlenstoffdioxid umgesetzt. Der darin enthaltene Kohlenstoff befindet sich in einem ständigen Kreislauf zwischen Atmosphäre — als Kohlenstoffdioxid (CO_2) — und den Organismen, gebunden in der organischen

1 Schema des Stoffkreislaufs

Substanz Traubenzucker ($C_6H_{12}O_6$). Der Kohlenstoff geht also den Organismen nicht verloren. Das Element Kohlenstoff (C) kommt innerhalb des Stoffkreislaufes in verschiedenen Verbindungen vor. Man spricht auch vom *Kohlenstoff-Kreislauf*.

Auch andere Elemente durchwandern ähnliche Kreisläufe. So gibt es in einem Ökosystem auch einen *Stickstoff-*, einen *Phosphor-* und einen *Schwefelkreislauf*. Alle Stoffe werden also wieder verwertet.

Ökosystem Wald

Einbahnstraße Energie

Vergleicht man in einem Ökosystem jeweils die Gesamtmasse von Produzenten und Konsumenten miteinander, so erkennt man zu den Endverbrauchern hin eine deutliche Abnahme.

Diese Abnahme lässt sich durch eine sogenannte **Nahrungspyramide** darstellen. Sie besteht aus einzelnen *Nahrungsebenen*, die durch Produzenten und Konsumenten gebildet werden. Eine Nahrungspyramide erhält man erst dann, wenn man die **Biomasse** der einzelnen Nahrungsebenen in einem Ökosystem ermittelt. Unter Biomasse versteht man in diesem Fall jeweils die gesamte Masse der Lebewesen in einer Nahrungsebene.

Die Biomasse der Erzeuger (Pflanzen) ist am größten, die der Erstverbraucher (Pflanzenfresser) sehr viel kleiner. Die Biomasse der Zweitverbraucher wiederum ist deutlich geringer als die der Erstverbraucher usw.

Was sind die Ursachen für die Abnahme der Biomasse innerhalb der Nahrungspyramide? Die Energie des Sonnenlichts wird von den Pflanzen in chemisch gebundene Energie, z. B. die des Traubenzuckers, überführt. Ein erheblicher Teil dieser chemisch gebundenen Energie wird von der Pflanze selbst für die Zellatmung benötigt, sodass nur der übrig gebliebene Anteil des durch Fotosynthese gebildeten Traubenzuckers für den Aufbau von pflanzlicher Biomasse zur Verfügung steht.

Für die Pflanzenfresser, die Erstverbraucher, gilt Ähnliches. Nur ein kleiner Teil der in der Nahrung enthaltenen Energie kann für den Aufbau eigener Biomasse genutzt werden. Ein erheblicher Teil der in der Nahrung enthaltenen Energie wird für die Körperaktivität und Zellatmung benötigt und in Wärme umgewandelt, die an die Umgebung abgegeben wird. Zudem enthält die Nahrung unverdauliche Anteile, die ausgeschieden und schließlich von den Zersetzern in der Abbaukette verwertet werden. Im Durchschnitt können nur 10 Prozent der in der Nahrung enthaltenen Energie für den Aufbau eigener Biomasse genutzt werden.

Entsprechendes gilt für die Mitglieder der nächsten Nahrungsebenen. Immer wird nur ein kleiner Teil der mit der Nahrung aufgenommenen Energie genutzt. Das hat zur Folge, dass die in der Biomasse der Endkonsumenten gespeicherte Energie nur noch einen winzigen Bruchteil der in der Biomasse der Produzenten enthaltenen Energie ausmacht, durchschnittlich 0,1 %.

1 Weg der Energie

Aufgaben

1. Erläutere mithilfe von Abb. 1, weshalb Nahrungsketten nicht beliebig lang sind.
2. Erläutere, weshalb der Weg der Energie einer Einbahnstraße ähnelt und sie ständig nachgeliefert werden muss, sodass die Stoffkreisläufe aufrecht erhalten werden können.
3. Es gab in der Geschichte der Erde Phasen, in denen ein Teil des organischen Materials dem Stoffkreislauf entzogen wurde. Damals entstanden die Kohle- und Erdölvorkommen, die man heute zur Energiegewinnung wieder verbrennt.
   a) Wie muss sich damals der Kohlenstoffdioxidgehalt der Atmosphäre verändert haben?
   b) Welche Auswirkungen hat heute die Verbrennung von Kohle und Erdöl auf die Atmosphäre? Begründe.

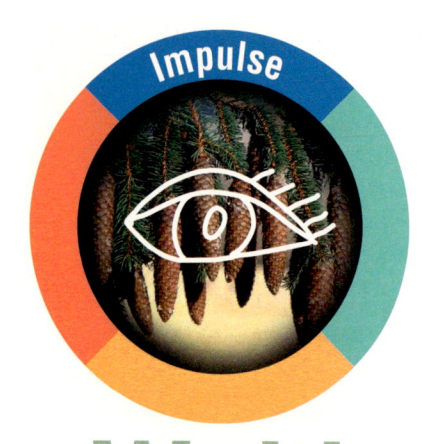

Wald erforschen

Impulse

Auch ein kleineres Waldstück in deiner Nähe reicht meist aus, um eigene Beobachtungen und Untersuchungen anstellen zu können. So wirst du wesentlich besser verstehen können, in welcher Weise Lebewesen existieren und wie sie voneinander abhängen. Viele Untersuchungen kannst du mit einfachen Mitteln durchführen. Am wichtigsten aber ist ein aufmerksames Auge. Bestimmungsbücher helfen dir, deine Beobachtungen bestimmten Lebewesen zuzuordnen.

Spuren an Bäumen

Gar nicht selten kann man Beschädigungen an Bäumen und Sträuchern durch Tiere entdecken. Sie müssen nicht immer etwas mit der Nahrungsbeschaffung zu tun haben. Zum Beispiel kann die Rinde von Ästen oder auch des Stammes abgescheuert worden sein. Welche Tiere tun so etwas und warum?

In manche Stämme sind Höhlen gemeißelt worden. Wer besitzt die Werkzeuge dazu? Werden bestimmte Bäume bevorzugt Opfer solcher Attacken?

Fährten

Viele Waldtiere bekommt man nur selten zu sehen. Ihre Anwesenheiten verraten sie jedoch häufig durch vielerlei Hinweise. Ihre Fußabdrücke oder Fährten kann man gut auf weichem, feuchtem Untergrund oder im Schnee erkennen. Wer war's?

Nahrung

Der Wald bietet vielen Tieren Nahrung. Das zeigen die zahlreichen und vielfältigen Hinweise, die man meist an Pflanzen und ihren Früchten und Samen findet.

Die Art der Bearbeitung bzw. Veränderung lässt meist auf den Verursacher schließen.

Hinterlassenschaften ganz anderer Art sind die charakteristischen Kotballen vieler Waldtiere, an denen du sie erkennen kannst.

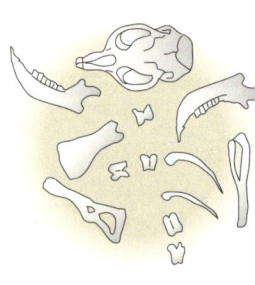

Federn und andere Hinterlassenschaften

Manchmal findet man Spuren eines Dramas mit tödlichem Ausgang, wie zum Beispiel die vielen ausgerupften Federn des Opfers. An ihnen kannst du es identifizieren.
Wer aber war andererseits als Jäger erfolgreich?

In Gewöllen (Speiballen) befinden sich unverdauliche Reste der Nahrung. In ihnen findet man Haare und Knochen der Beutetiere. Wer ist der Jäger, wer die Beute?

Ökosystem Wald

Untersuchen

Du wirst noch mehr von den Zusammenhängen im Ökosystem Wald verstehen, wenn du dir zum Beispiel einen abgestorbenen Baum oder Baumstumpf vornimmst und diese genauer untersuchst. Durch die Tätigkeit verschiedener Organismen werden sie nach und nach abgebaut.

Interessant ist es, einige der Organismen kennen zu lernen, die in abgestorbenem Holz leben. Dazu kannst du die Rinde abheben und auch versuchen, mit einem stabilen Messer das weiche Holz zu öffnen. Je stärker der Zerfall fortgeschritten ist, desto weicher ist das Holz.

Versuche die gefundenen Organismen einzuordnen und informiere dich über ihre Lebensweise. Vergleiche die Bewohner unterschiedlich stark zersetzten Holzes.

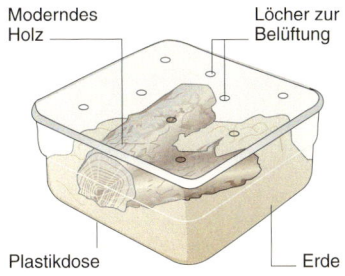

Moderndes Holz — Löcher zur Belüftung

Plastikdose — Erde

Um die Organismen in totem Holz über einen längeren Zeitraum beobachten zu können, kannst du ein Stück vermoderndes Holz zusammen mit etwas Erde und Laubstreu in ein größeres Plastikgefäß bringen, dessen Deckel durchlöchert ist. Wenn du diesen Kleinlebensraum regelmäßig kontrollierst, wirst du mit großer Wahrscheinlichkeit weitere im Holz lebende Kleintiere entdecken können.

Dokumentieren

Vielfach ist es lohnend, seine Untersuchungsergebnisse in geeigneter Form zu dokumentieren. Blätter kann man zum Beispiel in einem Herbar haltbar machen oder mit einem Scanner oder Kopierer auf Papier dokumentieren. Früchte lassen sich oft gut durch eine Zeichnung darstellen. Jahreszeitliche oder sonstige Veränderungen können fotografisch festgehalten werden. Wenn du ein Stück Papier auf die Rinde verschiedener Bäume drückst, kannst du mit einem Wachsstift einen Rindenabdruck erzeugen. Ebenso kannst du das Holz verschiedener Baumarten vergleichen. Sie besitzen jeweils eine typische Maserung.

Ökosystem Wald

3 Die Bedeutung des Waldes für den Menschen

Vom Urwald zum Nutzwald

Ab dem 7. Jahrhundert n. Chr. begann der Mensch, den Wald in größerem Umfang durch Abbrennen oder Abholzen zurückzudrängen. Es wurde immer mehr Raum für den Ackerbau benötigt, außerdem nutzte man das Holz als Brenn- und Baumaterial. Das führte dazu, dass der Wald bis zum 13. Jahrhundert etwa auf ein Drittel reduziert wurde.

Im Mittelalter trieb man Schweine, Rinder und Schafe in den Wald, die dort besonders die jungen Triebe der Pflanzen und deren Früchte fraßen. Laub und Humus wurden als Streu bei der Stallhaltung verwendet. Die vorherrschenden Buchen und Eichen entwickelten sich infolge von Viehverbiss und Verarmung an Nährstoffen nicht mehr so gut, sodass diese Baumarten in einigen Gebieten zugunsten der Fichte abnahmen. Da außerdem Wald in erheblichem Umfang gerodet wurde, nahm im Mittelalter vielerorts die Waldfläche auf einen Bruchteil der ursprünglichen Fläche ab. In manchen Gebieten waren nur noch 3 % der Fläche bewaldet.

Ab dem 18. Jahrhundert nahm mit der Industrialisierung bei stetig wachsender Bevölkerung der Holzbedarf (Bauholz, Brennholz) sehr stark zu. Deshalb begann man damit, großflächig Nadelwälder (Fichten- und auch Kiefernwälder) anzupflanzen, sodass die Waldfläche wieder stark zunahm, der größte Teil der Wälder jedoch aus Nadelwald bestand. Nadelbäume kann man bereits nach 70 Jahren ernten.

Der natürliche Wald war nun endgültig durch den *Forst*, also einen durch den Menschen angebauten *Nutzwald*, ersetzt worden. In diesen Nutzwäldern wurden vor allem schnellwüchsige Baumarten angepflanzt, die aber oft nicht so gut an die örtlichen Gegebenheiten, wie die Bodenverhältnisse und das vorherrschende Klima, angepasst waren. Man spricht heute in solchen Fällen von nicht standortgerechter Bepflanzung.

So bieten sich häufig solche eintönigen Anblicke, wie es die Abbildung zeigt. Viele Fichten stehen dicht an dicht, nur wenig Licht erreicht den Boden. Die unteren Äste sind abgestorben, außer Moosen findet sich kein Unterwuchs. Der Boden ist fast nur von abgestorbenen Nadeln bedeckt. Wir haben einen reinen Fichtenbestand, eine *Monokultur*, vor uns.

Wenn man in einer solchen Fichtenmonokultur eine Auslichtung vornimmt, bietet sich nach einigen Jahren ein völlig anderes Bild. Der entstehende Mischbestand bietet ein vielseitigeres Nahrungsangebot. Zudem entstehen neue Nist- und Versteckmöglichkeiten für Tiere. Die von Monokulturen her bekannten Nachteile treten hier nicht mehr auf. Bei der Bewirtschaftung werden die Bäume einzeln oder in Gruppen gefällt, sodass sich auf Lichtungen immer wieder der Jungwuchs entwickeln kann.

Aufgabe

1. Erläutere, welche Auswirkungen Monokulturen aus Fichten auf lange Sicht auf die Entwicklung von Schädlingen, den Boden und die Vielfalt der Pflanzen- und Tierwelt haben. Begründe.

Holz als Wirtschaftsfaktor

Der Wald produziert eine riesige Menge von Biomasse — er ist bei uns der produktivste Lebensraum. Rund 90 % der im Wald produzierten Biomasse ist Holz. Diese riesige Menge an Holz wird in unserem Land von der Holz verarbeitenden Industrie genutzt, denn Holz ist leicht zu bearbeiten und besitzt mechanische Eigenschaften, durch die es für viele Zwecke gut geeignet ist.

Etwa die Hälfte des einheimischen Holzes wandert in die Sägewerke, aus *Stammholz* werden Bretter und Latten, Balken und Bohlen. Die Hauptabnehmer sind das Baugewerbe und die Möbelindustrie. Im Möbelbau werden heute kaum mehr massive Bretter verwendet. Wertvolles Holz wird zu dünnen Holzblättern geschnitten und als *Furnier* auf billigeres Holz aufgeleimt. Ein weiteres Weiterverarbeitungsprodukt ist die *Spanplatte*. Sie ist preisgünstig herzustellen und hat den Vorteil, dass sie bei Feuchtigkeitsaufnahme kaum arbeitet. Zur Herstellung von Spanplatten wird Rohholz zunächst in Späne zerlegt, dann mit Kunstharz vermischt und zu Platten zusammengepresst. Spanplatten sind heute der wichtigste Werkstoff in der Möbelindustrie.

Minderwertiges Holz wird von der Zellstoffindustrie zu Holzschliff und zu Zellstoff verarbeitet. Dieses sind die wichtigsten Ausgangsmaterialien für die *Papierherstellung*. Durch unterschiedliche Mischung von Holzschliff, Zellstoff, Altpapier und Zusätzen sowie durch verschiedene Fertigungsmethoden entstehen die verschiedenen Papiersorten. Hohe Rücklaufquoten an Altpapier ermöglichen heute fast ein Kreislaufsystem wie in der Natur und schonen damit den Holzverbrauch und die sehr teure Ablagerung in Mülldeponien.

Aufgaben

1. In der Mittelspalte sind verschiedene Weiterverarbeitungsformen von Holz dargestellt. Wo finden diese ihre Verwendung? Fertige dazu eine Tabelle an.
2. Wieso klemmen deiner Meinung nach Schubladen aus massivem Holz an manchen Tagen, an anderen aber nicht?
3. Berechne anhand der Daten in der Mittelspalte den Anteil von Altpapier am Gesamtpapierverbrauch.
4. Weshalb wird heute zunehmend Umweltschutzpapier verwendet? Wo wird es vor allem verwendet?

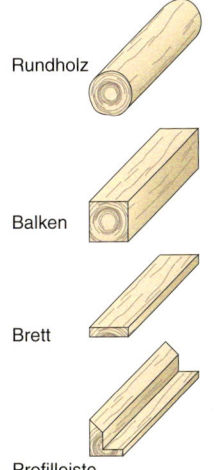

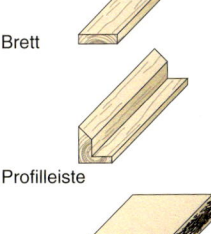

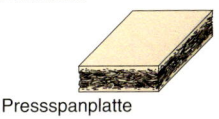

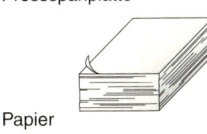

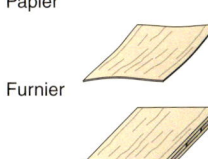

Rundholz
Balken
Brett
Profilleiste
Pressspanplatte
Papier
Furnier
Sperrholz
Holzwolle

Verbrauch von Papier, Karton und Pappe 1999 in Deutschland insgesamt
17 642 000 t

Verbrauch von Altpapier 1999
12 942 000 t

---

1 Holz als Baustoff

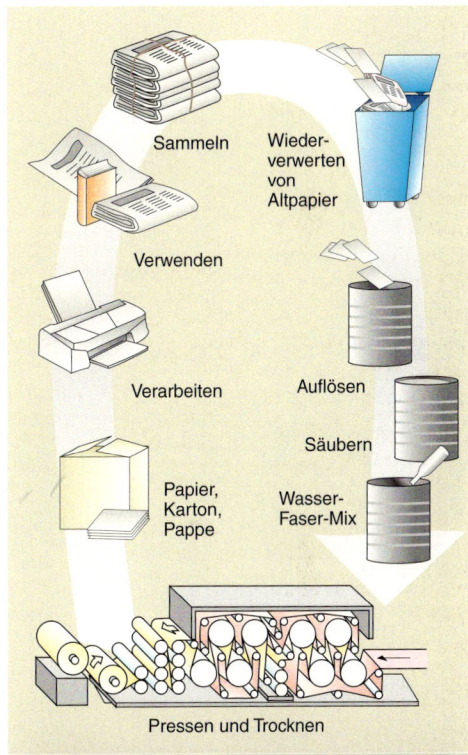

2 Papierherstellung und Papierkreislauf

Ökosystem Wald

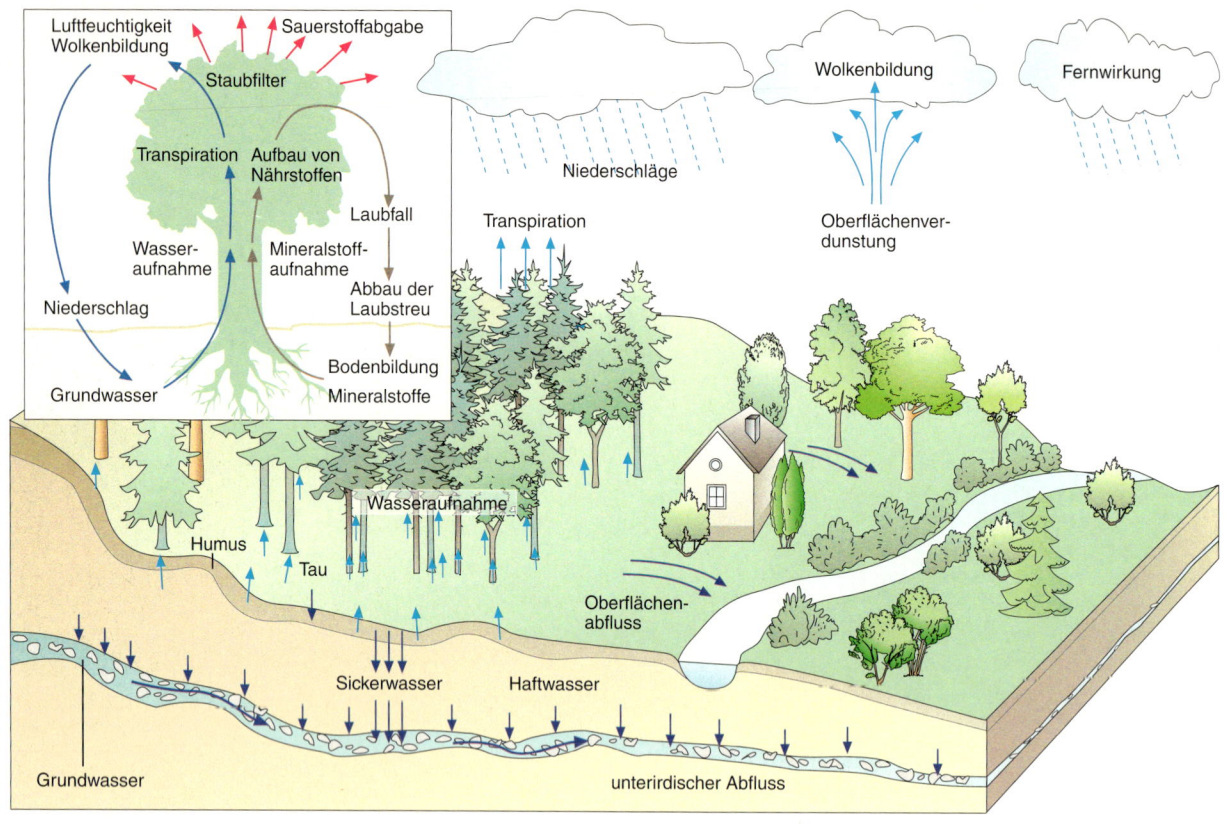

1 Der Baum als Umweltfaktor und Bedeutung des Waldes für den Wasserhaushalt

Warum ist der Wald so wichtig?

Die Leistung einer Rotbuche

Um die Vorteile erfassen zu können, die der Wald dem Menschen bietet, soll die Leistung eines einzelnen Baumes, zum Beispiel die Leistung einer rund 100-jährigen Rotbuche, betrachtet werden: Sie ist ungefähr 20 Meter hoch und hat einen Kronendurchmesser von über 10 Metern. Die Gesamtblattfläche beträgt über 1000 Quadratmeter. An einem Sommertag strömen 30 000 bis 40 000 Kubikmeter Luft zwischen den Blättern hindurch.

Dieser Luft werden im Laufe eines Tages etwa 10 Kubikmeter Kohlenstoffdioxid für die Fotosynthese entzogen. Dabei entsteht das gleiche Volumen an Sauerstoff, der an die Umgebung abgegeben wird. Der Baum stellt über 10 kg Zucker her, der in Form von Stärke gespeichert oder als Zellulose zum Aufbau der Zellen genutzt wird. Während eines warmen Sommertages werden außerdem mehrere hundert Liter Wasser in die Atmosphäre verdunstet, das zuvor dem Boden entzogen wurde.

Der Wald als Wasserspeicher

Wie wichtig der Wald für den *natürlichen Wasserhaushalt* ist, erkennt man oft erst, wenn der Wald durch Abholzung oder Waldsterben zerstört ist. Das Hochwasser einiger Flüsse wirkt sich verheerend aus und im Gebirge kann es zu Erdrutschen kommen.

Im Wald jedoch wird ein Teil des Regenwassers von den Kronen zurückgehalten. Der größte Teil tropft auf den Waldboden. Moos- und Humusschicht können große Mengen Wasser aufnehmen und speichern. Ein Teil des Niederschlags sickert ins Grundwasser, ein kleiner Rest fließt über die Bodenoberfläche direkt in Bäche und Flüsse ab. Das gespeicherte Wasser wird langsam an den Boden abgegeben, sodass auch während niederschlagsfreien Zeiten genügend zur Verfügung steht. Das von den Pflanzen aufgenommene Wasser wird zum größten Teil wieder über die Blätter verdunstet. In die Atmosphäre abgegebener Wasserdampf kondensiert zu Wolken, sodass er schließlich als Regen wieder zur Erde zurückgelangt.

Der Wald liefert Sauerstoff:

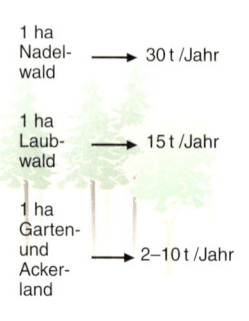

1 ha Nadelwald → 30 t /Jahr

1 ha Laubwald → 15 t /Jahr

1 ha Garten- und Ackerland → 2–10 t /Jahr

Die Luft im Wald ist sauber:

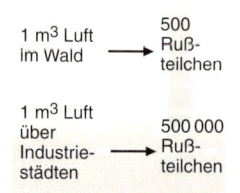

1 m³ Luft im Wald → 500 Rußteilchen

1 m³ Luft über Industriestädten → 500 000 Rußteilchen

Ökosystem Wald

Wo Wälder abgeholzt worden sind, können das Regenwasser und auch das Schmelzwasser im Frühjahr nicht mehr so gut zurückgehalten werden. Es fließt nicht langsam nach und nach, sondern auf einmal ab. Das abfließende Wasser schwemmt fruchtbaren Boden mit, sodass im Extremfall das nackte Gestein offen liegt. Einen solchen Vorgang nennt man *Erosion*. Außerdem wird also ausgleichend. Nicht zuletzt dient der Wald den Menschen als *Erholungsraum*. Sie finden im Wald Ruhe und Entspannung. Zu viele Erholungssuchende können dem Wald jedoch auch schaden. Pflanzen werden zertrampelt, neue Pfade durch den Wald getreten, das Wild gestört. Zudem benutzen viele Menschen das schädliche Abgase produzierende Auto, um in den Wald zu gelangen.

1 Erosion nach Waldabholzung

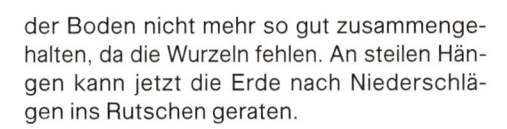

2 Der Wald als Erholungsort

der Boden nicht mehr so gut zusammengehalten, da die Wurzeln fehlen. An steilen Hängen kann jetzt die Erde nach Niederschlägen ins Rutschen geraten.

Der Wald als Gesundheitsfaktor

In der Nähe von Großstädten ist die Bedeutung der Wälder als *„grüne Lungen"* wichtig. Wälder filtern aus der Luft feinste Staubpartikel, da diese auf den Blättern hängen bleiben, mit ihnen zu Boden fallen oder vom Regenwasser abgespült werden. Pro Hektar Wald können das im Jahr 200 — 400 kg Staub sein. Wälder verbrauchen Kohlenstoffdioxid und produzieren viele Tonnen Sauerstoff.

Da der Baum Bestandteil des *natürlichen Wasserkreislaufes* ist, beeinflussen Wälder auch das Klima. Durch die Verdunstung wird die Umgebungstemperatur herabgesetzt. Das macht sich besonders an heißen Tagen bemerkbar. Im Inneren eines Laubwaldes ist es dann deutlich kühler als in der Umgebung. Nachts gibt der Wald die am Tag gespeicherte Wärme langsam ab. Auch an kalten Wintertagen ist es im Wald deshalb meist wärmer als in der Umgebung. Der Wald wirkt

Maßnahmen zur Erhaltung des Waldes

Die Schadstoffeinwirkung auf Pflanzen *(Immission)* kann z. B. durch *Katalysatoren* verringert werden, die für eine geringere Schadstoffabgabe der Autos sorgen. Ein geregelter Katalysator kann über 90 % der vom Motor erzeugten Schadstoffe in unschädliche Stoffe umwandeln. Auf den Kohlenstoffdioxid- und Schwefeldioxidgehalt der Abgase hat der Katalysator allerdings keinen Einfluss. Besser ist es daher, wenn der Schadstoffausstoß *(Emission)* von vornherein vermindert wird. Das lässt sich einerseits durch Energiesparmaßnahmen, andererseits durch neue Techniken der Energiegewinnung verwirklichen. Dazu müssen mehr als bisher alternative und regenerierbare Energiequellen genutzt werden.

Aufgaben

① Fasse die Rolle des Waldes für den Wasserhaushalt zusammen und nenne mögliche Folgen der Waldzerstörung.
② Informiere dich über die Möglichkeiten der Nutzung alternativer und regenerierbarer Energiequellen. Berichte.

Ökosystem Wald

Schädigende Einflüsse

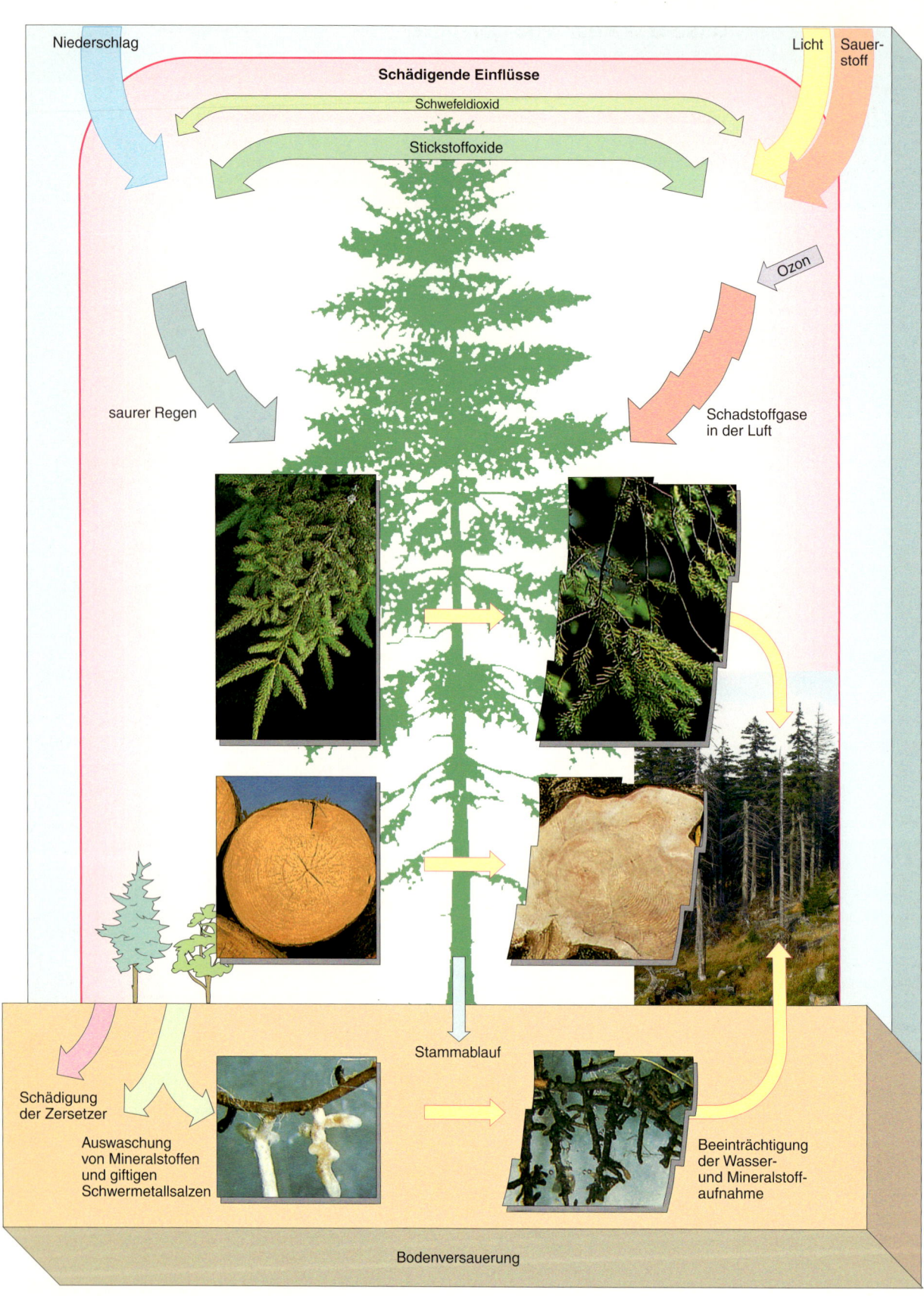

- Niederschlag
- Schwefeldioxid
- Stickstoffoxide
- Licht
- Sauerstoff
- Ozon
- saurer Regen
- Schadstoffgase in der Luft
- Stammablauf
- Schädigung der Zersetzer
- Auswaschung von Mineralstoffen und giftigen Schwermetallsalzen
- Beeinträchtigung der Wasser- und Mineralstoffaufnahme
- Bodenversauerung

1 Ursachen des Waldsterbens und sichtbare Veränderungen an einzelnen Bäumen

Ökosystem Wald

Unsere Wälder sind gefährdet

Oh, Täler weit, oh, Höhen
oh, schöner, grüner Wald,
Du meine Lust und Wehen
andächtiger Aufenthalt!
Da draußen stets betrogen,
saust die geschäft'ge Welt,
schlag noch einmal die
Bogen um mich,
du grüne Zeit!

JOSEPH VON EICHENDORFF, 1810

Oh, Höhen kahl, oh, Täler
oh, kranker, toter Wald.
Du, dessen Leben schmäler
und dessen Tod schon bald.
Stets hast Du uns genützet;
macht man Dich heute krank,
wirst du nicht mal beschützet
— das ist des Menschen Dank.

HELMUT STRECKER, 1986

Schädigung der Wälder

In den westdeutschen Bundesländern
1983: 34 % geschädigt
1985: 52 % geschädigt

in der gesamten Bundesrepublik Deutschland
1990: 62 % geschädigt
1996: 61 % geschädigt
2000: 65 % geschädigt
2004: 72 % geschädigt

Weit über die Hälfte der Bäume zeigt heute Krankheitsanzeichen. In den Mittelgebirgswäldern ist die Schädigung größer als im Flachland. In einigen Bereichen ist der Wald schon ganz abgestorben. Kranke Bäume erkennt man an der Vergilbung und dem zu frühen Abwurf von Blättern und Nadeln, der Auslichtung der Kronen, der Schädigung des Stammes und des Wurzelwerks.

Diese Schäden nennt man auch *Primärschäden*, da sie direkte Folgen von schädigenden Einflüssen sind. Erkennbar ist dies am geringeren Holzzuwachs pro Jahr im Vergleich zu gesunden Bäumen. Der Abstand der Jahresringe ist deutlich kleiner. So vorgeschädigte Bäume sind außerdem anfälliger gegen Schädlinge wie den Borkenkäfer und Krankheiten wie die Kernfäule, eine Pilzerkrankung. Solche Folgeschäden nennt man *Sekundärschäden*.

Ursachen des Waldsterbens

Der Mensch ist der Verursacher vieler Waldschäden. Er hat Kraftwerke errichtet, die durch Verbrennung von Kohle und Heizöl Strom erzeugen. Da Kohle und Heizöl Schwefelverbindungen enthalten, werden nicht nur Kohlenstoffdioxid und Wasser als Verbrennungsprodukte aus den Schornsteinen in die Luft geblasen, sondern auch *Schwefeldioxid* und *Stickstoffoxide*, die mit Wasser und dem Sauerstoff aus der Luft Schwefelsäure bzw. Salpetersäure *(saurer Regen)* bilden. Diese schädigen die Blätter und übersäuern den Boden. Heute werden zwar Filteranlagen installiert, die den Ausstoß, die *Emission*, des Schwefeldioxids und der Stickstoffoxide verringern. Die positiven Auswirkungen werden sich jedoch langsam einstellen, da der Wald einige Zeit braucht, um sich zu erholen. Zudem werden nicht überall in Europa die Abgase hinreichend gereinigt. So können Luftschadstoffe aus Nachbarländern importiert, aber auch in diese exportiert werden. Die Schadstoffbelastung ist somit ein weltweites Problem.

Eine weitere Quelle für Luftschadstoffe sind die Abgase der Autos: die Hauptmasse der Stickstoffoxide wird durch den Autoverkehr produziert. Stickstoffoxide entstehen immer, wenn ein Verbrennungsprozess bei hohen Temperaturen mithilfe von Luft, die ja 78 % Stickstoff enthält, abläuft. Stickstoffoxide sind indirekt beteiligt an der Bildung eines weiteren Luftschadstoffs, des *Ozons*. Ozon ist eine besonders reaktionsfähige Form des Sauerstoffs. Es entsteht unter dem Einfluss von UV-Licht und Stickstoffoxiden aus normalem Sauerstoff. Da die UV-Einstrahlung in höheren Lagen größer ist als im Flachland, sind besonders dort erhöhte Ozongehalte zu messen. Ozon wirkt in hoher Konzentration als Zellgift. Zwar besitzen heute die meisten PKW Katalysatoren zur Verminderung des Stickstoffoxidausstoßes, Lastwagen jedoch noch nicht. Der erhoffte deutliche Rückgang der Waldschäden ist bisher nicht eingetreten.

Wirkungen der Schadstoffanreicherung

Durch die Aufnahme der Schadstoffe können Pflanzen in verschiedener Weise geschädigt werden. Vor allem Schwefeldioxid und Ozon schädigen unseren Wald auf direktem Weg. Beide Gase gelangen über die Spaltöffnungen in das Blattinnere und können leicht in die Zellen eindringen. Dadurch wird der Zellstoffwechsel beeinträchtigt. Einzelne Zellen und schließlich ganze Blätter können absterben.

Genau so schädlich wie die direkten Einwirkungen sind die indirekten. Schwefeldioxid und Stickstoffoxide werden in der wasserdampfhaltigen Atmosphäre unter Mitwirkung des Sauerstoffs zu Schwefelsäure und Salpetersäure umgesetzt, die mit dem nächsten Regen auf die Erde gelangen. Deshalb spricht man vom *sauren Regen*, der dazu führt, dass der Boden immer saurer wird. Daneben wirkt der saure Regen auch direkt schädigend auf Blätter und Rinde.

Die Bodenversauerung wirkt sich negativ auf die Bodenorganismen und das Wurzelwerk der Bäume aus. Es werden vermehrt Mineralstoffe ausgewaschen, die dem Baum dann nicht mehr zur Verfügung stehen. Giftige Metallionen, die vorher fest an die Bodenteilchen gebunden waren, werden gelöst und über die Wurzeln aufgenommen. Die Symbiosepilze, die mit Baumwurzeln eine Mykorrhiza bilden, sterben bei Versauerung ab, sodass es keine positive Wechselwirkung mehr zwischen Pilz und Baum gibt.

Aufgabe

① Nenne die Faktoren im Boden, die sich durch sauren Regen verändern und erläutere jeweils, welche Folgen sich für einen Baum ergeben.

Ökosystem Wald

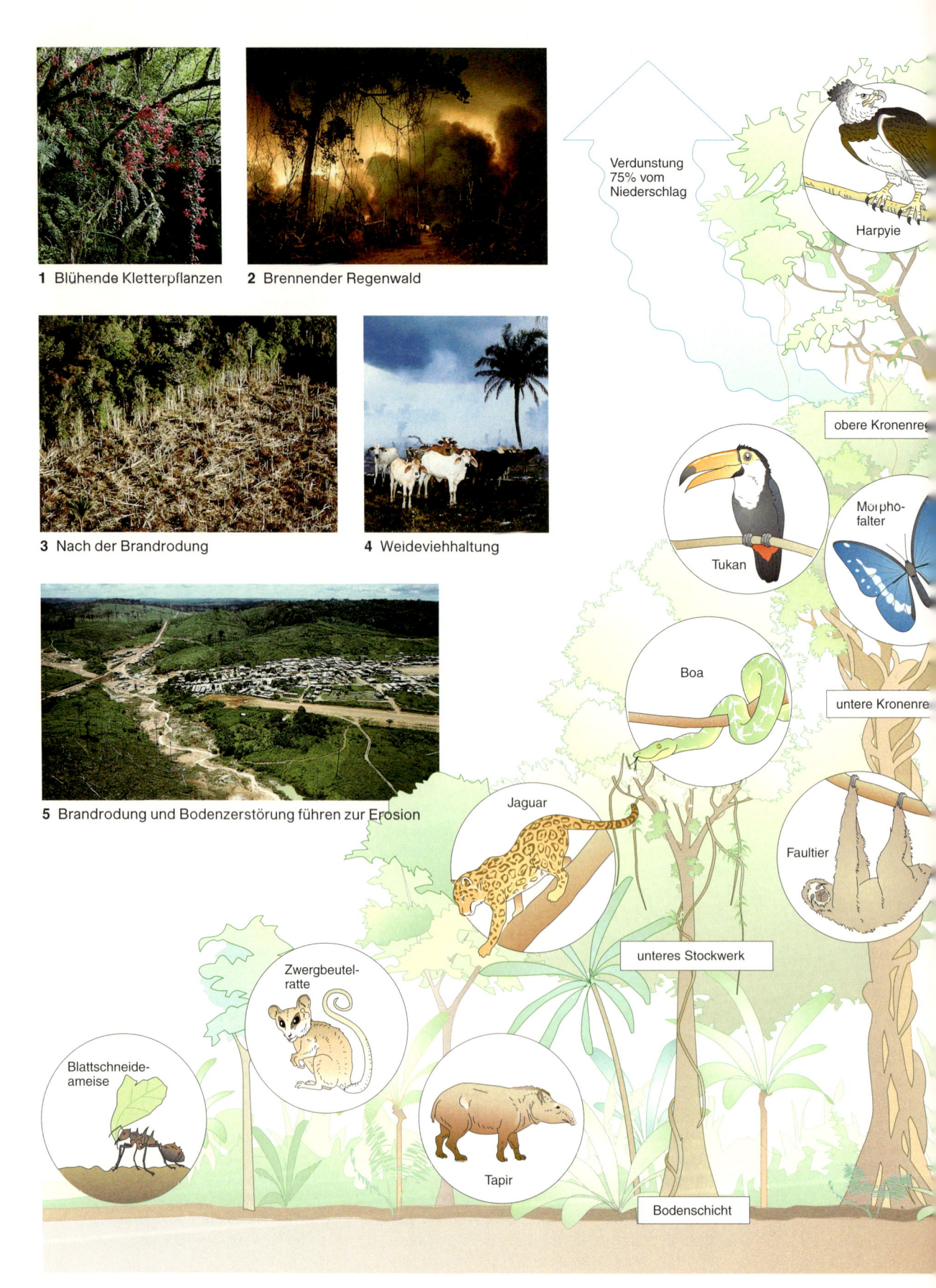

1 Blühende Kletterpflanzen **2** Brennender Regenwald

3 Nach der Brandrodung **4** Weideviehhaltung

5 Brandrodung und Bodenzerstörung führen zur Erosion

Verdunstung 75% vom Niederschlag

Harpyie

obere Kronenregion

Tukan

Morphofalter

Boa

untere Kronenregion

Jaguar

Faultier

unteres Stockwerk

Blattschneideameise

Zwergbeutelratte

Tapir

Bodenschicht

Ökosystem Wald

Tropische Regenwälder sind gefährdete Großlebensräume

Ein tropischer Regenwald ist nicht nur besonders urwüchsig und undurchdringlich, wie es die Bezeichnungen „Urwald" und „Dschungel" ausdrücken, er ist ein *Ökosystem*, in dem fast alles anders ist als im einheimischen Mischwald. In den großen Regenwaldgebieten, z. B. dem Amazonasbecken in Südamerika, herrschen ganzjährig hohe Temperaturen, sodass es keine ausgeprägten Jahreszeiten gibt. Niederschlagsmengen von 2000 bis 12 000 mm pro Jahr sorgen für hohe Feuchtigkeit. Zusammen mit der starken Sonneneinstrahlung waren in den Tropen damit die Bedingungen gegeben, dass sich im Laufe von Jahrmillionen, ungestört von Eiszeiten wie in Mitteleuropa, der artenreichste Lebensraum der Erde entwickeln konnte.

Fast Dreiviertel aller Tier- und Pflanzenarten der Erde sind Bewohner der Regenwälder. Während man in einem mitteleuropäischen Mischwald 10 bis 12 Baumarten findet, sind es auf einem Quadratkilometer Regenwald über 100. Sie bilden wesentlich komplizierter gegliederte Stockwerke, die bis 70 Meter hoch reichen – eine Voraussetzung für die Artenvielfalt. Unsere Abbildung zeigt die vielen Etagen innerhalb der Stockwerke, die eine Vielzahl von Lebensmöglichkeiten bzw. ökologischen Nischen bieten. Man fand z. B. heraus, dass auf einem einzigen Baum über 1500 Insektenarten leben können. 1000 davon waren verschiedene Käferarten.

Untersucht man den Boden, auf dem der üppig wachsende Regenwald steht, findet man nur eine höchstens 10 cm dicke Humusschicht. Unter ihr ist das Erdreich fast mineralstofffrei, also unfruchtbar. Die Wurzeln der Urwaldriesen dringen nur etwa 30 Zentimeter tief in das Erdreich ein. Trotzdem wird mehr als doppelt so viel organische Substanz aufgebaut wie in einem mitteleuropäischen Mischwald.

Dieser scheinbare Widerspruch ergibt sich aus den dort sehr viel schneller ablaufenden Lebensvorgängen. Ein umgestürzter Baum wird im Regenwald von den Destruenten innerhalb nur weniger Jahre abgebaut, während dieser Vorgang bei uns viele Jahre dauert. Die dabei entstehenden Mineralstoffe werden sofort und fast vollständig von den Pflanzen aufgenommen und für den Stoffaufbau wieder verwertet. Dabei spielen die Mykorrhizapilze der Bäume eine wichtige Rolle. Deshalb gibt es in solchen Regenwäldern nur eine sehr dünne Humusschicht.

Ursprünglich bedeckten Regenwälder ca. 11 % der Erdoberfläche, heute sind es nur noch weniger als 5 %. Die Zerstörung durch Abbrennen und Abholzung geht mit rasantem Tempo weiter. Trotz nationaler und internationaler Bemühungen, diese Zerstörung zu reduzieren oder zu stoppen, verschwinden jährlich noch immer riesige Regenwaldflächen. Haben die Schutzmaßnahmen keinen Erfolg, wird es in 30 bis 50 Jahren keinen Regenwald mehr geben.

Infolge des hohen Bevölkerungswachstums in den betroffenen, oft sehr armen Ländern nimmt der Raumbedarf für die dort lebenden Menschen stark zu. Die Umwandlung von Urwald zu Acker- oder Weideland ist jedoch meist ein Misserfolg. Nach zwei bis drei Ernten ist der Boden verbraucht oder durch den Regen weggeschwemmt *(Erosion)*. Das Land wird zur Steppe oder sogar wüstenähnlich, da auf dem unfruchtbaren Boden fast nichts mehr wachsen kann.

Weitere wirtschaftliche Interessen beschleunigen die Zerstörung. Regenwald wird niedergebrannt oder abgeholzt, um Bodenschätze auszubeuten. Wertvolle Edelhölzer (z. B. Mahagoni) werden teilweise trotz Verboten abgeholzt, da der Verbrauch an tropischen Hölzern in den Industrieländern immer noch sehr hoch ist. Schonendere Bewirtschaftungsformen zeigen bis heute kaum die gewünschte Wirkung.

Neben der Versteppung großer Gebiete und dem Verschwinden vieler Tier- und Pflanzenarten wird die vollständige Zerstörung der Regenwälder auch das Weltklima verändern. In den ehemaligen Regenwaldgebieten wird weniger Wasser verdunsten, sodass die Wüsten weiter in Richtung des Äquators vordringen werden. In Afrika ist das heute schon der Fall.

In welcher Weise die gemäßigte Zone, in der wir leben, betroffen sein wird, lässt sich noch nicht sicher vorhersagen. Der Kohlenstoffdioxidgehalt der Erdatmosphäre wird zunehmen, da Kohlenstoffdioxid nicht mehr im bisherigen Umfang der Atmosphäre für den Aufbau pflanzlicher Substanz entzogen werden kann. Da Kohlenstoffdioxid ein Gas ist, das zusammen mit anderen Gasen den *Treibhauseffekt* bewirkt, wird sich wahrscheinlich die bereits festzustellende Erhöhung der Durchschnittstemperatur der Erdatmosphäre beschleunigen.

Quelle

Gewässer-
untersuchung

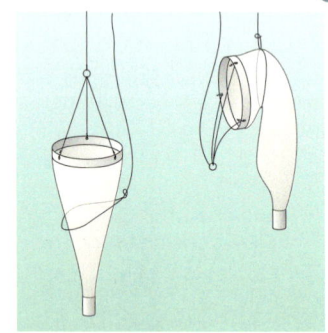

Pflanzen und Tiere im Se

Gewässerökosysteme

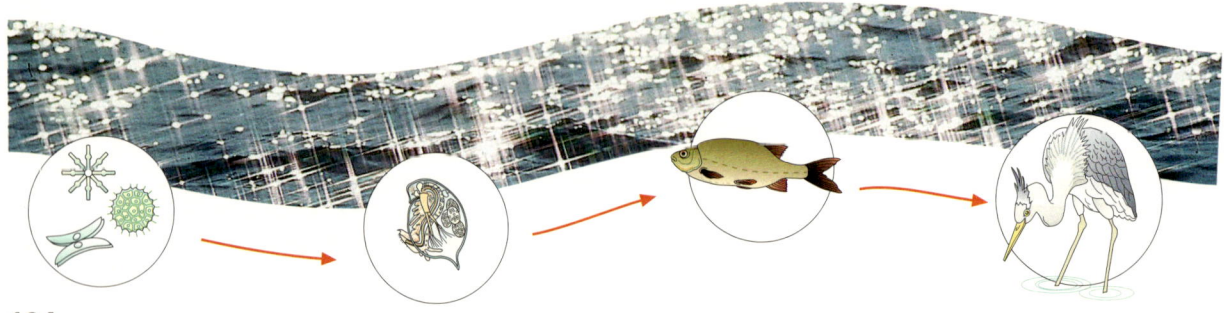

Mensch und Gewässer

Gewässer findet man in ganz verschiedenen Formen. Bei den *stehenden Gewässern* unterscheidet man zwischen Tümpel, Weiher, Teich und See. Ein *Fließgewässer* entwickelt sich aus einer Quelle, man spricht bis zu einer Breite von etwa 5 m von einem Bach, dann von einem Fluss. Langsamer als Flüsse fließen die größeren *Ströme*, die dann ins Meer münden.

Es ist erstaunlich, wie unterschiedlich die Gestalten der Pflanzen und Tiere sind, die du in Tümpeln oder kleinen Bächen entdecken und untersuchen kannst. Du lernst im folgenden Kapitel zahlreiche Angepasstheiten von Pflanzen und Tieren an das Leben im Wasser kennen. Ebenso wird erklärt, wie Lebewesen und unbelebte Umwelt in naturnahen Gewässerökosystemen zusamenwirken und auch die Veränderungen durch den Einfluss des Menschen werden beschrieben.

Das Wissen um die Schönheit und den Wert von Gewässerökosystemen soll dich ermutigen, selbst für den Schutz der Gewässer einzutreten.

Fließende Gewässer

Stehende Gewässer

Flussmündung

1 Pflanzen und Tiere am und im See

Die Pflanzengesellschaften des Ufers

Das kleinste stehende Gewässer ist ein *Tümpel*. Er kann einmal oder mehrmals im Jahr austrocknen. *Weiher* sind größer und erreichen eine Wassertiefe bis zu 2 m. *Teiche* werden meist künstlich angelegt und bei Bedarf abgelassen. Die Tiefe von *Seen* liegt in der Regel über 2 Metern und sie besitzen ein großes Wasservolumen.

Nähert man sich einem See, so wird an einem naturbelassenen Ufer der Blick auf das freie Wasser durch üppigen Pflanzenwuchs behindert. Von einem erhöhten Standpunkt aus erkennt man, dass bestimmte Pflanzenarten in Zonen vom Ufer bis zum freien Wasser aufeinander folgen.

Die einzelnen Pflanzengesellschaften sind jeweils an die *abiotischen* (unbelebten) *Umweltbedingungen* des Standortes, z. B. *Wassertiefe, Wellenschlag, Lichtverhältnisse*, angepasst. Es können in einem Uferabschnitt aber auch Zonen fehlen oder stärker ausgebildet sein. Die Abbildung zeigt eine idealtypische Abfolge der Pflanzengürtel.

Am Übergang vom Land zum Wasser stehen Weiden, Erlen und Seggen. Hier reicht das Grundwasser fast bis zur Bodenoberfläche. Deshalb herrscht im Wurzelbereich Mangel an Sauerstoff und Mineralstoffen.

Die *Erle*, die vom Wind bestäubt wird, besitzt flache Wurzeln als Angepasstheit an den hohen Grundwasserstand. Bakterien in kleinen Knöllchen der Wurzel binden Luftstickstoff und wandeln ihn in anorganische Stickstoffverbindungen um, die von der Erle genutzt werden. So gleicht die Erle den Stickstoffmangel im Boden aus. Sie liefert ihrerseits Kohlenhydrate als energiereiche organische Verbindungen an die Bakterien. Solch eine Gemeinschaft, aus der beide Partner Nutzen ziehen, nennt man *Symbiose*.

1 Erlen
2 Seggen
3 Blutweiderich
4 Wasserschwertlilie
5 Pfeilkraut
6 Froschlöffel
7 Rohrkolben
8 Schilfrohr
9 Binsen
10 Wasserknöterich
11 Seerose
12 Teichrose
13 Wasserpest
14 Tausendblatt
15 Hornblatt
16 Krauses Laichkraut

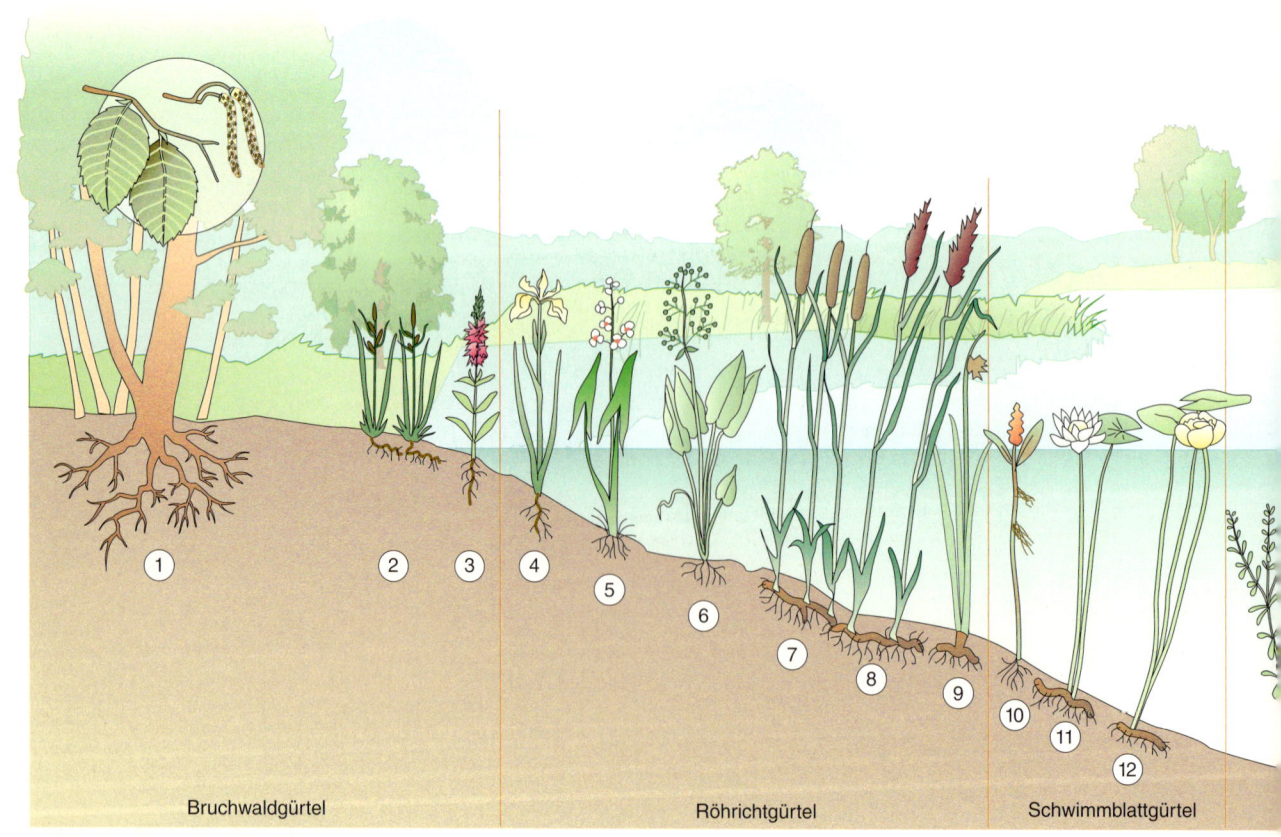

1 Schema der Pflanzen am Seeufer

Bruchwaldgürtel — Röhrichtgürtel — Schwimmblattgürtel

Gewässerökosysteme

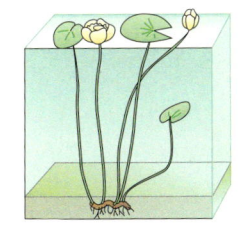

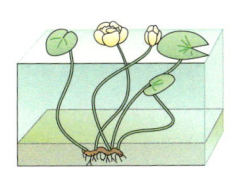

Diejenigen Pflanzen, die die Umweltbedingungen des Übergangs vom Land zum Wasser am Seeufer gut ertragen können, kommen häufig zusammen vor. Man fasst sie zur Pflanzengesellschaft des **Bruchwaldgürtels** zusammen.

Zum Wasser hin schließen sich dichte Bestände von Rohrkolben und Schilfrohr an. Im weichen Schlamm des **Röhrichtgürtels** verankert sich das *Schilfrohr* mit waagerecht verlaufenden und weit verzweigten *Erdsprossen* (Wurzelstöcke). Diese geben der Pflanze, neben der Speicherung von Nährstoffen, eine große Standfestigkeit. Bis zu einer Wassertiefe von zwei Metern breiten sich jedes Jahr die Ausläufer der Wurzelstöcke horizontal aus und treiben an ihren Knoten neue Halme nach oben. Diese Art der ungeschlechtlichen Vermehrung führt zu den dichten Schilfbeständen.

Bläst der Wind in das Röhricht, so geben die hohlen und bis zu vier Metern hohen, biegsamen Halme zur Seite nach. Aus ihrem röhrenförmigen Aufbau und den zusätzlichen Festigungsringen, die als *Knoten* in regelmäßigen Abständen aufeinander folgen, ergibt sich die Stabilität der Stängel. Aus diesen Knoten wachsen die lanzettlich geformten, reißfesten Blätter heraus. Selbst starker Wind kann den Blättern nur wenig schaden. Sie drehen sich einfach in Richtung des Windes und bieten so einen geringen Widerstand. Der dichte Schilfbestand ist somit für das Ufer ein sehr wirksamer Schutz gegen Wind, Wellenschlag und Uferausspülung. Im Spätsommer blüht das Schilf. Die Rispen werden durch den Wind bestäubt und bilden kleine Früchte mit Flughaaren, die kilometerweit getragen werden können.

Weiter zur Mitte des Sees hin wird das Wasser tiefer, die Durchleuchtung nimmt zum Seegrund immer mehr ab. In windstillen Seebereichen findet man die Teich- und Seerosen des **Schwimmblattgürtels** mit ihren großen Blättern und Blüten. Luftgefüllte Hohlräume im Innern lassen die Blätter auf dem Wasser schwimmen.

Die *Teichrose* kann über eine große Blattoberfläche Sonnenlicht für die Fotosynthese aufnehmen. Die Spaltöffnungen für den Gasaustausch liegen dabei auf der Oberseite der Schwimmblätter. Eine Wachsschicht auf den Blättern lässt Wasser abperlen. Die Blattstiele sind lang und elastisch. So ist die Teichrose wechselnden Wasserständen bis zu einer Wassertiefe von 4 Metern angepasst.

Über große Luftkanäle in den Stielen versorgt die Teichrose die im sauerstoffarmen Faulschlamm liegenden Wurzelstöcke mit Sauerstoff. Die mehrere Zentimeter großen, gelben und intensiv duftenden Blüten locken bestäubende Insekten an. Die Früchte enthalten neben dem Samen zahlreiche Luftblasen. Durch Wellen und Wasserströmungen werden diese *Schwimmfrüchte* verbreitet. Erst wenn die Luft aus den Früchten entwichen ist, sinken die Samen auf den Grund und beginnen zu keimen.

Eine größere Wassertiefe als 4 Meter lässt den Schwimmpflanzen keine Überlebensmöglichkeit mehr. Völlig untergetaucht sind die Blätter des *Ährigen Tausendblatts* und der *Wasserpest*. Die Pflanzen gehören zum **Tauchblattgürtel**.

Die Blätter des Tausendblattes stehen in einem vierzähligen Quirl um den Stängel. Wie Kämme sind sie in feinste Fiedern aufgespalten. Das sieht so aus, als hätte die Pflanze tausend Blätter. Über die große Oberfläche der Blätter kann die Pflanze leichter Kohlenstoffdioxid und Mineralstoffe aus dem Wasser aufnehmen und das wenige Licht in tieferen Wasserschichten besser ausnutzen. Die Blättchen und der elastische Spross bieten Strömungen im Wasser nur geringen Widerstand.

Durch den Stängel, der eine Länge von bis zu drei Meter erreichen kann, ziehen sich Luftkanäle. Sie versorgen die Wurzeln mit Sauerstoff und bewirken einen Auftrieb. Abgebrochene Sprossteile können sich zu einer Pflanze erneuern und ermöglichen damit eine ungeschlechtliche Vermehrung. Im Sommer ragt die Blütenähre aus dem Wasser. Die Bestäubung erfolgt durch den Wind. Die Früchte sind schwimmfähig und werden durch Wasser und Schwimmvögel verbreitet.

Aufgaben

① Stelle in einer Tabelle die Umweltbedingungen des Schwimmblattgürtels und die entsprechenden Angepasstheiten der Teichrose zusammen.

② Begründe, warum ein Festigungsgewebe im Blatt des Rohrkolbens nötig ist, im Stängel des Tausendblattes dagegen fehlen kann.

③ Überlege, wie Wassersportler Pflanzen des Ufers gefährden. Welche Konsequenzen ergeben sich daraus zum Schutz der Pflanzen?

Gewässerökosysteme

Lexikon

Pflanzen am Seeufer

Blutweiderich (**G** = Geschützte Art)
50–200 cm hohe Staude, Blütenstand in einer Scheinähre mit quirlförmig angeordneten, purpurroten Blütenblättern, 6 randförmig ausgebreitete Kronblätter, 12 Staubblätter. *Blütezeit:* Juni bis September. Die Laubblätter sind schmal und lanzettlich. Ein kräftiges Luftgewebe versorgt die untergetauchten Pflanzenteile mit Sauerstoff.

Sumpf- oder **Wasserschwertlilie (G)**
50–100 cm große Pflanze mit fleischigem Wurzelstock. Grundständig angeordnete, schwertförmige Blätter. Große Lufträume in den Blättern dienen der Sauerstoffversorgung. Hellgoldgelbe, lang gestielte Blüten in Kreisen, außen drei große, herabhängende, mit braunen Saftmalen versehene Kronblätter, die drei inneren kürzer und aufrecht stehend, drei Staubblätter. *Blütezeit:* Mai/Juni. Der Samen ist durch große luftgefüllte Hohlräume schwimmfähig.

Breitblättriger Rohrkolben
100–250 cm hohe Pflanze mit Ausläufern. Auffälliger schwarzbrauner, walzenförmiger Fruchtkolben. Männliche Blüten mit drei Staubgefäßen und einem Kranz abstehender Haare sitzen oben. Weibliche Blüten darunter mit Haarkränzen und langgriffeligen, gestielten Fruchtknoten. *Blütezeit:* Juni—August. Blätter 1—2 cm breit, linealisch. Zahlreiche Luftkanäle in Blatt und Stängel führen bis in den Wurzelstock.

Weiße Seerose (G)
Ausdauernde Pflanze mit einem starken Wurzelstock, aus dem die Wurzeln, Blatt- und Blütentriebe treiben. Schwimmblätter groß, herzförmig (bis zu 30 cm lang), Blüten im Durchmesser bis zu 12 cm, mit 4 grünen Kelchblättern, 15—25 spiralig angeordneten weißen Kronblättern, die in zahlreiche Staubblätter übergehen. *Blütezeit:* Juni bis September.

Gelbe Teichrose (G)
Die Blüten tragen 5 gelbe Kelchblätter und zahlreiche kürzere, spatelförmige Kronblätter. Sie besitzt zahlreiche Staubblätter. *Blütezeit:* April bis September.

Gemeines Hornblatt oder **Hornkraut**
50—100 cm lange, untergetauchte Wasserpflanze. Die fadenförmigen, dunkelgrünen Blätter stehen in 4—12 Quirlen. Die Pflanze besitzt kleine, unscheinbare Blüten in den Blattachseln, die getrenntgeschlechtlich sind. Die Blüten heben sich nicht über die Wasseroberfläche. Der Blütenstaub wird vom Wasser zu den Narben getragen. Die schwarzen, 3-stacheligen, bis zu 5 mm langen Früchte werden im Gefieder von Wasservögeln verbreitet. Abgebrochene Sprossteile wachsen wieder zu selbstständigen Pflanzen heran.

Wasserpest
Untergetauchte Wasserpflanze mit 30 bis 60 cm langen, flutenden Stängeln. Die länglich langzettlichen Blättchen der Wasserpest stehen meist in Dreierquirlen. Die Verankerung im Schlamm erfolgt mit wurzelähnlichen Stängeln. Weibliche Blüten mit drei weißen Kronblättern ragen einzeln aus dem Wasser. *Blütezeit:* Mai bis August.

Tiere im und am Teich

Larven und Puppen der **Stechmücke** hängen mit Atemrohren an der Wasseroberfläche. Die Larven strudeln mit den Borsten auf ihren Mundwerkzeugen Wasser mit Algen, Kleinsttieren und Zerreibsel als Nahrung herbei. Bei Störungen flüchten sie mit schlängelnden Bewegungen zum Gewässergrund und verhalten sich dort ruhig.

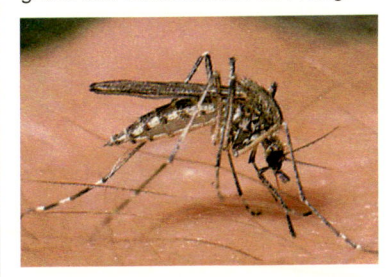

Das Weibchen braucht nach der Begattung Blut von Vögeln oder Säugetieren. Dies ist zur Reifung der 200 bis 400 Eier erforderlich. Die Eier werden in einem Eischiffchen auf die Wasseroberfläche abgelegt.

Der **Rückenschwimmer** (Länge bis zu 16 mm) durchstößt zum Luftholen die Wasseroberfläche mit seiner Hinterleibsspitze. Zwischen den haarähnlichen Borsten auf der Bauchseite bleibt eine Luftblase haften. Infolge des starken Auftriebs schwimmt diese Wasserwanze meist auf dem Rücken. Die Hinterbeine mit Schwimmborsten sind die Hauptruderorgane. Fallen Insekten auf die Wasseroberfläche, nimmt der Rückenschwimmer die Erschütterungen wahr. Er fängt die Beute, lähmt sie durch einen Stich und saugt sie aus. Sein Stich ist auch für uns schmerzhaft („Wasserbiene"). Stabwanze, Rückenschwimmer, Wasserskorpion und Wasserläufer gehören zur *Ordnung der Wanzen*.

Der **Wasserläufer** (8—17 mm) gleitet wie ein Schlittschuhläufer auf dem Oberflächenhäutchen des Wassers. Die Mittelbeine treiben das Tier voran, die Hinterbeine wirken wie Steuer.

Der **Wasserskorpion** wird 17—22 mm groß, sein Atemrohr ist noch einmal etwa 10 mm lang. Die Vorderbeine dieser Wasserwanze sind zu Fangbeinen umgestaltet.

Das Gehäuse der **Flachen Tellerschnecke** (Höhe bis 4 mm, Breite bis 17 mm) ist rötlichbraun bis dunkelbraun gefärbt und auf unserer Abbildung mit Glockentierchen besetzt. Diese sehr häufige Schnecke ernährt sich vor allem von Algenaufwuchs und abgestorbenen Pflanzenteilen.

Die **Teichmuschel (G)** (Länge bis zu 20 cm, Höhe bis 12 cm) besitzt eine dünnwandige Schale. Sie ist bräunlich grün gefärbt. Die Muschel strudelt mit dem Atemwasser kleine Planktonorganismen ein, die sie mit den Kiemenblättchen ausfiltert und dann zur Mundöffnung transportiert.

Die oft metallisch glänzenden, farbenprächtigen Vollinsekten der **Kleinlibellen** findet man von Mai bis Oktober in Gewässernähe. Auch sie ernähren sich räuberisch. Die Larven (Größe bis 3 cm) erkennt man an den drei Kiemenblättchen am Hinterleibsende. Sie fangen mit ihrer vorschnellenden Fangmaske Würmer, Insektenlarven und Kleinkrebse.

Gewässerökosysteme

1 Plankton

2 Hüpferling

3 Rädertierchen

Schweben im freien Wasser

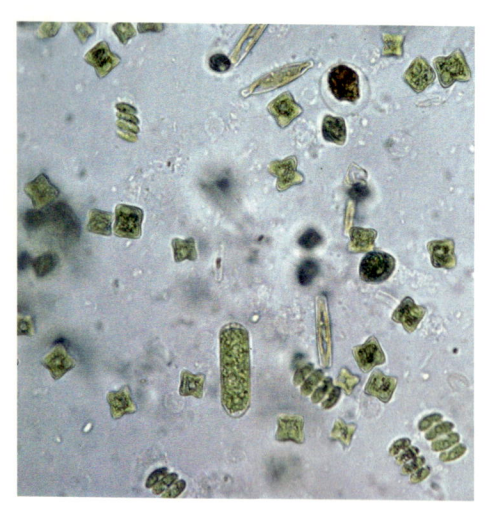

Zieht man mit einem *Planktonnetz* an einem langen Stock mehrmals langsam nahe der Wasseroberfläche durch das Wasser eines Teichs, so erhält man eine Wasserprobe mit kleinen Pflanzen und Tieren und winzigen Vielzellern, die man zum Teil nur im Mikroskop erkennen kann.

Das *Schwebesternchen*, eine **Kieselalge**, besitzt eine sternförmige Gestalt. Die einzelnen Stäbchen wirken als Schwebefortsätze, die das Herabsinken zum Seeboden verlangsamen. Wasserbewegungen und Wasserströmungen tragen die kleinen Pflanzen nach oben. Solche Kleinstlebewesen, die in der Regel im Wasser schweben und nicht aktiv schwimmen, bezeichnet man als *Plankton*. Auch *Hüpferlinge* (Abb. 2) und Wasserflöhe, die als Kleinkrebse zum *tierischen Plankton* gerechnet werden, verlangsamen mit ihren langen Antennen das Absinken zum Gewässergrund. Wenn sie ihre Antennen schlagen, können sie sogar teilweise aktiv an Wasserhöhe gewinnen.

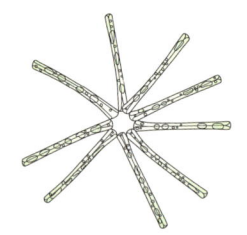

Die Planktonorganismen scheinen nur geringfügig schwerer zu sein als das Wasser, genauer: ihre Dichte ist etwas größer als die von Wasser, deshalb sinken sie ab. Durch Einlagerung von Gasblasen erreichen z. B. Blaugrüne Bakterien, dass sich ihre Dichte verringert und sie annähernd in einer Wasserhöhe schweben.

Rädertierchen (Abb. 3) lagern in ihrem Körper Ölbläschen ein und können sich damit wie die Blaugrünen Bakterien auf einer Wasserhöhe halten.

Die *Schwimmblase* ist ein nur bei Fischen vorkommendes Organ. Die meisten Fischarten besitzen eine Schwimmblase, die unter der Wirbelsäule liegt und mit Luft gefüllt ist. Die in der Schwimmblase enthaltene Luftmenge erhöht den Auftrieb und kann vergrößert oder verkleinert werden. Die Fische können dadurch in unterschiedlichen Tiefen schweben.

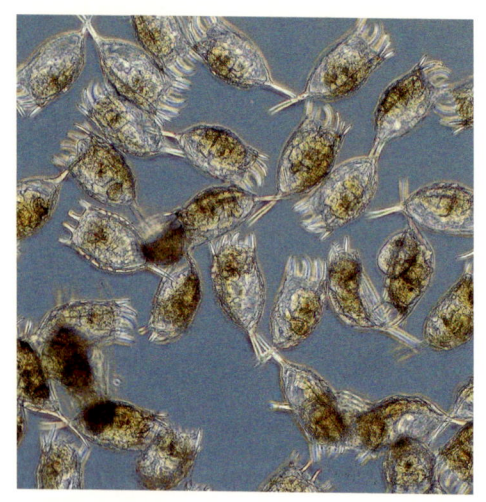

Schwebesternchen

Planktonnetz

Eisendraht
Saum umgeschlagen und vernäht
feinster Nylonstrumpf
verklebt
Trichter
Schlauch
Schlauchklemme
Probenglas

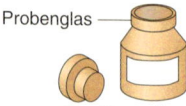

Planktonprobe nach dem Fang in Probenglas ablassen

Aufgabe

① Bringe mit einer Pipette einen Tropfen einer Planktonprobe auf einen Objektträger mit Hohlschliff. Mikroskopiere. Suche nach Lebewesen mit Schwebefortsätzen und zeichne sie. Bestimme mithilfe eines Bestimmungsbuches einige Planktonlebewesen.

Wie Tiere im Wasser atmen

Die Atmung ist für jedes Lebewesen ein lebenswichtiger Vorgang. An Land steht immer genügend Sauerstoff zur Verfügung, da die Luft etwa 21 % enthält. Der Sauerstoffgehalt des Wassers ist viel geringer. Mit steigenden Temperaturen löst sich immer weniger Sauerstoff im Wasser, so wird der Sauerstoffgehalt leicht zum begrenzenden Umweltfaktor für Wassertiere.

Wassertiere haben aus diesem Grund ganz verschiedene Formen der Atmung entwickelt. Die einfachste Form ist die *Hautatmung*. Sie wird bei Schlammröhrenwürmern und Fröschen verwendet. Der Sauerstoff gelangt durch die dünne Haut in den Körper und wird dort verteilt. Auf dem umgekehrten Wege wird das Kohlenstoffdioxid abgegeben.

Kiemen sind die bekanntesten Organe, die dem Gasaustausch im Wasser dienen. Molchlarven verfügen über *Außenkiemen*, Fische besitzen *Innenkiemen*. Alle Kiemen haben eine große Oberfläche. Diese besteht aus weit verzweigten Kiemenbüscheln oder zahllosen Kiemenblättchen. Teichmuschel, Sumpfdeckelschnecke und Krebse sind ebenfalls Kiemenatmer.

Beispiele für die *Tracheenkiemenatmung* findet man bei Eintagsfliegen- und Kleinlibellenlarven. Hier liegen die Tracheenkiemenblättchen außerhalb des Körpers. Die Atmungsorgane der Eintagsfliegenlarven ragen wie blattartige Anhänge seitlich aus dem Hinterleib. Kleinlibellenlarven besitzen blattartige Strukturen am Körperende. Sinkt der Sauerstoffgehalt, so erzeugen die Tiere mit den Blättchen einen Wasserstrom und kommen auf diese Weise stets mit sauerstoffreichem Wasser in Berührung.

Die *Luftatmung mit Tracheen* findet man bei Geldbrandkäfern und Wasserspinnen. Sie stoßen mit ihrem Hinterleibsende durch das Oberflächenhäutchen des Wassers. Die Käfer tauschen dann den Luftvorrat unter den Flügeldecken aus. Über die Stigmen des Hinterleibs gelangt der Sauerstoff in die Tracheen und von dort zu den Orten des Verbrauchs. Die Wasserspinnen strecken ebenfalls ihren Hinterleib aus dem Wasser. Sie nehmen aber einen Luftvorrat zwischen den feinen Haaren am Hinterleib zu einer luftgefüllten „Taucherglocke" mit, die sie an einer Wasserpflanze befestigt haben.

Das Prinzip der *Schnorchelatmung* verwirklichen Stabwanzen und die Larven der Stechmücken. Diese Lebewesen hängen mit ihren Atemrohren am Oberflächenhäutchen des Wassers. Über die Öffnung des Atemrohres nehmen sie Sauerstoff direkt aus der Luft auf und geben Kohlenstoffdioxid ab.

Zur *Lungenatmung* müssen Säuger, aber auch Molche und Lungenschnecken immer wieder an die Wasseroberfläche kommen.

Aufgabe

① Fasse in einer Tabelle die Formen der Atmung im Wasser zusammen und ordne ihnen entsprechende Tierarten zu.

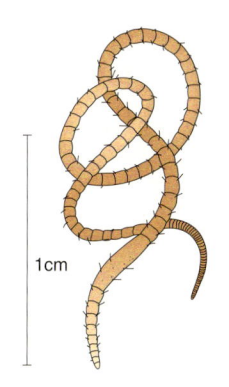

Schlammröhrenwurm

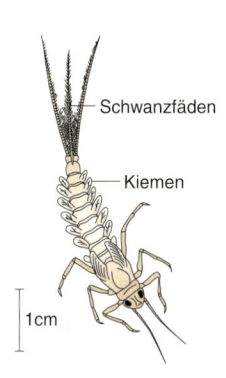

Eintagsfliegenlarve — Schwanzfäden, Kiemen

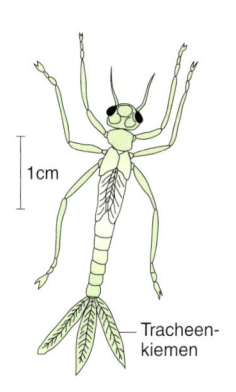

Kleinlibellenlarve — Tracheenkiemen

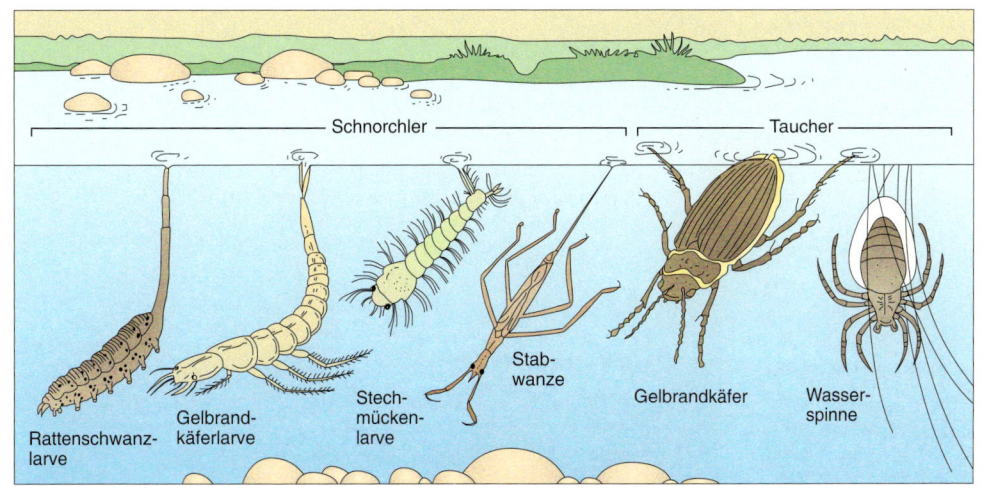

1 Kleintiere aus stehenden Gewässern mit besonderen Formen der Atmung (Schnorchler: Rattenschwanzlarve, Gelbrandkäferlarve, Stechmückenlarve, Stabwanze; Taucher: Gelbrandkäfer, Wasserspinne)

Gewässerökosysteme

2 Das Ökosystem See

Ökologische Nischen von Wasservögeln

Breite Röhrichtgürtel und weit in den See wachsende Pflanzen bieten Wasservögeln ideale Lebensmöglichkeiten. Die Vögel sind in ihrem Körperbau und ihren Verhaltensweisen hervorragend an die Umweltbedingungen des Sees angepasst.

Der *Graureiher* stelzt mit seinen langen, ungefiederten Beinen durch das flache Wasser der Uferzone und über feuchte Wiesen. Er kann seine Zehen abspreizen, sodass ein Einsinken im weichen Untergrund verhindert wird. Er steht häufig unbeweglich am Ufer. Schwimmt ein Fisch in seine Nähe, stößt der Reiher blitzschnell zu. Die Beute wird mit dem Kopf voran verschlungen. Außerdem jagt er auf feuchten Wiesen Lurche, Insekten und Mäuse.

Den *Haubentaucher* erkennt man an seiner zweizipfeligen, schwarzen Haube. Der Vogel schwimmt und taucht bevorzugt im freien Wasser des Sees. Beim Tauchen erreicht er Tiefen bis 6 Meter, maximal bis 40 Meter. Seine Füße sitzen an langen Läufen hinten am Körper an und die Zehen sind mit Schwimmlappen verbreitert. So kann er mit seinen Füßen schnell beschleunigen und gut steuern. Unter Wasser fängt der Haubentaucher größere Wasserinsekten und Fische.

Graureiher und Haubentaucher haben also infolge ihrer speziellen Angepasstheiten unterschiedliche Ansprüche an den Ort der Nahrungssuche und an die Nahrung selbst. Dadurch machen sie sich gegenseitig keine Konkurrenz. Sie besetzen unterschiedliche Plätze und übernehmen verschiedene Aufgaben innerhalb des Ökosystems See. Man sagt: Ihre *ökologischen Nischen* unterscheiden sich.

Dabei versteht man unter einer ökologischen Nische die *Gesamtheit aller Umweltbedingungen (ökologische Faktoren)*, die für die Existenz der Art lebensnotwendig sind. Man kann diese Verhältnisse durch ein Bild aus der menschlichen Erfahrungswelt verdeutlichen: Wie in einer Dorfgemeinschaft Bauern, Bäcker, Fleischer und Schuster ihr Geld nebeneinander verdienen, ohne miteinander zu konkurrieren, so führt die Vielfalt der ökologischen Nischen zur Vermeidung der Konkurrenz zwischen den verschiedenen Arten im Ökosystem. Dadurch ist ein Zusammenleben vieler Tierarten im und am See möglich.

Aufgaben

① Stelle in einer Tabelle die wesentlichen Aspekte der ökologischen Nischen der auf Seite 143 vorgestellten Wasservogelarten zusammen.

② Wasservögel sind in den letzten Jahren seltener geworden. Warum? Schlage mögliche Naturschutzmaßnahmen vor.

Ökologische Nische
Gesamtheit der Beziehungen zwischen einer Art und den *ökologischen Faktoren (biotischen und abiotischen Faktoren)*, die lebensnotwendig sind.

1 Verteilung von Wasservögeln am See

Der **Graureiher** nistet meist in größeren Kolonien auf Bäumen. Er ist ein standorttreuer Vogel, der diese Brutkolonien in der Nähe eines Gewässers jahrzehntelang nutzt. Auf feuchten Wiesen und im flachen Wasser des Uferbereichs findet er reichlich Nahrung.

Die **Stockente** ist die bei uns häufigste Wildente. Sie baut ihr Nest gut versteckt in der Bodenvegetation des beginnenden Röhrichtgürtels. Die Stockente nimmt, im flachen Wasser gründelnd, überwiegend pflanzliche Nahrung auf, frisst aber auch tierisches Plankton.

Die **Reiherente** ist eine Tauchente. Sie ist wesentlich kleiner als die Stockente. An Kopf, Brust und Rücken ist sie schwarz, der Bauch ist weiß. Ihr Nest baut sie an Land zwischen Seggen und Binsen. Ihre Hauptnahrung sind Muscheln sowie Schnecken und Würmer.

Die **Teichralle** baut ihr Nest gut versteckt im dichten Pflanzenwuchs am Ufer. Auf der Suche nach Nahrung läuft sie geschickt über die großen Blätter der Schwimmpflanzen und pickt nach Schnecken und Wasserinsekten sowie Frosch- und Fischlaich.

Die **Große Rohrdommel** findet man an größeren Seen mit ausgedehnten Schilfgürteln. Ihr flaches Nest baut sie dicht am Wasser, erhöht auf Schilf- und Rohrkolbenstängeln. Auf der Suche nach Fröschen, Schnecken und Insekten klettert sie durch Röhricht.

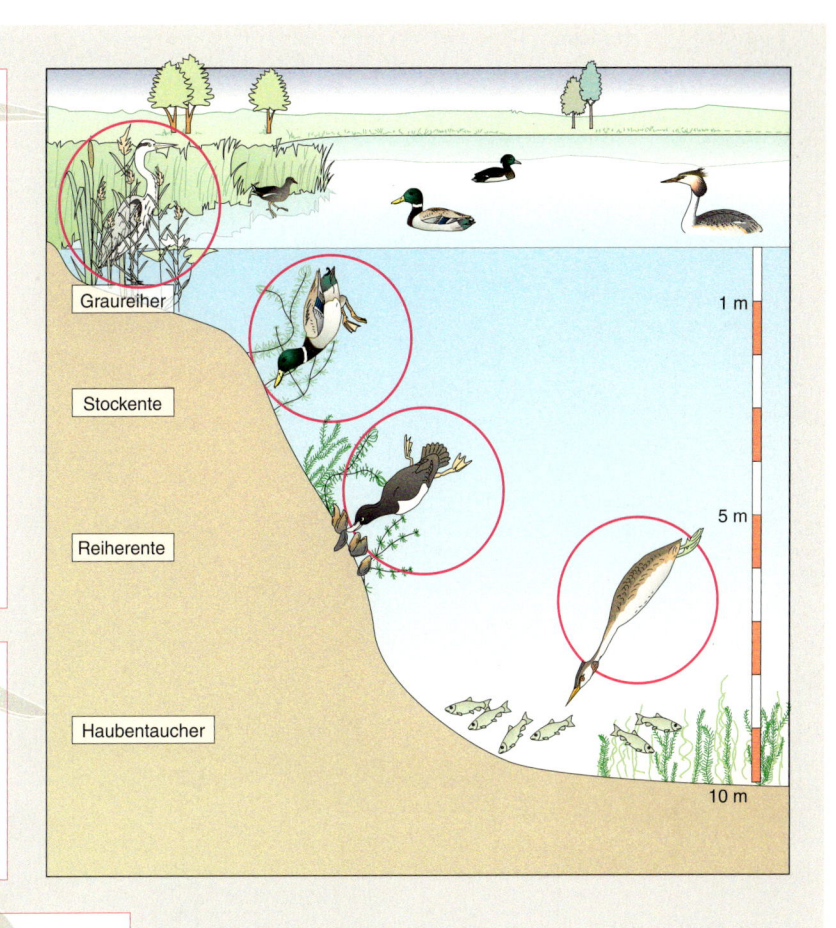

Der **Teichrohrsänger** verbringt sein Leben im dichten Röhrichtgürtel. Er baut sein Nest ein beträchtliches Stück über dem Wasserspiegel, wo es kunstvoll an Schilfstängeln befestigt wird. Auf der Suche nach Insekten klettert er geschickt im Dickicht der Schilfhalme.

Der **Haubentaucher** baut sein schwimmendes Nest aus zusammengetragenem Pflanzenmaterial vor dem Röhrichtgürtel. Sein Lebensraum ist die freie Wasserfläche größerer Seen. Geschickt taucht er auch in größere Tiefen nach Fischen, seiner Hauptbeute.

Gewässerökosysteme

1 Schichten und Nahrungsebenen im See

2 Sauerstoffverteilung im Sommer

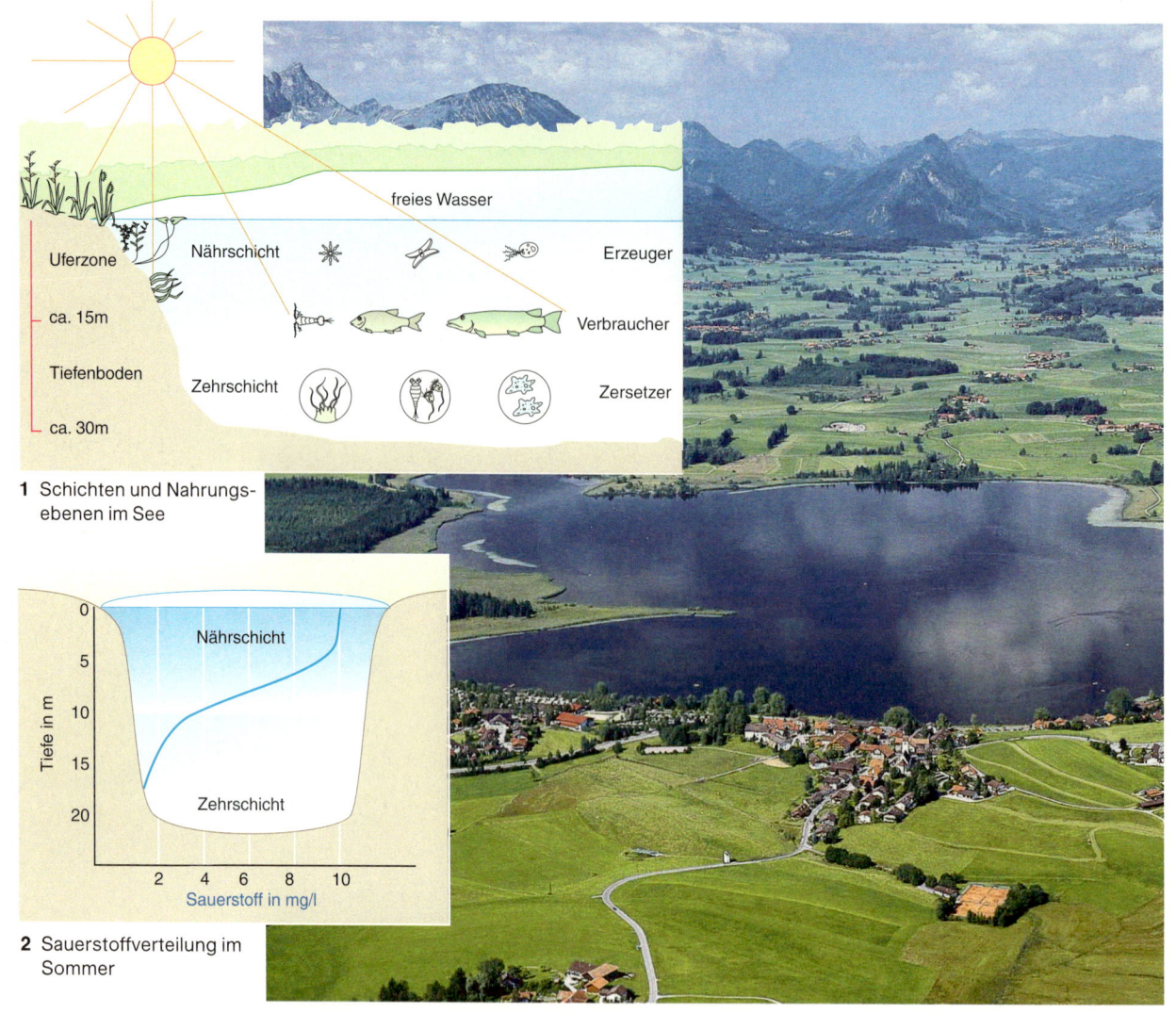

3 Luftaufnahme eines Sees

Schichten im See

Der *Umweltfaktor Licht* bestimmt, bis zu welcher Wassertiefe es Pflanzen in einem See gibt. Je nach Trübungsgrad bleiben in einem Meter Wassertiefe von der Gesamtlichtstärke, die auf die Wasseroberfläche eingestrahlt wird, nur ca. 50 % übrig. Grüne Pflanzen benötigen aber Licht, um über die Fotosynthese energiereiche Stoffe aufbauen zu können. Die Pflanzen bleiben daher nahe der Wasseroberfläche und sind Erzeuger *(Produzenten)* der Nahrung für andere Lebewesen.

Seen lassen sich nach den vorherrschenden Aufbau- oder Abbauprozessen in zwei „Stockwerke" gliedern. In der oberen Etage, der **Nährschicht**, reicht die Lichtstärke für die Fotosynthese der Pflanzen aus. Hier wird mehr organische Substanz erzeugt, als die Pflanzen selbst durch Atmung verbrauchen. In die dunkle Schicht darunter sinken viele abgestorbene Pflanzen und Tiere ab. Abfallfresser zerkleinern ihre Leichen. Bakterien und Pilze zersetzen die Überreste zu Mineralstoffen und Kohlenstoffdioxid. Da alle Zersetzer *(Destruenten)* in dieser Zone nur die in der Nährschicht produzierten organischen Substanzen verbrauchen, nennt man sie die **Zehrschicht**.

Neben Licht führt der *Umweltfaktor Wassertemperatur* zur Ausbildung einer Schichtung im See. Die Wassertemperatur hängt vor allem von der Stärke der jahreszeitlich wechselnden Sonneneinstrahlung ab.

Gewässerökosysteme

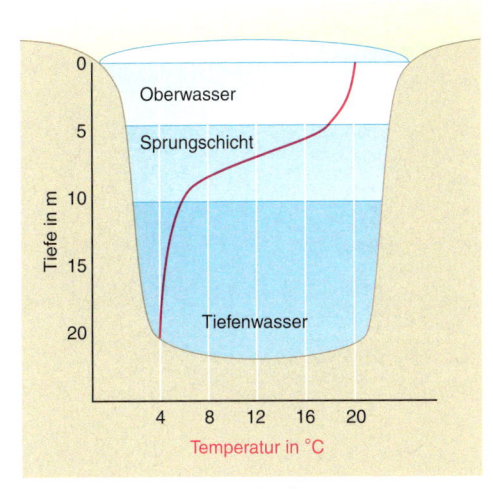

1 Temperaturschichtung im Sommer

Temperatur im Jahresverlauf

Im Sommer erwärmt die Sonne das Wasser an der Oberfläche eines Sees so stark, dass man Werte über 25 °C messen kann. Das Wasser dehnt sich aus, hat eine geringere Dichte und bleibt oben. Am Grunde des Sees misst man dagegen Werte um 4 °C. Dies kommt daher, dass Wasser bei etwa 4 °C seine größte Dichte erreicht. Wasser dieser Temperatur hat also eine größere Dichte als kälteres oder wärmeres Wasser. Zwischen der Zone des warmen *Oberwassers* und der des relativ kalten *Tiefenwassers* liegt im See eine Schicht mit einem starken Temperaturabfall, die *Sprungschicht*. Nur bis zur Sprungschicht kann das Oberflächenwasser durchmischt werden, darüber hinaus wird der Dichteunterschied zu groß. Der See befindet sich in einer *Sommerstagnation*.

Im *Winter* bildet sich bei Lufttemperaturen unter 0 °C an der Wasseroberfläche eine Eisschicht aus. Eis besitzt eine geringere Dichte als Wasser bei 0 °C. Es schwimmt deshalb an der Wasseroberfläche. Die Temperatur des Tiefenwassers sinkt dagegen auch im Winter nicht unter 4 °C. Tiere können in dieser Schicht gefahrlos überwintern, wenn genügend Sauerstoff vorhanden ist.

Im *Frühjahr* und *Herbst* kann das Wasser zu einem bestimmten Zeitpunkt überall die gleiche Temperatur, also die gleiche Dichte erreichen. Wenn nun starke Winde auf das Wasser einwirken und sich die Wasserkörper des Ober- und Tiefenwassers in Bewegung setzen, durchmischen sich diese vollständig *(Vollzirkulation)*.

Die Vollzirkulation führt zu einer Verteilung des im Wasser gelösten Sauerstoffes und Kohlenstoffdioxids sowie der Mineralstoffe. Der gelöste Sauerstoff stammt teilweise aus der Fotosynthese der Wasserpflanzen, wird aber auch an der Wasseroberfläche aus der Luft aufgenommen. Im Frühjahr gelangt sauerstoffreiches Oberwasser durch die Zirkulation in die Tiefe. Dieser Sauerstoff wird am Boden des Gewässers beim Abbau der abgestorbenen Pflanzen und Tiere im Laufe des Sommers aufgebraucht, wobei Kohlenstoffdioxid entsteht.

Mineralstoffe, die durch die Tätigkeit der Destruenten freigesetzt worden sind, werden bei der Vollzirkulation aus der Tiefenschicht nach oben transportiert. Die Pflanzen benötigen sie für ihr Wachstum. In Seen mit einem geringen Mineralstoffgehalt tritt im Sommer wegen des starken Pflanzenwachstums leicht ein Mangel an Phosphor- und Stickstoffverbindungen ein. Diese Seen sind mineralstoffarm *(oligotroph)*.

Licht, Mineralstoffe, Temperatur und Sauerstoff sind *abiotische Umweltfaktoren*, also Faktoren der unbelebten Umwelt. Sie charakterisieren in ihrer spezifischen Zusammensetzung den Lebensraum *(Biotop)*.

Aufgaben

① Beschreibe und erkläre die Abb. 1 dieser Seite und die Abb. 144. 2.
② Fischsterben wird häufig im Sommer beobachtet, selten im Herbst. Begründe.
③ Erläutere, warum unter einer Eisdecke im See Fische überleben können.

Sauerstoffsättigung in Abhängigkeit von der Temperatur

Temperatur in °C	Sauerstoffsättigungswert in mg/l
0	14,1
5	12,4
10	10,9
15	9,8
20	8,8
25	8,1

2 Stagnation und Zirkulation im Jahresverlauf

Gewässerökosysteme

Praktikum

Untersuchung eines stehenden Gewässers

Viele Schulen haben in der Nähe einen kleinen See oder einen Teich im Schulgarten. Ein solches Gewässer kannst du selbst untersuchen und dabei grundlegende Methoden der Gewässeruntersuchung kennen lernen. Ebenso kannst du versuchen, Pflanzen und Tiere zu beobachten und zu bestimmen.

Tipps für die Untersuchung:
- Bewege dich vorsichtig, schädige keine Pflanzen und Tiere.
- Stelle nach den Untersuchungen den ursprünglichen Zustand wieder her.
- Gib die gefundenen Tiere möglichst bald wieder an den Herkunftsort zurück.

Materialien

① Stelle die Ausrüstung für die Wasseruntersuchung in Tragekisten zusammen:
Karte des Untersuchungsgebietes, Bandmaß, Lot, Thermometer, Testbesteck zur chemischen Wasseruntersuchung, Weithalskunststoffflaschen für die Abfallchemikalien, Haushaltssieb, Pfahlkratzer, große, hell gefärbte Kunststoffwannen, Pinsel, Federstahlpinzette, kleine Glasgefäße mit Deckel, Lupen, Stücke eines dünnen Gummischlauchs, Petrischalen, Plastikaquarien, Zeichenmaterial, Bestimmungsbücher für Pflanzen und Tiere in Gewässern, Protokollbögen.

= Wasserschwertlilie
^ Schilf
× Rohrkolben
○ Teichrose
• Tauchblattpflanzen

Weide · Hasel · Hecke · Steg

Skizze zur Kartierung eines Gebietes

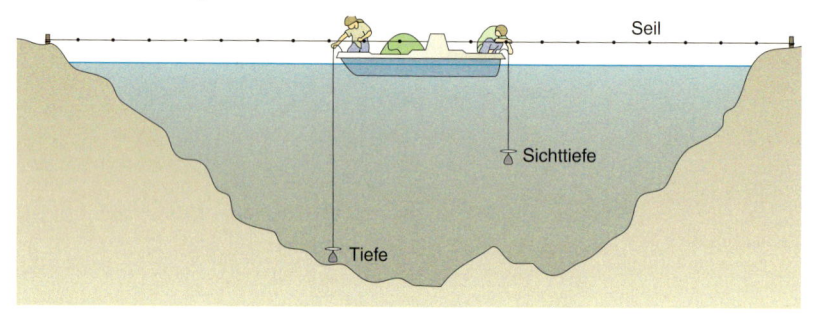

Seil · Sichttiefe · Tiefe

Ermittlung der Gewässerbreite und -tiefe

Skizzieren

② Skizziere das Untersuchungsgewässer von einem erhöhten Standort aus. Ermittle die Gewässerbreite mit dem Maßband und die Tiefe mit dem Lot. Zeichne mit laufenden Nummern die Untersuchungsstellen für chemische Wasseranalysen ein. Trage in die Skizze auch die Art des Untergrundes ein. Liegen z. B. Steine, Kies, Sand oder Schlamm vor?

Physikalische und chemische Daten

③ Ermittle mit einem Thermometer die Luft- und Wassertemperatur. Die Wassertemperatur aus unterschiedlicher Wassertiefe misst man in Proben, die man mit *Probenflaschen* (siehe Abb.) nach oben holt. Miss mit einer *Sichttiefenscheibe* (s. Abb.) in einem stehenden Gewässer an der Schnur die Wassertiefe, an der sie gerade noch zu sehen ist. Dies ist ein Maß für die Eindringtiefe des Lichtes in das Wasser.

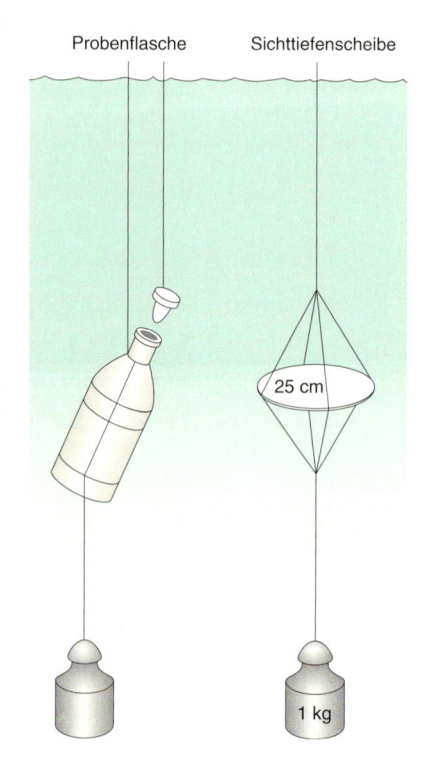

Probenflasche · Sichttiefenscheibe · 25 cm · 1 kg

Gewässerökosysteme

meine Probe-stelle	Lufttempera-tur (°C)	H₂O-Tempera-tur (°C)	O₂-Gehalt (mg/l)	Ammonium (mg/l)	Nitrit (mg/l)	pH-Wert
1						
2						
3						
4						

④ Ermittle mit Teststreifen den pH-Wert und mit üblichen Testkits den Sauerstoffgehalt, den Nitrat- und Ammoniumgehalt an der Probestelle. Verfahre nach den Gebrauchsanweisungen der Wasseruntersuchungskits.

Farbvergleich mit Teststäbchen

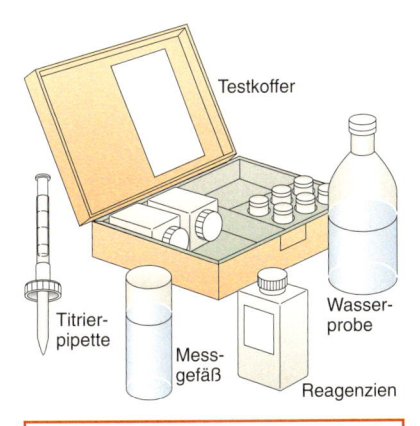

Testkoffer

Titrierpipette

Wasserprobe

Messgefäß

Reagenzien

! **Vorsicht!**
Abfallchemikalien zum Entsorgen in die Kunststoffflaschen geben!

Protokollieren

⑤ Protokolliere alle Daten, die du ermittelst, für jede Probeentnahmestelle auf ein Protokollblatt (siehe oben) und gib dazu das Datum, die Tageszeit und die Witterung an.

Pflanzen bestimmen und kartieren

⑥ Suche die Pflanzen am Ufer auf und bestimme diese mithilfe von Bestimmungsbüchern. Trage die Art der Ufervegetation auf die Skizze des Untersuchungsgewässers ein. Wähle für die Pflanzenarten Symbole und erkläre diese in einer Legende. Bestimme auch Pflanzen im Gewässer, soweit sie ohne Risiko erreichbar sind.

! **Vorsicht!**
Geschützte Pflanzen dürfen nicht aus dem Gewässer entfernt werden.

Untersuchung von Wasserpflanzen

⑦ Schneide am Schul- oder einem Gartenteich einen Binsen- und einen Schilfhalm ab.
  a) Schneide beide quer durch. Betrachte die Querschnitte mit einer Lupe und beschreibe den Aufbau der Stängel.
  b) Stecke auf den Halm der Binse und auf ein Stück Schilfrohr ein Stück Gummischlauch. Blase durch die Stängel in eine Plastikschüssel, die mit Wasser gefüllt ist. Beschreibe und erkläre das Ergebnis.
  c) Schneide aus einem Schulteich einen Stängel und ein Blatt einer Seerose. Stecke auf den Seerosenstängel ein Stück Gummischlauch. Schneide das Blatt ein Stück ab und halte es in einem Aquarium unter Wasser. Puste durch den Stängel. Erkläre die Beobachtungen.

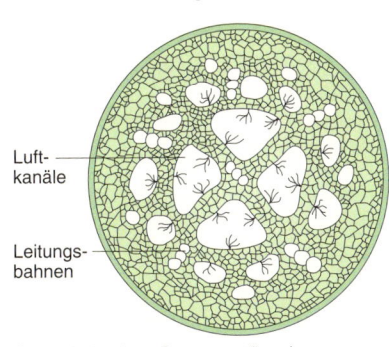

Luftkanäle

Leitungsbahnen

Querschnitt eines Seerosenstängels

Tiere am Gewässergrund

⑧ Sammle Tiere vom Gewässergrund mit einem Haushaltssieb, dessen Griff man mit einem Holzstiel verlängert hat, oder mit einem Pfahlkratzer auf. Ziehe dein Fanggerät langsam durch den Schlamm, den Sand oder durch die Pflanzen. Fülle deine Proben in eine große, helle Schale, die mit etwas Wasser gefüllt ist. Schwenke die Schale vorsichtig hin und her. Bald schwimmen Tiere auf. Sammle die Tiere von der Unterseite von Steinen, die du am Ufer entnommen hast, mit dem Pinsel oder einer Pinzette ab.
Bestimme die entdeckten Tiere, indem du sie in kleine Glasgefäße mit Deckel gibst und sie mithilfe von Lupen untersuchst. Die wichtigsten Kennzeichen geben dir Bestimmungsbücher an. Notiere die Namen der ermittelten Tiere und ihre Fundstellen.

! **Vorsicht!**
Geschützte Tiere dürfen nicht in die Schule mitgenommen werden.

Tiere im Aquarium

⑨ Beobachte die entdeckten Tiere in einem Aquarium, z. B. wie sich fortbewegen, atmen und wie sie sich ernähren.

Gewässerökosysteme **147**

Nahrungsbeziehungen und Stoffkreislauf im See

Winzige Grünalgen, die zu den *Erzeugern (Produzenten)* organischer Stoffe gehören, werden von einem Wasserfloh gefressen. Als Pflanzenfresser ist er ein *Erstverbraucher (Konsument)*. Der Wasserfloh dient wiederum der Rotfeder als Beute. In dieser Räuber-Beute-Beziehung stellt die Rotfeder als Fleischfresser den *Zweitverbraucher* dar. Am Ende der Nahrungsbeziehung wird die Rotfeder von einem Hecht, einem *Drittverbraucher* oder *Endkonsumenten*, verzehrt. Lebewesen sind über die Nahrungsbeziehungen wie die Glieder einer Kette zu einer **Nahrungskette** miteinander verbunden.

In Wirklichkeit jedoch sind die Ernährungsmöglichkeiten der Verbraucher fast nie so einseitig, dass sich eine Tierart nur von einer einzigen anderen ernährt. Meist fängt eine räuberisch lebende Tierart verschiedene Beutetiere. Der Rückenschwimmer z. B. frisst sowohl Köcherfliegen und Zuckmücken als auch Kaulquappen und Insektenlarven. Graureiher ernähren sich von Wasserfröschen, Rotfedern, Großlibellenlarven, aber auch von Hechten. Die einzelnen Pflanzen und Tiere gehören also häufig mehreren Nahrungsketten an. Dadurch werden diese Nahrungsketten untereinander so verflochten wie die Maschen eines Netzes. Solche vielfältigen Nahrungsbeziehungen werden als **Nahrungsnetz** bezeichnet.

Nicht nur energiereiche organische Stoffe, sondern auch Kohlenstoffdioxid, Sauerstoff und Mineralstoffe werden durch Nahrungsbeziehungen und Zersetzungsprozesse zwischen den Lebewesen und dem Lebensraum ausgetauscht. Die Erzeuger nehmen Kohlenstoffdioxid, Wasser, Mineralstoffe und Energie auf und nutzen sie zum Aufbau von körpereigenen, energiereichen organischen Stoffen. Dabei entsteht Sauerstoff. Die Verbraucher ernähren sich von Pflanzen und Tieren. Mineralisierer zersetzen deren Überreste zu Mineralstoffen und Kohlenstoffdioxid. Viele der Zersetzer benötigen für ihren Stoffwechsel Sauerstoff. Die Pflanzen erhalten erneut freigesetzte Mineralstoffe und Kohlenstoffdioxid. Unter Verwendung von Sonnenenergie und Wasser können wiederum körpereigene, energiereiche organische Stoffe aufgebaut werden. So schließt sich der *Kreislauf der Stoffe* im See.

Alle Lebewesen des Sees bilden zusammen dessen Lebensgemeinschaft, die *Biozönose*. Vielfältige Wechselbeziehungen bestehen zwischen der Biozönose und dem Lebensraum, dem *Biotop*. Biotop und Biozönose bilden zusammen das *Ökosystem See*. Durch die Vielfalt der Nahrungsbeziehungen und Stoffkreisläufe bleiben die einzelnen Arten von ihrer Anzahl her in etwa gleich. Diese Vielfalt aller Beziehungen bewirkt, dass auch

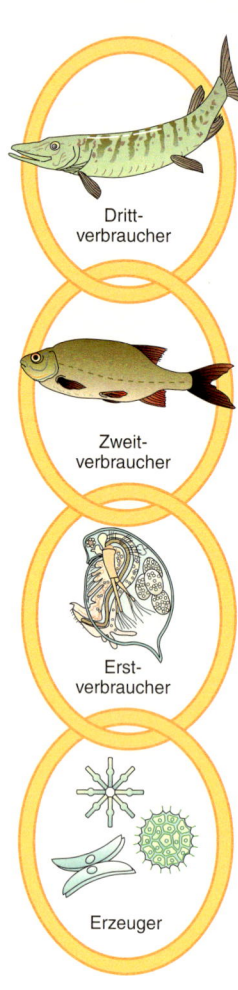

Nahrungskette

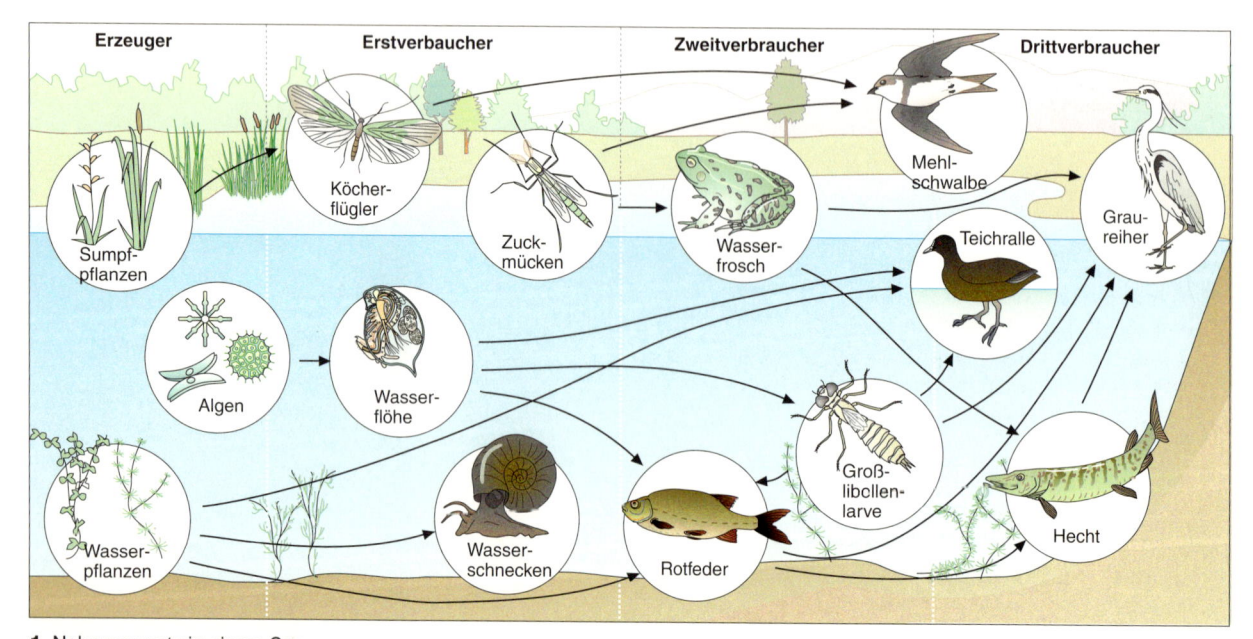

1 Nahrungsnetz in einem See

Gewässerökosysteme

die einzelnen Nahrungsebenen in einem dynamischen Gleichgewicht zueinander stehen. Man spricht von einem **biologischen Gleichgewicht**. Das biologische Gleichgewicht bleibt nur erhalten, solange die Sonne den Stoffkreisläufen ständig Energie zuführt. Ohne dass die Produzenten unter Verbrauch von Energie organische Substanz produzieren, können die nachfolgenden Glieder im Stoffkreislauf nicht bestehen. Der Mensch kann das biologische Gleichgewicht im Ökosystem See stören, wenn er Gifte einbringt und damit Lebewesen tötet, wodurch das bisher bestehende Nahrungsnetz zusammenbrechen kann.

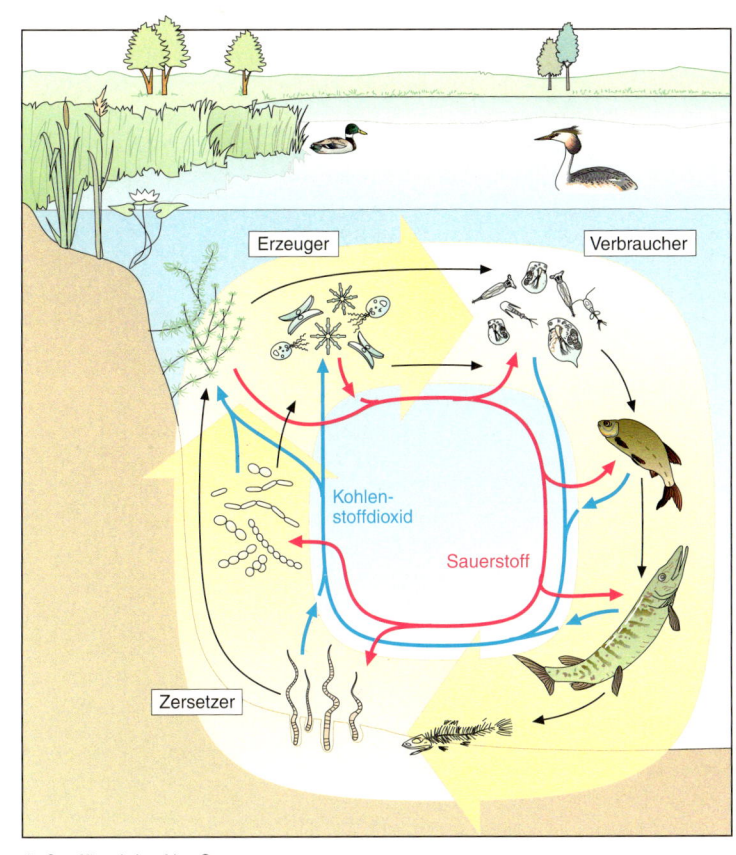

1 Stoffkreislauf im See

Aufgaben

1. Nenne drei Nahrungsketten aus der Abbildung 1 auf Seite 148.
2. Moderne Schädlingsbekämpfungsmittel sollen biologisch abbaubar sein. Begründe.
3. Wende dein Wissen über Nahrungsketten und Energiefluss an und erkläre die Aussage: „Bei der Ernährung der Menschen in den Industrienationen könnte viel Energie in der Landwirtschaft eingespart werden".

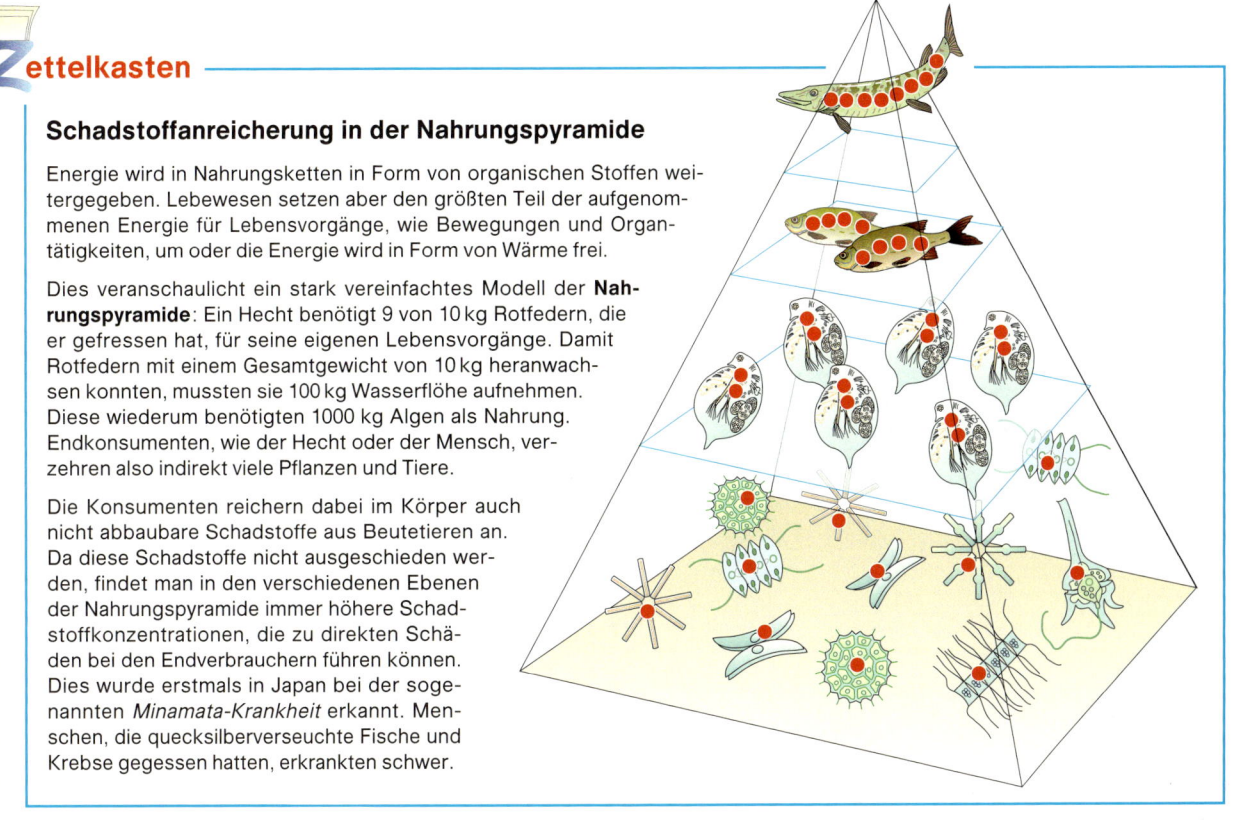

Zettelkasten

Schadstoffanreicherung in der Nahrungspyramide

Energie wird in Nahrungsketten in Form von organischen Stoffen weitergegeben. Lebewesen setzen aber den größten Teil der aufgenommenen Energie für Lebensvorgänge, wie Bewegungen und Organtätigkeiten, um oder die Energie wird in Form von Wärme frei.

Dies veranschaulicht ein stark vereinfachtes Modell der **Nahrungspyramide**: Ein Hecht benötigt 9 von 10 kg Rotfedern, die er gefressen hat, für seine eigenen Lebensvorgänge. Damit Rotfedern mit einem Gesamtgewicht von 10 kg heranwachsen konnten, mussten sie 100 kg Wasserflöhe aufnehmen. Diese wiederum benötigten 1000 kg Algen als Nahrung. Endkonsumenten, wie der Hecht oder der Mensch, verzehren also indirekt viele Pflanzen und Tiere.

Die Konsumenten reichern dabei im Körper auch nicht abbaubare Schadstoffe aus Beutetieren an. Da diese Schadstoffe nicht ausgeschieden werden, findet man in den verschiedenen Ebenen der Nahrungspyramide immer höhere Schadstoffkonzentrationen, die zu direkten Schäden bei den Endverbrauchern führen können. Dies wurde erstmals in Japan bei der sogenannten *Minamata-Krankheit* erkannt. Menschen, die quecksilberverseuchte Fische und Krebse gegessen hatten, erkrankten schwer.

Gewässerökosysteme

1 Änderung von Gewässerzustand und Lebensgemeinschaften bei der Eutrophierung

Eutrophierung eines Sees

Viele Seen sind von landschaftlichen Nutzflächen umgeben. Diese Äcker und Wiesen werden von den Landwirten mit Gülle und Mineraldünger gedüngt, um ein optimales Wachstum der Nutzpflanzen zu erreichen. Bei starken Regenfällen können aber die Düngemittel in den angrenzenden See eingeschwemmt werden, es gelangen immer mehr Mineralstoffe in den See und er wird mineralstoffreich *(eutroph)*.

Bei hoher Mineralstoffkonzentration und hohen Wassertemperaturen sowie starkem Lichteinfall im Sommer können sich Algen massenhaft vermehren. Es kommt zur sogenannten *Algenblüte*. In Folge dieser Massenvermehrung gedeihen auch Algenfresser und die nachfolgenden Glieder der verschiedenen Nahrungsketten besser.

Solange im See eine hohe Mineralstoffkonzentration herrscht, werden in der Nährschicht immer mehr Pflanzen und Tiere heranwachsen und wieder absterben. Die Mengen an gestorbenen Lebewesen können die Destruenten nicht mehr vollständig abbauen, der Zustand des Gewässers wird schlechter. Am Grunde des Sees herrscht bald Sauerstoffmangel, da die Destruenten bei den Abbauprozessen den Sauerstoff aufgebraucht haben. Nun übernehmen Bakterien, die ohne Sauerstoff leben können *(anaerobe Bakterien)* den Abbau der toten Pflanzen und Tiere, dabei entstehen Faulgase und Faulschlamm. Wird durch die nächste Zirkulation der Sauerstoffgehalt nicht nachhaltig erhöht, „kippt das Gewässer um", d. h. viele Lebewesen sterben ab. Die Zusammensetzung der Biozönose ändert sich.

Die *Eutrophierung* ist ein Prozess, der sich über viele Jahre bis zum Umkippen fortsetzen kann. Wird die Verschmutzung zusätzlich noch durch industrielle oder kommunale Einleitungen verstärkt, wird dieser Prozess erheblich beschleunigt. Typisch für einen *eutrophierten See* sind wenige Pflanzen- und Tierarten bei großer Individuenzahl pro Art. Der See ist am Grund sauerstoffarm.

Mineralstoffarme Seen sind in der Regel sauerstoffreich. In diesen Seen findet man viele Pflanzen- und Tierarten bei geringer Individuenzahl pro Art.

Aufgabe

① Welche Maßnahmen kann man gegen die Eutrophierung von stehenden Gewässern ergreifen? Begründe.

Charakteristische Pflanzen und Tiere in unterschiedlich verschmutzten Gewässerzonen

a Knäuel-Binse
Sumpfkresse
Wasserspitzmaus
Forelle
Bartgrundel
Flusskrebs

b Laichkraut
Tausendblatt
Wasserschwertlilie
Schermaus
Stichling
Ukelei
Hecht
Pfeilkraut
Teichrose
Wasserpest
Graureiher
Karpfen
Flussaal

c Rohrkolben
Algen
Wasserassel
Pferdeegel
Schlammschnecke
Tubifex

Gewässerökosysteme

Ein Moor entsteht

Aber auch ohne menschliche Einflüsse kann ein See nach einem längeren Zeitraum eutrophieren. Uferpflanzen und pflanzliches Plankton produzieren jährlich große Mengen an organischer Substanz, die im Herbst abstirbt. Die Destruenten können diese tote organische Substanz auf Dauer nicht mehr vollständig abbauen. Der Kreislauf der Stoffe ist gestört. Der Sauerstoffgehalt am Grunde des Gewässers nimmt immer mehr ab. Anaerobe Bakterien zersetzen die organische Substanz viel langsamer und nur noch unvollständig. Es entstehen schwarzer Faulschlamm sowie übel riechende Gase.

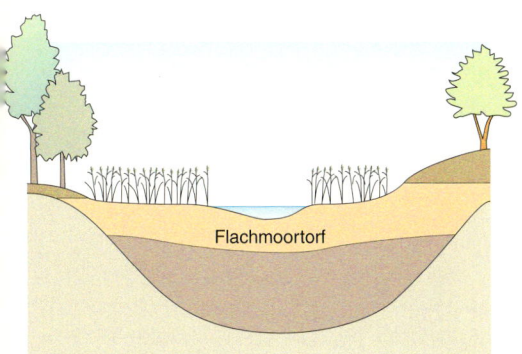

3 Torfmoos

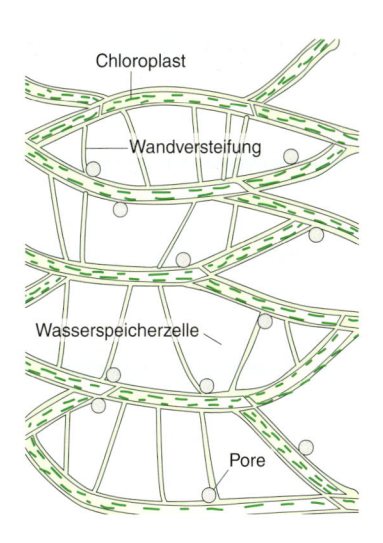

1 Schema Flachmoor

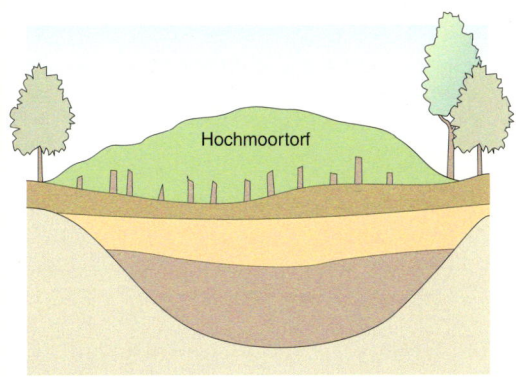

2 Schema Hochmoor

Die Faulschlammschicht, die *Mudde*, lagert sich am Ufer und am Seegrund ab. Der See wird flacher. Im Laufe der Zeit wachsen die Pflanzengürtel des Ufers weiter zur Gewässermitte. Dadurch nimmt die freie Wasserfläche ab. Schließlich *verlandet* der See, ein **Flachmoor** entsteht. Der Wasserstand sinkt weiter, sodass schließlich die Röhrichtpflanzen nicht mehr wachsen können. Unter diesen Bedingungen gedeihen Seggen, bald darauf stellen sich Weide und Erle ein. Eine solche natürliche Entwicklung *(Sukzession)* vom mineralstoffreichen See zum *Bruchwald* benötigt oft Jahrtausende. Unter menschlichem Einfluss können stehende Gewässer allerdings wesentlich schneller verlanden.

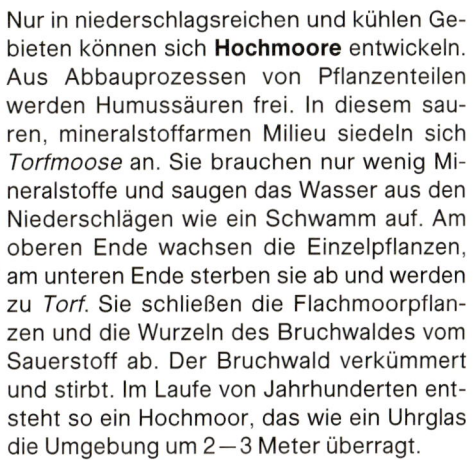

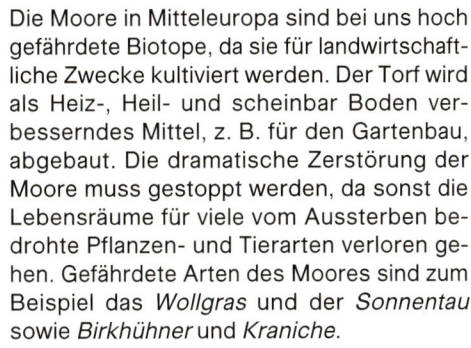

Nur in niederschlagsreichen und kühlen Gebieten können sich **Hochmoore** entwickeln. Aus Abbauprozessen von Pflanzenteilen werden Humussäuren frei. In diesem sauren, mineralstoffarmen Milieu siedeln sich *Torfmoose* an. Sie brauchen nur wenig Mineralstoffe und saugen das Wasser aus den Niederschlägen wie ein Schwamm auf. Am oberen Ende wachsen die Einzelpflanzen, am unteren Ende sterben sie ab und werden zu *Torf*. Sie schließen die Flachmoorpflanzen und die Wurzeln des Bruchwaldes vom Sauerstoff ab. Der Bruchwald verkümmert und stirbt. Im Laufe von Jahrhunderten entsteht so ein Hochmoor, das wie ein Uhrglas die Umgebung um 2–3 Meter überragt.

Die Moore in Mitteleuropa sind bei uns hoch gefährdete Biotope, da sie für landwirtschaftliche Zwecke kultiviert werden. Der Torf wird als Heiz-, Heil- und scheinbar Boden verbesserndes Mittel, z. B. für den Gartenbau, abgebaut. Die dramatische Zerstörung der Moore muss gestoppt werden, da sonst die Lebensräume für viele vom Aussterben bedrohte Pflanzen- und Tierarten verloren gehen. Gefährdete Arten des Moores sind zum Beispiel das *Wollgras* und der *Sonnentau* sowie *Birkhühner* und *Kraniche*.

Aufgabe

① Diskutiert in eurer Klasse das Pro und Contra des Torfabbaus.

Gewässerökosysteme

3 Fließgewässer

Lebensräume entlang des Rheins

Fließgewässer entspringen aus einer *Quelle*. Der zunächst kleine *Bach* entwickelt sich im weiteren Verlauf zu einem Fluss, der später in das Meer mündet. Entlang des Fließgewässers ändern sich die Umweltfaktoren (z. B. Strömung, Flussbett, Untergrund, Temperatur, Sauerstoffgehalt) stetig, sodass eine Vielzahl von Lebensräumen und ökologischen Nischen entsteht. Die bestimmende Umweltbedingung ist die Strömung. Die Strömungsgeschwindigkeit steigt mit zunehmendem Gefälle des Gewässergrundes und bei gleich bleibendem Gewässerquerschnitt, wenn die Abflussmenge zunimmt.

Die Quelle des Rheins entspringt in 2340 m Höhe. Schon nach 40 km Lauf durch ein Hochtal hat der Gebirgsbach 1600 m an Höhe verloren. Dieses starke Gefälle bewirkt eine hohe Strömungsgeschwindigkeit und eine große Schleppkraft des Gebirgsbaches: Geröll, Schotter und Kies bedecken den Gewässergrund. Die hohe Fließgeschwindigkeit über dem rauen Gewässergrund führt zu zahlreichen Turbulenzen und starkem Sauerstoffeintrag aus der Luft. Nahe der Quelle bleibt die Temperatur des Baches ganzjährig bei 2 °C bis 9 °C und das Wasser erreicht eine Sauerstoffsättigung von beinahe 100 %.

Der Gebirgsbach bietet vielen Sauerstoff und kalte Temperaturen liebenden Formen (Bachforellen, Eintags- und Steinfliegenlarven) optimale Lebensbedingungen. Allerdings sind sie bei der starken Wasserströmung auch der Gefahr des Abdriftens ausgesetzt. Eintags- und Steinfliegenlarven haben nur eine geringe Körperhöhe, sind im Körper vorn breit, nach hinten spitz auslaufend und abgeflacht. Tagsüber halten sie sich meist im strömungsarmen Wasser zwischen Steinen oder Wassermoos auf. Nachts weiden sie in der wenige Millimeter hohen Grenzschicht auf Steinen Algen ab. Bei steigender Strömungsgeschwindigkeit pressen die Steinfliegenlarven ihren Körper immer stärker an die Steine (s. Randspalte).

Bei Strömungsgeschwindigkeiten über 2 m/s können sich im Bach keine Blütenpflanzen halten. Nur Algen und Moose leben hier noch. Umfangreiche Wasserpflanzengesellschaften finden sich meist nur in strömungsärmeren Regionen des Fließgewässers.

In Bergbächen wachsen wenige Pflanzen, deshalb ist die Sauerstoffproduktion sehr gering. Nur durch Laubfall und abgestorbene Ufervegetation gelangt Biomasse in den Bach. Diese schwer abbaubaren Pflanzenteile werden von Bachflohkrebsen, die in Bächen oft in großer Zahl zu finden sind, gefressen. Die 1 bis 2 cm großen Tiere haben einen seitlich stark abgeflachten Körper, sodass sie, auf der Seite liegend, in der strömungsarmen Grenzschicht am Gewässergrund verbleiben. Diese Abfallfresser stellen für viele andere Lebewesen die Nahrung dar. Die Beschreibung eines Bergbaches trifft auf den **Oberlauf** des Rheins zu. Hieran schließt sich der **Mittellauf** des Flusses an.

Der Rhein von Basel bis Mainz entspricht mehr dem Charakter eines Tieflandflusses. Er hat ein geringeres Gefälle, eine etwas langsamere Fließgeschwindigkeit und ursprünglich Kies und Sand im Untergrund. Vor der Regulierung beanspruchte der Rhein bei Hochwasser die ganze Breite der Aue. In der übrigen Zeit wurden Kies- und Sandinseln in wechselnder Form aufgeschüttet und der Strom bildete zahlreiche Arme aus.

Diese *Altwasserarme* sind strömungsarm und durch die Überschwemmungen mineralstoffreich. Unterwasserpflanzen, Schwimmblattpflanzen und Algen wachsen gut, sodass sich von vielen Fischarten, die im Kraut laichen, dort der Nachwuchs entwickelt.

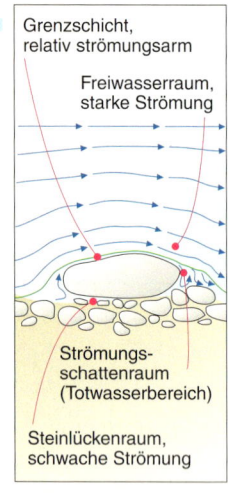

ökologische Nischen am Gewässergrund

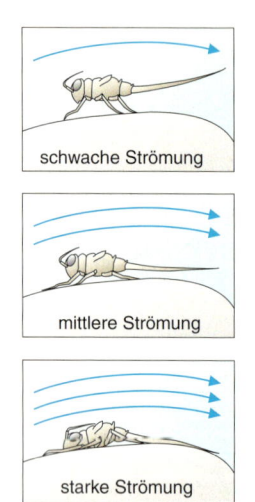

Grenzschicht, relativ strömungsarm
Freiwasserraum, starke Strömung
Strömungsschattenraum (Totwasserbereich)
Steinlückenraum, schwache Strömung

Strömungsverhältnisse am Bachgrund

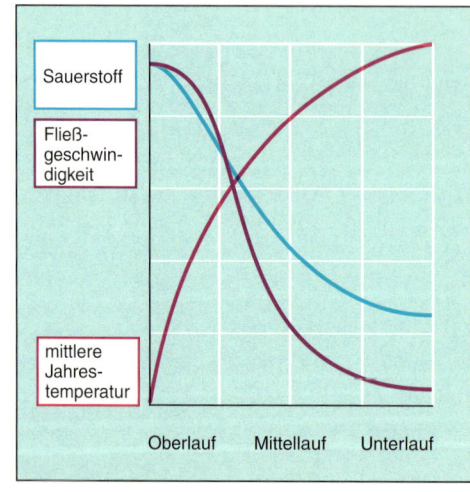

schwache Strömung
mittlere Strömung
starke Strömung

1 Abiotische Faktoren im Flussverlauf

Sauerstoff
Fließgeschwindigkeit
mittlere Jahrestemperatur

Oberlauf — Mittellauf — Unterlauf

Gewässerökosysteme

Viele Wasservogelarten (Graureiher, Purpurreiher, Zwergrohrdommel) finden hier ganzjährig ihr Auskommen, andere überwintern regelmäßig auf den Altwasserarmen.

Bevor unter TULLA die Oberrheinregulierung begann, waren von Basel bis Mainz *Auenwälder* typisch, die periodisch überflutet wurden und trocken fielen. Je nach Überflutungsdauer der Böden entstehen verschiedene Pflanzengesellschaften und damit eine vielgestaltige und artenreiche Vegetation.

Ab dem Binger Loch beginnt der **Unterlauf** des Rheins. Er verliert 32 m Höhe auf 127 km bis Bonn. Am Niederrhein ergibt sich das Gefälle aus 45 m Höhenverlust auf 345 km bis zum Meer: Der Fluss fließt mit geringer Strömung und zahlreichen *Mäandern* dahin. Im Mittelrhein schleppt er noch feinkörnigen Kies und Sand mit. Auenwälder beschränken sich auf Inseln oder regelmäßig überflutete Uferbereiche. Das Wasser des Unterlaufs kann sich im Sommer stark erwärmen, der Sauerstoffgehalt nimmt dann ab. Altwasserarme bieten am Niederrhein einen selten gewordenen Lebensraum für viele bedrohte Pflanzen- und Tierarten.

Die Schifffahrtsstraße Niederrhein verbindet das Ballungsgebiet Ruhrgebiet mit Rotterdam, dem größten Hafen Europas. Der Rhein transportiert seine Abwasserfracht in die Nordsee. Nur 2 km hinter der niederländischen Grenze beginnt der Delta-Rhein.

Gliedert man ein Fließgewässer nach den Leitfischen, so werden dem Oberlauf die *Forellen-* und *Äschenregion*, dem Mittellauf die *Barbenregion*, dem Unterlauf die *Brachsenregion* und der Brackwasserzone die *Kaulbarsch-Flunderregion* zugeordnet.

Aufgaben

① Erkläre die Angepasstheiten der Lebewesen eines Gebirgsbaches.
② Beschreibe die Umweltbedingungen im Verlauf eines Fließgewässers.
③ Erkläre die Bedeutung der Auen (Abb. 2).

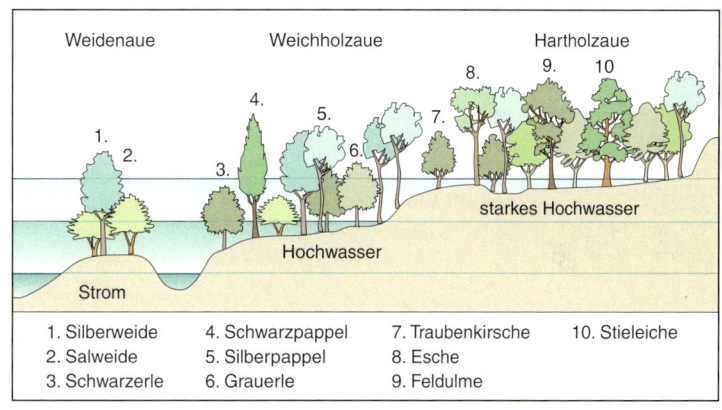

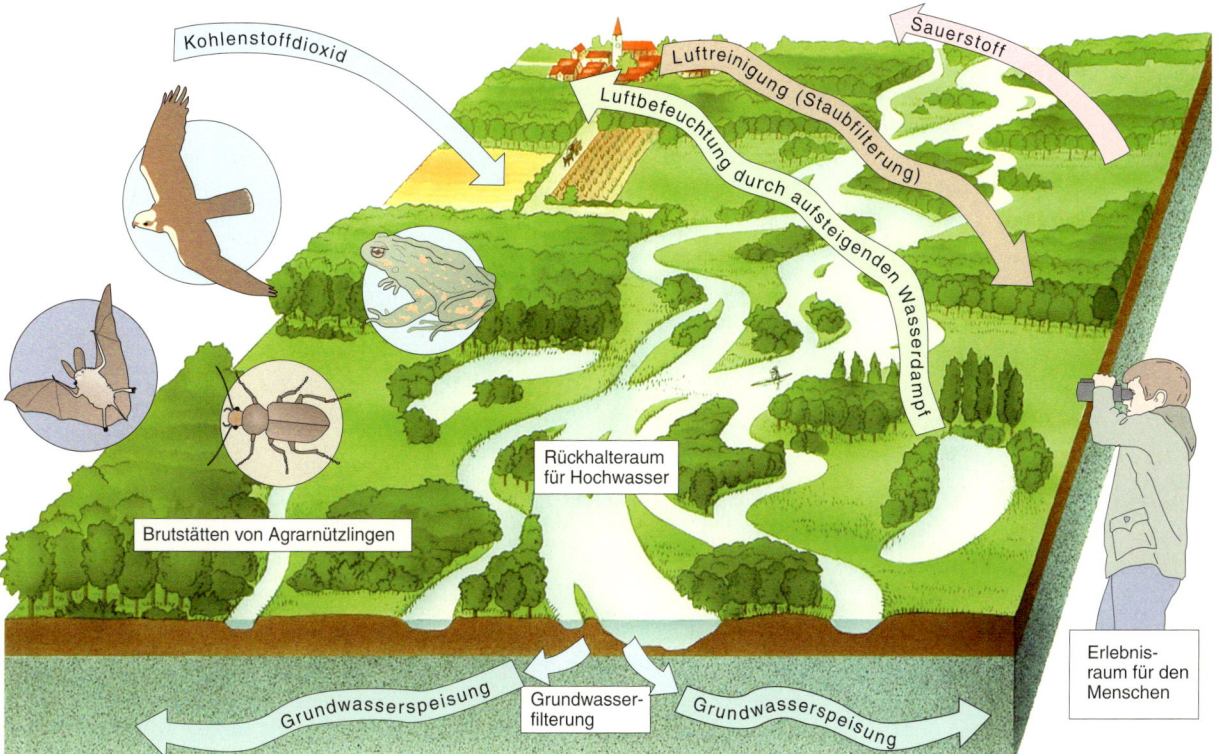

Joh. Gottfried Tulla (1770–1828) gründete 1807 in Karlsruhe eine Ingenieurschule. 1817 leitete er die Regulierung des Oberrheins.

1. Silberweide
2. Salweide
3. Schwarzerle
4. Schwarzpappel
5. Silberpappel
6. Grauerle
7. Traubenkirsche
8. Esche
9. Feldulme
10. Stieleiche

Gewässerökosysteme

Bestimmung der Gewässergüte

Seit 1975 wird in Deutschland alle fünf Jahre eine *Gewässergütekarte* der Fließgewässer erstellt. Die *Gewässergüte* wird mit einer biologisch-ökologischen Methode ermittelt. Bestimmte Lebewesen zeigen durch ihr gehäuftes Auftreten an, dass ihre Ansprüche bezüglich Nahrung und Sauerstoffgehalt erfüllt sind *(Zeigerlebewesen)*.

Die Gewässer werden in die folgenden vier Güteklassen mit drei Zwischenstufen eingeteilt:

Güteklasse I:
Unbelastetes bis sehr gering belastetes Gewässer
Das Wasser ist klar und mineralstoffarm. Laichgewässer für Bachforellen mit mäßiger Besiedlung durch Kieselalgen, Moose, Strudelwürmer und Steinfliegenlarven.

Güteklasse I–II:
Gering belastetes Gewässer
Das Wasser ist klar, der Mineralstoffgehalt gering. Dichte Besiedlung mit Algen, Moosen und Blütenpflanzen. Man findet außerdem Eintagsfliegenlarven und Köcherfliegen.

Güteklasse II:
Mäßig belastetes Gewässer
Mäßige Belastung mit organischen Stoffen und deren Abbauprodukten. An Stellen mit wenig Strömung sieht man an Steinen eine schwarze Färbung. Dichte Besiedlung mit Algen und Blütenpflanzen. Bachflohkrebse, Asseln, Schnecken und Insektenlarven treten häufig auf. Zahlreiche Fischarten sind vertreten. Der Sauerstoffgehalt schwankt je nach Abwasserlast und Algenentwicklung.

Güteklasse II–III:
Kritisch belastetes Gewässer
Durch die Belastung mit organischen Substanzen ist das Wasser trüb, örtlich tritt Faulschlamm auf. Meist sind es noch ertragreiche Fischgewässer. Dichte Besiedlung mit Algen und Blütenpflanzen. Egel und Wasserasseln treten reichlich auf. An strömungsarmen Stellen findet man Laichkräuter und Teichrosen.

Güteklasse III:
Stark verschmutztes Gewässer
Das Wasser ist durch Abwasser getrübt. An strömungsarmen Stellen lagert sich Faulschlamm ab. Fast alle Steine sind an der Unterseite schwarz. Der Fischbestand ist gering, es gibt zeitweiliges Fischsterben wegen Sauerstoffmangel. Auffällig sind Kolonien fest sitzender Wimpertierchen und Abwasserbakterien. Massenentwicklungen von Rollegeln und Wasserasseln. Außerdem leben im Schlamm Rote Zuckmückenlarven und Schlammröhrenwürmer.

Güteklasse III–IV:
Sehr stark verschmutztes Gewässer
Das Gewässer ist durch Faulschlamm getrübt. Die Steine sind auf der Unterseite schwarz. Besiedlung fast nur durch Mikroorganismen (Schwefelbakterien, Wimpertierchen). *Abwasserfahnen* (zottenartige Bakterienkolonien) werden im Wasser bewegt. Im Faulschlamm sieht man oft einen Massenbesatz von Schlammröhrenwürmern und Roten Zuckmückenlarven.

Güteklasse IV:
Übermäßig verschmutztes Gewässer
Der Boden ist wegen des abgelagerten Faulschlamms schwarz. Das Wasser weist einen starken Geruch auf, häufig riecht es nach faulen Eiern (Schwefelwasserstoff!). Auf dem Faulschlamm wachsen Schwefelbakterien. Zahlreiche Gifte im Abwasser töten alle anderen Lebewesen ab *(Verödung)*.

Aufgaben

1. Untersucht die Gewässergüte eines kleinen Baches und ermittelt auch die physikalischen und chemischen Werte, wie es auf den Seiten 146/147 beschrieben wurde. Zieht Gummihandschuhe an und wascht euch nach den Arbeiten gründlich die Hände.
2. Nehmt an mehreren Probestellen 5 Züge mit einem Haushaltssieb durch die Wasserpflanzen, siebt 5 Bodenproben oder nehmt 10 handgroße Steine auf. Bestimmt die Anzahl und Arten der Zeigerlebewesen. Fertigt ein Protokoll an.

Zum Vergleich und zur Orientierung für die selbst ermittelten Werte:

Gewässergüteklassen und chemische Werte:

Güteklasse	I	II	III	IV
Sauerstoffminimum in mgl/l	größer 8	größer 6	größer 2	kleiner 2
Ammonium in mgl/l	kleiner gleich 0,1	0,1–1	größer 2	10
Nitrat in mgl/l	1,2–1,7	3–3,9	4–7	größer 7
Gesamtphosphat in mgl/l	0,06–0,08	0,2–0,3	1–1,7	größer 2,5

Zeigerlebewesen in Fließgewässern

Güteklasse I bzw. I—II

Steinfliegenlarven (Länge bis 2 cm) besitzen nur zwei Schwanzfäden. Sie benötigen sauerstoffreiche Gewässer ohne Verschmutzung. Man findet sie im Strömungsschatten von Steinen. Es gibt unter ihnen Algenfresser und Räuber.

[= Originalgröße

Güteklasse I—II bzw. II

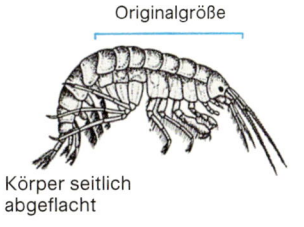

Originalgröße

Körper seitlich abgeflacht

Der **Bachflohkrebs** (bis zu 2 cm Länge) kommt in Gewässern mit einem Sauerstoffgehalt über 6 mg/l vor. Er frisst Aas, Zerreibsel und verwesendes pflanzliches Material. Flohkrebse sind eine wichtige Forellennahrung.

Manche Arten von **Köcherfliegenlarven** bauen Gehäuse (Köcher) aus Pflanzenteilen oder Steinchen, die sie mit Speicheldrüsensekret verkleben. Zusatzgewichte verringern die Gefahr, dass die Tiere abgetrieben werden. Es gibt Köcherfliegenlarven, die Steine abweiden und Pflanzen fressen. Andere Formen ohne Köcher jagen nach Beute. Bei schnell fließendem Wasser zeigen sie eine geringe Gewässerbelastung, bei langsam fließendem Wasser mäßig belastetes Wasser an.

Eintagsfliegenlarven, die eine Länge bis zu 15 mm haben können, besitzen in der Regel drei Schwanzfäden und seitlich am Hinterleib Tracheenkiemen. Einige Arten fressen Algen von Steinen ab, andere ernähren sich von Schlammteilchen. Der Sauerstoffgehalt des Wassers muss oberhalb von 6 mg/l liegen.

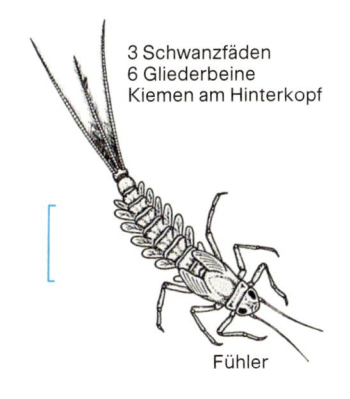

3 Schwanzfäden
6 Gliederbeine
Kiemen am Hinterkopf

Fühler

Güteklasse III

Wasserasseln (Größe bis zu 12 mm) ernähren sich von verwesenden Stoffen. Sie sind massenhaft zwischen Laub und absterbenden Pflanzen zu finden. Für sie reicht ein Sauerstoffgehalt unter 2 mg/l. Nahrung für Fische.

Der **Rollegel** (bis zu 6 cm Länge) frisst in nährstoffreichen Gewässern Kleintiere. Er atmet durch die Haut und benötigt dazu einen Sauerstoffgehalt über 2 mg/l. Nahrung für Fische.

Der echte **Abwasserpilz** ist auf den Abbau organischer Stickstoffverbindungen spezialisiert. Er wächst über alle Gegenstände mit einem weißlichen oder grauen, fellartigen Überzug. Er bildet im Winter flutende und treibende Büschel.

Güteklasse III—IV bzw. IV

Rote Zuckmückenlarven bauen im Schlamm stark belasteter Gewässer ihre Wohnröhren und fressen dessen organische Bestandteile. Sie können selbst bei Sauerstoffkonzentrationen unter 2 mg/l noch überleben.

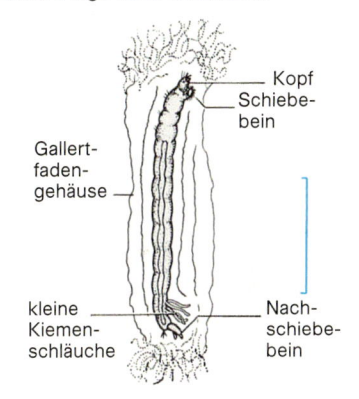

Kopf
Schiebebein
Gallertfadengehäuse
kleine Kiemenschläuche
Nachschiebebein

Rote **Schlammröhrenwürmer** (Tubifex, bis zu 8 cm Länge) fressen den Schlamm stark verschmutzter Gewässer. Sie bilden häufig große Kolonien.

Gewässerökosysteme **155**

Untersuchungen an Fließgewässern

Ehe die biologischen und chemischen Zusammenhänge in Fließgewässerökosystemen erklärt werden konnten, mussten Wissenschaftler zahlreiche Experimente und Untersuchungen an vielen Gewässern durchführen. Einige dieser Untersuchungsergebnisse werden auf dieser Doppelseite vorgestellt und können von euch nachvollzogen werden.

Ernährungstypen von Wirbellosen in verschiedenen Flussabschnitten

Im *Oberlauf* leben wirbellose Tiere von Blättern, die von den Bäumen am Bachrand ins Wasser gefallen sind.

Im *Mittellauf* des Flusses ernähren sich die *Sedimentfresser* von am Grunde des Gewässers im sog. *Sediment* abgelagertem zerkleinertem oder verrottetem Pflanzenmaterial *(Detritus)*, Bakterien und Algen. Die *Filtrierer* fangen zum Beispiel im Wasser schwebende Nahrungspartikel und verzehren sie. Im Mittellauf fällt auch genügend Licht durch das Wasser auf Steine und andere feste Untergründe, sodass darauf ein Aufwuchs von Bakterien und Algen entsteht. Diese Nahrung weiden die *Weidegänger* ab.

Im *Unterlauf* finden Wirbellose viel fein zerriebenen Detritus und pflanzliches Plankton.

Aufgaben

1. Beschreibe mithilfe der Kreisdiagramme unten auf der Seite, wie die verschiedenen Ernährungstypen in den Flussabschnitten verteilt sind.
2. Begründe die unterschiedliche Zusammensetzung der Lebensgemeinschaften.

Auswirkungen des Gewässerausbaus

Menschen haben schon immer bevorzugt an Flüssen gesiedelt, da dort die Wasserversorgung, geeigneter Siedlungsraum, gute Böden für die Landwirtschaft und ein natürlicher Verkehrsweg gesichert waren. Um diese natürlichen Gegebenheiten zu optimieren, veränderten die Siedler jedoch oft den Lauf von Flüssen oder befestigten die Ufer, um vor Überschwemmungen sicher zu sein oder um den Fluss schiffbar zu machen. Heute unternimmt man verstärkt Anstrengungen, um begradigte Gewässerläufe wieder naturnah zurückzubauen. Welche ökologischen Auswirkungen der Ausbau von Gewässern hat, zeigt das nachfolgende Material.

Der **Bach A** ist ein naturnaher Bach, der einen grobkörnigen Untergrund mit großen Steinlückenräumen und schwacher Strömung aufweist.

Der **Bach B** ist in seinem Bachverlauf begradigt, weist eine hohe Strömung und am Untergrund feine Ablagerungen auf.

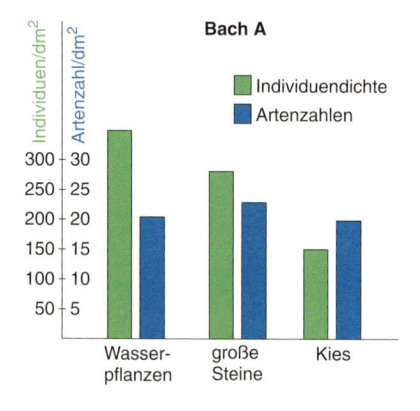

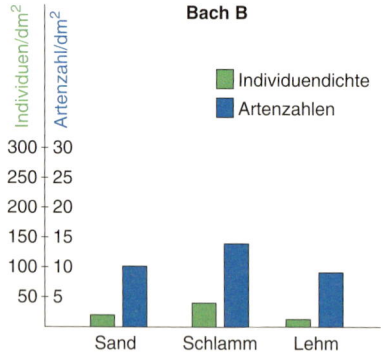

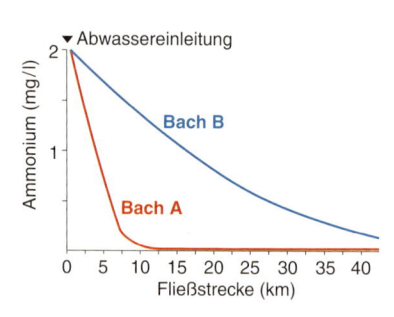

Hinweis: Ammonium entsteht durch bakteriellen Abbau von Eiweiß in Abwässern. Bei ausreichendem Sauerstoffgehalt wandeln Bakterien Ammonium in Nitrat um. Nitrat fördert das Algenwachstum.

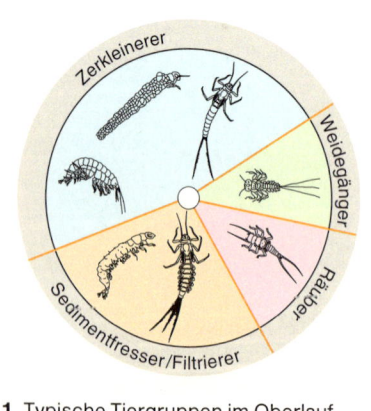

1 Typische Tiergruppen im Oberlauf

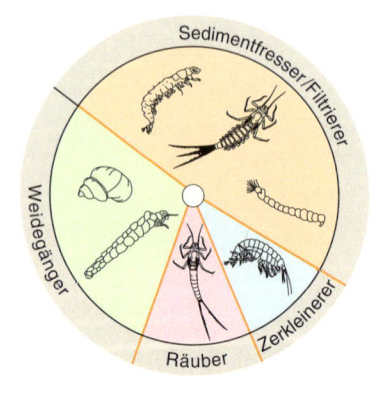

2 Typische Tiergruppen im Mittellauf

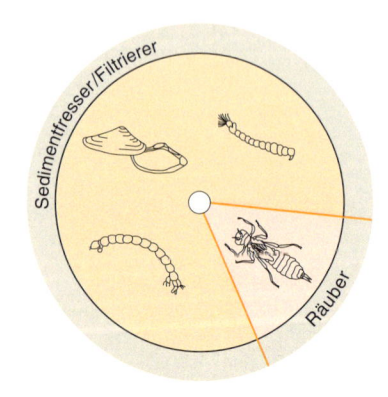

3 Typische Tiergruppen im Unterlauf

Gewässerökosysteme

Aufgaben

3. Welche Folgen hat die Bachbegradigung für den Untergrund?
4. Beschreibe und erkläre, welche Veränderungen sich durch den Bachausbau für die Lebensgemeinschaften ergeben?
5. Beschreibe die Auswirkungen der Begradigung auf die Fähigkeit zur Selbstreinigung.

Auswirkungen einer Kläranlage

Um die Auswirkungen der Einleitungen aus einer Kläranlage auf das Fließgewässer zu prüfen, haben Schüler das Wasser eines Baches oberhalb und unterhalb des Auslaufs der Kläranlage untersucht. Die folgende Tabelle gibt die Ergebnisse wieder:

	oberhalb des Auslaufs	unterhalb des Auslaufs
Temperatur	18 °C	19 °C
Sauerstoffgehalt	7 mg/l	3 mg/l
Ammonium	0 mg/l	3 mg/l
Nitrat	10 mg/l	100 mg/l
Phosphat	1 mg/l	12,5 mg/l

Aufgabe

6. Beurteile, wie wirksam die Kläranlage ist.

Gewässergütekarten in Deutschland

Seit 1975 wird alle 5 Jahre eine Gewässergütekarte erstellt. Sie soll den Gütezustand der Gewässer und Mängel in der Gewässergüte sichtbar machen, um geeignete Maßnahmen zur Verbesserung der Wasserqualität ergreifen zu können.

Aufgabe

7. Vergleicht die unten abgebildeten Karten. Diskutiert die möglichen Ursachen der Unterschiede.

Ursachen für die Eutrophierung von oberirdischen Gewässern

Für Binnengewässer ist Phosphat häufig der begrenzende Faktor für das Pflanzenwachstum, danach häufig die Stickstoffverbindungen. Nach einer Bilanz des Umweltbundesamtes von 1995 stammten der Eintrag von Phosphor und Stickstoff aus den folgenden Quellen:

Phosphoreinträge in Fließgewässer

Herkunft	Eintrag in %
Kanalisation	10
Industrie	10
kommunale Kläranlagen	30
Niederschlag (diffus)	2
Landwirtschaft (diffus)	48

Einträge von Stickstoffverbindungen in Fließgewässer

Herkunft	Eintrag in %
Kanalisation	7
Industrie	3
kommunale Kläranlagen	30
Niederschlag	3
Landwirtschaft	57

Aufgabe

8. Die oben genannten Einträge wirken sich negativ auf die Wasserqualität aus. Welche Maßnahmen zur Gewässerreinhaltung schlägst du mithilfe der Angaben aus den Tabellen vor? Gib die Prioritäten deiner Vorschläge an.

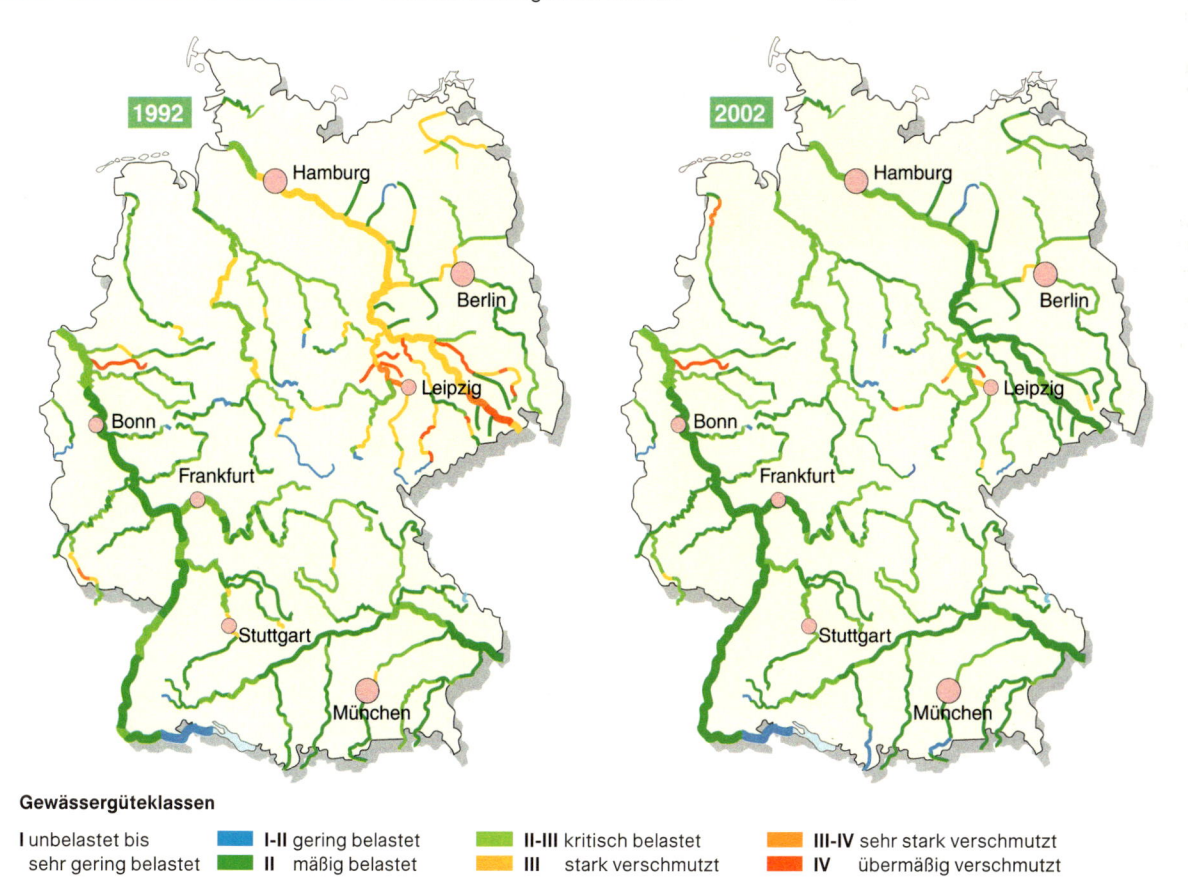

Gewässergüteklassen

- I unbelastet bis sehr gering belastet
- I-II gering belastet
- II mäßig belastet
- II-III kritisch belastet
- III stark verschmutzt
- III-IV sehr stark verschmutzt
- IV übermäßig verschmutzt

Gewässerökosysteme

Die Selbstreinigung in einem Fließgewässer

Gelangen Haushaltsabwässer einer Gemeinde ungeklärt in einen Fluss, so verändern die damit zugeführten organischen Substanzen und Mineralstoffe die Lebensbedingungen für alle dort existierenden Organismen. Das Überangebot an organischer Substanz führt zu einer Massenvermehrung der Zersetzer, also der Pilze und Bakterien. Diese bauen mithilfe von Sauerstoff *(aerob)* unter Energiegewinn die organische Substanz ab. Dadurch sinkt der Sauerstoffgehalt, zumal die Produzenten, z. B. die Algen, bedingt durch die Wassertrübung kaum noch Fotosynthese betreiben können. Bakterienrasen überwuchern steinige Sedimente und Reste der Unterwasserpflanzen.

Sinkt der Sauerstoffgehalt zu stark ab, so vermehren sich solche Pilze und Bakterien, die organische Substanz auch ohne Sauerstoff, also *anaerob,* unter Energiegewinn abbauen können. Dabei werden neben Kohlenstoffdioxid auch Methan, Ammonium, faulig riechender Schwefelwasserstoff und Phosphat gebildet. In ruhigen, stehenden Bereichen des Flusses kann sich auch Faulschlamm absetzen, in dem Schlammröhrenwürmer leben. Sie ernähren sich von Flocken organischer Substanz und benötigen nur wenig Sauerstoff zum Leben.

Mit der Fließbewegung eingebrachter Sauerstoff ermöglicht mit zunehmender Entfernung von der Einleitungsstelle auch die Vermehrung von Bakterien, die unter Energiegewinn Schwefelwasserstoff zu Sulfat, Ammonium über Nitrit zu Nitrat und Methan zu Kohlenstoffdioxid umwandeln. Die Bakterien und Pilze dienen Wimpertierchen als Nahrung. Diese werden wiederum von Rädertierchen gefressen. Bei günstigeren Sauerstoffverhältnissen kommen bachabwärts Wimper- und Rädertierchen fressende Kleinkrebse und Insektenlarven dazu. Wasserasseln fressen restliche verwesende Stoffe. Der Fluss wird klarer und ist reich an Mineralstoffen.

Damit sind wieder günstige Entwicklungsbedingungen für Algen und Wasserpflanzen gegeben. Diese vermehren sich stark und tragen zu einem verbesserten Sauerstoffgehalt bei. Viele Fischarten können hier wieder existieren. Im weiteren Flussverlauf kommt es zu einem ausgewogenen Aufbau und Abbau von Stoffen, es hat eine „Selbstreinigung" stattgefunden.

Dieser Vorgang läuft aber nur idealerweise ab, da es wohl in nur ganz wenigen Fällen bei einer Einleitung bleibt. Für die Bundesrepublik gilt aber, dass sich die Fließgewässerqualität, z. B. dank des Baus von Klärwerken und Renaturierungsmaßnahmen, ständig verbessert. Flüsse, die durch zu starke Einleitungen organischer Substanz und Mineralstoffen belastet sind, transportieren diese in die Meere mit der Folge, dass auch hier, besonders in den Mündungsgebieten, die Wasserqualität sinkt.

1 Abwassereinleitung

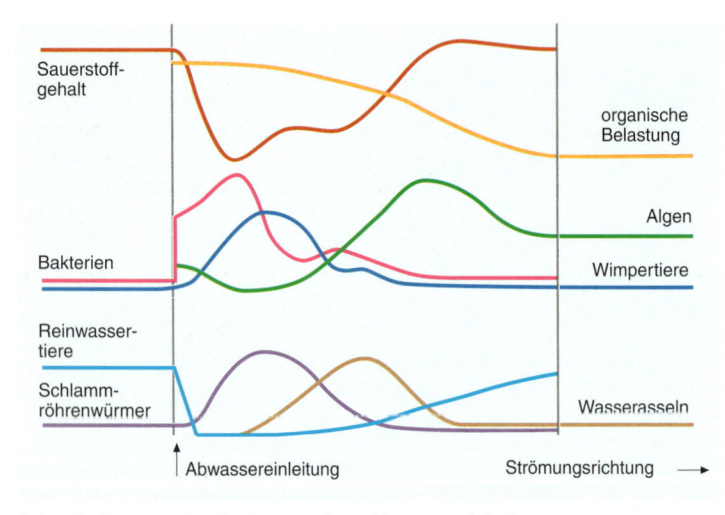

2 Veränderungen im Bach nach einer Abwassereinleitung

Aufgabe

① Erkläre die Vorgänge der biologischen Selbstreinigung mithilfe der Abbildung 2.

Gewässerökosysteme

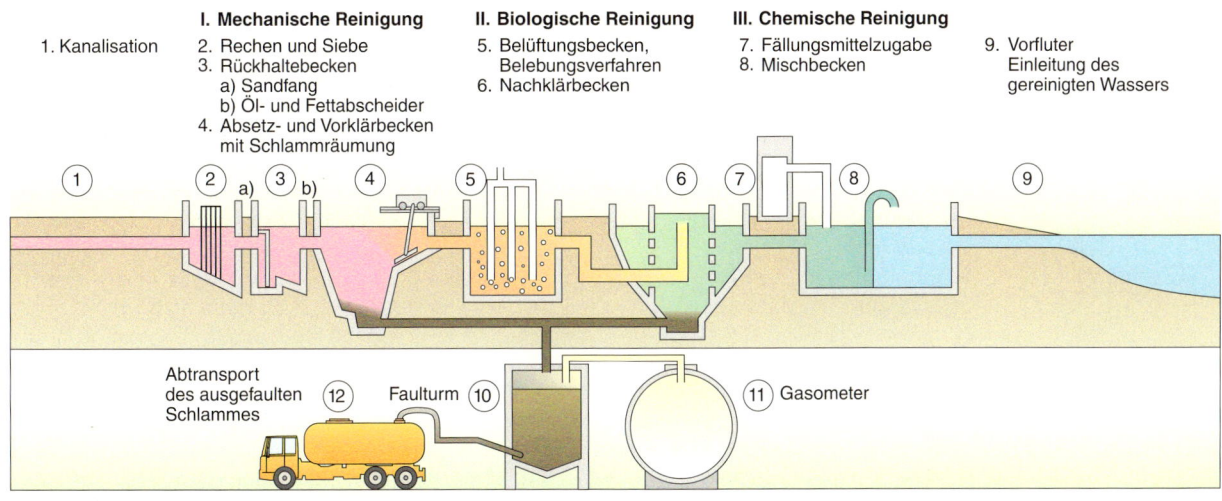

Legende zum Schema

1. Kanalisation

I. Mechanische Reinigung
2. Rechen und Siebe
3. Rückhaltebecken
   a) Sandfang
   b) Öl- und Fettabscheider
4. Absetz- und Vorklärbecken mit Schlammräumung

II. Biologische Reinigung
5. Belüftungsbecken, Belebungsverfahren
6. Nachklärbecken

III. Chemische Reinigung
7. Fällungsmittelzugabe
8. Mischbecken

9. Vorfluter Einleitung des gereinigten Wassers

10. Faulturm
11. Gasometer
12. Abtransport des ausgefaulten Schlammes

1 Schema der Abwasserreinigung in einer dreistufigen Kläranlage

Abwasserreinigung in einer Kläranlage

Auf den ersten Blick hat eine moderne Kläranlage wenig Ähnlichkeit mit einem Bach. Dennoch laufen in der Kläranlage Vorgänge ab, die der Selbstreinigung im Bach stark ähneln. Das Abwasser fließt über die Kanalisation mit groben, feinen und feinsten Verunreinigungen in das Klärwerk. Grob- und Feinrechen halten größere Verunreinigungen zurück. In einem Bach werden diese Teile von Ästen der Büsche und Bäume am Ufer zurückgehalten. Im Sandfang des Klärwerkes wird Luft eingeblasen, wodurch Öl und Fett an der Wasseroberfläche abgeschieden werden und Sand sich am Boden ablagert. Im nachfolgenden Vorklärbecken fließt das Abwasser so extrem langsam, dass die Teilchen, die eine größere Dichte als Wasser haben, als Schlamm zum Boden absinken. Schieber drücken den Schlamm zu einer Seite des Beckens. Von dort wird er zum Faulturm gepumpt. Die Verhältnisse in dieser *mechanischen Reinigungsstufe* des Klärwerkes entsprechen Stillwasserbereichen eines Baches. Auch hier lagert sich Faulschlamm ab.

In einer weiteren Stufe der Kläranlage wird auf einer stark verkürzten Strecke eine *biologische Selbstreinigung* durchgeführt, die in einem Fließgewässer mehrere Kilometer erfordert. Nach der Vorklärung enthält das Abwasser noch Schwebteilchen und gelöste Verunreinigungen. Im Belebtschlammbecken des biologischen Teils der Kläranlage bläst man ständig Luft in das Wasser, um den Sauerstoffgehalt für Bakterien und Einzeller optimal zu halten.

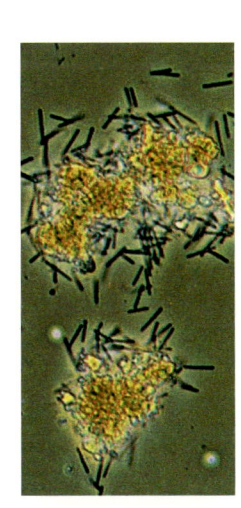

Die Bakterien und Einzeller sind mit organischen Schwebstoffen in Flocken zusammengeballt *(Belebtschlammflocken)* und bauen die im Abwasser enthaltenen organischen Stoffe ab. Durch das Überangebot an Nahrung und Sauerstoff können sich die Lebewesen des Belebtschlammes ständig massenhaft vermehren. Aus dem Nachklärbecken der *biologischen Reinigungsstufe* werden die abgesetzten Massen des Belebtschlammes zum *Faulturm* gepumpt. Im Faulturm setzen Gärungsbakterien Kohlenstoffdioxid und energiereiches Methan frei. Das Methan kann in einem *Gasometer* gespeichert und zur Energieversorgung verwendet und der Klärschlamm bei Einhaltung der Grenzwerte für Schwermetalle, die auch in Abwässern von Gewerbegebieten enthalten sein können, zu Humus weiterverarbeitet werden.

Das geklärte Wasser enthält als Folge der Abbauprozesse große Mengen an Nitraten und Phosphaten, die ein üppiges Pflanzenwachstum auslösen. Aus diesem Grund sind die Kläranlagen heute häufig mit einer dritten, der *chemischen Stufe,* ausgestattet. Nitrate und Phosphate könnten dann auf chemischem Weg ausgefällt werden. Das Wasser fließt so mineralstoffärmer in das Gewässer *(Vorfluter)* zurück.

2 Schlammflocken mit Bakterien (ca. 600 x vergr.)

Aufgabe

① Vergleiche die Vorgänge bei der biologischen Selbstreinigung in einem Bach mit den Stationen in einer Kläranlage.

Gewässerökosysteme

Wasser – ein Lebenselixier

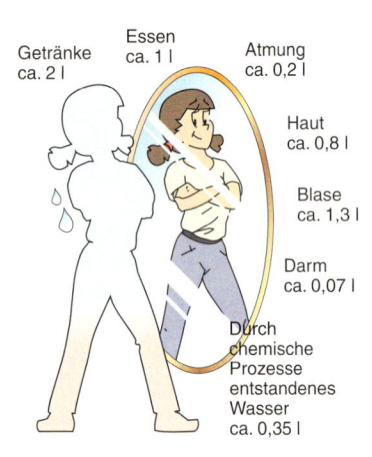

Trinkwasser sparen

In Ballungsräumen reichen die Vorräte aus dem Grundwasser nicht aus, um den Trinkwasserbedarf zu decken. Wasser aus Seen und Talsperren sowie aus dem Uferfiltrat von Flüssen wird benötigt, um Trinkwasser zu gewinnen. Die dazu erforderliche Wasseraufbereitung ist aufwändig und kostspielig. Also sollte man mit dem wertvollen Trinkwasser sparsam umgehen.

Man kann den Wasserverbrauch in Haushalten durch moderne Wasch- und Spülmaschinen deutlich senken, denn diese Geräte werden häufig genutzt. Ebenso kann man für Häuser Regenrückhaltebehälter anlegen, aus denen das Wasser für die Toilettenspülung gespeist wird. Beim Duschen kann ein Sparkopf verwendet werden, der bis zu 30 % weniger Wasser verbraucht.
Welche Ideen hast du? Mache Vorschläge für deine Familie und für die Schule!

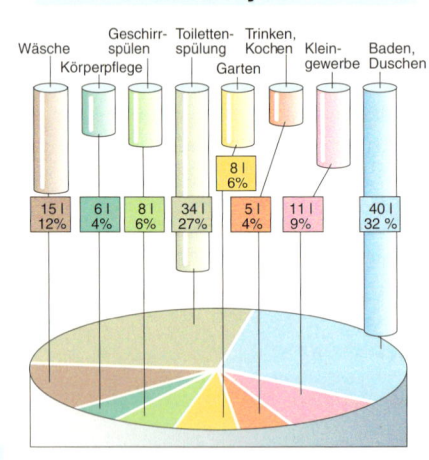

Herkunft des Trinkwassers

Wozu sind Trinkwasserschutzgebiete erforderlich?
Wo stammt dein Trinkwasser her?
Wie funktioniert eine Trinkwasseraufbereitungsanlage?
Nitrat im Trinkwasser – eine Gefahr für Säuglinge?

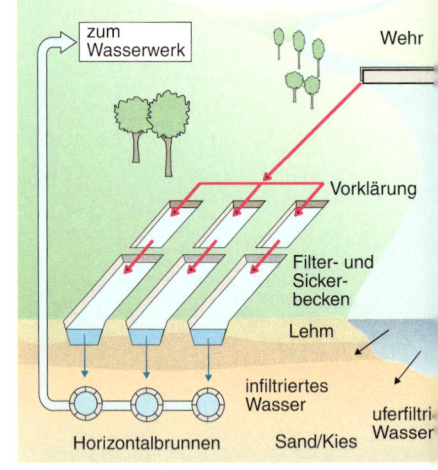

Verbrauchsanalyse

Getränke ca. 2 l
Essen ca. 1 l
Atmung ca. 0,2 l
Haut ca. 0,8 l
Blase ca. 1,3 l
Darm ca. 0,07 l
Durch chemische Prozesse entstandenes Wasser ca. 0,35 l

Jeder Mensch besteht zu ungefähr 60 % aus Wasser. Er nimmt täglich ca. 3 Liter Wasser mit Getränken und Nahrung auf und gibt den Großteil davon wieder ab.

Wäsche / Körperpflege: 15 l / 12 %
Geschirrspülen: 6 l / 4 %
Toilettenspülung: 34 l / 27 %
Trinken, Kochen: 5 l / 4 %
Garten: 8 l / 6 %
Kleingewerbe: 11 l / 9 %
Baden, Duschen: 40 l / 32 %

Trinkwasser

Die öffentliche Wasserversorgung liefert uns Wasser hoher Qualität.
Das Trinkwasser muss klar, farblos, geruchlos und geschmacklich einwandfrei sein. Es darf keine Krankheitserreger und keine gesundheitsgefährdenden Substanzen enthalten.

Grenzwertvergleich (Angaben in mg/l)

	Trinkwasser	Mineralwasser
Nitrationen	50	nicht geregelt
Pestizide	0,0001	nicht geregelt
Arsenionen	0,01	0,05 mg
Cadmiumionen	0,005	0,005 mg
Quecksilberionen	0,001 mg	0,001 mg
Bleiionen	0,04 mg	0,05 mg
Sulfationen	240	nicht geregelt
Magnesiumionen	50	nicht geregelt
Natriumionen	150	nicht geregelt
Eisenionen	0,2	nicht geregelt

Vergleiche die Grenzwerte, die für das Trinkwasser und das Mineralwasser gelten. Wäre ein Mineralwasser als Trinkwasser geeignet?

Wasserfernleitungen

Schon die Römer bauten lange Wasserverteilungssysteme, um ihre Städte ausreichend mit Trinkwasser zu versorgen. 100 v. Christus besaß Rom ein Wasserversorgungsnetz von 400 km Gesamtlänge. Aquädukte leiteten täglich bis zu 60 000 Kubikmeter Quellwasser in die Stadt Rom. Der *Pont du Gard* bei Nimes in Südfrankreich hat eine Höhe von 49 m und eine Länge von 140 m. Der Bau war 8 v. Chr. fertig.

Wie funktionieren heute die Wasserfernleitungen?

Gewässerökosysteme

Leben an der Oberfläche

Ein Lebensraum in stehenden Gewässern, den nur wenige kennen: Die Oberflächenhaut.

Warum und welche Lebewesen finden wir dort? Was zeigt der Versuch rechts?

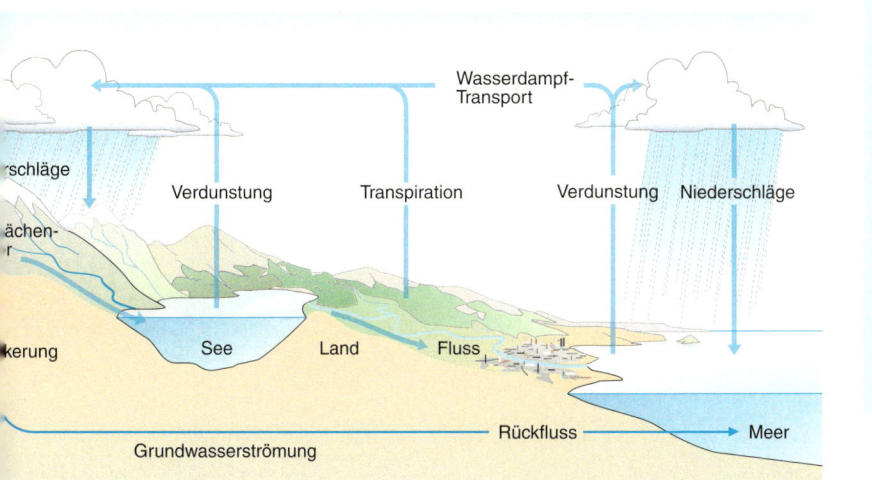

Gewässerschutz

Eine Kleinstadt mit 20 000 Einwohnern, davon sind viele arbeitslos, liegt an einer bekannten Wasserstraße. Eine namhafte Firma der chemischen Industrie fühlt beim Bürgermeister vor, ob die Firma im Industriegebiet eine Produktionsstätte für Pflanzenschutzmittel errichten dürfe. Es sollen 400 Arbeitsplätze geschaffen werden.

Der Bürgermeister ruft zu diesem Thema eine Ratsversammlung ein. Daran nehmen folgende Personen teil: Der Bürgermeister, der vorgesehene Produktionsleiter der Anlage, Stadträte von allen politischen Parteien, Vertreter der Naturschutzverbände und der Wasserwerke.

Schreibt in Gruppen in deiner Klasse Rollenkarten für die einzelnen Teilnehmer der Ratssitzung, welche Positionen sie vertreten und welche Eigenschaften den Menschen zugeschrieben werden sollen.
Führt eine Podiumsdiskussion zur Frage durch: Mit welchen Auflagen kann die Fabrik angesiedelt werden?

Wasserkreislauf

Das Wasser auf der Erde befindet sich in einem ständigen Kreislauf: Es verdunstet von der Oberfläche von Gewässern oder durch Pflanzen, der Niederschlag befördert es zur Erde zurück, wo es ins Grundwasser versickern kann.

**Welche Formen von Niederschlägen kennst du?
Wie entstehen sie?
Wieso kann man den Boden als natürliche Reinigungsanlage für Grundwasser verstehen?**

Wassergehalt von Organismen

In % des Gesamtgewichts	
Algen	bis 98%
Blätter (höhere Pflanzen)	80 – 90%
Gurke	bis 95%
Holz	50%
Ohrenqualle	bis 99%
Wasserfloh	73,9%
Kartoffelkäfer	62 – 66%
Schleie	80%
Frosch	77%
Mensch	60%

**Was zeigt das Foto?
Ein Ufo? Finde es heraus.**

„… Alles ist dem Wasser entsprungen! Alles wird durch das Wasser erhalten! Ozean, gönn uns dein ewiges Walten.

Wenn du nicht Wolken sendest, Nicht reiche Bäche spendetest, Hin und her nicht Flüsse wendetest, Die Ströme nicht vollendetest,

Was wären Gebirge, was Ebenen und Welt! Du bist's, der das frischeste Leben erhält".

(THALES in GOETHES Faust, Teil 2)

Gewässerökosysteme **161**

Der Mensch greift, seit er wirtschaftend arbeitet, in die Natur ein und gestaltet sie nach seinen Vorstellungen. Er hat dabei neue Lebensräume dort geschaffen, wo sie natürlicherweise nicht vorkamen. Dieses menschliche Wirken hat zu einem Anstieg der Artenanzahl geführt. Im letzten Jahrhundert aber hat der Mensch so schwerwiegend in die Natur eingegriffen, dass die Folgen den Menschen selbst gefährden.

Verschmutzte Luft, vergiftete Böden, verdrecktes Wasser, langsam verschwindende Pflanzen- und Tierarten, riesige Abfallberge, öde Städte: Begreifen wir die Größe unseres Verlustes an Schönheit und Vielfalt in der Natur?

Ergreifen wir nicht die Flucht in fremde Urlaubslandschaften, sondern handeln wir zu Hause und holen die Lebensqualität für uns und alle anderen Lebewesen zurück.

Der Mensch gestalte

Artenvielfalt?

Schadstoffe

...und gefährdet die Umwelt

Müll abladen verboten

Lebensräume

Müll

Tierhaltung

1 Von der Natur- zur Kulturlandschaft

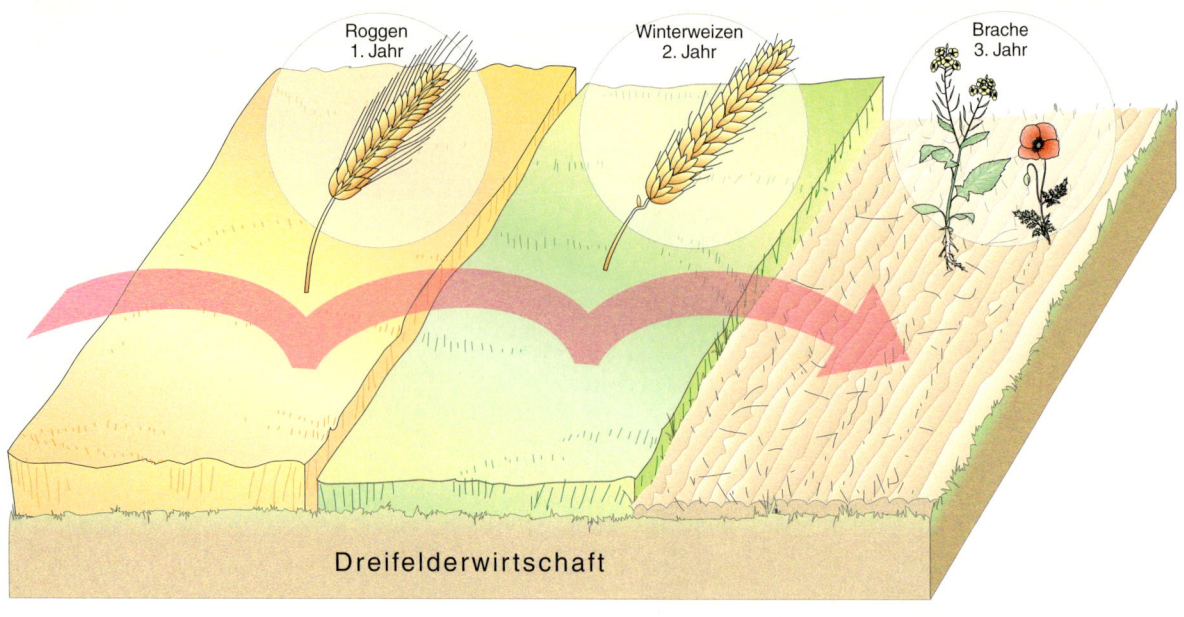

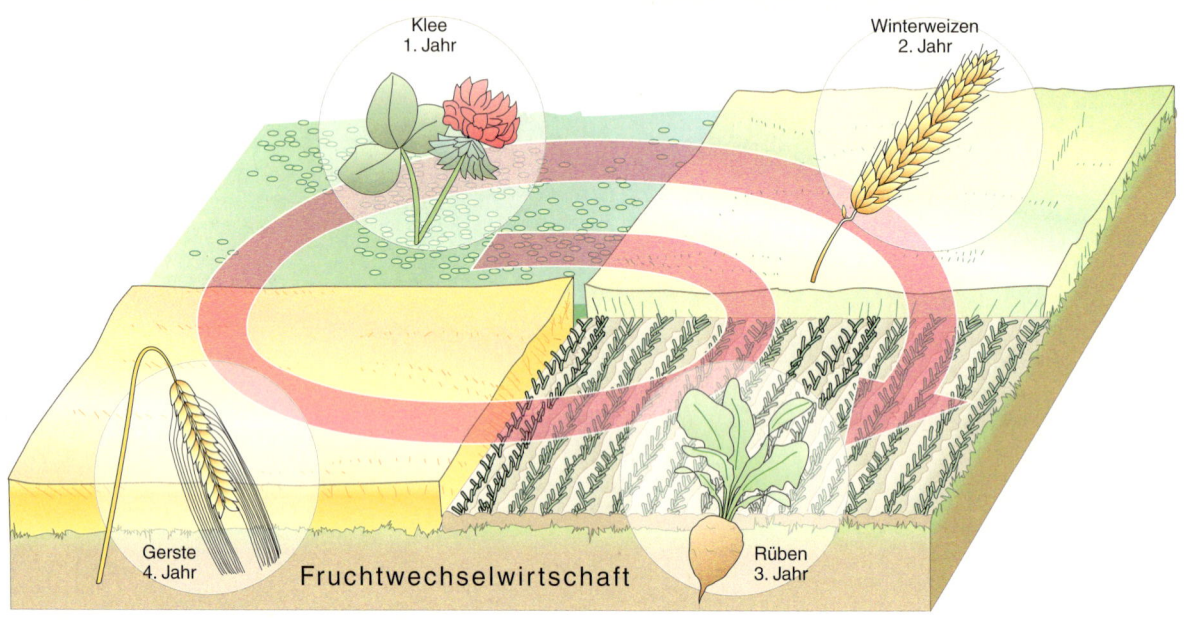

Roggen 1. Jahr · Winterweizen 2. Jahr · Brache 3. Jahr

Dreifelderwirtschaft

Klee 1. Jahr · Winterweizen 2. Jahr · Rüben 3. Jahr · Gerste 4. Jahr

Fruchtwechselwirtschaft

Landwirtschaft verändert die Landschaft

Als die Menschen noch als Jäger und Sammler in Kleingruppen durch das Land zogen, veränderten sie ihre Umwelt kaum. Sie verweilten nur kurze Zeit am selben Ort. Vor 10 000 Jahren begannen die Menschen allmählich sesshaft zu werden. Sie schufen durch Kahlschläge und Brandrodungen Ackerland, das so lange bewirtschaftet wurde, bis der Boden „erschöpft" war. Dann wurde ein neues Feld erschlossen. Das alte Feld vergraste und diente als Viehweide.

Diese *Feldgraswirtschaft* wurde in Mitteleuropa um 800 n. Chr. durch eine andere Wirtschaftsform abgelöst. Jetzt wechselten auf einem Feld im dreijährigen Rhythmus Wintergetreide, Sommergetreide und Brache ab *(Dreifelderwirtschaft)*. Während der Brache wurde das Ackerland geschont, weil mehrere Sommer keine Nutzpflanzen angebaut wurden, die dem Boden bestimmte Nährstoffe entziehen. Der Fruchtwechsel vermindert den einseitigen Mineralstoffentzug.

Daneben gab es die *Zweifelderwirtschaft*. Dabei wechselten z. B. Roggen und Brache ab. Von jeder Bewirtschaftungsform hängt auch eine typische Wildkrautvegetation ab.

Der Nahrungsmittelbedarf wurde mit wachsender Bevölkerung um 1700 so groß, dass die Brache aufgegeben wurde. Anstelle der Brache wurden nun Hackfrüchte, z. B. Kartoffeln und Rüben, bei deren Wachstum der Boden mehrfach gehackt werden musste, angepflanzt. Damals war der Anbau von vielen Kulturpflanzen auf kleinen Flächen üblich, was zu einem stark gegliederten Landschaftsbild führte. Später wurden anstelle der Brache abwechselnd Halmfrüchte (Getreide) und Blattfrüchte (Hackfrüchte, Erbsen) angebaut. Da Halmpflanzen Flachwurzler, Blattpflanzen aber Tiefwurzler sind, ermöglichte diese *Fruchtwechselwirtschaft* auch ohne Brache die Erholung des Bodens. Zusätzlich wurde das Vieh zur Weide in benachbarte Wälder getrieben und der landwirtschaftliche Wirtschaftsraum erweitert.

Die Bevölkerungszahl war durch die verbesserte Nahrungsversorgung weiter gestiegen. Mehr Menschen benötigten aber wiederum mehr Nahrung. Die vorhandenen Nutzflächen konnten jedoch nicht beliebig ausgedehnt werden. Deshalb musste der Flächenertrag spürbar gesteigert werden. Dies gelang gegen Ende des 19. Jahrhunderts mit der Einführung der *Mineraldüngung*.

Noch vor Mitte des letzten Jahrhunderts waren Pflanzenproduktion und Landschaft weitgehend aneinander angepasst. Die Technisierung und Mechanisierung der Landwirtschaft aber machte größere Anbauflächen notwendig. Durch Zusammenlegungen landwirtschaftlicher Grundstücke, die *Flurbereinigung*, sind maschinengerechte Produktionsflächen entstanden. So wurde Platz für großflächigen Anbau nur weniger Kulturpflanzenarten geschaffen.

Weite Teile der Landschaft werden heute von solchen *Monokulturen* bestimmt, in denen es an anderen Organismen der Feldflur, wie Wildkräutern, Käfern oder Vögeln, mangelt. Befällt ein Schädling diese Nutzpflanzenfläche, so fehlen seine natürlichen Feinde. Der Schädling kann sich massenhaft vermehren und ist nur noch über verstärkten Pestizideinsatz bekämpfbar. Auf Dauer kann das jedoch keine Lösung sein, sodass heute auch in der Landwirtschaft zunehmend nach neuen, ökologisch verträglichen Methoden gearbeitet wird.

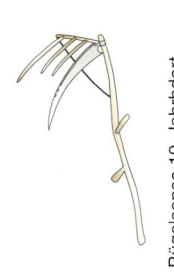

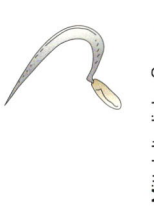

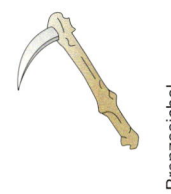

Entwicklung der Erntegerätschaften:
- Bügelsense 19. Jahrhdert
- Mittelalterliche Sense
- Römische Sichel
- Bronzesichel
- Feuersteinsichel

Zettelkasten

Ausbringen von Gülle

Düngung

Pflanzen benötigen zum Gedeihen Licht, Wärme und Kohlenstoffdioxid aus der Luft und Wasser und Mineralsalze aus dem Boden. Die Mineralsalze werden zusammen mit den sog. *Spurenelementen*, wie z. B. Eisen- und Zinkionen, im Wasser gelöst über die Wurzeln aufgenommen.

Mineralsalze durchlaufen natürlicherweise einen geschlossenen Kreislauf. Zersetzer bauen die abgestorbenen Pflanzen und Tiere ab, sodass die darin enthaltenen Mineralsalze von den Pflanzen wieder aufgenommen werden können. Dieser Kreislauf ist auf einem Feld durch die Ernte unterbrochen. Soll die Ertragsfähigkeit des Bodens erhalten bleiben, müssen die Verluste durch Düngung ausgeglichen werden. Diese Erkenntnis geht zurück auf den Chemiker JUSTUS VON LIEBIG (1803—1873). Die Düngung kann durch Naturdünger (z. B. Gülle, Mist, Kompost) oder Mineraldünger (Kunstdünger) erfolgen.

Mineraldünger ermöglichen nach einer chemischen Bodenanalyse eine gezielte Düngung mit den fehlenden Mineralsalzen, wobei das von LIEBIG formulierte *Gesetz vom Minimum* zu beachten ist: Das Element, das entsprechend dem Bedarf am wenigsten vorhanden ist, bestimmt den Ertrag. Eine Überdüngung bringt keine weitere Ertragssteigerung und belastet das Grundwasser. Auch die Güte der Pflanzen leidet. Sie verlieren an Geschmack, werden anfälliger für Krankheiten und können für den Menschen gesundheitsschädlich sein. Um überschüssige Stickstoffsalze im Boden zu verbrauchen, werden stickstoffzehrende Pflanzen als Nachfrucht angebaut. Der Stickstoff wird so nicht in das Grundwasser ausgewaschen und durch das spätere Unterpflügen wieder für die nachfolgenden Nutzpflanzen verwertbar gehalten.

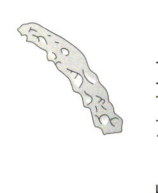

Die Feldflur ist artenarm

Kornrade und Rebhuhn sind seit etwa 1960 weitgehend aus der Feldflur verschwunden, mit ihnen viele andere Pflanzen- und Tierarten. Die Hauptursache für diesen schnellen und starken Artenrückgang liegt in der zunehmenden Intensivierung der Landwirtschaft. Die starke Ausrichtung auf hohen Ertrag hat im Laufe von wenigen Jahrzehnten bewirkt, dass Hecken, kleine Äcker, Ackerraine, Wiesen und Weiden zugunsten großer Bewirtschaftungsflächen fast verschwunden sind. In solchen einförmigen Landschaften gibt es wesentlich weniger Lebensmöglichkeiten für einzelne Tier- und Pflanzenarten als in der früher abwechslungsreichen und stark gegliederten Kulturlandschaft.

1 Kornrade

2 Klatschmohn

Die Pflanzen und Tiere des *Lebensraumes Feldflur* sind durch Nahrungsbeziehungen voneinander abhängig und zu einem Nahrungsnetz verknüpft. Hier liegt die Ursache, dass beim Aussterben einer Pflanzenart in einigen Fällen 10 bis 20 von ihr abhängige Tierarten ebenfalls verschwinden.

Artenreiche Wiesen mit vielen blühenden Wildkräutern gibt es fast nicht mehr. Bereits bei der Aussaat werden Gräser bevorzugt, die als Viehfutter besser geeignet sind. Durch Düngung werden viele Wildkräuter unterdrückt, da diese nur auf nährstoffarmen Böden gut gedeihen und langsamer als die Futtergräser wachsen. Der Einsatz von Herbiziden verstärkt den Rückgang vieler Wildkräuter nochmals. Deutlich wird dies bei den Ackerwildkräutern: Von den 350 Ackerwildkrautarten, die bei uns vorkommen, sind 150 Arten gefährdet und 14 bereits ausgestorben. Immer mehr Pflanzen- und Tierarten müssen heute in die *rote Liste* aufgenommen werden.

Inzwischen hat man die Notwendigkeit von Schutzmaßnahmen erkannt: Die obersten Naturschutzbehörden einiger Bundesländer zahlen Landwirten Entschädigungen, wenn sie bereit sind, einen 2 bis 3 Meter breiten Streifen ihrer Wiesen oder Äcker nicht mit Herbiziden zu bearbeiten, aber weiterhin mit ihren Nutzpflanzen bewirtschaften. Auf solchen Ackerrandstreifen keimen und wachsen wieder Pflanzen, die viele Jahre selten waren. Ähnliches gilt auch für Weg- und Straßenränder, die kaum noch mit Pestiziden behandelt werden.

3 Ackerrittersporn

Eine naturnahe Kulturlandschaft, wie sie bis zur Mitte des vergangenen Jahrhunderts noch oft zu finden war, bietet Lebensraum für eine reichhaltige Tierwelt. Die Grafik auf Seite 167 oben gibt — von links nach rechts gelesen — nur einen kleinen Ausschnitt dieser Vielfalt wieder: Flusskrebs, Gelbrandkäfer, Prachtlibelle, Ackerhummel, Trauermantel, Maikäfer, Goldlaufkäfer, Bachforelle, Erdkröte, Teichfrosch, Zauneidechse, Ringelnatter, Weißstorch, Rebhuhn, Ringeltaube, Waldohreule, Mäusebussard, Hamster, Feldmaus, Maulwurf, Dachs, Hermelin, Feldhase, Fuchs, Reh.

Durch Flurbereinigung und Entwässerungen wurde vielen Arten die Lebensgrundlage entzogen, wie in der mittleren und unteren Grafik abzulesen ist.

Aufgaben

① Beschreibe die erkennbaren Veränderungen der Landschaft und Tierarten in den nebenstehenden Abbildungen.
② Welche Gründe könnten den Artenschwund bewirkt haben?
③ Falls es im Schulgelände möglich ist, grabt eine Fläche von 20 bis 30 m² um und teilt sie in zwei Teilflächen auf: Fläche A wird gedüngt und 1- bis 2-mal im Jahr gemäht. Fläche B wird nicht behandelt. Was wird im Laufe deiner Schulzeit aus der Fläche B?

Der Mensch gestaltet und gefährdet die Umwelt

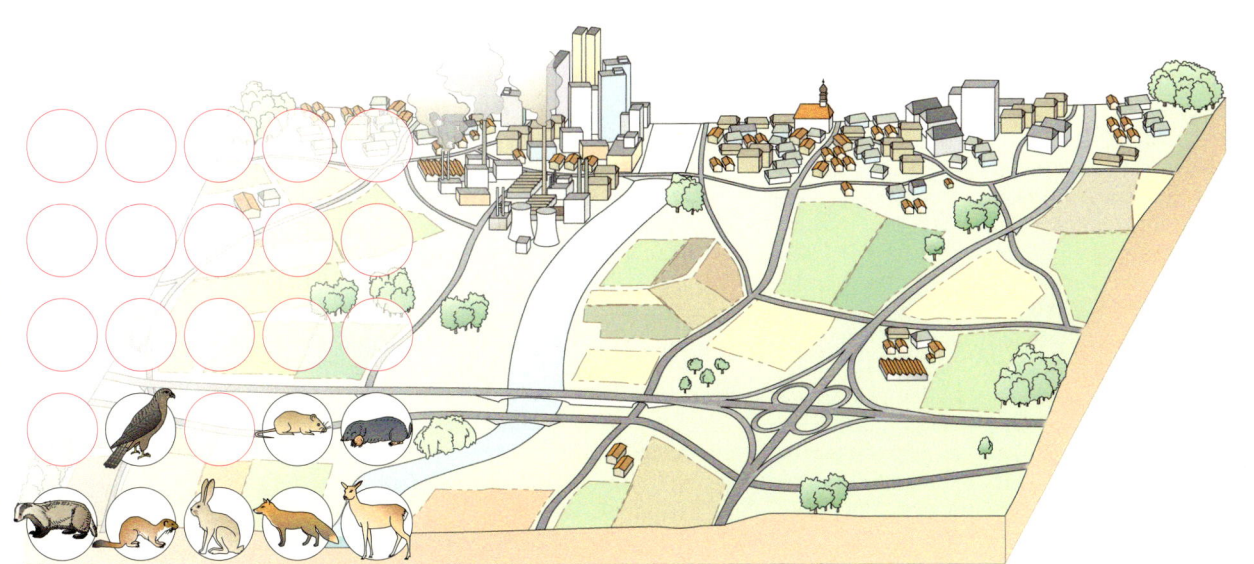

1 Landschaftsveränderung und Artenrückgang

Der Mensch gestaltet und gefährdet die Umwelt

Hecken sind wichtige Randbiotope

In der intensiv genutzten Agrarlandschaft sind Hecken wertvolle Rückzugsräume für Tiere und Pflanzen. Eine Hecke ist ein bis zu mehreren Metern breiter Gehölzstreifen, der im Gegensatz zum Gebüsch in mehrjährigem Abstand zurückgeschnitten wird. Von den charakteristischen Heckensträuchern sind Schlehe, Hundsrose, Roter Hartriegel und Hasel weit verbreitet. Nach jedem Schnitt treiben ihre Stöcke kräftig aus. Jede Hecke hat ihr individuelles Aussehen. In Schleswig-Holstein wurden die Hecken auf künstlich aufgeworfenen Stein- und Erdwällen gepflanzt, daher die Bezeichnung *Wallhecke*. Bei besonders dichten Hecken wurden die jungen Triebe benachbarter Sträucher von Zeit zu Zeit niedergebogen, geknickt und miteinander verflochten. Diese Hecken werden daher auch *Knicks* genannt. Im Rheingau werden Grenzhecken durch vergleichbare Nutzung auch als *rheinisches Gebück* bezeichnet.

Der Aufbau einer Hecke hat Ähnlichkeit mit zwei aneinander liegenden spiegelbildlichen Waldrändern. Auf der feuchtkühlen Schattenseite wachsen mehr typische Waldkräuter, während auf der Sonnenseite wärme- und trockenheitsliebende Gräser und Kräuter zu finden sind. Eine natürlich gewachsene Hecke besteht aus einer zentralen, innen schattigen Zone mit Bäumen und Sträuchern *(Kernzone)*, daran schließen kleinere, lichtbedürftige Büsche an *(Mantelzone)*. Ein artenreicher Kraut- und Grasgürtel *(Saumzone)* geht in das Kulturland über.

Weil jede Hecke ein Stück Waldrand darstellt, der von freiem Feld oder Wiese umgeben ist, wird sie den Bedürfnissen vieler Bewohner dieser Lebensräume gleichermaßen gerecht. Auf engem Raum bietet eine Hecke Platz zum Wohnen und Nisten, ist Überwinterungsquartier, Ansitzwarte und Deckungsort. Alte Hecken gehören zu den tierartenreichsten Lebensräumen in unserer Landschaft. Hier sind Arten heimisch, die in den umgebenden Biotopen fehlen. Darunter sind zahlreiche gefährdete Arten der roten Liste, wie z. B. der Neuntöter. Deshalb ist der Heckenbestand einer Landschaft schützenswert und muss erhalten bleiben.

Durch die Windschutzwirkung wird das *Mikroklima* in der Umgebung einer Hecke beeinflusst. Taubildung, Niederschläge und Bodenfeuchtigkeit sind vor allem auf der Windschattenseite höher, während sich die Verdunstung verringert. Die weit verbreitete Meinung, Hecken und andere Biotope, wie z. B. die Wegränder, seien Ausgangspunkte von Schädlingen und Krankheitserregern, trifft meist nicht zu. Igel und Hermelin nutzen Hecken als schützende Lebensräume, von denen aus sie Streifzüge zur Nahrungssuche in die Ackerflur unternehmen. Damit fressen sie auch Kulturpflanzen schädigende Tiere. Inzwischen schätzt man die positiven Einflüsse von Hecken und legt vielerorts neue Hecken an.

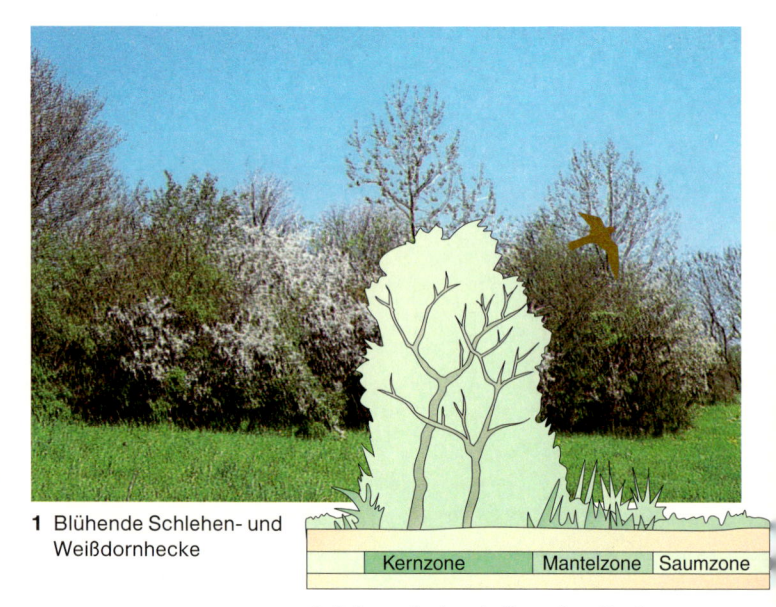

1 Blühende Schlehen- und Weißdornhecke

2 Schematischer Aufbau einer Hecke

Aufgaben

① Suche im Sommer eine Hecke nach Raupen ab und bestimme ihren Artnamen. Welches erwachsene Tier entwickelt sich daraus? Versuche dessen Aktionsradius in die Aufstellung unter Abb.169. 3 einzuordnen.

② Beschreibe für einige Tiere in Abbildung 169. 2, zu welchem Zweck sie die Hecke aufsuchen. Welche Nahrung holen sie aus den Kulturflächen?

③ Erkläre anhand der Abbildung 169.1, warum im Bereich der Hecke die Bodenfeuchtigkeit größer ist als in der Umgebung.

④ Im Frühsommer sind Schlehen- oder Weißdorngebüsche vollständig von einem dichten, weißgrauen Seidengespinnst überzogen. Suche dir einen Zweig am Rand und untersuche ihn.

Mikroklima
kleinräumiges Klima der bodennahen Luftschicht

Der Mensch gestaltet und gefährdet die Umwelt

Zettelkasten

Untersuchung einer Hecke

Willst du mehr über eine Hecke erfahren, musst du sie genauer untersuchen. Du kannst so vorgehen:

1. Verteile an einem sonnigen Tag Thermometer vor, in und hinter einer Hecke. Lies die Temperaturen morgens, mittags und abends ab und protokolliere sie.
2. Bestimme vorkommende Pflanzenarten.
3. Bestimme auffällige Tierarten.
4. Ordne die Arten nach ihrem Vorkommen, z.B. kannst du mit der Strichdicke das mengenmäßige Vorkommen darstellen. 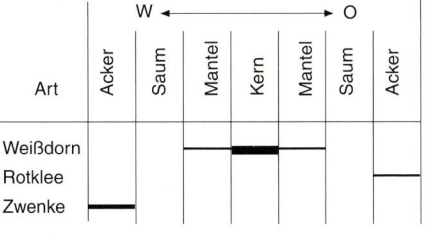
5. Summiere die Artenzahl je nach Heckenabschnitt und vergleiche.

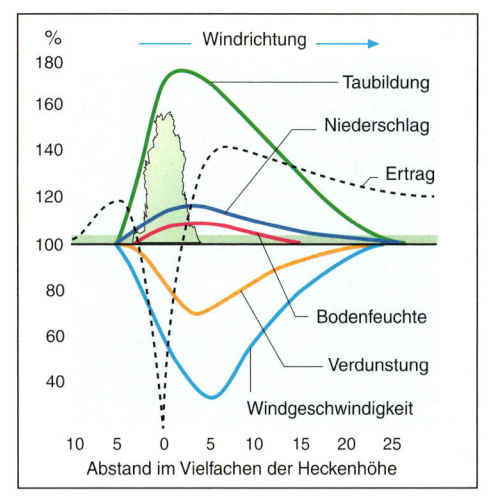

Art	Acker	Saum	Mantel	Kern	Mantel	Saum	Acker
Weißdorn			▬	▬▬▬	▬		
Rotklee	▬						
Zwenke	▬▬						

W ← → O

1 Klimaeinflüsse an einer Hecke

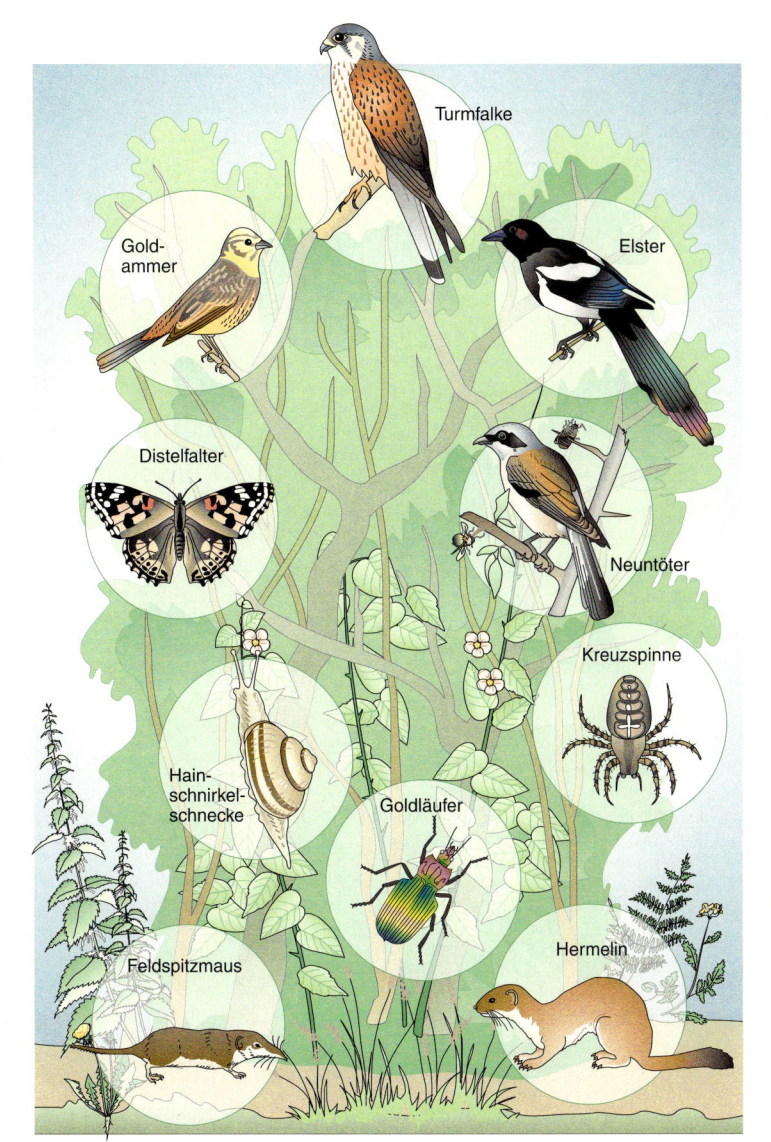

2 Tiere in der Hecke

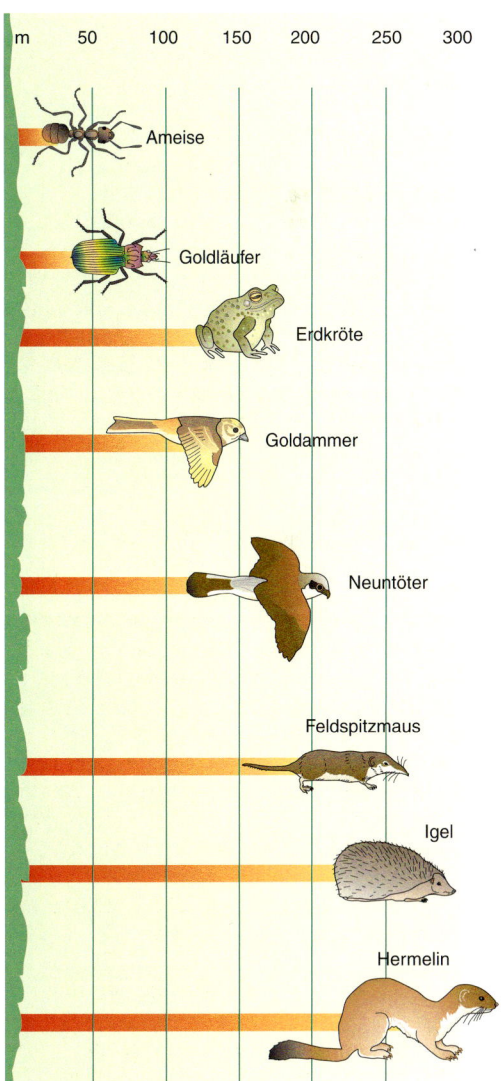

3 Aktionsradius von Heckentieren

Der Mensch gestaltet und gefährdet die Umwelt

1 Moderne Dichtepflanzung bei Apfelbäumen

2 Pheromonfalle für den Fruchtschalenwickler

3 Sexuallockstoffampullen am Weinstock

Biologischer Pflanzenschutz

Der Mensch hat durch den Anbau von nur einer Kulturpflanzenart auf großen Flächen *(Monokulturen)* die Voraussetzungen geschaffen, dass sich einige wenige Wildarten unverhältnismäßig stark vermehren und dadurch erhebliche Ernteverluste verursachen können. Der Mensch bezeichnet diese Organismen dann als *Schädlinge*.

Auf Apfelbäumen in dicht gedrängten Plantagen vermehrt sich häufig die aus China stammende *San-José-Schildlaus* massenhaft. Sie saugt Pflanzensaft und überträgt dabei oft Giftstoffe und Krankheitserreger. Bei starkem Befall können sogar große Bäume absterben. Besonders hoch können die Ernteeinbußen in Gewächshauskulturen werden. Bohnen-, Auberginen-, Petersilien- oder Paprika-Kulturen werden von Läusen, Milben und anderen Schädlingen genauso heimgesucht wie Weihnachtssterne und Hibiskuspflanzen in unseren Wohnungen.

Die Möglichkeiten, Schädlinge zu bekämpfen, sind heute vielfältig. Noch immer begegnet man vielen Landwirten oder Hobbygärtnern, die ihre Schädlinge vorbeugend nach bestimmten Spritzplänen bekämpfen. Mit *Insektiziden* gegen Insekten, *Fungiziden* gegen Pilze und *Herbiziden* gegen Pflanzen werden in den meisten Fällen auch Organismen geschädigt, die völlig ungefährlich oder sogar nützlich für Kulturpflanzen sind.

Mit der *biologischen Schädlingsbekämpfung* hat man eine Methode entwickelt, die sich der natürlichen Fressfeinde des Schädlings bedient. Zum Beispiel wird auf der Insel Reichenau im Bodensee zur Bekämpfung der San-José-Schildlaus eine Zehrwespenart sehr erfolgreich eingesetzt. Gegen Blattläuse haben sich vor allem die Larven der Marienkäfer und Schwebfliegen sowie der Florfliege bewährt (Seite 171. Rd).

Neben den natürlichen Feinden können auch chemische und physikalische Reize, die bei der Entwicklung der Schädlinge, bei ihrer Nahrungssuche oder ihrer Partnerwahl eine Rolle spielen, zu ihrer Bekämpfung genutzt werden. Hierzu gehören *Lockstoffe* oder *Köder*. In einer Mischkultur nutzt man die befallshemmenden oder abschreckenden Eigenschaften bestimmter Pflanzen aus. Bewährt haben sich *Pheromonfallen*, die z. B. zur Bekämpfung des Traubenwicklers in Weinbaugebieten mit den Sexuallockstoffen des Weibchens beködert sind. Viele Insek-

1 Zehrwespe auf Schildlaus

2 Florfliege

3 Marienkäferlarve

ten bilden Sexuallockstoffe aus, mit denen sie Männchen oder Weibchen anlocken wollen. Diese natürlichen Pheromone werden im Labor künstlich hergestellt und im Frühjahr in besonders konstruierten Fallen in eine Kultur gehängt. Die angelockten und gefangenen Insekten ermöglichen keine direkte Bekämpfung der Schädlinge, sondern erlauben Rückschlüsse auf die Stärke des Schädlingsbefalles. Notwendige Gegenmaßnahmen können dann gezielt eingeleitet werden. Auch im Wald verwenden die Forstleute Pheromonfallen, die einen Lockstoff der Borkenkäfermännchen enthalten. Sie locken damit die vermehrungsbereiten Weibchen an, die dann in die Fallen fliegen und absterben. Diese Methode schont die Nützlinge und kann ganz gezielt für einzelne Schädlingsarten eingesetzt werden. Die Erfolge entsprechen denen der herkömmlichen, chemischen Insektizide.

Seit wenigen Jahren versucht man in Kulturpflanzen den Pflanzenschutz gentechnisch „einzubauen". Dazu schleust man in die Kulturpflanze eine Erbanlage ein, durch die in der Pflanze ein Eiweiß entsteht, das für den Fraßschädling giftig, für den Menschen aber ungiftig ist. Erfolgreich war diese Methode bisher bei Kartoffeln, Reis und Baumwolle. Auch die Widerstandskraft gegen Viruserkrankungen will man so in Kulturpflanzen, z. B. in Tomaten, Mais, Zuckerrüben und Bananen, einbauen. Diese Methode des Pflanzenschutzes durch Veränderungen des Erbgutes ist jedoch sehr umstritten.

Zettelkasten

Integrierter Pflanzenschutz

Der integrierte Pflanzenschutz versucht, alle wirtschaftlich, ökologisch und in ihrer Giftwirkung vertretbaren Methoden der Schädlingsbekämpfung in möglichst guter Abstimmung aufeinander anzuwenden, um Schädlinge unter ihrer wirtschaftlichen Schadensschwelle zu halten. Dabei wird vor jeder Pflanzenschutzmaßnahme geprüft, ob sie wirklich notwendig ist, welche Methode anzuwenden ist, welches der optimale Bekämpfungszeitpunkt ist, in welchem Entwicklungszustand die Schädlinge sind, welche natürlichen Feinde gefördert werden können. Integrierter Pflanzenschutz soll zielgenau eingesetzt werden und umfasst zahlreiche Methoden. Die konsequente Weiterentwicklung des integrierten Pflanzenschutzes in der Landwirtschaft oder dem Gartenbau ist *integrierter Landbau*, der zusätzlich auch Sortenwahl, Fruchtfolge, Anbautechnik, Pflanzendüngung und Bodenbeschaffenheit berücksichtigt.

Integrierter Pflanzenschutz

Biologische Maßnahmen
– Förderung von Nützlingen
– Biologische Unkrautbekämpfung
– Bekämpfung von Kleinlebewesen

Chemische Bekämpfungsmittel gegen
– Insekten
– Pilze
– Pflanzen
– Würmer

Biotechnische Verfahren
– Lockstofffallen
– Köder
– Mischkulturen

Physikalische Verfahren
– Absammeln
– Abschütteln
– Abschneiden
– Verbrennen
– Jäten, Hacken

Kulturverfahren
– Sortenwahl
– Anbautechnik
– Fruchtfolge
– Pflanzenernährung

Physikalische und chemische Reize
– Schall
– Licht
– Hormone
– Pheromone

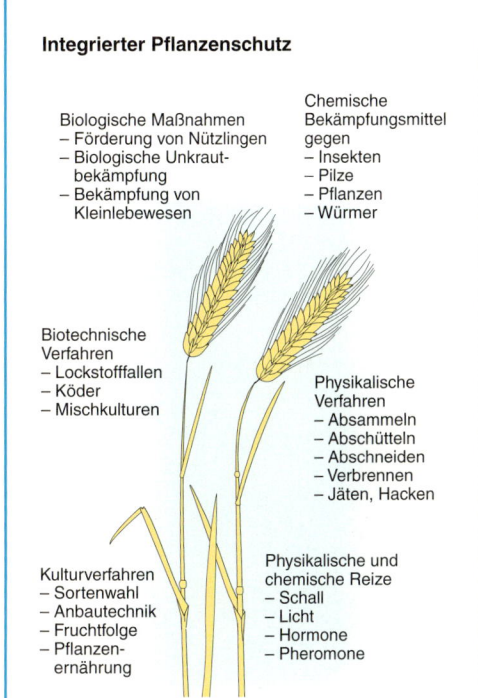

Wann lohnt sich eine Pflanzenschutzmaßnahme

Bekämpfung sinnvoll — nicht sinnvoll

Schadensschwelle

Direkte Kosten der Maßnahme
– durch Mittel, Geräte, Personal, Gefährdungen, Reinigung

Indirekte Kosten oder Folgen
– Förderung der Vermehrung anderer Schadorganismen durch Beseitigung ihrer natürlichen Feinde
– Gefahr zunehmender Widerstandskraft gegen chemische Mittel

Schäden an der Ernte
– Ertragsverlust
– Qualitätsmängel

Wirtschaftliche Schadensschwelle überschritten

Schaden geringer als Kosten bzw. Folgen einer Pflanzenschutzmaßnahme

Der Mensch gestaltet und gefährdet die Umwelt

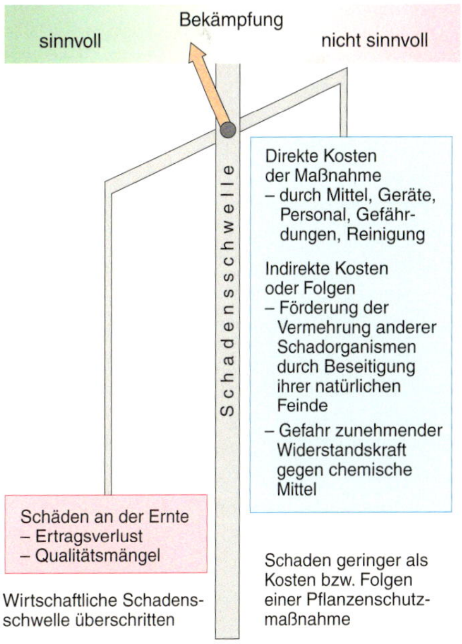

Biotopschutz ist auch Artenschutz

Von 1981 bis 1997 wurden in Deutschland fast 8000 km² Wald, Ackerland, Wiesen, Gärten und Moore in Siedlungs- und Verkehrsflächen umgewandelt. Dieser Landschaftsverbrauch entspricht mehr als der achtfachen Fläche der Insel Rügen. Für die heimischen Tier- und Pflanzenarten gibt es dadurch immer weniger zusammenhängende, naturnahe Lebensräume. Man kann diesen Zustand beklagen, hinnehmen muss man ihn nicht.

Der Garten ist ein Bereich, den jeder Einzelne zum Schutz der Natur gestalten kann. Wer mit einer Blumenwiese und der Pflanzung heimischer Gehölze, wie Weißdorn, Schneeball oder Holunder, die natürliche Vegetation fördert, leistet einen wichtigen Beitrag zum Artenschutz. Immerhin stellen alle bundesdeutschen Gärten eine Fläche von der Größe Schleswig-Holsteins dar. *Fassadenbegrünung* mit Wein oder Efeu, *Dachbegrünung* mit Dachwurz, Mauerpfeffer und niedrig wachsenden Kräutern kosten wenig und bieten Lebensraum für zahlreiche Tiere.

Landwirtschaftlich genutzte Acker- und Gartenflächen sind keine Naturreservate, aber sie dienen auch nicht nur der Erzeugung von Nahrungsmitteln. Es kommt darauf an, in enger Zusammenarbeit mit Naturschutzverbänden, Gemeinden sowie Land- und Forstwirten die verbleibenden naturnahen Restflächen unserer Kulturlandschaft zu sichern. Diese können nämlich ohne passende Bewirtschaftungsweise oder Pflege nicht mehr existieren. Für viele Biotope werden deshalb *Pflegepläne* erstellt. So ist Biotopschutz ein wesentlicher Beitrag zum Erhalt einer historisch gewachsenen Kulturlandschaft und bedeutete gleichermaßen modernen Artenschutz. Verschiedenartige Biotope bereichern nicht nur das Landschaftsbild, sondern sind ökologisch wichtig für die Stabilität des gesamten Naturhaushaltes.

Eine andere Möglichkeit bietet die Schaffung gering genutzter, d. h. extensiv bewirtschafteter Flächen, in denen Wildkräuter und die von ihnen abhängigen Tierarten neben den intensiv genutzten Kulturflächen leben können. Die verstreut liegenden Biotopflächen müssen gegebenenfalls durch Neuanlagen miteinander verbunden werden *(Biotopvernetzung)*. Allen genannten Maßnahmen muss eine möglichst genaue Standortbeschreibung und Bestandserfassung vorausgehen. Biologen *kartieren* dazu die Biotope.

Durch **Streuobstwiesen** wurde früher häufig ein fließender Übergang vom Ortsrand zur freien Landschaft geschaffen.

Der **Biotopbegriff** wird in diesem Kapitel gegenüber der Definition in den Kapiteln Ökosystem Wald und Gewässerökosysteme auf schützenswerte Biotope eingeschränkt:
— Hecken
— Feldgehölze
— Streuobstwiesen
— Böschungen
— Trockenmauern
— Heideflächen
— Feuchtgebiete
— Flussauen
— Küstenstreifen

Typisch für die **Heide** ist der parkartige Charakter mit *Wacholderbüschen* und Beständen der *Besenheide*.

Trockenmauern gliederten früher die Steilhänge von Weinbergen. Wärme liebende Tier- und Pflanzenarten leben hier.

Artenreiche Blumenwiesen sind wichtig für Bienen. In den alten Obstbäumen kann auch der *Wendehals* brüten.

Dieses Landschaftsbild ist durch Schafbeweidung entstanden. *Heidschnucken* sieht man auch heute noch häufig.

Charakteristisch für diesen extremen Lebensraum sind der *Weiße Mauerpfeffer* und die seltene *Smaragdeidechse*.

Auch *Rasterkartierungen*, bei denen mit Punkten in einem Kartenraster Artenvorkommen notiert werden, geben Auskunft über Vorkommen, Häufigkeit und geografische Verteilung der Arten. Auf diese Weise erhält die Naturschutzbehörde eine Bestandserfassung der gefährdeten Pflanzen und Tiere. In der roten Liste werden die Arten daraufhin nach ihrem Gefährdungsgrad geordnet. Jahre später kann dann im Vergleich die Wirksamkeit von Schutzmaßnahmen für eine Pflanzen- oder Tierart beurteilt werden.

Ein anderer Schritt ist die Erstellung von sogenannten *Landschaftsplänen*, in denen die örtlich notwendigen Maßnahmen zur Biotop- und Landschaftspflege festgehalten sind. Auf Grundlage dieser Landschaftspläne können dann von den Gemeinden in biotoparmen Gemarkungen Biotopergänzungen veranlasst werden. Dadurch wird die Entfernung zwischen schon vorhandenen naturnahen Biotopen so weit verringert, dass fließende Übergänge und keine isolierten Zonen entstehen. In einer solchen Vernetzung spielen die Biotopergänzungen die Rolle von „Trittsteinen" für einen gegenseitigen Austausch von dort lebenden Organismen.

Für den engagierten Naturschützer besteht in den meisten Fällen — nach genauer Absprache mit den Planern — die Möglichkeit, bei der Realisierung der Biotope mitzuarbeiten und anschließend ihre Pflege zu übernehmen. In Frage kommen die Pflanzung von Hecken, Baumgruppen oder Einzelbäumen sowie von Obstwiesen, zum Beispiel die Anlage von Lesesteinhaufen und Trockenmauern oder der Bau von Amphibien- und Libellentümpeln. Diese Maßnahmen müssen aber aufeinander abgestimmt sein und auch die Ansprüche der zu schützenden Arten berücksichtigen. Denn es dürfen zum Beispiel keine Obstbäume auf Trockenrasenflächen gepflanzt und keine Tümpel in einer Orchideenfeuchtwiese ausgehoben werden.

Aufgaben

1. Für den Artenrückgang gibt es viele Gründe. Nenne einige davon und erläutere sie.
2. Zähle Argumente auf, warum die Biotopvernetzung wichtig ist.
3. Lies in der roten Liste nach, welche Amphibien bei uns gefährdet sind. Ermittle aus Bestimmungsbüchern deren Ansprüche! Stelle die möglichen Ursachen der Gefährdung zusammen.

Der Mensch gestaltet und gefährdet die Umwelt

Lebensräume aus zweiter Hand

Durch die vom Menschen verursachten Eingriffe in die Natur gibt es bei uns fast keine natürlichen Lebensräume mehr. Sind die Eingriffe beendet, bleibt meist ein Schaden in der Landschaft zurück: Bergwerkshalden türmen sich in einer sonst ebenen Landschaft, Steinbrüche als Reste abgetragener Berge. Deshalb bedürfen diese nachhaltigen Eingriffe der vorherigen umfangreichen Planung und Genehmigung durch verschiedene Ämter, z. B. durch Naturschutzbehörden. Damit wird bereits vor dem Beginn des Eingriffes verpflichtend geregelt, wie sich die Landschaft viele Jahre später entwickeln soll. So entstehen neue Bereiche aus dem wirtschaftlichen Handeln des Menschen, die von der Natur wieder in Besitz genommen werden: Lebensräume aus zweiter Hand.

In fast jeder Gemarkung gibt es Bereiche, in denen Ton oder Lehm abgebaut oder Steine gebrochen wurden. Diese *Abbaustellen* und *Steinbrüche* bieten nach dem Ende ihrer wirtschaftlichen Nutzung zahlreichen Organismen neuen Lebensraum. Typischerweise finden wir dort trockene und warme Bereiche, meist steilere Hänge, mit Wärme liebenden Tier- und Pflanzenarten. Am Fuß der Hänge wachsen in lockerem Geröll buntblumige Saumgesellschaften mit vielfältigen Insektenarten. Libellen, Amphibien und Seggengesellschaften sind auf die feuchteren Bereiche und Mulden der Talböden dieser Abbaustellen angewiesen. Auch die von den Abbaufahrzeugen ehemals stark genutzten und damit festgefahrenen Flächen bieten bedrohten Arten neuen Lebensraum. Erfolgt die Wiederbesiedlung solcher früher genutzten Bereiche mit verschiedenen Tier- und Pflanzenarten ohne Zutun des Menschen, nennen wir dies *Sukzession*.

An vielen Gewässern, die in Flussauen durch Auskiesung entstanden sind, können Interessen zwischen Freizeitbetrieb und Natur zu Konflikten führen. Vor allem im Sommer werden die *Baggerseen* von Erholungssuchenden beansprucht, was zu ständiger Störung der dort brütenden Wasservögel führt. Schlittschuhläufer beunruhigen im Winter durch ihren Sport die in der Tiefe ruhenden Tiere und gefährden deren Überleben. Kann sich ein Baggersee dagegen ungestört entwickeln, entsteht relativ schnell eine Ufervegetation. Jedoch verhindert das meist recht steil abfallende Ufer, dass sich ein vergleichbarer Pflanzengürtel wie an einem natürlichen See bildet. Wenn aber beim Ausbag-

1 Steinbruch (1977)

2 Sukzession im Steinbruch (1993)

3 Brutröhren von Uferschwalben   **4** Flussregenpfeifer auf Kiesfläche

1 Braunkohletagebau Göbern während des Betriebs

2 Braunkohletagebau Göbern nach der Rekultivierung

3 Gelbbauchunke

4 Geröllbereich mit Stauden

gern oder der Rekultivierung des Sees für eine abwechslungsreiche Ufergestaltung und die Einrichtung von Flachwasserzonen gesorgt wird, kann später ein wertvoller Ersatzlebensraum mit vielfältigem Leben entstehen. Dies kann aber nur geschehen, wenn ein künstlicher See entweder nur als Naturraum oder nur als Freizeitsee genutzt wird. Beide Aufgaben gleichzeitig kann ein Baggersee nicht erfüllen.

Bei den großräumigen Landschaftszerstörungen durch den *Braunkohlentagebau* in Nordrhein-Westfalen oder Sachsen entstehen zahlreiche Konflikte. Aus den riesigen, bis zu 500 m tiefen Gruben muss ständig das aus der Umgebung einströmende Grundwasser abgepumpt und abgeleitet werden, um den Braunkohlenabbau zu ermöglichen. Dadurch sinkt der Grundwasserspiegel, sodass dort für das Wachstum bestimmter Pflanzenarten nicht mehr genügend Wasser zur Verfügung steht. Wälder sind von diesem Wassermangel besonders betroffen. Da der Regen dieses Defizit nicht ausgleichen kann, versucht man, das abgepumpte Wasser teilweise in der Umgebung wieder versickern zu lassen. Vor dem Abbaubeginn gibt es noch zahlreiche andere Interessenskonflikte zu lösen: Die Bevölkerung wehrt sich gegen den Verlust ihrer Orte, die auf der zukünftigen Tagebaufläche liegen. Naturschutzverbände setzen sich für den Erhalt der bestehenden Landschaft mit ihren vielfältigen Tier- und Pflanzenarten ein. Sind die Vorräte an Braunkohle nach vielen Jahren erschöpft, soll durch die Rekultivierungsverpflichtung der Braunkohlenunternehmer die zerstörte Landschaft wieder in einen naturnahen Zustand versetzt werden. Dabei kann eine Nutzung durch die Land- und Forstwirtschaft ebenso das Ziel sein wie die Schaffung von naturnahen Lebensräumen für Tiere und Pflanzen oder die Entstehung von Gewässern.

Viele *Sekundärbiotope* können auf diese Weise allmählich artenreiche Tier- und Pflanzenlebensgemeinschaften beherbergen, sodass sie als *Naturschutzgebiete* ausgewiesen werden. Sie ermöglichen einigen bedrohten Arten das Überleben in unserer stark genutzten Kulturlandschaft.

Aufgabe

① Suche in der Gemarkung deines Ortes nach Lebensräumen aus zweiter Hand und versuche diese Zuordnung zu begründen.

Der Mensch gestaltet und gefährdet die Umwelt

2 Lebensraum Stadt

Das Leben zwischen Häusern

Entwickelt sich eine Kleinstadt zur Großstadt, findet eine rigorose Artenverarmung statt. Betrachten wir z. B. Wolfsburg. Im Jahr 1947 lebten dort ca. 22 000 Einwohner und es brüteten acht Greifvogelarten, darunter so seltene wie Wespenbussard und Rohrweihe. 1971, die Einwohnerzahl war inzwischen auf 90 000 angewachsen, lebten in Wolfsburg noch Mäusebussard und Turmfalke. 1990 gab es 130 000 Einwohner, aber nur noch eine Greifvogelart, den Turmfalken. Den Greifvögeln fehlten Bereiche für Nahrungssuche und Nistmöglichkeiten.

Viele unserer Städte sind für die meisten Wildtiere unbewohnbar geworden. Einige Wildtierarten aber können hier leben, weil ihnen bestimmte Gebiete innerhalb der Stadt die selben Lebensbedingungen bieten wie das Freiland. Dies gilt z. B. für Mäuse, Eichhörnchen und Steinmarder, die in Parkanlagen und auf Friedhöfen heimisch sind.

Vor allem manche Vögel finden gute Lebensbedingungen vor, da die Städte dem ursprünglichen Lebensraum vieler Vogelarten ähneln. So ist der Mauersegler beispielsweise auf felsige Brutplätze angewiesen, in der Siedlung nimmt er mit Nischen und Vorsprüngen in den „Steilfelsen" der Hauswände vorlieb. Ein Musterbeispiel für die Verstädterung einer Vogelart ist die Amsel. Dieser ursprünglich im Wald lebende Vogel besiedelt heute alle mitteleuropäischen Städte.

Tiere, die die Nähe von Menschen nicht meiden, sondern darin ihren Vorteil finden, nennt man *Kulturfolger*. Sie haben fast keine natürlichen Feinde, wenig Konkurrenz durch andere Tierarten und sie finden leicht und ausreichend Nahrung. In der Großstadt kommen verhältnismäßig wenige Vogelarten vor, diese aber in sehr großer Individuenzahl. In vielen Städten sind z. B. Tauben zu einer echten Plage geworden. Viele Großstadtvögel zeigen inzwischen besondere Verhaltensweisen: Stockenten lassen Menschen näher zu sich heran als in der freien Natur. Stare ziehen im Herbst nicht mehr weg, sondern überwintern in den Städten.

Wie bei den Tieren der Großstadt, finden wir auch unter den Pflanzen Angepasstheiten an das Leben in der Stadt. Selbst auf befestigten Wegen wachsen Pflanzen! Vogelknöterich, Löwenzahn und Wegerich sind Beispiele für Pflanzen in Pflasterritzen. An alten Bäumen wachsen spärlich Moose und Flechten. Viele Mauerritzen beherbergen für den Standort typische, teils angesiedelte Pflanzenarten, wie z. B. Mauerpfeffer, Schöllkraut und Mauerraute.

Aufgabe

1. Nenne weitere besondere Anpassungserscheinungen verschiedener Tier- und Pflanzenarten an den Lebensraum Dorf oder Stadt.

1 Brütende Amsel in einem Autoreifen

2 Blühender Mauerpfeffer am Bordstein

Der Mensch gestaltet und gefährdet die Umwelt

Lexikon

Kulturfolger in der Stadt

Ursprünglich war der **Steinmarder** wahrscheinlich ein Felsenbewohner. Allmählich hat sich das Tier aber dem Menschen und seinen Siedlungen angeschlossen. Er zieht sich nachts sogar in den warmen Motorraum parkender Autos zurück und beschädigt dort manchmal Leitungen. Er ist ein dämmerungs- und nachtaktives Tier. Verwilderte Haustauben, Ratten und Regenwürmer sind seine Leckerbissen, aber auch Früchte verschmäht er nicht.

Alle **Fledermausarten** in der Bundesrepublik Deutschland sind in ihrem Bestand stark gefährdet. Ihre Sommerquartiere *(Hangplätze)* unter den Dächern werden durch Umbaumaßnahmen zerstört, Spalten in Wandverkleidungen und Rolladenkästen durch Wärmeisolierungen unzugänglich gemacht. Kühle, frostsichere Winterquartiere (Höhlen, Stollen, erreichbare Dachböden) sind in der Stadt kaum vorhanden. Daraus lassen sich Schutzmaßnahmen ableiten: Die verbliebenen Hangplätze müssten erhalten bleiben, völlig verschlossene Dachräume wieder geöffnet werden. Außerdem sollte beim Dachgebälk auf giftige Imprägniermittel verzichtet werden. Als zusätzliche Hilfsmittel dienen spezielle *Fledermauskästen*.

Die **Türkentaube** ist durch einen schwarzen, weiß geränderten Halbring am Nacken gut von anderen Taubenarten zu unterscheiden. Der Lebensraum dieser Taube sind die Siedlungen. Als echter Kulturfolger dringt sie selbst in die Großstädte vor. Sie nistet in Stadtwäldern, Parkanlagen, Friedhöfen sowie auf einzeln stehenden Bäumen. Die Ausbreitung dieser Taube ist einzigartig: Von Indien wurde sie in die Türkei eingeschleppt, 1930 besiedelte sie Ungarn, 1938 die Tschechoslowakei, 1943 Österreich. 1946 wurde eine Türkentaube in Augsburg gefangen. Heute ist diese Taubenart in ganz Mittel- und Westeuropa beheimatet.

Die **Gemeine Nachtkerze** ist ursprünglich in Amerika beheimatet. Sie wurde durch den Menschen mit Wirtschaftsgütern nach Europa eingeschleppt und entlang der Verkehrswege verbreitet. Die bis zu 1 m hohe Pflanze blüht von Juni bis August auf Bahndämmen, Schuttplätzen und Baulücken. Da ihr in Europa natürliche Feinde fehlen, hat sie an vielen Stellen die heimischen Pflanzenarten verdrängt.

Die **Rosskastanie** kommt aus den warmen und gemäßigten Gebieten Kleinasiens. Deshalb verträgt sie unser Stadtklima, das bis zu 3 °C höhere Temperaturen als das Umland zeigt, recht gut. Sie benötigt zum guten Gedeihen viel Licht, bei anhaltender Beschattung kümmert sie. Rosskastaniensamen wurden in Europa zum ersten Mal im Jahre 1576 in Wien erfolgreich angepflanzt.

Da **Linden** mit ihren ausladenden, kugeligen Kronen schon seit jeher in verschiedensten Lebensbereichen der Menschen eine Rolle spielen, finden wir sie an den unterschiedlichsten Stellen: Lindenblütenhonig oder -tee als Nahrungs- und Heilmittel, als Treffpunkt bei Dorffesten, das weiche, engporige Holz lässt sich hervorragend schnitzen und in der Sage von Siegfried wird der Drachentöter durch ein herabgefallenes Lindenblatt verwundbar.

Der Mensch gestaltet und gefährdet die Umwelt

Wie teuer ist uns die Natur?

In seinem Roman „Frau Jenny Treibel" beschreibt der deutsche Schriftsteller THEODOR FONTANE (1819 — 1898) ein reichhaltiges Flusskrebs-Abendessen: Vor über 200 Jahren konnte man Flusskrebse im Oderbruch nach jedem Hochwasser von den Bäumen pflücken und 60 Stück kosteten nur 1 Pfennig. Vor 120 Jahren bedauerte man schon, dass Flusskrebse nicht mehr so zahlreich und preiswert waren wie früher. Noch vor 50 Jahren wurden auf niederländischen Watteninseln Kinder auf Weiden geschickt, um überhand nehmende Orchideen auszustechen; heute sind die Pflanzen fast verschwunden. Was früher reichlich vorhanden war, ist heute knapp geworden und muss besonders geschützt werden. Der Wert dieser Krebse, Orchideen oder von natürlichen Rohstoffen, die wir auch als *Ressourcen* bezeichnen, wird uns erst bewusst, wenn sie knapp geworden sind!

Aber: welchen Preis haben die natürlichen Ressourcen? Welche Wirkungen in Bezug auf die Umwelt entwickeln die daraus hergestellten Produkte? Antworten auf diese Fragen versucht man mit der Aufstellung einer **Ökobilanz** eines Produktes zu bekommen: Dabei wird der gesamte Lebensweg eines Produktes — von der Rohstoffgewinnung über die Produktion, den Energie- und Wasserverbrauch bis zur Entsorgung bzw. dem Recycling — untersucht. In jedem Lebenswegabschnitt entstehen Umweltauswirkungen in den Bereichen Wasser, Luft und Boden. Diese werden gemessen und bewertet. (siehe Abb. 1).

Wie aber will man Umweltbelastungen bewerten? Kann man die Luftbelastung und den Bodenverbrauch vergleichen? Dies sind sehr schwierige Fragen, auf die es bisher noch keine allgemein anerkannten Antworten gibt. Aber seit einigen Jahren gibt es Bestrebungen, dass auch der Verbrauch natürlicher Ressourcen bezahlt werden muss. Die Einführung der sogenannten „Ökosteuer" auf fossile Energieträger im Jahre 2000 ist ein solcher Ansatz. Ebenso sollte die Erhebung einer Grundwasserabgabe den Verbrauch von Grundwasser einschränken und gleichzeitig den Bau von Regenwasserzisternen und anderen Brauchwasseranlagen fördern.

Ressource
die ursprüngliche Bedeutung „Vorrat oder Quelle lebenswichtiger Stoffe" wird heute meist auf natürliche Rohstoffe eingeschränkt.

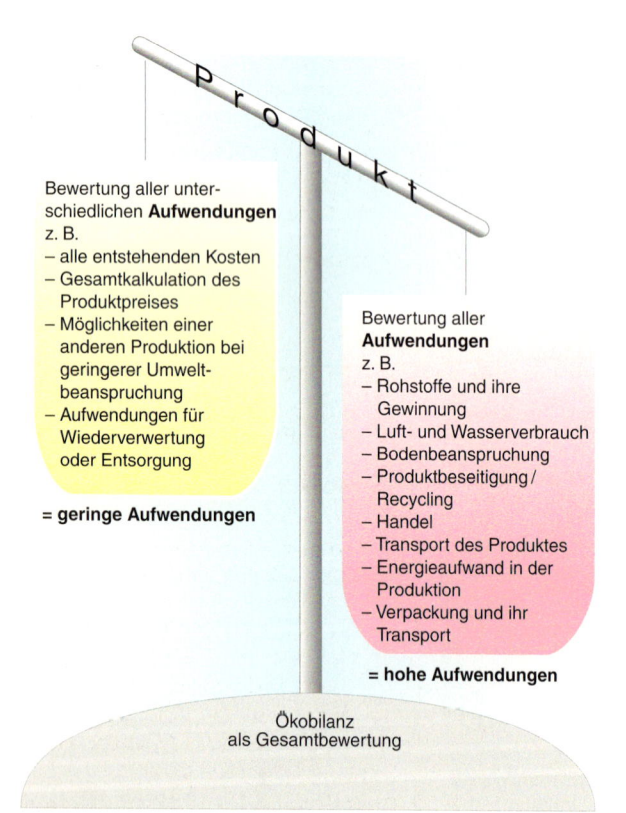

Bewertung aller unterschiedlichen **Aufwendungen** z. B.
– alle entstehenden Kosten
– Gesamtkalkulation des Produktpreises
– Möglichkeiten einer anderen Produktion bei geringerer Umweltbeanspruchung
– Aufwendungen für Wiederverwertung oder Entsorgung

= geringe Aufwendungen

Bewertung aller **Aufwendungen** z. B.
– Rohstoffe und ihre Gewinnung
– Luft- und Wasserverbrauch
– Bodenbeanspruchung
– Produktbeseitigung/Recycling
– Handel
– Transport des Produktes
– Energieaufwand in der Produktion
– Verpackung und ihr Transport

= hohe Aufwendungen

Ökobilanz als Gesamtbewertung

1 Beispiel einer negativen Ökobilanz

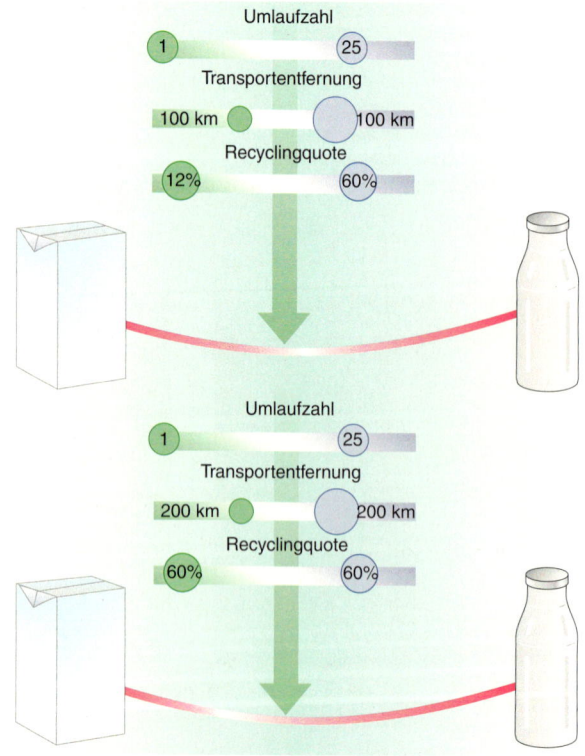

2 Ökobilanz von Frischmilchverpackungen

Unter **Eingriffen** versteht man alle Veränderungen, die in der Natur vorgenommen werden.

In den Naturschutzgesetzen der Bundesrepublik Deutschland ist auch festgelegt, dass für jeden *Eingriff* in die Natur ein *Ausgleich* geleistet werden muss. Dieser Ausgleich soll die Schäden in der Natur beheben, die zum Beispiel durch verschiedene Haus- oder Straßenbauten, Industrieanlagen, Tagebaue oder Kiesgruben und Grundwasserbrunnen entstehen, und neue Ersatzlebensräume für die betroffenen Tiere und Pflanzen schaffen.

Dort, wo dieser direkte Ausgleich nicht möglich ist, erlauben einige Bundesländer auch die Bezahlung eines vergleichbaren Geldbetrages, die sogenannte *„Ausgleichsabgabe"*. So musste zum Beispiel die Deutsche Bahn AG neben den Kosten für den Bau ihrer Schnellbahnstrecken viele Millionen Euro für den Ausgleich der in der Natur verursachten Schäden ausgeben. Die Naturschutzbehörden müssen dafür dann neue Ersatzlebensräume schaffen, wie zum Beispiel das Anlegen von Streuobstwiesen oder Hecken oder den Bau von Amphibiengewässern und Fledermauswohnstätten.

Um die Höhe der Ausgleichszahlungen festzulegen, muss vorab auch immer eine Ökobilanz erstellt werden. Dazu wird das Vorkommen der Lebewesen vor dem Eingriff untersucht und mit dem geplanten Zustand nach dem Eingriff verglichen. Auch die vorhandenen und geplanten Biotope werden vor und nach dem Eingriff bewertet. Die daraus entstehende Differenz muss der Verursacher des Eingriffes ausgleichen.

Aber die Bewertung der verschiedenen Biotope ist sehr schwierig. Wie soll man festlegen, welchen Wert 1 m^2 Moor oder Trockenrasen, 10 m Hecke oder Ackerrain, 1 Hektar Maisacker oder Feuchtwiese haben?

Ein Trockenrasen hat als pflanzenartenreiche Wiese mit zahlreichen Tierarten einen hohen Wert für den Naturhaushalt, aber einen relativ geringen Wert für den wirtschaftenden Menschen. Genau umgekehrt verhält es sich bei der Bewertung eines Maisackers, auf dem nur diese eine Nutzpflanzenart wächst.

Die Fragen der Bewertung sind noch nicht alle gelöst, daher gibt es verschiedene Bewertungssysteme für Biotope oder Organismen in Deutschland.

Um allen Bürgern die Bedeutung und den Wert einzelner Organismen und Lebensräume zu verdeutlichen, rufen die deutschen Naturschutzverbände jedes Jahr einen *Biotop des Jahres* und *Tiere und Pflanzen des Jahres* aus. Dabei steht nicht allein die ökologische Bedeutung der Arten im Mittelpunkt, sondern auch deren Nutzen und Wert für den Menschen.

Aufgaben

1. Welche Milchverpackung schneidet in den Ökobilanzen der Abbildung 178. 2 besser ab? Begründe deine Entscheidung.
2. Vergleiche zwei benachbarte Obstwiesen. Formuliere Kriterien, nach denen du sie bewerten würdest. Begründe auch, warum dir eine der Wiesen wertvoller erscheint.
3. Erkundige dich nach dem Biotop, dem Vogel, dem Insekt, dem Fisch, dem Haustier, der Pflanze, der Orchidee, dem Pilz und dem Baum des Jahres. Erarbeite dazu mit deiner Klasse eine Ausstellung.
4. Bestimme aus der Abbildung 1 den Gesamtweg (nach Luftlinie) aller Einzelteile eines Jogurts.

1 Gesamtweg aller Einzelteile eines Jogurts

Der Mensch gestaltet und gefährdet die Umwelt

Verschmutzte Luft gefährdet die Gesundheit

Luft gehört neben Wasser, Sonnenlicht und Nahrung zu den unverzichtbaren Lebensgrundlagen für Menschen, Tiere und Pflanzen. Mit jedem Atemzug nimmt der Mensch einen halben Liter Luft auf. Pro Tag sind das über 10 000 Liter! Reine Luft ist ein Gemisch von 78 % Stickstoff, 21 % Sauerstoff und verschiedenen Spurengasen. Die Atemluft wird aber auch mit Schadstoffen belastet, vor allem mit Kohlenstoffmonooxid, Stickstoffoxiden, Schwefeldioxid und verschiedenen Stäuben: 1996 waren das in Deutschland 4 Millionen Tonnen Schadstoffe, dazu noch 910 Millionen Tonnen Kohlenstoffdioxid.

Die Schadstoffe Kohlenstoffmonooxid (CO) und Stickstoffoxide (NO_x) entstehen in erster Linie bei Verbrennungsvorgängen in Heizungen und Motoren. Der größte Teil des Schwefeldioxids (SO_2) stammt aus Verbrennung von Kohle und Öl in Kraftwerken und Wohnungen. Kraftwerke, Industrie und private Haushalte verursachen 50 % der Luftverschmutzung, der Verkehr alleine verursacht die andere Hälfte.

Seit 1992 ist daher in Deutschland bei neuen Autos der Einbau eines *geregelten Katalysators* Pflicht. Damit und durch einen besseren Kraftstoff hat sich die Emission — vor allem beim Schwefeldioxid und Stickstoffdioxid — bis zu 90 % verringert. Durch die wachsende Zahl zugelassener Autos steigen aber trotz verbesserter Abgasreinigung die Emissionen wieder an.

Längst ist die Luftreinhaltung keine Privatsache mehr. So hat der Gesetzgeber eine Großfeuerungsanlagenverordnung erlassen, die für Anlagen ab einer bestimmten Größe Grenzwerte für den Ausstoß von Schadstoffen festlegt. Weiterhin legt die TA Luft (Technische Anleitung für die Reinhaltung der Luft) für alle Industrieanlagen Schadstoffgrenzwerte fest. Andere Verordnungen regeln die jährlichen Abgasmessungen in Privathaushalten und bei Autos, die Abgassonderuntersuchung (AU).

Emission
Ausstoß von Schadstoffen

Immission
Einwirkung von Emissionen auf Lebewesen oder Bauwerke

Ozon in Stadt- und Reinluftbereichen

Das Gas *Ozon* (O_3) ist eine Form des Sauerstoffs. Es entsteht als Reaktionsprodukt aus Schadstoffen der Autoabgase unter Einwirkung energiereicher UV-Strahlung. So sind im Tagesverlauf steigende Ozonwerte festzustellen. In den Nachtstunden verringern sich die Ozonkonzentrationen vor allem in den Städten wieder, weil Ozon mit dem Stickstoffdioxidanteil der Autoabgase reagiert und so abgebaut wird.

Durch starken Autoverkehr oder durch elektrische Entladungen bei Gewittern entsteht Ozon, das auch über Wind aus den Ballungsgebieten in ferne sogenannte *Reinluftgebiete* transportiert wird, in denen die Konzentration von Luftschadstoffen sonst gering ist. Deshalb können die Ozonwerte in stadtfernen Gebieten bei Sonnenwetter höher steigen als in der Großstadt. Da der Stickstoffdioxidgehalt hier nachts weit geringer als in der Stadt ist, wird weniger Ozon abgebaut. So kann die Ozonkonzentration in Reinluftgebieten höher als in Städten sein.

Erhöhte Ozonkonzentrationen führen beim Menschen zu Kopfschmerzen, Augenreizungen bis hin zu Schädigungen der Atemwege oder gar des Lungengewebes. Pflanzen werden an ihren Blättern geschädigt. Die höchstzulässige Ozonkonzentration, bei der noch keine gesundheitlichen Beeinträchtigungen festgestellt werden, beträgt 120 mg/m^3 Luft. Ist ein Mittelwert von 180 mg/m^3 überschritten, wird die Bevölkerung informiert. Körperliche Anstrengungen sollten dann vor allem alte, kranke Menschen und Kinder vermeiden. Ab 240 mg/m^3 wird *Smogalarm* mit Fahrverboten für Fahrzeuge ohne geregelten Katalysator ausgelöst.

Aufgabe

1. Zeichne die Graphen zum Verlauf der Emissionen in Leipzig und Frankfurt aus der Tabelle und vergleiche sie.

Stadt	1990		1991		1992		1993		1994		1995		1996		1997		1998	
Berlin	51	37	45	38	32	37	28	35	21	34	18	31	17	33	11	30	7	28
Frankfurt/M	24	54	26	61	20	52	18	50	14	49	12	47	13	49	12	54	9	50
Leipzig	103	29	139	—	103	33	79	36	41	—	34	48	23	48	12	53	9	50
Stuttgart	17	52	16	55	15	52	12	47	8	42	7	39	11	49	10	51	8	48

1 Entwicklung der SO_2- (schwarz) und NO_x-Belastungen in Ballungsgebieten seit 1990

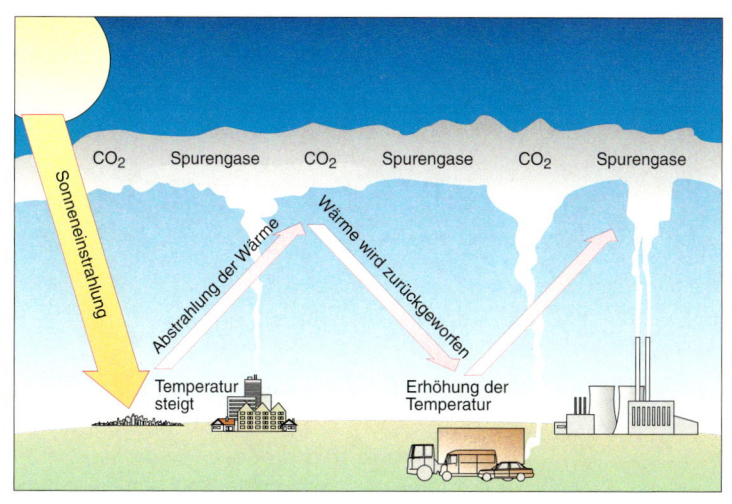

1 Treibhauseffekt

Der Treibhauseffekt

In den vergangenen 100 Jahren hat sich die Erdatmosphäre um etwa 0,7 °C auf eine Durchschnittstemperatur von 15 °C erwärmt. Seit Jahrmillionen wird die Erde durch Sonnenenergie erwärmt. Ein Teil dieser Energie wird als Wärmestrahlung wieder abgegeben und in den Weltraum abgestrahlt. Dieser Prozess ist heute offenbar gestört, ein Teil der Wärmestrahlung kann nicht mehr in den Weltraum entweichen, sondern wird in der Atmosphäre zurückgehalten. Dadurch erwärmt sich die Lufthülle der Erde langsam, wie in einem Treibhaus, weshalb man diesen Vorgang als *Treibhauseffekt* bezeichnet.

Welches sind die Ursachen für den Treibhauseffekt? Bei der Verbrennung von organischen Stoffen, wie Öl, Kohle und Gas, entstehen jährlich Milliarden von Tonnen Kohlenstoffdioxid, die an die Luft abgegeben werden. Zudem wird weltweit die Fotosyntheserate durch die Vernichtung der tropischen Wäldern reduziert. Kohlenstoffdioxid hat die Eigenschaft, Wärmestrahlen aufzunehmen und „zurückzuwerfen". Je mehr Kohlenstoffdioxid also in die Atmosphäre aufsteigt, um so weniger Wärmestrahlung kann in den Weltraum entweichen. Kohlenstoffdioxid ist deshalb, neben anderen Gasen mit der gleichen Eigenschaft, eines der hauptsächlichen *Treibhausgase* und damit Verursacher des Treibhauseffektes.

Durch den Treibhauseffekt verändert sich das Klima. Ein Teil der Eismassen an den Polen und der Gletscher wird schmelzen, sodass der Meeresspiegel ansteigen wird: eine große Gefahr, besonders für tief liegende Küstenlandschaften. Durch Änderung der Ozeantemperaturen verschieben sich die Klimazonen und Windgürtel der Erde. Diese Auswirkungen kann man bisher nur mithilfe des Computers vage abschätzen. Um der Erwärmung der Erde zu begegnen, muss der Ausstoß von Kohlenstoffdioxid vermindert werden. Viele Staaten der Welt haben sich dazu verpflichtet. In Deutschland sind geringe Erfolge schon zu erkennen.

Aufgabe

1. Durchschnittlich entstehen 0,6 kg Kohlenstoffdioxid, wenn eine Kilowattstunde Strom verbraucht wird. Notiere von 5 elektrischen Haushaltsgeräten die tägliche Nutzungsdauer und den Stromverbrauch. Berechne daraus die Kohlenstoffdioxid-Produktion.

Zettelkasten

Auch Luftverunreinigungen?

Dröhnende Bässe der Musik, donnernde Flugzeuge …, überall sind wir und andere Lebewesen von **Lärm** umgeben. Der Lärm von 10 000 Autos pro Tag führt zu einer 160 m breiten Störzone für die Vögel. Besonders sensibel reagieren Wale, deren Gesänge als empfindliches Orientierungssystem und das Gehör durch Schallwellen, z. B. von Schiffsmotoren, gestört werden.

35 Millionen Handys werden in Deutschland bereits genutzt. Ihr Betrieb wird über Tausende von Sendemasten garantiert, die die elektromagnetischen Schwingungen aufnehmen, verstärken und weitersenden. Die Luft ist wie mit einem unsichtbaren Nebel voller elektromagnetischer Strahlung; man spricht daher von **Elektrosmog**. Ärzte untersuchen noch, ob von diesem „Smog" gesundheitliche Gefahren ausgehen.

Wir lieben es hell: alle Zimmer unserer Häuser sind meist gleichzeitig beleuchtet, Straßenlampen werden mit beginnender Dämmerung ein- und erst am nächsten Morgen wieder ausgeschaltet. Hat diese **„Lichtverschmutzung"** Auswirkungen auf die Natur?

Mindestens 2500 Vögel starben, als sie nachts während ihres Zuges an eine beleuchtete Bohrplattform in der Nordsee prallten. Kraniche wurden auf ihrem Zug durch nächtliche Anstrahlung einer Burg so stark irritiert, dass sie geblendet in der nahen Stadt „notlandeten".

Der Mensch gestaltet und gefährdet die Umwelt

1 Vergangenheit? ... und heutiges Entsorgungskonzept

Symbol auf einer Batterieverpackung: Blei gehört nicht in die Mülltonne

Müll — Kehrseite des Wohlstandes

Bis vor ungefähr 40 Jahren waren unzählige Müllkippen in Deutschland in Betrieb, auf denen unsortiert und ungeordnet sämtliche Haushaltsabfälle abgelagert wurden. Oft waren die ortsnahen Standorte in Unkenntnis ökologischer Zusammenhänge völlig ungesichert angelegt und nach der Nutzung einfach mit Erde abgedeckt worden. Heute können diese „wilden Kippen" unsere Gesundheit durch Abgabe giftiger Stoffe in das Grundwasser und die Luft gefährden. Man spricht von *Altlasten*, deren Lagen heute mühsam festgestellt und in Altlastenkataster zusammengefasst werden.

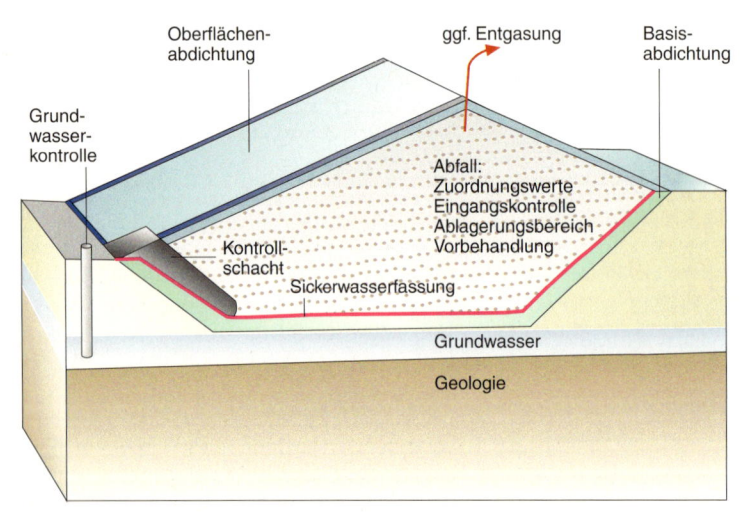

Inzwischen darf der Müll nur noch in *kontrollierten Deponien* gelagert werden. Doch mittlerweile ist deren Kapazität nahezu erschöpft. 1998 wurden in Deutschland 372 Hausmülldeponien mit einer Fläche von über 1200 Hektar betrieben. Jedes Jahr türmen die Bundesbürger ein Müllgebirge von rund 385 Millionen Tonnen auf. In Güterwagen verladen, ergäbe dies einen Zug von Berlin nach Zentralafrika. Der Anteil des Hausmülls dabei ist allein 35 Millionen Tonnen. Damit könnte das Berliner Olympiastadion 120-mal gefüllt werden. Neue Deponiestandorte zu finden, ist aber in unserer dicht besiedelten Landschaft problematisch und immer mit dem Verlust von Landschaftsflächen verbunden. Mit detaillierten Richtlinien für den Neubau von Deponien sollen durch *Oberflächen-* und *Basisabdichtungen* das Eindringen von Wasser und Auswaschen von Schadstoffen in das Grundwasser verhindert werden (Abb. 1).

Die ordnungsgemäße Beseitigung der täglichen Müllmenge ist an ihre Grenzen gelangt. Eine Lösung des Problems schien die *Müllverbrennung* zu sein. Dieses Verfahren verringert zwar das Müllvolumen und nutzt einen Teil der Energie, die im Müll steckt, für Heizzwecke oder zur Stromgewinnung. Aber es hat einen entscheidenden Nachteil: Es werden dabei auch gesundheitsschädliche Gase in die Umwelt abgegeben. Sie enthalten je nach verbranntem Abfall u. a. Chloride, Schwermetalle wie Blei, Cadmium, Quecksilber, Arsen und andere hochgiftige Verbindungen wie Dioxine. Durch die notwendige Abgasreinigung bleiben diese Stoffe hochkonzentriert im Filter zurück. Die Filtrate müssen dann in speziellen *Sondermülldeponien* abgelagert werden.

Gerade der *Sondermüll*, der auch in Haushalten als Farbreste, Öle, Batterien und Reinigungsmittel vielfach anfällt, ist ein besonderes Problem der Entsorgung. In vielen Kreisen werden daher Sondermüllsammlungen organisiert, zu denen jeder Bürger seine im Haushalt anfallenden kleinen Sondermüllmengen bringen kann. Nur auf zum Grundwasser mehrfach abgedichteten Deponieflächen oder in besonders sicheren Bergwerken dürfen diese Stoffe gelagert werden. Meist wird der Sondermüll in speziellen Anlagen verbrannt. Damit werden die zu deponierenden Mengen auf die Filterrückstände verringert, die dann auch auf die Sondermülldeponie gebracht werden müssen. Bis zum Jahr 2000 bestanden in Deutschland 14 Sondermülldeponien.

3 Querschnitt durch eine moderne Hausmülldeponie

440 000 l Wasser

2385 kg Holz

7600 kWh Strom

Ressourcenverbrauch für 1 t Papier 1. Qualität

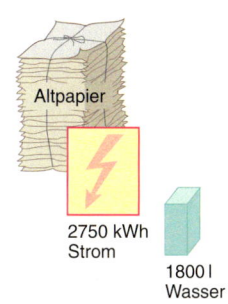

Altpapier

2750 kWh Strom

1800 l Wasser

Ressourcenverbrauch für 1 t Umweltschutzpapier

1990 wurde das *Duale System Deutschland* (DSD) mit dem „Grünen Punkt" als Symbol gegründet, das als Unternehmen alle Verpackungsmaterialien getrennt in gelben Säcken einsammeln soll. Diese Abfälle sollen als Rohstoffe wieder in den Produktionsprozess zurückgeführt werden. Allerdings ist das DSD nur verpflichtet, bis 25 % der anfallenden Materialien zu verwerten, der größere Rest darf deponiert oder verbrannt werden. Keines der bisher verfolgten Entsorgungskonzepte bietet also eine ideale Lösung! Jeder von uns ist daher aufgerufen, über seine Müllmenge nachzudenken und den richtigen Entsorgungsweg für die unterschiedlichen Abfallstoffe einzuschlagen.

Vermeiden — Vermindern — Verwerten

Bei der Beseitigung der Abfälle sind daher neue Vorschläge und ein anderes Denken notwendig: „Produzieren — Konsumieren — Wegwerfen" ist eine kurzsichtige und selbstzerstörerische Handlungsweise. Dieser immer noch praktizierte Ex- und Hopp-Konsum vergeudet knappe Rohstoffe und Energie. Das Müllkonzept der Zukunft kann nur so aussehen: konsequente *Müllvermeidung* und *Wiederverwertung* der im Müll enthaltenen Wertstoffe. Die Abfallgesetzgebung hat daher auch die Kreislaufwirtschaft der Stoffe als Ziel. *Recycling* ist nach der Müllvermeidung die umweltfreundlichste Art der Müllbehandlung. Ab dem Jahr 2005 muss bereits bei den Produktionsprozessen die spätere Recycling-Fähigkeit der Produkte berücksichtigt werden.

Angaben in kg je Einwohner (Deutschland 1999)
Gesamt: 77,7 kg

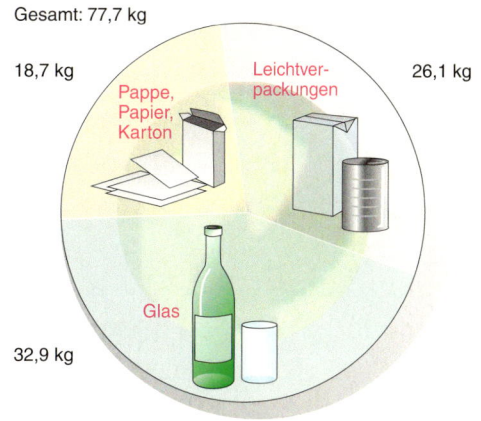

- 18,7 kg — Pappe, Papier, Karton
- 26,1 kg — Leichtverpackungen
- 32,9 kg — Glas

1 Sammelbilanz recyclingfähiger Abfallstoffe

Die *Getrenntsammlung* von Wertstoffen ist die Grundlage der Wiederverwertung. Dazu müssen diese Stoffe schon vor dem Abtransport getrennt und zu eigens dafür aufgestellten Sammelbehältern gebracht werden. Dieses Verfahren ist inzwischen weit verbreitet. Altglas, Altpapier, Altmetalle und ein Teil der Kunststoffe können als Rohstoff in den Produktionsprozess zurückgeführt werden. Getrenntsammlung bedeutet auch, dass Gefahrstoffe als Sondermüll bei besonderen Sammlungen extra entsorgt werden. Sie gehören nicht in die Mülltonne!

Aber auch Gartenabfälle sowie Salat- und Gemüseblätter können im Garten oder in kommunalen Kompostierungsanlagen kompostiert und dem Naturkreislauf wieder zurückgegeben werden.

Zettelkasten

Recyclingsymbol

Dein Beitrag zur Verkleinerung des Müllberges beim Einkauf

Jeder von uns ist ein Teil der Natur, trägt zu ihrer Gefährdung bei und ist daher auch für sie verantwortlich. Verlasse dich nicht auf einen anderen, gib selbst ein gutes Beispiel. Wenn du dich beim Einkaufen umweltbewusst verhältst, hilfst du mit, dass die Industrie ihre Produkte umweltfreundlicher anbietet. Hier einige Tipps:
— Kaufe Recyclingprodukte.
— Verwende Einkaufstaschen, -netze oder -körbe. Plastiktüten verbrauchen wertvolle Rohstoffe und werden kaum aufgearbeitet.
— Kaufe möglichst unverpackte Waren, ein Qualitätsunterschied besteht meist nicht.
— Verzichte auf den Kauf von umweltbelastenden, giftigen Produkten.
— Gehe nicht verschwenderisch mit den Dingen um, kaufe nur Notwendiges!

Aufgaben

① Wiege den Altpapieranfall einer Woche in deiner Familie. Berechne überschlägig die jährlich anfallende Menge in deiner Familie und vergleiche mithilfe der Randabbildungen die unterschiedlichen Aufwendungen. Wohin wird das Altpapier gebracht?

② Wo befinden sich in deinem Ort Standorte von Behältern für die Getrenntsammlung von Batterien, Papier, Glas, Metallen, Altkleidern?

③ Erkundige dich, wie in deinem Ort der Haushaltsrestmüll entsorgt wird.

④ Wiege Tetrapak-Getränkepackungen verschiedener Größen. Stelle die Verhältnisse zwischen Verpackungsgewicht und Getränkemenge auf. Leite aus dem Ergebnis Handlungsvorschläge ab.

Der Mensch gestaltet und gefährdet die Umwelt

Impulse

Was ist für das 21. Jahrhundert zu tun?

Schon 1972 erschreckten die Bücher „Grenzen des Wachstums" und „Lage der Menschheit" des CLUB OF ROME die Erdbevölkerung damit, dass das Ende des Wirtschaftswachstums zu Lasten der Umweltressourcen nahe sei.

Erdgipfel 1992 in Rio de Janeiro

Die Vereinten Nationen (UN) veranstalteten mit den Regierungschefs von 179 Staaten der Erde eine Konferenz für Umwelt und Entwicklung. Das Ergebnis ist ein alle Politikbereiche einbindendes Arbeitsprogramm für das 21. Jahrhundert: die **Agenda 21**.

In dem Abkommen verpflichten sich die Unterzeichnerstaaten, wie z. B. Deutschland, auf das Ziel einer weltweiten nachhaltigen und zukunftsbeständigen Entwicklung.

Das *Prinzip der Nachhaltigkeit* wurde Ende des 17. Jahrhunderts aus einer Krise geboren: extremer Holzmangel drückte die Wirtschaft, besonders den Bergbau. Mit dem Konzept einer nachhaltigen Waldwirtschaft, wonach nicht mehr Holz aus der Natur entnommen werden darf als nachwachsen kann, sollte die Rohstoffkrise bewältigt werden. In der deutschen Forstwirtschaft erlebte dieses Prinzip seine erste und andauernste Umsetzung und von hier weltweite Verbreitung.

Verkehr

1972: 250 Millionen motorisierte Fahrzeuge, darunter 200 Millionen Autos, sind registriert. Die ausgelöste Luftverschmutzung konzentriert sich auf die Industrieländer.

1997: 500 Millionen Autos gibt es überwiegend in den Industrieländern. Die Entwicklungsländer holen auf: Luftverschmutzungen gibt es auch in den Städten der Entwicklungsländer.

Wie kann man diese Entwicklung stoppen?

Tropischer Regenwald

1972: Etwa $1/3$ des Regenwaldes sind zerstört. Es gehen jährlich 0,5 % (100 000 km^2) verloren.

1997: Zwischen 1990 und 1995 wurden 130 000 km^2 Regenwald zerstört. Im Amazonasgebiet stieg der Waldverlust jährlich von 11 000 auf 15 000 km^2.

Suche nach Gründen für die Zerstörung des tropischen Regenwaldes!
Wie kann man diesem Verlust entgegentreten?

Wasser

1972: Der weltweite Verbrauch von 2600 km^3 Frischwasser jährlich entfällt zum größten Teil auf die Bewässerung.

1997: Pro Jahr ist ein Anstieg um $2/3$ auf 4200 km^3 festzustellen.

Wie viel Wasser verbraucht deine Familie? Überlege dir Einsparungen!

Artenschwund

1972: Afrikanische Elefanten – eine von 100 bedrohten Säugetierarten – es gibt noch 2 Millionen.

1997: Nach Schätzungen gibt es noch 286 000 bis 580 000 Afrikanische Elefanten. Weltweit sind 160 Säugetierarten kritisch bedroht.

Welche bedrohten Säugetierarten kennst du?

Bevölkerung

1972: 3,84 Milliarden Menschen, 72 % in Entwicklungsländern. Wachstum jährlich 2 %: 76 Millionen Menschen

1997: 5,85 Milliarden Menschen, 80 % in Entwicklungsländern. Wachstum jährlich 1,5 %: 81 Millionen Menschen

Erkundige dich nach der heutigen Zahl der Weltbevölkerung!

Kohlenstoffdioxid-Konzentration

1958: Die Atmosphäre enthält 315 ppm Kohlenstoffdioxid.

1994: Der Kohlenstoffdioxidgehalt ist um 14 % auf 358 ppm gestiegen.

Mit welchen Maßnahmen soll die Abgabe von Kohlenstoffdioxid in die Luft verringert werden?

Das internationale Abkommen Agenda 21 fordert ein Aktionsprogramm, das im lokalen Bereich von Bürgern, den Kommunen und den Ländern umgesetzt werden soll: **Global denken, lokal handeln!**

Überlege dir Maßnahmen für eine Umsetzung des Prinzips der Nachhaltigkeit in deiner Familie, deiner Schule, deinem Ort!

Fischerei

1972: Rund 58 Millionen Jahrestonnen Fisch wurden aus den Ozeanen geholt. Überfischung verminderte 1974 die Nordsee-Heringsbestände.

1997: Nach Jahrzehnten des Wachstums scheint seit ca. 1980 keine Steigerung des Fischfanges möglich. 1995 gingen 90,7 Millionen Tonnen ins Netz, 6 mehr als 1992, aber weniger als 1991.

Welche Fischmengen werden heute in der Nordsee gefangen?

Meeresspiegel

Im 20. Jahrhundert ist der Meeresspiegel weltweit um 10 bis 15 cm angestiegen. Für das 21. Jahrhundert wird ein weiterer Anstieg um 20 bis 86 cm vorausgesagt.

Welche Auswirkungen hat der Anstieg des Meeresspiegels um etwa 1 m auf einzelne Küstenregionen der Erde?

Der Mensch gestaltet und gefährdet die Umwelt

Stoffwechsel und Bewegung

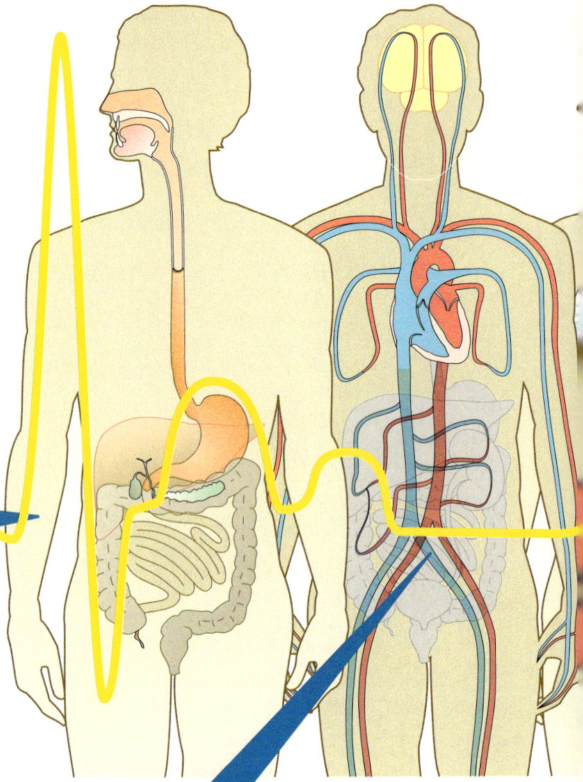

Ernährung

Transport

Die Ernährungsgewohnheiten des Menschen und die Zusammensetzung ihrer Nahrung können sehr unterschiedlich sein. Sie sind von der geografischen Lage und den kulturellen Traditionen abhängig. Die Nahrungsmittel erfüllen aber überall die gleiche Aufgabe: Die darin enthaltenen Nährstoffe müssen den Menschen Energie und Baustoffe liefern. Dadurch werden die Stoffwechselvorgänge aufrecht erhalten, durch die das Wachstum und die lebensnotwendigen Körperfunktionen ermöglicht werden. Dazu muss die Nahrung verdaut und die darin enthaltenen Nährstoffe, Vitamine und Mineralstoffe ins Blut aufgenommen

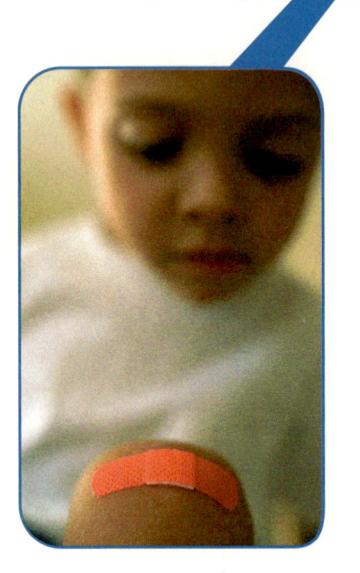

beim Menschen

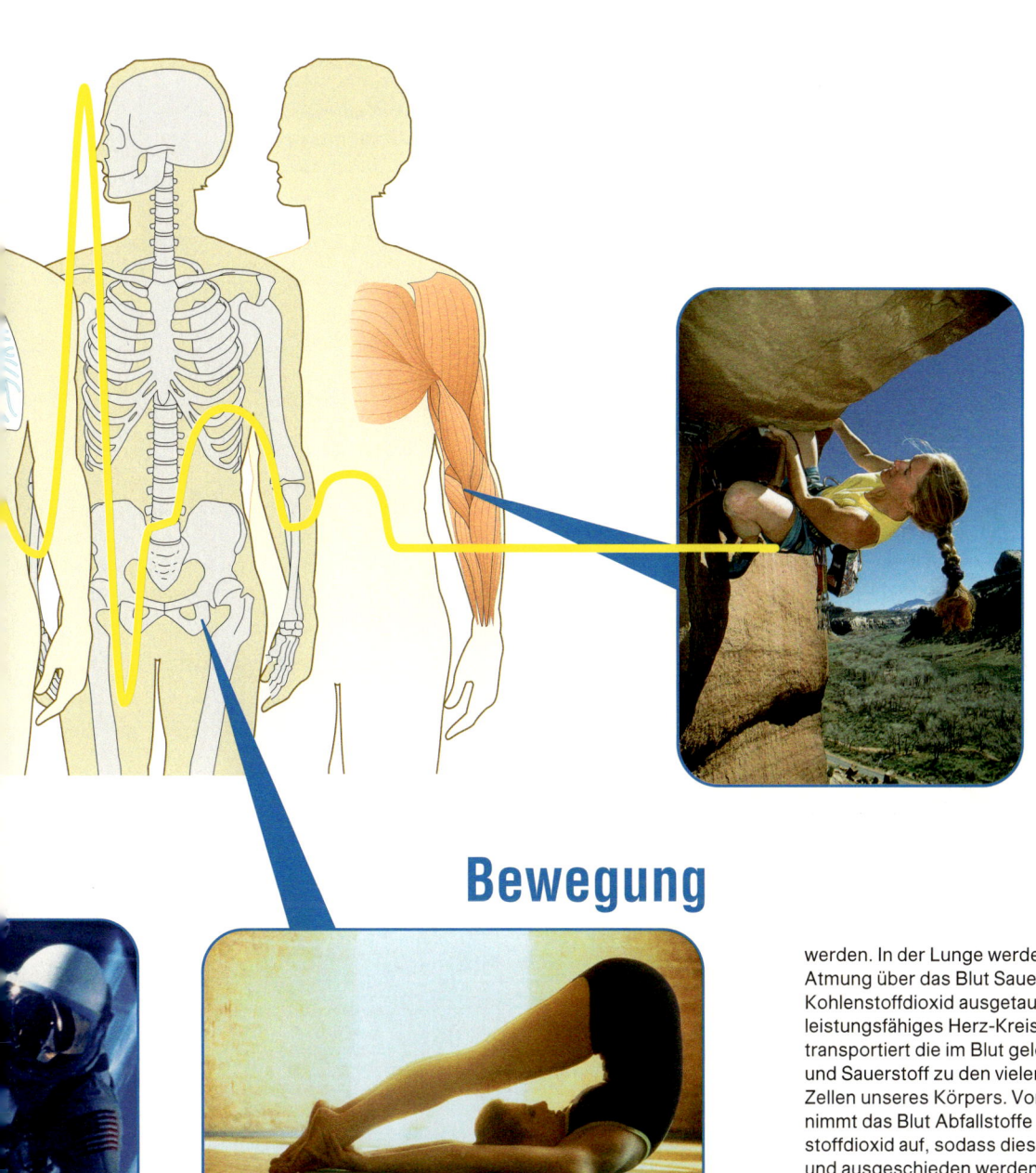

Bewegung

Atmung

werden. In der Lunge werden bei der Atmung über das Blut Sauerstoff und Kohlenstoffdioxid ausgetauscht. Unser leistungsfähiges Herz-Kreislauf-System transportiert die im Blut gelösten Stoffe und Sauerstoff zu den vielen Milliarden Zellen unseres Körpers. Von den Zellen nimmt das Blut Abfallstoffe und Kohlenstoffdioxid auf, sodass diese entsorgt und ausgeschieden werden können. Bei der Verwertung der Nährstoffe mithilfe von Sauerstoff kann zum Beispiel in den Muskelzellen die in den Nährstoffen enthaltene Energie in Bewegung umgewandelt werden. Das ist die Grundlage dafür, dass Muskeln und Skelett bei den Bewegungen unseres Körpers zusammenwirken können.

1 Ernährung und Verdauung

Die Zusammensetzung der Nahrung

Du hast sicher schon die Erfahrung gemacht, dass du nach längerer und anstrengender körperlicher Aktivität, besonders an kalten Tagen, mehr isst als sonst. Ursache dafür ist ein erhöhter Energiebedarf, den du mit der Aufnahme von Nahrung deckst.

Ein Blick auf die Tabelle gibt uns Hinweise auf die Inhaltsstoffe der Nahrung:
1. Unsere Nahrung enthält verschiedene *Nährstoffe*. Das sind alle energiereichen, organischen Verbindungen in der Nahrung, die vom Körper verwertet werden können.
2. Man unterscheidet *Kohlenhydrate (Zucker, Stärke)*, *Fette* und *Eiweiße (Proteine)*. In jedem Nahrungsmittel sind die Nährstoffe in unterschiedlichen Anteilen enthalten.
3. Der Körper benötigt diese Stoffe zur *Deckung des Energiebedarfs* und zur *Gewinnung von körpereigenen Baustoffen*.

Zusätzlich benötigt unser Körper in geringen Mengen noch *Mineralstoffe und Vitamine*. Außerdem braucht er *Ballaststoffe* und *Wasser*. Zu den Ballaststoffen gehören zum Beispiel unverdauliche Pflanzenfasern.

Kohlenhydrate stammen bevorzugt aus pflanzlicher Kost, z. B. aus Kartoffeln und Getreide, und stehen deshalb fast immer in ausreichendem Maße zur Verfügung. Es gibt *Einfachzucker* (*Monosaccharide*, z. B. Traubenzucker und Fruchtzucker), *Zweifachzucker* (*Disaccharide*, z. B. Malzzucker, Milchzucker und Rohrzucker) und *Vielfachzucker* (*Polysaccharide*, z. B. *Stärke* und *Glykogen*). Einfachzucker bestehen nur aus einem einzigen Baustein, Zweifachzucker aus zwei gleichen oder verschiedenen Bausteinen und Vielfachzucker aus oft vielen Hundert Bausteinen, die miteinander verbunden sind.

So unterschiedlich aufgebaut **Proteine** (Eiweiße) auch sein mögen, sie bestehen alle aus den gleichen Grundbausteinen, den *Aminosäuren*. Für den Aufbau menschlicher Eiweiße werden bis zu 20 verschiedene Aminosäuren benötigt. Davon sind acht *essenziell*, d. h. sie werden vom Körper benötigt, können aber von ihm nicht selbst hergestellt, sondern müssen mit der Nahrung aufgenommen werden. Besonders viel Eiweiß ist z. B. in Fleisch und Fisch enthalten.

Fette sind z. B. in Butter und Pflanzenölen enthalten. Es sind Verbindungen aus *Glycerin* und verschiedenen *Fettsäuren*. Einige dieser Fettsäuren sind essenziell.

Die Aufnahme der Nährstoffe in den Körper ermöglicht uns also
1. die Aufrechterhaltung der Lebensvorgänge, indem die in den Nährstoffen enthaltene Energie vom Körper genutzt wird (*Betriebsstoffwechsel*),
2. den Aufbau von Zellen in Geweben und Organen (*Baustoffwechsel*).

− = nicht vorhanden
+ = in Spuren vorhanden

	Kohlenhydrate	Fett	Protein	Energiegehalt	Mineralstoffe	Vitamin A	Vitamin B_1	Vitamin B_2	Vitamin C
	g	g	g	kJ	mg	mg	mg	mg	mg
Roggenvollkornbrot	46	1	7	1000	560	50	0,20	0,15	−
Reis	75	2	7	1500	500	−	0,40	0,10	−
Sojamehl	26	21	37	1900	2600	15	0,75	0,30	−
Kartoffeln	19	+	2	350	525	5	0,10	0,05	15
Schweinefleisch	−	20	18	1200	500	−	0,70	0,15	−
Heilbutt	−	15	15	550	700	30	0,05	0,15	0,3
Vollmilch	5	3,5	3,5	275	370	12	0,04	0,20	2
Spinat	2	+	2	75	665	600	0,05	0,20	37
Haselnüsse	13	62	14	2890	1225	2	0,40	0,20	3
Sonnenblumenöl	−	100	−	3900	−	4	−	−	−

1 Stoffliche Zusammensetzung einiger Nahrungsmittel (je 100 g)

Die Bedeutung der Nährstoffe

Kilojoule (kJ)
Maßeinheit der Energie. In alten Kochbüchern findet man auch noch die Einheit Kilokalorie (kcal).
1 kcal = 4,187 kJ

Wir atmen, unser Herz schlägt, wir bewegen uns und halten unsere Körpertemperatur bei 37 °C konstant. Dies sind nur einige Beispiele für all die Leistungen, die unser Körper zur Aufrechterhaltung der Lebensvorgänge leistet und für die er Energie braucht. Selbst wenn wir schlafen, benötigt der Körper ständig Energie.

Man bezeichnet den Energiebedarf, den der Körper bei völliger Ruhe zur Aufrechterhaltung der Körperfunktionen und der Körpertemperatur benötigt, als **Grundumsatz**. Er ist von Alter, Gewicht und Geschlecht abhängig. Männer haben meist einen höheren Grundumsatz als Frauen. Den Energiebedarf bei körperlicher Aktivität nennt man dagegen **Tätigkeitsumsatz**. Er ist stark abhängig von der Intensität der Belastung.

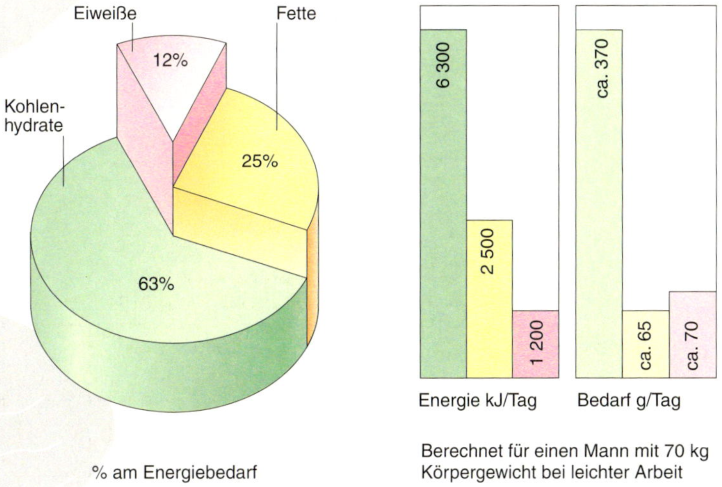

Die **Kohlenhydrate**, u. a. die Stärke, sind die wichtigsten Energielieferanten. Sie enthalten viel und schnell verfügbare Energie, die der Körper sehr gut nutzen kann. So werden aus 100 g Traubenzucker ca. 1 500 kJ Energie zur Verfügung gestellt. Den Energiegehalt eines Nährstoffes nennt man auch *Nährwert*. Überschüssige Kohlenhydrate werden vom Körper umgebaut und in der Leber und im Muskelgewebe als *Glykogen* gespeichert. Glykogen ist ein stärkeähnlicher Vielfachzucker. Bei einem Überangebot an energiehaltigen Stoffen bildet der Körper aus Kohlenhydraten Fette, die als *Speicherfette* vor allem im Unterhautgewebe eingelagert werden.

Fette sind die wichtigsten *Reservestoffe*. Dass der Körper neben Glykogen vor allem Fette speichert, hat seinen Grund im hohen Energiegehalt von Fett: 100 g Fett enthalten ca. 3 900 kJ. Bei gesteigertem Energiebedarf greift der Körper zunächst auf die sofort nutzbaren Glykogenreserven, danach erst auf seine Fettreserven zurück.

Die **Proteine** nehmen in unserer Ernährung eine besondere Stellung ein. Für die Deckung des Energiebedarfs spielen sie zwar eine untergeordnete Rolle, als *Baustoffe* zum Beispiel für die Zellen sind sie jedoch unentbehrlich. Dabei ist tierisches Protein meistens besser vom Körper zu verwerten als pflanzliches Eiweiß. Ursache für die unterschiedliche Verwertbarkeit der Nahrungsproteine ist der Gehalt an essenziellen Aminosäuren.

Nahrungsproteine besitzen eine unterschiedliche *biologische Wertigkeit*. Diese gibt an, wie viel Prozent dieses Nahrungseiweißstoffes in Körpereiweiß umgebaut werden können. Die biologische Wertigkeit von Hühnereiweiß zum Beispiel beträgt 94, d. h. unser Körper kann 94 % dieses Proteins in Körpereiweiß umbauen. Das Eiweiß aus Mais dagegen hat lediglich eine biologische Wertigkeit von 54.

1 Bedarf an Nährstoffen und Energie pro Tag

	Eiweißbedarf pro Tag in g (je kg Körpergewicht)		Energiebedarf pro Tag in kJ	
Kinder unter 6 Monaten	2,5		2 500	
1–4 Jahre	2,2		5 000	
7–10 Jahre	1,8		8 400	
Jugendliche	männl.	weibl.	männl.	weibl.
13 Jahre	1,5	1,4	10 000	8 800
18 Jahre	1,2	1,0	13 000	10 500
Erwachsene				
25 Jahre	0,9	0,9	10 900	9 200
45 Jahre	0,9	0,9	10 000	8 400
65 Jahre	1,0	1,0	9 200	7 500

2 Eiweiß- und Energiebedarf in Abhängigkeit vom Lebensalter

Aufgabe

① Berechne deinen Energie- und Eiweißbedarf bei leichter körperlicher Arbeit pro Tag.

Stoffwechsel und Bewegung

Vitamine und Mineralstoffe

Um 1890 stellte der holländische Arzt EIJKMANN bei Strafgefangenen in einem Gefängnis auf Java (Indonesien) eine Krankheit fest, die mit Lähmungen und Schwund der Gliedmaßenmuskulatur begann und im Endstadium tödlich verlief. Diese Krankheit war unter dem Namen *Beriberi* bekannt und in Ostasien weit verbreitet. Niemand kannte jedoch die Ursachen dafür. Die Beriberi-Symptome beobachtete EIJKMANN auch bei Hühnern, die auf dem Gefängnishof herumliefen.

Da sowohl die Gefangenen ihr Essen als auch die Hühner ihr Futter aus der Gefängnisküche bekamen, vermutete EIJKMANN, dass mit der Nahrung etwas nicht stimmte. Er fand heraus, dass Hühner, die man mit geschältem Reis fütterte, erkrankten. Gab man ihnen ungeschälten Reis, wurden sie wieder gesund. Auch seinen Patienten konnte EIJKMANN auf diese Weise helfen. Später folgerte man, dass in der Schale von Reiskörnern Stoffe enthalten sein müssen, die zur Gesunderhaltung des Körpers unentbehrlich sind. Man gab ihnen den Namen **Vitamine**.

Der menschliche Körper kann die lebenswichtigen Vitamine aber nicht selbst herstellen, er muss sie mit der Nahrung aufnehmen. Viele Vitamine oder wenigstens die Ausgangsstoffe dafür werden von Pflanzen hergestellt. Heute sind etwa 20 unterschiedliche Vitamine bekannt. Sie werden mit Buchstaben bezeichnet. Man spricht zum Beispiel von den *Vitaminen A, C, D, E* und von der *Gruppe der B-Vitamine*.

Vitamine wirken schon in kleinsten Mengen. Fehlt allerdings infolge einseitiger Ernährung auch nur ein einziges Vitamin, kann es zu lebensbedrohlichen *Vitaminmangelkrankheiten (Avitaminosen)* kommen. So war früher der *Skorbut* eine dieser gefürchteten Vitaminmangelkrankheiten, von der vor allem Seefahrer betroffen waren. Als COLUMBUS 1493 von seiner Entdeckungsfahrt aus Amerika zurückkehrte, war die Hälfte seiner Mannschaft auf hoher See an Skorbut gestorben. Die Krankheit begann mit *Zahnfleischbluten* und *Zahnausfall*. Blutungen unter der Haut und in den inneren Organen stellten sich anschließend ein. Der geschwächte Körper konnte den *Infektionskrankheiten* nicht mehr widerstehen. Die Ursache für Skorbut war ein Mangel an Vitamin C, weil die damaligen Seefahrer auf ihrer monatelangen Reise weder Obst noch Gemüse zur Verfügung hatten.

In den Entwicklungsländern kommt es noch häufig vor, dass die Menschen, bedingt durch die schlechte und unzureichende Ernährung, auch an Vitaminmangel leiden. Bei uns verhindert das abwechslungsreiche und ausreichende Nahrungsangebot über das ganze Jahre hinweg einen solchen Mangel. Zusätzliche Vitaminpräparate sind deshalb in der Regel nicht notwendig. Übermäßig hohe Vitamingaben können vom Körper nicht entsprechend genutzt werden. Manche im Überschuss vorliegenden Vitamine werden einfach mit dem Urin wieder ausgeschieden. Vitamin A und D können, in sehr großen Mengen über längere Zeit aufgenommen, sogar schädlich sein.

vita (lat.) = Leben

Vitamin	Hauptvorkommen	Wirkungen	Mangelerscheinungen	Bedarf pro Tag
Vitamin A (licht- und sauerstoffempfindlich)	Lebertran, Leber, Niere, Milch, Butter, Eigelb — als Provitamin A in Möhren, Spinat, Petersilie	Erforderlich für normales Wachstum und Funktion von Haut und Augen	Wachstumsstillstand, Verhornung von Haut und Schleimhäuten, Nachtblindheit	1,6 mg
Vitamin D (lichtempfindlich, hitzebeständig)	Lebertran, Hering, Leber, Milch, Butter, Eigelb. Bildet sich aus einem Provitamin der Haut	Regelt den Calcium- und Phosphorhaushalt, steuert Calciumphosphatbildung für den Knochenaufbau	Knochenerweichungen und -verkrümmungen (Rachitis), Zahnbildung, -anordnung geschädigt	0,01 mg
Vitamin B$_1$ (hitzebeständig)	Leber, Milch, Eigelb, Niere, Fleisch, Getreideschale	Aufbau der Zellkernsubstanz, Bildung von roten Blutzellen	Anämie, Veränderung am Rückenmark und an der Lunge, nervöse Störungen (Beriberi)	0,005 mg
Vitamin C (sauerstoff- und hitzeempfindlich)	Hagebutte, Sanddorn, Schw. Johannisbeeren, Zitrusfrüchte, Kartoffeln, Kohl, Spinat, Tomaten u. a. frisches Gemüse	Entzündungs- und blutungshemmend, fördert die Abwehrkräfte des Organismus, aktiviert Enzyme	Zahnfleisch- und Unterhautblutungen, Müdigkeit, Gelenk- und Knochenschmerzen (Skorbut), Anfälligkeit für Infektionen	75,0 mg

1 Tabellarische Übersicht zu einigen wichtigen Vitaminen

Mineralstoffe, die vor allem in pflanzlicher Kost und Fleisch enthalten sind, sind wichtige Bausteine von Knochen und Zähnen (z. B. *Calcium-, Phosphat-* und *Fluoridionen*). Sie können im Körper nur in Form von chemischen Verbindungen wirksam werden. Sie müssen in einer bestimmten Konzentration in den Körperflüssigkeiten vorliegen *(Natrium-* und *Kaliumionen)*, sodass zum Beispiel unsere Nervenzellen ihre Aufgabe erfüllen können. Magnesium-, Eisen- und Iodverbindungen braucht der Mensch nur in kleinsten Mengen; man bezeichnet sie deshalb als *Spurenelemente*. Bei nicht ausreichender Zufuhr treten Mangelerscheinungen auf. Bekannt ist der durch Iodmangel hervorgerufene *Kropf*, eine Vergrößerung der Schilddrüse.

Aufgaben

① Obst und Gemüse soll man keinen hohen Temperaturen aussetzen. Begründe.
② Stelle den Verbrauch an stärkehaltigen Nahrungsmitteln in den angegebenen Staaten als Säulendiagramm dar.
③ In welcher Situation kann es auch bei uns zu einer Unterversorgung des Körpers mit bestimmten Vitaminen kommen, sodass zusätzliche Vitaminpräparate sinnvoll sein können.
④ Untersuche die beiden Speisepläne im Zettelkasten auf Ausgewogenheit der enthaltenen Nährstoffe. Welche Nährstoffe sind zu wenig und welche sind zu viel enthalten?
⑤ Informiere dich über die im Text des Zettelkastens genannten Nahrungsmittel, die dir bisher nicht bekannt waren. Berichte in deiner Klasse darüber.

Zettelkasten

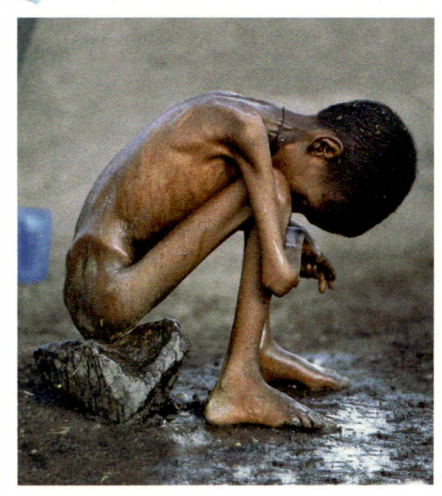

Ernährungsprobleme in anderen Regionen

Über 10 Mio. Menschen verhungern jährlich, während vor allem die Europäer und Nordamerikaner im Überfluss leben. Über die Hälfte der Menschen auf der Erde ist mangelhaft oder einseitig ernährt. Vor allem fehlt ihnen hochwertiges Eiweiß. Mangelernährung schwächt die Widerstandskraft des Körpers gegen Krankheiten und Seuchen. Besonders für Kleinkinder ist Eiweißmangel gefährlich. Ihre körperliche und geistige Entwicklung wird gehemmt. Die Menschen sind später kaum zu körperlicher Arbeit fähig.

Zu unseren Mahlzeiten gehören normalerweise Fleisch, Fett und Gemüse, etwas Brot und Kartoffeln, frisches Obst, Eier, Milch und Milchprodukte. Der Speisezettel in einzelnen Ländern Asiens, Afrikas, Mittel- und Südamerikas sieht anders aus. In vielen asiatischen Ländern ist Reis die Hauptnahrung. Es gibt kaum Fett und Fleisch, nur manchmal etwas Fisch. In Afrika sind Maniok, Bataten, Erdnüsse, Hirse, Mais und Bananen die Hauptbestandteile der täglichen Nahrung; dazu kommt das Palmöl. In Südamerika bildet der Mais die Grundlage der Ernährung.

Ein Beispiel aus Kamerun:

Frühstück: Maisbrei mit Spinat, Erdnüsse
Mittagessen: Süßkartoffeln (Bataten), in Palmöl gebraten
Abendessen: Maniok, in Palmöl gebraten
Fast alle Speisen werden mit scharf gewürzten Soßen gegessen. Manchmal gibt es Früchte wie Bananen oder Mangos.

Ein Beispiel aus Peru:

Frühstück: Suppe mit Kartoffeln und Getreide
Mittagessen: Kartoffeln und gerösteter Mais
Abendessen: Mais und Kartoffeln

Nahrungsmittel in g je Einwohner und Tag	Getreide	stärkehaltige Nahrungsmittel	Gemüse	Fische	Milchprodukte	Fette, Öle	Kilojoule
BRD	190	300	170	195	560	75	12560
USA	175	135	270	295	665	60	13400
Pakistan	430	40	45	10	210	15	9000
Indonesien	350	330	90	15	—	15	8800
Algerien	365	40	65	25	60	20	8950
Nigeria	315	655	35	20	20	20	7780
Kamerun	155	1115	60	30	65	5	8790
Peru	415	350	65	40	55	15	8200
Brasilien	270	455	50	75	145	20	10460

1 Versorgung mit wichtigen Nahrungsmitteln

Stoffwechsel und Bewegung

Praktikum

Nährstoffe und Verdauung

Sicherheitshinweise zum Experimentieren

1. Grundsätzlich bei allen Experimenten eine Schutzbrille tragen!
2. Genau nach Anleitung arbeiten. Die Gefahrensymbole zu den verwendeten Chemikalien beachten!
3. Nach Beendigung der Experimente die verwendeten Lösungen in die dafür vorgesehenen Gefäße entsorgen. Diese sind entsprechend beschriftet.

Kohlenhydratnachweise

Stärke ergibt mit einer Iod-Kaliumiodid-Lösung eine tiefblaue bis schwarze Farbreaktion. Dazu versetzt man Stärkelösung bzw. die zu testenden Lebensmittelproben mit einigen Tropfen Iod-Kaliumiodid-Lösung.

Traubenzucker lässt sich mit Traubenzucker-Teststreifen nachweisen. Dazu gibt man zu Traubenzucker bzw. zu der zu testenden Probe etwas Wasser, schüttelt um und hält kurz den Teststreifen hinein.

Fehling'sche Probe
Benötige Geräte und Chemikalien:
— Reagenzgläser, Pipetten oder Tropfflaschen, Spatel, Wasserbad, Thermometer
— Destilliertes Wasser, Traubenzucker, Rohrzucker, Malzzucker, Milchzucker, Stärke, Fehling'sche Lösung I [Xn] und Fehling'sche Lösung II [C]

Durchführung:
— Gib jeweils etwa 2 ml wässrige Lösung der aufgeführten Kohlenhydrate in ein Reagenzglas.
— Gib dann in jedes Reagenzglas etwa 2 ml Fehling I-, dann Fehling II-Lösung zu. Nach Umschütteln sollte eine tiefblaue, durchsichtige Lösung entstehen. Falls dies nicht der Fall ist, werden noch einige weitere Tropfen Fehling II-Lösung zugegeben und erneut geschüttelt.
— Stelle dann die Reagenzgläser 2—3 Minuten in ein Wasserbad mit 60—70 °C Wassertemperatur.
— Notiere, bei welchen Kohlenhydraten sich der Reagenzglasinhalt deutlich verändert hat.
— Beschreibe, wie diese Veränderungen aussehen.
— Erläutere, in welcher Weise man die Versuchsergebnisse für die Untersuchung von Lebensmitteln nutzen kann.

Verdauung von Stärke

Benötigte Geräte und Chemikalien:
— Reagenzgläser, Reagenzglasständer, Spatel
— Stärkelösung, Iod-Kaliumiodid-Lösung [Xn], Speichel, Pankreatin (enthält Amylase)

Durchführung:
— Gib in 3 Reagenzgläser jeweils 5 ml Stärkelösung, versetze die Lösungen mit 2 bis 3 Tropfen Iod-Kaliumiodid-Lösung und schüttle um.
— Gib in das erste Reagenzglas etwas Speichel und in das zweite eine Spatelspitze Pankreatin. Schüttle um und lasse die Reagenzgläser stehen. In das dritte Reagenzglas wird nichts weiter zugegeben.
— Welche Beobachtung kannst du nach einigen Minuten machen?
— Welche Aufgabe hat das dritte Reagenzglas?
— Auf welche Ursache ist deine Beobachtung zurückzuführen? Formuliere eine begründete Annahme.
— Plane ein Experiment, mit dem du deine Annahme überprüfen kannst. Führe es anschließend durch.

Verdauung von Eiweißen

Benötigte Geräte und Chemikalien:
— Reagenzgläser, Becherglas, Messzylinder, Spatel, Bunsenbrenner, Wasserbad, Thermometer
— verd. Salzsäure, Pepsin, Pankreatin (enthält Trypsin), Eiklar von Hühnereiern

Durchführung:
— Das Eiklar von einem Hühnerei wird in einem Becherglas mit der 5fachen Menge Wasser versetzt und gut vermischt.
— Von dieser verdünnten Eiklarlösung gibt man in drei Reagenzgläser jeweils etwa 5 ml.
— Nun wird der Inhalt der Reagenzgläser über der **kleinen** Bunsenbrennerflamme so lange **vorsichtig** unter Umschütteln erhitzt, bis eine deutliche Trübung auftritt.
— In das Reagenzglas 1 gibt man eine Spatelspitze Pankreatin, in das Reagenzglas 2 eine Spatelspitze Pepsin und 2 ml verd. Salzsäure. Der Inhalt der beiden Reagenzgläser wird mit einem Glasstab umgerührt. In das dritte Reagenzglas wird nichts hinzu gegeben.
— Die drei Reagenzgläser werden dann in ein Wasserbad mit 35 °C bis 40 °C gestellt.
— Vergleiche den Inhalt der drei Reagenzgläser nach 5 bis 10 Minuten.
— Notiere deine Beobachtungen und suche eine Erklärung dafür. Stelle begründet einen Bezug her zu der Eiweißverdauung in deinem Körper.
— Welche Aufgabe erfüllt das dritte Reagenzglas? Begründe.

Verdauung von Fett

Benötigte Geräte und Chemikalien:
— Reagenzgläser, Becherglas, Spatel, Wasserbad, Thermometer
— Vollmilch, Phenolphthalein, Sodalösung in einer Tropfflasche, verd. Salzsäure, Pankreatin (enthält Lipase)

Durchführung:
— Gib zu etwa 20 ml Milch in einem Becherglas einige Tropfen Phenolphthalein. Tropfe dann unter Umrühren so lange Sodalösung zu, bis eine deutliche Rotviolett-Färbung eintritt. Dann ist der Becherglasinhalt leicht alkalisch.
— Verteile den Inhalt des Becherglases auf drei Reagenzgläser (Füllhöhe max. $2/3$)
— Gib in das erste Reagenzglas 3 ml Salzsäure zu, in das zweite eine Spatelspitze Pankreatin. In das dritte Reagenzglas wird nichts hinzugegeben. Stelle dann die Reagenzgläser in ein 35 °C bis 40 °C warmes Wasserbad.
— Notiere deine Beobachtungen. Nach etwa 10 Minuten kann das Experiment abgebrochen werden.
— Erkläre die Versuchsergebnisse. Informiere dich dazu noch einmal über die Zusammensetzung von Fetten und die Zusammensetzung von Milch.
— Welche Aufgabe hat das dritte Reagenzglas?

Material

Gesunde Ernährung

Viele Kinder und Erwachsene leiden an Übergewicht. Das senkt nicht nur die Lebenserwartung, sondern meist auch das Wohlbefinden und die körperliche Fitness. Eine ausgewogene, gesunde Ernährung kann dazu beitragen, Übergewicht zu vermeiden und gleichzeitig unseren Körper fit zu halten.

Oft wird gedankenlos das gegessen, was gut schmeckt oder in ist. Der Inhalt spielt keine große Rolle. Die beiden Abbildungen zeigen zwei völlig unterschiedliche Mahlzeiten.
Kohlenhydrate, Fette und Eiweiße sollten zur Deckung deines Energiebedarfs in der Nahrung in einem ausgewogenen Verhältnis vorhanden sein (Abb. 189.1).

Um eine vollwertige Ernährung sicherzustellen, hilft die Ernährungspyramide bei der Auswahl der Art der Nahrung und des jeweiligen Anteils. Die verwendeten Lebensmittel sollten möglichst frisch sein. Zudem sollte man die Mahlzeiten sinnvoll über den Tag verteilen. Verpackte Lebensmittel enthalten Informationen, die über die enthaltenen Inhaltsstoffe Auskunft geben.

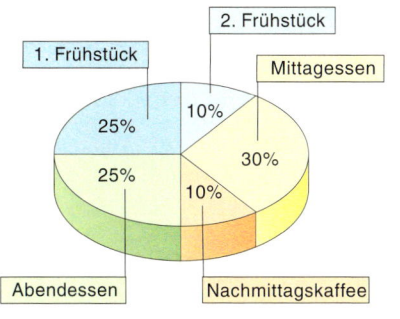

Verteilung des täglichen Energiebedarfs auf die Mahlzeiten
- 1. Frühstück 25%
- 2. Frühstück 10%
- Mittagessen 30%
- Nachmittagskaffee 10%
- Abendessen 25%

Fettgehalt verschiedener Lebensmittel in %
- Bratwurst 57%
- Kartoffelchips 50%
- Erdnüsse 49%
- Salami 45%
- Schokolade 33%
- Hering 20%
- Wiener 20%
- Pommes 13%
- Eiscreme 12%
- Frikadelle 10%
- Hühnerei 10%
- Haferflocken 7%
- Jogurt 5%

Ernährungspyramide
- Fette und Zucker
- Milchprodukte
- Fleisch, Fisch, Eier, Hülsenfrüchte
- Gemüse
- Früchte
- Brot und Mehlspeisen

Aufgaben

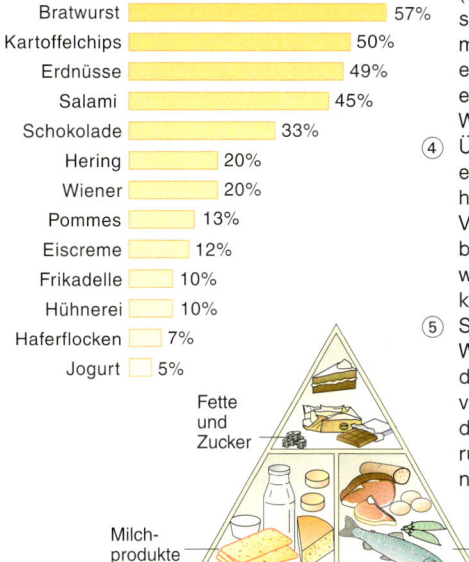

① Vergleiche die Fotos in der linken Spalte bezüglich ihrer Inhaltsstoffe und ihres Energiegehaltes. Benutze eine Nährwerttabelle. Stelle die Unterschiede übersichtlich dar und bewerte begründet die gesundheitliche Qualität der beiden Mahlzeiten.

② Stelle für einen Tag 5 über den Tag verteilte Mahlzeiten zusammen, die den Anforderungen einer vollwertigen Ernährung gerecht werden.

③ Vergleiche die in der Kennzeichnung angegebenen Inhaltsstoffe verschiedener Lebensmittel, aber auch verschiedener Sorten von Fruchtsäften (z. B. Apfelsaft, Apfel-Nektar, Apfelsaftgetränk), fettarmer Milch, Vollmilch, … Stelle die Ergebnisse in einer Tabelle dar. Wie weit ist bereits eine Qualitätsbeurteilung möglich. Was bleibt unklar?

④ Überprüfe deine Fettaufnahme über einen Tag lang. Notiere den Fettgehalt der verzehrten Lebensmittel. Vergleiche dann deinen Tagesverbrauch an Fett mit dem Wünschenswerten. Der liegt bei ca. 0,8 g Fett pro kg Körpergewicht und Tag.

⑤ Stelle die in der Tabelle genannten Werte zum Vitaminverlust verschiedener Lebensmittel in Abhängigkeit von ihrer Lagerzeit in einem Säulendiagramm dar. Welche Schlussfolgerungen ergeben sich aus den Ergebnissen für deine Ernährung?

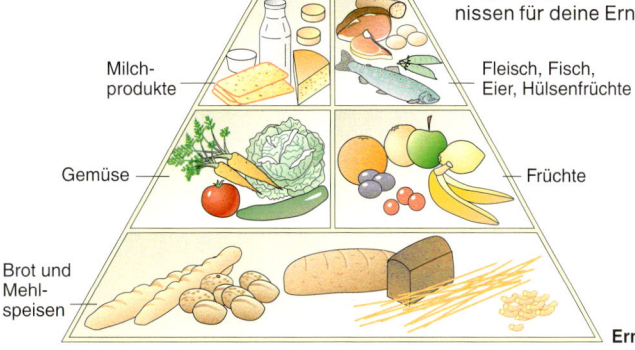

Tabelle

Gemüseart	Vitamin C Ausgangsgehalt (mg/100g)	Lagerdauer in Tagen	Vitamin-C-Verlust in % Lagertemperatur (°C)		
			4° Kühlschrank	12° Keller	20° Speisekammer
Blumenkohl	120	1	7	10	12
		2	8	15	26
		7	9	23	53
Kopfsalat	26	1	22	25	27
		2	37	39	41
		7	55	69	–
Spinat	72	1	27	41	56
		2	33	51	79

Stoffwechsel und Bewegung

Verdauung in Mund und Magen

Die in der Nahrung enthaltenen Nährstoffe sind meist nicht direkt von unserem Körper nutzbar. Sie müssen zuerst in ihre Bausteine zerlegt werden. Nur dann können sie vom Körper aufgenommen werden. Die Zerlegung der in der Nahrung enthaltenen Nährstoffe in ihre wasserlöslichen Bausteine findet schrittweise statt. Wir nennen diesen Vorgang **Verdauung**. Diese findet in den verschiedenen Abschnitten unseres *Verdauungstraktes* statt.

Bereits in der *Mundhöhle* beginnen die ersten Verdauungsschritte. Diese wurden durch die Zerkleinerung der Nahrung mithilfe der Zähne vorbereitet, da so die Verdauungssäfte besser einwirken können. Die *Speicheldrüsen* geben *Mundspeichel* ab, der Schleim und Stoffe enthält, welche die Zerlegung der Nährstoffe in ihre Grundbausteine stark fördern. Allgemein nennt man solche Stoffe, die die chemischen Reaktionen im Körper stark beschleunigen, **Enzyme**. Der Mundspeichel enthält das Enzym *Amylase*, das die Stärke in Malzzucker zerlegt. Während des Kauvorganges durchmischt die Zunge den Speisebrei. Dadurch wird der Kontakt zwischen den zu verdauenden Nährstoffen und den Enzymen intensiver und die Verdauung der Stärke nochmals beschleunigt. Anschließend wird der Speisebrei von der Zunge gegen den Gaumen gedrückt und der Schluckreflex ausgelöst. Dabei wird kurzzeitig der Kehlkopfdeckel abgesenkt, die Luftröhre geschlossen, die Atmung angehalten und der Zugang zur Nase abgeriegelt.

Die *Speiseröhre* ist ein muskulöser Schlauch. Sie liegt hinter der Luftröhre und transportiert die Nahrung zum Magen. Durch Muskelbewegungen, die wellenförmig *(Peristaltik)* vom Rachen zum Magen verlaufen, wird der Speisebrei in wenigen Sekunden in den Magen transportiert.

Der Magen hat ein Fassungsvermögen von 1 bis 2 Litern, sodass der Speisebrei über längere Zeit gesammelt werden kann. Die *Magenschleimhaut*, die die Innenwand des Magens auskleidet, ist stark gefaltet und von zahlreichen und verschiedenen Typen von Drüsenzellen durchsetzt. Die von den *Belegzellen* produzierte Salzsäure hat nach einer halben bis einer Stunde den gesamten Mageninhalt durchsäuert. Die Säure macht das Enzym Amylase unwirksam, tötet die meisten mit der Nahrung eingedrungenen

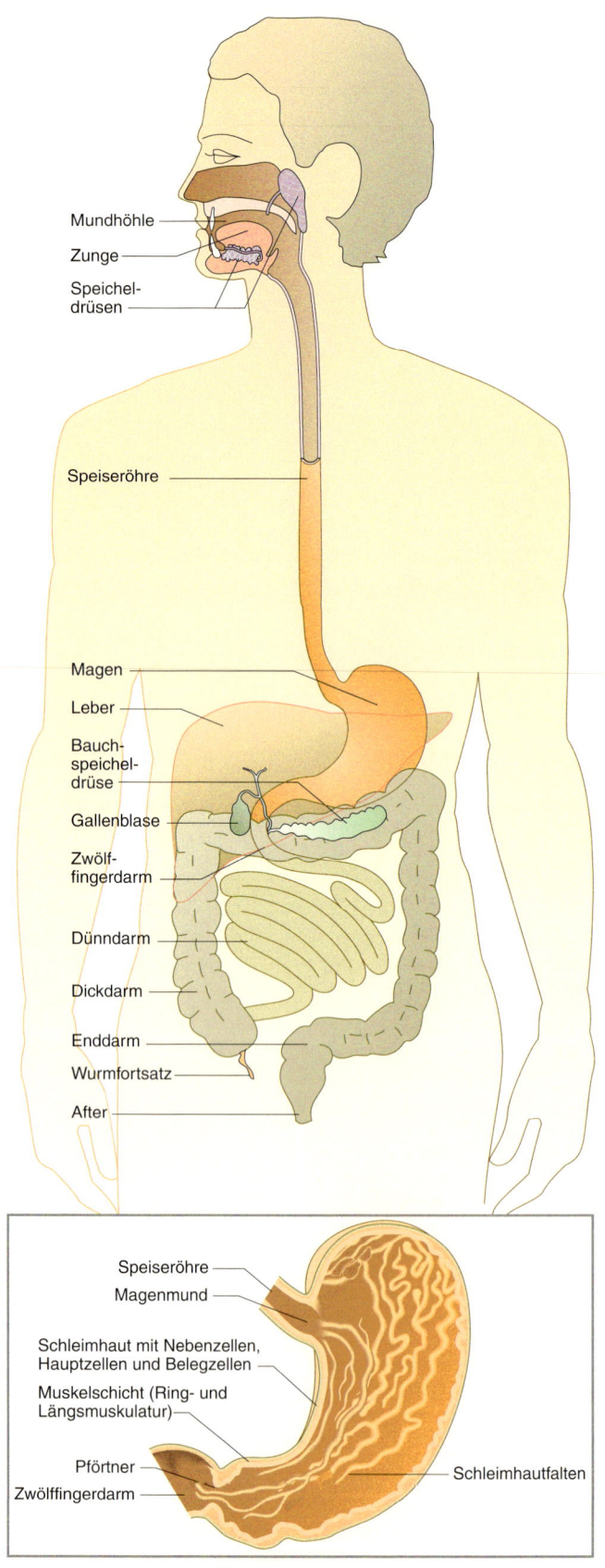

1 Verdauungstrakt und Schema des Magens

Stoffwechsel und Bewegung

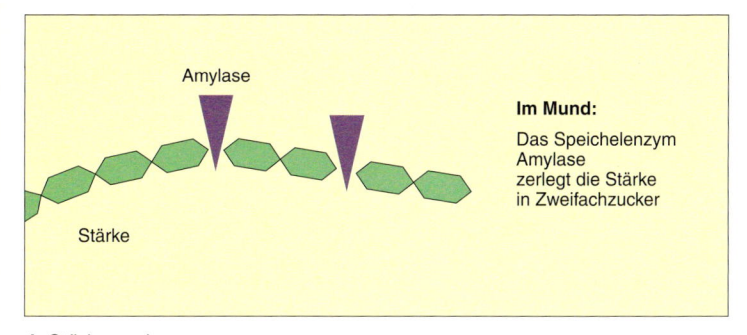

Im Mund:
Das Speichelenzym Amylase zerlegt die Stärke in Zweifachzucker

1 Stärkeverdauung

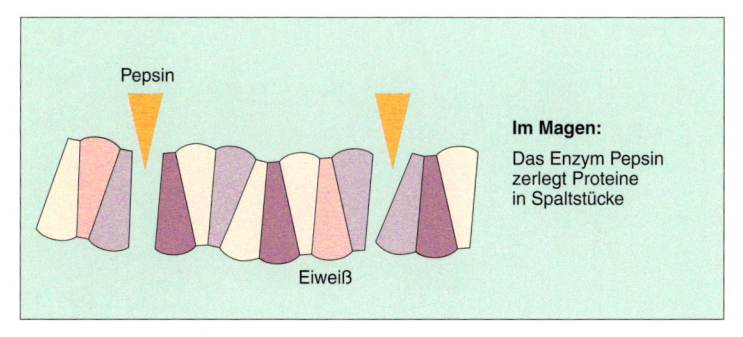

Im Magen:
Das Enzym Pepsin zerlegt Proteine in Spaltstücke

2 Eiweißverdauung

Krankheitserreger ab und bringt Proteine zum Quellen. Aus dem von den *Hauptzellen* abgegebenen *Pepsinogen* bildet sich in Verbindung mit Salzsäure das wirksame Enzym *Pepsin*. Es spaltet Proteine. Ein weiteres Protein spaltendes Enzym ist *Kathepsin*. Diese Enzyme und weitere Stoffe sind im Magensaft enthalten, von dem täglich ca. 1,5 – 2 l gebildet werden. Die *Nebenzellen* produzieren den Magenschleim. Er verhindert, dass die im Magensaft enthaltene Salzsäure und eiweißspaltende Enzyme an die Magenwand gelangen. So schützt der Magenschleim die Magenwand vor der Selbstverdauung.

Kräftige Ring- und Längsmuskeln der Magenwand erzeugen peristaltische Bewegungen. Dadurch wird der Speisebrei durchmischt und zum Magenausgang, dem *Pförtner*, transportiert. Die Verweildauer der Speisen im Magen hängt von ihrer Zusammensetzung ab. Leicht verdauliche Speisen, wie zum Beispiel Milch und Reis, bleiben nur etwa 1 – 2 Stunden im Magen, schwer verdauliche Speisen, wie Schweinespeck oder Ölsardinen, 5 – 8 Stunden.

Zettelkasten

Wie Enzyme wirken

Die Spaltung der Nährstoffe zu ihren wasserlöslichen Bausteinen läuft auch ohne Enzyme ab, jedoch sehr langsam. Wir müssten deshalb ohne die Enzyme verhungern, da wir unverdaute Nährstoffe nicht in die Blutbahn aufnehmen können. Die Enzyme, die in den Verdauungssäften enthalten sind, beschleunigen die Spaltungsreaktionen um ein Vieltausendfaches. Daher kann die aufgenommene Nahrung in so kurzer Zeit in ihre Bausteine zerlegt, also verdaut werden, dass von uns ausreichende Mengen genutzt werden können.

Stoffe, welche chemische Reaktionen stark beschleunigen, nennt man *Katalysatoren*. Enzyme sind somit *Biokatalysatoren*.

Bei der Verdauung werden die Nährstoffe in mehreren aufeinander folgenden Reaktionen zunächst in größere Spaltstücke und danach in die Grundbausteine zerlegt. Für jede dieser unterschiedlichen Reaktionen gibt es nur ein bestimmtes Enzym. Das liegt daran, dass Enzyme zu ihrem umzusetzenden Stoff passen *(Passform)*, wie ein Schlüssel in das zugehörige Schloss *(Schlüssel-Schloss-Prinzip)*.

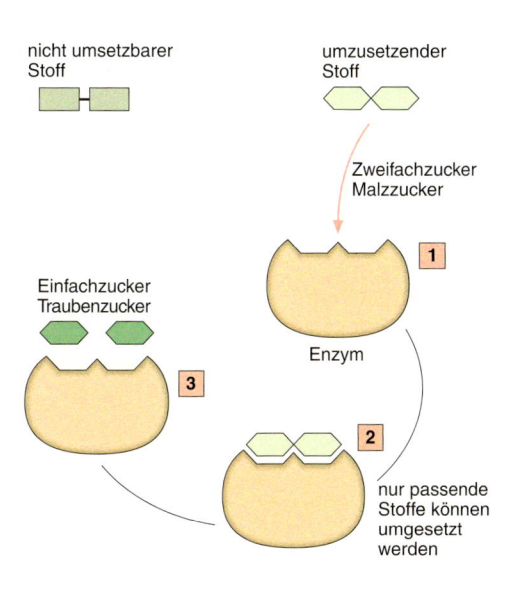

So spaltet zum Beispiel das im Speichel enthaltende Enzym *Amylase* von der Stärke Malzzucker ab. Aus einem Vielfachzucker ist dadurch ein Zweifachzucker geworden. Andere Reaktionen kann Amylase nicht katalysieren.

Im Dünndarm wird dann später der Malzzucker durch das Enzym *Maltase* zu dem Grundbaustein Traubenzucker, einem Einfachzucker, gespalten.

Pepsin und *Kathepsin* spalten Eiweiße in größere Bruchstücke, können aber keine Stärke spalten. Die Eiweiße werden später ebenfalls im Dünndarm durch weitere Enzyme vollständig in ihre Grundbausteine, die Aminosäuren, zerlegt.

Stoffwechsel und Bewegung

Verdauungsvorgänge im Dünndarm

Die peristaltischen Bewegungen der Magenmuskulatur drücken den Speisebrei durch den Pförtner in den *Zwölffingerdarm*. Der Zwölfingerdarm ist der erste Abschnitt des Dünndarms. In ihn münden die Ausführgänge von Gallenblase und Bauchspeicheldrüse.

Die *Bauchspeicheldrüse* oder *Pankreas* wiegt ca. 80 g, ist etwa 18 cm lang und liegt im Oberbauch. Sie gibt täglich bis zu 1,5 l Bauchspeichel ab. Dieser enthält zunächst noch inaktive Vorstufen von zahlreichen Verdauungsenzymen für den Abbau von Kohlenhydraten, Proteinen und Fetten. Die Vorstufen werden erst im Zwölffinger- und Dünndarm aktiv. Die *Bauchspeichel-Amylase* zerlegt die restliche Stärke in Malzzucker. *Trypsin* spaltet Proteine in kleinere Bruchstücke. Die *Lipasen* spalten Lipide. Zu ihnen gehören die Fette, die in Glycerin und Fettsäuren gespalten werden.

Der *Dünndarm* ist ähnlich aufgebaut wie die Speiseröhre und der Magen: nach außen hin umschließt ihn eine Bindegewebshülle, innen wird er von einer Schleimhaut ausgekleidet. Dazwischen liegt eine Muskelschicht mit Längs- und Ringmuskulatur.

Die Dünndarmschleimhaut ist vielfach in Falten gelegt. Diese sind wiederum mit ca. 1 mm langen Ausstülpungen, den sogenannten *Darmzotten*, besetzt. Sie kleiden den Darm wie Samt aus. In jeder Darmzotte verlaufen Adern, Lymphgefäße und Nervenfasern. Zahlreiche in den Vertiefungen zwischen den Zotten liegende *Drüsenzellen* bilden den *Dünndarmsaft*. Dieser enthält vor allem schleimartige Substanzen, welche die zum Darminnenraum liegendenden Zellen schützen. Pro Tag werden bis zu 3 Liter Dünndarmsaft gebildet.

Die Dünndarmzotten werden von einer dünnen Gewebeschicht, der *Darmepidermis*, zum Darminnern hin abgegrenzt. Die Darmepidermis besteht aus *Saumzellen* und Schleim bildenden *Becherzellen*. Die Saumzellen besitzen nochmals winzige Vorsprünge, die *Mikrovilli*. Diese bilden den *Bürstensaum*. Durch die Form der Dünndarmzotten und Mikrovilli wird die innere Oberfläche des Dünndarms auf etwa 200 m^2 vergrößert. Die Zellen der Darmepidermis bilden Enzyme, welche an der Oberfläche des Bürstensaums die Verdauung der Kohlenhydrate und Eiweiße abschließen.

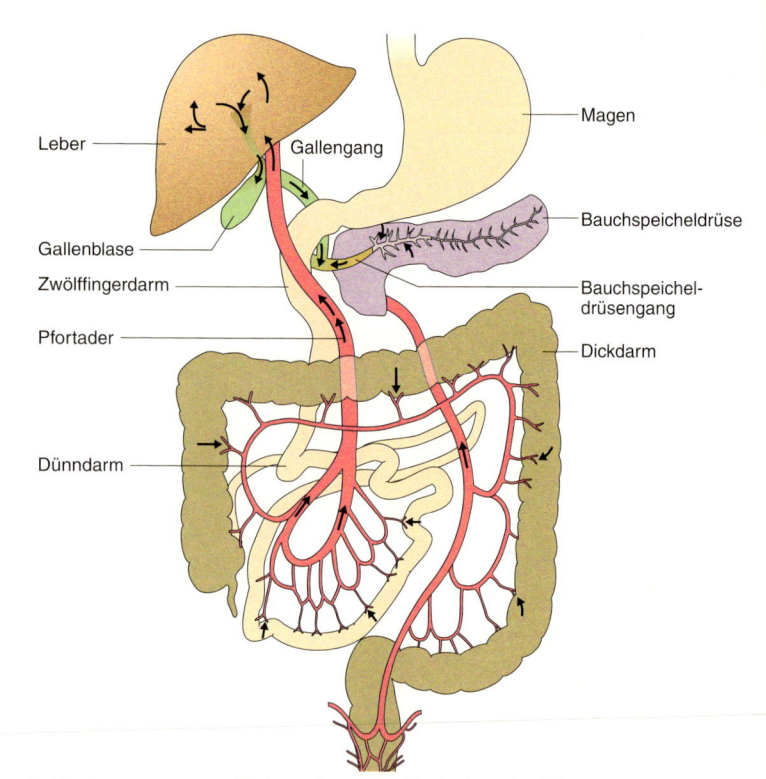

1 Verdauungsorgane (Schema) und Stoffaufnahme ins Blut

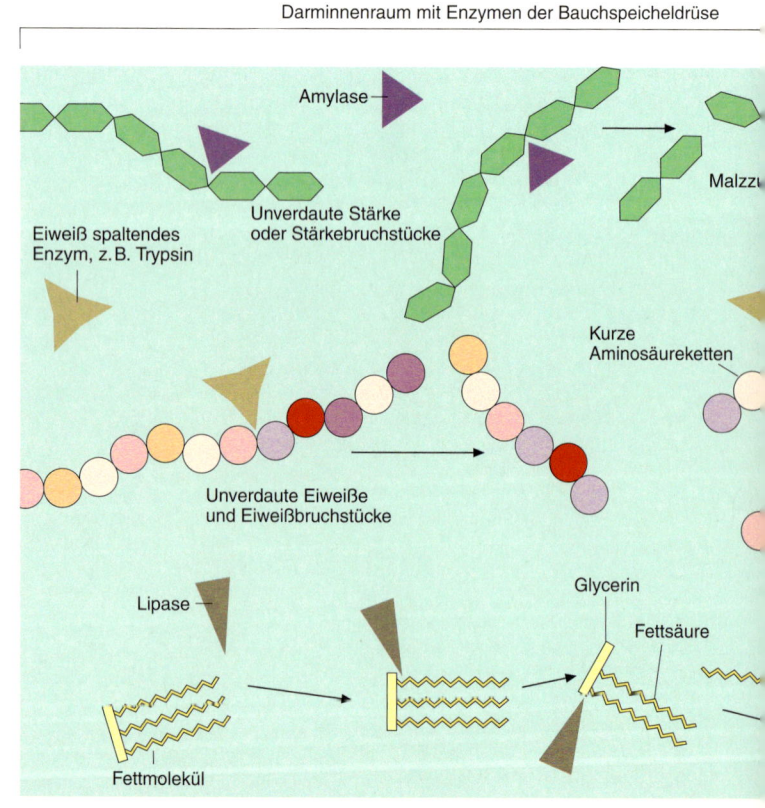

2 Aufnahme der Nährstoffe durch Blut und Lymphe

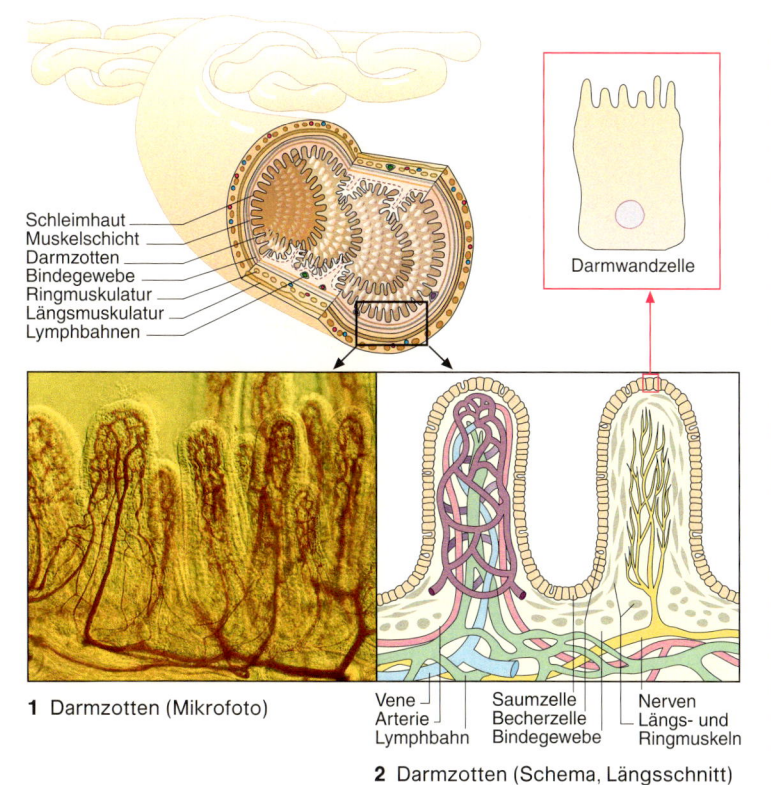

Schleimhaut
Muskelschicht
Darmzotten
Bindegewebe
Ringmuskulatur
Längsmuskulatur
Lymphbahnen

Darmwandzelle

1 Darmzotten (Mikrofoto)

Vene
Arterie
Lymphbahn
Saumzelle
Becherzelle
Bindegewebe
Nerven
Längs- und Ringmuskeln

2 Darmzotten (Schema, Längsschnitt)

Bürstensaum-Enzyme | Zellplasma | Blut Pfortader

Maltase
Traubenzucker
Aminosäure
Aminosäuren
Blut
Lymphe

Damit sind alle in der Nahrung enthaltenen Nährstoffe in ihre Grundbausteine gespalten: Kohlenhydrate in Einfachzucker, Eiweiße in Aminosäuren und Fette in Fettsäuren und Glycerin. Diese werden im Darmsaft gelöst und können deshalb durch die Darmepidermis hindurch vom Körper aufgenommen werden.

Die Aufnahme von Nährstoffen bezeichnet man als *Resorption*. Die Verdauungsprodukte der Fette werden zum größten Teil im Zellplasma der Saumzellen wieder miteinander verknüpft und gelangen so in die Lymphbahn. Da die Lymphbahn über Venen in das Blutgefäßsystem einmündet, gelangen die Fette auf diesem Umweg ins Blut, über das sie dann verteilt werden. Einfachzucker und Aminosäuren werden direkt in das Blutgefäßsystem aufgenommen. Feine Blutkapillaren umspinnen den Dünndarm, aber auch Magen und Dickdarm. So können die vom Körper benötigten Stoffe vollständig aufgenommen werden. Die feinen Blutgefäße vereinigen sich zur Pfortader, welche der Leber die durch das Verdauungssystem resorbierten Stoffe zuführt.

Die etwa 1 500 g schwere *Leber* ist die größte Drüse des menschlichen Körpers. Sie liegt rechts in der Bauchhöhle unter dem Zwerchfell. Die Leber spielt beim Stoffwechsel der Kohlenhydrate, Fette und Eiweiße, bei der Blutgerinnung und Entgiftung des Blutes eine zentrale Rolle. Die Aufgaben dieses *zentralen Stoffwechselorgans* sind im Wesentlichen:

— Aufbau von Eiweißen, zum Beispiel Gerinnungsfaktoren
— Abbau von nicht genutzten Eiweißen zu Aminosäuren
— Abbau von Aminosäuren zu Harnstoff
— Umbau von aufgenommenem Fett zu körpereigenem Fett
— Aufbau von Glykogen aus Traubenzucker
— Freisetzung von Traubenzucker aus Glykogen bei Bedarf
— Abbau von Giftstoffen, z. B. Alkohol
— Abbau der alten roten Blutzellen.

Zusätzlich produziert die Leber täglich 0,5 Liter *Gallensaft*, der in der Gallenblase vorübergehend eingedickt und gespeichert werden kann. Die im Gallensaft vorkommenden *Gallensäuren* verteilen das Fett in feinste Tröpfchen (*Emulgieren*). Damit wird den fettverdauenden Enzymen im Zwölffingerdarm eine möglichst große Angriffsfläche geboten.

Stoffwechsel und Bewegung

Verdauungsvorgänge im Dickdarm

Die *Dickdarmschleimhaut* besitzt, im Gegensatz zum Dünndarm, keine Zotten. Ihre innere Oberfläche ist durch halbmondförmige Falten vergrößert. Der Dickdarm bildet keine Verdauungsenzyme. In ihm leben Milliarden von Bakterien. Diese *Dickdarmbakterien* bauen einen Teil der sonst unverdaulichen Zellulose ab, indem sie diese in kleinere, verwertbare Bausteine zerlegen und umwandeln. Aber auch nicht verdaute Eiweiße und Kohlenhydrate werden durch die bakterielle Tätigkeit aufgespalten. Dabei bauen die Darmbakterien die Vitamine K und Biotin auf. Durch die Tätigkeit der Darmbakterien entstehen als weitere Produkte auch Gase, wie z. B. Methan, Ammoniak und der unangenehm riechende Schwefelwasserstoff.

Eine weitere wichtige Aufgabe des Dickdarms besteht darin, für den Körper möglichst viel Wasser wieder zurückzugewinnen. Schließlich werden täglich etwa 9 Liter Verdauungssäfte in den Nahrungsbrei abgegeben. Gleichzeitig gelangen auch noch im Nahrungsbrei vorhandene Nährstoffteilchen, Vitamine und Mineralstoffe ins Blut, die zuvor im Dünndarm nicht resorbiert oder durch die Darmbakterien gebildet wurden.

Dadurch, dass dem Speisebrei nach und nach Wasser entzogen wird, entsteht der eingedickte *Kot*. Durch das Bewegungsvermögen des Dickdarms gelangt dieser in den *Mastdarm*. Das ist der letzte Abschnitt des Dickdarms. Schließlich erfolgt die Ausscheidung durch den *After*. Der ausgeschiedene Kot besteht aus unverdauter Nahrung, Schleim, abgestoßenen Schleimhautzellen, Umwandlungsprodukten aus Verdauungsvorgängen, großen Mengen Bakterien und immer noch zu $2/3$ aus Wasser.

Enthält ein Speiseplan nur Nahrungsmittel, die vollständig im Dünndarm verdaut und aufgenommen werden, so fehlen dem Dickdarm notwendige *Ballaststoffe*. Dies sind unverdauliche Nahrungsbestandteile, die dafür sorgen, dass die Dickdarmmuskulatur normal arbeitet, denn Darmträgheit führt zur *Verstopfung*. Ein Abführmittel kann dann kurzfristig Besserung bringen. Auf die Dauer aber sind richtige Ernährung sowie viel körperliche Bewegung wirkungsvoller und natürlich auch gesünder.

Der *Blinddarm* am Beginn des Dickdarms hat für die Verdauung des Menschen kaum Bedeutung. In seinem Endabschnitt, dem *Wurmfortsatz*, können manchmal Entzündungen auftreten. In einer Operation muss dann meist der Wurmfortsatz entfernt werden, damit es nicht zu einem gefährlichen Blinddarmdurchbruch kommt.

Aufgaben

1. Bei Durchfallerkrankungen ist die Verweildauer des Speisebreies im Verdauungskanal kürzer als normal. Erläutere!
2. Nenne ballaststoffreiche Nahrungsmittel, die die Dickdarmträgheit beeinflussen können.
3. Warum verdauen wir uns eigentlich nicht selbst? Begründe!

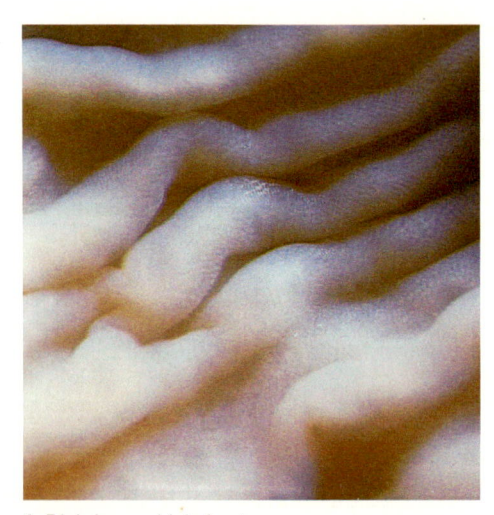

1 Dickdarmschleimhaut

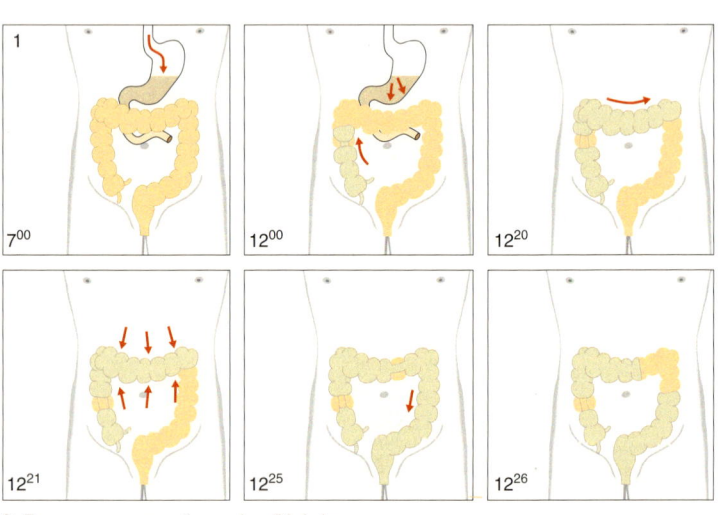

2 Bewegungsvermögen des Dickdarms

Stoffwechsel und Bewegung

Zettelkasten

Verdauung im Überblick

In unserem Verdauungstrakt läuft ein ganzes Menschenleben lang mit großer Präzision und Zuverlässigkeit die Aufbereitung der Nahrung in die für den Menschen nutzbaren Bausteine ab. Nur diese Bausteine können dann in die Blutbahn aufgenommen werden. Die an der Verdauung beteiligten Organe erbringen dabei erstaunliche Leistungen.

Einige Zahlen (in Durchschnittswerten angegeben) sollen diese Leistungen deutlich machen:
— Zahl der Schluckvorgänge: 600 pro Tag
— Anzahl der abgestoßenen Magenschleimhautzellen: 500 000 pro Minute
— Lebensdauer der Magenschleimhautzellen: 3—5 Tage
— Erneuerung der Dünndarmschleimhaut: alle 2 Tage
— Zahl der Bakterien im Dickdarm: 100 Milliarden bis 1 Billion pro cm^3 Speisebrei
— Transportgeschwindigkeit des Speisebreis im Dünndarm: 1—4 cm pro Minute, im Dickdarm: 0,04—0,6 cm pro Minute
— Volumen der Darmgase: 600 ml pro Tag

Aufgaben

① Erläutere, wovon die Verweildauer des Speisebreis in den einzelnen Abschnitten des Verdauungstrakts abhängt.

② Stelle mithilfe des Lehrbuchtextes auf den vorangegangenen Seiten zusammen,
— wie viel Verdauungssaft im Durchschnitt von den beteiligten Organen jeweils gebildet wird,
— welche Enzyme er jeweils gegebenenfalls enthält,
— welche Vorgänge in den einzelnen Abschnitten stattfinden.

③ Fertige in deinem Heft Tabellen nach dem vorgegebenen Muster an. Damit erhältst du einen guten Überblick über die Vorgänge im Verdauungstrakt des Menschen.

④ Weshalb werden die Schleimhautzellen des Magens und des Dünndarms ständig durch neue ersetzt? Begründe deine Ansicht.

⑤ Welche Aufgaben haben die vielen Milliarden Darmbakterien? Durch welche Nahrungsmittel werden sie zu besonders großer Aktivität angeregt?

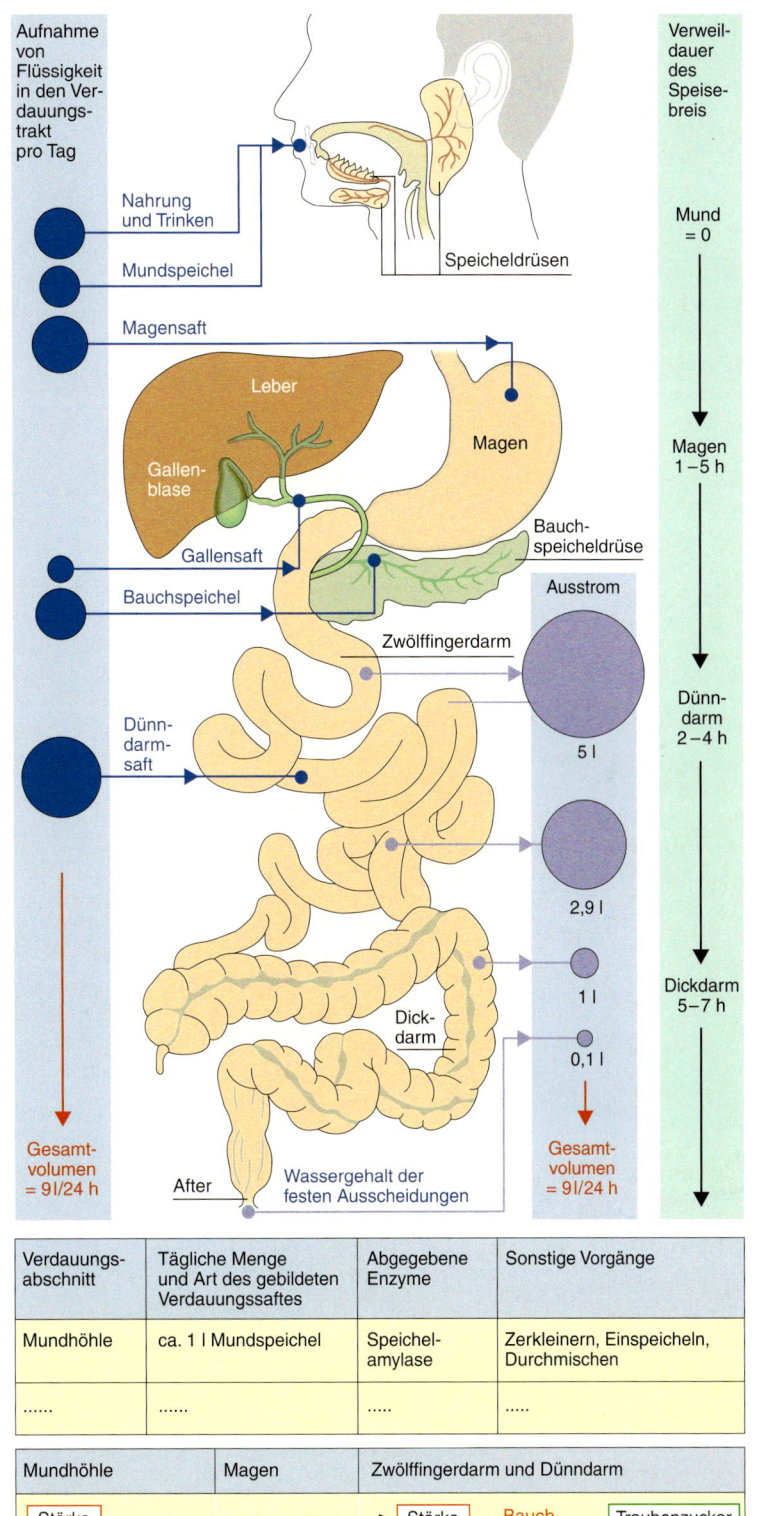

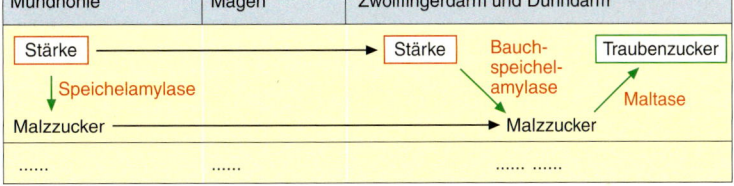

Verdauungs-abschnitt	Tägliche Menge und Art des gebildeten Verdauungssaftes	Abgegebene Enzyme	Sonstige Vorgänge
Mundhöhle	ca. 1 l Mundspeichel	Speichel-amylase	Zerkleinern, Einspeicheln, Durchmischen
......	......	......	......

Mundhöhle	Magen	Zwölffingerdarm und Dünndarm	
Stärke →	Stärke		Traubenzucker
↓ Speichelamylase		Bauch-speichel-amylase	Maltase
Malzzucker →		Malzzucker	
......	......	......	......

Stoffwechsel und Bewegung

2 Transport und Ausscheidung

Das Blutgefäßsystem

Die Erkenntnis, dass das Blut in einem geschlossenen Blutkreislauf fließt, in jedem Blutgefäß nur in einer Richtung strömt und durch das Herz angetrieben wird, verdanken wir dem englischen Arzt WILLIAM HARVEY (1578–1657). Er formulierte die später bestätigte Annahme, dass der Kreislauf aus der *Lungenschleife*, die von der rechten Herzhälfte angetrieben wird, und der *Körperschleife* besteht, in der das Blut von der linken Herzhälfte bewegt wird.

Alle Blutgefäße, die Blut vom Herzen wegführen, heißen *Arterien*. Eine aus Bindegewebe bestehende Hülle schließt sie nach außen hin ab. In ihr verlaufen viele Adern und Nervenfasern. Ringförmige Muskelfasern bauen die Mittelschicht auf. Wegen ihrer Elastizität dehnen sich die Hauptschlagadern und großen herznahen Arterien bei jedem Herzschlag aus. Während der Herzmuskel erschlafft, ziehen sich diese Arterien wieder zusammen und befördern so das Blut weiter. Auf diese Weise werden Druckschwankungen, die durch das rhythmisch schlagende Herz entstehen, gedämpft. Die innerste Schicht der Arterien bildet eine einschichtige und glatte Deckschicht. Sie vermindert den Reibungswiderstand des strömenden Blutes.

Mit zunehmender Entfernung vom Herzen verzweigen sich die Arterien in immer feinere Gefäße, bis sie in den Geweben zu den *Haar-* oder *Kapillargefäßen* werden. Diese sind so eng, dass die roten Blutzellen sich nur noch im „Gänsemarsch" hindurchzwängen können.

Die Kapillargefäße vereinigen sich schließlich wieder zu größeren Blutgefäßen, in denen das Blut zum Herzen zurück strömt. Alle zum Herzen hinführenden Blutgefäße heißen *Venen*. Sie besitzen im Gegensatz zu den Arterien nur dünne Wände. In ihrem Innern befinden sich die *Venenklappen*. Diese verhindern ein Zurückfließen des Blutes. Dadurch fließt das Blut nur in eine Richtung.

Aufgaben

① Beschreibe den Blutkreislauf mithilfe von Abbildung 1.
② Erkläre die Ventilwirkung der Venenklappen (s. Randspalte).

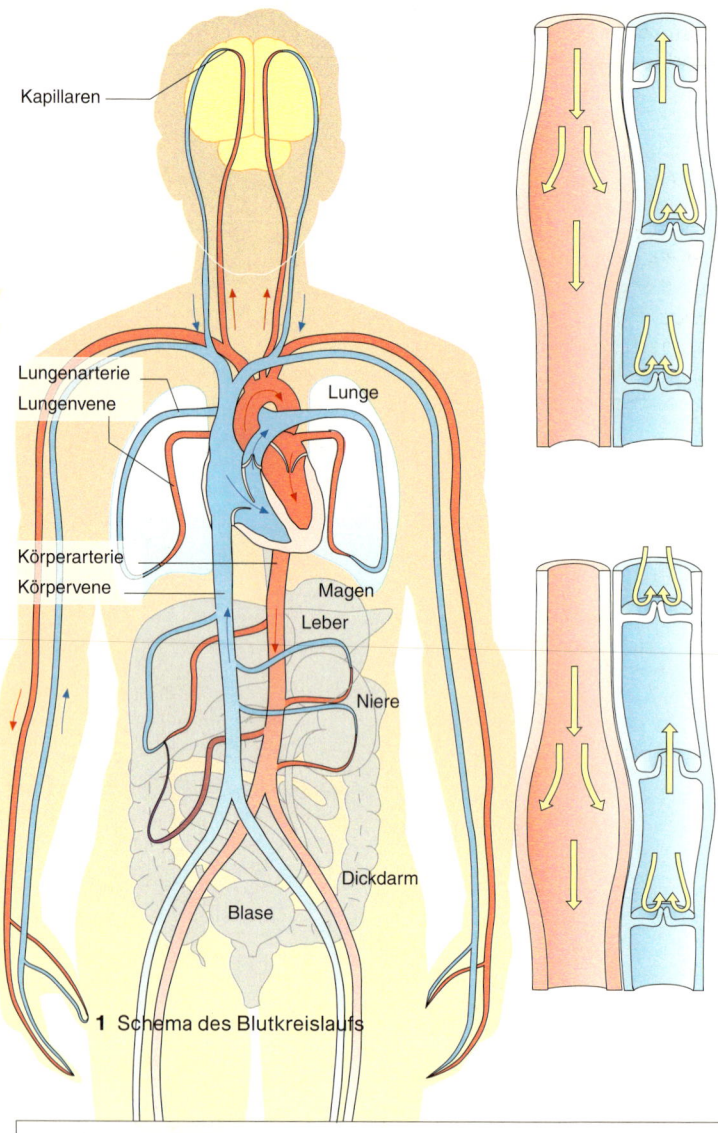

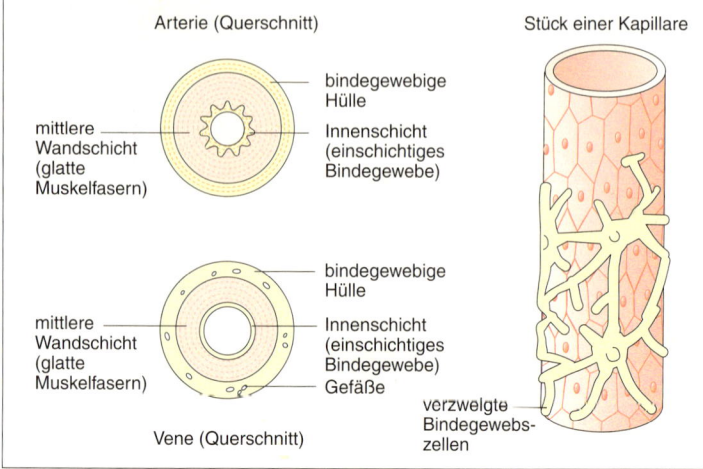

1 Schema des Blutkreislaufs

2 Aufbau von Blutgefäßen

Stoffwechsel und Bewegung

Das Herz

Das Herz eines Erwachsenen ist ein etwa faustgroßer *Hohlmuskel*. Die *Herzscheidewand* teilt den Hohlraum des Herzmuskels in zwei ungleiche Hälften. Jede Herzhälfte ist nochmals durch *Segelklappen* unterteilt. Dadurch entstehen *linker* bzw. *rechter Vorhof* und *linke* bzw. *rechte Kammer*, wobei die Muskulatur der linken Kammer kräftiger ist. In den rechten Vorhof münden die obere und die untere *Körperhohlvene*, in den linken die von den Lungen kommenden *Lungenvenen*. Aus der rechten Herzkammer entspringt die *Lungenarterie*, aus der linken die große Körperschlagader oder *Aorta*.

sich öffnenden Segelklappen in die Herzkammern. Die Taschenklappen sind nun geschlossen.

Das Herz schlägt in Ruhe etwa 70-mal pro Minute. Bei einem Schlagvolumen von ca. 70 ml je Herzkammer ergibt dies eine Pumpleistung von mehr als 14 000 Litern pro Tag. Die schleimigfeuchten Innenwände des *Herzbeutels* ermöglichen eine nahezu reibungslose Pumpbewegung. Ein eigenes Blutgefäßsystem, die *Herzkranzgefäße*, versorgt den Herzmuskel ständig mit Sauerstoff und Nährstoffen.

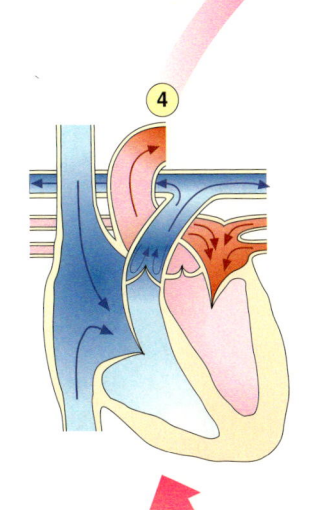

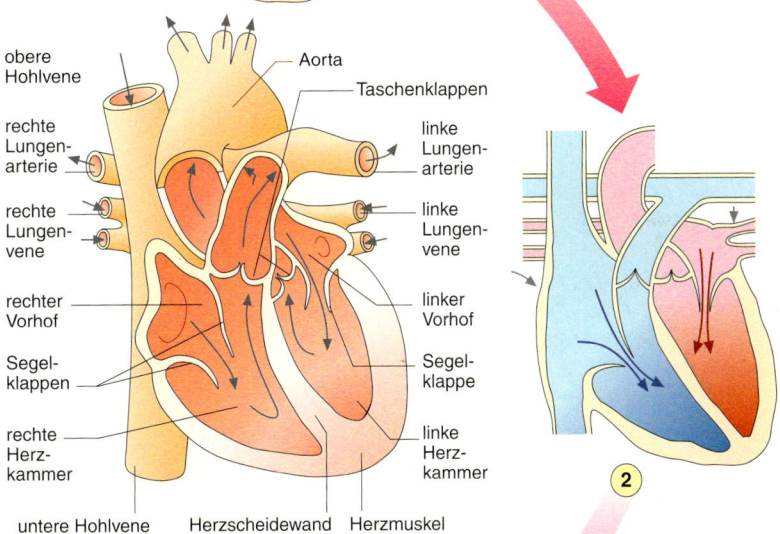

Ein System von Ventilen regelt die Blutströmung im Herzen. Zwischen den Vorhöfen und Herzkammern befinden sich die Segelklappen. Am Übergang vom Herzen zur Lungen- und Körperarterie befinden sich die *Taschenklappen*.

Das Herz schlägt rhythmisch. Vorhöfe und Herzkammern leeren und füllen sich im Wechsel. Beim Zusammenziehen der Muskulatur der Kammern *(Systole)* wird das Blut in die Lungen- und Körperarterie gedrückt. Die Taschenklappen sind geöffnet, die Segelklappen geschlossen. Sie verhindern ein Zurückfließen des Blutes in die Vorhöfe. Erschlafft der Muskel *(Diastole)*, strömt das in den Vorhöfen gesammelte Blut durch die

1 Bau des Herzens

2 Vier Phasen des Herzschlags

Aufgaben

① Die Herzmuskulatur der linken Seite ist viel stärker als die der rechten Seite. Begründe.

② „In den Venen fließt sauerstoffarmes Blut, in den Arterien sauerstoffreiches." Begründe, warum diese Aussage nur teilweise richtig ist.

③ Es gibt Menschen, bei denen sich bei der Geburt ein Loch in der Herzscheidewand nicht schließt. Welche Auswirkungen hat das?

Stoffwechsel und Bewegung

Zusammensetzung und Aufgaben des Blutes

Im Gefäßsystem des Körpers fließen ca. 5–7 Liter Blut. Lässt man eine geringe Menge Blut längere Zeit in einem Reagenzglas bei niedriger Temperatur und unter Luftabschluss stehen, sinken seine festen Bestandteile langsam zu Boden. Als Überstand bleibt eine leicht getrübte, gelbliche Flüssigkeit, das *Blutplasma*. Seine Hauptbestandteile sind: 90 % Wasser, 7 % Plasmaeiweiße, 0,7 % Fette, 0,1 % Traubenzucker. Die restlichen 2,2 % verteilen sich auf Vitamine, Salze (z. B. Kochsalz), Hormone, Abwehrstoffe gegen Krankheitserreger und Abfallstoffe des Stoffwechsels. Außerdem enthält das Blutplasma den Gerinnungsstoff *Fibrinogen*, ein Eiweiß. Wird es z. B. durch stetiges Umrühren mit einem Glasstab aus dem Blutplasma entfernt, bleibt das *Blutserum* übrig.

Die festen Bestandteile des Blutes sind die roten Blutzellen *(Erythrocyten)*, die weißen Blutzellen *(Leukocyten)* und die Blutplättchen *(Thrombocyten)*.

Die roten Blutzellen sind flache, von beiden Seiten eingedellte Scheibchen mit einem Durchmesser von 7 μm. Sie werden im *roten Knochenmark* aus Stammzellen durch Zellteilung gebildet und verlieren bald ihren Zellkern. Die roten Blutzellen haben nur eine begrenzte Lebensdauer von 100–120 Tagen und werden danach in Leber und Milz abgebaut. Unser Blut enthält etwa 25 Billionen rote Blutzellen, 5 Millionen sind in einem mm^3. Damit ihre Gesamtzahl erhalten bleibt, müssen Millionen von Blutzellen pro Sekunde neu gebildet werden.

Eine wesentliche Aufgabe der roten Blutzellen ist der Sauerstofftransport. Sie enthalten den Blutfarbstoff *Hämoglobin*, der den Sauerstoff binden kann. Außerdem sind die roten Blutzellen am Transport des Kohlenstoffdioxids beteiligt.

Erst im angefärbten Blutausstrich sind unter dem Mikroskop die weißen Blutzellen – die Leukocyten – zu erkennen. Es gibt verschiedene Arten von Leukocyten. Sie besitzen einen Zellkern und entstehen aus Stammzellen des Knochenmarks oder in den lymphatischen Organen, wie z. B. Milz, Thymusdrüse, Mandeln sowie Wurmfortsatz. Während die roten Blutzellen passiv vom Blutstrom mitgenommen werden, können sich die weißen Blutzellen aktiv wie Amöben fortbewegen. Sie wandern auch gegen den Blutstrom, zwängen sich durch Kapillarwände in die Gewebszellen der Organe und können so fast jeden Ort im Körper erreichen. Ihre Hauptaufgabe ist die Bekämpfung und das Fressen von Fremdkörpern und Krankheitserregern. Oft bildet sich an einer Wunde Eiter. Dieser setzt sich überwiegend aus abgestorbenen weißen Blutzellen zusammen.

Die Blutplättchen *(Thrombocyten)* sind kleine Zellbruchstücke und entstehen im Knochenmark. Ihre Aufgabe ist es – zusammen mit dem Fibrinogen und weiteren Faktoren im Blutplasma – die Blutgerinnung auszulösen und Wunden zu verschließen.

---

flüssige Bestandteile Blutplasma 56%

feste Bestandteile Blutzellen 44%

Rote Blutzellen (Erythrocyten)
4,5–5 Millionen in 1 mm^3, werden 100–120 Tage alt

Aufgabe
Sauerstoff- und Kohlenstoffdioxidtransport

Weiße Blutzellen (Leukocyten)
5000–8000 in 1 mm^3
werden 1 Tag bis mehrere Jahre alt

Aufgabe
Abwehr von Krankheitserregern

Blutplättchen (Thrombocyten)
200 000–300 000 in 1 mm^3
werden 8–14 Tage alt

Aufgabe
Blutgerinnung

Flüssige Bestandteile (Blutplasma)
Wasser mit Nährstoffbausteinen, Mineralsalzen, Vitaminen, Abfallstoffen

Aufgabe
Transport und Verteilung der Nähr- und Abfallstoffe

beim Erwachsenen 5–7 Liter

1 Zusammensetzung und Aufgaben des Blutes

Eine weitere Aufgabe des Blutes ist der Wärmetransport im Körper, d. h. die Wärme wird im gesamten Körper verteilt und überschüssige Wärme aus dem Körperinnern an die Körperoberfläche geleitet.

Der Stoffaustausch findet in den Kapillaren statt, die alle Organe mit einem feinen Netz durchziehen. Die dünnen Kapillarwände besitzen Poren. Feste Bestandteile des Blutes (rote Blutzellen, Blutplättchen, große Eiweißmoleküle) werden dort zurückgehalten, flüssige Bestandteile jedoch nicht. Sie enthalten gelöste Nährstoffe und Sauerstoff.

So strömen etwa 20 Liter Blutplasma täglich durch die Poren der Kapillaren in die Zwischenzellflüssigkeit, die *Lymphe*. Die mittransportierten Nährstoffe und den Sauerstoff nimmt die Lymphe auf und transportiert sie zu den Gewebezellen. Die Lymphe fließt wieder zu den Kapillaren zurück und nimmt dabei die Abfallstoffe und das Kohlenstoffdioxid, die aus dem Stoffwechsel der Gewebszellen stammen, mit. Mit dem Blutstrom werden auch Wasser, Salze, Hormone, Enzyme und Antikörper an den jeweiligen Bestimmungsort transportiert. Ca. 10 % der Lymphe werden über ein anderes Transportsystem, das *Lymphsystem*, abgeleitet.

Aufgaben

1. Warum ist das Blut ein Organ? Erkläre.
2. Erstelle nach Abb. 202.1 ein Diagramm zur Zusammensetzung des Blutes.
3. Worin besteht der Unterschied zwischen Blutplasma und Serum?
4. Beschreibe anhand der Abbildung 1 den Stoffaustausch im Kapillarbereich.

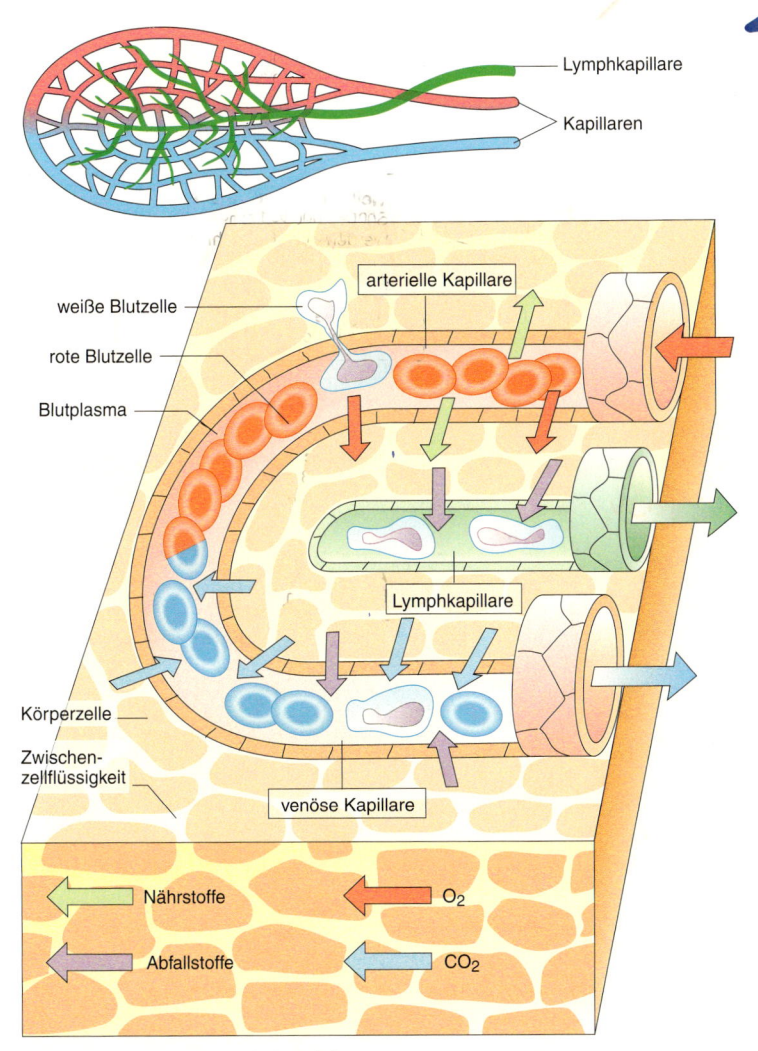

Zettelkasten

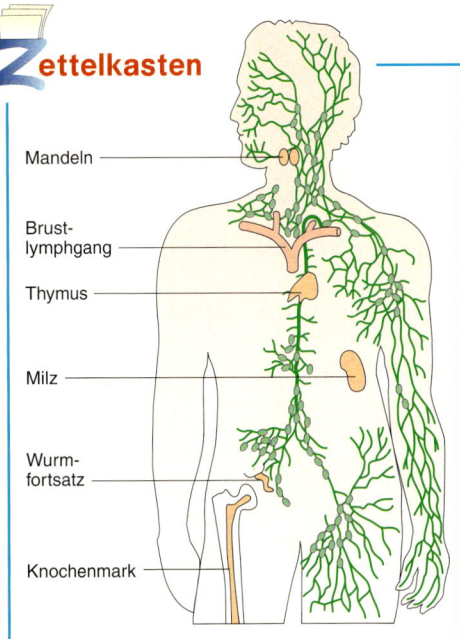

Das Lymphsystem

Das Gefäßsystem der Lymphbahnen beginnt mit feinsten Kapillaren, die sich zu größeren Lymphgefäßen vereinigen. Die großen Lymphbahnen vereinigen sich im großen *Brustlymphgang*. Dieser mündet in die linke Schlüsselbeinvene. Über alle Hauptlymphgefäße wird die Lymphflüssigkeit letztlich dem Blutkreislauf wieder zugeführt. Somit findet zwischen Blut und Lymphe ein ständiger Stoffaustausch statt. Im gesamten Lymphsystem findet man *Lymphknoten*. Sie treten im Bereich der Leiste, des Unterarms, des Halses und entlang des Rückenmarks gehäuft auf. Die Lymphknoten sind u. a. die Orte, an denen sich die weißen Blutzellen vermehren und Antikörper bilden.

1 Stofftransport im Kapillarbereich

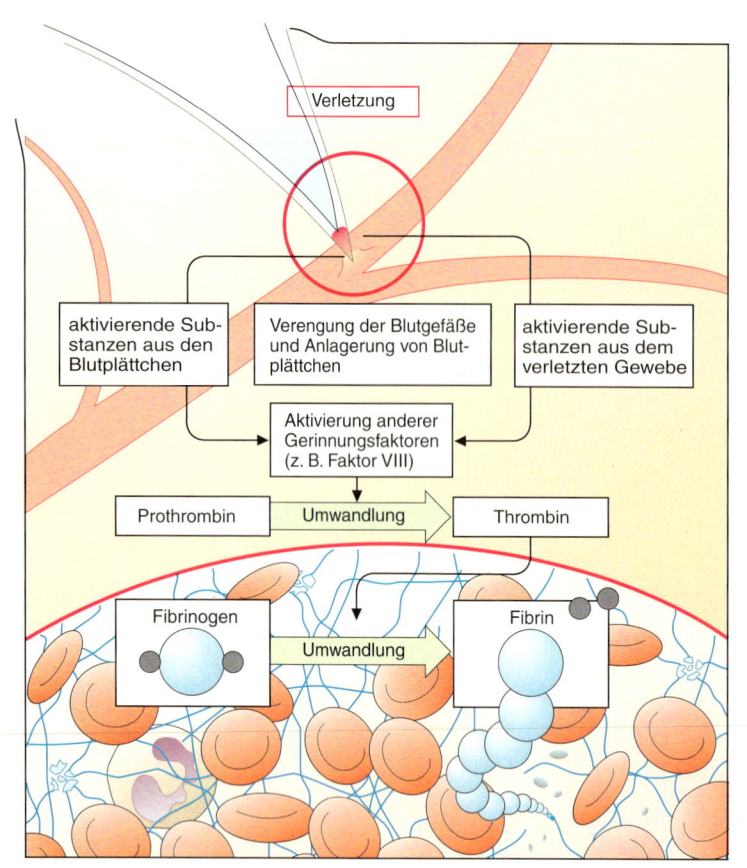

1 Vorgänge beim Wundverschluss

Diagramm-Beschriftungen: Verletzung; aktivierende Substanzen aus den Blutplättchen; Verengung der Blutgefäße und Anlagerung von Blutplättchen; aktivierende Substanzen aus dem verletzten Gewebe; Aktivierung anderer Gerinnungsfaktoren (z. B. Faktor VIII); Prothrombin — Umwandlung — Thrombin; Fibrinogen — Umwandlung — Fibrin

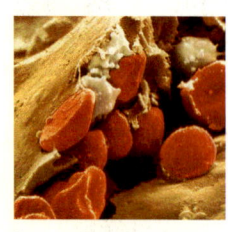

2 aus einer Kapilare austretendes Blut

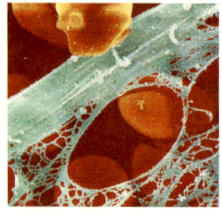

3 Fibrinfäden bilden ein Netz

Der Wundverschluss

Kleinere Verletzungen des Blutgefäßsystems, etwa durch einen Schnitt in den Finger, kommen häufig vor. Eine solche Wunde blutet dann etwa 2 bis 4 Minuten lang, bevor die Blutung zum Stillstand kommt. Das ist das erste sichtbare Zeichen für das Funktionieren der *Blutgerinnung*. Die Reparatur der undichten Stelle im Blutgefäßsystem kann nur erfolgen, wenn der Blutstrom vorübergehend gestoppt wird.

Sofort nach der Verletzung ziehen sich die beschädigten Blutgefäße stark zusammen und verengen dadurch den Querschnitt. Der Blutstrom verlangsamt sich. Botenstoffe, die von der verletzten Zellwand abgegeben werden, bewirken die Anlagerung von Blutplättchen an der Schnittstelle in großer Zahl (Abb. 2). Die Wunde wird auf diese Weise verstopft, die Blutung ist gestoppt.

Im zweiten, länger dauernden Teil der Blutgerinnung entsteht in einer mehrstufigen Reaktionskette ein fester Wundverschluss. Das geschädigte Gewebe und auch die Blutplättchen selbst geben verschiedene Gerinnungsfaktoren ins Blutplasma ab. Dort aktivieren sie einen weiteren Gerinnungsfaktor, das *Thrombin*. Dieses bewirkt die Umwandlung des wasserlöslichen Bluteiweißes *Fibrinogen* zum *Fibrin*. Dieses ist faserförmig und wasserunlöslich. Die Fasern des Fibrins bilden nun in der Wunde unter dem Einfluss weiterer Gerinnungsfaktoren, z. B. der Blutfaktor VIII, ein dichtes Fibrinnetz, in dem rote Blutzellen hängen bleiben und es verstopfen (Abb. 3). Die Fibrinfasern ziehen sich immer mehr zusammen, sodass Serum aus den Zwischenräumen herausgedrückt wird. Auf diese Weise werden die verletzten Blutgefäße durch einen Pfropf wirksam verschlossen. Die Zeit, die bis dahin vergeht, die *Gerinnungszeit*, beträgt bei einem gesunden Menschen 5 – 10 Minuten.

Mit der Zeit bildet sich ein festsitzendes und trockenes Netzwerk, der *Wundschorf*. Das Fibrinnetz wird nach und nach wieder aufgelöst und die darunter liegenden Schichten der Haut bilden neue Zellen, welche die Wunde endgültig verschließen. Bei tiefen Verletzungen bleibt eine Narbe zurück.

Es gibt Menschen, bei denen der Wundverschluss durch Störung der Gerinnung nicht einwandfrei funktioniert. Solche Menschen nennt man Bluter, sie haben die *Bluterkrankheit*. Diese Krankheit ist erblich bedingt.

Aufgaben

① Informiere dich über den „Bluterguss". Beschreibe, wie er entstehen kann.
② Weshalb kann ein Bluterguss einem Bluter zum Verhängnis werden?
③ Unter „Thrombose" versteht man die Verstopfung von Adern durch ein Blutgerinnsel. Erkläre, weshalb dies lebensgefährlich sein kann.
④ Nach Operationen wird dem Patienten meist ein Mittel gegen die Blutgerinnung gegeben. Warum?
⑤ Erkläre, weshalb bei manchen Wunden das Blut stoßweise austritt.
⑥ Welche Erste-Hilfe-Maßnahmen sind bei Arterien- und Venenverletzungen durchzuführen? Begründe die zu ergreifenden Erste-Hilfe-Maßnahmen.
⑦ Wenn es nicht möglich ist, eine kleinere blutende Wunde sofort zu säubern, zu desinfizieren und zu verbinden, sollte man abwarten, bis die Blutung von selbst zum Stehen gekommen ist und nicht die blutende Stelle in den Mund nehmen. Erläutere die Gründe dafür.

Blutgruppen und Bluttransfusion

Ende des 19. Jahrhunderts erkannte man, dass eine Übertragung von Blut eines Menschen in die Blutbahn eines anderen *(Transfusion)* in ca. zwei Dritteln der Fälle tödlich endete, weil sich die roten Blutzellen zusammenballten. Die Aufklärung dieses Phänomens gelang dem Wiener Arzt KARL LANDSTEINER im Jahr 1901.

LANDSTEINER trennte rote Blutzellen und Serum aus den Blutproben verschiedener Personen und vermischte Blutzellen und Serum wechselseitig. In einigen Fällen verklumpten die Blutzellen. So konnte er drei verschiedene *Blutgruppen*, die untereinander unterschiedliche Verträglichkeiten aufwiesen, erkennen. Kurz darauf wurde auch die vierte Blutgruppe entdeckt. Die vier Blutgruppen bezeichnet man mit A, B, AB, und 0 (Null).

Spätere Untersuchungen ergaben, dass die Blutgruppenmerkmale durch Moleküle bestimmt werden, die sich außen auf der Membran der roten Blutzellen befinden. Man nennt sie *Antigene* und unterscheidet dabei — vereinfacht dargestellt — *Antigen-A* und *Antigen-B*. Der Besitz der Antigene ist erblich bedingt und wird gesetzmäßig von den Eltern auf ihre Kinder vererbt. Träger der Blutgruppe A besitzen das Antigen A und die der Blutgruppe B das Antigen B. Menschen mit der Blutgruppe AB besitzen beide Antigene und die der Blutgruppe 0 keine der beiden Antigene.

Eine andere Gruppe von Molekülen sind die *Antikörper*, die im Serum vorkommen. Man unterscheidet *Antikörper-A (Anti-A)* und *Antikörper-B (Anti-B)*. Der Besitz von Antikörpern ist an die Blutgruppe gebunden. Blut der Blutgruppe A enthält Anti-B, das der Blutgruppe B Anti-A. Beide Antikörpertypen sind im Blut der Blutgruppe 0 enthalten, während das Blut der Blutgruppe AB keinen der beiden Antikörper besitzt.

Bei Vermischung von Serum und roten Blutzellen tritt immer dann eine Verklumpung auf, wenn die Antikörper im Serum zu den Antigenen auf der Oberfläche der roten Blutzellen wie ein Schlüssel zum Schloss passen. So passt Anti-A genau zum Antigen A und kann dort andocken. Durch diese *Antigen-Antikörper-Reaktion* vernetzen die roten Blutzellen und verklumpen. Man kann deswegen die Antigen-Antikörper-Reaktion benutzen, um einen *Blutgruppentest* durchzuführen.

Blutgruppe	A	B	AB	0
rote Blutzellen mit Antigenen	A-Antigene	B-Antigene	A- und B-Antigene	keine Antigene
im Serum sind	B-Antikörper	A-Antikörper	keine Antikörper	A- und B-Antikörper
Verklumpung mit	A-Antikörper	B-Antikörper	A- und B-Antikörpern	keine Verklumpung
Häufigkeit in Europa	43%	14%	6%	37%

1 Blutgruppenmerkmale

Neben den Antigenen A und B gibt es weitere Antigene auf der Oberfläche der roten Blutzellen. Einer davon ist der *Rhesusfaktor*. Er wird ebenfalls beim Blutgruppentest erfasst. Er wurde bei Rhesusaffen entdeckt. Etwa 85 % der Mitteleuropäer besitzen diesen Rhesusfaktor, ihr Blut wird mit Rh$^+$ *(rhesuspositiv)* bezeichnet. Die übrigen 15% besitzen dieses Molekül nicht; ihr Blut erhält die Bezeichnung rh$^-$ *(rhesusnegativ)*.

KARL LANDSTEINER (1868 – 1943) österreichischer Arzt, erhielt 1930 den Nobelpreis für Medizin

Aufgaben

① Blut der Blutgruppe A kann zwar Antikörper B besitzen, nicht aber Antikörper A. Begründe.

② Könnte man Serum der Blutgruppe A im Reagenzglas mit Blutgruppe AB ohne Verklumpung mischen? Begründe.

③ Als Reagenzien stehen bereit: Serum der Blutgruppe A und Serum der Blutgruppe B. Wie könntest du herausfinden, welche Blutgruppe du hast?

④ Erkläre, weshalb Blutkonserven der Gruppe AB/rh$^-$ so selten sind.

⑤ Welche Blutgruppenkombination ist die häufigste in Mitteleuropa?

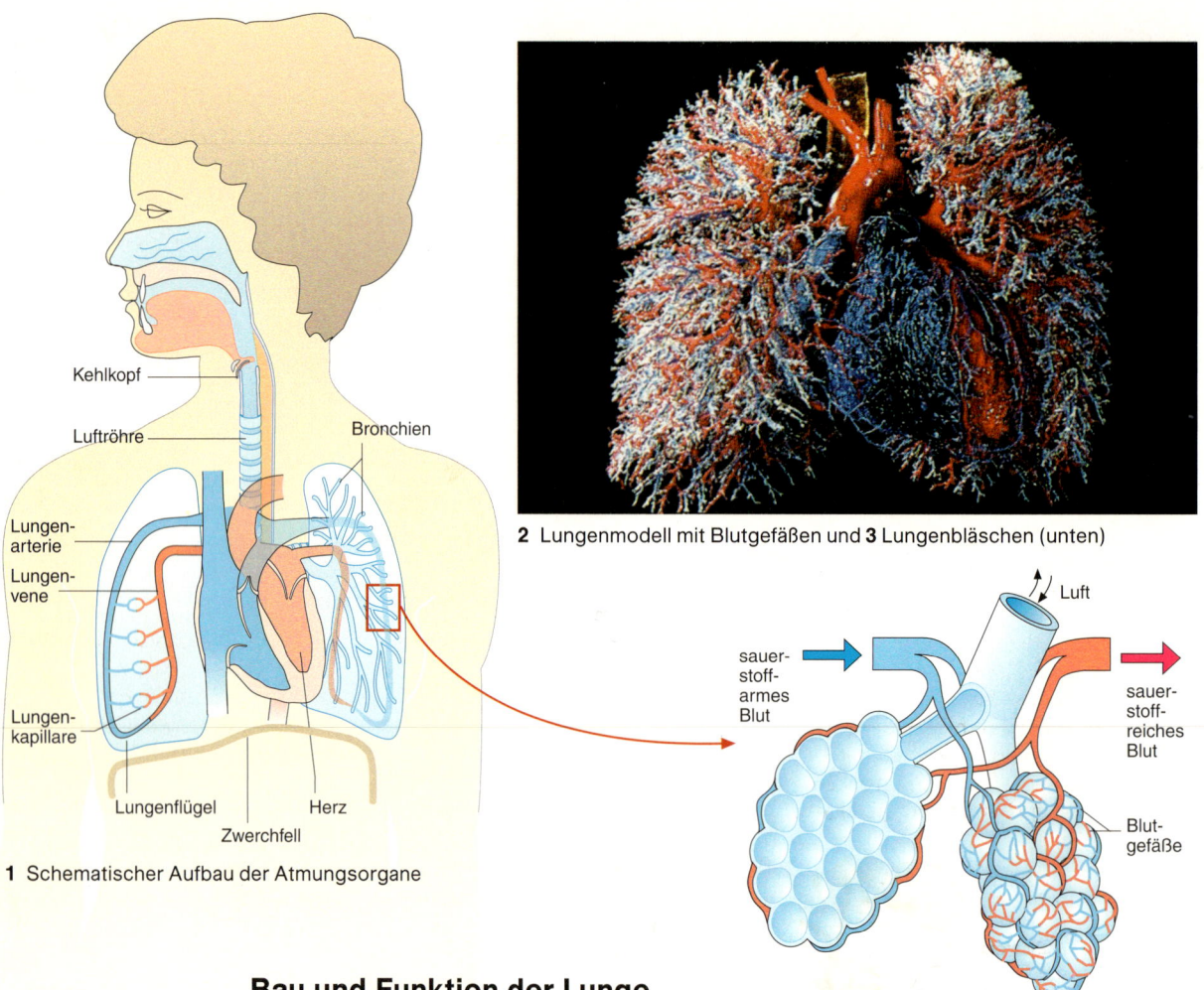

Kehlkopf
Luftröhre
Bronchien
Lungenarterie
Lungenvene
Lungenkapillare
Lungenflügel
Herz
Zwerchfell

1 Schematischer Aufbau der Atmungsorgane

2 Lungenmodell mit Blutgefäßen und **3** Lungenbläschen (unten)

Luft
sauerstoffarmes Blut
sauerstoffreiches Blut
Blutgefäße

Bau und Funktion der Lunge

In jeder Minute atmen wir etwa 16-mal. Jeder Atemzug ist gut sichtbar, weil der Brustkorb sich dabei abwechselnd hebt und senkt. Die Zuführung der Atemluft erfolgt durch Nase oder Mund und die *Luftröhre*. Diese ist ca. 10 bis 12 cm lang. Große, hufeisenförmige Knorpelspangen umspannen sie von außen her. Im Bereich des Brustbeins teilt sich die Luftröhre in zwei *Hauptbronchien*. Diese verästeln sich immer mehr, bis hin zu ganz feinen Bronchien, den *Bronchiolen*.

Eine weiche Schleimhaut kleidet die Luftröhre und die Bronchien innen aus. Zahlreiche Schleimdrüsen durchsetzen die Schleimhaut, die einen samtartigen Überzug aus *Flimmerhärchen* trägt. Ihre Bewegungen schaffen eingedrungene Fremdkörper, z. B. mit Schleim verklebte Staubteilchen, in Richtung Rachen hinaus. Bei Infektionen wird vermehrt Schleim gebildet.

An den feinsten Endverzweigungen der Bronchien sitzen die *Lungenbläschen*. Sie haben einen Durchmesser von ca. 0,2 bis 0,6 mm, ihre Wände sind weniger als 1 µm dick. Man hat errechnet, dass in beiden Lungenflügeln zwischen 300 und 750 Millionen Lungenbläschen vorkommen. Dies entspricht einer gesamten Innenfläche von ca. 200 m². Ein engmaschiges, verzweigtes *Kapillarnetz* umspinnt jedes Lungenbläschen. Die Gesamtlänge aller Lungenkapillargefäße beträgt ungefähr 13 Kilometer.

Die beiden *Lungenflügel* füllen fast den gesamten Brustkorb eines Menschen aus. Der rechte Lungenflügel ist dreilappig gegliedert. Der etwas kleinere Linke besitzt nur zwei Lungenlappen. Das *Zwerchfell* trennt den Brust- vom Bauchraum.

Arbeitsweise der Lunge

Die Lungenflügel besitzen keine Muskeln; sie können sich deshalb nicht selbst mit Luft füllen oder entleeren. Die Vergrößerung der Lungen erfolgt indirekt durch die Erweiterung des Brustraumes durch die *Zwischenrippen-* und *Zwerchfellmuskulatur*.

Stoffwechsel und Bewegung

Beim Einatmen zieht sich die Zwischenrippenmuskulatur zusammen, der Brustkorb wird angehoben (*Brustatmung*). Gleichzeitig kontrahiert die Zwerchfellmuskulatur und flacht dadurch das kuppelförmige Zwerchfell ab (*Zwerchfellatmung*). Durch beide Vorgänge wird der Brustraum vergrößert, die Lunge gedehnt und frische Luft strömt ein.

Beim Ausatmen senkt sich der Brustkorb. Erschlafft die Zwischenrippenmuskulatur, drückt ihn das Eigengewicht zusammen. Die Bauchmuskeln drücken die Eingeweide gegen das Zwerchfell und wölben es so wieder nach oben. Die Verkleinerung des Brustraumes bewirkt ein Zusammenpressen der Lungen. Dadurch strömt die Luft aus.

Die Lunge ist mit einer Haut, dem *Lungenfell*, überzogen. Die Innenseite des Brustkorbes ist mit dem *Rippenfell* ausgekleidet. Lungen- und Rippenfell bilden zusammen das *Brustfell*. Beide Häute besitzen glatte und feuchte Oberflächen. Da sich zwischen beiden nur ein Feuchtigkeitsfilm befindet, haften sie — ähnlich wie zwei befeuchtete Glasplatten — aneinander und können so reibungsarm aneinander vorbeigleiten.

21% O_2
1% andere Gase
0,03% CO_2
78% N_2

17% O_2
4% CO_2
1% andere Gase
78% N_2

Die ständigen Atembewegungen sind Voraussetzung für den *Gasaustausch* in den Lungenbläschen. Das Gasgemisch Luft besteht im Wesentlichen aus Stickstoff, Sauerstoff, Kohlenstoffdioxid und Edelgasen. Ein Teil des eingeatmeten Sauerstoffs diffundiert in die Lunge. Die übrigen Gase und das im Körper gebildete Kohlenstoffdioxid atmen wir wieder aus. Die Aufnahme von Sauerstoff und die Abgabe von Kohlenstoffdioxid finden in den Lungenbläschen statt. Atemluft und Blut sind hier nur durch die dünnen Wände der Kapillaren und Lungenbläschen getrennt. Die beiden Innenseiten dieser Wände sind befeuchtet. Dadurch wird die Durchlässigkeit für die Atemgase erhöht.

Aufgaben

1. Was bedeutet die Veränderung des Kalkwassers im Versuch der Mittelspalte?
2. Begründe folgende Ratschläge:
   — Immer durch die Nase einatmen!
   — Beim Einatmen soll sich der Bauch wölben!
   — Atme tief aus!

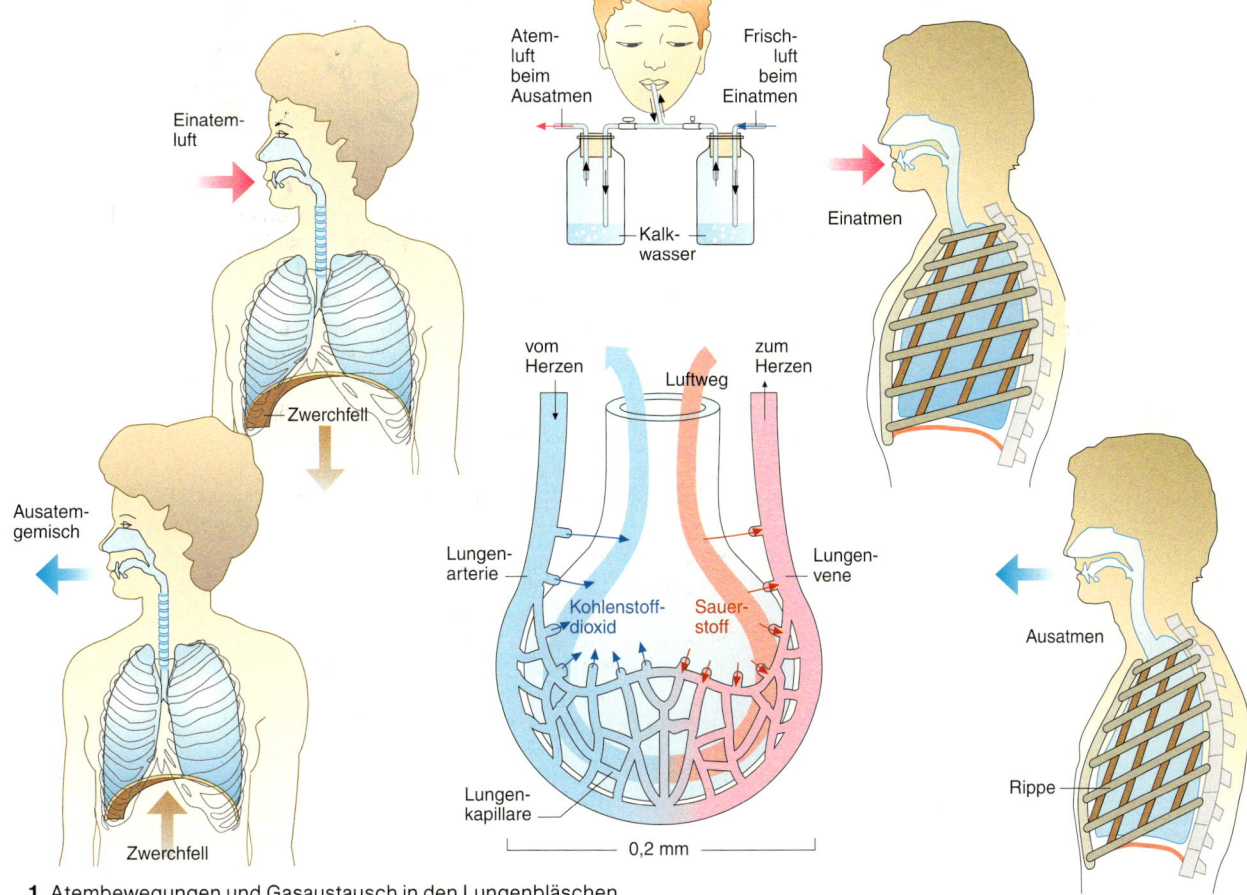

1 Atembewegungen und Gasaustausch in den Lungenbläschen

Stoffwechsel und Bewegung

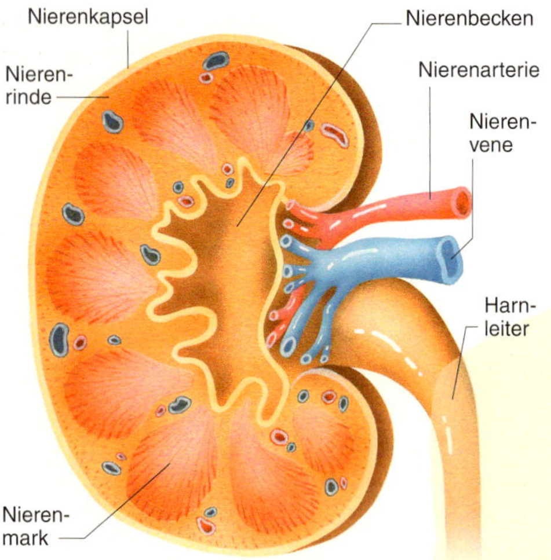

1 Bau der Niere

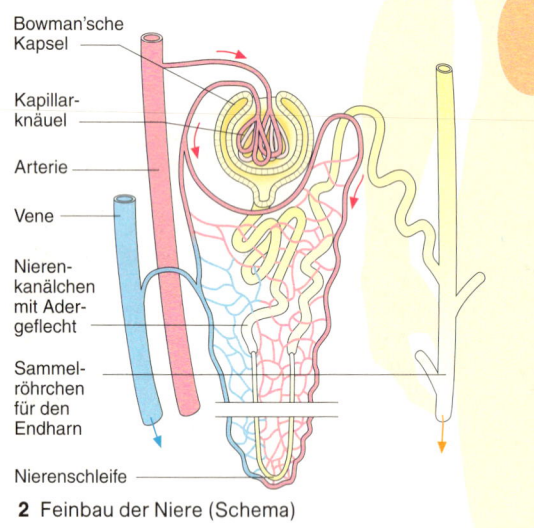

Labels: Nierenkapsel, Nierenbecken, Nierenrinde, Nierenarterie, Nierenvene, Harnleiter, Nierenmark

2 Feinbau der Niere (Schema)

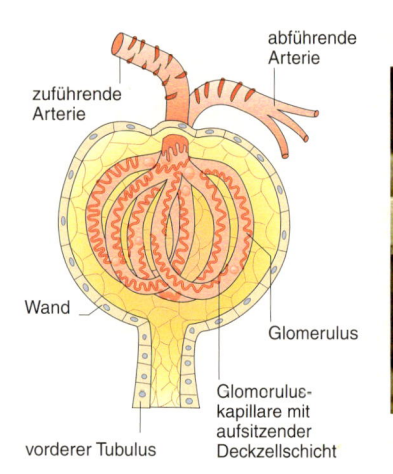

Labels: Bowman'sche Kapsel, Kapillarknäuel, Arterie, Vene, Nierenkanälchen mit Adergeflecht, Sammelröhrchen für den Endharn, Nierenschleife

3 Nierenkörperchen (Schema und Mikroaufnahme)

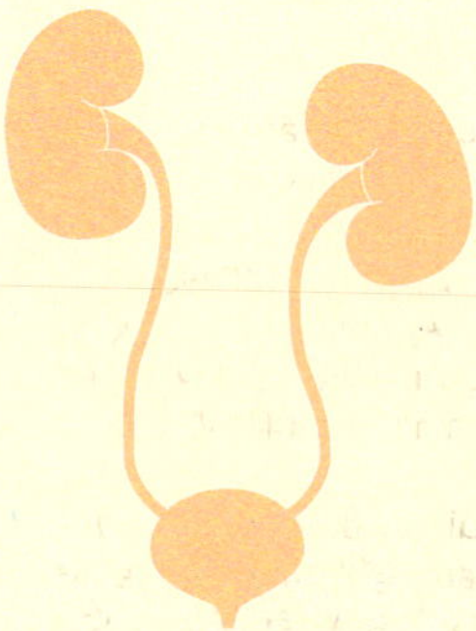

Labels: abführende Arterie, zuführende Arterie, Wand, Glomerulus, Glomerulus-kapillare mit aufsitzender Deckzellschicht, vorderer Tubulus

Die Niere

Die Niere ist unser wichtigstes *Ausscheidungsorgan*. Durch ihre Tätigkeit werden Abfallstoffe ausgeschieden und der Wasser- und Mineralstoffhaushalt unseres Körpers im Gleichgewicht gehalten.

Die zwischen 120 und 200 g wiegenden, paarigen Organe liegen beiderseits der Wirbelsäule an der hinteren Wand der Bauchhöhle und berühren fast das Zwerchfell. Die *Nierenkapsel*, eine derbe Haut aus Bindegewebe, schützt die Nieren und grenzt sie gegen die anderen Organe in der Bauchhöhle ab.

Das Nierengewebe besteht aus zwei gut unterscheidbaren Schichten: Der äußeren dunkelroten und gekörnten *Nierenrinde* und dem inneren helleren *Nierenmark*. Das Mark bildet kegelförmige Fortsätze, die *Nierenpyramiden*. Sie münden in das *Nierenbecken*, das über den *Harnleiter* mit der *Harnblase* verbunden ist.

Die Rinde enthält winzige Knäuel aus Kapillaren, die von einer Hülle aus Bindegewebe, der *Bowman'schen Kapsel*, umgeben sind. Kapillarenknäuel *(Glomerulus)* und Bowman'sche Kapsel bilden zusammen ein 200–300 μm großes *Nierenkörperchen*.

Von jeder Bowman'schen Kapsel führt ein *Nierenkanälchen* ins Mark. Dort biegt es in einer haarnadelförmigen Schleife wieder in Richtung Nierenrinde um. Mehrere Nierenkanälchen münden in ein *Sammelröhrchen*. Mehrere davon vereinigen sich zu einem größeren ableitenden Kanal, der an den Pyramidenspitzen in das Nierenbecken mündet.

Harnbildung

Die Nieren sind Hochleistungsorgane. Etwa 300-mal pro Tag durchströmt die gesamte Blutmenge die Nieren, also ca. 1500 Liter. Die dabei ablaufende Filtration des Blutes findet in der funktionellen Einheit aus Nierenkörperchen und Nierenkanälchen, dem *Nephron*, statt. Davon gibt es ungefähr 1 Million pro Niere; alle Nierenkanälchen zusammen sind etwa 10 km lang.

Das Produkt der Nierentätigkeit ist der *Harn*, dessen Bildung in den Nierenkörperchen beginnt. Durch den hohen Druck in den Kapillarenknäueln wird die Blutflüssigkeit zwischen den Zellen der Kapillarwand hindurch in die Bowman'sche Kapsel gepresst. Das dabei entstehende Filtrat nennt man *Primär-*

Stoffwechsel und Bewegung

Zettelkasten

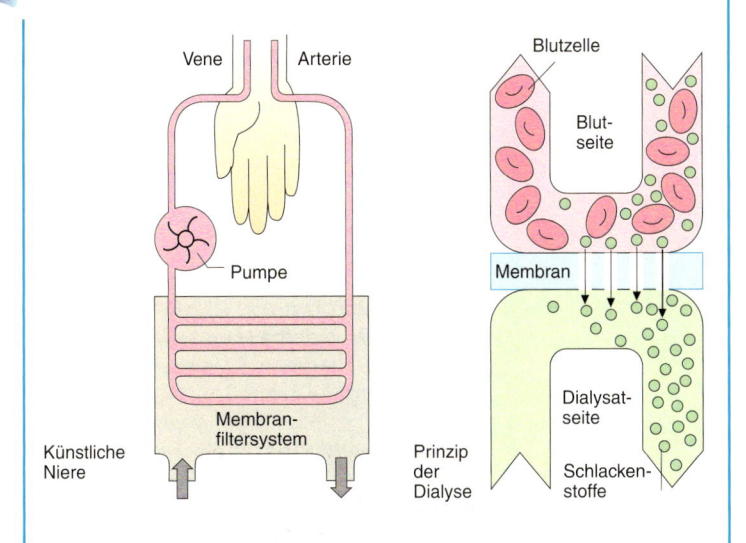

Dialyse

Die Zahl der Menschen, deren Nieren nur noch eingeschränkt oder gar nicht mehr arbeiten, ist erschreckend hoch. Funktioniert noch eine Niere, kann sie die Aufgabe der anderen übernehmen. Sind aber beide Nieren stark geschädigt, wird es lebensbedrohlich. Bereits 1945 wurde in den USA für diese chronisch Nierenkranken eine Apparatur entwickelt, die es ermöglicht, die durch die mangelnde Nierentätigkeit zurückgebliebenen Schadstoffe aus dem Blut der Patienten herauszufiltrieren.

Während dieser mehrmals wöchentlich notwendigen Blutwäsche (Dialyse) wird innerhalb von 8–10 Stunden die gesamte Blutmenge mehrmals hintereinander durch das Filtersystem der Dialyse geleitet, von Schlackenstoffen befreit und dem Organismus wieder zugeführt.

Obwohl seit 1945 das Dialyseverfahren ständig verbessert wurde, sind die Patienten großen physischen und — nicht zuletzt wegen der Abhängigkeit von der Maschine — psychischen Belastungen ausgesetzt.

harn. Blutzellen oder sehr große Moleküle wie Bluteiweiße können die Kapillarwand nur in geringem Umfang passieren.

In den Nieren werden pro Tag ca. 170 Liter Primärharn gebildet. Er enthält viel Wasser, gelöste Salze und Traubenzucker. Auf dem Weg durch die Nierenkanälchen und Sammelröhrchen wird aus dem Primärharn ein Großteil des Wassers und der Salze sowie der gesamte Traubenzucker zurückgewonnen *(Resorption)*. Nur noch etwa ein Liter *Endharn* gelangt in die Harnblase und wird als *Urin* ausgeschieden. Dieser enthält vor allem Wasser und Harnstoff sowie nur wenig Harnsäure. Auf diese Weise regulieren die Nieren nicht nur den Wasser- und Salzhaushalt des Körpers, sondern sind auch für die Reinigung des Blutes von giftigen Stoffwechselprodukten verantwortlich. Außerdem spielen sie eine wichtige Rolle bei der Rückgewinnung des Traubenzuckers.

Aufgaben

① Vergleiche die Zusammensetzung des Primärharns und des Endharns mithilfe der Abbildung 1.

② Beschreibe die Vorgänge der Resorption zwischen den vier markierten Stellen in der Abbildung 1.

③ Warum ist es gesund, genügend zu trinken und salzarm zu essen?

④ Informiere dich über die Entstehung von Nierensteinen. Welche Bedingungen fördern ihre Bildung und welche Beschwerden können sie verursachen?

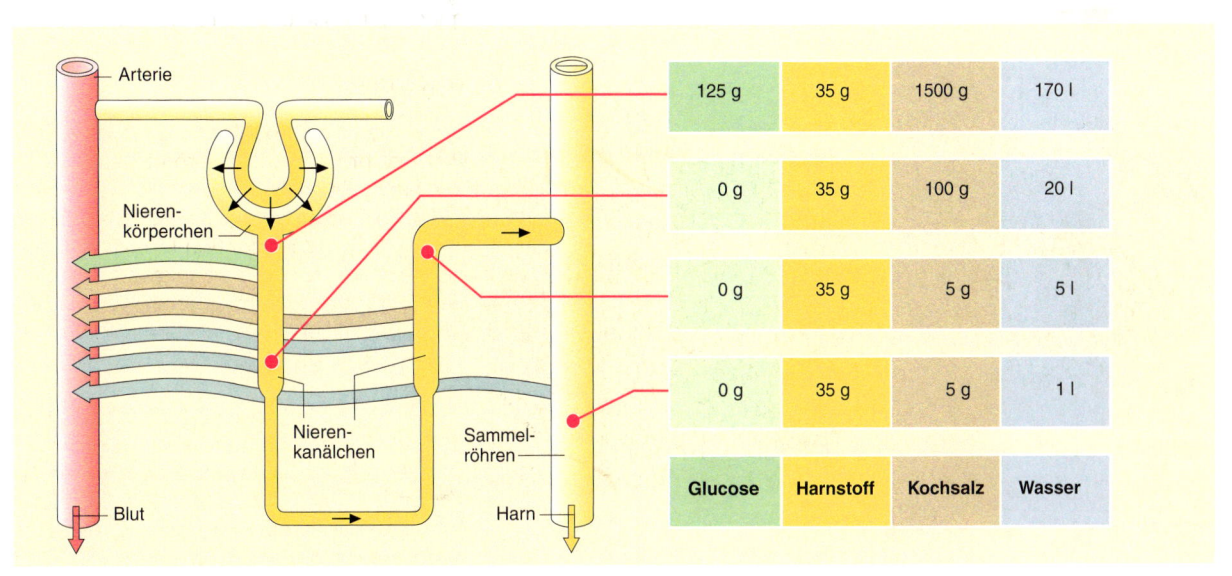

	Glucose	Harnstoff	Kochsalz	Wasser
	125 g	35 g	1500 g	170 l
	0 g	35 g	100 g	20 l
	0 g	35 g	5 g	5 l
	0 g	35 g	5 g	1 l

1 Schema der Harnbildung und Zusammensetzung der Harnzwischenstufen (Angaben pro Tag)

Stoffwechsel und Bewegung

3 Bewegung

Die Muskulatur

Bei der Betrachtung eines Läufers wird sofort klar, dass seine enorme Laufleistung auf dem Zusammenspiel von Muskeln, Knochen, Gelenken, Stoffwechsel und Nervensystem beruht. *Muskeln* ermöglichen aber auch Bewegungen im Körperinneren, die wir meist nicht bewusst wahrnehmen: Die Tätigkeit der Herz- und Atemmuskulatur sowie die Aktivität der Eingeweidemuskulatur.

Nach ihrem Aufbau unterscheidet man *glatte* und *quer gestreifte Muskulatur*. Die quer gestreifte Muskulatur, zum Beispiel die Skelettmuskulatur, besteht aus *Muskelfasern*, die bis zu 30 cm lang sein können. Sie haben einen Durchmesser von 10 – 100 μm und besitzen oft Hunderte von Zellkernen. Entstanden sind diese „Riesenzellen" dadurch, dass sich die Zellkerne einer Zelle wiederholt teilten, die Durchschnürungen der Zelle jedoch unterblieben.

Viele Muskelfasern bilden ein *Muskelfaserbündel*. Jedes Einzelne davon ist in eine Bindegewebshülle eingebettet, durch die feine Blutgefäße und Nervenfasern ziehen. Ein Muskel setzt sich aus Tausenden solcher Bündel zusammen, die von einer *Muskelhaut* umhüllt sind. Skelettmuskeln enden auf jeder Seite in einer *Sehne*, die sie am Knochen befestigt.

Die *Herzmuskulatur* ist eine Sonderform der quer gestreiften Muskulatur. Sie besteht aus einem Netzwerk verzweigter Einzelzellen mit nur einem Zellkern. Diese Vernetzung ist die Voraussetzung dafür, dass sich ein einziger elektrischer Impuls von den Vorhöfen über die Herzkammern fortpflanzt und so eine geordnete Kontraktionsabfolge auslösen kann. Während die Skelettmuskulatur willkürlich arbeitet, unterliegt die Tätigkeit der Herzmuskulatur nicht unserem Willen.

Die Zellen der *glatten Muskulatur* sind meist lang gestreckt und spindelförmig. Ihre Länge liegt zwischen 50 und 220 μm bei einem Durchmesser von 4 – 20 μm. Im Zellplasma liegt nur ein Zellkern. Anders als die schnell aktivierbare Skelettmuskulatur, deren Kontraktion nur von kurzer Dauer ist, arbeitet die glatte Muskulatur langsam, aber dafür ausdauernd und mit wesentlich geringerem Energieverbrauch. Ein Beispiel hierfür ist die *Eingeweidemuskulatur* des Menschen.

1 Schematische Darstellung eines quer gestreiften Muskels

Stoffwechsel und Bewegung

Die Arbeitsweise der Muskeln

Muskeln können sich zwar zusammenziehen (kontrahieren), niemals aber aktiv ausdehnen. Sie brauchen dazu immer jeweils einen *Gegenspieler (Antagonist)*, der sie wieder in den gedehnten Zustand zurückzieht. Dieser Gegenspieler kann ein weiterer Muskel, ein elastisches Band oder — wie im Falle der Herzmuskulatur — der Druck von Flüssigkeiten sein. Diese Arbeitsweise bezeichnet man als *Gegenspielerprinzip* oder *Antagonismus*.

Das Elektronenmikroskop enthüllt weitere Einzelheiten des Muskelaufbaus, die Aussagen über die Funktion ermöglichen. Jede Muskelzelle enthält in Längsrichtung wiederum feinste Fasern von nur 2–3 µm Durchmesser. Man bezeichnet diese als *Muskelfibrillen*. Sie setzen sich aus zwei Untereinheiten zusammen, den *Myosin-* und *Aktinfilamenten*.

Myosin und Aktin sind *Muskelproteine*, die bei der Muskelkontraktion eine entscheidende Rolle spielen. Die Myosinfilamente besitzen bewegliche Köpfe. Im erschlafften Muskel stehen sie senkrecht zum Myosinfilament. Bei einer Muskelkontraktion haften die Myosinköpfchen zunächst am Aktinfilament an und klappen dann in die 45°-Stellung um. Durch dieses Umschlagen wird das Aktinfilament in die Myosinfilamente hineingezogen. Das „Rudern" aller Myosinköpfchen bewirkt so eine Verkürzung der Muskelfasern, der Muskel zieht sich zusammen. Nach der Kontraktion lösen sich die Myosinköpfchen vom Aktinfilament ab und klappen in die Ausgangsstellung zurück. Diese Arbeitsweise wird als *Querbrückenmechanismus* bezeichnet. Für die Vorgänge der Muskelkontraktion wird Energie benötigt.

1 Gegenspielerprinzip

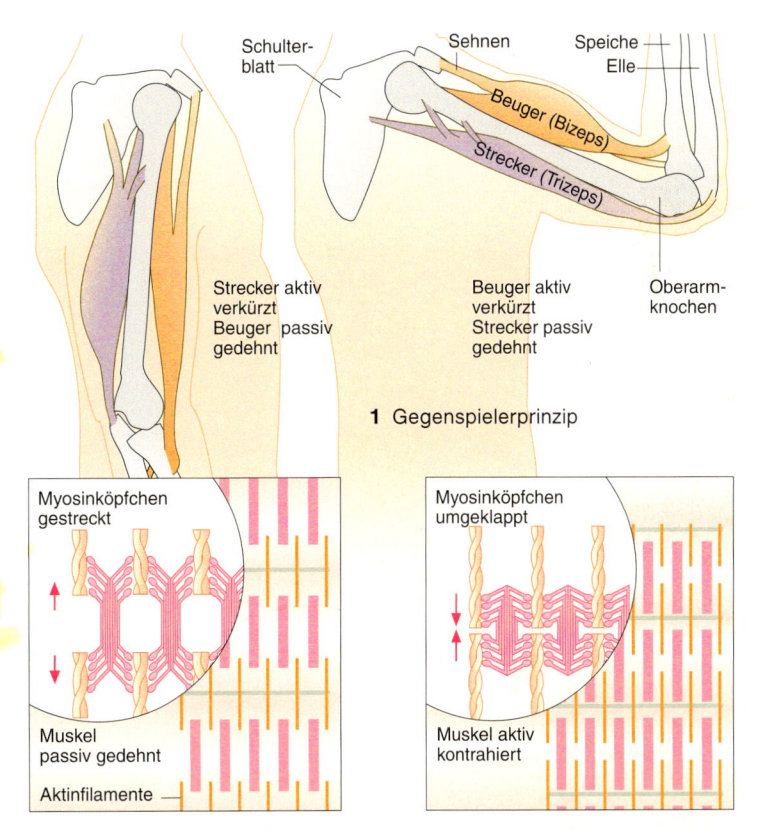

2 Muskel gedehnt (Schema)

3 Muskel verkürzt (Schema)

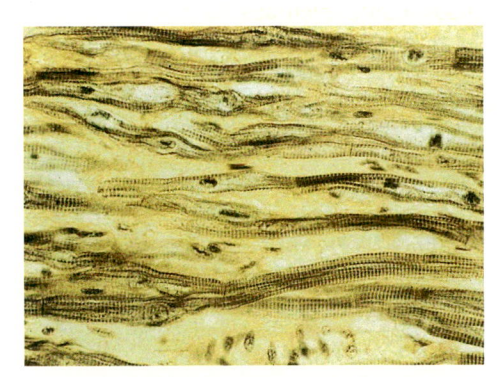

4 Herzmuskulatur

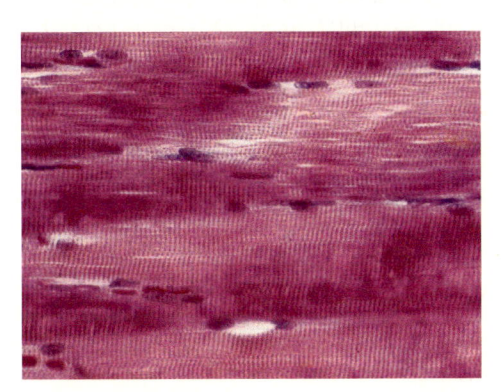

5 Glatte Muskulatur

Aufgabe

① Schneide aus einem Stück Schweinefleisch in Faserrichtung ein kleines Stück heraus. Lege es auf einem Objektträger in eine 1%ige Kochsalzlösung. Zerzupfe es mit 2 Präpariernadeln und mikroskopiere anschließend bei 400facher Vergrößerung.
   a) Zeichne die beobachtete Muskelstruktur in dein Heft.
   b) Erkläre, warum im Lichtmikroskop die Muskelfaser quer gestreift ist.

Stoffwechsel und Bewegung

Der Knochenaufbau

Die Knochen lassen sich nach ihrer Form in platte, kurze und lange Knochen unterteilen. Schulterblatt und Brustbein zählen zu den platten, Hand- und Fußwurzelknochen zu den kurzen Knochen. Lange Knochen bezeichnet man als *Röhrenknochen*. Beispiele hierfür sind: Ober- und Unterarmknochen sowie Ober- und Unterschenkelknochen. Lange Knochen gliedern sich in Knochenschaft und Gelenkenden.

Knochen sind keine toten, sondern lebende Gebilde. Mit Ausnahme des Gelenkknorpels und der Ansatzstellen der Sehnen überzieht eine *Knochenhaut* den gesamten Knochen. Sie ist stark durchblutet, reich an Nervenfasern und bildet nach innen die Knochensubstanz. Wird bei einer Verletzung die Knochenhaut abgelöst, verliert der Knochen seine Blutzufuhr und stirbt an dieser Stelle ab.

Die außerordentliche Festigkeit des Knochengewebes beruht auf der besonderen chemischen Zusammensetzung der Knochensubstanz. Sie besteht etwa zu 25 % aus organischen und zu 55 % aus anorganischen Bestandteilen, der Rest ist Wasser. Die organischen Bestandteile sind: *Knochenzellen* und die von ihnen gebildete *Grundsubstanz*. In diese sind zugfeste, aber nicht elastische Kollagenfasern eingelagert. Die anorganische Knochensubstanz besteht aus Stoffen wie Calciumphosphat und Calciumkarbonat. Sie sind in die Grundsubstanz eingelassen und härten sie. Zusammen mit den organischen Bestandteilen machen sie den Knochen druckfest und elastisch.

Bei den Röhrenknochen umschließt eine kompakte Knochenschicht die *Markhöhle* des Knochenschaftes. Im Bereich der Gelenke verästelt sie sich in ein System von *Knochenbälkchen*. Die Hohlräume sind mit rotem *Knochenmark* ausgefüllt. Es bildet rote und weiße Blutzellen. Mit fortschreitendem Alter verfettet das rote Knochenmark und wird dadurch gelblich.

Aufgaben

1. Wiege ein Knochenstückchen. Glühe es in einem feuerfesten Reagenzglas aus. Wiege es erneut. Vergleiche und erkläre.
2. Suche in der Technik und Architektur Konstruktionen, die nach dem Röhrenprinzip gebaut sind und deren Anordnung dem Aufbau der Knochenbälkchen ähnlich ist.

1 Knochenbau Längsschnitt (a, c), Feinbau (b, d)

Stoffwechsel und Bewegung

Die Gelenke

Viele Knochen unseres Skeletts sind fest mit anderen Knochen verbunden: Hüftbein und Kreuzbein bilden das stabile Becken, die Rippen sind durch Knorpel am Brustbein befestigt und die Schädelknochen, die bei Neugeborenen noch durch elastisches Bindegewebe beweglich miteinander verbunden sind, greifen beim Erwachsenen an den Schädelnähten ineinander und bilden so eine feste Schädelkapsel.

Die meisten Knochen werden jedoch durch *Gelenke* beweglich miteinander verbunden. Jedes Gelenk besteht aus dem *Gelenkkopf* und der *Gelenkpfanne*; sie sind von *Gelenkknorpel* überzogen. Nach außen schließt die *Gelenkkapsel* das Gelenk ab. Die von der Gelenkkapsel gebildete *Gelenkschmiere* setzt die Reibung herab und ernährt den Gelenkknorpel, der nicht durchblutet ist. An besonders beanspruchten Stellen im Gelenk bildet die Gelenkkapsel Schleimbeutel und Fettpolster.

Als besondere Bildungen kommen in dem äußerst leistungsfähigen und kompliziert gebauten Kniegelenk zwei halbmondförmige Knorpelscheiben vor, die *Menisken*. Weil sie sich jeder Gelenkstellung anpassen können, verleihen sie dem Kniegelenk eine zusätzliche Führung. Zwei *Seitenbänder* und zwei sich im Knie überkreuzende *Kreuzbänder* halten und führen das Gelenk. Die Kniegelenkbänder sind außerordentlich zugfest und könnten etwa 6 Tonnen tragen, ehe sie zerreißen. Die *Kniescheibe* ist ein sogenanntes *Sesambein* und zwar das größte in unserem Körper. Sesambeine sind knöcherne oder knorpelige Bildungen der Sehne, die am Knochen eine günstigere Krafteinwirkung ermöglichen.

Aufgaben

① Finde für alle Gelenke des Armes und der Hand sowie des Beinskelettes durch Probieren heraus, welchem der drei abgebildeten Gelenktypen sie zuzuordnen sind.

② Suche in der Technik nach Konstruktionen, die den drei abgebildeten Gelenktypen entsprechen.

③ Gib durch einen Pfeil die Zugrichtung der Sehne des in Abbildung 1 eingezeichneten Oberschenkelmuskels an. Welche Veränderungen ergäben sich, wenn die Sehne ohne die Kniescheibe am Schienbein ansetzen würde?

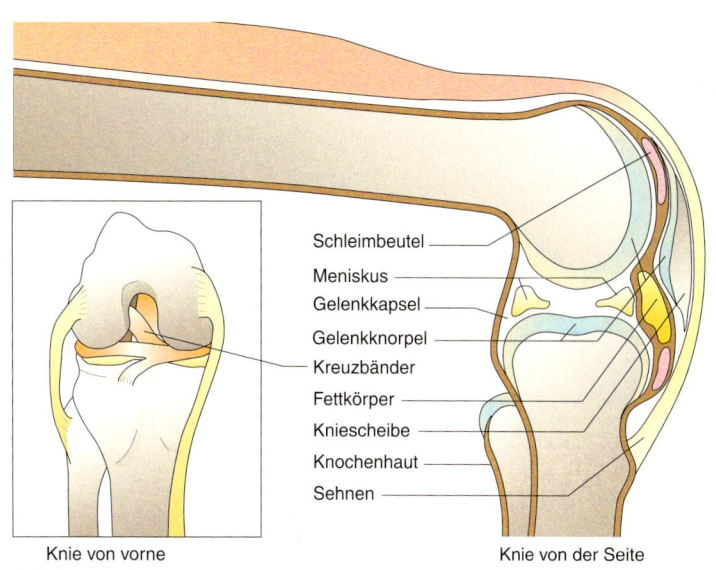

Knie von vorne — **Knie von der Seite**
(Schleimbeutel, Meniskus, Gelenkkapsel, Gelenkknorpel, Kreuzbänder, Fettkörper, Kniescheibe, Knochenhaut, Sehnen)

1 Schema des Kniegelenks

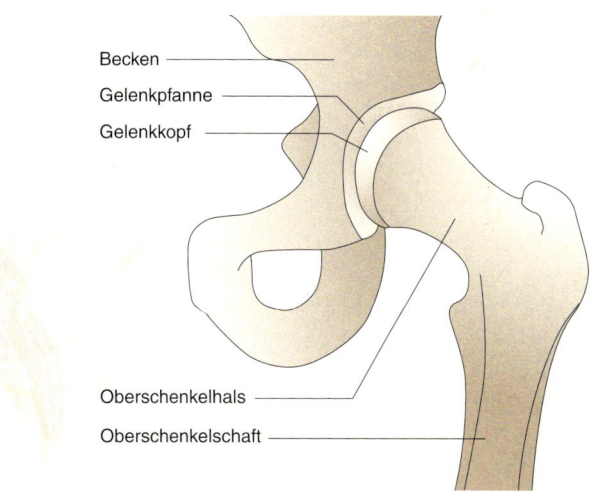

(Becken, Gelenkpfanne, Gelenkkopf, Oberschenkelhals, Oberschenkelschaft)

2 Hüftgelenk als Beispiel für ein Kugelgelenk

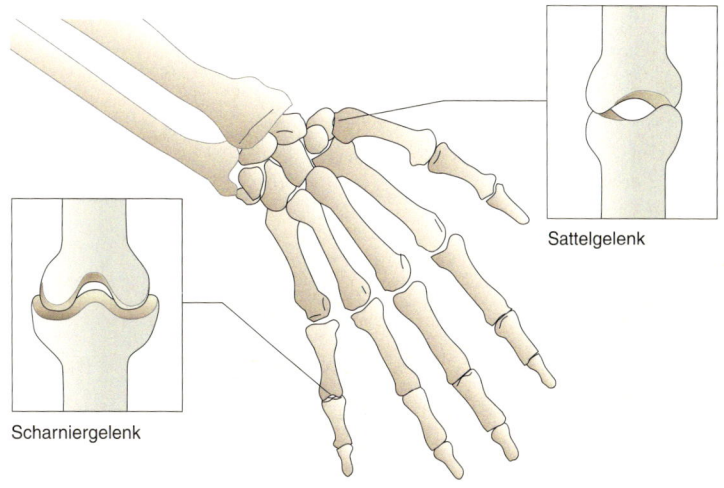

3 Sattel- und Scharniergelenk

Stoffwechsel und Bewegung

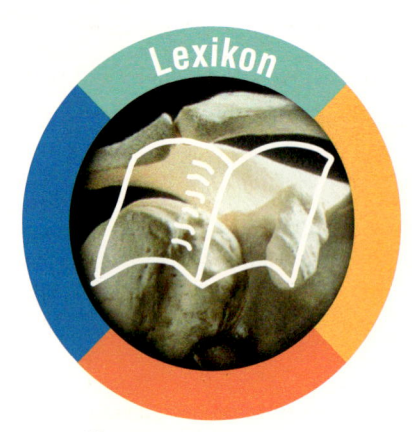

Lexikon

Unser Bewegungssystem – Schäden vermeiden

Unser Bewegungssystem funktioniert durch das Zusammenwirken von Skelett und Muskulatur. Beide bestehen aus einer Vielzahl von Einzelelementen. Dieses System bedarf der Aufmerksamkeit und Pflege, um Schäden, die manchmal nicht mehr reparabel sind, vorzubeugen.

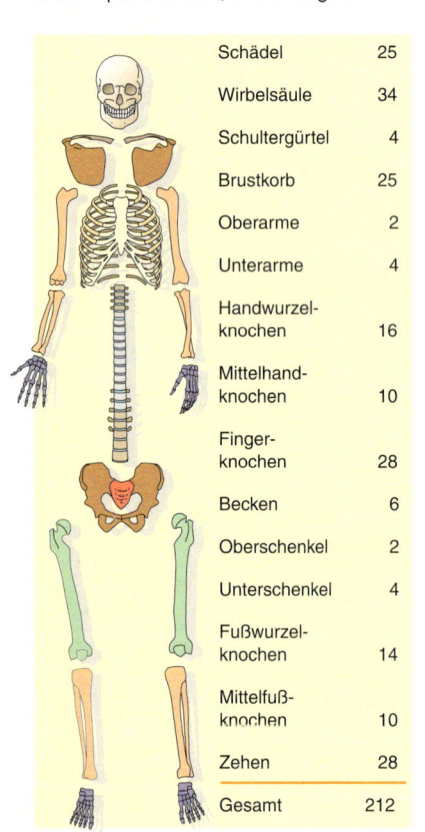

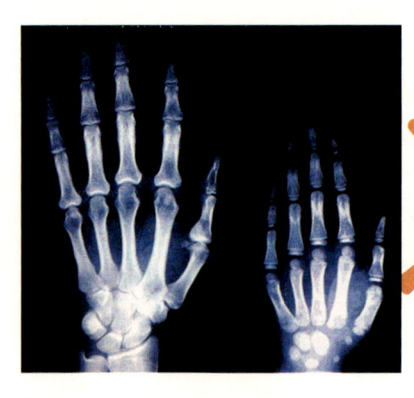

Während des **Wachstums** sind die Knochen noch nicht so hart wie die eines Erwachsenen. In der **Röntgenaufnahme** erkennt man, dass vor allem in den Gelenken deutlich weniger harte Knochensubstanz eingelagert ist. An diesen Stellen wächst der Knochen noch. Ähnliches gilt für die Verbindungen der Knochenplatten der Schädelkapsel. Dadurch, dass nach der Geburt zunächst noch Zwischenräume *(Fontanellen)* vorhanden sind, ist die Schädelkapsel elastisch und kann wachsen, sodass das Gehirn an Größe noch zunehmen kann.

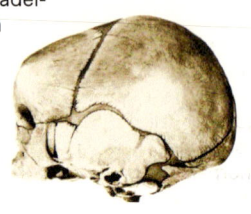

Zwar bietet die größere Elastizität des Skeletts während des Wachstums Vorteile, andererseits können sich aber auch zum Beispiel bei dauernder falscher Belastung des Skeletts **Fehlhaltungen** einstellen, die nur schwer oder gar nicht mehr zu beheben sind. Sitzen mit nach vorn gekrümmtem Körper oder einseitiges Tragen der schweren Schultasche können zu **Verkrümmungen** der Wirbelsäule führen.

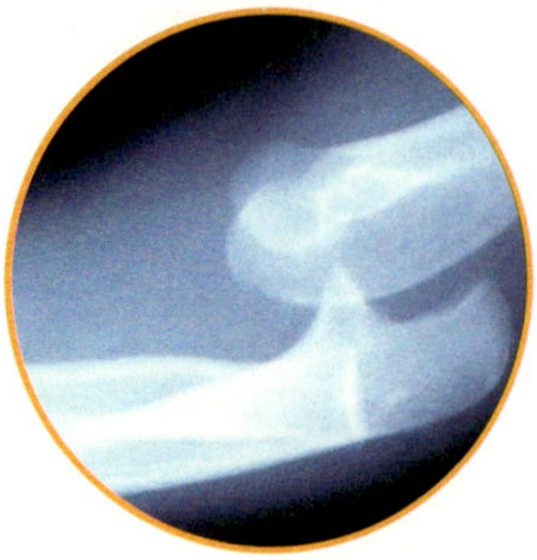

Schuhe mit hohen Absätzen oder auch Übergewicht belasten das **Fußgewölbe** stark, sodass sich dieses dauerhaft verformen kann. Je nach Fehlbelastung kann im Extremfall ein **Hohlfuß** oder **Plattfuß** entstehen. Die Folge ist, dass das Körpergewicht nicht mehr so gut abgefedert werden kann. Vorbeugen kannst du, indem du sorgfältig darauf achtest, dass du nicht zu kleine und enge sowie zu hohe Schuhe trägst. Günstig ist es, wenn die Schuhe außerdem ein gut ausgeformtes Fußbett besitzen.

Die **Verstauchung** entsteht durch gewaltsames Auseinanderziehen der normalerweise aneinander liegenden Gelenkflächen über das normale Maß hinaus. Die Gelenkenden sind aus ihrer normalen Stellung gerückt. Die Gelenkkapsel wird dabei stark überdehnt und beschädigt, was sehr schmerzhaft ist. Normalerweise kehren die Gelenkflächen nach der Gewalteinwirkung aber wieder in ihre Ruhestellung zurück. Anders ist es bei der **Auskugelung**. Sie entsteht ähnlich wie die Verstauchung. Allerdings kehren die Gelenke nicht mehr in ihre Normalstellung zurück, sodass ärztliche Hilfe erforderlich ist, um das Gelenk wieder „einzurenken".

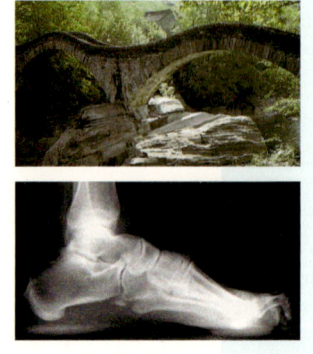

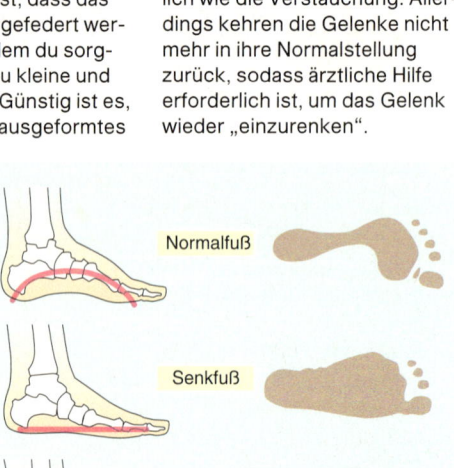

Knochen	Anzahl
Schädel	25
Wirbelsäule	34
Schultergürtel	4
Brustkorb	25
Oberarme	2
Unterarme	4
Handwurzelknochen	16
Mittelhandknochen	10
Fingerknochen	28
Becken	6
Oberschenkel	2
Unterschenkel	4
Fußwurzelknochen	14
Mittelfußknochen	10
Zehen	28
Gesamt	212

Knochen des Menschen

Normalfuß

Senkfuß

Hohlfuß

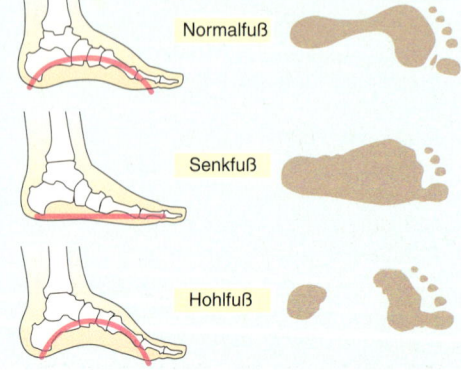

214 *Stoffwechsel und Bewegung*

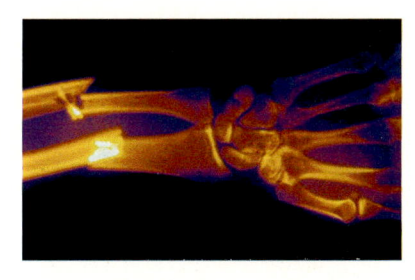

Liegt die überbelastete Stelle außerhalb des Gelenks, kann es zum **Knochenbruch**, z. B. von Elle und Speiche, kommen. Die Bruchstellen müssen dann wieder gerichtet werden, sodass die Bruchenden möglichst genau wieder zusammenwachsen können. Während des Heilungsprozesses bleibt die Bruchstelle geschient. Manchmal wird sogar eine Metallplatte auf der Bruchstelle verschraubt, die dann wieder entfernt wird, wenn der Bruch verheilt ist.

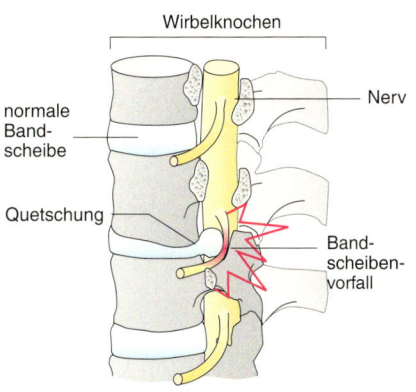

Fast zu einer Volkskrankheit ist der **Bandscheibenvorfall** geworden, meist bedingt durch die Lebens- und Arbeitsweise. Vor allem durch zu langes und falsches Sitzen werden die Bandscheiben meist des Lendenwirbelbereichs durch die dauernd zu hohe und einseitige Belastung schließlich so stark zusammengedrückt, dass die seitlich zwischen den Wirbeln austretenden Nerven gequetscht werden können. Starke Schmerzen sind dann die Folge. *Vorbeugung* kann einen Bandscheibenvorfall jedoch vermeiden helfen: durch Sport, der Bauch- und Rückenmuskulatur kräftigt, und durch eine aufrechte Sitzhaltung auf einem Stuhl, welcher der Anatomie des Menschen angepasst ist. Schwere Lasten sollte man aus der Hocke heben. Denn das Heben von Lasten in gebeugter Haltung belastet die Wirbelsäule außerordentlich stark.

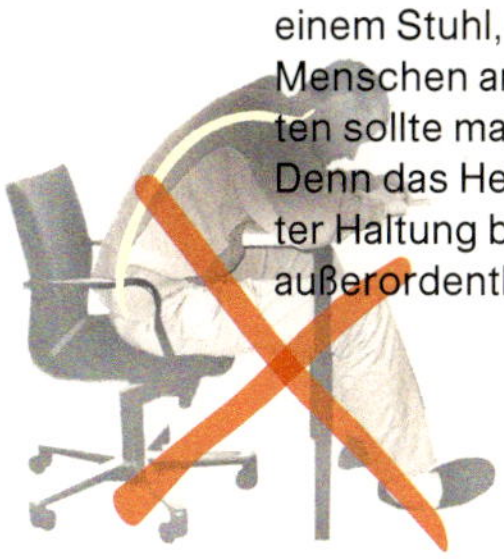

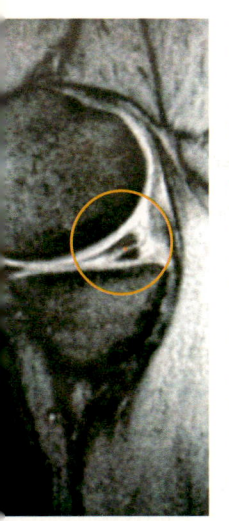

Verletzungen des **Kniegelenks** sind besonders häufige Sportverletzungen. Sportarten, bei denen das Kniegelenk durch Drehbewegungen zusätzlich belastet wird, sind dafür besonders anfällig. Der **Meniskus**, eine Knorpelscheibe innerhalb des Kniegelenks, kann gequetscht werden oder sogar reißen. Stärkere Schäden werden meist durch einen operativen Eingriff beseitigt, indem man die Ränder des Meniskus beschneidet und wieder glättet oder ihn manchmal sogar ganz entfernt.

Häufiger sind auch Verletzungen der **Kreuzbänder**, welche dem Kniegelenk die große Stabilität verleihen. Eine Überdehnung beeinträchtigt folglich die Stabilität des Gelenks. Bei einem *Kreuzbandabriss* hilft nur noch ein operativer Eingriff.

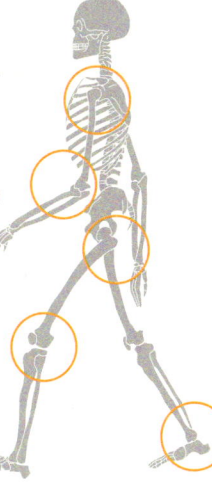

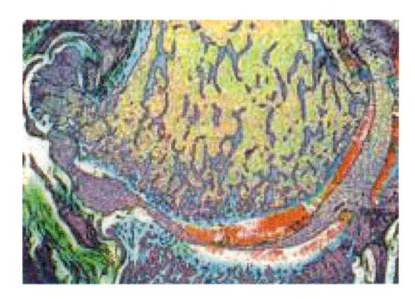

Die **Arthrose** ist eine allmählich auftretende entzündliche Veränderung der Gelenke (rot in Abb. oben). Dabei werden die ursprünglich glatten Gelenkoberflächen nach und nach zerstört, indem die Knorpelschicht abgetragen wird (unten). Die Gelenkflächen reiben dann schmerzhaft aufeinander. In besonders schweren Fällen wird das zerstörte Gelenk durch ein künstliches ersetzt.

Man kann eine Menge dafür tun, dass die **Verletzungsgefahr beim Sport** gering bleibt. So ist *regelmäßiges Training* wichtig. Muskeln und Knochen werden auf diese Weise gestärkt und auf die Belastungen eingestellt. Auch richtiges *Aufwärmen* und *Dehnen* der Muskulatur vor dem Sport sind wichtige Vorbeugemaßnahmen. Bänder und Sehnen werden geschmeidig, sodass eine Überdehnung oder gar ein Riss kaum auftreten können.

Stoffwechsel und Bewegung **215**

Aktive Vorsorge und Gesundheit

Impulse

Bewegung und Fitness

Außer durch eine ausgewogene und gesunde Ernährung werden deine Gesundheit und Leistungsfähigkeit auch durch dein Körpergewicht, dein Verhalten, deine körperliche Fitness und nicht zuletzt durch dein Wohlbefinden beeinflusst. Man kann meist selbst eine Menge dafür tun, ohne dass es übermäßige Überwindung kostet.

Die Möglichkeiten körperlicher Betätigung, zum Beispiel durch Sport, sind so groß, dass für jeden etwas dabei ist, was auch Spaß macht — eine wichtige Voraussetzung dafür, dass man auch für längere Zeit bei seiner Sportart bleibt.

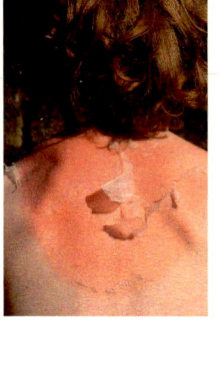

Verhalten im Alltag

Für viele oft lästig, aber wichtig: der richtige Umgang mit den Zähnen. Zeigt doch das elektronenmikroskopische Foto das ganze Ausmaß der Besiedlung der Zahnoberfläche durch Bakterien, die durch ihre Aktivität nach und nach den Zahn zerstören — wenn man sie lässt. Neuerdings gibt es auch deutliche Hinweise darauf, dass der Bakterienbelag *(Plaque)* Ausgangspunkt für bakterielle Infektionen an anderen Orten im Körper ist.

Es ist vergleichsweise leicht, dieses zu verhindern. Welche Inhaltsstoffe der Nahrung begünstigen besonders die Vermehrung der Kariesverursacher?

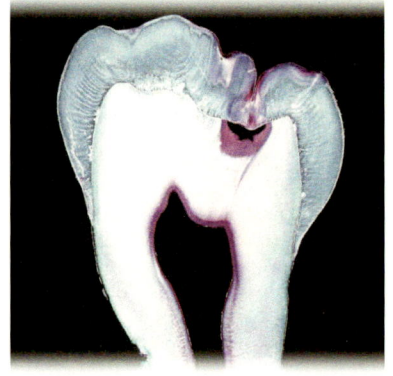

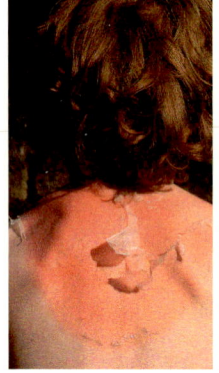

Viele finden eine intensiv gebräunte Haut schön und attraktiv und wenden viel Mühe auf, diesem Ideal zu entsprechen. Intensives Sonnenbaden hat jedoch seinen Preis, denn die Haut hat ein langes „Gedächtnis". Weißt du, wie sich das äußert? Welche weiteren Folgeschäden kennst du und wie kannst du ihnen durch dein Verhalten vorbeugen?

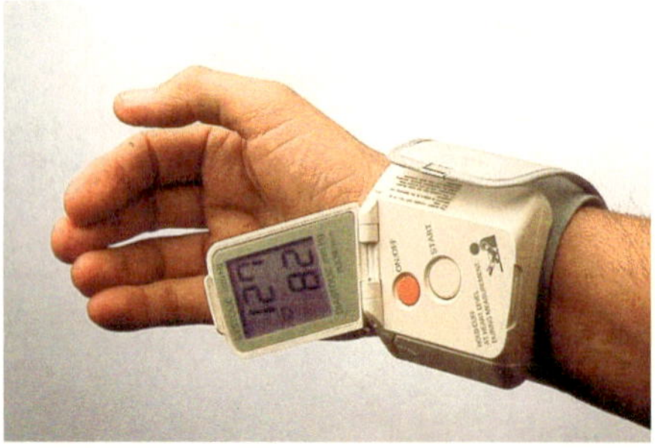

Nicht jeder Sport ist in gleicher Weise risikoarm. Welche Sportarten sind risikoreicher als andere? Wie kann man Verletzungen vorbeugen, einschließlich durch geeignetes Training?

Welche Sportart würde dir am meisten Spaß machen? Kannst du diese in deiner Umgebung ausüben? Welche sonstigen Voraussetzungen sind erforderlich?

Die meisten Jugendlichen haben einen normalen Blutdruck, viele Erwachsene leiden unter Bluthochdruck. Der Blutdruck kann einfach gemessen werden. Die Messung ergibt zwei Werte, den höheren *(systolischen)* Wert und den niedrigeren *(diastolischen)* Wert.
Wie kommen die beiden Blutdruckwerte zustande?
Welcher Blutdruck ist normal und unbedenklich? Wann spricht man von Bluthochdruck und welche gesundheitlichen Risiken hat er? Wie kann man dem Bluthochdruck vorbeugen? Welche Sportarten trainieren das Herz-Kreislauf-System in besonderem Maße?

Körpergewicht

Welches Gewicht ist normal, welches Gewicht ist richtig? Für viele Menschen ist das eine wichtige Frage, weil sie mit ihrem eigenen Körpergewicht nicht zufrieden sind. In vielen Fällen ist diese Unzufriedenheit allerdings unberechtigt.

Durch welche äußeren Einflüsse wird die eigene Vorstellung vom „richtigen" Körpergewicht bestimmt? Kann sich diese mit der Zeit auch ändern?

Wann aber ist ein Mensch wirklich zu dick oder zu dünn, sodass das eigene Körpergewicht zum Risikofaktor wird? Häufig sind Essstörungen in diesen Fällen die Ursache. Dazu gehören *Magersucht* und *Bulimie*. Mehrheitlich sind Mädchen davon betroffen. Solche Essstörungen treten oft in der Pubertät auf.

Informiere dich über Magersucht und Bulimie und ihre Folgen für den Körper. Welche Ursachen können diesen Essstörungen zugrunde liegen?

Anderseits hat die Zahl der übergewichtigen Menschen zugenommen. Übergewicht gilt als Risikofaktor für eine Reihe von Erkrankungen, die dann später bei Übergewichtigen häufiger auftreten als bei anderen Menschen, zum Beispiel Gelenkschäden, Herz-Kreislauf-Erkrankungen und Diabetes.

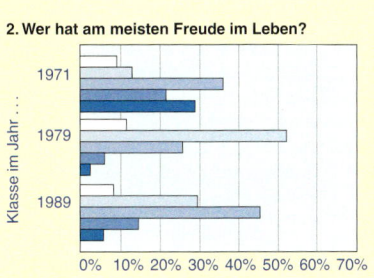

1. Wer ist am verträglichsten?
2. Wer hat am meisten Freude im Leben?
3. Mit welchen Figurentypen möchten Menschen befreundet sein?

1 = sehr dünn
2 = dünn
3 = normal
4 = dick
5 = sehr dick

Überprüfe dein Essverhalten einige Tage. Stelle dazu einen Fragenkatalog auf, der folgende Fragen enthalten könnte: Höre ich auf zu essen, wenn ich satt bin? Esse ich erst, wenn ich Hunger habe? Suche ich bei Langeweile, Einsamkeit oder Stress nach etwas Essbarem?

Formuliere weitere Fragen, mit denen du überprüfen kannst, ob du eher kontrolliert oder unkontrolliert isst.

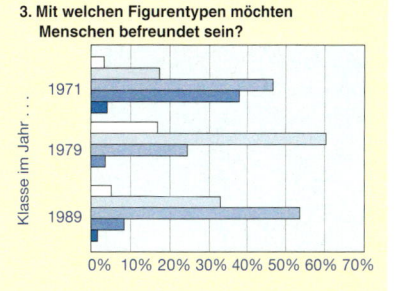

„Der Mensch ist, was er isst".
Ludwig Feuerbach (1804 – 1872); deutscher Philosoph

„Man kann einen Menschen mit guten Saucen ebenso unter die Erde bringen wie mit Strychnin, bloß dauert es länger".
Christiaan Barnard (1922 – 2001); südafrikanischer Herzchirurg

Erläutere die beiden Aussagen. Suche nach weiteren Sprüchen zur Ernährung.

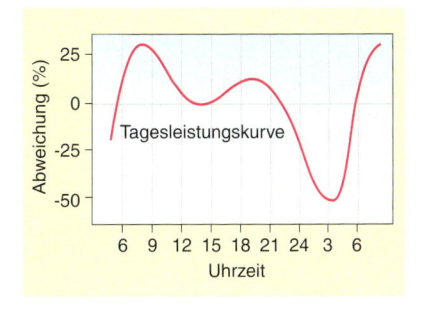

Es ist schwierig, das „richtige" Körpergewicht für einen Menschen anzugeben. Denn dieses hängt unter anderem von Alter, Geschlecht und Körperbau ab. Es gibt also einen mehr oder weniger großen Bereich, innerhalb dessen sich das Gewicht bewegen sollte.

Leistungsvermögen und Wohlbefinden

Wie wohl du dich fühlst, hängt neben deiner körperlichen Fitness und Ernährung von deinem Tagesrhythmus ab. Dieser ist genetisch bedingt und wird durch den Wechsel von Licht und Dunkel „geeicht". Deshalb gibt es einen Tagesrhythmus für deine Leistungsfähigkeit. Wer ihn berücksichtigt, kann Arbeit leichter bewältigen, fühlt sich dabei wohler und gerät nicht so leicht in Stress.

Wie könnte ein Tagesplan aussehen, der die Leistungsfähigkeit in Abhängigkeit von der Tageszeit berücksichtigt?

Tagesleistungskurve

Stoffwechsel und Bewegung **217**

Gesundheit

Fitness

Im Jahre 1976 wurde in Amerika ein Junge geboren, dessen Leben gegenüber dem anderer Neugeborener ungewöhnlich verlaufen musste. Sein Abwehrsystem gegen Krankheiten war nur schwach entwickelt. Die Ärzte konnten ihn nur am Leben erhalten, indem sie ihn in einem luftdichten Zelt mit gefilterter Luft aufwachsen ließen. Nahrung und Spielsachen wurden desinfiziert und anschließend über luftdichte Schleusen in das Zelt eingeführt. Ein direkter Kontakt mit den Eltern oder anderen Menschen war nicht erlaubt. Dies Alles hätte zum Tode des Jungen führen können.

Auch unser Körper ist ständig von Krankheitserregern umgeben, trotzdem sind wir nur selten krank. Wie schön es ist gesund zu sein, merkt man immer erst, wenn man krank ist. Deswegen ist es wichtig, sich bewusst zu machen, wie man sich persönlich am Besten gesund erhält.

Abwehrsystem

Medizin

Krankheit

**Zivilisations-
krankheiten**

Bakterien

Viren

1 Infektionskrankheiten

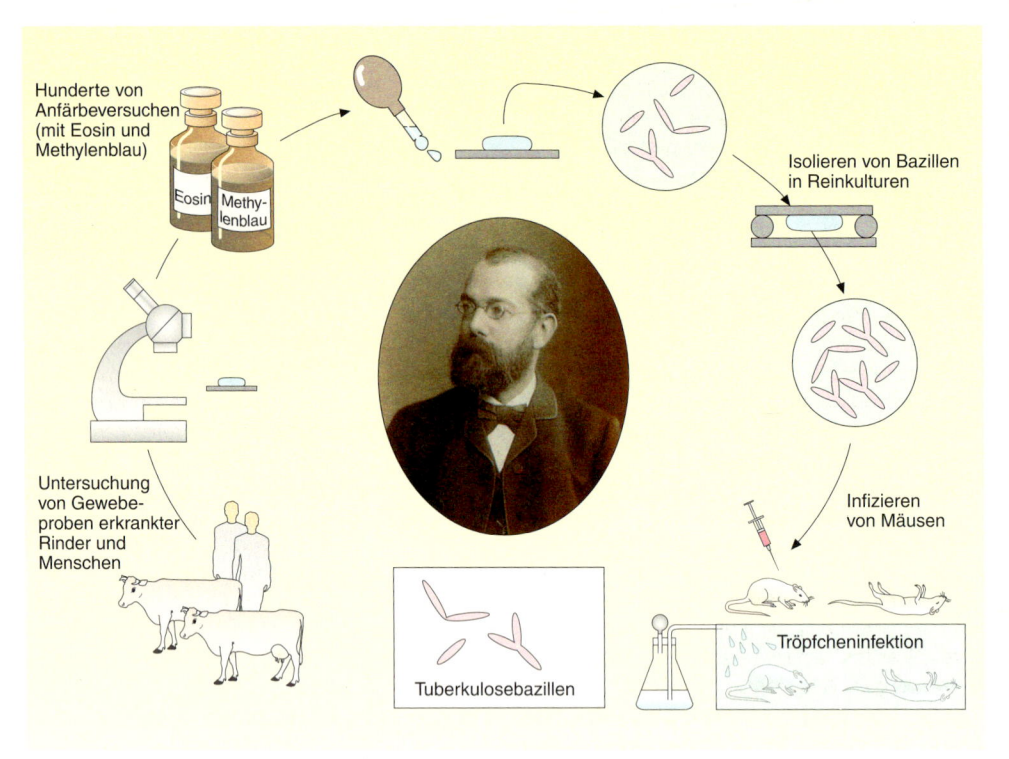

1 Versuchsreihe von ROBERT KOCH (1843 – 1910)

Kampf gegen winzige Feinde

Im Jahre 1879 untersuchte ROBERT KOCH das Blut von an *Milzbrand* erkrankten Rindern unter dem Mikroskop. Milzbrand war damals eine weit verbreitete und gefürchtete Viehseuche. KOCH hoffte, bei den erkrankten Tieren die Krankheitserreger zu finden und suchte nach *Mikroorganismen* – zunächst jedoch ohne Erfolg.

Daraufhin färbte er seine Präparate mit zahlreichen verschiedenen Farbstoffen. Tatsächlich waren bei einer bestimmten Färbemethode winzige stäbchenförmige Gebilde unter dem Mikroskop zu erkennen. Um beweisen zu können, dass es Lebewesen waren, isolierte er sie und beobachtete ihre Vermehrung. Schließlich spritzte er diese Mikroorganismen gesunden Mäusen ein, die daraufhin an Milzbrand erkrankten und starben. In ihrem Blut konnte KOCH die Erreger in großer Zahl feststellen und damit beweisen, dass der Milzbrand durch diese Mikroorganismen hervorgerufen wird. Bei Milzbranderregern handelt es sich um *stäbchenförmige Bakterien*, die man auch als *Bazillen* bezeichnet.

Mit seiner Beweisführung konnte KOCH zwei Jahre später auch den Erreger der Schwindsucht *(Tuberkulose)* als Bazillus identifizieren. Zudem wies er nach, auf welche Weise die Ansteckung mit Tuberkelbazillen erfolgt: Beim Husten und Sprechen von kranken Menschen gelangen feinste Tröpfchen in die Luft. Sie enthalten Tuberkelbazillen. Diese in der Luft schwebenden Tröpfchen können einen gesunden Menschen infizieren, sobald er sie einatmet *(Tröpfcheninfektion)*.

Mit der Entdeckung des Tuberkuloseerregers hatte KOCH die Grundlagen zur Bekämpfung einer *Infektionskrankheit* gelegt, an der zur damaligen Zeit noch jeder siebte Mensch in Europa starb. Seine Arbeitsmethode ist für die Bakteriologie grundlegend geworden.

Aufgabe

① Erkläre, warum ROBERT KOCH die Versuche zur Vermehrung der Bakterien und die Impfungen der Mäuse durchführen musste, um zu beweisen, dass es sich um die Milzbranderreger handelte.

Infektion
lat. *infectio* = Ansteckung

Bakterien
(gr. *bakterion* = Stäbchen)
einzellige Mikroorganismen ohne Zellkern

Bazillus
(lat. *bacillum* = Stäbchen)
stäbchenförmiges Bakterium

Bakteriologie
Teilgebiet der *Mikrobiologie*, das sich mit der Untersuchung von Bakterien beschäftigt.

Bakterien sind besondere Einzeller

Schon 1683 entdeckte LEEUWENHOEK mithilfe seines sehr einfachen Mikroskops winzige, zu Ketten zusammengeschlossene Kügelchen im Zahnbelag. Heute weiß man, dass er Bakterien gesehen hatte. Er muss dabei auf relativ große Exemplare gestoßen sein, die eine Länge von etwa 7 µm hatten. Die kleinsten Bakterien lassen sich selbst mit einem modernen Lichtmikroskop nicht mehr ausmachen. Sie sind nur etwa 0,2 µm groß.

Nur mit einem Elektronenmikroskop ist der Feinbau der Bakterienzelle zu erkennen. Eine feste, vergleichsweise dicke *Zellwand* grenzt die Zelle nach außen ab. Sie gibt ihr Halt und die charakteristische Form. Bei manchen Bakterien ist die Zellwand von einer *Schleimhülle* umgeben, die einen zusätzlichen Schutz bietet. Innerhalb der Zellwand umgibt die dünne *Zellmembran* das *Zellplasma*. An manchen Stellen ist die Oberfläche der Zellmembran durch Einstülpen und Auffalten stark vergrößert. Dadurch entsteht eine größere Oberfläche für die zahlreichen lebensnotwendigen Vorgänge, die nur an der Zellmembran ablaufen können. Im Zellplasma liegen *Reservestoffe* und die *Erbanlagen*. Ein Zellkern ist nicht vorhanden. Auffallend an der Gestalt mancher Bakterien sind die im Zellplasma verankerten *Geißeln*. Sie dienen der Fortbewegung.

Gelangt ein Bakterium in eine neue Umgebung, z. B. mit anderen Nährstoffen, stellt es seinen Stoffwechsel auf die neuen Lebensbedingungen ein. Ein Bakterium kann die für seinen Stoffwechsel notwendigen Stoffe über die gesamte Zelloberfläche aufnehmen und genauso Stoffe abgeben. Es wächst bis zu einer bestimmten Größe heran und teilt sich dann. Die beiden dabei entstehenden Zellen wachsen wiederum, bis sie für eine erneute Zellteilung groß genug sind. Bei gutem Nahrungsangebot, ausreichender Luftfeuchtigkeit und Temperaturen um 30 °C kann sich ein Bakterium alle 20 Minuten teilen. Doch diese *Massenvermehrung* führt mit der Zeit zu einschneidenden Veränderungen der Bakterienumwelt: Nahrung wird knapp und giftige Stoffwechselendprodukte, die von den Bakterien ausgeschieden werden, reichern sich in der Umgebung an. Das Bakterienwachstum wird dadurch gehemmt.

Bei sehr ungünstigen Umweltbedingungen bildet die Bakterienzelle eine zusätzliche, kräftige Wand aus; sie kapselt sich ab und bildet eine sogenannte *Spore* aus. Bakteriensporen sind sehr widerstandsfähig und können mehrere Jahre überleben. Es wurde nachgewiesen, dass solche Bakteriensporen extreme Temperaturen bis etwa +90 °C und -250 °C überstehen können. Sie überleben sogar im Weltraum. Sobald sich die Umweltbedingungen bessern, keimt die Spore zur Bakterienzelle aus und diese beginnt erneut mit Wachstum und Teilung.

Aufgaben

① Berechne die Nachkommenzahl eines Bakteriums über den Zeitraum von 4 Stunden. Gehe hierbei davon aus, dass sich die Bakterien alle 10 Minuten durch Teilung verdoppeln. Zeichne im Heft die Vermehrungskurve bis zu 1 Million Bakterien.

② Die Vermehrung geht in Wirklichkeit nicht immer so weiter. Nenne Ursachen, die die Form der realen Vermehrungskurve in den Abschnitten 1, 2 und 3 bewirken. Vergleiche diese Kurve mit deiner Kurve aus Aufgabe 1.

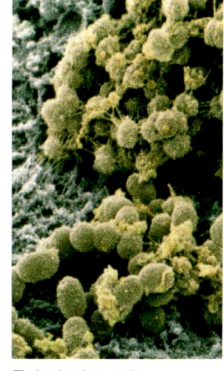

Zahnbelag mit Bakterien

Bakterienformen

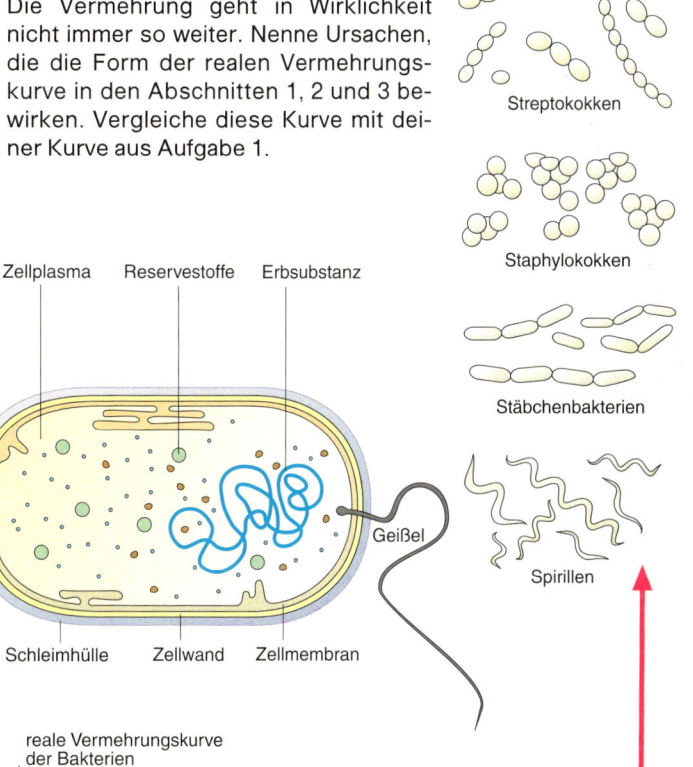

Streptokokken

Staphylokokken

Stäbchenbakterien

Spirillen

berechnete Vermehrungskurve

1 Bakterienzelle und reale Vermehrungskurve

Gesundheit – Krankheit

Praktikum

Bakterien sind vielseitig

Bakterien sind nicht nur Krankheitserreger und eine Plage der Menschen, sondern auch nützliche und wichtige Bestandteile in unserer Umgebung und unserem Leben. Bakterien sind wichtig im Stoffkreislauf des Bodens, hier bauen sie altes Laub und anderes abgestorbenes Material in Wasser, Kohlenstoffdioxid und Mineralstoffe um. Auch in Gewässern sind sie für die Selbstreinigung des Wassers sehr wichtig, daher sind sie in Kläranlagen entscheidende Helfer bei der Abwasserreinigung.

Eine große Bedeutung haben die Mikroorganismen auch in der *Nahrungsmittelherstellung*. Milchsäurebakterien verwandeln Milch in Dickmilch, Quark oder Jogurt oder Weißkohl in Sauerkraut. In der Landwirtschaft werden die selben Prozesse zum Haltbarmachen des Grünfutters als Silage in Silos genutzt. Mithilfe der Essigsäurebakterien wird aus Wein Essig hergestellt.

Milchsäurebakterien werden mit der Milch frei Haus geliefert — in Frischmilch sind sie immer vorhanden. Diese Milch ist bereits das richtige Nährmedium für die Versuchsbakterien, die sich darin züchten lassen. Im Mikroskop kann man Milchsäurebakterien mit der stärksten Vergrößerung gut erkennen, wenn man sie mit Methylenblaulösung anfärbt. Man kann sie in Kugel- oder Stäbchenform entdecken.

Milchsäurebakterien sind für Menschen ungefährlich. Es ist bei den Versuchen jedoch darauf zu achten, dass sich während der Versuchsdurchführung und -beobachtung keine anderen Mikroorganismen auf dem Versuchsmaterial ansiedeln: *Fäulnisbakterien* erkennt man an dem muffigen Geruch, *Schimmelpilze* an einer weißlich bis grünlichen zusammenhängenden Schicht. Solche Versuche muss man sofort abbrechen!

Die benutzten Kulturen und Gefäße müssen vom Lehrer fachgerecht entsorgt werden.

Die Nährlösungen oder Gemüseschnitzel lassen sich auf dem Komposthaufen und evtl. auch in der Toilette mit dem Abwasser beseitigen, ohne dass sie dort Schaden anrichten können.

Dickmilch und Quark

Am einfachsten geht die Herstellung von Dickmilch, weil man nur etwas warten muss. Besorge frische Milch, fülle einen halben Liter portionsweise in große Tassen oder Trinkgläser und stelle diese in die Küche oder an die Heizung bei über 20 °C. Nach wenigen Stunden bis zu zwei Tagen wird sie von alleine dick. Dann kannst du die Milch mit etwas Marmelade oder Fruchtsirup auslöffeln.

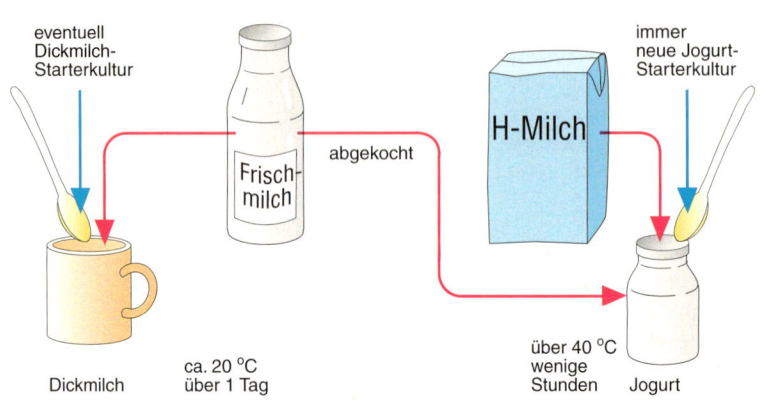

Rascher geht es, wenn du einen Esslöffel von bereits vorhandener Dickmilch in die Milch rührst, denn dann starten die Bakterienkulturen schneller. Beim längeren Stehen der Dickmilch trennt sich die wässrige *Molke* ab, der Rest wird fester. Schütte alles in ein feines Sieb. Die Molke tropft ab und übrig bleibt richtiger Quark.

Sauerkraut

Die Herstellung von Sauerkraut dauert länger und erfordert sauberes Arbeiten, damit nicht Schimmel unseren Versuch verdirbt. Einen kleinen Weißkrautkopf waschen, äußere Blätter wegwerfen, Schadstellen ausschneiden, mit dem Krauthobel oder der Küchenmaschine schnitzeln. Als Behälter eignet sich ein Steinguttopf mit 2 Liter Inhalt. Er wird mit kochendem Wasser ausgespült und so keimfrei gemacht. Nun eine Krautschicht 1 cm hoch einstampfen, darauf folgt ein Esslöffel Salz. So geht es weiter, bis im Topf nur noch etwas Platz ist. Auf das Kraut kommt ein Brett, mit einem Stein beschwert, darüber wird ein Tuch gedeckt. Zu beachten dabei ist, dass alle diese Teile vorher in kochendem Wasser sterilisiert werden müssen. Im Keller reift in zwei Wochen die erste Mahlzeit heran.

Jogurt und Kefir

Jogurt ist ein Sauermilchprodukt aus dem Balkan. Heute ist Jogurt in vielerlei Variationen und Geschmacksrichtungen in den Geschäften zu kaufen. Zur Eigenproduktion eignen sich nur die Bakterienkulturen aus gekauftem Jogurt, der ohne Zusätze, nicht sterilisiert und möglichst frisch sein soll. Die Milch muss bereits pasteurisiert sein; Frischmilch müssen wir also erst abkochen. Ein Liter warme Milch wird mit einem Esslöffel Jogurt verrührt, portioniert und warm gestellt. Die Jogurt-Bakterien brauchen etwa 40 °C. In der Schule geht das im Wärmeschrank, zu Hause in der Backröhre oder im Jogurt-Gerät. Dafür dauert es nur wenige Stunden, bis unser Jogurt fertig ist.

Essig aus Wein

Wein, der längere Zeit offen steht, wird von alleine sauer. Im Weinkeller ist dieses Umkippen gefürchtet, denn manch guter Tropfen ist dann nur noch als Salatessig zu gebrauchen. Dabei verarbeiten *Essigsäurebakterien* den Alkohol. Sie brauchen dazu Sauerstoff aus der Luft. Anders ist es bei den Milchsäurebakterien, die ohne Sauerstoff auskommen.

Für unseren Versuch brauchen wir die sogenannte *Essigmutter*, das sind lappenförmige Kolonien von Essigsäurebakterien. Als Nährlösung empfiehlt sich ein einfacher, trockener Rotwein. Ein bauchiges Glasgefäß wird nur halb gefüllt und bleibt eine bis zwei Wochen nicht zu warm stehen. Dann können wir den Weinessig probieren und noch nach Geschmack mit Kräutern würzen.

222 *Gesundheit — Krankheit*

Arzneimittel gegen Bakterien

Einzelne Bakterien lassen sich mit bloßen Auge nicht erkennen, trotzdem ist es möglich, sie sichtbar zu machen. Man lässt sie dazu auf einem *Nährboden* wachsen, der alles enthält, was Bakterien benötigen. Auf diese Weise entsteht aus einem einzigen Bakterium durch viele Zellteilungen ein Häufchen von Bakterien, eine *Kolonie*. Diese sieht man gut mit bloßem Auge.

Der englische Bakteriologe ALEXANDER FLEMING bemerkte auf dem Nährboden in einer Kulturschale einige verschimmelte Stellen. Um diese Stellen herum wuchsen keine Bakterienkolonien. Sonderte der Schimmelpilz vielleicht einen Stoff ab, der die Bakterien nicht gedeihen ließ oder tötete? Nach zahlreichen Versuchen zeigte sich, dass der Schimmelpilz *Penicillium notatum* einen Hemmstoff *(Penicillin)* freisetzt, der Bakterien an der Zellteilung hindert. FLEMINGS Ergebnisse waren eine Sensation, konnte man doch hoffen, diesen Stoff als Medikament gegen die zahlreichen, durch Bakterien hervorgerufenen Krankheiten einsetzen zu können.

Die Erfolge mit Penicillin hielten jedoch nur einige Jahre an. Es traten immer mehr Bakterien auf, bei denen das Penicillin keine Wirkung zeigte, die gegen Penicillin *resistent* waren. Neue Penicillin-Varianten wurden entwickelt und wiederum so lange eingesetzt, bis auch gegen diese neuen Stoffe resistente Bakterienstämme zu beobachten waren. Um heute wirksam gegen Bakterien vorzugehen, wird oftmals ein Gemisch verschiedener Stoffe eingesetzt. Ein von Organismen gebildeter Stoff, der Mikroorganismen abtötet oder an der Vermehrung hindert, wird **Antibiotikum** genannt.

Penicillin kann als Medikament eingesetzt werden, weil es ausschließlich Bakterienzellen stark schädigt, menschliche Zellen jedoch nicht. Trotzdem sind Penicillin und die anderen Antibiotika nicht ohne Nebenwirkungen für den Menschen. Antibiotka zerstören beispielsweise die nützlichen Bakterien im menschlichen Darm, die *Darmflora*. Diese ist für eine normale Verdauung notwendig und verhindert die Entwicklung von schädlichen Bakterien. Daher kommt es durch Antibiotika zu Verdauungsstörungen. Außerdem sind manche Menschen gegenüber Antibiotika *allergisch*; ihr Körper reagiert in krankhafter Weise überempfindlich. Bei leichten Erkrankungen ist es sinnvoll, auf Antibiotika zu verzichten, der Körper kann eigene Abwehrkräfte aktivieren und ist auf Dauer sogar besser geschützt. Antibiotika dürfen daher nur unter ärztlicher Kontrolle bei schweren Krankheiten eingenommen werden.

Alexander Fleming (1881 – 1955)

resistent
resistere, lat. = widerstehen

Antibiotikum,
Plural: Antibiotika
anti, gr. = gegen;
bios, gr. = Leben

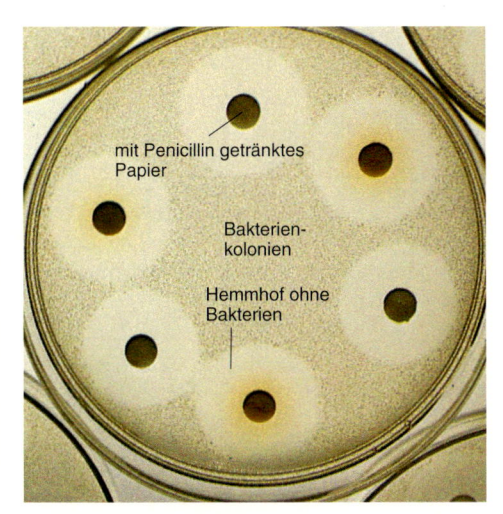

1 Wirkung von Penicillin
- mit Penicillin getränktes Papier
- Bakterienkolonien
- Hemmhof ohne Bakterien

Zettelkasten

Geschichte des Penicillins

FLEMING machte seine Entdeckung zur Bedeutung des Penicillins im Jahre 1928. Jedoch erst 1940 gelang es einer anderen Forschergruppe, eine kleine Menge Penicillin als reine Substanz aus den Pilzkulturen zu gewinnen. Mit dieser kleinen Menge wurde es als Arzneimittel zuerst an Mäusen, dann an Menschen getestet.

Das Problem bestand jedoch darin, dass nur geringe Mengen des Reinstoffes hergestellt werden konnten. Penicillin war daher zu diesem Zeitpunkt teurer als Gold, selbst aus dem Urin behandelter Patienten wurde es wieder zurückgewonnen. In den folgenden drei Jahren wurde die Massenproduktion in England und den USA vorangetrieben: es wurden Pilzkulturen mit höheren Penicillinmengen gezüchtet und effektivere Trennverfahren entwickelt.

Die Bedeutung im 2. Weltkrieg war groß, da entzündete Verwundungen ohne Penicillingabe bis zu diesem Zeitpunkt meist den Tod bedeuteten. Die Entwicklung der Penicillingroßproduktion wurde daher besonders intensiv gefördert. Ab 1944 konnten große Mengen zur Behandlung der verwundeten alliierten Soldaten eingesetzt werden. In Deutschland wurde das Penicillin erst nach Kriegsende produziert und verkauft.

Im Jahre 1945 bekam FLEMING für die Entdeckung des Penicillins den Nobelpreis.

Grippe — eine Viruserkrankung

Grippe
chrip, russisch = Heiserkeit

Die *Grippe* geht um. Mit Husten, Schnupfen, Augentränen und Mattigkeit beginnt sich eine Grippe bemerkbar zu machen. Starkes Fieber, Schüttelfrost, Kopf- und Gliederschmerzen, Appetitlosigkeit und Müdigkeit folgen. Nach einigen Tagen lassen die Beschwerden zwar nach, trotzdem fühlt man sich noch schwach und ist nicht voll leistungsfähig.

Durch Husten oder Sprechen gelangen die Erreger der Grippe mit ganz kleinen Flüssigkeitströpfchen in die Luft. Die Mitschüler atmen die Krankheitserreger mit der Luft ein.

Arztes ist während einer Grippewelle ein Ort besonderer Infektionsgefahr. Zu den allgemeinen Maßnahmen der Infektionsverhütung gehören daher alle Schritte, die den Kontakt mit Infektionsquellen verringern.

Die Grippe verbreitet sich während einer bestimmten Jahreszeit wie eine Seuche. Über die Tröpfcheninfektion werden viele Menschen infiziert. Man spricht daher auch von einer *Grippeepidemie*. Nach zwei bis drei Monaten ebbt die Grippewelle langsam wieder ab.

Viren

Lange nahm man an, dass auch die Grippe von Bakterien ausgelöst wird. Man musste aber feststellen, dass mit Antibiotika diese Krankheit nicht zu bekämpfen war, höchstens einige Symptome konnten abgeschwächt werden. Der Grippeerreger kann also kein Bakterium sein. Der Erreger ist ein *Virus*, das sich im Aufbau und Wirkung von den Bakterien unterscheidet.

Viren sind extrem klein. Ihre Größe reicht von $0{,}02\,\mu m$ bis zu $0{,}7\,\mu m$ ($1\,\mu m = 1$ Mikrometer $= {}^1\!/_{1000}$ mm). Im Lichtmikroskop sind Viren somit nicht zu erkennen, sondern nur mit einem Elektronenmikroskop. Wissenschaftliche Untersuchungen der Viren ergaben, dass sie nur aus Eiweißen und Erbsubstanz bestehen. Gibt man Viren in eine Nährlösung, so vermehren sie sich im Gegensatz zu den Bakterien nicht. Viren haben keinen eigenen Stoffwechsel, keine eigene Fortpflanzung, keine eigene Bewegung und kein Wachstum. Sie besitzen keinen zellulären Aufbau, wie wir ihn sonst allgemein von Lebewesen kennen, sondern bestehen nur aus einer Eiweißhülle, welche die Erbsubstanz umgibt (Abb. 225.1).

Gelangt ein Virus in eine lebende Zelle, so bewirkt es, dass der Stoffwechsel dieser Zelle auf die Bedürfnisse des Virus umgestellt wird. Man nennt die befallene Zelle *Wirtszelle*, weil sie den eingedrungenen Erreger mit allem notwendigen Material versorgen („bewirten") muss. Die Wirtszelle produziert in vielfacher Ausfertigung die Eiweißstoffe und die Erbsubstanz des Virus. Diese Virusbausteine lagern sich in der Wirtszelle zu zahlreichen neuen, vollständigen Viren zusammen. Die Wirtszelle platzt, die Viren werden freigesetzt und können sofort neue Zellen befallen.

1 Krankheitsverlauf bei einer Grippe und Ausbreitung einer Grippeepidemie

Das Virus
virus, lat. = Schleim, Gift

Epidemie
Seuche, örtlich und zeitlich gehäuftes Auftreten einer ansteckenden Krankheit

Sie haben sich angesteckt *(Tröpfcheninfektion)*. Die Infektion wird zunächst gar nicht bemerkt. Nach mehreren Stunden, oft auch erst bis zu 4 Tagen später, treten die oben beschriebenen Anzeichen der Krankheit, die *Symptome*, auf. Die Zeit von der Infektion bis zum Ausbruch der Krankheit und dem ersten Auftreten der Symptome heißt *Inkubationszeit*.

Besonders groß ist die Infektionsgefahr dort, wo viele Menschen in engem Kontakt untereinander stehen, beispielsweise in öffentlichen Verkehrsmitteln, auf Märkten, in Kinos oder Schulen. Auch das Wartezimmer des

Gesundheit — Krankheit

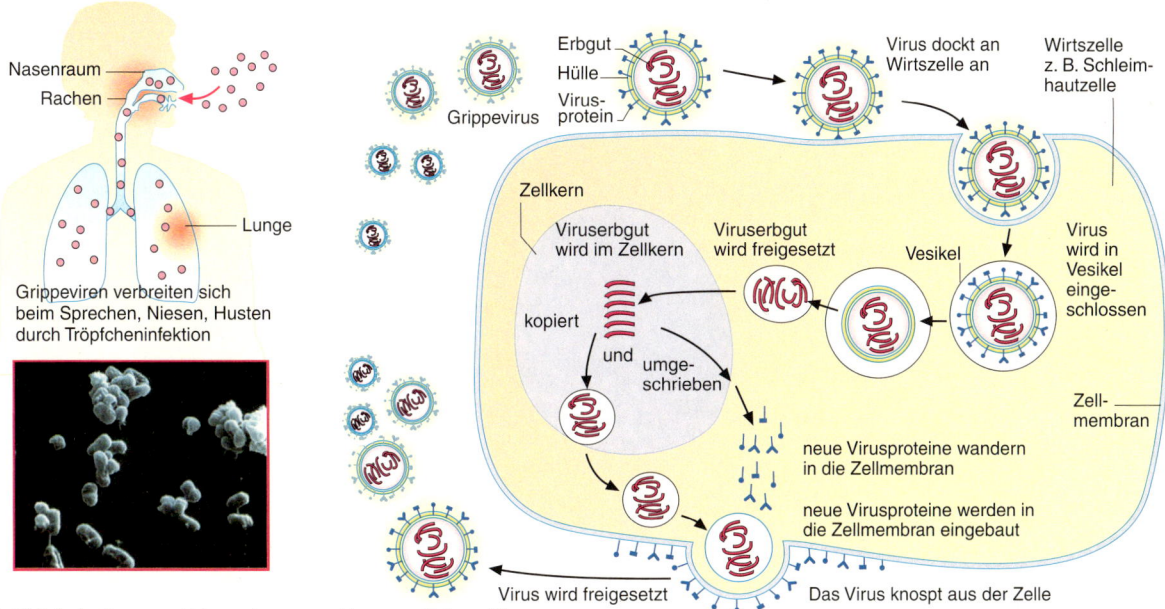

1 EM-Aufnahme und Vermehrungszyklus von Grippe-Viren

Typische Viruskrankheiten sind Schnupfen, Grippe, Röteln, Herpes, Masern, Kinderlähmung und Hirnhautentzündung. Auch AIDS wird durch ein Virus verursacht.

Das Grippevirus befällt vor allem die Zellen der Schleimhäute von Nase und Bronchien. Dies erscheint zunächst harmlos. In der Folge können aber bakterielle Krankheitserreger leichter in die geschädigten Gewebe eindringen. Man spricht in solchen Fällen von *Sekundärinfektionen*. So ist die häufigste Todesursache im Verlauf einer Grippeerkrankung eine anschließende *Lungenentzündung*, die durch Bakterien hervorgerufen wird. Gegen bakterielle Sekundärinfektionen kann der Arzt Medikamente, wie Antibiotika, verschreiben, sie wirken jedoch nicht gegen die Viren.

Aufgaben

① Erkläre, weshalb zwischen Ansteckung und Ausbruch einer Krankheit mehrere Tage vergehen können?
② Mache Vorschläge, wie man sich vor einer Infektion schützen könnte?
③ Wie unterscheiden sich Bakterien und Viren voneinander? Fasse die Unterschiede in einer Tabelle zusammen.

Zettelkasten

Grippe — Millionen Tote!

Die „Spanische Grippe" gehörte zu den großen medizinischen Katastrophen des letzten Jahrhunderts. Weltweit starben 20 bis 40 Millionen Menschen während und nach Beendigung des Ersten Weltkriegs an dieser Krankheit. Alte und junge Menschen wurden gleichermaßen befallen und manchmal trat der Tod innerhalb von 48 Stunden nach dem Auftreten der ersten Symptome ein. Man vermutet, dass die Katastrophe im März 1918 mit einer fiebrigen Erkrankung in einem Militärcamp in den USA begann. Die Krankheit war außerordentlich ansteckend. Ganze Bataillone erkrankten. Mit den Truppentransporten gelangte die Krankheit nach Europa und innerhalb weniger Monate in nahezu jeden Winkel der Erde.

Die Grippe von 1918 hatte sich bereits durch zahlreiche kleine Epidemien in Frankreich, England und besonders in Spanien angekündigt. In Deutschland erkrankten 10 Millionen Menschen, 300 000 starben. Zu der Katastrophe kam es, weil aggressive Grippeviren an unterschiedlichen Orten zu Erkrankungen führten und am Ende des Ersten Weltkriegs viele Faktoren zusammenfielen: die Ernährung der Bevölkerung war schlecht, die Abwehrkräfte geschwächt, die Wohnungen waren nicht beheizt und Millionen Menschen mussten auf engstem Raum zusammen hausen. Zusätzlich wurde die weltweite Verbreitung dadurch gefördert, dass Hunderttausende infizierter Soldaten — und Flüchtlinge — in ihre Heimatländer zurückkehrten.

Da Impfungen noch nicht möglich waren, versuchte man mit anderen Methoden die Seuche einzudämmen. Schulen und öffentliche Einrichtungen wurden geschlossen. In einigen Städten der USA war das Tragen von Gesichtsmasken Pflicht.

Gesundheit — Krankheit

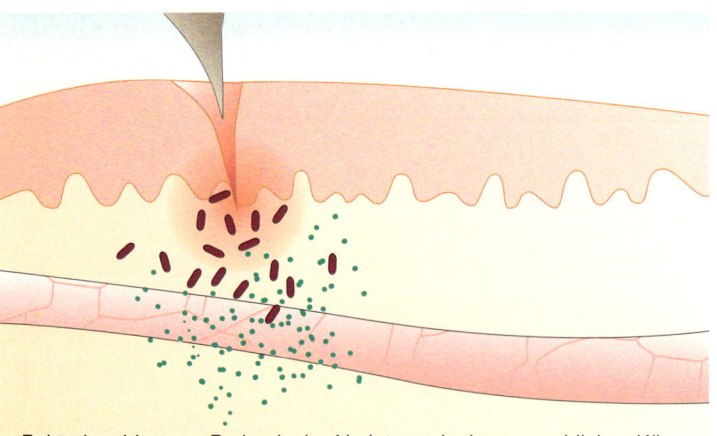

Bakterien dringen z. B. durch eine Verletzung in den menschlichen Körper ein. Sie gelangen in das Gewebe oder in die Blutbahn. Die Bakterien scheiden Substanzen ihres Stoffwechsels in das Gewebe aus. Daraufhin geben einige Zellen Signalstoffe an das umliegende Gewebe ab.

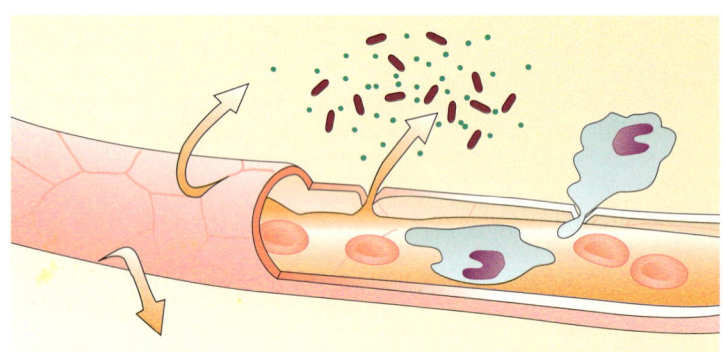

Die Signalstoffe aus den Zellen, z. B. Histamin, verändern die Haargefäße im Gewebe. Die Durchblutung wird erhöht und die Haargefäße werden poröser, sodass Blutplasma und die weißen Blutzellen besser aus dem Blut in das Gewebe kommen. In einem winzigen Tropfen Blut, ca. 1 mm³, sind bis zu 8000 weiße Blutzellen. Äußerlich erkennen wir die nun auftretenden Veränderungen im Gewebe durch Rötung, Anschwellen und Erwärmung der Stelle.

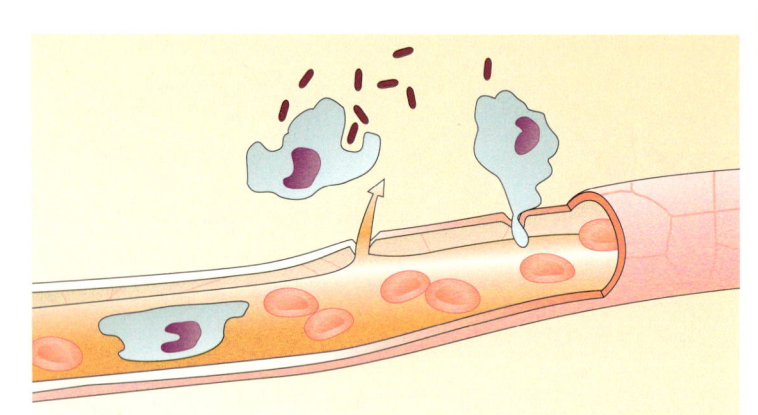

Die Riesenfresszellen, eine Gruppe der weißen Blutzellen, umfließen die Bakterien, nehmen sie in ihren Körper auf und machen sie unschädlich. Bei diesem Vorgang geben die Riesenfresszellen Substanzen ab, die weitere Riesenfresszellen anlocken. Auf diesem Wege werden Fremdkörper, wie die Bakterien, sehr effektiv vernichtet.

Der Körper wehrt sich

Unser Körper ist ständig von Mikroorganismen umgeben. Einen ersten Schutz des Körpers gegen Bakterien bildet die intakte *Haut* mit ihrer Hornschicht und dem Säuremantel sowie die *Schleimhäute*, z. B. in der Nase. Der Schleim enthält ein Enzym, das Bakterienzellwände abbaut. Im Magen tötet die Magensäure eingedrungene Krankheitserreger ab.

Trotz dieser Sicherheitsvorkehrungen können Krankheitserreger über Wunden, die Atemwege und mit der Nahrung in den Körper gelangen. Dadurch werden sofort eine Reihe von Abwehrmechanismen in Gang gesetzt. Diese Abwehr ist angeboren und läuft ohne unser aktives Zutun von alleine ab. Hierzu steht dem Körper ein *unspezifisches* und ein *spezifisches Abwehrsystem* zur Verfügung.

Das unspezifische Abwehrsystem

Die eingedrungenen Krankheitserreger schnell zu vernichten, bevor sie sich explosionsartig in unserem Körper vermehren, ist die Aufgabe der *weißen Blutzellen*. Es gibt sie in verschiedenen Formen und mit unterschiedlichen Aufgaben. Gemeinsam ist allen weißen Blutzellen, dass sie körperfremde Zellen bekämpfen. Die *Riesenfresszellen*, eine Gruppe der weißen Blutzellen, können die Blutbahn verlassen und bewegen sich zwischen den Zellen im Körper. Sie nehmen alle Fremdkörper in ihr Zellplasma auf und verdauen sie. Die Fremdkörper tragen auf ihrer Oberfläche bestimmte Substanzen, die *Antigene*. An ihnen erkennen die weißen Blutzellen, dass sie körperfremd sind. Da dieses Abwehrsystem auf alle körperfremden Stoffe reagiert, nennt man es unspezifisch.

Das spezifische Abwehrsystem

Ist die Anzahl der Krankheitserreger durch die unspezifische Abwehr über einen längeren Zeitraum nicht verringert worden, folgen spezifische Abwehrreaktionen des Körpers. Diese Reaktionen richten sich gezielt und effektiv auf bestimmte Krankheitserreger, die im Blut vermehrt vorkommen. Hierbei wirken weitere weiße Blutzellen mit:
— *B-Zellen:* sie entstehen im Knochenmark und reifen in Organen, wie der Milz oder den Lymphknoten. Ihre Aufgabe ist es, Abwehrstoffe gegen Krankheitserreger zu bilden.

Gesundheit — Krankheit

— *T-Zellen:* sie entstehen auch im Knochenmark, reifen jedoch in der Thymusdrüse. Während des Reifens „lernen" T-Zellen körpereigene von fremden Zellen zu unterscheiden. Danach kreisen sie im Blut durch den Körper.

Gelangen z. B. Grippeviren in die Schleimhäute der Atemwege, geben die befallenen Zellen Substanzen ins Blut ab, welche die Riesenfresszellen alamieren (Abb.1). Diese beginnen sofort mit der Arbeit: sie verschlingen und verdauen die Fremdkörper (unspezifische Abwehr). Dabei werden Antigene der Fremdkörper in die Oberfläche der Riesenfresszellen eingebaut und den T-Zellen präsentiert. Diese werden hierdurch angelockt und anhand der Antigene informiert, welche Fremdkörper eingedrungen sind. Da die T-Zellen nun helfen, das ganze Abwehrsystem zu aktivieren, werden sie auch *T-Helferzellen* genannt.

Sie aktivieren und informieren die B-Zellen, welche sofort gegen die eingedrungenen Grippeviren spezifische Abwehrstoffe, die *Antikörper*, entwickeln. Sie besitzen eine Y-förmige Gestalt. An den zwei Endpunkten der Y-Arme sind spezifische Formen, die wie beim *Schlüssel-Schloss-Prinzip* genau auf die Antigene der Krankheitserreger passen. Pro Stunde können in jeder B-Zelle Millionen von Antikörpern produziert werden. Treffen die Antikörper auf das Antigen der Grippeviren, so setzen sie sich an der Oberfläche fest und verbinden dadurch immer zwei Viren. Dies führt zu einer Verklumpung vieler Viren, wodurch von den Fresszellen viele Viren gleichzeitig gefressen werden können. Bis aber dieser Teil des Abwehrsystems voll wirksam ist, vergehen einige Tage.

Sind die Grippeviren jedoch bereits in ihre Wirtszellen eingedrungen, so sind die Antikörper im Blut unwirksam. In diesen Wirtszellen vermehren sich die Viren ungehindert. Von den T-Helferzellen werden auch die sog. *T-Killerzellen* informiert und aktiviert. Sie erkennen die befallenen Wirtszellen an den Antigenen der Viren und zerstören sie. Dabei werden auch die in den Zellen vorhandenen Grippeviren vernichtet.

Gleichzeitig wurden bei den B- und T-Zellen spezifische *Gedächtniszellen* gebildet, die über Jahre im Körper erhalten bleiben. Bei einem Zweitkontakt der Gedächtniszellen mit dem spezifischen Antigen desselben Typs von Grippeviren erfolgt eine schnellere und stärkere Vermehrung der spezifischen T-Killerzellen oder B-Zellen, als bei einem Erstkontakt. Der Körper ist nach der Erstinfektion gegen diesen Typ von Grippeviren *immun* geworden.

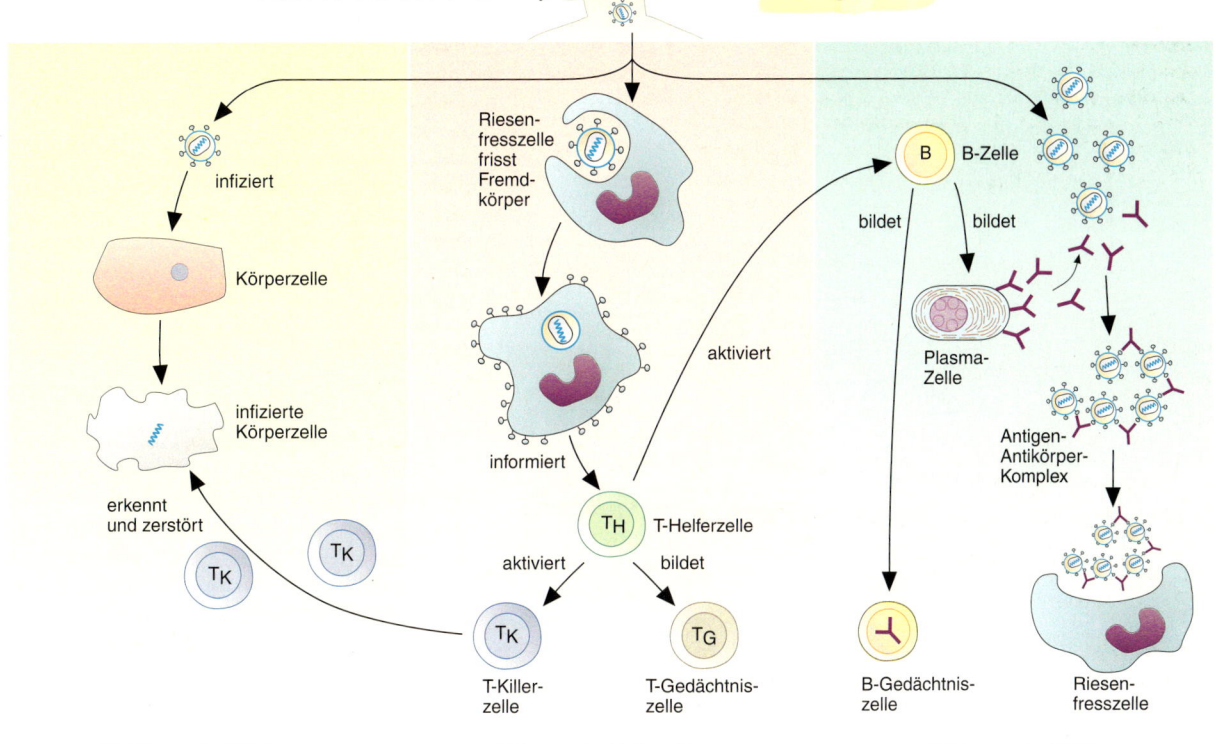

1 Funktion des spezifischen Abwehrsystems

Gesundheit — Krankheit

Aktive und passive Immunisierung

Besonders für ältere oder durch Krankheiten geschwächte Menschen, aber auch für Kleinkinder, stellt eine Grippeerkrankung eine große Gefahr dar. Deshalb empfehlen viele Ärzte ihren Patienten, sich gegen die Grippe impfen zu lassen. Die Wirkung der Impfung beruht auf der Bildung von Gedächtniszellen bei der spezifischen Abwehr, genau wie bei der im Körper natürlich ablaufenden Immunreaktion.

Kleine Mengen von abgeschwächten Erregern werden in die Blutbahn gespritzt. Diese Erstinfektion bewirkt beim Menschen, dass B-Zellen Antikörper herstellen. Gleichzeitig bilden sich Gedächtniszellen. Die Antikörper werden nach einiger Zeit abgebaut, die Gedächtniszellen bleiben jedoch erhalten — oft ein Leben lang.

Sobald durch eine Zweitinfektion die selben Krankheitserreger wieder auftreten, werden von den Gedächtniszellen in kurzer Zeit die passenden Antikörper gebildet (Abb.1). Da die abgeschwächten Krankheitserreger und die „echten" Krankheitserreger ähnliche Antigene auf ihrer Oberfläche besitzen, reagieren die Gedächtniszellen auch auf die echten Krankheitserreger. Die zu Beginn einer Infektion geringe Zahl an Erregern kann so rasch vernichtet werden. Die Impfung stellt deshalb den besten Schutz gegen die Grippe dar, weil die Viren weder durch Antibiotika noch durch andere Medikamente effektiv bekämpft werden können. Da der Körper die Antikörper selbst gebildet hat, spricht man von einer *aktiven Immunisierung*.

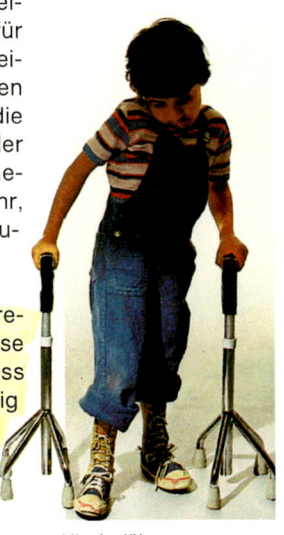

Kinderlähmung

Viren verändern sich schnell. Daher wird auch die Zusammensetzung des Impfstoffs jedes Jahr nach den Empfehlungen von Medizinexperten der Weltgesundheitsorganisation WHO geändert. Die Experten erhalten Daten über Grippefälle aus 110 Grippezentren in 80 verschiedenen Ländern. Besonders häufige Grippeviren werden herausgesucht und in Hühnereiern vermehrt. Der Impfstoff besteht aus geschwächten Virusstämmen oder Teilstücken dieser Viren, die in den Hühnereiern vermehrt wurden. Die Herstellung des Impfstoffs dauert 3 Monate. Zu Beginn der nächsten Wintersaison wird der Impfstoff ausgeliefert.

Die Erfolge der Schutzimpfungen sind weltweit sehr groß. Beispielsweise hat die generelle Einführung der Schutzimpfung gegen Kinderlähmung (Schluckimpfung) in Deutschland bewirkt, dass die Zahl der jährlichen Neuerkrankungen von 4700 vor 1960 bis heute auf wenige Krankheitsfälle sank. Es sind jedoch vereinzelt Krankheitsfälle als Folge von Impfungen aufgetreten. So kann es vorkommen, dass durch die bei der Schluckimpfung aufgenommenen, abgeschwächten Kinderlähmungsviren ein Kind schwer erkrankt. Deshalb gibt es bei uns keinen gesetzlich vorgeschriebenen Impfzwang mehr. Da jedoch das Risiko einer Erkrankung an Kinderlähmung viel größer ist als das Risiko einer Impffolgeerkrankung, werben die Gesundheitsämter für die Schutzimpfungen.

Um bereits erkrankten, jedoch nicht geimpften Menschen helfen zu können, wurde ein anderes Verfahren entwickelt. Hierbei werden Tiere, z. B. Pferde, mit den Krankheitserregern infiziert. Die Tiere bilden spezifische Antikörper gegen diese Erreger, die dann aus dem Blut gewonnen und den Erkrankten injiziert werden. Das körpereigene Abwehrsystem ist jedoch in diesem Falle nicht aktiviert worden. Man spricht daher von einer *passiven Immunisierung*. Sind die Antikörper nach einiger Zeit verbraucht oder abgebaut, erlischt der Impfschutz, der Körper ist nicht dauerhaft immun. Diese Impfung wird *Heilimpfung* genannt. Man führt sie jedoch nicht nur durch, wenn ein Mensch schon erkrankt ist, sondern auch vor einer unmittelbar drohenden Infektion mit dem Erreger einer schweren Krankheit.

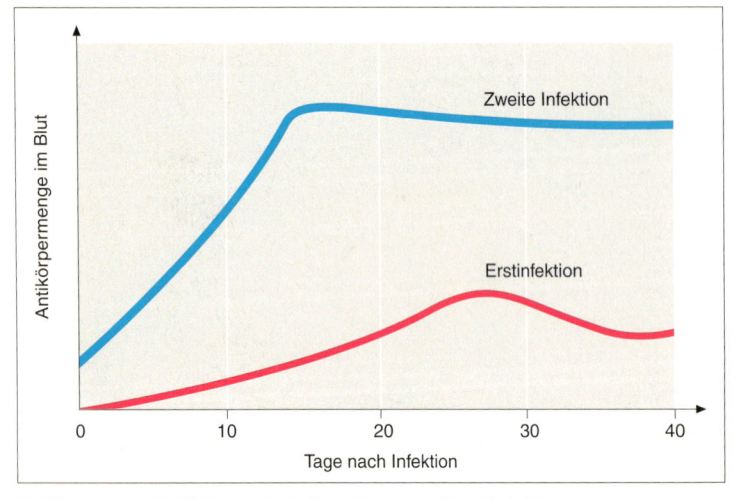

1 Bildung von Antikörpern bei einer Erst- und Zweitinfektion

Aufgabe

① Erkläre den Vorteil einer Schutzimpfung.

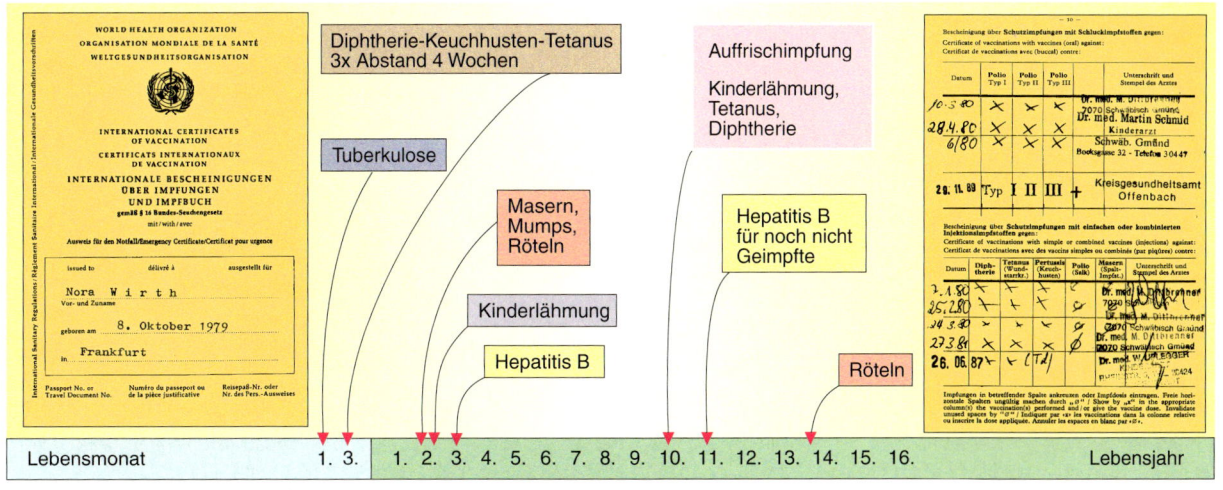

1 Impfbuch und Impfplan für die wichtigsten Kinderkrankheiten

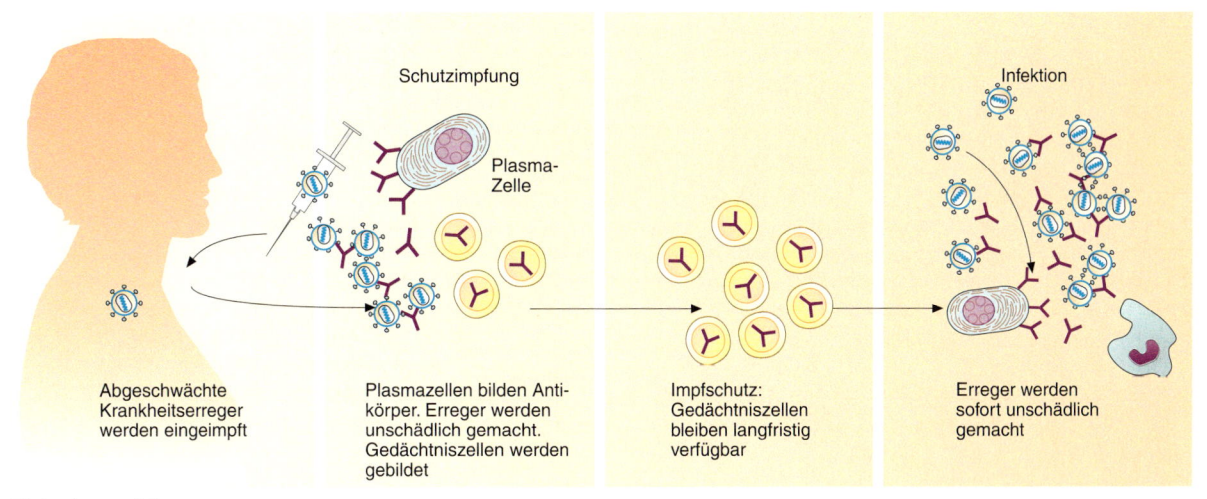

Diphtherie-Keuchhusten-Tetanus
3x Abstand 4 Wochen

Tuberkulose

Masern, Mumps, Röteln

Kinderlähmung

Hepatitis B

Auffrischimpfung
Kinderlähmung, Tetanus, Diphtherie

Hepatitis B für noch nicht Geimpfte

Röteln

Lebensmonat 1. 3. | 1. 2. 3. 4. 5. 6. 7. 8. 9. 10. 11. 12. 13. 14. 15. 16. Lebensjahr

---

2 Aktive Immunisierung

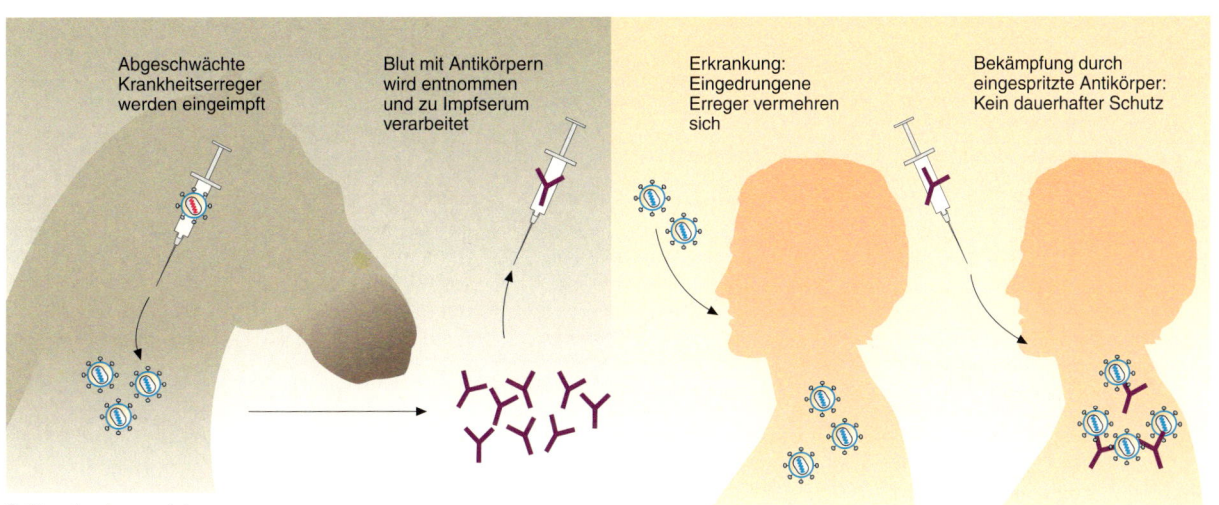

- Abgeschwächte Krankheitserreger werden eingeimpft
- Schutzimpfung — Plasmazelle — Plasmazellen bilden Antikörper. Erreger werden unschädlich gemacht. Gedächtniszellen werden gebildet
- Impfschutz: Gedächtniszellen bleiben langfristig verfügbar
- Infektion — Erreger werden sofort unschädlich gemacht

---

3 Passive Immunisierung

- Abgeschwächte Krankheitserreger werden eingeimpft
- Blut mit Antikörpern wird entnommen und zu Impfserum verarbeitet
- Erkrankung: Eingedrungene Erreger vermehren sich
- Bekämpfung durch eingespritzte Antikörper: Kein dauerhafter Schutz

Gesundheit – Krankheit

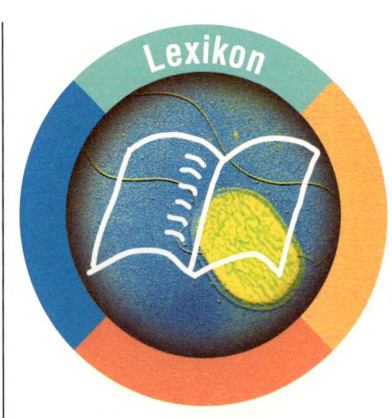

Infektionskrankheiten

Infektionskrankheiten können sehr unterschiedlich verlaufen. Sie werden von Viren, Bakterien oder Einzellern ausgelöst. Einige Infektionskrankheiten sind *meldepflichtig*, d. h. sie müssen dem Gesundheitsamt gemeldet werden. Um die Verbreitung der Infektionskrankheiten zu verhindern, werden die betroffenen Menschen isoliert, sie kommen in *Quarantäne*.

Bakterieninfektion

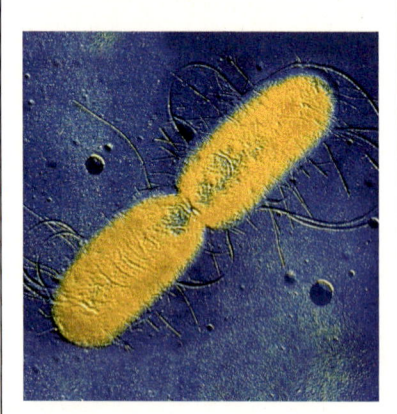

Das Bakterium *Escherichia coli* (abgekürzt: *E. coli*) oder einfach *Colibakterium*) lebt im Darm des Menschen. Die vermehrte Aufnahme von Colibakterien, beispielsweise mit verunreinigtem Trinkwasser oder anderen Nahrungsmitteln, kann zu Erkrankungen des Magens und des Darmes führen. Durchfall **(Diarrhoe)** ist häufig die Folge. Deshalb werden Trinkwasser, Lebensmittel und Wasser in Schwimmbädern dauernd von Mitarbeitern des Gesundheitsamtes überwacht. Sie bestimmen die *Keimzahl*, das ist die Anzahl vermehrungsfähiger Keime in einem Milliliter der Wasserprobe. In öffentlichen Schwimmbädern dürfen pro Milliliter kein einziges Colibakterium, keine krankheitserregenden Keime und höchstens 100 andere, nicht gefährliche Keime vorkommen. Bei Lebensmittelkontrollen fallen insbesondere immer wieder Nahrungsmittel auf, die mit **Salmonellen** verseucht sind. Die große Gruppe der Salmonellen besteht aus über 1600 verschiedenen Bakterienarten. *Salmonellosen* (Lebensmittelvergiftungen) dauern meist nur wenige Tage. Sie sind mit Übelkeit und Durchfall verbunden. Hauptursache von Salmonellosen ist der Verzehr von verunreinigten Nahrungsmitteln. Es gibt Menschen, die nach einer überstandenen Salmonellose weiterhin über Jahre hinweg Salmonellen ausscheiden.

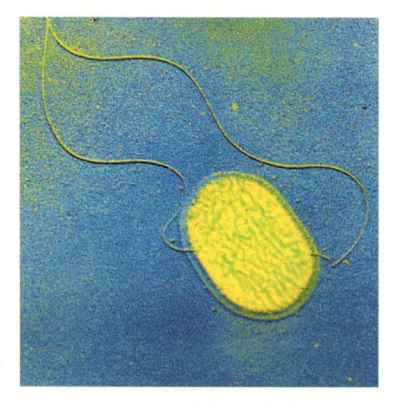

Dies ist meldepflichtig. In der Bundesrepublik Deutschland werden alle Beschäftigten in der Lebensmittelbranche vom Amtsarzt auf Salmonellenausscheidungen untersucht.

Eine Salmonellenart ruft **Typhus** hervor, eine melde- und isolierungspflichtige Krankheit. Die Aufnahme der Erreger erfolgt mit der Nahrung: „Typhus wird gegessen und getrunken". Die Inkubationszeit beträgt 7—14 Tage. Wochenlanges, hohes Fieber (40—41 °C) schwächt den Körper. Früher betrug die Sterblichkeit 15 %, nach der Einführung der Antibiotika noch etwa 1 %. Nach überstandener Krankheit ist man lebenslang immun.

Diphtherie-Kranke zeigen eine starke Rötung des Rachens und mäßiges Fieber. Die Übertragung der Erreger erfolgt durch *Tröpfcheninfektion*. Gefährlich wird Diphtherie durch die Erstickungsgefahr bei starkem Anschwellen des Rachens und durch die Giftstoffe *(Toxine)*, die durch Diphtheriebakterien abgegeben werden. Sie schädigen den Herzmuskel und führen zu Nervenlähmungen. Gegen die Toxine hat EMIL VON BEHRING ein Heilserum entwickelt. Antibiotika allein reichen zur Behandlung nicht aus, da sie die Toxine nicht unschädlich machen können.

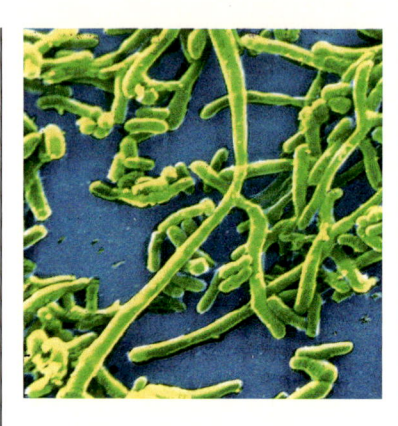

Beim **Keuchhusten** gelangen die Bakterien durch Tröpfcheninfektion in die Atemwege und rufen dort Entzündungen hervor. Ein keuchender Husten ist die Folge, der vor allem für Kinder gefährlich sein kann, da Erstickungsgefahr besteht. Sehr hohe Ansteckungsgefahr, Meldepflicht! Vorbeugung durch aktive Schutzimpfung.

Ein feuerroter Rachen ist ein Krankheitsmerkmal für **Scharlach**. Dazu kommt ein feinfleckiger, roter Hautausschlag am ganzen Körper. Die Zunge ist entzündet: *Himbeerzunge*. Die Behandlung erfolgt mit Penicillin.

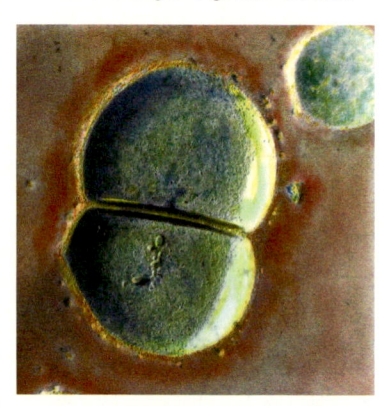

Sowohl eine durchgemachte Scharlacherkrankung als auch eine Impfung bietet keinen sicheren, dauerhaften Schutz.

Eine krampfhafte Erstarrung der Muskulatur ist die Folge des Toxins, das die **Tetanus**-Bazillen abgeben. Meist gelangen die Bakterien mit Erde oder Straßenschmutz schon bei kleinen Verletzungen in offene Wunden. Die Impfung gegen Tetanus *(Wundstarrkrampf)* soll nach 8 Jahren aufgefrischt werden. Im Krankheitsfall muss innerhalb von 24 Stunden ein Heilserum verabreicht werden.

Virusinfektionen

Röteln sind an sich eine harmlose Viruserkrankung. Ein Anschwellen der Lymphdrüsen und ein Hautausschlag, der mit rosaroten Flecken im Gesicht beginnt und sich dann auf den ganzen Körper ausdehnt, kennzeichnen die Krankheit. Meist tritt nur schwaches Fieber auf; das allgemeine Wohlbefinden ist nicht stark beeinträchtigt. Gefährlich sind die Röteln bei Schwangeren, die diese Krankheit noch nicht hatten und auch nicht geimpft sind.

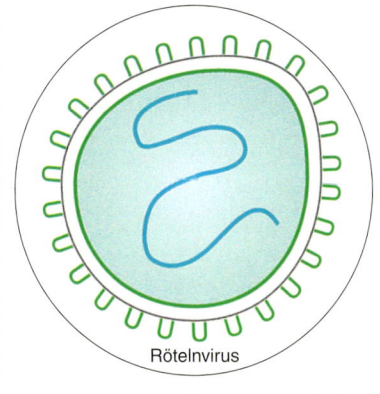

Rötelnvirus

Das ungeborene Kind kann durch die Abwehrstoffe geschädigt werden. Mögliche Folgen sind: Taubheit, Herzfehler und schwere Mehrfachschädigungen. Häufig treten auch Fehlgeburten auf. Deshalb sollten sich alle Mädchen vor Beginn der Pubertät gegen Röteln impfen lassen!

Mumps (Ziegenpeter) ist eine Viruskrankheit, bei der die Ohrspeicheldrüsen anschwellen und Schmerzen verursachen. Dies führt zu der typischen verdickten Wange, den „Hamsterbacken". Die Übertragung erfolgt durch Tröpfcheninfektion, aber auch über gemeinsam benutztes Geschirr oder Besteck sowie durch unmittelbaren Kontakt wie Küssen. Die Infektion erfolgt am häufigsten zwischen dem 5. und 9. Lebensjahr. Eine aktive Schutzimpfung ist bei Jungen sinnvoll, da diese doppelt so häufig erkranken wie Mädchen. Zudem können die Erreger die Hoden befallen, was spätere Unfruchtbarkeit *(Sterilität)* zur Folge haben kann.

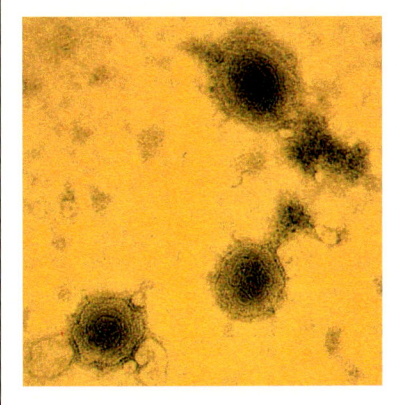

Kinderlähmung wird von den *Polioviren* hervorgerufen — aber durchaus nicht nur bei Kindern! Nach einer Inkubationszeit von 3 bis 14 Tagen fangen Kopf, Rücken und Glieder zu schmerzen an, man beginnt zu schwitzen. Dann treten erste Lähmungserscheinungen auf. Bei sehr schweren Fällen kann es zur Lähmung der Atemmuskulatur kommen. Die Sterblichkeit kann bis zu 20 % betragen. Im Erholungsstadium können die Lähmungen teilweise, selten ganz zurückgehen. Meist bleiben Skelett- und Gelenkveränderungen zurück. Durch konsequenten Impfschutz ist die Kinderlähmung bei uns zu einer fast vergessenen Krankheit geworden. In tropischen Entwicklungsländern ist dies nicht der Fall. Bei der Impfung gegen *Polio* erhält man den Impfstoff auf einem Stück Zucker zum Schlucken *(Schluckimpfung)*.

Bis zu 50 % der an **Pocken** Erkrankten sterben. Die Inkubationszeit beträgt 12 Tage, dann setzt hohes Fieber ein. Schließlich zeigen sich vorwiegend im Gesicht Pusteln, die später aufgehen und nach Abheilen die typischen *Pockennarben* hinterlassen. Schon vor 2000 Jahren führte man in Indien eine Impfung gegen Pocken durch. Die angeritzte Haut wurde mit dem Inhalt der Pusteln bestrichen. Darauf folgte eine abgeschwächte Erkrankung, die zur Immunität führte. Ähnlich arbeitete man vor rund 1500 Jahren in China, wobei man die Viren über die Nase zuführte. Diese Methode wurde durch den schottischen Arzt MAITLAND 1721 in Europa eingeführt. JENNER entwickelte 1796 die harmlose Variante der Schutzimpfung mit Kuhpocken.

Wer einmal **Masern** gehabt hat, bleibt lebenslang immun. Deshalb gehören sie zu den typischen *Kinderkrankheiten*. Die Erreger werden durch Tröpfcheninfektion auch über größere Entfernung übertragen. Die Inkubationszeit beträgt 10 bis 14 Tage. Dann zeigen sich Rötungen des Rachens, Schnupfen, Husten und ein rascher Fieberanstieg, der nach 4 Tagen wieder abklingt. Daraufhin bildet sich der typische Masernausschlag auf der Haut, verbunden mit erneutem Fieberanstieg. Da man sich schon während der Inkubationszeit anstecken kann, ist eine Infektion kaum zu verhindern. Es gibt eine *aktive Schutzimpfung*.

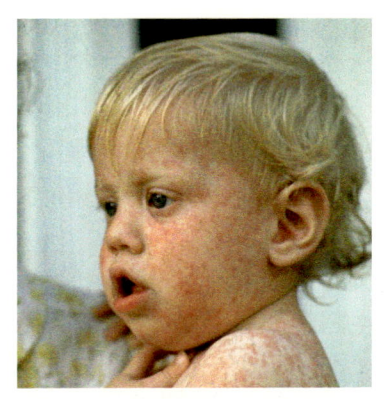

Tollwut wird meist durch einen Hundebiss auf den Menschen übertragen, selten auch durch Bisse von Fuchs oder Katze. Die lange Inkubationszeit von 1 bis 6 Monaten erschwert das Erkennen der Krankheit. Der Ausbruch kündigt sich durch Kopfschmerzen, Krämpfe in der Atemmuskulatur und Atemnot an. Der Kranke hat qualvollen Durst, kann aber nicht schlucken (die sog. „Wasserscheu") und hat starken, schäumenden Speichelfluss. Es gibt eine Heilimpfung, die möglichst sofort nach Verdacht auf einen Tollwutbiss anzuwenden ist. Ansonsten verläuft die Tollwut meist tödlich.

Achtung! Daran erkennt man tollwütige Tiere: Sie verlieren ihre Scheu vor dem Menschen. Sie beißen und schnappen nach allem, was sich bewegt. Speichel tropft aus ihrem Maul.

Gesundheit — Krankheit

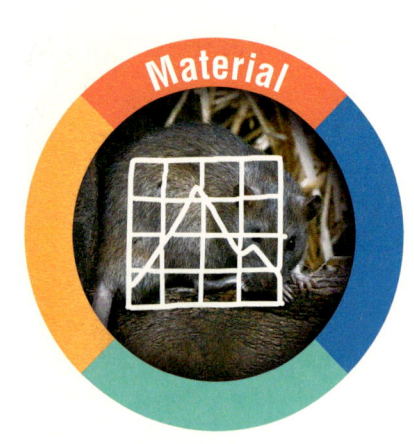

Material

Krankheiten
beeinflussen die Welt

Pest

Der Begriff Pest stammt von dem lateinischen Wort *pestilentia* = Seuche, Pest, ungesunde Luft.
Die Pest ist eine extrem ansteckende Infektionskrankheit, die sowohl als Beulen- als auch als Lungenpest auftritt. Ursprünglich kommt sie bei wild lebenden Nagetieren wie Ratten vor. Der Erreger der Pest ist ein unbegeißeltes, stäbchenförmiges Bakterium, welches 1894 entdeckt wurde. Dieses Bakterium wird durch Parasiten, wie Flöhe, übertragen. Rattenflöhe infizieren sich an erkrankten Ratten. Suchen die Flöhe den Menschen als Ersatzwirt, infizieren sie ihn mit den Krankheitserregern. Die Erkrankung wird auch von Mensch zu Mensch weitergetragen: Eine Ansteckung ist über infizierte Gegenstände und als Tröpfcheninfektion über die Atemwege möglich.

Zwischen 1347 und 1352 breitete sich der „schwarze Tod" bis nach Island aus und forderte ca. 25 Millionen Tote, etwa ein Drittel der damaligen Bevölkerung.
Die Pest hatte ihren Ausgangspunkt im Orient. Über das Mittelmeer kamen Handelsschiffe nach Italien, Frankreich und Spanien. 1347 kamen in Genua zwölf Galeeren an, deren Matrosen bereits auf der Überfahrt verstorben oder schwer krank waren. Viele dieser Schiffe trieben als Geisterschiffe vor der Küste.

Infizierte Ratten von diesen Schiffen verbreiteten die Pest in den Hafenstädten des Mittelmeers und weiter ins Landesinnere, da die Waren — und damit auch die Ratten — mit Schiffen auf den Flüssen weitertransportiert wurden.

„In den Städten ist die Zahl der Beerdigten größer als die der Lebenden", schrieb ein Geschichtsschreiber. Die Menschen flohen vor der Krankheit in andere Orte, in denen noch keine Pestfälle aufgetreten waren. Auch Kriege wurden von der Pest beeinflusst, da Stadtbelagerungen unabhängig von der militärischen Stärke durch das Sterben der Belagerten oder der Belagerer endeten.

Im Mittelalter stellte man sich vor, die Luft sei mit krankmachenden Stoffen befleckt, die der Menschennatur feindlich sind. Auf Pestbildern findet man in den Straßen der Städte Scheiterhaufen, die angezündet wurden, um die Luft mit Holzrauch von krankmachenden Stoffen zu befreien. Auch die Doktoren in der Pestkleidung hatten in der Schnabelnase der Gesichtsmaske Riech- und Räuchermittel, welche die Atemluft von den schädlichen Stoffen der Luft reinigen sollten. Die Doktoren glaubten, dass weniger der Rauch, sondern das Feuer eine Rolle spielt, in dem es den Infektionstierchen in der Luft Flügel und Beine verbrannte und sie so unschädlich mache. Es herrschten verschiedene Begründungen über die Herkunft der Pest. Man beschuldigte Juden, Zigeuner, fremde Handelsreisende und Hexen.

Aufgaben

① Beschreibe anhand der Texte, welche Vorstellungen die Menschen im Mittelalter von der Ausbreitung der Pest hatten. Weshalb konnten sie noch keine sinnvolle Erklärung für das Auftreten der Pest haben?

② Beschreibe anhand der Karte, wie sich die Pest in Europa ausbreitete und wie es dazu kommen konnte.

③ Erläutere, wie man heute die Pest bekämpfen würde.

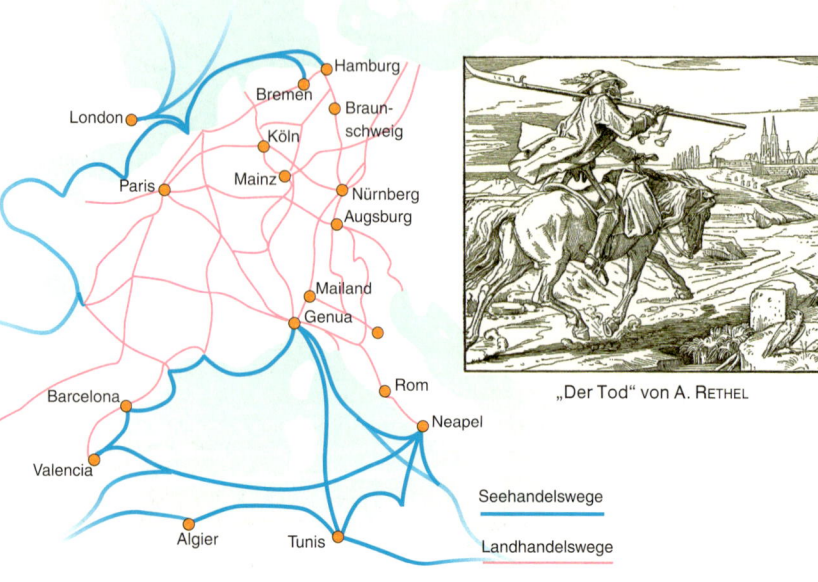

„Der Tod" von A. RETHEL

Seehandelswege
Landhandelswege

232 *Gesundheit — Krankheit*

Cholera in Hamburg

1831 trat die Cholera in Deutschland auf. Immer wieder kehrte diese Krankheit in die Städte zurück. In Hamburg starben 1892 innerhalb von sechs Wochen 8605 Menschen an der Cholera.

Die Stadt Hamburg hatte nach dem Großen Brand im Jahre 1842 ein Wasserversorgungsnetz errichtet, indem man das Wasser mit einer dampfgetriebenen Pumpenanlage aus der Elbe in ein Rohrsystem saugte und verteilte. Die großen Mengen Abwässer mit dem Kot und Unrat gelangten in die Elbe zurück. Erst nach 1892 führte man Abwasserkanäle ein und filterte das Trinkwasser durch Kiesfilteranlagen.

Slums in der dritten Welt

Ein Bericht aus einer großen Stadt um 1860: „In den Stadtteilen der armen Leute sind keine Kloaken und Abtritte (Toiletten); und daher wird aller Unrat, Abfall und Exkremente von wenigstens 50 000 Menschen jede Nacht in die Rinnsteine geworfen, so dass trotz allen Straßenkehrens eine Masse angetrockneter Kot und ein stinkender Dunst entsteht. Alle, die diesen Zustand der Bewohner näher kennen, werden Zeugnis geben, welchen hohen Grad Krankheiten und Elend hier erreicht haben."

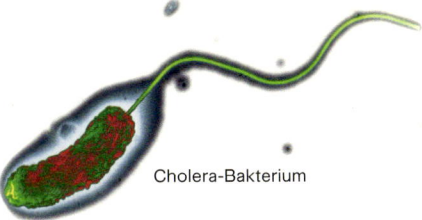

Cholera-Bakterium

Cholera

Der Cholera-Erreger wurden 1883 von ROBERT KOCH identifiziert. Es ist ein Bakterium, das sich mithilfe von Geißeln fortbewegt. Die Bakterien gelangen durch verunreinigte Lebensmittel und Trinkwasser in den menschlichen Körper und verursachen die Krankheit, indem sie im Dünndarm des Menschen ein Gift ausscheiden. Die Inkubationszeit beträgt ca. 3 Tage.

Erstes Anzeichen der Krankheit ist das Schrumpfen des Gesichtes und anderer weicher Körpergewebe aufgrund des großen Wasserverlustes. Dieser wird durch massiven Durchfall hervorgerufen, bei dem man innerhalb eines Tages ca. 20 l Wasser verliert. Es kommt zu einem Kreislaufkollaps, die Gliedmaßen werden blau und der Körper ist allgemein unterkühlt. Die Krankheit dauert 2–7 Tage. Der erste Choleraanfall ist für 70 % der Erkrankten tödlich.

Aufgaben

④ Was bedeuten die Begriffe Hygiene, Prophylaxe und Diagnose. Benutze diese Begriffe bei der Beantwortung der folgenden Fragen.

⑤ Nenne Gründe, weshalb in den größer werdenden Städten des 19. Jahrhunderts die Gefahr einer Choleraepidemie sehr groß war. Was hat diese Epidemie an Veränderungen ausgelöst, sodass die Cholera in den Großstädten der Industriestaaten heute nicht mehr vorkommt?

⑥ In den Ländern der 3. Welt kommen immer wieder Choleraepidemien vor, besonders in den Slums und Flüchtlingslagern. Welche Ursachen spielen dabei eine Rolle? Erläutere, welche Möglichkeiten es gibt, den Menschen hier zu helfen.

⑦ Deutsche Touristen haben sich in Kenia mit Cholera infiziert. In manchen Ländern besteht ein Cholera-Risiko auch bei Personen, die sich nur in Hotels aufhalten. Durch welche Vorsichtsmaßnahmen können sich Touristen schützen?

Gesundheit – Krankheit

AIDS:
Acquired
Immune
Deficiency
Syndrom

erworbenes Abwehrschwächesyndrom

Syndrom
Gruppe von zusammengehörigen Krankheitszeichen, die für eine bestimmte Krankheit kennzeichnend sind.

HIV
Human **I**mmunodeficiency **V**irus

menschliches Immunschwäche-Virus

AIDS — ein Virus erobert die Welt

Eine Infektion mit HI-Viren führt nicht direkt zu der schweren Krankheit AIDS. Viele Infizierte merken zunächst nichts oder es treten nur grippeähnliche Symptome auf, die nach 2 Wochen wieder abklingen. Die Infektion verläuft danach ohne besondere Symptome weiter. Erst nach 12 bis 16 Wochen kann man Antikörper und damit die HIV-Infektion zuverlässig nachweisen. Es kann Jahre dauern, bis die Krankheit AIDS zum Ausbruch kommt.

Bei allen AIDS-Kranken kann man eine extrem niedrige Anzahl von weißen Blutzellen, besonders der T-Helferzellen, feststellen. Dies ist darauf zurückzuführen, dass die HI-Viren sich besonders auf Riesenfresszellen und T-Helferzellen als Wirtszellen spezialisiert haben. Auf der Oberfläche der Viren sind Andockknöpfe, die sich an der Oberfläche der Wirtszellen an passenden Andockstellen anheften können. Die Andockknöpfe bestehen aus speziellen Eiweißen, die wie ein Schlüssel ins Schloss der Andockstellen auf den Wirtszellen passen. Da die Riesenfresszellen und die T-Helferzellen diese Stellen besitzen, können sie von HI-Viren befallen werden. Die Membranen der Wirtszelle und des Virus verschmelzen, das Erbmaterial wird in die Wirtszelle aufgenommen und dort vermehrt.

Da die T-Helferzellen das Abwehrsystem aktivieren, wirkt sich deren Verminderung nachteilig auf den Schutz vor Infektionen aus. So sind HIV-Infizierte anderen Krankheitserregern, die sich bei einem normal funktionierenden Abwehrsystem niemals im Körper ausbreiten und vermehren könnten, hilflos ausgesetzt. Typisch für diese Krankheiten ist, dass sie nur bei geschwächtem Immunsystem zum Ausbruch kommen. Man nennt ihre Erreger daher *opportunistisch*. Dieser Begriff leitet sich ab vom lateinischen Wort *opportunus* = einer günstigen Gelegenheit folgend. Zu diesen Krankheiten gehören Pilzbefall auf der Haut, besonders auf den Schleimhäuten im Mund, der Speiseröhre oder Luftröhre, spezielle Formen von Lungenentzündungen, Hirnhautentzündungen oder eine seltene Form des Hautkrebs (*Kaposisarkom*).

HI-Viren wurden nicht nur im Blut, sondern auch in anderen Körperflüssigkeiten, wie Sperma, Scheidensekret, Muttermilch, Speichel oder Tränen, nachgewiesen. In der Tränenflüssigkeit und im Speichel reicht die Konzentration der Viren jedoch nicht für eine Infektion aus. Eine hohe Ansteckungsgefahr geht daher von Situationen aus, in denen größere Mengen der HI-Viren in Körperflüssigkeiten eines Infizierten in den Körper eines Nichtinfizierten gelangen:

— Infektionen über *Bluttransfusionen*. Sie sind in Deutschland seit 1985 ausgeschlossen, da die Blutkonserven auf HI-Viren untersucht werden. In Entwicklungsländern ist dies jedoch nicht immer der Fall, daher besteht hier ein hohes Risiko.
— Gemeinsam genutzte *Spritzen* von Drogensüchtigen sind riskant, da in den Injektionsnadeln noch Blutreste vorhanden sind.

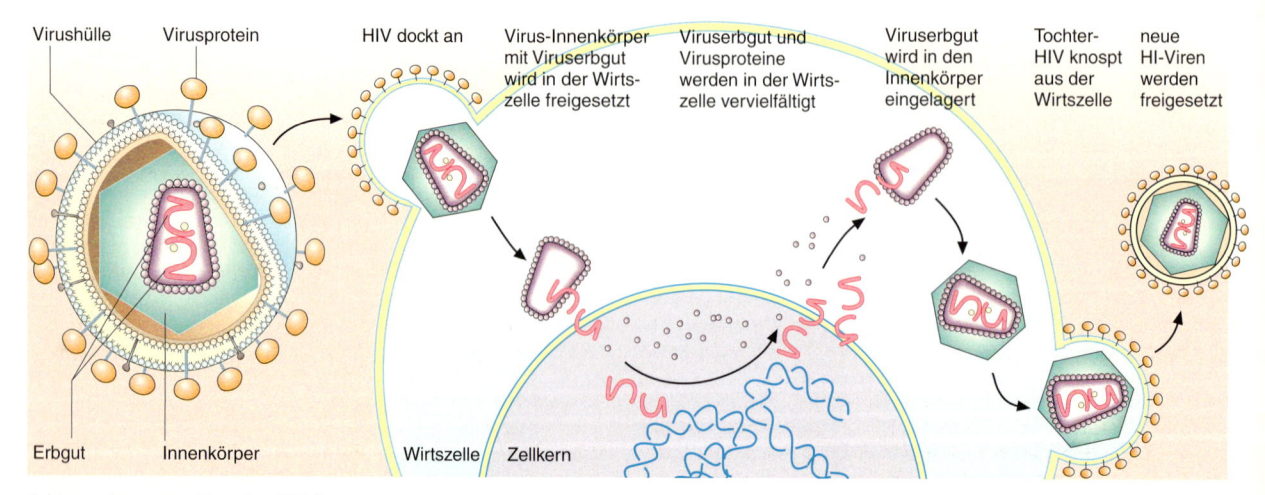

1 Vermehrungszyklus des HI-Virus

Gesundheit — Krankheit

Großes Risiko	Kein Risiko
— Gemeinsame Benutzung von Fixerbestecken, Spritzen und Nadeln — Ungeschützter Analverkehr — Ungeschützter Vaginalverkehr — Schwangerschaft bei einer HIV-infizierten Frau — Oralverkehr	— Küsse, Zungenküsse — Körperkontakte, Hautkontakte — Zusammenleben mit einem Infizierten — Anhusten oder Niesen — Essen im Restaurant — Schwimmbad, Sauna, Toiletten, Waschräume — Friseur, Maniküre, Tätowierungen, Piercing, Ohrlochstechen — Insektenstiche

Gib AIDS keine Chance

— Während der Schwangerschaft von HIV infizierten Müttern werden wenige Feten infiziert. Wesentlich größer ist das Risiko während der *Geburt* über das Blut oder danach durch die *Muttermilch*.
— Beim *Geschlechtsverkehr* können durch kleinste Risse in der Scheide oder des Penis Viren aus dem Scheidensekret oder dem Sperma in die Blutbahn gelangen. Beim Analverkehr ist das Risiko besonders groß, da die Viren sehr schnell in den Körper aufgenommen werden. Außerhalb des Körpers an der Luft können die HI-Viren nicht lange überleben.

Die wichtigste Schutzmaßnahme gegen die HI-Viren ist die Verwendung von Kondomen beim Geschlechtsverkehr. Dies ist besonders wichtig bei häufig wechselnden Sexualpartnern. Drogenabhängige sollten immer eine eigene Injektionsnadel benutzen. Bei schweren Unfällen sollten bei der Ersten Hilfe Schutzhandschuhe getragen werden.

Wirksame Medikamente gegen AIDS gibt es noch nicht. Man kann bisher nur den Krankheitsverlauf verlangsamen und die opportunistischen Krankheiten unterdrücken. Eine Eindämmung von AIDS lässt sich daher nur durch eine effektive Aufklärung und eine dauerhafte Änderung der Verhaltensweisen erreichen. Dies wird besonders deutlich, wenn man die Zahlen der Infizierten in verschiedenen Ländern vergleicht. In Deutschland sind ca. 50 000 Menschen infiziert, der größte Teil der weltweit ca. 40 Millionen Infizierten aber lebt in den Entwicklungsländern. Zwischen 1980 und 1999 starben bereits 12 Millionen Menschen an AIDS. Auch in Deutschland nimmt die Zahl der Infizierten wieder zu, da viele Menschen gleichgültiger gegenüber dem AIDS-Risiko wurden und weniger auf Schutzmaßnahmen achten.

Ein Zusammenleben mit HIV-Infizierten ohne intime Beziehungen ist für Nichtinfizierte unbedenklich, da eine Tröpfcheninfektion nicht erfolgt. Man kann sich anfassen oder das gleiche Besteck benutzen, ohne dass man sich mit AIDS infiziert. Problematischer ist die Situation für den HIV-Infizierten durch das erhöhte Infektionsrisiko, da jede Erkältung, jede Grippe für ihn tödlich sein kann. Jeder hat daher eine Verantwortung im Zusammenleben mit Infizierten, sie nicht zusätzlich zu gefährden, ohne jedoch vom Leben in der Gemeinschaft auszugrenzen.

Zettelkasten

Hepatitis B — eine schleichende Epidemie?

Jedes Jahr sterben in Deutschland mehr Menschen an Hepatitis B als an AIDS. 50 000 Menschen infizieren sich jedes Jahr neu. Hepatitis B-Viren kommen im Blut Infizierter mit einer hohen Konzentration vor, daher reichen geringste Mengen Blut für eine Infektion. Ein Tropfen Blut in einer Badewanne kann zu einer Neuinfektion führen. Die Viren können auch außerhalb des Körpers bis zu einer Woche überleben, daher sind Infektionen über Rasiermesser, Nagelfeilen oder Instrumente zum Tätowieren oder Piercen möglich. Hepatitis B wird auch über Sperma, Scheidensekret und Speichel übertragen.

Die Inkubationszeit kann bis zu 6 Monate dauern. Vor dem Ausbruch der Krankheit kommt es zu grippeähnlichen Symptomen. Die eigentliche Krankheit besteht in einer gestörten Leberfunktion, es kommt zur *Gelbsucht*. Einige Infizierte überwinden die Krankheit innerhalb von 4 Monaten und sind danach immun gegen die Viren. Bei anderen kann es jedoch zu Leberversagen oder zu dauerhaften Leberveränderungen kommen. Letztere führen langfristig zu Leistungsschwäche, Muskelschwäche oder Leberkrebs. Bei 30% der Patienten ist eine Behandlung, trotz Nebenwirkungen, erfolgreich.

Ein wirksamer Schutz gegen Hepatitis B ist nur die Impfung. Seit 1986 wird ein gentechnisch hergestellter Impfstoff eingesetzt. Die Wirkung der Impfung bleibt mindestens 10 Jahre erhalten, teilweise sogar ein ganzes Leben. Alle Säuglinge ab dem 3. Lebensmonat sollten geimpft werden. Jugendliche, die als Säuglinge nicht geimpft wurden, sollten die Impfung zwischen dem 11. und 15. Lebensjahr nachholen, da in diesem Alter die eingangs geschilderten Infektionswege durch die verstärkten Kontakte nach außen aktuell werden.

Meilensteine der Medizin

Welche Ursachen Krankheiten haben, konnte man sich bis zu den Erkenntnissen der wissenschaftlichen Medizin nicht erklären. Häufig wurde der Einfluss von übel wollenden Geistern, zürnenden Göttern oder Sternen vermutet. Erst viele wissenschaftliche Untersuchungen und Erkenntnisse führten wie ein Mosaik zu dem heutigen Wissensstand.

Edward Jenner

Louis Pasteur

Aufgaben

1. Stelle mithilfe der auf dieser Seite vorgestellten Wissenschaftler und Entdeckungen eine Zeitleiste auf und erkläre, warum JENNER noch nicht verstehen konnte, welche Vorgänge bei seiner Impfung ablaufen.
2. Erkläre, weshalb die Viren der Kuhpocken als Impfstoff verwendet werden konnten.
3. Begründe, ob es sich bei den Entdeckungen von PASTEUR und BEHRING um die aktive oder passive Impfung handelt.

Edward Jenner (1749 — 1823)

Die *Pocken* waren bis zum Ende des 18. Jahrhunderts eine gefürchtete, meist tödlich verlaufende Krankheit. Wer das Glück hatte, sie zu überleben, war jedoch vor einer zweiten Ansteckung sicher. Der englische Landarzt JENNER beobachtete, dass Knechte und Mägde, die an den harmlosen Kuhpocken erkrankt waren, nicht an den gefährlichen Pocken erkrankten. 1796 entnahm er aus den Pusteln einer an Kuhpocken erkrankten Magd etwas Flüssigkeit und ritzte diese einem achtjährigen Jungen unter die Haut. Sechs Wochen später infizierte er ihn mit Pocken. Wie vermutet, blieb dieser Junge gesund. Diese Impfung wurde am Anfang von den Fachkollegen JENNERS nicht Ernst genommen und sogar für gefährlich gehalten. JENNER erhielt für einige Jahre Berufsverbot. JENNERS Methode war jedoch so erfolgreich, dass sie sich nicht nur in England, sondern auch auf dem Kontinent verbreitete.

Louis Pasteur (1822 — 1895)

1855 beobachtete PASTEUR durch Zufall bei Experimenten, dass Krankheitserreger, die er länger an sauerstoffreicher Luft oder bei bestimmten Temperaturen liegen ließ, „geschwächt" wurden. Die Experimente wurden mit den Erregern der *Hühnercholera* durchgeführt. Hühner, die mit diesen Erregern infiziert wurden, zeigten kaum Anzeichen der Krankheit. Daraus folgerte er, dass die Krankheitserreger ihre Stärke verloren hatten. Infizierte er die behandelten Hühner ein zweites Mal, überlebten sie. Die Hühner wurden also auch durch abgeschwächte Krankheitserreger immun. 1885 gelang es PASTEUR, einen Menschen vor der Tollwut durch künstlich abgeschwächte Krankheitserreger zu retten.

Heilserum direkt vom Pferd! Frisch angestochen!
Fig. 243. Eine Zukunftsapotheke.
Aus den Lustigen Blättern (1894).

Emil von Behring (1854 — 1917)

EMIL VON BEHRING entwickelte 1890 als Assistent von ROBERT KOCH ein Verfahren, um nicht geimpften, bereits erkrankten Menschen zu helfen. Er infizierte Pferde mit den abgeschwächten Erregern der *Diphtherie*, einer schweren Erkrankung der oberen Atemwege. Die Tiere bildeten dann im Blut die passenden Antikörper. Aus dem Blut dieser aktiv immunisierten Tiere gewann BEHRING ein Serum. Dieses konnte man mit den darin enthaltenen Antikörpern den an Diphtherie erkrankten Menschen spritzen und eine sofortige Heilwirkung erzielen.

Gesundheit — Krankheit

Emil von Behring

Ilja Metschnikoff

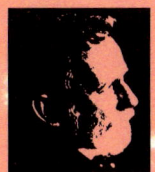

Paul Ehrlich

zerkleinern und lösen

filtrieren durch Spezialfilter, das keine Bakterien durchlässt

Aufbringen des Filtrats auf eine gesunde Tabakpflanze

④ Erläutere, für welchen Impftypus die Ergebnisse von LOUIS PASTEUR wichtig waren.

⑤ Erläutere, welche Entdeckungen über das Abwehrsystem des menschlichen Körpers METSCHNIKOFF und EHRLICH gelungen sind.

⑥ Erkläre, weshalb erst die Verdünnungsreihen BEIJERINGS zeigen konnten, dass es sich nicht um ein Gift handelte.

⑦ Fasse zusammen, wie nachgewiesen wurde, dass sich Viren nur in Lebewesen vermehren können.

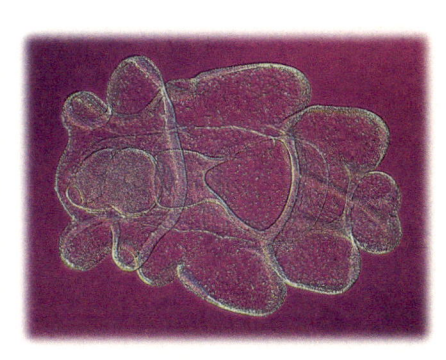

Ilja Metschnikoff (1845 – 1916)

Der russische Biologe METSCHNIKOFF stellte im Jahre 1884 seine Theorie vom Abwehrsystem vor. Er fütterte Seesterne mit kleinen Farbstoffpartikeln und beobachtete, wie diese von beweglichen Zellen in den Seesternen aufgefressen wurden. Er vermutete, dass diese Fresszellen das Abwehrsystem der Seesternlarven waren. Um dies zu beweisen, führte er einen Rosenstachel in durchsichtige Seesternlarven ein und sah am nächsten Morgen unter dem Mikroskop, dass dieser Stachel von einer Vielzahl der beweglichen Zellen umgeben war. Er vermutete, dass im Menschen eine ähnliche Immunabwehr sein müsse. Bei Süßwasserkrebsen konnte er zeigen, dass Pilzsporen, die das Tier befielen, von Fresszellen der Süßwasserkrebse vernichtet wurden. Die Theorie von METSCHNIKOFF stand im Widerspruch zu PAUL EHRLICHS Theorie. Dadurch waren die Wissenschaftler in zwei Lager gespalten.

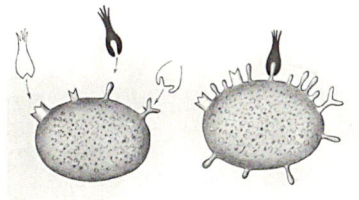

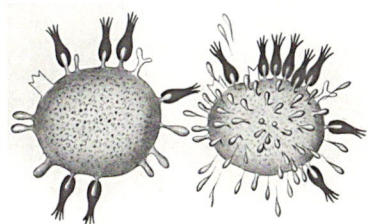

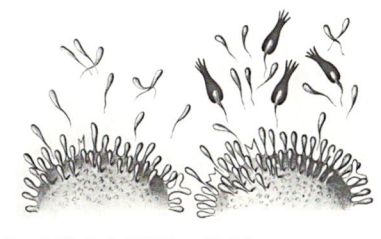

Paul Ehrlich (1854 – 1915)

1889 führte PAUL EHRLICH Versuche an Mäusen durch, an die er pflanzliche Gifte verfütterte. Allmählich erhöhte er die Dosis der Gifte und konnte so die Mäuse an viel höhere Mengen gewöhnen. EHRLICH nahm an, die Mäuse seien gegen das Gift immun geworden, weil das Gift und ein Gegengift aufeinander einwirkten. Er vermutete, dass Gift und Gegengift wie ein Schlüssel-Schloss-Prinzip zusammenpassen. Wird das Gift von dem Gegengift gebunden, so wird das Gift für den Körper unschädlich.

D. J. Iwanowsky 1892 / W. Beijering 1898

Der Russe IWANOWSKY führte 1892 Versuche mit Tabakblättern durch, die von der *Mosaikkrankheit* befallen waren. Die Blätter wurden in Wasser zerkleinert und anschließend durch ein Papierfilter filtriert. Das Filtrat wurde ein zweites Mal durch ein Spezialfilter mit so geringer Porengröße gefiltert, dass keine Bakterien hindurch gelangten. Dieses Filtrat übertrug IWANOWSKY auf die Blätter von gesunden Tabakpflanzen, die einige Tage später erkrankten.

Der niederländische Forscher BEIJERING führte ähnliche Versuche wie IWANOWSKY durch. Er verdünnte jedoch das Filtrat, bevor er es auf die Blätter auftrug. Die infizierten Blätter verarbeitete er wieder zu einem Filtrat und verdünnte erneut. Obwohl er diesen Vorgang sehr häufig wiederholte, wurden die Blätter immer wieder infiziert. Es musste sich also um Lebewesen handeln, die kleiner als Bakterien waren. Man nannte sie *Viren*, vom lateinischen Wort virus = Gift. In einer zweiten Versuchsreihe veränderte er den Versuchsaufbau. Die Blätter ersetzte er jeweils durch ein Nährmedium für Bakterien. Am Ende dieser Versuchsreihe trug er die Flüssigkeit auf Tabakblätter auf. Diese erkrankten jedoch nicht. Die Lebewesen hatten sich hier nicht vermehrt.

Gesundheit – Krankheit

2 Die Anophelesmücke überträgt die Malaria

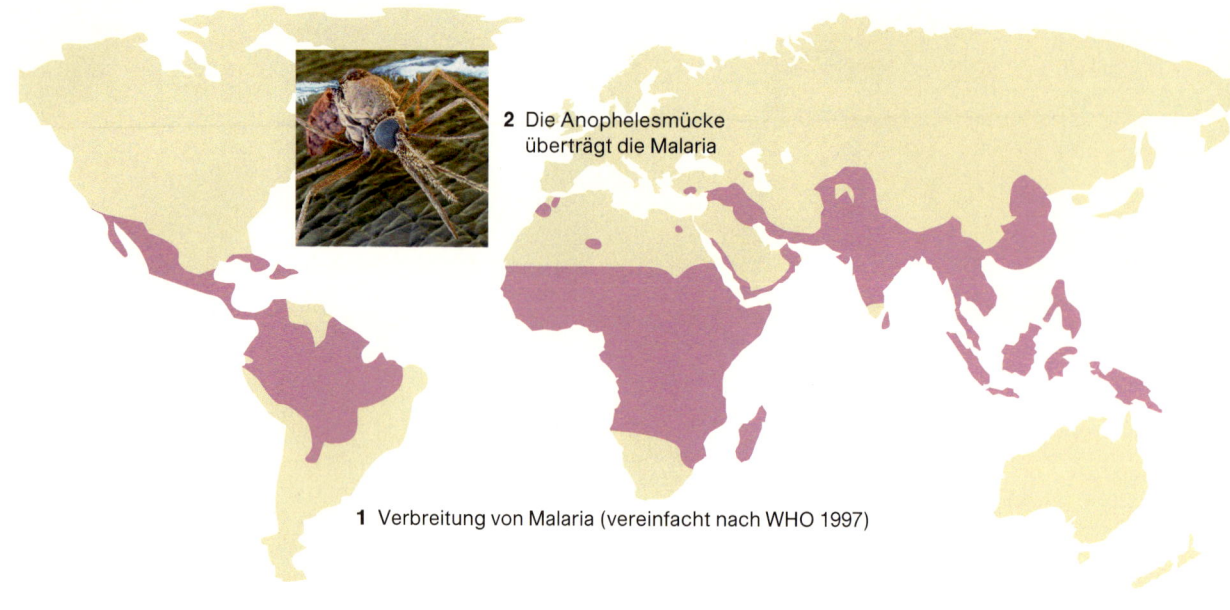

1 Verbreitung von Malaria (vereinfacht nach WHO 1997)

Mücken und Zecken übertragen Krankheitserreger

Malaria

Reisen in ferne Länder rangieren ganz oben auf der Hitliste der Ferienwünsche. Doch immer mehr Urlauber zahlen einen hohen Preis: Jährlich gibt es über 1000 Malariainfektionen beim Urlaub im Ausland. Man schätzt, dass 300 Millionen Menschen infiziert sind und 2 Millionen jedes Jahr an dieser Krankheit sterben. Abb.1 zeigt die heutigen Malariagebiete.

Viele Touristen haben keine Informationen über vorbeugende Maßnahmen oder Heilungschancen. Vor Fernreisen sollte man sich bei einem Arzt über die notwendigen Medikamente informieren. Einen absolut sicheren Schutz vor Malaria gibt es nicht, jedoch können Medikamente das Risiko einer Infektion stark herabsetzen. Die beste Prophylaxe ist jedoch immer noch, sich in Malariagebieten vor Mückenstichen zu schützen. Da die weiblichen Mücken nur in der Dämmerung oder nachts stechen, schläft man unter Moskitonetzen; am Tag genügt es, sich die Haut mit insektenabwehrende Lotionen einzureiben.

Malaria wird ausgelöst durch Einzeller der Gattung *Plasmodium*. Für ihre Entwicklung sind sie auf zwei Wirte angewiesen, den Menschen und die Fiebermücke *Anopheles*. Der Entwicklungsgang läuft folgendermaßen ab: Eine infizierte Mücke sticht einen Menschen. Dabei gelangen Parasiten, die Plasmodien, mit dem Speichel der Mücke in das menschliche Blut. Über die Blutbahn wandern sie bis zur Leber und dringen in die Leberzellen ein. In den Leberzellen vermehren sie sich durch Zellteilung. Die entstandenen Zellen werden *Spaltkeime* genannt. Diese wandern zurück ins Blut und dringen in die roten Blutzellen ein. Dort machen sie erneut Mehrfachteilungen durch, sodass viele neue, kleinere Spaltkeime gebildet werden. Diese Mehrfachteilungen erfolgen bei allen befallenen Blutzellen im gleichen Rhythmus, sodass auch das Aufplatzen der Zellen gleichzeitig erfolgt (bei der häufigsten Malariaform

in der Fiebermücke
durch den Stechrüssel gelangen Erreger in den Darm der Mücke
und über den Blutkreislauf in die Speicheldrüse
Sichelkeime
Verschmelzung der Geschlechtszellen (geschlechtliche Generation)
Darmwand
Zygote

im Menschen
durch den Stechrüssel gelangen Parasiten in das Blut des Menschen
und in Leberzellen
Spaltkeime
1. ungeschlechtliche Vermehrung
2. ungeschlechtliche Vermehrung (wiederholt sich mehrmals)
Bildung von Geschlechtszellen
Stoffwechselgifte gelangen ins Blut: Fieberanfall

3 Entwicklungszyklus der Malariaerreger und Fieberkurve

Gesundheit — Krankheit

alle drei Tage). Pro Zelle werden etwa 32 Spaltkeime frei, die wiederum neue Blutzellen befallen. Gleichzeitig mit dem Zerfall der roten Blutzellen werden Stoffwechselgifte *(Toxine)* freigesetzt, die zu heftigen Fieberanfällen führen *(Dreitagefieber)*.

Ist das Blut mit Spaltkeimen überschwemmt, bilden sich Vorstufen geschlechtlicher Zellen, die sich nur in der Fiebermücke Anopheles weiterentwickeln können. Wird ein Infizierter von Anopheles gestochen, gelangen die Erreger mit dem aufgesaugten Blut in den Darm der Mücke. Dort entwickeln sich Geschlechtszellen, die zu Zygoten verschmelzen.

Die Zygote dringt in die Darmwandzellen der Mücke ein und bildet dort durch Zellteilung *Sichelkeime*. Diese wandern in die Speicheldrüsen und werden beim nächsten Stich wiederum auf Menschen übertragen. So schließt sich der Entwicklungskreislauf.

Hirnhautentzündungen

Zecken sind Spinnentiere und ernähren sich von Blut, welches sie für ihre Entwicklung benötigen. Ein Weibchen saugt in den 2—3 Tagen so viel Blut, dass es von 2 mm auf 4 mm anschwillt. Mit ihren Mundwerkzeugen sägen sie eine Öffnung in die Haut (s. Abb. 2) und geben dabei ein Betäubungsmittel und Sustanzen, die eine Blutgerinnung verhindern, in das Blut ihrer „Opfer" ab. Während des Saugens nehmen die Zecken auch Krankheitserreger auf und können sie auf andere „Opfer" übertragen.

In Mitteleuropa übertragen die Zecken zwei für den Meschen gefährliche Krankheiten: die FSME und die Borreliose. *FSME* ist die Abkürzung für die **F**rüh-**S**ommer-**M**eningo-**E**nzephalitis, eine Erkrankung des Nervensystems, die zu Entzündungen der Hirnhaut *(Meningo)* und des Gehirns *(Enzephalon)* führen kann. Die Krankheitserreger sind Viren, die im Frühsommer durch die Zecken eine weite Verbreitung finden. 2 bis 28 Tage nach dem Zeckenbiss kann es zu einem Fieberanstieg kommen. Bei 60% der Erkrankten kommt es zu schwerwiegensten Folgen im Nervensystem, die zu langdauernden Kopfschmerzen und vereinzelt auch zu Lähmungen führen können.

Die *Borreliose* wird durch Bakterien ausgelöst. Zwischen dem Zeckenbiss und den ersten Erscheinungen können bis zu 12 Wochen vergehen. Bei 50% der Infizierten entsteht um die Bissstelle eine sich ringförmig ausbreitende Hautrötung, begleitet von Fieber, Lymphknotenschwellungen, Gelenk- und Kopfschmerzen. Häufig heilt die Erkrankung in diesem Stadium von alleine aus. Es kann jedoch auch zu Komplikationen im Bereich des Nervensystems bzw. des Herzens kommen.

Vor Zecken kann man sich im Sommer kaum schützen. Bei der Gartenarbeit, bei der Wanderung im Wald oder beim Spielen auf einer Wiese sind Kontakte mit Zecken möglich. Kleidung mit langen Ärmeln oder lange Hosen können zusammen mit einer insektenabwehrender Lotion einen gewissen Schutz bieten. Besser jedoch sind in den besonders gefährdeten Gebieten *Schutzimpfungen*, die es sowohl gegen die Bakterien als auch gegen die Viren gibt.

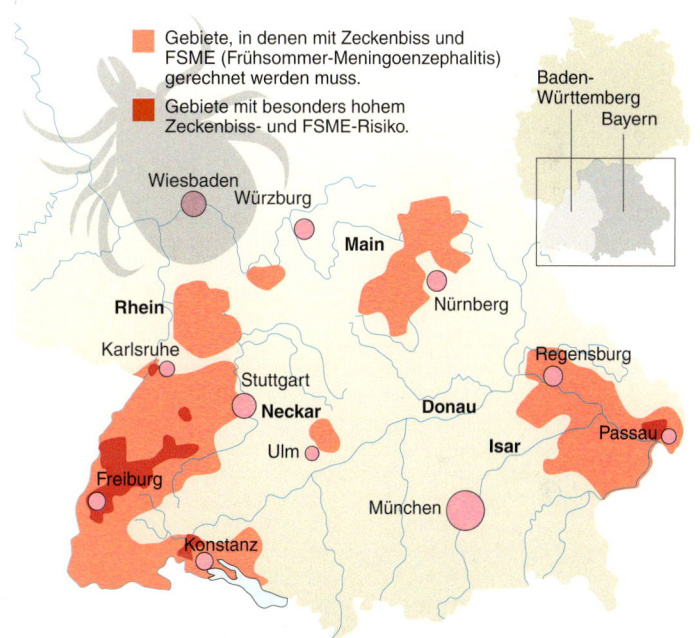

1 Verbreitung der Hirnhautentzündung

2 Zecke und **3** Mundwerkzeug der Zecke

Gesundheit — Krankheit

1 Pollenfreisetzung im Tagesverlauf

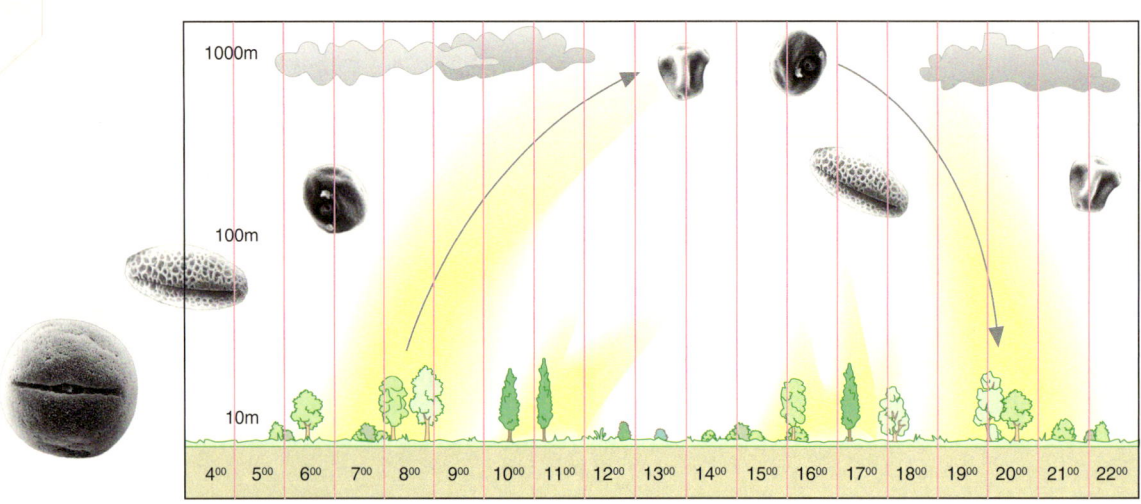

Pollenflugvorhersage:

15. 2.: Mäßiger bis starker Flug von Haselpollen, schwacher Flug von Erlenpollen.

29. 2.: Starker Flug von Erlen-, Hasel- und Eibenpollen.

5. 3.: Starker Flug von Erlenpollen und mäßiger Flug von Haselpollen.

12. 3.: Starker Flug von Erlen- und Weidenpollen, mäßiger Flug von Haselpollen.

31. 3.: Schwacher Flug von Eichen- und Weidenpollen. Mäßiger Flug von Birken- und Eschenpollen.

Fehlfunktion des Immunsystems: Allergien

Ein schöner Sonnentag, die Getreidefelder blühen, ein feiner gelber Schleier liegt über den Feldern. Dies sind die *Pollen* der Getreideblüten, die vom Wind viele Kilometer weit verbreitet werden. Nicht alle Menschen freuen sich über solche Tage. Sie bekommen in dieser Zeit Niesanfälle und rote brennende Augen: einen *Heuschnupfen*. Sie reagieren *allergisch* auf bestimmte Pollen. Im Radio oder Fernsehen werden während der Frühjahrs- und Sommermonate Meldungen zum *Pollenflug* gesendet.

Unter einer *Allergie* versteht man eine Überreaktion des Immunsystems auf Reizstoffe aus der Umwelt. Die Reizstoffe werden auch als *Allergene* bezeichnet. Sie gelangen mit der Atemluft, der Nahrung oder Körperkontakt in unseren Körper. Genau wie bei den Krankheitserregern, rufen die Allergene eine *Abwehrreaktion* unseres Körpers hervor.

Es gibt nicht nur Allergien auf Pollen, sondern auch auf Hausstaub, Haarschuppen, Tierhaare, Insektengift, Schimmelpilzsporen oder Stoffe in Nahrungsmitteln. Hier treten *allergische Reaktionen* sofort nach dem Kontakt mit den genannten Stoffen auf. Einige Allergien entstehen erst durch langfristigen Kontakt mit bestimmten Stoffen. Dies kann z. B. der Fall sein bei Haarfärbemitteln oder bei nickelhaltigen Ohrringen.

Zettelkasten

Hausstauballergie — Angriff der Minimonster

Die Symptome der Hausstauballergie sind häufig Dauerschnupfen und Niesanfälle. Ausgelöst wird diese Reaktion des Immunsystems nicht durch den Staub direkt, sondern durch den Kot von *Milben,* die in dem Staub leben. Die nur unter dem Mikroskop sichtbaren Tierchen ernähren sich von Hautschuppen, jeder Mensch verliert pro Tag ca. 1,5 g Hautschuppen. Milben leben daher bevorzugt in Betten, Decken und Kissen, jedoch auch an allen Stellen, an denen sich Staub gut festsetzen kann, wie Teppiche, Polstermöbel, Gardinen, Plüschtiere.

Giftstoffe gegen die Milben gibt es nicht, da diese auch dem Menschen schaden. Hausstauballergiker sollten es daher vermeiden, viel Staub „aufzuwirbeln": besser Staub saugen (mit Mikrofilter) als kehren, Staubwischen nur mit feuchten Tüchern. Aber auch Plüschtiere oder Kuscheldecken können milbenfrei gehalten werden. Da Milben nicht bei Temperaturen unter 0 °C überleben, sind in der Tiefkühltruhe nach zwei Tagen alle Milben im Teddy oder in der Decke beseitigt.

240 *Gesundheit — Krankheit*

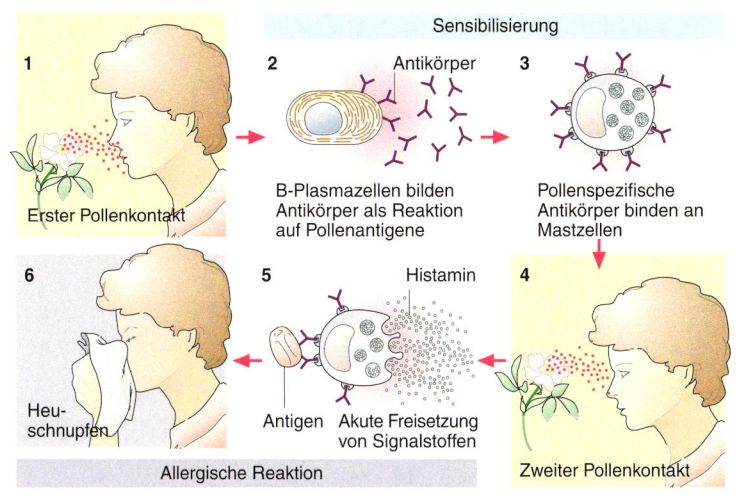

1 Was bei der allergischen Reaktion abläuft

Sensibilisierung
1 Erster Pollenkontakt
2 B-Plasmazellen bilden Antikörper als Reaktion auf Pollenantigene
3 Pollenspezifische Antikörper binden an Mastzellen
4 Zweiter Pollenkontakt
5 Antigen — Akute Freisetzung von Signalstoffen (Histamin)
6 Heuschnupfen
Allergische Reaktion

Ratschläge für Pollenallergiker

— Meide in den Monaten deiner stärksten Beschwerden Wiesen und Felder.
— Meide Sport und körperliche Arbeiten im Freien (z. B. Rasenmähen). Betreibe Hallensport.
— Schlafe bei geschlossenen Fenstern. Öffne sie nur zwischen 22 Uhr und 4 Uhr morgens.
— Verbringe deinen Urlaub möglichst im Hochgebirge oder am Meer.
— Wasche die Haare vor dem Zubettgehen.
— Ziehe die Tageskleidung nicht im Schlafraum aus.
— Achte auf die Pollenfluginformationen im Radio oder im Internet.

Wie verläuft die allergische Reaktion beim Heuschnupfen? Bei einem *Erstkontakt* mit bestimmten Pollen bildet der Körper gegen dieses Fremdeiweiß *(Antigen)* spezifische *Antikörper* aus. Diese sammeln sich bevorzugt auf der Oberfläche von sogenannten *Mastzellen*. Mastzellen befinden sich z. B. in den Schleimhäuten von Nase, Bronchien und Lunge und beinhalten in zahlreichen Bläschen einen Signalstoff, das *Histamin*. Durch die Bildung der Antikörper ist der Körper *sensibilisiert*. Beim Zweitkontakt mit gleichartigen Pollen verknüpft das Pollenantigen je zwei spezifische Antikörper auf einer Mastzelle miteinander. Die Bläschen platzen in der Mastzelle auf und setzen blitzschnell Histamin frei. Histamin bewirkt eine Blutgefäßerweiterung, macht die Gefäßwände durchlässig und lässt die glatte Muskulatur kontrahieren. Die Schleimhäute schwellen an und sondern Schleim ab, die Augen röten sich und jucken: Heuschnupfen!

Welcher Pollen als Reizstoff wirkt, kann ein Facharzt mit einem *Hauttest* ermitteln. Dazu werden Testextrakte mit der Haut in Kontakt gebracht oder unter die Haut gespritzt. Nach wenigen Minuten zeigen sich Reaktionen als Rötungen oder Quaddeln.

Aufgabe

① Erkläre, welche Bedeutung die Histamine bei einer allergischen Reaktion haben. Vergleiche diesen Vorgang mit Hautverletzungen (siehe auch Seite 226).

Zettelkasten

Neurodermitis

Die Neurodermitis ist eine Hautkrankheit, die sich bereits im Kindes- und Jugendalter zeigen kann. Die erkrankte Haut ist glanzlos und trocken. Es besteht auch eine Bereitschaft zu geröteten und schuppenden Hautveränderungen. Vererbt wird nicht die Krankheit, sondern die übermäßige Reaktionsbereitschaft des Immunsystems. Man kennt verschiedene Formen der Neurodermitis. Bei Schulkindern und Jugendlichen bilden sich Ekzeme vor allem in den Ellenbeugen und Kniekehlen, erst in zweiter Linie im Gesicht und am Hals. Bei einer anderen Form bilden sich kirschkerngroße Knötchen in der Haut aus, die stark jucken. Das wichtigste Symptom aller Neurodermitisformen ist der quälende Juckreiz, besonders mit nächtlichen Juckkrisen. Das Jucken führt oft zu Verletzungen und Infektionen der Haut. Kinder können dann schlecht oder nicht schlafen. Ihre Schulleistungen lassen nach. Verschlechterungen im Krankheitsbild treten häufig im Winter und Frühjahr auf. Juckreiz und Entzündungen kommen meist in Schüben vor, die durch Prüfungsstress oder persönliche Konfliktsituationen ausgelöst werden.

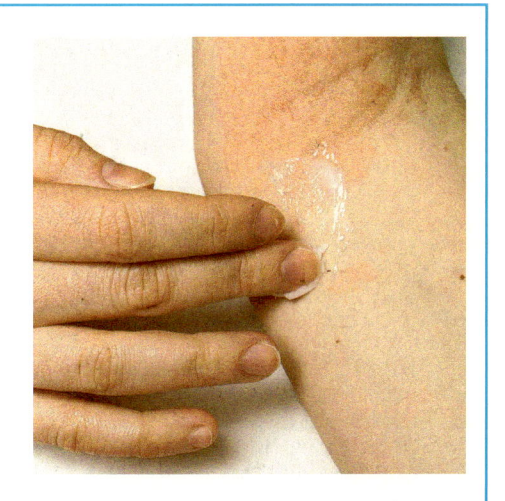

Gesundheit — Krankheit

2 Gesundheitliche Gefahren der Zivilisation

1 Der Jungbrunnen (LUCAS CRANACH 1546)

Jung und gesund — alt und krank?

Jung und gesund sein und es auch bleiben — die „ewige Jugend" war und ist schon immer der Wunsch der Menschen. Das Gemälde von L.CRANACH aus dem Jahre 1546 verdeutlicht nicht nur diesen Wunsch, sondern auch die Sichtweise der Menschen im 16. Jahrhundert, die klare Zusammenhänge schafft: Vitalität und Jugend sind ebenso gleichzusetzen wie Alter und Krankheit. Aber wie damals, gibt es auch heute keinen Jungbrunnen, obwohl durch die moderne Medizin die Lebenserwartung der Menschen — zumindest in den reichen Ländern der Erde — um etliche Jahre gestiegen ist. Gleichzeitig aber hat unsere moderne Lebensweise auch zahlreichen Krankheiten Vorschub geleistet, die wir unter dem Begriff *Zivilisationskrankheiten* zusammenfassen. Doch krank wird man nicht nur durch Infektionskrankheiten, sondern auch durch eine ungesunde Lebensweise. Bluthochdruck, Herzinfarkt, Gehirnschlag, Gelenkschmerzen sind Zivilisationskrankheiten, die durch die Lebensumstände und die persönliche Lebensweise bereits in jungen Jahren angelegt werden. Gesunde Ernährung, Sport, frische Luft, kein Alkohol und keine Zigaretten sind eine effektive Voraussetzung für ein funktionierendes Immunsystem und damit für ein gesünderes Leben. Fettreiche Nahrung, Übergewicht, wenig Bewegung, wenig Schlaf und Stress dagegen sind neben dem Zigaretten- und Alkoholkonsum wahre „Gesundheitskiller" und wirken sich besonders auf das Herz-Kreislauf-System aus.

Gesunde Arterien sind elastisch und muskulös und passen sich unterschiedlichen Drucksituationen an. Bei zu hohem Blutdruck, zu viel Blutfett *(Cholesterin)* und geschädigten Arterienwänden können sich die Fettstoffe an der Gefäßwand festsetzen. Lagern sich weitere Stoffe ab, wie z. B. Calcium, verhärten sich die Arterienwände und verhindern den Blutfluss. Dieser Prozess *(Arteriosklerose)* schreitet weiter fort, bis das Körpergewebe nicht mehr ausreichend mit Blut versorgt wird. Es kommt zu Durchblutungsstörungen, die zu Nierenversagen, zum Herzinfarkt mit Folgeerkrankungen und auch zum Schlaganfall führen können.

Zettelkasten

Herzinfarkt

Herz-Kreislauf-Erkrankungen sind nicht nur bei uns, sondern weltweit die Todesursache Nummer 1 — bei uns steht dabei der Herzinfarkt an erster Stelle. Beim *Herzinfarkt* ist die Blutversorgung und damit die Sauerstoffzufuhr des Herzmuskels unzureichend. Das ist dann der Fall, wenn die Herzkranzarterien wegen einer *Arteriosklerose* zu stark verengt sind. Oft ist der letzte Auslöser für den Infarkt ein Blutpfropf an einer Engstelle. Die Sauerstoffunterversorgung eines Muskelbereichs ist dann so groß, dass das Gewebe abstirbt, wenn es nicht gelingt, innerhalb kurzer Zeit das verengte Gefäß zu öffnen.

Im Krankenhaus wird zunächst versucht, den Blutpfropf mit Medikamenten aufzulösen. Hilft das nicht, ist der nächste, nicht operative Schritt eine *Ballondilatation,* bei der das Gefäß mit einem kleinen Ballon erweitert wird (s. Abb.). Gelingt auch das nicht, muss ein *Bypass* gelegt werden. Dazu wird ein Stück Vene aus dem Unterschenkel entnommen und als „Umgehung" zwischen Aorta und Herzkranzgefäß eingepflanzt.

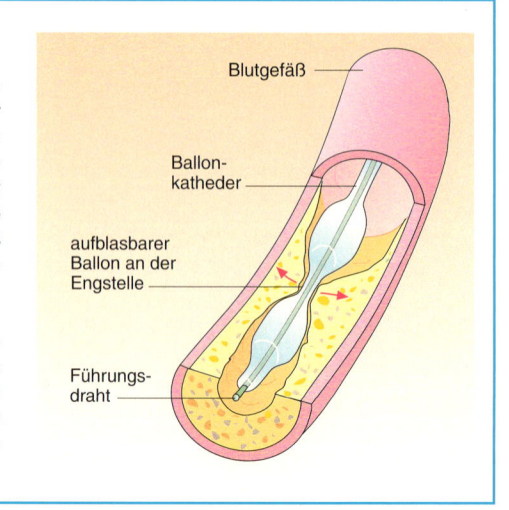

Gesundheit — Krankheit

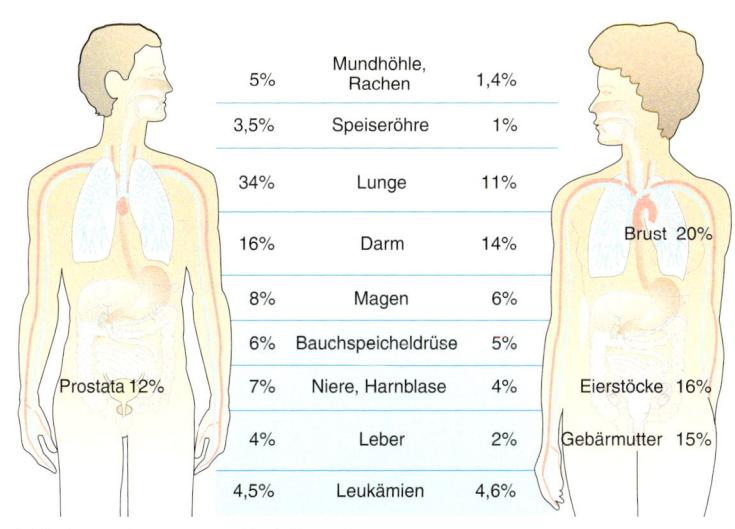

5%	Mundhöhle, Rachen	1,4%
3,5%	Speiseröhre	1%
34%	Lunge	11%
		Brust 20%
16%	Darm	14%
8%	Magen	6%
6%	Bauchspeicheldrüse	5%
Prostata 12%		
7%	Niere, Harnblase	4%
		Eierstöcke 16%
4%	Leber	2%
		Gebärmutter 15%
4,5%	Leukämien	4,6%

1 Krebstote bezogen auf befallene Organe

Krebs

Jedes Jahr sterben in Deutschland 200 000 Menschen an den Folgen des Krebs. Die Zahl der Neuerkrankungen liegt bei ca. 330 000, davon sind etwa 1 700 Jugendliche. Krebs ist in Deutschland die zweithäufigste Todesursache. Krebs ist genetisch bedingt, jedoch steigt die Gefahr, daran zu erkranken, durch Umwelteinflüsse oder durch Krebs erregende Substanzen, wie das *Benzpyren* im Tabakrauch oder der *Asbest,* der in der Industrie zur Herstellung von feuer- und hitzebeständigen Produkten verwendet wird.

Obwohl die moderne Medizin intensive Forschungsarbeit leistet und auch schon auf beachtliche Behandlungserfolge verweisen kann, bleibt die Furcht vor dieser Krankheit weiterhin berechtigt. Durch unvernünftige Verhaltensweisen werden außerdem die Voraussetzungen für manche Krebserkrankungen bereits in jungen Jahren geschaffen.

Zum Beispiel ist ein Zusammenhang zwischen Sonnenbrand und später auftretendem *Hautkrebs* nachgewiesen. Die Sonne sendet nicht nur Licht und Wärme aus, sondern auch energiereiche ultraviolette Strahlen *(UV-Strahlen).* Durch sie werden die Zellen der menschlichen Haut geschädigt. Nach intensiver, lang andauernder Bestrahlung können die Zellen beginnen, sich ungehemmt und unkontrolliert zu teilen. Solche Zellen nennt man *Tumorzellen*.

Da sich Tumorzellen auch an der Zellmembran verändern, werden sie vom Körper als fremdartig erkannt und von den weißen Blutzellen vernichtet. Schafft es das Abwehrsystem des Körpers jedoch nicht mehr, mit den Tumorzellen fertig zu werden, bildet sich eine *Gewebswucherung*. Diese wird als gutartig bezeichnet, wenn sie keine anderen Gewebe erfasst. Zerstört sie jedoch Organe durch weitere, ungezügelte Zellteilungen oder dringt sie in umliegendes Gewebe ein, spricht man von einem *bösartigen Tumor* oder *Karzinom*. Gelangen Tumorzellen in die Blut- und Lymphbahn, können sie sich an anderen Stellen im Körper festsetzen und dort Tochtertumore *(Metastasen)* bilden.

Solange der Tumor nicht stark in das Nachbargewebe eingedrungen ist und keine Metastasen gebildet hat, kann er durch eine Operation entfernt werden. Treten jedoch Metastasen auf, so ist eine vollständige operative Entfernung nicht mehr möglich. Eine Behandlung mit Medikamenten, die die Zellteilung hemmen *(Chemotherapie),* und die Bestrahlung mit radioaktiven Strahlen zur Zerstörung der Krebszellen sind dann die einzige, aber schlechtere Heilungschance.

Nicht allen Krebserkrankungen kann man vorbeugen, Kontrolle aber ist oft möglich. Hat man z. B. auf der Haut dunkle Pigmentmale, sollte man sie nach der **ABCD**-Regel beobachten und unbedingt zum Arzt gehen, vor allem, wenn sie sich verändern:

A - Asymmetrie (unregelmäßige Form),
B - Begrenzung (an den Rändern scheint das Pigmentmal auszulaufen),
C - Colour (das Pigmentmal ist an einigen Stellen heller oder dunkler) und
D - Durchmesser. Das Pigmentmal ist größer als 5 mm.

Zettelkasten
Braune Haut ist chick — Hautkrebs nicht.

1. Vermeide jede Rötung der Haut.
2. Leichte Kleidung und Sonnenhüte verhindern einen Sonnenbrand.
3. In den ersten Urlaubstagen viel im Schatten liegen und mit einem hohen Lichtschutzfaktor bei der Sonnencreme beginnen.
4. Sonnencreme 30 Minuten vor dem Sonnenbad im Schatten auftragen. Erst dann kann sie ihre Schutzfunktion entfalten.
5. Meide die Mittagssonne, gönne deiner Haut eine Siesta.
6. Beim Baden und Schwimmen wasserfeste Sonnenschutzmittel verwenden.

Gesundheit – Krankheit

Rauchen — nein danke!

Auf der einen Seite sorgen sich die Menschen in den Industrienationen in zunehmendem Maße wegen der Gefährdung durch giftige Stoffe in der Umwelt. Man erstellt Richtlinien zum Schutze der Menschen an ihren Arbeitsplätzen, erlässt Gesetze über die gerade noch tolerierbaren Konzentrationen an schädlichen Gasen in der Luft und fordert eindeutige und klare Kennzeichnung aller Giftstoffe in Industrie und Haushalt. Auf der anderen Seite nehmen zahlreiche Menschen eine ganze Reihe von giftigen Stoffen freiwillig und regelmäßig in großen Mengen zu sich — sie rauchen. Alle wissenschaftlichen Untersuchungen bestätigen die Gefährlichkeit des Rauchens. Rauchen ist Selbstmord auf Raten!

Wichtig bei der Gefahreneinschätzung durch das Rauchen ist auch der *Nichtraucherschutz*, da viele Gefahrenstoffe aus dem Zigarettenrauch auch von den Nichtrauchern inhaliert werden *(Passivrauchen)* und so zu einer Schädigung führen können. An vielen Arbeitsplätzen, in öffentlichen Gebäuden oder auch auf Flügen ist daher das Rauchen verboten.

Beim Einatmen *(Inhalieren)* von Zigarettenrauch setzen sich der im Rauch enthaltene *Teer* und viele der mehr als 200 schädlichen Stoffe in Rachen, Luftröhre, Bronchien und Lungenbläschen ab. Der Teer allein enthält etwa 40 verschiedene Krebs erregende Stoffe, darunter das *Benzpyren*. Bei langjährigen Rauchern treten häufig Kehlkopf-, Bronchial- oder Lungenkrebs auf. In Deutschland sind über 90 % aller an Lungenkrebs erkrankten Menschen Raucher.

Ein weiterer Giftstoff der Zigarette ist das *Nikotin*, ein Nervengift. Es gelangt mit dem Zigarettenrauch über die Lunge ins Blut. Durch Nikotin ziehen sich die Muskeln der Arterienwände zusammen, die Arterien verengen sich, der Herzschlag wird beschleunigt, der Blutdruck steigt. Der Raucher fühlt sich zunächst aktiver. Durch die Verengung der Adern werden jedoch Haut und Gliedmaßen schlechter durchblutet. Die Hauttemperatur der Fingerspitzen sinkt um etwa 3 °C ab. Nikotin fördert zudem die Bildung von Ablagerungen in den Arterien. Es kommt häufig zu Durchblutungsstörungen und in Folge davon zur Unterversorgung einzelner Organe mit Sauerstoff. Gewebeteile können absterben und müssen dann operativ entfernt werden.

Vergleicht man die sportliche Leistungsfähigkeit von gleichaltrigen Rauchern und Nichtrauchern, die ansonsten etwa die gleiche Lebensweise haben, so schneiden die Raucher durchweg schlechter ab. Dies ist unter anderem auf das *Kohlenstoffmonooxid* zurückzuführen. Es ist ein geruchloses, giftiges Gas, das zu etwa 4 % im Zigarettenrauch enthalten ist. Es wird besonders fest an das Hämoglobin in den roten Blutzellen gebunden, sodass diese keinen Sauerstoff mehr transportieren können und die Sauerstoffversorgung verschlechtert wird. Zusätzlich wird in der Lunge durch den Teer der Sauerstoffaustausch behindert. Flimmerhaarzellen in Luftröhre und Bronchien sorgen normalerweise dafür, dass Staub und Ruß in Richtung Rachen befördert werden, Teer und Nikotin behindern ihre Tätigkeit.

Bei Schwangeren zeigen sich häufig Auswirkungen des Rauchens auf das Geburtsgewicht und die Gesundheit des Kindes. Früh- und Fehlgeburten treten vermehrt auf. Außerdem vermutet man, dass Substanzen im Zigarettenrauch das Erbgut schädigen können.

Erstaunlich ist, dass viele Menschen über die Gefahren Bescheid wissen und trotzdem mit dem Rauchen anfangen oder nicht damit aufhören. Dieses bewusste „Genießen von Giftstoffen" hat verschiedene Gründe: Neugier, das Vorbild in der Gruppe, Angeberei, die Verführung durch die Zigarettenwerbung sowie Unsicherheiten, die man mit dem Griff zur Zigarette überspielen will.

Rauchen macht abhängig! Man kann nicht einfach wieder aufhören, wenn man einmal angefangen hat. Nur mit großer Willensstärke gelingt es, sich das Rauchen abzugewöhnen und den inneren Zwang zu überwinden, der einen immer wieder zur Zigarette greifen lässt.

Aufgaben

1. Suche eine Erklärung für die Daten, die du aus Abb. 245. 2 entnehmen kannst.
2. Diskutiert die Aussagen der Abbildung 245. 3. In jeder Altersgruppe wurden jeweils 1 000 Personen untersucht.
3. Entwerfe einen Text, in dem du einem Raucher anhand der Daten auf S. 245 klar machst, dass es auch noch nach vielen Jahren sinnvoll ist, mit dem Rauchen aufzuhören.

Unterhändler der US-Tabakindustrie haben mit ihren Gegnern, vor allem Vertreter von US-Bundesstaaten, ein Abkommen getroffen, das umfangreiche Regulierungen der gesamten Tabakbranche vorsieht. Ins Auge fällt vor allem der Betrag von umgerechnet 327 Milliarden Euro, den die Tabakhersteller innerhalb von 25 Jahren zahlen wollen. Der „Tabakdeal" kann allerdings erst in Kraft treten, wenn der Präsident und der amerikanische Kongress zustimmen.
Ausschnitt aus einem Zeitungsartikel

Zitat von Goethe
Aber es liegt auch im Rauchen eine arge Unhöflichkeit, eine impertinente Ungeselligkeit. Die Raucher verpesten die Luft weit und breit und ersticken jeden honetten Menschen, der nicht zu seiner Verteidigung zu rauchen vermag.

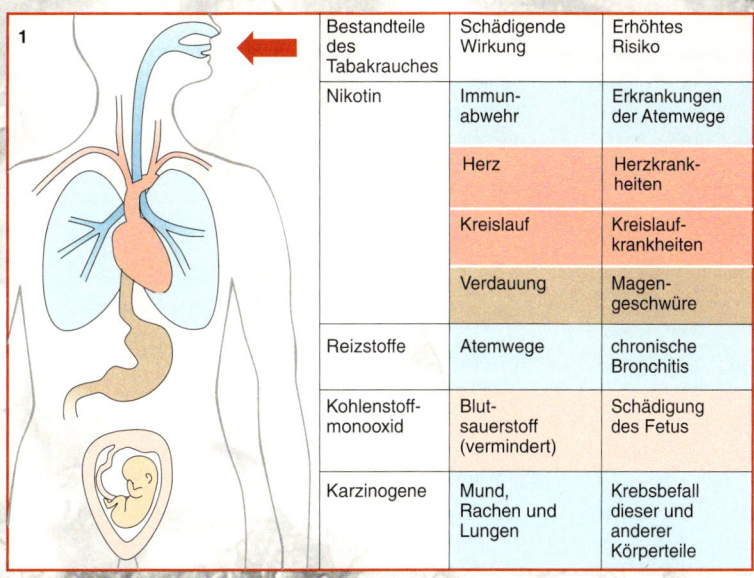

Bestandteile des Tabakrauches	Schädigende Wirkung	Erhöhtes Risiko
Nikotin	Immunabwehr	Erkrankungen der Atemwege
	Herz	Herzkrankheiten
	Kreislauf	Kreislaufkrankheiten
	Verdauung	Magengeschwüre
Reizstoffe	Atemwege	chronische Bronchitis
Kohlenstoffmonooxid	Blutsauerstoff (vermindert)	Schädigung des Fetus
Karzinogene	Mund, Rachen und Lungen	Krebsbefall dieser und anderer Körperteile

Schädigende Auswirkungen des Rauchens

Nach der letzten Zigarette

- Nach 20 Minuten ▶ **Blutdruck** und **Puls** sinken auf normale Höhe
- ...8 Stunden ▶ Der **Kohlenstoffmonooxidspiegel** im Blut sinkt, der **Sauerstoffspiegel** steigt auf normale Höhe
- ...24 Stunden ▶ Das Risiko eines **Herzinfarktes** sinkt
- ...48 Stunden ▶ Regeneration der **Nervenenden** beginnt, **Geschmacks-** und **Geruchssinn** verbessern sich
- ...2 Wochen ▶ Der **Kreislauf** stabilisiert sich
- ...3 Monaten ▶ Die **Lungenfunktion** hat sich um ca. 30 Prozent verbessert
- ...1 Jahr ▶ Das zusätzliche Risiko von **Thrombosen** verringert sich um die Hälfte
- ...5 Jahren ▶ Das Risiko an **Lungenkrebs** zu sterben, hat sich fast halbiert
- ...5–15 Jahren ▶ Das Risiko eines **Herzinfarktes** verringert sich auf das eines Nichtrauchers
- ...10 Jahren ▶ Das **Lungenkrebs-Risiko** ist auf das eines Nichtrauchers gesunken
- ...15 Jahren ▶ Das Risiko von **Thrombosen** in den **Herzkranzgefäßen** ist so hoch wie bei einem Nichtraucher

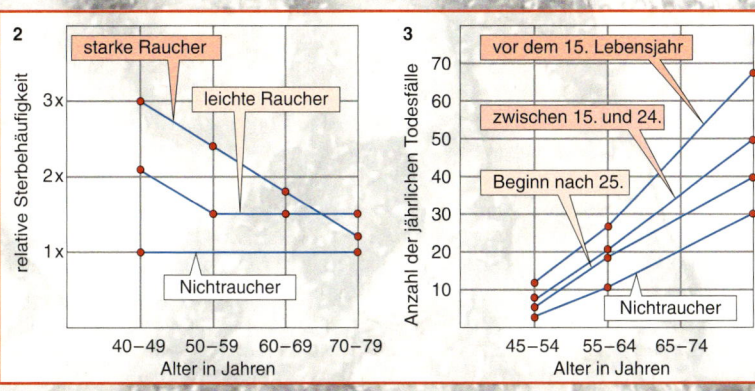

Kein Krebs, kein Virus und kein Krieg ist so tödlich wie die tägliche Zigarette. Eine Milliarde Menschen werden ihr in diesem Jahrhundert zum Opfer fallen, wenn die Zahl der Raucher nicht bald dramatisch schrumpft...
Ausschnitt aus einem Zeitungsartikel

Relative Sterbehäufigkeit von Rauchern und Anzahl der jährlichen Todesfälle, jeweils in Abhängigkeit vom Alter

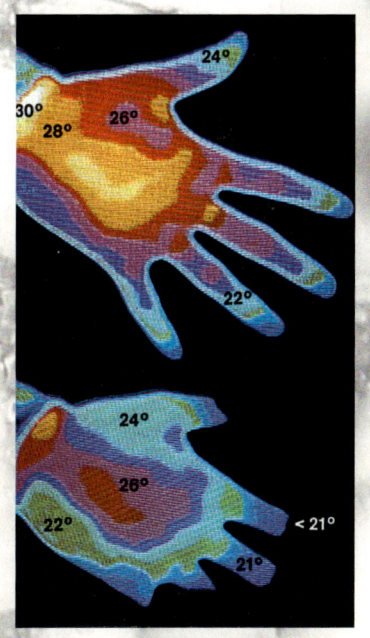

Thermografie einer Hand vor und nach dem Rauchen einer Zigarette

Gesundheit – Krankheit

Alkohol — eine erlaubte Droge

Die Wirkung des Alkohols auf den Menschen hängt von der *Alkoholkonzentration* im Blut ab. Schon ab 0,2 ‰ Blutalkohol zeigen sich Auswirkungen auf das Verhalten: Alkohol entkrampft, enthemmt, belebt, regt an, kann aber auch depressiv machen. Mit zunehmendem Blutalkoholgehalt verlängert sich die Reaktionszeit erheblich, die Bewegungen sind nicht mehr genau kontrollierbar und die Aufmerksamkeit lässt nach. Hinzu kommen Sehstörungen. Deshalb ist das Autofahren unter Alkoholeinfluss eine Gefahr für andere und für den Fahrer selbst.

Auch die Sprechfähigkeit wird beeinflusst; sie geht bei höheren Alkoholkonzentrationen in unverständliches Lallen über. Vergiftungserscheinungen sind schon bei 2 ‰ zu erkennen. Noch höhere Konzentrationen können zu Bewusstlosigkeit und schließlich zum Tode führen *(Alkoholvergiftung)*.

Ein Teil des aufgenommenen Alkohols wird über die Lunge wieder ausgeatmet. Der andere Teil verbleibt im Blut. Er wird zu 90 % von der Leber entsorgt. Etwa 0,1 – 0,15 ‰ Blutalkohol werden dort pro Stunde abgebaut. Das entspricht 20 – 60 g reinem Alkohol pro Tag und erklärt, warum die Leber bei regelmäßiger Alkoholaufnahme geschädigt wird. Zunächst lagert die Leber verstärkt Fett ein und vergrößert sich *(Fettleber)*. Dadurch kann eine chronische Leberentzündung auftreten, bei der Leberzellen absterben *(Alkohol-Hepatitis)*. Im dritten Stadium schrumpft die Leber und wird hart *(Leberzirrhose)*. Lebergewebe stirbt ab und wird durch Bindegewebe ersetzt. Dies führt zu Stoffwechselstörungen und letztendlich zum Tod. Durch den Alkohol werden auch die Bauchspeicheldrüse und vor allem auch das Gehirn geschädigt.

Promille — wie rechnet man das?

Ein halber Liter Bier (500 ml) mit 5%-igem Alkoholgehalt enthält rund 25 Milliliter reinen Alkohol. Wenn nun ein 75 kg schwerer Mann einen halben Liter Bier trinkt, verteilt sich der Alkohol in Blut und Lymphe. Diese Körperflüssigkeiten machen etwa $2/3$ der Körpermasse eines Menschen aus. Das wären in unserem Beispiel 50 kg Körperflüssigkeit, was etwa 50 Litern entspricht. Der Blutalkoholgehalt in Promille beträgt dann:

$$\frac{\text{Alkoholmenge (ml)}\ 25}{\text{Körperflüssigkeit (l)}\ 50} = 0{,}5\ ‰$$

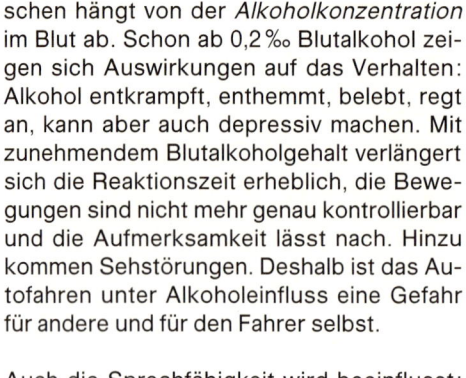

Diese Rechnung gibt zwar den Alkoholgehalt der Körperflüssigkeit in etwa richtig an, sagt aber nichts über die Wirkung dieser Alkoholkonzentration bei einer bestimmten Person aus. Die Wirkung des Alkohols ist von vielen Faktoren, wie z. B. Müdigkeit, Einfluss von Medikamenten, Gesundheitszustand abhängig. Alkohol auf nüchternen Magen oder ein schnell getrunkenes Glas wirkt schneller als das langsame Trinken während einer Mahlzeit. Deshalb kann unter Umständen bereits ein Blutalkoholgehalt von z. B. 0,4 ‰ die Reaktions- und Wahrnehmungsfähigkeit gefährlich beeinträchtigen.

Ein sehr wichtiger Aspekt ist der *Restalkohol*. Dieser wird sehr häufig unterschätzt und daher nicht ernst genommen. Der Körper baut pro Stunde nur ca. 0,1 ‰ Alkohol ab. Auch immer wieder empfohlene Tricks wie heiß duschen, Kaffee oder Kopfschmerztabletten ändern an der Abbaugeschwindigkeit nichts. Wer bis Mitternacht feiert und zu diesem Zeitpunkt 1,5 ‰ Alkohol im Blut hat, ist am folgenden Morgen um 7 Uhr noch mit 0,8 ‰ unterwegs.

Alkohol macht abhängig

Auf Festen muss mit Alkohol gefeiert werden, sonst kommt keine Stimmung auf. Ein fröhlicher Abend in einer gemütlichen Kneipe, natürlich mit Alkohol. Wir sehen nur die fröhlichen und geselligen Bilder des Alkohols. Doch gerät man in die Abhängigkeit, kommt es zu Problemen, deren Konzequenzen den Süchtigen unter Umständen zum Sozialfall werden lassen: Unzuverlässigkeit am Arbeitsplatz kann den Beruf kosten, kein festes Einkommen, keine Wohnung mehr und die fröhlichen Freunde sind verschwunden, man ist isoliert.

Diese Abhängigkeit vom Alkohol ist noch intensiver als beim Nikotin. Das fällt auf, wenn sich ein Alkoholiker das Trinken abgewöhnen will, denn zu seiner psychischen Sucht kommt die körperliche Abhängigkeit. Der Körper hat sich auf die hohe Alkoholkonzentration eingestellt. Er reagiert auf deren Fehlen mit Schweißausbrüchen, Schlafstörungen und Wahnvorstellungen *(Halluzinationen)*. Ein Entzug ist nur mit ärztlicher Hilfe, meist in speziellen Entziehungsanstalten, möglich. Alkoholsüchtige sind krank. Sie können zwar weitgehend geheilt werden, bleiben aber stets rückfallgefährdet, denn „Die Sucht schläft nur!"

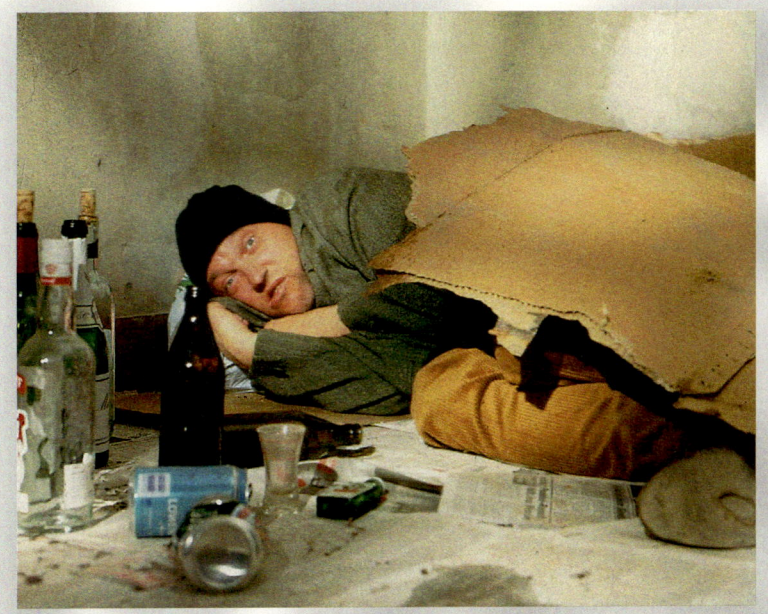

Alkoholgeschädigter auf der Straße (sozialer Verfall)

Gesichtsfeld nüchtern

Gesichtsfeld bei 0,8 ‰

Samstagabend:
Harald holt seine Freundin Martina zuhause ab. Sie fahren zur Diskothek, die außerhalb der Stadt liegt. Es soll ein schöner Abend werden.
Die Stimmung ist gut, man trifft viele Freunde, Alkohol gehört dazu. Es wird nicht zu viel Alkohol getrunken, weil man noch mit dem Auto nach Hause fahren muss.
Harald und Martina gehen zum Auto. Martina hat ein ungutes Gefühl. Eigentlich war es doch zu viel Alkohol, aber sie will sich nicht schon wieder wie am letzten Wochenende mit Harald darüber streiten.
Auf der Rückfahrt verliert Harald in einer Kurve die Gewalt über seinen Wagen. Der Wagen gerät ins Schleudern und prallt an einen Baum.
Er war nur etwas zu schnell, sagt er später dem Polizeibeamten. Martina stirbt noch am Unfallort. Ein Unfall, wie er an jedem Wochenende passiert!

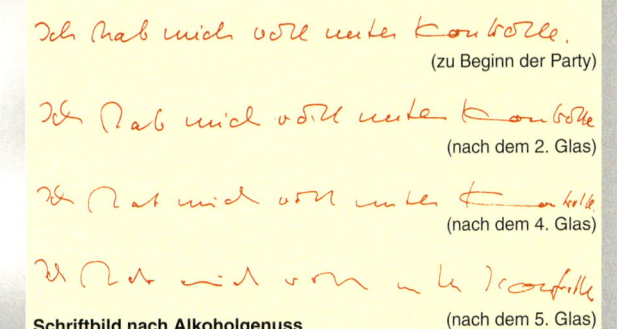

(zu Beginn der Party)
(nach dem 2. Glas)
(nach dem 4. Glas)
(nach dem 5. Glas)

Schriftbild nach Alkoholgenuss

Wirkung von Alkohol

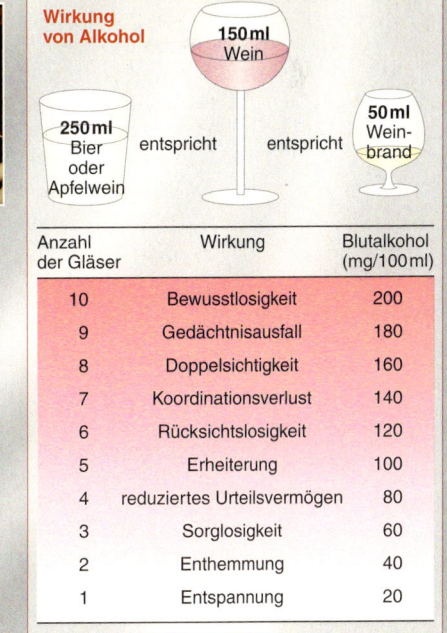

250 ml Bier oder Apfelwein entspricht 150 ml Wein entspricht 50 ml Weinbrand

Anzahl der Gläser	Wirkung	Blutalkohol (mg/100 ml)
10	Bewusstlosigkeit	200
9	Gedächtnisausfall	180
8	Doppelsichtigkeit	160
7	Koordinationsverlust	140
6	Rücksichtslosigkeit	120
5	Erheiterung	100
4	reduziertes Urteilsvermögen	80
3	Sorglosigkeit	60
2	Enthemmung	40
1	Entspannung	20

Gesundheit – Krankheit

1 Leben ist bunt — Abhängigkeit grau

Eine Pille — und man fühlt sich wohl?

Wochenende! Kein Schulstress und der Montag ist noch weit! Jede freie Minute sollte genutzt werden — also muss man alle Kraftreserven mobilisieren, um das richtige Non-Stopp-Disko-Wochenende zu überstehen. Sollte man zwischendurch einen „Hänger" befürchten, gibt es „Freunde" vorort, die mit bunten Pillen schnell Abhilfe schaffen. Doch nicht nur viele Jugendliche, auch Erwachsene glauben, dass Vergnügungen dieser Art ohne Folgeschäden und Abhängigkeit an ihnen vorüber gehen.

Die Disko- oder Partydroge, wie *Ecstasy* verharmlosend genannt wird, vermittelt die Illusion, unendliche Kräfte und Ausdauer zu besitzen. Die Pillen setzen das Schlafbedürfnis herab und wirken aufputschend *(euphorisierend)*. Sie haben jedoch auch unerwünschte Nebenwirkungen, wie Unruhe, Nervosität und Gereiztheit. Es wird über Schlafstörungen, Kopfschmerzen, Übelkeit und auch psychische Veränderungen berichtet. Unter der Wirkung von Ecstasy werden die normalen Alarmsymptome des Körpers nicht mehr wahrgenommen: Durst, Hunger, Schwindel, Unwohlsein, Erschöpfung oder Muskelkater werden nicht rechtzeitig bewusst, um einem lebensbedrohlichen Kreislaufkollaps vorbeugen zu können. In Tierversuchen wurde festgestellt, dass Ecstasy Nervenzellen im Gehirn zerstört. Dadurch lässt sich auch erklären, warum auf Dauer diese Droge zu schweren psychischen Veränderungen führt. Bei den Ecstasydrogen kommt noch ein zusätzliches Problem hinzu: die chemische Zusammensetzung der verschiedenen Pillen ist nicht gleich und daher das Risiko schwer abschätzbar.

Der Name *Droge* bezeichnete ursprünglich Heilmittel, die aus getrockneten Pflanzen gewonnen wurden. Heute werden alle missbräuchlich verwendeten Stoffe mit abhängig oder Sucht machender Wirkung als Drogen bezeichnet. Es gibt natürliche oder „klassische" Rauschmittel pflanzlicher Herkunft (z. B. *Opium, Haschisch*), daraus hergestellte oder synthetische Stoffe, die teils als Medikamente *(Morphine)*, teils als illegale Rauschmittel Anwendung finden (z. B. *Heroin, Ecstasy*) und gesellschaftlich tolerierte, also legale Drogen, z. B. Alkohol und Nikotin. Konsum, Besitz und Handel von illegalen Drogen ist bei uns verboten, ausgenommen sind ärztlich verordnete Medikamente. Im Jahre 1969 wurde von der Weltgesundheitsorganisation *(WHO)* festgelegt, was unter Drogenabhängigkeit zu verstehen ist: „... ist das zwanghafte Verlangen, eine Droge dauernd oder periodisch zu nehmen, um ihre ... Wirkung zu spüren oder um Entzugserscheinungen zu vermeiden". Das zwanghafte Verlangen (*psychische Abhängigkeit*) besteht bei allen Drogen. Die körperliche Abhängigkeit (*physische Abhängigkeit*) und damit einhergehende schwere *Entzugserscheinungen* treten z. B. bei Opiaten, Alkohol, Schlafmitteln *(Barbituraten)* und Beruhigungsmitteln *(Tranquilizern)* auf.

Der Drogenkonsum, vor allem von legalen Drogen, wird trotz aller Aufklärung von vielen Jugendlichen und Erwachsenen nach wie vor verharmlost oder offen akzeptiert. Dabei sind neben der Nachahmung und dem Verlangen nach Selbstbestätigung oft psychische Probleme der Anlass für die Einnahme einer Droge. Scheinbar unlösbare Konfliktsituationen werden durch die Drogenwirkung zeitweilig verdrängt, man entzieht sich seinen Problemen. Durch die Rauschmittel entschwindet man in eine andere Welt, doch die Realität und natürlich auch die Probleme bleiben unverändert. Beim Erwachen aus dem Drogenrausch wirken sie um so feindlicher und brutaler. Wieder wird die Lösung in der Droge gesucht. Man lebt in einem Teufelskreis, der deshalb so heimtückisch ist, weil er zur psychischen und physischen Abhängigkeit führen kann. Das Leben wird grau und eintönig, weil nicht mehr der Süchtige bestimmt, was er machen will, sondern die Droge.

Aufgabe

1. Wie könntest du dem Druck von Gleichaltrigen widerstehen, wenn du keinen Alkohol, keine Zigaretten oder andere Drogen möchtest. Beschreibe dein „Schutzschild" gegen Drogen.

Zettelkasten

Haschisch wird aus dem Harz des Indischen Hanfs *(Cannabis sativa)* gewonnen und überwiegend geraucht. Haschisch verursacht Euphorie, Sinnestäuschungen, Dämmerzustände und ein verändertes Zeitgefühl. Haschischrauchen kann zur psychischen Abhängigkeit führen. *Marihuana* ist die amerikanische Variante von Cannabis, wobei hier die getrockneten Blätter geraucht werden.

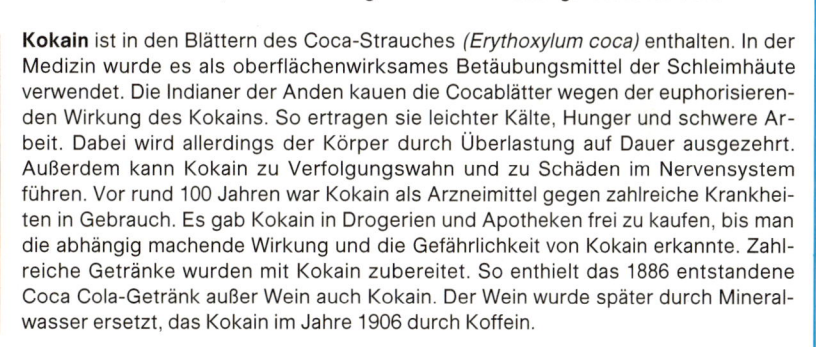

Kokain ist in den Blättern des Coca-Strauches *(Erythoxylum coca)* enthalten. In der Medizin wurde es als oberflächenwirksames Betäubungsmittel der Schleimhäute verwendet. Die Indianer der Anden kauen die Cocablätter wegen der euphorisierenden Wirkung des Kokains. So ertragen sie leichter Kälte, Hunger und schwere Arbeit. Dabei wird allerdings der Körper durch Überlastung auf Dauer ausgezehrt. Außerdem kann Kokain zu Verfolgungswahn und zu Schäden im Nervensystem führen. Vor rund 100 Jahren war Kokain als Arzneimittel gegen zahlreiche Krankheiten in Gebrauch. Es gab Kokain in Drogerien und Apotheken frei zu kaufen, bis man die abhängig machende Wirkung und die Gefährlichkeit von Kokain erkannte. Zahlreiche Getränke wurden mit Kokain zubereitet. So enthielt das 1886 entstandene Coca Cola-Getränk außer Wein auch Kokain. Der Wein wurde später durch Mineralwasser ersetzt, das Kokain im Jahre 1906 durch Koffein.

Die unreifen Früchte des **Schlafmohns** *(Papaver somniferum)* werden mit scharfen Messern angeritzt. Den austretenden Milchsaft lässt man trocknen. Das so gewonnene *Opium* ist ein Stoffgemisch. Es enthält verschiedene, auch medizinisch interessante Stoffe, *Opiate* genannt, z. B. Morphium (10 %), Narkotin (5 %) und Papaverin (0,5 %). Diese Stoffe wirken schmerzlindernd, einschläfernd und narkotisierend. Im 17. Jahrhundert wurden die Opiate zur „Linderung der menschlichen Leiden" eingesetzt, wie es ein damals bedeutender Arzt formulierte. Erst zu Beginn unseres Jahrhunderts wurde die Suchtwirkung und die damit verbundene Gefahr erkannt und richtig eingeschätzt: Schon bei Einnahme von 0,1 bis 0,2 g Morphium treten starke Vergiftungserscheinungen auf, wie langsames Atmen, tiefer Schlaf und Abschwächung der Herztätigkeit. Ab 0,3 g tritt der Tod durch Lähmung der Atemmuskulatur ein. Mithilfe einer chemischen Reaktion wurde im Jahr 1898 zum ersten Mal aus Morphium Heroin hergestellt. Es kam ursprünglich als „nicht süchtig machendes" Hustenmittel auf den Markt.

Sinne Nerven

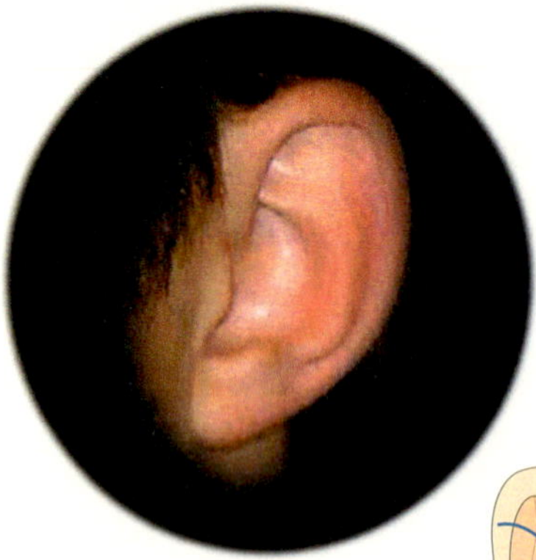

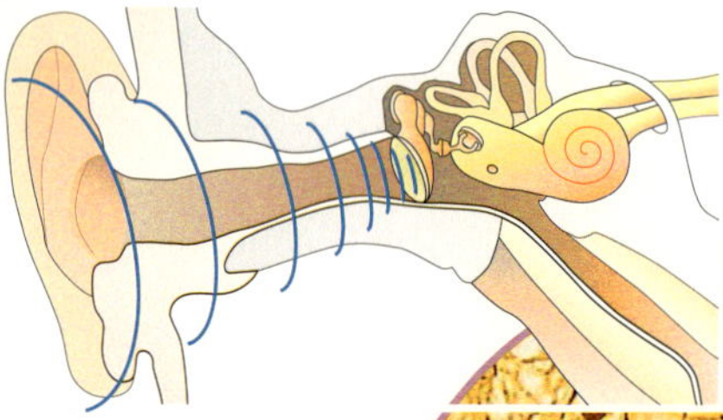

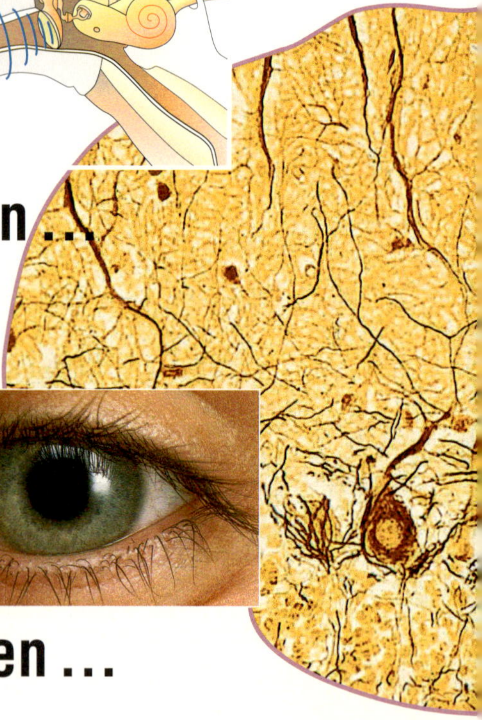

hören …

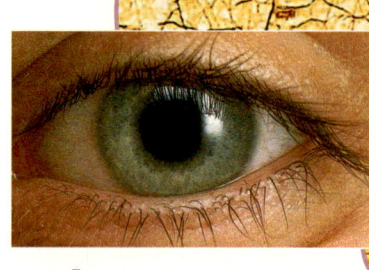

sehen …

schmecken …

… so erleben wir mit den Sinnen die Umwelt.

Unsere Sinnesorgane gleichen vielfältigen Antennen. Sie sind für die Aufnahme unterschiedlichster Signale, wie etwa Licht, Schall oder Wärme, spezialisiert. Existiert für einen Umwelteinfluss ein passendes Sinnesorgan, so bezeichnet man diesen Einfluss als Reiz. Mit dem Zustrom von Reizen erhält der Organismus Informationen über die Umwelt. Von den Sinnesorganen werden sie durch Nervenzellen ins Gehirn geleitet und ausgewertet. Das Ergebnis der Auswertung bestimmt, ob wir beispielsweise auf der Straße ein Auto erkennen, es schön finden oder gar als Gefahr wahrnehmen.

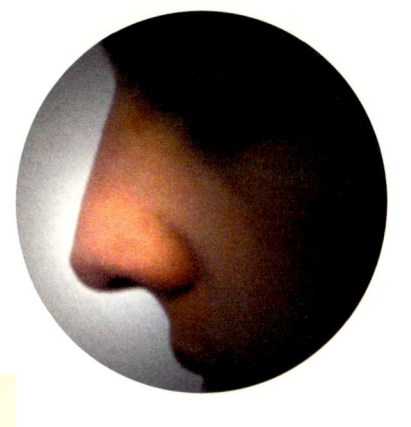

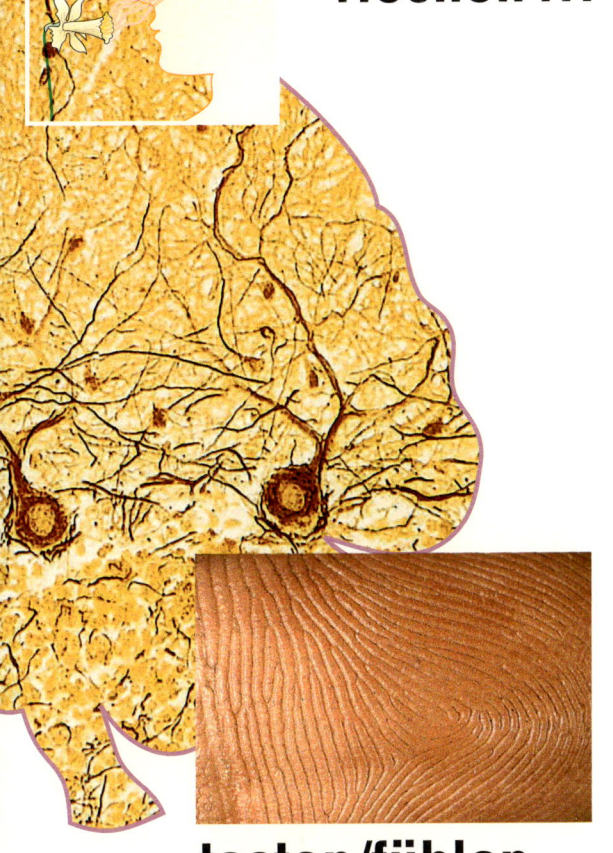

riechen …

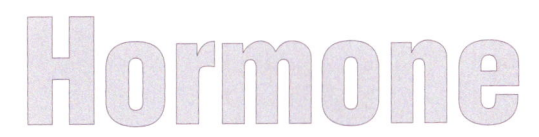

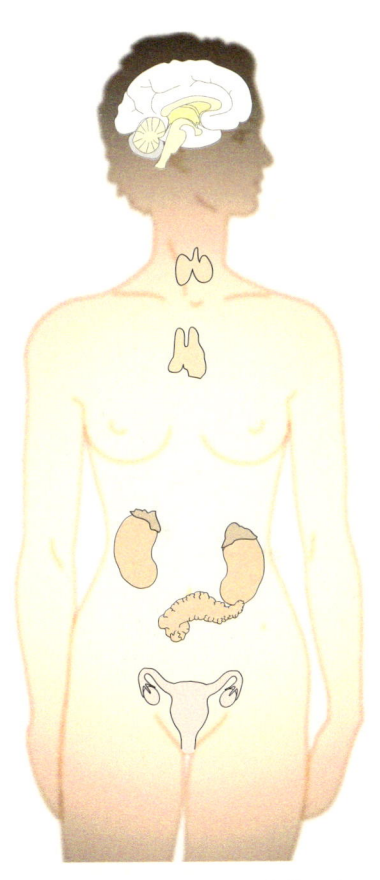

tasten/fühlen …

Hormone

Das Nervensystem leitet auch Signale, die zur Regulation der Tätigkeit der inneren Organe notwendig sind. Diese Vorgänge bleiben uns meist unbewusst, ebenso wie die Arbeit der Hormondrüsen. Ihre Botenstoffe werden mit dem Blut im gesamten Körper verteilt und regulieren lebenswichtige Stoffwechselvorgänge.

Sinne, Nerven und Hormone

1 Sinnesorgane

Das Auge

Im täglichen Leben ist der *Lichtsinn* für den Menschen von sehr großer Bedeutung. Er ist der Leitsinn, der uns eine sichere Orientierung ermöglicht. Wir verlieren diese Sicherheit sofort, wenn wir uns mit geschlossenen Augen bewegen.

Augen sind empfindliche Sinnesorgane. Umgeben von Nasenbein, Jochbein und Stirnbein liegen sie geschützt, eingebettet in ein Fettpolster, in den knöchernen Augenhöhlen des Schädels. Fliegt Staub oder Sand an die Wimpern, so wird das Augenlid automatisch schnell geschlossen und schützt vor Schmutzteilchen. Gelangt dennoch ein kleiner Fremdkörper ins Auge, so wird er durch die Tränenflüssigkeit ausgeschwemmt. Allerdings können scharfe, heiße oder ätzende Teilchen das Auge verletzen. Deshalb muss man bei handwerklichen Tätigkeiten, bei denen die Augen gefährdet sind, unbedingt eine Schutzbrille tragen.

Die Augenwand besteht aus mehreren übereinander liegenden Häuten. Die äußerste Haut ist die schützende, zähe *Lederhaut*. An ihr setzen sechs Muskeln an, die das Auge in der Augenhöhle verdrehen. Dadurch kommen die äußerlich sichtbaren Augenbewegungen zustande. Wo Licht ins Auge eintritt, befindet sich der durchsichtige Bereich der Lederhaut, die *Hornhaut*. Sie wird ständig mit Tränenflüssigkeit befeuchtet.

Die zweite Schicht, die *Aderhaut*, ist reich an Blutgefäßen und versorgt die ihr anliegenden Schichten mit Nährstoffen und Sauerstoff. Darauf folgt die Pigmentschicht, deren Zellen schwarzen Farbstoff *(Pigment)* enthalten. Die innerste Schicht ist die *Netzhaut*. Nur sie enthält Lichtsinneszellen. An der Stelle, an der der Sehnerv das Auge verlässt, ist die Netzhaut unterbrochen. Hier befinden sich keine Lichtsinneszellen. Diese Stelle heißt daher *Blinder Fleck*. Der Hornhaut gegenüber ist eine etwas vertiefte Netzhautstelle. Wegen ihrer Färbung heißt sie *Gelber Fleck* und ist die Stelle für das schärfste Sehen.

Ins Augeninnere gelangt Licht durch die Hornhaut und das schwarze Sehloch, die *Pupille*. Sie ist eine kreisförmige Öffnung der farbigen Regenbogenhaut, der *Iris*. Durch Muskelfasern der Iris kann die Pupille vergrößert oder verkleinert werden. Bei starkem Lichteinfall ist die Pupille klein, bei schwacher Beleuchtung weit geöffnet. Dieser Vorgang, der das Auge an die Umgebungshelligkeit anpasst, heißt *Adaption*.

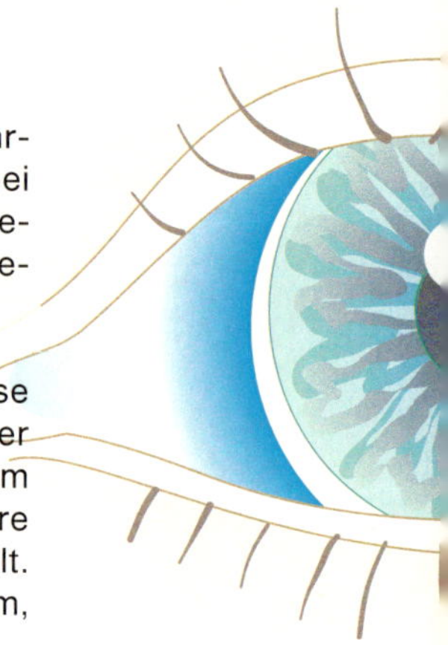

Hinter der Iris ist die elastische Augenlinse an Bändern aufgehängt. Die Linsenbänder *(Zonulafasern)* verlaufen speichenartig zum ringförmigen *Ziliarmuskel*. Das Augeninnere ist von dem gallertartigen Glaskörper erfüllt. Er verleiht dem Auge die feste, runde Form, die auch *Augapfel* genannt wird.

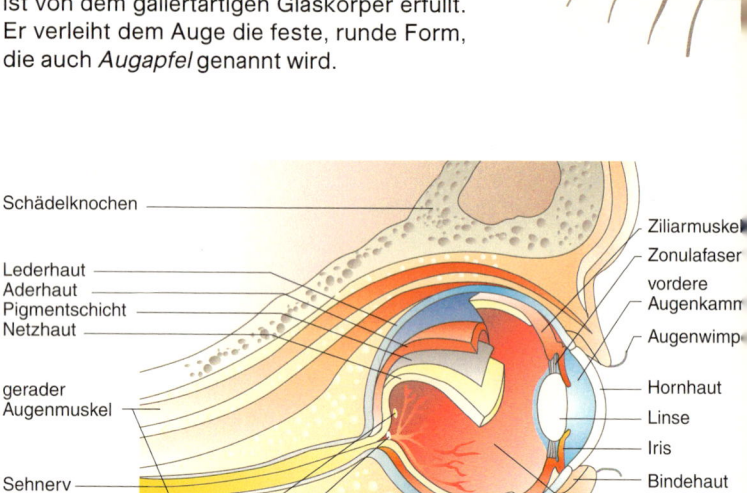

1 Schematischer Längsschnitt durch das menschliche Auge

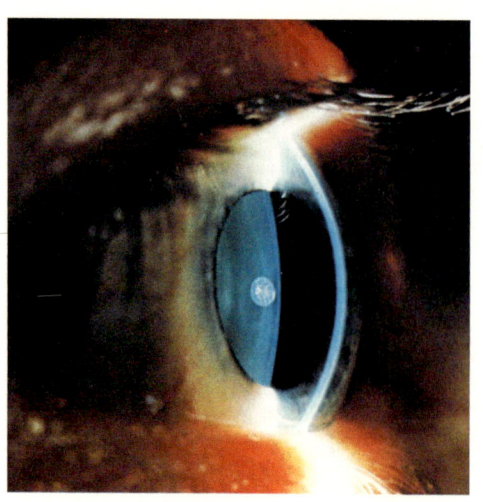

2 Menschliches Auge

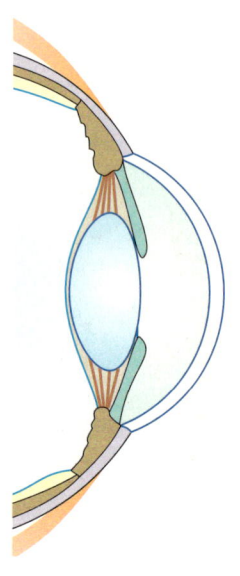

Sinne, Nerven und Hormone

Bau und Funktion der Netzhaut

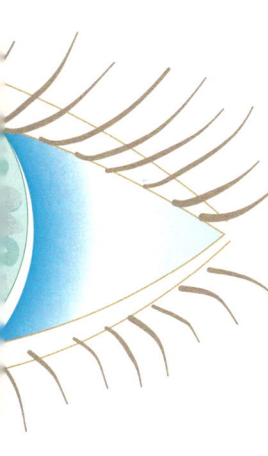

Die Netzhaut ist der lichtempfindliche Teil des Auges. Im mikroskopischen Bild erkennt man, dass sie aus drei Zellschichten besteht. Unmittelbar an den Pigmentzellen liegen die Lichtsinneszellen, von denen es zwei Typen gibt. *Stäbchen* sind lang und schlank und werden bereits durch schwaches Licht gereizt. Sie ermöglichen Hell-Dunkel- und Dämmerungssehen. Gedrungener und kürzer sind die *Zapfen*. Durch sie ist Farbensehen möglich, jedoch benötigen sie zur Reizung weitaus mehr Licht als Stäbchen. In der Netzhaut eines Auges sind etwa 125 Millionen Stäbchen und 6 Millionen Zapfen verteilt. Im Zentrum, dem Gelben Fleck, findet man ausschließlich eng aneinander liegende Zapfen.

Zu den Randbereichen der Netzhaut hin nimmt die Häufigkeit der Zapfen ab und die der Stäbchen zu. Die äußersten Bereiche enthalten nur noch Stäbchen.

Trifft Licht auf Lichtsinneszellen, so werden sie gereizt und senden Signale an die zweite Zellschicht, die aus Schaltzellen besteht. Diese übertragen Signale an die dritte Schicht. In ihr liegen etwa eine Million Nervenzellen, deren lange Fortsätze sich zum *Sehnerv* vereinigen und elektrische Signale zum Gehirn leiten. Jede Nervenzelle liefert für ein wahrgenommenes Bild einen Bildpunkt.

Während im Bereich des Gelben Flecks auf jede Lichtsinneszelle eine Schaltzelle und eine Nervenzelle kommt, sind in den Randbereichen der Netzhaut bis zu 100 Lichtsinneszellen in Kontakt mit einer Schaltzelle. An ihr summieren sich auch schwache Signale zusammengeschalteter Lichtsinneszellen. Dadurch ist die Lichtempfindlichkeit in Randbereichen der Netzhaut höher als im Zentrum. Dagegen ist die Sehschärfe am Gelben Fleck besonders hoch, weil jeder Lichtsinneszelle ein Bildpunkt entspricht.

Aufgaben

1. Beschreibe die Aufgaben der drei Zellschichten der Netzhaut.
2. Die Sehzellen werden durch einen kurzen Lichtblitz stärker erregt, wenn man sich zuvor längere Zeit in dunkler Umgebung aufgehalten hat. Erkläre.

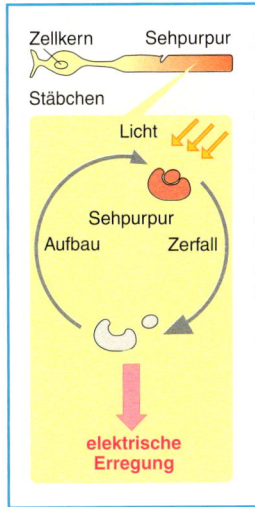

1 Bau der Netzhaut (Mikrofoto und Schema)

Zettelkasten

Die Funktion des Sehfarbstoffs

Alle Lichtsinneszellen enthalten lichtempfindliche Farbstoffe. In Stäbchen ist es *Sehpurpur*, für dessen Aufbau Vitamin A aus der Nahrung benötigt wird. Trifft Licht auf eine Lichtsinneszelle, so wird sie gereizt. Der Sehfarbstoff absorbiert Licht und zerfällt in zwei Bestandteile. Dabei erzeugt die Zelle ein elektrisches Signal. Sie ist nun erregt und reizt nachfolgende Schaltzellen.

In der Lichtsinneszelle wird der zerfallene Sehfarbstoff wieder aufgebaut und steht dann erneut für die Lichtabsorption zur Verfügung. In Lichtsinneszellen, die längere Zeit unbelichtet bleiben, sammelt sich viel Sehfarbstoff an. Dagegen ist der Vorrat an Sehfarbstoff in stark belichteten Zellen gering.

Sinne, Nerven und Hormone

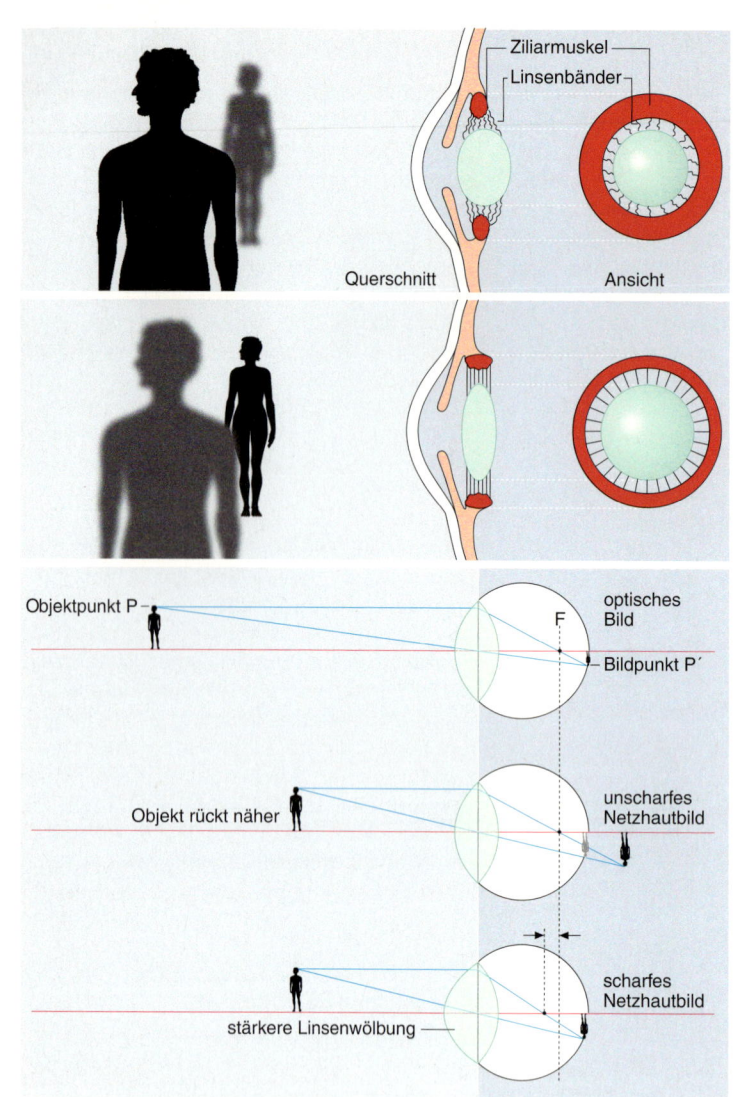

1 Fern- und Nahakkommodation

Scharfes Sehen nah und fern

Damit wir beispielsweise eine Person sehen, muss das von ihr kommende Licht im Auge auf die Netzhaut abgebildet werden. Das optische Bild wird von der Hornhaut und der Augenlinse erzeugt. Vereinfacht dürfen beide zusammen wie eine einzelne Linse betrachtet werden. Damit die Person sowohl in großer Entfernung als auch in der Nähe scharf gesehen wird, muss das optische System an die jeweilige Entfernung angepasst werden. Diese Entfernungseinstellung des Auges (*Akkommodation*) geschieht durch Änderung der Wölbung der elastischen Augenlinse.

Sieht man einen herannahenden Gegenstand stets scharf, so zieht sich dabei der *ringförmige Ziliarmuskel* immer mehr zusammen. Sein Umfang verringert sich und die elastische Aderhaut wird dabei gespannt. Die *Linsenbänder*, die zuvor starken Zug auf die Linse ausgeübt haben, ziehen nun nicht mehr so stark. Die elastische Linse kugelt sich immer weiter ab. Sie ist jetzt stärker gewölbt und bricht Lichtstrahlen stärker. Dieser Vorgang endet, wenn die Linsenbänder nicht mehr an der Linse ziehen (*Naheinstellung*). Jugendliche sehen dabei in Entfernungen von etwa 10 cm Gegenstände scharf. Bei Naheinstellung werden ferne Objekte unscharf wahrgenommen.

Zur *Ferneinstellung* des Auges erschlafft der Ziliarmuskel. Die elastische Aufhängung an der Aderhaut und der Augeninnendruck dehnen ihn. Der Umfang des Ziliarmuskels wird größer, die Linsenbänder gespannt und die Augenlinse wird flach gezogen.

Zettelkasten

Kleine Linsenkunde

Sammellinsen (Konvexlinsen) sind in der Mitte dicker als am Rand. Lichtstrahlen durch den Linsenmittelpunkt werden nicht abgelenkt. Parallel zur optischen Achse eintreffende Lichtstrahlen werden beim Durchtritt durch die Linse so gebrochen, dass sie sich alle in einem Punkt, dem *Brennpunkt F*, schneiden. Die Entfernung zwischen Linsenmitte und Brennpunkt heißt *Brennweite f*. Bei einer stärker gekrümmten Linse werden die Lichtstrahlen stärker gebrochen und der Brennpunkt liegt dann näher an der Linse. Augenärzte geben für Linsen die *Brechkraft D* an. Sie ist der Kehrwert der Brennweite ($D = 1/f$) mit der Einheit $1/m = 1$ Dioptrie = 1 dpt. Die Brechkraft der Hornhaut beträgt 43 dpt, die Brechkraft der Linse 18–32 dpt.

Sammellinsen können *optische Bilder* erzeugen. Treten Lichtstrahlen, die von einem Objekt kommen, durch eine Sammellinse, bewirkt die Linse, dass sich alle von einem Punkt ausgehenden Lichtstrahlen hinter der Linse in einem Punkt schneiden. Für die Konstruktion eines Bildpunktes reicht es, wenn nur zwei Strahlen gezeichnet werden, z. B. Parallelstrahl und Mittelpunktstrahl. Zwei Linsen hintereinander wirken wie eine Linse mit erhöhter Brechkraft.

Zerstreuungslinsen (Konkavlinsen) sind am Rand dicker als in der Mitte. Parallel zueinander verlaufende Lichtstrahlen werden beim Durchtritt durch die Linse so gebrochen, dass sie hinter der Linse auseinander streben.

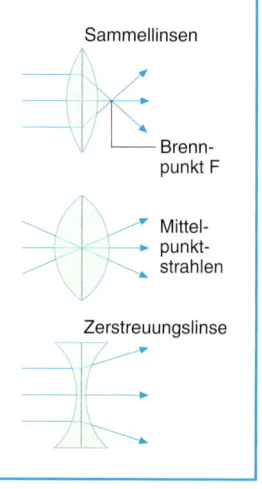

Viele Sehfehler sind korrigierbar

Manche Menschen können ferne Gegenstände nur unscharf sehen, im Nahbereich erscheint alles scharf. Die betroffenen Personen leiden an *Kurzsichtigkeit*. Die Ursache liegt in einer veränderten Form des Augapfels, er ist zu lang. Dies führt bei der Betrachtung eines weit entfernten Gegenstandes mit fern eingestelltem Auge dazu, dass das optische Bild vor der Netzhaut entsteht. Die Brechkraft der Augenlinse ist auch bei weitester Abflachung noch zu groß. Um dies zu korrigieren, verschreibt der Augenarzt eine Brille. Die Gläser sind *Zerstreuungslinsen*; sie gleichen die zu große Brechkraft der Augenlinse aus.

Bei *Weitsichtigkeit* können weit entfernte Gegenstände deutlich gesehen werden. Gegenstände in der Nähe jedoch nur unscharf. Die Ursache ist hier ein zu kurzer Augapfel. Bei Annäherung eines Gegenstandes an dieses Auge muss sich die Augenlinse immer mehr wölben, damit er scharf auf die Netzhaut abgebildet wird. Ist die größte Wölbung erreicht, wenn der Gegenstand noch weiter als 20 cm entfernt ist, so führt eine weitere Annäherung zu einem unscharfen Netzhautbild. Abhilfe schaffen Brillen mit *Sammellinsen*. Sie gleichen die hier unzureichende Brechkraft der Augenlinse aus.

Mit fortschreitendem Alter nimmt die Elastizität der Augenlinse immer mehr ab, die Linsenwölbung bei Naheinstellung lässt immer mehr nach. Betroffene merken es zumeist daran, dass beim Lesen die Entfernung zwischen Text und Auge vergrößert werden muss, um deutlich sehen zu können. Die Tabelle zeigt, wie die kleinste Entfernung, ab der scharfes Sehen möglich ist, mit dem Alter zunimmt. Bei dieser *Altersweitsichtigkeit* kann eine Brille mit Sammellinsen die zu geringe Brechkraft der Augenlinse bei der Naheinstellung ausgleichen. Die Brille ist nur für das Sehen in der Nähe notwendig.

Es kann vorkommen, dass in der Augenlinse Trübungen entstehen. Ist ein großer Bereich der Linse betroffen, bezeichnet man dies als *Grauen Star*. Das Sehvermögen ist dadurch beeinträchtigt. Bei starken Trübungen wird die Augenlinse operativ entfernt und durch eine klare, jedoch starre Kunststofflinse ersetzt. Als *Grünen Star* bezeichnet man eine Augenerkrankung, die einen zu hohen Augeninnendruck verursacht. Die Druckerhöhung, die sich häufig langsam und unbemerkt einstellt, kann zu einer Schädigung von Netzhaut und Sehnerv führen. Ohne Behandlung besteht die Gefahr der Erblindung. Die Früherkennung ist durch regelmäßige Messungen des Augeninnendrucks möglich.

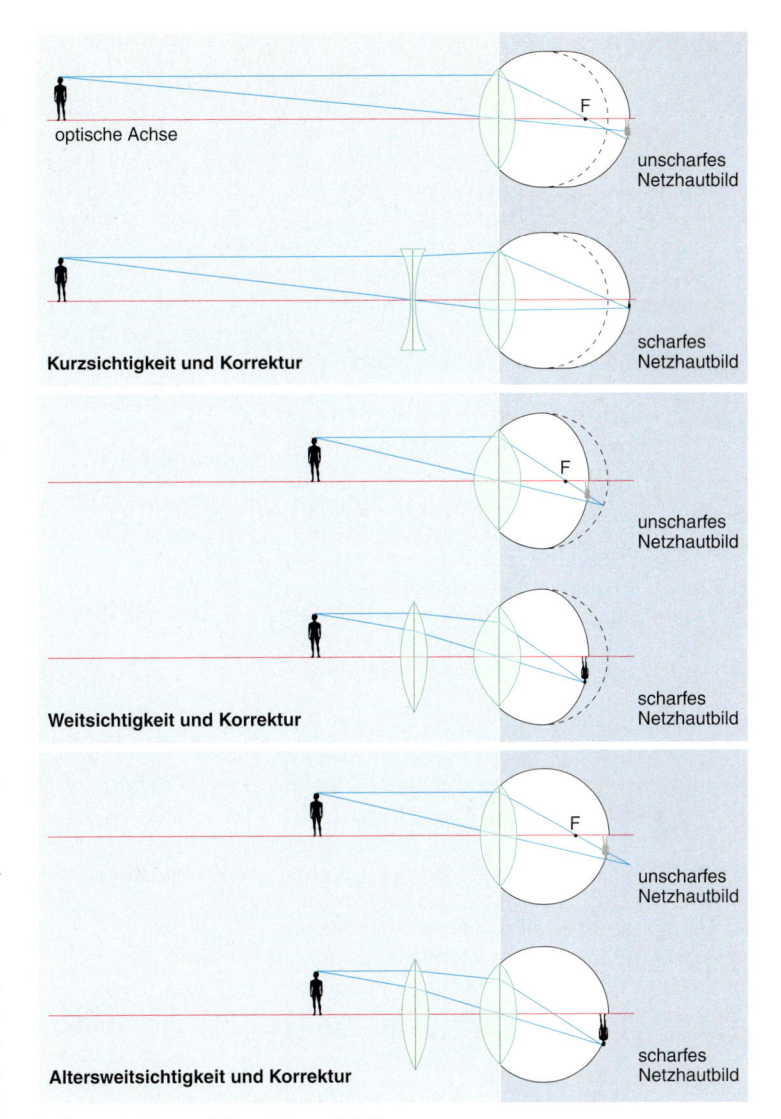

1 Augenfehler und Korrektur mit Brille

Aufgaben

1. Beschreibe Nah- und Fernakkommodation mithilfe von Abbildung 254.1.
2. Vergleiche Kurz- und Weitsichtigkeit. Erkläre, wie diese Fehlsichtigkeit mit einer Brille korrigierbar ist.
3. Vergleiche Weitsichtigkeit und Altersweitsichtigkeit.
4. Bei Patienten, die am Grauen Star operiert werden, wird die Augenlinse durch eine Kunststofflinse ersetzt. Weshalb ist dies kein vollwertiger Ersatz?

Altersabhängigkeit der Nahpunktentfernung

Alter (in Jahren)	Nahpunktentfernung (in cm)
10	7
20	10
30	12
40	17
50	44
60	100

Das Farbensehen

Der Mensch kann viele Tausend Farbtöne unterscheiden. Dies wird durch die *Zapfen* ermöglicht, denn Menschen mit funktionsunfähigen Zapfen können keine Farben erkennen und unterscheiden. Dass es nicht für jeden Farbton eine bestimmte Zapfensorte gibt, ist bei der riesigen Anzahl von wahrnehmbaren Farbtönen anzunehmen.

Seit dem 18. Jahrhundert weiß man, dass sich jeder Farbton durch *additive Farbmischung* aus den Grundfarben Rot, Grün und Blau erzeugen lässt. Die Grundfarben erhält man beispielsweise, wenn man ein *Prisma* mit weißem Glühlampenlicht oder Sonnenlicht durchstrahlt und aus dem entstehenden *Farbspektrum* das rote, grüne und blaue Licht ausblendet. Werden alle drei Grundfarben gleichzeitig gesehen, entsteht der Eindruck von weißem Licht (Abb.1), obwohl nicht alle Spektralfarben vereinigt sind.

Die große Vielfalt der Farbtöne entsteht, wenn die *Sättigung* der Grundfarben, d. h. ihre Intensität verändert wird. Nach diesem Prinzip werden bei den Farbbildschirmen von Computern und Fernsehgeräten die Farbtöne erzeugt. Sie entstehen durch Mischung farbiger Lichter, also durch additive Farbmischung. Dagegen arbeiten Künstler, wenn sie durch Zusammenmischen von Farbstoffen neue Farbtöne hervorbringen, nach einem anderen Mischprinzip. Sie benutzen deshalb andere Grundfarben.

Auch das Auge arbeitet mit drei Grundfarben. In der Netzhaut sind drei verschiedene Zapfensorten vorhanden, für jede Grundfarbe eine. Die Zapfensorten unterscheiden sich nur im chemischen Aufbau des Sehfarbstoffes voneinander. Jede Zapfensorte wird besonders stark durch das Licht der zugehörigen Grundfarbe erregt. Licht einer anderen Farbe verursacht nur schwache oder keine Erregungen.

Reizt das auf die Netzhaut treffende Licht in einer sehr kleinen Region beispielsweise rot empfindliche und grün empfindliche Zapfen, so werden durch den Sehnerv die Signale dieser Zapfensorten zum Gehirn weitergeleitet. Die Auswertung dieser zugleich eintreffenden Signale der beiden Zapfensorten führt zur Farbwahrnehmung gelb. Der Farbeindruck weiß entsteht, wenn Signale von allen drei Zapfensorten ankommen. Das Farbensehsystem des Menschen arbeitet nach dem Prinzip der additiven Farbmischung.

Manche Menschen leiden an einer Störung des Farbsehvermögens, meist verursacht durch einen einzigen Zapfentyp. Sind die Zapfen für eine der Grundfarben Rot oder Grün funktionslos, können die Betroffenen die Farben Rot und Grün nicht voneinander unterscheiden. Man spricht von *Rot-Grün-Blindheit*. Dies kann durch Testbilder festgestellt werden (s. Randspalte). In seltenen Fällen kann die Farbwahrnehmung auch vollständig ausfallen (*Farbenblindheit*).

Aufgabe

① Warum kann ein Rot-Grün-Blinder die Zahl im Testbild nicht wahrnehmen?

Farbtestbild

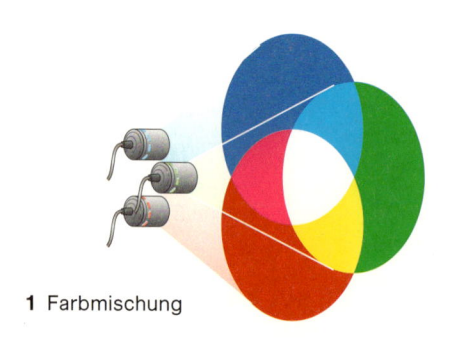

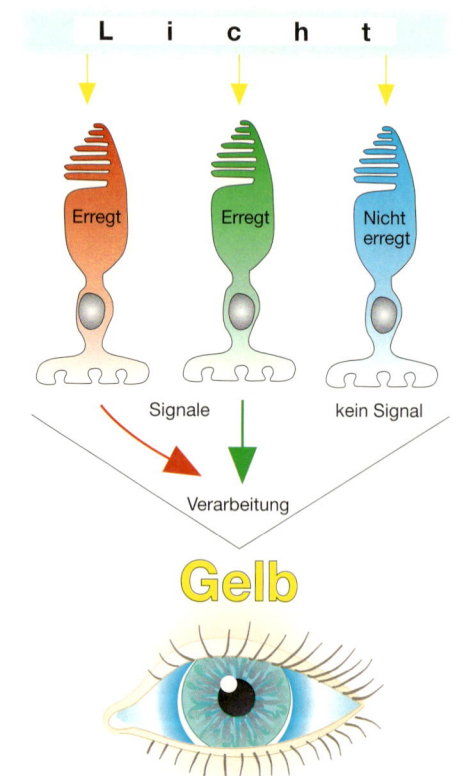

1 Farbmischung

2 Zerlegung des Lichts in Spektralfarben

Spektrum

Sinne, Nerven und Hormone

1 Projektion Einzelbildfolge

2 Gesichtsfeld und Raumwirkung

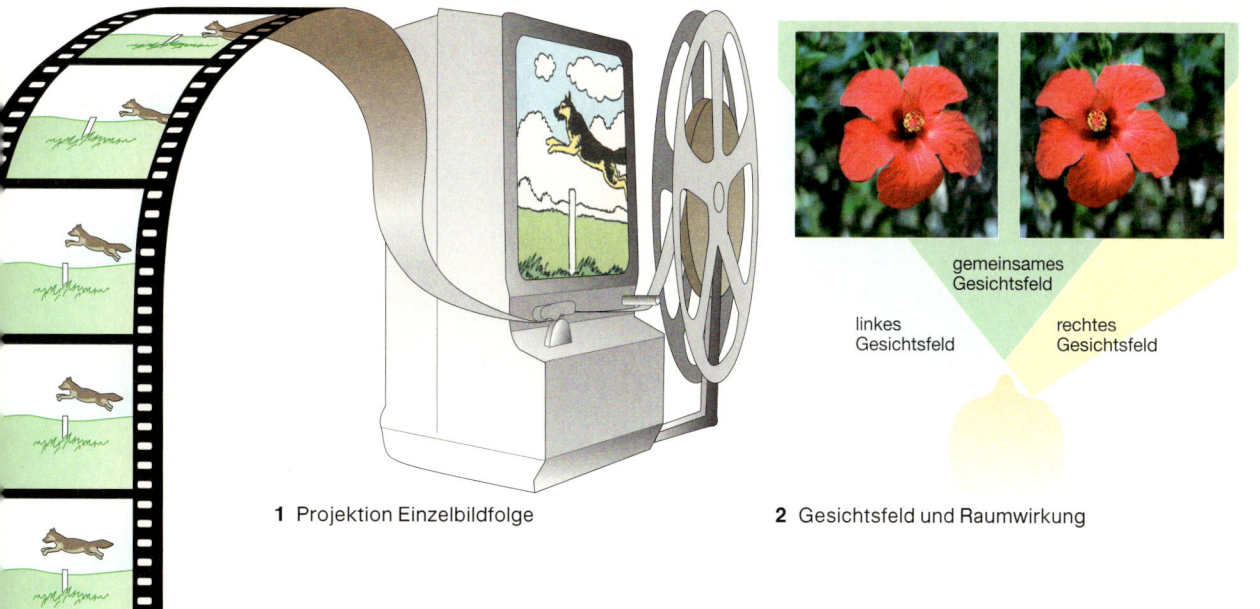

Bewegte Bilder

Betrachtet man einen Filmstreifen, so erkennt man darauf eine Folge von Einzelbildern. Bei der Filmvorführung, auch mit Video- und Fernsehgeräten, werden die einzelnen Bilder nacheinander projiziert. Dabei entsteht beim Betrachter der Eindruck einer kontinuierlichen Bewegung, wenn pro Sekunde mehr als 18 Bilder gezeigt werden.

Dass wir einen Film als kontinuierlichen Bewegungsablauf sehen können, liegt an der „Trägheit" der Sehzellen. Werden sie durch einen Lichtreiz erregt, so dauert es etwa $1/18$ Sekunde, bis nach Ausbleiben des Lichtreizes die Erregung abgeklungen ist. Tritt innerhalb dieser Abklingzeit ein neuer Lichtreiz auf, dann überlagern sich abklingende und neue Erregung. Dabei entsteht in unserem Gehirn der Eindruck einer kontinuierlichen Bewegung.

Räumliches Sehen

Das zweiäugige Sehen ermöglicht es, Gegenstände räumlich wahrzunehmen. Beim Betrachten eines nahen Gegenstandes, der im gemeinsamen Gesichtsfeld beider Augen liegt, lässt sich die Ursache dafür leicht zeigen. Schließt man abwechselnd ein Auge, sieht man den Gegenstand nacheinander aus zwei verschiedenen Blickrichtungen. Dies ist eine Folge des Augenabstandes. Das Gehirn verarbeitet die Informationen beider Augen und vermittelt einen plastischen Eindruck.

Je weiter ein Gegenstand vom Betrachter entfernt ist, desto weniger unterscheiden sich die Netzhautbilder in den beiden Augen voneinander, die Raumwirkung wird schwächer. Dies ist eine Grundlage für das Einschätzen von Entfernungen. Je weniger Raumwirkung, desto weiter ist das Objekt entfernt.

Für die Beurteilung von Entfernungen, die größer als etwa 20 m sind, spielt die Raumwirkung kaum eine Rolle. In diesem Fall beurteilen wir Streckenlängen daran, wie klein bekannte Gegenstände erscheinen. Beim Schätzen sehr großer Entfernungen, etwa im Gebirge oder am Meer, ist man oft hilflos.

Zettelkasten

Sehen mit Auge und Gehirn

Bei allem, was wir sehen, ist das Gehirn beteiligt. So gibt es Menschen mit völlig gesunden Augen, die jedoch aufgrund einer Störung im Gehirn blind sind. Die Beteiligung des Gehirns am Sehvorgang zeigt ein alltägliches Beispiel. Häufig erkennt man eine bekannte Person bereits von Weitem an ihrer Körpergestalt. Dieses gelingt, weil bereits ein Bild der Person gespeichert ist. Das Gehirn vergleicht aufgenommene Signale ständig mit dem Gedächtnisinhalt. Bei Übereinstimmungen findet Erinnern und Erkennen statt. Optische Bilder auf der Netzhaut sind flächige, also zweidimensionale Bilder. Daraus und mithilfe der Erinnerung rekonstruiert das Gehirn die dritte Dimension und damit die räumliche Anschauung. Optische Täuschungen zeigen, dass diese rekonstruierte Anschauung nicht immer mit der Wirklichkeit übereinstimmt.

Aufgabe

① Kopiere den Filmstreifen der Randspalte. Schneide aus der Kopie die Einzelbilder aus und hefte sie zu einem Daumenkino zusammen. Blättere den Block mit unterschiedlichen Geschwindigkeiten durch. Berichte deine Eindrücke.

Sinne, Nerven und Hormone

Optische Täuschung und Wahrnehmung

Auf diesen Seiten sind mehrere Bilder, die bei der Betrachtung teilweise verblüffend wirken. Häufig wird das, was wir dabei sehen, als *optische Täuschung* bezeichnet. Im strengen Sinne ist dieser Begriff nicht zutreffend, denn diese Täuschungen sind nicht auf optische Vorgänge im Auge zurückzuführen. Vielmehr sind es *Wahrnehmungstäuschungen*, die zeigen, dass beim Sehen immer das Gehirn und die Erinnerung an bereits Gesehenes beteiligt sind.

Einige Abbildungen zeigen Erstaunliches über das menschliche Wahrnehmungsvermögen. Anhand anderer lassen sich Vorstellungen dazu gewinnen, wie das Gehirn optisch aufgenommene Informationen auswertet. Für das tägliche Leben ist diese Auswertung von größter Bedeutung. Erst durch diese Auswertung und die damit verbundene Wahrnehmung können wir uns mithilfe des Lichtsinns orientieren, drohende Gefahren erkennen und schließlich gezielt handeln.

Die versteckte Gestalt

① Was erkennst du, wenn du dieses Bild betrachtest?
Zeige dieses Bild verschiedenen Personen. Sehen sie alle das selbe?

③ Betrachte die nebenstehende Abbildung. Es handelt es sich um ein Bild, das stark verändert wurde.
Beschreibe das Aussehen. Welche Veränderungen könnten vorgenommen worden sein?
Kannst du erkennen, was das Bild darstellt?
Beschreibe, worin die Schwierigkeit liegt, das Bildmotiv zu erkennen.
Ergründe anhand dieses Beispiels, wovon die Informationsmenge abhängt, die ein Bild enthält.
Betrachte das Bild und bewege das Buch auf dem Tisch rasch mit kleinen Ausschlägen hin und her. Was fällt auf?

② Vergleiche die Länge der beiden waagrechten Linien.
Decke mit zwei weißen Papierstückchen die beiden schrägen Linien ab. Vergleiche nun erneut die Länge der waagrechten Linien.
Miss zur Sicherheit die Länge der waagrechten Linien mit einem Lineal nach.
Beschreibe das Prinzip, nach dem die Täuschung funktioniert.

Sinne, Nerven und Hormone

Räumliches Sehen

④ In welcher der beiden senkrechten Reihen sind die Kugeln, in welcher die Löcher abgebildet?
Kannst du das eindeutig festlegen? Drehe dein Buch langsam um 180 Grad. Was fällt dir auf? Beschreibe, worauf es ankommt, ob wir Kugeln oder Löcher sehen.
Was zeigen diese Bilder über das Erkennen dreidimensionaler Objekte?

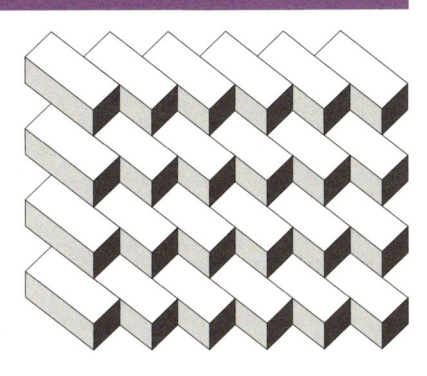

⑤ Betrachte das Muster und drehe dabei das Buch langsam um 360 Grad. Was empfindest du dabei?
Teste dies mit verschiedenen Personen. Sehen sie alle das selbe in dem Muster?

Betrachte die Kiste und stelle dir vor, du müsstest diese Kiste nachbauen. Das würde dir sicher schwer fallen.

⑥ Beschreibe, was hier nicht stimmt. Erkläre, weshalb das Anschauen dieser Kiste bei manchen Menschen ein fast unangenehmes Gefühl verursacht.

⑦ Baue aus lauter gleichen Münzen einen Münzstapel so hoch, dass — nach Augenmaß beurteilt — seine Höhe dem Durchmesser der Münzen entspricht.
Miss jetzt mit einem Lineal Höhe und Breite. Was fällt dir auf?
Bitte eine andere Person, den Stapel wie vorgegeben aufzubauen. Gelingt es ihr? Vergleiche das neue Ergebnis mit deinem.

Sehen und nicht sehen

Die beiden Farbbilder unten zeigen das weltberühmte Gemälde der geheimnisvoll lächelnden Mona Lisa des Malers LEONARDO DA VINCI (1452—1519).

⑧ Vergleiche die beiden Abbildungen. Dass sie auf dem Kopf stehen, darf dich gerade nicht stören. Drehe das Buch um 180 Grad. Beschreibe, was dir auffällt.
Sicher wunderst du dich jetzt. Beschreibe, was das Erstaunliche beim Betrachten der beiden Bilder ist.
Wie wirken die Bilder auf dich, wenn dein Buch auf dem Kopf steht? Stelle Vermutungen an, woran es liegen kann.

⑨ Welche Motive entdeckst du in der Abbildung links?
Was ergänzt hier unser Wahrnehmungssystem? Welche Bedeutung hat dies deiner Meinung nach für den Menschen?

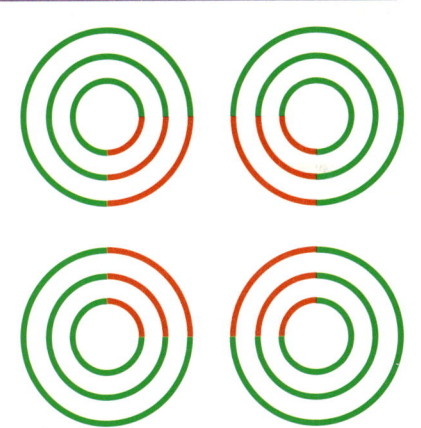

⑩ Beschreibe, welche Strukturen oben auf das Papier gedruckt sind. Welche Farben wurden verwendet? Welche Farbe hat der Hintergrund?
Betrachte die Abbildung in Ruhe bei guter Beleuchtung. Welche Wahrnehmung tritt dabei auf? Beschreibe. Welche Aktivität des Wahrnehmungssystems zeigt sich an dieser Figur? Welche Bedeutung könnte das für den Menschen haben?

Sinne, Nerven und Hormone

1 Aufbau des Ohres

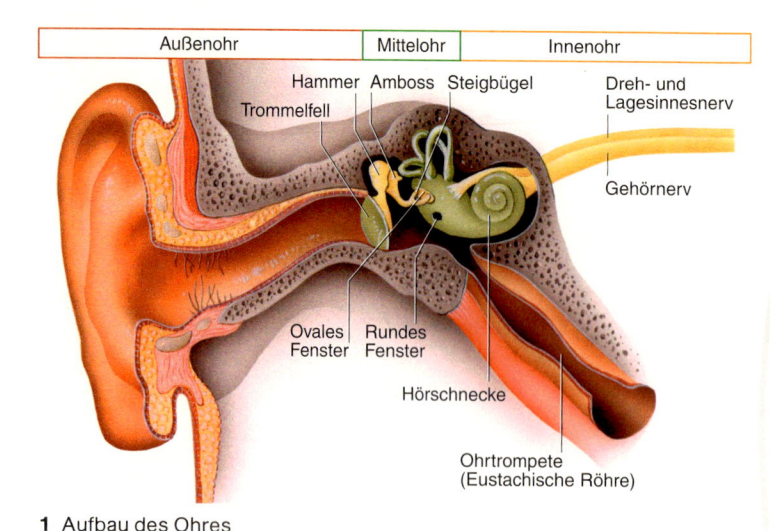

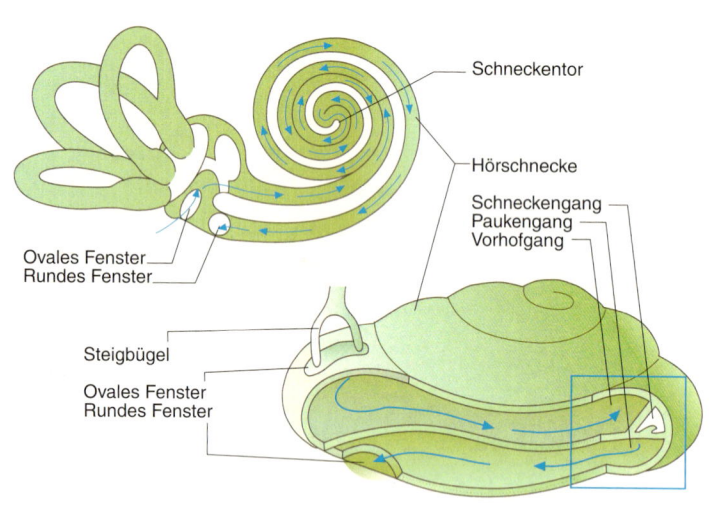

2 Druckwellenverlauf in der Schnecke

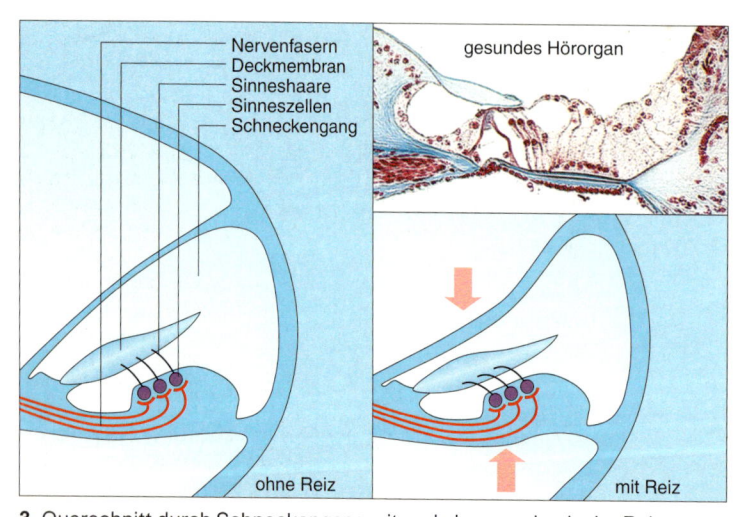

3 Querschnitt durch Schneckengang mit und ohne mechanische Reizung

Das Ohr — Aufbau und Funktion

Beim Sprechen werden die Stimmbänder in Schwingungen versetzt. Das spürt man, wenn man die Fingerspitzen an den Kehlkopf legt. Die Schwingungen werden an die Luft übertragen. Dabei entstehen Luftdruckschwankungen, die sich als *Schallwellen* ausbreiten.

Gelangen Schallwellen an unser Ohr, so werden sie von der *Ohrmuschel* in den etwa 3 cm langen, gekrümmten *Gehörgang* geleitet. Am Ende des Gehörgangs sitzt das *Trommelfell*. Es ist ein dünnes Häutchen, das den Gehörgang abschließt. Dahinter liegt das *Mittelohr*, ein etwa 4 Millimeter breiter Spaltraum, der durch einen Gang, die *Ohrtrompete*, mit dem Rachenraum in Verbindung steht. Die am Trommelfell ankommenden Schallwellen versetzen es in Schwingungen, die auf drei kleine Gehörknöchelchen (*Hammer, Amboss, Steigbügel*) übertragen werden. Sie leiten die Trommelfellschwingungen zum Innenohr. Die Hebelwirkung der Gehörknöchelchen verkleinert die Schwingungsausschläge und verstärkt ihren Druck.

Im Innenohr liegt eine aus 2 $\frac{1}{2}$ Windungen bestehende knöcherne *Hörschnecke*, die von einem Hautschlauch durchzogen ist. Seine membranartige Wand unterteilt das Innere der Schnecke in drei Längsgänge. Der mittlere Gang ist der *Schneckengang*. Er enthält etwa 16 000 Sinneszellen. Über ihren Sinneshärchen liegt eine *Deckmembran*. Über dem Schneckengang liegt der *Vorhofgang*, darunter der *Paukengang*. Ein Ende des Vorhofganges bildet das *Ovale Fenster*. Am anderen Ende, dem *Schneckentor*, hat der Vorhofgang Verbindung mit dem Paukengang. Dieser schließt mit dem *Runden Fenster* zum Mittelohr ab. Alle drei Gänge sind mit einer Flüssigkeit, der *Ohrlymphe*, gefüllt.

Wirkt der Steigbügel mit kräftigen Stößen auf das Ovale Fenster ein, wird die Ohrlymphe in Schwingungen versetzt und der gesamte Hautschlauch schwingt mit. Die Folge ist ein Verbiegen der Sinneshärchen. Dieser mechanische Reiz erregt die Sinneszellen. Über Nervenzellen, die mit den Sinneszellen in Verbindung stehen und deren ableitende Fasern sich zum *Hörnerv* zusammenlagern, laufen nun Erregungen zum Gehirn. Dort entsteht der Höreindruck.

Aufgabe

① Beschreibe die Schallübertragung vom Trommelfell bis zu den Sinneszellen.

Sinne, Nerven und Hormone

Leistungen des Gehörs

Eine Voraussetzung dafür, dass wir Musik hören können, ist die Fähigkeit, *Tonhöhen* unterscheiden zu können. Physikalisch betrachtet unterscheiden sie sich durch ihre *Frequenz*, also die Anzahl der Schwingungen in einer Sekunde.

Untersuchungen an der Hörschnecke haben gezeigt, dass ein Ton einer bestimmten Frequenz nicht alle Sinneszellen im Schneckengang gleichmäßig erregt. Der Hautschlauch in der Schnecke schwingt nur in einem kleinen Bereich besonders heftig. An anderen Stellen sind die Schwingungsausschläge sehr gering. Wird die Frequenz geändert, so liegt die Stelle größter Erregung an einer anderen Stelle der Schnecke. Töne hoher Frequenz werden im vorderen Teil in der Nähe des Ovalen Fensters aufgenommen. Für niedrigere Frequenzen verschiebt sich der erregte Bereich in Richtung Schneckentor.

Die tiefste hörbare Frequenz liegt bei etwa 16 Hz. Die obere Hörgrenze ist stark altersabhängig. Beim Jugendlichen liegt sie bei 20 kHz. Ein 45-Jähriger hört Töne bis 15 kHz, und beim 65-Jährigen ist die obere Hörgrenze bis auf 5 kHz abgesunken. Beim Sprechen liegen die hauptsächlich benutzten Frequenzen zwischen 250 Hz und 5 kHz.

Die Position einer Schallquelle können wir auch mit geschlossenen Augen ausmachen. Dieser räumliche Höreindruck wird durch das Hören mit zwei Ohren ermöglicht. Der Schall einer Schallquelle bewirkt in beiden Ohren unterschiedliche Erregungen. In dem Ohr, das der Schallquelle näher ist, treten die Erregungen geringfügig früher auf und sind etwas stärker als im anderen. Aus diesen sehr kleinen Unterschieden ermittelt das Gehirn die räumliche Lage der Schallquelle.

Ständiger Lärm verursacht beim Menschen auf Dauer seelische und körperliche Beschwerden, wie Konzentrationsschwäche, Kreislauf- und Schlafstörungen. Bei sehr großer Lautstärke werden Hörsinneszellen geschädigt und sogar zerstört. Die Folgen sind Schwerhörigkeit und Taubheit. Deshalb gilt: Musik — etwa mit dem Kopfhörer — nicht mit voller Lautstärke hören und sehr laute Diskotheken meiden. An sehr lauten Arbeitsplätzen muss unbedingt ein Gehörschutz getragen werden! Als Teilnehmer im Straßenverkehr sollte man nicht unnötig Lärm erzeugen.

HEINRICH HERTZ (1857 — 1894) deutscher Physiker

1 Hertz = 1 Hz
1 Hz bedeutet eine Schwingung pro Sekunde

1000 Hz = 1 kHz

Zettelkasten

zerstörtes Hörorgan

Schallquelle	dB	
Explosion, Schuss	130	Schmerzgrenze
Düsenflugzeug	120	
Pfeifen auf den Fingern	110	Schwerhörigkeit durch Schädigung des Innenohrs
Motorrad ohne Schalldämpfer	100	
LKW-Geräusche	90	Störung des vegetativen Nervensystems, Veränderung von Puls und Blutdruck, Schlafstörung
laute Stereoanlage	80	
Straßenverkehr	70	
laute Unterhaltung	60	
Radio auf Zimmerlautstärke	50	Beinträchtigung von Schlaf und geistiger Arbeit, Konzentrationsschwäche
gedämpfte Unterhaltung	40	
Flüstern	30	
Blätterrauschen	20	
Hörgrenze	0	

Vielfaches des Schalldrucks im Vergleich zur Hörschwelle

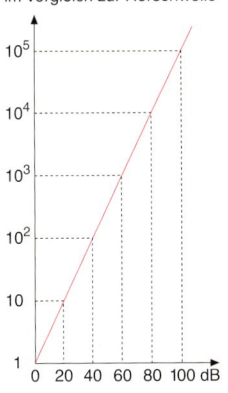

Aufgabe

① Untersuche mithilfe der Tabelle und der Grafik, um das Wievielfache der Schalldruck von LKW-Verkehr und Düsenflugzeugen höher liegt als laute Unterhaltung und Flüstern.

Schalldruck und Dezibel

Schallwellen breiten sich in der Luft als schwache Luftdruckschwankungen aus. Man kann diesen Schalldruck normalerweise nur hören, jedoch nicht weiter spüren.

Der geringste Schalldruck, der gerade noch zur Hörempfindung führt, beträgt etwa 2/100000 pa (Pascal). Man bezeichnet ihn als Hörschwelle. Dagegen beträgt der Luftdruck etwa 100 000 pa.

Häufig wird die Schallstärke als Schalldruckpegel beschrieben. Er gibt an, das Wievielfache der Schalldruck im Vergleich zum Schalldruck der Hörschwelle beträgt. Beispielsweise liegt der Schalldruckpegel einer lauten Unterhaltung bei 1000. Hier ist der Schalldruck tausend mal stärker als an der Hörschwelle und beträgt etwa 2/100 pa.

Weil man so aber zu sehr unhandlichen Zahlen gelangt, wird der Schalldruckpegel üblicherweise in der Einheit Dezibel (dB) angegeben. Dabei ist Hörschwelle Null dB und jede Erhöhung um 20 dB bedeutet immer eine Zunahme auf das Zehnfache. Wenn beispielsweise ein Auto einen Schalldruckpegel von 60 dB verursacht, so erzeugen zwei Fahrzeuge nicht 120 dB, sondern „nur" 66 dB. Bei zehn Fahrzeugen ist der Schalldruckpegel 80 dB. Die Dezibelwerte verschiedener Schallquellen lassen sich also nicht einfach zusammenzählen. Das Schaubild zeigt den Zusammenhang zwischen dB-Werten und dem Vielfachen des Hörschwellen-Schalldrucks. Ab ca. 100 dB wird das Gehör geschädigt.

Sinne, Nerven und Hormone

Aufgaben

① Beschreibe den Verlauf der Hörschwelle in Abhängigkeit der Frequenz.
In welchem Frequenzbereich ist das Gehör des Menschen am empfindlichsten?
Erkläre die biologische Bedeutung für den Menschen.

② Plane ein Experiment, mit dem man den Verlauf der Hörschwellenkurve einer Versuchsperson im hörbaren Frequenzbereich ermittelt.
Beschreibe, wie du bei deinem geplanten Experiment vorgehen müsstest, wenn dir die erforderlichen Geräte zur Verfügung gestellt werden würden.

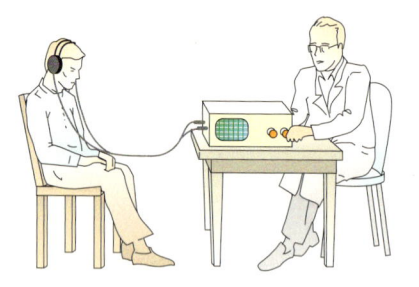

③ Ein Ohrenarzt untersucht einen Patienten, der auf dem linken Ohr an Schwerhörigkeit leidet. Der Arzt ermittelt die Hörschwelle getrennt für das linke und das rechte Ohr durch Knochenleitung des Schalls. Das Ergebnis zeigt, dass bei Knochenleitung kein Unterschied in der Hörschwelle zwischen beiden Ohren besteht, wohl aber bei Luftleitung.
In welchem Bereich des Hörorgans liegt die Ursache der Schwerhörigkeit? Begründe deine Vermutung.

Die beiden Säulendiagramme zeigen das Risiko für eine Hörschädigung bei häufigem Aufenthalt in Discotheken mit hohem Dauerschallpegel der Musik. Die Werte geben für 16-jährige Jugendliche das Risiko in Prozent an, nach fünf Jahren eine Hörschädigung und damit eine Hörminderung zu erleiden. Die gesamten Säulen stehen für alle Personen, bei denen die Empfindlichkeit nur noch 30 % des gesunden Gehörs oder weniger beträgt. Die kleinen Teilsäulen beziehen sich auf eine Teilgruppe. Bei dieser ist die Gehörempfindlichkeit weiter abgesunken, nämlich auf 3 % oder weniger.

④ Was bedeutet „Risiko im Prozent"? Erkläre dies am Beispiel von 200 untersuchten Personen.
Nenne Personengruppen, die durch laute Discomusik besonders gefährdet sind.

⑤ Untersuche die Schaubilder.
Ab welchem Schalldruckpegel besteht Gefahr für das Gehör?

⑥ Wie viele Mitglieder deiner Klasse würden vermutlich eine Hörschädigung erfahren, wenn ihr über 5 Jahre hinweg wöchentlich 10 Stunden in der Disco verbringen würdet bei einem Schalldruckpegel von 100 dB?

⑦ Untersuche deine Hörgewohnheiten. Wie viele Stunden in der Woche ist dein Gehör großen Lautstärken ausgesetzt?

⑧ Welche Gefahr ist höher einzuschätzen, die Dauer der Einwirkung oder die Schallstärke? Begründe anhand der Schaubilder.

⑨ Das Schaubild zeigt bei für 40 Stunden und 110 dB, dass 95 Prozent der Jugendlichen eine Hörminderung erleiden.
Kann man behaupten, bei 5 Prozent der Jugendlichen verursacht dieser Schall keine Beeinträchtigung des Gehörs? Begründe deine Meinung.
Bei welchem prozentualen Anteil der Jugendlichen beträgt die Restempfindlichkeit des Gehörs zwischen 30 und 3 Prozent der normalen Empfindlichkeit?

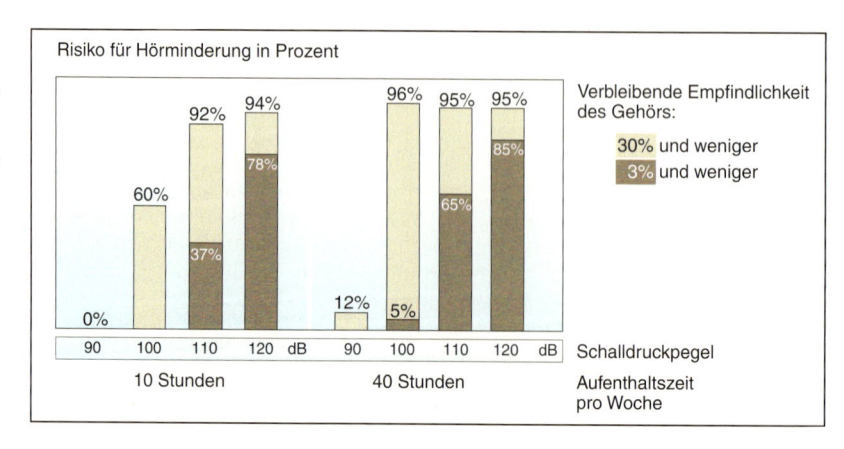

Hören

Das Gehör des Menschen ist nicht bei allen Tönen gleich empfindlich. Wie die Empfindlichkeit des Gehörs von Frequenzen abhängt, zeigt Abbildung 1. Man nennt diese Kurve die *Hörschwelle*. Sie gibt an, ab welchem Schalldruckpegel ein reiner Ton gerade gehört wird.

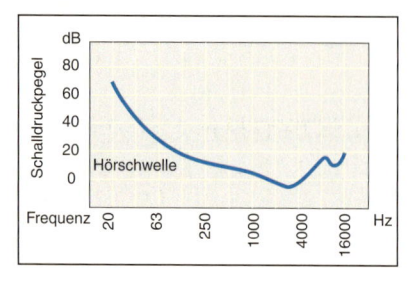

Die Hörschwelle ist beim Menschen deutlich verändert, wenn das Gehör geschädigt ist. Experimentell kann man die Hörschwelle einfach ermitteln. Dazu benötigt man einen Kopfhörer und einen Tongenerator, bei dem die Tonfrequenz und der vom Kopfhörer erzeugte Schalldruck genau einstellbar sind.

Darüber hinaus kann ein Hals-Nasen-Ohrenarzt mit einem speziellen Gerät Schallschwingungen direkt auf einen Schädelknochen hinter der Ohrmuschel übertragen. Der Schall gelangt nun nicht mehr über den Weg Gehörgang-Trommelfell-Gehörknöchelchen ans Innenohr, sondern wird durch Schädelknochen direkt auf das Innenohr übertragen. Man nennt dies *Knochenleitung*. Beim gesunden Ohr verläuft die Hörschwellenkurve bei Knochenleitung etwa so wie bei Luftleitung.

Durch Lärm am Arbeitsplatz, häufige Überlautstärken beim Musikhören oder durch Krankheit kann Schwerhörigkeit auftreten. Ursache können Veränderungen des Innenohrs oder des Mittelohrs sein.

Praktikum

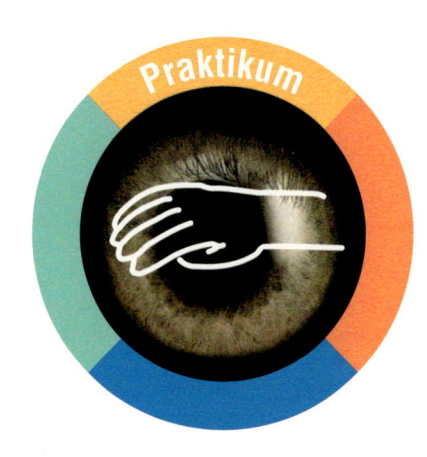

Hören und Sehen

Der Blinde Fleck

Halte das Buch mit ausgestreckten Armen vor dich. Schließe das rechte Auge und fixiere mit dem linken den schwarzen Punkt unten auf dieser Seite. Bewege langsam das Buch auf dein Auge zu. Achte dabei auf das schwarze Kreuz, ohne das Auge zu bewegen. Beschreibe und erkläre, was bei diesem Vorgang zu bemerken ist.

Bestimmung des Nahpunktes

a) Halte ein Lineal mit der Nullmarke rechts an die Nasenwurzel und schließe das linke Auge. Führe einen Bleistift dem Lineal entlang so weit auf das Auge zu, bis er unscharf erscheint. Ein Mitschüler liest die Entfernung zum Auge ab. Wiederhole diesen Versuch mit dem linken Auge. Welche Werte wären bei einem Kurzsichtigen zu erwarten?

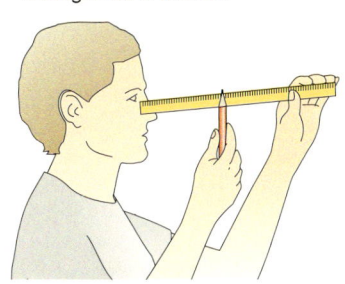

b) In ein Stück Papier wird mit einem spitzen Bleistift eine kleine runde Blendenöffnung von 1 – 2 mm Durchmesser gestochen. Schließe ein Auge und betrachte mit dem anderen bei sehr guter Beleuchtung diesen Text. Nähere das Buch so weit, bis der Text gerade nicht mehr scharf erscheint. Halte jetzt das Papier vor das Auge und betrachte den Text durch die Blendenöffnung. Was fällt dir auf?
Ermittle die kleinste Entfernung zwischen Auge und Buchseite, bei der der Text noch scharf zu sehen ist. Vergleiche mit den Werten von a).

Pupillenreaktion

Ein Mitschüler hält ein Stück Karton etwa 30 Sekunden lang vor sein geschlossenes Auge. Danach nimmt er den Karton vom Auge weg und blickt zum hellen Fenster. Beobachte sofort seine Pupille und erkläre.

Richtungshören

a) Ein Schlauch von 10 – 15 mm Durchmesser und etwa 1,5 m Länge wird genau in seiner Mitte durch einen Strich markiert. Die Enden des Schlauchs werden in die Ohrmuscheln gehalten. Ein Mitschüler klopft mit einem Lineal etwa 10 cm neben der Mitte auf den Schlauch. Die Versuchsperson teilt mit, von welcher Seite das Geräusch kommt. Erkläre das Versuchsergebnis. Notiere einen Ergebnissatz.

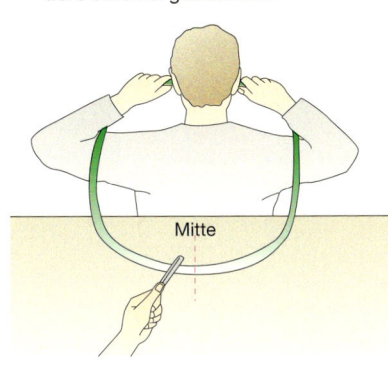

b) Der Versuch a wird mehrfach wiederholt und dabei jedes Mal näher an der Schlauchmitte geklopft. Die Versuchsperson gibt stets an, von welcher Seite das Geräusch kommt. Es wird so die kleinste Entfernung von der Schlauchmitte bestimmt, bei der das Geräusch gerade noch als von der Seite kommend wahrgenommen wird. Notiere diesen Wert.

c) Der Laufweg des Schalls vom Entstehungsort bis zu den beiden Ohren ist unterschiedlich groß. Der Laufwegunterschied ist doppelt so groß wie die Strecke zwischen Schlauchmitte und Klopfstelle. In Luft breitet sich Schall etwa mit der Geschwindigkeit $v = 340$ m/s aus. Hierfür gilt die Gleichung: Geschwindigkeit (v) = Weg (s)/Zeit (t). Bestimme daraus den Zeitunterschied t für den kleinsten mit Versuch b ermittelten Laufwegunterschied. Dies ist der kleinste Zeitunterschied, mit dem Schall an den Ohren eintreffen muss, damit man Geräusche als von der Seite kommend empfindet.

Konzentrationstest

a) Möglichst viele Schüler zählen innerhalb von 30 Sekunden alle p in den nachfolgenden Zeilen. Jeder notiert sein Ergebnis.

b) Der Versuch wird von anderen Schülern wiederholt. Dabei spielt laute Musik. Nach 30 Sekunden werden die Ergebnisse notiert und mit den Resultaten des ersten Versuchs verglichen. Erkläre das Ergebnis.

ppppppqqqqppppppqqqppqpqpqpqp
pqppppppppqqqqqpppppqpqqqppppp
qpqpqqqppqqpppqpppqppqpqpqppq
pqqppppqpqqpqppppqqpppppqppqp

Funktionsmodell eines Bogengangs

Ein kunststoffbeschichteter Kartonstreifen von 5 cm Länge und 2 cm Breite wird 1 cm von einem Ende entfernt gefaltet und mit Klebestreifen in eine runde Wanne geklebt. Sie wird mit Wasser gefüllt und auf einen Drehstuhl gestellt. Auf die ruhende Wasseroberfläche werden Korkkrümel gestreut.

Welche Teile eines Bogengangs werden mit dieser Anordnung dargestellt? Drehe den Stuhl in Uhrzeigerrichtung. Beobachte den Kartonstreifen und die Korkkrümel. Notiere und erkläre. Drehe den Stuhl etwa 30 Sekunden lang gleichmäßig und stoppe dann plötzlich. Beschreibe und erkläre, was dabei geschieht. Erkläre mithilfe dieses Experiments den Drehschwindel.

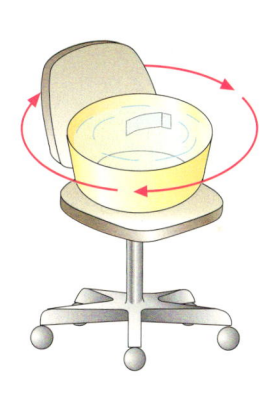

Die Haut — nicht nur ein Sinnesorgan

Beim Erwachsenen ist die Haut etwa 10 kg schwer, durchschnittlich 6 mm dick und bedeckt eine Fläche von knapp 2 m². Sie ist eine lebenswichtige Hülle, die uns umgibt und eine Fülle unterschiedlicher Aufgaben hat.

Die Haut verhindert Austrocknung, schirmt den Körper gegen Schmutz und Krankheitserreger ab, schützt an stark beanspruchten Stellen durch Verdickung vor Verletzung, hilft bei der Regulation des Wärmehaushalts und schützt sich durch Pigmentbildung vor der gefährlichen UV-Strahlung des Sonnenlichts. Die Zunahme der am Boden ankommenden UV-Strahlung in den letzten Jahrzehnten erfordert jedoch ab dem Frühjahr an unbedeckten Hautstellen einen zusätzlichen Sonnenschutz, um das Risiko von Hautkrebserkrankungen zu vermindern. Zugleich ist die Haut ein vielseitiges *Sinnesorgan*, das auf Reize wie Wärme, Schmerz, Druck, Berührung und Vibration anspricht.

Die Haut ist aus drei Schichten aufgebaut. Die dünne **Oberhaut** ist oben verhornt. Diese *Hornschicht* besteht aus abgestorbenen Zellen, die von der darunter liegenden *Keimschicht* ständig ersetzt werden. Eine neue Oberhautzelle verhornt nach einiger Zeit und wird nach vier Wochen als tote Zelle abgestoßen. Die untersten Keimschichtzellen enthalten Farbstoffkörnchen und bilden eine schützende *Pigmentschicht*.

Die zweite Hautschicht ist die etwa 1 mm dicke **Lederhaut**. Ein dichtes Netz eingelagerter Bindegewebsfasern macht sie zäh und reißfest. In ihr verlaufen viele Blutkapillaren mit einer Gesamtoberfläche von 7000 m². Das entspricht der Fläche eines Fußballfeldes. Die Hautdurchblutung dient der Regulation des Wärmehaushalts. Muss vom Körper Wärme abgegeben werden, so sind die Kapillaren weit und stark durchblutet. Die Haut wird so rötlicher. Reicht dies zur Kühlung nicht aus, sondern die *Schweißdrüsen* Schweißtropfen ab. Sie verdunsten und entziehen dabei der Haut Wärme.

Haare entwickeln sich aus *Haarzwiebeln*. An jeder entspringt ein *Haarbalg*, in dem ein Haar täglich um etwa 0,5 mm wächst. An jedem Haarbalg sitzen ein kleiner Muskel und eine Talgdrüse, die das Haar fettet.

In der Lederhaut liegen viele verschiedene Sinneskörperchen. Sie enthalten Sinneszellen, die mechanische Reize wie Berührung oder Druck aufnehmen. *Freie Nervenendigungen* werden bei Änderungen der Temperatur gereizt. Bei Temperaturen unter 36 °C werden die *Kältekörperchen* erregt, bei höheren Temperaturen die *Wärmekörperchen*. Freie Nervenendigungen reichen teilweise bis in die Oberhaut und wirken auch als *Schmerzrezeptoren*.

Die **Unterhaut** ist die dickste der drei Hautschichten. Durch Fetteinlagerung wirkt sie als Energiespeicher, Isolierschicht und Stoßdämpfer. Sie enthält *Lamellenkörperchen*, die auf Schwingungen ansprechen. Mit der Unterhaut ist die ganze Haut an Muskeln, Organen und Knochen befestigt.

a	Hornhaut	h	Lamellenkörperchen
b	Keimschicht	i	Kältekörperchen
c	Pigmentschicht	k	freie Nervenendigungen
d	Haar	l	Schweißdrüse
e	Pore	m	Talgdrüse
f	Tastkörperchen	n	Arterie und Vene
g	Wärmekörperchen	o	Unterhautfettgewebe

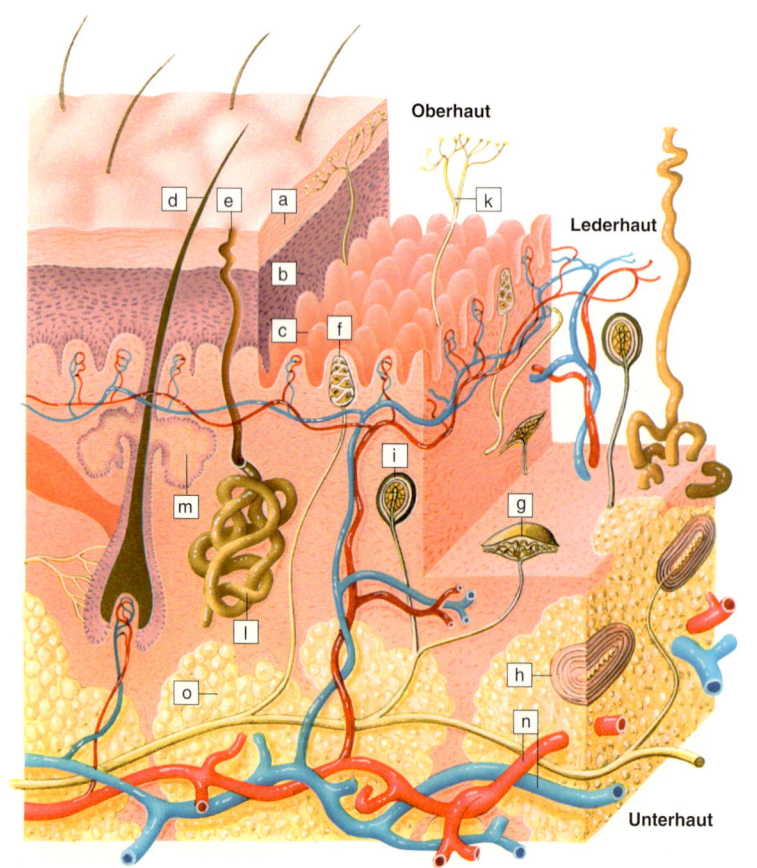

1 Aufbau der menschlichen Haut (Schema)

Sinne, Nerven und Hormone

Lexikon

Weitere Sinne

Lage- und **Drehsinnesorgane** liegen im Innenohr und vermitteln Informationen über die Lage des Kopfes, sowie über Beschleunigungen und Drehbewegungen unseres Körpers.

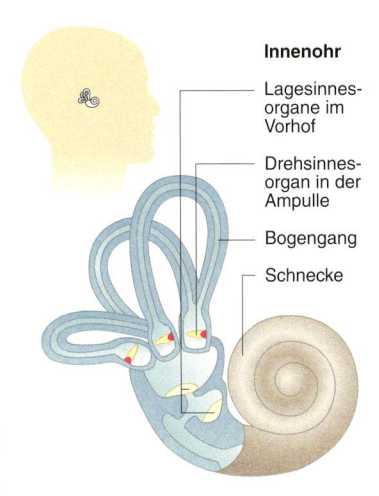

Innenohr

- Lagesinnesorgane im Vorhof
- Drehsinnesorgan in der Ampulle
- Bogengang
- Schnecke

Am Vorderende jeder Gehörschnecke liegen zwei bläschenförmige Erweiterungen, die *Vorhofsäckchen*, mit je einem Lagesinnesorgan. Es besteht aus Sinneszellen mit Sinneshärchen, die in eine Gallertplatte mit eingelagerten Kalkkristallen ragen. Beim Neigen des Kopfes geraten die Gallertplatten in Schieflage. Dabei werden die Sinneshärchen verbogen. Dieser Reiz erregt die Sinneszellen. Bei aufrechter Kopfhaltung liegt in jedem Innenohr ein Organ waagrecht, das andere senkrecht. Beim Neigen des Kopfes ändern sich die Erregungen, die die Lagesinnesorgane aussenden. Diese Signale ermöglichen es dem Gehirn, die neue Lage des Kopfes zu bestimmen.

Ein **Drehsinnesorgan** besteht aus drei senkrecht zueinander stehenden flüssigkeitsgefüllten Bogengängen, die jeweils eine bauchige Ausweitung *(Ampulle)* besitzen. In jeder Ampulle

Ampulle des Bogenganges

Kopfdrehung nach rechts

bei Ende der Drehbewegung

- Gallerte
- Sinneshärchen
- Sinneszelle
- Nervenfaser

ist eine Gallertkappe, in die Sinneshärchen der darunter befindlichen Sinneszellen ragen. Wird der Kopf und damit auch das Bogengangsystem gedreht, so bewegt sich zunächst die enthaltene Lymphflüssigkeit aufgrund ihrer Trägheit nicht mit. Die Gallertkappe wird gegen die ruhende Lymphe gedrückt und umgebogen. Durch die Verbiegung der Sinneshärchen werden die Sinneszellen erregt.

Geruch- und **Geschmackssinn** sind chemische Sinne. Mit der eingeatmeten Luft gelangen Geruchsstoffe in die Nasenhöhle. Im oberen Bereich der Nasenschleimhaut liegen die etwa 6 cm^2 großen Riechfelder, die neben Stütz- und Schleimhautzellen etwa 20 Millionen Riechzellen enthalten.

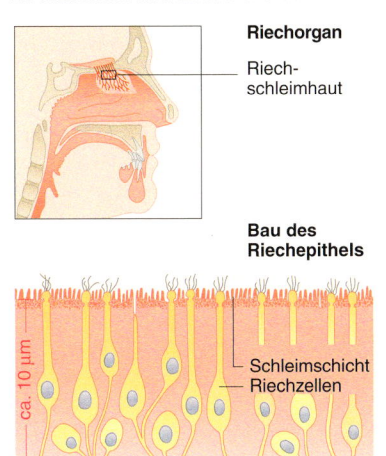

Riechorgan

- Riechschleimhaut

Bau des Riechepithels

ca. 10 µm

- Schleimschicht
- Riechzellen

Duftstoffe reizen die Riechzellen, indem sich Duftmoleküle an die Zelloberfläche anlagern. Über den Riechnerv gelangen Signale ins Gehirn. Häufig warnt der Geruchsinn vor schädlichen Stoffen, denn sie riechen meist schlecht. Allerdings sind manche gefährliche Gase geruchlos. So kann das giftige Auspuffgas Kohlenstoffmonooxid die Riechzellen nicht reizen.

Seit langem sind die vier Hauptgeschmacksqualitäten süß, sauer, salzig und bitter bekannt, die der Geschmackssinn liefert. Inzwischen ist eine fünfte Geschmacksqualität entdeckt. Sie wird Umami genannt, was im Japanischen so viel wie „Fleischgeschmack" bedeutet. Er wird beispielsweise durch das Würzmittel Glutamat hervorgerufen.

Auf der Zunge liegen warzenförmige *Geschmackspapillen*, die bereits beim Blick in den Spiegel erkennbar sind.

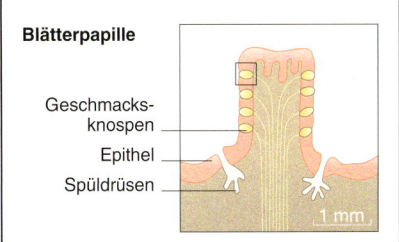

Blätterpapille

- Geschmacksknospen
- Epithel
- Spüldrüsen

1 mm

Geschmacksknospe

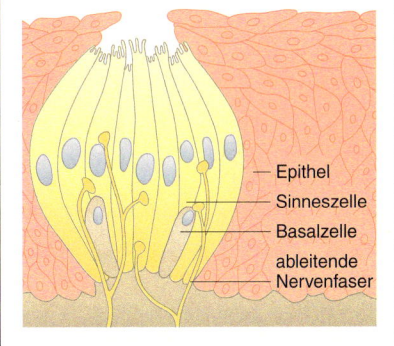

- Epithel
- Sinneszelle
- Basalzelle
- ableitende Nervenfaser

Sie tragen an ihrer Oberfläche *Geschmacksknospen*, die aus 50—100 zusammengelagerten Sinneszellen bestehen. Beim Essen gelangen gelöste Stoffe an die Sinneszellen. Durch diesen Reiz werden sie erregt und aktivieren Nervenzellen. Einzelne Sinneszellen lassen sich zugleich von verschiedenen Geschmacksstoffen reizen. Dabei entstehen Mischempfindungen wie etwa süß-sauer. Der typische Gesamteindruck einer Speise entwickelt sich jedoch erst durch die gleichzeitige Reizung der Geschmacks- und Geruchssinnesorgane.

Sinne, Nerven und Hormone

Sinne bei Mensch und Tier

Über Sinnesorgane nehmen Mensch und Tiere Informationen aus der Umwelt auf. Viele Tierarten verfügen über die selben Sinne wie der Mensch. Jedoch so vielfältig die Lebensweise der Tierarten ist, so verschieden ist auch die Spezialisierung der Sinnesorgane. Beispielsweise können Tiere sehr schwache akustische oder chemische Signale aus der Umwelt wahrnehmen, die die entsprechenden Sinnesorgane des Menschen nicht reizen.

Eine ganze Reihe von Tierarten verfügt über Sinne, die beim Menschen nicht vorkommen. Wie diese Organismen damit ihre Umwelt erleben, können wir uns überhaupt nicht vorstellen. Dennoch ist es möglich zu erforschen, welche Einflüsse als Reize wirken, welche Reaktionen sie auslösen und welche Bedeutung diese Sinne für die jeweilige Lebensform haben.
Außerdem gibt es verschiedenste Signale in der Umwelt, für die bei Organismen kein Sinnesorgan vorkommt.

Biologisch nicht wahrnehmbare Signale

Radiowellen, radioaktive Strahlung und Röntgenstrahlung sind Signale, für deren Aufnahme weder der Mensch und vermutlich auch Tiere keine Sinnesorgane besitzen. Diese Umwelteinflüsse können Organismen nicht wahrnehmen.

Für das Aufspüren dieser Strahlungsarten, die je nach Intensität für Lebewesen schädlich sein können, benötigt man spezielle technische Detektoren. Für Radiowellen benutzt man Funkempfänger. Radioaktive Strahlung und Röntgenstrahlung lassen sich mit Fotofilmen oder dem **Geiger-Müller-Zähler** nachweisen.

Bei der Entwicklung der Lebewesen auf der Erde war es vermutlich nicht von existentieller Bedeutung, dass Lebewesen Radiowellen, radioaktive Strahlung oder Röntgenstrahlung wahrnehmen konnten. Deshalb gibt es vermutlich für diese Signale keine Sinnesorgane. Erst durch die technischen Entwicklungen der Menschheit haben diese Strahlungsarten eine neue Bedeutung erfahren. Weil davon Gefahr ausgehen kann, müssen diese Strahlungseinflüsse überwacht werden.

Die Sehwelt

Der Mensch orientiert sich besonders stark mit dem Lichtsinn. Beim Menschen sind die Augen sehr wichtige Sinnesorgane, wie bei allen Herrentieren, den Primaten. Im Vergleich zu vielen anderen Tieren, deren Augen seitlich stehen, sind bei den Primaten die Augen nach vorne gerichtet und groß.

Das Blickfeld von linkem und rechtem Auge überlappt sich stark und ermöglicht so in diesem weiten Überlappungsbereich räumliches Sehen. Dies ist eine wichtige Voraussetzung für zielgerichtetes Greifen mit den Händen und scheint die Ursache dafür zu sein, dass man bei Primaten besonders häufig den Gebrauch von Werkzeugen oder anderen Hilfsmitteln beobachten kann. Unter den Säugetieren ist die Sehschärfe bei den Primaten am größten, bei Fledermäusen dagegen außerordentlich gering.

Die Hörwelt

Vor allem bei nachtaktiven Tieren findet man einen besonders gut ausgeprägten Hörsinn. Dies zeigt sich einerseits darin, dass sie sehr schwache Geräusche wahrnehmen können, die der Mensch nicht hört. Meist haben sie besonders große Ohrmuscheln, die den Schall auffangen und zum Gehörgang leiten.

Andererseits ist ihre Fähigkeit zur Bestimmung des Orts einer Schallquelle gut ausgeprägt. Während der Mensch die Lage zweier Schallquellen voneinander unterscheiden kann, wenn ihre Richtungen mindestens 8,4 Grad auseinander liegen, schaffen es Hunde bei 2,5 Grad und Katzen sogar bei 1,5 Grad. Ist die Schallquelle 10 m entfernt, so entspricht 1 Grad 17,5 cm.

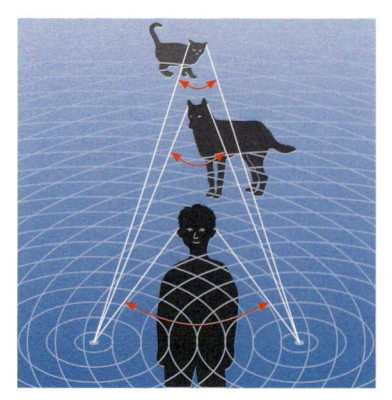

Die meisten jagenden Tiere, die ihre Beute mithilfe des Hörsinns aufspüren, orientieren sich an den Geräuschen, die ihre Beutetiere verursachen. Dagegen haben Delfine und die nachtjagenden Fledermäuse eine besondere Orientierungsmöglichkeit. Sie erkennen ihre Beute mit den Ohren, ohne dass die Beutetiere Geräusche verursachen.

Im 18. Jahrhundert beobachtete LAZZARO SPALLAZANI, dass Fledermäuse auch bei totaler Dunkelheit Hindernisse umfliegen können und im Vergleich zu seiner zahmen Eule keinen Lichtschimmer für die Beutejagd benötigten. 1938 gelang zwei Studenten der Havard Universität der Nachweis, dass Fledermäuse mit *Ultraschall* ihre Umgebung erkennen. So wie unsere Augen das Licht aufnehmen, das von den Objekten in unserer Umgebung ausgeht, können Fledermäuse mit den Ohren „sehen". Im Flug erzeugen sie für uns unhörbare Ultraschalllaute mit Frequenzen von 20 bis 100 Kilohertz und von enormem Schalldruck. Bis 120 dB wurden in der Nähe des Mauls gemessen. Dies entspricht dem Lärm eines Düsenflugzeugs beim Start in 100 m Höhe.

An Hindernissen werden die Ultraschallwellen reflektiert. Die Oberflächenstruktur und die Größe des reflektierenden Objekts bestimmt den „Ton" des entstehenden Echos, die Lage des Objekts im Raum die Richtung, aus der die Fledermaus das Echo empfängt, und die Entfernung wird an der Lautstärke erkannt. So können Fledermäuse ein Hindernis am Echo erkennen, obwohl sie es nicht sehen können. Während also die Orientierung des Menschen stark vom Sehen bestimmt ist, leben Fledermäuse in einer „Hörwelt". Das zeigt sich besonders deutlich daran, dass sich blinde Feldermäuse ernähren können, dagegen gehörlose Tiere verhungern.

Die Riechwelt

Der Mensch verfügt, wie fast alle Primaten, über ein gering ausgeprägtes Geruchsvermögen. Er besitzt 20 Millionen Riechsinneszellen in der Nasenschleimhaut und damit wesentlich weniger als Tiere mit leistungsfähigerem Geruchssinn. Beim Kaninchen sind 100 Millionen, beim Hund 230 Millionen und beim Reh sogar 300 Millionen Riechsinneszellen, die in der Nasenschleimhaut Riechfelder bilden.

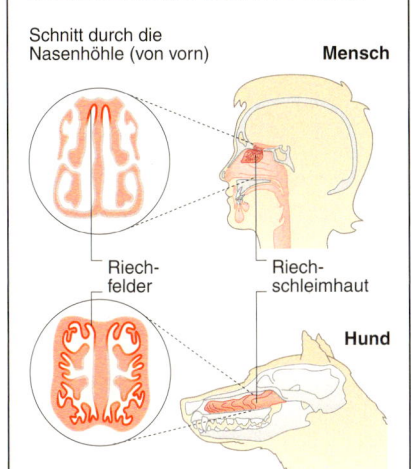

	Fläche der Riechschleimhaut in cm²
Reh	90
Hund	85
Katze	20,8
Kaninchen	9,3
Mensch	2,5 – 5

Bei diesen Tieren wird der Geruchssinn zum leitenden Sinn. Sie nehmen ihre Umwelt vorwiegend über die Nase wahr. Dies findet man unter anderem bei Nagern, die ihren Weg mit Duftmarken kennzeichnen, bei Raubtieren, die ihre Beute durch die Witterung aufspüren und den Huftieren, die ihre Fressfeinde frühzeitig wittern müssen, um rechtzeitig die Flucht vor ihnen ergreifen zu können.

Der magnetische Kompass

Zu den Sinnen, die der Menschen nicht besitzt, gehört der magnetische Sinn. Man findet ihn beispielsweise bei Zugvögeln. Mit seiner Hilfe können sie sich beim Vogelzug selbst bei völlig bedecktem Himmel in der Nacht am Verlauf des Erdmagnetfelds orientieren. 1965 gelang es erstmals beim **Rotkehlchen** nachzuweisen, dass Tiere einen solchen „Magnetkompaß" besitzen. Inzwischen hat man bei 18 Zugvogelarten sowie bei Brieftauben den magnetischen Orientierungssinn nachweisen können.

Auch an Tauben hat man entdeckt, dass sie für ihre Orientierung das Erdmagnetfeld benutzen. Bringt man auf ihrem Kopf kleine Magnete an, so sind sie bei bedecktem Himmel nicht in der Lage, in den Schlag zurückzufinden. Erzeugt man ständig wechselnde Magnetfelder, so werden Tauben selbst bei klarem Himmel, der ansonsten eine Richtungsfindung am Sonnenstand ermöglicht, in ihrer Orientierung gestört.

Trotz intensiver Forschung hat man das magnetische Sinnesorgan noch nicht gefunden. Allerdings fand man im Kopf von Tauben und im Körper anderer Tieren eine magnetische Substanz biologischen Ursprungs. Man nimmt an, dass es sich dabei um Bestandteile eines Sinnesorgans handelt, auf das Magnetfelder einwirken können.

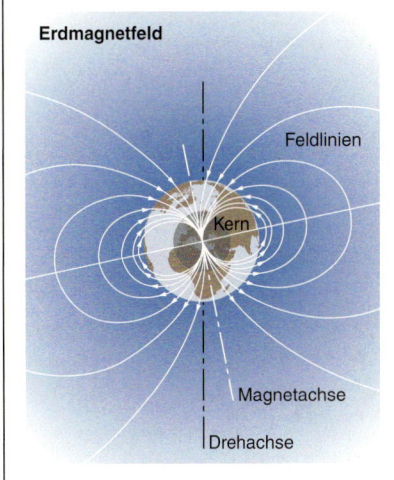

Elektroortung

Einige Süßwasserfischarten Afrikas und Südamerikas können sich elektrisch orientieren. Diese Elektroortung tritt bei Fischen auf, die den Lichtsinn nicht zur Orientierung nützen können, weil sie nachtaktiv sind oder in trübem Wasser leben. Die Tiere erzeugen in ihrer Umgebung im Wasser ein elektrisches Feld. Gelangt ein Körper in dieses Feld und unterscheidet sich sein elektrischer Widerstand von dem des Wassers, so ändert sich das elektrische Feld. Das Tier erkennt die Veränderung mithilfe von Elektrorezeptoren. Dieser elektrische Sinn ist sehr leistungsfähig. So konnte in einem Versuch gezeigt werden, dass mithilfe der Elektrorezeptoren Glasstäbe mit vier und sechs Millimetern Durchmesser unterschieden werden konnten.

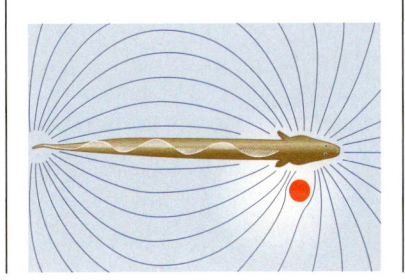

Sinne, Nerven und Hormone

2 Das Nervensystem

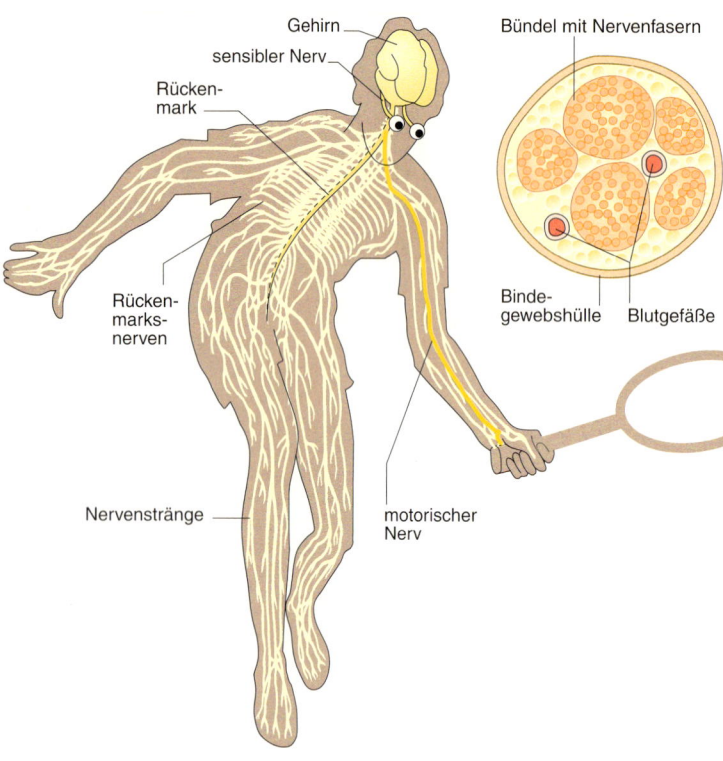

1 Nervensystem des Menschen

Labels: Gehirn, sensibler Nerv, Rückenmark, Rückenmarksnerven, Nervenstränge, motorischer Nerv, Bündel mit Nervenfasern, Bindegewebshülle, Blutgefäße

Über die Sinnesorgane erhält das ZNS fortwährend Informationen aus der Umwelt, die durch sensible Nerven in Form elektrischer Signale zum Gehirn geleitet und dort ausgewertet werden. So kennt der Tennisspieler den Ball, seine Bewegungsrichtung und Geschwindigkeit. Nun sendet das Gehirn Signale durch *motorische Nerven* zur Muskulatur. Die zugehörigen Muskeln ziehen sich zusammen — der Körper wird zum Ball bewegt.

Jede Muskelaktivität verändert die Position des Spielers zum Ball. Von den Sinnesorganen erhält das Gehirn laufend *Rückmeldungen* darüber, wie vorangegangene Bewegungen die Körperstellung zum Ball verändert haben. Es vergleicht ständig die augenblickliche Position mit der erforderlichen und ermittelt daraus, welche Muskeln sich als nächste zusammenziehen müssen.

Das Gehirn aktiviert nacheinander verschiedene Muskelgruppen so lange, bis schließlich die gewünschte Stellung des Spielers zum Ball erreicht ist. Man sagt: Die Muskelaktivität wird *geregelt*. Das wesentliche Kennzeichen der Regelung ist die Wirkungskontrolle. Sie wird durch Rückmeldungen möglich. Dadurch entsteht ein Kreislauf von Signalen, ein Regelkreis.

Würde der Tennisspieler beim ersten Anblick des ankommenden Balls die Augen schließen und so versuchen den Ball zu treffen, würde er ihn mit Sicherheit verfehlen. Hier bliebe die Rückmeldung aus. Nun würde sich eine Muskelaktivierung nicht mehr nach dem Ergebnis einer vorangegangenen richten. Einen derartigen Vorgang nennt man *Steuerung*.

Das Nervensystem ist nicht nur bei körperlicher Betätigung aktiv. Unablässig muss es Informationen empfangen, auswerten und weiterleiten, die auch innere Zustände des Körpers betreffen. Selbst beim Schlafen beeinflusst es die Tätigkeit der inneren Organe und reguliert beispielsweise Blutzirkulation, Atmung und Verdauung.

Arbeitsweise des Nervensystems

Der Tennisspieler sieht den herannahenden Ball. Er läuft auf ihn zu, holt mit dem Arm weit aus und schlägt den Ball zurück. Der ganze Vorgang dauert nur Sekunden.

Diese schnellen, zielgerichteten Bewegungen werden durch das Zusammenwirken von Sinnesorganen, Muskulatur und Nerven ermöglicht. Die Nerven sind stark verzweigt. Sie erreichen alle Körperregionen und sind zum Nervensystem vernetzt.

Ein Nerv besteht aus einer Bindegewebshülle, die Nervenfasern und Blutgefäße einschließt. Ein Nerv ist mit einem Kabelbündel vergleichbar, das hunderte oder tausende von Einzelkabeln enthält. Dabei ist die Nervenfaser das kleinste Element. Sie ist ein langer Ausläufer einer Nervenzelle. Insgesamt enthält der Körper 25—100 Milliarden Nervenzellen. Die meisten liegen dicht gepackt in Gehirn und Rückenmark. Diese beiden Organe bilden zusammen das *Zentralnervensystem (ZNS)*.

Aufgaben

① Beschreibe den Unterschied zwischen Steuerung und Regelung.
② Vergleiche die Funktion sensibler und motorischer Nerven.

Die Nervenzellen — Bau und Funktion

Viele Nervenzellen zeigen vergleichbare Grundstrukturen. Sie sind hier am Beispiel einer motorischen Nervenzelle beschrieben.

Wird die Nervenzelle an den Dendriten gereizt, so entstehen am Axonursprung *elektrische Impulse*. Dabei handelt es sich um Spannungsschwankungen von etwa 0,1 Volt Stärke und 2 ms Dauer. Diese Impulse springen mit Geschwindigkeiten bis 120 m/s längs des Axons von Schnürring zu Schnürring. An den Endknöpfchen angekommen, bewirken sie die Freisetzung eines Übertragerstoffes. Er wandert durch den synaptischen Spalt und verbindet sich mit Rezeptoren, die sich an der Zellmembran der Muskelfaser befinden. Dies bewirkt, dass sich die Muskelfaser zusammenzieht.

Häufig verkoppelt eine Synapse zwei Nervenzellen miteinander. Im ZNS gibt es viele Milliarden dieser Synapsen. An den weit verzweigten Dendriten einer Nervenzelle können bis zu 10 000 Endknöpfchen anderer Nervenzellen sitzen. Die Aktivität einer Synapse bewirkt noch keinen Impuls. Erst wenn mehrere Synapsen zugleich aktiv sind, wird an der gereizten Nervenzelle eine Reizschwelle überschritten. Nun entstehen Impulse, die bis zur nächsten Synapse wandern.

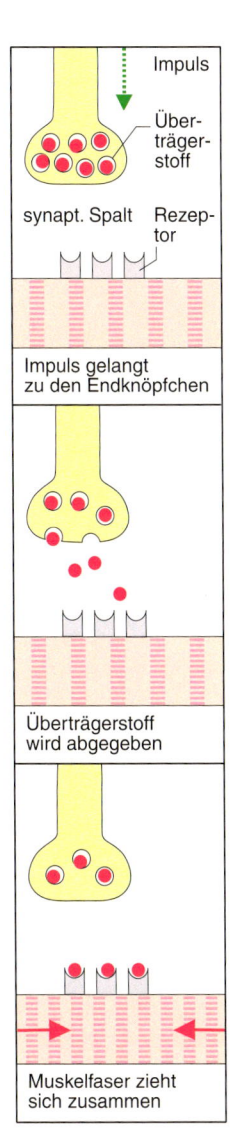

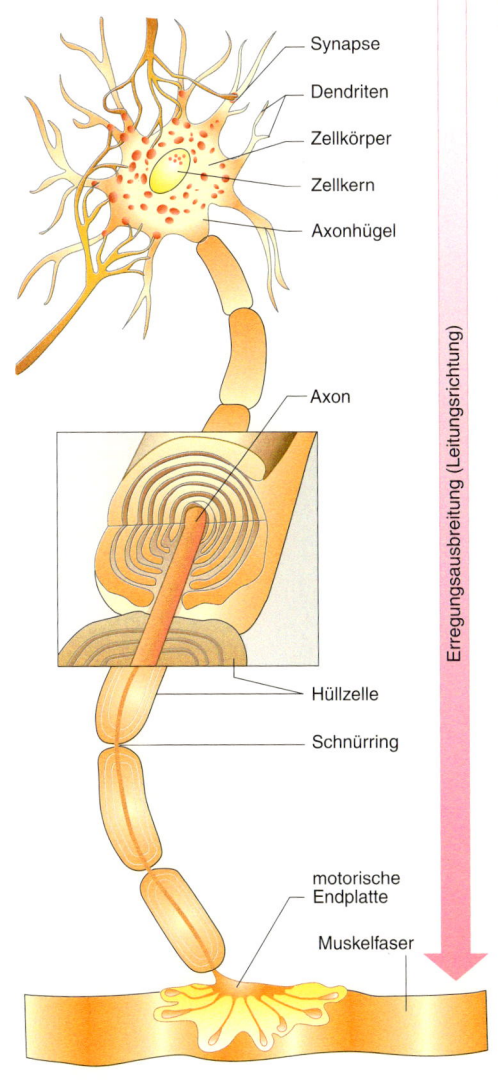

Dendrit
Feinfädiger, buschartig verzweigter Fortsatz. Dendriten sind Verbindungsstellen zu anderen Nervenzellen und zu Sinneszellen. Dendriten nehmen Informationen auf und leiten sie zum Zellkörper weiter.

Zellkörper
Ort der Informationsverabeitung. Hier werden alle Signale der Dendriten gesammelt und miteinander verrechnet.

Axonhügel
Ursprung des Axons.

Axon
Bis 1 m langer Ausläufer der Nervenzelle mit einem Durchmesser von 0,01 bis 0,002 mm. Leitet Informationen zu Nervenzellen, Muskelfasern oder Drüsen weiter.

Hüllzelle
Bildet eine elektrisch isolierende Hülle um das Axon. Mehrere von Hüllzellen umgebene Axone heißen Nervenfaser.

Schnürring
Zwischen aufeinander folgenden Hüllzellen ist ein ringförmiger Bereich des Axons unbedeckt. Bei mikroskopischer Betrachtung sieht man Einschnürungen.

Endknöpfchen
Die verdickten Endknöpfchen enthalten in kleinen Bläschen einen Übertragerstoff (häufig Acetylcholin).

Synapse
Verbindungsstelle zu anderen Nervenzellen oder Muskelfasern. Zur nachfolgenden Zelle besteht ein schmaler synaptischer Spalt.

Motorische Endplatten
Bezeichnung für die großen Synapsen an Muskelfasern.

1 Schema einer Nervenzelle

Sinne, Nerven und Hormone

Das Gehirn — Aufbau und Arbeitsteilung

Die Gliederung des menschlichen Gehirns ist an einem Embryo besser erkennbar als am Gehirn des Erwachsenen. Die Gehirnanlage besteht zunächst aus drei, später aus fünf Hirnbläschen. Aus jedem entsteht einer der fünf Gehirnabschnitte, die alle Wirbeltiere besitzen. Im Verlauf der weiteren Entwicklung stülpen sich am vordersten Bläschen zwei Seitenbläschen aus. Indem sie sich stark vergrößern und Falten ausbilden, entsteht das Großhirn (s. Randspalte).

Im Großhirn sind die Zellkörper der Nervenzellen auf eine dünne *Rindenschicht* an der Oberfläche verteilt. Im darunter liegenden Mark verlaufen überwiegend Nervenfasern. Durch die Faltung entsteht die notwendige große Oberfläche, um Milliarden an Nervenzellen in der Rindenschicht unterzubringen. Aus den anderen Bläschen entwickeln sich *Zwischenhirn*, *Mittelhirn*, *Kleinhirn* und *verlängertes Mark*. Zwischen Mittelhirn und verlängertem Mark liegt die *Brücke*. Diese drei Abschnitte bilden den *Hirnstamm*.

Kurz nach der Geburt nimmt die Anzahl der Nervenzellen im Gehirn nicht mehr zu. Dennoch ist die Gehirnentwicklung nicht abgeschlossen. Die Verbindung der Nervenzellen untereinander ist noch unvollständig. Im Verlauf der ersten drei Lebensmonate werden sehr viele neue Synapsen gebildet und die Nervenzellen stärker miteinander vernetzt. Diese Vernetzung wird durch die Sinneseindrücke, die im Kindesalter empfangen und verarbeitet werden, gefördert und ist vermutlich erst nach Jahren abgeschlossen.

Das durchschnittliche Gewicht des Gehirns beträgt beim Erwachsenen etwa 1400 g. Die beiden Großhirnhälften, die über einen dicken Nervenstrang, den *Balken*, miteinander verbunden sind, nehmen etwa 80 % des Gehirnvolumens ein und überdecken die anderen Gehirnabschnitte.

Das empfindliche Gehirn ist von Schädelknochen und drei Hautschichten umgeben. Direkt an die Schädelknochen grenzt die *harte Hirnhaut*. An ihr ist mit elastischen Fasern die schwammartige *Spinnwebshaut* verankert. Sie enthält *Gehirnflüssigkeit*, in der das Gehirn schwimmt. Die *weiche Hirnhaut* verbindet Spinnwebshaut und Gehirn. Die knöcherne Umhüllung und die schwimmende Lagerung schützen das Gehirn.

Die Hirnhäute stellen eine Barriere gegen Krankheitserreger dar. Dennoch können bestimmte Bakterien oder Viren in die Hirnhäute eindringen und *Hirnhautentzündung* verursachen. Die Ausscheidungsprodukte der Bakterien oder abgestorbene Zellen sind dann eine Gefahr für das Gehirn, die sogar tödlich sein kann.

Mit der Computertomografie oder der Kernspintomografie kann man für medizine Zwecke das Gehirn schichtenweise untersuchen. Dabei entstehen Aufnahmen, an denen Spezialisten viele Einzelheiten, sogar einzelne Blutgefäße, erkennen können.

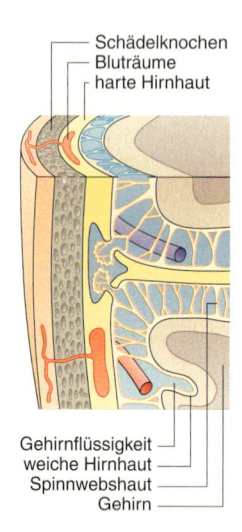

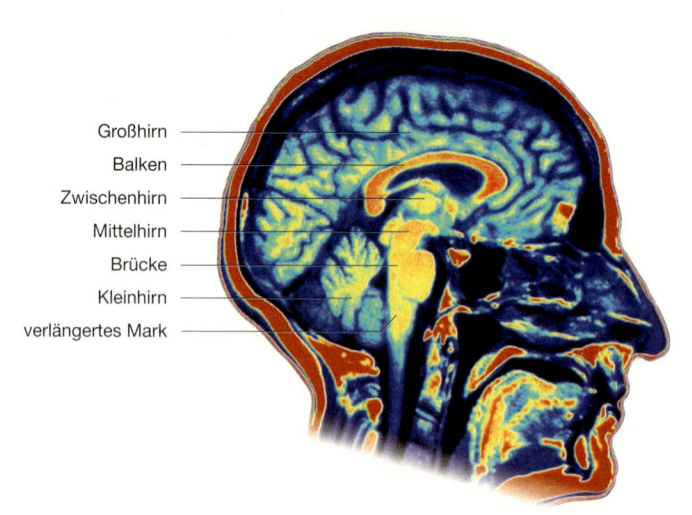

1 Computertomogramm

Sinne, Nerven und Hormone

Der französische Arzt PAUL BROCA (1824 — 1880) untersuchte das Gehirn eines Verstorbenen, der zu Lebzeiten das Sprechvermögen verloren hatte. BROCA bemerkte eine auffällige Erweichung des Großhirns im Bereich der linken Schläfe. Er nahm an, dass hier das Sprechzentrum liegt.

Heute kennt man viele Aufgaben des Großhirns. Die Forschungsergebnisse zeigen: Es ist das Zentrum der Wahrnehmungen, des Bewusstseins, Denkens, Fühlens und Handelns. Es herrscht Arbeitsteilung zwischen verschiedenen Bezirken, den Rindenfeldern, von denen drei Typen vorkommen:
1. *Sensorische Felder* verarbeiten die Informationen der Sinnesorgane.
2. *Motorische Felder* aktivieren Muskeln und regeln willkürliche Bewegungen.
3. *Gedanken-* und *Antriebsfelder* sind die Zentren des Denkens und Erinnerns.

Die sensorischen und motorischen Felder für die rechte Körperseite sind in der linken Großhirnhälfte und umgekehrt. Es gibt aber auch Zentren, die nur in einer Gehirnhälfte vorkommen, wie das Sprechzentrum.

Im *Zwischenhirn* entstehen Gefühle, wie Freude, Angst oder Wut. Es filtert den Informationsfluss von den Sinnesorganen zum Großhirn; Unwichtiges wird nicht weitergemeldet. Weiterhin ist es Umschaltzentrum für einige angeborene Reflexe, regelt die Körpertemperatur, den Wasserhaushalt und weitere lebenswichtige Körperfunktionen. Der Hypothalamus ist die Verbindungsstelle zwischen Nerven- und Hormonsystem.

Das *Mittelhirn* ist eine Umschaltstelle. Erregungen sensibler Nerven werden zum Großhirn geschickt oder auf motorische Nerven umgeleitet. Es kontrolliert unter anderem die Augenbewegungen, die Irismuskulatur und die Ziliarmuskeln.

Das *Kleinhirn* ermöglicht Gleichgewicht zu halten und koordiniert Bewegungen. Bewegt man zum Ergreifen eines Gegenstands Ober- und Unterarm gleichzeitig, so stimmt das Kleinhirn beide Teilbewegungen aufeinander ab; der Gegenstand wird zielsicher ergriffen. Ohne die Tätigkeit des Kleinhirns würde der Arm ruckartige Bewegungen ausführen, die meist über das Ziel hinausgingen. Außerdem dient es der Automatisierung immer wiederkehrender Bewegungen. Lernt man beispielsweise Tanzen, so muss man jeden Schritt ganz bewusst ausführen. Hier beeinflusst das Großhirn direkt die Aktivität der Muskulatur. Mit einiger Übung muss man sich nicht mehr auf jeden Schritt konzentrieren. Das Kleinhirn sorgt für die eingeübte Bewegungsabfolge.

Das *verlängerte Mark* bildet die Übergangsstelle zum Rückenmark. Wichtige Funktionen sind die Regulation des Blutdrucks, die Steuerung von Atemmuskulatur und der Hustreflex. Über 12 Paar Gehirnnerven ist der Hirnstamm mit Sinnesorganen, Muskulatur und Drüsen im Kopf verbunden.

Zettelkasten

Untersuchung der Gehirnaktivität

Die moderne Gehirnforschung verfügt über verschiedene Methoden zur Aufklärung der Funktion der einzelnen Gehirnbereiche, die ohne Verletzung der Untersuchungsperson angewandt werden können.

Sehr deutliche Abgrenzungen der einzelnen Funktionsbereiche erhält man mit der **Positronen-Emissions-Tomografie**. Mit diesem Verfahren lässt sich die Stoffwechselaktivität des Gehirns im Bild darstellen. Auf den Aufnahmen zeigen helle Farben hohe, dunkle Farben dagegen niedrige Aktivität an. Beim Sehen, Hören und Sprechen sind verschiedene eng umgrenzte Großhirnbezirke aktiv. Dagegen sind bei Denkvorgängen viele Regionen gleichzeitig beteiligt, insbesondere die Bereiche im vorderen Teil des Großhirns.

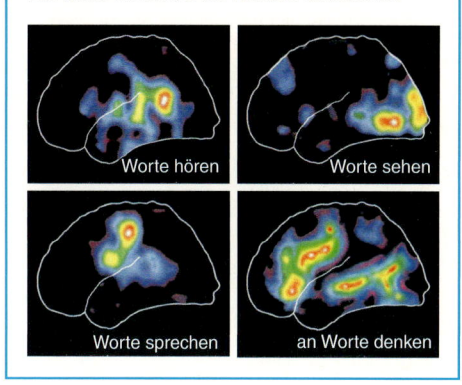

Aufgaben

① Vergleiche die tomografischen Aufnahmen des Schädels mit der Schemazeichnung des Gehirns. Welche Gehirnabschnitte zeigt die Zeichnung?
② Beschreibe und erkläre die Schutzeinrichtungen für das Gehirn gegen mechanische Einwirkungen.
③ Vergleiche das Gehirn mit einem Computer. Welche Gemeinsamkeiten und welche Unterschiede findest du?

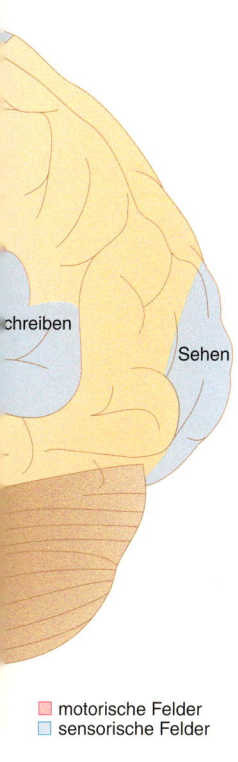

Sinne, Nerven und Hormone

Gedächtnis

Das Gedächtnis ist die Fähigkeit des Gehirns, Informationen speichern zu können und auf Abruf bereitzuhalten. Diese Fähigkeit ist von herausragender Bedeutung, denn ohne sie wären Erinnern und Lernen nicht möglich. Man würde keine Sprache beherrschen, weil man sich Worte und ihren Sinngehalt nicht merken könnte, Verkehrszeichen wären belanglos, erfolgreiche Arbeiten könnten nicht gezielt wiederholt und Misserfolg nicht vermieden werden. Der Mensch könnte ohne Gedächtnis weder als Individuum noch als Art überleben.

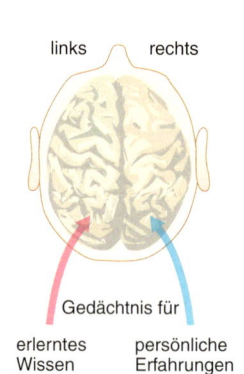

Zu einer Modellvorstellung über die Funktion des Gedächtnisses gelangt man, wenn man die Merkfähigkeit des Menschen untersucht. Bereits persönliche Erfahrungen zeigen, dass das Gedächtnis nicht wie ein elektronischer Speicher alle aufgenommenen Informationen dauerhaft festhält. So kann man sich eine Telefonnummer, die man gerade einmal liest oder hört, nur für kurze Zeit merken — wenige Minuten später hat man sie bereits vergessen. Die Telefonnummer war im *Kurzzeitgedächtnis* gespeichert. Hier können nur sehr wenige Informationen gespeichert werden, die dann für etwa 10 Sekunden verfügbar sind. Danach gehen sie verloren, werden also vergessen oder sie gelangen in das Langzeitgedächtnis.

Das *Langzeitgedächtnis* besteht aus zwei Speicherbereichen: Im mittelfristigen Speicher mit nur mäßigem Speichervermögen verweilen Informationen für Zeiträume von Minuten bis zu einigen Tagen. Der große langfristige Speicher kann Informationen über viele Jahre behalten. Nur Weniges aus dem Kurzzeitgedächtnis gelangt in den mittelfristigen Speicher. Von hier fließen Informationen in der Regel nur dann in den langfristigen Speicher, wenn sie innerhalb der Verweilzeit wieder abgerufen werden, man sich also erinnert. Das bedeutet, dass neu Erlerntes auf Dauer nur behalten wird, wenn es mehrfach wiederholt und durch Übung vertieft wird. Ältere Menschen müssen meist mehr üben als Jüngere.

Die Sinnesorgane schicken in jeder Sekunde viel mehr Informationen an das Gehirn als das Kurzzeitgedächtnis aufnehmen kann. Wir können also nicht alle Information verarbeiten und deshalb nicht alles wahrnehmen. Die Auswahl wird im Zwischenhirn getroffen. Dies schützt, zusammen mit dem Mechanismus des Vergessens, vor einer Überflutung mit Informationen und den Langzeitspeicher vor Überlastung.

Der Mechanismus, wie die Informationen im Gehirn gespeichert werden, ist weitgehend unbekannt. Allerdings gelang es mithilfe der *Positronen-Emissions-Tomografie* (s. Seite 271) die Gehirnbereiche zu lokalisieren, die beim Erinnern aktiviert werden. Dabei zeigt sich Überraschendes: Beim Erinnern an Begebenheiten aus der eigenen Vergangenheit ist überwiegend die rechte Großhirnhälfte aktiv. Bei der Beschäftigung mit fremden Erfahrungen und mit Erlerntem, beispielsweise dem Lernstoff der Schule, ist die Aktivität der linken Großhirnhälfte besonders gesteigert.

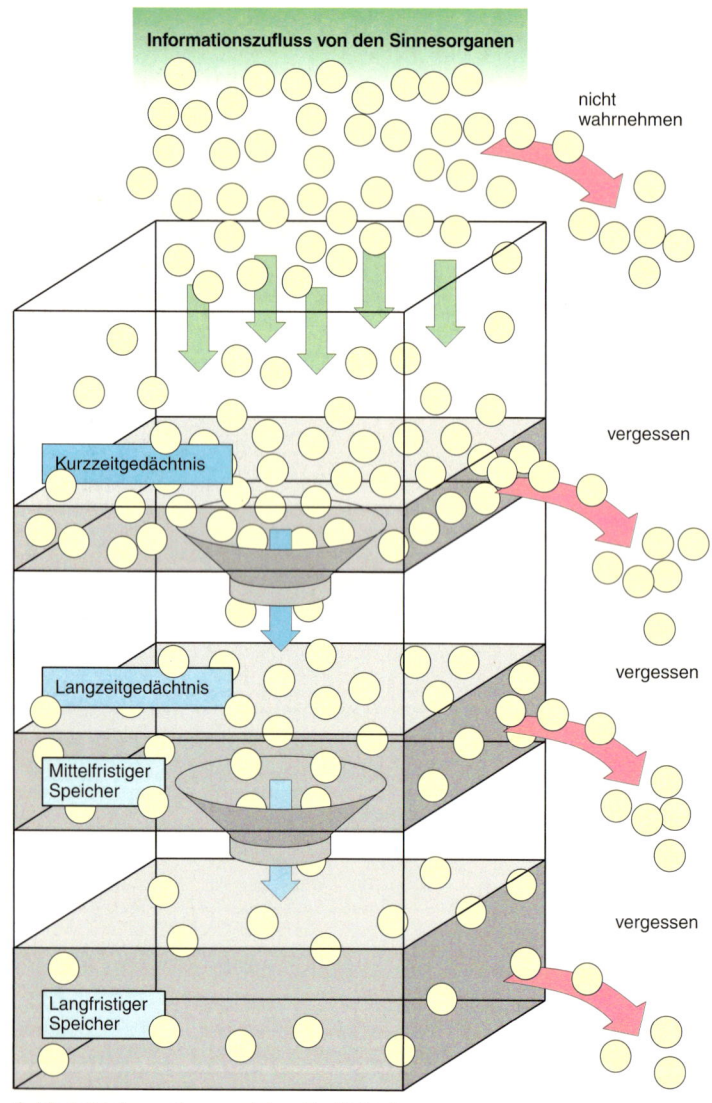

1 Modell Informationsspeicher Gedächtnis

Sinne, Nerven und Hormone

Schlaf ist lebenswichtig

Etwa ein Drittel unseres Lebens verschlafen wir und sind dabei in einem Zustand, in dem wir von der Umwelt nichts oder nur sehr wenig wahrnehmen. Im Schlaf, der häufig erholend wirkt, sind Körpertemperatur, Herzschlag- und Atemfrequenz sowie der Blutdruck vermindert.

Bei völligem Schlafentzug treten außergewöhnliche Körperreaktionen auf. Bei einem Experiment blieben Personen freiwillig so lange wie irgend möglich wach. Nach 24 Stunden traten die ersten Reaktionen auf: Alle waren sehr leicht erregbar. Nach noch längerer Wachzeit traten Sinnestäuschungen auf. Beim Waschen „sah" eine Versuchsperson nach 65 Wachstunden plötzlich Spinnweben an Armen und Gesicht, die sich nicht abwaschen ließen. Eine andere Person beschwerte sich darüber, dass ein zu enger Hut drücke, obwohl sie keinen Hut trug. Schlafentzug über noch längere Zeit führt zu gesundheitlichen und seelischen Schäden, in Extremfällen sogar zum Tod.

Nicht jeder Mensch reagiert gleich, wenn seine tägliche Schlafzeit auf 5—6 Stunden begrenzt wird. Manche können über mehrere Wochen damit auskommen, ohne dass Leistungsvermögen und Wohlbefinden wesentlich beeinträchtigt sind. Andere fühlen sich bereits nach wenigen Tagen unwohl und erschöpft. Wie ein Mensch reagiert, ist von verschiedenen Faktoren abhängig wie beispielsweise dem Alter, der körperlichen und seelischen Belastung und vermutlich auch den erblichen Anlagen.

Schlaf und Wachheitsgrad werden von mehreren Zentren im Großhirn und Hirnstamm gesteuert. Beim Schlafen vermindern einige Bereiche des Gehirns ihre Aktivität, andere steigern sie. Dies lässt sich mit Elektroden am Kopf messen, weil aktive Nervenzellen elektrische Signale produzieren. Beim Aufzeichnen der Signale erhält man ein *Elektroenzephalogramm* (EEG). Es zeigt wellenartiges Auf und Ab der Hirnströme. Im Schlaf werden die Wellen mit zunehmender Schlaftiefe immer langsamer. Im Verlauf einer Nacht treten verschiedene Schlaftiefen mehrmals nacheinander auf. Etwa alle 1 1/2 Stunden ist die Schlaftiefe gering. In dieser Zeit wird häufig geträumt. Zugleich werden unter den geschlossenen Augenlidern die Augen heftig bewegt. Daher nennt man diese im EEG leicht erkennbaren Phasen den *REM-Schlaf* (REM = Rapid Eye Movements).

Zettelkasten

Drogen beeinflussen das Nervensystem

Seit langem ist bekannt, dass man nach dem Trinken von Kaffee und Tee schlecht einschlafen kann. In beiden ist Coffein enthalten. Dieser Stoff hat vielfältige Wirkungen auf den Körper. Unter anderem wirkt Coffein anregend auf das ZNS und beschleunigt die Herztätigkeit. Das wird als Herzklopfen spürbar.

Wie Coffein, so greifen auch andere erlaubte sowie illegale Drogen (siehe Seite 248) in das Nervensystem ein. Dabei können die Wirkungen sehr verschieden sein. Opiate besetzen im ZNS die sensiblen Nervenzellen im Bereich der Synapsen und behindern die Abgabe der Überträgerstoffe. Dies führt unter anderem zur Verminderung der Schmerzempfindung. Dagegen bewirken Aufputschmittel, wie Kokain und Amphetamine, die vermehrte Abgabe der Überträgerstoffe an Synapsen in bestimmten Gehirnbereichen. So kommt es zur verstärkten Erregung der Nervenzellen und zu Wahrnehmungsveränderungen. Bei vielen Drogen führen die Stoffwechseländerungen bereits nach kurzem Gebrauch zur Abhängigkeit, zur Sucht.

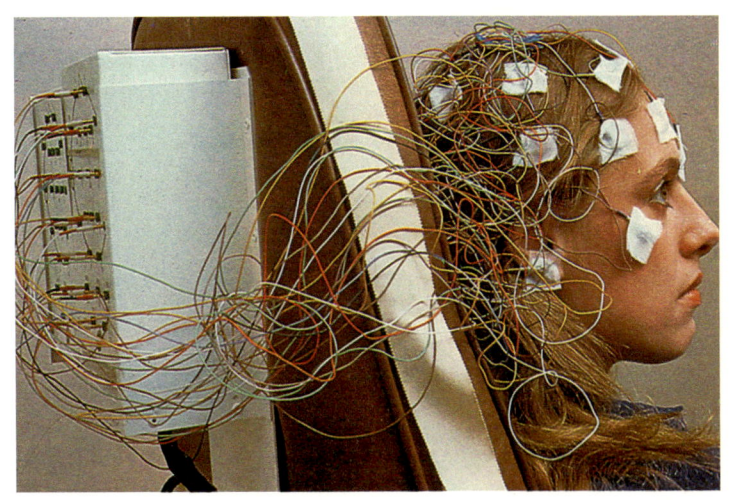

---

1 Ableitung elektrischer Gehirnströme (EEG)

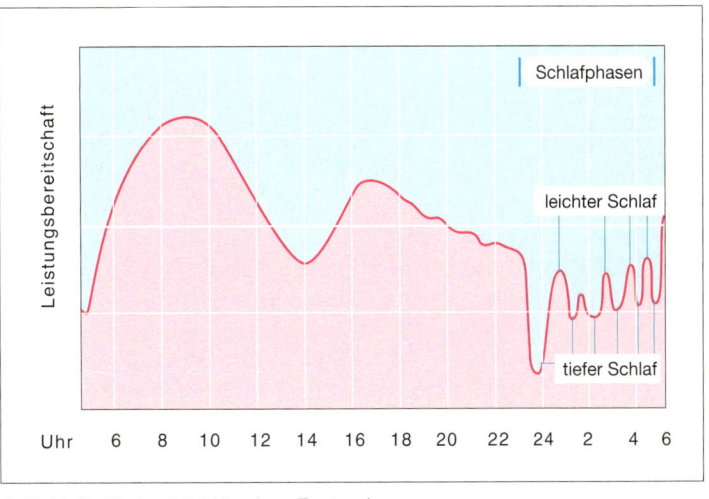

2 Schlaf ist kein gleichförmiger Zustand

Sinne, Nerven und Hormone

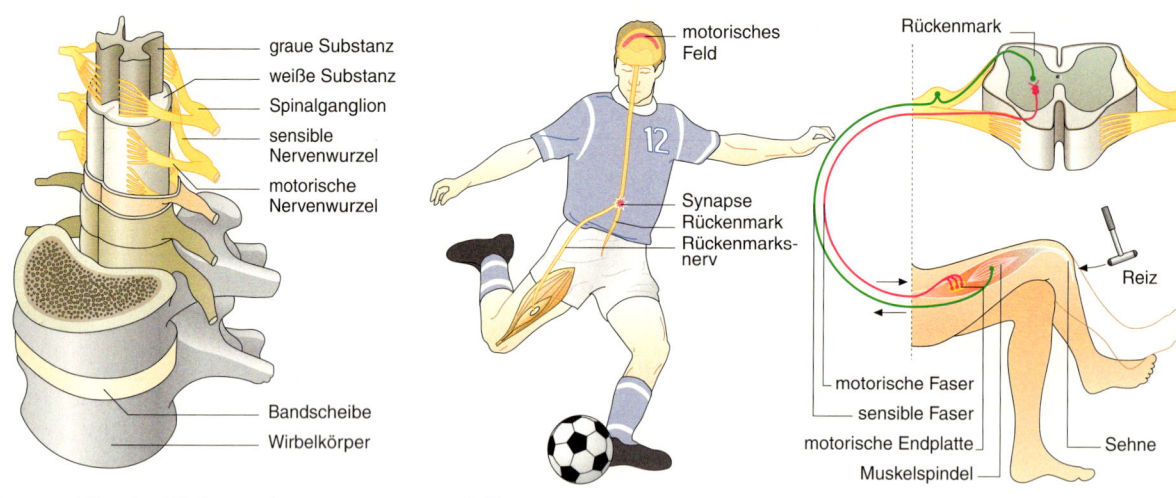

1 Lage und Bau des Rückenmarks   **2** Erregungsverlauf bei willkürlicher Beinbewegung und **3** beim Reflex

Das Rückenmark

Die Informationsübertragung zwischen Gehirn und Körper erfolgt durch die Gehirnnerven und das *Rückenmark*. Das Rückenmark ist 40–50 cm lang, etwa fingerdick und liegt im *Wirbelkanal* der Wirbelsäule. Im Querschnitt erkennt man zwei Bereiche. Innen befindet sich die *graue Substanz*. Sie besteht überwiegend aus Zellkörpern von Nervenzellen sowie zu- und ableitenden Nervenfasern. Außen ist die *weiße Substanz*, die vorwiegend aus Nervenfasern besteht.

Vom Rückenmark zweigen 31 Paar *Rückenmarksnerven* ab. Sie verlassen die Wirbelsäule jeweils zwischen zwei Wirbeln und erreichen mit ihren Verästelungen alle Bereiche des Körpers. Jeder Rückenmarksnerv hat zwei Wurzeln. Die vordere Wurzel enthält motorische Nervenzellen. Die Zellkörper liegen in der grauen Substanz. Die Nervenfasern leiten Erregungen zur Muskulatur. Die hintere Wurzel enthält sensible Nervenzellen, deren Zellkörper in den Nervenknoten (*Spinalganglien*) liegen. Die Nervenfasern leiten Erregungen vom Körper ins Rückenmark.

Bewegt man willentlich ein Bein, so verlaufen vom Gehirn aus Erregungen über das Rückenmark und die motorischen Rückenmarksnerven zur Beinmuskulatur. Wird das Rückenmark verletzt, so können Bereiche unterhalb der Verletzungsstelle keine Signale mehr vom Gehirn empfangen oder zum Gehirn senden. Die Folgen sind Lähmung der Muskulatur und Gefühllosigkeit der Körperbereiche, die nicht mehr mit dem ZNS verbunden sind (*Querschnittslähmung*).

Dass das Rückenmark auch selbstständig arbeitet, verdeutlicht ein Versuch: Eine Person sitzt auf einem Tisch und lässt ein Bein locker herabhängen. Ein leichter Schlag auf die Kniesehne unterhalb der Kniescheibe bewirkt, dass der Unterschenkel vorschnellt. Diese Reaktion heißt *Kniesehnenreflex*.

Der Schlag auf die Kniesehne bewirkt eine plötzliche Dehnung des Streckmuskels im Oberschenkel. Dieser Reiz wird von Sinnesorganen im Muskel, den *Muskelspindeln*, aufgenommen. Sie senden Erregungen über sensible Nervenzellen ins Rückenmark. In der grauen Substanz werden die Erregungen über Synapsen auf motorische Nervenzellen und dann auf den Streckmuskel übertragen. Er zieht er sich zusammen und wirkt so der Dehnung entgegen. Der Weg der Erregung von den Muskelspindeln über das Rückenmark zurück zum Muskel heißt *Reflexbogen*. Genauso wird der Oberschenkelmuskel gedehnt, wenn man beim Laufen mit einem Fuß hängen bleibt. Durch den Reflex wird das Bein gestreckt und meistens ein Sturz verhindert (*„Stolperreflex"*).

Ein *Reflex* ist eine gesteuerte Handlung, die stets gleich auf einen bestimmten Reiz hin verläuft und durch den Willen nicht beeinflussbar ist. Weil das Rückenmark die Umschaltstelle für die Erregungen ist und nicht das Gehirn, ist der Leitungsweg und deshalb auch die Reaktionszeit kürzer. Reflexe sind uns zum Teil bewusst (*Husten*) oder laufen unbewusst ab (*Lidschlussreflex*). In jedem Fall schützen sie den Körper.

Sinne, Nerven und Hormone

Teile des Nervensystems arbeiten selbstständig

Ein Jogger beginnt seinen Dauerlauf. Bereits nach kurzer Zeit treten Veränderungen im Körper auf: Der Herzschlag wird schneller, die Atmung beschleunigt und vertieft, die Haut sondert Schweiß ab. Der Körper wird an die stärkere Belastung angepasst. Dies veranlasst das *vegetative Nervensystem*. Es ist kaum willentlich beeinflussbar und reguliert ständig die Tätigkeit der inneren Organe in Abhängigkeit der körperlichen Belastung. Selbst im Schlaf ist es aktiv.

Wegen seiner Unabhängigkeit vom Willen wird dieses System auch *autonomes Nervensystem* genannt. Es besteht aus zwei Teilsystemen: *Symphathicus* und *Parasympathicus*.

Der Sympathicus besteht aus Teilen des Rückenmarks und zwei Nervensträngen *(Grenzstränge)*, die parallel zur Wirbelsäule verlaufen und Verbindung zum Rückenmark haben. Bei jedem Wirbel ist jeder Strang knotenartig verdickt. Von diesen *Ganglien* ziehen Nerven zu allen Organen.

Der Parasympathicus besteht aus einem Gehirnnervenpaar und einigen Rückenmarksnerven. Die Verzweigungen dieser Nervenstränge erreichen ebenfalls alle inneren Organe, sodass jedes Organ vom Sympathicus und vom Parasympathicus versorgt wird.

Die beiden Teilsysteme des vegetativen Nervensystems wirken als Gegenspieler *(Antagonisten)*: Der Sympathicus aktiviert alle Organe, deren Tätigkeit die körperliche Leistungsfähigkeit steigert, und hemmt zugleich die anderen Organe. Er ist auf augenblickliche Höchstleistung eingestellt. Seine Aufgabe als *Alarmsystem* des Körpers wird besonders in Schrecksituationen deutlich: Durch plötzlich vermehrte Abgabe von Überträgerstoffen aus seinen Nervenzellen werden Herzschlag und Atmung beschleunigt und gleichzeitig die Aktivität der Verdauungsorgane gehemmt. Der Körper ist z. B. vollständig auf die Auseinandersetzung mit einem Widersacher oder aber auf Flucht eingestellt. War man zuvor hungrig, durstig oder müde, so ist davon in der Alarmsituation nichts mehr zu spüren. Erst nachdem die Situation ausgestanden ist, stellen sich langsam die alten Verhältnisse wieder ein.

Nun ist der Parasympathicus wieder aktiver. Er wirkt aktivierend auf die Organe, die der Erholung, der Energieeinsparung und dem Körperaufbau dienen und hemmt gleichzeitig alle Organe, die die körperliche Leistungsfähigkeit steigern. So hemmt der Parasympathicus den Herzschlag und regt die Verdauungsorgane an.

Die gemeinsame, jeweils abgestufte Einwirkung von Sympathicus und Parasympathicus auf alle Organe des Körpers sorgt für eine der jeweiligen Situation angemessene Zusammenarbeit.

Aufgabe

① Weshalb kann eine andauernde körperliche Belastung zu Verdauungsstörungen führen?

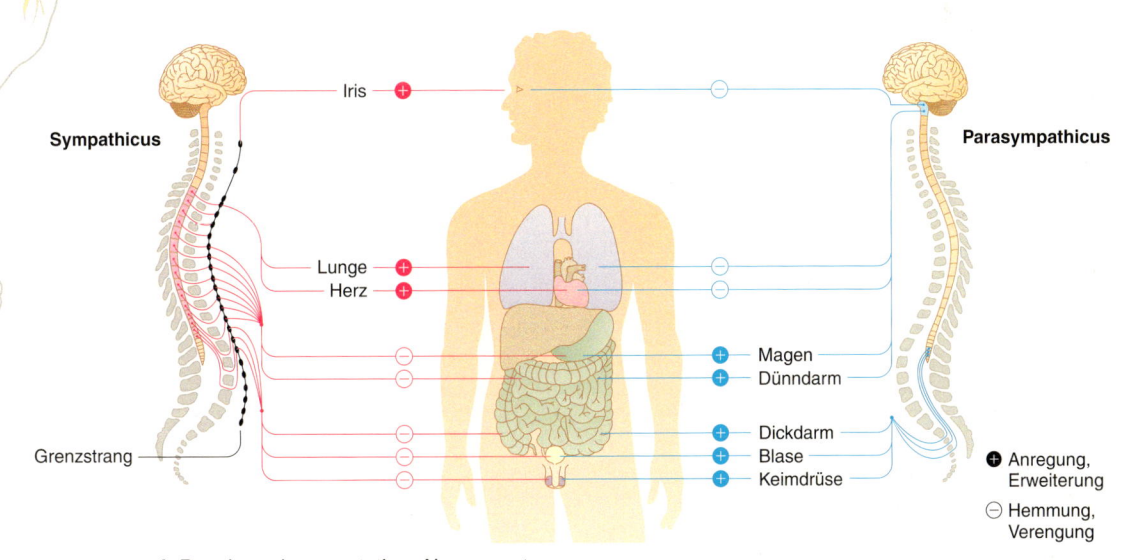

1 Regelung des vegetativen Nervensystems

Sinne, Nerven und Hormone **275**

3 Hormone

Botenstoffe im Körper

Wenn es das erste Mal im Spätherbst kalt wird und überraschend Frost kommt, sind wir gegenüber Kälte besonders empfindlich. Wir frieren oft. Nach 1–2 Wochen ist man besser an die niedrigen Temperaturen angepasst. Der Körper produziert mehr Wärme. Diese Anpassung erfolgt langsam und bleibt über Wochen oder Monate erhalten.

Die Steigerung der Wärmeproduktion bewirkt ein Stoff, den die Schilddrüse vermehrt in den Blutkreislauf abgibt. Dieser *Botenstoff Thyroxin* veranlasst den Körper, vermehrt energiereiche Substanzen abzubauen. Damit wird mehr Wärme erzeugt. Die Konzentration von Thyroxin im Blut bestimmt den Energieumsatz des Körpers im Ruhezustand, den Grundumsatz.

Stoffe, die von Drüsen in den Blutkreislauf abgegeben werden und Informationen übermitteln, heißen *Hormone*. Mit dem Blutstrom kreisen sie durch den Körper und gelangen zu allen Organen.

Doch nur an Zellen bestimmter Organe, den *Erfolgsorganen*, oder an Zielzellen befinden sich *Rezeptoren*, zu denen das Hormon passt wie ein Schlüssel ins Schloss. Verbinden sich Hormon und Rezeptor, so entfaltet das Hormon seine spezifische Wirkung. Dazu genügen bereits geringste Hormonmengen.

hormao (gr.) = antreiben

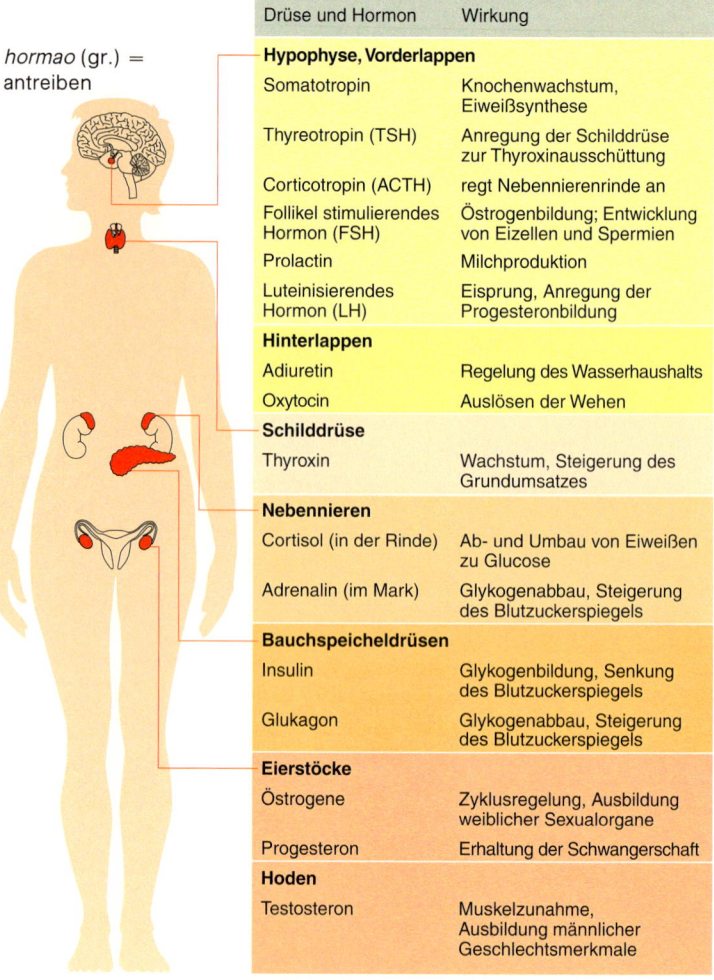

Drüse und Hormon	Wirkung
Hypophyse, Vorderlappen	
Somatotropin	Knochenwachstum, Eiweißsynthese
Thyreotropin (TSH)	Anregung der Schilddrüse zur Thyroxinausschüttung
Corticotropin (ACTH)	regt Nebennierenrinde an
Follikel stimulierendes Hormon (FSH)	Östrogenbildung; Entwicklung von Eizellen und Spermien
Prolactin	Milchproduktion
Luteinisierendes Hormon (LH)	Eisprung, Anregung der Progesteronbildung
Hinterlappen	
Adiuretin	Regelung des Wasserhaushalts
Oxytocin	Auslösen der Wehen
Schilddrüse	
Thyroxin	Wachstum, Steigerung des Grundumsatzes
Nebennieren	
Cortisol (in der Rinde)	Ab- und Umbau von Eiweißen zu Glucose
Adrenalin (im Mark)	Glykogenabbau, Steigerung des Blutzuckerspiegels
Bauchspeicheldrüsen	
Insulin	Glykogenbildung, Senkung des Blutzuckerspiegels
Glukagon	Glykogenabbau, Steigerung des Blutzuckerspiegels
Eierstöcke	
Östrogene	Zyklusregelung, Ausbildung weiblicher Sexualorgane
Progesteron	Erhaltung der Schwangerschaft
Hoden	
Testosteron	Muskelzunahme, Ausbildung männlicher Geschlechtsmerkmale

2 Lage der Hormondrüsen und ihre Aufgaben

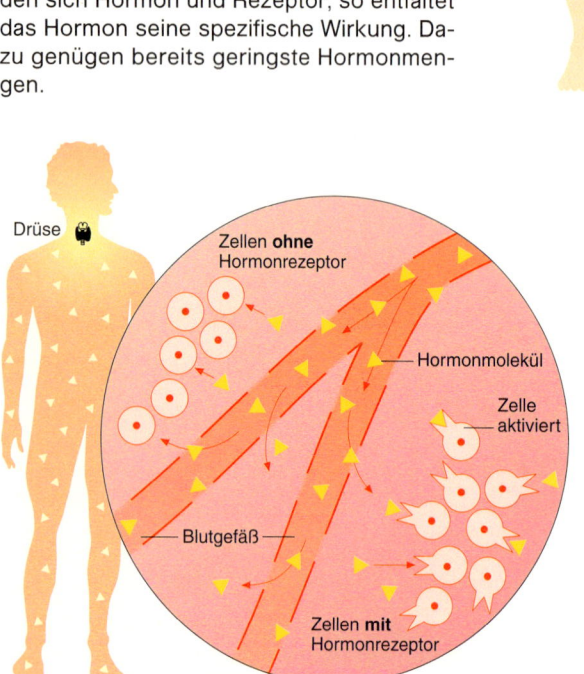

1 Hormonelle Aktivierung der Erfolgsorgane

Die Informationsübertragung durch Hormone erfolgt langsamer als durch Nerven. Da Hormone jedoch längere Zeit im Blutkreislauf verbleiben und nur allmählich abgebaut werden, hält ihre Wirkung wesentlich länger an.

Das *Hormonsystem* besteht aus verschiedenen Drüsen. Die Abbildung zeigt ihre Lage im Körper und nennt einige wichtige Hormone und deren Wirkung im Stoffwechsel. An der Unterseite des Zwischenhirns, dem *Hypothalamus*, sitzt das übergeordnete Organ des Hormonsystems, die *Hypophyse* oder Hirnanhangsdrüse. Sie ist etwa erbsengroß, wiegt $1/2$ Gramm und ist in Vorder- und Hinterlappen gegliedert. Über den Hypothalamus sind Hormon- und Nervensystem miteinander verknüpft.

Sinne, Nerven und Hormone

Funktion der Schilddrüse

Die Schilddrüse sitzt etwas unterhalb des Schildknorpels am Kehlkopf. Sie bildet und speichert das Hormon Thyroxin, das je nach Bedarf freigesetzt werden kann. Die Schilddrüse weist einen hohen Iodgehalt auf. Sie enthält 20–25 mg chemisch gebundenes Iod, das für den Thyroxinaufbau benötigt wird. Die Konzentration von Thyroxin im Blut, auch *Thyroxinspiegel* genannt, bestimmt den Grundumsatz, der von der Umgebungstemperatur abhängig ist.

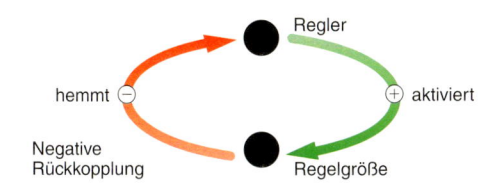

Im Körper wird ständig Thyroxin abgebaut und fortwährend in der richtigen Menge nachgeliefert: Die Thyroxinkonzentration ist geregelt. Daran ist das *Hypophysenhormon TSH* beteiligt. Es regt die Schilddrüse zur Thyroxinabgabe an. Dadurch steigt die Thyroxinkonzentration. Dies messen Zellen der Hypophyse. Sie arbeitet zugleich als Regler, der Istwert und Sollwert vergleicht. Der Sollwert wird vom Hypothalamus an die Hypophyse übermittelt. Erreicht der Istwert den Sollwert, dann wird die TSH-Abgabe verringert und dadurch auch die Thyroxinausschüttung der Schilddrüse. Bei absinkendem Thyroxinspiegel sorgt dieser Regelkreis wieder für die richtige Thyroxinkonzentration im Blut.

Zettelkasten

Das Prinzip der Regelung

Regelung ist ein häufig angewandter Vorgang. Beispielsweise soll im Winter in einem Zimmer die Temperatur konstant 20 °C betragen. Dieser *Sollwert* wird von einem *Führungsglied* an den *Regelkreis* übermittelt. Hier ist es eine Person, die eine Temperaturwahl vornimmt. Die Zimmertemperatur ist die zu regelnde Größe *(Regelgröße)*.

Bei dauerndem Betrieb der Heizung wäre der Sollwert bald überschritten. Die Heizleistung muss den Gegebenheiten angepasst werden. Dazu wird die tatsächliche Raumtemperatur, der *Istwert*, mit einem Thermometer, dem *Messfühler*, gemessen und dem *Regler* übermittelt. Dieser vergleicht Ist- und Sollwert. Ist die Temperatur geringer als der Sollwert, schickt der Regler an die Heizung ein Signal. Dieser *Stellwert* erhöht die Heizleistung. Der Heizkörper, das *Stellglied*, passt durch vermehrte Wärmeabgabe *(Stellgröße)* die Regelgröße an den Sollwert an. Steigt die Raumtemperatur über den Sollwert, wird durch die Regelung die Heizleistung vermindert. Diese gegensinnige Beeinflussung heißt *negative Rückkopplung*. Durch sie entsteht ein geschlossener Informationskreislauf, der *Regelkreis*. Der Wärmeverlust durch Fenster und Wände sowie die Wärmezufuhr durch Personen, die Körperwärme an den Raum abgeben, sind *Störgrößen*, die im Regelkreis kompensiert werden.

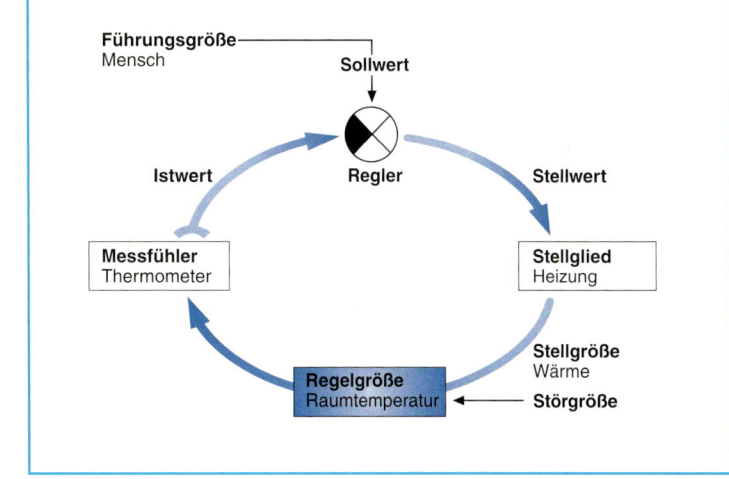

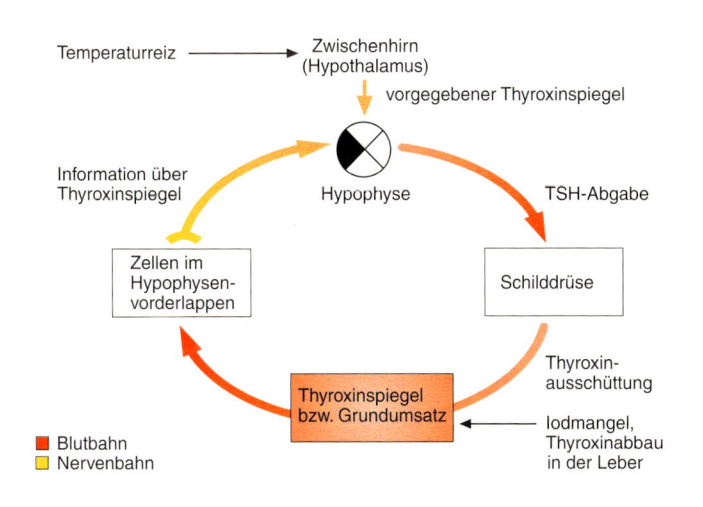

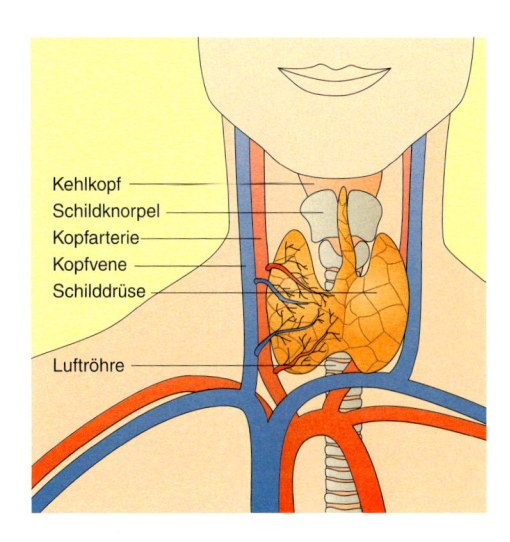

1 Regelkreis zur Thyroxinkonzentration im Blut

Der Blutzucker muss stimmen!

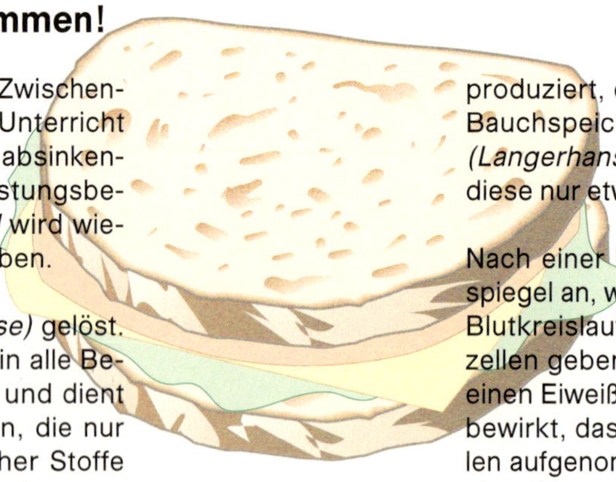

Große Pause — Pausenbrot. Eine Zwischenmahlzeit nach einigen Stunden Unterricht am Vormittag steigert die bereits absinkende körperliche und geistige Leistungsbereitschaft. Der *Blutzuckerspiegel* wird wieder auf den richtigen Wert angehoben.

Im Blut ist Traubenzucker *(Glucose)* gelöst. Glucose wird mit dem Blutstrom in alle Bereiche des Körpers transportiert und dient der Energieversorgung der Zellen, die nur bei ständiger Zufuhr energiereicher Stoffe leben können. Die Zellen des Zentralnervensystems können nur Glucose verwerten. Sie benötigen davon etwa 75 Gramm täglich, besitzen aber keine Glucosespeicher. Für diese Zellen muss also ständig Glucose verfügbar sein.

produziert, die innerhalb des Gewebes der Bauchspeicheldrüse inselartig verteilt sind *(Langerhans'sche Inseln)*. Insgesamt sind diese nur etwa 2 Gramm schwer.

Nach einer Mahlzeit steigt der Blutzuckerspiegel an, weil im Dünndarm Glucose in den Blutkreislauf aufgenommen wird. Die Inselzellen geben daraufhin das Hormon *Insulin*, einen Eiweißstoff, in den Blutkreislauf ab. Es bewirkt, dass Glucose aus dem Blut in Zellen aufgenommen werden kann. Überschüssige Glucose wird in der Leber und in der Muskulatur in *Glykogen* und *Fett* umgewandelt und steht als gespeicherte Energie zur Verfügung. Dabei sinkt der Blutzuckerspiegel. Fällt er unter den Sollwert, etwa bei sportlicher Aktivität, werden die Speicher

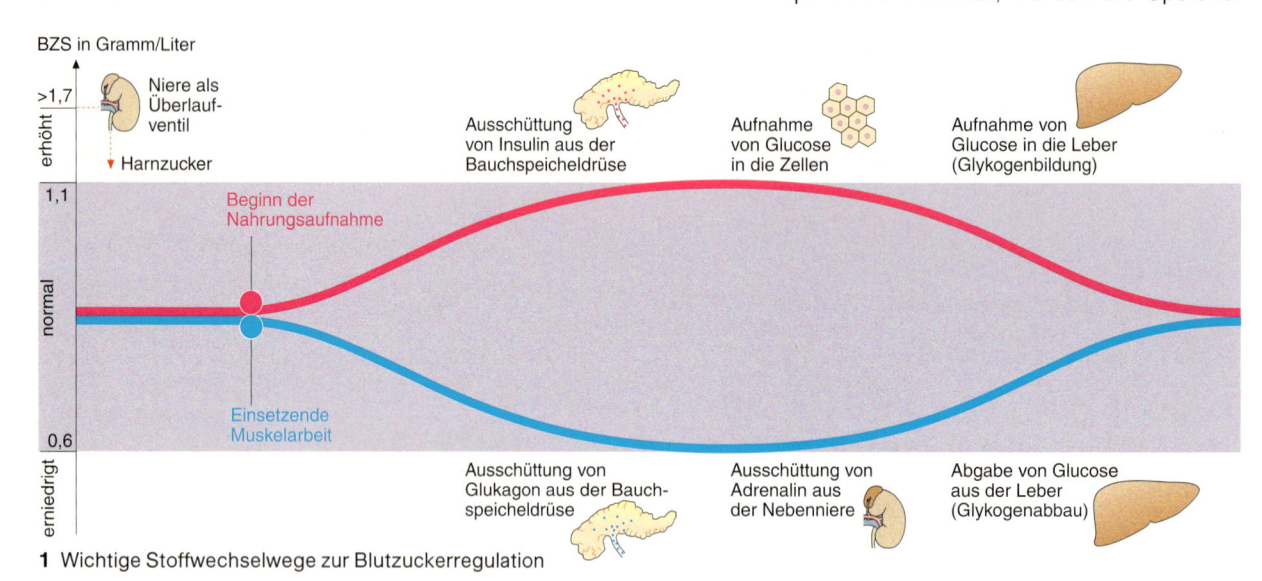

1 Wichtige Stoffwechselwege zur Blutzuckerregulation

Der Glucosegehalt des Blutes *(Blutzuckerspiegel, BZS)* liegt beim gesunden Menschen zwischen 0,6 — 1,1 Gramm/Liter. In der gesamten Blutmenge sind demnach beim Erwachsenen etwa 6 Gramm Glucose enthalten. Damit könnte der Energiebedarf des Körpers bei leichter körperlicher Arbeit für 30 — 40 Minuten gedeckt werden. Durch die Aufnahme kohlenhydratreicher Nahrung wird der Blutzuckerspiegel gesteigert.

Obwohl der Energiebedarf des Körpers und die mit der Nahrung zugeführte Zuckermenge ständig schwanken, muss der Blutzuckerspiegel stets innerhalb derselben Grenzen gehalten werden. An dieser Regelung sind vor allem zwei Hormone der *Bauchspeicheldrüse* beteiligt. Sie werden von Zellgruppen

Der deutsche Mediziner PAUL LANGERHANS (1847 — 1888) entdeckte 1869 die Inselzellen im Gewebe der Bauchspeicheldrüse.

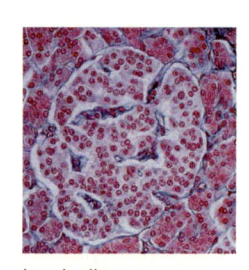

Inselzellen

angezapft. Die Bauchspeicheldrüse gibt dazu das Hormon *Glukagon* ab. Es ist der Gegenspieler *(Antagonist)* zum Insulin, weil es die Umwandlung von Glykogen in Glucose und deren Abgabe ins Blut einleitet. Der Blutzuckerspiegel steigt dadurch an. Dies bewirkt auch das Hormon *Adrenalin*, das im *Nebennierenmark* gebildet wird.

Aufgaben

① Erstelle ein Regelkreisschema für die Regulation des Blutzuckerspiegels und beschrifte es so weit als möglich.
② Insulin wird auch sinnvoll als Speicherhormon bezeichnet. Begründe.
③ Welche Wirkung hat Fasten auf den Insulin- und Glukagonspiegel im Blut?

Störungen bei der Blutzuckerregulation

Ob der Blutzuckerspiegel erhöht ist, kann mit *Urintestäbchen* kontrolliert werden. Das Testfeld des Stäbchens wird in Urin getaucht. Tritt eine Farbveränderung auf, so ist Glucose im Urin. Dies ist der Fall, wenn der Blutzuckerspiegel einen Wert von 1,7 Gramm/Liter übersteigt. Die Nieren, die brauchbare Stoffe aus dem Blut zurückgewinnen, können dann die übergroße Glucosemenge nicht mehr zurückhalten. Sie geben Glucose aus dem Blut in den Urin ab.

Lässt sich bei mehrfachem Testen Glucose im Urin nachweisen, so besteht der Verdacht, dass die bis heute nicht heilbare Zuckerkrankheit *(Diabetes mellitus)* vorliegt. Hierbei unterscheidet man jedoch grundsätzlich zwischen zwei Formen von Erkrankungen: *Diabetes mellitus Typ I* (10 % – 20 % der Fälle) und *Diabetes mellitus Typ II*.

Der Typ I-Diabetes tritt im Kindes- und Jugendalter auf und ist darauf zurückzuführen, dass die Bauchspeicheldrüse des Betroffenen kein Insulin mehr bildet. Deutliche Anzeichen dieser Krankheit sind ständiges Hunger- und Durstgefühl, Mattigkeit und sinkendes Körpergewicht. Die Anlage dieses *Jugenddiabetes* wird vermutlich vererbt.

An der anderen Form, dem Typ II-Diabetes, erkranken die Menschen meist erst im Alter zwischen 50 und 60 Jahren, weshalb er in der Umgangssprache auch als *Alterszucker* bezeichnet wird. Die meisten dieser Patienten sind übergewichtig und der Diabetes beruht darauf, dass u. a. wegen des Übergewichtes das zunächst im Übermaß vorhandene, körpereigene Insulin nicht mehr richtig wirken kann. Die Behandlung dieses Diabetes besteht zunächst in einer konsequenten Gewichtsreduktion und einem auf den Patienten abgestimmten *Ernährungsplan*. Im weiteren Verlauf der Behandlung kann es erforderlich werden, dass diese Diabetiker Tabletten einnehmen müssen, die die Insulinproduktion fördern und so den Blutzuckerspiegel senken.

Für Typ-I Diabetiker ist die Tablettentherapie nicht möglich, sie müssen sich das *Eiweißhormon Insulin* mehrmals täglich spritzen. Auch für sie ist, neben der genauen Insulindosis, die Einhaltung eines *Diätplanes* sehr wichtig. Da gerade bei Jugendlichen der Blutzuckerspiegel stark schwanken kann, z. B. durch unerwartete körperliche Belastungen, besteht die Gefahr der *Unterzuckerung*. Werden Symptome, wie Zittern, Herzklopfen, Schweißausbrüche, Schwindel und torkelnder Gang nicht richtig gedeutet, kann der Kranke bewusstlos werden. In diesem Fall droht Lebensgefahr; der Kranke muss dann sofort ärztlich versorgt werden.

diabet (lat.) = hindurchgehen

mellitus (lat.) = mit Honig versüßt

Der Mensch benötigt täglich etwa 2 Milligramm Insulin

Aufgaben

① Warum kann Insulin nicht in Tablettenform eingenommen werden?
② Typ-I Diabetiker spritzen sich mehrmals täglich Insulin. Weshalb wird die Insulindosis in mehrere Portionen aufgeteilt?
③ Wie kann der Diabetiker dem Unterzucker rasch entgegenwirken?

Zettelkasten

Eine alltägliche Geschichte?

„Zunächst dachte ich, es hängt mit dem heißen Sommer zusammen. Von Tag zu Tag verstärkte sich mein Durst, ich musste ständig eine Flasche mit Sprudel neben mir haben. Selbst wenn ich täglich mehrere Liter trank — das Durstgefühl blieb. Lästig war auch, dass ich so oft zur Toilette musste. Häufig war ich schnell müde und hatte oft Kopfschmerzen. Und dann immer dieser Hunger, ich konnte immerzu essen. Doch trotz bester Ernährung nahm ich ab. Meinem Hausarzt war bald klar, was los war. Er schloss aus meinen Krankheitserscheinungen, ich müsse auf Zuckerkrankheit, ‚Diabetes mellitus', untersucht werden".

Urin- und Blutuntersuchungen im Krankenhaus wiesen einen zu hohen Blutzuckergehalt nach („200 Zucker"). Zweimal pro Tag erhielt Frank eine *Insulinspritze*. Ein Ernährungsplan wurde erstellt, der festlegte, welche Nahrungsmittel Frank in bestimmten Mengen und zu vorgeschriebenen Tageszeiten essen durfte. Er wurde so auf seine *Zuckerkrankheit* eingestellt.

Heute ist Frank 20 Jahre alt und hat es gelernt, mit seiner Krankheit zu leben. Er weiß genau, was und wie viel er essen darf. Geht er auf Reisen, sind Insulin, Einmalspritzen, Blutzuckermessgerät und Urinteststreifen immer im Gepäck.

Sinne, Nerven und Hormone

Die Nebennieren

Die Nebennieren, mit einem Gewicht von 10–15 Gramm, sitzen kapuzenförmig auf den Nieren. Ein Querschnitt zeigt, dass etwa 80 % aus gelblicher Rinde und das Innere aus braunrotem Mark bestehen. *Nebennierenrinde* und *Nebennierenmark* sind voneinander unabhängige Hormondrüsen.

Die Nebennierenrinde bildet mehrere Hormone:
— *Mineralkortikoide* regulieren den Wasser- und Salzhaushalt.
— *Glukokortikoide* (z. B. Cortisol) beeinflussen den Kohlenhydrathaushalt. Dies hat Auswirkungen auf den Fett- und Eiweißstoffwechsel. So wird durch Bildung von Glucose aus Eiweiß der Blutzuckerspiegel erhöht. Außerdem wirken diese Hormone hemmend auf das Immunsystem.
— *Geschlechtshormone* (Androgene und Östrogene) regeln die Ausbildung der sekundären Geschlechtsmerkmale.

Die Wirkungen der Hormone aus dem Nebennierenmark zeigen sich in folgender Situation: Man überquert eine Straße nahe einer Kurve. Plötzlich nähert sich ein Fahrzeug mit großer Geschwindigkeit. In dieser Schrecksituation werden vom Nebennierenmark schlagartig *Adrenalin* und *Noradrenalin* ins Blut ausgeschüttet. Der Körper wird dadurch in einen Zustand höchster Leistungsfähigkeit versetzt, sodass man sich schnellstens aus der Gefahrenzone bringen kann. Am Straßenrand angelangt, werden die körperlichen Veränderungen erst spürbar: Das Herz „schlägt bis zum Hals", der Puls rast, man atmet tief und schnell und Schweiß bricht aus. Weitere Hormonwirkungen sind Steigerung von Blutdruck, Blutzuckerspiegel und Fettgehalt des Blutes. Die Gesamtheit dieser Wirkungen nennt man *Fight-or-Flight-Syndrom*.

Diese schnell eintretenden Anpassungsreaktionen zeigen die Beteiligung des Nervensystems. Ist die Notsituation erkannt, sendet das Gehirn Signale durch das Rückenmark in den Grenzstrang. Von hier aus werden die Signale über sympathische Nerven des vegetativen Nervensystems zum Nebennierenmark geleitet. So wird das Nebennierenmark in Sekundenbruchteilen durch Nerven des vegetativen Nervensystems aktiviert. Die erhöhte Adrenalinmenge zirkuliert noch für längere Zeit mit dem Blut im Körper. Der Körper stellt sich deshalb nach überstandener Gefahr nur allmählich wieder um. Hier zeigt sich die relativ langsame Regelung durch das Hormonsystem.

In Notsituationen werden vom Körper hohe Leistungen gefordert. Zur Deckung des Energiebedarfs nimmt der Gehalt an Fettstoffen im Blut erheblich zu. Bei starker körperlicher Aktivität werden sie in kurzer Zeit verbraucht. Unterbleibt die Anstrengung, kreisen die Fettstoffe lange Zeit und lagern sich an den Arterienwänden ab. Dadurch werden Arterien unelastisch und bei dauerhaft erhöhten Blutfettwerten immer enger *(Arteriosklerose)*. Daran leiden viele Menschen in den Industriestaaten, denn hier paaren sich oft Aufregung und Bewegungsmangel.

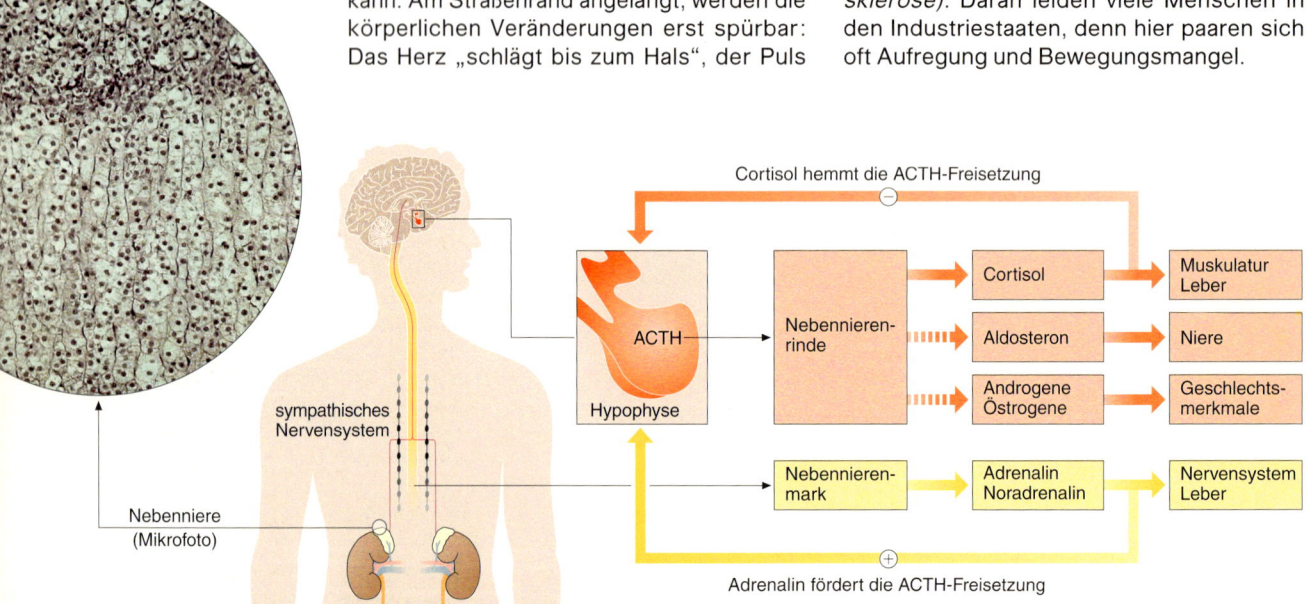

1 Schema Lage der Nebenniere und Auswirkung auf den Hormonhaushalt

Sinne, Nerven und Hormone

Stress — der Körper passt sich an

Andauernde seelische oder körperliche Belastungen, wie etwa Kälte, Hunger, Verletzung oder Krankheit, bewirken eine erhöhte Ausschüttung von Glukokortikoiden. Die Nebennierenrinden werden hierzu durch das vermehrt gebildete Hypophysenhormon *ACTH* angeregt. Die erhöhte Konzentration an Glukokortikoiden wirkt entzündungshemmend, beschleunigt die Wundheilung und verleiht dem Körper für einen gewissen Zeitraum die nötige Widerstandskraft zum Überleben. Diesen Zustand des Körpers bezeichnet man als *Stress*. Die äußeren Umstände, die Stressreize, die zu diesem Zustand führen, heißen *Stressoren*. Stress ist eine langsame Anpassung an ausdauernde Belastungssituationen.

Häufig auftretendes Fight-or-Flight-Syndrom und damit auf Dauer erhöhter Adrenalinspiegel bewirkt über den Hypothalamus eine erhöhte Freisetzung von ACTH. Deshalb führen ständig aufeinander folgende, kurz andauernde Belastungszustände schließlich zum Dauerstress *(Distress)*.

Gelegentlich auftretender Stress mit kurzen Erholungsphasen kann die natürliche Widerstandskraft des Körpers gegen Krankheitserreger steigern *(Eustress)*. Bei dauerndem Stress ist der Körper durch die vermehrt gebildeten Glukokortikoide für einen Zeitraum von einigen Wochen gegen die Belastungen geschützt, indem beispielsweise durch ihre entzündungshemmende Wirkung die Energiereserven weniger zur Abwehr von Krankheitserregern eingesetzt werden. Bei weiter anhaltender Einwirkung der Stressoren treten jedoch Erschöpfung und meist auch Infektionskrankheiten auf. Die Folgen können körperlicher Abbau und — in Extremfällen — Organschäden sein.

Um sich vor lang dauerndem Stress zu schützen, hilft eine ausgeglichene Lebensführung. Dazu gehört neben genügend Schlaf, richtiger Ernährung und regelmäßiger Bewegung in frischer Luft auch die Bewältigung von Problemen, die psychisch belasten. Ein Beispiel hierfür ist „das vor sich Herschieben" von Verpflichtungen, die man ungern erfüllt, die aber dennoch angegangen werden müssen. Schon der Gedanke daran lässt Unbehagen aufkommen. Hier hilft eine richtige Zeit- und Arbeitsablaufplanung, um Stress zu vermeiden. Wenn genau geplant ist, wann und wie man die Arbeit erledigen wird, ist man entlastet.

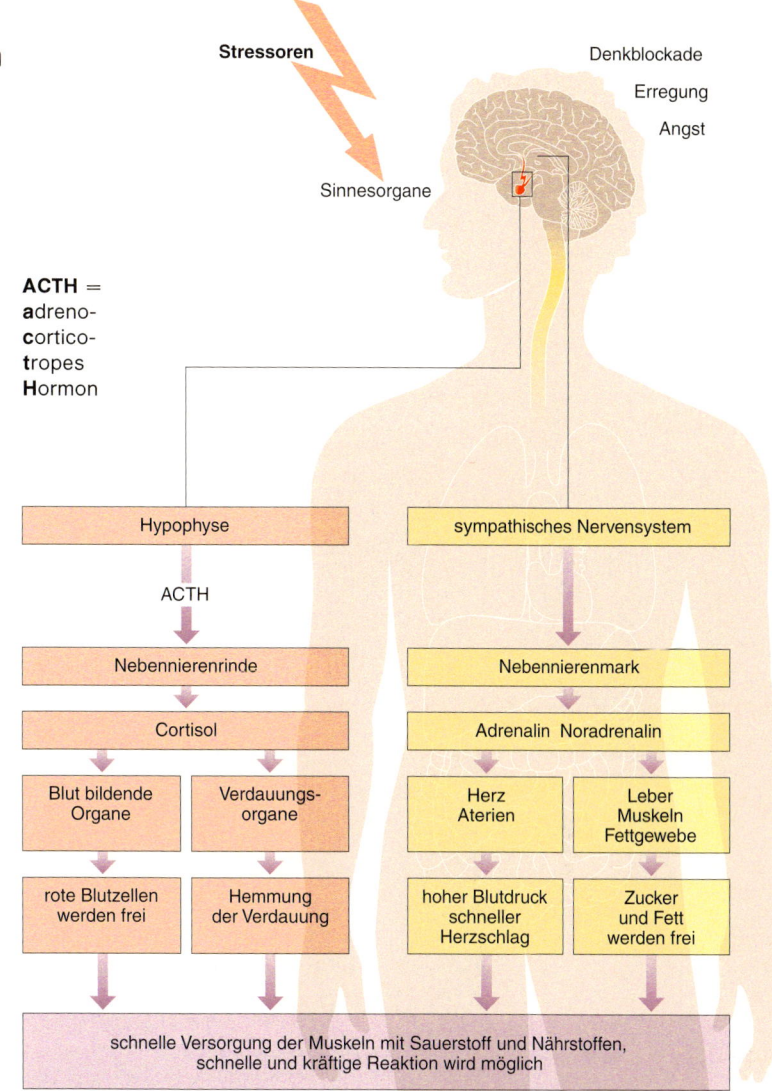

ACTH =
adreno-
cortico-
tropes
Hormon

1 Zusammenarbeit von Nerven- und Hormonsystem bei Eustress

Aufgaben

1. Beschreibe die Wirkungen von Adrenalin.
2. Weshalb sollen Diabetiker Aufregungen und Schrecksituationen meiden?
3. Beschreibe die Zusammenarbeit zwischen Nerven- und Hormonsystem in Notsituationen.
4. Was versteht man unter Stress? Beschreibe, wie es zu diesem Zustand kommen kann.
5. Das Fight-or-Flight-Syndrom kann sich innerhalb von Sekunden einstellen, der Stresszustand nur innerhalb von Tagen und Wochen. Erkläre die unterschiedliche Reaktionsdauer des Körpers.
6. Ein über längere Zeit erhöhter Adrenalingehalt des Blutes bewirkt eine vermehrte ACTH-Ausschüttung. Warum ist dies biologisch sinnvoll?

Sinne, Nerven und Hormone

Sexualität, Fortpflanzung und Entwicklung des Menschen

Der Begriff „Sexualität" schließt beim Menschen aus biologischer Sicht Fortpflanzung und Entwicklung sowie aus ethischer Sicht Liebe, Partnerschaft und Verantwortung mit ein. Wenn bei der Fortpflanzung ein Spermium in eine Eizelle eindringt, beginnt die Entwicklung eines neuen Lebewesens.

Diskutieren zwei Partner über Themen der Sexualität, so können unterschiedliche Einstellungen und Werte sowie uneinheitliches Rollenverhalten aufeinander treffen. Es kommt darauf an, dass man lernt, offen und fair miteinander zu reden. Jeder und jede sollte versuchen, Toleranz zu üben und eine verantwortungsvolle Einstellung zur eigenen Sexualität, zur Geschlechtspartnerin bzw. zum Geschlechtspartner zu finden.

Freundschaft

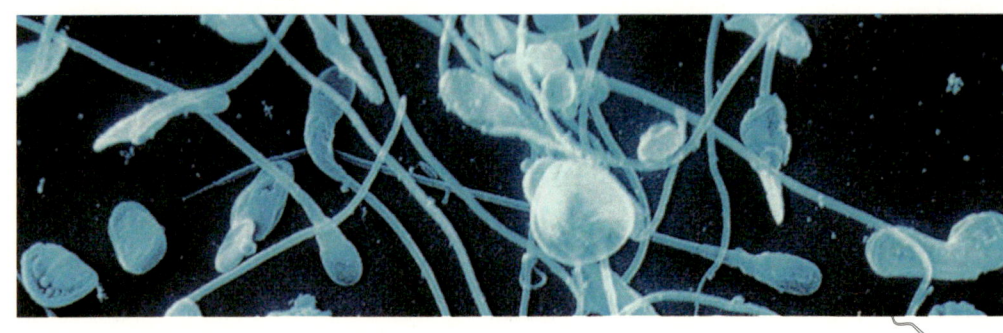

Verhütung

Spermien und Befruchtung

Partnerschaft

Liebe

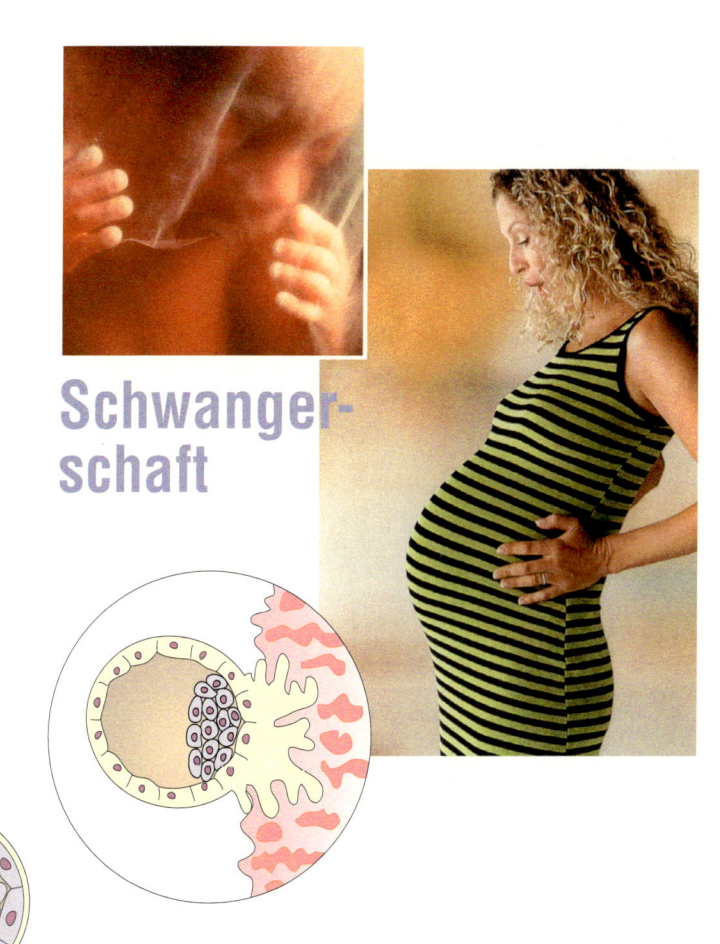

**Schwanger-
schaft**

Zellteilung

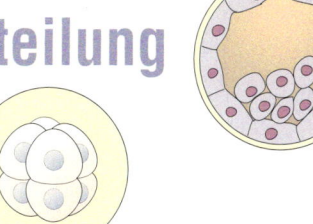

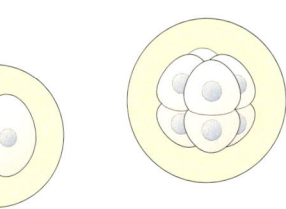

1 Biologische Grundlagen menschlicher Sexualität

„In der Schule habe ich schon lange ein Auge auf sie geworfen. Sie hat lange blonde Haare und eine Superfigur. Sie heißt Alex. Anfänglich hatte ich keinen Mut zu einem Gespräch mit ihr. Viele Jungen haben sie schon angebaggert. Sie lässt sie immer abblitzen, auch wenn es die coolsten Typen sind. Gestern traf ich sie im Schwimmbad. Ich hab sie angesprochen, weil meine Schwester mir gut zugeredet hat. Später haben wir noch ein Eis zusammen gegessen. Hoffentlich mag sie mich auch, weil ich sie total gern habe."

„Endlich habe ich Ulli kennen gelernt, in den ich schon lange heimlich verliebt bin. Die meisten Jungen, die ich bisher getroffen habe, sind so aufdringlich gewesen, doch Ulli ist eher schüchtern. Und genau das gefällt mir an ihm. Ohne die Hilfe seiner Schwester hätten wir uns nie unterhalten. Das Eisessen war auch noch richtig lustig. Wir haben die ganze Zeit herumgealbert. Ich fände es toll, wenn er mit mir gehen würde."

Willst du mit mir gehen?

So wie Ulli und Alex geht es vielen Jugendlichen und Erwachsenen. Sie sind zu schüchtern, einem anderen Menschen zu gestehen, dass sie ihn mögen. Es gehört auch eine ganze Menge Mut dazu, einem anderen seine Gefühle zu bekennen. Dabei sollte man sich nicht von gesellschaftlichen Rollenerwartungen leiten lassen, dass ein Junge zum Beispiel nur durch forderndes und siegessicheres Auftreten ein Mädchen für sich gewinnen kann. Möglicherweise verschreckt er auch das Mädchen mit diesem Verhalten. Und ein Mädchen sollte die Initiative nicht immer nur von dem Jungen erwarten, es kann auch selbst seine Vorliebe für einen Jungen erkennen lassen. Auf jeden Fall aber kann man auch ohne das Aussehen einer Traumfrau oder eines Traummannes einen Partner finden, den man liebt.

Schön ist es, wenn man mit weichen Knien und Herzklopfen das Gefühl spürt, dass man von einem anderen Menschen geliebt wird. Dies versetzt einen Menschen in eine einmalige Hochstimmung. Man möchte den anderen für sich einnehmen und dauernd mit ihm zusammen sein.

In der *Pubertät*, der Reifezeit, entsteht der Wunsch nach Zärtlichkeit zu und von einem Partner. Liebe ist eine Ausdrucksform der menschlichen Sexualität. Sie schenkt den Partnern Wärme, Zärtlichkeit und Geborgenheit. Zur Liebe gehört auch, dass man in der Lage ist, persönliche Beziehungen und Bindungen einzugehen. Jugendliche müssen in der Pubertät erst lernen, Männer und Frauen zu sein. Dies beeinflusst ihr Fühlen, Denken und Handeln.

Schwärmen, Annäherungsversuche, erste Verabredungen und Verliebtsein gehören zu den neuen Erfahrungen in dieser Entwicklungsphase. Andererseits kann auch die Angst entstehen, von dem anderen nicht angenommen zu werden, oder das Problem, dem Partner eigene Gefühle zu offenbaren und die Schwierigkeit, mit dem anderen Meinungsverschiedenheiten auszutragen. Viele Menschen durchlaufen diese Phase vom Verliebtsein bis zur Liebe und dauerhaften Partnerschaft. Wichtig ist, dass man die Bereitschaft besitzt, die Spielregeln im Umgang mit der Partnerin oder dem Partner sein Leben lang zu lernen und zu verfeinern.

Hormone bewirken die Pubertät

Beginn und Dauer der Pubertät sind nicht eindeutig festzulegen. So kann sie schon im Alter von 8 bis 10 Jahren beginnen, manchmal aber erst mit 16 Jahren. Dies ist durchaus normal. Nach 4 bis 5 Jahren sind die hormonelle Umstellung und die damit verbundenen körperlichen Veränderungen abgeschlossen. Aus Mädchen sind Frauen geworden, die nun selbst Kinder bekommen können, aus den Jungen zeugungsfähige Männer. Auch das Verhalten der Jugendlichen hat sich stabilisiert. Sie sind nicht mehr so wechselhaft und launisch. Sicherer ist auch der Umgang mit Partnern des anderen Geschlechts geworden. Die seelische Reifung ist ebenfalls ein erhebliches Stück vorangekommen.

Bei Mädchen beginnt die Pubertät im Alter von 10 bis 12 Jahren, bei Jungen etwa zwei Jahre später, mit einem Wachstumsschub. Die Mädchen werden also früher größer als die gleichaltrigen Jungen. Danach ist das Wachstum der Jungen stärker, sodass sie die Mädchen bald eingeholt und mit 14 oder 15 Jahren überholt haben.

Daneben finden in der Pubertät weitere körperliche Veränderungen statt. Bei Mädchen und Jungen beginnt die Ausbildung der Achsel- und Schambehaarung. Die Jungen bilden eine kräftigere Muskulatur aus, die Schultern werden breiter, das Becken bleibt schmal. Die Stimme wird tiefer *(Stimmbruch)*, Bartwuchs und Brustbehaarung setzen ein. Bei den Mädchen entwickeln sich die Brüste, das Becken wird breiter, die Schultern bleiben schmal. Diese bei den Jugendlichen nach der Pubertät ausgeprägten Merkmale bezeichnet man als *sekundäre Geschlechtsmerkmale*.

Im Körper der pubertierenden Mädchen und Jungen laufen Entwicklungsvorgänge ab, die von zahlreichen *Hormondrüsen* geregelt werden. Das Zwischenhirn mit seinem *Sexualzentrum* veranlasst die *Hypophyse* durch die Freisetzung von Hormonen, ihrerseits Hormone *(Gonadotropine)* in den Blutkreislauf auszuschütten. Damit beeinflusst sie alle anderen Hormondrüsen: In den Eierstöcken der Mädchen werden weibliche Geschlechtshormone, die *Östrogene* und das *Progesteron,* gebildet, in den Hoden der Jungen entstehen vor allem die *Androgene*, die männlichen Geschlechtshormone. Das wichtigste Androgen ist das *Testosteron*.

Diese Hormone lassen die Keimdrüsen voll funktionsfähig werden, Keimzellen heranreifen und bewirken alle anderen körperlichen Veränderungen während der Pubertät.

Aufgaben

① Jugendliche schließen sich in der Pubertät oft zu Cliquen zusammen. Nenne Vor- und Nachteile der Cliquenbildung.

② Schreibe zwei Listen mit typisch männlichen und weiblichen Verhaltenseigenschaften auf, die in einer Gruppe Jugendlicher gezeigt werden.

③ Erkläre die Wirkung der Hormone auf Jungen oder Mädchen nach Abbildung 1.

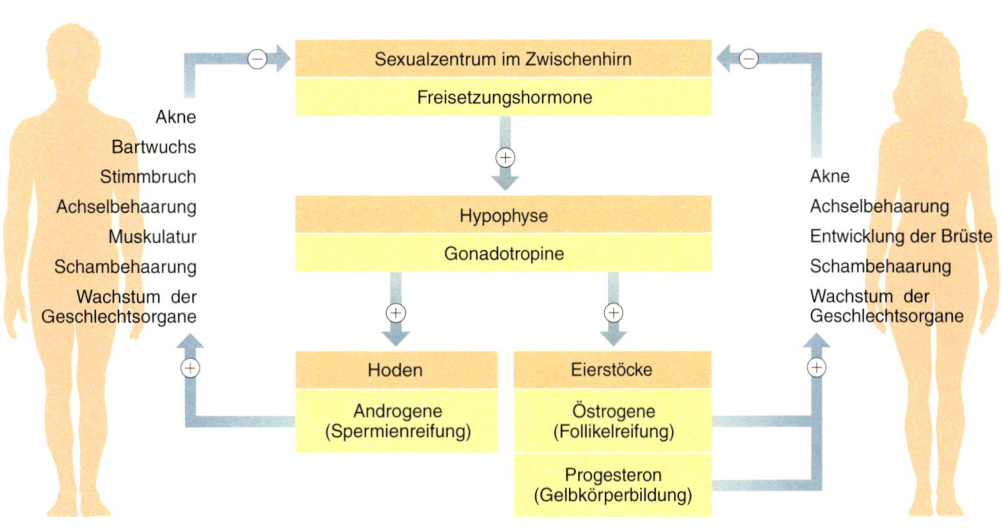

1 Wirkungsweise der Geschlechtshormone in der Pubertät

Sexualität, Fortpflanzung und Entwicklung

Die Geschlechtsorgane des Mannes

Schon bei neugeborenen Jungen sind der *Penis* und der *Hodensack* als äußere Geschlechtsmerkmale zu erkennen. Man bezeichnet sie als *primäre Geschlechtsmerkmale*, im Gegensatz zu den sekundären Geschlechtsmerkmalen, die sich erst in der Pubertät ausbilden.

Die Keimdrüsen des Mannes sind die *Hoden*. Sie sind paarig und liegen eingebettet im Hodensack. In den Hoden entstehen die Keimzellen, die *Spermien*, und die Geschlechtshormone. Die Spermien werden in den *Nebenhoden* gespeichert. Dort beginnt je ein *Spermienleiter*. In diese geben die *Vorsteherdrüse* und zwei weitere Drüsen Sekrete ab. Nur mithilfe dieser Sekrete können sich die Spermien in der Scheide, der Gebärmutter und im Eileiter der Frau bewegen.

Spermien und Sekrete bilden zusammen das *Sperma*. Im Bereich der Vorsteherdrüse vereinigen sich die beiden Spermienleiter mit dem Harnleiter aus der Blase zu einem gemeinsamen Ausführgang, der *Harn-Sperma-Röhre*.

Der Penis, auch *Glied* genannt, besteht aus *Schaft* und *Eichel*. Der Schaft enthält *Schwellkörper*, die rasch mit Blut gefüllt werden können, wodurch sich das Glied versteift. Die Harn-Sperma-Röhre führt durch den Schaft und mündet in der Eichel.

Die Eichel ist sehr empfindlich. Sie wird von der verschiebbaren *Vorhaut* bedeckt und geschützt. Unter der Vorhaut sondern Talgdrüsen fettende Stoffe ab, in denen sich Krankheitserreger gut vermehren können. Deshalb muss das Glied täglich gewaschen werden. Dazu wird die Vorhaut zurückgezogen und die Eichel und das übrige Glied werden mit warmem Wasser und Seife gewaschen.

Bei der sexuellen Erregung des Mannes kommt es zur *Erektion,* also der Versteifung des Gliedes. Dabei sind die Schwellkörper mit Blut gefüllt. So kann der steife Penis bei der körperlichen Vereinigung von Mann und Frau, dem *Geschlechtsverkehr,* in die Scheide der Frau eingeführt werden. Auf dem Höhepunkt der gefühlsmäßigen Erregung der Geschlechtspartner, dem *Orgasmus*, wird das Sperma herausgeschleudert. Man nennt dies *Ejakulation*.

① Harnblase
② Harnleiter
③ Vorsteherdrüse
④ Leistenkanal
⑤ Harn-Sperma-Röhre
⑥ Penis
⑦ Schwellkörper
⑧ Spermienleiter
⑨ Nebenhoden
⑩ Hoden
⑪ Vorhaut
⑫ Eichel
⑬ Bläschendrüse

1 Die Geschlechtsorgane des Mannes

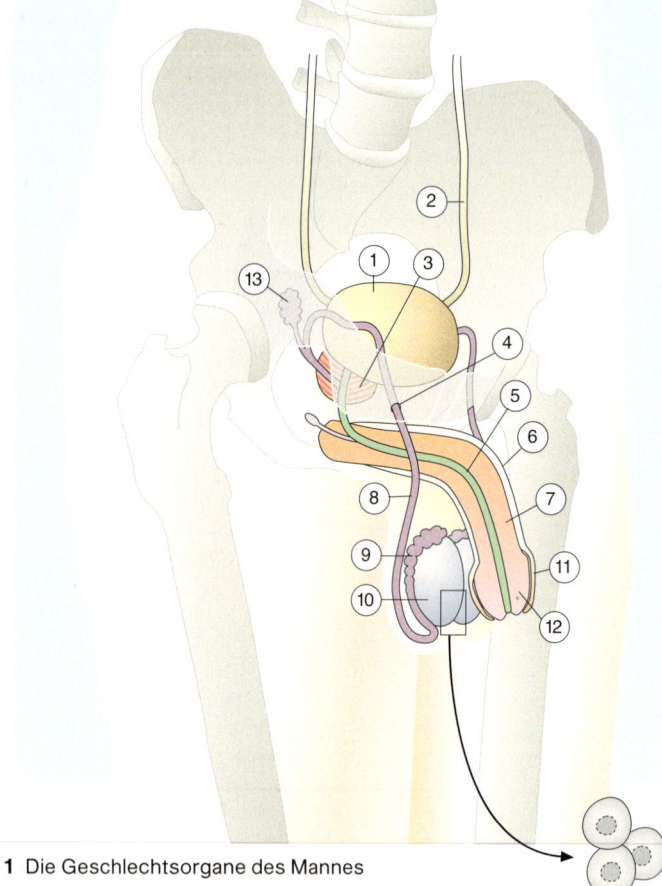

Der erste, spontan erfolgende Spermaerguss, die *Pollution*, erfolgt in der Pubertät im Schlaf. Dieser natürliche Vorgang zeigt an, dass der Junge geschlechtsreif geworden ist. Durch Reizung des Penis kann ein Spermaerguss auch selbst herbeigeführt werden. Diese *Selbstbefriedigung (Masturbation)* ist eine mögliche Form der menschlichen Sexualität. Sie ist aber keineswegs ein gesundheitsschädliches oder gar unnormales Sexualverhalten.

Aufgabe

① Stelle einander gegenüber: Primäre und sekundäre Geschlechtsmerkmale, innere und äußere Geschlechtsorgane des Mannes.

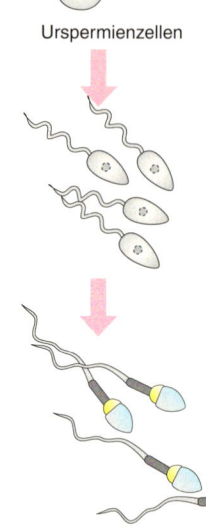

Urspermienzellen

Spermienentwicklung in den Hoden

286 Sexualität, Fortpflanzung und Entwicklung

Die Spermien

Die Spermien gehören mit einer Länge von etwa 0,06 mm zu den kleinsten Zellen des menschlichen Körpers. Sie entstehen im Innern der Hoden aus den *Urspermienzellen* (Spermienmutterzellen). Erst bei Eintritt in die Pubertät beginnen sich diese Zellen zu teilen. Dabei führt jede Urspermienzelle nacheinander zwei sogenannte *Reifeteilungen* durch. So entstehen aus jeder Urspermienzelle vier Spermien.

Im *Kopf* des Spermiums liegt der Zellkern. Von dem *Mittelstück* wird die Energie für die Fortbewegung bereitgestellt. Der *Schwanzfaden* schlägt wie eine Geißel eines Einzellers. Er verleiht dem Spermium eine Schwimmgeschwindigkeit von etwa 3 mm pro Minute. Auf dem Weg zur Eizelle, die sich bereits im Eileiter befindet, werden die Spermien zunächst schnell durch das rhythmische Zusammenziehen der Scheide, der Gebärmutter und der Eileiter nach dem Orgasmus der Frau vorwärts bewegt. Langsamer kommen die Spermien durch die Eigenbewegung mit ihren Geißeln ihrem Ziel näher. Sie können sich dabei entlang der steigenden Konzentration eines Lockstoffs orientieren, der von der befruchtungsfähigen Eizelle abgegeben wird.

Bei einer Ejakulation werden 3 bis 5 ml Sperma abgegeben, das bis zu 100 Millionen Spermien enthält. Trotzdem gelangen von dieser riesigen Zahl von Spermien nur einige hundert bis zur Eizelle. Dafür gibt es mehrere Gründe:
— Zahlreiche Spermien sind so verändert, dass sie bewegungsunfähig und nicht mehr befruchtungsfähig sind. Man kennt solche mit zwei und mehr Geißeln, solche ohne Geißel oder mit funktionsuntüchtiger Geißel sowie viele andere Missbildungen.
— Durch das saure Milieu in der Scheide wird die Bewegungsfähigkeit der Spermien gehemmt.
— Im Schleimpfropf am Gebärmuttereingang bleiben viele Spermien stecken.
— Die weißen Blutzellen der Frau vernichten zahlreiche Spermien, da sie für den weiblichen Körper fremde Zellen sind.
— Der Energievorrat vieler Spermien ist verbraucht, bevor die Eizelle erreicht ist.
— Die Strömung einer Flüssigkeit, die durch das Schlagen der Wimpern der Eileiter zur Gebärmutter bewirkt wird, hemmt die Wanderung der Spermien zum Eileitertrichter hin.

Die im Nebenhoden gespeicherten Spermien bleiben dort in einem inaktiven Zustand etwa vier Wochen lebensfähig. Nach einer Ejakulation sind die Spermien im Gebärmutterhals bis zu mehreren Tagen befruchtungsfähig.

Für die ständige Neubildung von Spermien und deren Speicherung ist es von Bedeutung, dass die Temperatur im Hodensack zwischen 2 °C und 5 °C unter der normalen Körpertemperatur von etwa 37,5 °C liegt. Untersuchungen haben gezeigt, dass schon bei geringfügig höheren Temperaturen die Spermienbildung unterdrückt wird. Ebenfalls nachgewiesen wurde, dass Raucher und Alkoholiker eine deutlich höhere Zahl defekter Spermien haben oder die Gesamtzahl der Spermien geringer ist.

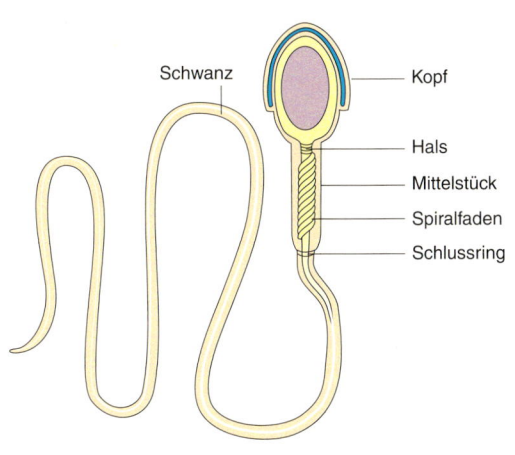

1 Aufbau eines Spermiums (Schema)

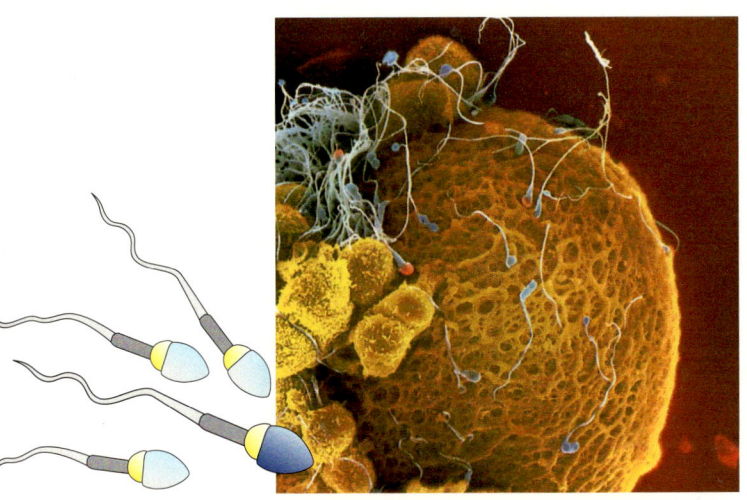

2 Menschliche Spermien an einer Eizelle

reife Spermien

Sexualität, Fortpflanzung und Entwicklung

Die Geschlechtsorgane der Frau

Die äußerlich sichtbaren Geschlechtsorgane der Frau bestehen aus verschiedenen Hautfalten, *große* und *kleine Schamlippen* genannt. Es sind Fettpolster, durchsetzt von Bindegewebe und Muskelfasern. Die Schamlippen umschließen schützend den Scheideneingang und die von der *Scheide* getrennte Öffnung der Harnröhre. Im vorderen Bereich zwischen den Schamlippen liegt der *Kitzler* (Klitoris). Er ist ein leicht erregbarer Schwellkörper, der zahlreiche Nervenendigungen enthält und, wie die Eichel des Penis, sehr empfindlich ist. Durch Reizung des Kitzlers können sich Frauen selbst befriedigen. Zwischen Scheide und After liegt der *Damm*, der von der dehnbaren Beckenbodenmuskulatur gebildet wird.

Die Scheide *(Vagina)*, ein 8–11 cm langer schlauchförmiger Hohlmuskel, führt nach innen zur *Gebärmutter*. Die Scheidenwände sind mit einer Schleimhaut ausgekleidet, deren abgestoßene Epithelzellen reich an Glykogen sind. Dieses stärkeähnliche Kohlenhydrat wird von den in der Scheide lebenden Milchsäurebakterien *(Scheidenflora)* in Milchsäure umgewandelt. Dadurch entsteht ein saures Milieu, das Krankheitserreger unschädlich machen kann. Ein zusätzlicher Schutz der inneren Geschlechtsorgane besteht darin, dass sich die elastischen Scheidenwände zusammenziehen, sodass sie aufeinander liegen und nur einen schmalen Spalt freilassen. Zum größten Teil wird der Scheideneingang bis zum ersten Geschlechtsverkehr durch das *Jungfernhäutchen* (Hymen) verschlossen. Diese schützende Hautfalte kann allerdings schon vorher, z. B. beim Sport, einreißen.

Der Scheide kommen im Wesentlichen zwei Aufgaben zu: Sie nimmt beim Geschlechtsverkehr den Penis und das von ihm abgegebene Sperma auf und sie ist der natürliche Geburtskanal, durch den das Kind bei der Geburt herausgepresst wird.

Am oberen Ende der Scheide liegt der *Gebärmutterhals*. Er ist die Übergangsstelle von den äußeren zu den inneren Geschlechtsorganen und damit die Verbindung zwischen Gebärmutter und Scheide. Er wird von einem Schleimpfropf verschlossen. Die *Gebärmutter* (Uterus) ist ein faustgroßer, dehnbarer Hohlmuskel, der von einer Schleimhaut ausgekleidet ist. Während der Schwangerschaft vergrößert sich ihr Volumen von wenigen Millilitern auf mehrere Liter. Am oberen, breiten Ende der Gebärmutter münden die beiden *Eileiter* ein. Es sind etwa 15 cm lange, bleistiftstarke Schläuche, die innen mit einer Flimmerschleimhaut ausgekleidet sind. Jeder Eileiter öffnet sich mit fransenbesetzten Trichtern zu je einem *Eierstock* hin. Die Eierstöcke *(Ovarien)* sind die weiblichen Keimdrüsen, die an Bindegewebsbändern in der Bauchhöhle aufgehängt sind. In ihnen reifen die Eizellen heran und sie bilden weibliche Geschlechtshormone.

1	Harnblase	6	Trichter des Eileiters	10	innere und äußere Schamlippen
2	Harnleiter	7	Gebärmutterhals (Portio)		
3	Gebärmutter			11	Kitzler
4	Eierstock	8	Scheide	12	Schambein
5	Eileiter	9	Harnröhre		

1 Die Geschlechtsorgane der Frau

Eimutterzelle

Aufgabe

① Ordne den Geschlechtsorganen der Frau die jeweils vergleichbaren des Mannes zu.

Sexualität, Fortpflanzung und Entwicklung

Bau und Bildung der Eizellen

Schon während der dritten Schwangerschaftswoche bilden sich im weiblichen Embryo die ersten *Ureizellen*. Durch vielfache Zellteilungen entstehen daraus 5 bis 6 Millionen *Eimutterzellen* in jedem Eierstock des noch ungeborenen Mädchens. Die meisten dieser Eimutterzellen gehen bereits vor der Geburt zugrunde, die Überlebenden wachsen heran und verharren nach einer ersten Reifeteilung in einem Ruhestadium. Bei der Geburt des Mädchens sind etwa 400 000 solcher unreifer Eizellen in den beiden Eierstöcken vorhanden. Von diesen aber kommen im Laufe des Lebens einer Frau, beginnend mit der Pubertät, nur etwa 450 wirklich zur Ausreifung.

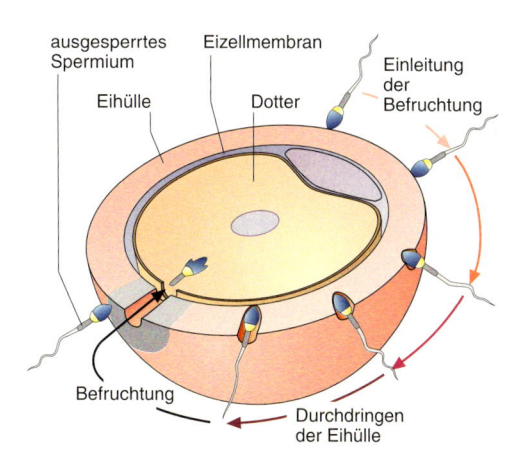

Die Eizelle, umgeben von einer feinen, schützenden Schicht, reift innerhalb des Eierstocks in einem flüssigkeitsgefüllten Bläschen, dem *Follikel*, heran. Dieser Follikel kann auf eine Größe von bis zu zwei Zentimetern heranwachsen. Ist das Ei reif, wandert der Follikel an die Oberfläche des Eierstocks, platzt auf und das Ei wird mit der Follikelflüssigkeit ausgespült. Diesen Vorgang nennt man *Follikel-* oder *Eisprung* (Ovulation). Die im Eileiter schlagenden Wimpern erzeugen einen zur Gebärmutter gerichteten Flüssigkeitsstrom. Dadurch wird das Ei in den naheliegenden Trichter des Eileiters eingestrudelt. Die im Eierstock zurückbleibenden Follikelreste werden zum *Gelbkörper* umgebaut.

Die reife Eizelle, deren Kern die Erbanlagen enthält, hat einen Durchmesser von etwa 0,2 mm. Sie hat damit ein etwa 250 000-mal größeres Volumen als eine Spermienzelle. Der größte Teil von ihr dient zur Speicherung von Nährstoffen im Dotter. Die Eizelle ist eine der größten Zellen des menschlichen Körpers und mit bloßem Auge bereits sichtbar. Sie kann sich, im Gegensatz zu den Spermien, nicht selbst fortbewegen. Die Flimmerhärchen im Eileiter und Kontraktionswellen der Eileitermuskulatur erzeugen einen Flüssigkeitsstrom, der sie in Richtung Gebärmutter transportiert.

Die Eizelle ist nach dem Eisprung nur vier bis sechs Stunden lang befruchtungsfähig und befindet sich noch im oberen Teil des Eileiters. Damit eine Befruchtung stattfinden kann, müssen sie die Spermien also innerhalb dieses Zeitraums dort erreichen. Dabei kann nur ein einziges Spermium mit seinem Kopf, dem Mittelstück und dem Schwanz in die Eizelle eindringen. Danach wird die Hülle der Eizelle für weitere Spermien undurchdringbar. Der Zellkern im Kopf des eingedrungenen Spermiums quillt im Plasma des Eies auf und vereinigt sich mit dem Zellkern der Eizelle. Der so entstandene neue Zellkern enthält nun die Erbanlagen aus dem Spermium des Vaters und aus der Eizelle der Mutter. Diese befruchtete Eizelle nennt man *Zygote*.

1 Menschliche Eizelle und Befruchtung

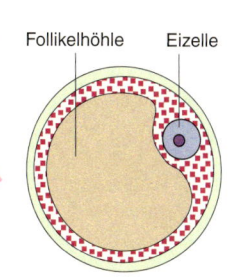

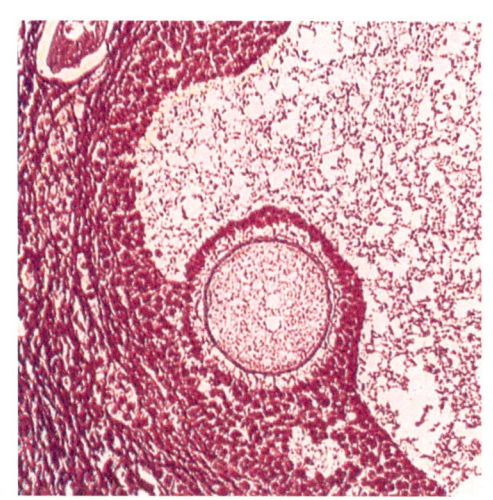

2 Eizelle im Follikel (160 x vergr.)

Reifer Follikel

Aufgabe

① Stelle in einer Tabelle Gemeinsamkeiten und Unterschiede in der Entwicklung der Spermien und der Eizellen aus ihren jeweiligen Mutterzellen zusammen.

Sexualität, Fortpflanzung und Entwicklung

Der weibliche Zyklus

Während im Eierstock eine Eizelle heranreift, verändert sich zeitgleich dazu die Gebärmutterschleimhaut. Beide Vorgänge werden durch Hormone synchronisiert: Follikelwachstum und -reifung werden durch das *Follikel stimulierende Hormon* (FSH) gefördert. Eireifung, Follikelsprung und Gelbkörperbildung stehen unter dem Einfluss des *luteinisierenden Hormons* (LH). FSH und LH werden aus bestimmten Zentren der Hypophyse ausgeschüttet.

Auch der reifende Follikel bildet Hormone, die *Östrogene*. Sie bewirken, dass die Gebärmutterschleimhaut innerhalb von etwa zwei Wochen auf die vierfache Dicke heranwächst. Gleichzeitig hemmen sie die Menge der FSH- und LH-Ausschüttung in der Hypophyse. Bei einem bestimmten Mengenverhältnis von FSH und LH kommt es zum *Eisprung*. Zu diesem Zeitpunkt steigt die Körpertemperatur um etwa 0,5 °C an.

Nach dem Eisprung wandelt sich der entleerte Follikel unter dem Einfluss des LH um. Fettreiche Zellen wachsen in den Bläschenraum ein, der Follikel wird zum Gelbkörper. Dieser bildet nun die Gelbkörperhormone *(Progesterone)*. Sie bewirken, dass die Gebärmutterschleimhaut weiterwächst, Nährstoffe speichert und sich so auf die Einnistung einer befruchteten Eizelle vorbereitet. Die Progesterone hemmen gleichzeitig die LH-Ausschüttung der Hypophyse, sodass kein neuer Follikel heranreifen kann.

Das befruchtete Ei teilt sich bereits im Eileiter mehrmals, sodass sich ein aus wenigen Zellen bestehender *Keim* in der Gebärmutterschleimhaut einnistet. Nun wird das *Schwangerschaftshormon* HCG vom Gewebe des Embryos gebildet. Das HCG bewirkt, dass der Gelbkörper erhalten bleibt. Außerdem lässt es die Milchdrüsen der Brust anschwellen und bereitet sie so auf die Milchbildung vor.

Ist die Eizelle nicht befruchtet worden, verkümmert der Gelbkörper und die Progesteronbildung geht zurück. In der Gebärmutterschleimhaut reißen feine Äderchen, die obersten Schichten der Schleimhaut werden abgestoßen und mit etwas Blut durch die Scheide abgegeben. Diesen Vorgang nennt man *Menstruation* (Regel- oder Monatsblutung). Die Blutmenge ist gering, sie beträgt nur etwa 50 – 150 ml in 3 bis 5 Tagen.

Weil die Blutung regelmäßig etwa alle 28 Tage auftritt, bezeichnet man den Zeitraum vom Beginn einer Blutung bis zur nächsten als *Zyklus*. Er dauert bei den meisten Frauen 26 bis 30 Tage. Kürzere oder längere Zyklen können auch auftreten. Frauen sollten darüber einen *Regelkalender* führen und bei Abweichungen einen Frauenarzt oder eine Frauenärztin aufsuchen.

Zwischen dem 11. und 14. Lebensjahr bekommen Mädchen normalerweise ihre erste Menstruation. Sie zeigt an, dass das Mädchen geschlechtsreif geworden ist. Zu Beginn der Pubertät schwanken die Zykluslängen meistens noch stark. Die Regelmäßigkeit der Monatsblutungen stellt sich manchmal erst nach einigen Jahren ein. Aber auch dann können durch Änderung der Lebensweise, Anstrengung, Krankheit oder andere Einflüsse die Eireifung und der Zyklusablauf beschleunigt oder verlangsamt werden. Auch *Menstruationsbeschwerden,* wie Übelkeit, Kopf- und Bauchweh, treten gerade bei Mädchen oder jungen Frauen häufig auf. Bei starken Schmerzen oder wenn sich auch nach Jahren noch keine konstante Zykluslänge eingestellt hat, sollte ein Frauenarzt *(Gynäkologe)* aufgesucht werden.

Während der Menstruation fehlt der Schleimhautpropf im Gebärmutterhals, sodass Blut und Schleimhautreste abfließen können. Damit fehlt aber auch die Sperre gegen aufsteigende Krankheitserreger, für die das ausfließende Blut mit den Schleimhautzellen ein guter Nährboden ist. Deshalb ist gerade während der Menstruation auf eine besonders gründliche *Hygiene* der äußeren Geschlechtsorgane zu achten: Das ausfließende Blut wird mit saugfähigen *Tampons* oder *Binden* aufgefangen, die regelmäßig gewechselt werden müssen; ferner sollten die äußeren Geschlechtsorgane täglich mehrmals gründlich gewaschen werden.

Durch die hormonelle Regelung reift üblicherweise nur ein Ei heran. Es können aber auch zwei Eier gleichzeitig heranreifen und beim Follikelsprung frei werden. Werden die zwei Eier von je einem Spermium befruchtet, so entwickeln sich *zweieiige Zwillinge*.

Weitaus seltener kommt es vor, dass sich ein Keim in einem frühen Stadium vollständig durchschnürt und sich die beiden Hälften getrennt weiterentwickeln. Es entstehen *eineiige Zwillinge* mit identischer Erbinfor-

---

Hormone der Hypophyse
FSH = Follikel stimulierendes Hormon
LH = luteinisierendes Hormon

Hormone des Follikels
Östrogene

Hormon des Gelbkörpers
Progesteron

Hormon des Mutterkuchens
HCG = Human chorionic gonadotropine

chorion (gr.) = Zottenhaut

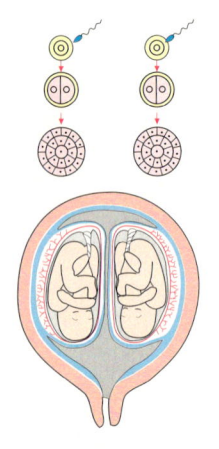

Zweieiige Zwillinge

mation. Sie sind immer gleichen Geschlechts und gleichen sich in vielen anderen erblichen Merkmalen.

Im Alter von etwa 45–50 Jahren werden bei der Frau die Zyklen unregelmäßig und die Regelblutungen hören schließlich ganz auf (Menopause). Das bedeutet, dass keine Eizellen mehr heranreifen und die Frau jetzt keine Kinder mehr bekommen kann. Diese Zeit der hormonellen Umstellung nennt man auch *Wechseljahre*.

Aufgaben

① Die Gelbkörperhormone (Progesterone) und die Östrogene beeinflussen die LH- und FSH-Ausschüttung der Hypophyse. Wie geschieht das und welche Bedeutung hat dies bei einer beginnenden Schwangerschaft?

② Welche Folgen hätte es für den Zyklus, wenn das FSH bzw. die Progesterone ausfallen würden?

③ Weshalb ist während der Menstruation die Gefahr einer Gebärmutterinfektion besonders groß?

④ Bei regelmäßiger und exakter Messung der Körpertemperatur *(Basaltemperatur-Methode)* erhält man einen recht genauen Überblick über den Zyklusverlauf. Kann mit dieser Methode der Zeitpunkt angegeben werden, wann ein Eisprung erfolgen wird?

⑤ Begründe, warum jede Frau einen Regelkalender führen sollte.

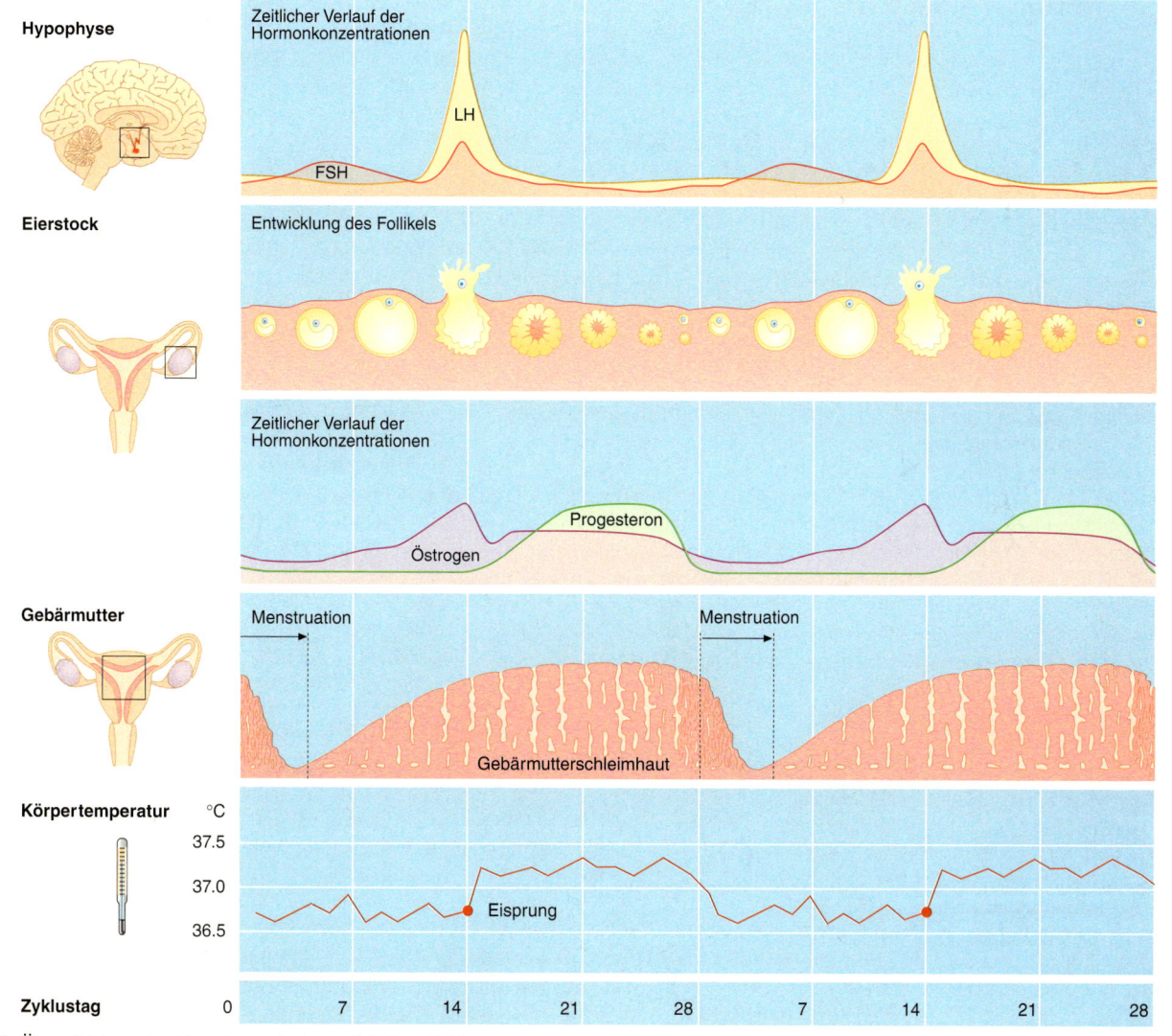

1 Übersicht zu den Vorgängen beim weiblichen Zyklus

2 Zur Sexualität des Menschen

Sexualität in einer verantwortungsvollen Partnerschaft

In der Pubertät ändert sich die Art der *Freundschaften* zwischen Jungen und Mädchen. Anders als früher, als Spielen im Vordergrund stand, unterhalten sie sich jetzt mehr, z. B. über ihre Interessen, aber auch über Probleme. Sie versuchen, gegenseitig ihre Gefühle und Wünsche zu verstehen und zu akzeptieren. Gehen ein Junge und ein Mädchen miteinander, steht zunächst das Bedürfnis nach gegenseitiger *Nähe* und *Zärtlichkeit* im Vordergrund. Später sammelt das Liebespaar auch erste sexuelle Erfahrungen miteinander. Dabei muss sich jeder Partner bei jedem Schritt frei entscheiden und auch nein sagen können. Akzeptanz in der *Partnerschaft* heißt Toleranz zu zeigen, d. h. dass beide auf Wünsche und Bedürfnisse des anderen Rücksicht nehmen. Gelingt dies nicht mehr, sollte man sich trennen, auch wenn es sehr schmerzt. Es ist normal in der Entwicklung von Jugendlichen, unterschiedliche Freundschaften und die damit einhergehende Freude, aber auch Enttäuschungen zu erfahren und zu erleben.

Bei einem Liebespaar können sich sexuelle Zärtlichkeiten zum gegenseitigen Küssen, Streicheln und Reizen der Geschlechtsorgane *(Petting)* entwickeln und auch das Bedürfnis nach einer körperlichen Vereinigung kann wachsen. Da es beim ersten Geschlechtsverkehr *(Koitus)* bei beiden bereits zum sexuellen Höhepunkt *(Orgasmus)* und damit auch zur Ejakulation des Mannes kommen kann, sollte sich das Paar vorher verantwortungsbewusst auf eine Methode der *Empfängnisverhütung* verständigen und diese anwenden. Angesichts der Gefahr einer HIV-Infektion bietet sich die Verwendung eines *Kondoms* an. Sexuelles Zusammensein führt bei den Partnern zu einer starken seelischen Bindung, sodass auch der Wunsch nach einer gemeinsamen Zukunft entstehen kann.

Möchten zwei seelisch und sozial reife Partner zusammen bleiben, heiraten sie *(Ehe)* oder bilden eine feste *eheähnliche Gemeinschaft*, aus der mit der Geburt des ersten Kindes eine *Familie* wird. Das Paar lernt, die Probleme des Alltags zu bewältigen und dem Kind die nötige Geborgenheit und Liebe zu geben, da das die Grundvoraussetzung für das körperliche und seelisch gesunde Heranwachsen des Kindes ist. Durch die gemeinsam erlebte Freude und die gemeinsam bewältigten Probleme bei der Entwicklung der Kinder kann sich die Partnerschaft des Paares fortentwickeln und die gemeinsame Liebe kann weiter gefestigt werden.

Aufgaben

1. Was gehört für dich zur Liebe? Schreibe deine Vorstellungen auf und vergleiche sie mit denen deiner Klassenkameraden.
2. Warum sind Zärtlichkeiten und das Miteinander-sprechen-Können für eine dauerhafte Partnerschaft notwendig?
3. Erstelle nach dem Lexikon auf Seite 293 eine Tabelle, in der die Wirkungsweise und Zuverlässigkeit der Verhütungsmethoden aufgeführt sind.

Methoden der Empfängnisverhütung

Jedes Kind hat ein Recht, erwünscht zu sein. Ungewollte Kinder leiden häufig unter der Ablehnung der Eltern. Jedes Paar hat auch das Recht, die Anzahl und den Zeitpunkt des Kinderwunsches zu bestimmen. Deshalb sollten alle Sexualpartner Methoden der Empfängnisverhütung und zur Familienplanung einsetzen. Beratung zu Methoden der Verhütung geben Frauenärzte oder z. B. die Bundeszentrale für gesundheitliche Aufklärung, Köln (Internet-Adresse: www.bzga.de).

Das wichtigste und einzige Mittel der *mechanischen Empfängnisverhütung*, das der Mann anwenden kann, ist das **Kondom**. Dieses Verhütungsmittel aus dehnbarem Latexmaterial wird über das versteifte Glied des Mannes gezogen, ehe dieses in die Scheide eingeführt wird. Bei richtiger Anwendung verhindert das Kondom auch die Ansteckung mit HIV und Geschlechtskrankheiten.
Zuverlässigkeit (Pearl Index): 1—6, d. h. wenn 100 Anwender ein Jahr lang Kondome benutzen, werden 1—6 Frauen schwanger.

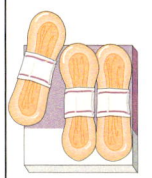

Kondome Pessare Spiralen

Eines der mechanischen Verhütungsmittel für die Frau ist das **Scheidendiaphragma oder Pessar**. Es verschließt den Muttermund und verhindert so, dass Spermien in die Gebärmutter eindringen, im Eileiter aufsteigen und die Eizelle befruchten können. Ein Arzt passt das Scheidendiaphragma an und erklärt die Handhabung. Meist wird das Scheidendiaphragma kombiniert mit Cremes verwendet, die Spermien abtöten. (Pearl Index: 2—6)

Eine weitere Möglichkeit für Frauen ist die **Spirale**. Sie wird vom Arzt eingesetzt und regelmäßig kontrolliert. Die Spirale verhindert die Einnistung des Keimes und ist relativ sicher. (Pearl Index: 2—3)

Hormonelle Empfängnisverhütung gewährleistet die größte Sicherheit. Die Hormonpräparate enthalten Mischungen von Östrogenen und Progesteron. Werden sie regelmäßig und genau nach Vorschrift eingenommen, blockieren sie die FSH- und LH-Ausschüttung aus der Hypophyse — ähnlich wie bei einer Schwangerschaft. Der Follikel kann nicht reifen und ein Eisprung wird verhindert. Man nennt sie deshalb auch *Ovulationshemmer*. Da mit der **Pille** dem Körper der Frau Hormone

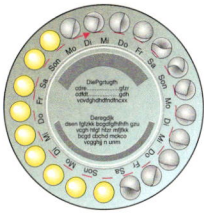

Pille

zugeführt werden, sollte eine regelmäßige Kontrolluntersuchung durch einen Arzt erfolgen (Pearl Index: 0,5—1). Die *Minipille* und die *Dreimonatsspritze* enthalten nur Progesteron in unterschiedlicher Dosis. Sie sorgen dafür, dass der Schleimpfropf im Gebärmutterhals undurchlässig bleibt. Die Dreimonatsspritze ist für junge Mädchen weniger geeignet. Sie hemmt zusätzlich den Eisprung.

Chemische Verhütungsmittel in Form von **Zäpfchen, Cremes, Tabletten** und **Sprays** müssen eine bestimmte Zeit vor dem Geschlechtsverkehr in die Scheide eingeführt werden, wo sie die Beweglichkeit der Spermien einschränken. Da sie sehr unsicher sind, empfiehlt es sich, sie zusammen mit Kondomen oder Pessaren zu verwenden.

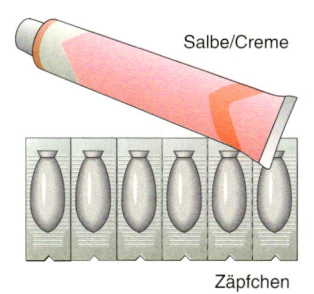

Salbe/Creme

Zäpfchen

Spray Tabletten

Daneben stehen den Paaren auch *natürliche Empfängnisverhütungsmethoden* zur Wahl. Eine davon ist die Unterbrechung des Geschlechtsverkehrs und das Zurückziehen des Gliedes vor dem Spermienerguss. Von diesem **Koitus interruptus** ist abzuraten, da vor dem Orgasmus bereits unbemerkt Sperma austreten kann.

Bei der **Knaus-Ogino-Methode** bestimmt die Frau die empfängnisfreien Tage anhand eines *Menstruationskalenders*. Die Berechnungen gehen davon aus, dass die Eizelle nur 6 bis 12 Stunden, die Spermien ungefähr 48 Stunden befruchtungsfähig sind. Danach liegen die Tage, an denen die Eizelle befruchtet werden kann, meist zwischen dem 8. und 19. Tag des Zyklus. Die Tage davor und danach wären ohne Risiko, doch können Stresssituationen, Klimawechsel bei Reisen und andere Faktoren auch einen vorzeitigen Eisprung auslösen.

Der Tag des Eisprungs lässt sich nach der **Basaltemperaturmethode** bestimmen. Bei dieser Methode wird die Temperatur täglich zur gleichen Zeit vor dem Aufstehen gemessen und notiert. Sie steigt beim Eisprung um 0,5 °C. Auf diese Weise kann die Frau langfristig die fruchtbaren Tage ermitteln.

Hat sich ein Paar endgültig entschieden, ganz auf Kinder zu verzichten, kann der Mann durch einen Urologen oder die Frau durch einen Frauenarzt oder eine Frauenärztin eine **Sterilisierung** (Durchtrennen der Spermien- bzw. Eileiter) vornehmen lassen.

Sexualität, Fortpflanzung und Entwicklung

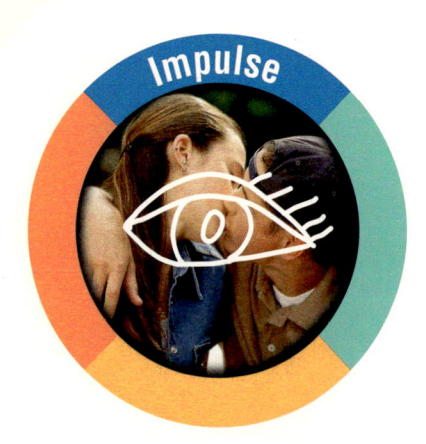

Impulse

Sexualität

Jeder sollte auf dem Weg zum Erwachsenwerden seine Form der selbstbestimmten Sexualität finden. Dazu gehört, dass sich jeder Mensch in einer angemessenen Sprache mit anderen über Sexualität unterhalten kann. Dies ist nicht leicht. Diese Seiten sollen dazu Impulse geben.

Wie entsteht Lust?

Körper und Gehirn beeinflussen sich bei Liebe und Lust gegenseitig. Sexuelle Reize, die über die Sinnesorgane aufgenommen werden, wirken auf das Hormonsystem. Andererseits können Hormone auch die Bereitschaft erhöhen, auf sexuelle Signale zu reagieren.

Das erste Mal

„Irgendwann reizt es mich schon zu wissen, wie es ist!" (Steffi, 15 Jahre)

„Ich habe schon irgendwie versucht, sie zu überreden, aber es war mir auch wichtig, dass wir es beide wollten."
(Robert, 17 Jahre)

„Ich habe eigentlich nicht wirklich auf mich gehört, ich hatte eigentlich nur Angst, ihn zu verlieren, wenn ich nicht das tue, was er will." (Michaela, 18 Jahre)

Wie denkst du über das „erste Mal"? Wie kann man sich in einer Partnerschaft darauf einlassen?

Das Gehirn und die Sinnesorgane

1. Das *Gehirn* mit seinen 100 Milliarden Nervenzellen koordiniert und bewertet die Informationen. Erotische Fantasien können die Erregung steigern.
2. Die *Augen* nehmen die wichtigsten sexuellen Reize auf.
3. Über die *Ohren* nehmen wir Töne wahr, die unser Gefühl beeinflussen.
4. Unsere *Nase* kann über 10 000 Düfte unterscheiden und erkennt anregende Sexuallockstoffe.
5. Im *Mund* werden beim Kuss auch Geschmacksstoffe ausgetauscht.
6. 3000 *Hautsinneszellen* pro cm^2 nehmen zarteste Streicheleinheiten wahr.

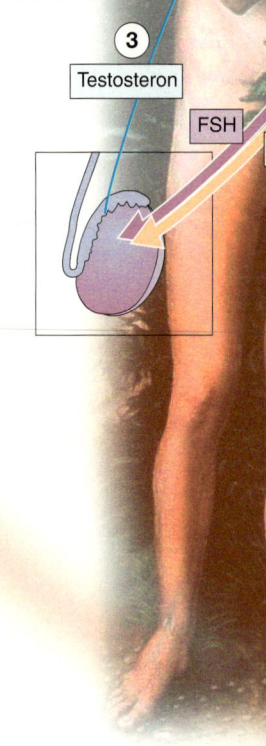

Testosteron

FSH

Bildlich gesprochen

„Wär ich ein Baum ich wüchse
Dir in die hohle Hand
Und wärst du das Meer ich baute
Dir weiße Burgen aus Sand.

Wärst du eine Blume ich grübe
Dich mit allen Wurzeln aus
Wär ich ein Feuer ich legte
In sanfter Asche dein Haus.

Wär ich eine Nixe ich saugte
Dich auf den Grund hinab
Und wärst du ein Stein ich knallte
Dich vom Himmel ab.

(Ulla Hahn 1981)

Wie interpretierst du das Gedicht?
Stell dir vor, das Gedicht wäre von einem Jungen für einen Jungen oder von einem Mädchen für ein Mädchen geschrieben. Wie siehst du es dann?
Kannst du selbst Liebesgedichte und/oder Liebesgeschichten schreiben?
Welche Liebesgeschichte möchtest du deiner Klasse vorstellen?

Welche Fragen zur Partnerschaft stellen sich dir anhand der Materialien?
Welche Zärtlichkeit erwartest du?
Wie würdest du in einem Rollenspiel Liebe und Zärtlichkeit ausdrücken?

Lucas Cranach um 15

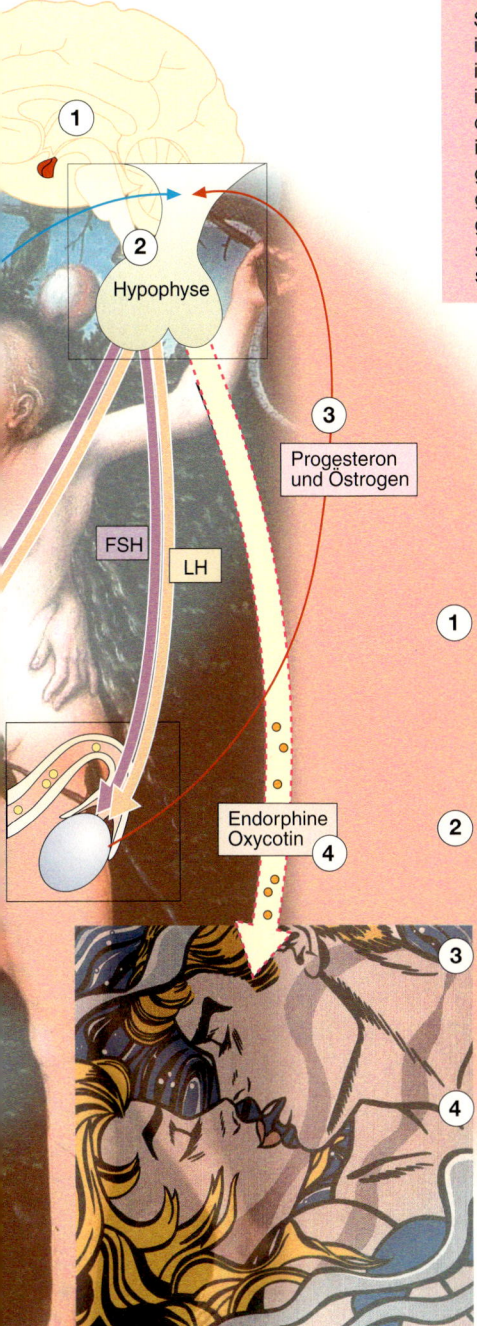

Zum Begriff der Sexualität

Sexualität
ist ein Trieb
ist keine Naturgewalt
ist eine Lebensenergie
drückt sich in Körpersprache aus
ist Lust
gibt Zärtlichkeit
gehört zur Liebe
gibt Geborgenheit
schafft Lebensmut
sorgt für neues Leben …

Über welche Aspekte der Sexualität möchtest du nun weiter sprechen? Was spricht dich gefühlsmäßig an?

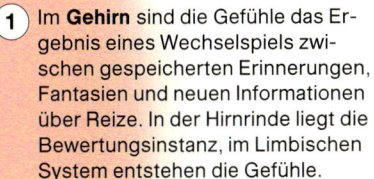

① Im **Gehirn** sind die Gefühle das Ergebnis eines Wechselspiels zwischen gespeicherten Erinnerungen, Fantasien und neuen Informationen über Reize. In der Hirnrinde liegt die Bewertungsinstanz, im Limbischen System entstehen die Gefühle.

② In der **Hypophyse** wird durch Freisetzungshormone der Nervenzellen des Hypothalamus die *Lustkaskade* ausgelöst. Sie setzt LSH und LH frei.

③ LH und FSH regen bei der Frau die Eierstöcke und beim Mann die Hoden an, **Geschlechtshormone** (Östrogen, Progesteron und Testosteron) auszuschütten.

④ **Glückssubstanzen** werden als Resultat des Zusammenspiels zwischen sexuellen Reizen, Fantasien und Geschlechtshormonen freigesetzt. **Endorphine**, Botenstoffe zwischen Nervenzellen, lösen Glücksgefühle beim Sex aus. Das Hormon Oxytocin bewirkt die Gebärmutterkontraktion beim Orgasmus und den Spermaerguss beim Mann.

Roy Lichtenstein 1964

Sexualität und AIDS

Wie siehst du die Situation eines HIV-Infizierten? Wie sollte die Gesellschaft angemessen mit ihm umgehen? Welche Vorsichtsmaßnahmen ergreifst du, um eine Ansteckung zu verhindern?

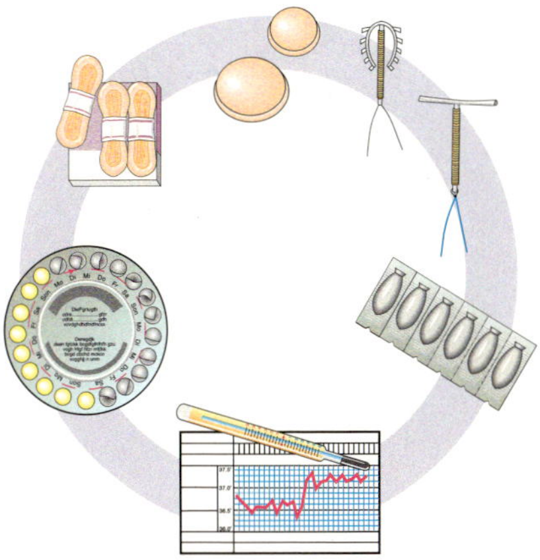

Verhütung

In einer Partnerschaft sollte geklärt sein, wer die Verantwortung übernimmt, dass es nicht zu einer ungewollten Schwangerschaft kommt. Wie kannst du über Verhütung mit einem Partner/einer Partnerin sprechen? Wer besorgt wo die Verhütungsmittel?

Sexuelle Selbstbestimmung

Gabi hat einen Freund, den sie liebt. Aber sobald er sie anfasst, wird sie stocksteif. Ein Mal hat sie sogar nach ihm geschlagen. Wenn er zärtlich zu ihr werden will, sieht sie sofort ihren Onkel vor sich. Der hat sie sechs Jahre lang begrapscht und betätschelt. Erst als er vor zwei Jahren weggezogen ist, hat das aufgehört. Was der Onkel mit ihr gemacht hat, weiß sie nicht mehr genau. Sie hat sich immer wie tot gestellt, weil sie sich so ekelte.

Einmal wollte sie mit ihrer Mutter darüber sprechen, aber die hat nur erbost gefragt, ob sie ihrem Onkel etwas anhängen wolle. Der sei doch absolut in Ordnung. Sie solle nie wieder so etwas behaupten. Seitdem schweigt Gabi, obwohl sie ihr Geheimnis entsetzlich belastet.

Wie bewertest du die Reaktion der Mutter? Welche Beratungsstellen in eurem Ort könnten in einem ähnlichen Fall Hilfe geben?

Sexualität, Fortpflanzung und Entwicklung **295**

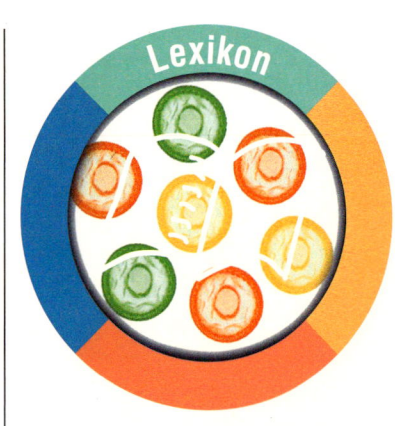

Glossar zur Sexualität

AIDS: Abkürzung für engl. *acquired immune deficiency syndrome* — Vollbild der Infektionskrankheit des erworbenen Immunschwächesyndroms. Das HI-Virus kann beim Geschlechtsverkehr mit dem Sperma oder der Scheidenflüssigkeit auf den Sexualpartner übertragen werden. Ungeschützter Geschlechtsverkehr, d.h. ohne Nutzung von Kondomen, mit wechselnden Partnern ist eine der häufigsten Ansteckungsmöglichkeiten.

Bisexualität (lat. für *Zweigeschlechtlichkeit*) kann bei Lebewesen zur Ausbildung männlicher und weiblicher Merkmale führen. In der Psychologie versteht man darunter den Wunsch eines Menschen, sowohl zu Männern als auch zu Frauen sexuelle Beziehungen einzugehen.

Coming out: Zeitpunkt, zu dem Homosexuelle ihre Liebe zu gleichgeschlechtlichen Partnern vor sich selbst und vor anderen akzeptieren und als etwas für sie Positives zu erleben gelernt haben.

Erogene Zonen: Körperregionen (z.B. Brustwarzen, Geschlechtsorgane, Lippen), die durch Streicheln und Zärtlichkeiten zur sexuellen Erregung führen.

Erotik: Die Kunst der sinnlichen Liebe.

Exhibitionismus: Die vor allem bei Männern auftretende sexuelle Erregung durch das Vorzeigen der Geschlechtsorgane. Der Exhibitionist genießt die verstörten Reaktionen von Kindern, Jugendlichen und Frauen.

Extrakorporale Befruchtung: Dieses Verfahren kann bei bestimmten Formen der weiblichen Sterilität angewendet werden, wenn sich ein Paar Kinder wünscht. Dabei gibt man der Frau gezielt Hormone, sodass mehrere Eizellen gleichzeitig heranreifen. Die reifen Eizellen werden operativ aus dem Körper der Frau entnommen und in einem Glasgefäß mit den Spermien des Mannes vermischt. Die Befruchtung und der Anfang der Keimesentwicklung findet noch außerhalb des Körpers statt, ehe der sich entwickelnde Keim in die Gebärmutter der Frau eingeführt wird. So können Frauen mit bestimmten Formen der Sterilität doch noch ein Wunschkind gebären.

Familienplanung: Viele Paare wünschen sich Kinder. Für diese benötigen Eltern Zeit, Geduld, Liebe und Verständnis, damit sich die Kinder gesund und fröhlich entwickeln können. Familienplanung heißt dabei, gemeinsam mit dem Partner Verantwortung für das Kind zu tragen. Das kann dazu führen, den Kinderwunsch durch angewandte Empfängnisverhütung aufzuschieben, bis sich eine Partnerbeziehung gefestigt hat oder eine Berufsausbildung beendet ist, die starke Belastungen mit sich bringt.

Entscheidet sich das Paar, ein Kind zu wünschen, so kann es die fruchtbaren Tage der Frau mit der Basaltemperaturmethode bestimmen. Sollte die Frau auch nach längerer Zeit nicht schwanger werden, können Ärzte die Zeugungsfähigkeit des Mannes und der Frau untersuchen. Neben körperlichen Schwierigkeiten, bei denen Ärzte teilweise helfen können, können auch seelische Gründe für die Kinderlosigkeit entscheidend sein. Dann besteht noch die Möglichkeit, nach eingehender Beratung ein Kind zu *adoptieren* und als Familie gemeinsam glücklich zu leben.

Geschlechtskrankheiten sind gefährliche Infektionskrankheiten, die vorwiegend durch Geschlechtsverkehr übertragen werden. Die beiden häufigsten sind der *Tripper* und die *Syphilis*. Beide können in frühen Stadien über die Gabe von Antibiotika vom Arzt behandelt werden. Die medikamentöse Behandlung muss bei beiden Partnern erfolgen, da es sonst zur wechselseitigen Wiederansteckung kommt.

Heterosexualität: Sexualität, die auf das andere Geschlecht bezogen ist. Sie gilt in den meisten Kulturen als Norm, da sie Grundlage für Ehe und Familie ist.

HIV: Bezeichnung für das Virus, das AIDS verursacht. Es kommt im Blut, im Sperma und in der Scheidenflüssigkeit in so hoher Konzentration vor, dass es zur Ansteckung führen kann. Gegen die Übertragung beim Geschlechtsverkehr bietet ein *Kondom* bei sachgerechter Anwendung einen guten Schutz.

Homosexualität: Sexualität von Männern und Frauen, die nur von Partnern des gleichen Geschlechts körperlich und seelisch angesprochen werden. Liebe und sexuelle Lust erfahren sie nur mit gleichgeschlechtlichen Partnern.

Lesbisch nennt man homosexuelle Beziehungen zwischen Frauen. Der Name geht auf die griechische Dichterin Sappho zurück, die auf der Insel Lesbos Töchter aus vornehmen Familien auf die musisch kulturellen Inhalte ihrer Zeit vorbereitete. Von ihr sind noch Lieder mit homoerotischem Charakter überliefert.

Masochismus: Sexuelle Lust, die nur durch Erleiden von Schmerzen und Demütigungen erreicht wird.

Orgasmus: Körperlich-seelischer Höhepunkt der sexuellen Erregung und Lust. Vorher ist die sexuelle Erregung durch zärtliches Berühren der erogenen Zonen so stark angewachsen, dass es bei der Frau zum rhythmischen Zusammenziehen des Scheideneingangs und der Gebärmutter und beim Mann zur Ejakulation kommt. Heute wird durch zu starke Gewichtung des Orgasmus der falsche Eindruck erweckt, dass jedes sexuelle Erlebnis mit einem Orgasmus enden muss, um schön und befriedigend zu sein.

Petting: Reizung erogener Zonen, vor allem der Geschlechtsorgane, mit der Hand oder dem Mund, teilweise bis zum Orgasmus.

Pädophilie: Sexuelles Verlangen und die Vorliebe eines Erwachsenen zu Kindern des gleichen oder des anderen Geschlechts. Die Kinder sind noch nicht in der Pubertät.

Prävention: Verhütung

Promiskuität nennt man den Geschlechtsverkehr mit häufig wechselnden Partnern. Durch Promiskuität ohne die Verwendung von Kondomen ist das Risiko einer Ansteckung mit HI-Viren und Geschlechtskrankheiten extrem hoch.

Prostitution: Das gewerbsmäßige Anbieten und Verkaufen des eigenen Körpers zur Befriedigung sexueller Bedürfnisse anderer. Es gibt weibliche und männliche Prostituierte.

Sadismus: Das Empfinden von sexueller Lust, wenn dem Sexualpartner Schmerzen oder Demütigungen zugefügt werden.

Safer Sex: Sexualpraktiken, welche die Gefahr einer Ansteckung mit HIV herabsetzen sollen. Bester Schutz: Beim Geschlechtsverkehr mit unbekannten Partnern auf jeden Fall Kondome verwenden.

Schwule: Ursprünglich Schimpfwort für männliche Homosexuelle, das heute männliche Homosexuelle zur Kennzeichnung ihrer Sexualität gewählt haben. In allen vergangenen und gegenwärtigen Kulturen gab und gibt es diese gleichgeschlechtlichen Beziehungen.

Selbstbefriedigung *(Masturbation)*: Sexuelle Selbstreizung des Penis bzw. des Kitzlers bis zum Orgasmus.

Sexueller Missbrauch sind sexuelle Handlungen, die Erwachsene an Kindern und Jugendlichen oder Männer an Frauen (seltener Frauen an Männern) gegen deren Willen vornehmen. Die Opfer der sexuellen Handlungen gegenüber Kindern und Jugendlichen sind in erster Linie Mädchen, aber auch Jungen. Der Erwachsene nutzt seine Macht über das Opfer zur eigenen Bedürfnisbefriedigung. Die Verwirrung der Opfer in ihrer Ohnmacht ist groß. Sie haben meist umfangreiche Scham- und Schuldgefühle. Diese nutzen die Täter mit Versprechungen und Drohungen, um die Opfer zur Geheimhaltung zu veranlassen. Vertrauensvolle Hilfen können Betroffene bei Beratungsstellen für Kinder, Eltern und Jugendliche, beim Kinderschutzbund oder Familienberatungsstellen der Stadt oder des Kreises erhalten (siehe Telefonbuch oder in der örtlichen Tagespresse).

Sinnaspekte der Sexualität:
1. Der Identitätsaspekt: Männer und Frauen akzeptieren ihre eigene Körperlichkeit und sexuellen Bedürfnisse, Erlebniswelten und Kräfte. Dies bildet die Basis zur Selbst- und Fremdliebe.
2. Der Beziehungsaspekt: Die Fähigkeit, sich intim und emotional auf einen anderen Menschen einzulassen. Die Geschlechtspartner geben und empfangen Wärme, Geborgenheit, Vertrauen und Verantwortung.
3. Der Lustaspekt: Die Lust wird als wichtige Lebensäußerung verstanden. Hierzu gehört nicht nur der Orgasmus, sondern auch eine zärtliche Berührung, Freude an der Schönheit und an erotischer Spannung.
4. Der Fruchtbarkeitsaspekt: Hierzu gehört die Fähigkeit zur Zeugung neuen Lebens.

Sodomie: Sexueller Kontakt mit Tieren.

Syphilis oder *Lues*: Eine Infektionskrankheit, die ohne Behandlung den ganzen Körper schädigt und zum Tode führt. Die Erreger, es handelt sich dabei um spiralförmige Bakterien, dringen beim Geschlechtsverkehr durch winzige Hautverletzungen in den Körper ein. Nach drei Wochen bildet sich an der Infektionsstelle ein kleiner, rötlich verfärbter Knoten. Dieses 1. Stadium verschwindet nach einigen Wochen. Nach zwei bis drei Monaten folgt ein nicht juckender, fleckenartiger Hautausschlag mit winzigen Knötchen. Der Kranke leidet unter Kopfschmerzen, Fieber und Müdigkeit. Spätestens in diesem 2. Stadium, in dem eine Behandlung mit Antibiotika noch möglich ist, muss man zum Arzt gehen. Im 3. Stadium wird das Nervensystem angegriffen.

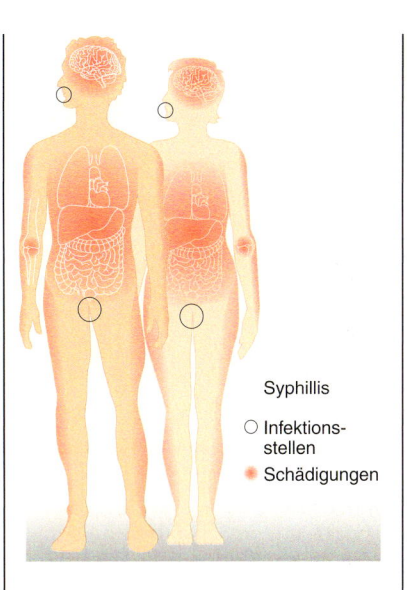

Syphillis
○ Infektionsstellen
● Schädigungen

Transvestit: Ein Mann, der sich meistens aufgrund seiner sexuellen Neigung wie eine Frau kleidet und verhält.

Tripper oder *Gonorrhoe* ist die häufigste Geschlechtskrankheit. Die Erreger sind Bakterien, sogenannte *Gonokokken*. Nach 2 bis 5 Tagen verspürt man Jucken in der Harnröhre und Brennen beim Wasserlassen. Schon bei ersten Verdachtsmomenten sollte man den Arzt aufsuchen. Die weitere Entwicklung der Krankheit und die Spätfolgen zeigt die Abbildung.

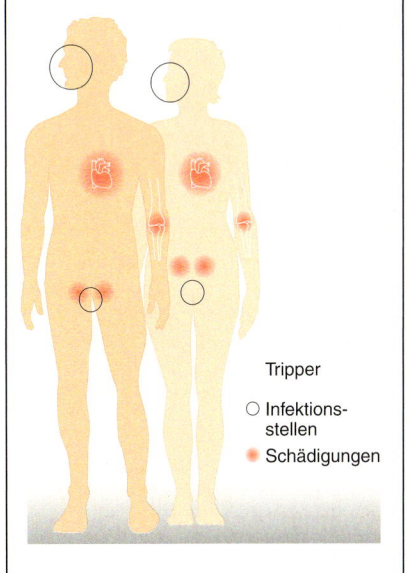

Tripper
○ Infektionsstellen
● Schädigungen

Voyeur, der *Spanner*: Ein Mensch, der beim heimlichen Beobachten sexueller Handlungen anderer oder bei für ihn sexuell anregenden Situationen (z.B. beim Ausziehen) sexuelle Erregung empfindet.

Sexualität, Fortpflanzung und Entwicklung

3 Die Entwicklung des Menschen

Die Entwicklung von Embryo und Fetus

Dringt ein Spermium in die Eizelle ein und verschmelzen die Zellkerne der beiden Geschlechtszellen, so ist die *Befruchtung* vollzogen. Aus der befruchteten Eizelle, der *Zygote*, entstehen nun durch fortwährende Teilungen alle Zellen des menschlichen Körpers und auch Versorgungs- und Schutzstrukturen.

Die ersten Teilungen der Zygote erfolgen schon auf dem Weg zur Gebärmutter. Nach 24 Stunden ist das Zweizellstadium erreicht, aus dem sich durch weitere Teilungen ein 4-, 8-, 16- und 32-zelliger Keim entwickelt. Die Zellen bleiben dicht beieinander und bilden einen Zellhaufen *(Maulbeerkeim)*, der noch den Durchmesser der ursprünglichen Zygote hat. Im weiteren Verlauf ordnen sich die Zellen zu einer Hohlkugel *(Blasenkeim)* an, die sich mit Flüssigkeit füllt. An einer Seite der Hohlkugel bildet sich der *Keimschild*, der von Hüllzellen umgeben wird. Der Blasenkeim erreicht etwa am 7. Tag nach der Befruchtung die Gebärmutter und nistet sich nun in der vorbereiteten Schleimhaut ein.

Nach der Einnistung bilden die Hüllzellen kleine Zotten aus, die wie Wurzeln immer tiefer in die Gebärmutterschleimhaut vordringen. Die Zotten stehen im direkten Kontakt mit Blutgefäßen der Mutter. Kindliches Gewebe und Gebärmutterschleimhaut bilden zusammen den Mutterkuchen *(Plazenta)*. Ab diesem Zeitpunkt beginnt die Ernährung des Keimes über den mütterlichen Blutkreislauf und er beginnt zu wachsen.

Nur der Keimschild entwickelt sich zum *Embryo*. Er liegt im Fruchtwasser der *Fruchtblase*. Über die *Nabelschnur* ist der Embryo mit der Plazenta verbunden. Innerhalb der ersten 4 Wochen wächst er auf etwa 6 mm heran. Schon jetzt beginnen sich die Grundrisse eines Menschen deutlich abzuzeichnen: der Kopf, der etwa $1/3$ der ganzen Gestalt einnimmt, die Anlagen des Gehirns, das Rückgrat sowie am Körper des Embryos die Arm- und Beinknospen. Auch das Herz arbeitet schon. Am Ende der 8. Woche sind alle inneren Organe angelegt, das Herzbläschen schlägt bereits 65-mal in der Minute, obwohl das Blutgefäßsystem noch unfertig ist. Der Embryo ist jetzt 3—4 cm lang und 10—15 g schwer.

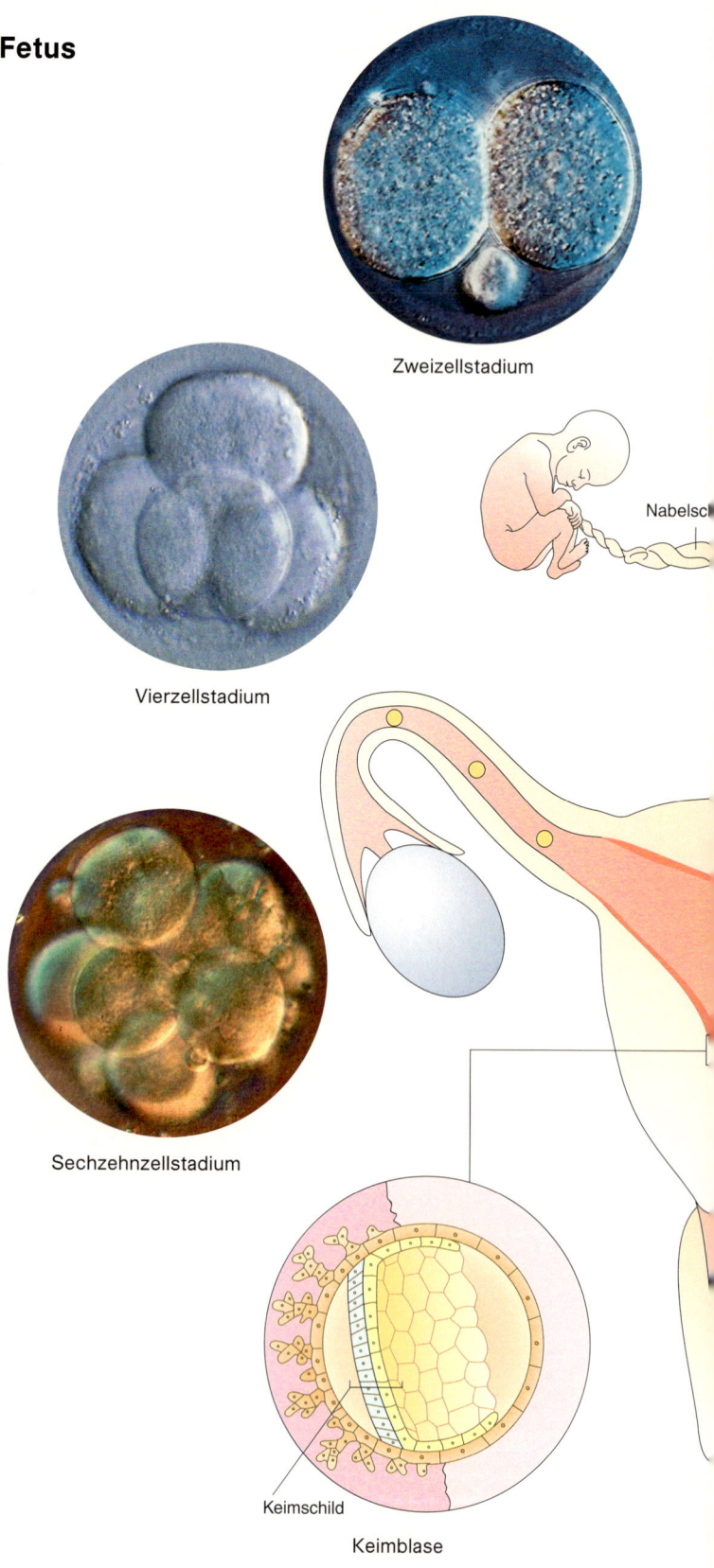

Zweizellstadium

Vierzellstadium

Sechzehnzellstadium

Nabelschnur

Keimschild

Keimblase

Sexualität, Fortpflanzung und Entwicklung

Fetus (14 Wochen)

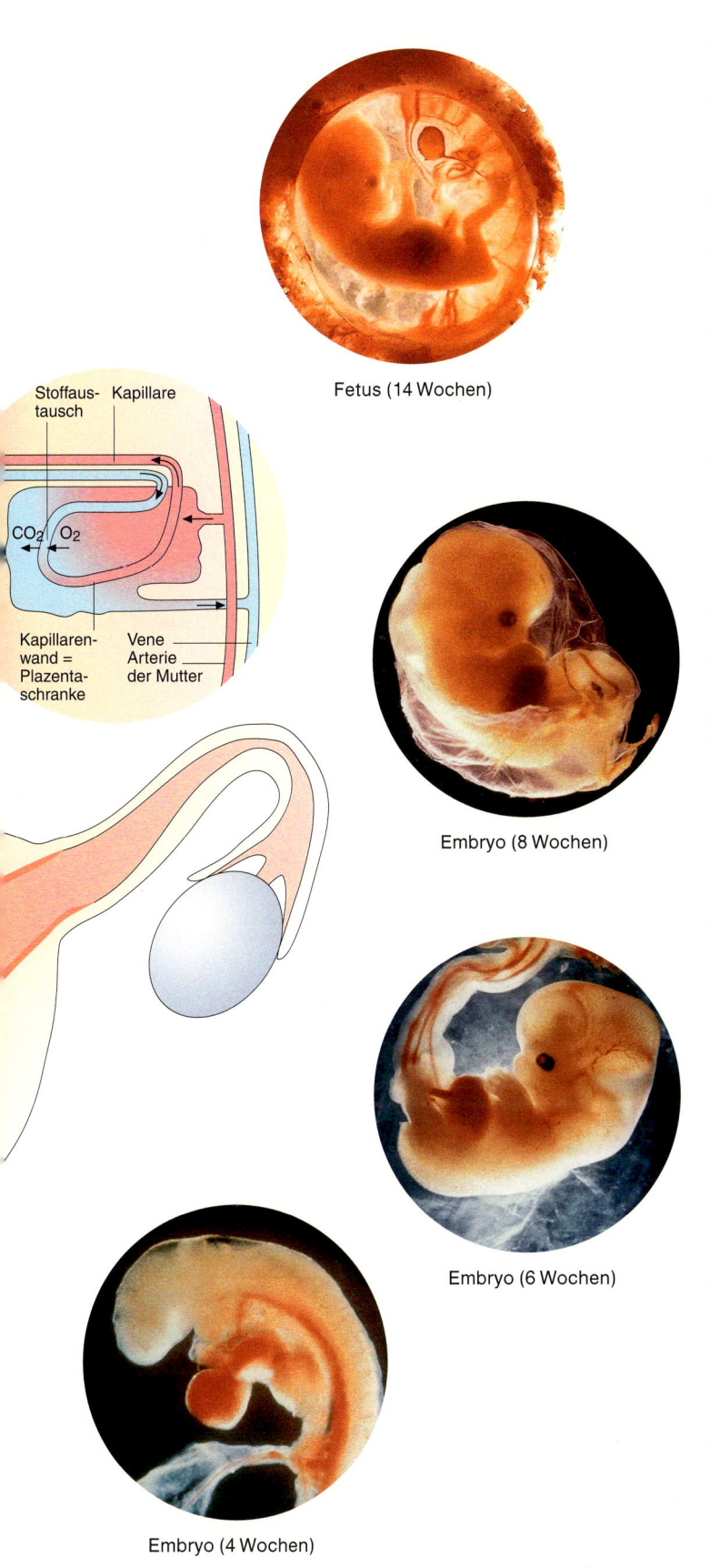

Stoffaustausch — Kapillare
CO_2 O_2
Kapillarenwand = Plazentaschranke
Vene
Arterie der Mutter

Embryo (8 Wochen)

Embryo (6 Wochen)

Embryo (4 Wochen)

Die *Nabelarterien* des Kindes verästeln sich sehr stark und ragen in die zahlreichen Hohlräume der Plazenta, die mit mütterlichem Blut gefüllt sind. Die dünnen Wände der kindlichen Adern trennen das Blut von Mutter und Kind, sodass kein Blutaustausch und keine Durchmischung erfolgen kann. Dies nennt man die *Plazentaschranke.* Durch diese dünne Zellschicht kann jedoch ein kontrollierter Stoffaustausch erfolgen. Sauerstoff und Nährstoffe werden von den Kapillaren des Kindes aufgenommen, das im Körper des Kindes entstandene Kohlenstoffdioxid und andere Stoffwechselprodukte an das mütterliche Blut abgegeben. Andere Stoffe, z. B. manche Vitamine, müssen aktiv, d. h. durch besondere Transportvorgänge, aufgenommen werden.

Die *Nabelvene* bringt das mit Sauerstoff und Nährstoffen angereicherte Blut in den kindlichen Körper zurück. Rote und weiße Blutzellen sowie Blutplättchen des mütterlichen Blutes können die Plazentaschranke kaum oder gar nicht passieren, wohl aber einige Krankheitserreger (z. B. diejenigen, die Röteln auslösen), im Blut befindliche Antikörper der Mutter, Alkohol, Nikotin und andere Drogen sowie Arzneimittel. Diese Stoffe und Erreger, welche die Plazentaschranke überwunden haben, können die Entwicklung der Kinder beeinträchtigen. Man weiß aus Untersuchungen, dass das eingeatmete Nikotin einer Zigarette das Herz des Ungeborenen 20 Schläge pro Minute schneller schlagen lässt. Kinder von Raucherinnen sind bei der Geburt oft kleiner und anfälliger gegen Krankheitserreger. Auch Medikamente, wie das Schlafmittel Contergan, führen zu schweren Missbildungen an Armen und Beinen bei den Kindern.

Mit Beginn des 3. Schwangerschaftsmonats endet die Embryonalzeit. Von nun an nennt man das im Mutterleib heranwachsende Kind *Fetus.* Es beginnt die Entwicklungsphase der bereits angelegten, inneren Organe bis zur Funktionstüchtigkeit, die bis zum Ende des 7. Monats andauert. Diesen Zeitraum nennt man auch *Wachstumszeit.* Der Fetus beginnt nun, die Funktionen mancher Organe zu üben: Arme und Beine werden gestreckt und gebeugt, der Kopf bewegt.

Der Fetus lernt schlucken und trinkt vom *Fruchtwasser,* in dem er schwimmt. Die „Verknöcherung" der knorpeligen Skelettanlagen beginnt, Haare wachsen, Nägel an Zehen und Fingern entstehen. Die äußeren Geschlechtsorgane sind erkennbar.

Sexualität, Fortpflanzung und Entwicklung

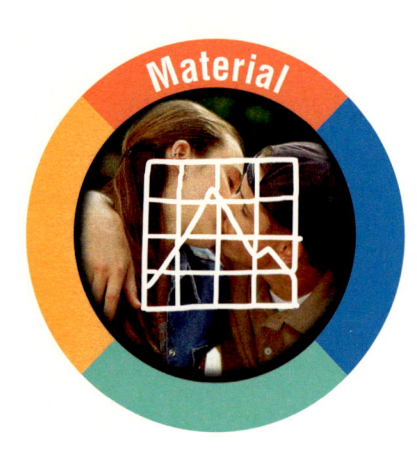

Schwangerschaftsabbruch

1. Auszüge aus einem Beratungsbuch

mit dem Ziel, Entscheidungshilfen für einen persönlichen Weg zu finden:
„Ungewollt schwanger zu sein kann eine der schwierigsten und betrüblichsten Erfahrungen im Leben einer Frau sein — eine weitaus häufigere Erfahrung als gemeinhin angenommen. Jede dritte bis vierte Frau hat in ihrem Leben eine Abtreibung. Ungewollte Schwangerschaften sind aber keineswegs ein Phänomen unserer Zeit. In der Vergangenheit wurde jedoch von Frauen einfach erwartet, nicht erwünschte Kinder zu Welt zu bringen und großzuziehen. Im Unterschied zu früher besitzt die Frau von heute mehr persönliche Freiheiten, bessere Berufsaussichten und die Möglichkeit, ihren Kinderwunsch durch Verhütung zu steuern — Faktoren, die ihr mehr Entscheidungsspielraum und mehr Recht auf Selbstbestimmung verleihen. ..."
(KLEIN und KAUFMANN: Schwanger — was nun?, Kösel Verlag 1999)

2. Aus einem Brief

„Gestern war ich in der Apotheke, weil mir schon seit ein paar Tagen morgens immer schlecht war. Irgendwie wusste ich, was bei dem Test herauskommen würde — ich war erst mal gar nicht erstaunt. Aber dann, nach einer halben Stunde, hab' ich bloß noch auf meinem Bett gehockt und geheult. Was soll ich denn jetzt machen, ich bin doch erst 16, und das Abi will ich auch. Ich hab' mir vorgestellt, wie ich mit dem Kinderwagen in der Englischstunde sitze und dem Baby den Schnuller 'reinschiebe. ... Scheiße, und wir wollten noch Kondome kaufen, aber hatten beide kein Geld mehr. Michi weiß noch gar nichts und meinen Eltern hab' ich auch noch nichts erzählt — die trifft der Schlag. Seit ich mit Michi zusammen bin, haben sie mich belämmert „pass' auf". Als ob das nur an mir hängen würde! Und jetzt ist es passiert, beim ersten Mal ohne Gummi. Was soll ich denn bloß machen, ich hab' keine Ahnung. Du bist die Einzige, die mir helfen kann. ..."

3. Erinnerungen

„Es ist jetzt genau drei Jahre her — ich erinnere mich noch genau an den Augenblick, als Anne auf mich zugelaufen kam, freudestrahlend, und mir um den Hals fiel: „Endlich, endlich hat es geklappt!" Sie war damals 35, ich 37, und seit Jahren wollten wir schon ein Kind. Ich glaube, es war unser glücklichster Moment! Wir schmiedeten Pläne — eine größere Wohnung, den Erziehungsurlaub wollten wir uns teilen, stillen — unbedingt. Und natürlich sollte auch noch ein Brüderchen oder Schwesterchen kommen, vielleicht ein oder zwei Jahre später. Endlich würden wir eine richtige Familie sein. Anne ging regelmäßig zu ihrer Frauenärztin, alles lief normal — dachten wir. Weil Anne schon 35 Jahre alt war, riet ihr die Frauenärztin zu einer Fruchtwasseruntersuchung, nur um ganz sicher zu sein. Und das Ergebnis hat alle Träume zerstört: Mit 90%iger Sicherheit würde das Kind schwerste körperliche und geistige Schäden haben! Für uns brach eine Welt zusammen, wir waren ratlos, verzweifelt, wir fühlten uns allein gelassen. ... obwohl viele Leute uns gute Ratschläge gaben, uns trösten wollten. Vielleicht war es gut, dass wir nicht allzu viel Zeit hatten, um eine Entscheidung zu treffen — wir waren psychisch am Ende. Wir wussten nur, dass wir uns entscheiden mussten. ... Heute ist der Schmerz nicht mehr so stark, aber die Erinnerungen werden nie weggehen. Wir haben uns entschlossen, ein Kind zu adoptieren — und wir werden es lieben wie unser eigenes".

4. Marla

„Wir hatten uns auf meinem Abi-Ball kennen gelernt, sie war die jüngere Schwester einer Mitschülerin. Na ja, es hat gleich gefunkt zwischen uns, obwohl sie drei Jahre jünger war als ich. Bevor ich meinen Zivildienst anfing, blieben uns noch die Sommerferien — und wir haben die sechs Wochen fast rund um die Uhr zusammen verbracht. Wir waren unzertrennlich, so richtig verliebt. Und dieses Gefühl hielt auch noch die nächsten zwei Jahre an, obwohl ich zum Studieren in eine andere Stadt gezogen war. Etwa ein halbes Jahr vor ihrem Abi fing es an zu kriseln zwischen uns, irgendwie passte alles nicht mehr so gut. Immer öfter haben wir uns gezofft — und uns wieder versöhnt, es war ein dauerndes Hin und Her. Bis ich dann Schluss gemacht habe. Ich fühlte mich wieder frei, ungebunden, ich wollte Bäume ausreißen. Bis ihre Schwester mich anrief: Meine Ex war schwanger — von mir! Von einer Sekunde zur anderen gab es nur noch Wut und Hass in mir. Sie hat mein Leben kaputt gemacht, meine Zukunft, was soll ich mit einem Kind — ich wollte dieses Kind nicht, sie sollte es abtreiben. Ich habe in diesen Wochen nur an mich und mein durch sie verpfuschtes Leben gedacht — kein Gedanke an sie, wie sie mit dieser Situation zurecht kam, was aus ihrem Leben werden sollte. Vor zwei Jahren wurde meine Tochter Marla geboren — dank der Stärke ihrer Mutter. Ich bin heute ein stolzer Vater, der gelernt hat, Verantwortung zu übernehmen. Obwohl ihre Mutter und ich nicht wieder zusammen sind".

5. Rechtliche Grundlagen des Schwangerschaftsabbruchs seit 1.10.1995 (Strafgesetzbuch)

§ 218 Abbruch der Schwangerschaft
(1) Wer eine Schwangerschaft abbricht, wird mit einer Freiheitsstrafe bis zu drei Jahren oder mit Geldstrafe bestraft. Handlungen, deren Wirkung vor dem Abschluss der Einnistung des befruchteten Eies in die Gebärmutter einhergeht, gelten nicht als Schwangerschaftsabbruch im Sinne des Gesetztes.

§ 218a, Straflosigkeit des Schwangerschaftsabbruchs
(1) der Tatbestand des § 218 ist nicht verwirklicht, wenn
1. die Schwangere den Schwangerschaftsabbruch verlangt und dem Arzt durch eine Bescheinigung nach § 219 Abs. 2 Satz 2 nachgewiesen hat, dass sie sich mindestens drei Tage vor dem Eingriff hat beraten lassen,
2. der Schwangerschaftsabbruch von einem Arzt vorgenommen wird,
3. seit der Empfängnis nicht mehr als 12 Wochen vergangen sind.

§ 219 Beratung der Schwangeren in einer Not- und Konfliktlage
(1) Die Beratung dient dem Schutz des ungeborenen Lebens. Sie hat sich von dem Bemühen leiten lassen, die Frau zur Fortsetzung der Schwangerschaft zu ermutigen und ihr Perspektiven für ein Leben mit dem Kind zu eröffnen; sie soll helfen, eine verantwortungsvolle und gewissenhafte Entscheidung zu treffen. Die Beratung soll durch Rat und Hilfe dazu

beitragen, die im Zusammenhang mit der Schwangerschaft bestehende Konfliktlage zu bewältigen und einer Notlage abzuhelfen.

6. Deutschland seit 1871

1871: In der I. Deutschen Reichsverfassung wird im § 218 die Abtreibung mit Zuchthaus bis zu fünf Jahren bestraft.
1943: „Hat der Täter durch Beihilfe zur Abtreibung die Lebenskraft des deutschen Volkes fortgesetzt beeinträchtigt, so ist auf Todesstrafe zu erkennen".
1959: Katholische Kirche: „... Frauen haben die eventuellen Folgen einer ihnen zugefügten Straftat (Vergewaltigung) demütig als Schicksal hinzunehmen".
Mitte der 60er-Jahre: Durch das Schlafmittel Contergan werden zahlreiche Feten schwer geschädigt. Die Frage wird aufgeworfen, ob man Frauen zwingen dürfe, ein mit Sicherheit geschädigtes Kind auszutragen.
1976: Die neuen §§ 218 ff. treten in Kraft. Medizinische, kriminologische und Notlagenindikation führen unter bestimmten Voraussetzungen zur Straffreiheit.

7. Griechen und Römer

Aus dem *Eid des Hippokrates* (460 bis 377 v. Chr.):
„... Ich will weder irgend jemandem ein tödliches Medikament geben, wenn ich darum gebeten werde, noch will ich in dieser Hinsicht einen Rat erteilen. Ebenso will ich keiner Frau ein abtreibendes Mittel geben. In Reinheit und Heiligkeit will ich mein Leben und meine Kunst bewahren ..."

Stoizismus (etwa 250 v. Chr. bis in das 3. Jahrhundert n. Chr.): „Das empfangene Kind ist kein beseeltes, erst recht kein menschliches Wesen. Der Embryo ist Teil der mütterlichen Eingeweide. ..."

Bei den *Spartanern* und *Germanen* war die Kindesaussetzung erlaubt. Sie war bei schwächlichen Neugeborenen sogar staatlich geboten.

Römische Philosophen: „Der Fetus ist ein Teil der Mutter. Die künstliche Fehlgeburt ein belangloser Akt, der wie jeder andere Eingriff zu verstehen ist."

Das *römische Gesetz* befasst sich nicht mit der Abtreibung. Das väterliche Recht der Kindstötung, wie es im römischen Reich noch üblich war, wurde erst von Kaiser KONSTANTIN (270–337 n. Chr.) aufgehoben, der das Christentum zur Staatsreligion machte. Er verurteilte Eltern, die ihre Kinder töteten, zum Tod.

8. Wann beginnt menschliches Leben?

Medizinische Sicht: „Der Beginn des Lebens kann mit der Schwangerschaft gleichgesetzt werden, die Einnistung des Keims in die Gebärmutter ist dann der Zeitpunkt des Beginns."

Juristische Sicht: „Die Rechtsfähigkeit des Menschen beginnt mit der Vollendung der Geburt. Das werdende Leben wird in den §§ 218 ff. gesondert geschützt."

Biologische Sicht: „Das Leben beginnt mit der Vereinigung von Spermium und Eizelle."

Theologische Sicht: „..., so ist unzweifelhaft vom Augenblick der Empfängnis an nicht nur ein „Zellknäuel", sondern wirkliches menschliches Leben vorhanden, das schon vom Augenblick der Verschmelzung der Keimzellen an alle Anlagen individueller menschlicher Entwicklung in sich trägt. ..."

Gutachterkommission zum § 218: „Nach dreimonatiger Schwangerschaft kann man sagen, dass das werdende Leben eine feste Gestalt anzunehmen beginnt, dass es als verfestigtes Eigenleben anzusehen ist".

9. Zur Problematik des Schwangerschaftsabbruchs

Die Leibesfrucht spricht (KURT TUCHOLSKY, Schriftsteller, 1890–1935): „Für mich sorgen sich alle: Kirche, Staat, Ärzte und Richter. Ich soll wachsen und gedeihen; ich soll neun Monate schlummern; ich soll es mir gut sein lassen — sie wünschen mir alles Gute. Sie behüten mich. Wer mich anrührt, wird bestraft; meine Mutter fliegt ins Gefängnis, mein Vater hinterdrein; der Arzt, der es getan hat, muss aufhören, Arzt zu sein; die Hebamme, die geholfen hat, wird eingesperrt — ich bin eine kostbare Sache. Für mich sorgen sich alle: Staat, Ärzte und Richter. Wenn aber diese neun Monate vorbei sind, dann muss ich sehen, wie ich weiterkomme. Die Tuberkulose? Kein Arzt hilft mir. Nichts zu essen? Keine Milch? — Kein Staat hilft mir. Qual und Seelennot? Die Kirche tröstet mich, aber davon werde ich nicht satt. Und ich habe nichts zu brechen und zu beißen, und stehle ich: Gleich ist der Richter da und setzt mich fest.
Fünfzig Lebensjahre wird sich niemand um mich kümmern, niemand. Da muss ich mir selbst helfen. Neun Monate bringen sie sich um, wenn mich einer umbringen will.
Sagt selbst: Ist das nicht eine merkwürdige Fürsorge?"

Aufgaben

① Nenne Gründe für und gegen einen Schwangerschaftsabbruch. Berücksichtige dabei auch das Alter der Schwangeren.

② Versuche, dich in die jeweilige Situation der Texte 2. bis 4. hinein zu versetzen. Was empfindest du beim Lesen? Wie würdest du reagieren?

③ Welche grundlegenden Rechte stehen bei einer Abtreibung zueinander im Widerspruch? Lässt sich das Problem des Schwangerschaftsabbruchs für alle Seiten zufriedenstellend lösen?

④ Bewerte die Sichtweisen zum Schwangerschaftsabbruch aus der griechischen und römischen Geschichte und stelle sie den Sichtweisen in Deutschland seit 1871 gegenüber.

⑤ Diskutiert in eurer Klasse die verschiedenen Sichtweisen zum Beginn des menschlichen Lebens. Argumentiert pro und contra.

⑥ Nimm Stellung zum Text von KURT TUCHOLSKY.

⑦ Rat der evangelischen Kirche: „Dem Lebensstandard darf kein Leben geopfert werden." Was ist damit gemeint?

⑧ Bis zu welchem Zeitpunkt der Schwangerschaft ist ein Schwangerschaftsabbruch in der Bundesrepublik Deutschland möglich?

⑨ Der § 218 in der Fassung von 1976 beinhaltet u. a. die Begriffe Notlagenindikation, medizinische und kriminologische Indikation. Was ist darunter zu verstehen?

⑩ Vergleiche das heute in der Bundesrepublik Deutschland geltende Schwangerschaftsrecht mit dem eines anderen EU-Landes (z.B. Niederlande, Großbritannien). Welche Unterschiede kannst du feststellen?

⑪ Wie würdest du dich verhalten, wenn deine Freundin oder ein Mädchen aus deinem Bekanntenkreis schwanger würde?

⑫ Was wäre, wenn deine Freundin nach einer durchgeführten pränatalen Diagnostik, z. B. nach einer Fruchtwasseruntersuchung, erfahren würde, dass sie ein Kind mit Trisomie 21 erwartet?

⑬ Wie muss eine Schwangere vorgehen, die in einer Notlagensituation ist und einen Schwangerschaftsabbruch vornehmen lassen möchte?

⑭ Was bedeutet und beinhaltet das Embryonenschutzgesetz?

⑮ Welche Beratungsstellen dürfen in der Bundesrepublik Deutschland die sogenannten Beratungsscheine ausstellen?

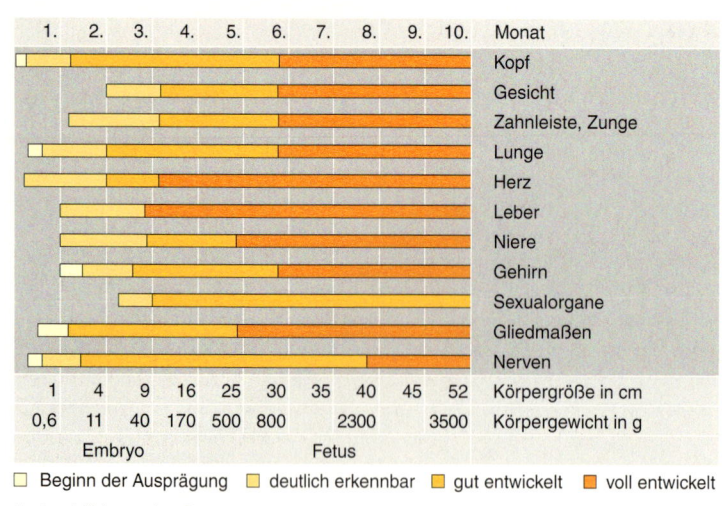

	1.	2.	3.	4.	5.	6.	7.	8.	9.	10.	Monat
											Kopf
											Gesicht
											Zahnleiste, Zunge
											Lunge
											Herz
											Leber
											Niere
											Gehirn
											Sexualorgane
											Gliedmaßen
											Nerven
	1	4	9	16	25	30	35	40	45	52	Körpergröße in cm
	0,6	11	40	170	500	800	2300		3500		Körpergewicht in g
	Embryo					Fetus					

☐ Beginn der Ausprägung ☐ deutlich erkennbar ☐ gut entwickelt ■ voll entwickelt

1 Ausbildung der Organe

Schwangerschaft und Geburt

Die *Schwangerschaft* dauert durchschnittlich 280 Tage oder 40 Wochen. Für das Vorliegen einer Schwangerschaft sind das Ausbleiben der Menstruation sowie Spannungsgefühle in der Brust für die Frau erste Anzeichen. Letztere stammen von den Brustdrüsen, die — bedingt durch das Schwangerschaftshormon HCG — zu wachsen begonnen haben. Da die Schwangerschaftshormone mit dem Urin ausgeschieden werden, kann die Frau selbst schon bald nach Ausbleiben der Menstruation mit Teststäbchen aus der Apotheke einen *Schwangerschaftstest* durchführen. Drei Wochen nach Ausbleiben der Regel kann der Arzt diesen ersten Test mit Sicherheit bestätigen.

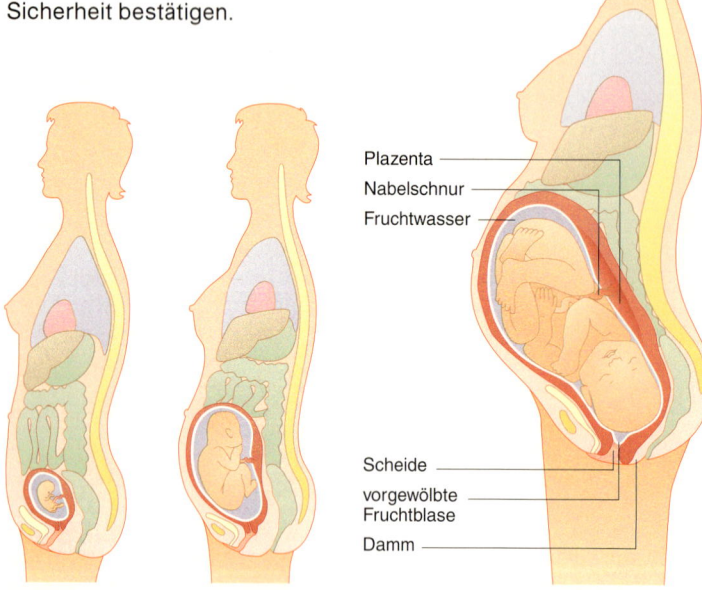

2 Dritter und siebter Schwangerschaftsmonat, Eröffnungsphase der Geburt

Eine Schwangerschaft bedeutet nicht nur körperliche und seelische Veränderungen für die Frau, sie übernimmt auch eine große Verantwortung für sich selbst und das in ihr wachsende Kind. Dazu gehört zunächst einmal die Umstellung der Lebensgewohnheiten auf die neue Situation: Aufhören zu rauchen, möglichst kein Alkohol, keine Drogen, ausgewogene Ernährung und viel Bewegung. Darüber hinaus sollten Schwangere *Vorsorgeuntersuchungen* in Anspruch nehmen, bei denen Blut- und Harnuntersuchungen sowie Gewichtskontrollen bei der Mutter, Abhören der Herztöne und Ultraschallaufnahmen des Kindes wichtige Informationen darüber liefern, ob die Schwangerschaft normal verläuft. Zusätzlich können sich werdende Eltern in speziellen Schwangerschaftskursen auf die Geburt vorbereiten.

Die *Geburt* kündigt sich durch krampfartige Kontraktionen der Gebärmuttermuskulatur, die *Wehen*, an. Anfänglich treten sie in regelmäßigen Abständen von etwa 10—20 Minuten auf, dann werden die Abstände kürzer und die Wehen heftiger. Durch die Wehen wird das Kind in der Regel mit dem Kopf voran gegen den Gebärmutterhals gedrückt und dieser dadurch gedehnt *(Eröffnungsphase)*. Dann platzt die Fruchtblase und das Fruchtwasser fließt ab. Kurze, starke und rasch aufeinander folgende *Presswehen* drücken Kopf und Körper durch den natürlichen Geburtsweg, die Scheide, heraus.

Direkt nach der Geburt nehmen die Lungen des Kindes ihre Funktion auf, das Baby atmet von nun an selbstständig. Damit wird die Nabelschnur überflüssig und kann durchgetrennt werden, was absolut schmerzlos für das Neugeborene ist. Kurz darauf wird das Kind der Mutter auf den Bauch gelegt und die Eltern können es streicheln und im Arm halten. Etwa 30 Minuten nach der Geburt lösen sich Plazenta und Nabelschnur ab und werden als *Nachgeburt* ausgestoßen.

Aufgaben

① Warum sind Alkohol, Nikotin, Drogen und andere Gifte gerade in den ersten drei Monaten der Schwangerschaft besonders gefährlich für das Kind?
② Sind in deiner Familie noch Ultraschallaufnahmen vorhanden, die während der Schwangerschaft deiner Mutter aufgenommen wurden? Bringe sie mit und beschreibe, was darauf zu erkennen ist.
③ Warum legt man das Neugeborene auf den Körper der Mutter?

Die Lebensabschnitte

Der erste Abschnitt im langen Leben eines Menschen beginnt mit der *Geburt* und dem sich anschließenden *Säuglings-* und *Kleinkindalter*. In diesen ersten beiden Jahren muss das Kind Greifen, Sitzen, Krabbeln, Stehen, Gehen, Sprechen und Verstehen lernen und ist voll auf die Pflege und Fürsorge seiner Eltern bzw. einer festen Bezugsperson angewiesen. Aus diesen festen Beziehungen in der Anfangsphase des Lebens erwächst für das Kind ein *Urvertrauen,* das eine wesentliche Voraussetzung für die Entwicklung gesunder sozialer Bezüge zu anderen Menschen darstellt.

deren Menschen. Die Zahl der sozialen Kontakte vermehrt sich noch weiter im Kindergarten.

Mit der *Einschulung* beginnt der zweite Lebensabschnitt eines Menschen, die *Schulzeit.* Lesen, Schreiben, Rechnen und Umgang mit dem Computer — die Grundvoraussetzungen, um in unserer Welt zurechtzukommen — werden gelernt. In der weiterführenden Schule steht das Erlernen von Fachinhalten, das Auseinandersetzen mit Ideen und der Gedankenaustausch mit anderen Menschen an erster Stelle. In dieser Zeit beginnt auch die *Pubertät*, in der die *Jugendlichen* ihre Geschlechterrolle und ihre Persönlichkeit finden und entwickeln müssen. Diese teilweise schwer zu durchlebende Zeit endet für die jungen Menschen mit dem Schulabschluss, mit der Berufswahl, der Lehre oder mit dem Studium.

In seinem dritten Lebensabschnitt als *Erwachsener* ist der Mensch geistig und körperlich voll entwickelt. Er ist nun in der Lage, sein Leben eigenverantwortlich und selbstständig zu gestalten, aber auch Verantwortung für Andere zu übernehmen und zum Beispiel eine Familie zu gründen. Die Fähigkeit, Zeit seines Lebens zu lernen, ermöglicht es dem Menschen, bis ins hohe *Alter* hinein geistige Höchstleistungen zu vollbringen.

Im Laufe des Lebens durchlaufen wir Menschen unterschiedliche biologische, kulturelle und soziale Phasen. Sie gehören ebenso unauflöslich zum Leben wie Geburt und Tod, Jugend und Alter.

Im *Kleinkindalter* werden die Bewegungsfähigkeit und die geistigen Fähigkeiten weiter geübt und entfaltet. Gleichzeitig nimmt das Kleinkind wichtige Kontakte mit Gleichaltrigen auf und übt sich im Umgang mit an-

Aufgabe

① „Jedes Alter hat Vor- und Nachteile." Nennt Argumente zu dieser Aussage und diskutiert sie.

Sexualität, Fortpflanzung und Entwicklung **303**

Verhalten

Immer schon interessierte sich der Mensch für das Verhalten von Tieren. Deshalb gehört die Beobachtung von Tieren und deren Verhaltensweisen zu den ältesten Teilgebieten der Biologie.

Welche Verhaltensweisen zeigen neugeborene Hunde? Was können sie bereits? Was müssen sie noch lernen? Welche Verhaltensweisen zeigen unsere nahen Verwandten, die Schimpansen?

Der Erwerb von Wissen über das Verhalten der verschiedenen Tiere hat schon vor zehntausenden von Jahren darüber entschieden, ob die „Steinzeitjäger" beim Jagen an Nahrung gelangten oder nicht. Letztendlich hat aber auch die Unkenntnis der Gewohnheiten der Tiere zu dieser Zeit dazu geführt, dass der „Steinzeitjäger" vielleicht selbst als Mahlzeit endete.

Mit Interesse an tierischem und menschlichem Verhalten, Lernen, Wissenserwerb und Überlebenschancen bist du schon mitten im Thema ...

Aggression

Gruppenverhalten

Spielverhalten

Lernverhalten

Instinkthandlung

1   Erlerntes und genetisch bedingtes Verhalten

1 Die Jungen werden gesäugt

2 Spielende Welpen

Das Verhalten von jungen Hunden

Es ist immer etwas Besonderes, bei der Geburt von Hundewelpen dabei zu sein. Egal, ob es sich bei der trächtigen Hündin um ein junges Tier vor dem ersten Wurf oder um ein erfahrenes Tier handelt, ist es nicht nötig, dass Menschen helfen. Dennoch möchte fast kein Hundebesitzer diesen Moment verpassen.

Ein Hundezüchter hat in der Regel bereits vor der Geburt der *Welpen* Interessenten für die Tiere aus dem Wurf. Er hat eine Verantwortung für seine Tiere und achtet darauf, dass er seine Hunde in ein gutes neues Zuhause abgibt. Obwohl die Welpen bereits Käufern versprochen sind, lässt er sie noch bis zu acht Wochen bei ihrer Mutter.

Besonders beim Anblick der Neugeborenen fällt es schwer sich vorzustellen, dass aus diesen hilflosen, unselbstständigen und noch blinden „Wollknäueln" mal große, herumtobende Hunde werden. Doch bereits beim Säugen erkennt man, dass alle Neugeborenen einige Verhaltensweisen beherrschen. So stupsen sie, noch blind, ihrer Mutter mit der Nase gegen den Bauch und suchen dort nach den *Zitzen*. Haben sie eine gefunden, nehmen sie die Zitze in ihr Maul und beginnen sofort mit Saugbewegungen. Die herausspritzende Milch wird direkt mit Schluckbewegungen aufgenommen. Auch andere Verhaltensweisen, wie z. B. das *Betteln* um Futter, *Beschwichtigungsgesten* wie das Rollen auf den Rücken oder *Lautäußerungen* über Wohl- und Unbehagen zeigen alle Hundewelpen. Dies ist ein Zeitpunkt, bei dem alle Welpen eines Wurfes noch annähernd die gleichen Verhaltensweisen aufweisen.

Nach 10 Tagen öffnen sich die Augen der Welpen, doch immer noch suchen sie die Nähe zu ihrer Mutter. Nach 6 bis 8 Wochen hat ein Welpe die wichtigsten Verhaltensweisen des Lebens in einer Gruppe beim Kampf um mütterliche Zitzen und Fürsorge gelernt. Mit der Entwöhnung von der Muttermilch erwacht in den Welpen die Neugier auf die noch unbekannte Umgebung. Hier zeigen sich schon die ersten charakterlichen Eigenschaften der Welpen. Der Welpe, der als erster neugierig umhertapst, entwickelt sich schnell zum Chef des Welpenrudels. Er wird auch später mit seinem „Herrchen" oder „Frauchen" um die Vorherrschaft kämpfen.

Jetzt ist die Zeit, in der die Welpen in ihr neues Zuhause abgegeben werden. Mit vielen Hundebesitzern bleibt der Züchter in Kontakt und kann miterleben, wie sich aus den tapsigen, ungelenken Welpen freche, herumtollende Junghunde entwickeln.

Andererseits ist es auch überraschend, wie unterschiedlich sich die einzelnen Geschwister eines Wurfes im Laufe der Monate entwickeln.

Während der eine Hund bereits auf eine Vielzahl von Kommandos reagiert, hört sein Bruder gerade mal auf seinen Namen. Auch im Verhalten gegenüber ihrem Herrchen zeigen die Geschwister deutliche Unterschiede.

Ursache für die unterschiedliche Entwicklung der Verhaltensweisen der Hunde ist neben grundlegenden charakterlichen Eigenschaften, wie zum Beispiel verschiedenartiges Angst- oder Neugierverhalten, auch das Sammeln unterschiedlicher Erfahrungen in den verschiedenen Haushalten, in die die Jungtiere kommen.

Besonders in der ersten Phase ihres Lebens erkennt man bei allen Welpen fast gleiche Verhaltensweisen. Diese werden als *genetisch bedingtes Verhalten* bezeichnet, da sie ohne vorheriges Lernen gezeigt werden.

Aber das Verhalten der Hunde ändert sich mit zunehmendem Alter. Die Hunde können immer mehr. Diese Verhaltensänderungen und neuen Verhaltensweisen werden als *erlerntes Verhalten* bezeichnet. Je nachdem, ob ein Hund nur als Spielkamerad für die Kinder oder als Jagd- oder Wachhund angeschafft wurde, muss er von seinen Besitzern anders erzogen und trainiert werden. Die unterschiedlichen Erfahrungen in den einzelnen Haushalten führen zu jeweils anderen Verhaltensänderungen durch Lernen.

Tatsächlich ist es äußerst schwierig zu unterscheiden, ob ein Verhalten genetisch bedingt oder erlernt ist, da beide Verhaltensweisen meistens miteinander verknüpft auftreten.

Aufgaben

① Was können Hunde bereits zum Zeitpunkt ihrer Geburt? — Was müssen sie noch lernen?

② Welche Auswirkungen hätte es für einen neugeborenen Welpen, wenn er keine genetisch bedingten Verhaltensweisen besäße?

③ Eine wichtige Regel der Hundezüchter ist, dass die Welpen in den ersten acht Wochen nicht von ihrer Mutter getrennt werden.
Weshalb beachten die Hundezüchter diese Regel?

④ Beobachte, falls du nicht selbst sogar Hundebesitzer bist, Hunde in deiner Nachbarschaft und erstelle eine Liste der von dir beobachteten Verhaltensweisen.

Konditionieren — einfache Formen des Lernens

Lernen ist eine individuelle Anpassung an neue Umweltbedingungen. Es führt zu einer Veränderung der Wahrscheinlichkeit des Auftretens bestimmter Verhaltensweisen in speziellen Situationen.

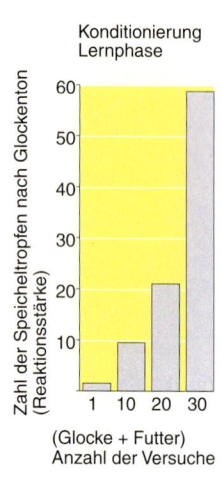

Klassisches Konditionieren

Die Frage, wie zum Beispiel ein Hund lernt, ist nicht so einfach zu klären. Für Beobachter ist der Lernvorgang nur daran zu erkennen, dass ein Hund in der gleichen Situation nach dem Lernen ein anderes Verhalten zeigt als vorher. Um diese Verhaltensänderung messbar zu machen, führte der russische Physiologe IWAN PAWLOW einen Versuch durch: Er zeigte einem hungrigen Hund Futter. Sofort sammelte sich im Maul des Hundes Speichel. Läutete PAWLOW eine Glocke, zeigte der Hund keine Reaktion. Nun begann er damit, kurz vor der Fütterung des Hundes mit der Glocke zu läuten. Nach einigen Tagen und vielen Wiederholungen des Versuches zeigte sich, dass der Hund beim Läuten der Glocke auch ohne Futter Speichel bildete.

Bei der Gabe von Futter, einem *unbedingten Reiz*, zeigte der Hund eine *unbedingte Reaktion* und bildete Speichel. Der Glockenton hatte vor der Versuchsreihe für den Hund keine Bedeutung. Es war für den Hund ein *neutraler Reiz* und führte nicht zur Speichelabsonderung. Bei dem Versuch bestand aufgrund der regelmäßigen räumlichen und zeitlichen Nähe der beiden Ereignisse, Erhalt von Futter und Glockenton, ein Zusammenhang zwischen beiden Reizen. Der Ton konnte schließlich nach der Wiederholungsphase alleine den Speichelfluss auslösen. Der Glockenton wurde zu einem *bedingten Reiz*, der eine *bedingte Reaktion* hervorrief.

Der Lernvorgang des Hundes besteht darin, dass aufgrund seiner Erfahrungen im Versuch aus dem neutralen Reiz ein bedingter Reiz wird. Er hat gelernt, den Glockenton als Vorboten für die nachfolgende Fütterung zu nutzen. Dieses Lernen, bei dem ein neuer Auslöser für ein bereits existierendes Verhalten gelernt wird, bezeichnet man als *klassische Konditionierung*.

Verhaltensänderungen durch Konditionieren sind sinnvolle und effektive Anpassungen eines Individuums an seine Umwelt. Da man davon ausgeht, dass es sich hierbei nicht um einen bewussten Lernvorgang handelt, bei dem der Lernende schlussfolgernd agiert, gehört die Konditionierung zu den einfachen Lernformen.

Aufgaben

① Wie wird sich deiner Meinung nach das Balkendiagramm in der Randspalte nach der Lernphase weiterentwickeln? Begründe deine Entscheidung.

② Wie müsste man vorgehen, damit der Glockenton, der den Speichelfluss auslöst, vom bedingten wieder zu einem neutralen Reiz wird?

③ Nähert man sich einem Aquarium, so sammeln sich die Fische schnell an der Stelle, an der sie gefüttert werden. Erkläre diese Verhaltensweisen, indem du die Fachbegriffe zum Lernverhalten anwendest.

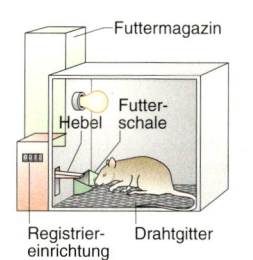

Operante Konditionierung

Der amerikanische Psychologe Burrhuss Skinner untersuchte das Lernverhalten von Ratten. Hierzu setzte er eine Ratte in die von ihm entwickelte *Skinnerbox,* einen Versuchskäfig, der u. a. mit einer Futterschale und einem Hebel ausgestattet war. Beim Beschnuppern und Betasten ihrer Umgebung drückte die Ratte auch auf den Hebel, der einen Futterausgabemechanismus in Gang setzte und ein Futterkorn in die Schale fallen ließ. Nach einigen Wiederholungen führte die Ratte das Drücken des Hebels mehrfach hintereinander aus.

Die Ratte hatte aufgrund ihres ausgeprägten Neugierverhaltens die unbekannte Umgebung untersucht. Dabei führte sie verschiedene Handlungen, z. B. Beschnuppern, Herumlaufen, Betasten und auch Hebeldrücken, aus. Nur nach dem Hebeldrücken erfolgte eine sofortige Belohnung in Form einer Futterpille. Eine solche Belohnung wird als *positive Verstärkung* bezeichnet. Die Ratte lernte aufgrund der regelmäßigen zeitlichen Nähe zwischen dem Hebeldrücken und dem Erhalt der Futterpille den Zusammenhang zwischen beiden Ereignissen. Sie lernte, dass das Hebeldrücken die Bedingung für die kurz darauf folgende Belohnung war.

Neben dem genetisch bedingten Neugierverhalten der Ratte ist es für diesen Versuch jedoch entscheidend, dass Skinner die Ratten vor dem Versuch längere Zeit hungern ließ und somit eine hohe *Handlungsbereitschaft* der Ratten erzeugte.

Diese Lernform, bei der eine zufällige Handlung eine nachfolgende Verstärkung bedingt, bezeichnet Skinner als *operante Konditionierung.*

operante Konditionierung

opera (lat.) = Tätigkeit
conditio (lat.) = Bedingung

Zettelkasten

Dressieren von Delfinen — Konditionieren beim Spiel

Der Delfintrainer gibt das Kommando: „Sprung!". Der Delfin beschleunigt mit wenigen Flukenschlägen, durchbricht die Wasseroberfläche und überspringt eine mehr als zwei Meter über dem Wasser gehaltene Stange.

Frei lebende Delfine leben in der Regel in Gruppen zusammen und zeichnen sich durch ein ausgeprägtes Spiel- und Neugierverhalten aus. Hierbei vollführen sie ebenfalls Sprünge, nutzen diese aber nicht zum Überwinden eines Hindernisses. Selbst wenn Delfine mit großen Netzen zusammengetrieben werden, versuchen sie nicht die Netze zu überspringen.

Wenn Delfine sich z. B. an einen Trainer gewöhnt haben, ihn über längere Zeit kennen und ihm vertrauen, schließen sie auch engeren Kontakt mit Menschen. Der Trainer kann ihnen dann im Spiel verschiedene „Kunststücke" beibringen. Vor dem Trainingsbeginn legt der Trainer die Stange ins Delfinbecken. Zunächst meidet der Delfin den unbekannten Gegenstand. Etwas später „siegt die Neugier" und der Delfin nähert sich der Stange und untersucht sie. Schließlich wird die Stange zu einem neutralen Reiz.

Das Sehen eines Fisches führt als unbedingter Reiz zum Anschwimmen der Beute. Der Trainer bringt die Stange im Becken so an, dass der Delfin beim Abholen des hingehaltenen Fisches die Stange überschwimmen muss. Im Moment der Überquerung der Stange ruft er das Kommando „Sprung". Die Stange und das Kommando sind weiterhin neutrale Reize für den Delfin. Beim häufigen Wiederholen lernt er durch die regelmäßige zeitliche und räumliche Nähe von Kommando und Zeigen des Fisches durch *klassische Konditionierung* das Anschwimmen und Überschwimmen der Stange auf Kommando des Trainers. Der neutrale Reiz „Sprung" wird zum bedingten Reiz. Da der Erhalt des Fisches nach dem Überschwimmen der Stange eine Belohnung für den Delfin ist, gelingt es dem Trainer mit der Zeit, die Handlung des Delfins durch *operante Konditionierung* zu verändern. Indem der Trainer die Stange immer näher zur Wasseroberfläche bringt, wird aus dem anfänglichen Anschwimmen ein Überschwimmen der Stange, dann ein Übergleiten und schließlich ein Überspringen der Stange.

Dieses Beispiel zeigt, wie das Spielverhalten des Delfins das Lernen positiv beeinflusst. Gerade weil beim Spiel kein bestimmter Zweck verfolgt wird, geschieht es, dass neue Bewegungen erfunden, Verhaltensweisen aus bekannten Zusammenhängen gelöst und frei kombiniert werden.

Besonders Jungtiere weisen ein ausgeprägtes Erkundungs- und Spielverhalten auf, welches bei einigen Tiergruppen zeitlebens erhalten bleibt. Durch den spielerischen Vollzug von Handlungen werden die motorischen und geistigen Fähigkeiten gesteigert. Spielverhalten dient dem Gewinn von Erfahrungen über die Umgebung, den eigenen Körper und das Verhalten von Artgenossen.

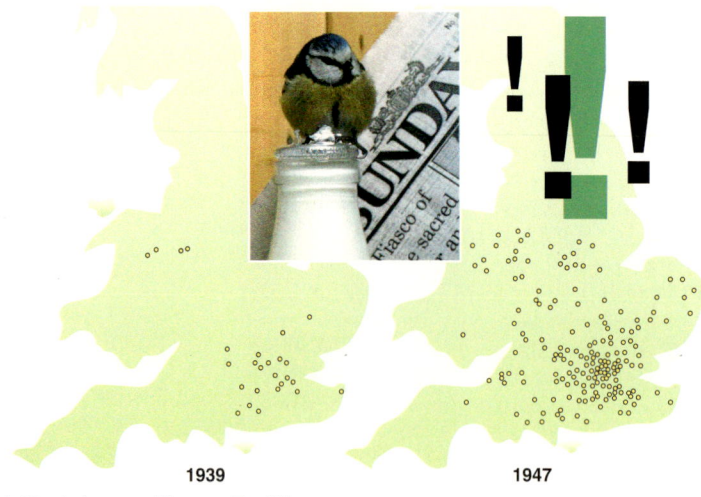

1 Nachahmung führt zur Tradition

Komplexes Lernen bei Tieren und Menschen

Bei einer **Tradition** werden neue Verhaltensweisen über Lernen durch Nachahmung von einer Generation einer Population in die nächste übernommen.

In England ist es üblich, dass der Milchmann jeden Morgen seinen Kunden Flaschen mit frischer Milch vor die Haustüre stellt. 1921 wurde erstmals eine *Blaumeise* beobachtet, wie sie den Staniolverschluss einer solchen Milchflasche aufpickte. Anschließend fraß sie von der Rahmschicht, die sich am Flaschenhals abgesetzt hatte.

Wie lässt sich das Verhalten der Blaumeise erklären? Eine Blaumeise wagt sich aus den schützenden Gartenanlagen bis an die Haustür und die dort stehende Milchflasche. Ihr ausgeprägtes Neugierverhalten führt dazu, dass sie die neue Situation erkundet. Da Blaumeisen bei der Nahrungssuche häufig Rinden anheben, wendet die Meise diese Vorgehensweise am Staniolverschluss der Milchflasche an. Mit dem Öffnen des Milchflaschenverschlusses zeigt sie ein neues Verhalten und gelangt an die nährstoffreiche Rahmschicht. Die Meise wird für ihr neues Verhalten belohnt. Da in diesem Fall eine neue Handlung durch die Belohnung eine *positive Verstärkung* erfährt, handelt es sich um eine *operante Konditionierung*.

Diese operante Konditionierung wird als *Lernen durch Versuch und Irrtum* bezeichnet. Die Meise führt aufgrund von Neugier- oder Spielverhalten eine Handlung aus, z. B. das Picken gegen die Glasflasche. Da diese Handlung nicht zu einer Belohnung führt, wird die Meise dieses Verhalten in Zukunft seltener ausführen. Wird eine Handlung wie das Anheben des Milchflaschendeckels aber durch das Fressen der Rahmschicht belohnt, führt dies dazu, dass dieses Verhalten beim nächsten Kontakt mit Milchflaschen häufiger gezeigt wird.

Bis zu diesem Zeitpunkt war das Phänomen des Milchdeckelöffnens noch durch einfache Lernformen zu erklären. Das Öffnen von Milchflaschendeckeln breitete sich jedoch von 1939 bis 1947 über weite Teile Südenglands aus. In einem ständig wachsenden Gebiet wurden immer mehr Milchflaschen geöffnet. Die Hypothese, dass enorm viele Meisen das Milchdeckelöffnen unabhängig voneinander durch Versuch und Irrtum erlernt haben, erscheint unwahrscheinlich, denn es erklärt nicht, weshalb nur die südenglischen Meisen das Öffnen erlernten. Weiterhin wirft es die Frage auf: Wenn das Flaschenöffnen durch Versuch und Irrtum zwischen den Jahren 1939 und 1949 so häufig erlernt werden kann — weshalb hat es dann keine Meise vor 1921 erlernt?

Eine Erklärung für diese Situation bietet das *Nachahmen* der Artgenossen. Das Beobachten von anderen und das Nachahmen ihres Handelns ermöglicht ein schnelleres Erlernen eines neuen Verhaltens. Neue Erfahrungen müssen nicht mehr durch Versuch und Irrtum selbst gemacht werden, sondern können teilweise durch Nachahmen von anderen übernommen werden. Auf diese Art und Weise entwickelte sich in der Blaumeisenpopulation in Südengland die *Tradition* des Öffnens von Milchflaschen.

2 Blaumeise auf Nahrungssuche

Mit einem *Orang-Utan* wird das Öffnen verschiedener Schließsysteme mit den speziell dafür vorgesehenen Schlüsseln trainiert. Beim eigentlichen Versuch steht in einem Raum eine Vielzahl von Kästen mit jeweils unterschiedlichen Schließsystemen. Der durch die Plexiglasdeckel gut sichtbare Inhalt jedes Kastens ist jeweils ein anderer Schlüssel und in einem der Kästen schließlich eine Belohnung.

Nach dem Betrachten der Kästen mit ihren jeweiligen Schließsystemen muss sich der Orang im Vorraum des Versuches für einen von zwei möglichen Schlüsseln entscheiden. Nur bei der Wahl des richtigen Schlüssels gelingt es, nacheinander alle Kisten zu öffnen, um schließlich an die Belohnung zu gelangen. Bei der Wahl des falschen Schlüssels öffnet der Orang zum Schluss den leeren Kasten. Nach ausgiebiger Betrachtung der Kästen entscheidet sich der Orang in der Mehrzahl der Versuchsreihen deutlich häufiger für den richtigen Schlüssel.

Durch die zeitliche und räumliche Trennung von der Situation im Versuchsraum und der Entscheidungssituation im Vorraum gewinnt man den Eindruck, dass der Orang nach einem Plan handelt. Diese Lernform wird als *Lernen durch Einsicht* bezeichnet.

Für Menschen und Tiere hat das Lernen eine große Bedeutung, damit sie in einer sich verändernden Umwelt bestehen können. Besonders intensiv sind die Lernprozesse in der Kindheit bzw. Jugendzeit. Beim Menschen ist gerade sie im Vergleich zu den meisten Tieren stark ausgeweitet. Kinder vervollkommnen im Spiel allmählich ihre motorischen und geistigen Fähigkeiten wie auch die Fähigkeit zu den verschiedenen Spielarten. So ahmt z. B. ein Kleinkind im Illusionsrollenspiel seine Eltern oder andere Personen nach. Nahezu jedes Video- oder Computerspiel wäre unlösbar ohne Versuch und Irrtum — und natürlich dem vorherigen Abspeichern des Spielstands...

Doch diese beim Menschen häufig unbewusst ablaufenden einfachen Lernformen, wie das klassische und operante Konditionieren, sind nicht geeignet, komplizierte Aufgaben zu lösen. *Komplexe Lernformen* sind effektiver als Lernen durch Ausprobieren. Sie führen beim Menschen zu abstrakteren Lernformen, die sich z. B. in der technischen Weiterentwicklung von Werkzeugen oder in kulturellen Entwicklungen, wie Literatur oder Kunst und Musik, zeigen.

Nahezu alle bei Tieren beobachteten Formen des Lernens lassen sich auch beim Menschen nachweisen. Beim Menschen gehen jedoch Komplexität und Qualität dessen, was gelernt werden kann, über die bei Tieren möglichen Lernleistungen hinaus. Speziell das *Lernen durch Einsicht* als einer der wirkungsvollsten Lernprozesse ist beim Menschen besonders stark entwickelt und kann als wesentliche Grundlage seines Denkens angesehen werden. Es ermöglicht, allgemeine Gesetzmäßigkeiten zu erkennen und auf andere Probleme im sogenannten *Transfer* anzuwenden. Durch die Fähigkeit, Bekanntes und bereits Erlerntes in neuen Situationen miteinander zu verknüpfen, gelingt es neue Lösungen zu entwickeln.

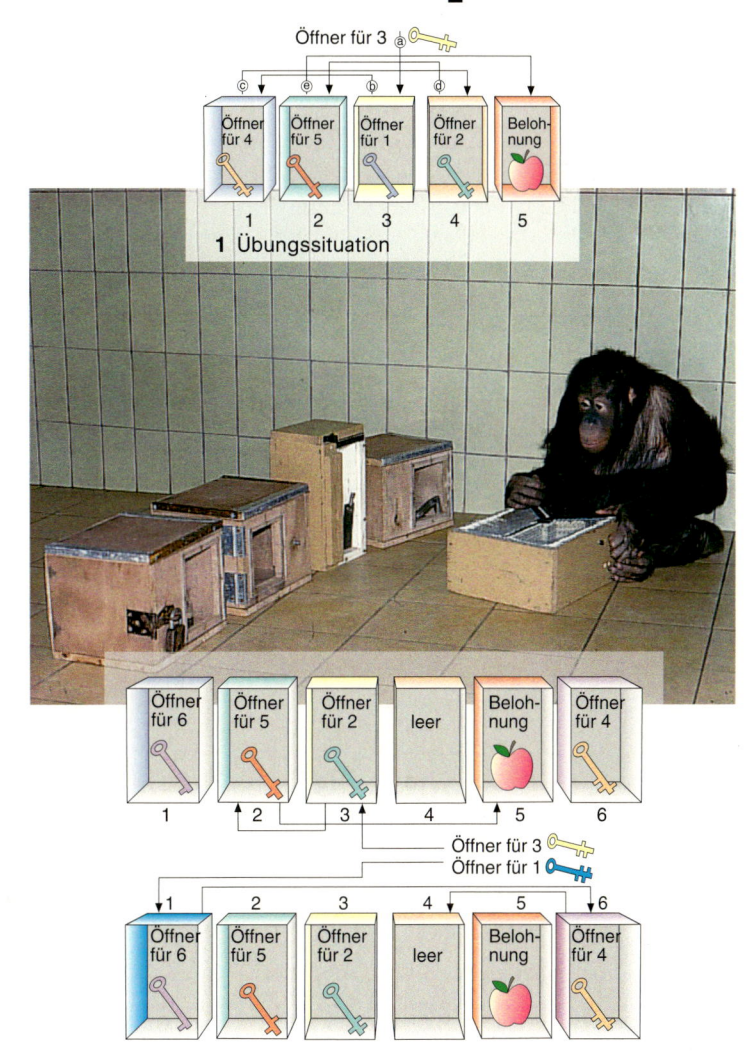

1 Übungssituation

2 Lösungswege

Verhalten

Eine Lernstrategie

In vielen Situationen sind so komplexe Lernprozesse wie das Lernen durch Einsicht oder der Transfer nicht sehr hilfreich. Da helfen verschiedene *Lernstrategien*.

Untersuchungen belegen, dass die Intelligenz eines Schülers und seine Noten bei Prüfungen oft sehr voneinander abweichen. Deshalb sagt das Prüfungsergebnis oft weniger über die Fähigkeiten eines Schülers, sondern mehr über seine eingesetzten *Lernmethoden* und *Lernstrategien* aus.

Manche Schüler vermögen sich nur eine halbe Stunde zu konzentrieren, andere können mehrere Stunden am Stück lernen.

Um Erkenntnisse über die ideale Lernzeit zu erhalten, führten Wissenschaftler folgenden Versuch durch. Sie teilten Studenten wahllos in zwei Gruppen. Die Testpersonen der Gruppe 1 lernten jeden Tag eine Stunde lang. Die der Gruppe 2 lernten zwei mal am Tag für jeweils zwei Stunden. Obwohl die Gruppe 2 viermal soviel Zeit zur Verfügung hatte, lernte sie nur etwa doppelt soviel wie die Gruppe 1. Beschränkt man seine Lernzeit und verteilt den Lernstoff über mehrere Tage, statt am letzten Tag mehrere Stunden zu lernen, kann man also mehr Informationen aufnehmen und anschließend wieder abrufen.

Beim Lesen längerer Texte hilft das Erstellen einer Liste der Hauptpunkte (Lesen mit Papier und Stift) als Gedächtnishilfe. Bei eigenen Büchern eignet sich auch der Buchrand zum Notieren kurzer Bemerkungen. Das Einprägen der Überschriften stellt ebenfalls eine gute Erinnerungshilfe dar. Ist die Reihenfolge der Überschriften von Bedeutung, hilft dir das Bilden von Buchstabenfolgen bzw. Abkürzungen (z. B.: EVA-EVA) oder das Bilden von Sätzen aus den Anfangsbuchstaben.

Es ist wichtig, die eigenen Schwächen in dem zu prüfenden Unterrichtsfach zu erkennen, sodass sie gezielt bekämpft werden können.

Aufgabe

① Lies die Seiten 309 und 310 „Konditionieren — einfache Formen des Lernens" und versuche, mithilfe des EVA-EVA-Systems möglichst viele Informationen zu behalten.

Zettelkasten

Das EVA-EVA-System

Das EVA-EVA-System hilft dir, deine Lernzeit optimal zu nutzen. EVA-EVA steht für sechs Lernstufen.

EINSTIMMEN
Keine Konzentration ohne „Arbeitslaune"

Lernen wird zur Gewohnheit, wenn du jeden Tag zur gleichen Zeit an den Büchern sitzt. Das Interesse an der Arbeit ist eine Grundvoraussetzung für erfolgreiches Lernen (Neugierverhalten). Je lieber man eine Arbeit macht, umso leichter fällt sie einem. Da Gewohnheiten zu einer positiven Grundeinstellung führen, steht man dem Lernstoff offener gegenüber. Beim Nachlassen der Konzentration sollten Pausen eingelegt werden.

VERSTEHEN
Den Inhalt eines Textes kann man nur lernen, wenn man ihn versteht

Lies den ganzen Text durch, markiere die schwer verständlichen Abschnitte und arbeite die Stellen, die dir nicht ohne weiteres klar waren, in kleinen Schritten durch — ähnlich wie bei der Dressur.

ABRUFEN
Gedächtnisspuren vertiefen durch wiederholtes Abrufen

Überprüfe nach jedem Abschnitt, was du behalten hast. Hierzu solltest du die Hauptpunkte aufschreiben. Überlege dir anschließend, in welchem Zusammenhang sie zueinander stehen. Je häufiger eine Information abgerufen wird, umso besser wird sie behalten.

Bereiten dir bestimmte Texte Schwierigkeiten, so besorge dir mehr Informationen und sprich mit anderen darüber. Die Verknüpfung der Lerninhalte mit Situationen des Alltags oder mit Dingen, die dich interessieren, z. B. deine Hobbys, verbessern das Behalten der Informationen.

Das Formulieren von Fragen zum Lernstoff erweitert dein Wissen und verbessert dein Gedächtnis. Fasse die Texte in eigene Worte. Suche Beispiele für im Text erklärte Regeln.

Frage dich selbst ab, indem du aus dem Gedächtnis eine Zusammenfassung oder eine Stichwortliste erstellst und anschließend mit dem Originaltext vergleichst. So erhältst du Einblick in deinen Lernfortschritt.

Es ist sinnvoll, das Gelernte nach einem Tag, einer Woche, einem Monat und vier Monate später zu wiederholen. Dass du einen Großteil des Wissens behalten hast, kann im Sinne der positiven Verstärkung ein Ansporn sein weiter zu lernen.

ERGÄNZEN
Gezieltes Nachlesen schließt Wissenslücken

VERTIEFEN
Wissen erweitern durch Anwenden und Beurteilen

ABFRAGEN
Fehler feststellen und falsche Lerngewohnheiten ändern

312 Verhalten

Lexikon

Prägung und prägungsähnliches Lernen

Prägung

Feldspitzmäuse verbeißen sich beim Verlassen des Nestes im Fell der Mutter oder in der Schwanzwurzel eines Geschwistertieres und bilden somit eine „Karawane".

Um festzustellen, welche Reize die Festbeißreaktion der Spitzmausjungen hervorrufen, plante man einen *Attrappenversuch*. Hierbei wurde der natürliche Reiz, der zum Festbeißen führt, durch eine Nachbildung (Attrappe) ersetzt. Es zeigte sich, dass das Festbeißen bis zum 7. Lebenstag noch in jedem beliebig angebotenem Fell erfolgt. Versuche nach dem 7. Lebenstag belegen, dass der Geruch bereits vorher gelernt wurde und andere Felle jetzt keine Festbeißreaktion mehr auslösen. Die Spitzmausjungen haben gelernt, ihre Mutter oder Geschwister an ihrem Geruch zu erkennen.

Die Zeitspanne, in der das Lernen des Geruchs der Mutter und Geschwister stattfindet, nennt man *sensible Phase*. Ihr Auftreten ist einmalig und in seiner Dauer begrenzt. Diesen zeitlich begrenzten Lernvorgang, der sich durch seine hohe Stabilität des Gelernten auszeichnet, bezeichnet man als *Prägung*.

Die sensible Phase beim Spracherwerb des Menschen

Vom achtzehnten Lebensmonat an lebte das Mädchen Genie, von ihren Eltern ins Schlafzimmer gesperrt, völlig isoliert. Als das Jugendamt Genie mit 13 Jahren von ihren Eltern wegholte, konnte sie nicht sprechen. Obwohl Genies Intelligenz völlig normal war, lernte sie auch nach Jahren intensiver Betreuung und Unterrichtens nur in kurzen knappen Wortstößen zu reden. Der Fall des Mädchen Genie aus Los Angeles verdeutlicht die Folgen, wenn zum Zeitpunkt der sensiblen Phase für den Spracherwerb nicht die nötigen Reize aus der Umwelt auftreten.
Man geht von einer bei allen Kleinkindern vorhandenen Fähigkeit des Erlernens einer beliebigen Sprache aus. Im Umgang mit der Sprache scheint sich das Gehirn eines Kleinkindes die für den Spracherwerb erforderlichen Informationen auszuwählen. Obwohl das Lernen einer Sprache anscheinend in unserem Verhalten vorbereitet ist, bedarf es spezieller Umweltreize, um eine Sprache zu erlernen.

Die sensible Phase für das Erlernen von Sozialverhalten bei Rhesusaffen

Zur Mutter-Kind-Bindung führte der amerikanische Biologe HARRY HARLOW eine lange Versuchsreihe mit Rhesusaffen durch. Neugeborene Rhesusaffen wurden der Mutter weggenommen und von Tierpflegern aufgezogen. Aufgrund der perfekten Hygiene, der ideal abgestimmten Ernährung und der tierärztlichen Aufsicht entwickelten sich diese Tiere sogar körperlich besser als normal aufgewachsene. Besonders auffällig war die Vorliebe der von Pflegern aufgezogenen Tiere für kuschelige Gegenstände und Stoffe, an die sie sich intensiv anschmiegten.

HARLOW bot daraufhin anderen von der Mutter getrennten Affenkindern zwei mögliche Mutter-Attrappen an. Eine „Ersatzmutter" bestand nur aus Draht, die zweite „Ersatzmutter" war mit einem fellähnlichen Stoff überzogen und beheizt. Aber nur an der Draht-Ersatzmutter waren Milchfläschchen befestigt. Obwohl die Stoff-Attrappe keine Nahrung bot, wurde sie von den Rhesusaffen deutlich bevorzugt. Nur zum Trinken wechselten die Affenkinder kurzfristig zur „Draht-Ersatzmutter".

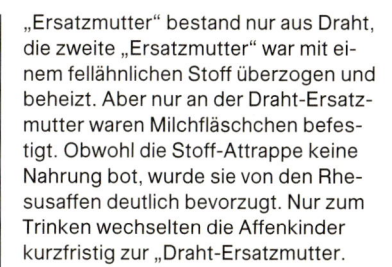

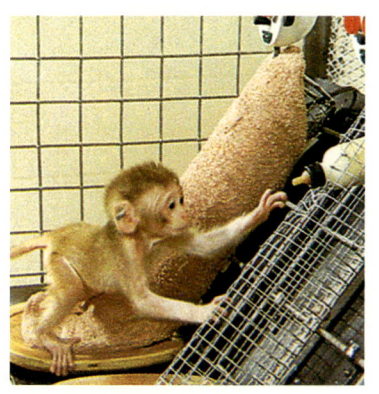

Die Ergebnisse des Attrappenversuches führten HARLOW zunächst zu dem Schluss, dass Anklammern und Körperkontakt zu einer idealen Attrappen-Mutter ausreichen, um eine normale Entwicklung der Affenkinder zu ermöglichen. Im weiteren Verlauf der Versuche zeigte sich, dass nicht nur Affen, die ausschließlich mit der Drahtmutter aufwuchsen, sondern auch die Affen, die mit beiden Attrappen aufwuchsen, deutliche Verhaltensauffälligkeiten aufwiesen: Tiere beider Gruppen blieben nach einiger Zeit apathisch sitzen, verhielten sich aggressiv und wiesen weitere Entwicklungsstörungen im Spiel-, Lern- und Sozialverhalten auf, wobei die zweite Gruppe zunächst nicht so auffällig war. Mit zunehmender Dauer der Trennung von der leiblichen Mutter und anderen Affen nahmen die Verhaltensauffälligkeiten deutlich zu. Wurden die Tiere nach höchstens sechs Monaten Isolation zur Mutter zurückgegeben, bildeten sich die Verhaltensstörungen zum Teil zurück. Nach mehr als sechs Monaten Trennung von der Mutter blieben die Tiere auf Dauer in ihrem Sozialverhalten gestört.

Für andere Säugetierarten liegen inzwischen vergleichbare Versuchsergebnisse vor. Wie bei der Prägung, scheint es auch für das Erlernen des Sozialverhaltens von Säugetieren eine sensible Phase zu geben. Das Fehlen der entsprechenden Reize führt auch hier zu Entwicklungsstörungen und Verhaltensauffälligkeiten, die später kaum ausgeglichen werden können.

Verhalten

Was ist Intelligenz?

Die Schimpansendame Lucy, die sich in Zeichensprache verständigen kann, hat, statt wie gewohnt auf die Toilette zu gehen, ins Wohnzimmer gemacht. Als ihr Betreuer Roger sie fragt „Was das?" entsteht folgender Dialog:
L.: „Lucy nicht wissen"
R.: „Du wissen. Was das?"
L.: „Schmutzig, Schmutzig"
R.: „Wessen Schmutzig Schmutzig?"
Lucy beschuldigt eine Betreuerin „Sue"
R.: „Das nicht Sues. Wessen das?"
L. „Roger"
R.: „Nein. Das nicht Rogers. Wessen das?"
L.: „Lucy Schmutzig Schmutzig, Entschuldigung Lucy".

Zwei Schimpansen aus einer sozialen Gruppe – links der dominante **(A)**, in der Rangordnung weiter oben angesiedelte, rechts der mit niedrigerem Rang **(B)** – erhalten gleichzeitig Zugang zu zwei Früchten.

Wenn **A** und **B** jeweils beide Früchte sehen, erhält in der Mehrheit der Fälle **A** beide Früchte.

Sieht aber **A** nur eine der beiden Früchte, weil die zweite Frucht hinter einer Barriere verborgen ist, so wartet **B** ab, bis sich **A** die sichtbare Frucht genommen hat und sich abwendet. Jetzt erst sichert sich **B** die Frucht.

Weiß **B**, was **A** sieht?

Was soll das Affentheater?

Gibt man Schimpansen über längere Zeit die Möglichkeit, sich im Spiegel zu sehen, so entfernen sie z. B. Farbflecken, die man ihnen zuvor im Schlaf aufgemalt hat.

Spielt man Schimpansen, die sich anscheinend in Versuchen im Spiegel selber erkennen, ein Videoband ihres Verhaltens von vor einer Stunde ab, so erkennen sie sich selber nicht. Kleinkinder sehen sich mit zwei Jahren im Spiegel und sagen: „Ich!"

Spiel nicht rum... – lern' lieber was!

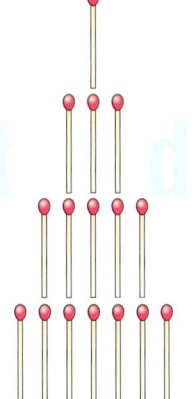

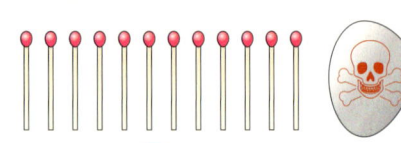

Das NIM-Spiel

Das NIM-Spiel ist ein Spiel für 2 Personen aus der Anfangszeit der Computer, das ihr leicht auf dem Tisch spielen könnt. 16 Streichhölzer werden gemäß der Zeichnung in 4 Reihen angeordnet. Einer der beiden Spieler beginnt und nimmt bei seinem Zug 1, 2 oder 3 Streichhölzer aus nur einer Reihe. Gewinner ist, wer das letzte Streichholz genommen hat.

Der Todesstein

Zwölf Streichhölzer und der Todesstein liegen hintereinander aufgereiht. Abwechselnd müssen die beiden Spieler bei ihrem Zug 1, 2 oder 3 Streichhölzer wegnehmen. Wer als Letzter den Todesstein nehmen muss, hat verloren.

Wer ist hier intelligent?

Der amerikanische Psychologieprofessor und Hundetrainer STANLEY COREN führte eine Untersuchung an 133 Hunderassen durch.
Seine Ergebnisse lauten: Die afghanischen Windhunde bilden das Schlusslicht auf der IQ-Liste. Pudel gehören zu den Allerklügsten im Hundereich. Sie sind sogar noch etwas gescheiter als Deutsche Schäferhunde, Dobermänner und Rottweiler.

.... geprüft wurde, wie gut sie auf die üblichen Abrichtbefehle „Sitz", „bei Fuß", „Platz" und „hol" reagierten.

Die zehn intelligentesten Hunderassen

1. Border Collie
2. Pudel
3. Deutscher Schäferhund
4. Golden Retriever
5. Dobermann
6. Shetland-Schäferhund
7. Labrador (Neufundländer)
8. Papillon
9. Rottweiler
10. Australischer Hirtenhund

Quelle: *DIE WELT*, 22. Februar 1994

Doof geborn ist keiner,
doof wird man gemacht
Und wer behauptet
doof bleibt doof
der hat nicht nachgedacht

Liedertext

Aus einem Ursprungsstamm hatte man über lange Zeit in einer „normalen Umgebung" zwei Rattenstämme gezüchtet. Die Tiere des ersten machten enorm wenige Fehler in Labyrinthversuchen (die Intelligenten), die des zweiten fielen durch häufige Fehler im Labyrinth auf (die Dummen).

Wurden aber beide Rattenstämme in einer strukturreichen, mit vielen stimulierenden Reizsituationen ausgestatteten Umwelt gehalten, zeigten die „dummen" und die „intelligenten" Ratten kaum einen auffälligen Unterschied in ihrer Fehlerzahl im Labyrinthversuch. Bei einer Aufzucht in einer reizarmen Umgebung hingegen waren die Versuchsergebnisse sogar identisch.

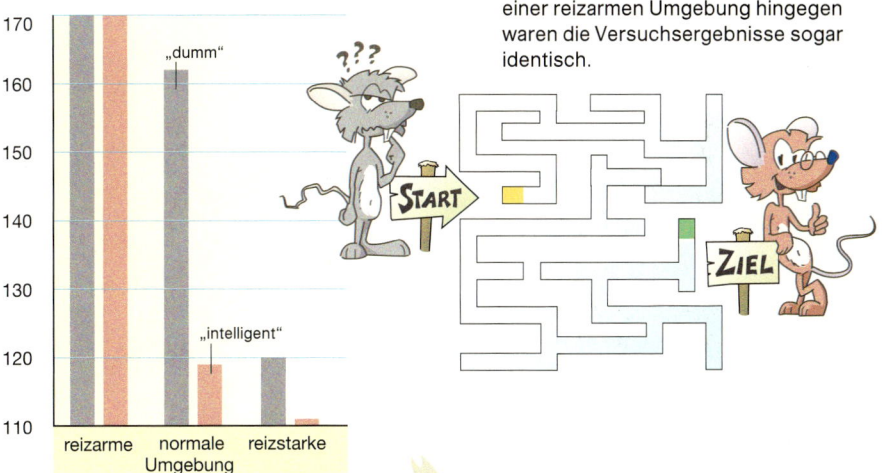

Der „kluge Hans"

Der Lehrer WILHELM VON OSTEN erregte um den Jahreswechsel 1899/1900 mit seinem Pferd, dem „klugen Hans", großes Aufsehen. Der kluge Hans war in der Lage, im Zahlenraum bis 20 einfache Aufgaben zu lösen. Das Ganze erschien durchaus glaubhaft, da VON OSTEN nicht nur bereit war, jemand anderen eine beliebige Rechenaufgabe stellen zu lassen, sondern auch den klugen Hans für die Bearbeitung der Aufgabe — z. B. 15 minus 8 — alleine ließ und aus dem Raum ging. 15 minus acht ergab sieben Hufschläge auf den Boden.

Was war der Grund für die offensichtliche mathematische Begabung des Pferdes? Ein Tipp: Der kluge Hans nutzte zur Beantwortung der Aufgaben nicht die Mathematik, sondern die Psychologie.

Künstliche Intelligenz

Mit großem Aufwand arbeiten Wissenschaftler und Computertechniker an der Entwicklung künstlicher Intelligenz, aber immer noch scheinen Probleme, die für uns simpel erscheinen, unlösbar für die „Computergehirne".
Würde man einen Computer mit künstlicher Intelligenz vor die Entscheidung stellen, sich zwischen zwei Uhren zu entscheiden, von der eine fünf Minuten nachgeht und die andere stehen geblieben ist, so würde er die kaputte Uhr wählen ...

„Ein geselliger Automat, der Stimmungen hat, aber weniger Grips als ein Säugling".

Mit welcher Begründung?

Verhalten

Beutefang bei der Erdkröte — eine Instinkthandlung

Beobachtet man eine Erdkröte beim Beutefang, so stellt man fest, dass sie auf Bewegungen von Insekten in ihrer unmittelbaren Nähe reagiert. Die Kröte wendet ihren Körper jeweils zur Beute und blickt sie an. Sobald sich das Insekt, z. B. eine Fliege, in günstiger Entfernung befindet, schnellt die Erdkröte ihre Zunge vor, fängt und verschluckt die Beute. Diese Bewegungsfolge läuft bei allen Erdkröten immer in dieser gleichen Weise ab. Da alle Kröten, unabhängig davon, wie und wo sie aufgezogen wurden, das gleiche Verhalten zeigen, geht man davon aus, dass dieses Verhalten nicht individuell erlernt wurde, sondern bei jeder Kröte von Beginn an als genetische Information vorliegt. Ein solches Verhalten bezeichnet man als *genetisch bedingtes Verhalten*.

Der **Schlüsselreiz** ist ein Reiz, der ohne vorherige Lernvorgänge von einem Individuum mit einem genetisch bedingten Verhalten beantwortet wird.

Die Orientierungsbewegung **(Taxis)** als Teil der Instinkthandlung ist flexibel und richtet sich auf den jeweiligen Reiz hin aus. Fällt der Reiz weg, wird die Orientierungsbewegung nicht mehr ausgeführt.

Handlung, der Ausführung des Zungenschlages, so läuft die Bewegung bis zum Ende ab. Dieser Teil der Beutefanghandlung, die *Endhandlung*, ist nicht mehr aufzuhalten.

Bei Versuchen zur Auslösung eines genetisch bedingten Verhaltens zeigt sich manchmal, dass Tiere in gleichen Situationen unterschiedlich intensiv reagieren. Erklärt wurde das mit einer unterschiedlichen *Handlungsbereitschaft*. Je höher die Handlungsbereitschaft eines Tieres ist, umso heftiger reagiert es auf einen Reiz.

Die Handlungsbereitschaft hängt von inneren und äußeren Faktoren ab. Die Handlungsbereitschaft der Erdkröte zum Beutefang ist z. B. sowohl von der Jahres- und

Handlungsbereitschaft

äußere Faktoren:
- **ökologische Einflüsse** — Wetter, Jahreszeit, ...
- **Schlüsselreize** — Größe, Art der Beute ...

Je höher die Handlungsbereitschaft bei gleichem Reiz, umso heftiger die Reaktion.

innere Faktoren:
- **Reifezustand** — Kaulquappe / Kröte
- **Hormone** — Blutzuckerspiegel
- **vorherige Handlung** — Beutefang

mögliche Rückwirkung — Instinkthandlung — mögliche Rückwirkung

Versuche mit unterschiedlichen Beutenachbildungen ergeben, dass Kröten sie nur dann als mögliche Beute ansehen, wenn die Objekte so groß wie Insekten sind und sich bewegen. Die *Attrappenversuche* klären, welcher Reiz z. B. das Beutefangverhalten der Kröten auslöst. Der Auslöser eines genetisch bedingten Verhaltens heißt *Schlüsselreiz*. Nur eine Attrappe mit ganz bestimmten Eigenschaften kann ein spezielles Verhalten auslösen.

Konrad Lorenz und Nikolaas Tinbergen bezeichneten eine solche Handlung, wie das Beutefangverhalten der Erdkröte, als *Instinkthandlung* und unterteilten sie in zwei Teilhandlungen. Ein Schlüsselreiz löst eine *Orientierungsbewegung* zur Beute aus. Bewegt sich das Insekt bzw. eine entsprechende Attrappe weiter, so richtet sich die Erdkröte jeweils erneut auf die Beute aus. Beginnt die Kröte mit dem zweiten Teil der

Die **Endhandlung** besteht aus einer festen Folge von Einzelbewegungen. Sie verläuft relativ formstarr und artspezifisch. Einmal ausgelöst, wird sie fast unabhängig von Außenreizen beendet. Endhandlungen beruhen auf genetischen Informationen und sind nicht durch Lernvorgänge veränderbar.

Tageszeit als auch vom Wetter abhängig. Genauso entscheidet ihr körperlicher Zustand, z. B. Blutzuckerspiegel, Menge der Fettreserven, Gesundheitszustand oder Erschöpfungszustand, ob sie mit dem Beutefang beginnt. Aber auch ihr hormoneller Zustand, z. B. während der Paarungszeit, hat Einfluss auf ihr Verhalten. Dies ist nur ein kleiner Ausschnitt der möglichen Einflussfaktoren, die dazu führen, dass ein Tier sich so verhält, wie es sich verhält.

Viele Tiere sind durch ihre genetisch bedingten Verhaltensweisen gut an die Bedingungen ihrer natürlichen Umwelt angepasst. Im Laufe ihres Lebens werden genetisch bedingte Verhaltensweisen oftmals aufgrund von neuen Erfahrungen durch Lernen modifiziert. Denn besonders in neuartigen und unbekannten Situationen können die relativ starren genetisch bedingten Verhaltensweisen versagen oder von Nachteil sein.

Material

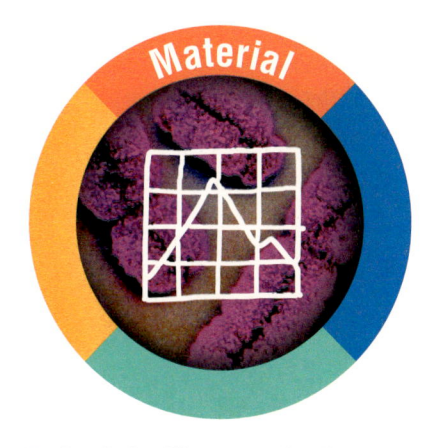

Beispiele für genetisch bedingtes Verhalten

Versuch 2

Beugt sich eine Person mit dem Gesicht weit über die Wiege eines Säuglings, so wird sie vom ihm angelächelt. Dieses Verhalten zeigt der Säugling bereits nach dem ersten Lebensmonat. Attrappenversuche ergeben, dass das *Antwortlächeln* des Säuglings zu diesem Zeitpunkt eine genetisch bedingte Verhaltensweise ist.

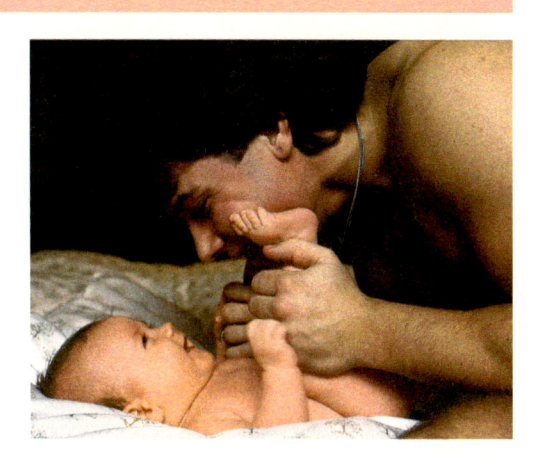

Versuch 1

Erblickt eine brütende Gans außerhalb ihres Nestes einen runden bis eiförmigen Gegenstand, verlässt sie ihr Nest und beginnt mit der Unterseite des Schnabels den Gegenstand in ihr Nest zu rollen.

Diese *Eieinrollbewegung* zeichnet sich durch zwei Verhaltenselemente aus. Einmal die gerade ziehende Bewegung auf das Nest zu und eine seitliche Ausgleichsbewegung mit dem Schnabel, sodass das Ei nicht seitlich wegrollt. Wird der Gans das Ei während des Eieinrollens weggenommen, so führt sie die ziehende Bewegung noch bis zum Erreichen des Nestes weiter, macht aber keine seitlichen Ausgleichsbewegungen mehr.

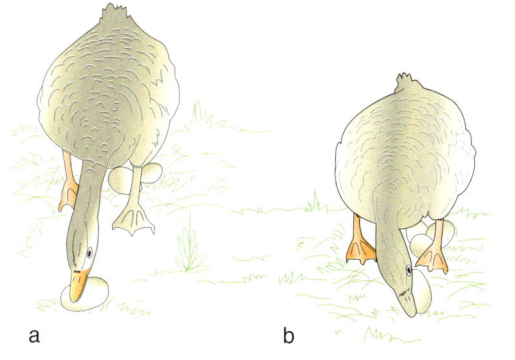

a   b

Das Auslösen des Antwortlächelns erfolgt nur auf die Gesichtsattrappe 2, nicht aber auf Attrappe 1.

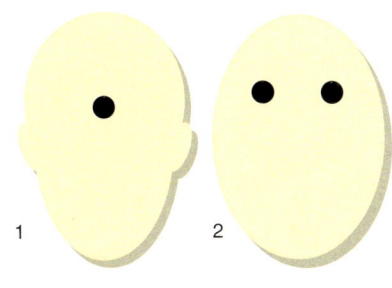

1   2

Bei der Verwendung weiterer Attrappen, zeigt sich, dass Säuglinge auch auf Attrappe 3 und 4 mit Antwortlächeln reagieren.

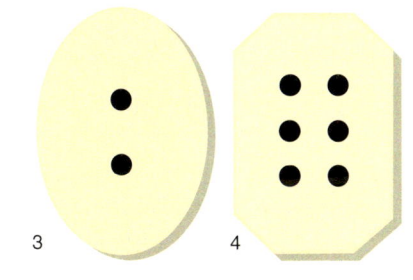

3   4

Versuch 3

Bei Erwachsenen lässt sich eine deutliche messbare Größenveränderung der Pupille als Reaktion auf Nacktfotos nachweisen, obwohl die Versuchspersonen teilweise eine Erregung beim Anblick der Fotos leugnen.

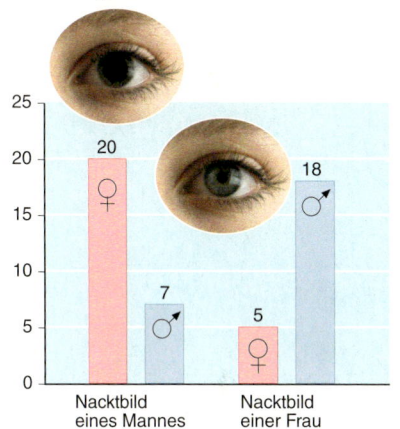

Mittlere prozentuale Änderung der Pupillengröße

Aufgaben

1. Erkläre das Verhalten der Gans beim Wegnehmen des Eies.
2. Welche Merkmale sind vermutlich der Schlüsselreiz für das Antwortlächeln?
3. Ergänze deine Aussagen über den Schlüsselreiz aufgrund der neuen Versuchsergebnisse.
4. Beschreibe die im Diagramm dargestellten Ergebnisse und werte sie aus.
5. Erläutere, ob es sich bei Versuch 3 um einen Attrappenversuch handelt.
6. Erkläre, warum der Begriff Schlüsselreiz speziell in Bezug auf den Menschen umstritten ist.

Verhalten

Praktikum

Zum Verhalten der Mittelmeergrille

Grillen sind bekannt für ihren Gesang. Ähnlich wie bei den Laubheuschrecken werden durch Aneinanderreiben der Flügeldecken Töne erzeugt. Da Grillen aber recht scheu sind, sieht man sie nur selten. Singende Männchen beenden ihren Gesang schon, wenn sie durch Erschütterungen gestört werden.
Auch wenn die Grillen im Terrarium gehalten werden, benötigst du vor allem viel Geduld und Ruhe, um sie bei den folgenden Versuchen zu beobachten. Weibchen lassen sich von Männchen übrigens leicht an ihrer langen, nadelförmigen *Legeröhre*, die weit über den Hinterleib hinausragt, unterscheiden.

Haltung und Pflege der Grillen

Die Haltung der Grillen erfolgt in einem Terrarium, dessen Boden mit Sand bedeckt ist. Eierkartons dienen der Untergliederung des Terrariums und bieten den Grillen Versteckmöglichkeiten. Das regelmäßige Besprühen des Bodens mit einem mit abgekochtem Wasser gefüllten Zerstäuber erhöht die Luftfeuchtigkeit.

Das Terrarium muss nach oben mit einem feinmaschigen Vorhangstoff oder mit Fliegengaze verschlossen sein, da die Tiere sonst flüchten. Die Grillen werden jeden Tag mit frischen Salatblättern gefüttert, zusätzlich kann ein Trinkröhrchen eingebracht werden. Die erforderliche Temperatur von 25 bis 30 °C lässt sich mit einer Schreibtischlampe herstellen (Kontrolle mit einem Thermometer). Mit einer Zeitschaltuhr sollte die Beleuchtungsdauer auf 16 Stunden Licht pro Tag geregelt werden.

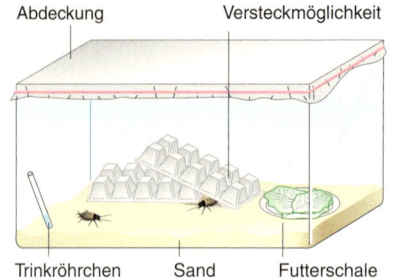

Abdeckung — Versteckmöglichkeit
Trinkröhrchen — Sand — Futterschale

Vor den Versuchen zum *Kampf-, Revier- und Fortpflanzungsverhalten* hält man die Männchen mindestens zwei Tage einzeln in Einweckgläsern. Auch hier wird der Boden mit Quarzsand bedeckt. Eine Streichholzschachtel dient als Versteck. Nach oben wird das Glas mit feinmaschigem Vorhangstoff und einem Gummiring verschlossen.

Wenn du mit mehreren Männchen oder Weibchen arbeitest, kannst du sie zur besseren Identifizierung kennzeichnen. Die Grillen kann man leicht mit Schreibmaschinenkorrekturlack auf dem Rücken markieren (Achtung: Keine Farbe auf die Vorderflügel!) Als Beobachtungskasten dienen Kühlschrankschalen aus Plexiglas (20 cm x 20 cm x 6 cm). Den Boden bedeckt man mit Sand. Die Temperatur wird, wie oben genannt, reguliert.

Versuche zum Kampfverhalten

① Setze zwei Männchen in die Beobachtungsarena. Beobachte und notiere auftretende Verhaltensweisen.
② Nimm mit einem Kassettenrekorder den Gesang auf.
③ Stelle Vermutungen an, was der Schlüsselreiz für das Verhalten ist.
④ Bestimme das kampfstärkste von 3 bis 5 Männchen, indem du sie nacheinander jeweils zu zweit in der Arena kämpfen lässt. Wer zurückweicht, hat verloren.
⑤ Lege eine an der Schmalseite aufgeschnittene Streichholzschachtel in die Arena. Wie wird sie in Besitz genommen?

Versuche zum Paarungsverhalten

Gib ein Männchen und ein Weibchen in eine Beobachtungsarena.
⑥ Beobachte und beschreibe auftretende Verhaltensweisen.
⑦ Wie nehmen Männchen und Weibchen Kontakt auf?
⑧ Lasse bei den Versuchen einen Kassettenrekorder mitlaufen, der die Geräusche aufnimmt.

Versuche zum Partnerwahlverhalten

Setze zwei Männchen und ein Weibchen in die Versuchsarena. Stülpe über ein Männchen ein Becherglas und über das andere ein Teesieb. Gib nun das Weibchen hinzu.
⑨ Beobachte und beschreibe, was passiert.
⑩ Tausche die Abdeckungen der beiden Männchen gegeneinander aus. Beobachte und beschreibe.
⑪ Welche Schlussfolgerungen kannst du aus dem Versuch ziehen?
⑫ Spiele erst einem Weibchen, dann einem Männchen die Gesänge vor. Welche Reaktionen treten auf?

Untersuchungen zur Lauterzeugung

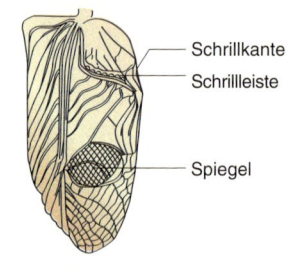

Schrillkante
Schrillleiste
Spiegel

⑬ Untersuche den *Vorderflügel* eines toten Männchens mit einer Lupe oder Stereolupe. Suche *Schrillkante, Schrillleiste* und *Spiegel*.
⑭ Baue, wie unten angegeben, ein *Funktionsmodell* aus Pappe zur Lauterzeugung von Grillen und ahme damit den Gesang der Grillen nach.

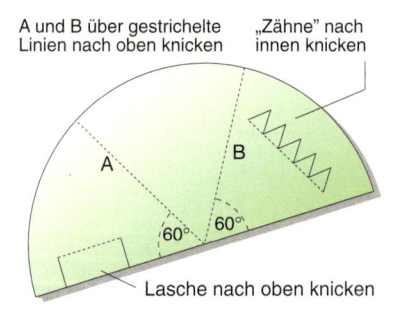

A und B über gestrichelte Linien nach oben knicken — „Zähne" nach innen knicken
Lasche nach oben knicken

Praktikum

Zum Verhalten der Amsel

Eine Vielzahl von Verhaltensbeobachtungen haben zunächst unter kontrollierten Bedingungen im Experiment oder in Gefangenschaft stattgefunden. Eine komplexe und dementsprechend schwierige Situation ist die Beobachtung von Tieren im Freiland.

Die Amsel ist durch ihr häufiges Auftreten in Siedlungsnähe und ihre Toleranz gegenüber Menschen in unmittelbarer Nähe ein ideales Tier zur Freilandbeobachtung. Erwachsene Amselweibchen und -männchen sind leicht voneinander zu unterscheiden. Das Weibchen ist einfarbig erdbraun mit einer heller gefleckten Kehle. Der Schnabel ist braun.

Männliche Amseln besitzen ein einfarbiges kohlschwarzes Gefieder. Im ersten Winter färbt sich der Schnabel der männlichen Jungvögel orangegelb und der Augenring wird auffallend gelb.

Das Verhalten der Amsel ist nicht zu jeder Jahreszeit gleich. Wenn du vorhast das Verhalten der Amseln im Garten zu studieren, ist es wichtig vorher zu überlegen, welche besonderen Verhaltensweisen in der jeweiligen Jahreszeit zu erwarten sind.

Neben einigen besonderen Verhaltensweisen im Jahresverlauf zeigen die Amseln jedoch auch einige Verhaltensweisen über das ganze Jahr hinweg.

Folgendes Material kann bei den Beobachtungen hilfreich sein: Großformatige Grundstückskarte; Schreibunterlage, Stift (Einzeichnen von Revieren, Nist- und Gesangsplätzen), Notizblock, Uhr, Fotoapparat, Tonbandgerät, Feldstecher.

1. Betrachte die Grafik zum Jahresverlauf und nenne besondere Verhaltensweisen, die du zur Zeit bei der Amsel beobachten könntest.
2. Beobachte mehrmals zu unterschiedlichen Zeiten und Tagen die Amseln deiner Umgebung und fülle die Tabelle aus.

Datum:			
Start-/Endzeit:	—	—	—
Temperatur:	....	....	....
Wetter:	....	....	....
♂ gesamt:	....	....	....
♀ gesamt:	....	....	....
♂,♀ gesamt:	....	....	....

Gesangsverhalten

Von Februar bis Juli erklingt der Frühlingsgesang der Amseln und von September bis Oktober kann man den deutlich leiseren Herbstgesang hören.

3. Welches Geschlecht haben die singenden Amseln?
4. Markiere die Stellen, an denen du eine singende Amsel beobachtet hast. Haben diese Stellen etwas gemeinsam?

Nahrungssuche/-aufnahme

Große Rasenflächen (z. B. Sportplätze), Beete und fruchttragende Bäume und Sträucher bieten gute Möglichkeiten, Amseln bei der Nahrungsaufnahme zu beobachten.

5. Welche Nahrung nimmt die Amsel zu sich?
6. Wie bewegt sich die Amsel bei der Nahrungsaufnahme?
7. Wie behandelt die Amsel ihre Nahrung oder die Beute?
8. Wie erfolgt die Nahrungssuche, z. B. in Laubhaufen?

Eine besondere Situation zur Beobachtung der Amsel bei der Nahrungsaufnahme ergibt sich im Winter an einem Vogelbrett oder Vogelhäuschen, da dies die einzige Stelle sein kann, an der die Amseln etwas zu fressen finden.

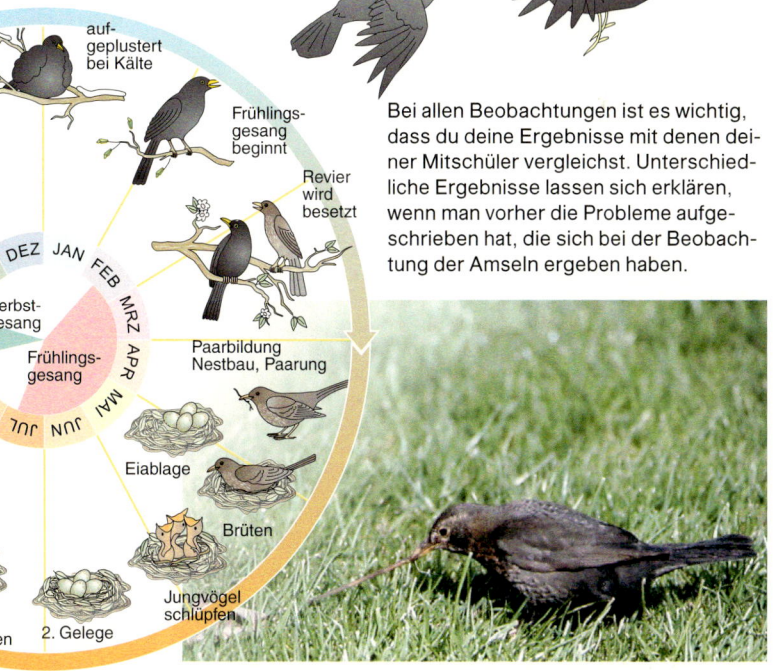

Bei allen Beobachtungen ist es wichtig, dass du deine Ergebnisse mit denen deiner Mitschüler vergleichst. Unterschiedliche Ergebnisse lassen sich erklären, wenn man vorher die Probleme aufgeschrieben hat, die sich bei der Beobachtung der Amseln ergeben haben.

Verhalten

2 Verhaltensökologie

Unterschiedlicher Bruterfolg bei Kohlmeisen

Ein Kohlmeisenpärchen, das in der Lage wäre aufgrund seiner Fähigkeiten mehr Eier zu bebrüten und Junge aufzuziehen als andere, wird mehr Nachkommen haben als andere Kohlmeisenpärchen. Besitzen ihre Nachkommen ebenfalls diese Fähigkeit, so werden auch diese wieder mehr Nachwuchs haben. Da es eine Konkurrenz innerhalb der Meisen um die begrenzt zur Verfügung stehende Nahrung und die wenigen guten Brutreviere gibt, werden sich mit der Zeit immer mehr Nachkommen des Meisenpärchens durchsetzen, da sie den Nachfahren der anderen Meisenpärchen zahlenmäßig überlegen sind. Viele Generationen später wird schließlich die Mehrheit der Kohlmeisen in der Population aus Nachfahren dieses einen Meisenpärchens bestehen.

Ein Verhalten, das sich positiv auf die Anzahl des Nachwuchs auswirkt und bei den Nachkommen ebenfalls auftritt, führt somit zu einer Ausbreitung in der Population. Die Maximierung des *Lebensfortpflanzungserfolges (Fitness)* wird von Verhaltensforschern als Ziel eines jeden Individuums betrachtet.

Mit den Untersuchungen zur Fitness verschiedener Verhaltensweisen beschäftigt sich ein Zweig der Verhaltensbiologie, die *Verhaltensökologie*. Im Gegensatz zu bisherigen Betrachtungsweisen werden nicht die Mechanismen eines Verhaltens untersucht, sondern dessen biologische Bedeutung — die Auswirkung auf die Fortpflanzungsfähigkeit.

In Freilanduntersuchungen schwankt die Gelegegröße der Kohlmeisen zwischen 5 und 12 Eiern pro Nest. Die Mehrzahl der Gelege weist dabei 8 bis 9 Eier auf.

Das Hinzulegen weiterer Eier zeigt, dass die Kohlmeisen in der Lage sind, auch größere Gelege mit Erfolg zu bebrüten. Es stellt sich die Frage: Welche Faktoren bedingen die Gelegegröße von 8—9 Eier?

In weitergehenden Untersuchungen konnten durch die Beringung frei lebender Kohlmeisen und die spätere Wiedererkennung der Jungvögel Informationen über deren individuelle Entwicklung gewonnen werden. Dabei zeigte sich, dass das Gewicht der jun-

Lebensfortpflanzungserfolg (Fitness) Anzahl überlebender Jungtiere, die ein Individuum bis zu seinem Lebensende hervorgebracht hat.

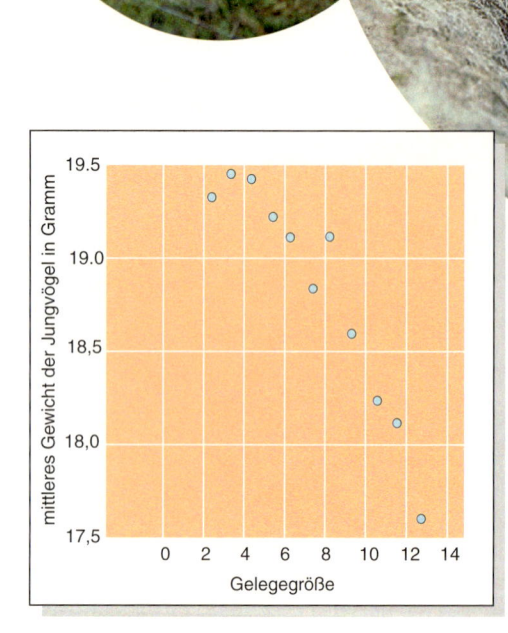

gen Kohlmeisen aus großen Gelegen beim Flüggewerden deutlich geringer war als das Gewicht der Jungvögel aus einem kleinen Gelege.

Als die Wissenschaftler drei Monate, nachdem die jungen Kohlmeisen das Nest verlassen hatten, überprüften, wie viele und welche der Jungtiere überlebt hatten, zeigte sich folgendes Ergebnis.

Schwerere Junge überleben häufiger. Das Gewicht eines Jungvogels beim Verlassen des Nestes bestimmt dessen Überlebenschancen. Nicht das Bebrüten, sondern vielmehr das Versorgen der Jungen mit Nahrung ist der *begrenzende Faktor*. Trotz größter Anstrengung gelingt es den Meiseneltern nicht, die Jungen ihres großen Geleges so gut mit Nahrung zu versorgen, wie die Jungvögel eines durchschnittlichen Geleges.

Eine abschließende Studie über den Einfluss der Gelegegröße auf die Überlebenschance der Eltern ergab, dass Eltern, die große Anzahlen von Jungtieren in einer Brutsaison aufziehen, eine geringere Überlebenschance haben als Eltern, die weniger Junge aufziehen. Neben der Tatsache, dass die Meiseneltern wegen der Versorgung ihrer Jungen selber kaum zum Fressen kommen, zeigen Untersuchungen auch, dass ihr erhöhter Brutpflegeaufwand zu einer verminderten Immunabwehr führt und letztendlich zu häufigeren Infektionen durch Parasiten, wie beispielsweise Flöhe und Milben.

Die Gelegegröße von 8 bis 9 Eiern bildet somit einen Kompromiss aus möglichst geringer Belastung der Eltern bei der Aufzucht der Jungtiere *(Kosten)* bei gleichzeitig optimaler Nachwuchsanzahl *(Nutzen)*.

Aus der Sicht der Verhaltensökologie wurde das Verhalten der Kohlmeise im Laufe der Evolution ausgelesen, sodass es einer optimalen *Kosten-Nutzen-Bilanz* entspricht. Daraus ergibt sich für die Meisen eine optimale Fitness.

Aufgaben

① Welche Auswirkungen hat das Besetzen und Verteidigen eines guten Brutreviers durch ein Meisenpärchen auf deren Fitness?

② Überlege dir Gründe, warum die Überlebenschancen schwererer Jungvögel im Vergleich zu leichteren höher sind.

Verhalten **321**

Kosten und Nutzen beim Nahrungserwerb

Die an der Westküste von Kanada lebenden *Krähen* ernähren sich hauptsächlich von großen *Wellhornschnecken*, die sie bei Niedrigwasser am Ufer aufsammeln. Da sie nicht in der Lage sind, das harte Gehäuse der Schnecken mit dem Schnabel zu sprengen, fliegen sie über die felsigen Küstenstrände und lassen die Wellhornschnecken fallen. Wissenschaftlern fiel auf, dass die meisten Krähen die Wellhornschnecken aus der gleichen Höhe fallen ließen.

Mit Wellhornschnecken der bevorzugt gefressenen Größe wurden Fallversuche durchgeführt. Dabei untersuchten die Wissenschaftler, wie oft eine Wellhornschnecke aus unterschiedlichen Höhen fallen muss, um letztendlich zu zerbrechen. Sie fanden heraus, dass die Wellhornschnecken bei einem Abwurf aus ca. 15 Metern in der Regel beim zweiten Versuch aufplatzen. Aus 5 Metern Höhe hingegen benötigt man durchschnittlich vier Versuche zum Öffnen der Schnecke. Bei einer Höhe von 2,5 Metern zerbricht des Gehäuse der Schnecken durchschnittlich erst beim 40. Versuch.

Betrachtet man das Verhalten der Krähen aus der Perspektive der Ökonomie, kann man die *Kosten* und den *Nutzen* des Verhaltens aufzählen. Der Nutzen besteht zweifellos in dem Gewinn von Nahrung, wenn es der Krähe gelingt, die Schale der Wellhornschnecke zu öffnen. Dieser Nahrungsgewinn lässt sich in Kilojoule berechnen. Der Energieertrag einer Krähe beim Fressen einer großen Wellhornschnecke beträgt ca. 8,2 kJ (Kilojoule). Dem gegenüber stehen die Kosten in Form von Energieaufwand beim Fliegen. Der Energieaufwand, um einen Meter hoch zu fliegen, beträgt ungefähr 0,12 kJ.

Um eine Wellhornschnecke zu öffnen, benötigten die Wissenschaftler im Experiment 4 Versuche. Die Schnecke erfährt eine Fallstrecke von 20 m. Eine Krähe muss demnach vier mal 5 m hoch und runter fliegen. Da die Krähe nur für das Hochfliegen Energie verbraucht, benötigt sie 20 mal 0,12 kJ, um ein Scheckengehäuse zu knacken.

Die Nahrungsaufnahme lohnt sich also für die Krähe nur, wenn der zu erwartende *Energieertrag* höher ist als der *Energieaufwand*.

Messungen der Abwurfhöhe im Freiland ergaben, dass die Krähen wirklich eine Abwurfhöhe für Wellhornschnecken von ca. 5 Metern wählen. Damit liegen sie mit ihrem Verhalten genau im Bereich des durch die Kosten-Nutzen-Rechnung vorausgesagten Wertes für einen maximalen Energiegewinn.

Allgemein gesagt: Jede Verhaltensweise erfordert einen bestimmten Aufwand an Energie und Zeit. Ein Tier, welches diesbezüglich am ökonomischsten ist, wird im Laufe seines Lebens mehr Nachkommen zeugen, da es z. B. mehr Energiereserven behält oder weniger Zeit für die Nahrungsaufnahme benötigt.

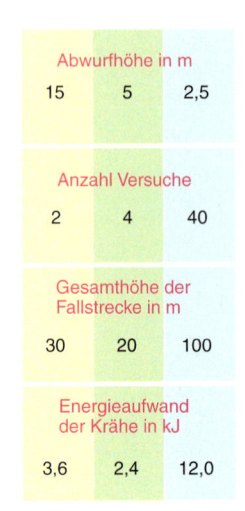

Abwurfhöhe in m		
15	5	2,5
Anzahl Versuche		
2	4	40
Gesamthöhe der Fallstrecke in m		
30	20	100
Energieaufwand der Krähe in kJ		
3,6	2,4	12,0

Aufgaben

① Formuliere die Fragestellung für die im Text beschriebenen Fallversuche.

② Wie viele Flüge benötigt eine Krähe voraussichtlich bei einer Fallhöhe von 3 m?

③ Bis zu welcher Fallhöhe kann die Krähe kleine Wellhornschnecken (Energiegehalt ≈ 2,5 kJ) transportieren, um sie gewinnbringend als Nahrung zu nutzen.

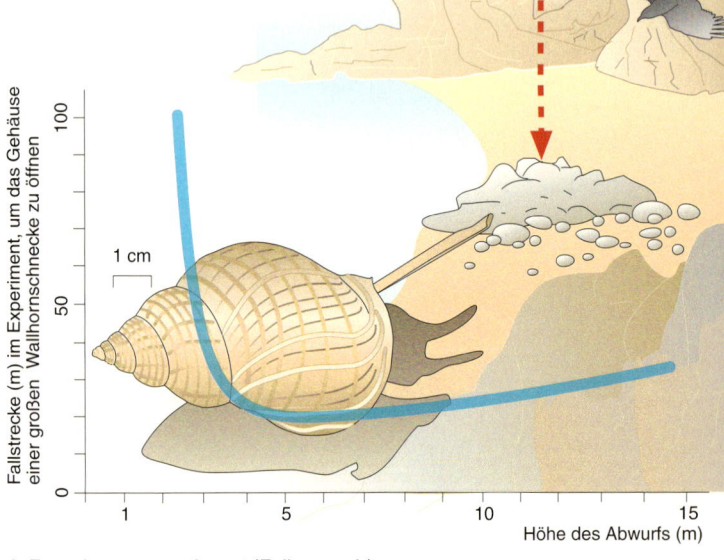

1 Forschungsexperiment (Fallversuch)

1 Heckenbraunelle

2 Paarungsmodelle bei Heckenbraunellen

	Anzahl flügger Jungtiere pro Saison		
	pro ♀	pro a ♂	pro b ♂
♂ ♀	5,5	5,5	--
♂b ♂a Β♂ ohne Kopulation ♀	4,7	4,7	0
Β♂ mit Kopulation	7,8	4,7	3,1
♂ ♀ ♀	4,1	8,2	--
♂a ♂b ♀ ♀	3,8	5,5	2,2

Paarungssysteme

Ein *Heckenbraunellen-Männchen* verteidigt sein Revier, in dem sich ein einziges Weibchen angesiedelt hat. Bei dieser *Monogamie* beteiligt sich das Männchen aktiv bei der Aufzucht der Jungen. Manchmal siedelt sich im Revier eines monogamen Paares ein weiteres Männchen, ein sog. *Beta-Männchen,* an. Es lässt sich nicht völlig vom Revierbesitzer, dem *Alpha-Männchen,* vertreiben. Gelingt es dem Alpha-Männchen, seinen Konkurrenten an einer Kopulation mit dem Weibchen zu hindern, so zerstört dieses gegebenenfalls das Gelege. Kann das Beta-Männchen aber gelegentlich kopulieren, so hilft es sogar bei der Aufzucht der Jungtiere.

Bei großem Nahrungsangebot kann es vorkommen, dass zwei Weibchen im Revier eines Männchens ihre Eier legen. Das Männchen verteilt seine Hilfe bei der Aufzucht der Jungvögel auf beide Nester und ist für jedes Nest nur etwa zur Hälfte verfügbar.

Lässt sich in einem Revier mit einem Männchen und zwei Weibchen ein Beta-Männchen nieder, so bekommt das Alpha-Männchen als Revierbesitzer die meisten Kopulationen, kann aber Kopulationen seines Konkurrenten nicht immer verhindern.

Für die Weibchen der meisten Tierarten reicht in der Regel pro Wurf oder Gelege die Kopulation mit einem einzigen Männchen aus, um eine maximale *Fitness* zu erzielen. Männchen aber können mehr Nachkommen erzielen, wenn sie mit mehr als einem Weibchen kopulieren.

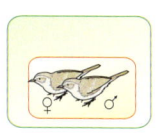

Monogamie

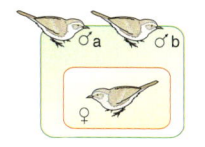

Polyandrie

Polygynie

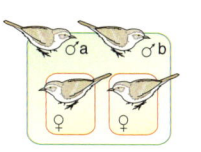

Polygynandrie

Weibchenrevier

Männchenrevier

Ein Konflikt um das Paarungssystem besteht zwischen den beiden Geschlechtern. Da ein Heckenbraunellen-Weibchen ohne die Unterstützung des Männchens Mühe hat, alle Jungen aufzuziehen, ist für das Weibchen die Paarung mit Alpha- und Beta-Männchen aus der Sicht der optimalen Fitness das ideale Paarungssystem, für die Männchen aber die Paarung mit mehreren Weibchen. Die herrschenden Umweltbedingungen, wie z. B. Nahrungsangebot, Reviergröße und Verhaltensmöglichkeiten der Geschlechter, geben den Ausschlag, ob das Männchen oder das Weibchen den Konflikt um das Paarungssystem zu seinen Gunsten entscheidet.

Bei den meisten Tierarten ist das Paarungssystem festgelegt. Die Paarung eines Männchens mit vielen Weibchen ist der häufigste Paarungstyp. Monogamie kommt aber ebenfalls bei zahlreichen Arten vor.

Aufgaben

Erkläre die folgenden Verhaltensweisen aufgrund von Kosten-Nutzen-Überlegungen:
① Weibchen sind sehr aggressiv gegen andere Weibchen und fordern Beta-Männchen oftmals aktiv zur Kopulation auf.
② Männchen bemühen sich im Revier, weitere Weibchen zur Eiablage zu bringen, unterbinden Streit zwischen Weibchen und verhindern als Alpha-Männchen die Kopulation von Beta-Männchen.
③ Beta-Männchen besetzen sofort Reviere von verstorbenen Alpha-Männchen und schließen sich verwitweten Weibchen an.

Verhalten

Die Gemeinschaft der Schimpansen

Schimpansen leben meist in Gruppen bis zu 50 Tieren in einem Wohngebiet zusammen. Das Leben in Gruppen bietet Vor- und Nachteile (Nutzen und Kosten). Einerseits bietet es einen besseren Schutz vor Fressfeinden. Andererseits haben Schimpansen, da sie Obst, Blüten und junge Blätter fressen, hohe Ansprüche an ihre Nahrung. Diese hochwertige Nahrung wächst nur zu bestimmten Zeiten an unterschiedlichen, weit verteilten Stellen im Wohngebiet. Da die Tiere, unabhängig von ihrer Gruppenrolle, stets in Konkurrenz um Nahrung stehen, ist das Leben als Einzelgänger oder in Kleingruppen von Vorteil. In Zeiten eines reichhaltigen Nahrungsangebotes bilden die Schimpansen größere Gruppen mit mehreren Weibchen. Ändern sich die ökologischen Bedingungen, trennen sich Weibchen und Jungtiere wieder von der Gruppe und die Männchen schließen sich entweder einem Weibchen an oder bilden reine Männertrupps. Diese Form der Gruppe nennt man *Sammlungs-Trennungs-Gesellschaft*.

Das Wohngebiet der Schimpansengruppe

Das aus mehreren Kerngebieten der Weibchen bestehende Wohngebiet wird von einer Männchengruppe verteidigt. Die Männchen versuchen möglichst viele Weibchen zu begatten und erreichen so eine hohe Fitness. Da die Weibchen meist als Einzelgänger oder in Kleingruppen leben, könnten die Männchen maximal ein Weibchen verteidigen. Der Zusammenschluss zur Gruppe hilft den oft untereinander verwandten Männchen zu einer größeren Anzahl an Weibchen und zur besseren Verteidigung ihres wichtigsten Besitzes: paarungsbereite Weibchen.

Die Schimpansenmännchen bleiben nach Erreichen der Geschlechtsreife bei der Gruppe. Die geschlechtsreifen Weibchen verlassen die Gruppe und schließen sich anderen Schimpansengruppen an. Dieses Verhalten verhindert, dass es zur Inzucht innerhalb der Gruppe kommt.

Schimpansenweibchen kopulieren in der Regel mit wechselnden Partnern, sodass alle Partner Vater des Kindes sein könnten. Ein Verhalten, das dazu beiträgt, dass der Nachwuchs von allen Partnern der Mutter be-

---

Zettelkasten

Kooperatives Verhalten

Das Leben in der Schimpansengruppe ist bestimmt durch verschiedene kooperative Verhaltensweisen. So bilden Schimpansen immer wieder größere Jagdgruppen und stellen z. B. roten Stummelaffen, Buschschweinen oder jungen Antilopen nach. Die bei Jagden häufig anzutreffende Kooperation zwischen mehreren Gruppenmitgliedern erklärt sich anhand der relativ geringen Erfolgsrate der Einzeljagd von nur ca. 16 % im Vergleich zur Erfolgsrate der Gruppenjagd von über 80 %.

Bei erfolgreicher Jagd erhält derjenige, der das Tier erlegt hat, die Beute. Egal welchen Rang er in der Gruppe hat, darf er bestimmen, mit wem er teilt.

Fütterungsversuche im Freiland ergaben, dass ca. 86 % des Teilens mit Verwandten erfolgt (meistens teilten Mütter mit ihren Kindern). In den restlichen 14 % der Fälle teilten meist erwachsene Männchen mit erwachsenen Weibchen, was ihre Chancen bei der Paarung mit dem entsprechenden Weibchen verbesserte. Diese Nahrungstoleranz kann aber auch durch spätere soziale Fellpflege oder Unterstützung bei Rangkämpfen innerhalb der Gruppe erwidert werden.

schützt wird. Häufig findet aber auch eine individuelle Partnerwahl statt, bei der sich das paarungsbereite Weibchen mit ihrem Partner zur „Hochzeitsreise" absetzt.

Die Rangordnung regelt das Zusammenleben in der Schimpansengruppe

Die Schimpansenforscherin JANE GOODALL berichtete: „Figan zeigte eine wilde Imponierveranstaltung im Geäst, schüttelte heftig Zweige, sprang und schwang sich von einer Seite des Baumes auf die andere. Chaos brach aus, als Schimpansen kreischend vor ihm flüchteten ...... und dann, als er sich richtig in Rage gearbeitet hatte, sprang er von oben auf Humphrey in seinem Nest hinunter. Ineinander verkrallt fielen die beiden rund neun Meter tief hinab. Humphrey riss sich los und floh kreischend. Figans Sieg über Humphrey, das Männchen mit dem bis dahin höchsten sozialen Rang, dem *Alpha-Tier*, leitete eine Veränderung in den sozialen Stellungen der Männchen in der Schimpansengruppe ein".

Die *Rangordnung* der Schimpansenmännchen ist linear. Die Ranghöheren dominieren jeweils über sämtliche rangniedere Tiere. Das ranghöchste Tier wird als *Alpha-Tier* bezeichnet, dann folgt das *Beta-Tier* und am Ende der Rangordnung steht das *Omega-Tier*. Bei der Rangordnung der Schimpansenweibchen besetzt das älteste Weibchen in der Regel die Alpha-Position, aber die Beta-Position teilen sich häufig mehrere Weibchen.

Im Regelfall darf das Alpha-Männchen bevorzugt mit paarungsbereiten Weibchen zum Zeitpunkt deren größter Fruchtbarkeit kopulieren. Dementsprechend bietet die Alpha-Position eine gewisse Wahrscheinlichkeit für eine hohe Fitness. Andererseits müssen die Position als Ranghöchster immer wieder gegen junge aufstrebende Männchen verteidigt und die Weibchen vor Übergriffen der Konkurrenten geschützt werden. Bei diesem hohen Aufwand liegt es nahe, dass das Alpha-Tier diese Position nur für eine begrenzte Zeit einnehmen kann. *Koalitionen* mit anderen Männchen bieten eine Möglichkeit, die Position über längere Zeit zu sichern.

Auch im beschriebenen Falle des Machtwechsels gab es eine Koalition vom Alpha-Tier Humphrey mit einem anderen Schimpansenmännchen Evered. Figan wartete mit seinem Angriff, bis Humphrey ohne die Hilfe von Evered, seinem Partner, war. Gleichzeitig hatte er sich die Unterstützung seines Bruders Faben gesichert, mit dem er einige Tage später gemeinsam Evered anfiel.

Rangordnungen gibt es in vielen sozialen Gruppen. Ihr Bestehen führt letztendlich zu einer Verminderung der Kämpfe und hat für alle Tiere einer Gruppe Vorteile. Einerseits nutzen Rangniedere den Schutz, den die Gruppe vor Feinden bietet, andererseits gehen Verlierer weniger Kosten und Risiken zu Zeiten ein, wo ein Kampferfolg unwahrscheinlich ist. Sie warten ab, sodass sie später vielleicht einmal die Führungsrolle übernehmen können.

Aufgaben

① Betrachte die Abbildung zur Sozialstruktur der Schimpansengemeinschaft.
② Beschreibe das Verhalten der einzelnen Gruppenmitglieder fremden Schimpansen gegenüber.
③ Wo ist in der Abbildung ein Pärchen auf Hochzeitsreise?

Zitat von JANE GOODALL aus: Ein Herz für Schimpansen, Rowohlt-Verlag Reinbek bei Hamburg 1993; Seite 64

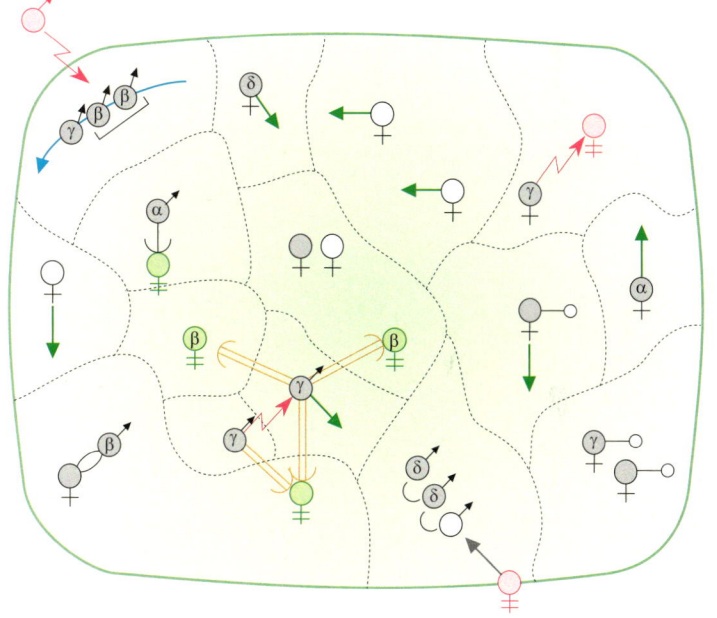

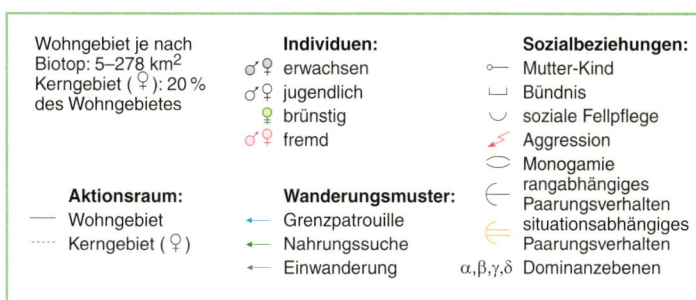

1 Sozialstruktur einer Schimpansengemeinschaft

Wohngebiet je nach Biotop: 5–278 km². Kerngebiet (♀): 20 % des Wohngebietes

Individuen:
♂♀ erwachsen
♂♀ jugendlich
♀ brünstig
♂♀ fremd

Aktionsraum:
— Wohngebiet
--- Kerngebiet (♀)

Wanderungsmuster:
→ Grenzpatrouille
→ Nahrungssuche
→ Einwanderung

Sozialbeziehungen:
⌒ Mutter-Kind
⌣ Bündnis
⌣ soziale Fellpflege
⚡ Aggression
◯ Monogamie
rangabhängiges Paarungsverhalten
situationsabhängiges Paarungsverhalten
α,β,γ,δ Dominanzebenen

Verhalten 325

3 Aspekte menschlichen Verhaltens

Kooperation und Aggression

Ein Stamm der Netsilik-Inuits umfasste ca. 200 Personen. Bis vor wenigen Jahren lebten sie noch wie ihre Vorfahren als Sammler und Jäger vom Lachsfang im Sommer sowie von der Robbenjagd im Winter. Abhängig von Jahreszeit und Jagdbedingungen, lebten sie im Sommer in einzelnen kleinen Familiengruppen. Im Winter hingegen, wenn die Netsilik die Robben in der zugefrorenen Bucht jagten, schlossen sie sich mit mehreren Familien zu größeren Verbänden zusammen.

Der Lachsfang war für die Netsilik eine relativ sichere Nahrungsquelle. Wenige Fischer erlegten nahezu jeden Tag genügend Lachse, um ihre Familie zu ernähren. Im Gegensatz dazu gestaltete sich der Robbenfang um einiges komplizierter. Robben müssen in gewissen Abständen an die Wasseroberfläche, um dort Luft zu holen. Wenn im Winter die Bucht zufriert, verhindert das die dicke Eisdecke auf dem Wasser. Deshalb durchbrechen die Robben zu Beginn der Eisbildung die noch dünne Eisschicht an 6–8 Stellen in ihrem Revier und halten die Löcher weiterhin frei. Eines der lebenswichtigen Atemlöcher wird alle 15 Minuten in unregelmäßiger Reihenfolge von der Robbe zum Luftholen genutzt. Die Inuit-Jäger spüren die Atemlöcher der Robben auf, stellen sich an eines der Löcher und versuchen, die Luft holende Robbe mit einer Harpune zu erlegen.

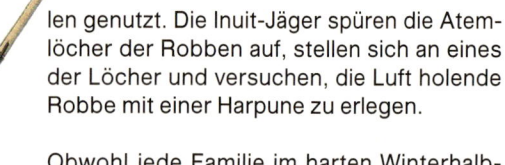

Obwohl jede Familie im harten Winterhalbjahr ums eigene Überleben kämpft, schließen sich die Netsilik zu größeren Jagdverbänden zusammen und kooperieren bei der Jagd. Selbst Jäger, die über längere Zeit in der Gruppe keine Robbe erlegt haben, bekommen für sich und ihre Familie einen Anteil von der Beute der erfolgreichen Jäger.

Die *Kooperation* mehrerer Jäger ermöglicht es, eine Vielzahl der nahe beieinander liegenden Atemlöcher gleichzeitig zu bewachen. Damit erhöht sich die Wahrscheinlichkeit, dass einer der Jäger die Robbe in dem kurzen Moment des Luftholens erlegt. Alle Mitglieder der Gruppe, die ein Atemloch bewachen, erhalten einen Anteil vom erfolgreichen Jäger. Das Teilen der Beute ist allerdings keine Mildtätigkeit des Erfolgreichen, sondern die *Investition* in die Zukunft. Denn jeder verhungerte Jäger fehlt der Gruppe bei der nächsten Jagd als Wache an den Atemlöchern.

1 Inuit-Jäger (nach einer historischen Abbildung)

Es ist aber anscheinend eine Ironie des Schicksals, dass beim Menschen als dem kooperativsten aller Lebewesen aggressive Zusammenstöße gefährlicher verlaufen als bei allen Tieren.

Aggressives Verhalten ist bei vielen Primaten ein Hilfsmittel, um dem vielschichtigen Sozialleben gewachsen zu sein. Am Beispiel der Kooperation zeigt sich, dass eine Zusammenarbeit nur dann funktioniert, wenn alle Beteiligten die getroffenen Vereinbarungen einhalten. Als Schutz vor Betrügern, die ohne persönlichen Einsatz nur den Nutzen aus der Gemeinschaft ziehen, muss das Kollektiv, also die Gemeinschaft, aggressive Vergeltungsmaßnahmen für Betrug androhen und durchführen.

Aggressionsverhalten schließt alle Verhaltensweisen von Drohen, Angriff und Verteidigung ein. Das Ziel eines aggressiven Verhaltens ist das Verletzen oder Beschädigen einer Person oder eines Objektes. Beim Menschen tritt aggressives Verhalten in unterschiedlichen Funktionszusammenhängen auf, z. B. zur Verteidigung des Eigentums, beim Rivalisieren um Rangordnungspositionen und Sexualpartner oder zur Selbstverteidigung. Soziologen, Psychologen und auch Biologen haben aggressives Verhalten erforscht und verschiedene Theorien zu den Ursachen aufgestellt.

In der *Frustrations-Aggressions-Theorie* wird angenommen, dass Frustrationen immer zu aggressivem Verhalten führen. Unter *Frustration* versteht man den emotionalen Zustand, wenn eine Person durch eine unangenehme Erfahrung am Erreichen eines Zieles gehindert wird. Das Ausführen einer aggressiven Handlung verringert nach Ansicht der Frustrations-Aggressions-Theorie die Aggressionsbereitschaft. Auch länger zurückliegende Frustrationen können sehr viel später zu Aggressionen führen. Da Menschen mit ähnlichen Frustrationserlebnissen unterschiedlich aggressiv reagieren, trifft diese Theorie wohl nur teilweise zu.

In der *Lerntheorie* wird ausgesagt, dass aggressives Verhalten ausschließlich erlernt wird. Aggressives Verhalten, das ein Bedürfnis befriedigt, wirkt wie eine Belohnung beim Konditionieren. Auch durch Nachahmungslernen kann aggressives Verhalten übernommen werden. Untersuchungen zeigen jedoch, dass Aggressionsverhalten auch genetische Grundlagen aufweist.

KONRAD LORENZ vertrat, basierend auf seinem an Tieren entwickelten Instinktmodell, die *Triebtheorie der Aggression*. Danach besitzt der Mensch einen Aggressionstrieb, der von selbst eine Bereitschaft zur Aggression aufbaut. Zumindest bei Tieren konnte ein solcher Trieb nie nachgewiesen werden.

Aggression

1 Aggression auf der Straße

Untersuchungen zum menschlichen Aggressionsverhalten

In einer Studie wurden Kinder aus drei unterschiedlichen Familiensituationen untersucht: In Gruppe 1 stritten sich die Eltern selten vor ihren Kindern. In Gruppe 2 gab es permanent offene Streitigkeiten zwischen ihnen. In Gruppe 3 gab es zwar auch häufig Konflikte, doch die Eltern versöhnten sich im Beisein der Kinder wieder. Die Kinder aus Gruppe 3 zeigten im Test ein deutlich besseres Sozialverhalten als die übrigen Kinder. Demnach scheint die wichtigste soziale Fähigkeit, die man lernen muss, nicht das Vermeiden von Konflikten zu sein, sondern die Fähigkeit, richtig damit umzugehen.

Inwieweit wird aber aggressives Verhalten, das Kinder in ihrer Umgebung wahrnehmen, nachgeahmt und übernommen? Um zu prüfen, ob Gewaltdarstellungen und Erziehungsmethoden das Aggressionsverhalten von Kindern beeinflussen, wurde ein Experiment durchgeführt. Dazu wurden Kindergartenkinder zufällig auf drei gleich große Gruppen verteilt. Die Anzahl der Mädchen und Jungen pro Gruppe war gleich. Alle Kinder sahen den gleichen Film, der aber in den drei Gruppen jeweils eine unterschiedliche Endszene hatte. In der Handlung des Films ging die Hauptperson Rocky auf eine lebensgroße Plastikpuppe zu, schlug und trat sie. Zuletzt warf er Gummibälle auf die Puppe. Ergänzt wurden seine aggressiven Handlungen durch aggressive Äußerungen.

Die Gruppe 1 sah als Endszene des Films, wie Rocky von einem Erwachsenen belohnt wurde. Die Gruppe 2 sah, wie Rocky von Erwachsenen bestraft und als brutal bezeichnet wurde. In Gruppe 3 gab es für Rockys Aggressionen keine Konsequenzen, weder positive noch negative.

In Phase 2, nach dem Film, konnten die Kinder einzeln in verschiedenen Räumen spielen, in denen sich Spielzeug und Gegenstände aus dem Film befanden. Das Verhalten der Kinder wurde 10 Minuten lang durch eine Einwegscheibe von einer Person beobachtet, die nicht wusste, aus welcher Gruppe das jeweilige Kind stammte. Wenn die Kinder dort Rockys aggressive Handlungen nachahmten, wurde es notiert und später nach Gruppen und Geschlechtern ausgewertet.

In Phase 3 wurden die Kindern aller Gruppen mit dem Versprechen einer Belohnung dazu aufgefordert, Rockys Verhalten zu imitieren.

Aufgaben

① Beschreibe die im Balkendiagramm dargestellten Ergebnisse des Experiments zum Nachahmungslernen aus Phase 2 und 3.

② Welche Schlüsse ziehst du anhand dieser Ergebnisse bezüglich des Aggressionsverhalten des Menschen?

③ Diskutiere auf der Grundlage dieser Ergebnisse, welche Gefahren in brutalen Filmen liegen, die sich Kinder in Abwesenheit von Erwachsenen anschauen können.

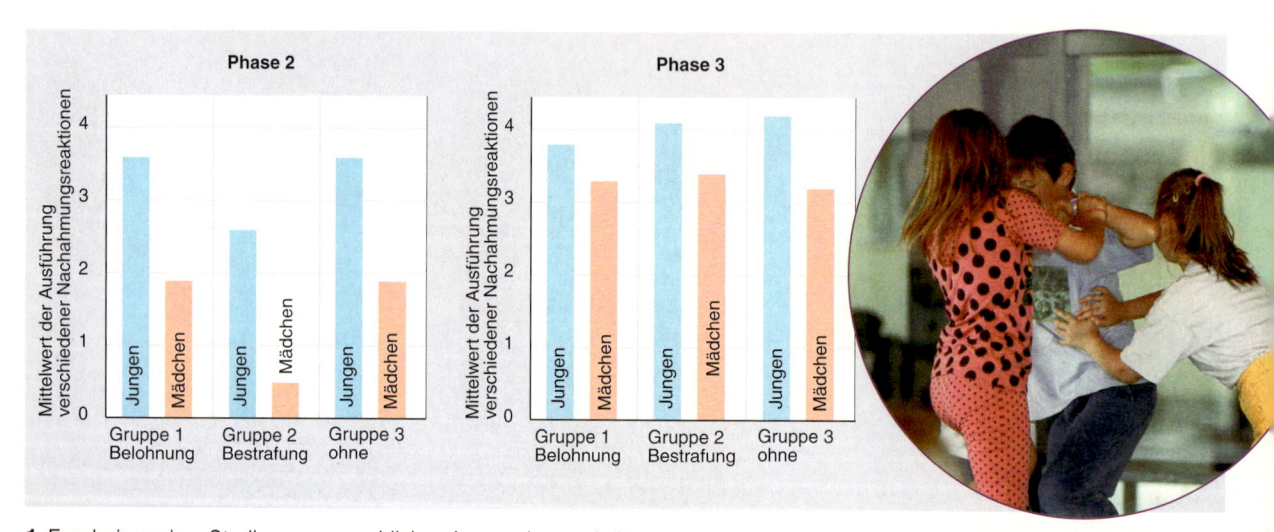

1 Ergebnisse einer Studie zum menschlichen Aggressionsverhalten

Zettelkasten

Konfliktschlichtung

Der Täter-Opfer-Ausgleich

Nach einer Straftat ist es Aufgabe der Gerichte, den Täter zu verurteilen und zu bestrafen, während das Opfer fast keine Aufmerksamkeit erhält. Bloße Bestrafung jedoch führt weder zur Wiedereingliederung des Täters in die Gesellschaft noch wird dem Geschädigten dadurch weitergeholfen. Deshalb hat man für weniger schwer wiegende Straftaten nach einem sinnvollerem Weg gesucht. Im Beisein eines unparteiischen Vermittlers bietet der *Täter-Opfer-Ausgleich* die Chance zu einem klärenden Gespräch zwischen Täter und Opfer. Dadurch erhofft man sich einen Schadensausgleich, der für beide Seiten befriedigend ist.

Konfliktschlichtung in der Schule

Diese Form der Konfliktschlichtung wird bereits erfolgreich an einigen Schulen praktiziert. Dabei besteht die Möglichkeit, dass Vertrauenslehrer als Vermittler auftreten, aber auch Schüler aus höheren Jahrgangsstufen können innerhalb eines mehrtägigen Ausbildungsseminars als sogenannte *Konfliktlotsen* geschult werden. Speziell die Möglichkeit der Konfliktbewältigung mit einem Schüler als Vermittler findet an den jeweiligen Schulen bei den Betroffenen großen Anklang.

Grundsätze der Konfliktschlichtung

Wenn du als Konfliktlotse einen Täter-Opfer-Ausgleich anstrebst, musst du auf folgende Grundsätze achten:

Freiwilligkeit:

Erzwungene Entschuldigungen führen in keinem Fall zur Einsicht. Druck erzeugt nur Widerstand und Heuchelei. Deshalb ist die freiwillige Teilnahme bei der Vermittlung für Täter und Opfer unverzichtbare Voraussetzung für eine friedliche und faire Auseinandersetzung. Besonders für die Konfliktschlichtung in der Schule ist die Freiwilligkeit zum gemeinsamen Gespräch eine heikle Sache.

Unparteilichkeit:

Es ist absolut notwendig, dass du als Vermittler in deiner Schiedsrichterfunktion völlig neutral bleibst, da verständlicherweise beide Parteien versuchen werden, dich für sich und ihre Position zu vereinnahmen.

Sicherheit:

Bevor das eigentliche Gespräch stattfindet, musst du beide Beteiligte in Einzelgesprächen über den grundsätzlichen Ablauf der Konfliktschlichtung informieren. In diesem Vorgespräch triffst du auch Absprachen über mögliche Abbruchkriterien oder über die Mitnahme einer Vertrauensperson.

Atmosphäre:

Du hast als Vermittler nicht nur die Verantwortung für ein faires Gespräch, sondern bemühst dich auch um die Schaffung einer möglichst entspannten Atmosphäre während des Treffens. Das Darbieten von Getränken und ein wenig Smalltalk können dir helfen das Eis zu brechen.

Verantwortung abgeben:

Zu Beginn der Konfliktschlichtung musst du die beiden Beteiligten über ihre Verantwortung für das Zustandekommen eines für beide Seiten befriedigenden Schadensausgleich informieren.

Akzeptieren und Kontrollieren:

Als Vermittler lässt du beide Parteien berichten. Dir muss dabei klar sein, dass es nicht nur „eine" Wahrheit gibt. Die Frage nach Recht und Unrecht oder die Frage nach Schuld führt in der Regel in eine Sackgasse aus Vorwürfen und Rechtfertigungen. Zur erfolgreichen Vermittlung gehört es, dass man bereit ist beide Geschichten zu akzeptieren.

Ausgewogenheit des Dialogs:

Sollten Unterschiede in der Selbstsicherheit oder der Fähigkeit, sich sprachlich auszudrücken bestehen, so ist es deine Aufgabe, der schwächeren Seite bei der Formulierung und Darstellung ihrer Ansichten und Wünsche zu helfen.

Dampf ablassen:

Den Darstellungen beider Parteien folgt eine Phase, in der du beiden Parteien Raum bietest, ihre Emotionen frei zu lassen. Der Dampf soll und muss heraus!

Gesicht wahren:

Trotz direkter Konfrontation und emotionaler Auseinandersetzung musst du beiden Parteien die Möglichkeit geben, zumindest einen Teil ihrer Interessen bei der abschließenden Einigung mit einfließen zu lassen. So wahren Opfer und Täter ihr Gesicht und gelangen wesentlich leichter zu einer tragfähigen Einigung. Beiden sollte hier möglichst klar werden, was der Jeweilige zum Entstehen und zur Verschärfung des Konfliktes beigetragen hat, und welche Möglichkeit die jeweiligen Parteien besitzen den Konflikt zu beenden.

Denn das ist der zentrale Punkt beim Täter-Opfer-Ausgleich:
Das Ergebnis des Gesprächs ist das Produkt beider Parteien im Ringen um eine gemeinsame Lösung.

Prozess- und Ergebnisorientierung:

Du solltest darauf achten, dass die Beteiligten miteinander reden. Zuvor sollten noch keine Alternativpläne für den Fall eines Scheiterns des Gesprächs angeboten werden, sonst müssen die Beteiligten keine Lösung für ihr Problem suchen — die wurde ihnen ja von dir schon vorgegeben!

Subjektive Gerechtigkeit:

Was fordert der Geschädigte? Was bietet der Beschuldigte? Welche Form des Ausgleichs können sich beide Seiten vorstellen? Jetzt ist von dir äußerste Zurückhaltung gefragt. Nicht deine Vorstellung eines gerechten Ausgleichs sind maßgebend, sondern wichtig ist, dass die Beteiligten zu einem gemeinsam erstrittenen Ausgleich gelangen.

Festhalten der erzielten Ergebnisse:

Damit beide Parteien nach dem Verlassen des Raumes an ihre Absprachen erinnert werden, ist es wichtig, dass du die erzielten Ergebnisse in Form eines Vertrages schriftlich festhältst.

Impulse

Formen der Gewalt

Krieg

Frankreich 1915. In einem morastigen Schützengraben nahe der Stadt Armentières trinkt der britische Fernmeldeoffizier J. R. WILTON geruhsam eine Tasse Tee. Der erste Weltkrieg hat sich zu einem Stellungskrieg entwickelt, bei dem in den Schützengräben in wochenlangen, blutigen Schlachten lediglich um ein paar Meter unfruchtbaren Ackerbodens gestritten wird. Hin und wieder gibt es aber auch ein paar ruhige Momente, und Wilton genießt gerade einen solchen, als plötzlich eine Granate kreischend über seinen Kopf hinwegfliegt und in der Nähe explodiert. Die englischen Soldaten flüchten in die Gräben, entsichern ihre Waffen und verfluchen die deutschen Soldaten. Plötzlich steht oben auf dem Wall ein deutscher Soldat und ruft herüber: „Tut uns leid, und wir hoffen, dass niemand verletzt wurde. Es war nicht unsere Schuld, das war die verdammte Preußische Artillerie!"…

Wie viele Kriege haben seit deiner Geburt in Europa stattgefunden?

Aggression

Menschliche Gewalttätigkeiten sind selten echte tierische Aggression, sondern meist ein pervertierter Jagdersatz, bei dem das Opfer die Beute ist. Zwischen dem blutrünstigen Pöbel und dem Lynchopfer gibt es keinen persönlichen Streit.

DESMOND MORRIS, britischer Verhaltensforscher

Aggressionsfördernde Faktoren
- Hormonelle Zustände
- Schmerzen in Verbindung mit Angst
- Sozialfaktoren
- Die Aussicht anonym bleiben zu können
- Ärger
- Extreme Außentemperaturen

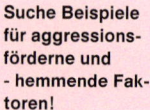

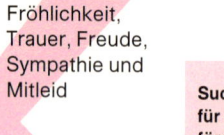

Aggressionsmindernde Faktoren
- Geschlecht/Sexualität
- persönliches Bekanntsein mit dem Aggressor
- Emotionen wie Fröhlichkeit, Trauer, Freude, Sympathie und Mitleid

Suche Beispiele für aggressionsfördernde und -hemmende Faktoren!

Fremdenhass

In einem Experiment wurden Studenten auf einer Leinwand verschiedene Gesichter, unbekannte Worte oder fremde Schriftzeichen projiziert. Bestimmte Gesichter, Wörter und Zeichen wurden einer Studentengruppe häufiger, einer anderen Gruppe seltener gezeigt. Abschließend beantworteten die Studenten beider Gruppen einzeln folgende Fragen: Ist Ihnen dieses Gesicht sympathisch oder unsympathisch? Bedeutet dieses Wort etwas Positives oder etwas Negatives? Bedeutet dieses Zeichen etwas Positives oder etwas Negatives? Wurde ein Gesicht häufiger gesehen, so empfanden es die Studenten als sympathischer. Ebenso wurde den oft gesehenen Wörtern und Zeichen häufiger eine positive Bedeutung zugemessen.

Was hat dieses Experiment mit „Fremdenhass" zu tun?

330 Verhalten

Gewalt in der Schule

Welche der folgenden Handlungen würdest du als Aggression bezeichnen?

1. Der Schüler Willi verweigert das Bereitlegen von notwendigen Arbeitsmaterialien. Der Fachlehrer brüllt ihn an: „Du wirst schon merken, was du davon hast!"
2. Nadines Schularbeiten sehen unordentlich aus. Ihr Vater ohrfeigt sie dafür.
3. Eine Lehrerin kommt in die gut besetzte Mensa und beschwert sich lautstark beim Klassenlehrer über den Schüler „Willi" und seinen unmöglichen Umgangston ihr gegenüber.
4. Bernd foult seinen Gegenspieler durch Beinstellen.
5. Ein Polizist schießt einen flüchtenden Bankräuber ins Bein.
6. Ein Lehrer gibt einem Schüler im Aufsatz eine schlechte Note.
7. Ein Schüler wirft einen Mitschüler zu Boden, um ihn daran zu hindern, dass er einen kleinen Jungen verprügelt.
8. Im Clubraum stehen mehrere Schüler am Billardtisch und sehen Stefan und Peter beim Spiel zu. Willi möchte auch spielen, mag aber nicht warten. Um das Spiel von Stefan und Peter zu verkürzen, rollt er je eine Kugel vom Tisch.

Menschen können einander auf sehr subtile Weise psychische Schäden zufügen …

Mobbing von Mitschülern gegen einen Kameraden soll in den letzten Jahren deutlich zugenommen haben.

Kette der Gewalt

Autorität und Gehorsam

STANLEY MILGRAM führte folgendes Experiment durch. Männer zwischen 20 und 50 Jahren wurden zufällig — angeblich für eine Untersuchung über Gedächtnisleistung und Lernvermögen — von der Yale-Universität ausgesucht. Ein streng wirkender Versuchsleiter bat die eingeladenen Versuchspersonen („Lehrer"), einem angeblichen Schüler (ein Mitarbeiter MILGRAMS) Wortpaare zu lehren. Bei einem Fehler sollte dem Schüler, jeweils steigernd, ein Elektroschock verabreicht werden. Zum Kennenlernen erhielten alle „Lehrer" einen schmerzhaften Probeschock von 45 Volt Stärke. Man schnallte den Schüler an einen Stuhl fest, der an einen elektrischen Stuhl erinnerte. Die „Lehrer" wurden in den Nebenraum geführt. Sie stellten ihre Aufgaben und konnten in 30 Schockstufen von 15 bis 450 Volt Strafen geben. Schilder kennzeichneten die Stufen 15 V leichter, 75 V gemäßigter, …, 195 V sehr starker, …, 375 V ernster Schock, Gefahr! Über ein Tonband wurden standardisierte Reaktionen des Opfers eingespielt: Ab 75 V Stöhnen, ab 150 V verlangt das Opfer befreit zu werden, ab 180 V Aufschrei, der Schmerz sei unerträglich, ab 300 V verweigert das Opfer Antworten auf Testfragen und besteht darauf, freigelassen zu werden. In Wirklichkeit erhielt der Schüler keine Schocks. Wollte der „Lehrer" keine Schocks mehr verabreichen, reagierte der Versuchsleiter sehr bestimmt: „Das Experiment erfordert, dass Sie weitermachen!" — „Sie haben keine Wahl, Sie müssen weitermachen."

Ergebnis: Während der Versuche gaben bis zu 64 % der Versuchspersonen aus der Ferne Elektroschocks bis zu 450 V.

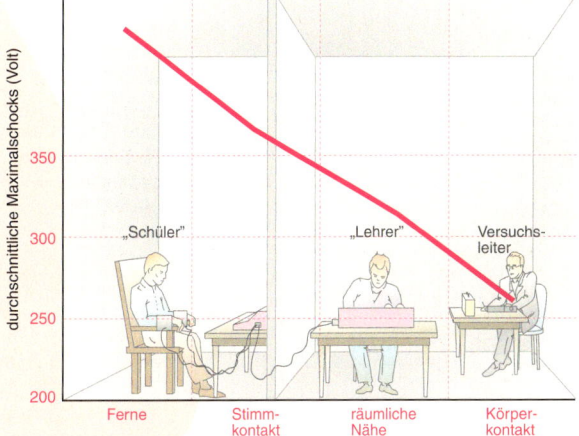

Verhalten des „Lehrers" bei unterschiedlichen „Schüler"-Entfernungen

Verhalten **331**

Genetik

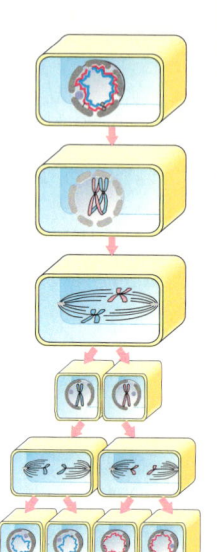

Bevor man begann, sich wissenschaftlich mit den Vererbungsvorgängen zu beschäftigen, herrschten höchst eigenartige Vorstellungen bezüglich des Erbgeschehens. Zum Beispiel sollte das Geschlecht eines Schafes vom Stand des Mondes und von der Windrichtung zum Zeitpunkt seiner Zeugung abhängen. Und das eigenartige Aussehen des Vogels Strauß konnte man sich nur als Folge einer Kreuzung zwischen einem Kamel und einem Spatz erklären. Es war zwar schon gelungen, einige Haustiere und Pflanzenarten zu züchten, die Ergebnisse waren jedoch eher zufällig zustande gekommen.

Wir wissen heute dank intensiver Forschung Vieles über die tatsächlichen Abläufe. Wir kennen Gesetzmäßigkeiten bei der Vererbung und auch den chemischen Aufbau der Erbsubstanz. Es gelingt sogar, durch Methoden der Gentechnik Erbanlagen verschiedener Tier- bzw. Pflanzenarten neu zu kombinieren. In der Zukunft gilt es, mit diesem Wissen verantwortungsvoll umzugehen.

Stammbaum

Meiose

Mendel

Phänotyp

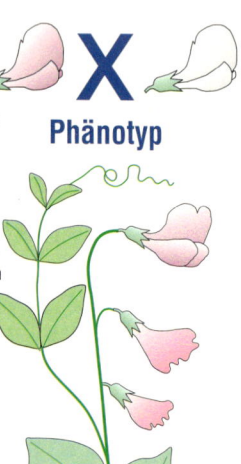

dominant-rezessiv

Merkmal

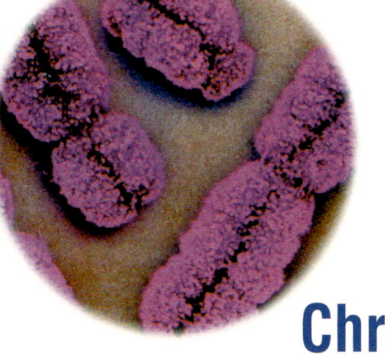

Chromosomen

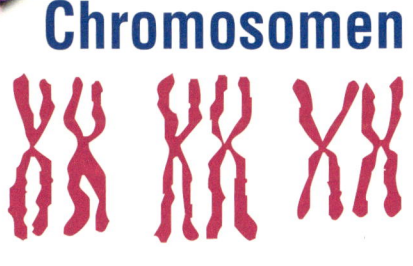

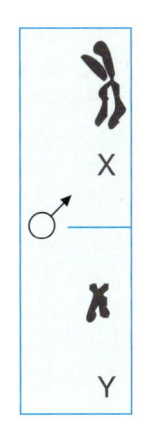

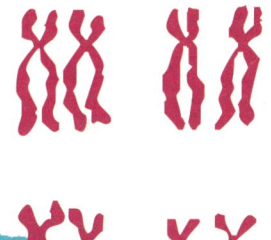

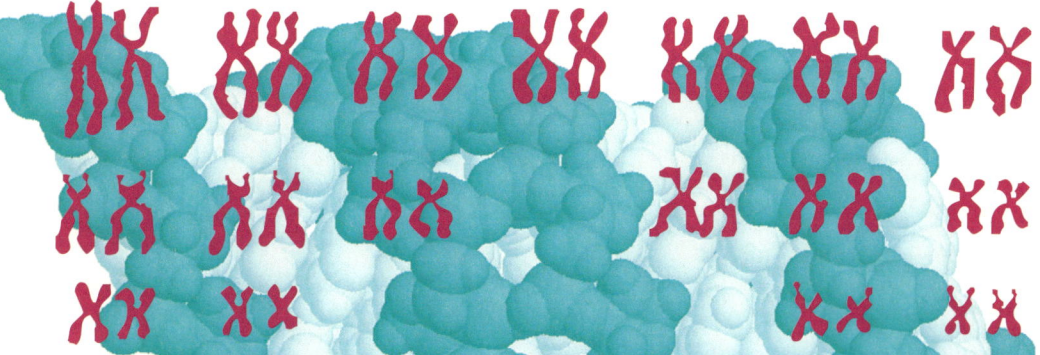

Desoxyribonukleinsäure

1 Die mendelschen Regeln

Johann Gregor Mendel entdeckt die Vererbungsregeln

Der Augustinermönch JOHANN GREGOR MENDEL gilt als Begründer der wissenschaftlichen Vererbungslehre. Im Garten des Augustinerklosters in Brünn führte er etwa um 1860 seine grundlegenden Experimente durch. Die von ihm gefundenen Gesetzmäßigkeiten wurden zunächst nicht beachtet und gerieten lange Zeit in Vergessenheit. Erst im Jahr 1900 wurden seine Ergebnisse wieder entdeckt und bestätigt. Auch heute noch bilden die *mendelschen Regeln* die Grundlage für die Züchtung von Tier- und Pflanzensorten.

MENDEL arbeitete bei seiner Suche nach den Regeln der Vererbung vor allem mit einer Pflanzenart, nämlich der *Saaterbse*. Diese Pflanze ist im Mittelmeerraum beheimatet und wird dort von relativ schweren Insekten bestäubt. In Mitteleuropa fehlen diese Insekten. Hier kommt es deshalb zur *Selbstbestäubung*, wobei die Pflanzen in gleicher Weise fruchtbar sind und Samen entwickeln. MENDEL konnte bei seinen Untersuchungen also sicher sein, dass keine unerwünschte Fremdbestäubung erfolgte.

Zu Beginn seiner Arbeit besorgte sich MENDEL in mehreren Samenhandlungen 34 verschiedene Erbsensorten. Er säte die Erbsen aus und züchtete die Pflanzen zwei Jahre lang im Klostergarten. Dabei stellte er fest,

JOHANN GREGOR MENDEL
(1822 – 1884)

Als **Sorte** bezeichnet man die Angehörigen einer Art, die sich in einem (oder mehreren) Merkmalen konstant von den anderen Artangehörigen unterscheiden.

Hybride nennt man Mischlinge, die bei der Kreuzung von zwei Pflanzensorten entstehen. Bei Tieren heißen die Mischlinge *Bastarde*.

dass auf einigen Beeten ausschließlich gleich aussehende Erbsen wuchsen. Solche Pflanzen, die ohne Ausnahme ein bestimmtes Merkmal über mehrere Generationen beibehalten, heißen *reinerbig*. Diese Sorten schienen MENDEL besonders geeignet, sein Ziel zu erreichen, nämlich ein „allgemeingültiges Gesetz für die Bildung und Entwicklung der Hybriden aufzustellen".

Eine erste, wichtige Voraussetzung für das Gelingen seiner Untersuchungen war, dass MENDEL mit solchen reinerbigen Sorten experimentierte. Darüber hinaus liegt seine besondere Leistung in dem methodischen Ansatz, in dem MENDEL drei grundlegende Ideen vereinigt hat:

1. Er beschränkte sich bei seinen Untersuchungen zunächst auf ein einziges Merkmal. Das heißt, dass er bei einer Versuchsreihe mit Erbsenpflanzen beispielsweise nur auf die *Farbe der Blüten* achtete; zu allen anderen Merkmalen, wie Wuchsform oder Samenfarbe, machte er in diesem Fall keine Aussage.

2. MENDEL überließ seine Kreuzungen nicht dem Zufall, sondern setzte gezielt ganz bestimmte Experimente ein. Seine Versuche konnten deshalb jederzeit wiederholt und die Ergebnisse von anderen Forschern überprüft werden.

Zettelkasten

Was ist Genetik?

Wie kommt es, dass Lebewesen ihren Eltern in vielen Merkmalen gleichen oder zumindest ähnlich sind? Warum sind Kinder des gleichen Elternpaares dennoch in vielen Eigenschaften untereinander verschieden? Die Wissenschaft, die sich mit solchen und ähnlichen Fragestellungen beschäftigt, heißt Vererbungslehre oder *Genetik*. Bei der Suche nach möglichen Antworten haben sich im Laufe der Zeit mehrere Forschungsrichtungen entwickelt.

Die *klassische Genetik* untersucht das Aussehen eines Lebewesens und es werden Regeln aufgestellt, die verständlich machen, in welcher Form körperliche Merkmale eines Elternpaares bei den Nachkommen wieder auftreten. Sucht man nach den Ursachen für diese Gesetzmäßigkeiten, so lassen sie sich vor allem auf der mikroskopischen Ebene, also in den Zellen finden. Damit beschäftigt sich die *Cytogenetik*. Als *Molekulargenetik* schließlich bezeichnet man diejenige Forschungsrichtung, die nach den stofflichen Grundlagen der Vererbung fragt. Mit dem Erbgeschehen beim Menschen befasst sich die *Humangenetik*.

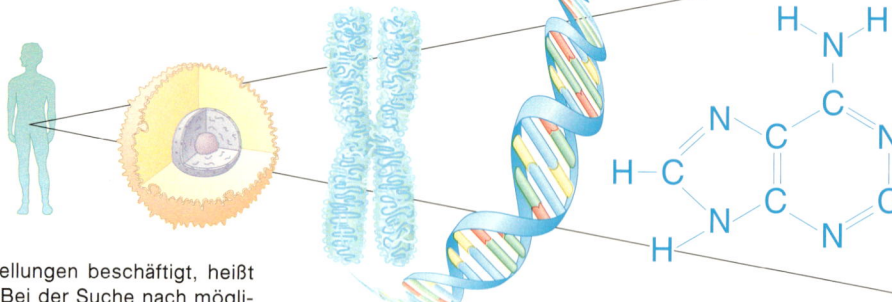

334 Genetik

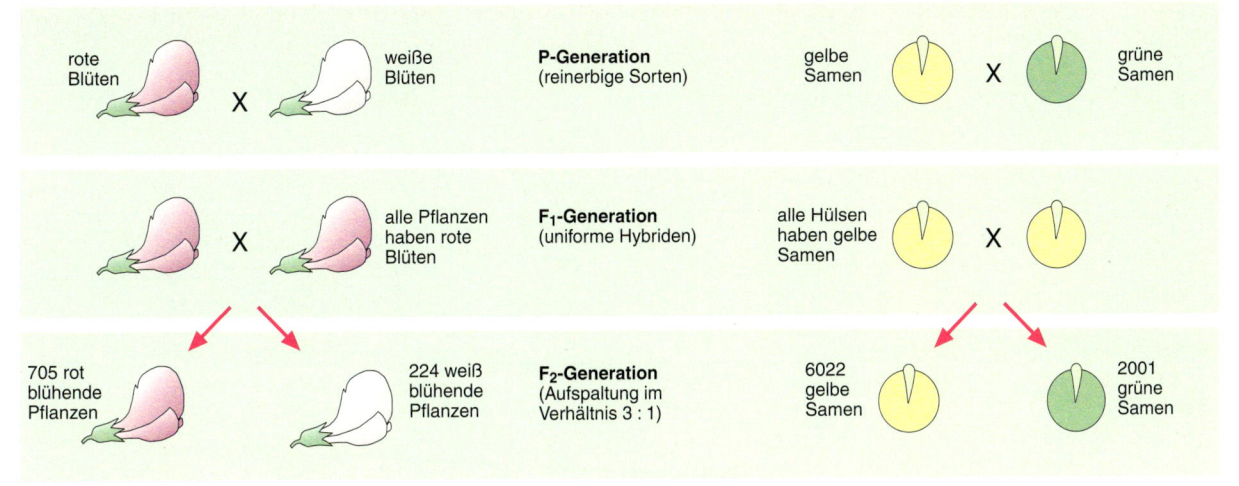

1 MENDELS Versuche mit verschiedenen Saaterbsensorten und deren Nachkommen

3. Schließlich wertete er seine Ergebnisse *statistisch* aus. Dazu musste MENDEL sehr viele Experimente durchführen, um möglichst umfangreiches und abgesichertes Zahlenmaterial zu erhalten. Denn die von ihm entdeckten Regeln sind *Wahrscheinlichkeitsaussagen*, die nur für eine große Anzahl von Nachkommen gelten. Welches Merkmal im Einzelfall auftritt, lässt sich dabei nicht sicher vorhersagen.

Für seine ersten Experimente wählte MENDEL eine Erbsensorte mit grünen Samen aus und bestäubte sie mit dem Pollen von gelbsamigen Pflanzen. Diese Elterngeneration, die *Parentalgeneration* (P), erbrachte in ihren Hülsen nur gelbe Erbsen. Alle Nachkommen in der Tochtergeneration, der *1. Filialgeneration* (F_1), sahen also gleich *(uniform)* aus.

Man könnte vermuten, dass die Herkunft des Pollens den Ausschlag für die Samenfarbe gibt. Zur Kontrolle führte MENDEL die umgekehrte *(reziproke)* Kreuzung durch: Pollen der grünsamigen Sorte wurde auf die Narbe von gelbsamigen Erbsenpflanzen übertragen. Auch jetzt traten wieder ausschließlich gelbe Samen in der F_1-Generation auf.

In gleicher Weise untersuchte MENDEL sechs weitere Merkmale, zum Beispiel *Samenform* (rund bzw. kantig), *Länge der Sprossabschnitte* (kurz bzw. lang), *Form* und *Farbe der Hülsen*. In allen Fällen stellte sich heraus, dass die Mischlinge der F_1-Generation uniform für das jeweilige Merkmal waren. Beispielsweise ergab die Kreuzung von rot blühenden mit weiß blühenden Erbsenpflanzen stets rote Blüten; kreuzte er Pflanzen mit runden Samen mit solchen, die kantige Samen hatten, so waren die Erbsen in der F_1-Generation immer rund. Diese Ergebnisse werden heute so zusammengefasst:

Mendels Methode der Fremdbestäubung:

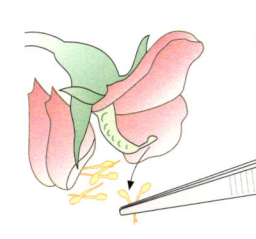

Entfernen der Staubblätter aus einer roten Blüte

Übertragen von Pollen aus Staubblättern einer weißen Blüte auf die Narbe der roten Blüte

1. mendelsche Regel:
Kreuzt man zwei Individuen einer Art, die sich in einem Merkmal reinerbig unterscheiden, sind die Nachkommen in der F_1-Generation in Bezug auf dieses Merkmal untereinander gleich. Das gilt auch bei reziproker Kreuzung *(Uniformitätsregel)*.

MENDEL bezeichnete das in der F_1-Generation unterdrückte Merkmal als rezessiv, das auftretende als dominat. Das führte zu der Frage, ob das rezessive Merkmal völlig verloren gegangen sei. MENDEL brachte deshalb die gelben F_1-Erbsen zum Keimen, vermehrte sie durch Selbstbestäubung und untersuchte das Aussehen der nächsten Generation (F_2). Von 258 Pflanzen erntete er 8023 Samen, davon waren 6022 gelb und erstaunlicherweise 2001 grün. Das entspricht recht genau einem Verhältnis von gelb : grün wie 3 : 1. MENDEL kontrollierte dieses Ergebnis bei allen sieben untersuchten Merkmalen. Stets tauchte in der F_2-Generation das zweite Merkmal der Eltern wieder im gleichen Verhältnis auf. Die zweite von ihm entdeckte Regel lautet:

2. mendelsche Regel:
Kreuzt man die Mischlinge der F_1-Generation untereinander, so treten in der F_2-Generation auch die Merkmale der Eltern in einem festen Zahlenverhältnis wieder auf. Beim dominant-rezessiven Erbgang erfolgt die Aufspaltung im Verhältnis 3 :1 *(Spaltungsregel)*.

Genetik **335**

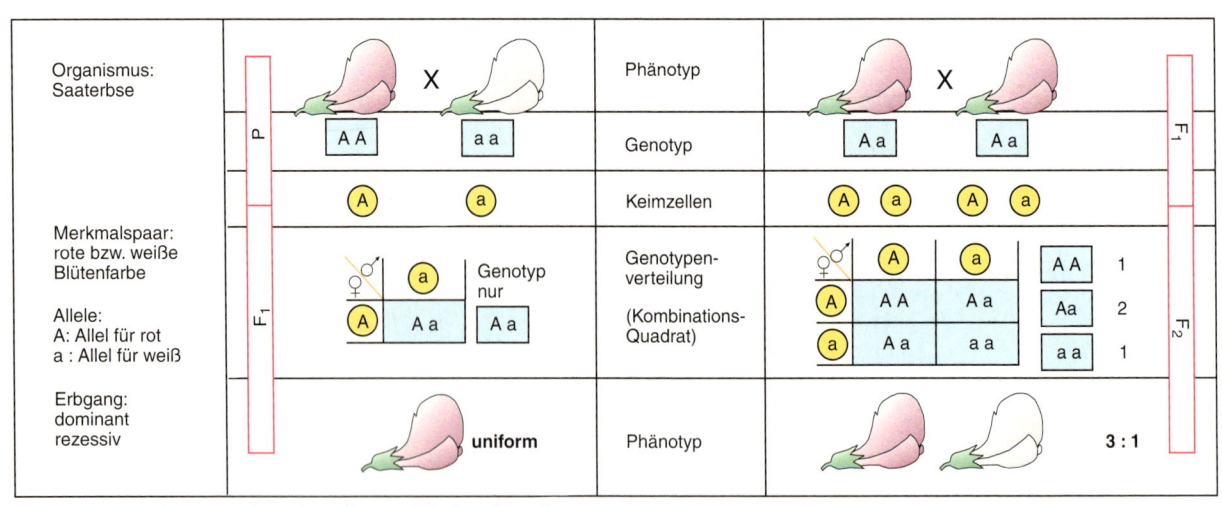

1 Kreuzungsschema zur 1. und zur 2. mendelschen Regel

Das Kreuzungsschema — ein Modell erklärt die Versuche

Gen
Anlage für ein Merkmal

Allel
Zustandsform eines Gens

A, a:
Allelbezeichnungen bei einem dominant-rezessiven Merkmalspaar

Die von MENDEL entdeckten Regeln kann man anhand eines Kreuzungsschemas erklären. Diese Modellvorstellung soll am Beispiel der Saaterbse für die Vererbung des Merkmals „Blütenfarbe" vorgestellt werden.

Wesentlich für das Verständnis des Modells ist Folgendes: Man geht davon aus, dass nicht das beobachtbare Merkmal — also die weiße Blütenfarbe — an die Nachkommen weitergegeben wird, sondern nur eine Anlage für das Merkmal. Diese Anlage ist nicht sichtbar und wird als *Gen* bezeichnet. Da es weiße und rote Erbsenblüten gibt, gibt es auch zwei Anlagen, die nebeneinander (parallel) vorkommen können. Diese zwei Zustandsformen eines Gens heißen *Allele*. Es gibt also das Allel für die Ausbildung der roten Blütenfarbe und das Allel für weiße Blütenfarbe. Man kennzeichnet das Allel für das dominante Merkmal durch einen großen, das für das rezessive Merkmal durch den gleichen kleinen Buchstaben.
A: Allel für rote Blütenfarbe,
a: Allel für weiße Blütenfarbe.

Da sich die reinerbigen, rot blühenden Pflanzen der Parental-Generation in ihrem Verhalten bei Kreuzungsexperimenten von denen in der F_1-Generation unterscheiden, geht man davon aus, dass jede Pflanze in ihren Zellen nicht nur ein, sondern zwei Allele eines Gens besitzt. Es bestehen demnach drei Möglichkeiten:
AA: reinerbig dominant (rot blühend),
aa: reinerbig rezessiv (weiß blühend) und
Aa: mischerbig (rot blühend).

Diese typische Allelkombination bezeichnet man als den *Genotyp* der Erbsenpflanze. Dieser Genotyp legt eindeutig das Erscheinungsbild, den *Phänotyp*, fest. Dem gleichen Phänotyp kann aber ein unterschiedlicher Genotyp zugrunde liegen, wie am Beispiel der rot blühenden Erbsen zu erkennen ist.

In den Keimzellen wird immer nur ein Allel eines Gens weitergegeben. Nach der Befruchtung besitzt das sich entwickelnde Lebewesen dann wieder zwei Allele, eines vom Vater und eines von der Mutter. Dieser Vorstellung entsprechend lässt sich ein *Kreuzungsschema* aufstellen (s. Abb.1). Dadurch ist es möglich, das Ergebnis eines Kreuzungsversuches zu erklären bzw. statistisch vorherzusagen.

Aufgaben

① Eine reinerbig gelbsamige Erbsensorte wird mit einer reinerbig grünsamigen gekreuzt.
  a) Erstelle ein Kreuzungsschema für die F_1- und die F_2-Generation.
  b) Nenne die Verhältniszahlen der Genotypen bzw. Phänotypen.

② Aus der Kreuzung zweier mischerbig rot blühender Erbsen der F_1-Generation erhält man zufällig vier Nachkommen. Welche Phänotypen können sie haben?

③ Bei einer rot blühenden Erbsenpflanze weiß man nicht, ob sie rein- oder mischerbig ist. Beschreibe ein Experiment, das geeignet ist, eine Entscheidung über den Genotyp zu fällen.

Die Rückkreuzung

Die Kreuzung zwischen reinerbigen Lebewesen liefert nach der 1. mendelschen Regel gleich aussehende Nachkommen. Kreuzt man zwei Mischlinge miteinander, so besagt die 2. mendelsche Regel, dass beim dominant-rezessiven Erbgang zwei verschiedene Merkmalsausprägungen im Verhältnis 3:1 auftreten. Es gibt noch eine weitere wichtige Kreuzungsmöglichkeit, nämlich die zwischen einem mischerbigen und einem rezessiv-reinerbigen Lebewesen. Sie wird als *Rückkreuzung* bezeichnet. Welches Ergebnis ist hier zu erwarten?

Am Beispiel der Farbe von Erbsenblüten liefert das Kreuzungsschema folgende Aussage (s. Abb. 1): Die Nachkommen einer mischerbigen, rot blühenden Pflanze und einer weiß blühenden müssten sich in beide Merkmale aufspalten, und zwar im Verhältnis 1:1.

MENDEL stellte genau diese Berechnungen an und führte danach auch die entsprechende Kreuzung durch. Das experimentelle Ergebnis stimmte mit seiner Vorhersage überein. Damit war die Richtigkeit seiner Überlegungen bestätigt.

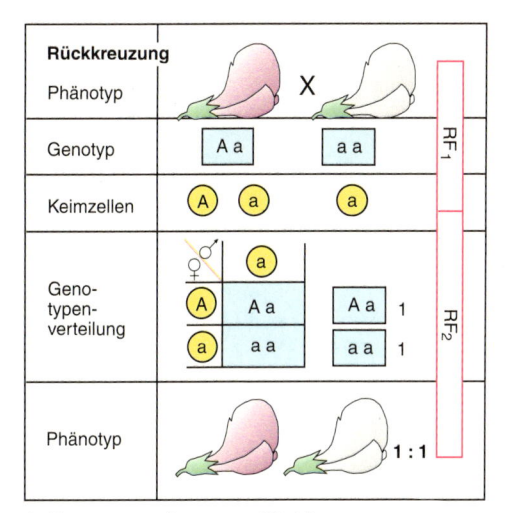

1 Kreuzungsschema zur Rückkreuzung

Aufgaben

① Die Rückkreuzung wird auch als „Testkreuzung" bezeichnet. Begründe!

② Zu welchem Ergebnis führt die Kreuzung einer mischerbig roten mit einer reinerbig roten Erbse? Erstelle ein Kreuzungsschema. Unterscheide zwischen Genotyp und Phänotyp.

Zettelkasten

Der intermediäre Erbgang

Der Tübinger Botaniker CORRENS benutzte um 1900 für seine Versuche die *Wunderblume*. Die Kreuzung zweier Sorten, einer rot und einer weiß blühenden, ergab in der F_1-Generation ausschließlich Pflanzen mit rosa Blüten. Die Nachkommen waren also uniform, die Merkmalsausprägung lag aber zwischen den beiden elterlichen Erscheinungsbildern. Dieser Erbgang, der wesentlich seltener zu beobachten ist als der dominant-rezessive, heißt *intermediär*.

Kreuzt man die F_1-Individuen untereinander, so treten in der F_2-Generation neben den rosa Hybridformen — entsprechend der Spaltungsregel — die Erscheinungsbilder der Parentalgeneration in einem bestimmten Verhältnis wieder auf. Beim intermediären Erbgang erfolgt die Aufspaltung jedoch im Verhältnis 1 : 2 : 1, wie das Kreuzungsschema zeigt. Hierbei benutzt man allerdings zwei verschiedene kleine Buchstaben für die entsprechenden Allele eines Gens.

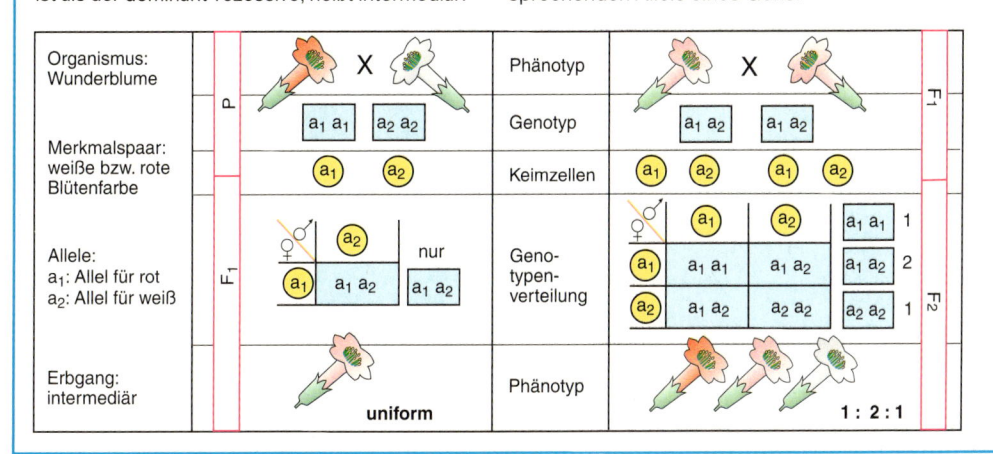

Aufgaben

① Erstelle für die Wunderblume ein Kreuzungsschema, das einer Rückkreuzung entspricht, und werte es aus.

② Der Kunde eines Gärtners bestellte tausend rosa Wunderblumen. Um diesen Wunsch möglichst schnell zu erfüllen, kreuzte der Gärtner mehrere rosafarbene Pflanzen untereinander. War das sinnvoll?

Mendels dritte Regel zur Vererbung

MENDEL führte auch Kreuzungen durch, bei denen er auf zwei Merkmalspaare achtete, z. B. auf *Farbe* und *Form* der Erbsensamen. Seine Ausgangssorten waren gelbe, runde bzw. grüne, kantige Erbsen. Die F_1-Generation war erwartungsgemäß uniform. Es traten nur gelbe, runde Samen auf, weil gelb bzw. rund gegenüber grün bzw. kantig dominant sind. Eine solche Kreuzung zwischen Sorten mit zwei unterschiedlichen Merkmalen nennt man *dihybrid*, im Gegensatz zur *monohybriden* mit nur einem Merkmalspaar.

Bei der Kreuzung von Mischlingen der F_1-Generation untereinander erhielt MENDEL 556 Samen in der F_2-Generation. Davon waren 315 gelb und rund, 101 gelb und kantig, 108 grün und rund sowie 32 grün und kantig. Das entspricht recht genau einem Zahlenverhältnis von 9 : 3 : 3 : 1, wie es nach dem zugehörigen Kreuzungsschema zu erwarten ist.

Es fällt auf, dass bei dieser Kreuzung in der F_2-Generation auch Erbsen mit neuen Merkmalskombinationen auftreten, nämlich gelbe, kantige und grüne, runde Erbsen. Das ist nur möglich, wenn die einzelnen Gene unabhängig voneinander sind. Dann können die Allele in neuen Kombinationen zusammentreten. Genau dieses besagt die

3. mendelsche Regel: Kreuzt man zwei Lebewesen einer Art, die sich in mehr als einem Merkmal reinerbig unterscheiden, so können die Merkmalspaare in neuen Kombinationen auftreten. Die Gene werden also unabhängig voneinander verteilt (*Unabhängigkeits-* und *Neukombinationsregel*).

Diese Tatsache hat zum Beispiel in der Tier- und Pflanzenzüchtung große Bedeutung.

Aufgaben

① Bestätige anhand des Kreuzungsschemas, dass für die Merkmale Samenfarbe bzw. Samenform die ersten beiden mendelschen Regeln zutreffen, wenn man jedes Merkmal für sich alleine betrachtet.

② Eine Erbsenpflanze aus der F_1-Generation mit gelb-runden Samen wird mit einer grün-kantigen gekreuzt (Rückkreuzung in zwei Merkmalspaaren). Entwickle das zugehörige Kreuzungsschema und werte es aus.

③ Ein Züchter hat eine süße, aber reblausanfällige Traubensorte und außerdem eine reblausfeste Sorte mit sauren Früchten. Mache einen Vorschlag, wie eine süße, reblausfeste Rebsorte zu züchten ist. Die Allele für sauer bzw. für reblausanfällig sind jeweils dominant.

④ In der F_2-Generation tauchen im Kreuzungsschema (s. Abb.1) auch grün-runde Samen auf. Welche Genotypen können sie haben? Gib an, wie man die reinerbigen herausfinden kann.

⑤ Eine Pflanzensorte mit großen Blättern und roten Blüten wird mit einer zweiten gekreuzt, die kleine Blätter und weiße Blüten besitzt. In der F_1-Generation tauchen nur mittelgroße Blätter und rosa Blüten auf. Wie viele Phänotypen sind in der F_2-Generation zu erwarten?

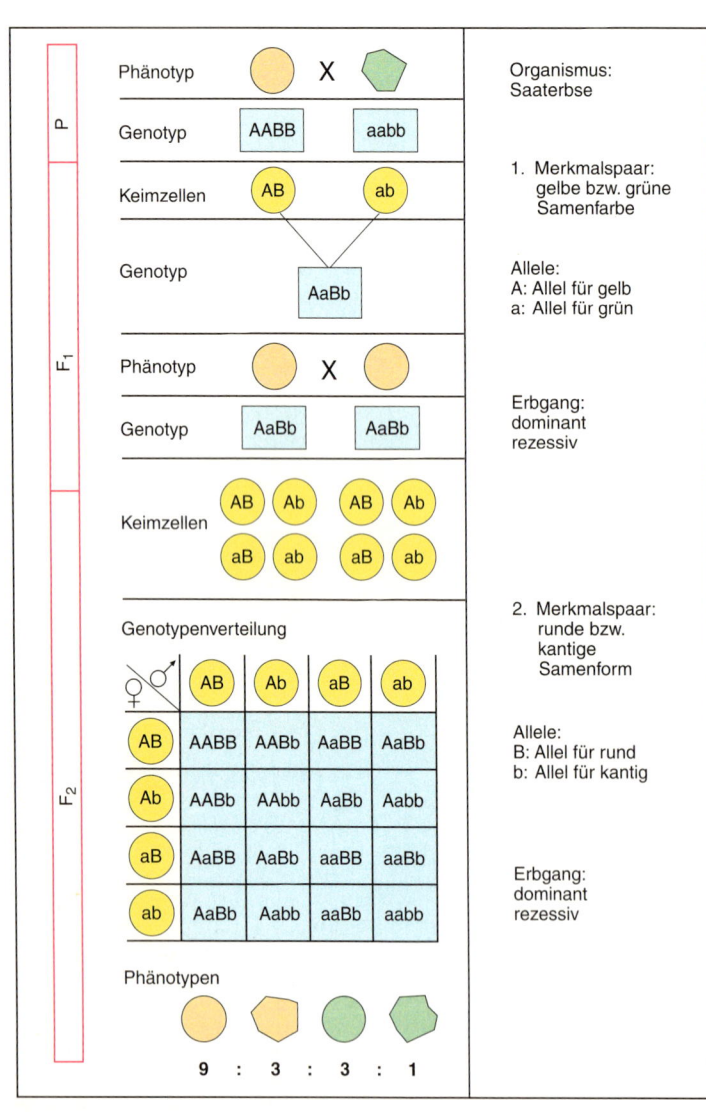

1 Kreuzungsschema zur 3. mendelschen Regel

Genetik

Praktikum

Modellversuche zu den Vererbungsregeln

Jedes Elternteil besitzt für ein bestimmtes Merkmal genau zwei Anlagen. Von den Anlagen des Vaters und von denen der Mutter wird für dieses Merkmal immer nur eine an die Nachkommen weitergegeben. Welche Anlage das ist, hängt vom Zufall ab.

Zufallsereignisse lassen sich experimentell simulieren, zum Beispiel durch Münzwurf oder durch verdecktes Ziehen aus einer Urne. Für die folgenden Versuche bildet ihr am besten Dreiergruppen.

Urnenversuch

Material:
Für jede Schülergruppe zwei undurchsichtige Behälter (Tüte oder Leinensäckchen), vierzig gleich große Perlen, davon jeweils 20 von gleicher Farbe, z. B. 20 rote und 20 weiße, Protokollmaterial.

Durchführung:
In jeden der beiden Behälter werden zehn rote und zehn weiße Perlen eingefüllt. Ein Schüler mischt die Perlen, ein Zweiter zieht, ohne hinzusehen, jeweils eine Perle aus jedem der beiden Behälter und legt sie auf den Tisch.

Der Dritte ist Protokollant und notiert das Ergebnis in Form der abgebildeten Liste. Danach werden die Perlen in den zugehörigen Behälter zurückgelegt, gemischt und der Vorgang wird insgesamt zwölfmal durchgeführt.

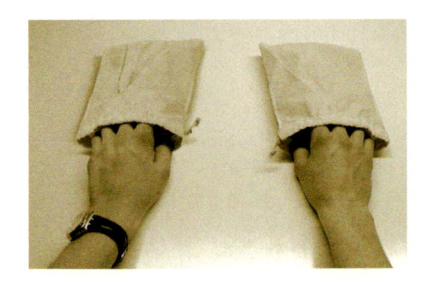

Die Rollen werden gewechselt, damit jeder einmal alle drei Aufgaben übernommen hat.

Versuchs-nummer	Perlenfarben (Genotyp)	zugehöriger Phänotyp
1	rot/rot	
2	weiß/rot	
3	weiß/weiß	
4	rot/rot	
5		

Auswertung:
① Gib an, warum das Spiel als Modellversuch zur zweiten mendelschen Regel angesehen werden kann. Was bedeuten dabei:
— die zwei Behälter mit den Perlen;
— die Perlen als solche;
— die Verschiedenfarbigkeit der Perlen;
— die gleiche Anzahl der Perlen;
— das blinde Herausgreifen und Nebeneinanderlegen von zwei Perlen?
② Warum müssen die Perlen nach dem Ziehen wieder in den Behälter zurückgelegt werden?
③ Ordne nun jedem Ergebnis den Phänotyp der gedachten Nachkommen zu, wie es einem dominant-rezessiven Erbgang entspricht, zum Beispiel bei der Vererbung der Blütenfarbe von Erbsen.
④ Vergleiche deine Versuchsergebnisse mit den Vorhersagen nach der zweiten mendelschen Regel. Falls sich Abweichungen ergeben, nenne mögliche Gründe.
⑤ Addiert nun die Ergebnisse eurer Gruppe und dann alle Ergebnisse der ganzen Klasse. Wie verhält es sich jetzt mit der Genauigkeit?

Phänotyp	rot	weiß
Erwartung	9	3
Ergebnis		

⑥ Entwerft eine Versuchsanordnung zur 1. mendelschen Regel. Warum lohnt sich die Durchführung in diesem Fall nicht?
⑦ Entwerft eine Versuchsanordnung, die der Rückkreuzung entspricht. Wie müssen die Perlen nun auf die Behälter verteilt werden? Spielt entsprechend.

Münzwurfversuch

Bei diesem Modellversuch kann die dritte mendelsche Regel für dominant-rezessive Erbgänge simuliert werden.

Material:
Zwei verschiedene Münzen, jede doppelt vorhanden, evtl. ein Tuch, um die Geräusche beim Münzwurf zu vermindern, Protokollmaterial.

Durchführung:
Zwei Schüler erhalten je zwei verschiedene Münzen und lassen sie aus geringer Höhe auf den Tisch fallen. Man verabredet zum Beispiel, dass „Zahl" jeweils der Weitergabe des dominanten Allels entspricht, „Wappen" sei das rezessive Allel dieses Gens. Der Protokollführer notiert in einer Strichliste sofort die zugehörigen Phänotypen, zum Beispiel gelb/grün oder rund/kantig. Es werden insgesamt 48 Würfe durchgeführt.

Auswertung:

Beispiel:
1. Schüler A b Genotyp Aabb
2. Schüler a b Phänotyp gelb kantig

Phänotyp	gelb, rund	gelb, kantig	grün, rund	grün, kantig
Erwartung	27	9	9	3
Ergebnis				

⑧ Warum ist es günstig, den Münzwurf z. B. 48-mal zu protokollieren und nicht 50-mal?
⑨ Wie sind die Erwartungswerte entsprechend der 3. mendelschen Regel? Vergleiche mit deinem Versuchsergebnis. Begründe mögliche Abweichungen.
⑩ Fasst alle Ergebnisse der Klasse zusammen und vergleicht nun das Versuchsergebnis mit den erwarteten Werten.
⑪ Es hat sich beim Werfen ergeben, dass achtmal hintereinander eine gelbe Erbse erzeugt wurde. Erläutere, ob sich dadurch die Wahrscheinlichkeit erhöht hat, dass beim nächsten Wurf eine grüne Erbse entsteht.

Genetik

2 Zelluläre und molekulare Grundlagen der Vererbung

Chromosomenzahlen in Körperzellen (2 n)	
Mensch	46
Schimpanse	48
Hund	78
Pferd	64
Esel	62
Karpfen	104
Fruchtfliege	8
Regenwurm	32
Gartenerbse	14
Kartoffel	48
Küchenzwiebel	48
Fichte	32
Schachtelhalm	216

Die Kernteilungen

Die Befruchtung einer Eizelle durch eine Spermienzelle ist der Beginn eines Lebewesens mit all seinen individuellen Merkmalen. Aus dieser Zygote entwickelt sich durch fortgesetzte Zellteilung der gesamte Organismus. Der Zellkern spielt dabei eine wichtige Rolle. Aus der Betrachtung vieler mikroskopischer Präparate und aus der Lebendbeobachtung sich teilender Zellen weiß man gut über diesen Vorgang Bescheid.

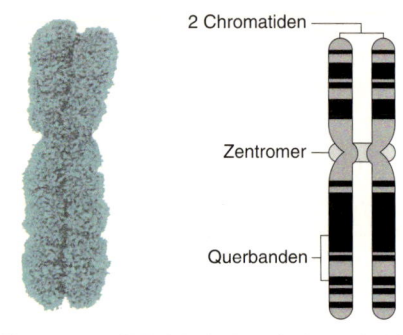

2 Chromosom (REM-Aufnahme/schematisch)

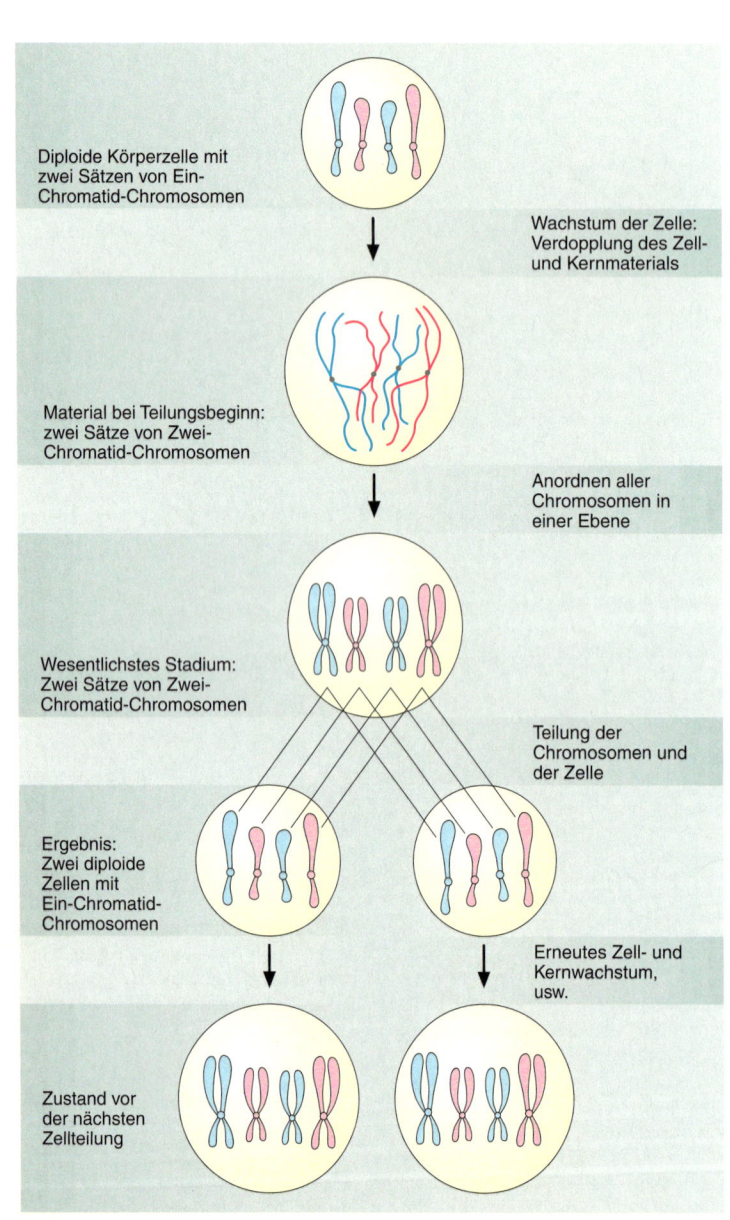

Die Chromosomen

Im Kern lassen sich zu Beginn jeder Zellteilung leicht anfärbbare Strukturen erkennen, die man als *Chromosomen* bezeichnet. Jedes Chromosom besteht zu diesem Zeitpunkt aus zwei Hälften, den *Chromatiden*. Diese liegen eng nebeneinander und sind nur an einer Stelle, dem *Zentromer*, miteinander verbunden. Je nach Färbetechnik sind charakteristische Querbandenmuster bei den einzelnen Chromosomen erkennbar.

Jedes Lebewesen besitzt in den Zellkernen seiner Körperzellen eine gleich bleibende Anzahl von Chromosomen (siehe Tabelle). Erstaunlicher Weise gleichen sich in den Körperzellen jeweils zwei Chromosomen in Größe, Form und Bandenmuster. Diese beiden nennt man *homolog*. Aus dieser Individualität der Chromosomen ergibt sich die Frage, wie bei einer Zellteilung diese artspezifische Chromosomenzahl und -form erhalten bleibt.

Die Mitose

Zunächst läuft die Teilung des Zellkerns und der Chromosomen mit großer Präzision ab. Dieser Vorgang heißt *Mitose*. Das Wesentliche daran ist Folgendes: Zu Beginn besitzt jedes Chromosom zwei gleichwertige Chromatiden; man bezeichnet es in diesem Zustand als *Zwei-Chromatid-Chromosom*. Durch Längsteilung entstehen daraus zwei neue, eigenständige Chromosomen mit jeweils nur einem Chromatid. Diese Ein-Chromatid-Chromosomen werden in gleicher Anzahl auf zwei gegenüber liegende Seiten der Zelle, die *Zellpole*, verteilt. Daran schließt sich die eher zufallsgemäße Verteilung des übrigen Zellplasmas und der Organellen an. Zwischen den neuen Kernen bildet sich eine

1 Weitergabe der Chromosomen bei Mitose und Zellteilung

Genetik

Zellmembran aus. Nun ist im Kern jeder Tochterzelle die gleiche Chromosomenzahl vorhanden wie in der Ausgangszelle. Jedes Chomosom besteht wieder nur aus einem Chromatid und muss sich vor der nächsten Teilung verdoppeln.

Die Meiose

Die Chromosomen in den Körperzellen sind paarweise homolog. Man kann auch sagen: Körperzellen enthalten zwei Chromosomensätze. Bei der Untersuchung von Keimzellen stellt man dagegen fest, dass sie nur einen Chromosomensatz besitzen. Von jedem der beiden homologen Chromosomen ist exakt eines vorhanden. Man bezeichnet diese Zellen als *haploid*, solche mit zwei Sätzen als *diploid*.

Der Vorgang, bei dem haploide Keimzellen entstehen, heißt *Meiose*. Er läuft in zwei Teilschritten ab, die als *1.* bzw. *2. Reifeteilung* bezeichnet werden.

In der 1. Reifeteilung werden die homologen Chromosomen zunächst zu Paaren geordnet, die danach voneinander getrennt werden. Die so entstandenen haploiden Zellen werden in der 2. Reifeteilung, die wie eine Mitose verläuft, nochmals geteilt. Das Ergebnis sind vier Zellen mit einfachem Chromosomensatz, wobei jedes Chromosom ein Ein-Chromatid-Chromosom ist.

Die Kerne haploider Keimzellen verschmelzen bei der Befruchtung miteinander. Das so entstehende Lebewesen ist somit wieder diploid. Um sich weiter geschlechtlich fortpflanzen zu können, müssen durch Meiose wieder haploide Keimzellen gebildet werden und so fort.

Eine Folgerung

Nehmen wir beispielsweise einen Organismus mit einem Satz von $n = 2$ Chromosomen. In den diploiden Körperzellen ($2n = 4$) sind dann zwei Chromosomen vom Vater und zwei von der Mutter vorhanden. Bei der ersten Reifeteilung werden die homologen Chromosomen gepaart und als ganze Chromosomen nach dem Zufallsprinzip auf die neuen Zellen verteilt. Die Abbildung zeigt zwei von vier denkbaren Verteilungsmöglichkeiten.

Man kann sich nun überlegen, dass es für einen Chromosomensatz mit $n = 3$ insgesamt $2^3 = 8$ Möglichkeiten gibt. Beim Menschen mit seinen $n = 23$ Chromosomen ergeben sich — konsequent weitergedacht — $2^{23} = 8\,388\,608$ verschiedene Keimzellen. Die Wahrscheinlichkeit, dass zwei Kinder eines Elternpaares die gleiche Chromosomenausstattung erhalten, ist damit äußerst gering.

Aufgabe

① Stelle die Unterschiede bei der Chromosomenverteilung durch Mitose bzw. Meiose heraus.

② Erläutere, inwiefern man sagen kann, dass die Vorgänge bei der 2. Reifeteilung den Abläufen bei der Mitose entsprechen.

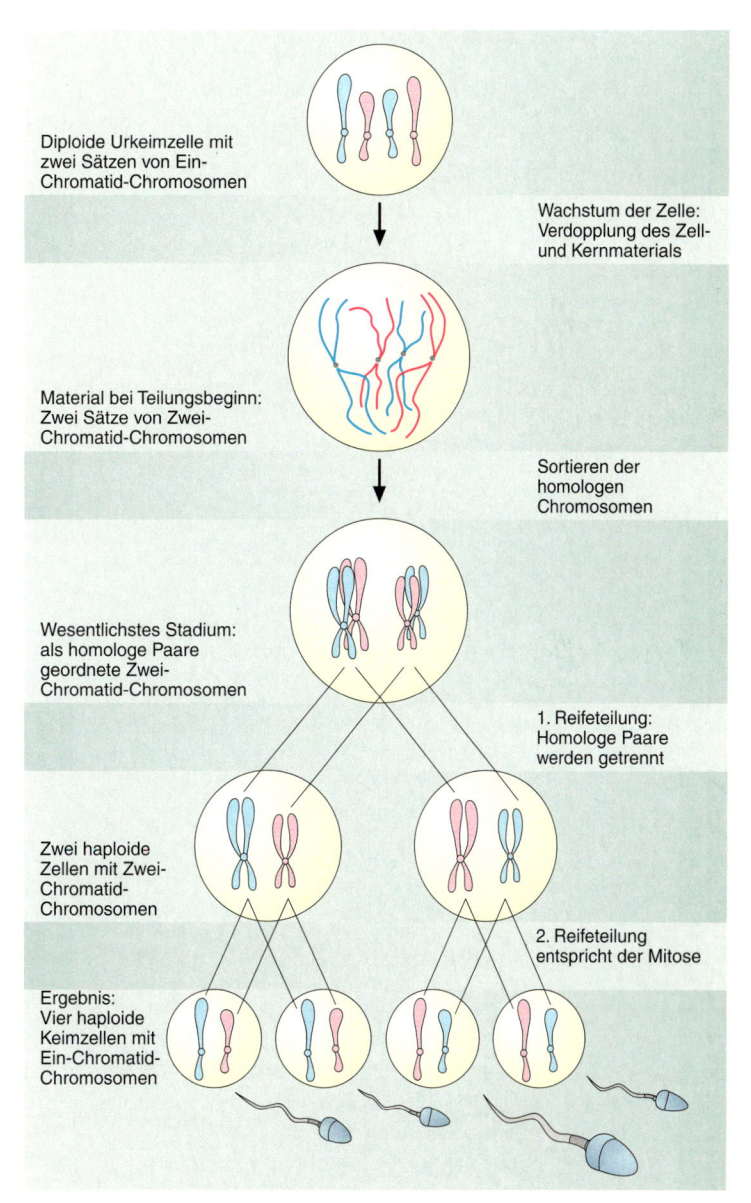

1 Weitergabe der Chromosomen bei Meiose und Spermienzellbildung

Genetik

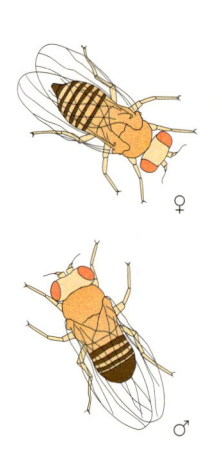

Annahmen der Vererbungstheorie			Beobachtungen der Zellforschung
Die Gene werden als selbstständige, stabile Einheiten an die Tochtergeneration weitergegeben.	A	A	Chromosomen sind selbstständige Einheiten, die unverändert an die Tochterzellen weitergegeben werden.
Die Allele eines Gens treten in den Körperzellen paarweise auf (AA, Aa oder aa).	AaBb	A a B b	Die diploiden Körperzellen enthalten homologe Chromosomenpaare.
Die Keimzellen enthalten pro Gen nur ein Allel (A oder a).	AB	A B	Durch Meiose entstehen haploide Keimzellen mit nur einem Chromosomensatz.
Die Allele verschiedener Gene werden bei Keimzellenbildung neu kombiniert.	AB Ab aB ab	A B A b a B a b	Die Chromosomen der homologen Paare werden in der Meiose getrennt und neu miteinander kombiniert.

1 Vergleich der Ergebnisse von Kreuzungsforschung und Zellforschung

Chromosomentheorie der Vererbung

THOMAS H. MORGAN
(1866–1945)

Vergleicht man die Vorgänge, die bei den Kernteilungen ablaufen, mit dem Mechanismus, nach dem ein Kreuzungsschema aufgestellt wird, so stellt man verblüffende Übereinstimmungen fest. Die wesentlichen Aussagen sind in Abbildung 1 zusammengefasst. Das Schema, nach dem die Anlagen entsprechend den mendelschen Regeln kombiniert werden, stimmt exakt überein mit der Regelmäßigkeit, mit der in den Zellen die Chromosomen weitergegeben werden.

Dieser Zusammenhang wurde schon vor etwa hundert Jahren entdeckt und wird als *Chromosomentheorie der Vererbung* bezeichnet. Sie besagt, dass die Chromosomen die Träger der Gene sind.

Diese Theorie ist durch viele Befunde gesichert. Zum Beispiel fand der amerikanische Biologe THOMAS HUNT MORGAN einen weiteren Beleg für ihre Gültigkeit. Er hat mit Taufliegen experimentiert und sehr viele Merkmale dieser Tiere und die zugehörigen Erbgänge untersucht. Er stellte zu seinem Erstaunen fest, dass Anlagen für sehr unterschiedliche Merkmale häufig gemeinsam, sozusagen als Sammelpaket, weitergegeben werden. Zum Beispiel trat bei einigen seiner Fliegen die schwarze Körperfarbe immer zusammen mit Stummelflügeln und hellroten Augen auf. Üblicherweise besitzen die Tiere einen braunen Körper mit normalen Flügeln und roten Augen. Bei seinen Untersuchungen hat MORGAN insgesamt vier solche Kopplungsgruppen bei der Taufliege gefunden. Das entspricht nun aber genau der Anzahl der Chromosomen des Tieres im einfachen Satz. Es liegt demnach nahe zu sagen, dass alle Gene, die eine Kopplungsgruppe bilden, auf einem Chromosom liegen.

Sucht man bei anderen Organismen nach Kopplungsgruppen, so findet man bei der Saaterbse sieben und beim Menschen 23. Das entspricht ebenfalls genau der Chromosomenzahl im haploiden Satz (Erbse: $n = 7$; Mensch: $n = 23$) und bestätigt somit die Chromosomentheorie.

Zettelkasten

Eine Theorie auf dem Prüfstand

Kaum hatte MORGAN das Phänomen der Kopplungsgruppe entdeckt, fand er bei seinen Untersuchungen Widersprüche: In manchen Fällen wurde die Kopplung durchbrochen. Er glaubte zunächst an einen Fehler in der Versuchsanordnung, aber alle Wiederholungen erbrachten das gleiche Ergebnis. MORGAN nannte diesen Austausch der Anlagen *Kopplungsbruch (Crossingover)*. Worin konnte der Grund dafür liegen?

Untersucht man die Chromosomen während der Keimzellbildung genau, sind regelmäßig Überkreuzungen *(Chiasmen)* zwischen einzelnen Chromatiden homologer Chromosomen zu erkennen. Das könnte auf einen Bruch zwischen diesen beiden Chromatiden hinweisen und den Austausch der sonst gekoppelten Gene ermöglichen. Das mikroskopische Bild der Chromosomen liefert auch hier eine Erklärung für das Ergebnis eines Kreuzungsversuchs und bestätigt die Chromosomentheorie aufs Neue.

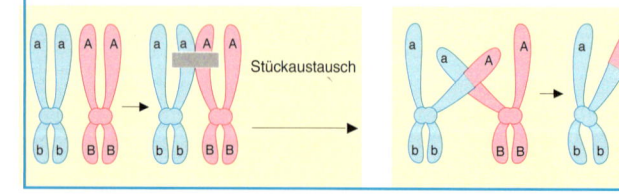

DNA
engl. **d**eoxyribo-
nucleic **a**cid
(acid = Säure)

DNA — der Stoff aus dem die Gene sind

Die Chromosomen sind die Träger der Erbanlagen. In ihnen muss sich der Stoff, aus dem die Gene bestehen, finden lassen. Chemische Untersuchungen haben ergeben, dass vor allem zwei Stoffgruppen im Zellkern vorkommen: Eiweiße *(Proteine)* und Kernsäuren *(Nucleinsäuren)*. Lange hielt man die Proteine für das genetische Material, denn ihre vielfältigen Wirkungsmöglichkeiten, z. B. als Enzyme, waren bekannt. Aber 1944 hatte OSWALD AVERY nachweisen können, dass eine Kernsäure das informationstragende Molekül ist, und zwar die *Desoxyribonucleinsäure (DNA)*.

Bau der DNA

Die DNA-Moleküle bilden einen langen, unverzweigten Doppelstrang. Man kann ihn mit einer Strickleiter vergleichen, die ganz gleichmäßig um sich gedreht ist. Der Bau dieser Doppelschraube, auch *Doppelhelix* genannt, ist bei allen Lebewesen gleich. Für die Aufklärung der DNA-Struktur erhielten die US-amerikanischen Forscher JAMES WATSON und FRANCIS CRICK 1962 den Nobelpreis für Medizin.

Die beiden „Seile" oder „Sprossen" der Strickleiter zeigen einen regelmäßigen Wechsel zwischen einem Molekül *Phosphorsäure* und einem Zuckermolekül *(Desoxyribose)*. Vier weitere Bausteine, nämlich *Adenin, Thymin, Cytosin* und *Guanin* bilden jeweils zu zweien eine „Sprosse" der Leiter, wobei immer Adenin mit Thymin bzw. Cytosin mit Guanin gepaart sind. Diese Moleküle werden wegen ihrer chemischen Eigenschaften auch als *Basen* bezeichnet. Die Abfolge der Sprossen (Adenin-Thymin bzw. Cytosin-Guanin) lässt ansonsten keine Regelmäßigkeiten erkennen.

Verdopplung der DNA

Die DNA ist als Träger der Erbinformation in jeder Zelle vollständig vorhanden. Deshalb ist es notwendig, sie vor jeder Zellteilung zu kopieren. Dieser Vorgang muss sehr präzise ablaufen, denn jeder Fehler würde eine Änderung im Erbgut — eine *Mutation* — bedeuten.

Die eindeutige Paarung der Basen ermöglicht es, von diesem Molekül ein Duplikat herzustellen. Werden nämlich jeweils die beiden Basenpaare einer Sprosse getrennt, so entstehen zwei einzelne Stränge. Die zweite, fehlende Hälfte des Moleküls lässt sich nun wie bei einem Puzzlespiel genau ergänzen. Die dazu benötigten Bausteine, nämlich Einheiten aus Phosphorsäure, Zucker und Basen — die *Nucleotide* — sind im Zellkern in ausreichender Menge vorhanden.

Diese *identische Verdopplung* geschieht immer vor einer neuen Zellteilung. Zu Beginn einer Mitose besitzt deshalb jedes Chromosom zwei identische Chromatiden, die gleichmäßig auf die Tochterzellen verteilt werden. Somit wird garantiert, dass jede neue Körperzelle die vollständige Information erhält.

● Phosphorsäure
Zucker
Guanin
Cytosin
Adenin
Thymin
Bestandteile der Nucleinsäuren

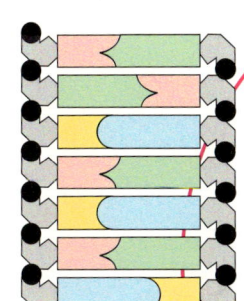

Nucleotide

DNA-Abschnitt (Schema)

Ergebnis der Verdopplung: Zwei völlig identische DNA-Doppelstränge.

1 Aufbau der DNA und Vorgang der Verdopplung

Genetik

Vom Gen zum Merkmal — ein Protein lässt Erbsen erröten

Euer Chemielehrer möchte, dass ihr im Unterricht roten Farbstoff herstellt. Unter seinen Büchern im Sammlungsschrank befindet sich ein Ordner, der die zugehörige Arbeitsanweisung enthält. Also kopiert er sie entsprechend dem Bedarf und teilt die Kopien an die Schülergruppen aus. Diese lesen das Arbeitsblatt und stellen den gewünschten Versuchsaufbau zusammen. Gibt man dann geeignete Substanzen hinzu, wird der Farbstoff hergestellt.

Was hat das Beispiel mit der Überschrift dieser Seite zu tun, also mit Vorgängen in einem Organismus? Nun, damit Erbsenpflanzen rot blühen können, müssen sie in den Zellen ihrer Blüten roten Farbstoff bilden. Und das läuft in ähnlichen Schritten ab wie in unserem Beispiel.

Den Ausgangspunkt, nämlich den Informationsspeicher für die Herstellung von rotem Blütenfarbstoff, kennen wir schon. Es ist ein **Gen**, also ein DNA-Abschnitt, der auf einem Chromosom liegt und eine bestimmte Abfolge von Basen besitzt (das entspricht dem Arbeitsblatt im Ordner des Lehrers). Daraus muss über mehrere Zwischenschritte etwas aufgebaut werden, womit dieser Farbstoff letztlich hergestellt werden kann. Die Werkzeuge, mit deren Hilfe die Zelle eine solche Leistung vollbringt, sind spezielle Eiweißmoleküle, die *Enzyme*. Also besitzen die Gene der rot blühenden Pflanze die Information dafür, diese Enzyme (also den Versuchsaufbau) herzustellen.

Eiweiße (Proteine) werden in der Zelle nur von **Ribosomen** gebildet. Das sind winzige Zellorganellen, die in großer Zahl im Cytoplasma liegen. Ribosomen werden auch als Eiweißfabriken der Zelle bezeichnet. Wie gelangt aber die Information, die verschlüsselt in der DNA im Kern steckt, zu den Ribosomen ins Cytoplasma?

Zuerst spaltet sich der Doppelstrang der DNA teilweise auf. Einer der beiden Stränge trägt die Information. Von diesem *codogenen Strang* wird eine einsträngige Kopie hergestellt. Diese neue Kernsäure enthält als Zucker nicht die Desoxyribose, sondern die Ribose und heißt deswegen *Ribonucleinsäure* (RNA).

Dieses Molekül löst sich von der DNA und wandert als „Bote" (messenger-RNA, kurz: **m-RNA**) durch die Poren der Kernmembran ins Zellplasma. Durch das Umschreiben **(Transkription)** eines Abschnittes der DNA auf das Botenmolekül m-RNA wird die genetische Information kopiert und kann dann zu den Ribosomen gelangen. (Genau wie der Lehrer nicht den ganzen Ordner weiter gegeben, sondern nur eine Kopie des benötigten Abschnitts hergestellt und ausgeteilt hat.)

Wie entsteht jetzt das entsprechende Eiweiß? Dazu muss man sich erinnern, woraus Proteine bestehen. Ihre Grundbausteine sind *Aminosäuren*, von denen 20 verschiedene am Aufbau aller Organismen beteiligt sind.

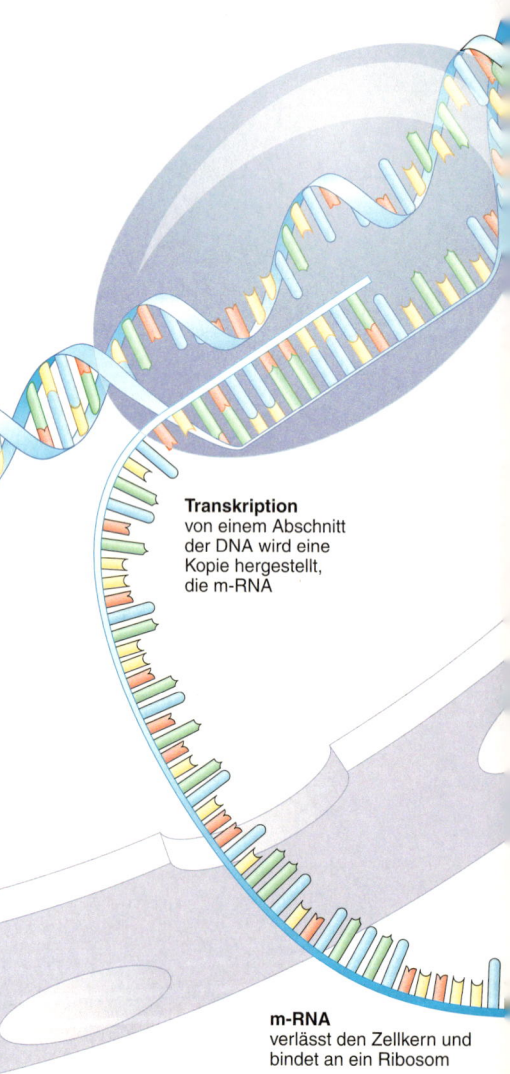

Transkription
von einem Abschnitt der DNA wird eine Kopie hergestellt, die m-RNA

m-RNA
verlässt den Zellkern und bindet an ein Ribosom

Jedes Protein ist gekennzeichnet durch eine typische Zahl und Reihenfolge von Aminosäuren. Diese Abfolge muss also in der „Sprache" der DNA und der daran kopierten m-RNA verschlüsselt sein. Und es muss möglich sein, diese Information zu lesen und umzusetzen (so wie die Schüler ihr Arbeitsblatt).

In vielen Versuchen wurde die „Schrift der DNA", der *genetische Code*, geknackt: Die Abfolge von drei Basen, ein **Triplett**, ist das Codewort (Codon) für eine der zwanzig Aminosäuren. Gelangt zum Beispiel die Dreierkombination GCG (Guanin-Cytosin-Guanin) an ein Ribosom, so bedeutet dies, dass die Aminosäure *Alanin* als nächste an das entstehende Eiweißmolekül angefügt wird. Für jede Aminosäure kennt man heute das zugehörige *Basentriplett*.

Wer liest am Ribosom die Tripletts ab und lagert die zugehörigen Aminosäuren an? Dafür sind verschiedene *Übertragermoleküle* verantwortlich. Es handelt sich dabei um eine weitere Sorte von Ribonucleinsäuren, die man als Transport- oder transfer-RNA, kurz **t-RNA** bezeichnet. Jedes t-RNA-Molekül ist in der Lage, eine Aminosäuren an sich zu binden. Das geschieht nicht willkürlich, sondern jedes kann nur mit einer ganz bestimmten Aminosäure einen Komplex bilden. Es gibt zum Beispiel eine t-RNA, die nur mit Alanin eine Verbindung eingeht. Wenn man jetzt noch erfährt, dass sie durch das Triplett CGC gekennzeichnet ist, dann lässt sich eine Vorstellung entwickeln, wie die Übersetzung erfolgt.

Am Botenmolekül m-RNA, das die Information trägt, gleitet nämlich das Ribosom entlang. Dort ist immer ein Triplett von Basen ablesebereit, in unserem Beispiel GCG für Alanin. Von den t-RNA-Molekülen passt nur eine Sorte, nämlich die mit dem Triplett CGC *(Anticodon)*. Es lagert sich an und die mitgebrachte Aminosäure Alanin wird nun an das Ende der bereits vorhandenen Kette von Aminosäuren angeheftet. Dann wird die nächste Dreierkombination abgelesen und so weiter. Die jeweils mitgebrachten Aminosäuren werden genau in der Reihenfolge miteinander verbunden, wie es der Abfolge der Basentripletts auf dem Botenmolekül entspricht. Die Übersetzung **(Translation)** ist geschafft. So ist programmgemäß eine lange, in sich verschlungene Kette von Aminosäuren, das Protein, entstanden. (Die Schüler haben korrekt gearbeitet, der Versuchsaufbau steht.)

Dieses Enzym übernimmt nun im Stoffwechsel seine Aufgabe, wie in unserem Beispiel die Synthese des roten Blütenfarbstoffs. Eine Erbsensorte, die in ihrer DNA die Information für das Enzym nicht besitzt, kann auch den Farbstoff nicht bilden, sie bleibt weiß.

Bei allen Lebewesen ist die Ausbildung eines Merkmals an bestimmte Enzyme gebunden. Sie werden stets durch Transkription, d. h. durch Kopieren der DNA in das Botenmolekül m-RNA, und nachfolgende Translation am Ribosom mithilfe der t-RNA gebildet. Die „Sprache" der DNA wird in den Zellen aller Lebewesen „verstanden".

Genetik

3 Vererbung beim Menschen

1 Kinder verschiedener Hautfarbe

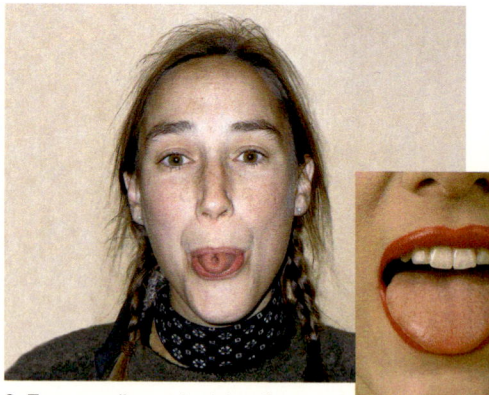

2 Zungenroller und -nichtroller

3 Verschiedene Haarfarben

Methoden der Humangenetik

Menschen unterscheiden sich in einer Vielzahl von Merkmalen. Einige davon, wie Haut- und Haarfarbe oder die Fähigkeit, die Zunge einzurollen, lassen sich leicht beschreiben. Bei anderen, etwa bei Merkmalen des Gesichts oder bei Begabungen, fällt es schon schwerer, sie exakt zu erfassen.

Man schätzt, dass jeder Mensch etwa zehntausend Gene besitzt. Trotz solcher Schwierigkeiten weiß man heute schon einiges über die Vererbung beim Menschen. Das hat man allerdings nicht durch Kreuzungsversuche herausbekommen. Zum einen verbieten sie sich für den Menschen schon aus ethischen Gründen. Andererseits wären solche Versuche wenig sinnvoll, denn der Mensch besitzt nur eine geringe Zahl an Nachkommen. Außerdem dauert es viel zu lange, bis man z. B. die F_2-Generation untersuchen könnte.

Deshalb werden in der Humangenetik folgende Verfahren benutzt:
— Bei der *Familienforschung* werden Stammbäume aufgestellt, an denen die Gültigkeit von Erbgesetzen für ein bestimmtes Merkmal untersucht werden kann.
— *Massenstatistische Verfahren* erlauben es, Aussagen über die Häufigkeit, Verteilung und Veränderung eines Merkmals in der Bevölkerung zu machen.
— Die *Zwillingsforschung* untersucht — besonders bei eineiigen Zwillingen — den Zusammenhang zwischen Genen und Umwelteinflüssen.
— *Mikroskopische* und *biochemische Untersuchungen* lassen Rückschlüsse auf Veränderungen von Genen zu.

Häufig wird nicht nur eines dieser Verfahren eingesetzt, sondern mehrere, die sich in ihren Aussagen ergänzen.

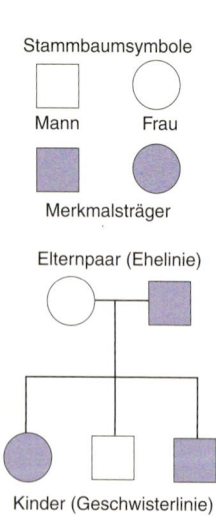

Stammbaumsymbole
Mann   Frau
Merkmalsträger
Elternpaar (Ehelinie)
Kinder (Geschwisterlinie)

346 *Genetik*

Familienstammbäume lassen Erbgänge erkennen

Statistische Untersuchungen und Stammbaumforschung sind zwei Methoden, die es erlauben, sichere Aussagen über den Erbgang eines bestimmten Merkmals zu machen. Folgende Beispiele verdeutlichen das.

Als dreieckigen Haarschwund („Witwenspitz", vom englischen widows peak) bezeichnet man das Auftreten eines dreieckigen Haaransatzes, wie in Abbildung 1 dargestellt. Aus statistischen Untersuchungen weiß man, dass dieses Merkmal genetisch bedingt ist. Im nebenstehenden Stammbaum sind die betroffenen Personen angegeben. Der Erbgang ist dominant-rezessiv, da keine Zwischenformen auftreten.

Das Merkmal „Witwenspitz" könnte dominant oder rezessiv sein. Am Stammbaum erkennt man, dass das Merkmal in jeder Generation auftritt. Das ist ein Hinweis darauf, dass „Witwenspitz" *dominant* ist, also als Allelbezeichnung A im Genotyp einzutragen ist. Ein sicherer Anhaltspunkt für diese Art des Erbganges liegt immer dann vor, wenn zwei Merkmalsträger ein nicht betroffenes Kind bekommen. Das ist in diesem Stammbaum der Fall. Die Genotypen lassen sich widerspruchsfrei angeben.

Das Fehlen von Pigmenten in der Haut, den Haaren und der Iris bezeichnet man als *Albinismus*. Die Häufigkeit ist regional recht unterschiedlich, z. B. in der Bundesrepublik Deutschland 1 : 40 000, bei bestimmten Indianerstämmen 1 : 200. In Abbildung 2 ist der Stammbaum einer Familie dargestellt, in der Albinismus gehäuft vorkommt. Das ist bei der Seltenheit ein deutlicher Hinweis darauf, dass z. B. eine Krankheit, wenn sie nicht ansteckend ist, nur durch Vererbung weitergegeben werden kann. Es handelt sich beim Albinismus um einen dominant-rezessiven Erbgang, allerdings ist in diesem Fall das Merkmal *rezessiv*, denn Albinismus tritt nicht in jeder Generation auf.

Aufgabe

① Übertrage den Stammbaum zum Albinismus in dein Heft.
   a) Stelle sinnvolle Allelbezeichnungen auf und gib zu jeder Person die möglichen Genotypen an.
   b) Begründe, weshalb Ehen zwischen nahe verwandten Personen ein genetisches Risiko bergen können.

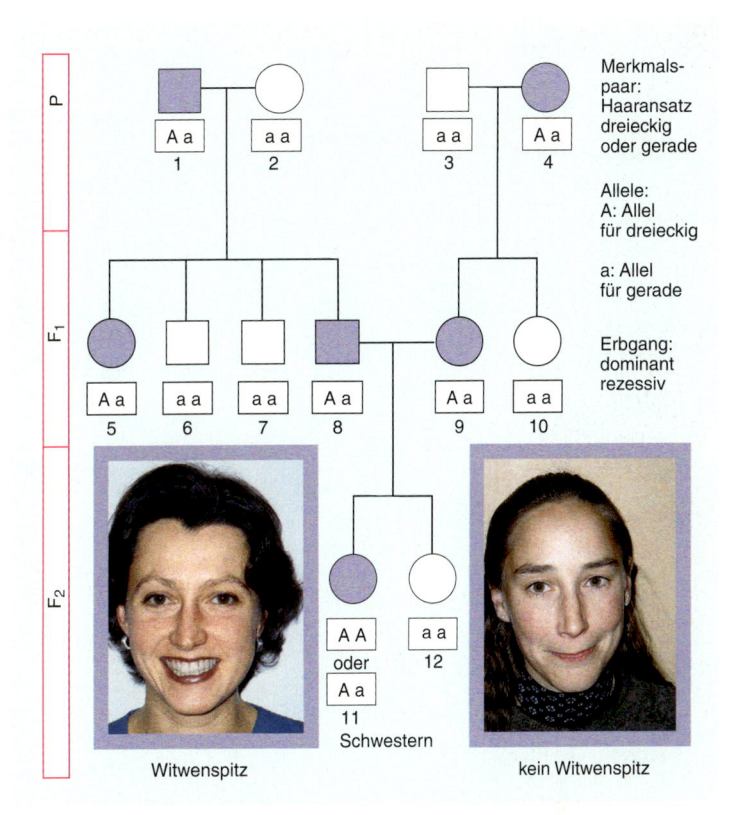

1 Erbgang zum dreieckigen Haaransatz („Witwenspitz")

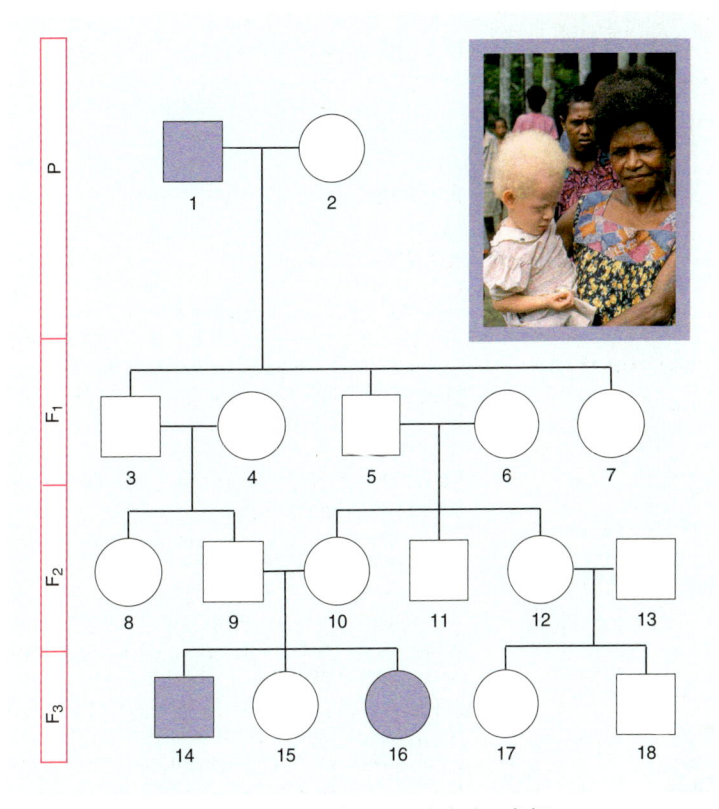

Merkmalspaar: Haaransatz dreieckig oder gerade

Allele:
A: Allel für dreieckig
a: Allel für gerade

Erbgang: dominant rezessiv

2 Familienstammbaum, in dem Albinismus mehrfach auftritt

1 Vererbung der Blutgruppen im AB0-System

Vererbung der Blutgruppen

Man kennt beim Menschen mehr als 20 verschiedene Blutgruppensysteme. Die Unterschiede beruhen auf über 130 verschiedenen Proteinen der roten Blutzellen. Jeder Mensch besitzt aber eine charakteristische Blutgruppe, die er sein ganzes Leben lang unverändert behält.

Die Ausbildung der Blutgruppeneigenschaften wird von Genen gesteuert. Die zugehörigen Erbgänge sind weitgehend bekannt. Aus der Medizin ist nämlich ausreichend statistisches Material vorhanden, wodurch die Vererbung der Blutgruppe von den Eltern auf die Kinder geklärt werden konnte.

Das AB0-System

Bei der Vererbung dieser Blutgruppen begegnet uns etwas Neues. Das zugehörige Gen liegt nicht in zwei, sondern in drei verschiedenen Allelen vor, die man als A, B und 0 bezeichnet. Durch sie werden die vier Blutgruppen A, B, AB und 0 bestimmt. Diese Bezeichnung des Phänotyps darf man nicht mit den Allelbezeichnungen verwechseln!

In seinen Körperzellen hat jeder Mensch natürlich nur zwei dieser Allele. Sind die beiden Allele gleich, so ist der Mensch reinerbig für diese Blutgruppe. Treffen zwei verschiedene Allele aufeinander, so sind A und B beide dominant über das rezessive Allel 0. Da A und B auch gleichzeitig vorkommen können und beide dominant wirken, spricht man in diesem besonderen Fall von *codominanten Allelen*.

Den sechs möglichen Allelkombinationen entsprechen deshalb vier Blutgruppen mit folgenden Genotypen:
Blutgruppe A — Genotyp AA oder A0
Blutgruppe B — Genotyp BB oder B0
Blutgruppe AB — Genotyp AB
Blutgruppe 0 — Genotyp 00

Aufgaben

① Vervollständige die folgende Tabelle für alle denkbaren Blutgruppenkombinationen von Mutter und Vater.

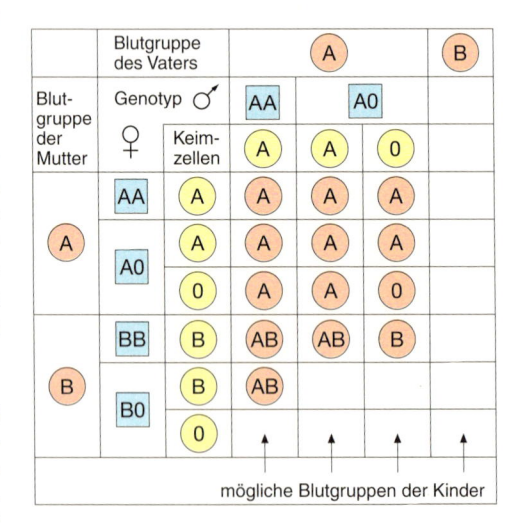

② Auf einer Säuglingsstation liegen vier Kinder mit den Blutgruppen A, B, AB und 0. Die Phänotypen der Eltern sind 0/0, A/B, AB/0 und B/B. Kann man die Kinder eindeutig den Elternpaaren zuordnen?

Der Rhesusfaktor

Trotz der Beachtung des AB0-Systems kam es bei Bluttransfusionen gelegentlich zu Komplikationen. Die Ursache dafür wurde 1940 gefunden. Damals wurde bei Rhesusaffen an der Membran von roten Blutzellen ein Protein entdeckt, das auch beim Menschen vorkommt. Es erhielt die Bezeichnung *Rhesusfaktor*. Etwa 85 % aller Mitteleuropäer besitzen diesen Faktor. Diese Menschen bezeichnet man als *rhesuspositiv* (Rh+). Die restlichen 15 % sind *rhesusnegativ* (rh−), ihnen fehlt dieses Protein. Der Rhesusfaktor ist unabhängig von anderen Blutgruppenmerkmalen. Der Erbgang ist dominant-rezessiv, die entsprechenden Allele werden mit D (für Rh+) bzw. mit d (für rh−) bezeichnet.

Inwiefern kann bei Bluttransfusionen eine *Rhesusunverträglichkeit* auftreten? Menschen, die rhesusnegativ sind, bilden *Antikörper* gegen den Rhesusfaktor, wenn sie zum ersten Mal mit Rh+-Blut in Berührung kommen. Bei einer zweiten Transfusion mit rhesuspositivem Blut bewirken diese Antikörper dann eine Verklumpung der roten Blutzellen des Spenderblutes. Es kommt zu Komplikationen, weil die roten Blutzellen zerstört werden. Der rote Blutfarbstoff, das Hämoglobin, wird freigesetzt *(Hämolyse)*.

Auch bei manchen Schwangerschaften besteht die Gefahr einer Rhesusunverträglichkeit. Hat eine rhesusnegative Mutter ein rhesuspositives Kind ausgetragen, so kann es passieren, dass sie während des Geburtsvorganges durch kleine Risse in den Gefäßen der Plazenta mit Rh+-Blut in Berührung kommt. Die Mutter bildet daraufhin Antikörper gegen Rh+-Blut, die bei einer zweiten Schwangerschaft durch die Plazentaschranke in den Kreislauf des eventuell wieder rhesuspositiven Kindes gelangen und es lebensbedrohlich schädigen können. Bei jeder weiteren Geburt können sich die Auswirkungen noch verstärken. Die Medizin kennt heute vorbeugende Möglichkeiten, um dieser Gefahr zu begegnen.

Aufgaben

① In der Randspalte sind Familien mit der Verteilung des Rhesusfaktors angeführt.
   a) Gib die zugehörigen Genotypen an.
   b) In welchen Fällen besteht die Gefahr der Rhesusunverträglichkeit?

② Das erste Kind einer rh−-Mutter war rhesusnegativ. Welche Auswirkungen sind für das zweite Kind zu erwarten?

③ Bei einer Vaterschaftsklage kommen zwei Männer in Frage, Vater eines Kindes zu sein. Folgende Blutgruppen wurden bei den Beteiligten festgestellt:
Mutter: A, rh− — Kind: 0, rh−
Mann 1: A, Rh+ — Mann 2: AB, rh−
Lässt sich einer der Männer als möglicher Vater ausschließen? Begründe.

④ Bei Vaterschaftsuntersuchungen mithilfe von Blutgruppeneigenschaften spricht man von Vaterschaftsausschluss und nicht von Vaterschaftsnachweis. Warum wohl?

⑤ Ein weiteres Blutgruppensystem, das zum Vaterschaftsausschluss herangezogen werden kann, ist das MN-System. Informiere dich darüber und berichte vor der Klasse.

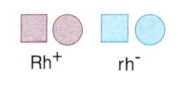

Rh+   rh−

D: Allel für Rh+
d: Allel für rh−

dd   Dd

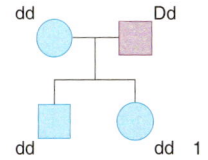

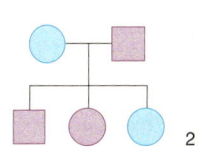

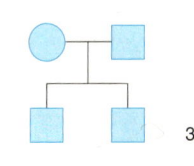

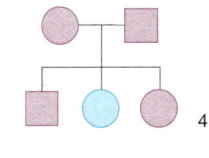

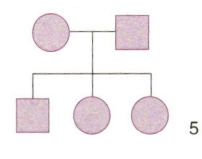

dd   dd   1

2

3

4

5

1 Rhesusunverträglichkeit

1. Schwangerschaft
Mutter rh−-Blut
1. Kind Rh+-Blut
Plazenta bildet Schranke für Blutzellen

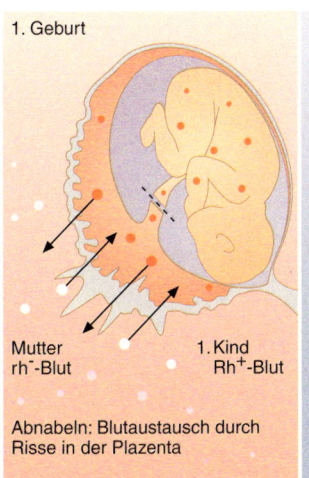

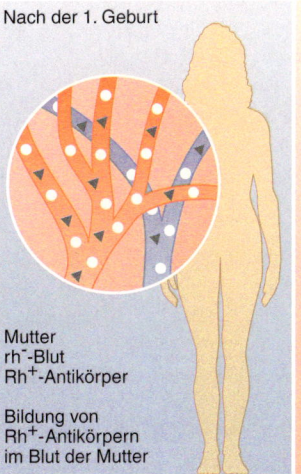

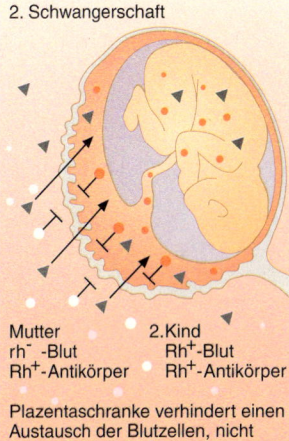

1. Geburt
Mutter rh−-Blut
1. Kind Rh+-Blut
Abnabeln: Blutaustausch durch Risse in der Plazenta

Nach der 1. Geburt
Mutter rh−-Blut Rh+-Antikörper
Bildung von Rh+-Antikörpern im Blut der Mutter

2. Schwangerschaft
Mutter rh−-Blut Rh+-Antikörper
2. Kind Rh+-Blut Rh+-Antikörper
Plazentaschranke verhindert einen Austausch der Blutzellen, nicht aber der Antikörper

An den Chromosomen erkennt man das Geschlecht

In allen Körper- und Keimzellen des Menschen, mit Ausnahme der roten Blutzellen, befindet sich ein Zellkern. Er enthält normalerweise 46 Chromosomen; nur die haploiden Keimzellen besitzen 23. Es ist möglich, die Chromosomen der Körperzellen zu homologen Paaren zu ordnen. Das Ergebnis heißt *Karyogramm*. Dabei geht man folgendermaßen vor: Einige Tropfen Blut werden in eine geeignete Nährlösung gebracht. Im Brutschrank werden die weißen Blutzellen bei 37 °C zur Teilung angeregt. Mit Colchizin, dem Gift der Herbstzeitlosen, lassen sich die Zellteilungen in einem Stadium unterbrechen, in dem die Chromosomen mikroskopisch gut zu erkennen sind.

Nach dem Anfärben werden sie unter dem Mikroskop betrachtet und fotografiert. Die einzelnen Chromosomen werden aus dem Foto ausgeschnitten und jeweils paarweise geordnet. Dabei vergleicht man
— die absolute Länge eines Chromosoms,
— den *Armindex* (Längenverhältnis des langen Chromosomenarms zum kurzen),
— das Vorkommen von Einschnürungen am Ende einiger Chromosomen *(Satelliten)*
— und das *Muster der Querbanden*.

Nach ihrer Ähnlichkeit werden die Chromosomen in Gruppen zusammengefasst (Kennbuchstaben A–G) und paarweise durchnummeriert.

Bei dieser Zuordnung stellt sich ein wichtiger Unterschied im Karyogramm von Frau und Mann heraus: Im männlichen Geschlecht findet man ein ungleiches Chromosomenpaar. Das kleinere der beiden, das nur der Mann besitzt, wird als *Y-Chromosom* bezeichnet. Das größere heißt *X-Chromosom*. Es kommt beim Mann einfach, bei der Frau jedoch doppelt vor. Jeder Mensch besitzt also ein Paar *Geschlechtschromosomen* und 22 Paare *Körperchromosomen*.

Abbildung 2 zeigt, wie die Geschlechtschromosomen in den Keimzellen von Mann und Frau verteilt sind. Die Frau kann nur Eizellen mit einem X-Chromosom bilden. Beim Mann gibt es zwei verschiedene Spermienzellen: solche mit einem X- und solche mit einem Y-Chromosom. Das Geschlecht des Kindes wird bei der Befruchtung also allein durch die Spermienzelle bestimmt.

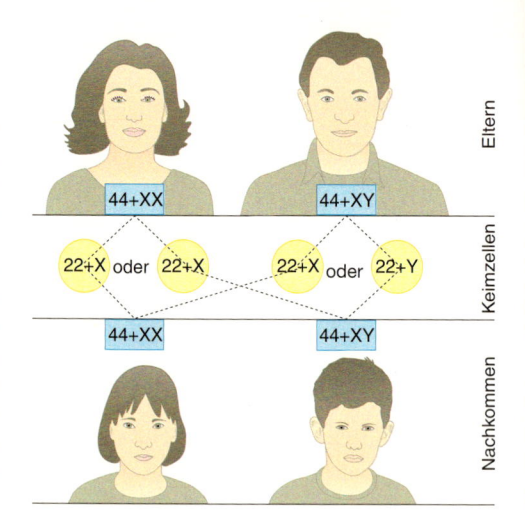

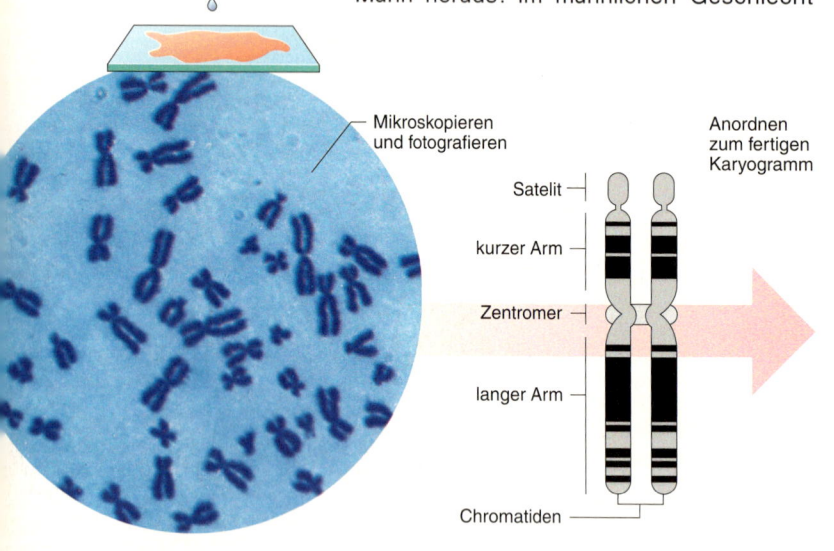

2 Vererbung des Geschlechts

1 Chromosomen des Menschen (700 x vergr.)

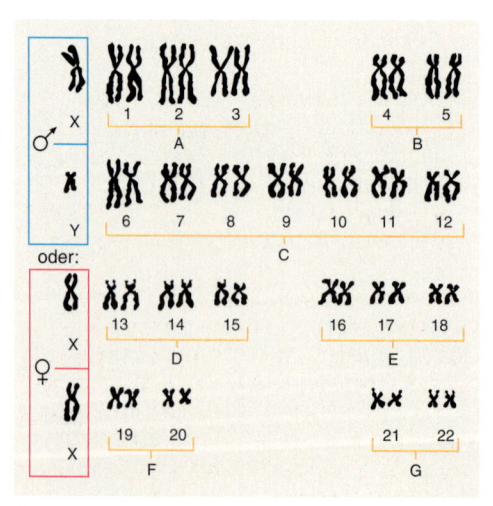

3 Karyogramm

Genetik

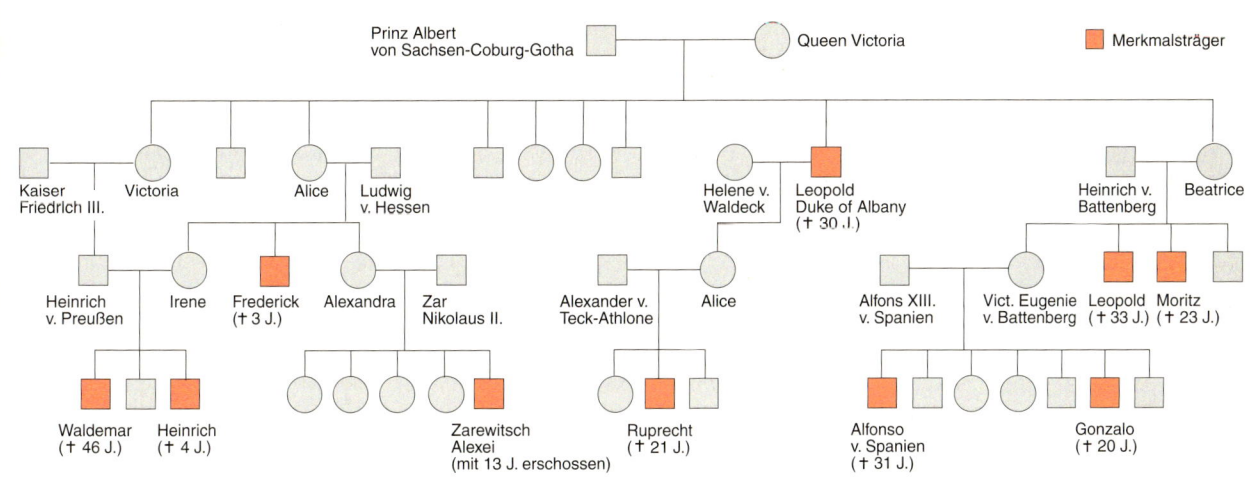

1 Historischer Stammbaum der Bluterkrankheit in europäischen Fürstenhäusern

Der Erbgang der Bluterkrankheit

Bei den meisten Menschen gerinnt aus einer Wunde austretendes Blut in 4 bis 7 Minuten. Ist die Gerinnungszeit auf über 15 Minuten verzögert, so spricht man von *Bluterkrankheit*. Sie ist in europäischen Fürstenhäusern gehäuft anzutreffen. Es fällt auf, dass ausschließlich Männer in diesem Stammbaum Bluter sind. Sollte der Erbgang in irgendeiner Weise mit der Weitergabe der Geschlechtschromosomen zusammenhängen?

Geht man davon aus, dass das Gen, das für die Blutgerinnung verantwortlich ist, auf dem Y-Chromosom liegt, so müsste die Krankheit immer vom Vater auf den Sohn vererbt werden. Der Stammbaum zeigt aber, dass das nicht der Fall ist. Man weiß heute, dass das Gen auf dem X-Chromosom liegt. Das wesentlich kleinere Y-Chromosom besitzt gar kein entsprechendes Gen.

Man muss also drei Fälle unterscheiden:
– X-Chromosomen mit dem Allel A für normale Blutgerinnung,
– X-Chromosomen mit dem Allel a für bluterkrank und
– das hierfür genleere Y-Chromosom.

X-Chromosomen kommen bei beiden Geschlechtern vor. Da ein Mann nur ein X-Chromosom besitzt, ist er krank, wenn dieses das entsprechende Allel trägt. Eine mischerbige Frau ist gesund; sie kann das Allel a jedoch auf ihre Söhne übertragen *(Konduktorin)*, selbst wenn der Ehemann gesund ist. Diesen besonderen Erbgang nennt man *geschlechtschromosomengebunden*.

Aufgaben

① Überlege, ob es auch bluterkranke Frauen geben kann. Begründe.
② Lies den folgenden Brief, den Mr. J. Scott am 26. Mai 1777 schrieb, genau durch. Stelle danach den Stammbaum der Familie Scott auf und erkläre den Erbgang. Wie heißt diese Krankheit?

„Es ist ein altes Familienleiden: mein Vater hat genau dieselbe Anomalie; meine Mutter und eine meiner Schwestern konnten alle Farben fehlerfrei sehen, meine andere Schwester und ich in der gleichen Weise unvollkommen. Diese letzte Schwester hatte zwei Söhne, beide betroffen, aber sie hat eine Tochter, die ganz normal ist. Ich habe einen Sohn und eine Tochter, und beide sehen alle Farben ohne Ausnahme; so ging es auch ihrer Mutter. Meiner Mutter Bruder hatte denselben Fehler wie ich, obgleich meine Mutter, wie schon erwähnt, alle Farben gut kannte.
Ich kenne kein Grün in der Welt; eine rosa Farbe und ein blasses Blau sehen gleich aus, ich kann sie nicht unterscheiden. Ein kräftiges Rot und ein kräftiges Grün ebenfalls nicht, ich habe sie oft verwechselt; aber Gelb und alle Abstufungen von Blau kenne ich absolut richtig und kann Unterschiede zu einem erheblichen Grad von Feinheit erkennen; ein kräftiges Purpur und ein tiefes Blau verwirren mich.
Ich habe meine Tochter vor einigen Jahren einem vornehmen und würdigen Mann vermählt. Am Tage vor der Hochzeit kam er in einem weinroten Mantel aus bestem Stoff in mein Haus. Ich war sehr gekränkt, dass er (wie ich glaubte) in Schwarz kam. Aber meine Tochter sagte, die Farbe sei sehr vornehm; es seien meine Augen, die mich trögen."

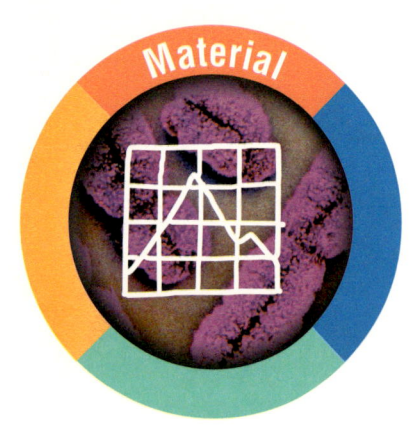

Übungen zur Humangenetik

Man kann sich unter sehr verschiedenen Fragestellungen mit der Vererbungslehre beschäftigen. Besonders wichtig sind im Zusammenhang mit der Humangenetik die gesellschaftlichen Folgen von genetisch bedingten Krankheiten. Gesetzliche Regelungen zur Vorbeugung und sinnvolle Beratung für Betroffene werden immer wieder diskutiert.

Im Folgenden kannst du deine Kenntnisse auf einige Beispiele anwenden.

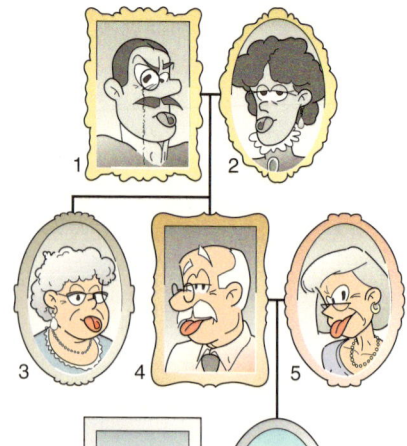

Stammbaum und Erbgang

Die Eigenschaft, die Zunge einrollen zu können, beruht auf einem Gen. Die nebenstehenden Bilder aus einem Familienalbum lassen erkennen, wer ein „Roller" bzw. ein „Nichtroller" ist.

Aufgaben

① Gib begründet an, ob die Fähigkeit zum Zungenrollen dominant oder rezessiv ist.

② Ordne den Allelen begründet entsprechende Groß- bzw. Kleinbuchstaben zu und gib für alle Personen im Stammbaum die Genotypen an. In welchem Fall ist keine eindeutige Aussage möglich?

Stammbaum der Familie Kappler, Temperamalerei, Krems 1544

Erbgang bei den Blutgruppen

Eltern

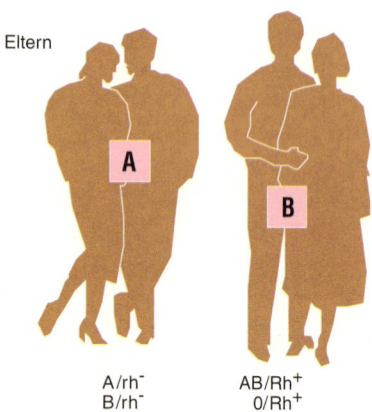

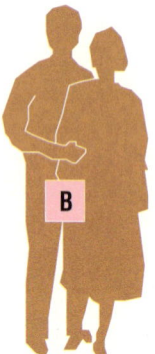

A: A/rh⁻, B/rh⁻
B: AB/Rh⁺, 0/Rh⁺
C: A/rh⁻, B/Rh⁺
D: A/Rh⁺, 0/Rh⁺

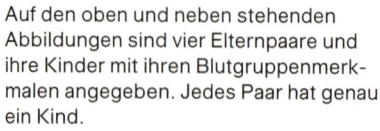

Kinder

1: A/Rh⁺
2: 0/Rh⁺
3: A/rh⁻
4: AB/Rh⁺

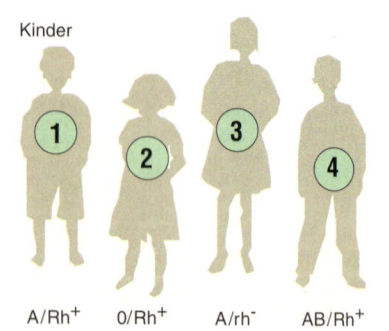

Auf den oben und neben stehenden Abbildungen sind vier Elternpaare und ihre Kinder mit ihren Blutgruppenmerkmalen angegeben. Jedes Paar hat genau ein Kind.

Aufgaben

③ Versuche, die vier Kinder den Elternpaaren eindeutig zuzuordnen. Begründe deine Entscheidung.

④ Gib die Genotypen aller Eltern und Kinder — so genau wie möglich — an.

⑤ Gib an, ob bei den vier Familien ein Fall von Rhesusunverträglichkeit zu befürchten ist?

⑥ Eine Frau mit der Blutgruppe A behauptet, ihr Kind besitze Blutgruppe B. Gib an, ob diese Blutgruppenkombination überhaupt möglich ist. Stelle dazu die Genotypen der beteiligten Personen einschließlich des Vaters auf und begründe daran deine Entscheidung.

352 Genetik

Gesetzliche Vorschriften und Regelungen

Im „Bürgerlichen Gesetzbuch" (BGB) ist angegeben, unter welchen Bedingungen eine Ehe geschlossen werden darf. Der § 1307 regelt zum Beispiel das Eheverbot zwischen Verwandten. Dort heißt es: „Eine Ehe darf nicht geschlossen werden zwischen Verwandten in gerader Linie, sowie zwischen vollbürtigen und halbbürtigen Geschwistern."

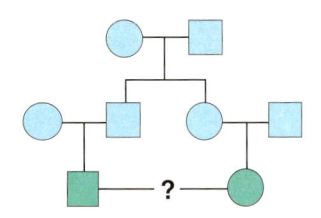

Der *Talmud* ist eine Vorschriftensammlung des Judentums. Bereits im 2. Jahrhundert vor Christi Geburt wurden darin Regeln festgelegt, die die Beschneidung von Knaben betreffen. Wenn zwei Söhne einer Mutter nach der Beschneidung durch Verbluten gestorben sind, so soll Folgendes gelten: Weitere Söhne der betreffenden Mutter werden von der Beschneidung befreit. Ebenso soll mit den Söhnen ihrer Schwester, nicht aber mit denen des Bruders verfahren werden. Die Söhne des selben Vaters mit einer anderen Frau sollen wie normale Knaben beschnitten werden.

Aufgaben

⑦ Versuche, den Gesetzestext zu verstehen und gib für die ausgeschlossenen Fälle je ein Beispiel an.
⑧ In welcher Verwandtschaftsbeziehung stehen die beiden Personen bei nebenstehendem Stammbaum? Ist die Ehe zwischen ihnen erlaubt?
⑨ Wie verhält es sich bei einer Ehe zwischen Onkel und Nichte? Zeichne einen entsprechenden Stammbaumausschnitt.
⑩ Im Gesetzestext sind auch Aussagen zur Volljährigkeit der Partner gemacht. Informiere dich — z.B. beim Standesamt — über diese Regelungen und berichte.
⑪ Zeichne einen Stammbaum, der die im Talmud-Text geschilderte Verwandtschaftsbeziehung wiedergibt.
⑫ Beurteile den Sinn dieser Vorschrift aus deiner Kenntnis der Vererbungsregeln im Zusammenhang mit der Bluterkrankheit.

Stammbaumanalyse und genetische Beratung

Häufig wissen Ehepaare, dass in ihren Familien schon einmal eine genetisch bedingte Krankheit vorgekommen ist. Sie überlegen sich deshalb, ob sie es verantworten wollen, ein Kind zu zeugen. Die beiden Stammbäume stellen solche Situationen dar.

Aufgaben

⑬ Gib für jeden Stammbaum getrennt an, ob das Leiden dominant oder rezessiv vererbt wird und ob es sich um einen geschlechtschromosomengebundenen Erbgang handelt oder nicht. Begründe deine Entscheidung. Du darfst davon ausgehen, dass einheiratende Personen genetisch unbelastet sind.
⑭ Wie groß ist die Wahrscheinlichkeit, dass die beiden mit A und B gekennzeichneten Personen ein krankes Kind zeugen, wenn sie einen gesunden Partner heiraten?

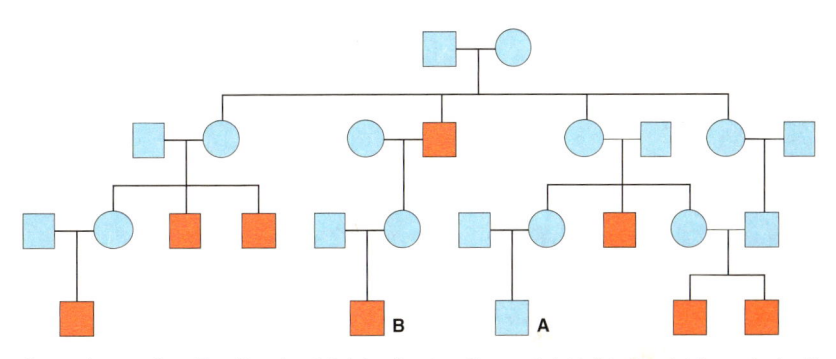

Stammbaum einer Familie mit erblich bedingtem Enzymdefekt (Merkmalsträger sind rot)

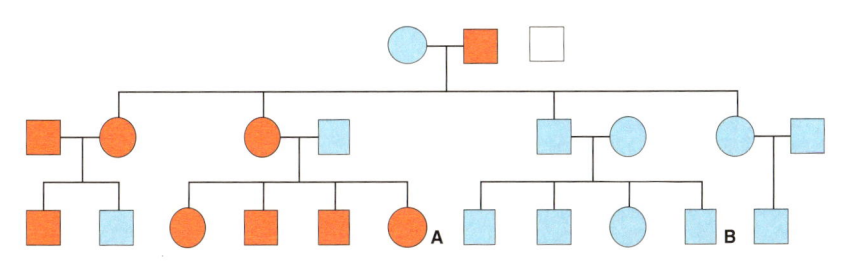

Stammbaum einer Familie, in der Sechsfingrigkeit auftritt (Merkmalsträger sind rot)

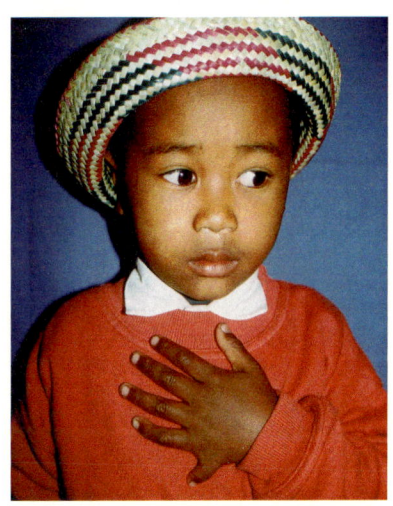

Trisomie 21 — ein Chromosom zu viel

Die beiden unten abgebildeten Kinder besitzen ein Erscheinungsbild, das man nach einem englischen Kinderarzt als *Down-Syndrom* bezeichnet. Unbedachter Weise nennt man es leider auch manchmal *Mongoloismus*. Diese Bezeichnung bezieht sich auf den Verlauf des oberen Augenlides, klingt aber auch abwertend. Man sollte deshalb nur die fachsprachliche Bezeichnung verwenden.

Syndrom
Gruppe von mehreren Krankheitsanzeichen, die gleichzeitig auftreten können.

Seit 1959 kennt man den Ausgangspunkt des Down-Syndroms. Im Karyogramm der Betroffenen findet man ein zusätzliches Chromosom: das Chromosom Nr. 21 ist nicht nur doppelt, sondern dreifach vorhanden *(Trisomie 21)*. Die Auswirkungen dieses überzähligen Chromosoms beschränken sich nicht auf das Aussehen. Es kommt auch zu einer Fehlentwicklung innerer Organe, zu größerer Anfälligkeit gegen Infektionskrankheiten und zu einer Verminderung der geistigen Fähigkeiten. Durch eine früh einsetzende pädagogische Betreuung können die Auswirkungen abgeschwächt werden. Wegen der häufig auftretenden Herzfehler starben früher viele Betroffene schon im Kindesalter, die Fortschritte der modernen Medizin ermöglichen heute eine höhere Lebenserwartung.

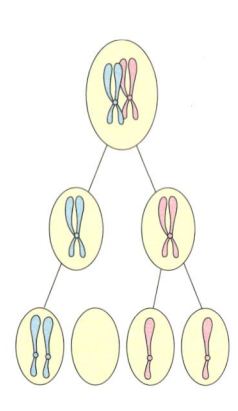

Die Ursache der Trisomie 21 liegt in einem Fehler bei der Meiose. Durch Nichttrennung zweier Chromosomen gelangt bei der ersten oder zweiten Reifeteilung ein zusätzliches Chromosom in eine der Keimzellen, die andere erhält kein Chromosom 21.

Trisomie 21 tritt in der Regel spontan auf. Das heißt, dass Eltern, in deren Familienstammbaum das Down-Syndrom noch nicht vorgekommen ist, ein betroffenes Kind zeugen. Dabei ist bei Müttern, die im Alter von über fünfunddreißig Jahren ein Kind bekommen, statistisch ein Anstieg des Risikos festzustellen (s. Abb. 2). Auch Fehler bei der Keimzellenbildung des Vaters können die Ursache für das Down-Syndrom sein.

Die Trisomie 21 tritt bei Geburten mit einer Häufigkeit von 1 : 550 auf. Eigentlich ist zu erwarten, dass jedes Chromosom von einer Nichttrennung und Fehlverteilung während der Meiose betroffen sein kann. Dennoch hat man nur noch die *Trisomie 18* und die *Trisomie 13* bei Neugeborenen festgestellt. Die Organschäden sind in diesen Fällen so groß, dass die Lebenserwartung weit unter einem Jahr liegt. Wahrscheinlich wirken andere Trisomien ebenso wie ein nur einmal vorkommendes Chromosom *(Monosomie)* schon während der Embryonalentwicklung tödlich. Eine Ausnahme bilden offenbar die Geschlechtschromosomen. Von ihnen sind verschiedene Fehlverteilungen bekannt.

Es gibt beispielsweise Frauen, die nur ein einziges X-Chromosom besitzen *(X0-Typ)*. Sie sind kleinwüchsig und besitzen keine funktionsfähigen Eierstöcke. Andererseits kommen Männer vor, die neben dem Y- noch zwei X-Chromosomen in ihren Zellen aufweisen *(XXY-Typ)*. Diese Männer sind etwa 10 cm größer als der Durchschnitt. Auch sie sind nicht fortpflanzungsfähig.

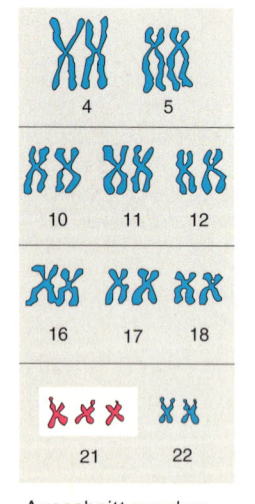

Ausschnitt aus dem Karyogramm

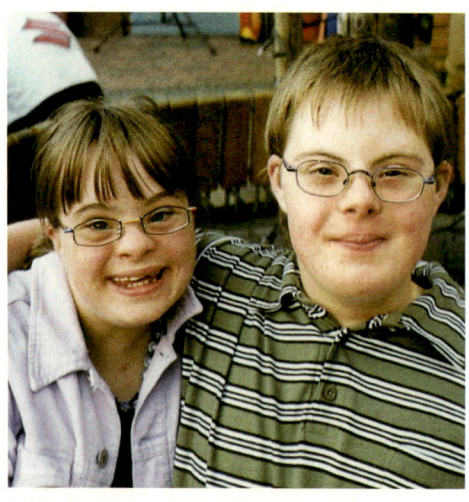

1 Kinder mit dem Down-Syndrom

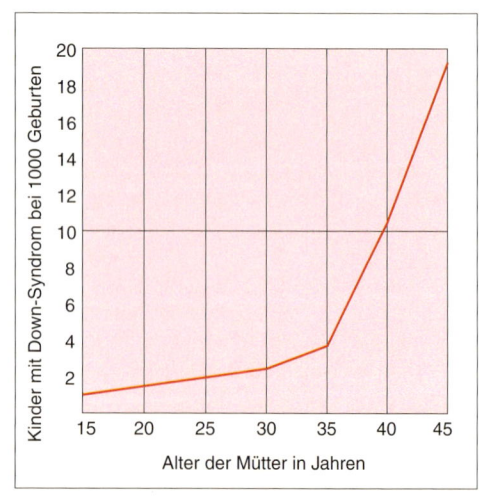

2 Altersabhängigkeit der Trisomie 21

Vorsorge bei genetisch bedingten Krankheiten

Jährlich werden in der Bundesrepublik Deutschland etwa 600 000 Kinder geboren. Man schätzt, dass etwa 35 000 von ihnen eine genetisch bedingte körperliche oder geistige Behinderung besitzen. In ihrer überwiegenden Zahl sind diese Abweichungen unauffällig. In manchen Fällen, wie bei der Trisomie 18, kann das Auftreten einer genetisch bedingten Krankheit zu schweren Belastungen des Kindes und der betroffenen Eltern führen. Auch Angehörige werden in dieses Leid mit einbezogen, weil es Außenstehende gibt, die solche Krankheiten als eine Schuld der Familie ansehen. Solchen Vorurteilen muss man entgegenwirken, vor allem im Hinblick auf das betroffene Kind.

Wie kann die Medizin den betroffenen Menschen helfen? Veränderungen in den Genen können noch nicht behoben werden. Man kann möglicherweise den Zustand der betroffenen Person durch medizinische Maßnahmen und entsprechende Betreuung bessern. Vielleicht kann man einen auf Trisomie 21 beruhenden Herzfehler durch eine Operation korrigieren. Manche genetisch bedingten Stoffwechselerkrankungen lassen sich durch Medikamente behandeln, so zum Beispiel bei der Bluterkrankheit.

Bei der *Phenylketonurie*, einer genetisch bedingten Veränderung im Eiweißstoffwechsel, hilft schon eine Diät ab dem Säuglingsalter. Dabei entwickeln sich die Kinder gesund weiter und die sonst auftretenden Hirnschäden unterbleiben. Für die Betroffenen ist das zwar eine „Heilung", das veränderte Gen wird dadurch aber nicht beseitigt. Es wird nach den Gesetzmäßigkeiten der Vererbung an die Nachkommen weitergegeben und kann bei ihnen erneut zur Krankheit führen.

Dennoch sind genetisch bedingte Leiden kein unabwendbares Schicksal, wenn man in verantwortungsvoller Weise Vorsorge trifft. Ein Paar, das sich ein Kind wünscht, sollte sorgfältig prüfen, ob in der eigenen Familie schon einmal entsprechende Krankheiten vorgekommen sind. In solchen Fällen kann ein Arzt über ein mögliches Risiko aufklären. Falls er selbst keine Entscheidung treffen kann, wird er die Ratsuchenden an eine *genetische Familienberatungsstelle* verweisen, die es in vielen Großstädten gibt.

Hat sich ein Paar trotz eines gewissen Risikos für ein Kind entschieden, so sind Untersuchungen des ungeborenen Kindes schon im Mutterleib möglich. Eine inzwischen verbreitete Form dieser *vorgeburtlichen Diagnose* zeigt die Abbildung. Diese *Fruchtwasseruntersuchung* wird in der 14. bis 16. Schwangerschaftswoche durchgeführt. Veränderungen im Chromosomensatz und etwa 50 verschiedene Stoffwechselerkrankungen des werdenden Kindes können damit relativ sicher erkannt werden. In begründeten Fällen lässt der Gesetzgeber auch zu diesem Zeitpunkt noch einen Abbruch der Schwangerschaft zu. Die persönliche Entscheidung darüber kann aber niemandem abgenommen werden.

Ist es nicht humaner, die Zeugung solcher Kinder zu vermeiden, als die betroffenen Feten abzutreiben? Mit solchen und ähnlichen Fragen muss man sich auseinander setzen und eine eigene Einstellung dazu entwickeln. Darf man Menschen wirklich von der Fortpflanzung ausschließen, nur weil sie Gene tragen, die nicht einer bestimmten Norm entsprechen? In der Zeit des Nationalsozialismus ging man sogar so weit, die Tötung sogenannter „erbkranker" Menschen mit ähnlichen Argumenten zu begründen. Insassen von Heilanstalten wurden in Gaskammern umgebracht, um das „Erbgut des deutschen Volkes zu reinigen". Man rechtfertigte dieses Vergehen als Sterbehilfe (Euthanasie).

An den Genen können jederzeit spontan Veränderungen (Mutationen) auftreten. Sie werden durch verschiedene Faktoren bewirkt. So besitzen einige chemische Stoffe (*Nikotin, Unkrautvernichtungsmittel, manche Medikamente*) sowie radioaktive und ultraviolette Strahlung *mutagene*, d. h. genverändernde Wirkung. Solchen mutagenen Faktoren sollte man sich möglichst wenig aussetzen. Wenn durch eine solche Mutation teilungsfähige Körperzellen betroffen sind, kann es zu schwerwiegenden Erkrankungen, zum Beispiel Krebs, kommen. Wenn aber die Keimzellen durch eine Mutation verändert sind, dann wirkt sich das bei den Nachkommen aus.

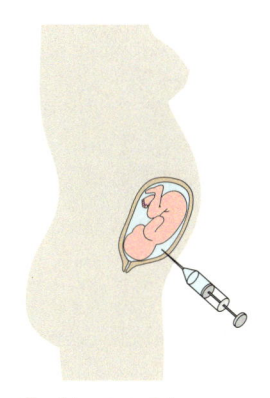

Fruchtwasser wird entnommen und zentrifugiert

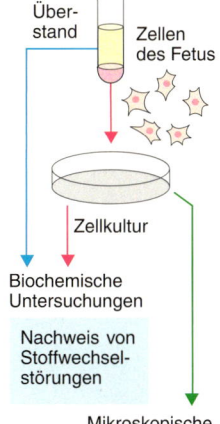

Überstand — Zellen des Fetus

Zellkultur

Biochemische Untersuchungen

Nachweis von Stoffwechselstörungen

Mikroskopische Untersuchungen

Feststellung von Chromosomenschäden

Ablauf einer Fruchtwasseruntersuchung

Aufgabe

① Eine Frau möchte einen Mann heiraten, in dessen Familie Kurzfingrigkeit auftritt. Welche Wahrscheinlichkeit besteht für Kinder aus dieser Ehe, wenn
a) der Mann selbst gesund ist,
b) der Mann kurzfingrig, aber seine Mutter gesund ist?

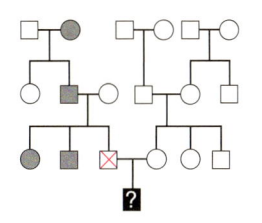

Genetik **355**

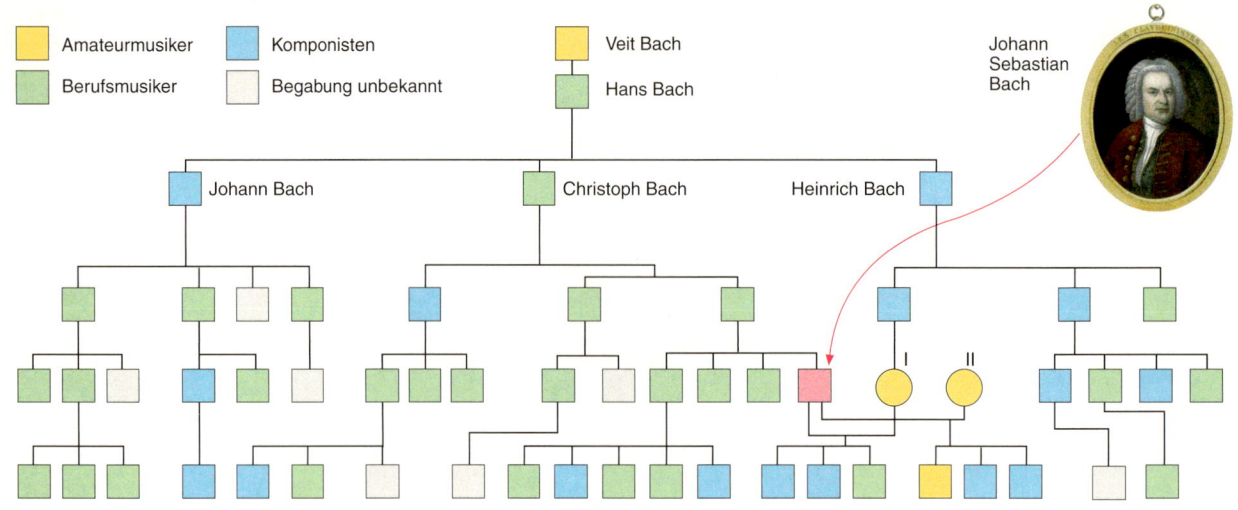

1 Stammbaum der Familie Bach (außer bei J. S. Bach sind die Ehefrauen und Töchter im Stammbaum weggelassen)

Zettelkasten

Vererbung bei der Hautfarbe

Bei Mischlingen von dunkel- und hellhäutigen Vorfahren lassen sich viele verschiedene Farbabstufungen der Hautfarbe beobachten. Diese Farbunterschiede sind genetisch bedingt. Andererseits kann sich die Bräune auch umweltbedingt in Abhängigkeit von der UV-Strahlung ändern. Es ist daher nicht leicht, den Erbgang für die Ausprägung der Hautfarbe zu bestimmen. Auf die Wirkung eines Gens allein lassen sich die Unterschiede nicht zurückführen. Das Schema zeigt, was sich ergibt, wenn man von zwei Paaren „verdunkelnder" bzw. „aufhellender" Allele ausgeht, die sich in ihrer Wirkung wechselseitig beeinflussen. Es sind dann schon neun Genotypen möglich. In Wirklichkeit sind noch mehr Gene an der Färbung der Haut beteiligt.

Man ist heute sicher, dass viele Merkmale des Menschen durch mehrere Gene kontrolliert werden. Dazu gehören Körpergröße, Haar- und Augenfarbe; Lernfähigkeit oder Gedächtnis werden vermutlich von mehreren Erbanlagen mitbestimmt. Erschwert wird die genetische Deutung solcher Persönlichkeitsmerkmale durch Einflüsse der Umwelt.

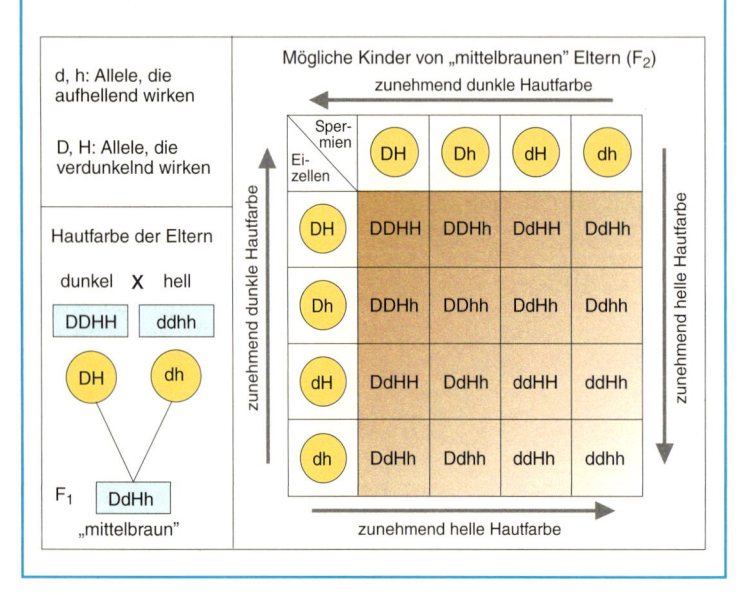

Gene und Umwelt beeinflussen unser Leben

Für einzelne Körpermerkmale des Menschen bis hin zu bestimmten Eigenschaften seines Stoffwechsels ist bekannt, nach welchen Gesetzmäßigkeiten sie vererbt werden. Diese Merkmale sind, wie die Blutgruppenzugehörigkeit, in der Regel *umweltstabil*, das heißt, sie sind zeitlebens in der gleichen Ausprägung vorhanden, unabhängig von der Umwelt, in der wir gerade leben. Wie verhält es sich aber mit Eigenschaften wie Körpergewicht, Intelligenz oder Musikalität, die sich im Laufe des Lebens verändern?

Wenn man den Stammbaum der Familie Bach betrachtet (s. Abb. 1), ist man geneigt anzunehmen, dass die musikalische Begabung genetisch bedingt ist. Familienforschung und Stammbaumanalysen sind auch für andere geistige Fähigkeiten durchgeführt worden. In der Malerfamilie BRUEGHEL lässt sich über mehrere Generationen hinweg künstlerisches Talent nachweisen; CHARLES DARWIN besitzt viele naturwissenschaftlich hochbegabte Verwandte. Allerdings ist die Behauptung, dass in diesen Fällen nicht die Vererbung, sondern die Erziehung und der Umgang im Elternhaus die wesentliche Rolle spielen, kaum zu widerlegen.

Die Frage nach der Vererbung von Begabungen stößt auf viele Hindernisse. Für Musikalität ist, falls sie überhaupt vererbt wird, sicher nicht nur ein einzelnes Gen zuständig. Aber nach welchen Genen muss man suchen? Gibt es die Anlage für absolutes Gehör, für Rhythmus, für Klangvorstellung?

Zwillingsforschung

Um den Einfluss der Umwelt bzw. der Gene zu erforschen, müsste man zwei genetisch gleiche Menschen in verschiedener Umgebung aufwachsen lassen. *Eineiige Zwillinge* sind solche Menschen. Sie sind aus einer einzigen befruchteten Eizelle entstanden und haben die gleiche Kombination von Erbanlagen. Auf 1000 Geburten kommen eineiige Zwillinge, statistisch gesehen, drei- bis viermal vor.

An eineiigen Zwillingen sowie an gemeinsam aufgewachsenen *zweieiigen Zwillingen* wurden verschiedene statistische Erhebungen durchgeführt. Bei den eineiigen Zwillingen wurden zwei Gruppen gebildet: Solche, die möglichst lange gemeinsam erzogen *(gleiche Umwelt)* und solche, die durch Zufall in früher Kindheit getrennt wurden und in verschiedener Umgebung aufwuchsen *(verschiedene Umwelt)*. Da die letztgenannten Fälle äußerst selten sind, darf man die Ergebnisse nicht überbewerten (s. Abb. 3, 4).

Untersuchungen darüber, wie häufig bestimmte Krankheiten bei beiden Zwillingen übereinstimmend auftreten, zeigen, dass die Anfälligkeit bzw. Resistenz nicht ausschließlich genetisch bestimmt ist. Es gibt zwar bei eineiigen Zwillingen höhere Übereinstimmung, aber durch die Erbanlagen wird nur die Bandbreite, die *Reaktionsnorm*, festgelegt, innerhalb der ein Organismus reagiert.

Vergleicht man die übrigen Befunde, so stellt man fest, dass die Körpergröße weitgehend genetisch festgelegt ist. Das Körpergewicht hängt dagegen auch von der Umwelt, also der Ernährung, ab. Beim Vergleich der Intelligenz dürfte der Schluss zulässig sein, dass das, was man mit Intelligenztests messen kann, also logisches Denken oder Zahlenverständnis, zu einem hohen Grad genetisch bedingt ist. Damit ist jedoch nichts über die Leistungsfähigkeit allgemein ausgesagt; denn die Umwelt kann diese vorhandenen Anlagen fördern. Hierin liegt der Sinn des Erziehens und des Lernens.

Die Frage, zu welchem Prozentsatz unser Leben durch Gene bzw. durch Faktoren der Umwelt bestimmt ist, lässt sich mit unserem heutigen Wissen nicht beantworten. Sicher sind die bestimmenden Faktoren für jeden Menschen verschieden. Wichtiger, als um Prozentzahlen zu streiten, ist es, mit unseren Fähigkeiten die Verantwortung für unser Leben bewusst zu übernehmen.

1 Eineiige Zwillinge und Schema der Entstehung

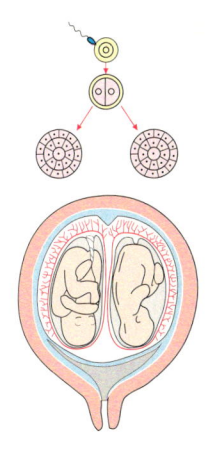

2 Zweieiige Zwillinge und Schema der Entstehung

Krankheit	Übereinstimmung in %	
	Eineiige Zwillinge	Zweieiige Zwillinge (gleiches Geschlecht)
Keuchhusten	96	94
Blinddarmentzündung	29	16
Tuberkulose	69	25
Zuckerkrankheit	84	37
Bronchialasthma	63	38
gleiche Art von Tumoren	59	24
Schlaganfall	36	19

3 Übereinstimmendes Auftreten von Krankheiten bei Zwillingspaaren

Untersuchte Zwillingsgruppe	Durchschnittlicher Unterschied in		
	Körpergröße (cm)	Körpergewicht (kg)	IQ-Punkten
Zweieiige Zwillinge	4,4	4,4	8,5
Eineiige Zwillinge (getrennt aufgewachsen)	1,8	4,5	6,0
Eineiige Zwillinge (gemeinsam aufgewachsen)	1,7	1,9	3,1

4 Mittlere Unterschiede in Größe, Gewicht und Intelligenzquotient (IQ)

Genetik

Gentechnik — was ist das?

Schon in frühgeschichtlicher Zeit machten sich unsere Vorfahren die Stoffwechselleistungen von Kleinstlebewesen, wie Bakterien und Pilzen, zunutze, ohne jedoch zu wissen, wie das im Einzelnen funktioniert, z. B. bei der Herstellung von Käse, Sauerbrot oder beim Bierbrauen. Die Nutzung biologischer Prozesse ist also fast so alt wie die Menschheit selbst. Nach und nach haben Wissenschaftler solche alten, auf Zufallsentdeckungen beruhenden Verfahren gezielt weiterentwickelt. Das nennt man *Biotechnik*.

Die *Gentechnik* geht nun noch einen Schritt weiter. Sie versucht, Lebewesen in ihren Erbanlagen künstlich so zu verändern, dass sie ganz bestimmte, von den Wissenschaftlern gewünschte Stoffwechselvorgänge zeigen. Voraussetzung dafür waren die Arbeiten von WATSON und CRICK, die es ermöglichten, die stofflichen Träger der Gene in Form von DNA-Abschnitten zu identifizieren. Das Zeitalter der Gentechnik begann, als man in der Lage war, Gene auch zu isolieren und dann gezielt auf andere Organismen zu übertragen.

Wichtige Werkzeuge eines Gentechnikers sind unter anderem:
— „Scheren" *(Restriktionsenzyme)*, mit denen die DNA-Moleküle an genau festgelegten Basenabfolgen geschnitten werden können.
— „Kleber" *(Ligasen)*; das sind Enzyme, die die DNA-Bruchstücke an den Schnittstellen wieder verbinden.
— „Schmuggler" *(Vektoren* oder *Genfähren)*, die in Zellen eindringen und dabei die in ihnen eingebauten Fremdgene mitnehmen.
— „Detektive" *(Sonden)*, durch die bestimmte Gene gekennzeichnet und entdeckt werden können.

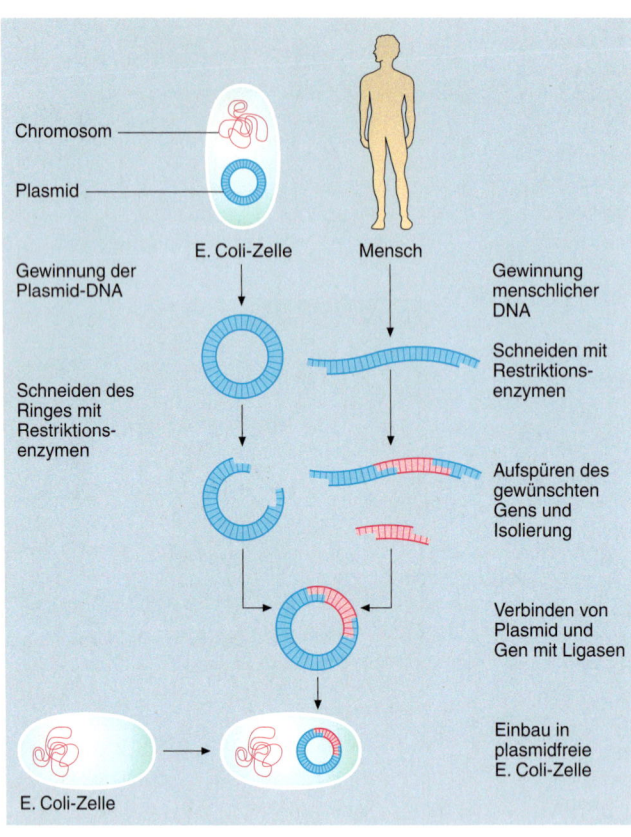

1 Einbau eines menschlichen Gens in ein Bakterium

Sogar mit Glaskanülen lassen sich Gene (hier gelb markiert) in fremde Zellen einspritzen.

Als Beispiel für die Anwendung gentechnischer Methoden soll das im Zusammenhang mit der *Zuckerkrankheit* wichtige Hormon *Insulin* dienen. 300 000 zuckerkranke Menschen in der Bundesrepublik Deutschland benötigen täglich Insulin. Es wurde früher in einem aufwändigen Verfahren aus der Bauchspeicheldrüse von Schlachttieren, vor allem von Schweinen, gewonnen. Der Bedarf konnte damit kaum gedeckt werden. Ziel der Gentechnik war es nun, Insulin von einem anderen Lebewesen herstellen zu lassen und zwar von einem Bakterium. Der daraus gezüchtete Bakterienstamm sollte dann in der Lage sein, menschliches Insulin in beliebiger Menge herzustellen.

Die Fähigkeit, Insulin herzustellen, beruht auf einem Gen. Es ist gelungen, dieses Gen mit entsprechenden Schnittstellen aus dem Erbgut von Menschen zu isolieren. Bei Bakterien, die keinen Zellkern besitzen, benutzt man als Vektor für das Fremdgen ringförmige DNA-Moleküle, die *Plasmide*. Sie schwimmen außerhalb der Bakterien-DNA im Zellplasma und gelangen auch durch die Zellmembran hindurch. Diese Ringe werden mithilfe der Restriktionsenzyme passend aufgeschnitten, das Fremdgen wird durch die Ligase eingesetzt und mit in die Wirtszelle eingeschleust. Das Ergebnis dieser Manipulation ist, dass die betroffene Zelle die Anweisung zur Produktion von Insulin, die ja in dem neuen Gen enthalten ist, in die Tat umsetzt. Sie stellt also neben ihren eigenen Produkten auch das von dem Fremdgen codierte Protein her.

Damit ist die Gentechnik in der Lage, Eigenschaften in einem Lebewesen neu zu kombinieren. Die „Sprache" der Gene ist nämlich bei allen Lebewesen gleich und wird auch von einem Bakterium „verstanden".

358 *Genetik*

Gentechnik — Möglichkeiten und Folgen

Beim Menschen sind gentechnische Methoden in erster Linie im Zusammenhang mit der Diagnose und Behandlung (Therapie) genetisch bedingter Krankheiten interessant. Am Beispiel der Bluterkrankheit wollen wir uns die theoretischen Möglichkeiten einer Behandlung überlegen.

Nehmen wir an, dass einem Menschen, der Bluter ist, der Blutgerinnungsfaktor VIII fehlt. Das ist ein Eiweiß, das für die Blutgerinnung unentbehrlich ist. Fehlt dieses Eiweiß, so führt jeder Stoß zu inneren Blutungen und damit zu einem Bluterguss. Jede offene Wunde kann zum Verbluten führen.

Man kann dieses Protein aus dem Blut gesunder Menschen isolieren und den Betroffenen als Medikament verabreichen. Das wäre die klassische Form der Behandlung.

Die Gentherapie

Wir wissen aber, dass der Faktor VIII als Protein durch ein Gen codiert ist. Dieses fehlt bei einem Bluter oder es ist so verändert, dass kein funktionsfähiges Eiweiß hergestellt werden kann. Leider führt in diesem Fall die Übertragung auf ein Bakterium nicht zu dem gewünschten Ergebnis, denn das Protein des Faktors VIII muss noch mit einem Zucker verknüpft werden, damit es funktionsfähig wird. Diese Verbindung kann aber von Bakterienzellen nicht durchgeführt werden. Deshalb hat man in diesem Fall Hefezellen gentechnisch verändert. Heute gewinnt man diesen Faktor weitgehend aus entsprechend veränderten Hamsterzellkulturen.

Man könnte sich aber auch überlegen, die Zellen des Erkrankten zu verändern. Bei einer Therapie durch gentechnische Verfahrensweisen müssten diejenigen Körperzellen, in denen der Faktor VIII normalerweise hergestellt wird, das funktionsfähige Gen von einem Spender erhalten. Die Schwierigkeit liegt in diesem Fall vor allem darin, das Gen genau in jede dieser Zellen „einzuschmuggeln".

Eine letzte Überlegung schließlich gilt den Kindern des betroffenen Bluters. Es wäre durchaus denkbar, seine Keimzellen so zu manipulieren, dass sie das intakte Gen enthalten und somit die Nachkommen nicht belastet wären. Diese *Keimzelltherapie* ist gesetzlich allerdings untersagt.

„Der genetische Fingerabdruck"

An diesem Beispiel soll eine völlig andere Anwendung gentechnischer Verfahrensweisen vorgestellt werden.

Der Brite ALEC JEFFREY entdeckte, dass jeder Mensch unverwechselbare Stücke Erbsubstanz besitzt. Das sind Bereiche auf den Chromosomen, die zwischen den eigentlichen Genen liegen. Diese Abschnitte lassen sich mit einer Gensonde, einem extra dafür hergestellten Molekül, auffinden. Es gelingt, dieses Erbmaterial aufzutrennen und die Bruchstücke der Größe nach zu ordnen. Bei diesem Trennungsverfahren entsteht ein *Bandenmuster*, das wie der Fingerabdruck eines Menschen unverwechselbar ist. Dieses Verfahren ist in der Kriminaltechnik weiter entwickelt worden und wird von Gerichten als Beweismittel anerkannt.

Man kann diesen „genetischen Fingerabdruck" aus einem winzigen Blut-, Speichel- oder Spermafleck, einer Hautabschürfung oder einigen Haaren gewinnen. Man schätzt, dass von einer Milliarde Menschen nicht zwei den gleichen „genetischen Fingerabdruck" besitzen. Durch dieses Verfahren werden zunehmend Straftäter identifiziert.

Wo liegen die Grenzen?

Es ist nicht nur möglich, Menschen anhand ihres genetischen Materials zu identifizieren. In zunehmendem Maß gelingt es, einzelne Gene zu analysieren und auf Defekte hin zu untersuchen. Man weiß beispielsweise, dass ein Gen auf dem Chromosom 2 Veränderungen an Blutgefäßen hervorruft und den Herzinfarkt fördert. Ein anderes Gen auf Chromosom 3 begünstigt die Entstehung von Nierenkrebs.

Hieraus ergibt sich manches Problem: Darf man zum Beispiel bei einer Fruchtwasseruntersuchung solche Gene analysieren und den werdenden Eltern das Ergebnis mitteilen? Was fängt ein Mensch an, der selbst um Risikofaktoren in seinem Erbgut weiß? Darf ein Arbeitgeber einen Bewerber vor der Einstellung genetisch untersuchen lassen und ihm dann möglicherweise die Anstellung verweigern?

Wie geht es weiter?

Mit der Übertragung von Genen von einem Organismus auf einen anderen beschäftigt sich inzwischen ein ganzer Industriezweig. Bakterien mit besonders „gelungenen" Eigenschaften werden zum Patent angemeldet. Dabei ergeben sich viele Fragen: Was geschieht, wenn die genetisch veränderten Lebewesen in die Umwelt gelangen? Kann und darf man auch fremde Gene in menschliches Erbgut einschleusen?

Wissenschaftler, Juristen, Theologen und Politiker versuchen, auf die vielen Fragen, die durch die Gentechnologie aufgeworfen werden, verbindliche Antworten zu finden.

Viele Fragen warten heute noch auf eine Antwort und ebenso viele werden in den nächsten Jahren neu gestellt werden. Bei der Manipulation des genetischen Materials liegen Nutzen und Gefahren eng beieinander. Die Zukunft muss zeigen, ob der Mensch mit seinem Wissen und seinen Möglichkeiten verantwortungsvoll umzugehen versteht.

4 Pflanzen- und Tierzüchtung

Ziele der Züchtung

1850 lebten etwa 1 Milliarde Menschen auf der Erde. Hundert Jahre später waren es 2 Milliarden, im Jahr 2000 schätzte man über 6 Milliarden und bald wird sich diese Zahl abermals verdoppelt haben. Diese Menschen müssen ernährt werden. Ein wichtiges Ziel der *Züchtung* von Nutzpflanzen und -tieren ist daher die *Ertragssteigerung*. Die Entwicklung der Erntemengen (s. Abb. 1) zeigt, dass es in gewissen Grenzen gelungen ist, die Ernährungssituation zu verbessern. Zum Teil ist dieser Erfolg auf veränderte Anbaumethoden oder verstärkte Düngung zurückzuführen. Einen wesentlichen Beitrag hat aber auch die Züchtung geleistet.

Neben der Steigerung der Erträge spielen aber noch andere Faktoren eine Rolle. So sind z. B. Getreidepflanzen anfällig gegen Krankheiten. In der Randspalte sind weitere *Zuchtziele* angegeben. Es ist nicht immer leicht, entsprechende Rassen zu züchten. Beispielsweise dauerte es 24 Jahre, bis in der Wintergerstensorte „Vogelsanger Gold" die gewünschte *Krankheitsresistenz, Kältetoleranz* und *Ertragsmenge* kombiniert waren. Durch die Kombination günstiger Eigenschaften *(kurze, feste Halme, hohe Widerstandsfähigkeit, guter Ertrag)* in einer neuen Weizensorte konnten die Erntemengen in einigen Entwicklungsländern um 70 % gesteigert werden. Dennoch ist die Unterernährung in vielen Ländern weiterhin ein kaum zu lösendes Problem.

1 Hochleistungsmilchkuh

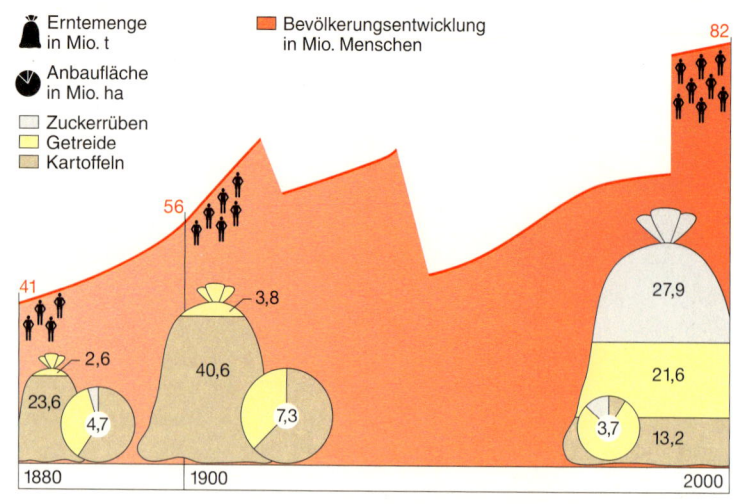

2 Bevölkerungsentwicklung und Steigerung der Ernteerträge

Beim Rind lassen sich die züchterischen Erfolge z. B. an der Milchleistung belegen. Ein Wildrind liefert jährlich etwa 600 l Milch, die der Aufzucht des Kalbes dienen. Diese Menge konnte bei Hausrindern bis 1850 durch Züchtung und verbesserte Haltungsbedingungen auf das Doppelte gesteigert werden. Hundert Jahre später lag sie etwa bei 3000 l und heute liefert eine normale Milchkuh 5000 l im Jahresdurchschnitt. Einzelne Hochleistungskühe bringen es sogar auf 10 000 Liter und mehr.

Neben der Milchmenge spielen natürlich der Fettgehalt und andere Milchinhaltsstoffe eine Rolle. Hinzu kommen als weitere Zuchtziele beispielsweise Eignung des Gesäuges für maschinelle Melkbarkeit und hoher Milchdurchfluss pro Minute für schnelles Melken. Auch frühe Geschlechtsreife der weiblichen Tiere ist wünschenswert; denn ein Rind gibt erst nach dem Kalben Milch. Ist die erste Geburt zeitiger, so beginnt auch die Milchproduktion früher. Legt man dagegen Wert auf Fleischleistung, so werden die Zuchtziele sich eher auf tägliche Gewichtszunahme, benötigte Futtermenge und Muskelentwicklung der Tiere beziehen.

Aufgabe

① „Eine Nutztierrasse ist ein Kulturgut, das ebensowenig zerstört werden sollte wie ein alter Baum, ein historisches Gebäude oder ein Kunstwerk." Nimm Stellung zu diesem Satz.

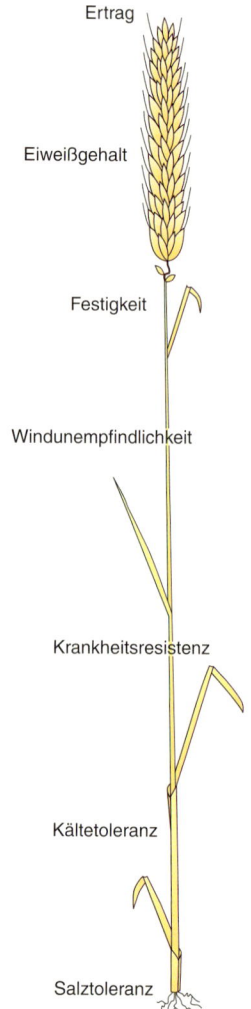

Zuchtziele Weizen:
- Ertrag
- Eiweißgehalt
- Festigkeit
- Windunempfindlichkeit
- Krankheitsresistenz
- Kältetoleranz
- Salztoleranz

Genetik

Mutation und Modifikation

Mutationen sind Bausteine für die Züchtung

Als *Mutation* bezeichnet man eine sprunghafte Änderung des Erbgutes. Sie entsteht meist ohne erkennbare Ursache und ist an einer Veränderung im Erscheinungsbild zu erkennen. Solche Erbsprünge sind zufällig und in vielen Fällen unerwünscht. Mutationen treten selten auf, sie liefern aber dennoch das Rohmaterial für jede Form der Züchtung. Hier sollen stellvertretend zwei historische Beispiele genannt werden:

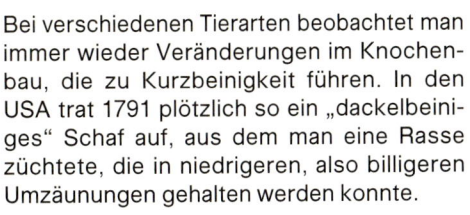

Bei verschiedenen Tierarten beobachtet man immer wieder Veränderungen im Knochenbau, die zu Kurzbeinigkeit führen. In den USA trat 1791 plötzlich so ein „dackelbeiniges" Schaf auf, aus dem man eine Rasse züchtete, die in niedrigeren, also billigeren Umzäunungen gehalten werden konnte.

„Dackelbeiniges" Schaf

Bei Pflanzen nehmen Staubblätter durch Mutation manchmal die Form von Blütenblättern an; es entstehen „gefüllte" Blüten. Eine solche Form war einem aufmerksamen Gärtner vor etwa 200 Jahren bei der Rosskastanie aufgefallen. Heute gibt es viele Kastanienalleen mit diesen Bäumen. Ihre Weiterzucht war allerdings nur durch Eingreifen des Menschen möglich, da diese Pflanzen keine Samen bilden, also *steril* sind.

In der freien Natur bleiben nur wenige Mutationen in einer Population erhalten. Auffällig gefärbte Tiere, z. B. *Albinos*, werden leichter erbeutet oder von ihren Artgenossen gemieden. Dadurch können sie sich in der Regel nicht fortpflanzen.

Es gibt verschiedene Möglichkeiten, wie das Erbgut verändert sein kann. Bei einer *Chromosomensatzmutation* können einzelne Chromosomen fehlen oder überzählig sein. Sogar ein ganzer Chromosomensatz kann zusätzlich auftreten. Diese Mutationen lassen sich beim Aufstellen eines Karyogrammes erkennen. Ebenso sind *Chromosomenmutationen*, also Veränderungen an einem einzelnen Chromosom, unter dem Mikroskop feststellbar. *Genmutationen* schließlich beruhen auf einer nicht sichtbaren chemischen Veränderung der Erbsubstanz.

Modifikationen sind umweltbedingte Veränderungen

Nicht jede Veränderung im Erscheinungsbild ist jedoch auf eine Mutation zurückzuführen. Es gibt beispielsweise vom Löwenzahn eine *Tieflandform* mit hohem, kräftigem Wuchs und normal ausgebildeter Pfahlwurzel. Die *Hochgebirgsform* ist dagegen kleinwüchsig mit tiefreichender, kräftiger Wurzel. Bringt man Samen der Tieflandform ins Gebirge, so entwickeln sich Pflanzen mit typischer Hochgebirgsform. Das in Abbildung 2 dargestellte Teilungsexperiment zeigt, dass es bezüglich der Wuchsform des Löwenzahns nicht zwei verschiedene Rassen gibt, sondern dass zwei genetisch gleiche Pflanzen auf die verschiedenen Umwelteinflüsse mit Veränderungen im Erscheinungsbild reagieren können. Diese Anpassungsfähigkeit nennt man *Modifikation*. Eine Merkmalsausprägung, die auf einer Modifikation beruht, hat für die Züchtung keine Bedeutung.

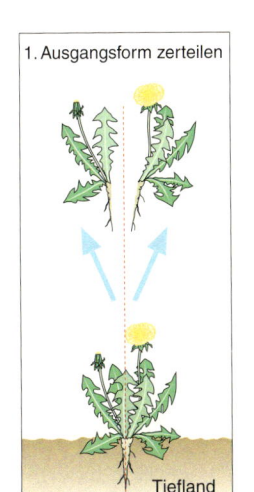

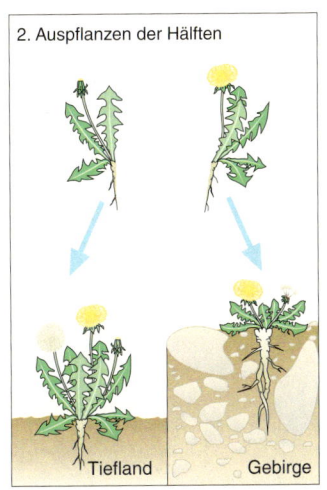

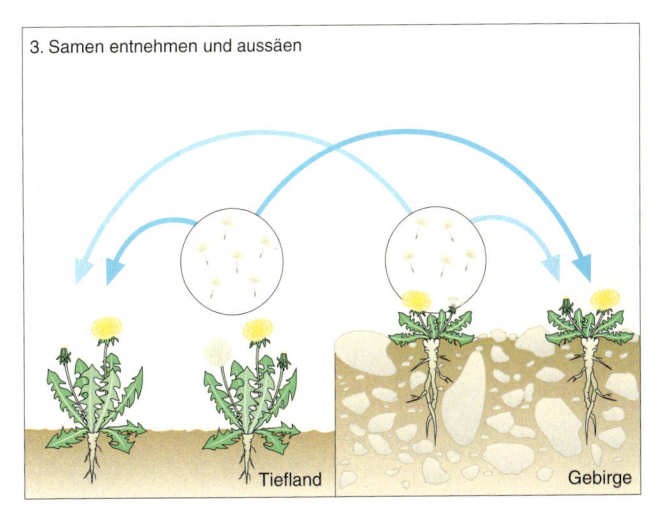

2 Standortmodifikation beim Löwenzahn

Genetik

Bei der Züchtung werden verschiedene Methoden angewandt

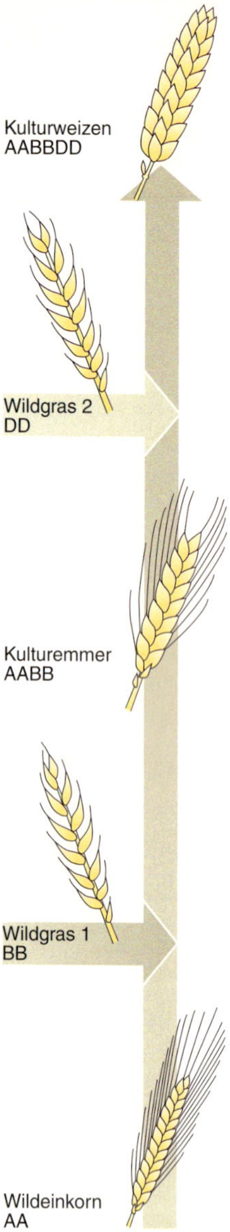

Bis zum Beginn dieses Jahrhunderts war die *Auslesezüchtung* die einzige Methode, die konsequent angewandt werden konnte. Sie beruht darauf, dass in einer Population zufällig Mutanten auftauchen, deren Eigenschaften man erhalten möchte. Diese Pflanzen oder Tiere werden ausgelesen und ausschließlich zur Weiterzucht benutzt.

Erst durch die Wiederentdeckung der mendelschen Regeln wurde die *Kombinationszüchtung* möglich. Aus verschiedenen Rassen einer Art, die gewünschte Eigenschaften besitzen, werden durch gezielte Kreuzungen neue Merkmalskombinationen erzielt.

Beispiele für diese Züchtungsmethoden findet man bei Haustieren, die durch *Domestikation* aus wild lebenden Vorfahren entstanden sind. Aus dem *Wildkaninchen* wurde lange vor MENDEL das *Angorakaninchen* ausgelesen. Die ersten Tiere, die 1777 nach Deutschland eingeführt wurden, waren schon weiß und langhaarig, wie sie auch heute noch gezüchtet werden. Das *Fehkaninchen* dagegen entstand 1912 zunächst „im Kopf" des englischen Genetikers ONSLOW, der es dann nach einem Kreuzungsschema aus vorhandenen Rassen kombinierte.

Bei der *Mutationszüchtung* versucht man, die Mutationsrate auf künstlichem Weg zu steigern. Zum Beispiel erhalten Pollenkörner oder Pflanzensamen eine hohe Dosis Röntgenstrahlung. Unter den daraus entstehenden Pflanzen werden dann brauchbare Mutanten ausgelesen.

Eine Mutation der Chromosomenzahl lässt sich bei Pflanzen durch das Herbstzeitlosengift *Colchizin* erreichen. Die Vervielfachung des Chromosomensatzes *(Polyploidie)* bewirkt einen kräftigeren Wuchs und bessere Erträge. Zum Beispiel beim *Kulturweizen*, der vom *Wildeinkorn* abstammt, sind die Chromosomensätze von zwei weiteren Wildgrasarten hinzugekommen.

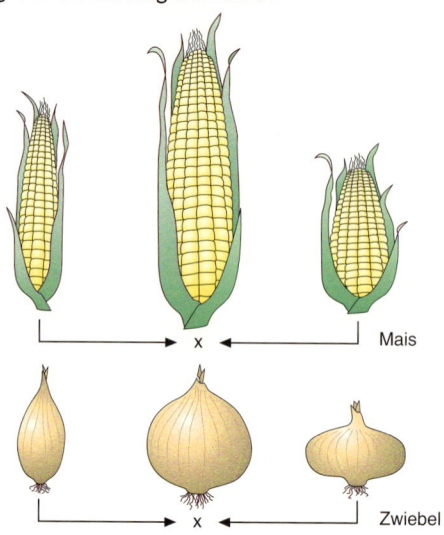

3 Kreuzung von Mais- und Zwiebelsorten

Bei der Kreuzung reinerbiger Pflanzensorten hat man festgestellt, dass Hybridformen die gewünschten Merkmale oft noch besser ausbilden als die reinen Sorten. Diese Erscheinung wird bei der *Hybridzüchtung* ausgenutzt. Diese Hybridpflanzen eignen sich aber nicht zur Weiterzucht, da sie nicht reinerbig sind. Deshalb müssen die Samen fortwährend in Saatgutbetrieben durch Kreuzung der beiden reinerbigen Stammformen gewonnen werden.

Die Hybridzüchtung spielt bei vielen Nutzpflanzen wie Tomate, Blumenkohl und Zwiebel eine wichtige Rolle. Besonders erfolgreich wird sie beim Mais eingesetzt. Hier wird durch Doppelkreuzung eine mehrfache Hybridisierung erreicht. Das Ergebnis ist eine Ertragssteigerung bis zu 37 %.

Auch bei Tieren sind die Bastarde manchmal in ihren Eigenschaften günstiger als die reinen Rassen. Die entsprechende Kreuzung, die zu den gewünschten Mischlingsformen führt, nennt man *Gebrauchskreuzung*. Auch hier führt die Weiterzucht der Bastarde wieder zu einer Verminderung der Qualität.

Kulturweizen AABBDD
Wildgras 2 DD
Kulturemmer AABB
Wildgras 1 BB
Wildeinkorn AA

Mais
Zwiebel

1 Wildkaninchen **2** Angorakaninchen

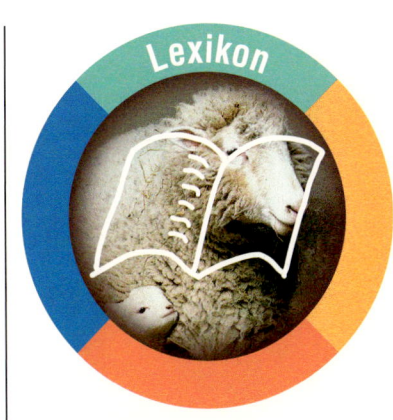

Neue Methoden in der Züchtung

Um 1900 konnte ein Bauer mit seiner Arbeit 5 Menschen ernähren; 1980 waren es in der Bundesrepublik Deutschland 64. Dennoch reicht das nicht aus, um die Ernährung auch in Zukunft zu sichern. Neue Techniken in der Pflanzen- und Tierzüchtung lassen es möglich erscheinen, dass die Produktivität sich noch steigern lässt.

Ein ganz neuer Ansatz in der Pflanzenzüchtung ist die Methode, genetisches Material artüberschreitend neu zu kombinieren. So existiert bereits ein *Gattungshybrid* aus Weizen und Roggen, der in seiner Qualität dem Weizen entspricht; in seiner Genügsamkeit, was Bodenverhältnisse und Witterung angeht, hat er die Eigenschaften des Roggens. Solche Hybride lassen sich heute auch mit anderen Süßgräsern herstellen, weil man die Samen der Hybride auf besonderen Nährböden in Petrischalen zum Wachsen bringen kann. Unter natürlichen Bedingungen keimen solche Samen nämlich äußerst selten. Das zweite Problem ist, dass diese Hybride steril sind. Sie können keine Keimzellen bilden, da in der Meiose keine homologen Chromosomen vorhanden sind. Deshalb setzt man Colchizin zu, das die Bildung des Spindelapparates verhindert. Damit werden die Chromosomensätze der Kreuzungspartner bei einer Mitose verdoppelt.

Eine andere Methode, gewünschte Eigenschaften bei Pflanzen herauszuzüchten, liefert die *Gewebekultur*. Dazu wird ein Stück pflanzliches Gewebe entnommen und in einem Glasgefäß zur Teilung angeregt. Der entstehende Zellhaufen *(Kallus)* kann bei Bedarf später wieder zu einer vollständigen Pflanze heranwachsen. Man hat zum Beispiel nach einer Kartoffelsorte gesucht, die gegen die *Kartoffelfäule*, eine häufige Pilzkrankheit, resistent ist. Gewebeproben von 42 000 Kartoffelstückchen wurden in der Kalluskultur dem Gift dieses Pilzes ausgesetzt. 173 überlebten. Daraus konnten 36 Pflanzen gezogen und zur Weiterzucht im Freiland eingesetzt werden.

In manchen Fällen gelingt es auch, Einzelzellen von Pflanzen zu gewinnen, indem man durch Enzyme die Zellwände auflöst. Ruft man nun Mutationen hervor, die man auf Resistenz gegen bestimmte Gifte untersucht, so kann man im Reagenzglas wesentlich schneller zum Ziel kommen als bei der Freilandkultur. Dabei ersetzt eine Petrischale eine Anbaufläche von einem Hektar.

Bei Tieren werden in der Regel andere Methoden eingesetzt, um Hochleistungsrassen zu züchten. Da ein Rind nur wenige Nachkommen hat, muss man überlegen, ob eine „Superkuh" ihr Erbgut nicht häufiger weitergeben kann. Eine Möglichkeit ist der *Embryotransfer*. Dabei werden bei der Kuh durch Hormongaben möglichst viele Eizellen gleichzeitig zur Reife gebracht. Sie werden künstlich mit Spermien eines besonders wertvoll erscheinenden Zuchtbullen besamt und aus der Gebärmutter ausgespült. Diese Embryonen werden anderen Muttertieren eingesetzt und von ihnen ausgetragen. So kann man bis zu 50 Kälber im Jahr von einer Kuh erzeugen. Durch künstliche Besamung wurde es möglich, dass ein Bulle über 100 000 Kälber zeugt.

Man kann auch die ausgespülten Embryonen in bestimmten Zellteilungsstadien (8—16 Zellen) unter dem Mikroskop nochmals teilen. Dieser Vorgang dauert etwa 20 Minuten. Man hat damit eineiige Zwillinge hergestellt, die dann von verschiedenen Muttertieren ausgetragen werden.

Eine neuere Form der Züchtung ist das *Klonen*. Dabei wird aus einer teilungsfähigen Körperzelle eines Spenders der diploide Zellkern entnommen. Dieser wird dann in eine unbefruchtete, entkernte Eizelle übertragen. Wenn es gelingt, dieses Ei zu Zellteilungen anzuregen, entwickelt sich ein Embryo, der genetisch mit dem Spender identisch ist.

Man muss sich allerdings fragen, ob es nicht auch im Bereich der Tierzüchtung Grenzen gibt, die man nicht überschreiten sollte, und ob man das technisch Mögliche auch tatsächlich immer tun soll.

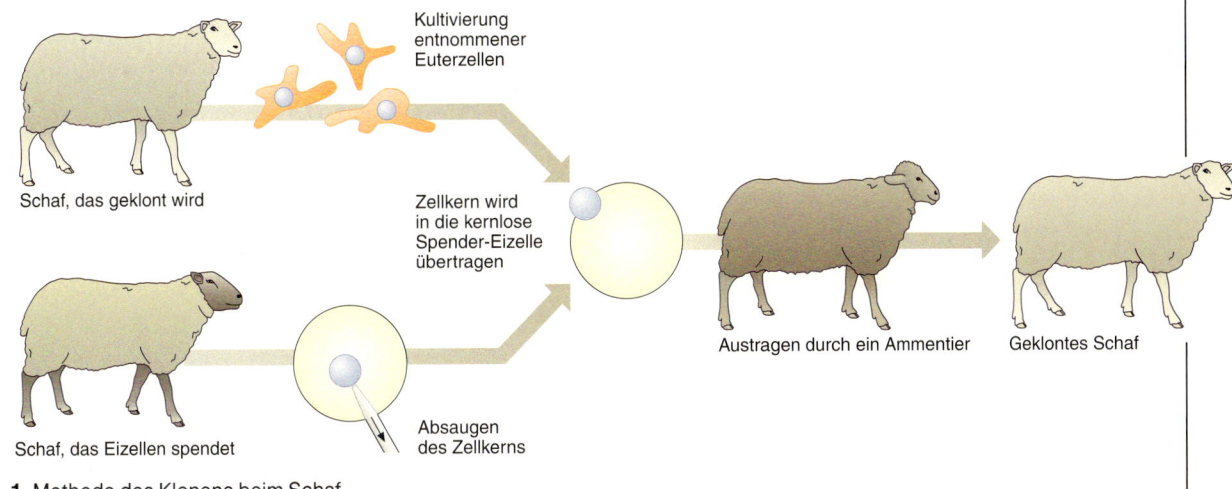

1 Methode des Klonens beim Schaf

Impulse

Gentechnisch veränderter Mais

Man schätzt, dass im Jahre 2025 etwa 8 Milliarden Menschen die Erde bevölkern werden. Deren gesunde und ausreichende Ernährung ist ein wichtiges Ziel der Landwirtschaft. Die Produktion von Nahrungsmitteln lässt sich durch Methoden der Gentechnik möglicherweise deutlich steigern.

— Wie könnte das gelingen?
— Welche Folgen ergeben sich?

Das soll an einem Beispiel, nämlich beim Mais, untersucht werden.

Das Problem: hoher Ernteverlust

Mais ist neben Weizen und Reis das wichtigste Getreide. Weltweit werden knapp 600 Millionen Tonnen geerntet. Es könnten aber noch 7 – 8 % mehr sein, wenn nicht Schädlinge schon vor der Ernte einen Teil vernichtet hätten. Der wichtigste Verursacher des Schadens ist der *Maiszünsler*.

Mais wird zwar zu fast 80 % als Tiernahrung für Schweine, Rinder bzw. Hühner genutzt, aber in verarbeiteter Form findet er sich auch in Lebensmitteln für den Menschen, zum Beispiel in Backwaren, Saucen und Suppen, in Mayonnaise, Öl und Margarine sowie in Kaugummi, Glasuren und angedickten Getränken.

Alle 3,6 Sekunden stirbt ein Mensch an Hunger;

75 % davon sind Kinder unter fünf Jahren!

Der Schädling

♀
1.– 2. Generation
♂ Mai – September

Eiablage
Raupe (kann überwintern)
Puppe (Frühjahr)

Informiere dich über den Lebenszyklus des Maiszünslers und berichte darüber.

Der Maiszünsler *(Ostrinia nubilalis)* ist ein Schmetterling, dessen Größe 2,6 bis 3 cm beträgt. Die Raupen bohren sich in die Stängel verschiedener Pflanzen ein. Sie ernähren sich von dem Pflanzengewebe und die Stängel knicken ab.

— Der Maiszünsler ist ursprünglich eine rein europäische Schmetterlingsart.
— Der Mais ist eine Kulturpflanze, deren wilde Vorfahren in den Anden beheimatet sind.
— Der Maiszünsler ist heute weltweit in allen Maisanbaugebieten verbreitet.

Welche Erklärung kannst du dafür angeben?

**Wo liegen die Hungergebiete der Erde?
Wovon ernähren sich die Menschen dort hauptsächlich?**

364 *Genetik*

Bt-Mais – die Lösung?

Das Bakterium *Bacillus thuringiensis*, abgekürzt Bt, besitzt eine Eigenart, die bereits 1911 entdeckt wurde: Wenn bestimmte Schmetterlingslarven, z. B. die Raupen des Kohlweißlings oder des Maiszünslers, diese Bakterien mit ihrer Nahrung aufnehmen, so sterben sie wenig später. Woran kann das liegen?

Bt besitzt in seinen Zellen Eiweißkristalle, die im Darm der Larve aufgelöst werden. Verdauungsenzyme spalten diese Eiweiße weiter auf und so entsteht ein Gift, das die Darmwand des Insekts durchlöchert. Die Larve hört auf zu fressen und stirbt. Es ist gelungen, das Bt-Gen des Bakteriums auf Maispflanzen zu übertragen. Dieser Bt-Mais stellt in seinen Zellen also die gleichen Eiweißkristalle her wie Bacillus thuringiensis. Dem Bt-Mais kann der Maiszünsler nichts anhaben.

Inwiefern ist das die Lösung?

— Ein Eiweiß wird durch ein Gen, also durch einen bestimmten DNA-Abschnitt, verschlüsselt. Es wird entsprechend dieser Information im Organismus bei Bedarf in mehreren Schritten hergestellt.
— Gene lassen sich mit Methoden der Gentechnik von einem Organismus auf einen anderen übertragen. Wiederhole diese Vorgänge und berichte, wie das jeweils geschieht!

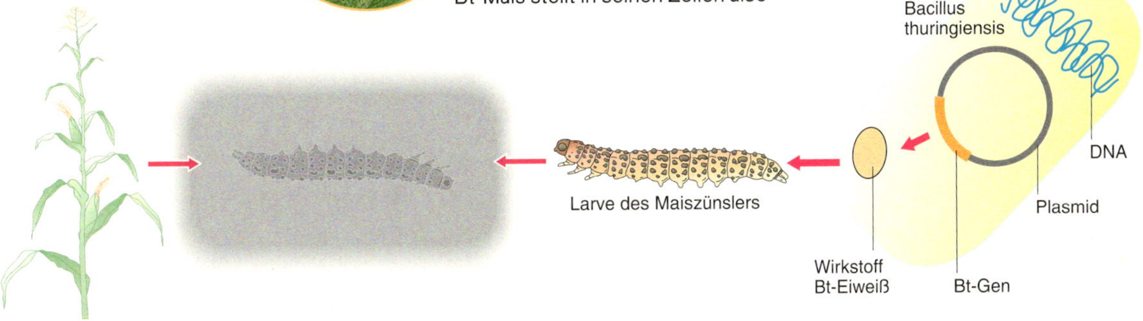

Maispflanze, von der Maiszünsler-Raupe befallen

Larve des Maiszünslers

Wirkstoff Bt-Eiweiß

Bt-Gen

Plasmid

DNA

Bacillus thuringiensis

Zur Diskussion: Thesen zu möglichen Folgen

— Im Bt-Mais befindet sich ein Protein, das natürlicherweise dort nicht vorkommt. Eiweiße können Allergien hervorrufen. Es besteht also ein Gesundheitsrisiko für den Menschen.
— „Gentechnische Methoden sind sicher und gut kontrollierbar." Das behaupten Gentechniker und Industrie.
— Das Problem des Welthungers ist ein Verteilungsproblem. Das kann auch durch Bt-Mais nicht gelöst werden.
— Länder der dritten Welt werden wirtschaftlich von Großkonzernen abhängig, weil sie das Saatgut teuer kaufen müssen.
— Durch Bt-Mais kann der Ernteertrag um etwa 40 % gesteigert werden.
— Bt-Mais vernichtet ausschließlich Schadinsekten, die vom Gewebe der Pflanze fressen.
— Florfliegen, die Larven des Maiszünslers fressen, nehmen auf diesem Weg ebenfalls das Bt-Eiweiß auf und sterben. Florfliegen sind aber sehr nützliche Insekten.
— Pollen von Bt-Mais wird durch den Wind auf „normale" Maispflanzen übertragen. Er verbreitet sich dadurch unkontrolliert.

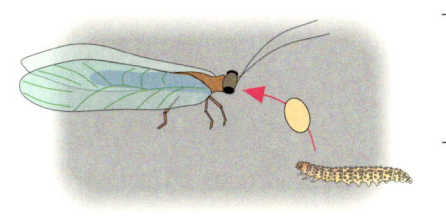

— Für gentechnisch hergestellte Nahrungsmittel besteht eine Kennzeichnungspflicht. Der Verbraucher kann selbst entscheiden, ob er solche Produkte kaufen möchte.
— Die landwirtschaftlich nutzbare Fläche lässt sich nicht beliebig vergrößern. Also muss man neue Produktionsmethoden einsetzen.
— Bt-Mais ist wesentlich umweltschonender und billiger als der Einsatz von Schädlingsbekämpfungsmitteln.

Wieso gibt es so unterschiedliche Aussagen zum Nutzen bzw. Risiko der Gentechnik?

Welche gesetzlichen Regelungen kennst du in diesem Zusammenhang? Erfrage sie bei zuständigen Ämtern.

Stelle dir vor, du solltest als Politiker an Gesetzen zur Gentechnik mitarbeiten. Worauf würdest du besonderen Wert legen? Begründe!

Es gibt noch andere Nutzpflanzen (Reis, Tomaten, ...), die gentechnisch verändert sind. Auch Gene von Tieren und Menschen werden auf andere Organismen übertragen.

Sammle Berichte über solche Pflanzen und Tiere! Suche im Internet nach weiteren Beispielen!

Dieses Produkt enthält gentechnisch modifizierten Mais

Genetik **365**

Darwin

Struggle for life

Leitfossilien

Evolution

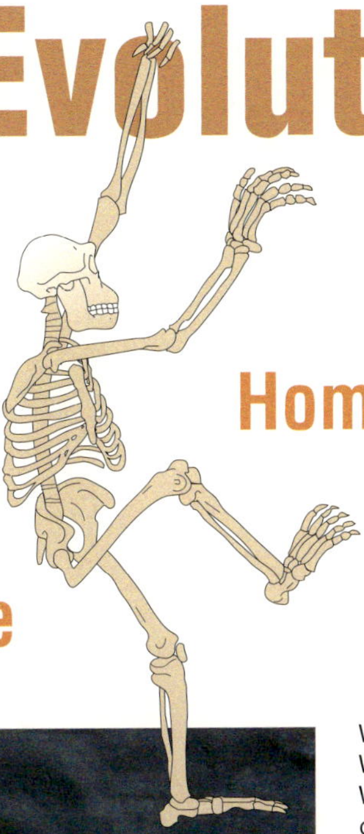

Brückentiere

Hominiden

Stammesgeschichte

Wie alt ist die Erde?
Wie ist das Leben auf der Erde entstanden?
Wer waren die Vorfahren der heute lebenden Pflanzen, Tiere und auch des Menschen?
Sind sich Saurier und Menschen jemals begegnet?
In welcher Weise haben sich die heute existierenden Lebewesen entwickelt?

Mit der Frage nach der Entstehung der Lebewesen beschäftigen sich die Menschen seit alters her. In allen Religionen gibt es eine Schöpfungsgeschichte, die auf solche Fragen eingeht. Heute stehen Erforschung der Entstehung und Entwicklung der Lebewesen durch die Naturwissenschaften im Vordergrund. In der heute allgemein anerkannten naturwissenschaftlich begründeten *Evolutionstheorie* sind Erkenntnisse aus der Biologie, Geologie, Physik, Chemie und Paläontologie vereinigt. Wissenschaftler versuchen mithilfe ihrer Forschungsergebnisse, die Entwicklung der Lebewesen aus einfachen Vorfahren bis hin zu der heute existierenden Vielfalt an Lebensformen einschließlich des Menschen zu erklären.

1 Stammesgeschichte der Organismen

1 Versteinertes Skelett eines Fischsauriers

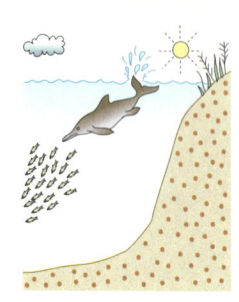

Fossilien — Spuren aus der Vergangenheit des Lebens

In einem Steinbruch wird aus grauem Schiefergestein eine Platte herausgelöst. Mit feinen Meißeln werden die versteinerten Knochen eines riesigen Tieres Stück für Stück aus dem Schiefer herausgeschält. Nach vielen Wochen sorgfältiger Arbeit legen Wissenschaftler das Skelett eines *Fischsauriers* frei. Ein glücklicher Zufall, denn meist sind die *Versteinerungen* nicht so groß und gut erhalten wie in unserem Beispiel.

Versteinerungen geben uns Auskunft über Lebewesen, die in der Vergangenheit gelebt haben. Häufig gibt es diese heute nicht mehr. Dies trug mit zur Entstehung des Evolutionsgedankens bei. Danach haben sich nämlich Lebewesen im Verlauf der Erdgeschichte allmählich verändert. Viele davon sind heute ausgestorben.

Zeugnisse aus der Vergangenheit müssen aber nicht immer Versteinerungen von Fußspuren, Pflanzenresten, Knochen ausgestorbener Tiere oder deren Kot sein. Einschlüsse von Organismen in Bernstein, Mumien in Wüstengebieten oder tiefgefrorene Mammuts aus dem Dauerfrostboden Sibiriens gehören ebenso dazu. In der Gesamtheit nennt man solche Fundstücke aus der Vergangenheit **Fossilien**.

Oft sind Fossilien nicht gut erhalten und nur sehr unvollständig oder als Bruchstücke weit verteilt. Dann beginnt die schwierige Aufgabe, ein solches Fossilienpuzzle richtig zusammenzusetzen, um Informationen über die Art und das Aussehen eines ausgestorbenen Lebewesens zu erhalten. Kennt man außerdem das Alter der Gesteinsschicht, in der das Fossil gefunden wurde, dann weiß man auch, wann dieser Organismus gelebt hat.

Fossilien, wie zum Beispiel die Versteinerung des oben abgebildeten Fischsauriers, konnten dadurch entstehen, dass nach seinem Tod das Tier in kurzer Zeit von abgelagertem Sand oder Schlick überdeckt wurde und es wegen Sauerstoffmangels nicht vollständig zersetzt werden konnte. Im Laufe der folgenden Jahrmillionen verdichteten sich die darüber liegenden Ablagerungen zu Gestein *(Ablagerungs- oder Sedimentgestein)*. **Hartteile**, wie Knochen, konnten so lange Zeit erhalten bleiben und versteinerten später.

Fischsaurier lebten, wie der Name andeutet, im Wasser — ihre Versteinerungen findet man heute aber auf dem Land, z. B. auf der Schwäbischen Alb. Wie ist so etwas möglich? Die Ursache für diesen „Ortswechsel" ist, dass sich im Verlauf der Jahrmillionen über dem Fossil langsam weitere Gesteinsablagerungen bilden konnten. Wenn sich durch diese Ablagerungen oder durch Erdverschiebungen ein solches Gebiet langsam hebt und schließlich über den Meeresspiegel herausragt, ist das abgelagerte Gestein den Klimaeinflüssen ausgesetzt und kann durch Wind und Wasser abgetragen werden *(Verwitterung)*. Auf diese Weise werden immer wieder Fossilien freigelegt, die dann nur noch gefunden werden müssen.

Evolution

1 Das geologische Profil des Grand Canyon, USA, ein „offenes Buch" der Erdgeschichte

Methoden der Altersbestimmung

Zu welcher Zeit als Fossil gefundene Lebewesen existierten, kann man heute mithilfe verschiedener Methoden ermitteln.

Viele Gesteine, z. B. Sandstein oder Muschelkalk, entstehen aus Ablagerungen *(Sedimenten)*. Aus heute noch ablaufenden Sedimentationsvorgängen kann man schließen, wie viel Zeit für die Ablagerung einer bestimmten Schichtdicke etwa erforderlich ist und dann auf das ungefähre Alter der verschiedenen Gesteinsschichten schließen. Je dicker eine Schicht ist, desto längere Zeit war normalerweise zu ihrer Ablagerung erforderlich. Je weiter unten sie liegt, desto älter ist sie daher. Das ist die Grundlage der *indirekten Altersbestimmung*. Manchmal helfen Fossilien, deren Alter man bereits kennt, das Alter bestimmter Schichten genauer einzugrenzen. Bedingung dafür ist, dass solche *Leitfossilien* häufig zu finden sind, sie möglichst weltweit verbreitet waren und nicht sehr lange auf der Erde gelebt haben. Findet man neben bestimmten Leitfossilien weitere noch unbekannte Fossilien, müssen sie zur gleichen Zeit gelebt haben. So kann man indirekt auf das Alter des neuen Fundes schließen. Als wichtige Leitfossilien gelten heute z. B. bestimmte Ammonitenarten.

Allerdings ist man bei der Methode der indirekten Altersbestimmung vergleichsweise ungenau. Eine genauere Methode liefert uns die moderne Physik: Seit der Entdeckung der Radioaktivität wurden Bildung und Zerfall radioaktiver Stoffe intensiv erforscht. Ein Beispiel für die *direkte Altersbestimmung* ist die *Radiokarbonmethode*. In den höheren Schichten der Erdatmosphäre entsteht unter dem Einfluss der intensiven Strahlung *radioaktiver Kohlenstoff* (^{14}C). Dieser ist mit einem bestimmten Anteil neben nicht radioaktivem Kohlenstoff im Kohlenstoffdioxid enthalten und gelangt bei der Fotosynthese in die Pflanzen. Über die verschiedenen Nahrungsketten nehmen auch Tiere und Menschen ^{14}C auf. Da beim Stoffwechsel eines Lebewesens ständig Kohlenstoffverbindungen aufgenommen und abgegeben werden, ist die ^{14}C-Menge in Lebewesen und ihrer Umgebung konstant, solange sie leben. Nach dem Tod wird jedoch kein ^{14}C mehr aufgenommen. Durch den radioaktiven Zerfall wird der Anteil des ^{14}C nun immer kleiner. Das vorhandene ^{14}C zerfällt so, dass nach ca. 5570 Jahren nur noch die Hälfte der ursprünglichen Menge vorhanden ist. Man nennt dies *Halbwertszeit*. Nach weiteren ca. 5570 Jahren ist nur noch die Hälfte der Hälfte, d. h. ein Viertel der ^{14}C-Atome vorhanden usw. Misst man nun die in den Tier- oder Pflanzenresten noch vorhandene Menge an radioaktivem Kohlenstoff, so ist bestimmbar, wann das Lebewesen gestorben ist. Mit der Radiokarbonmethode gewinnt man direkte Altersangaben, die bis etwa 50000 Jahre zurückliegen.

Darüber hinaus benutzen Wissenschaftler radioaktive Elemente mit größerer Halbwertszeit, mit denen man das Alter von Fossilien und Gesteinen bestimmen kann, die mehrere hundert Millionen Jahre, ja sogar fast 4 Milliarden Jahre alt sind.

Stufen des Zerfalls nach Halbwertszeiten

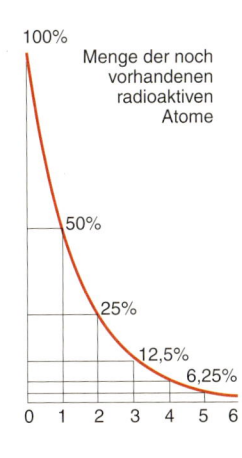

Menge der noch vorhandenen radioaktiven Atome

100%
50%
25%
12,5%
6,25%

Evolution

Die Entwicklung des Lebens auf der Erde — ein Überblick

Das Alter der Erde wird auf 4,6 bis 4,8 Mrd. Jahre geschätzt. In der **Frühzeit** war die Erde unbelebt. Sie musste zunächst abkühlen, bis sich an der Oberfläche eine feste Kruste gebildet hatte. Später entstanden Meere, in denen dann die Bedingungen herrschten, unter denen Leben möglich wurde.

Die ältesten Lebensspuren, die zur Zeit bekannt sind, stammen aus Gesteinen, deren Alter auf mehr als 3,5 Milliarden Jahre geschätzt wird. Es sind mikroskopisch kleine, kugelförmige Einzeller, in denen auch Reste von Chlorophyll gefunden wurden. Diese *Blaualgen* waren also pflanzliche Organismen und konnten Fotosynthese betreiben. Da die Zellen schon einen relativ komplexen Aufbau zeigen, muss man annehmen, dass es vorher bereits einfachere Lebensformen gab. Es waren wahrscheinlich bakterienähnliche Organismen, die ebenfalls im Meer lebten. Diese *Urbakterien* sind sicherlich schon mehrere Millionen Jahre vorher entstanden. Deshalb kann man den Beginn des Lebens und damit die Urzeit der Erde vor rund 3,5 bis 4 Milliarden Jahren annehmen.

Aus dem **Präkambrium**, das erst 600 Millionen Jahre vor unserer Zeit endete, sind nur wenige Fossilien erhalten. Neben einzelligen Organismen haben aber mit Sicherheit schon einfach gebaute vielzellige Pflanzen und Tiere, z. B. *Algen* und *Quallen*, in den Urmeeren dieses Erdzeitalters gelebt.

Mit dem **Kambrium** (vor 600—500 Mio. Jahren) beginnt die Zeit der Ablagerungen von Fossilien in größerer Zahl. Man weiß daher, dass damals alle Tierstämme außer den Wirbeltieren bereits vorhanden waren.

Im **Ordovizium** (vor 500—440 Mio. Jahren) traten mit den kieferlosen *Panzerfischen* die ersten Wirbeltiere auf.

Ein wichtiger Schritt in der Entwicklung der Lebewesen fand im **Silur** (vor 440—400 Mio. Jahren) statt: Erste Pflanzen *(Nacktfarne)* und Tiere *(urtümliche Skorpione* und *Tausendfüßer)* besiedelten das Land.

Im **Devon** (vor 400—350 Mio. Jahren) traten neben vielen Fischen auch die Vorläufer der Landwirbeltiere auf. Erste *Insekten* eroberten den Luftraum. In Gesteinen des späten Devon wurden die Überreste von *Ichthyostega*, einem fischähnlichen Amphibium gefunden.

In der Pflanzenwelt hatten nun *Farne, Schachtelhalme* und *Bärlappgewächse* die Nacktfarne abgelöst. Sie bildeten im **Karbon** (vor 350—270 Mio. Jahren) die riesigen Wälder, aus denen unsere heutige Steinkohle entstand. Unter den Tieren sind *Dachschädler, Riesenlibellen* mit bis zu 80 cm Flügelspannweite und erste *Reptilienformen* typisch.

Reptilien und Nacktsamer waren bei ihrer Fortpflanzung vom Wasser unabhängig geworden. Sie konnten deshalb im **Perm** (vor 270—225 Mio. Jahren) auch trockenere Lebensräume besiedeln.

Für die **Trias** (vor 225—180 Mio. Jahren) ist die starke Verbreitung und Zunahme der Artenvielfalt der Reptilien charakteristisch. *Nadelbäume* traten an die Stelle der urtümlichen Pflanzengruppen. Vorläufer der Säugetiere nahmen eine Zwischenstellung zwischen Reptilien und den erst später auftretenden Säugern ein.

Fischsaurier, Flugsaurier und *Landsaurier* beherrschten im **Jura** (vor 180—135 Mio. Jahren) alle Lebensräume. Die *Dinosaurier* entwickelten sich zu den größten Landwirbeltieren aller Zeiten. Wie unscheinbar waren dagegen die kleinen *Urvögel* und *Ursäuger*! Feder- bzw. Haarkleid deuten auf eine gleichmäßige Körpertemperatur hin. Dadurch konnten sie sogar in der Kühle der Nacht auf Nahrungssuche gehen, wenn Feinde, wie z. B. die wechselwarmen unter den Sauriern, fast starr vor Kälte waren.

In der **Kreide** (vor 135—65 Mio. Jahren) lebten die ersten echten *Vögel*. Durch Beuteltiere, Halbaffen und Insektenfresser waren die *Säugetiere* vertreten. Vorherrschende Tiergruppe blieben nach wie vor die *Saurier*, die allerdings aus noch nicht sicher geklärter Ursache am Ende der Kreidezeit von der Erdoberfläche verschwanden.

Nach dem Aussterben vieler Tiergruppen am Ende der Kreide entwickelten sich Säugetiere und Vögel während des **Tertiärs** (vor 65 bis 2 Mio. Jahren) zu großer Formenvielfalt. Gegen Ende dieser Zeit begann die Evolution menschenähnlicher Lebewesen.

Das **Quartär** (seit 2 Mio. Jahren) ist die Epoche, in der wir heute leben. Sie ist gekennzeichnet durch Wechsel von Warm- und Eiszeiten. Erst im Quartär beginnt mit der Gattung *Homo* die Entwicklung des *Menschen*.

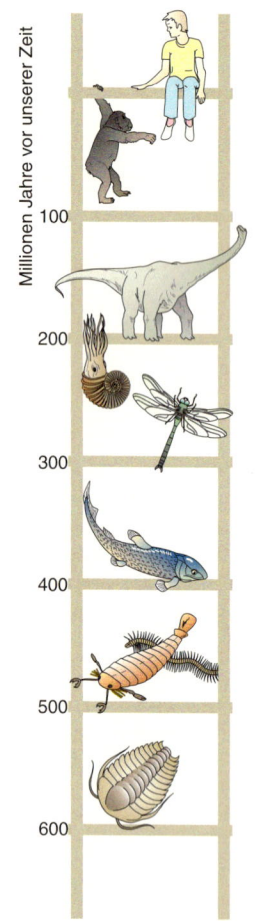

Aufgabe

① Wie lang müsste die Leiter bei dem angegebenen Maßstab gezeichnet werden, wenn sie bis zur Entstehung der Erde zurückreichen sollte?

370 Evolution

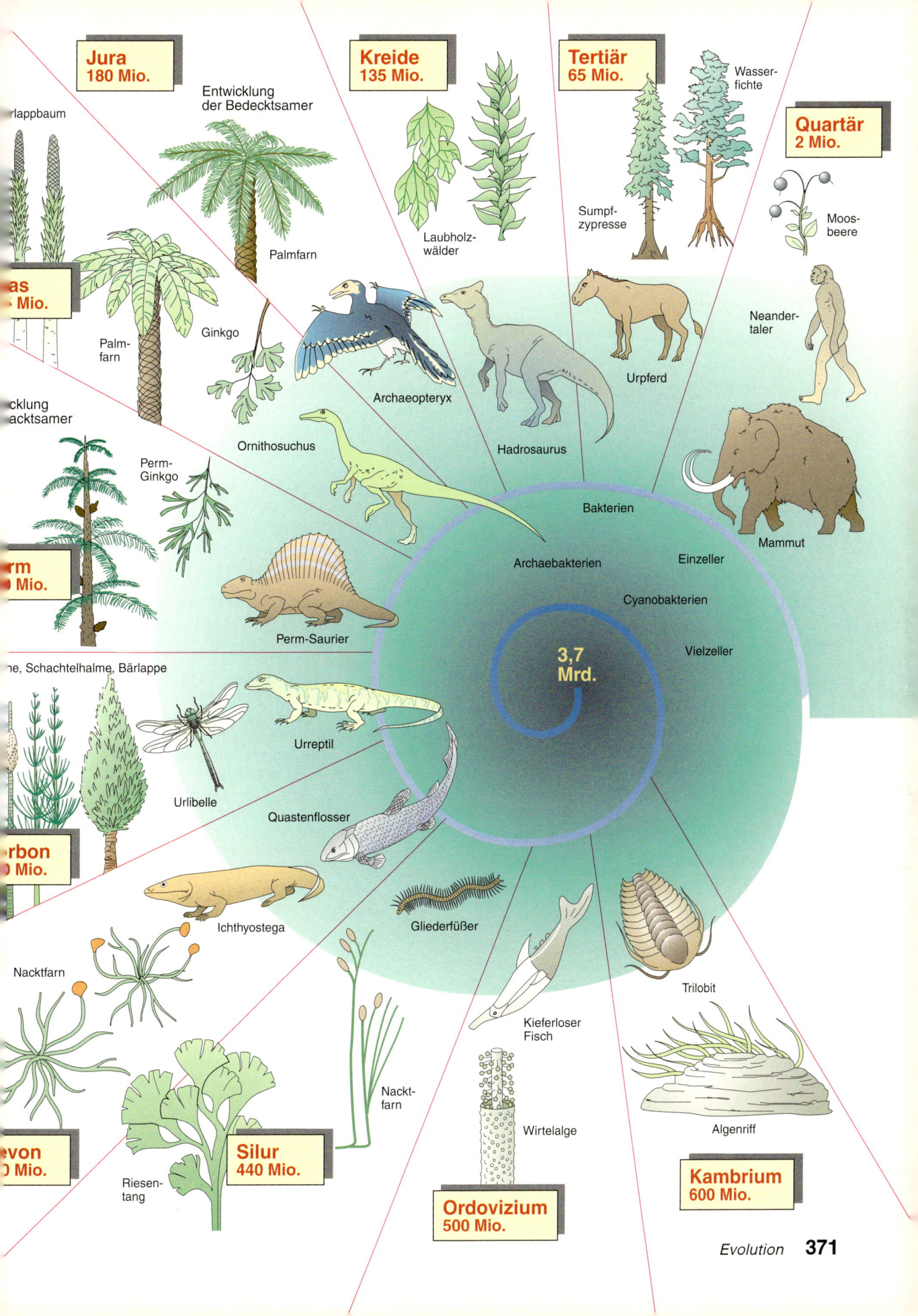

Evolution

Jura 180 Mio.
- Bärlappbaum
- Entwicklung der Bedecktsamer
- Palmfarn
- Ginkgo
- Palmfarn
- Archaeopteryx
- Ornithosuchus

Kreide 135 Mio.
- Laubholzwälder
- Hadrosaurus

Tertiär 65 Mio.
- Wasserfichte
- Sumpfzypresse
- Urpferd

Quartär 2 Mio.
- Moosbeere
- Neandertaler
- Mammut

Trias ... Mio.
- Perm-Ginkgo
- Entwicklung ...cktsamer

Perm ... Mio.
- Perm-Saurier

Karbon ... Mio.
- ..., Schachtelhalme, Bärlappe
- Urlibelle
- Urreptil
- Quastenflosser
- Ichthyostega
- Gliederfüßer

Devon ... Mio.
- Nacktfarn

Silur 440 Mio.
- Riesentang
- Nacktfarn
- Kieferloser Fisch

Ordovizium 500 Mio.
- Wirtelalge

Kambrium 600 Mio.
- Trilobit
- Algenriff

Zentrum: 3,7 Mrd.
- Archaebakterien
- Bakterien
- Einzeller
- Cyanobakterien
- Vielzeller

371

1 Wie auf der frühen Erde

2 Stromatolithen bei Ebbe

Chemische und frühe biologische Evolution

Nach der Entstehung unseres Sonnensystems durch Zusammenballung kosmischer Materie war die Erde vor über 4,5 Mrd. Jahren ein brodelnder, heißer und lebensfeindlicher Himmelskörper, der sich erst nach und nach beruhigte. Die äußeren Schichten kühlten ab und es bildete sich die Erdkruste. Dabei entstand die *Uratmosphäre.* Sie war völlig anders zusammengesetzt als die heutige Luft: Vermutlich enthielt sie Methan, Kohlenstoffmonooxid und -dioxid, Schwefelwasserstoff, Ammoniak, Wasserstoff und Wasserdampf, aber keinen Sauerstoff. Nach weiterer Abkühlung kondensierte der Wasserdampf zu riesigen Wolkentürmen. Gewitterstürme und Wolkenbrüche beherrschten nun lange Zeit die Erde. Dabei entstanden die Urozeane, in denen sich etwa 1 Milliarde Jahre nach Entstehung der Erde das erste Leben entwickelt haben könnte.

Dass die Entstehung des Lebens unter solch extremen Bedingungen grundsätzlich möglich scheint, zeigte bereits 1953 das berühmte Experiment des amerikanischen Studenten STANLEY MILLER. In einer Apparatur mit den vermutlichen Bestandteilen der Uratmosphäre ließ er elektrische Entladungen („Gewitter") auf diese einwirken. In einem anderen Teil der Apparatur kondensierte er den Wasserdampf, sodass sich dort ein kleiner „Urozean" bildete: Dieser enthielt organische Moleküle, z. B. Aminosäuren, die Bausteine der Lebewesen! Diese Entwicklung, bei der aus anorganischen Verbindungen organische Moleküle entstanden, nennt man *chemische Evolution*. Damit waren die Voraussetzungen für die frühe *biologische Evolution* gegeben, bei der sich erste einfache Lebensformen und daraus erste einfache Zellen bildeten. Wie dies genau ablief, ist bis heute allerdings weitgehend unklar.

Fest scheint jedoch zu stehen, dass die ersten einfachen, bakterienähnlichen Organismen vor mehr als 3,5 Mrd. Jahren gelebt haben. So alt ist offensichtlich das Gestein, in dem man diese als Fossilien gefunden hat. Diese ersten Lebensformen lebten ohne Sauerstoff und ernährten sich von den energiereichen Verbindungen, die sie aus ihrer Umgebung aufnahmen. Aus den ersten Lebensformen entstanden verschiedene Bakteriengruppen. Darunter waren auch blaugrüne Bakterien *(Cyanobakterien),* welche durch ihr Chlorophyll zur Fotosynthese befähigt waren. Diese Cyanobakterien bildeten Stromatolithen, das sind kissenförmige Abscheidungen von Kalk. Fossilien belegen, dass sie bereits vor über 3,5 Milliarden Jahren existierten. Stromatolithen gibt es aber auch heute noch.

Die Tätigkeit der Cyanobakterien führte zu einer allmählichen Anreicherung der Ozeane und später auch der Atmosphäre mit Sauerstoff. Das war die Voraussetzung dafür, dass später Organismen entstehen konnten, die zur Zellatmung befähigt waren, bei der Sauerstoff benötigt wird. Diese Organismen können die in den energiereichen Kohlenhydraten enthaltene Energie durch Umsetzung mit Sauerstoff sehr viel wirkungsvoller für ihren Stoffwechsel nutzen.

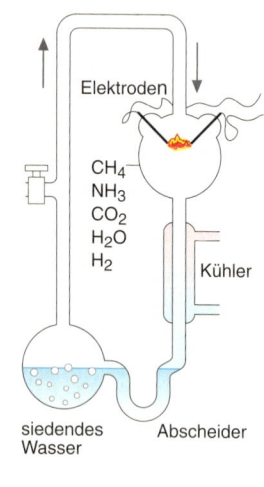

Elektroden
CH_4
NH_3
CO_2
H_2O
H_2
Kühler
siedendes Wasser
Abscheider

CH_4 = Methan
NH_3 = Ammoniak
CO_2 = Kohlenstoffdioxid
H_2O = Wasser
H_2 = Wasserstoff

1 Quastenflosser

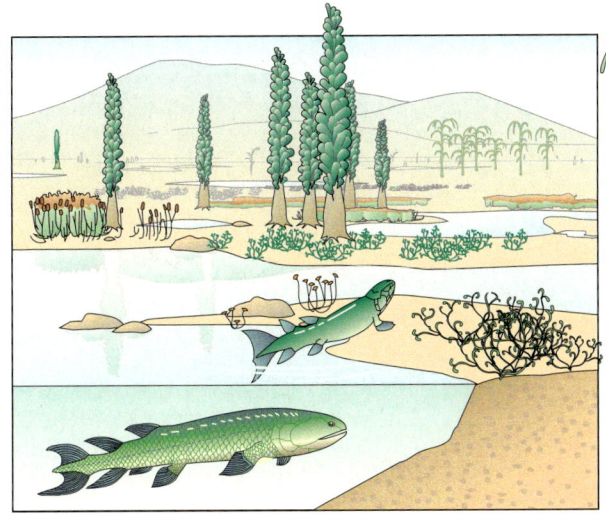

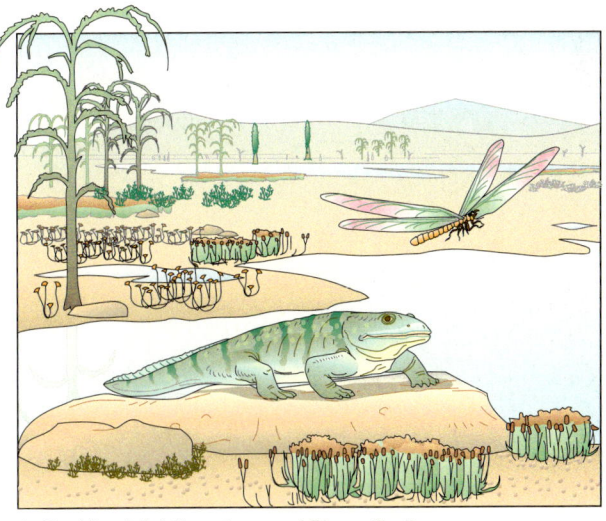

2 Fischlurch Ichthyostega und Riesenlibelle

Fische und Amphibien — vom Wasser zum Landleben

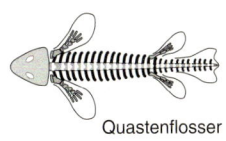

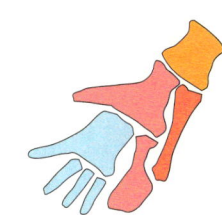

Karpfen

Quastenflosser

Fossiler Quastenflosser

Ichthyostega

Aus den ersten Einzellern entstanden allmählich einfache Vielzeller, über die man allerdings nur wenig weiß. Mit dem Beginn des Kambrium bildete sich eine erstaunliche Artenvielfalt aus. Bis auf die Wirbeltiere entstanden damals alle heutigen Tierstämme.

Wenig später traten auch die Wirbeltiere auf. Zu den ursprünglichen Vertretern gehörten die *Kieferlosen Fische* und *Panzerfische*. Wahrscheinlich eroberten ihre Vorfahren vom Meer aus den Lebensraum Süßwasser. Später entstanden Lungenfische und *Quastenflosser*. Diese bildeten bereits ein knöchernes Innenskelett mit einer Wirbelsäule aus. Lungenfische und Quastenflosser besaßen neben ihren Kiemen bereits einfach gebaute Lungen, sodass sie in sauerstoffarmen Gewässern zusätzlich Sauerstoff aus der Luft aufnehmen konnten. Quastenflosser trugen außerdem durch Knochen gestützte Brustflossen, mit denen sie sich möglicherweise kurzzeitig über Land bewegen und neue, für das Überleben geeignete Gewässer aufsuchen konnten.

Zu dieser Zeit eroberten die ersten Pflanzen und wenig später Vertreter anderer Tiergruppen, z. B. Insekten, das Land. Ihnen folgten vor etwa 380 Mio. Jahren die ersten Landwirbeltiere, die *Amphibien*. Sie entstanden wahrscheinlich aus Quastenflosservorfahren. Der Sauerstoffgehalt war damals bereits hoch genug, damit sich in 30 bis 50 Kilometer Höhe die vor UV-Strahlen schützende Ozonschicht in ausreichender Stärke ausbilden konnte.

Dass sich die Amphibien aus Fischen gebildet haben, beweisen uns Fossilfunde von Tieren, die Merkmale beider Tiergruppen zeigen. Ein solches **Brückentier** ist der Fischlurch *Ichthyostega*. Er besaß einerseits Hautschuppen, ein Seitenlinienorgan und einen Flossensaum am Schwanz, also typische Fischmerkmale. Andererseits hatte er vier Beine wie ein heutiges Amphibium.

Amphibien sind bis heute sehr stark vom Wasser abhängig. Die meisten Amphibienarten sind bei ihrer Fortpflanzung auf das Wasser angewiesen. In ihm entwickeln sich ihre Larven. Erst nach der Metamorphose können sie an Land leben. Aus Amphibien entstanden vor etwa 330 Mio. Jahren die ersten *Reptilien*. Sie sind weitgehend vom Wasser unabhängig. In der Geschichte der Lebewesen waren sie zu dieser Zeit die bedeutsamste Wirbeltiergruppe.

Aufgaben

1. Erkläre, weshalb das Land nur nach und nach von Pflanzen und dann von verschiedenen Tieren besiedelt werden konnte.
2. Erläutere, aufgrund welcher Merkmale die Reptilien im Gegensatz zu den Amphibien weitgehend unabhängig vom Wasser sind. Zeige dies jeweils an einem Beispiel.
3. Vergleiche Karpfen, Fischlurch und Quastenflosser. Stelle Unterschiede und Gemeinsamkeiten heraus. Fertige dazu eine Tabelle an.

Evolution

Flugsaurier

Landsaurier

Schwimmsaurier

1 Saurier regierten die Welt

Reptilien der Kreidezeit

Im Erdmittelalter, vor allem in der *Kreidezeit* vor 135 bis 65 Millionen Jahren, hatten die Reptilien mit den *Sauriern* den Höhepunkt ihrer Entwicklung erreicht. Sie waren die beherrschenden Organismen auf dem Land, in der Luft und auch im Wasser. Die Zahl der verschiedenen Saurierarten war größer als die der heute lebenden Säugetiere. Säugetiere und Vögel gab es damals zwar auch schon, aber sie spielten noch eine untergeordnete Rolle.

Alle Saurier gehen auf kleine, eidechsenartige Vorfahren zurück, die im Karbon lebten. Vor 180 bis 225 Mio. Jahren, in der Trias, gab es die ersten Saurier. Die Saurier konnten sich über alle Erdteile ausbreiten, weil diese damals noch zusammenhingen und einen einzigen Urkontinent bildeten. Deshalb können wir heute die Spuren der ersten Saurier in allen Erdteilen finden. Später zerbrach der zusammenhängende Urkontinent in die heutigen Kontinente, die sich langsam auseinander bewegten.

Diese riesigen Lebensräume boten den Sauriern vielfältigste Umweltbedingungen und Lebensmöglichkeiten. Das ermöglichte die Entstehung ganz unterschiedlich angepasster Saurier. Aus relativ wenigen Arten entstand eine große Anzahl von Saurierarten, die fast alle Lebensräume besiedelten. Es gab neben den land- auch wasser- und luftlebende Saurierarten mit den vielfältigsten Ernährungsweisen, zum Beispiel Allesfresser oder spezialisierte Pflanzen- und Fleischfresser. Die jeweiligen Angepasstheiten an die unterschiedlichen Fortbewegungs- und Ernährungsweisen erkennt man an Merkmalen im Körperbau. So hat sich die ursprüngliche Form des Arm- bzw. Beinskeletts mehr oder weniger deutlich abgewandelt, zum Beispiel zu flossenförmigen Fortbewegungsorganen.

Am Ende der Kreidezeit, vor etwa 65 Mio. Jahren, starben die Saurier innerhalb relativ kurzer Zeit aus. Das ist erstaunlich, immerhin hatten die Saurier doch zuvor über 150 Mio. Jahre lang die Erde bevölkert und beherrscht. Viele Wissenschaftler gehen heute von einer furchtbaren Naturkatastrophe durch einen Meteoriteneinschlag im heutigen Mexiko aus. Er soll einen Großteil des damaligen Lebens ausgelöscht haben. Unabhängig davon, ob diese oder eine andere Hypothese über das Aussterben der Saurier richtig ist, steht fest, dass auch andere Organismenarten das Ende der Kreidezeit nicht überlebten. An die neuen Umweltbedingungen waren diese, wie auch die Saurier, nicht mehr angepasst. Der Niedergang der bis dahin die Erde beherrschenden Saurier schuf die Voraussetzungen dafür, dass die Säugetiere neue Lebensräume besiedeln und die große Vielfalt ausbilden konnten, wie wir sie heute kennen.

Aufgabe

① Informiere dich über die Vielfalt der Saurier. Stelle in einer Tabelle Daten zu mehreren Sauriern übersichtlich zusammen (Größe, Vorkommen, Angepasstheiten an Fortbewegung, Lebensweise und Lebensraum, Zeitalter …).

Vogel

Archaeopteryx

Reptil

1 Skelettvergleich Reptil — Archaeopteryx — Vogel

Die Entstehung der Vögel und Säuger

Vögel und Säugetiere gehen auf Reptilienvorfahren zurück, was verschiedene Fossilfunde zeigen. Bereits im Jahr 1861 fand man das erste Exemplar eines fossilen Tieres, das vor mindestens 150 Mio. Jahren gelebt hat. Es konnte aber nicht ohne weiteres einer bestimmten Tiergruppe zugeordnet werden, denn es besaß eindeutig Federn wie ein Vogel, dagegen aber einen Kiefer mit vielen kegelförmigen Zähnen, wie er für Reptilien typisch ist. Vögel besitzen einen Hornschnabel und Reptilien haben als Körperbedeckung Hornschuppen. Obwohl der Kiefer des Fossils Zähne besaß, war der Schädel sonst eher vogelähnlich. Weitere Vogelmerkmale, wie das Gabelbein, die Umwandlung des Armskeletts zu einem Flügel und die Ausbildung von Vogelbeinen, verstärkten die Ähnlichkeit mit einem Vogel. Daneben waren aber weitere Reptilienmerkmale erkennbar, z. B. die lange Schwanzwirbelsäule, nicht verwachsene Beckenknochen, ein nicht verwachsenes Schien- und Wadenbein und Finger- und Zehenkrallen.

Dem Vorkommen von Federn maß man eine so große Bedeutung zu, dass das Fossil den Namen *Archaeopteryx* (*griech.*: alte Feder) bekam. Archaeopteryx besaß sowohl Merkmale der Reptilien als auch der Vögel, er ist also eine Mosaikform und steht bezüglich der Merkmale zwischen zwei Tiergruppen. Das muss aber nicht bedeuten, dass nun aus dem Archaeopteryx die heute lebenden Vögel entstanden sind. Er zeigt uns aber, wie sich Reptilienmerkmale in Richtung Vogelmerkmale verändern konnten.

Archaeopteryx kann kein guter Flieger gewesen sein. Seine Knochen waren nicht hohl wie die der heutigen Vögel. Er hatte kein Brustbein mit großem Kiel, an dem bei Vögeln die starken Flugmuskeln ansetzen. Vermutlich bewegte Archaeopteryx sich meist laufend als Insektenjäger vorwärts, ähnlich wie seine vermutlichen Vorfahren, schnell laufende, kleinere Saurier. Das Federkleid war ein guter Wärmeschutz, das das wahrscheinlich gleichwarme Tier vor Auskühlung schützte. Mit seinen scharfen Krallen an Fingern und Zehen konnte Archaeopteryx wahrscheinlich aber auch auf Bäume klettern und sich geschickt im Geäst bewegen. Vermutlich war er durch Schwungfedern — wie sie für flugfähige Vögel typisch sind — in der Lage, im kurzen Gleitflug den Boden oder andere Bäume zu erreichen.

Über Zwischenformen entstanden wahrscheinlich auch die heute lebenden Säuger. Auch für diese Tiergruppe gibt es ein fossiles Tier, das als *Brückentier* gelten kann: *Cynognathus,* der Hundszahnsaurier, besaß ein Gebiss mit unterschiedlichen Zahntypen und wahrscheinlich auch ein Haarkleid. Beides sind typische Säugermerkmale. Heute geht man davon aus, dass die ersten Säugetiere vor etwas mehr als 200 Mio. Jahren entstanden sind. Bis zum Aussterben der Saurier waren sie nur durch kleine, wahrscheinlich nachtaktive Arten vertreten, bevor sie dann nach dem Aussterben der Saurier ohne Konkurrenz zu diesen die große Vielfalt ausbilden konnten, die wir heute kennen.

Material

Wirbeltiere
Anpassung an den Lebensraum

Trotz ihrer äußerlich starken Verschiedenartigkeit weisen Fische, Amphibien, Reptilien, Vögel und Säuger ein gemeinsames Merkmal auf, die *Wirbelsäule*. Man fasst sie deshalb zum *Stamm der Wirbeltiere* zusammen.

Die Entwicklung dieser fünf *Wirbeltierklassen* war verbunden mit der Besiedlung neuer Lebensräume. Ausgehend vom Wasser haben sich über ufernahe Feuchtgebiete schließlich land- bzw. luftlebende Wirbeltiere entwickelt. Der Weg zurück ins Wasser war allerdings nicht unmöglich, wie das Beispiel der Pinguine, Robben und Wale zeigt. Die Besiedlung neuer Lebensräume war gekoppelt mit der Entstehung neuer Merkmale, durch die der Körperbau der Tiere an den jeweiligen Lebensraum angepasst ist.

Aufgaben

① Fische sind vollständig an den Lebensraum Wasser gebunden. Ihre Fortbewegungsorgane, die Atmung, Fortpflanzung, Körperform und Körperbedeckung sind dem Leben im Wasser angepasst. Zeige dieses an einem selbst gewählten Beispiel.

② Die Amphibien haben das Land erobert, sind aber bei der Fortpflanzung noch auf das Wasser angewiesen. Erläutere, in welcher Weise.

③ Einige wenige Lurcharten leben dauerhaft im Wasser oder sind weitgehend von Gewässern unabhängig. Schlage in einem Lexikon o. ä. nach. Stelle ihre Besonderheiten heraus.

④ Reptilien, Säuger und Vögel sind weitgehend vom Lebensraum Wasser unabhängig geworden. Vergleiche diese drei Tierklassen in diesem Punkt und stelle die wesentlichen Anpassungen heraus.

⑤ Säuger und Vögel besitzen hoch entwickelte Herz-Kreislauf-Systeme und Lungen. Vergleiche zunächst Vögel und Säugetiere miteinander und diese dann jeweils mit den übrigen Wirbeltierklassen.

⑥ Vögel und Säugetiere sind im Gegensatz zu den übrigen, wechselwarmen Wirbeltieren gleichwarm. Erkläre, in welcher Weise sie durch Schutzeinrichtungen gegen zu starke Auskühlung und Erwärmung angepasst sind.

⑦ Die Gliedmaßen der Vögel und Säugetiere sind an die jeweilige Art der Fortbewegung angepasst. Diese und andere Angepasstheiten haben es ihnen ermöglicht, fast alle Lebensräume der Erde zu besiedeln. Suche dir jeweils zwei Beispiele aus, an denen du die Spezialisierungen gut darstellen kannst.

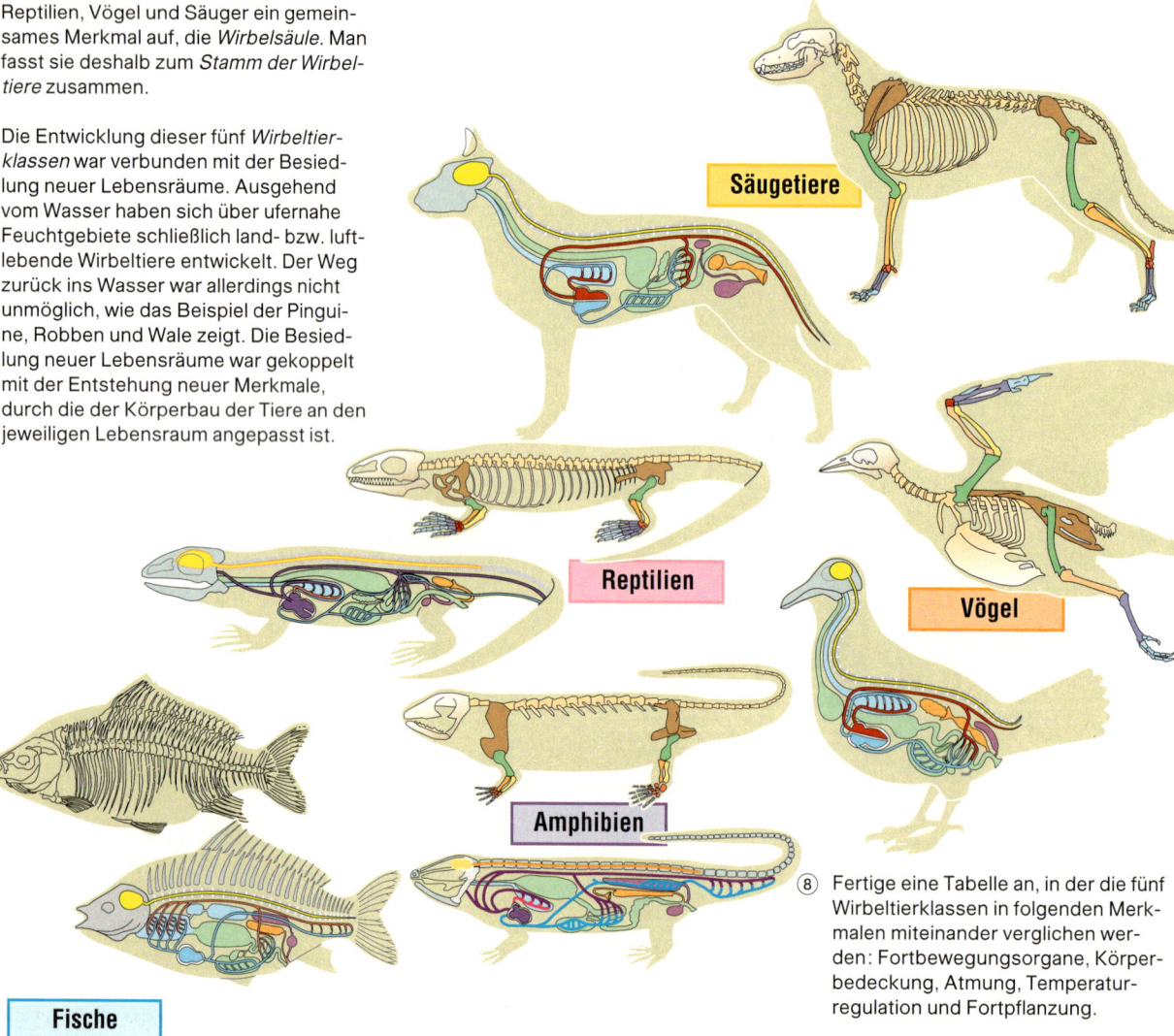

⑧ Fertige eine Tabelle an, in der die fünf Wirbeltierklassen in folgenden Merkmalen miteinander verglichen werden: Fortbewegungsorgane, Körperbedeckung, Atmung, Temperaturregulation und Fortpflanzung.

Säugetiere

Reptilien

Vögel

Amphibien

Fische

376 *Evolution*

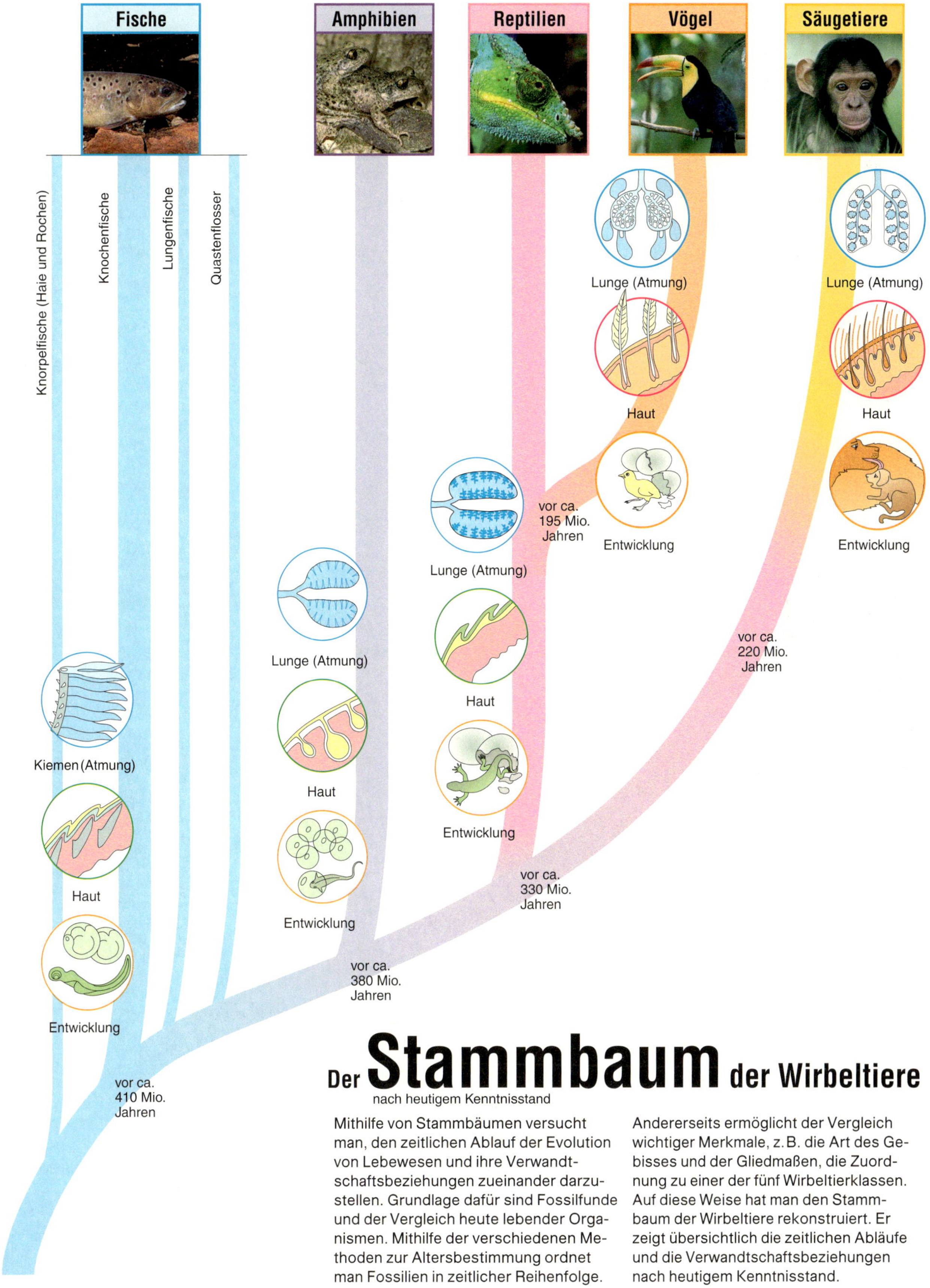

Der **Stammbaum** der Wirbeltiere
nach heutigem Kenntnisstand

Fische | **Amphibien** | **Reptilien** | **Vögel** | **Säugetiere**

Knorpelfische (Haie und Rochen) · Knochenfische · Lungenfische · Quastenflosser

Kiemen (Atmung) — Haut — Entwicklung
vor ca. 410 Mio. Jahren

Lunge (Atmung) — Haut — Entwicklung
vor ca. 380 Mio. Jahren

Lunge (Atmung) — Haut — Entwicklung
vor ca. 330 Mio. Jahren

Lunge (Atmung) — Haut — Entwicklung
vor ca. 195 Mio. Jahren

Lunge (Atmung) — Haut — Entwicklung
vor ca. 220 Mio. Jahren

Mithilfe von Stammbäumen versucht man, den zeitlichen Ablauf der Evolution von Lebewesen und ihre Verwandtschaftsbeziehungen zueinander darzustellen. Grundlage dafür sind Fossilfunde und der Vergleich heute lebender Organismen. Mithilfe der verschiedenen Methoden zur Altersbestimmung ordnet man Fossilien in zeitlicher Reihenfolge. Andererseits ermöglicht der Vergleich wichtiger Merkmale, z. B. die Art des Gebisses und der Gliedmaßen, die Zuordnung zu einer der fünf Wirbeltierklassen. Auf diese Weise hat man den Stammbaum der Wirbeltiere rekonstruiert. Er zeigt übersichtlich die zeitlichen Abläufe und die Verwandtschaftsbeziehungen nach heutigem Kenntnisstand.

Evolution

Der Stammbaum der Pferde

Der Wirbeltierstammbaum vermittelt nur einen allgemeinen Überblick über die Herkunft und Verwandtschaftsbeziehungen der 5 Wirbeltierklassen. Der Stammbaum der Pferde dagegen ist ein Beispiel für einen gut rekonstruierten Stammbaum für eine Tierfamilie. Er ist ein Ausschnitt aus dem Stammbaum der Säugetiere.

Fossilfunde zeigen, dass die frühen Vorfahren unseres Pferdes bereits vor etwa 55 Mio. Jahren existierten und kleine, im Wald lebende Tiere waren. Ihr Gebiss deutet nämlich darauf hin, dass sie sich wahrscheinlich von weichen Laubblättern ernährten: Die Backenzähne besitzen Höcker, zwischen denen keine harte Nahrung zerrieben werden konnte. Diese sogenannten *Urpferdchen* der Gattung *Hyracotherium* besaßen 4 Zehen, mit denen sie sich gut auf dem relativ weichen Waldboden fortbewegen konnten.

Aus Hyracotherium entstanden im Laufe von Jahrmillionen größere Arten, die weniger und längere Zehen besaßen. Die harten Schmelzfalten der Backenzähne wirkten wie eine Raspel. Man schließt daraus, dass Pferdevorfahren mit solchen Backenzähnen harte Pflanzen, z. B. Gräser, gut verwerten konnten. Diese sind aber charakteristisch für steppenartige Landschaften. Dazu passt, dass gleichzeitig offensichtlich größere Tiere mit längeren Gliedmaßen durch die Selektion begünstigt wurden. Außerdem kam es zu einer Reduktion der Zehenzahl von vier auf drei Zehen und schließlich auf nur eine Zehe, die infolge ihrer stabilen Konstruktion das ganze Tier tragen kann. Pferde können sich deshalb schnell und ausdauernd fortbewegen. Voraussetzung für diese Entwicklung war eine Klimawechsel vor etwa 20 Mio. Jahren. Es wurde trockner, die Wälder wurden zu großen Teilen verdrängt durch steppenartige Landschaften.

Viele der in der Vergangenheit lebenden Pferdearten starben aus. Heute gibt es nur eine einzige Pferdeart, aus der die Menschen in den letzten 6000 bis 8000 Jahren die heutigen Hauspferdearten züchteten. Die Wildform unserer Hauspferdearten, das *Przewalskipferd*, war fast ausgestorben. Doch Zucht- und Auswilderungsprogramme verschiedener Zoos haben es ermöglicht, dass heute einige Wildpferdeherden auf den mongolischen Hochebenen wieder frei leben.

Aufgaben

① Beschreibe mithilfe der Abbildung und des Textes die Veränderungen von Gliedmaßen und Zähnen beim Pferd.

② Erkläre, weshalb sich diese Veränderungen erfolgreich durchsetzten.

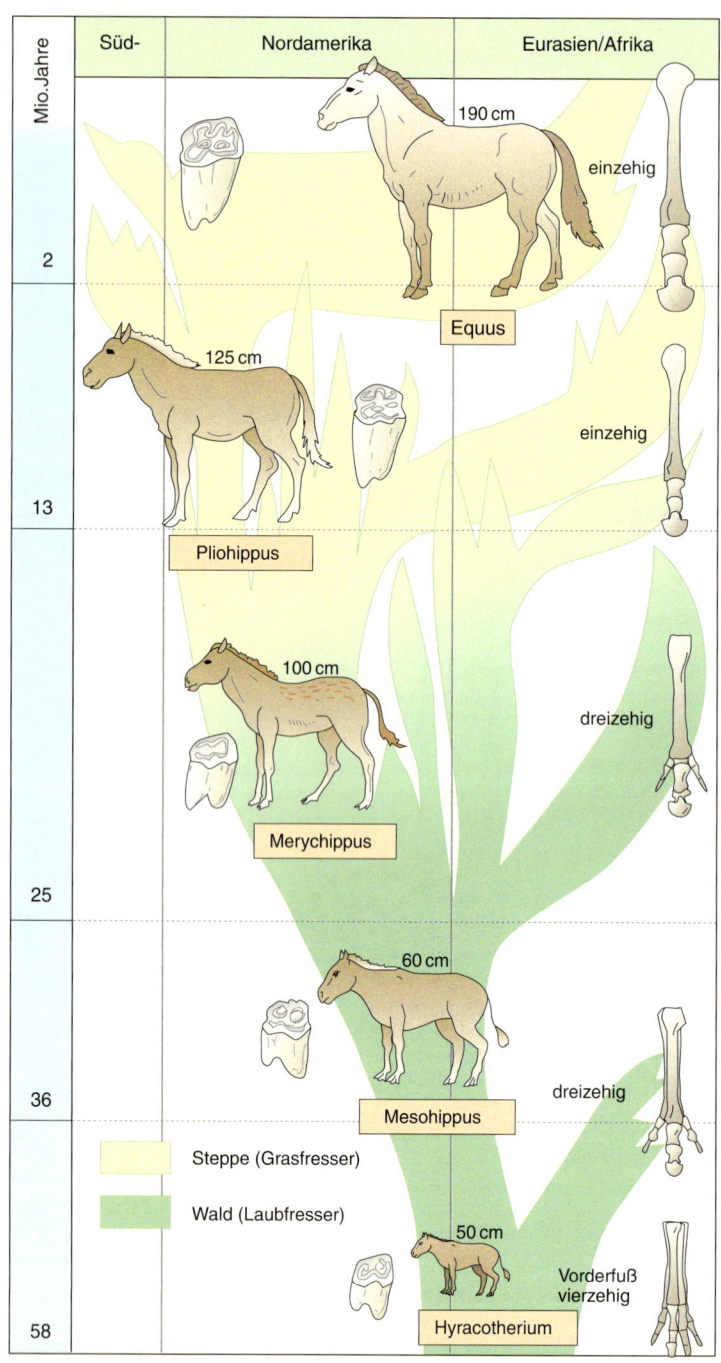

1 Stammbaum der Pferde

Lebende Zeugen der Evolution

Quastenflosser und Lungenfisch – zwei lebende Fossilien

Bis 1938 war man der Meinung, dass **Quastenflosser** vor ca. 65 Mio. Jahren, etwa gleichzeitig mit den Sauriern, ausgestorben seien, bis ein Fischkutter vor der Ostküste Südafrikas einen bisher nicht gesehenen Fisch mitbrachte. Der Fang war für die Biologen eine Sensation, hatten sie doch nun ein echtes Exemplar der Fischgruppe in den Händen, aus der die Amphibien hervorgegangen sein sollten. Seine Körperbaumerkmale glichen denen der fossilen Quastenflosser sehr stark. Offenbar hatte sich die gefundene Art der Gattung *Latimeria* seit Jahrmillionen fast gar nicht verändert, man hatte ein *lebendes Fossil* entdeckt. Latimeria ist allerdings mit einer Länge von 1,8 Metern größer als viele der fossilen Formen, lebt im Meer und nicht im Süßwasser. Fossile Quastenflosser besaßen eine Lunge, während Latimeria eine mit Fett gefüllte Lunge besitzt.

Zu den lebenden Fossilien zählt ein weiterer Fisch, der **Australische Lungenfisch**. Dieser besitzt eine Lunge, die an der Stelle entspringt, an der sich die Schwimmblase der später entstandenen Knochenfische befindet. Da seine Kiemen für die Atmung nicht ausreichen, muss der Fisch in regelmäßigen Abständen an der Wasseroberfläche seine Lunge mit Luft füllen.

Das Schnabeltier – ein Säugetier

1791 tauchte zum ersten Mal in Europa ein Tier mit einem Fell und einem Schnabel auf. Man dachte zunächst an einen Scherz, denn Säugetiere mit dem sie kennzeichnenden Fell kannte man bisher nicht mit einem Schnabel. Erst Untersuchungen an vollständigen Tieren und Beobachtungen dieser **Schnabeltiere** in ihrer australischen Heimat brachten Licht ins Dunkel. Das Schnabeltier besitzt noch sehr ursprüngliche Merkmale, die denen von Reptilien ähneln. Kot, Harn und beim Weibchen die Eier verlassen den Körper durch eine einzige Öffnung, die *Kloake*. Die Eier sind zudem dotterreich und weichschalig. Auch an verschiedenen Stellen des Skeletts konnte man Ähnlichkeiten mit Reptilien nachweisen. Dies deutet man als einen Hinweis auf die Abstammung der Säugetiere von Reptilien. Andererseits besitzen Schnabeltiere jedoch eindeutig Merkmale der Säuger: ein Fell, Milchdrüsen (allerdings ohne Zitzen) und eine gleich bleibende Körpertemperatur. Die aus den Eiern schlüpfenden, sehr kleinen Jungtiere klammern sich im Bereich der Milchdrüsen im dichten Haar fest und wachsen schnell heran.

Der Schlammspringer – ein Grenzgänger zwischen Wasser und Land

Die **Schlammspringer** besiedeln die tropischen Küsten Afrikas, Asiens und Australiens. Ihr Lebensraum ist den Gezeiten ausgesetzt. Während der Ebbe fällt der Schlickboden trocken. In dieser Zeit sind die Schlammspringer aktiv und suchen ihre Nahrung. Während der Flut wird der Boden wieder vom Meerwasser und darin enthaltener Nahrung überspült. In dieser Zeit halten sich viele Arten an Land auf. Manche besitzen zu einem Saugnapf umgewandelte Bauchflossen, mit dem sie sich auf dem Untergrund festsetzen. Während der Aktivitätsphase robben Schlammspringer auf dem Schlick hin und her, indem sie ihre verstärkten Brustflossen als „Gehwerkzeuge" benutzen. Ab und zu machen sie Luftsprünge, indem sie sich mit der Schwanzflosse vom Boden abdrücken. Oder sie wälzen ihren Körper in Gezeitenpfützen und halten ihn dadurch feucht.

Schwimmt der Schlammspringer unter Wasser, erkennt man, dass er trotz seiner amphibischen Lebensweise ein Fisch ist. Flossen und Kiemendeckel sind gut zu erkennen. An Land verkleben die Kiemenblättchen, sodass die Atmung nicht mehr hinreichend möglich ist. Diese Schwierigkeit meistert der Fisch, weil er einen geringen Feuchtigkeitsvorrat in seiner Kiemenhöhle mitnehmen kann. In dieser befinden sich sackartige Kammern, die stark durchblutet sind und auch ständig feucht gehalten werden. Neben dem Problem der Austrocknung und Fortbewegung hat der Schlammspringer somit auch das Problem der Atmung an Land gelöst. Er ist zwar nicht der Vorfahr der Landtiere, zeigt aber, wie beim Übergang vom Wasser- zum Landleben Anpassungen entstehen können.

2 Die Evolutionstheorie und ihre Belege

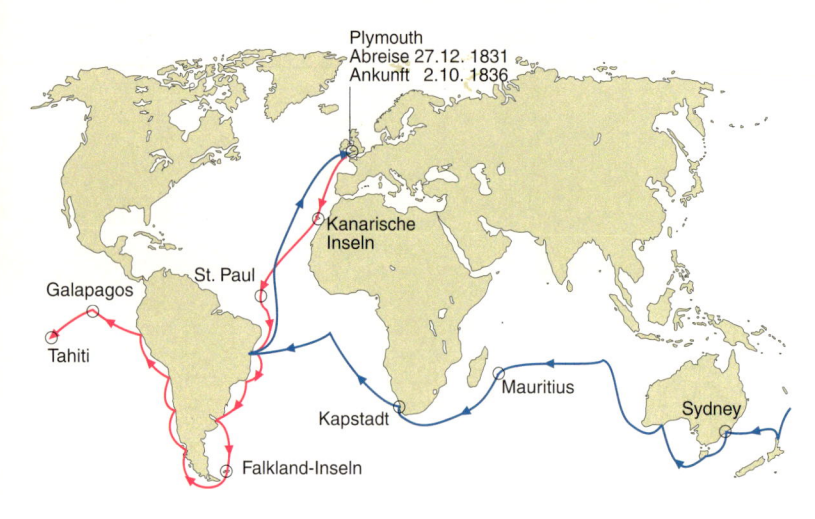

Darwin — der Wegbereiter der modernen Evolutionstheorie

CHARLES DARWIN (1809–1882) veröffentlichte 1859 sein bahnbrechendes Werk „Die Entstehung der Arten durch natürliche Zuchtwahl". Es löste zwischen den Verfechtern der Schöpfungslehre und den Anhängern seiner Lehre einen heftigen wissenschaftlichen Streit aus, der zum Teil noch heute andauert. Dennoch zählt die *Evolutionstheorie* heute zu den am besten fundierten Theorien in der Biologie überhaupt. Sie beruht auf Ergebnissen aus sehr verschiedenen biologischen Bereichen, wie Anatomie, Paläontologie, Embryologie und Tiergeografie, aber auch der Molekularbiologie und Genetik.

Die entscheidenden Impulse für seine späteren Arbeiten erhielt DARWIN auf einer fast fünfjährigen Forschungsreise mit einem Vermessungsschiff der britischen Marine, der *Beagle*. Die Reise dauerte vom 27.12.1831 bis zum 2.10.1836 (Abb.1). Die wissenschaftliche Ausbeute war so umfangreich, dass DARWIN zur Auswertung seiner geologischen, botanischen und zoologischen Daten und Funde Jahrzehnte benötigte. Dabei gelangte er zu Ergebnissen, die mit der damals herrschenden Vorstellung von der „Unveränderlichkeit der Arten" nicht in Einklang zu bringen waren. Ab 1837 versuchte er, Belege für die Veränderlichkeit der Arten zu finden und die Ursachen des Artenwandels zu klären. Dazu wertete er nicht nur das umfangreiche Material seiner Forschungsreise aus, sondern arbeitete insbesondere auch eng mit Tierzüchtern und Gärtnern zusammen. Er verglich heute lebende Organismen einerseits untereinander und andererseits mit Fossilien, die ähnliche Merkmale im Körperbau zu den heutigen Lebewesen zeigten. Er folgerte, dass die Ähnlichkeiten im Körperbau, z. B. im Bau der Gliedmaßen bei Wirbeltieren, auf Verwandtschaft und Abstammung von gemeinsamen Vorfahren zurückzuführen sind. Bestätigt wurde dies durch die Beobachtung, dass die Fossilien ausgestorbener Lebewesen um so ähnlicher mit heute lebenden Vertretern der untersuchten Organismengruppe sind, je jünger sie entwicklungsgeschichtlich sind. DARWIN erkannte außerdem, dass Tierzüchter durch Auslese der gewünschten Formen z. B. neue Taubenrassen züchten konnten. Er fragte sich, welche Faktoren in der Natur eine solche Auslese bewirken, sodass sich Arten verändern und sogar neue Arten entstehen können.

Die grundlegenden Aussagen der Theorie DARWINS sind noch heute gültig. Sie lauten:
— Lebewesen aller Arten erzeugen mehr Nachkommen, als zur Erhaltung der Art notwendig sind *(Überproduktion)*. Die Individuenzahl einer Art bleibt trotzdem langfristig konstant.
— Die Nachkommen eines Elternpaares sind untereinander verschieden *(Variation)* und dadurch unterschiedlich für das Überleben tauglich.
— Lebewesen stehen untereinander in einem ständigen Wettbewerb um Nahrung, Lebensraum, Geschlechtspartner usw. *(Konkurrenz)*.

Diesen Wettbewerb nannte DARWIN *„struggle for life"*. Lebewesen, die gut an ihre Umwelt angepasst sind, haben höhere Überlebenschancen als weniger gut angepasste (*„survival of the fittest"*). Räuber, die schneller und kräftiger sind als ihre Artgenossen, werden öfter Beute machen als diese. Andererseits werden die Beutetiere, die schneller und früher flüchten kann als andere, dem Beutegreifer eher entkommen und länger leben. Damit ist auch die Häufigkeit größer, dass gut angepasste Individuen sich öfter fortpflanzen und ihre Erbanlagen häufiger an die nächste Generation weitergeben können. Andere mit weniger guten Angepasstheiten sterben früher oder sogar, bevor sie Nachkommen haben. Durch diese natürliche Auslese (*„natural selection"*) kommt es zu einer immer besseren Angepasstheit der Lebewesen an ihre Umwelt und zu einer allmählichen Veränderung der Arten.

In der Zeit vor DARWIN galt fast nur eine Vorstellung über die Entstehung der Pflanzen, der Tiere und des Menschen: *Die Schöpfungsgeschichte* der Bibel. Allerdings gab es auch damals bereits Wissenschaftler, welche die Veränderlichkeit von Pflanzen und Tieren annahmen und Hypothesen zu möglichen Ursachen dafür formulierten. Zu ihnen gehörte JEAN BAPTISTE DE LAMARCK (1744–1829). Er war Professor der Zoologie am naturhistorischen Museum von Paris und verglich den Bauplan lebender Tiere mit dem von Fossilien. Dabei fand er Abstufungen im Bau von Organen. Er vermutete deshalb, dass sich die Arten im Laufe der Zeit verändern können. Nach seiner Überzeugung waren alle Lebewesen miteinander verwandt und höher entwickelte Arten waren aus einfacheren entstanden.

LAMARCKS Vorstellungen über die Entwicklung der Lebewesen lassen sich in wenigen Aussagen zusammenfassen:
— Die Veränderung der äußeren Umstände *(Umweltbedingungen)* schafft in den Organismen eine physiologische Notwendigkeit *("inneres Bedürfnis")*, sich ihrer Umwelt anzupassen.
— Lebewesen passen sich durch Gebrauch oder Nichtgebrauch von Organen an ihre Umwelt an.
— Werden bestimmte Organe in einer bestimmten Umwelt nicht gebraucht, so verkümmern sie. Regelmäßiger Gebrauch führt zu ihrer Verbesserung.
— Diese *erworbene Anpassung* vererben Lebewesen an ihre Nachkommen.

So einleuchtend sich LAMARCKS Theorie auch anhören mag, sie ließ sich nicht beweisen. Die Vererbung erworbener Eigenschaften konnte trotz intensiver Forschung an keinem einzigen Beispiel nachgewiesen werden.

Heute gelten DARWIN's Aussagen grundsätzlich als richtig. Auf ihrer Basis und aufgrund neuer Erkenntnisse vor allem aus der Molekularbiologie und Genetik wurde DARWINS Theorie zur s*ynthetischen Evolutionstheorie* weiterentwickelt. Sie befasst sich z. B. mit Befunden, die darauf hinweisen, dass Evolution stattgefunden hat, und mit der Frage nach den Ursachen für die Evolution.

Aufgabe

① Erkläre die Entstehung der langen Hälse bei Giraffen mithilfe der Randspaltenabbildung und unter Verwendung der Evolutionstheorie nach DARWIN.

Zettelkasten

Die Biogenetische Grundregel

ERNST HAECKEL (1834–1919) war Professor für Zoologie an der Universität Jena und einer der wichtigsten Wegbereiter für DARWINS Theorie. Er lieferte durch eigene Untersuchungen weitere Befunde dafür und verhalf der Evolutionstheorie durch sein vehementes Eintreten dafür zu einer schnellen Verbreitung. Während einer Forschungsreise im Jahr 1859 erhielt er die deutsche Übersetzung von DARWINS Werk „On the Origin of Species". Die Beschäftigung damit machte ihn zu einem überzeugten Verfechter des Darwinismus. Für die im Golf von Messina gefundenen Strahlentierchen *(Radiolarien)*, darunter viele neue Arten, stellte er sofort Verwandtschaftsbeziehungen auf, indem er typische Gruppen durch Zwischenformen miteinander verband und sie auf eine einfachste Urform zurückführte. HAECKEL zögerte auch nicht, die Evolutionstheorie auch auf den Menschen anzuwenden. Er formulierte bereits damals, dass Affen und Menschen gemeinsame Vorfahren gehabt hätten.

Im Jahr 1866 formulierte HAECKEL die *„Biogenetische Grundregel"*: Die Embryonalentwicklung sei eine kurze Wiederholung der Stammesgeschichte. Das heißt, es treten während der Embryonalentwicklung Merkmale auf, welche die frühen Vorfahren besaßen, die dann aber wieder verschwinden. So bildet ein menschlicher Embryo in einem sehr frühen Stadium Kiemenbögen aus, wie sie Fische besitzen. Die Biogenetische Grundregel hat ihre Grundlage in der Beobachtung, dass die Embryonen verschiedener Organismen, z. B. der Wirbeltiere, sich im frühen Stadium sehr ähneln. Diese Ähnlichkeit führte er auf einen gemeinsamen stammesgeschichtlichen Ursprung zurück.

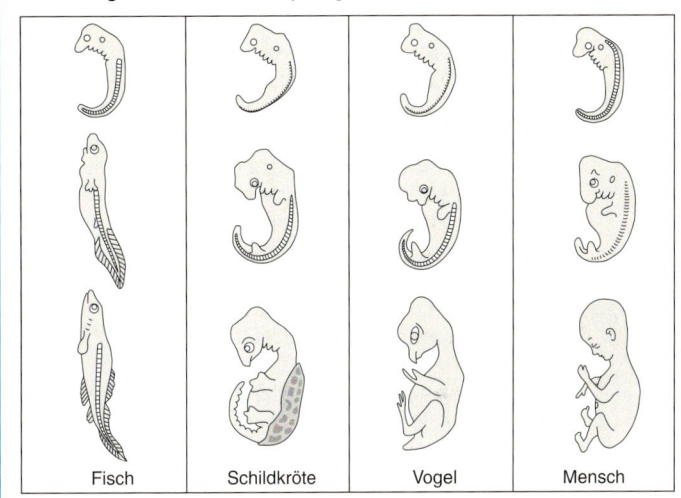

| Fisch | Schildkröte | Vogel | Mensch |

Der Kreationismus — die etwas andere Theorie

Zu Beginn des 20. Jahrhunderts entstand diese Weltanschauung, die die wissenschaftliche Evolutionstheorie zu widerlegen versucht. Sie hat heute vor allem in den USA großen Einfluss. Der Kreationismus versucht, die Schöpfung der Organismen zu begründen:
— Die in der Bibel beschriebenen groben Umrisse der Schöpfung seien historische Tatsachen.
— In der ersten Schöpfungswoche seien sämtliche Grundarten der Organismen entstanden. Danach seien keine weiteren Arten entstanden.
— Bei der Schöpfung seien Prozesse wirksam gewesen, die es heute nicht mehr gibt, die deshalb auch nicht mehr erforschbar seien.
— Die vielen Ähnlichkeiten zwischen vielen Organismen seien keine Beweise für Evolution, sie seien vielmehr auf gleichartige Lebensweisen bzw. auf gleichartige Einflüsse aus der Umwelt zurückzuführen. Diese Ähnlichkeiten seien zudem Produkt eines meisterhaften Grundbauplans eines meisterhaften Planers. . . . .

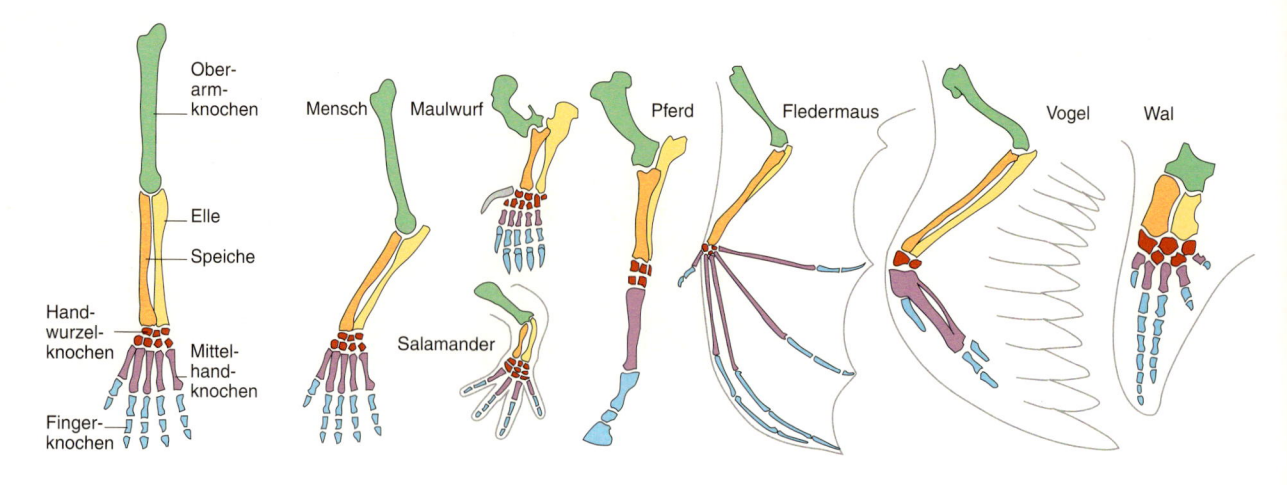

1 Vergleich der Vordergliedmaßen von verschiedenen Wirbeltieren

Befunde zur Evolutionstheorie — Homologie und Analogie

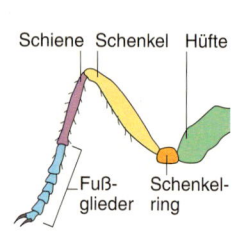

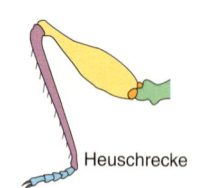

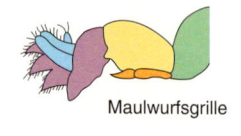

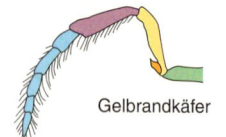

Die Beine verschiedener *Insekten* ermöglichen unterschiedlichste Fortbewegungsarten: Laufkäfer können sich mit ihren *Laufbeinen* rasch bewegen und so ihre Beute fangen. Heuschrecken entziehen sich mithilfe der *Sprungbeine* durch weite Sprünge ihren Feinden. Maulwurfsgrillen durchwühlen mit den *Grabbeinen* den Erdboden. Gelbrandkäfer bewegen sich mit *Schwimmbeinen* im Wasser gewandt fort. Beim Vergleich der Beine stellt man Übereinstimmungen in ihrem Aufbau fest, selbst wenn sie eine ganz unterschiedliche Funktion haben und sich auf den ersten Blick äußerlich deutlich voneinander unterscheiden: Insektenbeine bestehen nämlich stets aus Hüfte, Schenkelring, Schenkel, Schiene und Fußgliedern.

Eine ähnliche Vielfalt der Fortbewegungsweisen und der Extremitäten findet man auch bei den *Wirbeltieren,* z. B. *Flügel* bei Vögeln und Fledermäusen, *Flossenhände* (Flipper) bei Delfinen, *Grabbeine* beim Maulwurf. Der Bauplan jedoch ist bei den Vordergliedmaßen der Wirbeltiere gleich: Oberarmknochen, zwei Unterarmknochen (Elle und Speiche), mehrere Handwurzelknochen, eine fünfgliedrige Mittelhand und fünf Finger. Zwar können manchmal z. B. einzelne Finger zurückgebildet sein wie bei den Vögeln, die Abfolge der einzelnen Abschnitte der Vordergliedmaße bleibt jedoch erhalten.

Diese Beispiele für die Gliedmaßen der Wirbeltiere und Insekten zeigen, dass jeweils aus einer Stammform äußerlich unterschiedlich aussehende Formen entstanden sind, die eine unterschiedliche Funktion besitzen. Man deutet die Unterschiede in der Ausbildung der Gliedmaßen jeweils als Anpassung an verschiedene Umweltbedingungen. Man nennt solche Organe bzw. Merkmale, die sich auf einen *Grundbauplan* zurückführen lassen, **homologe Organe** bzw. *homologe Merkmale*. Treten bei verschiedenen Arten homologe Organe auf, stammen diese Arten wahrscheinlich von gemeinsamen Vorfahren ab, die diese Organe bereits besaßen und über die Erbanlagen die Information dafür an ihre Nachkommen weiter gegeben haben.

Vergleicht man die Grabbeine von Maulwurf und Maulwurfsgrille miteinander, so fällt zwar die Ähnlichkeit in ihrer Funktion und in ihrem äußeren Erscheinungsbild auf, in ihrem Grundbauplan gibt es jedoch keinerlei Übereinstimmungen. Es entstanden also aus verschiedenen Grundbauplänen ähnlich aussehende Organe, welche die gleiche Funktion haben. Man nennt sie **analoge Organe**. Diese Ähnlichkeiten lassen deswegen keine Aussagen über die Verwandtschaft zu. Das Vorhandensein analoger Organe zeigt jedoch eine spezielle *Angepasstheit* an einen Lebensraum.

In den Wüstengebieten Amerikas und Afrikas leben Pflanzen, die an das trockenheiße Klima angepasst sind. Sie zeigen besondere Merkmale, durch die sie an ihren Standort angepasst sind: Laubblätter fehlen, die Fotosynthese erfolgt durch chlorophyllhaltige Zellen im grünen Stamm. Eine dicke Kutikula schützt vor starker Verdunstung.

Lange Wurzeln sichern eine wirkungsvolle Ausnutzung des vorhandenen Wassers. In großvolumigen Zellen werden große Mengen an Wasser gespeichert *(Sukkulenz)*. Trotz dieser Ähnlichkeiten zeigt ihr Blütenbau, dass sie unterschiedlichen Pflanzenfamilien angehören: Die in Amerika vorkommenden Pflanzen sind *Kakteen*, die afrikanischen Formen sind *Wolfsmilchgewächse*.

Offensichtlich haben gleichartige Umweltbedingungen in verschiedenen Gebieten eine gleichartige Anpassung bei nicht näher verwandten Arten bewirkt. Den Prozess, der zur Ausbildung solcher Ähnlichkeiten führt, nennt man **Konvergenz**.

Auch im Tierreich gibt es zahlreiche Beispiele für Konvergenzen. Die *Stromlinienform* bei Fischen, Pinguinen und Delfinen vermindert den Strömungswiderstand bei der Fortbewegung im Wasser. Maulwurf, Nacktmull und Beutelmull sind in ähnlicher Weise an das *Leben im Boden* angepasst. Der Maulwurf ist als *Insektenfresser* mit Spitzmäusen und Igeln eng verwandt. Der in Afrika vorkommende Nacktmull gehört zur Familie der Biber, ist also ein *Nagetier*. Der Beutelmull ist als *Beuteltier* ein Verwandter von Känguru und Koalabär.

Aufgabe

① Vergleiche anhand der Abb. 382.1 die Vordergliedmaßen der Wirbeltiere miteinander. Stelle heraus, in welcher Weise sich jeweils Abwandlungen vom Grundbauplan ergeben. Verknüpfe die Abwandlungen mit der jeweiligen Funktion.

1 Konvergenz bei Pflanzen (oben) und Tieren (unten)

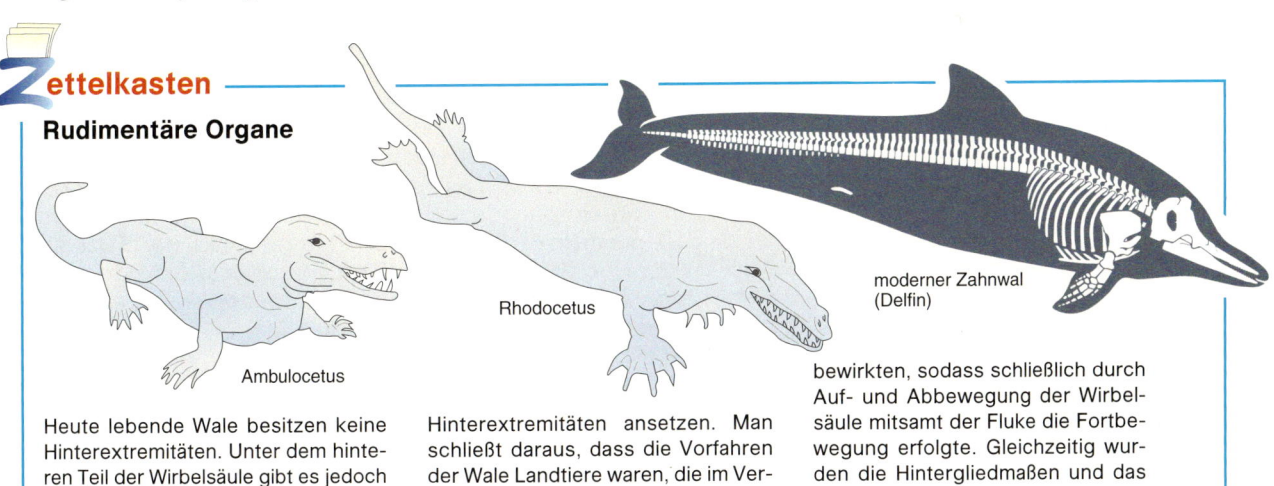

Zettelkasten

Rudimentäre Organe

Heute lebende Wale besitzen keine Hinterextremitäten. Unter dem hinteren Teil der Wirbelsäule gibt es jedoch Knochen, offenbar ohne Funktion. Sie werden als Reste des Beckens gedeutet, an dem normalerweise die Hinterextremitäten ansetzen. Man schließt daraus, dass die Vorfahren der Wale Landtiere waren, die im Verlauf der Evolution ins Wasser zurückkehrten. Man nimmt an, dass neue Umweltbedingungen eine Anpassung bewirkten, sodass schließlich durch Auf- und Abbewegung der Wirbelsäule mitsamt der Fluke die Fortbewegung erfolgte. Gleichzeitig wurden die Hintergliedmaßen und das Becken so stark zurückgebildet, dass diese heute nur noch als *rudimentäres Organ* erhalten geblieben sind.

Evolution

1 Birkenspanner (dunkle und helle Form)

Mutation und Selektion — Motoren der Veränderung

Birkenspanner sind Schmetterlinge, die durch ihre helle Flügelfarbe mit nur wenigen dunklen Flecken gut getarnt sind. Ruhen die Birkenspanner tagsüber z.B. auf hellen Birkenstämmen, sind sie für Vögel fast nicht zu erkennen. Im Laufe des 19. Jahrhunderts kam es in vielen Gegenden Englands zu einer raschen Industrialisierung. Durch das Verschwinden empfindlicher Flechten und durch Rußablagerung wurden in dieser Zeit die Rinden der Bäume dunkler. 1848 wurde in der Nähe Manchesters erstmals ein dunkel gefärbter Birkenspanner gefangen. Bereits 1895 waren 95 % aller Birkenspanner in den englischen Industrierevieren dunkel gefärbt. Da die Flügelfarbe der Schmetterlinge vererbt wird, hatten sich die Anlagen der Birkenspanner offensichtlich verändert.

Ursachen dafür sind **Mutationen**. Das sind Veränderungen der Anlagen, die entweder spontan auftreten oder durch äußere Einflüsse, z. B. durch Röntgenstrahlung, ausgelöst werden können. Es ist weder vorhersehbar, welche Erbanlagen und wie sie durch eine Mutation verändert werden. Mutationen sind somit zufällig und ungerichtet. In unserem Fall gab es in der Birkenspannerpopulation einige wenige dunkel gefärbte Birkenspannermutanten neben einer Vielzahl an heller gefärbten Varianten.

Mutationen alleine können aber noch keine Anpassung an bestimmte Umweltbedingungen bewirken. Erst die *natürliche Auslese*, **Selektion**, gibt den Evolutionsprozessen eine Richtung. Die Träger *nachteiliger* Merkmale — das waren nach Beginn der Industrialisierung die hell gefärbten Birkenspanner auf der nun dunkleren Rinde — wurden leichter von Feinden erkannt und häufiger gefressen. Die Träger vorteilhafter Merkmale — das waren nun dunkle Birkenspanner auf dunkler Rinde — waren dagegen begünstigt, da sie weniger häufig gefressen wurden. Dies bewirkte, dass die dunkel gefärbten Birkenspannervarianten häufiger zur Fortpflanzung kamen als die hellen Formen. Die Zusammensetzung der Birkenspannerpopulation veränderte sich dadurch allmählich. Nicht mehr die hellen Formen waren in der Mehrzahl, sondern die dunkel gefärbten Varianten. In der Verteilung der Flügelfarbe innerhalb der Population stellte sich somit ein neues Gleichgewicht ein.

Lebewesen sind, neben anderen Lebewesen, aber auch Umweltfaktoren wie Temperatur, Feuchtigkeit, Wind, pH-Wert oder Salzgehalt des Bodens ausgesetzt. Diese wirken als *Selektionsfaktoren*. Diejenigen Individuen einer Art, welche die Umweltbedingungen infolge ihrer günstigeren Erbanlagen besser vertragen als andere, haben bessere Überlebenschancen. Sie kommen häufiger zur Fortpflanzung und können ihr Erbgut in die nächste Generation einbringen. Dadurch setzen sich ihre Erbanlagen langfristig über viele Generationen durch. Ein Beutetier, das sich z. B. seinen Feinden durch rasche Flucht besser entziehen kann als andere oder sich mithilfe geeigneter Waffen oder Verhaltensweisen besser verteidigen kann als andere in seiner Population, wird länger überleben und häufiger einen Geschlechtspartner finden. Organismen mit einer hohen Nachkommenzahl oder — bei geringerer Nachkommenzahl — mit intensiver Brutpflege werden ebenso begünstigt sein.

Diese Beispiele zeigen, dass der Begriff „Kampf ums Dasein" nicht wörtlich zu nehmen ist, sondern nur bedeutet, dass die Träger vorteilhafter Merkmale wahrscheinlich mehr Nachkommen erzeugen als die Träger nachteiliger Merkmale. Selbst kleine Unterschiede können über viele Generationen hinweg starke Auswirkungen haben. Mutation und Selektion sind also wichtige *Evolutionsfaktoren*. Das Zusammenwirken beider führt zur Angepasstheit der Arten an ihre Umwelt.

Aufgabe

① Weshalb sind Albinos in der Natur kaum verbreitet? Erkläre.

Amselalbino

Isolation

Die *Rabenkrähe* hat am ganzen Körper ein schwarz glänzendes Gefieder. Die *Nebelkrähe* dagegen weist einen grauen Rumpf auf. Westlich der Elbe finden wir die Rabenkrähe, östlich die Nebelkrähe. Wo sich die Verbreitungsgebiete überschneiden, kommt es zur Bildung von *Mischlingen*.

Die Trennung der ursprünglich einheitlichen Krähenpopulation in zwei getrennte Teilpopulationen wurde wahrscheinlich durch die Klimaveränderung der letzten Eiszeit verursacht. Mit dem Vorstoß der Gletscher nach Mitteleuropa verschlechterten sich die Lebensbedingungen drastisch und die Krähen wurden in südlich liegende Gebiete verdrängt. Durch Mutationen und unterschiedliche Selektionsbedingungen bildeten die Tiere in den getrennten Gebieten unterschiedliche, bleibende Merkmale aus. So kam es zur Bildung der heutigen *Unterarten*. Nach der Eiszeit besiedelten die Krähen von Süden her wieder Mitteleuropa. An der Elbe trafen die beiden Unterarten der Krähen wieder aufeinander.

Das Beispiel zeigt, dass sich aus einer Population, die z. B. durch Klimaänderungen, Gebirgsbildungen oder Vulkanausbrüche in zwei räumlich getrennte Teilpopulationen zerrissen wird, neue Unterarten entwickeln können *(geografische Isolation)*.

Ein anderes Beispiel gibt uns die Tierwelt der Galapagos-Inseln, die etwa 1000 km westlich der südamerikanischen Küste liegen. Die Inseln sind vulkanischen Ursprungs, d. h. erst nach dem Erkalten der Lava konnten sich Lebewesen ansiedeln. Schon DARWIN hatte dort während seiner Forschungsreise 13 verschiedene Finkenarten beobachtet. Sie unterscheiden sich voneinander in Schnabelform und Lebensweise. So bevorzugt z. B. der *Große Grundfink* pflanzliche Nahrung, *Spechtfink* und *Mangrovenfink* verzehren außer Früchten und Mangrovenblättern auch Insekten. Ähnlich wie Spechte, suchen sie in morschem Holz nach ihrer Beute. Dazu benutzen sie allerdings nicht nur ihren Schnabel, sondern auch Kaktusdornen oder kleine Stöckchen.

Das Auftreten dieser verschiedenen Finkenarten nebeneinander erklärte DARWIN durch die Abstammung von einer gemeinsamen *Ursprungsart*, dem bodenlebenden, Körner fressenden Fink *Geospiza*. Dieser besiedelte vermutlich vom südamerikanischen Festland

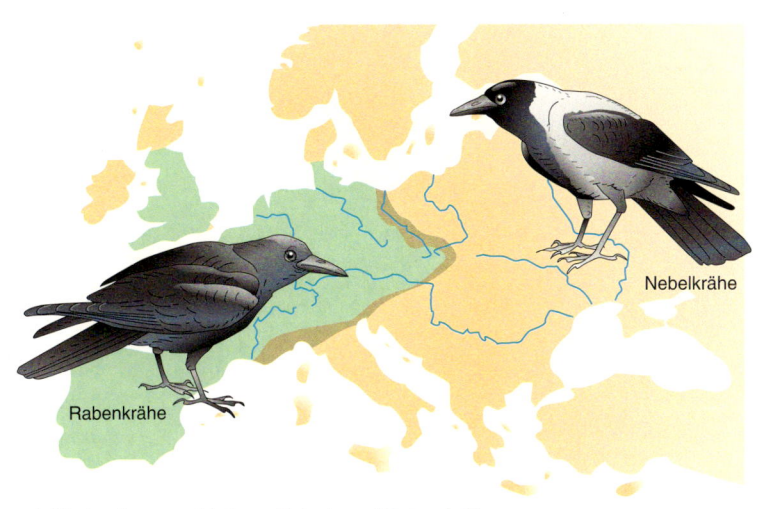

1 Verbreitungsgebiet von Nebel- und Rabenkrähe

aus die Galapagos-Inseln. Seine Nachkommen konnten sich rasch verbreiten, da es zunächst keine anderen Vogelarten und damit keine Konkurrenz auf den Inseln gab. Nach und nach entstanden so einzelne Inselpopulationen.

Die in einiger Entfernung zueinander liegenden Inseln bieten auch heute noch unterschiedliche Umweltbedingungen, die als Selektionsfaktoren wirken. Diese können sich außerdem infolge veränderter Meeresströmungen (El Niño) in kurzer Zeit ändern, sodass trockene Phasen von niederschlagsreichen Phasen abgelöst werden.

Die ursprünglichen Finkenpopulationen waren wenig spezialisiert, aber offensichtlich sehr variabel im Bau des Schnabels. Harte Nahrung, wie z. B. bestimmte Pflanzensamen, bewirkte die Selektion kräftiger Schnäbel, weiche Insektennahrung die Selektion dünner, pinzettenartiger Schnäbel. So erfolgte eine Anpassung an die verschiedenen Lebensräume und Nahrungsquellen der einzelnen Inseln. Zudem unterscheiden sich die einzelnen Inselpopulationen in ihrem Gesang. Aus der gemeinsamen Ursprungsart haben sich insgesamt 13 Arten entwickelt, die sich nicht mehr vermischen. Sie werden heute als *Darwinfinken* bezeichnet.

Schnabelformen bei Darwinfinken

Aufgaben

① Begründe, weshalb Rabenkrähe und Nebelkrähe zu einer Art gehören.

② Warum ist gerade die Besiedlung vulkanischer Inseln für die Evolutionstheorie besonders interessant?

Spechtfink auf Galapagos

3 Die Evolution des Menschen

Unsere nächsten Verwandten

Vergleichende Untersuchungen haben gezeigt, dass sich die DNA des Menschen von der des Schimpansen nur zu etwa 1,4 % unterscheidet. Kein anderer Organismus besitzt darin mit dem Menschen mehr Übereinstimmungen, Schimpansen sind sogar mit dem Menschen näher verwandt als mit Gorillas, was bedeutet, dass beide gemeinsame Vorfahren gehabt haben. In der zoologischen Systematik werden die Menschen gemeinsam mit den Schimpansen und den übrigen Affen in die Ordnung der Herrentiere *(Primaten)* eingeordnet (Abb. 387.1).

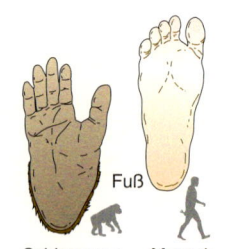

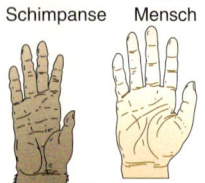

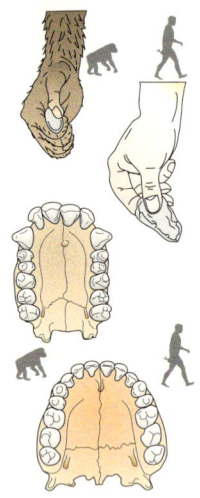

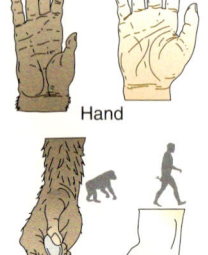

Mensch und Schimpanse im Vergleich

Das Skelett des *Menschen* ist an den aufrechten Gang angepasst. Der gewölbeförmige Fuß erlaubt einen federnden Gang und dämpft so die Erschütterungen beim Gehen und Laufen. Die Wirbelsäule ist doppelt S-förmig gekrümmt. Der Bau der Kniegelenke ermöglicht einen ständig aufrechten Gang. Das Hinterhauptsloch liegt in der Mitte der Schädelunterseite, sodass sich der Schädel bei aufrechter Körperhaltung in einer günstigen Schwerpunktlage befindet. Der Körperschwerpunkt liegt auf der Körperachse. Das schüsselförmige Becken kann die Last der Eingeweide gut aufnehmen. Die im Vergleich zu den Beinen kürzeren Arme tragen Hände, die universell einsetzbare Greifwerkzeuge sind. Der Unterarm ist um seine Längsachse drehbar. Da der Daumen jedem Finger der Hand gegenüber gestellt werden kann, ist ein *Präzisionsgriff* möglich.

Schimpansen sind Waldbewohner. Sie schwingen oder klettern geschickt von Ast zu Ast, manchmal springen sie auch. Die Arme können dabei gut in alle Richtungen bewegt werden. Am Boden gehen sie meist auf allen Vieren, wobei sie die längeren Arme mit den Fingerknöcheln abstützen *(Knöchelgang)*. Der Kopf wird von der kräftigen Nackenmuskulatur gehalten. Das Hinterhauptsloch liegt weit hinten am Schädel. Selten erheben sich

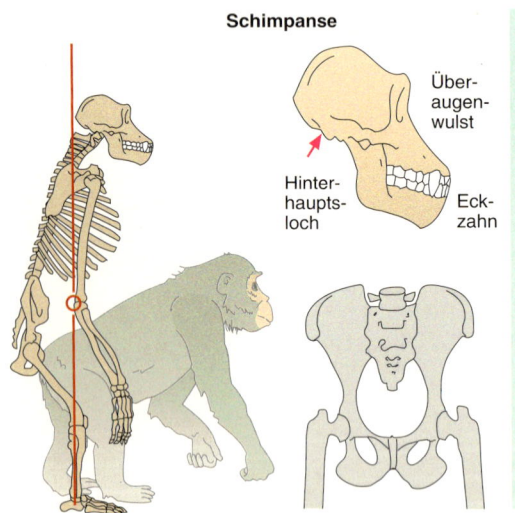

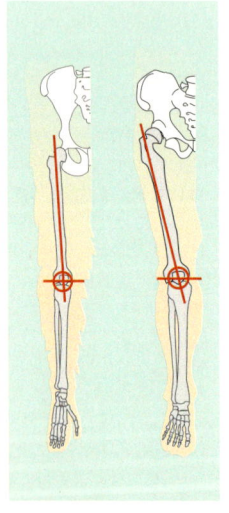

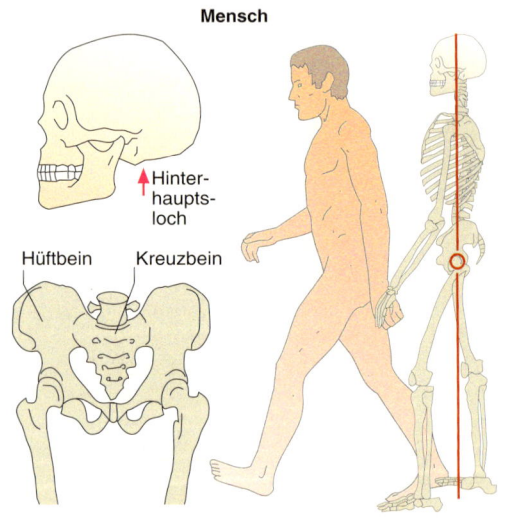

1 Vergleich von Skelettmerkmalen von Schimpanse und Mensch

Evolution

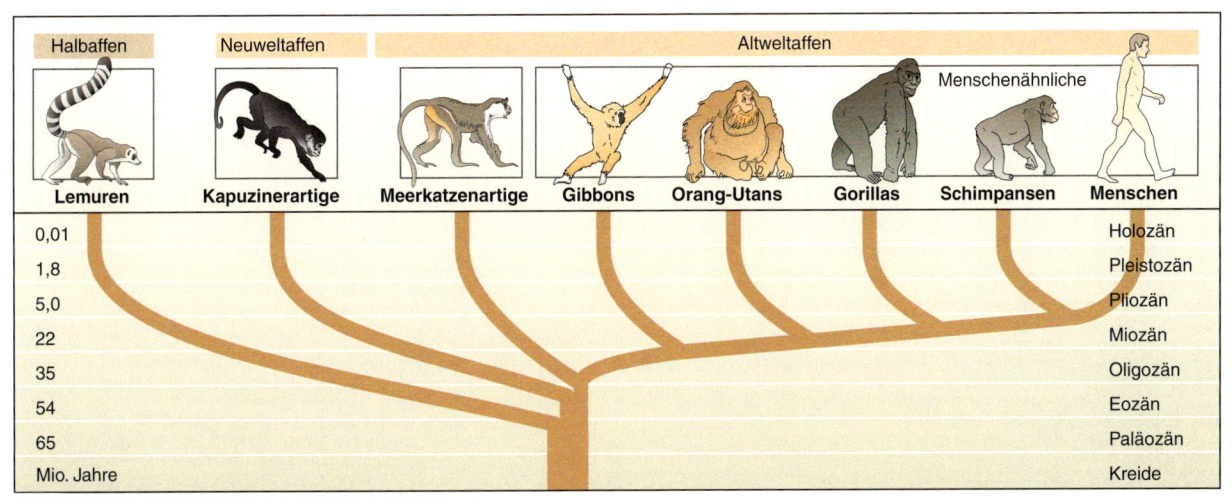

Halbaffen	Neuweltaffen	Altweltaffen					
						Menschenähnliche	
Lemuren	Kapuzinerartige	Meerkatzenartige	Gibbons	Orang-Utans	Gorillas	Schimpansen	Menschen

Mio. Jahre	Epoche
0,01	Holozän
1,8	Pleistozän
5,0	Pliozän
22	Miozän
35	Oligozän
54	Eozän
65	Paläozän
	Kreide

1 Stammbaum der Primaten

2 Schimpansen

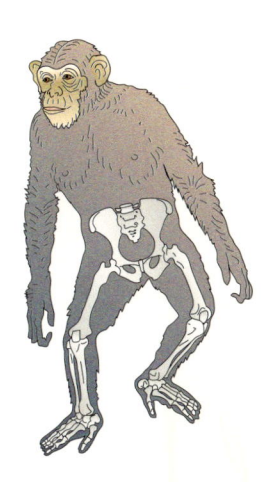

Menschen halten Schimpansen den Gegenstand dabei nur seitlich am Daumen, nicht mit der Daumenkuppe (Abb. 386 Mitte). Die Hände eignen sich zum einfachen *Werkzeuggebrauch*. So angeln wild lebende Schimpansen mittels eines passenden Halmes zum Beispiel Termiten.

Charakteristisch für den Schädel des Schimpansen sind die vorspringende Schnauze und die *Überaugenwülste*. Am Unterkiefer und den Schläfen findet man Ansatzstellen für die kräftige Kaumuskulatur. Im Gebiss ragen die großen und spitzen Eckzähne heraus, wobei jeweils im gegenüber liegenden Kiefer eine Zahnlücke vorhanden ist. Die Eckzähne sind gefährliche Waffen.

Das Gehirn des Schimpansen ist mit etwa 400 cm^3 im Vergleich zu anderen Säugetieren gleicher Größe groß und weit entwickelt — eine Voraussetzung für das komplexe Sozialverhalten dieser Tiere. Sie leben in Gruppen, in denen sich alle Mitglieder persönlich kennen und in denen es eine Rangordnung gibt. Der Verständigung dienen differenzierte Laute und Gebärden. Das Verhalten des Schimpansen setzt sich aus angeborenen und einem sehr großen Teil erlernter Elemente zusammen. Das zeigt die lange Kinder- und Jugendzeit von etwa 8 Jahren, in der viele Verhaltensweisen erlernt werden.

Schimpansen zum aufrechten, zweibeinigen Gehen *(Bipedie)*, es sei denn, sie bringen Früchte mit den Händen an einen anderen Ort. Beim Laufen auf zwei Beinen ist der Körper gebeugt. Knie- und Hüftgelenk sind dabei abgeknickt. So bleiben die Füße unterhalb des Körperschwerpunktes und ein Umkippen wird verhindert. Beim Klettern stellen Schimpansen nicht nur den Daumen den anderen Fingern, sondern auch die große Zehe den anderen Zehen gegenüber. So können sie mit Händen und Füßen Äste umgreifen (*Greifhand* und *Greiffuß*). Dadurch sind Schimpansen an das Leben in Bäumen angepasst, auf denen sie Früchte und Blätter suchen und Schutz finden. Kleinere Gegenstände werden zwischen Daumen, Zeige- und Mittelfinger gefasst. Im Unterschied zum

Aufgabe

① Vergleiche mithilfe des Textes und den Abbildungen die Merkmale von Mensch und Schimpanse. Stelle sie in einer Tabelle gegenüber.

Evolution **387**

Lucy — ein Vorfahr des Menschen

Einen der bedeutendsten Funde zur Stammesgeschichte des Menschen machte der Amerikaner DONALD JOHANSON. Er entdeckte mit seiner Arbeitsgruppe im Jahre 1974 im Wüstengebiet des Afar-Dreiecks im südlichen Äthiopien einen Schädel und in nächster Nähe weitere Knochen, die alle von demselben Skelett stammten. Das Alter der Knochen von über 3 Mio. Jahren und der Bau des Skeletts ließen vermuten, dass dieses Lebewesen wahrscheinlich zu unseren ältesten Vorfahren gehörte. Die Forscher tauften ihren Fund nach einem Beatles-Song Lucy. Mit einer Beschreibung der Knochenfunde gibt sich ein Wissenschaftler aber nicht zufrieden. Er stellt weitere Fragen:
— Wie sah Lucy aus?
— Ging sie aufrecht?
— Wovon ernährte sie sich?
— Zu welchen Leistungen war sie fähig?
— Benutzte sie Werkzeuge?

Bei der *Rekonstruktion* eines fossilen Lebewesens bringt man die gefundenen Skelettteile zunächst in die richtige Lage zueinander. Fehlende Knochen werden durch nachgebildete Teile aus plastischem Material ergänzt. Aus Lage und Größe der Muskelansatzstellen auf dem Knochen kann die Muskulatur rekonstruiert werden. Binde- und Fettgewebe werden ergänzt, die vermutliche Farbe der Haut und die Art der Behaarung hinzugefügt. Je mehr Funde es von einer Art gibt, desto weniger Fehler enthält die Rekonstruktion. Weitere Untersuchungen ergänzen das Bild: Die Messung des Schädelvolumens gibt Hinweise auf die Gehirngröße, das Gebiss lässt Rückschlüsse auf die Ernährung zu, Baumerkmale des Beckens und Kniegelenks sowie die Lage des Hinterhauptsloches sind Indizien für die Art der Fortbewegung. Gibt es außerdem Bearbeitungsspuren an Knochen oder Funde von Werkzeugen und Waffen, sind genauere Rückschlüsse auf die Leistungen unserer Vorfahren möglich.

Lucy hatte bereits den ersten Schritt zur Menschwerdung vollzogen: Sie ging aufrecht und hatte ein etwas größeres Gehirnvolumen als der heute lebende Schimpanse. Lucy ist ein früher Vertreter der Menschenartigen *(Hominiden)* und wird heute der Art *Australopithecus afarensis* zugeordnet. Neben Lucy wurden viele weitere Fossilien früher Hominiden entlang des ostafrikanischen Grabenbruchsystems gefunden, die unseren Vorfahren zugeordnet werden können.

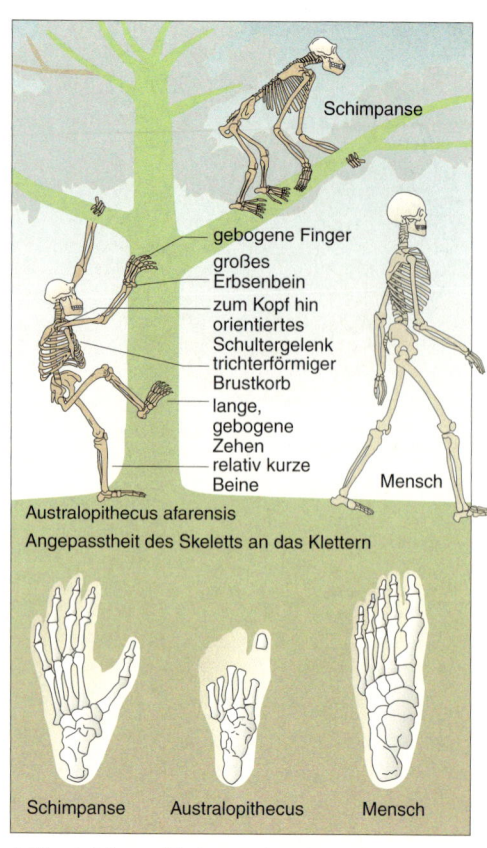

gefundene Skelettteile von Lucy

gefundene Stücke

Rekonstruktion von Lucy

1 Vergleich von Skelettmerkmalen

2 Fundstellen der frühen Hominiden

Die Vorfahren des Menschen

Am Beginn der Entwicklung der Hominiden stehen verschiedene Arten der Gattung **Australopithecus**. Entlang des ostafrikanischen Grabenbruchsystems waren offenbar geeignete Umweltbedingungen für die Entstehung der ersten Hominiden vorhanden. In diesem Bereich bricht seit ca. 6 Mio. Jahren der afrikanikanische Kontinent langsam auseinander. Damit einhergehende Klimaveränderungen bewirkten dort die Entstehung savannenartiger Landschaften, während westlich davon nach wie vor Wälder existieren. In diesen sind aus den gemeinsamen Vorfahren die heutigen Schimpansen entstanden.

Aus Vertretern der Gattung Australopithecus entwickelten sich Hominiden mit sehr robustem Körperbau, die heute der Gattung *Paranthropus* zugeordnet werden. Ein Mitglied dieser Gattung ist **Paranthropus bosei**. Charakteristisch sind der Scheitelkamm als Indiz für seine kräftige Kaumuskulatur und sein an die Verwertung harter Nahrung angepasstes „Nussknackergebiss". Die Gattungen Australopithecus und Paranthropus verbreiteten sich nicht über Afrika hinaus. Sie starben später wieder aus.

Bereits vor mehr als 2 Mio. entstanden die ersten Menschen mit verschiedenen Arten der Gattung Homo, *Homo habilis* und *Homo rudolfensis*. **Homo habilis** (der „geschickte" Mensch) benutzte nachweislich einfache, selbst hergestellte Werkzeuge aus Stein und hatte bereits ein deutlich größeres Gehirn (600 — 800 cm^3) als seine Vorfahren.

Vor etwas weniger als 2 Mio. Jahren trat **Homo ergaster**, eine Menschenart mit noch größerem Gehirn, in Ostafrika auf, die das Feuer und eine bestimmte Art von Faustkeilen nutzte.

1,6 bis 1,8 Mio. Jahre alte Fossilfunde aus Asien werden der Art **Homo erectus** zugeordnet. Diese Menschenart war über große Teile Asiens verbreitet. Europa wurde erst vor etwa 1 Mio. Jahren, ebenfalls von Afrika aus, zum ersten Mal von Menschen besiedelt. Diese wurden in der Vergangenheit Homo erectus zugeordnet.

Inzwischen werden sie von vielen Wissenschaftlern wegen abweichender Merkmale einer weiteren Art zugeordnet, nämlich **Homo heidelbergensis** (in Anlehnung an den Unterkieferfund in der Nähe von Heidelberg). Diese Menschenart war auch im westlichen Asien und nördlichen Afrika verbreitet.

Der an das Eiszeitalter angepasste **Homo neanderthalensis** entstand im Nahen Osten und Teilen Europas vor mehr als 200 000 Jahren. Charakteristisch für ihn ist der kräftige und gedrungene Körperbau. Sein Gehirn war bereits so groß wie das des heutigen Menschen. Vor ca. 30 000 Jahren verschwanden die Neandertaler.

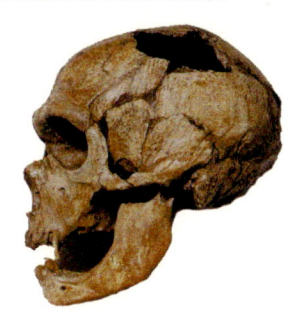

Erst vor 40 000 Jahren tauchten in Mitteleuropa die ersten Vertreter des heutigen Menschen, des **Homo sapiens**, auf. Er entstand vor ca. 150 000 bis 200 000 Jahren in Ostafrika, das er vor 100 000 bis 70 000 Jahren verließ. Von dort aus besiedelte er nach und nach die ganze Erde. In allen bekannten Merkmalen war Homo sapiens bereits damals mit dem heutigen Menschen weitgehend identisch. Homo sapiens ist die einzige heute noch lebende Menschenart.

Evolution

Wie der Mensch zum Menschen wurde

Beim Vergleich der Evolution des Menschen mit anderen Evolutionsprozessen wird deutlich, dass die Entwicklung zum Menschen mit einer vergleichsweise rasanten Geschwindigkeit abgelaufen ist. Innerhalb weniger Millionen Jahre entwickelte sich aus affenähnlichen Vorfahren der Mensch. Die heute lebende Menschenart *Homo sapiens* gibt es sogar erst seit höchstens 150 000 Jahren. Die ersten Säugetiere entstanden dagegen bereits vor ca. 225 Millionen Jahren.

Ein besseres Verständnis dieser schnellen Entwicklung zum Menschen bringt die Beantwortung folgender Fragen:
— Was hat die enorme Größenzunahme des Gehirns bewirkt?
— Warum ist Ostafrika die Wiege der Menschheit?
— Was hat unsere Vorfahren dazu veranlasst, Afrika zu verlassen?

Einige Annahmen *(Hypothesen)* stützen sich auf Überlegungen zum Werkzeuggebrauch und Sozialverhalten des Menschen, andere mehr auf ökologische Zusammenhänge.

Die *Zunahme des Hirnvolumens* wird mit der Wechselwirkung verschiedener Faktoren erklärt. Der aufrechte Gang ermöglichte den Gebrauch der Hände. Das förderte einerseits die Entwicklung des Werkzeuggebrauchs, andererseits auch die Höherentwicklung des Sozialverhaltens. So ist zum Beispiel das Handausstrecken eine freundschaftliche, besänftigende Geste.

Vorfahren mit einem zufällig größeren Gehirn waren zu komplexerem Sozialverhalten und differenzierterem Werkzeuggebrauch befähigt. Wenn sie dadurch Überlebensvorteile hatten, förderte das im Laufe der Zeit die evolutive Entwicklung größerer Gehirne. Diese wurden dadurch noch leistungsfähiger, was nun umgekehrt positive Auswirkungen auf den Werkzeuggebrauch und das Sozialverhalten hatte. Das förderte wieder die Entwicklung größerer Gehirne usw. Die Zunahme der Gehirngröße bewirkte, dass sich menschliche Gesellschaften mit einer geordneten und komplizierten Sozialstruktur entwickelten, in denen Arbeitsteilung praktiziert wurde *(Jagen* und *Sammeln)*. Die Weiterentwicklung von Kooperation und Arbeitsteilung sowie die Entwicklung einer abstrakten Wortsprache förderte die Fähigkeit unserer Vorfahren, Großtiere zu jagen. Die Sprache war außerdem die Voraussetzung dafür, dass sich die menschliche Kultur so entwickeln konnte, wie wir sie heute kennen.

Andererseits könnten *ökologische Bedingungen* in Ostafrika zum Menschwerdungsprozess und der damit verbundenen Vergrößerung des Gehirns beigetragen haben. So könnten die Großtierherden Ostafrikas (Gnus, Zebras, ...) ideale Lebensbedingungen für unsere Vorfahren geboten haben, da immer hinreichend tote Tiere als Nahrungsgrundlage vorhanden waren. Dabei mussten unsere Vorfahren mit anderen Aasfressern konkurrieren. In der Luft kreisende Geier zeigten an, wo Nahrung zu finden war. Es kam also darauf an, möglichst schnell am Aas zu sein. Die Fortbewegung auf zwei Beinen verschaffte einen besseren Überblick und war energiesparend. Bei der Nahrungssuche waren ausdauernde Läufer im Vorteil. Durch Schwitzen können Menschen im Gegensatz zu vielen anderen Tieren Wärme abführen, sodass der Körper bei Dauerbelastung nicht überhitzt wird. Das könnte ein Grund dafür gewesen sein, dass sich bei unseren Vorfahren wahrscheinlich schon vor über 3 Mio. Jahren das ursprünglich vor-

	Australopithecus-Arten	Homo habilis	Homo erectus	Homo neanderthalensis	Homo sapiens
Schädel					
Gehirnvolumen	400 – 550 cm³	600 – 800 cm³	800 – 1200 cm³	1500 – 1700 cm³	≈1450 cm³
Zeitraum des Vorkommens	3,5 Mio. bis ≈1,5 Mio. Jahre	ca. 2,5 Mio. bis ≈1,2 Mio. Jahre	2 Mio. bis ≈150 000 Jahre	ca. 200 000 bis ca. 30 000 Jahre	ca. 150 000 bis heute Jahre

1 Modell zu Menschwerdung

handene Fell weitgehend zurückgebildet hat. Ein nackter Körper führt die Wärme noch besser ab.

Unsere Vorfahren verzehren nicht nur das Fleisch, sondern auch das phosphatreiche Knochenmark der Beute. Eiweiß und Phosphat sind wichtige Stoffe für die Gehirnentwicklung. Diejenigen Vorfahren, die zum ersten Mal mithilfe von primitiven Steinwerkzeugen in der Lage waren, die Haut des Tieres zu öffnen und es zu zerlegen, erwarben damit weitere Überlebensvorteile. Sie konnten so leichter frische Tiere verwerten, deren Haut noch sehr widerstandsfähig ist. Dadurch verminderte sich die Gefahr der Vergiftung durch Leichengifte, die für Geier keine Gefahr darstellen. Zum anderen war es möglich, mithilfe von Werkzeugen auch Großtiere als Nahrungsgrundlage zu verwerten, da sie nun zerlegt und abtransportiert werden konnten. In der weiteren Entwicklung hat sich später die Jagd als wirkungsvollere Art des Nahrungserwerbs herausgebildet, was unsere Vorfahren vielleicht ortsunabhängiger machte.

Eine Verschlechterung der Lebensbedingungen in Afrika durch *Klimaveränderungen* könnte der Grund für die Auswanderungswellen aus Afrika gewesen sein. In Europa und Asien fanden die Auswanderer in der damaligen Eiszeit-Tundra ebenfalls Großtierherden vor, sodass die Nahrungsgrundlage ähnlich der in Afrika war. Die ersten Auswanderer waren wahrscheinlich bereits in der Lage, Großtiere zu jagen. Ganz sicher konnten das die Neandertaler und Homo sapiens. Die Neandertaler Europas und Asiens waren vermutlich optimal an die Lebensbedingungen der Eiszeit angepasst. Sie waren spezialisierte Eiszeitjäger, die anscheinend der Konkurrenz durch den vor 40 000 Jahren nach Europa vordringenden, flexibleren Homo sapiens nicht gewachsen waren.

Die Neandertaler starben jedoch aus, obwohl sie eine hoch entwickelte Werkzeugkultur besaßen. Sie fertigten Schmuck an und bestatteten wahrscheinlich ihre Toten. Aber erst Homo sapiens hinterließ umfangreiche und eindrucksvolle Zeugnisse seines kulturellen Schaffens. Das belegen die 15 000 bis 30 000 Jahre alten Höhlenmalereien im heutigen Frankreich und Spanien. Belege in Deutschland sind Tierfiguren aus fast 40 000 Jahre altem Elfenbein aus der Vogelherd-Höhle im Lonetal (Ostalbkreis). Sie zeigen, welch große Bedeutung die jagdbaren Tiere für Homo sapiens hatten.

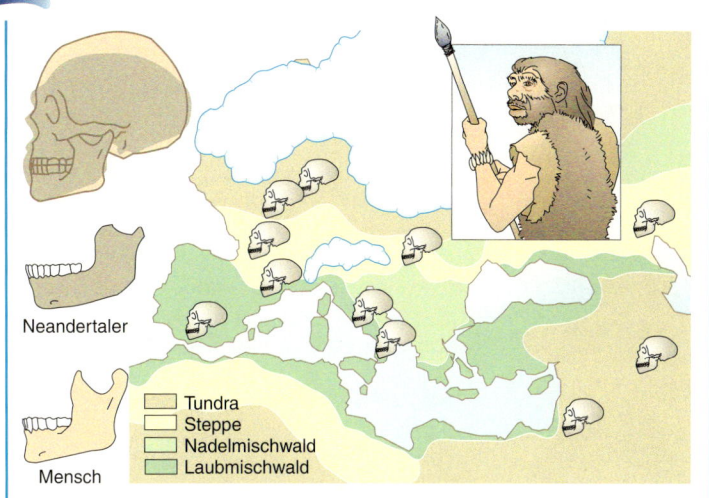

Zettelkasten

Neandertaler und heutige Menschen

Der Neandertaler ist der erste fossile Mensch, von dem Skelettteile gefunden wurden. Seine Reste wurden bereits 1856 im Neandertal bei Düsseldorf entdeckt. Der Neandertaler und der heutige Mensch zeigen charakteristische Unterschiede in ihrem Körperbau. Den heutigen Menschen bezeichnet man in der Evolutionsbiologie auch als „anatomisch modernen Menschen". Neandertaler waren kräftig gebaute, etwa 1,60 Meter große Menschen, deren Gehirngröße etwas über der des Jetztmenschen lag. Ihr Schädel unterscheidet sich zu dem des heutigen Menschen durch seine fliehende Stirn, die ausgeprägten Überaugenwülste und das nicht vorspringende Kinn.

Da der Neandertaler und Homo sapiens etwa 40 000 Jahre lang im heutigen Israel gemeinsam vorkamen, wurde von mehreren Forschern die Meinung vertreten, dass der Neandertaler als Vorfahre des heutigen Menschen in Frage kommt. Auch Funde aus Spanien wurden so interpretiert. Ein Vergleich des Erbmaterials beider Menschenarten mithilfe der modernen Gentechnik ergab größere Unterschiede. Danach ist der Neandertaler also nicht unser direkter Vorfahre, sondern eine Menschenart, die ausgestorben ist.

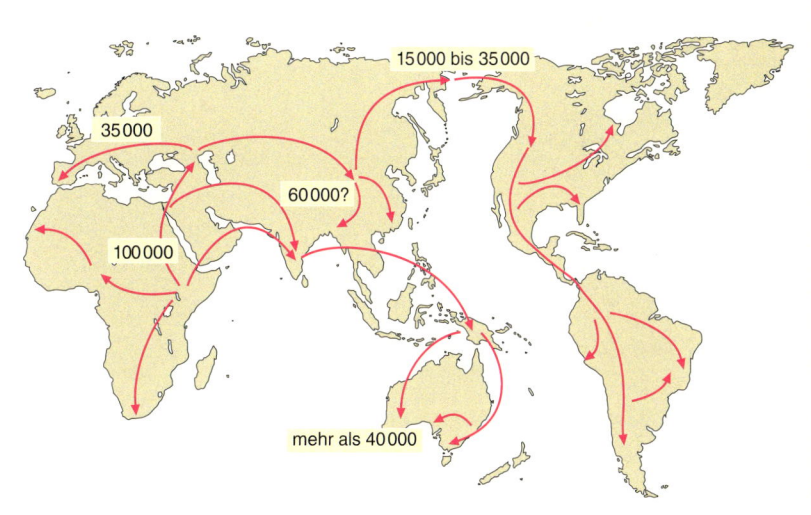

1 Ausbreitung des Homo sapiens, beginnend vor 100 000 Jahren

Evolution

Die Vielfalt der heutigen Menschen

Afro-Amerikanerin

ungeschminkt

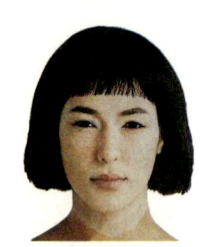

geschminkt als Asiatin

geschminkt als Afrikanerin

geschminkt als Europäerin

Ein außerirdischer Betrachter würde die Erdbevölkerung auf den ersten Blick wohl als bunt zusammengewürfelte, sehr unterschiedliche Lebewesen sehen. Die genauere Betrachtung zeigt aber, dass die Vielfalt der auf der Erde lebenden Menschen nicht zufällig ist. Sie ist offensichtlich abhängig von der geografischen Region, in der die Menschen leben. Man deutet sichtbare äußerliche Unterschiede vor allem als Anpassungsmerkmal an unterschiedliche klimatische Gegebenheiten in den einzelnen Verbreitungsgebieten.

Typisches Merkmal der meisten *Bewohner Afrikas* sind die sehr dunkle Haut-, Augen- und Haarfarbe, geringe Gesichts- und Körperbehaarung, wulstige Lippen und eine breite Nase mit kräftigen, geblähten Nasenflügeln. Diese Menschen haben durch ihre melaninreiche Haut einen sehr wirksamen Schutz vor der intensiven, Krebs erregenden UV-Strahlung in tropischen Gebieten. Ihre gekräuselte Kopfbehaarung wird als Schutz vor zu starker Erwärmung gedeutet.

Europäer haben in der Regel eine helle bis dunkelbraune Haut, eine schmale Nase, dünne Lippen und starke Körperbehaarung. Haar- und Augenfarbe variieren von hell bis dunkel, auch die Körpergröße kann sehr unterschiedlich sein. Das Kopfhaar ist dünn und glatt bis wellig. Die helle Haut der Europäer ist als Anpassung an Erfordernisse des Vitaminstoffwechsels erklärbar: In der Haut wird unter dem Einfluss ultravioletter Strahlung aus Vorstufen Vitamin D gebildet.

Mangel an Vitamin D führt zu Knochenerweichung, Knorpelschwellung und Rachitis. Die melaninarme Haut lässt aber so viel UV-Strahlung durch, dass sie trotz der vergleichsweise geringen Strahlung in den gemäßigten Klimazonen genügend Vitamin D bilden kann. Nordeuropäer haben deswegen in der Regel eine sehr helle Haut. In ähnlicher Weise lässt sich die Verteilung der Hautpigmentierung bei den übrigen Menschengruppen erklären.

Trotz dieser Verschiedenartigkeit sind alle Menschen auf einen Ursprung zurückzuführen. Das haben die Forschungsergebnisse der Genetik, der Verhaltensforschung und der Fossilienforschung mit großer Sicherheit gezeigt. Die erblich bedingten Unterschiede sind nur äußerst gering. Das gilt nicht nur innerhalb einer Bevölkerungsgruppe, z. B. den Deutschen, sondern auch zwischen den Mitgliedern verschiedener Menschengruppen, z. B. Deutschen und Schwarzafrikanern. Daraus ergibt sich die Schlussfolgerung, dass man von menschlichen Rassen nicht sprechen sollte. Dafür sind die erblich bedingten Unterschiede zwischen den Menschen dieser Erde viel zu klein. Rassismus hat also keine biologische Grundlage.

Aufgaben

① Erkläre den in Abbildung 1 dargestellten Zusammenhang.

② Erläutere unter Einbeziehung der Randabbildung, weshalb äußere Merkmale für die Einteilung von Menschen nicht tauglich sind.

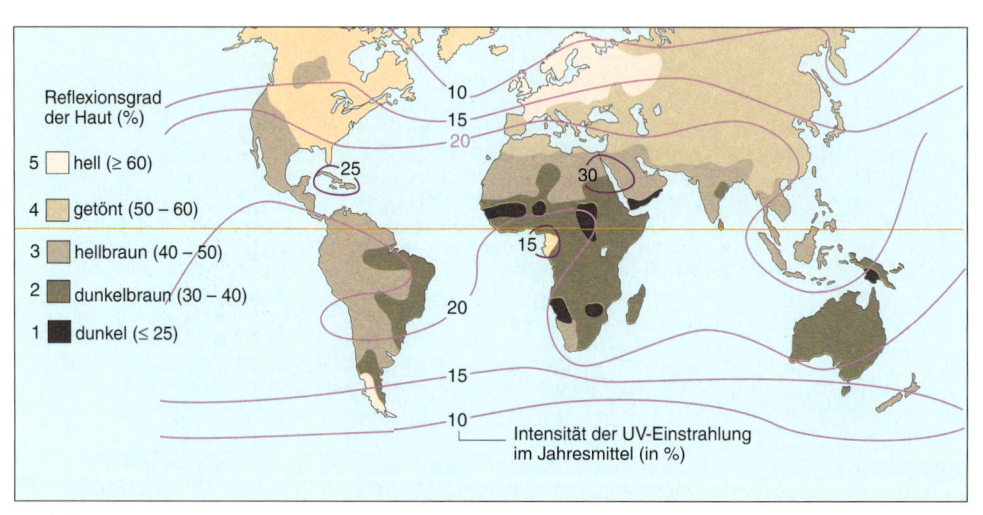

1 UV-Strahlung und Verteilung der Hautpigmentierung

Reflexionsgrad der Haut (%)
- 5 ☐ hell (≥ 60)
- 4 ☐ getönt (50 – 60)
- 3 ☐ hellbraun (40 – 50)
- 2 ☐ dunkelbraun (30 – 40)
- 1 ☐ dunkel (≤ 25)

Intensität der UV-Einstrahlung im Jahresmittel (in %)

Evolution

Homo sapiens

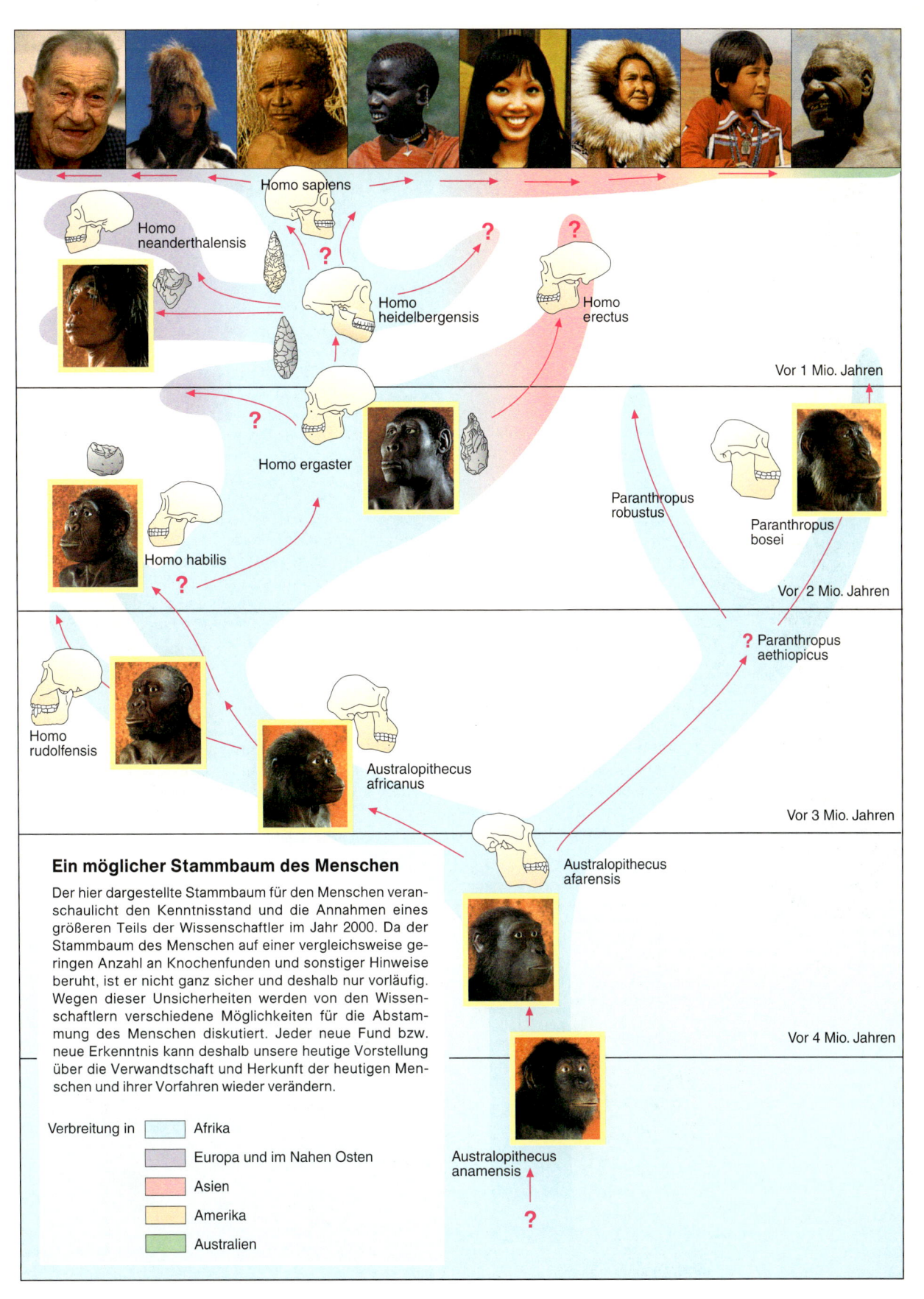

Homo neanderthalensis

Homo heidelbergensis

Homo erectus

Vor 1 Mio. Jahren

Homo ergaster

Paranthropus robustus

Paranthropus bosei

Homo habilis

Homo rudolfensis

Vor 2 Mio. Jahren

Paranthropus aethiopicus

Australopithecus africanus

Vor 3 Mio. Jahren

Australopithecus afarensis

Vor 4 Mio. Jahren

Australopithecus anamensis

Ein möglicher Stammbaum des Menschen

Der hier dargestellte Stammbaum für den Menschen veranschaulicht den Kenntnisstand und die Annahmen eines größeren Teils der Wissenschaftler im Jahr 2000. Da der Stammbaum des Menschen auf einer vergleichsweise geringen Anzahl an Knochenfunden und sonstiger Hinweise beruht, ist er nicht ganz sicher und deshalb nur vorläufig. Wegen dieser Unsicherheiten werden von den Wissenschaftlern verschiedene Möglichkeiten für die Abstammung des Menschen diskutiert. Jeder neue Fund bzw. neue Erkenntnis kann deshalb unsere heutige Vorstellung über die Verwandtschaft und Herkunft der heutigen Menschen und ihrer Vorfahren wieder verändern.

Verbreitung in:
- Afrika
- Europa und im Nahen Osten
- Asien
- Amerika
- Australien

Evolution 393

Impulse

Der Mensch – auch ein Kulturwesen

Spurensuche

Die einzigartige Stellung des Menschen innerhalb der Lebewesen beruht vor allem auf seinem hoch entwickelten Gehirn, der Fähigkeit Werkzeuge zu benutzen und herzustellen und der abstrakten Symbolsprache, die Voraussetzung für seine enorme Kommunikationsfähigkeit. Der Mensch konnte sich vor allem in den letzten 100 Jahren sehr stark vermehren. Er veränderte seine Umwelt derart, dass er sich heute durch sein Wirken selbst bedroht.

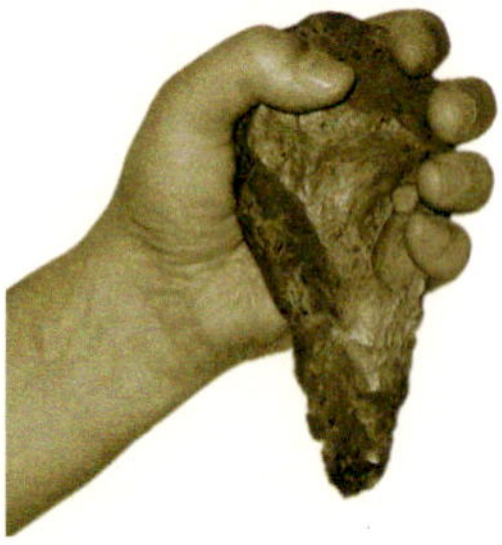

Einen großen Teil unseres Wissens über die weiter zurückliegende Vergangenheit des Menschen verdanken wir den Paläontologen. Mithilfe ihrer fossilen Funde konnten die Wissenschaftler ein Puzzle zusammensetzen, das uns inzwischen ein recht gutes Bild unserer Vorfahren liefert.

Archäologe — ein interessanter Job? Informiere dich über seine Arbeit. Versuche an einem Beispiel nachzuvollziehen, wie er Informationen über unsere Vorfahren bekommt.

Nahrung und Überleben

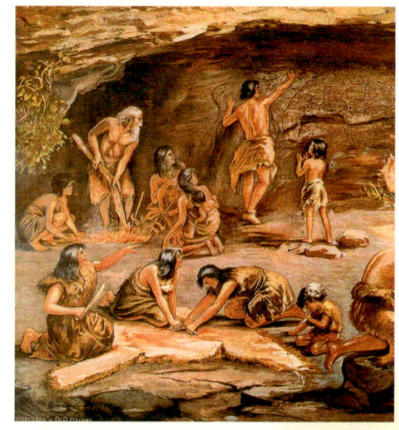

Man kann davon ausgehen, dass unsere frühen Vorfahren, ähnlich wie heute noch lebende Naturvölker, einen großen Teil ihrer Zeit für den Nahrungserwerb aufwenden mussten. Pflanzliche Nahrung konnte vergleichsweise einfach gesammelt werden. Der Erwerb von eiweißreicher, fleischlicher Nahrung war dagegen sicherlich schwieriger.

Wenn du dich in die Rolle eines Aasessers der afrikanischen Savanne oder eines Mammutjägers hineinversetzt, kannst du dir sicher vorstellen, welche Schwierigkeiten sie hatten und welche Taktik sie beim Nahrungserwerb anwandten. Berichte.

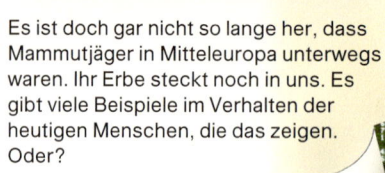

Es ist doch gar nicht so lange her, dass Mammutjäger in Mitteleuropa unterwegs waren. Ihr Erbe steckt noch in uns. Es gibt viele Beispiele im Verhalten der heutigen Menschen, die das zeigen. Oder?

Schon früh begannen die Menschen, Pflanzen und Tiere gezielt für ihre Zwecke zu nutzen und durch Züchtung und Auslese zu verändern. Die Verfügbarkeit von Nahrung verbesserte sich dadurch drastisch.

Weißt du, wann und wo die ersten Nutzpflanzen und Haustiere entstanden? Nenne mehrere Beispiele.

In den modernen Industrieländern sammelt und jagt der Mensch im Supermarkt, im Fast-Food-Restaurant usw. Grundlage dafür ist die industrielle Landwirtschaft, die Nahrung im Überfluss produziert.

Einerseits prima, aber nicht ohne Probleme für die Umwelt und den Menschen selbst. Erläutere.

394 *Evolution*

Zusammenleben

Auf der Suche nach Nahrung werden unsere frühen Vorfahren in kleineren Familienverbänden ein größeres Gebiet ständig durchstreift haben. Neandertaler und auch unsere direkten Vorfahren benutzten Höhlen als zeitweisen Unterschlupf, der ihnen Schutz bot.

Im Verlauf der Sesshaftwerdung errichteten die Menschen Hütten. Heute findet man an deren Stelle in den Ballungszentren Hochhäuser. Die Menschen leben dort weitgehend anonym.

Weißt du, wann und wo die ersten Menschen sesshaft wurden bzw. die ersten Städte entstanden?

Kommunikation

Sprache und Mimik sind für die Menschen im Zusammenleben die wichtigsten Kommunikationsmittel. Die auf diese Weise übermittelten Informationen werden jedoch nicht dauerhaft gespeichert. Erst die Erfindung von Informationstechniken, die Informationen dauerhaft speichern, brachte einen gewaltigen Entwicklungsschub für die kulturelle Evolution des Menschen.

Recherchiere, in welcher Weise und wann dieses geschah. In einem Schema mit einer Zeitachse lässt sich diese Entwicklung gut veranschaulichen.

Entwicklung der Werkzeuge

Technik und Wissenschaft

Die Beherrschung einfacher Werkzeugtechniken ist bereits über 2 Mio. Jahre alt. Infolge der zahlreichen Funde kann man heute die Abfolge immer höher entwickelter Werkzeugkulturen nachweisen. Erst aus jüngerer Zeit wurden auch andere Materialien als Stein für die Herstellung von Werkzeugen benutzt. Damit setzte eine immer schnellere Entwicklung der Technik ein, die heute immer noch andauert.

Erstaunlich, welch präzise Werkzeuge aus Stein unsere Vorfahren herstellen konnten. Kannst du erläutern, wie sie dieses angestellt haben könnten?

Die Entwicklung der Technik trug mit zur industriellen Revolution bei. Informiere dich darüber.

Welche Erfindungen haben den technischen Fortschritt besonders stark beschleunigt? Was meinst du?

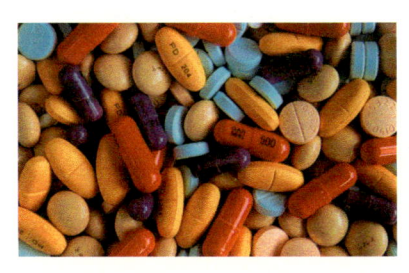

Der enorme Zuwachs an Wissen ermöglichte es, mithilfe der modernen Naturwissenschaft und Medizin die Ursachen für viele Phänomene genau zu erklären, z.B. für erblich bedingte Krankheiten. Die Medizin half, viele Krankheiten erfolgreich zu bekämpfen. Heute denkt der Mensch daran, Krankheiten mithilfe der Gentechnik zu heilen und sogar Menschen nach Maß zu schaffen.

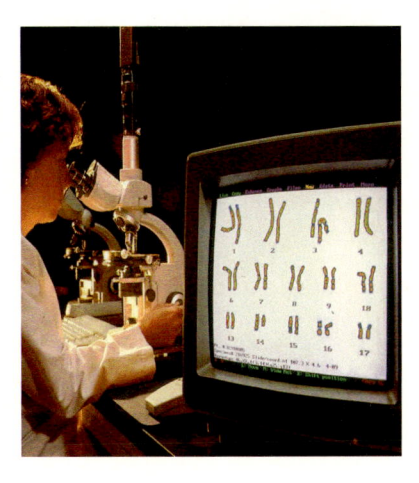

Der Mensch greift heute aktiv in die Evolution ein. Kannst du erklären, warum?

Evolution 395

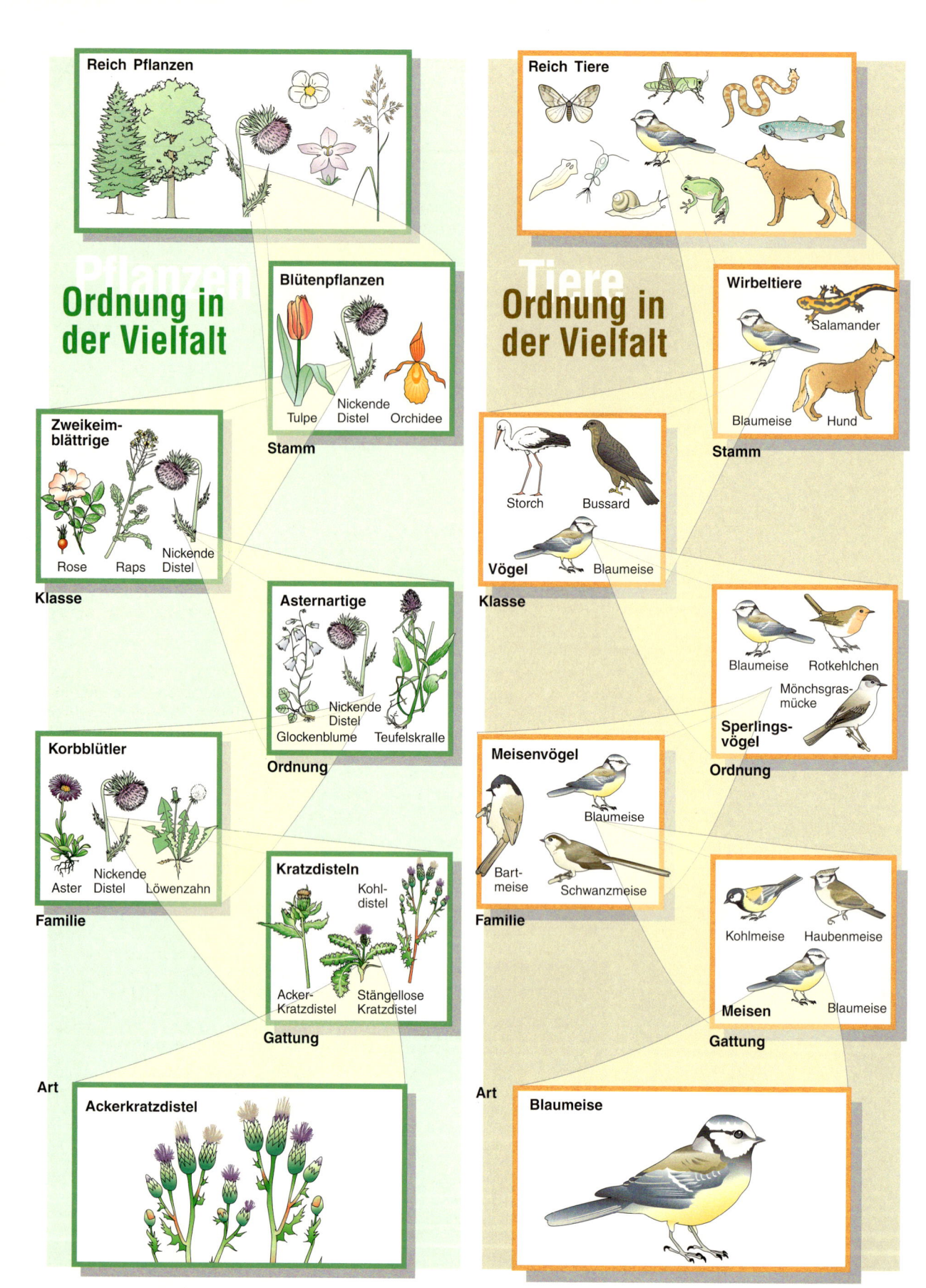

Ordnung in der Vielfalt

Pflanzen

Reich Pflanzen

Blütenpflanzen: Tulpe, Nickende Distel, Orchidee — *Stamm*

Zweikeimblättrige: Rose, Raps, Nickende Distel — *Klasse*

Asternartige: Glockenblume, Nickende Distel, Teufelskralle — *Ordnung*

Korbblütler: Aster, Nickende Distel, Löwenzahn — *Familie*

Kratzdisteln: Acker-Kratzdistel, Kohldistel, Stängellose Kratzdistel — *Gattung*

Ackerkratzdistel — *Art*

Tiere

Reich Tiere

Wirbeltiere: Blaumeise, Salamander, Hund — *Stamm*

Vögel: Storch, Bussard, Blaumeise — *Klasse*

Sperlingsvögel: Blaumeise, Rotkehlchen, Mönchsgrasmücke — *Ordnung*

Meisenvögel: Bartmeise, Blaumeise, Schwanzmeise — *Familie*

Meisen: Kohlmeise, Haubenmeise, Blaumeise — *Gattung*

Blaumeise — *Art*

Wie ordnet man Lebewesen mit System?

In einem botanischen Garten werden Pflanzen oft entsprechend ihrem Lebensraum oder ihrer geografischen Herkunft angepflanzt. Im Museum stellt man sich ähnelnde Tierpräparate gemeinsam aus. Das erleichtert den Überblick und man kann sich die Pflanzen- und Tierarten leichter einprägen.

Es gibt auf unserer Erde etwa eine Viertelmillion Pflanzenarten, bei den Tieren sind es ungefähr 1,5 Millionen. Wie soll man diese Vielfalt ordnen?

Gehen wir von einem Beispiel aus: Was erkennst du auf der unten stehenden Zeichnung? Ein Tier auf einer Pflanze? — Einen Schmetterling auf einer Blütenpflanze? — Einen Veilchen-Perlmutterfalter an einem Hundsveilchen?

Diese Sätze beschreiben die Abbildung zutreffend, jedoch mit unterschiedlicher Genauigkeit. Während der letzte Satz genau die Tier- bzw. Pflanzenart angibt, werden bei den anderen Sammelbezeichnungen, wie „Schmetterling" oder „Pflanze", benutzt. Solche Oberbegriffe sind zwar weniger eindeutig, aber sie kennzeichnen wesentliche Merkmale und erleichtern die Verständigung.

Die Begriffe wie „Schmetterling" oder „Blütenpflanze" schaffen Ordnung in der Vielfalt. Deshalb gibt es in der Biologie ein *System*, nach dem man Lebewesen entsprechend ihren Merkmalen beschreibt und zu immer größeren Gruppen zusammenfasst.

Das heutige Ordnungssystem der Biologie, das sogenannte *natürliche System*, geht auf den schwedischen Arzt und Botaniker CARL VON LINNÉ (1707 — 1778) zurück. Er beschrieb die ihm bekannten Lebewesen möglichst genau und entwickelte eine Methode, die Organismen entsprechend ihrer Ähnlichkeit zu Gruppen zusammenzufassen.

Ausgangspunkt des Ordnens ist der *Artbegriff*: Zu einer Art gehören alle Lebewesen, die natürlicherweise miteinander fruchtbare Nachkommen zeugen können. Arten, die sich im Aussehen stark ähneln, erhalten zusätzlich den gleichen *Gattungsnamen*. Um ein Lebewesen zu benennen, werden seit LINNÉ immer Gattungs- und Artbezeichnung gemeinsam angegeben *(binäre Nomenklatur)*.

Mehrere Gattungen von ähnlichem Aussehen bilden eine *Familie*. Dieser Begriff bringt zum Ausdruck, dass die so zusammengefassten Organismen miteinander verwandt sind. Auf Gattung und Familie folgen *Ordnung, Klasse, Stamm* und *Reich* als jeweils wieder größere Gruppen.

Die systematische Gruppe, die an der obersten Stelle steht, ist das *Reich*. Man spricht z. B. vom Tier- und vom Pflanzenreich. Sind das eigentlich die einzigen Reiche und ist dir der Unterschied zwischen einem Tier und einer Pflanze genau bekannt? Auf der folgenden Seite erhältst du Gelegenheit, an einigen Arten selbst einmal zu versuchen, eine Einteilung in sinnvolle Gruppen vorzunehmen.

Zettelkasten

Warum Systematik? — Warum Artenkenntnis?

Das erste, was man über ein Lebewesen erfährt, ist häufig der Name. Was nützt es aber, wenn man z. B. weiß, dass ein Tier *Veilchenperlmutterfalter* heißt?

Wer Systematik gelernt hat, also die wesentlichen Eigenschaften einer systematischen Gruppe kennt, kann so schon eine Menge über das Tier erschließen: Der Falter gehört als Schmetterling zu den Insekten. Er besitzt ein Außenskelett aus Chitin und atmet mit Tracheen. Seine Entwicklung verläuft vom Ei über eine Pflanzen fressende Raupe, die sich mehrfach häutet, und über das Ruhestadium der Puppe zum Nektar saugenden Vollinsekt. . . . und so weiter, wie es den allgemeinen Eigenschaften eines Schmetterlings entspricht.

Zu den Artmerkmalen gehören aber auch die Besonderheiten eines Lebewesens: Der Perlmutterfalter überwintert im Eistadium. Das Weibchen legt die Eier im Herbst in der Nähe von Veilchen ab, weil seine Raupen nur auf diesen Pflanzen leben . . . und so fort.

So müssen sich die allgemeine Systematik und das Wissen um die Besonderheiten einer Art ergänzen. Nur wer eine Art genau kennt, kann sie in verantwortungsvoller Weise schützen. Er ist in der Lage, ihren Stellenwert in der Natur zu verstehen. Das wird um so wichtiger, je mehr Arten durch den Einfluss des Menschen in ihrer Existenz bedroht sind. Wenn die Veilchen ausgerottet werden, verschwindet auch der Perlmutterfalter

Ordnung in der Vielfalt

Material

Pflanze, Tier
oder was sonst?

Normalerweise sind wir davon überzeugt, dass wir genau entscheiden können, ob ein Lebewesen eine Pflanze oder ein Tier ist. Diese Doppelseite kann helfen, dir die Gründe für die jeweilige Entscheidung klar zu machen. Vielleicht bemerkst du aber auch, dass es schwer sein kann, sich zu entscheiden. Lass dich aber nicht durch die zum Teil altertümlichen deutschen Namen der Lebewesen verführen.

Sonnentierchen: Dieses einzellige Lebewesen kommt im Süßwasser vor. Es hat einen Durchmesser von etwa einem Millimeter. Das Wesen besitzt einen Zellkern und vermehrt sich durch Teilung. Zur Ernährung befördert es mit seinen Plasmafäden kleine Nahrungspartikel zum Zellleib, die dann in Nahrungsbläschen verdaut werden.

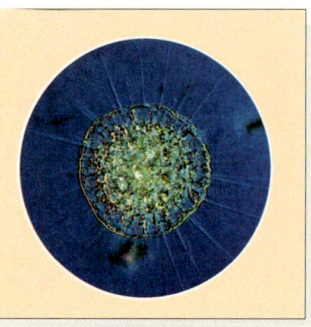

Seenelke: Vielzelliges, bis 30 cm großes Lebewesen. Es kommt im Atlantik und in der Nordsee in Küstennähe bis 100 m Tiefe vor und kann gelb, rot und sogar bläulich gefärbt sein. Die Seenelke ernährt sich von Kleinlebewesen, die in inneren Hohlräumen verdaut werden. Sie reagiert auf Berührungsreize und zieht sich ruckartig zusammen. Neben der geschlechtlichen Fortpflanzung kann sie sich durch Abknospung von Gewebeteilen auch ungeschlechtlich vermehren.

Kammkoralle: Vielzelliges Lebewesen, das auf feuchter Erde in Wäldern vorkommt. Die Kammkoralle sondert Verdauungssäfte nach außen hin ab und nimmt über die Zelloberfläche energiereiche Nährstoffe auf. Es gibt keine männlichen oder weiblichen Organismen. Die Vermehrung erfolgt durch Bildung von Sporen.

Sonnentau: Vielzelliges, zwittriges Lebewesen, das vor allem in Mooren vorkommt. Zur Ernährung betreibt es Fotosynthese. Außerdem können Insekten durch die reizbaren Tentakel festgehalten und durch Drüsensäfte verdaut werden.

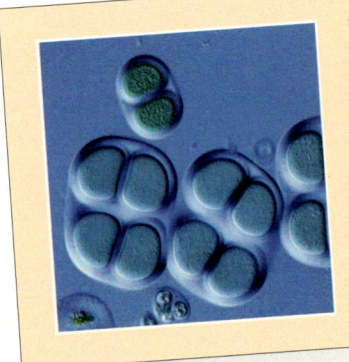

Blaugrünes Bakterium: Dieses Lebewesen ist einzellig und besitzt keinen Zellkern. Die Zellen sind höchstens 5 µm groß und vermehren sich durch Teilung. Bei manchen Formen bleiben die entstehenden Zellen in einer gemeinsamen Gallerthülle und können so fadenförmige Zellkolonien bilden. Sie betreiben Fotosynthese.

Aufgaben

① Betrachte zunächst nur die Abbildungen dieser Seite und versuche, die vorgestellten Lebewesen dem Tier- bzw. Pflanzenreich zuzuordnen.

② Lies dann die kurzen Beschreibungen und entscheide nochmals. Begründe die Zuordnung.

③ Gibt es Arten, die du lieber in ein neues „Reich" einordnen würdest? Nenne Gründe.

④ Fertige eine Tabelle an, in die du z. B. Informationen über Zellen, Ernährung, Fortpflanzung usw. einträgst. Wie viele verschiedene Gruppen von Lebewesen erscheinen dir sinnvoll?

Name	Zellzahl	Fortpflanzung	Ernährung	Sonstiges
Seenelke	Vielzeller	....	....	....
....	....	....	....	....
....	....	....	....	....

Purpurbakterium: Dieses einzellige Lebewesen besitzt keinen Zellkern. Es ist kleiner als der tausendste Teil eines Millimeters und kommt als extrem salzabhängig z. B. in Salzseen vor. Purpurbakterien besitzen rote Farbstoffe, mit denen sie Fotosynthese betreiben können. Sie vermehren sich ungeschlechtlich durch Zellteilung. Die Bakterienkolonien bilden im Salzwasser einen farbigen Überzug.

Wandelndes Blatt: Grün oder bräunlich gefärbter, vielzelliger Organismus, der auf Bäumen vorkommt. Er ernährt sich von Blattmaterial, das er in seinem Körper verdaut. Diese Lebewesen sind tagsüber unbeweglich. Nachts kann die Körperfarbe dunkler werden. Es gibt fast nur weibliche Individuen, die meistens unbefruchtete Eier legen. Daraus entwickeln sich wieder Wandelnde Blätter, die bis zu 5 cm groß werden.

Mistel: Dieses vielzellige Lebewesen sitzt auf Bäumen und saugt Wasser und Mineralsalze aus den Zweigen der Wirtspflanze. Es hat eine kugelige Gestalt mit einem Durchmesser von über einem halben Meter bei ausgewachsenen Exemplaren. Die Mistel besitzt Blattgrün und kann Fotosynthese betreiben. Es gibt männliche und weibliche Individuen, die sich geschlechtlich fortpflanzen. Die Nachkommen sind zu Beginn ihrer Entwicklung sehr lichtempfindlich.

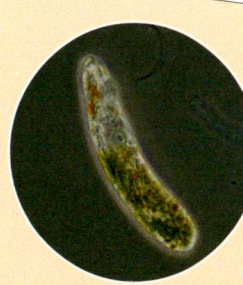

Rotes Augentierchen: Dieses Lebewesen besteht aus einer einzigen Zelle mit einem Zellkern. Es lebt im Süßwasser und besitzt Chlorophyll. Deshalb kann es im Licht Fotosynthese betreiben. Bei Dunkelheit geht das nicht. Dann nimmt es Nahrungspartikel aus der Umgebung auf und verdaut sie in Nahrungsbläschen innerhalb der Zelle. Das „Tierchen" ist lichtempfindlich und kann in Richtung der Lichtquelle schwimmen. Es vermehrt sich durch Zellteilung.

Blauschimmel: Dieser ist uns von bestimmten Käsesorten her bekannt. Er besitzt viele Zellen und pflanzt sich durch Sporen fort. Es gibt keine männlichen oder weiblichen Individuen. Der Blauschimmel besitzt keine Verdauungsorgane – er sondert Verdauungssäfte in seine Umgebung ab. Die zersetzten Nährstoffe werden dann über die gesamte Zelloberfläche aufgenommen. Ebenso findet die Ausscheidung statt. Am Blauschimmel schätzt man die Aromastoffe, die in den Käse abgegeben werden und ihm Geschmack verleihen.

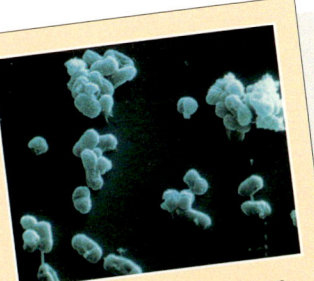

Grippe-Virus: Dieses Wesen befällt andere Organismen und kann nur in einer Wirtszelle existieren, weil es keinen eigenen Stoffwechsel besitzt. Viren können sich auch nicht selbst vermehren. Das muss die Wirtszelle für sie leisten.

Mensch: Dieses Lebewesen kann etwa zwei Meter groß werden und besteht aus vielen Zellen. Die Ernährung erfolgt durch Aufnahme von energiereicher Nahrung in ein inneres Verdauungssystem. Es gibt männliche und weibliche Individuen, die sich geschlechtlich fortpflanzen.

Ordnung in der Vielfalt

Warum fünf Reiche?

Wenn du auf der vorangegangenen Doppelseite versucht hast, die Lebewesen zu ordnen, dann hast du gemerkt, dass das gar nicht so einfach ist. Es gibt mehrere Möglichkeiten, Gruppen zu bilden, die auf den ersten Blick gleich gut geeignet sind. Es hängt davon ab, welchen Gliederungspunkt man für wichtig hält.

Früher war es üblich, nur von zwei großen Reichen, den Pflanzen und den Tieren, zu sprechen. Überschneidungen bei den einzelligen Lebewesen zeigen allerdings die Fragwürdigkeit dieser Einteilung. Weil unser Wissen über den Bau und die Funktion der Organismen zum Beispiel durch die fortschreitende Technik der Elektronenmikroskopie und der Biochemie wesentlich umfassender geworden ist, spricht man heute von fünf Reichen, die auf drei Ebenen organisiert sind:
— *kernlose Einzeller*, d. h. Lebewesen ohne abgegrenzten Zellkern,
— *echte Einzeller* mit einem Zellkern
— *vielzellige Lebewesen*, die in *Pflanzen*, *Pilze* und *Tiere* eingeteilt werden.

Kernlose Einzeller lassen sich durch Mikroskopieren eindeutig erkennen. Ihre Zuordnung ist deshalb problemlos.

Pflanzen, Pilze und Tiere sind auf jeden Fall vielzellige Organismen, deren Zellen in verschiedenen Geweben zusammengefasst sind und die deutliche Arbeitsteilung zeigen. Die Lebewesen dieser drei Reiche unterscheiden sich untereinander in der Art ihrer Fortpflanzung und vor allem in ihrer Ernährung. Pflanzen sind in der Regel *autotroph* und können Fotosynthese betreiben. Tiere sind *heterotroph*. Sie nehmen die Nahrungsbrocken in ihren Körper auf, um sie dort zu verdauen. Pilze sind ebenfalls heterotroph; sie scheiden aber ihre Verdauungssäfte nach außen hin ab und nehmen die verwertbaren Stoffe aus ihrer Umgebung auf. Sie besitzen kein eigenes Verdauungssystem.

Alle anderen Lebewesen zählt man zum Reich der echten *Einzeller*. Dieser deutsche Begriff ist nicht ganz zutreffend, da zum Beispiel auch mehrzellige Lebewesen wie Zellkolonien dazu gezählt werden. Dieses Reich umfasst also auch Übergangsformen zwischen den Einzellern und den vielzelligen Pflanzen, Pilzen und Tieren.

Da unsere Kenntnisse in vielen Bereichen der Biologie immer mehr zunehmen, wird auch das System der Lebewesen ständig weiterentwickelt. So kommt es durchaus vor, dass manche Forscher auch andere Einteilungen als hier dargestellt vornehmen. Das wesentliche Anliegen der Systematik aber bleibt es, eine Ordnung zu schaffen, die der natürlichen Verwandtschaft der Organismen entspricht.

Alle Lebewesen besitzen bestimmte Kennzeichen, nämlich Bewegung, Wachstum, Reizbarkeit, Fortpflanzung und Stoffwechsel. Außerdem sind sie aus Zellen aufgebaut. Nicht so die *Viren*. Sie haben zwar einige Kennzeichen lebender Systeme, besitzen jedoch keinen eigenen Stoffwechsel. Sie können sich nur in lebenden Zellen vermehren. Die Einordnung der Viren in die hier dargestellten fünf Reiche der Lebewesen ist deshalb zur Zeit noch unklar.

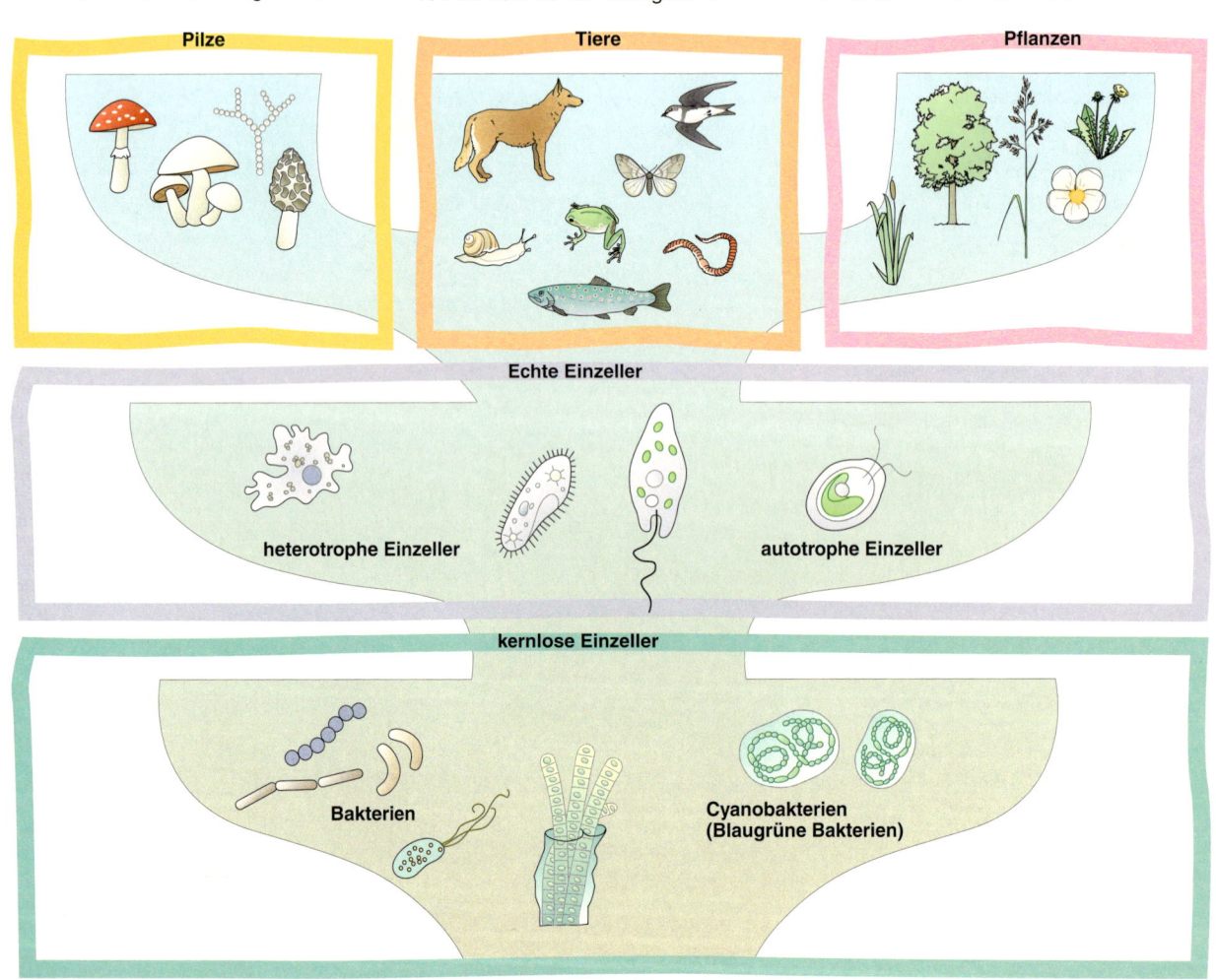

Ordnung in der Vielfalt

Das Reich der Einzeller ohne Zellkern

Es gibt Lebewesen, deren Zellen besonders einfach aufgebaut sind. Ihnen fehlt ein deutlich abgegrenzter Zellkern. Außerdem besitzen sie keine Mitochondrien und keine Plastiden. Sie sind in der Regel nur ein bis zehn Mikrometer groß. Sie heißen *kernlose Einzeller*. Zu ihnen gehören mehrere Stämme:

Echte Bakterien ernähren sich in der Regel *heterotroph*. Unter günstigen Bedingungen vermehren sie sich durch einfache Zweiteilung sehr rasch. Sie sind andererseits in der Lage, mithilfe von Dauersporen ungünstige Verhältnisse zu überleben. Je nach Art vollbringen Bakterien erstaunliche Stoffwechselleistungen.

Blaugrüne Bakterien *(Cyanobakterien)* können Fotosynthese betreiben, sie sind *autotroph*. Vor einer Milliarde Jahren haben sie sich bereits auf der Erde entwickelt. Es gibt zwei Klassen, nämlich kugelförmige und fadenförmige Cyanobakterien.

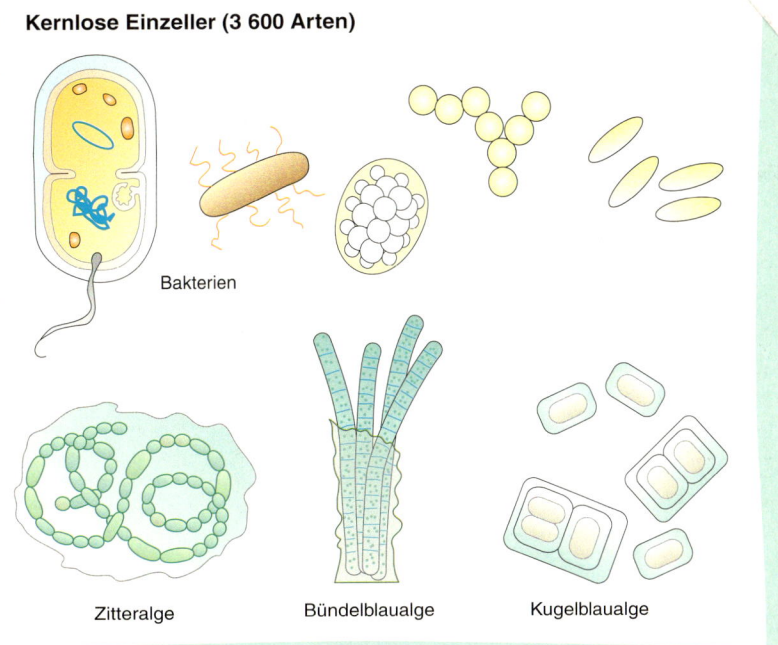

Kernlose Einzeller (3 600 Arten)

Bakterien

Zitteralge — Bündelblaualge — Kugelblaualge

Das Reich der Einzeller mit Zellkern

Einzellige Lebewesen mit einem Zellkern, der von einer Kernmembran umschlossen ist, bezeichnen wir kurz als **Einzeller**. Sie vermehren sich meistens durch ungeschlechtliche Teilung. Zahlreiche dieser Lebewesen besitzen kein Chlorophyll. Sie ernähren sich heterotroph und werden — historisch bedingt — als *tierische Einzeller* bezeichnet.

Wurzelfüßer wie die Amöbe bewegen sich mit Scheinfüßchen fort. Die **Wimpertierchen** (z. B. *Pantoffeltierchen*) benutzen ihre vielen Wimpern zur Fortbewegung. Sie besitzen mit Groß- und Kleinkern zwei Zellkerne. **Geißeltierchen**, z. B. der Erreger der Schlafkrankheit, besitzen eine oder mehrere Geißeln. Eine Sonderstellung nehmen die *Augengeißeltierchen* ein. Sie leben überwiegend autotroph, ohne Beleuchtung können sie sich auch heterotroph ernähren. **Kieselalgen** und **Jochalgen** besitzen Chlorophyll und können Fotosynthese betreiben. Diese einzelligen Algen dienen im Plankton als Nahrung für viele Wassertiere.

Als Bindeglied zu den Pflanzen kann man die *Kugelalge Volvox* ansehen, deren Zellen sich nach der Teilung nicht voneinander lösen, sondern als Kolonie zusammenbleiben und eine erste Art von Arbeitsteilung besitzen. Vielzellige *Grün-* und *Rotalgen* werden nicht als echte Pflanzen bezeichnet, obwohl sie ihnen äußerlich ähneln.

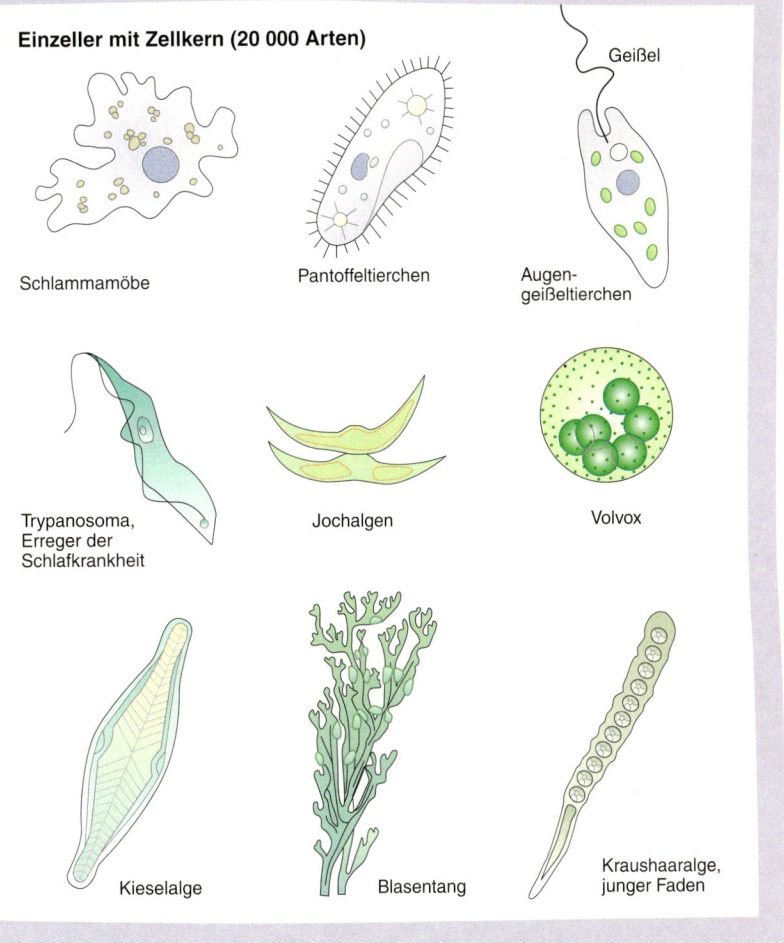

Einzeller mit Zellkern (20 000 Arten)

Schlammamöbe — Pantoffeltierchen — Augengeißeltierchen (Geißel)

Trypanosoma, Erreger der Schlafkrankheit — Jochalgen — Volvox

Kieselalge — Blasentang — Kraushaaralge, junger Faden

Ordnung in der Vielfalt

Das Reich der Pilze

Der vielzellige Körper der Pilze besteht aus einem Fadengeflecht, dem **Myzel**. Viele Pilze sind Fäulnisbewohner, einige leben parasitisch, andere in Symbiose mit bestimmten Organismen. Die Ernährung ist *heterotroph*, d. h. zur Ernährung wird organische Substanz benötigt, die außerhalb des Körpers verdaut wird. Pilze vermehren sich durch Sporen.

Zu den **Schlauchpilzen** gehören viele *Schimmelpilze*. Ihre Sporen sind fast allgegenwärtig, sodass sie sich bei ausreichendem Nährstoffangebot, Feuchtigkeit und Wärme schnell entwickeln *(Pinselschimmel, Mutterkorn)*.

Einige **Niedere Pilze** sind an der Fäulnis von Obst beteiligt, wie der *Blauschimmel* (Aspergillus). Andere treten als Krankheits-

Pilze (70 000 Arten)

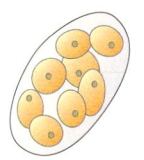

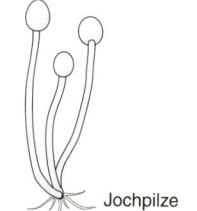

Schlauchpilze — Jochpilze 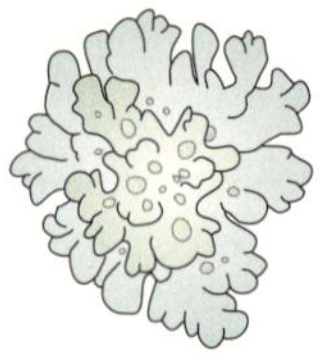 — Flechten

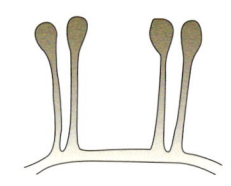

Köpfchenschimmel 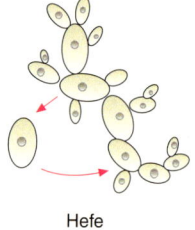 — Hefe  — Mutterkorn

Das Reich der Pflanzen

Moospflanzen sind vielzellige Landpflanzen, die überwiegend feuchte Standorte bevorzugen. Sie sind in der Regel in Moosstämmchen, Blättchen und wurzelähnliche Fortsätze gegliedert. Gegenüber den mehrzelligen Algen besitzen sie eine größere Zahl unterschiedlicher Gewebe.

Lebermoose kommen nur an Standorten mit extrem hoher Luftfeuchtigkeit vor. Sie wachsen flächig und lappenförmig, eine Gliederung in Stämmchen und Blätter fehlt meist *(Brunnenlebermoos)*.

Laubmoose sind deutlich gegliedert. Sie wachsen oft dicht nebeneinander, wodurch gewölbte Polster oder Moosrasen entstehen, wie zum Beispiel beim *Waldbürstenmoos, Torfmoos* und *Sternmoos*.

Farne sind in Wurzel und Spross gegliedert. Das Leitgewebe ermöglicht den Wassertransport bis in die Blätter. Das Festigungsgewebe hält die Pflanzen aufrecht und Spaltöffnungen regulieren den Wasserhaushalt. So sind Farnpflanzen gut an das Landleben angepasst.

Schachtelhalme besitzen einen hohlen, gegliederten Spross mit quirlförmig angeordneten Seitenverzweigungen. Die Sporen entwickeln sich wie beim Riesenschachtelhalm in ährenförmigen Sporenständen.

Bärlappe wie der Kolbenbärlapp sind gabelig verzweigt. Ihre immergrünen Blättchen sitzen spiralig am Spross. Fossile Farnarten bildeten früher riesige Wälder.

Moospflanzen (26 000 Arten)

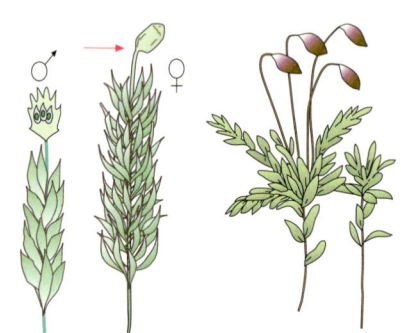

Waldbürstenmoos — Sternmoos  — Brunnenlebermoos  — Torfmoos

Farnpflanzen (12 000 Arten)

Wurmfarn  — Kolbenbärlapp  — Ackerschachtelhalm

erreger in Erscheinung. Eine Penicilliumart liefert den Grundstoff für das Medikament Penicillin, eine andere Art wird bei der Herstellung des Roquefort-Käses eingesetzt.

Die **Ständerpilze** *(Hutpilze)* sind der bekannteste Stamm des Pilzreiches, denn der Fruchtkörper, der sich aus dem unterirdischen Myzel entwickelt, ist sehr auffällig *(Champignon, u. a.)*.

Manche Pilzarten leben in Symbiose mit einzelligen Algen bzw. mit Cyanobakterien. Diese „Doppellebewesen" heißen **Flechten**. Der Pilz sorgt für Wasser und Mineralsalze, die Alge liefert Kohlenhydrate durch die Fotosynthese. Flechten sind Erstbesiedler von blankem Fels oder erkaltetem Vulkangestein. Die gelbe Wandflechte besiedelt Mauern oder Baumstämme.

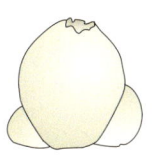

Bovist 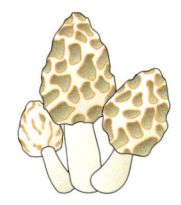 Morchel  Birkenporling

Pfifferling  Steinpilz  Knollenblätterpilz

Blütenpflanzen sind *Sprosspflanzen*, die meist an Land vorkommen. Sie bilden geschlechtliche Fortpflanzungszellen. Nach der Bestäubung entwickelt sich aus dem Pollenkorn ein Pollenschlauch, der bis zur Samenanlage vordringt. Ein Kern des Pollenschlauches befruchtet die Eizelle, dann reift der *Samen*. Die *Blütenpflanzen* sind in zwei *Unterabteilungen* gegliedert: **Bedecktsamer**, ihre Samenanlagen sind im Fruchtblatt eingeschlossen, und **Nacktsamer**, ihre Samenanlagen liegen frei auf einer Fruchtschuppe.

Alle Nacktsamer sind *Bäume*. Ihre Blätter sind schuppen- oder nadelförmig *(Nadelhölzer)*. Die Bestäubung der eingeschlechtlichen Blüten erfolgt stets durch den Wind. Dafür werden riesige Pollenmengen gebildet. Die Samen entwickeln sich nach der Befruchtung auf der Oberseite der Fruchtblätter. Meist bilden die zusammenstehenden Fruchtblätter einen Zapfen (z. B. Kiefer).

Bedecktsamer kommen als *Kräuter, Sträucher* oder *Bäume* vor. Die Blüten sind bei den meisten Arten zwittrig, die Blütenblätter sind häufig auffällig gefärbt. Die Bestäubung erfolgt meist durch Insekten oder durch den Wind. Man unterscheidet die Klasse der **Zweikeimblättrigen** mit häufig vier- bzw. fünfzähligen Blüten und netzadrigen Blättern. Hierzu gehören die meisten Pflanzen, die du kennst, z. B. auch die Sonnenblume. Die Klasse der **Einkeimblättrigen** besitzt meist dreizählige Blüten und paralleladrige Blätter, ein Beispiel ist die Tulpe. Auch alle Gräser und Getreidearten sind einkeimblättrige Pflanzen.

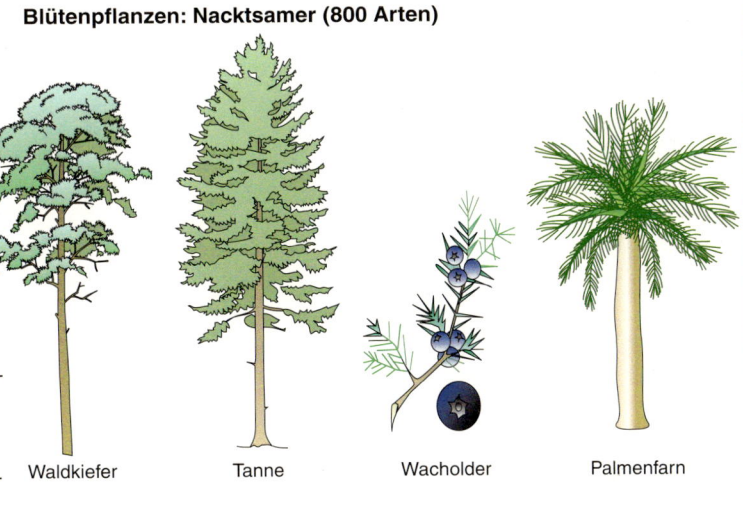

Blütenpflanzen: Nacktsamer (800 Arten)

Waldkiefer Tanne Wacholder Palmenfarn

Blütenpflanzen: Bedecktsamer (226 000 Arten)

Sommerlinde Heckenrose Sonnenblume Tulpe Gänseblümchen Rispengras

Ordnung in der Vielfalt

Das Reich der Tiere

Es gibt auf der Erde über eine Million Tierarten, die von manchen Wissenschaftlern in mehr als dreißig verschiedene Stämme eingeteilt werden. Die Wichtigsten werden auf dieser Doppelseite vorgestellt.

Schwämme sind fest sitzende Wasserlebewesen ohne Nerven- und Muskelzellen. Zahlreiche Poren in der Körperoberfläche führen durch Wasserkanäle zu Geißelkammern. Schwämme lagern zum Teil hornartige Eiweißsubstanzen oder Kalknadeln ein (Badeschwamm).

Nesseltiere leben ausschließlich im Wasser. Ihr Körper ist aus zwei Zellschichten aufgebaut, die durch eine Stützlamelle getrennt sind. Die Zellen sind weitgehend spezialisiert. Ein charakteristischer Zelltyp sind die Nesselzellen. Die Tiere können sich geschlechtlich, aber auch ungeschlechtlich durch Knospung vermehren. Manche Arten machen einen *Generationswechsel* zwischen *Polyp* und Qualle *(Meduse)* durch.

Plattwürmer sind zweiseitig symmetrische Tiere ohne Gliedmaßen und Blutgefäßsystem. Der Darm endet bei den frei im Wasser lebenden *Strudelwürmern* blind, sie besitzen also keinen After. Bei den parasitischen Arten (z. B. *Bandwurm*) kann der Darm ganz fehlen. Nahrungsaufnahme und Ausscheidung erfolgen dann über die Haut.

Schlauchwürmer sind ungegliedert, drehrund und von einer Kutikula umgeben. Sie besitzen einen durchgehenden Darmkanal und ein strangförmiges Nervensystem. Blutgefäße fehlen. Zu diesem Stamm gehören *Spulwurm* und *Trichine*, die als Parasiten auch den Menschen befallen. Rädertierchen findet man in fast jedem Tümpelwassertropfen.

Weichtiere sind meist in Kopf, Fuß, Eingeweidesack und Mantel gegliedert. Die Atmung erfolgt über Kiemen oder Lungen. Viele Arten bilden eine harte, kalkhaltige Schale aus. Bei *Muscheln* ist sie zweiklappig, bei *Schnecken* wie der Weinbergschnecke dagegen einfach und häufig zu einem Häuschen gedreht. Bei *Kopffüßern* liegt sie als Schulp im Körperinneren.

Ringelwürmer besitzen eine deutliche innere und äußere Gliederung in gleichartige Körperabschnitte (Segmente). Der Hautmuskelschlauch dient zusammen mit Borsten der Fortbewegung. Der Blutkreislauf ist geschlossen, das Strickleiternervensystem liegt auf der Bauchseite (Bauchmark). Beispiele sind Regenwurm und Blutegel.

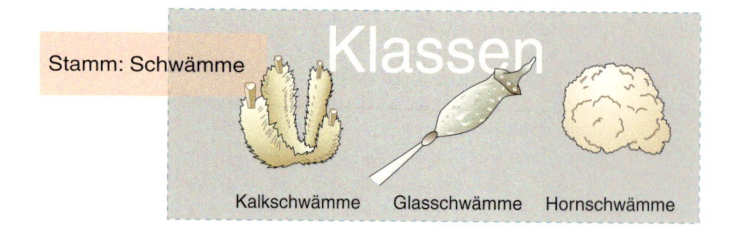

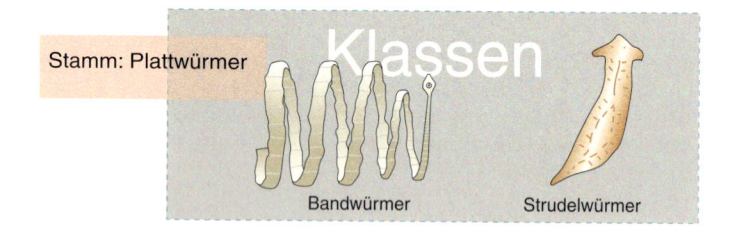

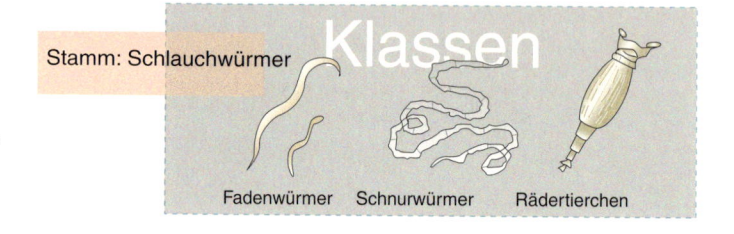

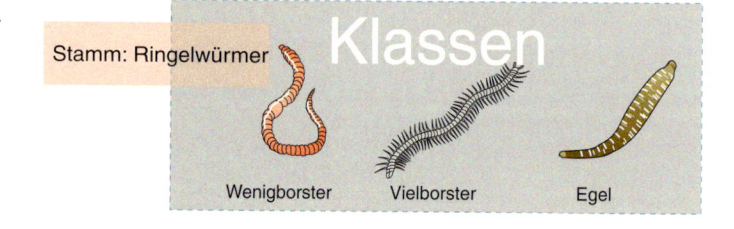

Stamm: Schwämme — Klassen: Kalkschwämme, Glasschwämme, Hornschwämme

Stamm: Nesseltiere — Klassen: Hydratiere, Blumentiere, Quallen

Stamm: Plattwürmer — Klassen: Bandwürmer, Strudelwürmer

Stamm: Schlauchwürmer — Klassen: Fadenwürmer, Schnurwürmer, Rädertierchen

Stamm: Weichtiere — Klassen: Schnecken, Muscheln, Kopffüßer

Stamm: Ringelwürmer — Klassen: Wenigborster, Vielborster, Egel

Ordnung in der Vielfalt

Stamm: Gliederfüßer
- Klasse: Krebse
- Klasse: Spinnentiere
- Klasse: Tausendfüßer
- Klasse: Insekten

Stamm: Stachelhäuter — Klassen: Seewalzen, Seeigel, Seesterne

Stamm: Wirbeltiere — Klassen: Fische, Lurche, Kriechtiere, Vögel, Säugetiere

Gliederfüßer stellen über drei viertel aller bekannten Tierarten. Ihr Körper ist von einem festen *Chitinpanzer* umgeben. Dieses *Außenskelett* wächst nicht mit und muss deshalb bei Häutungen mehrfach im Leben durch ein größeres ersetzt werden. Ein wesentliches Kennzeichen sind die deutlich *gegliederten Beine*. Bei manchen Arten sind sie zu spezialisierten Greif- und Mundwerkzeugen umgebildet.

Gliederfüßer haben einen *offenen Blutkreislauf* und als Bauchmark ein *Strickleiternervensystem*. Viele Arten besitzen hoch entwickelte Sinnesorgane. Die *Antennen* (Fühler) nehmen auch chemische Reize auf. Leistungsfähige *Komplexaugen* ermöglichen Form- und Farbensehen.
Die Atmung erfolgt bei den meisten wasserlebenden Gliederfüßern durch Kiemen, sonst durch Tracheen. Die Entwicklung (*Metamorphose*) verläuft vom Ei über mehrere Larvenstadien zum geschlechtsreifen Tier. Bei der vollständigen Verwandlung ist zusätzlich ein Ruhestadium *(Puppe)* vorhanden. Nach ihrem Körperbau unterscheidet man bei den Gliederfüßern mehrere Klassen.

Krebse wie der Hummer besitzen zwei Paar Antennen, Kopf und Brust sind zu einem starren Kopfbruststück verwachsen. **Spinnentiere** sind an ihren vier Beinpaaren zu erkennen. Sie besitzen im Gegensatz zu den anderen Gliederfüßern keine Antennen. Die Listspinne kann sogar auf dem Wasser jagen. **Tausendfüßer** erkennt man an ihrem lang gestreckten Körper, der eine große Zahl gleicher Segmente mit Beinen aufweist wie der Hundertfüßer. **Insekten** besitzen fast ausnahmslos drei Beinpaare und ein Paar Antennen. Die meisten Insekten sind geflügelt. Sie nutzen durch Spezialisierung einzelner Arten fast jeden Lebensraum und jede Nahrungsquelle.

Stachelhäuter sind fünfstrahlig gebaute Meerestiere mit einem *Skelett aus Kalk*, auf dem Stacheln sitzen können. Ein *Wassergefäßsystem* mit Saugfüßchen dient der Fortbewegung. An ihrer Körperform sind **Seesterne, Seeigel, Schlangensterne, Haarsterne** und **Seewalzen** gut zu unterscheiden.

Wirbeltiere besitzen einen Körper, der in Kopf, Rumpf und Gliedmaßen unterteilt ist. Das Zentralnervensystem dieser Tiere besteht aus Gehirn und Rückenmark. Der Blutkreislauf ist geschlossen. Die Klassen der Wirbeltiere sind **Fische**, die in Knorpel- und Knochenfische unterteilt werden, **Lurche, Kriechtiere, Vögel** und **Säugetiere**.

Ordnung in der Vielfalt

Register

Aaskäfer 40
Abbaustelle 174
Abdichtung 182
Abdriften 152
Abfallgesetzgebung 183
Abgase 180, 182
Abhängigkeit 246
AB0-System 348
Abstammung des Menschen 388, 392
Abtreibung 300, 301
Abwassereinleitung 156, 158
Abwasserfahne 154
Abwasserpilz 155
Abwasserreinigung 159
Abwehrsystem 226, 227, 237
Ackerrittersporn 166
Ackerschachtelhalm 102
Adaption 252
Aderhaut 252
Aderlass 31
Adlerfarn 101
Adrenalin 278, 280
Adrenocorticotropes Hormon (ACTH) 281
aerob 158
Afrikaner 392
After 198
Afterfuß 56
Agenda 21 184, 185
Aggression 330, 331
Aggressionsverhalten 327, 328
AIDS 234, 235, 296
Aktin 211
Akkommodation 254
Albinismus 347
Alge 109
Algenblüte 150
Alkohol 246, 247, 299
Allel 336
Allergie 240, 241
Allesfresser 57
Alpha-Männchen 323
Alpha-Tier 325
Alter 303
Altersbestimmung 369
Altersweitsichtigkeit 255
Alterszucker 279
Altlast 182
Altwasserarm 152
Ameise 50
Ameisenlöwe 51
Aminosäure 188
Amme 33
Ammonit 65
Ammonium 157
Ammoniumgehalt 147
Amphetamin 273
Amphibien 373, 376
Ampulle 265
Amsel 176, 319
Amylase 194, 196
anaerob 158
Analogie 382, 383

Andockknopf 234
Androgen 280, 285
Angepasstheit 176, 380, 382
Anopheles 238
Antagonist 211, 275, 278
Antenne 32, 40, 44, 47
Antibiotikum 223
Antigen 205, 226, 241
Antikörper 203, 205, 227, 228, 236, 241
Antriebsfeld 271
Antwortlächeln 317
Aorta 201
Aquädukt 160
Arbeiterin 33, 34, 113
Archaeopteryx 375
Artbildung 385
Artenrückgang 166
Artenschutz 172
Artenschwund 184
Arterie 200
Arteriosklerose 242, 280
Arthrose 215
Äschenregion 153
Assel 57, 119
Atem 180
Atemhöhle 60
Atemloch 60
Atemluft 180
Atemmuskulatur 271
Atemöffnung 52
Atemorgan 52
Atemwasser 64
Atmung 206, 207
Atoll 22
Attrappenversuch 313, 316, 317
Auenwald 153
Augapfel 252, 255
Auge 40, 252—259
Augenhöhle 252
Augeninnendruck 254, 255
Augenlid 252
Augenlinse 252
Augentierchen 17, 399
Ausgleichsabgabe 179
Auslese, natürliche 380, 384
Auslesezüchtung 362
Auslöser 316
Ausscheidung 208
Ausscheidungsorgan 33
Ausscheidungsstoff 30
Außenkiemen 141
Außenskelett 32, 56, 59
Außenverdauung 53
Aussterben 166
Australopithecus 389
Australopithecus afarensis 388
Automatisierung 271
Autorität 331
autotroph 17, 79, 106, 122
Auwald 98
Axon 269
Axonursprung 269

Bach 135, 152
BACH, JOHANN SEBASTIAN 356
Bachbegradigung 157
Bachflohkrebs 152, 154, 155
Bachforelle 152, 154
Bachplanarie 31
Baggersee 174
Bakterieninfektion 230
Bakteriologie 220
Bakterium 216, 220—223
Bakterium, anaerobes 150
Bakterium, Blaugrünes 140, 370, 372, 398, 401
Bakterium, Echtes 401
Balken 270
Ballaststoffe 188, 198
Ballondilatation 242
Balztanz 55
Bandscheibenvorfall 215
Bandwurmbefall 30
Barbenregion 153
Bärlapp 102, 402
Bärlappbaum 87
Basaltemperaturmethode 293
Bauchfuß 44
Bauchgefäß 26
Bauchmark 27
Bauchspeicheldrüse 196, 278
Baumfarn 87
Baumläufer 110
Baummarder 114
Baumpilz 105
Baumschachtelhalm 87
Baumschicht 92
Bauplan 33
Baustoffwechsel 188
Bazillus 220
Becherzelle 196
Bedecktsamer 95, 403
Befruchtung 282, 298
Befruchtung, extrakorporale 296
BEHRING, EMIL VON 236
BEIJERING, W. 237
Beinmuskulatur 274
Beinpaar 32
Belebtschlammbecken 159
Belebtschlammflocken 159
Belegzelle 194
Belemnit 65
Benzpyren 243, 244
Beobachtungsstock 36
Beratungsstelle 295
Bergahorn 99
Bergbach 152
Beriberi 190
Beschwichtigungsgeste 306
Bestäubung 32
Beta-Männchen 323
Beta-Tier 325
Betriebsstoffwechsel 188
Bettwanze 50
Beziehungsaspekt 297
Biene 39, 50
Bienenstaat 32, 34

Bienenstich 55
Bienenstock 33
Bildpunkt 40, 254
Bildsehen 40
Binde 290
Bindegewebshülle 268
Binsenhalm 147
Biokatalysator 195
Biomasse 123
Biotin 198
Biotop 110, 116, 145, 148, 172
Biotopschutz 172
Biotopvernetzung 172
Biozönose 116, 148
Bipedie 387
Birkenspanner 384
Birkhuhn 151
Bisexualität 296
Blasenkeim 298
Blasenwurm 30
Blatt 71, 147
Blattfußkrebs 59
Blattlaus 50, 113
Blaumeise 110, 310
Blauschimmel 399
Blickfeld 266
Blinddarm 198
Blinder Fleck 252
Blumenwiese 173
Blut 202, 203
Blutdruck 216, 271
Blutegel 31
Blütenbesucher 39
Blütenpflanze 403
Bluterguss 214
Bluterkrankheit 204, 351
Blutflüssigkeit 33
Blutgerinnung 39, 204
Blutgruppe 205, 348, 349
Blutgruppentest 205
Blutkapillare 264
Blutkreislauf 26, 33, 56, 60, 200
Blutkreislauf, geschlossener 26
Blutkreislauf, offener 33, 56, 60
Blutplasma 202, 204
Blutplättchen 202, 204
Blutserum 202
Bluttransfusion 205
Blutvorrat 55
Blutweiderich 138
Blutzelle 202, 205, 226
Blutzelle, rote 205
Blutzelle, weiße 226
Blutzucker 278, 279
Blutzuckerspiegel 278
Bockkäfer 111, 115
Boden 120, 121
Bodenbearbeitung 28
Bogengang 265
Bogengangsystem 265
Borke 96
Borkenkäfer 117, 171

Borkenkäferfalle 117
Borreliose 239
Botenstoff 276
Bowman'sche Kapsel 208
Brache 164, 165
Brachsenregion 153
Brackwasserzone 153
Brechkraft 254, 255
Brennweite 254
Brille 255
BROCA, PAUL 271
Bronchien 206
Bruchwaldgürtel 137
Brückentier 373, 375
Brunnenlebermoos 102
Brustabschnitt 32
Brustatmung 207
Brustfell 207
Brustsegment 41
Brutpflege 54, 57
Brutrevier 320
Brutzelle 33, 34
Bucheckern 94
Buchfink 110
Bulimie 217
Buntspecht 110, 117
Bürstensaum 196
Butterkrebs 56
Byssusfaden 64
B-Zelle 226

Chitin 39, 104
Chitinborsten 26
Chitinhülle 41
Chitinlinse 40
Chitinpanzer 32, 33, 59
Chitinring 55
Chitinskelett 41, 44
Chitinzähnchen 60
Chlamydomonas 18
Chlorophyll 77
Chloroplast 77
Cholera 233
Cholesterin 242
Chromatide 340
Chromosom 340
Chromosomentheorie der Vererbung 342
Chromosomenzahl 340
Coca-Strauch 249
Coffein 273
Coming out 296
Computertomografie 270
Contergan 299
Crossingover 342
Cyanobakterium 372, 401
Cynognathus 375

Dachbegrünung 172
Damm 288
Dämmerungssehen 253
Darmbakterium 198
Darmflora 223
Darmrohr 52
Darmtrichine 31
Darmzotte 196
DARWIN, CHARLES 28, 380, 385

Darwinfink 385
Dauerstress 281
Deckflügel 41
Deckmembran 260
Delfin 266, 309
Dendrit 269
Deponie 182
Desoxyribonukleinsäure (DNA) 343
Destruent 116, 118, 119, 122, 144
Detritus 156
Devon 370
Dezibel 261
Diabetes 217
Diabetes mellitus 279
Diabetiker 279
Diagnostik, pränatale 301
Dialyse 209
Diarrhoe 230
Diastole 201
Diätplan 279
Dichte 145
Dickdarm 198
Dickmilch 222
Diffusion 69
Dioptrie 254
Diphtherie 230, 236
diploid 341
Disaccharid 188
Diskusschnecke 119
Distress 281
DNA 343
dominant 335
Doppelfüßer 59
Doppelhelix 343
Doppelschwanz 119
Dotter 289
Down-Syndrom 354
Drehsinnesorgan 265
Dreifelderwirtschaft 164
Dreimonatsspritze 293
Dressur 309, 312
Drittverbraucher 148
Droge 299
Drohen 327
Drohne 34, 38
Drohnenschlacht 34
Drüse 276
Duales System Deutschland (DSD) 183
Duftmarke 267
Duftsignal 47
Duftstoff 47
Düngung 165
Dünndarm 196

Echo 266
E. coli 230
Ecstasy 248
Edelkrebs 56
Egel 31, 154
Ehe 292
Eheverbot 353
EHRLICH, PAUL 237
Eiablage 61
Eiballen 54

Eiche 111
Eichel 286
Eichelhäher 110, 114
Eichengallwespe 111
Eichenwickler 111
Eichenwidderbock 115
Eichhörnchen 110
Eid des Hippokrates 301
Eieinrollbewegung 317
Eierstöcke 288
Eilegeapparat 50
Eimutterzelle 289
Einfachzucker 188
Eingeweidesack 60, 65
Eingriff 174, 179
Einkeimblättrige 403
Einschulung 303
Einsiedlerkrebs 58
Eintagsfliege 45
Eintagsfliegenlarve 141, 152, 154, 155
Einzelauge 40
Einzeller 16, 18, 401
Eipaket 27
Eisprung 289, 290
Eiszeit 97
Eiweiß 84, 188, 192
Eiweißfaden 64
Eizelle 27, 289
Ejakulation 286, 287, 292
El Niño 385
Elastizität 255
Elektroenzephalogramm (EEG) 273
Elektroortung 267
Elektrorezeptor 267
Elektrosmog 181
Embryo 298, 299
Embryotransfer 363
Emission 129, 131, 180
Empfängnisverhütung 292
 chemische 293
 hormonelle 293
 mechanische 293
 natürliche 293
Endhandlung 316
Endknöpfchen 269
Endkonsument 148
Endorphine 295
Endplatte, motorische 269
Energie, fossile 87
Energieaufwand 322
Energiebedarf 188
Energieertrag 322
Energieform 88
Entfernungseinstellung 254
Entwicklung 282
Entwicklung des Menschen 298, 299
Entwicklung, nachhaltige 184
Enzym 194, 195
Enzymdefekt 353
Epidemie 224
Epidermis 71, 72
Erbanlage 171
Erbgang, codominanter 348
Erbgang, dihybrider 338

Erbgang, dominant-rezessiver 335
Erbgang, geschlechtschromosomengebundener 351
Erbgang, intermediärer 337
Erblindung 255
Erdkröte 316
Erdmagnetfeld 267
Erdspross 101, 137
Erektion 286
Erfolgsorgan 276
Erle 136
Ernährung 193, 216, 217
Ernährungsplan 279
Ernährungspyramide 193
Ernährungstyp 156
Ernteertrag 28
Eröffnungsphase 302
erogene Zone 296
Erosion 129
Erotik 296
Erregung 257
Erstverbraucher 116, 148
Erwachsener 303
Erythrocyten 202
Erzeuger 116, 122, 148
Escherichia coli 230
Essigsäurebakterium 222
Eudorina 18
Euglena 17
Europäer 392
Eustress 281
eutroph 150
Eutrophierung 150, 157
Evolution, chemische 372
Evolution, kulturelle 395
Evolutionsfaktor 384
Evolutionstheorie 380, 381
Evolutionstheorie, synthetische 381
Exhibitionismus 296
Extremität 38

Facettenauge 40
Fächertracheen 52
Fadenwurm 119
Faktoren, ökologische 142
Familie 292
Familienberatung, genetische 355
Familienplanung 296
Fanghaken 45
Fangmaske 45
Fangspirale 53
Farbensehen 253, 256
Farbmischung, additive 256
Farbspektrum 256
Farbton 256
Farn 101, 402
Farnpflanze 402
Fassadenbegrünung 172
Faulbaum 99
Faulgase 150
Fäulnisbakterium 222
Fäulnisfresser 118
Faulschlamm 150, 154
Faulschlammschicht 151

Register **407**

Faulturm 159
Fehlhaltung 214
Fehling'sche Probe 192
Feld, elektrisches 267
Feld, motorisches 271
Feld, sensorisches 271
Feldflur 166
Feldgraswirtschaft 164
Feldgrille 50
Fenster, Ovales 260
Fenster, Rundes 260
Ferneinstellung 254
Fett 188, 189, 192, 278
Fettleber 246
Fettsäure 188
Fetus 299
Feuchtlufttier 26
Feuerwanze 50
Fibrin 204
Fibrinogen 202, 204
Fichte 99
Fichtenkreuzschnabel 110
Fichtenspargel 85
Fight-or-Flight-Syndrom 280
Filmstreifen 257
Filtrierer 64, 156
Fingerabdruck, genetischer 359
Finne 30
Finnenblase 30
Fisch 376, 405
Fisch, Kieferloser 373
Fischerei 185
Fischsterben 154
Fitness 216, 320, 323, 324
Flachmoor 151
Flachwurzler 92
Flaschenstäubling 108
Flechte 105, 109, 403
Fledermaus 41, 177, 266
FLEMING, ALEXANDER 223
Fliegenmade 119
Fließgeschwindigkeit 152
Fließgewässer 45, 135, 152, 155, 156, 158
Flimmerhärchen 206
Florfliege 51, 171
Flügel 33, 41
Flügelader 41
Flügelpaar 41
Flügelstellung 41
Flugloch 33, 36
Flugmuskulatur 41
Flurbereinigung 165
Fluss 135, 152
Flusskrebs, Europäischer 56
Follikel 289
Follikel, reifender 290
Follikelsprung 289
Fontanelle 214
Forellenregion 153
Forst 126
Fortpflanzung 45, 282
Fortpflanzungsverhalten 318
Fossil 368
Fossil, lebendes 379

Fotosynthese 76, 78, 80, 81, 88, 122, 128, 144, 372
Frauenarzt 290
Frauenhaarmoos 100
Freilandbeobachtung 319
Freizeit 174
Frequenz 261
Fressfeind 44
Fressstadium 45
Freundschaft 292
FRISCH, KARL VON 36
Fruchtbarkeitsaspekt 297
Fruchtblase 298
Fruchtwasser 299
Fruchtwasseruntersuchung 355
Fruchtwechsel 164
Fruchtwechselwirtschaft 165
Fruchtzucker 188
Frühblüher 93
Früherkennung 255
Frühsommer-Meningo-Enzephalitis (FSME) 239
Frustrations-Aggressions-Theorie 327
Fuchsbandwurm 30
Fühler 32
Fühlerbetrillern 36
Fühlerpaar 60
Führungsglied 277
Fünf-Reiche-System 400
Fungizid 170
Funktionsmodell 318
Fuß 38, 60
Fußgewölbe 214
Fußglied 38
Futterplatz 36
Futterquelle 37
Futtersaft 33

Galapagos 385
Gallenblase 196
Gallensaft 197
Gallertkappe 265
Gallertplatte 265
Ganglion 27, 33
Gans 317
Gärungsbakterium 159
Gasometer 159
Gebärmutter 288
Gebärmutterhals 288
Geburt 302, 303
Gedächtnis 272
Gedächtniszelle 227
Gedankenfeld 271
Gegenspieler 41
Gegenspielerprinzip 211
Gehäuse 60
Gehäusewindung 63
Gehirn 270, 271, 295
Gehirnabschnitt 270
Gehirnflüssigkeit 270
Gehirnforschung 271
Gehirngröße 387, 390
Gehirnnerv 271
Gehör 261
Gehörgang 260

Gehörknöchelchen 260
Geiger-Müller-Zähler 266
Geißeln 221
Geißeltierchen 401
Gelber Fleck 252
Gelbkörper 289
Gelbkörperhormon 290
Gelbrandkäfer 38, 141
Geleé royale 34
Gelenk 213
Gelenkhaut 56
Gelenkkapsel 213
Gelenkknorpel 213
Gelenkkopf 213
Gelenkpfanne 213
Gen 336
Generationswechsel 21
Genetik 334
Genotyp 336
Gentechnik 171, 358, 359
Gentherapie 359
Geradflügler 50
Geräusch 266
Geruchssinn 40, 265
Geruchssinnesorgan 37
Geruchsvermögen 266
Geschichte des Waldes 97, 126
Geschlechtsapparat 61
Geschlechtschromosom 350, 351
Geschlechtshormon 280, 295
Geschlechtskrankheit 293, 296
Geschlechtsmerkmal, primäres 286
Geschlechtsmerkmal, sekundäres 285
Geschlechtsorgan, männliches 286
Geschlechtsorgan, weibliches 288
Geschlechtsrolle 303
Geschlechtsverkehr 235, 286
Geschmackssinn 265
Geschmackssinneszelle 40
Getrenntsammlung 183
Gewalt 330, 331
Gewässer 135
Gewässer, stehendes 135, 136, 146
Gewässerausbau 156
Gewässergüte 154
Gewässergütekarte 154, 157
Gewässerlauf, begradigter 156
Gewässerschutz 161
Gewässeruntersuchung 146
Gewebe, pflanzliches 12
Gewebe, tierisches 13
Gift 32, 149
Giftblase 33
Giftdrüse 33, 52
Giftpilz 108
Giftstachel 33, 50, 55
Glaskörper 252

Gleichgewicht, biologisches 117, 149
Glied 30, 32, 286
Gliederfüßer 38, 50, 55, 59, 405
Gliederwurm 31
Glimmspanprobe 74
Glockennetz 54
Glockentierchen 139
Glückssubstanz 295
Glucose 278
Glucosespeicher 278
Glukagon 278
Glukokortikoid 280
Glykogen 89, 188, 189, 278
Goldgelbe Koralle 108
Gonadotropin 285
Gonium 18
Grabbein 38
Grabenbruchsystem, ostafrikanisches 388
Grauer Star 255
Graureiher 142, 143, 153
Greiffuß 387
Greifhand 387
Greifvogel 176
Greifzange 56
Grenzschicht 152
Grenzstrang 275
Grille 45, 318
Grippe 224, 225
Grippevirus 399
Großhirn 270
Großhirnhälfte 270
Großlibelle 50
Grundbauplan 38
Grundfarbe 256
Grundregel, Biogenetische 381
Grundtyp 39
Grundumsatz 189
Grundwasser 182
Grüner Punkt 183
Grüner Star 255
Gürtel 26
Güteklasse 154
Gynäkologe 290

Haarstern 405
Haarzwiebel 264
Hackfrucht 165
HAECKEL, ERNST 381
Hainbuche 98
Hakenlarve 30
Halbwertszeit 369
Halm 70
Hämoglobin 202
Handlungsbereitschaft 309, 316
Hanf 249
haploid 341
Harn 208
Harnblase 208
Harn-Sperma-Röhre 286
Haschisch 249
Haubenmeise 114
Haubentaucher 142, 143

Hauptzelle 195
Hausmülldeponie 182
Hausstauballergie 240
Haustier 394
Haut 216, 264
Hautatmung 60, 141
Hautfarbe 356
Hautflügler 50
Hautkrebs 264
Haut-Muskel-Schlauch 26
Häutung 44, 45, 56
Heber 41
Heckenbraunelle 323
Heide 173
Heilimpfung 228
Helferzelle 227
Helgoland 58
Hepatitis 246
Hepatitis B 235
Herbar 125
Herbizid 170
Herrentiere 266
Herz 33, 201, 210
Herzinfarkt 242
Herzkranzgefäß 201
Herz-Kreislauf-Erkrankung 217
Heterosexualität 296
heterotroph 17, 79, 106, 122
Heuaufguss 15
Heupferd 45
Heuschnupfen 240
Hilfsspirale 53
Hinterbein 33
Hinterflügel 41
Hinterkörper 52
Hinterleib 32, 52
Hinterleibssegment 33
Hirnbläschen 270
Hirnhaut, harte 270
Hirnhaut, weiche 270
Hirnhautentzündung 55, 239, 270
Hirnkoralle 23
Hirnstamm 270
Hirnstrom 273
Hirschzunge 102
Histamin 226, 241
HIV 234, 293, 296
HIV-Infektion 292
Hochmoor 102, 151
Hochzeitsflug 34
Hodensack 286
Hohlfuß 214
Hohltaube 114
Holunder, Schwarzer 99
Holz 96, 127
Holzbock 55
Holzwespe 111
Hominiden 388
Homo erectus 389
Homo ergaster 389
Homo habilis 389
Homo heidelbergensis 389
Homo neanderthalensis 389
Homo rudolfensis 389

Homo sapiens 389, 390
Homologie 382, 383
Homosexualität 296
Honig 32
Honigbiene 32–35
HOOKE, ROBERT 10
Höreindruck 260
Hörgrenze 261
Hormon 276, 285
Hormon, Follikel stimulierendes (FSH) 290, 295
Hormon, luteinisierendes (LH) 290, 295
Hormondrüse 285
Hormonsystem 276
Hornblatt, Gemeines 138
Hornerv 260
Hornhaut 252
Hornisse 50
Hornkraut 138
Hornmilbe 119
Hornschicht 55
Hörorgan 40
Hörschnecke 260
Hörvermögen 40
Hörwelt 266
Höschen 33
Hühnercholera 236
Hüllschicht 64
Hüllzelle 269
Human chorionic gonadotropine (HCG) 290, 302
Humangenetik, Methoden 346
Humangenetik, Übungen 346, 352, 353
Hummel 50
Hummer 58
Humus 57, 118
Hund 306, 307, 308, 315
Hundebandwurm 30
Hundertfüßer 59, 119
Hüpferling 59, 140
Hustreflex 271
Hybride 334
Hybridzüchtung 362
Hygiene 30, 290
Hymen 288
Hyphe 104
Hypophyse 276, 285, 290, 295
Hypothalamus 271, 276
Hyracotherium 378

Ichthyostega 373
Identitätsaspekt 297
Imago 44
Imker 32
Immission 129, 180
Immunisierung, aktive 228, 229
Immunisierung, passive 228, 229
Immunsystem 226, 227
Impfstoff 228
Impfung 55, 228, 236
Impuls, elektrischer 269
Indigoblau 74

Infektionskrankheit 230, 231
INGENHOUSZ, JAN 76
Innenkiemen 141
Innenohr 260
Insekt 32, 59, 382, 405
Insekt, Staaten bildendes 33, 113
Insektenbein 38
Insektenentwicklung 44, 45
Insektenflug 41–43
Insektengehirn 40
Insektenhaltung 46
Insektizid 117, 170, 171
Instinkthandlung 316
Insulin 278
Intelligenz 314, 315
Iodgehalt 277
Iod-Kaliumiodid-Lösung 77, 192
Iris 252
Irismuskulatur 271
Isolation 385
Isolierschicht 264
Istwert 277
IWANOWSKY, D. J. 237

Jagd 54
Jahresring 96
JENNER, EDWARD 236
Jochalge 401
Jogurt 222
Johanniswürmchen 47
JOHANSON, DONALD 388
Juckreiz 55
Jugenddiabetes 279
Jugendlicher 303
Jungfernhäutchen 288
Jura 370

Käfer 41
Kalk 61
Kalkdeckel 60
Kalkschicht 64
Kalkwasser 75
Kältekörperchen 264
Kambium 96
Kambrium 370
Kammkoralle 398
Kampfverhalten 318
Kanalisation 159
Kapillare 203
Kapillargefäß 200
Karies 216
Kartierung 172
Karyogramm 350, 354
Karzinom 243
Katalysator 131
Kathepsin 195
Kaulbarsch-Flunderregion 153
Kaulquappe 45
Kehlkopf 260
Keimdrüse 286
Keimschicht 264
Keimschild 298
Keimzahl 230
Kellerassel 57

Kernholz 96
Kernteilung 340, 341
Kernzone 168
Keuchhusten 230
Kiefer 95
Kieferbein 56
Kieferklaue 52
Kieferschere 55
Kiefertaster 39, 52, 55
Kiemen 56, 64, 141
Kiemenbüschel 56
Kieselalge 140, 401
Killerzelle 227
Kinderkrankheit 231
Kinderlähmung 231
Kindesaussetzung 301
Kitzler 288
Kläranlage 157, 159
Klatschmohn 166
Kleinhirn 270
Kleinkind 303
Kleinkrebs 58
Kleinlibelle 50, 139
Kleinlibellenlarve 141
Klima 181
Klitoris 288
Kloake 379
Klonen 363
Knaus-Ogino-Methode 293
Kniegelenk 215
Kniescheibe 213
Kniesehnenreflex 274
Knöchelgang 386
Knochen 212, 214
Knochenbruch 215
Knochenhaut 212
Knochenmark 202, 212
Knollenblätterpilz 108
Koalition 325
KOCH, ROBERT 220
Köcherfliege 51
Köcherfliegenlarve 155
Köder 170
Kohlenhydrate 188, 189
Kohlenstoffdioxid 75, 148, 181, 185
Kohlenstoffmonooxid 180, 244, 265
Kohlmeise 110, 320, 321
Koitus 292
Koitus interruptus 293
Kokain 249, 273
Kokon 27
Kombinationszüchtung 362
Kommunikation 395
Kompostierung 183
Konditionieren 327
Konditionierung, klassische 308, 309, 311
Konditionierung, operante 309–311
Kondom 292, 293
Konfliktschlichtung 329
Königin 34, 38, 113
Konjugation 16
Konkurrenz 320, 324
Konkurrenzvermeidung 110

Register **409**

Konsument 116, 122, 148
Konvergenz 383
Kooperation 324, 326
Kopf 287
Kopfbrust 52
Kopfbruststück 56
Kopffüßer 65
Kopfkapsel 44
Kopflappen 26
Kopplungsgruppe 342
Koralle 22, 23
Körbchen 33
Kornrade 166
Körperflüssigkeit 41
Körpergewicht 217
Körperhohlvene 201
Kosten 321, 322, 324, 325
Kosten-Nutzen-Bilanz 321
Krähe 322
Kralle 38
Kranich 151
Krätzmilbe, Gemeine 55
Krautschicht 92
Kreationismus 381
Krebs 59, 243, 405
Krebspest 56
Krebstier 58
Kreide 370. 374
Kreislauf 107
Kreuzband 213, 215
Kreuzspinne 52, 53
Kreuzungsschema 336
Kriechsohle 60
Kriechtier 405
Kronenschicht 92
Kugelalge 19
Kulturfolger 176
Kulturlandschaft 166, 172, 175
Kunststofflinse 255
Kurzschwanzkrebs 58
Kurzsichtigkeit 255
Kurzzeitgedächtnis 272
Kutikula 71

Labyrinthversuch 315
Lagesinnesorgan 265
Lähmung 274
LAMARCK, JEAN BAPTISTE DE 381
Lamellenkörperchen 264
Lamellenpilz 104
Landschaftsplan 172
LANDSTEINER, KARL 205
Landwirtschaft 164—166
Langerhans'sche Inseln 278
Langfühlerschrecke 47
Langschwanzkrebs 58
Langzeitgedächtnis 272
Lärche 99
Lärm 181, 261
Larve 44
Latimeria 379
Laubaufguss 15
Laubheuschrecke 40, 45
Laubmoos 100, 402
Laubstreu 120, 121
Laufbein 38

Laufbeinpaar 56
Laus 45
Lautäußerung 306
Lebensabschnitte 303
Lebenselixier 160
Lebensfortpflanzungserfolg 320
Lebensgemeinschaft 148
Lebensraum 145, 148, 174, 175
Leber 197, 278
Lebermoos 402
Lederhaut 252, 264
LEEUWENHOEK, ANTHONIE VAN 10, 221
Legestachel 45
Leibeshöhle 33
Leitbündel 70, 72
Leitfossil 369
Lernen 308
Lernen durch Einsicht 311, 312
Lernen durch Versuch und Irrtum 310, 311
Lernmethode 312
Lernstrategie 312
Lerntheorie 327
lesbisch 296
Leuchtkäfer 47
Leukocyten 202
Libelle 50
Libellenlarve 45
Lichtabsorption 253
Lichtempfindlichkeit 253
Lichtholzart 95
Lichtsignal 47
Lichtsinn 47, 252
Lichtsinneszelle 27, 40, 253
Lichtstärke 40
Lichtstrahl 254
Lichtverhältnisse 136
Lidschlussreflex 274
Liebe 282, 294
Liebespfeil 61
LIEBIG, JUSTUS VON 165
Linde 177
LINNÉ, CARL VON 397
Linse 254
Linsenauge 65
Linsenband 252, 254
Lipase 196
Lippentaster 39
Lockstoff 170
Löffelchen 39
Lucy 388
Luftatmung mit Tracheen 141
Luftröhre 206
Luftschadstoffe 131, 180
Lufttemperatur 146
Luftverschmutzung 180
Lunge 206, 207
Lungenarterie 201
Lungenatmung 141
Lungenbläschen 206, 207
Lungenfell 207
Lungenfisch, Australischer 379

Lungenvene 201
Lurch 405
Lust 294
Lustaspekt 297
Lymphe 203
Lymphflüssigkeit 265
Lymphknoten 203
Lymphsystem 203

Mäander 153
Made 44
Magen 194
Magenschleimhaut 194
Magersucht 217
Magnetfeld 267
Maikäfer 39
Mais 364, 365
Malaria 238
Malzzucker 188
Mammutjäger 394
Mantel 60, 64
Mantelrand 60
Mantelzone 168
Marienkäfer 41, 44
Marienkäferlarve 171
Mark, verlängertes 270
Masern 231
Masochismus 296
Massenvermehrung 117
Mastdarm 198
Masturbation 286, 297
Mastzelle 241
Mauerassel 57
Mauersegler 176
Maulbeerkeim 298
Maulwurfsgrille 38
Mäusebussard 176
Meeresmuschel 64
Mehltau 105
Meiose 341
MENDEL, JOHANN GREGOR 334—338
mendelsche Regeln, Modellversuche 335, 339
mendelsche Regeln, Spaltungsregel 335
mendelsche Regeln, Unabhängigkeitsregel 335, 338
mendelsche Regeln, Uniformitätsregel 335
Meniskus 213
Menopause 291
Menschwerdung 388, 390
Menstruation 290
Menstruationsbeschwerden 290
messenger-RNA (m-RNA) 344
Messfühler 277
Metamorphose 44
Metastasen 243
METSCHNIKOFF, IJA 237
Miesmuschel 64
Mikroklima 168
Mikroorganismus 64
Mikroskop 10, 11, 14, 15
Mikrovilli 196

Milbe 55, 59, 119, 240
Milchsäurebakterium 222, 288
Milchzucker 188
MILGRAM, STANLEY 331
Milzbrand 220
Mimik 395
Minamata-Krankheit 149
Mineraldüngung 165
Mineralisierer 118
Mineralkortikoid 280
Mineralstoffe 28, 148, 165, 188, 191
mineralstoffreich 150
Minipille 293
mischerbig 336
Mischling 385
Mischwald 98
Missbrauch, sexueller 297
Mistel 85, 399
Mitochondrium 79, 89
Mitose 340
Mitteldarmdrüse 60
Mittelhirn 270
Mittellauf 152
Mittelohr 260
Mittelstück 287
Mobbing 331
Modellversuche 335, 339
Modifikation 361
Mollusk 60, 61
Monatsblutung 290
Mondfleck 47
Monogamie 323
Monokultur 117, 126, 165, 170
Monosaccharid 188
Monosomie 354
Moor 151
Moos 100
Moospflanze 402
Moosschicht 92
MORGAN, THOMAS HUNT 342
MORRIS, DESMOND 330
Mosaikform 375
Mosaikkrankheit 237
Mudde 151
Müll 182, 183
Müllverbrennung 182
Mumps 231
Mundsaum 63
Mündung 63
Mundwerkzeuge 32, 39, 44, 45
Muschelbank 64
Musikalität, Vererbung 356
Muskel 210, 211
Muskelfaser 269
Muskelfaserriss 215
Muskelspindel 274
Muskelwelle 60
Muskulatur 214, 268
Muskulatur, glatte 210
Muskulatur, quer gestreifte 210
Mutation 355, 361, 384
Mutationszüchtung 362

Mutter-Kind-Bindung 313
Mutterkuchen 298
Mykorrhiza 131
Mykorrhiza-Pilz 106
Myosin 211
Myzel 104, 106, 402

Nabel 63
Nabelarterie 299
Nabelschnur 298
Nabelvene 299
Nachahmen 310
Nachahmungslernen 327
Nachgeburt 302
Nachhaltigkeit 184, 185
Nachschieber 44
Nachschwarm 34
Nachtkerze 177
Nacktsamer 95, 403
Nadelblatt 95
Nadelwald 98
Nahbereich 255
Naheinstellung 254
Nährschicht 144
Nährstoffe 33, 188, 189, 192
Nahrungsbeziehung 148, 149
Nahrungserwerb 394
Nahrungskette 116, 148
Nahrungsnetz 116, 148, 166
Nahrungspyramide 123, 149
Nährwert 189
Nasspräparat 14
Naturhaushalt 179
Naturschutzgebiet 175
Naturschutzgesetz 179
Nautilus 65
Neandertaler 391
Nebelkrähe 385
Nebenhoden 286, 287
Nebennieren 280
Nebennierenmark 278, 280
Nebennierenrinde 280
Nebenzelle 195
Nektar 33, 36
Nektaraufnahme 44
Nerv 41
Nerv, motorischer 268
Nervenendigung 264
Nervenfaser 268
Nervenknoten 27, 33, 52, 274
Nervensystem 268
Nervensystem, vegetatives 275
Nervenzelle 253, 269
Nesseltier 20, 22, 404
Netz 53
Netzbau 53
Netzflügler 51
Netzhaut 252, 253
Neugierverhalten 307, 309, 310, 312
Neurodermitis 241
Niederrhein 153
Niederschlag 161
Niere 208, 209
Nierenkapsel 208
Nikotin 244, 299

NIM-Spiel 314
Nische, ökologische 110, 111, 142
Nitratgehalt 147
Nonne 115
Noradrenalin 280
Notlagenindikation 301
Nutzen 321, 322, 324
Nutzpflanze 394
Nutzwald 126

Oberflächenspannung 88
Oberhaut 264
Oberkiefer 39
Oberlauf 152
Oberrheinregulierung 153
Oberwasser 145
Ohr 260–263
Ohrenqualle 21
Ohrlymphe 260
Ohrmuschel 260, 266
Ohrtrompete 260
Ohrwurm 41, 45
Ökobilanz 178, 179
Ökosteuer 178
Ökosystem 116, 133, 142, 148
Öle 84
oligotroph 145
Omega-Tier 325
Opium 249
opportunistisch 234
Orang 311
Ordovizium 370
Organ, analoges 382
Organ, homologes 382
Orgasmus 286, 287, 292, 296
Orientierungsbewegung 316
Osmose 69, 72, 73
Östrogen 280, 285, 290, 295
Ovarien 288
Ovulation 289
Ovulationshemmer 293
Oxytocin 295
Ozon 131, 180
Ozonschicht 373

Paarungssystem 323
Pädophilie 296
Palisadengewebe 71
Pankreas 196
Pantoffeltierchen 16
Panzer 56
Panzerfisch 373
Papierherstellung 127
Paramecium 16
Paranthropus bosei 389
Parasit 30, 107
Parasympathicus 275
Partnerschaft 283, 292, 294
Passivrauchen 244
PASTEUR, LOUIS 236
Paukengang 260
Pearl Index 293
Penicillin 223
Penis 286
Pepsin 195
Pepsinogen 195

Perle 64
Perlmuttschicht 64
Perm 370
Pessar 293
Pest 232
Petting 292, 296
Pfahlwurzel 95
Pferd 315
Pfifferling 108
Pflanzenfresser 60
Pflanzengallen 111
Pflanzenreich 402, 403
Pflanzenschutz, biologischer 170, 171
Pflanzenschutz, integrierter 171
Pflegeplan 172
Pfortader 197
Pförtner 195
Phänotyp 336
Phase, sensible 313
Phenylketonurie 355
Pheromon 47, 171
Pheromonfalle 170
Phosphat 157
pH-Wert 147
Pigmentschicht 252, 264
Pigmentzelle 40, 253
Pille 293
Pilz 104–108, 402, 403
Pilz, Niederer 402
Pionierpflanze 109
Planktonnetz 140
Plaque 216
Plasmodium 238
Plattfuß 214
Plattwurm 31, 404
Plazenta 298
Plazentaschranke 299
Pocken 231, 236
Pollen 33
Pollution 286
Polysaccharid 188
Prägung 313
Präkambrium 370
Prävention 297
Präzisionsgriff 386
Presswehen 302
PRIESTLEY, JOSEPH 74
Primaten 266, 386
Probenflasche 146
Produzent 116, 122, 144, 148
Progesteron 285, 290, 295
Promille 246
Promiskuität 297
Prostitution 297
Protein 188, 189
Proteinbiosynthese 344, 345
Przewalskipferd 378
Pseudoskorpion 119
Pubertät 284, 285, 292, 303
Punktauge 40
Pupille 252
Puppenräuber 115
Puppenruhe 44, 51
Purpurbakterium 399
Purpurreiher 153

Quartär 370
Quastenflosser 373, 379
Quelle 152
Querschnittslähmung 274

Rabenkrähe 385
Rädertierchen 140
Radiokarbonmethode 369
Radiowellen 266
Radnetz 53
Radula 60
Rahmenfaden 53
Rangordnung 325
Rasterbild 40
Ratte 309, 315
Räuber 156
Raubmilbe 119
Rauchen 244, 245
Raumwirkung 257
Raupe 44
Rauschmittel 249
Reaktion, bedingte 308
Reaktion, unbedingte 308
Reaktionsnorm 357
Recycling 183
Reflex 271, 274
Reflexbogen 274
Regelblutung 290
Regelgröße 277
Regelkalender 290
Regelkreis 117, 268, 277
Regelung 268, 277
Regenbogenhaut 252
Regeneration 28
Regenwald 133, 184
Regenwurm 26–29, 118
Regler 277
Reich 400
Reifeteilung 287, 289
Reiherente 143
reinerbig 336
Reinigungsstufe, biologische 159
Reinigungsstufe, chemische 159
Reinigungsstufe, mechanische 159
Reinluftgebiet 180
Reiz, bedingter 308
Reiz, neutraler 308
Reiz, unbedingter 308
Reizschwelle 269
REM-Schlaf 273
Reptilien 373, 375
Resorption 197, 209
Ressource 178, 183
Revier 319, 323
Revierverhalten 318
rezessiv 335
Rhein 152, 153
Rhesusaffe 313
Rhesusfaktor 205, 349
Rhesusunverträglichkeit 349
Ribonukleinsäure (RNA) 344
Ribosom 344
Riechschleimhaut 267
Riechsinneszelle 56

Register **411**

Riechwelt 266
Riechzelle 265
Riesenfresszelle 226
Riesenholzwespe 115
Riesenschlupfwespe 115
Rindenschicht 270
Rinderbandwurm 30
Ringelwurm 26, 31, 404
Ringgefäß 26
Rippenfell 207
Rohrdommel, Große 143
Röhrenpilz 104
Röhrensystem 33
Röhrentracheen 52
Röhrichtgürtel 137, 142
Rohrkolben 137, 138
Rohrweihe 176
Rohrzucker 188
Rohstoffe, nachwachsende 86
Rollegel 155
Roller 352
Röntgenstrahlung 266
Rosskastanie 177
Rotbuche 94, 128
rote Liste 172
Röteln 231
Rot-Grün-Blindheit 256
Rothirsch 114
Rotkehlchen 110, 267
Rückengefäß 26
Rückenherz 56, 60
Rückenmark 271, 274
Rückenmarksnerv 274
Rückenplatte 41
Rückenschwimmer 139
Rückkopplung 277
Rückkreuzung 337
Rückmeldung 268
Rückziehmuskel 60
Ruderfläche 38
Rundtanz 36
Rüssel 36

Sadismus 297
Safer Sex 297
Salmonellen 230
Samenverbreitung 112
Sammelbein 38
Sammelbiene 33
Sammellinse 254, 255
Sammlungs-Trennungs-Gesellschaft 324
San-José-Schildlaus 170
Saprophyt 107
Saprovore 118
Sauerkraut 222
Sauerstoff 33, 41, 148, 152, 180
Sauerstoffgehalt 147
Sauerstoffsättigung 145
Säuger 376
Säugling 303
Saugnapf 30, 31
Saugpumpe 52
Saugrohr 39
Saugrüssel 39

Saumzelle 196
Saumzone 168
saurer Regen 131
Saurier 368, 374
Schabe 45
Schachtelhalm 402
Schädling 170
Schädlingsbekämpfung, biologische 112, 170
Schadstoffe 180, 182
Schaft 286
Schalldruck 261
Schalldruckpegel 261
Schallsignal 47
Schallwelle 260
Schaltzelle 253
Schamlippen 288
Scharlach 230
Schattenblatt 94
Schattenpflanze 93
Scheide 288
Scheidendiaphragma 293
Scheidenflora 288
Schenkelring 38
Schiene 38, 40
Schilddrüse 277
Schilfhalm 147
Schimpanse 314, 324, 325, 386
Schlaf 273
Schlafentzug 273
Schlafmohn 249
Schlafstörung 261
Schlaftiefe 273
Schlafzeit 273
Schlammamöbe 16
Schlammröhrenwurm 141, 154, 155
Schlammspringer 379
Schlangenstern 405
Schlauchpilz 402
Schlauchwurm 31, 404
SCHLEIDEN, JAKOB MATTHIAS 10
Schleim 28, 60
Schleimpfropf 287
Schlick 31
Schließmuskel 64
Schließzelle 71
Schlossband 64
Schluckimpfung 231
Schlupfwespe 50
Schlüsselreiz 316
Schlüssel-Schloss-Prinzip 195, 227, 237
Schmarotzerpflanze 85
Schmerzrezeptor 264
Schmetterling 39, 40, 44
Schnabelkerfe 50
Schnabelkiefer 65
Schnabeltier 379
Schnake 51
Schneckenbestimmung 63
Schneckengang 260
Schneckentor 260
Schnorchelatmung 141
Schnürring 269
Schöpfungsgeschichte 381

Schrecksituation 275
Schrillkante 47, 318
Schrillleiste 47, 318
Schulp 65
Schutzimpfung 228, 239
Schwamm 404
Schwammgewebe 71
Schwangerenberatung 300
Schwangerschaft 283, 302
Schwangerschaftsabbruch 300, 301
Schwangerschaftshormon 290, 302
Schwangerschaftstest 302
SCHWANN, THEODOR 10
Schwänzelstrecke 37
Schwänzeltanz 36
Schwanzfächer 56
Schwanzfaden 287
Schwarmtraube 34
Schwarzerle 98
Schwarzspecht 114
Schwebesternchen 140
Schwebfliege 51
Schwefeldioxid 131, 180
Schwefelwasserstoff 154
Schweißdrüse 264
Schwellkörper 286
Schwermetalle 159
Schwimmblattgürtel 137
Schwimmfrucht 137
Schwingkölbchen 41, 51
Schwingung 260
schwul 297
Sechsfingrigkeit 353
Sediment 369
Sedimentfresser 156
See 135, 136
Seeigel 405
Seenelke 398
Seeringelwurm 31
Seerose 137, 138, 147
Seestern 405
Seewalze 405
Segelklappe 201
Segment 26, 28, 32, 44
Sehfarbstoff 253
Sehne 212
Sehnerv 253
Sehpurpur 253
Sehschärfe 266
Sehwelt 266
Seidenspinner 32
Sekundärbiotop 175
Sekundärinfektion 225
Selbstbefriedigung 286, 288, 297
Selbstbefruchtung 61
Selbstbestimmung, sexuelle 295
Selbstreinigung 157, 158
Selektion 384
Selektionsfaktor 384
SENEBIER, JEAN 76
Senker 41
Sensibilisierung 241
Sepia 65

Sexualität 282, 284, 292, 294—297
Sexuallockstoff 294
Sexualzentrum 285
Sichelkeim 239
Sichttiefenscheibe 146
Siebröhren 70
Signal, chemisches 47
Signal, sexuelles 294
Signalstoff 226, 241
Silberfischchen 51
Silur 370
Sinn, magnetischer 267
Sinnaspekte der Sexualität 297
Sinneshärchen 260, 265
Sinnesorgan 40
Sinneszelle 60
Skelett 214
Skinnerbox 309
Skorbut 190
Skorpion 55, 59
Skorpionstich 55
Sodomie 297
Sollwert 277
Sommerwurz 85
Sondermüll 182
Sonnenblatt 94
Sonnenbrand 216
Sonnenenergie 78, 82, 83
Sonnenrichtung 37
Sonnenschutz 264
Sonnentau 85, 151, 398
Sonnentierchen 398
Sozialverhalten 313, 328, 390
SPALLAZANI, LAZZARO 266
Spaltfuß 56
Spaltkeim 238
Spaltöffnung 71, 72
Spaltungsregel 335
Spanner 297
Speichel 194
Speicheldrüse 60, 194
Speichelkanal 39
Speiseröhre 194
Spektralfarbe 256
Sperber 115
Sperma 286
Spermatasche 34, 61
Spermienleiter 286
Spermienpaket 61
Spermienzelle 34
Spermium 27, 282, 286, 287
Spiegel 318
Spielverhalten 309, 310
Spinalganglion 274
Spinndrüse 53
Spinnentier 55, 59, 405
Spinnwarze 52
Spinnwebshaut 270
Spirale 293
Spitzmaus 313
Splintholz 96
Spore 221
Sporenkapsel 100
Sporenpflanze 100—102
Sprache 395

Sprechzentrum 271
Springschwanz 51, 119
Sprossachse 68, 70
Sprungbein 38
Sprungschicht 145
Spurenelement 165, 191
Stäbchen 253
Stabwanze 141
Stachelhäuter 405
Stamm 70
Stammbaum, Albinismus 347
Stammbaum, Bluterkrankheit 351
Stammbaum, Enzymdefekt 353
Stammbaum, JOHANN SEBASTIAN BACH 356
Stammbaum, Mensch 393
Stammbaum, Pferde 378
Stammbaum, Primaten 387
Stammbaum, Roller 352
Stammbaum, Sechsfingrigkeit 353
Stammbaum, Wirbeltiere 377
Stammbaum, Witwenspitz 347
Stammschicht 92
Stammzelle 202
Ständerpilz 403
Stängel 70, 147
Stärke 84, 188, 192
Stärkenachweis 77
Stechborsten 39
Stechmücke 40, 44, 139
Steinbruch 174
Steinfliege 45
Steinfliegenlarve 152, 155
Steinkohle 87
Steinkoralle 23
Steinmarder 176, 177
Steinpilz 108
Stellgröße 277
Stellwert 277
Sterilisierung 293
Sternkoralle 23
Steuerung 268
Stich 39
Stickstoff 180
Stickstoffbedarf 85
Stickstoffoxid 131, 180
Stickstoffverbindung 157
Stickstoffzeiger 99
Stieleiche 98
Stimmbruch 285
Stinkdrüse 55
Stinkmorchel 108
Stockbiene 33
Stockdienst 33
Stockente 143, 176
Stocktemperatur 33
Stockwerke des Waldes 92, 93, 110
Stoffaustausch 203
Stoffkreislauf 107, 122, 123, 148, 149
Stoizismus 301
Stolperreflex 274

Störgröße 277
Strafgesetzbuch 300
Strahlung, radioaktive 266
Strandkrabbe 58
Strauchschicht 92
Streckmuskel 274
Streifenfarn, Brauner 102
Stress 217, 281
Stressor 281
Streuobstwiese 173
Streuschicht 118
Strickleiternervensystem 27
Strom 135
Stromatolithen 372
Stromlinienform 383
Strömung 152
Strudelwurm 31
Strudler 64
Stürzpuppe 44
Substanz, graue 274
Substanz, weiße 274
Sukkulenz 383
Sukzession 151, 174
Sumpfschwertlilie 138
Süßwasserpolyp 20
Symbiose 23, 85, 106, 109, 113, 136
Sympathicus 275
Symptom 224
Synapse 269, 270, 273
Syndrom 234, 354
Syphilis 296, 297
System, natürliches 397
Systematik 397
Systole 201

Tagebau 175
Tagesrhythmus 217
Tampon 290
Tanzbewegung 37
Tanzsucht 54
Tarantel 54
Taschenklappe 201
Taschenkrebs 58
Tätigkeitsumsatz 189
Taube 176
Tauchblattgürtel 137
Taufliege 342
Täuschung, optische 258, 259
Tausendblatt, Ähriges 137
Tausendfüßer 59, 405
Teich 135, 136
Teichmuschel 139
Teichralle 143
Teichrohrsänger 143
Teichrose 137, 138
Tellerschnecke, Flache 139
Temperatur 145, 152
Termite 45
Tertiär 370
Testosteron 285, 295
Tetanus 230
Thrombin 204
Thrombocyten 202
Thrombose 204
Thyroxin 276, 277

Thyroxinspiegel 277
Tiefenwasser 145
Tieflandfluss 152
Tiefwurzler 92
Tierklasse 59, 65
Tierreich 404, 405
Tierspur 124
Tierstamm 59, 60
Tintenbeutel 65
Tintenfisch 65
Tod 303
Tollwut 231
Torfabbau 151
Torfmoos 102, 151
Totengräber 115
Toxin 230, 239
Tracheen 33, 41
Tracheenkiemenatmung 141
Tradition 310
Training 215
Tränenflüssigkeit 252
Transfer 311, 312
transfer-RNA (t-RNA) 345
Transfusion 205
Transkription 344
Translation 345
Transvestit 297
Traubenzucker 77, 78, 84, 89, 188, 189, 192, 278
Trauerfliegenschnäpper 110
Treibhauseffekt 87, 133, 181
Treibhausgas 181
Trias 370
Trichine 31
Trichinenschau 31
Trieb 295
Triebtheorie der Aggression 327
Trinkwasser 160
Trinkwasseraufbereitungsanlage 160
Trinkwasserbedarf 160
Trinkwasserschutzgebiet 160
Tripper 296, 297
Trisomie 21 354
Trittstein 172
Trockenmauer 173
Trommelfell 225
Tröpfcheninfektion 224, 230
Trübungsgrad 144
Trypsin 196
TSH 277
Tuberkulose 220
TULLA, JOH. GOTTFRIED 153
Tumor 243
Tümpel 135, 136
Türkentaube 177
Turmfalke 176
Typhus 230
T-Zelle 227

Überaugenwulst 387
Übergewicht 193
Ultraschall 266
Umweltbedingung, abiotische 136
Umweltfaktor 93, 98, 152

Umweltfaktor, abiotischer 145
Umweltfaktor Licht 144
Umweltfaktor Wassertemperatur 144
Unabhängigkeitsregel 335, 338
Uniformitätsregel 335
Unterart 385
Unterhaut 264
Unterkiefer 39
Unterlauf 153
Unterlippe 39
Unterzuckerung 279
Uratmosphäre 372
Ureizelle 289
Urin 209
Urinsekt 51
Uriniteststäbchen 279
Urozean 372
Urpferdchen 378
Urspermienzelle 287
Urvertrauen 303
Urwald 133
Uterus 288
UV-Strahlen 243, 264

Vagina 288
Vakuole, pulsierende 16, 17
VAN HELMONT, JAN BAPTIST 76
Vegetationaufnahme 103
Veitstanz 54
Vene 200
Venenklappe 200
Venusfliegenfalle 85
Verbraucher 116, 122
Verdauung 192, 194, 195, 198, 199
Verdauungssaft 53, 65
Verdauungstrakt 194
Vererbung, AB0-System 348
Vererbung, Rhesusfaktor 349
Vererbungsregeln 335
Verhalten, erlerntes 307
Verhalten, genetisch bedingtes 307, 316
Verhaltensökologie 320
Verhütung 282, 295
Verkehr 184
Verödung 154
Verpuppung 34
Verrenkung 214
Verstärkung, positive 309, 310, 312
Versteinerung 368
Verstopfung 198
Verwandlung, unvollständige 45, 50
Verwandlung, vollständige 44
Verwitterung 368
Vielborster 31
Vielfachzucker 188
Virus 224, 225, 237
Virusinfektion 231
Vitamine 188, 190, 198, 253, 392

Register **413**

Vitaminmangelkrankheit 190
Vogel 41, 375, 405
Vogelspinne, Gemeine 54
Vollinsekt 45
Vollzirkulation 145
Volvox 19
Vorderflügel 41, 318
Vorderkörper 52
Vorhaut 286
Vorhofgang 260
Vorhofsäckchen 265
Vorklärbecken 159
Vorratswabe 33
Vorratszelle 33
Vorsorgeuntersuchung 302
Vorsteherdrüse 286
Voyeur 297

Wabe 33, 36
Wabenbau 39
Wachs 32, 39
Wachsdrüse 33
Wachsplättchen 33
Wachstum 45, 214
Wachstumsphase 44
Wachstumszeit 299
Wahrnehmungstäuschung 258, 259
Wal 181, 383
Waldameise, Rote 112, 113
Waldchampignon 108
Waldkauz 115
Waldkiefer 95
Waldrand 168
Waldrebe 99
Waldsterben 131
Wallhecke 168
Wandelndes Blatt 399
Wanze 45, 50, 139
Wärmekörperchen 264
Warte 53
Wasser 128, 160, 161, 184

Wasserassel 58, 155
Wasseraufbereitung 160
Wasserfernleitung 160
Wasserfloh 58
Wassergehalt 161
Wasserhaushalt 128
Wasserkreislauf 129, 161
Wasserläufer 50, 139
Wasserleitungsbahn 70
Wasserpest 137, 138
Wasserqualität 157
Wasserschwertlilie 138
Wasserskorpion 50, 139
Wasserspinne 54, 141
Wassertemperatur 146
Wassertiefe 136
Wasseruntersuchung 146
Wasserverbrauch 160
Wattwurm 31
Weberknecht 55
Wechseljahre 291
Wehrbiene 33
Weichkörper 60, 64
Weichtier 60, 61, 404
Weidegänger 156
Weiher 135, 136
Weinbergschnecke 60, 61
Weinessig 222
Weiselzelle 34
Weitsichtigkeit 255
Wellenschlag 136
Wellhornschnecke 322
Welpe 306
Wenigborster 31
Werkzeug 266
Werkzeuggebrauch 387, 390
Wespe 50
Wespenbussard 176
Widerhaken 55
Wiederverwertung 183
Wimpertierchen 401
Windbestäuber 95

Winterstarre 60
Wintertraube 34
Wirbelkanal 274
Wirbelsäule 274
Wirbeltier 382, 405
Wirkungskontrolle 268
Wirt 31
Wirtszelle 224
Witterung 267
Witwenspitz 347
Wohnröhre 26
Wolfsspinne 54
Wollgras 151
Wunderblume 337
Wundverschluss 204
Wurm 30, 31
Wurmfarn 101
Wurmfortsatz 198
Wurzel 68, 69, 94
Wurzelfüßer 401
Wurzelhaar 68
Wurzelstock 137
Wurzelstockwerke 92

Zahn 216
Zapfen 95, 253. 256
Zärtlichkeit 292, 294
Zecke 55, 239
Zehrschicht 144
Zehrwespe 171
Zeigerlebewesen 154, 155
Zellatmung 79–81, 122, 372
Zelle, Bau 10, 11
Zelle, pflanzliche 11
Zelle, tierische 11
Zellkern 287
Zellkolonie 18
Zellkörper 269
Zellmembran 221
Zellplasma 221
Zellteilung 283
Zellulose 84

Zellwand 221
Zentralnervensystem (ZNS) 268, 278
Zentralzylinder 68
Zerkleinerer 156
Zersetzer 107, 116–119, 122
Zerstreuungslinse 254, 255
Zielzelle 276
Zikade 50
Ziliarmuskel 252, 254, 271
Zirpapparat 47
Zirpen 47
Zitzen 306
Zivilisationskrankheit 242
Zonulafaser 252
Zooxanthellen 23
Züchtung 360, 362, 363
Zucker 188
Zuckerkrankheit 279
Zuckerwasser 36
Zuckmückenlarve, Rote 154, 155
Zugvogel 267
Zungenroller 352
Zweifachzucker 188
Zweifelderwirtschaft 165
Zweiflügler 51
Zweikeimblättrige 403
Zweitinfektion 228
Zweitverbraucher 148
Zwerchfell 206
Zwerchfellatmung 207
Zwergrohrdommel 153
Zwillinge, eineiige 290
Zwillinge, zweieiige 290
Zwillingsforschung 357
Zwischenhirn 270, 285
Zwitter 27, 61
Zwölffingerdarm 196
Zygote 298
Zyklus, weiblicher 290, 291

Bildnachweis

Fotos: 8.1 Corbis Stock Market (Ted Horowitz), Düsseldorf — 8.2, 9.1 Okapia, Frankfurt — 10.1 Deutsches Museum, München — 10.2 Okapia (Norbert Lange) — 10.3 Okapia (NAS, J. R. Factor) — 10.4 Lichtbild-Archiv Dr. Keil, Neckargemünd — 11.1 Focus (John Durham, Science Photo Library), Hamburg — 11.2 Okapia (E. Reschke, P. Arnold, Inc.) — 12.1, 2, 4 Nature + Science (Aribert Jung), Vaduz — 12.3 Lichtbild-Archiv Dr. Keil — 13.1, 3, 4 Johannes Lieder, Ludwigsburg — 13.2 Focus (Astrid & Hanns Frieder Michler, Science Photo Library) — 14.S Bruce Coleman (Sauer), Uxbridge — 16.1 Lichtbild-Archiv Dr. Keil — 17.1 Okapia (Biophoto Ass., Science Source) — 17.2, 18.1, 2 Joachim Wygasch, Paderborn — 19.1 Hans-Dieter Frey, Rottenburg — 20.2 Okapia (NAS, T. Brauch) — 21.2 Okapia (Klaus von Mandelsloh) — 22.1 Okapia (Erwin Siegelmilch) — 22.2 Okapia (Kurt Amsler) — 22.3 Jürgen Wirth, Dreieich — 22.4 ZEFA (E. Christian), Düsseldorf — 23.1, 2a/b, 3b, 4b Okapia (NAS, A. Martinez) — 23.3a Okapia (Jürgen Freund) — 23.4a Okapia (NAS, D. Hall) — 23.5 Okapia (David Fleetham, OSF) — 24.1, 2 Toni Angermayer (Hans Pfletschinger), Holzkirchen — 24.3 Heiko Bellmann, Lonsee — 25.1 IFA-Bilderteam (Larson), München — 25.2 Ulrich Kattmann, Bad Zwischenahn — 25.3 a-f Werner Zepf, Bregenz — 26.1 Okapia (David Thompson, OSF) — 27.1a Picture Press (Corbis), Hamburg — 27.1b Toni Angermayer (Hans Pfletschinger) — 28.1, 2 Helmut Länge, Stuttgart — 28.3 Dieter Schmidtke, Schorndorf — 29.S Helmut Länge — 30.2a/b Nature + Science (Aribert Jung) — 31.S Silvestris (Cramm), Kastl — 31.1 Toni Angermayer (Hans Pfletschinger) — 31.2 Jacana (Chaumeton Herne), Paris — 31.3 Raimund Cramm, Langenhagen — 31.4a Okapia (R. Förster, Natur im Bild) — 31.4b Greiner + Meyer (Layer), Braunschweig — 31.5 Rudolf König, Kiel — 32.1 Helmut Länge — 33.1 Frank Hecker (Frieder Sauer), Panten-Hammer — 33.2a/b Toni Angermayer (Hans Pfletschinger) — 34.1 Okapia (David Thompson) — 34.2, 35.S Toni Angermayer (Hans Pfletschinger) — 36.1 Life-Serie „Wunder der Natur", Tiere und ihr Verhalten (Nina Leen), © Time Life Books Inc. — 36.2, 38.1, 5 Toni Angermayer (Hans Pfletschinger) — 38.3 Eckart Pott, Stuttgart — 39.2 Greiner + Meyer (Meyer) — 40.1a, Rd. Toni Angermayer (Hans Pfletschinger) — 41.1 Okapia (Alistair Shay, OSF) — 41.2 Johannes Lieder — 42.S Okapia (B. Roth) — 42.1 Okapia (John A. Anderson) — 42.2 Greiner + Meyer (Meyer) — 42.3 Okapia (Hans Lutz) — 42.4 Okapia (Carl-W. Röhrig) — 42.5 Silvestris (Manfred Danegger) — 42.6 Silvestris (Dietmar Nill) — 42.7 Greiner + Meyer (Harstrick) — 43.2 aus: „David Attenborough, The atlas of the living world", Houghton Mifflin Company, Boston 1989, S. 124/125 (Giani Tortoli) — 44.1a Greiner + Meyer (Kunz) — 44.1b Greiner + Meyer (Schrempp) — 45.1 Jacana (Vorin Visage) — 45.2a Okapia (Gerhart Dagner) — 45.2b Okapia (Christen) — 45.Rd. Okapia (Axel Grambow) — 46.S, 1, 2 Toni Angermayer (Hans Pfletschinger) — 47.1 Greiner + Meyer (Schrempp) — 47.Rd. Silvestris (Sauer) — 48.S Okapia (B. Roth) — 48.1 Okapia (Neil Bromhall, OSF) — 49.1 Okapia — 50.1, 2 Toni Angermayer (Hans Pfletschinger) — 50.3, 4 Hans Reinhard, Heiligkreuzsteinach — 51.1, 3, 4 Toni Angermayer (Hans Pfletschinger) — 51.2 Hans Reinhard — 52.1 Toni Angermayer (Hans Pfletschinger) — 52.2, 53.2 H. Mehlhorn, Düsseldorf — 54.1, 3 Toni Angermayer (Hans Pfletschinger) — 54.2 Frank Hecker (Frieder Sauer) — 54.S, 1 Silvestris (Hans Heitmann) — 55.2 IFA-Bilderteam (R. Maier) — 55.3, 4 Toni Angermayer (Hans Pfletschinger) — 55.5 Xeniel Dia (Franck), Neuhausen — 56.1 Hans Reinhard — 57.1 Okapia (Frank Hecker) — 57.2 Okapia (O. Cubrero, Ronra) — 58.1 Bruce Coleman (Kim Taylor) — 58.1 Toni Angermayer (Sigi Köster) — 58.2 Jacana (Jean-Louis) — 58.3, 4 Eckart Pott — 58.5 Bruce Coleman (Kim Taylor) — 58.6 Toni Angermayer (Hans Pfletschinger) — 60.2 Greiner + Meyer (Greiner) — 61.1-3 Toni Angermayer (Hans Pfletschinger) — 61.4 Roland Herdtfelder, Reutlingen — 62.S, 63.1 Roland Frank, Stuttgart — 62.2 Toni Angermayer (Hans Pfletschinger) — 64.1 Claus Kaiser, Stuttgart — 65.1 IFA-Bilderteam (Larson) — 65.Rd.1 Okapia (NAS, D. Faulkner) — 65.Rd.2 Okapia (Joahn Cancalosi) — 66.1, 2 Okapia — 66.3 ZEFA (M. Ruckszio) — 67.1 Jürgen Wirth — 67.2 IFA-Bilderteam (J. L. Larton) — 68.1 Claus Kaiser, Stuttgart — 70.2, 3 Johannes Lieder — 71.1a Nature + Science (Aribert Jung) — 71.1b Rainer Bergfeld, Freiburg — 72.S Hans Reinhard — 72.4 Nature + Science (Aribert Jung) — 74.1 Klett-Archiv — 74.Rd. Deutsches Museum — 75.1a/b, 2a/b Frithjof Stephan, Backnang — 75.Rd. Ralph Grimmel, Stuttgart — 76.S Jürgen Wirth — 77.1 Lichtbild-Archiv Dr. Keil — 77.2, 3 Hans-Dieter Frey, Rottenburg — 78.1 Silvestris (Hans Heitmann) — 78.2 Silvestris (S. Kerscher) — 78.3 Silvestris (Colordia Rauch) — 78.4 Okapia (G. Büttner, Naturbild) — 78.5 Silvestris (Hans Heitmann) — 80.S, 2 Okapia (Colin Milkins) — 82.1 Deutsches Museum — 82.2 Silvestris (S. Kerscher) — 82.3 Bildarchiv Preuss. Kulturbesitz, Berlin — 82.4 Okapia (Breck P. Kent) — 83.1 dpa (epa afp Nasa), Frankfurt — 83.2 dpa (Werner Baum) — 83.3 Okapia (Genson) — 83.4 Okapia (K. G. Vock) — 84.1 Okapia (Hapo H. P. Oetelshofen) — 84.2, 3, 7 Silvestris (TH Foto-Werbung) — 84.4 Okapia (G. Büttner, Naturbild) — 84.5 Thomas Raubenheimer, Stuttgart — 84.6 Silvestris (Heppner) — 84.8 Okapia (Kim Taylor) — 84.Rd. Okapia (Günter Roland) — 85.S, 1, 4 Bruce Coleman (Kim Taylor) — 85.2 Hans Reinhard — 85.3 Jacana (Lieutier) — 85.5 Nature + Science (Aribert Jung) — 86.1 Okapia (G. Büttner, Naturbild) — 86.2 Okapia (Klein u. Hubert, BIOS) — 88.1 Hermann Eisenbeiss, Egling — 88.2 Okapia (Jeff Foott) — 89.1 Okapia (Eddi Böhnke) — 89.2 Silvestris (Werner Layer) — 89.3 Silvestris (Heitmann) — 90.1 Okapia (M. Schneider, UNEP, Still Pictures) — 90.2 ZEFA (Lenz) — 90.3 IFA-Bilderteam (BCI) — 90.4 Okapia (F. Marquez, BIOS) — 91.1 Okapia (Bengt Lundberg, BIOS) — 91.2 Okapia (NAS, T. McHugh) — 91.3 Okapia (Neil Bromhall, OSF) — 92.1 Okapia (Klaus Wanecek) — 92.2, 3, 94.1 Hans Reinhard — 95.1 Eckart Pott — 95.2 Nature + Science (Aribert Jung) — 96.2a Johannes Lieder — 97.S, 3 Archiv für Kunst und Geschichte, Berlin — 97.5 Schutzgemeinschaft deutscher Wald, Bonn — 98.S, 3a/b Okapia (Hans Reinhard) — 98.1, 2b Hans Reinhard — 98.2a, 4a Okapia (J. L. Klein u. M. L. Hubert) — 98.4b Nature + Science (Krieger) — 99.1a/b, 2a/b, 3b, 5a/b, 6a/b Hans Reinhard — 99.3a Silvestris (Hecker) — 99.4a Silvestris (Karl-Heinz Jakobi) — 99.4b Okapia (Wilhelm Irsch) — 100.1 Hans Reinhard — 100.2 Okapia (K. G. Vock) — 101.1a Greiner + Meyer (Meyer) — 101.1b Helmut Länge — 101.2 Greiner + Meyer (Schrempp) — 102.S, 1 Okapia (Hans Reinhard) — 102.2 Okapia (Lond. Sc. Films, OSF) — 102.3, 4 Hans Reinhard — 102.5, 6 Helmut Länge — 102.7a Okapia (Ernst Schacke, Naturbild) — 102.7b Okapia (Herbert Schwind) — 103.S Okapia (K. G. Vock) — 104.1a Hans Reinhard — 106.1a Hans Oberhollenzer, Tübingen — 106.1b Ingrid Kottke, Eberhard-Karls-Universität Tübingen — 107.1 Silvestris (Frank Hecker) — 107.2 Eckart Pott — 107.3 Günther Wichert, Dinslaken — 107.4 Okapia (W. Wanecek) — 107.K Okapia (Hans Reinhard) — 108.S, 1, 4 Hans Reinhard — 108.2 Otto Ronnefeld — 108.3 Silvestris — 108.5 Silvestris (U. Gross) — 108.6 Okapia (Rudolf Großmann) — 108.7 Peter Dobbitsch, Gummingen — 109.1 Okapia (Jürgen Vogt) — 109.2 Okapia (Frank Hecker) — 111.1 Umweltbild (R. Ulrich), Frankfurt — 111.2 Toni Angermayer — 111.3 Toni Angermayer (Hans Pfletschinger) — 112.1a Okapia (Björn Svensson) — 113.1, K. Toni Angermayer (Hans Pfletschinger) — 114.S, 4, 5 Hans Reinhard — 114.1 Toni Angermayer (Hans Pfletschinger) — 114.2 Okapia (Stefan Meyers) — 114.3 Okapia (R. Schmidt) — 114.6 Okapia (Rudolf Höfels) — 115.1 Okapia (Werner Layer) — 115.2 Hans Reinhard — 115.3-6 Toni Angermayer (Hans Pfletschinger) — 115.7 Okapia (R. Müller-Rees) — 115.8 Okapia (J. A. Cooke, OSF) — 116.2 Silvestris (Walter Rohdich) — 116.3 Okapia (W. Graf) — 117.2 Okapia (Hans-Dieter Brandl) — 118.1 Dieter Schmidtke — 119.1 Okapia (Norbert Lange) — 119.2 Okapia (K. G. Vock) — 119.3 Hans Reinahrd — 119.4 Okapia (NAS, T. McHugh) — 119.5 Okapia (Manfred P. Kage) — 119.6, 8 Frank Hecker (Frieder Sauer) — 119.7 Manfred Kage, Lauterstein — 119.9 Okapia (Norbert Lange) — 119.10 Toni Angermayer (Hans Pfletschinger) — 119.11 Jürgen Wirth — 120.S Okapia (NAS, T. McHugh) — 124.S Okapia (Hans Reinhard) — 124.1 Silvestris (Erich Thielscher) — 124.2, 3 Eckart Pott — 124.4 Alfred Limbrunner, Dachau — 125.1 Frank Hecker (Frieder Sauer) — 125.2 Visum (Gerd Ludwig), Hamburg — 125.3 Okapia (Cyrill Ruoso, BIOS) — 125.4 Dorling Kindersley Ltd., London (erschienen beim Gerstenberg Verlag unter dem Titel „Sehen, Staunen, Wissen: Bäume", Hildesheim) — 126.1 Okapia (Berthold Singler) — 126.2 Okapia (Björn Svensson) — 127.1 Picture Press (Willig) — 127.2 Mauritius (Corbis Stock Market) — 129.1 Mauritius (Cupek), Stuttgart — 129.2 Mauritius (Czerski) — 130.1 Realfoto (Altemüller), Weil der Stadt — 130.2, 4, 7 Bernhard Wagner, Breisach — 130.3 Mauritius (J. Kuchelbauer) — 130.5 Okapia (Axel Grambow) — 130.6 Ingrid Kottke, Tübingen — 132.1 Toni Angermayer (Günter Ziesler) — 132.2, 3 Focus (Hans Silvester) — 132.4 Focus (Michael K. Nichols) — 132.5 Okapia (M. Wendler) — 134.1 ZEFA (Kalt) — 134.2, 3 IFA-Bilderteam (BCI) — 134.4 ZEFA (Davies) — 134.5 IFA-Bilderteam (Kopetzky) — 135.2 Okapia (Hans Reinhard) — 135.3, 5 IFA-Bilderteam (BCI) — 135.4 Okapia (C. Ruoso, BIOS) — 138.S, 4 Eckart Pott — 138.1-3, 5, 6 Hans Reinhard — 139.S, 6 Okapia (F. Sauer) — 139.1, 2, 4, 8 Toni Angermayer (Hans Pfletschinger) — 139.3, 5 Eckart Pott — 139.7 Hans Reinhard — 140.1 Nature + Science (Aribert Jung) — 140.2, 3 Okapia (Roland Birke) — 142.1 ZEFA — 144.3, 146.S Mauritius (Bodenbender) — 147.1 Hartmut Fahrenhorst, Unna — 151.3 Hans Reinhard — 151.Rd.1 Toni Angermayer — 151.Rd.2 Mauritius (W. Harstrick) — 151.Rd.3, 4 Eckart Pott — 155.S, 8 Frank Hecker (Frieder Sauer) — 155.1, 3 Toni Angermayer (Hans Pfletschinger) — 155.6 Dieter Schmidtke — 156.S ZEFA (Davies) — 157.1 Länderarbeitsgemeinschaft Wasser (LAWA), Schwerin — 158.1 Mauritus (AGE) — 159.2 Joachim Wygasch — 160.S Silvestris (Herbert Kehrer) — 160.1 Mauritius (Mehlig) — 161.1 Superbild (Werner Fiedler), Grünwald — 162.1-3 Martin Lüdecke, Marburg — 162.4 Mauritius (Lawrence) — 162.5 Okapia — 163.1 Thomas Raubenheimer — 163.2 Martin Lüdecke — 163.3 Hans Reinhard — 165.K vividia AG (Helbing), Puchheim — 166.1, 3 Hans Reinhard — 166.2 Roland Wolf, Herrenberg — 168.1 Eckart Pott — 170.1 Frithjof Stephan — 170.2, 3 BASF Agrarzentrum, Limburgerhof — 171.1 Toni Angermayer (Hans Pfletschinger) — 171.2 Roland Herdtfelder — 171.3 Toni Angermayer (Hans Pfletschinger) — 172.1, 3, 6, 8, 9 Hans Reinhard (Poehlmann) — 172.4 Eckart Pott — 172.5 Mauritius (Pott) — 172.7 Bildarchiv Sammer, Neuenkirchen — 174.1, 2 Regierung von Oberfranken, Bayreuth — 174.3a Okapia (Gerhard Schulz) — 174.3b Okapia (Hans-Dieter Brandl) — 174.4 Toni Angermayer (Rudolf Schmidt) — 175.1, 2 Lausitzer und Mitteldeutsche Bergbau-Verwaltungsgesellschaft, Bitterfeld (René Bär) — 175.3 Okapia (Martin Wendler) — 175.4 Regierung von Oberfranken — 176.1 Silvestris (N. Schwirtz) — 176.2 Mauritius (N. Fischer) — 177.S, 1, 2, 4, 5 Hans Reinhard — 177.3 Eckart Pott — 177.6 Greiner + Meyer (Meyer) — 182.1a argus-Fotoarchiv (Thomas Raupach), Hamburg — 182.1b dpa (Bernd Wüstneck) — 184.1 Editions Pierre Charron, Tanguy de Rémur, Draeger, Imp. — 184.2 IFA-Bilderteam (Hunter) — 184.3 IFA-Bilderteam (Bail & Spiegel) — 184.4 Mauritius (Thonig) — 184.5 Mauritius (Poehlmann) — 185.1 Silvestris (Norbert Pelka) — 185.2 Okapia — 185.3 IFA-Bilderteam (Wisniewski) — 186.1 Okapia (Bruno Meier) — 186.2 Corbis Stock Market (Joe Bator) — 186.3 Corbis Stock Market (Frank Rossotto) — 187.1 Corbis Stock Market (Eric Perlman) — 187.2 Corbis Stock Market (Jose Luis Pelaez Inc.) — 191.K Focus (David Burnett) — 192.S getty images Bavaria (Benelux Press), Gauting — 193.S, 1 Mauritius (Rosenfeld) — 193.2 Okapia — 197.1 Okapia (Biophoto Ass., Science Source) — 198.1 Bonnier Alba (L. Nilsson), Stockholm — 204.2, 3 Boehringer Ingelheim (Lennart Nilsson) — 205.Rd. Ullstein Bilderdienst, Berlin — 206.2 Okapia (Lond. Sc. Films, OSF) — 208.3 Focus (EOS, O. Meckes, N. Ottawa) — 210.1a Bildarchiv für Medizin, München — 211.4 Okapia (NAS, Paviz M. Pour) — 211.5 Focus (Science Photo Library) — 212.1c Lichtbildarchiv Dr. Keil — 212.1d Norbert Cibis, Lippstadt — 214.S Okapia (SIU/NAS) — 214.3 aus: „U. Drews, Taschenatlas der Embryologie", Thieme Verlag, Stuttgart — 214.4 JMS Edition, Gandria — 215.1 Okapia (S. Camazine, NAS) — 215.2 Geo Wissen 5/94, S. 67 (Praxis Drs. Broemel, Buchard, Vahldig, Karpovicz) — 215.4 Okapia (Roger Luft, Positive Images) — 215.5 Okapia (Manfred P. Kage) — 216.S getty images Bavaria (Benelux Press) — 216.1 Manfred Kage — 216.2 Okapia (D. H. Thompson, OSF) — 216.3 Focus (Oscar Burriel, Science Photo Library) — 216.4 Corbis Stock Market (Ed Bock) — 216.5 Corbis Stock Market (Mark A. Johnson) — 217.1 Corbis Stock Market (Gerhard Steiner) — 217.2 Okapia (Michael F. Havelin) — 218.1 Corbis Stock Market (Tom Stewart) — 218.2 Okapia (M. Cooper, P. Arnold) — 218.3 Jürgen Wirth — 219.1 Okapia (Photri Inc.) — 219.2 Okapia (K. Eward, Science Source) — 219.3 Okapia (S. Camazine, NAS) — 219.4 Okapia (Manfred P. Kage) — 219.5 Okapia (J. Nettis, NAS) — 220.1a Archiv f. Kunst und Geschichte, Berlin — 221.Rd. Okapia (D. Scharf, Peter Arnold, Inc.) — 222.S Okapia (Photri Inc.) — 223.1 Fa. E. Merck, Darmstadt — 223.Rd. Deutsches Museum — 225.1 Manfred Kage — 228.Rd.1 dpa — 228.Rd.2 Ullstein Bilderdienst — 230.S, 2 Focus (Science Photo Library) — 230.1 Okapia (Institut Pasteur, CNRI) — 230.3 Focus (CNRI, Science Photo Library) — 230.4 Okapia (J. L. Carson, CMSP) — 231.1 Focus (EOS) — 231.3 Focus (Science Photo Library, G. Murti) — 231.4 Okapia (L. Georgia, PR Science Source) — 231.5 Okapia (Hans Reinhard) — 232.S Okapia (Hans Reinhard) — 232.1 Frank Hecker (Frieder Sauer) — 232.2 Archiv für Kunst und Geschichte, Kulturbesitz, Berlin — 233.1 Mauritius (Torino) — 233.2 Bildarchiv Preuss. Kulturbesitz — 233.3 Focus (EOS) — 236.S Okapia (Photri Inc.) — 236.1 Archiv für Kunst und Geschichte — 236.2 Medizinhist. Institut und Museum der Universität Zürich (aus: „Eugen Holländer: Die Karikatur und Satire in der Medizin", Stuttgart 1921) — 237.1 Okapia (Thomas Fromm) — 237.2 Paul-Ehrlich-Institut, Langen — 238.2 Focus (EOS, Oliver Meckes) — 239.2 Okapia (V. Steger, P. Arnold Inc.) — 239.3 Focus (Oliver Meckes) — 240.1 Manfred Ruppel, Frankfurt — 240.K Okapia (Manfred P. Kage) — 241.K Okapia (Ulrich Zillmann) — 242.1 Archiv für Kunst und Geschichte — 243.K Okapia (Jan Zimmermann) — 245.1 B. Brill — 247.1 Mauritius (Ley) — 247.2 a/b Ruth Hammelehle, Kirchheim/Teck — 247.3 Bilderberg (Stefan Enders), Hamburg — 247.4 Mauritius (Pega) — 248.1 Okapia — 248.2 Mauritius (Mitterer) — 248.3 Bilderberg (Stefan Enders) — 248.4 Okapia — 248.5 Bilderberg (M. Kirchgessner) — 248.6 Bilderberg (Frank Peterschröder) — 248.7 Mauritius (SST) — 248.8 Mauritius (World Pictures) — 249.K.1 Mauritius (Schmidt) — 249.K.2 Archiv für Kunst und Geschichte — 249.K.3 Mauritius (K. Paysan) — 250.1 Jürgen Wirth — 250.2 Okapia (Biophoto Ass., Science Source) — 250.3 Corbis Stock Market (Chuck Keeler) — 250.4, 5 Okapia (G. I. Bernard), OSF) — 251.1 Jürgen Wirth — 251.2 Okapia (G. I. Bernard, OSF) — 252.2 Bonnier Alba (L. Nilsson) — 253.1a Johannes Lieder — 257.2 M. Montkowski — 258.1 Christa Winkler, Stuttgart — 260.3a, 261.K Johannes Lieder — 262.S Jürgen Wirth — 263.S Okapia (G. I. Bernard, OSF) — 265.S Mauritius (Phototeque, SDP) — 266.S, 2a Okapia (NAS, Tim Davis) — 266.1 Mauritius (Arthur) — 266.2b Wildlife (P. Ryan), Hamburg — 267.3 Mauritius (Rauschenbach) — 270.1 Okapia (S. Camazine, NAS) — 271.K Volker Steger (M. Raichle, St. Louis), Stuttgart — 273.1 Stern 7/81 (Hinz) — 278.Rd. Okapia (Manfred P. Kage) — 279.K Mauritius (C. Bayer) — 280.1 Okapia (E. Reschke, P. Arnold) — 282.1 Okapia (People) — 282.2 Okapia (Frauke Friedrichs) — 282.3 Okapia (Jim Corwin, NAS) — 282.4 Okapia (Manfred P. Kage) — 283.1 Corbis Stock Market (Michael Keller) — 283.2 Okapia (Neil Bromhall, OSF) — 283.3 Corbis Stock Market (Larry Williams) — 284.1, 2 IFA-Bilderteam — 287.2 Mosaik Verlag (L. Nilsson), München — 289.2 Greiner + Meyer (Ahrens) — 292.1 Mauritius (Keyphoto International) — 293.S Bundeszentrale für gesundheitliche Aufklärung, Köln — 294.S Corbis Stock Market (Tom and Dee Ann Mc Carthy) — 294.1 Corbis Stock Market (Tom Stewart) — 294.2 Corbis Stock Market (C. B. P.) — 294.3 Archiv für Kunst und Geschichte (Erich Lessing) — 295.1 Museum für moderne Kunst (Rudolf Nagel), Frankfurt (ehm. Sammlung Ströher, Darmstadt) — 295.2 Corbis Stock Market — 296.S Bundeszentrale für gesundheitliche Aufklärung — 296.1 Mauritius (Superstock) — 297.1 Bundeszentrale für gesundheitliche Aufklärung — 298.1 Bonnier Alba (Lennart Nilsson) — 298.2 Focus (Pascal Goetgeluck, Science Photo Library) — 298.3, 299.1, 3, 4 Mosaik-Verlag (Lennart Nilsson) — 299.2 Focus (Science Pictures, Science Photo Library) — 300.S Corbis Stock Market (Tom and Dee Ann McCarthy) — 303.1 John Fox Images — 303.2 Jürgen Wirth — 303.3 Corbis Stock Market (Ariel Skelley) — 303.4, 5, 7 MEV — 303.6 Corbis Stock Market — 303.8 Photo Disc — 304.1 aus: M. u. P. Fogden, Farbe und Verhalten im Tierreich", Herder Verlag, Freiburg — 304.2 Okapia — 304.3 Corbis Stock Market (William Manning) — 304.4 Corbis Stock Market (Lester Lefkowitz) — 305.1 Corbis Stock Market (Gerhard Steiner) — 305.2 aus „J. Goodall, Wilde Schimpansen", Rowohlt Verlag, Hamburg — 305.3 Okapia (Manfred Danegger) — 305.4 Heinz Schrempp, Breisach — 306.1 IFA-Bilderteam (BCI) — 306.2, Rd. Okapia (NAS, Rence Lynn) — 307.1 Wildlife (E. Geduldig) — 307.2 Okapia (Klein & Hubert, BIOS) — 307.3 Okapia (Christine Steimer) — 307.4 Hans Reinhard — 307.5 Greiner + Meyer (Greiner) — 310.1a Ardea (B. Berron), London — 310.2 IFA-Bilderteam (Schulze) — 311.1 Jürgen Lethmat, Ibbenbüren — 313.S, 2 Klett-Film — 313.1 Hanna-Maria Zippelius, Mechernich-Kommern — 314.S, 1 Focus (Paul Fusco) — 314.2 Jürgen Lethmate — 315.1 Focus (Sam Ogden, Science Photo Library) — 316.1 Okapia (Oxford Scientific Films, J. A. L. Cooke) — 317.S Okapia (Biophoto, NAS) — 317.1 Okapia (Ingo Gerlach) — 317.2 Bilderberg (Nomi Baumgartl) — 317.3 Okapia (Ulla Spiegel) — 318.S, 1 Manfred Pforr, Langenpreising — 319.S Okapia (Manfred Danegger) — 319.1 Wildlife (Delpho) — 319.2 Wildlife (J. Mallwitz) — 320.1 Hans Reinhard — 320.2 IFA-Bilderteam (R. Maier) — 323.1 Okapia (P. Laub) — 324.1, 2 Hans Reinhard — 325.Rd. Okapia (NAS, T. McHugh) — 327.1 dpa (Oliver Berg) — 328.1, 329.1 dpa (Stephan Jansen) — 330.1 dpa (Nordfoto, Asger Carlsen) — 330.2a-d aus „Grzimeks Tierleben" Bd. 11 (Säugetiere 2), S. 76/77 (Abb. 19, 13, 32, 10), dtv, München — 331.1 Corbis Stock Market (Michael Keller) — 332.1 Silvestris (Wilmshurst) — 332.2 Deutsches Museum — 332.3 Silvestris (Daniel Bühler) — 332.4 Silvestris (U. Lochstampfer) — 333.1 Silvestris (Werner Layer) — 333.2 Silvestris (Usher) — 333.3 Okapia (Biophoto, NAS) — 333.4 aus „Koolman/Röhm, Taschenatlas Biochemie", Thieme Verlag — 334.Rd. Deutsches Museum — 339.1 Silvestris — 342.Rd. USIS, Bonn — 346.1 Helga Lade (BAV), Frankfurt — 346.2a Thomas Raubenheimer — 346.2b Mauritius (Arthur) — 346.3 Mauritius (AGE) — 347.1a Peter Anselment, Tübingen — 347.1b Thomas Raubenheimer — 347.2a Silvestris (Heiner Heine) — 350.1a FWU, Grünwald — 352.S Okapia (Biophoto, NAS) — 352.1 Archiv für Kunst und Geschichte — 353.1 dpa — 354.1 Marlies Grieb-Bubbel, Düsseldorf — 356.1a Archiv für Kunst und Geschichte — 357.1 Helga Lade (NDS) — 357.2 Sujeedsan Thungaraja, Ludwigsburg — 358.Rd. Bayer AG, Leverkusen — 359.S, 1 Hoechst AG, Frankfurt — 359.2 Helga Lade (H. R. Bramaz) — 360.1 agrar-press, Bergisch-Gladbach — 361.Rd. aus: „A Müntzing, Vererbungslehre", G. Fischer Verlag, Stuttgart — 362.1 Okapia (Manfred Danegger) — 362.2 Okapia (Hans Reinhard) — 363.S dpa (Bildverkauf-stg) — 364.1 Greiner + Meyer (Greiner) — 364.2, 365.1 Monsanto, St. Louis, USA (aus: „M. Regenass-Klotz, Grundzüge der Gentechnik, Birkhäuser-Verlag, S. 118 (Abb. 39a) — 365.2 agrar-press — 366.1 Archiv für Kunst und Geschichte — 366.2 Jürgen Wirth — 366.3 aus „Museumsführer Senckenberg", Verlag W. Kramer, Frankfurt — 367.1 aus Geo-Wissen „Die Evolution des Menschen" 9/98 — 368.1 Staatliches Museum für Naturkunde, Stuttgart — 369.1 Eckart Pott — 372.1 Okapia (Jeff Foott) — 372.2 Okapia (F. Gohier) — 376.S Okapia (NAS, Tim Davies) — 377.1 Toni Angermayer (Hans Reinhard) — 377.2 Wildlife (B. Stein) — 377.3 Wildlife (Pete Oxford) — 377.4 Wildlife (M. Harvey) — 377.5 Okapia (NAS, Tim Davies) — 379.S, 3 Okapia (Alan Root) — 379.1 J. Schauer / Fricke, Max-Planck-Institut, Seewiesen) — 379.2 Klaus Paysan, Stuttgart — 379.4 Okapia (Konrad Wothe) — 383.1, 2 Eckart Pott — 384.1 Spektrum der Wissenschaft (J. A. Bishop, L. M. Cook), Heidelberg — 384.Rd. Silvestris (Brandl) — 385.Rd. Okapia (Root) — 387.2 Okapia (NAS, Tim Davies) — 388.Rd.1 John Reader (SPL, Photo Researchers), 389.1-4, 7 David Brill, Fairburn, USA — 389.5 Staatliches Museum für Naturkunde — 389.6 Focus (John Reader, Science Photo Library) — 392.Rd. Focus (Heiner Müller-Elsner) — 393.1 Bilderberg (Tino Soriano) — 393.2 Arenok (Patrick Landmann), Romeny-sur-Marne — 393.3 getty images Bavaria (Pic) — 393.4 Silvestris (GDT-Tierfoto: Brandl) — 393.5 Sperber — 393.6 Mauritius (Crader) — 393.7 Mauritius (Weyer) — 393.8 Mauritius (Fritz) — 393.9-16 Bilderberg (Rekonstruktion von Wolfgang Schnaubelt u. Nina Kieser, Wildlife Art Germany/Hessisches Landesmuseum) — 394.S Mauritius (fm) — 394.1 Archiv für Kunst und Geschichte — 394.2 aus Geo-Wissen 26/2000 — 394.3 Jürgen Wirth — 394.4 Okapia (Francois Gohier) — 394.5 Mauritius (Habel) — 394.6 Mauritius (S. & M. Herzog) — 394.7 Mauritius (J. Beck) — 395.1 Mauritius (fm) — 395.2 Mauritius (Macia) — 395.3 Archiv für Kunst und Geschichte — 395.4 Jürgen Wirth — 395.5 Okapia (M. P. Gadomski, NAS) — 395.6 Corbis Stock Market (Tim Davis) — 395.7 Corbis Stock Market (Frank Rossotto) — 398.S Manfred Kage — 398.1 Jacana (C. Carre) — 398.2 Okapia (NAS, N. Sefton) — 398.3 Okapia (Johan de Meester) — 398.4 Bruce Coleman (Kim Taylor) — 398.5 Okapia (Norbert Lange) — 399.1, 4, 6 Manfred Kage — 399.2 Greiner + Meyer (Greiner) — 399.3 Hans Reinhard — 399.5 Okapia — 399.7 IFA-Bilderteam

Grafiken: Prof. Jürgen Wirth, Fachhochschule Darmstadt (Fachbereich Gestaltung) unter Mitarbeit von: Matthias Balonier, Lützelbach; Ruth Hammelehle, Kirchheim/Teck und normal industriedesign, Schwäbisch Gmünd

Nicht in allen Fällen war es möglich, den uns bekannten Rechteinhaber der Abbildungen ausfindig zu machen. Berechtigte Ansprüche werden selbstverständlich im Rahmen der üblichen Vereinbarungen abgegolten.